“十二五”普通高等教育本科国家级规划教材

新世纪土木工程系列教材

钢结构设计原理

（第2版）

主　编　张耀春

副主编　周绪红

高等教育出版社·北京

内容提要

本书是“十二五”普通高等教育本科国家级规划教材，同时是新世纪土木工程系列教材之一。

本书着重讲述钢结构的基本原理，包括钢结构的设计方法，钢结构的材料性能、连接和节点设计，以及各种基本构件的设计，并以单层厂房钢结构为例介绍了上述内容的具体应用。书中还介绍了钢结构的塑性设计方法和抗震设计特点，以及冷弯薄壁型钢结构设计原理的部分内容。书内附有例题和习题，并应用网络技术安排了部分动画和视频，方便读者学习。

本书内容丰富、系统，理论联系实际，可作为高等学校土木工程专业本科生教学用书，也可作为有关科研人员和工程设计人员的参考书。

图书在版编目（CIP）数据

钢结构设计原理／张耀春主编．--2版．--北京：高等教育出版社，2020.6（2023.12重印）

ISBN 978-7-04-053820-5

Ⅰ．①钢…　Ⅱ．①张…　Ⅲ．①钢结构－结构设计－高等学校－教材　Ⅳ．①TU391.04

中国版本图书馆CIP数据核字（2020）第038274号

策划编辑　单　蕾　　责任编辑　单　蕾　　封面设计　李小璐　　版式设计　马　云
插图绘制　于　博　　责任校对　吕红颖　　责任印制　耿　轩

出版发行　高等教育出版社
社　　址　北京市西城区德外大街4号
邮政编码　100120
印　　刷　北京市联华印刷厂
开　　本　787mm×1092mm　1/16
印　　张　35.75
插　　页　1
字　　数　850千字
购书热线　010-58581118
咨询电话　400-810-0598

网　　址　http://www.hep.edu.cn
　　　　　http://www.hep.com.cn
网上订购　http://www.hepmall.com.cn
　　　　　http://www.hepmall.com
　　　　　http://www.hepmall.cn

版　　次　2011年1月第1版
　　　　　2020年6月第2版
印　　次　2023年12月第8次印刷
定　　价　68.00元

物 料 号　53820-00

钢结构设计原理

（第2版）

1 计算机访问http://abook.hep.com.cn/1255661，或手机扫描二维码、下载并安装Abook应用。

2 注册并登录，进入"我的课程"。

3 输入封底数字课程账号（20位密码，刮开涂层可见），或通过Abook应用扫描封底数字课程账号二维码，完成课程绑定。

4 单击"进入课程"按钮，开始本数字课程的学习。

课程绑定后一年为数字课程使用有效期。受硬件限制，部分内容无法在手机端显示，请按提示通过计算机访问学习。

如有使用问题，请发邮件至abook@hep.com.cn。

http://abook.hep.com.cn/1255661

出版者的话

根据1998年教育部颁布的《普通高等学校本科专业目录(1998年)》,我社从1999年开始进行土木工程专业系列教材的策划工作,并于2000年成立了由具丰富教学经验、有较高学术水平和学术声望的教师组成的“高等教育出版社土建类教材编委会”,组织出版了新世纪土木工程系列教材,以适应当时“大土木”背景下的专业、课程教学改革需求。系列教材推出以来,几经修订,陆续完善,较好地满足了土木工程专业人才培养目标对课程教学的需求,对我国高校土木工程专业拓宽之后的人才培养和课程教学质量的提高起到了积极的推动作用,教学适用性良好,深受广大师生欢迎。至今,共出版37本,其中22本纳入普通高等教育“十一五”国家级规划教材,10本纳入“十二五”普通高等教育本科国家级规划教材,5本被评为普通高等教育精品教材,2本获首届全国教材建设奖,若干本获省市级优秀教材奖。

2020年,教育部颁布了新修订的《普通高等学校本科专业目录(2020年版)》。新的专业目录中,土木类在原有土木工程,建筑环境与能源应用工程,给排水科学与工程,建筑电气与智能化等4个专业及城市地下空间工程和道路桥梁与渡河工程2个特设专业的基础上,增加了铁道工程,智能建造,土木、水利与海洋工程,土木、水利与交通工程,城市水系统工程等5个特设专业。

为了更好地帮助各高等学校根据新的专业目录对土木工程专业进行设置和调整,利于其人才培养,与时俱进,编委会决定,根据新的专业目录精神对本系列教材进行重新审视,并予以调整和修订。进行这一工作的指导思想是:

一、紧密结合人才培养模式和课程体系改革,适应新专业目录指导下的土木工程专业教学需求。

二、加强专业核心课程与专业方向课程的有机沟通,用系统的观点和方法优化课程体系结构。具体如,在体系上,将既有的一个系列整合为三个系列,即专业核心课程教材系列、专业方向课程教材系列和专业教学辅助教材系列。在内容上,对内容经典、符合新的专业设置要求的课程教材继续完善;对因新的专业设置要求变化而必须对内容、结构进行调整的课程教材着手修订。同时,跟踪已推出系列教材使用情况,以适时进行修订和完善。

三、各门课程教材要具有与本门学科发展相适应的学科水平,以科技进步和社会发展的最新成果充实、更新教材内容，贯彻理论联系实际的原则。

四、要正确处理继承、借鉴和创新的关系，不能简单地以传统和现代划线，决定取舍，而应根据教学需求取舍。继承、借鉴历史和国外的经验，注意研究结合我国的现实情况，择善而从，消化创新。

五、随着高新技术、特别是数字化和网络技术的发展，在本系列教材建设中，要充分考虑纸质教材与多种形式媒体资源的一体化设计，发挥综合媒体在教学中的优势，提高教学质量与效率。在开发研制数字化教学资源时，要充分借鉴和利用精品课程建设、精品资源共享课建设和一流本科课程尤其是线上一流本科课程建设的优质课程教学资源，要注意纸质教材与数字化资源的结合，明确二者之间的关系是相辅相成、相互补充的。

六、融入课程思政元素，发挥课程育人作用。要在教材中把马克思主义立场观点方法的教育与科学精神的培养结合起来，提高学生正确认识问题、分析问题和解决问题的能力。要注重强化学生工程伦理教育，培养学生精益求精的大国工匠精神，激发学生科技报国的家国情怀和使命担当。

七、坚持质量第一。图书是特殊的商品，教材是特殊的图书。教材质量的优劣直接影响教学质量和教学秩序，最终影响学校人才培养的质量。教材不仅具有传播知识、服务教育、积累文化的功能，也是沟通作者、编辑、读者的桥梁，一定程度上还代表着国家学术文化或学校教学、科研水平。因此，遴选作者、审定教材、贯彻国家标准和规范等方面需严格把关。

为此，编委会在原系列教材的基础上，研究提出了符合新专业目录要求的新的土木工程专业系列教材的选题及其基本内容与编审或修订原则，并推荐作者。希望通过我们的努力，可以为新专业目录指导下的土木工程专业学生提供一套经过整合优化的比较系统的专业系列教材，以期为我国的土木工程专业教材建设贡献自己的一份力量。

本系列教材的编写和修订都经过了编委会的审阅，以求教材质量更臻完善。如有疏漏之处，恳请读者批评指正！

高等教育出版社

高等教育工科出版事业部

力学土建分社

2021年10月1日

新世纪土木工程系列教材

序

钢结构轻质高强，抗震性能好，施工周期短，也更符合“绿色建筑”和新型工业化的要求，因而进入21世纪以来获得快速发展。根据初步统计，十余年来我国钢结构产业平均每年增长15%以上。然而，我国钢结构专业技术人才相对短缺，尤其是高水平的专业设计人员奇缺，因此这一领域的人才培养成为当前面临的一个紧迫问题。相应地，一本深入浅出、系统全面的高质量钢结构基础教材就具有十分重要的意义。

由张耀春教授主编、高等教育出版社出版发行的《钢结构设计原理》顺应了这一要求，被列入普通高等教育“十一五”国家级规划教材，并入选教育部2011年度普通高等教育精品教材，在2014年，入选“十二五”普通高等教育本科国家级规划教材。近十年来被国内近50所高等院校选为钢结构专业课教材，深受广大师生好评。

该教材出版近十年来，随着我国改革开放事业的不断深化，钢结构的应用范围进一步扩大，相应的理论研究和技术革新也取得长足进展。随着“一带一路”国际合作的推进，由我国企业在国外启动的钢结构项目也日益增多。钢结构领域新的技术标准也因此出台，不仅反映了近年来的技术进步，也尽量与国际标准相互融合。顺应这一宏观形势，编者对本教材进行了全面的修订和补充。

修订后的教材内容更加丰富翔实，完整地反映了钢结构领域近年来的技术进步和学科发展。并且，它继续保持了作为一本精品教材所具有的许多特色：理论体系完整，脉络清晰，基础理论与设计方法有机结合；讲解深入浅出，并在有关章节均给出典型例题和习题，有助于学生对相关内容的消化理解，达到学以致用的目的；在系统讲解基本原理的基础上，适当点明工程实践中的热点问题和相关的科学前沿问题，并给出主要参考文献，有助于学习者活学活用及拓展其知识面。可以看出，本教材凝结了主编及编写成员的智慧与汗水，是多年教学与科研的知识结晶。

我衷心认为，这本书是高等院校土木工程专业的一部很有特色的优秀教材，也是从事钢结构工程设计和施工的技术人员的一本有用参考书。爰为之序。

中国工程院院士、哈尔滨工业大学教授

2019年5月

第 2 版前言

本书出版以来，已经经历了近 10 年的时间，期间受到了广大师生的欢迎。10 年来，随着我国改革开放事业的不断深化，钢结构在我国的应用范围日益扩大，在钢结构的科学研究方面也取得了长足进展，GB 50017—2017《钢结构设计标准》已颁布施行，新的《冷弯型钢结构技术规范》报批稿也已审查通过，有望颁布施行。为顺应这一新形势，本书进行了全面修订。

根据使用以来发现的问题和不足，以及 10 年来钢结构学科的进展，除了对各章的内容进行了修改和补充之外，主要做了下述两方面的工作：

1. 考虑到疲劳破坏和脆性断裂与钢结构的连接和节点构造密切相关，将这一部分内容由第 2 章“钢结构的材料”移出，在内容充实后，单列为第 10 章“疲劳计算和防脆断设计”。

2. 为了便于学生更加直观地学习、理解钢结构的制造、连接、构造、传力路线等概念和机理，结合目前普遍采用的网络技术，在相应章节加入了一批动画和视频，以期提高学生的学习兴趣和效果。

近期许多相关规范正在修订和颁布，这些内容无法在本次修订中反映，有待再印或再版时补充。

本书修订后，内容更加丰富，但篇幅也有所增加，要在有限的教学时数内讲完是不可能的。各校教师应根据各自教学计划的安排，选择合适的内容进行教学。

参加本次修订的人员有：哈尔滨工业大学张耀春（主编，第 1、2 章和第 10、11 章部分），武振宇（第 4、5 章），丁玉坤（第 8 章），邵永松（第 10 章部分），张文元（第 11 章部分和附录）；华南理工大学王湛（第 3 章和全书的视频与动画部分）；重庆大学周绪红（副主编、第 6 章）；长安大学刘永健（第 7 章）；湖南大学舒兴平（第 9 章）。全书由张耀春统稿，由哈尔滨工业大学沈世钊教授审阅。

在修订过程中，得到高等教育出版社的大力支持和帮助，对此表示衷心的感谢。

限于编者的水平，书中不妥之处在所难免，敬请读者批评指正。

编　者

2019 年 5 月

第 1 版前言

本书为普通高等教育“十一五”国家级规划教材，同时是新世纪土木工程系列教材之一，是为适应“大土木”专业覆盖面广的需要而编写的。

本书以阐述钢结构的基本设计原理为重点，结合新版《钢结构设计规范》和《冷弯薄壁型钢结构技术规范》的修订内容，着重讲述了钢材的性能、连接和各种基本构件的设计原理，各类节点的构造和设计；同时以单层厂房钢结构为例，介绍了整体房屋钢结构的设计方法；书中还介绍了钢结构的塑性设计方法和抗震设计特点。

考虑到近年来轻钢结构快速发展的需要，书中适当安排了冷弯薄壁型钢结构设计原理的部分内容，教学时可不作为基本内容要求。

近期许多规范正在修订，这些修订可能来不及在本书中得到全面反映，有待再印或再版时补充。

本书可作为土木工程专业本科生的专业基础课教材，也可作为钢结构技术工作者和土建人员的学习参考用书。

参加本书编写的人员有：哈尔滨工业大学张耀春（主编，第 1、2、10 章）、武振宇（第 4、5 章）、张连一（第 8 章）、张文元（附录），华南理工大学王湛（第 3 章），兰州大学周绪红（副主编，第 6 章），长安大学刘永健（第 7 章），湖南大学舒兴平（第 9 章）。全书由张耀春统稿，由哈尔滨工业大学钟善桐教授审阅。

在本书编写过程中得到了编委会和高等教育出版社的大力支持和帮助，对此表示衷心的感谢。另外，哈尔滨工业大学研究生王春刚同志协助主编整理了部分书稿，在此深表谢意。

限于编者水平，书中不妥之处在所难免，敬请读者批评指正。

编　者

2010 年 8 月

目 录

第1章 绪论

§1.1 钢结构发展简史

钢(steel)是铁碳合金,人类采用钢结构的历史和炼铁、炼钢技术的发展是密不可分的。早在公元前2000年左右,在人类古代文明的发祥地之一的美索不达米亚平原(位于现代伊拉克境内的幼发拉底河和底格里斯河之间)就出现了早期的炼铁术。

我国也是较早发明炼铁技术的国家之一,在河南辉县等地出土的大批战国时代(公元前475—前221年)的铁制生产工具说明,早在战国时期,我国的炼铁技术已很盛行了。公元65年(汉明帝时代),已成功地用锻铁(wrought iron)为环,相扣成链,建成了世界上最早的铁链悬桥——兰津桥。此后,为了便利交通,跨越深谷,曾陆续建造了数十座铁链桥。其中跨度最大的为1705年(清康熙四十四年)建成的四川泸定大渡河桥,桥宽2.8 m,跨长100 m,由9根桥面铁链和4根桥栏铁链构成,两端系于直径20 cm、长4 m的生铁铸成的锚桩上。该桥比美洲1801年建造的跨长23 m的铁索桥早近百年,比英格兰1779年建造的30 m跨铸铁(cast iron)拱桥早74年,堪称真正的世界第一座大跨度铁桥。

除铁链悬桥外,我国古代还建有许多铁建筑物,如公元694年在洛阳建成的"天枢",高35 m,直径4 m,顶有直径为11.3 m的"腾云承露盘",底部有直径约16.7 m用来保持天枢稳定的"铁山",相当符合力学原理。又如公元1061年(宋代)在湖北荆州玉泉寺建成的13层铁塔,目前依然存在。所有这些都表明,我们中华民族对铁结构的应用,曾经居于世界领先地位。

欧美等国家中最早将铁作为建筑材料的当属英国,但直到1840年以前,还只采用铸铁来建造拱桥。1840年以后,随着铆钉(rivets)连接和锻铁技术的发展,铸铁结构逐渐被锻铁结构取代,1846—1850年间在英国威尔士修建的布里塔尼亚桥(Brittania Bridge)是这方面的典型代表。该桥共有4跨,跨长分别为70 m、140 m、140m、70 m,每跨均为箱型梁式桥,由锻铁型板和角铁经铆钉连接而成。随着1855年英国人发明贝氏转炉炼钢法和1865年法国人发明平炉炼钢法,以及1870年成功轧制出工字钢之后,形成了工业化大批量生产钢材(steel products)的能力,强度高且韧性好的钢材才开始在建筑领域逐渐取代锻铁材料,自1890年以后成为金属结构的主要材料。20世纪初焊接(welding)技术的出现,以及1934年高强度螺栓(high-strength bolts)连接的出现,极大地促进了钢结构的发展。除西欧、北美之外,钢结构在苏联和日本等国家也获得了广泛的应用,逐渐发展成为全世界所接受的重要结构体系。

由于我国曾长期处于封建社会，束缚了生产力的发展，1840 年鸦片战争以后，更沦为半封建半殖民地国家，经济凋敝，工业落后，致使古代在铁结构方面的技术优势丧失殆尽。我国在 1907 年才建成了汉阳钢铁厂，年产钢只有 0.85 万吨。日本帝国主义侵略中国期间，曾在东北的鞍山、本溪建设了几个钢铁企业，疯狂掠夺我国的宝贵资源。1943 年是我国历史上钢铁产量最高的一年，生产生铁 180 万吨，绝大部分是在东北生产的。这些钢铁很少用于建设，大部分被日本帝国主义用于侵略战争。

中华人民共和国成立后，随着经济建设的发展，钢结构曾起过重要作用，如第一个五年计划期间，建设了一大批钢结构厂房、桥梁。但由于受到钢产量的制约，在其后的很长一段时间内，钢结构被限制使用在其他结构不能代替的重大工程项目中，在一定程度上，影响了钢结构的发展。

自 1978 年我国实行改革开放政策以来，经济建设获得了飞速的发展，钢产量逐年增加。自 1996 年超过 1 亿吨以来，一直位列世界钢产量的首位，2009 年达到 5.68 亿吨，是排在中国后面四位的日本、俄罗斯、美国和印度粗钢产量之和的 2.2 倍。2014 年更达到创纪录的 8.2 亿吨，进一步确立了中国世界钢铁大国的地位，彻底改变了钢材供不应求的局面。我国的钢结构技术政策，也从“限制使用”改为积极合理地推广应用。近年来，随着市场经济的不断完善，钢结构制作和安装企业像雨后春笋般在全国各地涌现，不少知名企业已打入外国建筑市场，外国著名钢结构厂商也纷纷进入中国市场。我国 GB 50017—2003《钢结构设计规范》和 GB 50018—2002《冷弯薄壁型钢结构技术规范》已发布实施多年，目前，在多年工程实践和科学研究的基础之上，新的 GB 50017—2017《钢结构设计标准》（以下简称 GB 50017 或《标准》）已颁布实施，新的《冷弯型钢结构技术规范》也即将颁布。所有这些，为钢结构在我国的快速发展创造了条件。

§1.2　钢结构的特点及应用

1.2.1　钢结构的特点

与其他材料的结构相比，钢结构具有如下特点：

① 钢材强度高，结构重量轻。钢与砖石和混凝土相比，虽然密度较大，但强度更高，故其密度与强度的比值较小，承受同样荷载时，钢结构要比其他结构轻。例如，当跨度和荷载均相同时，钢屋架的重量仅为钢筋混凝土屋架的 1/4 ~ 1/3，冷弯薄壁型钢屋架甚至接近 1/10。为运输和吊装提供了方便。由于钢构件常较柔细，因此稳定问题比较突出，应给予充分注意。

② 材质均匀，且塑性韧性好。与砖石和混凝土相比，钢材属单一材料，由于生产过程质量控制严格，因此组织构造比较均匀，且接近各向同性，钢材的弹性模量很高，在正常使用情况下具有良好的延性，可简化为理想弹塑性体，最符合一般工程力学的基本假定，计算结果比较可靠。由于重量轻和韧性好，钢结构的抗震性能也好于其他结构。

③ 良好的加工性能和焊接性能。钢材具有良好的冷热加工性能和焊接性能,便于在专业化的金属结构厂大批量生产出精度较高的构件,然后运至现场,进行工地拼接和吊装,实现装配化生产,既可保证质量,又可缩短施工周期。

④ 密封性好。采用焊接连接的钢板结构,具有较好的水密性和气密性,可用来制作压力容器、管道,甚至载人太空结构。

⑤ 钢材的可重复使用性。钢结构加工制造过程中产生的余料和碎屑,以及废弃和破坏了的钢结构或构件,均可回炉重新冶炼成钢材重复使用。因此钢材被称为绿色建筑材料或可持续发展的材料。

⑥ 钢材耐热但不耐火。钢材长期经受100℃辐射热时,性能变化不大,具有一定的耐热性能。但当温度超过200℃时,会出现蓝脆现象,当温度达600℃时,钢材进入热塑性状态,将丧失承载能力。因此在有防火要求的建筑中采用钢结构时,必须考虑防火问题。

⑦ 耐腐蚀性差。钢材耐锈蚀的性能较差,因此必须对钢结构采取防护措施,使它的维护费用较砖石和钢筋混凝土结构为高。不过在没有侵蚀性介质的一般厂房中,钢构件经过彻底除锈并涂上合格的油漆后,锈蚀问题并不严重。对处于湿度大,有侵蚀性介质环境中的结构,可采用耐候钢或不锈钢提高其抗锈蚀性能。

⑧ 钢结构的低温冷脆倾向。由厚钢板焊接而成的承受拉力和弯矩的构件及其连接节点,在低温下有脆性破坏的倾向,应引起足够的重视。

1.2.2　钢结构的应用

随着我国国民经济的不断发展和科学技术的进步,钢结构在我国的应用范围也在不断扩大。目前钢结构应用范围大致如下:

(1) 大跨结构

结构跨度越大,自重在荷载中所占的比例就越大,减轻结构的自重会带来明显的经济效益。钢材强度高结构重量轻的优势正好适合于大跨结构,因此钢结构在大跨空间结构和大跨桥梁结构中得到了广泛的应用(图1.2.1～图1.2.3)。所采用的结构形式有空间桁架、网架、网壳、悬索(包括斜拉体系)、张弦梁、实腹或格构式拱架和框架等。

图1.2.1　国家游泳中心——水立方

(平面尺寸185 m×185 m)

图1.2.2　苏通长江公路大桥

(斜拉桥主孔跨度1 088 m)

图1.2.3　贵州500 m口径球面射电望远镜

（2）工业厂房

吊车起重量较大或者其工作较繁重的车间的主要承重骨架多采用钢结构。另外，有强烈辐射热的车间，也经常采用钢结构。结构形式多为由钢屋架和阶形柱组成的门式刚架或排架（图1.2.4），也有采用网架做屋盖的结构形式。

近年来，随着压型钢板等轻型屋面材料的采用，轻钢结构工业厂房得到了迅速的发展。其结构形式主要为实腹式变截面门式刚架（图1.2.5）。

图1.2.4　工业厂房承重骨架

图1.2.5　轻钢工业厂房门式刚架

（3）受动力荷载影响的结构

由于钢材具有良好的韧性，设有较大锻锤或产生动力作用的其他设备的厂房，即使屋架跨度不大，也往往由钢制成。对于抗震能力要求高的结构，采用钢结构也是比较适宜的。

（4）多层和高层建筑

由于钢结构的综合效益指标优良，近年来在多、高层民用建筑中也得到了广泛的应用

(图 1.2.6)。其结构形式主要有多层框架、框架-支撑结构、框筒、悬挂、巨型框架等。

(5) 高耸结构

高耸结构包括塔架和桅杆结构,如高压输电线路的塔架、广播、通信和电视发射用的塔架(图 1.2.7)和桅杆、火箭(卫星)发射塔架(图 1.2.8)等。

图 1.2.6　上海陆家嘴中心区超高层建筑群

(左:环球金融中心 492 m,中:上海中心大厦 632 m,右:金茂大厦 421 m)

图 1.2.7　广州电视塔(600 m)

图 1.2.8　火箭发射塔架

(6) 可拆卸的结构

钢结构不仅重量轻,还可以用螺栓或其他便于拆装的手段来连接,因此非常适用于需要搬迁的结构,如建筑工地、油田和需野外作业的生产和生活用房的骨架等。钢筋混凝土结构施工用的模板和支架，以及建筑施工用的脚手架等也大量采用钢材制作。

(7) 容器和其他构筑物

冶金、石油、化工企业中大量采用钢板做成的容器结构，包括油罐(图1.2.9)、煤气罐、高炉、热风炉等。此外，经常使用的还有皮带通廊栈桥、管道支架、锅炉支架等其他钢构筑物，海上采油平台也大都采用钢结构。

图1.2.9　立式油罐

(8) 轻型钢结构

钢结构重量轻不仅对大跨结构有利，对屋面活荷载特别轻的小跨结构也有优越性。因为当屋面活荷载特别轻时，小跨结构的自重也成为一个重要因素。冷弯薄壁型钢屋架在一定条件下的用钢量可比钢筋混凝土屋架的用钢量还少。轻钢结构的结构形式有实腹变截面门式刚架、冷弯薄壁型钢结构(包括金属拱形波纹屋盖)以及钢管结构(图1.2.10)等。

图1.2.10　南京航空港直接焊接管结构

(9) 钢和混凝土的组合结构

钢构件和板件受压时必须满足稳定性要求，往往不能充分发挥它的强度高的作用，而混凝土则最宜于受压不适于受拉，将钢材和混凝土并用，使两种材料都充分发挥它的长处，是一种很合理的结构。近年来这种结构在我国获得了长足的发展，广泛应用于高层建筑(图1.2.11)、大跨桥梁、工业厂房和地铁站台柱等。主要构件形式有钢与混凝土组合梁和钢管混凝土柱等。

图1.2.11　深圳赛格广场

§ 1.3　钢结构的设计方法

建筑结构要解决的基本问题是，力求以较为经济的手段，使所要建造的结构在预定的使用期限内具有足够的可靠性（reliability），以满足各种预定功能的要求。

由于荷载和结构的抗力都是随机的，而内力的计算方法也是有误差的，因此结构的可靠性也是不确定的，只能用概率来度量。目前我国钢结构的设计方法主要以概率极限状态设计法（probability limit state design method）为主，对于钢结构的疲劳验算，以及储液罐和压力容器等结构，则依然沿用以经验为主的容许应力（许用应力）设计法（allowable stress design method）。

1.3.1　概率极限状态设计法

1. 结构的功能要求

结构在规定的设计使用年限内应满足的功能有：

（1）在正常施工和正常使用时，能承受可能出现的各种作用（安全性）；

（2）在正常使用时具有良好的工作性能（适用性）；

（3）在正常维护下具有足够的耐久性（耐久性）；

（4）在设计规定的偶然事件（如火灾、爆炸、撞击、罕遇地震作用等）发生时及发生后，仍能保持必需的整体稳定性（安全性）。

上述“各种作用”是指凡使结构产生内力或变形的各种原因，如施加在结构上的集中荷载或分布荷载，以及引起结构外加变形或约束变形的原因，例如地震、地基沉降、温度变化等。

2. 结构的可靠度

结构在规定的时间内，在规定的条件下，完成预定功能（安全性、适用性和耐久性）的能力，称为结构的可靠性。结构可靠度（degree of reliability）是对结构可靠性的定量描述，即结构在规定的设计使用年限内，在规定的条件下，完成预定功能的概率。我国所采用的结构设计基准期为 50 年，对结构可靠度的要求与结构的设计使用年限长短有关，设计使用年限长，可靠度要求就高，反之则低。我国的设计使用年限分为 4 类：临时性结构 5 年；易替换的结构构件 25 年；普通房屋和构筑物 50 年；纪念性建筑和特别重要的建筑物 100 年。除了时间参数之外，从经济的角度考虑，重要性不同的建筑结构可以采用不同的可靠度，应根据结构破坏可能产生的后果（危及人的生命，造成经济损失，产生社会影响）的严重性，采用不同的安全等级。我国 GB 50068—2018《建筑结构可靠性设计统一标准》规定，重要的建筑物，破坏后果很严重，其安全等级为一级；一般的建筑物，破坏后果严重，其安全等级为二级；次要建筑物，破坏后果不严重，其安全等级为三级。

3. 结构的极限状态

整个结构或结构的一部分超过某一特定状态就不能满足设计规定的某一功能要求，称此特定状态为该功能的极限状态。极限状态实质上是结构可靠与不可靠的界限，故也可称为“界限状态”。对于结构的各种极限状态，均应规定明确的标志或限值。

我国《标准》规定，承重结构应按下列两类极限状态进行设计：

（1）承载能力极限状态

包括：构件和连接的强度破坏、疲劳破坏和因过度变形而不适于继续承载，结构和构件丧失稳定，结构转变为机动体系和结构倾覆。

（2）正常使用极限状态

包括：影响结构、构件和非结构构件正常使用或外观的变形，影响正常使用的振动，影响正常使用或耐久性能的局部损坏。

承载能力极限状态与正常使用极限状态相比较，前者可能导致人身伤亡和大量财产损失，故其出现的概率应当很低，而后者对生命的危害较小，故允许出现的概率可高些，但仍应给予足够的重视。

4. 概率极限状态设计原理

设结构的极限状态采用下列极限状态方程描述：

$$Z=g(x_1,x_2,\cdots,x_n)=0 \tag{1.3.1}$$

式中，$g(\cdot)$为结构的功能函数；$x_i(i=1,2,\cdots,n)$为影响结构或构件可靠度的基本变量，系指结构上的各种作用和材料性能、几何参数等；进行结构可靠度分析时，也可采用作用效应和结构抗力作为综合的基本变量；基本变量均可考虑为相互独立的随机变量。

当仅有作用效应S和结构抗力R两个基本变量时，结构的功能函数可表示为

$$Z=g(R,S)=R-S \tag{1.3.2}$$

由于R和S都是随机变量，其函数Z也是一个随机变量。功能函数Z存在三种可能状态：

$$Z=R-S\begin{cases}>0 & \text{结构处于可靠状态}\\ =0 & \text{结构达到极限状态}\\ <0 & \text{结构处于失效状态}\end{cases}$$

定值设计法认为R和S都是确定性的变量，结构只要按$Z\geqslant 0$设计，并赋予一定的安全系数，结构就是绝对安全的。事实并非如此，由于Z的随机性，结构失效事故仍时有所闻。

结构或构件的失效概率可表示为

$$P_f=p(z)<0 \tag{1.3.3}$$

设R和S的概率统计值均服从正态分布，可分别算出它们的平均值μ_R、μ_S和标准差σ_R、σ_S，则功能函数$Z=R-S$也服从正态分布，它的平均值和标准差分别为

$$\mu_Z=\mu_R-\mu_S \tag{1.3.4}$$

$$\sigma_Z=\sqrt{\sigma_R^2+\sigma_S^2} \tag{1.3.5}$$

图1.3.1是功能函数$Z=R-S$为正态分布的概率密度曲线。图中由$-\infty$到0的阴影面积表示$Z<0$的概率，即失效概率P_f，需采用积分法求得。由图1.3.1中可见，在正态分布的概率密度曲线中存在着Z的平均值和标准差的下述关系：

$$\beta\sigma_Z=\mu_Z \tag{1.3.6}$$

令

$$\beta=\frac{\mu_Z}{\sigma_Z} \tag{1.3.7}$$

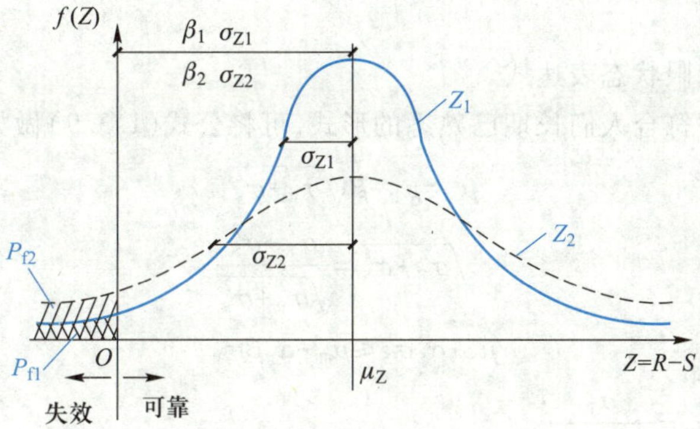

图 1.3.1　功能函数 Z 的概率密度曲线

由图中可以看出两个具有相同平均值，不同标准差的功能函数 Z_1 和 Z_2的 β 间有如下关系 $\beta_1>\beta_2$，或$-\beta_2>-\beta_1$，而 $P_{f2}>P_{f1}$，说明 β 值与失效概率存在着对应关系：

$$P_f=\phi(-\beta) \tag{1.3.8}$$

式中，$\phi(\cdot)$是标准正态分布函数。

式(1.3.8)说明，只要求出 β 就可获得对应的失效概率 P_f(而可靠度 $P_s=1-P_f$)，故称 β 为结构构件的可靠指标(reliability index)。P_f 与可靠指标 β 的对应关系见表 1.3.1。

表 1.3.1　失效概率与可靠指标的对应关系

β	2.5	2.7	3.2	3.7	4.2
P_f	6.21×10^{-3}	3.5×10^{-3}	6.9×10^{-4}	1.1×10^{-4}	1.3×10^{-5}

将式(1.3.4)和式(1.3.5)代入式(1.3.7)有：

$$\beta=\frac{\mu_Z}{\sigma_Z}=\frac{\mu_R-\mu_S}{\sqrt{\sigma_R^2+\sigma_S^2}} \tag{1.3.9}$$

当 R 和 S 的统计值不按正态分布时，结构构件的可靠指标应以它们的当量正态分布的平均值和标准差代入式(1.3.9)来计算。当功能函数 Z 为非线性函数时，可将此函数展为泰勒级数而取其线性项计算 β。由于 β 的计算只采用分布的特征值，即一阶原点矩(均值)μ_Z 和二阶中心矩(方差，即标准差的平方)σ_Z^2，对非线性函数只取线性项，而不考虑 Z 的全分布，故称此法为一次二阶矩法。

结构构件设计时采用的可靠指标，可根据对现有结构构件的可靠度分析(所谓校准法)，并考虑使用经验和经济因素等确定。我国《建筑结构可靠性设计统一标准》规定，结构构件承载能力极限状态的可靠指标，不应小于表 1.3.2 的规定。钢结构各种构件的承载能力，按钢结构设计标准设计，经校准分析，其 β 值在 3.2 左右，钢结构一般情况下属延性破坏，故总体安全等级为二级。

表 1.3.2　结构构件承载能力极限状态的可靠指标

破坏类型	安全等级		
	一级	二级	三级
延性破坏	3.7	3.2	2.7
脆性破坏	4.2	3.7	3.2

5. 设计表达式

(1) 承载能力极限状态表达式

为了应用简便并符合人们长期已熟悉的形式，可将公式(1.3.9)做如下变换：

$$\mu_S=\mu_R-\beta\sqrt{\sigma_R^2+\sigma_S^2}$$

由于

$$\sqrt{\sigma_R^2+\sigma_S^2}=\frac{\sigma_R^2+\sigma_S^2}{\sqrt{\sigma_R^2+\sigma_S^2}}$$

故得

$$\mu_S+\alpha_S\sigma_S\leqslant\mu_R-\alpha_R\beta\sigma_R \tag{1.3.10}$$

式中，$\alpha_S=\dfrac{\sigma_S}{\sqrt{\sigma_R^2+\sigma_S^2}}$；$\alpha_R=\dfrac{\sigma_R}{\sqrt{\sigma_R^2+\sigma_S^2}}$

式(1.3.10)就是以平均值表示的一次二阶矩法的设计表达式，只要根据结构的重要性和破坏特性确定了结构的可靠指标，又统计出各随机变量的平均值和标准差，就可利用式(1.3.10)进行设计。

考虑到工程设计中经常以 S 和 R 的标准值 S_K 和 R_K(图 1.3.2)为统计对象：

$$S_K=\mu_S+\eta_S\sigma_S$$

$$R_K=\mu_R-\eta_R\sigma_R$$

式中，η_S 和 η_R 分别为确定标准值时所用的保证度系数。一般取 95% 的保证度(对应于 0.05 分位数)时，$\eta=1.645$。

利用以上关系，可以将公式(1.3.10)转化为以标准值表示的设计公式：

$$\gamma_S S_K\leqslant R_K/\gamma_R \tag{1.3.11}$$

式中，γ_S 为荷载分项系数；γ_R 为抗力分项系数。其表达式分别为

$$\gamma_S=\frac{1+\alpha_S\beta\sigma_S/\mu_S}{1+\eta_S\sigma_S/\mu_S}$$

$$\gamma_R=\frac{1-\alpha_R\beta\sigma_R/\mu_R}{1-\eta_R\sigma_R/\mu_R}$$

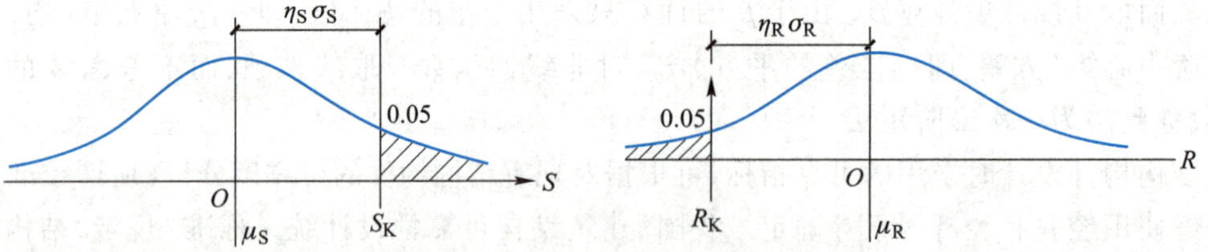

图 1.3.2　S_K 和 R_K 的取值

考虑重要性系数后，并用作用效应 S 和结构抗力 R 的设计值代入式(1.3.11)，得承载能力极限状态设计表达式：

$$\gamma_0 S\leqslant R \tag{1.3.12}$$

式中，γ_0 为结构重要性系数，对安全等级为一级的结构构件，不应小于 1.1；对安全等级为二级的结构构件，不应小于 1.0；对安全等级为三级的结构构件，不应小于 0.9。

《建筑结构可靠性设计统一标准》规定结构构件的极限状态设计表达式，应根据各种极限状态的设计要求，采用有关的荷载代表值、材料性能标准值、几何参数标准值以及各种分

项系数等表达。

荷载分项系数 γ_S(包括永久、可变荷载分项系数 γ_G、γ_Q)和结构构件抗力分项系数 γ_R 应根据结构功能函数中基本变量的统计参数和概率分布类型,以及表 1.3.2 规定的结构构件可靠指标,通过计算分析,并考虑工程经验确定。

按现行国家标准 GB 50009—2012《建筑结构荷载规范》,结构设计时,应对不同的荷载采用不同的代表值:永久荷载应采用标准值;可变荷载应根据设计要求,采用标准值、组合值、频遇值或准永久值;偶然荷载应按建筑结构使用的特点确定其代表值。确定可变荷载代表值时,应采用 50 年设计基准期。

根据结构的功能要求,进行承载能力极限状态设计时,应考虑作用效应的基本组合,必要时尚应考虑作用效应的偶然组合(考虑如爆炸力、撞击力等偶然事件的组合)。

① 基本组合

在荷载(作用)效应的基本组合条件下,式(1.3.12)可转化为等效的以基本变量标准值、分项系数和组合系数,并以应力形式表达的极限状态公式。其荷载效应的基本组合按下列设计表达式中的最不利值确定:

可变荷载效应控制的组合:

$$\gamma_0\left(\gamma_G\sigma_{GK}+\gamma_{Q1}\gamma_{L1}\sigma_{Q1K}+\sum_{i=2}^{n}\gamma_{Qi}\gamma_{Li}\psi_{ci}\sigma_{QiK}\right)\leqslant f \tag{1.3.13}$$

永久荷载效应控制的组合:

$$\gamma_0\left(\gamma_G\sigma_{GK}+\sum_{i=1}^{n}\gamma_{Qi}\gamma_{Li}\psi_{ci}\sigma_{QiK}\right)\leqslant f \tag{1.3.14}$$

式中,σ_{GK}为永久荷载标准值在结构构件截面或连接中产生的应力。σ_{Q1K}为起控制作用的第一个可变荷载标准值在结构构件截面或连接中产生的应力(该值使计算结果为最大)。σ_{QiK}为其他第 i 个可变荷载标准值在结构构件截面或连接中产生的应力。γ_G 为永久荷载分项系数,当永久荷载效应对结构构件的承载能力不利时取 1.2,但对式(1.3.14)则取 1.35。当永久荷载效应对结构构件的承载能力有利时,取为 1.0;验算结构倾覆、滑移或漂浮时取 0.9。γ_{Q1}、γ_{Qi}为第一个和其他第 i 个可变荷载分项系数,当可变荷载效应对结构构件的承载能力不利时,取 1.4(当楼面活荷载大于 4.0 kN/m^2 时,取 1.3);有利时,取为 0;γ_L为考虑设计使用年限的调整系数,楼面和屋面活荷载的调整系数如下:100 年的为 1.1;50 年的为 1.0;25 年的为 0.95,对雪荷载和风荷载,应取荷载的重现期为设计使用年限;ψ_{ci}为第 i 个可变荷载的组合值系数,可按荷载规范的规定采用。f 为钢材或连接的强度设计值。钢材的抗拉、抗压、抗弯强度设计值由式 $f=f_y/\gamma_R$ 确定,钢材或连接的其他强度设计值由相应的换算关系确定(见《标准》条文说明表 7)。各种钢材和连接的强度设计值见附录 1。

在钢结构设计中,除第一个可变荷载的组合值系数 $\psi_{c1}=1.0$ 的楼盖(例如仪器车间仓库、金工车间、轮胎厂准备车间、粮食加工车间等的楼盖)或屋盖(高炉附近的屋面积灰),可能由式(1.3.14)控制设计,取 $\gamma_G=1.35$ 外,其他只有大型混凝土屋面板的重型屋盖以及很特殊情况才有可能由式(1.3.14)控制设计,多数由式(1.3.13)控制设计。

② 偶然组合

对于偶然组合,极限状态设计表达式宜按下列原则确定:偶然作用的代表值不乘分项系数;与偶然作用同时出现的可变荷载,应根据观测资料和工程经验采用适当的代表值,具体的设计表达式及各种系数,应符合专门规范的规定。

(2) 正常使用极限状态表达式

对于正常使用极限状态,按《建筑结构可靠性设计统一标准》的规定要求分别采用荷载的标准组合、频遇组合和准永久组合进行设计,并使变形等设计不超过相应的规定限值:

$$S \leqslant C \tag{1.3.15}$$

式中,S 为作用组合的效应设计值;C 为设计时对变形裂缝等规定的相应限值。

钢结构只考虑荷载的标准组合,其设计式为

$$v_{GK} + v_{Q1K} + \sum_{i=2}^{n} \psi_{ci} v_{QiK} \leqslant [v] \tag{1.3.16}$$

式中,v_{GK} 为永久荷载的标准值在结构或结构构件中产生的变形值;v_{Q1K} 为起控制作用的第一个可变荷载的标准值在结构或结构构件中产生的变形值(该值使计算结果为最大);v_{QiK} 为其他第 i 个可变荷载标准值在结构或结构构件中产生的变形值;$[v]$ 为结构或结构构件的容许变形值,具体规定见附录 2。

1.3.2 容许应力设计法

长期以来,人们采用以经验为主的容许应力设计方法进行结构设计,其表达式为

$$\sigma \leqslant [\sigma] = \frac{f_b}{K} \tag{1.3.17}$$

式中,σ 为由标准荷载采用弹性分析求得的结构中的最大应力;$[\sigma]$ 为规范规定的材料的容许应力;f_b 为材料的极限强度,塑性材料取屈服点 f_y,脆性材料取强度极限 f_u;K 为安全系数(factor of safety),凭工程经验取值。

该方法的优点是简单实用,已有多年的使用经验,积累的资料和数据较完整,因此至今钢结构中的疲劳验算、储液罐和压力容器等结构的设计仍在应用。缺点是采用弹性分析,无法考虑钢材的塑性性能和内力重分布;将非确定性的结构可靠性问题作为确定性问题处理,全凭工程经验确定单一的安全系数,缺乏理论依据。为了保证安全,往往采用较大的安全系数,造成材料的浪费。有时因经验不足,考虑不周,也有可能带来安全隐患。

1.3.3 结构内力的分析方法

1. 一阶弹性分析

建筑结构的内力一般按结构静力学的方法进行一阶弹性分析(first order elastic analysis)求得。分析时力的平衡条件按变形前的结构杆件轴线建立,即不考虑结构变形对内力的影响。因此,可以利用叠加原理,先分别按各种荷载单独计算结构内力,然后进行内力组合得到结构各部位的最不利内力设计值。这正是极限状态设计表达式(1.3.13)~式(1.3.16)建立的基础之一。

2. 框架结构的近似二阶弹性分析

(1) 二阶弹性分析

二阶弹性分析与一阶弹性分析的不同之处在于，力的平衡条件是按发生变形后的杆件轴线建立的。现以图1.3.3a所示横梁刚度为无穷大的单跨有侧移的对称框架为例，来说明二者的不同。

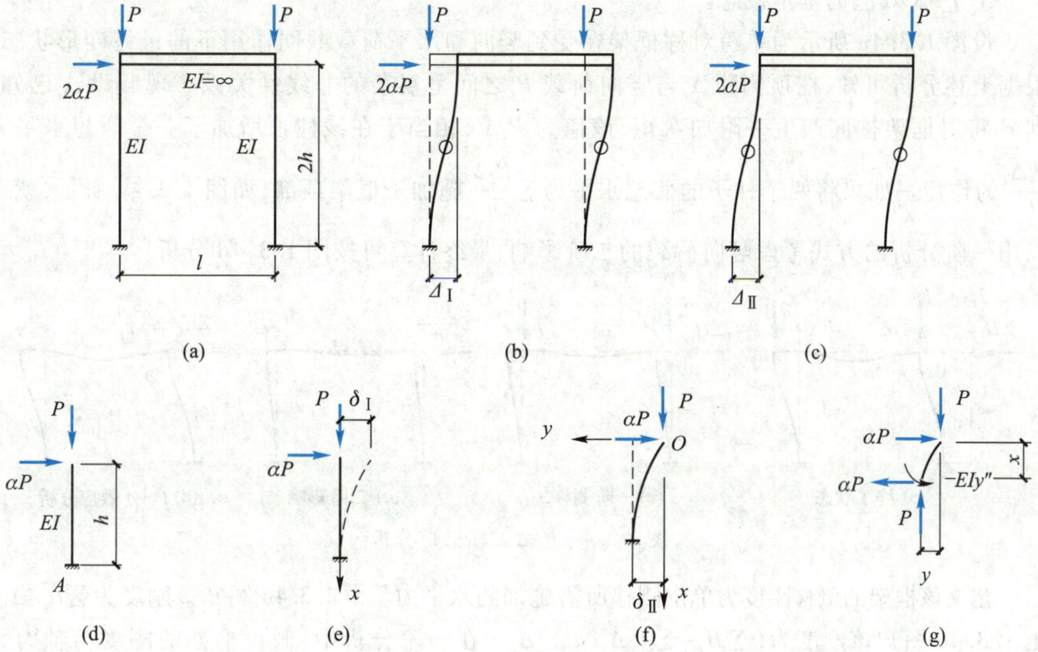

图1.3.3 单跨对称框架分析

由于横梁刚度无穷大，框架在荷载作用下，无节点角位移而只有侧移，柱子的反弯点位于柱子中点，因此分析时可将框架简化为悬臂柱如图1.3.3d所示。图1.3.3b和图1.3.3e分别为框架和悬臂柱按一阶弹性分析时的计算简图。显然框架的柱顶位移为

$$\Delta_{\mathrm{I}}=2\delta_{\mathrm{I}}=\frac{2\alpha Ph^3}{3EI} \tag{1.3.18}$$

固端弯矩为

$$M_{\mathrm{I}}=\alpha Ph \tag{1.3.19}$$

由位移和内力公式可见，一阶分析的位移和内力均与水平荷载 αP 成线性关系。

图1.3.3c和图1.3.3f分别为框架和悬臂柱按二阶分析时的计算简图。图1.3.3g为按悬臂柱模型进行二阶分析时的隔离体图。可写出隔离体的平衡方程为

$$EIy''+Py+\alpha Px=0$$

由二阶微分方程可解得弹性位移曲线 $y=f(x)$，取 $x=h$ 时，可求得 δ_{II}：

$$\delta_{\mathrm{II}}=\frac{\alpha Ph^3}{3EI}\cdot\frac{3(\tan u-u)}{u^3} \tag{1.3.20}$$

则：

$$\Delta_{\mathrm{II}}=2\delta_{\mathrm{II}}=\frac{2\alpha Ph^3}{3EI}\cdot\frac{3(\tan u-u)}{u^3} \tag{1.3.21}$$

式中，$u=h\sqrt{\dfrac{P}{EI}}$。

固端弯矩为

$$M_{\mathrm{II}}=\alpha Ph+P\delta_{\mathrm{II}} \tag{1.3.22}$$

由式(1.3.20)可见,位移 δ_{II} 与 P 成非线性关系,这是与一阶分析的根本不同之处。

比较两种分析方法,可见二阶弹性分析的结果更接近于实际,而且自动考虑了杆件的弹性稳定问题,但计算工作量却大大增加,计算结果中还包含超越函数,解算难度较大。

(2) 框架结构的近似二阶弹性分析

① P-Δ 效应的基本概念。

设图 1.3.4a 所示为单跨对称框架在受到竖向和水平荷载共同作用下的最终变形状态,根据上述分析可知,柱顶侧移 Δ_i 与竖向荷载 P_i 之间呈复杂的非线性关系。现假设 Δ_i 已知,则 P_i 将对框架柱底产生一附加弯矩,该值为 $P_i\Delta_i$,相当于在该柱顶增加了一个假想水平力 $\frac{P_i\Delta_i}{h_i}$ 的作用。如果将两个柱子的假想水平力 $\sum\frac{P_i\Delta_i}{h_i}$ 施加于框架顶部,如图 1.3.4c 所示,就可以用一阶分析的方式考虑竖向荷载的二阶影响,最终计算可按图 1.3.4d 分析。

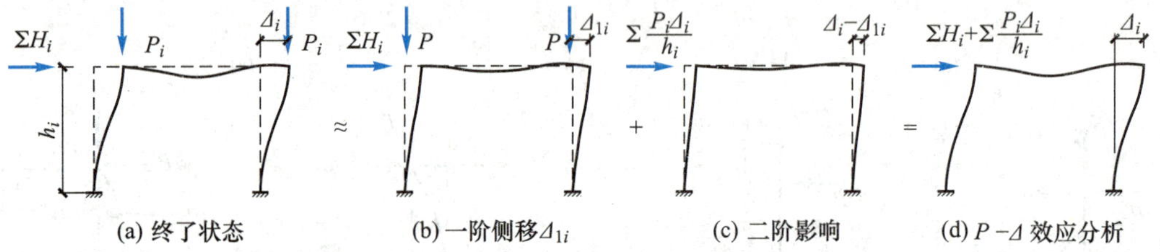

图 1.3.4　P-Δ 二阶效应分析

定义该框架的侧移刚度为单位侧移所需施加的水平力。由 1.3.4b 图知该刚度为 $\sum H_i/\Delta_{1i}$,由 1.3.4d 图知该刚度为 $(\sum H_i+\sum P_i\Delta_i/h_i)/\Delta_i$。在一阶分析中,假设框架的刚度与轴力无关,故有:

$$\frac{\sum H_i}{\Delta_{1i}}=\frac{\sum H_i+\sum P_i\Delta_i/h_i}{\Delta_i} \tag{1.3.23}$$

可解出:

$$\Delta_i=\frac{\Delta_{1i}}{1-\dfrac{\Delta_{1i}\sum P_i}{h_i\sum H_i}}=\alpha_{2i}\Delta_{1i} \tag{1.3.24}$$

式中

$$\alpha_{2i}=\frac{1}{1-\dfrac{\Delta_{1i}\sum P_i}{h_i\sum H_i}} \tag{1.3.25}$$

称为考虑 P-Δ 二阶效应的侧移增大系数。因此可以用一阶侧移 Δ_{1i} 乘以 α_{2i} 求得考虑二阶效应影响的最终侧移 Δ_i。

由图 1.3.4a 可以看出,由于变形的影响,结构将受到 $\sum P_i\Delta_i=\alpha_{2i}\sum P_i\Delta_{1i}$ 的二阶弯矩作用,即在一阶弯矩的基础上,将增加 α_{2i} 倍的一阶侧移弯矩的作用。

② 多层框架的二阶 P-Δ 弹性分析(second-order P-Δ elastic analysis)。

对于多层框架,同样可以采用上述的 P-Δ 分析方法,在一阶分析的基础上考虑二阶效应的影响。

图 1.3.5 所示为典型的多层框架按位移法分析计算过程图。原结构的一阶弯矩 M_1 可由无侧移框架(图 1.3.5b,为结构力学位移法的基本结构)的弯矩 M_{1b} 和有侧移框架(图

1.3.5c,为撤掉各层约束后的框架位移)的弯矩 M_{1s} 叠加求得:

$$M_1 = M_{1b} + M_{1s} \tag{1.3.26}$$

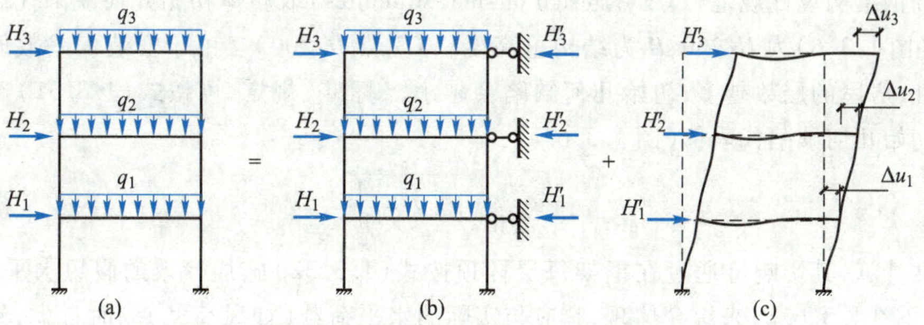

图 1.3.5 多层框架的一阶分析

当考虑近似二阶分析时,各层的二阶层间侧移可由 $P\text{-}\Delta$ 效应增大系数 α_{2i} 乘以各层的一阶层间侧移 Δu_i 得到。相应的有侧移框架的各层弯矩也将增大 α_{2i} 倍,变为 $\alpha_{2i}M_{1s}$。于是,当采用二阶近似分析时,框架杆件的端弯矩 M_{II} 为

$$M_{\mathrm{II}} = M_{\mathrm{Ib}} + \alpha_{2i} M_{1s} \tag{1.3.27}$$

式中,M_{Ib} 为假定框架无侧移时(图 1.3.5b)按一阶弹性分析求得的各杆弯矩;M_{Is} 为框架各节点侧移时(图 1.3.5c)按一阶弹性分析求得的杆件弯矩;α_{2i} 为考虑二阶效应第 i 层杆件的侧移弯矩增大系数。

$$\alpha_{2i} = \frac{1}{1-\dfrac{\Delta u_i \sum N_i}{h_i \sum H_i}} = \frac{1}{1-\theta_i^{\mathrm{II}}} \tag{1.3.28}$$

其中,θ^{II} 为二阶效应系数:

$$\theta_i^{\mathrm{II}} = \frac{\Delta u_i \sum N_i}{h_i \sum H_i} \tag{1.3.29}$$

其中,$\sum H_i$ 系指产生层间侧移 Δu_i 的所计算楼层及其以上各层的水平荷载之和;$\sum N_i$ 是本层所有柱的轴力之和。

算例分析表明,当 $0.1<\theta_i^{\mathrm{II}} \leqslant 0.25$ 时,该近似方法的精确度较高,弯矩误差在 7% 以内,此时宜采用二阶 $P\text{-}\Delta$ 弹性分析或直接分析法。当 $\theta_i^{\mathrm{II}}>0.25$ 时,误差较大,此时应增加框架结构的侧向刚度,或采用更加精确的直接分析法。当 $\theta_i^{\mathrm{II}} \leqslant 0.1$ 时,二阶分析和一阶分析的结果差别很小,说明框架结构的抗侧移刚度较大,可忽略侧移对内力分析的影响,可采用一阶分析法来计算框架的内力。式中 Δu_i 是一阶的层间侧移值,为能简便判别是否要用二阶分析的条件,计算时可用层间侧移的容许值[Δu]代替。

对于非框架结构的二阶效应系数可按下式计算:

$$\theta_i^{\mathrm{II}} = \frac{1}{\eta_{\mathrm{cr}}} \tag{1.3.30}$$

式中,η_{cr} 为整体结构最低阶弹性临界荷载与荷载设计值的比值。

《标准》还规定,当采用此近似二阶弹性分析时,还要考虑结构整体的初始缺陷对内力的影响。一般,缺陷的最大值可根据 GB 50205—2001《钢结构工程施工质量验收规范》所规定

的主体结构最大允许安装偏差 Δ_0 小于 $H/2\,500+10$ mm 且不应大于 25 mm 取值，初始几何缺陷按最低阶屈曲模态按高度分布。考虑到节点偏心和残余应力等其他不利因素，《标准》参考欧洲钢结构设计规范（EC3：Design of steel structures）取整体初始几何缺陷代表值的最大值 Δ_0（图 1.3.6）为 $H/250$，H 为结构总高度（EC3 为 $H/200$）。由于安装偏差数值和方向的随机性，房屋的层数越多，初始几何缺陷会越小，《标准》规定，可按式（1.3.31）确定各层的整体初始几何缺陷代表值（图 1.3.6.a）：

$$\Delta_i = \frac{h_i}{250}\sqrt{0.2+\frac{1}{n_s}} \tag{1.3.31}$$

为了方便计算，其影响可通过在框架每层柱顶按式（1.3.32）施加等效的假想水平力（概念荷载）H_{ni}（图 1.3.6.b）来综合体现，它应与实际的水平荷载（如风荷载）同时考虑，施加方向应考虑荷载的最不利组合。

$$H_{ni} = \frac{G_i \Delta_i}{h_i} = \frac{G_i}{250}\sqrt{0.2+\frac{1}{n_s}} \tag{1.3.32}$$

式中，Δ_i 为所计算 i 楼层的初始几何缺陷代表值，mm；n_s 为结构总层数，当 $\sqrt{0.2+\frac{1}{n_s}}<\frac{2}{3}$ 时取此根号值为 $\frac{2}{3}$；当 $\sqrt{0.2+\frac{1}{n_s}}>1.0$ 时，取此根号值为 1.0；h_i 为所计算楼层的高度，mm；G_i 为第 i 楼层的总重力荷载设计值，N。

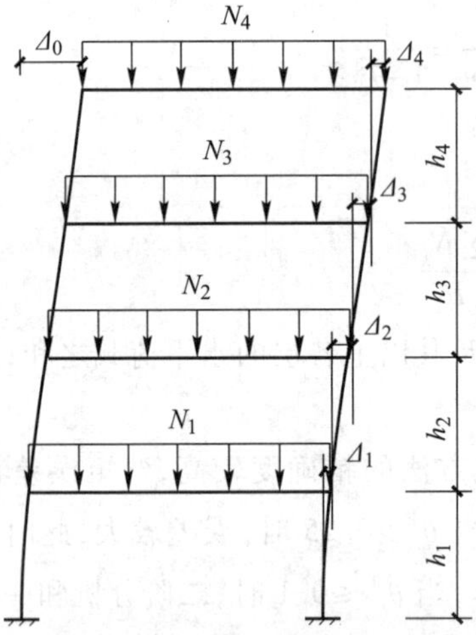

(a) 框架整体初始几何缺陷代表值

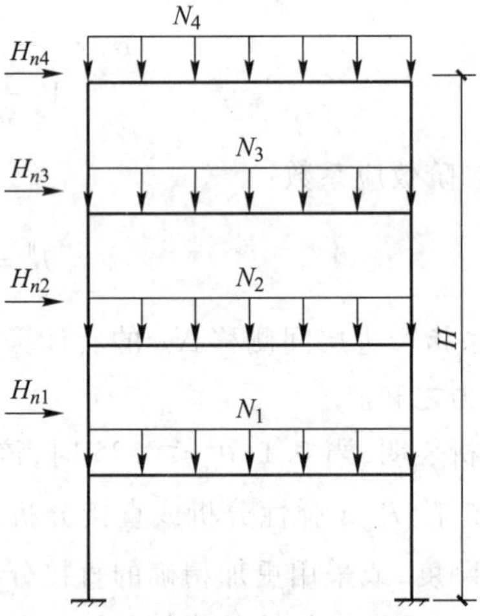

(b) 框架结构等效水平力

图 1.3.6　框架结构整体初始几何缺陷代表值及等效水平力

《标准》5.4.2 条对纯框架结构给出了另一种近似二阶弹性计算方法：将二阶效应仅与框架受水平荷载相关联，即杆件的二阶弹性弯矩等于结构在竖向荷载作用下的一阶弹性弯矩，加上乘以弯矩增大系数的结构在水平荷载作用下的一阶弹性弯矩。该方法概念不甚清楚，而且当结构非对称或竖向荷载非对称时，要分别对框架在竖向和水平荷载作用下解两次有侧移的超静定，计算并不简便。

必须指出，由于二阶弹性分析时荷载和位移呈非线性关系，叠加原理已不再适用，上一节给出的以应力形式表示的极限状态设计表达式也同样不再适用。为了得到结构各杆件的最不利内力设计值,必须先进行荷载组合。在各种荷载组合下分别进行二阶弹性分析,然后相互比较求得最不利的内力设计值,采用式(1.3.12)进行承载能力极限状态的验算。在用二阶内力计算框架柱的整体稳定时,框架柱的计算长度系数可取1.0,这是二阶 $P-\Delta$ 弹性分析与一阶弹性分析在稳定计算中的重要不同之处。

3. 结构的直接分析设计法(direct analysis method of design)

二阶 $P-\Delta$ 弹性分析只能考虑整体的二阶变形效应,受压构件的稳定还要单独验算;该法也不能考虑材料的塑性性能,无法考虑结构的内力重分布。直接分析设计法,也称高等分析(advanced analysis),除了考虑整体结构的二阶 $P-\Delta$ 效应,还可考虑构件的弓形变形二阶 $P-\delta$ 效应,还能考虑各种对结构刚度有影响的因素,如各种初始缺陷、材料弹塑性、节点半刚性等,能更准确地预测结构行为。

(1) 柱子的 $P-\delta$ 效应和构件的初始缺陷

图1.3.7给出了框架受力后的最终变形图,所谓柱子的 $P-\delta$ 效应,就是要考虑因柱子的弓形弯曲变形而在柱中产生的附加弯矩。当柱子有初始缺陷时,将会使 $P-\delta$ 效应更加显著。

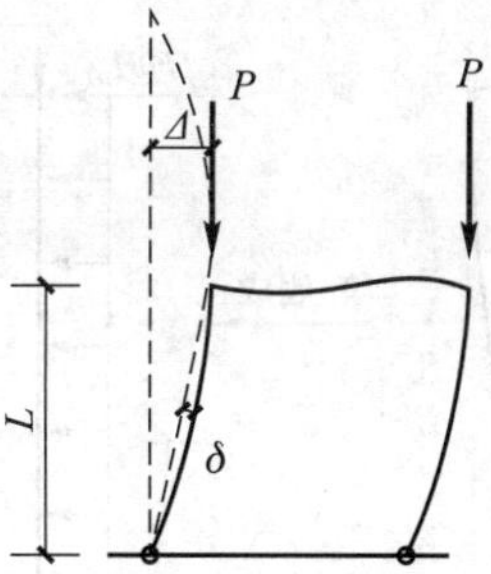

图1.3.7 框架的 $P-\Delta$ 效应和柱子的 $P-\delta$ 效应

构件的初始缺陷代表值同时考虑了初始几何缺陷和残余应力的等效缺陷,其几何形状取压杆最低阶屈曲模态—正弦半波来模拟(图1.3.8a),按式(1.3.33)计算:

$$\delta_0 = e_0 \sin \frac{\pi x}{l} \tag{1.3.33}$$

式中,δ_0 为离构件端部 x 处的初始变形值;e_0 为构件中点处的初始变形值,具体取值见《标准》5.2.2条;x 为离构件端部的距离;l 为构件的总长度。

受压构件的初始缺陷也可采用假想均布荷载进行等效简化计算,假想均布荷载可由 $Ne_0 = q_0 l^2/8$ 导出(图1.3.8b):

$$q_0 = \frac{8Ne_0}{l^2} \tag{1.3.34}$$

(2) 二阶 $P-\Delta-\delta$ 弹性分析

该法是直接分析法的一种特例,也是常用的一种分析手段。结构分析时不考虑材料非线性,只考虑几何非线性,因此,也称为结构的几何非线性分析。在建立结构计算模型时,要考虑整体和构件的初始缺陷,可按等效的假想荷载施加到结构上,施加方向应考虑荷载的最不利组合。《标准》作为示例,给出了图1.3.9单层单跨框架结构的计算模型。

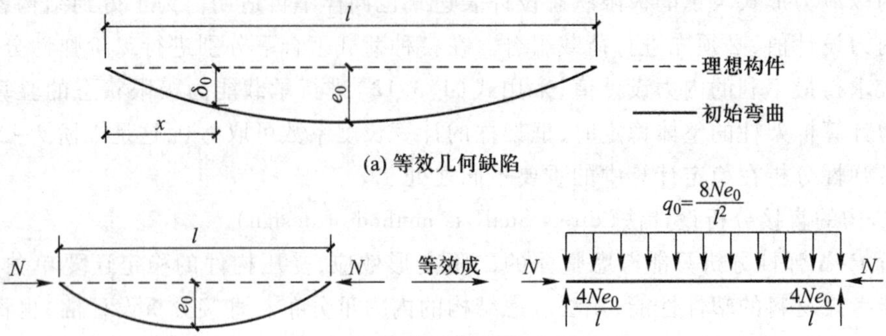

(a) 等效几何缺陷

(b) 假想均布荷载

图 1.3.8　构件的初始缺陷

在各种荷载组合下进行几何非线性分析，相互比较求得最不利设计内力，并据此验算构件截面强度，由于已考虑了具有初始缺陷（含初始弓形弯曲几何缺陷和残余应力的等效缺陷）的压杆的 P-δ 效应，故不再需要进行基于计算长度的稳定性验算了。

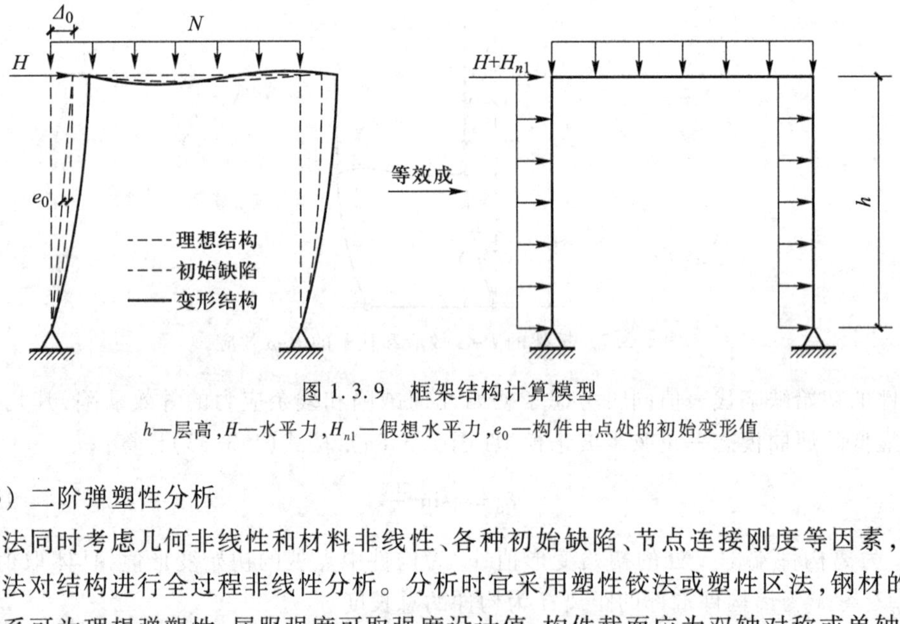

图 1.3.9　框架结构计算模型

h—层高，H—水平力，H_{n1}—假想水平力，e_0—构件中点处的初始变形值

（3）二阶弹塑性分析

该法同时考虑几何非线性和材料非线性、各种初始缺陷、节点连接刚度等因素，采用有限元方法对结构进行全过程非线性分析。分析时宜采用塑性铰法或塑性区法，钢材的应力-应变关系可为理想弹塑性，屈服强度可取强度设计值，构件截面应为双轴对称或单轴对称截面，构件和节点应有足够的延性保证，以便内力重分布。针对给定的设计目标，二阶弹塑性分析可生成多个塑性铰，直到达到设计荷载水平为止。

从工程实用角度出发，不宜采用板壳元或实体元进行弹塑性分析，基于梁柱单元的塑性铰法和塑性区法，不能考虑板件的局部屈曲和屈曲后性能，也难于考虑构件的弹塑性弯扭屈曲，因此应在塑性铰可能出现的部位选取厚实截面，从构造上保证该处出现塑性铰后，仍具有充分的转动能力；构件应有足够的侧向支撑以防止侧向弯扭失稳，当构件可能产生侧向弯扭失稳时，应根据整体分析结果，对其进行补充验算。

塑性铰法虽将构件沿长度方向划分为若干单元，但无法单独输入残余应力，仍应按前述方法考虑含有残余应力等效缺陷的各种初始缺陷。又因其通常只将塑性集中在构件两端，而假定其他部位保持弹性，当轴力较大时，常高估其刚度。为考虑该效应，《标准》规定，当受压构件所受轴力大于其 50% 的抗压设计承载力时，其弯曲刚度应乘以刚度折减系数 0.8。

塑性区法将构件沿长度方向离散成若干单元，同时截面也划分为很多细小的网格；每一细小网格可输入假定为常数的残余应力，因此，可考虑各种残余应力的分布模式；可直接模拟构件的初始几何缺陷；通过数值积分直接跟踪每一细小网格内积分点的应力应变状态，从而可以模拟塑性沿截面和单元长度的渐进扩展。由于考虑了构件的实际残余应力，因此应按 e_0/l 不小于 1/1 000 的出厂加工精度考虑构件的初始几何缺陷，并按 Δ_0 不小于《钢结构工程施工质量验收规范》规定设置结构整体的几何缺陷。该法获得的结果常被视为精确解，但由于计算量十分巨大，在工程设计中广泛应用尚有困难。

二阶弹塑性分析能够真实反映结构在荷载作用下的内力和变形状态，准确预测结构体系及其组件的极限承载力和破坏模式，从而可以免除计算长度系数的计算，以及单个构件的承载力验算等烦琐工作。除了对可能发生弯扭失稳的个别构件需进行补充验算外，只要各组合设计荷载不超过在该组合作用模式下结构的极限承载力，结构就是安全的，还可通过设计荷载与极限承载力的比值，判断设计效率和优化设计。

当然，各种设计方法都应在荷载的标准组合下，验算正常使用极限状态。

4. 对各种分析方法的评价

一阶弹性分析方法的特点是采用计算长度法计算钢结构的稳定问题。该方法的步骤是采用一阶弹性分析求解结构内力，利用叠加原理，按各种荷载组合求出各杆件的最不利内力；按第一类弹性稳定问题建立结构达临界状态时的特征方程，确定各压杆的计算长度；将各杆件隔离出来，按单独的压件或压弯构件进行稳定承载力验算，验算中考虑了弹塑性、残余应力和几何缺陷等的影响。该方法的最大特点是采用计算长度系数来考虑结构体系对被隔离出来的构件的影响，计算比较简单，又符合极限状态设计表达式，对比较规则的结构也可给出较好的结果。

计算长度法存在以下缺陷（以框架结构为例）：①不考虑节间荷载的影响，按理想框架分枝失稳求特征值的方法求解稳定问题，得不到失稳时框架的准确位移，无法精确考虑二阶效应的影响；②不能考虑结构体系中内力的塑性重分布，因此对大型结构体系常常给出保守的设计，使结构体系的可靠度高于构件的可靠度；③不能精确地考虑结构体系与它的构件之间的相互影响，无法在给定荷载下预测结构体系的破坏模式；④需要花费大量时间进行各构件的承载力验算，包括计算长度的计算；⑤不便于基于计算机的分析和设计。

二阶 P-Δ 弹性分析是在一阶弹性分析的基础上考虑了整体的二阶效应的影响，在整体分析中考虑了包含残余应力和初始几何缺陷在内的整体初始缺陷，因此，无需计算各构件的计算长度系数，其值均可直接取 1。当二阶效应系数为 $0.1<\theta_i^{\mathrm{II}}\leqslant 0.25$ 时，该近似方法的精确度比一阶弹性分析高，计算也比较简单。该法属于整体几何非线性分析，叠加原理不再适用，需按不同的荷载组合求解内力和位移，经比较求出各杆件的最不利内力和位移后，仍需对各杆件进行承载力验算和正常使用阶段验算。该法的缺陷与一阶弹性分析相似，但能考虑二阶效应，不需计算计算长度系数。

二阶 P-Δ-δ 弹性分析同时考虑结构整体的二阶 P-Δ 效应和构件的二阶 P-δ 效应，同时考虑各种初始缺陷,应用有限元程序进行几何非线性分析,除个别构件需作出平面弯扭屈曲验算外,其他构件仅需作截面强度验算,无需验算压杆或压弯杆的稳定。该法的缺陷是不考虑材料非线性,无法考虑结构的内力重分布和结构真实的破坏模式。

二阶弹塑性分析是同时考虑几何非线性和材料非线性的全过程分析方法,给出的结构承载能力,将同时满足整个体系和它的组成构件的强度和稳定性的要求,可完全抛弃计算长度和单个构件验算的概念,对结构进行直接的分析和设计。

二阶弹塑性分析和设计方法的缺陷:①由于考虑了非线性的影响,对荷载的不同组合都需要单独进行分析,叠加原理不再适用。②合理的分析依赖于精确的计算模型,目前,对于各种初始缺陷的随机分布问题仍需认真研究。另外,初选截面很重要,如果初选截面不合理,将耗费较多的时间调整截面。③构件的局部稳定和出平面空间稳定必须确保,目前的二阶弹塑性分析还不包括这些方面的验算内容。④该法是基于计算机的设计方法,无法进行手算,因此计算程序的优劣将直接影响设计效率。

结构的直接分析设计法,是一个正在发展和完善的新设计方法,而且是一种较精确的方法,我们可以用其来评价计算长度法的精度和问题,提出有关计算长度法的改进建议。可以预期,在近期内这两种方法将并存,并获得共同的发展。

1.3.4 构件的截面板件宽厚比等级

任何形式的钢结构都是由基本构件通过节点连接构成的。基本构件包括:受弯构件、轴心受拉和受压构件、拉弯和压弯构件、柔性拉索、薄板和薄壳等。除柔索、薄板和薄壳外,其他构件都是具有一定刚度的轧制或焊接型材。

大多数型材构件截面是由板件构成的,如 H 形截面、工字形截面、箱形截面、角钢截面等。为了提高钢材的利用效率,钢构件的截面常常比较开展,板件比较薄。但是过薄的受压板件不利于发挥钢材的塑性性能,因此,要对截面板件的宽厚比进行限制。

板件宽厚比指截面板件平直段的宽度和厚度之比,受弯构件或压弯构件腹板平直段的高度与腹板厚度之比也可称为板件高厚比。板件的宽厚比大小反映了板件的厚实程度。宽厚比越小,板件越厚实,受压时越不易鼓曲,即越不易失去局部稳定,即使板件受压进入塑性,仍能承载且具有相当的压缩变形能力。宽厚比越大,说明板件越薄柔,受压越容易失去局部稳定,会降低受压承载力,无法发挥钢材的塑性性能。可以说截面板件宽厚比直接决定了钢构件的承载力和受弯及压弯构件的塑性转动变形能力,因此钢构件截面的分类,是钢结构设计技术的基础。

以由不同宽厚比和高厚比组成的工字形截面受弯构件为例,其受弯时的弯矩和截面曲率变化曲线如图 1.3.10 所示。图中的 1～5 的 5 条曲线,代表了工字形截面板件的宽厚比由小到大变化时,构件受弯的不同工作性能。图中的 Φ_y 为梁截面边缘纤维屈服时曲率,对应的弯矩为 M_y,$M_y=Wf_y$;W 为截面模量,f_y 为钢材屈服点;$\Phi_P=M_P/EI$,M_P、EI 分别为梁截面全塑性弯矩和截面抗弯刚度;Φ_{P1} 是梁截面所受弯矩曲率曲线下降前达到全塑性弯矩 M_P 时的曲率。

比照上述工字形受弯构件 5 种不同的工作性能,《标准》根据截面的转动能力,将不同截

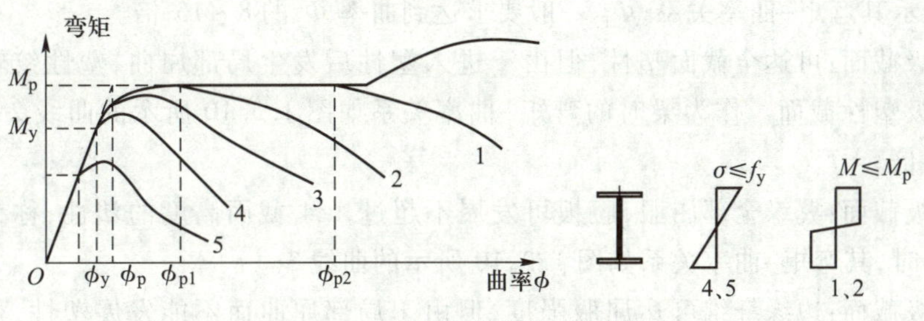

图 1.3.10　受弯构件弯矩-曲率关系

面形式的压弯和受弯构件截面板件分为五个等级，并提出了相应的板件宽厚比限值要求，见表 1.3.3。

表 1.3.3　压弯和受弯构件的截面板件宽厚比等级及限值

构件	截面板件宽厚比等级		S1 级	S2 级	S3 级	S4 级	S5 级
压弯构件（框架柱）	H 形截面	翼缘 b/t	$9\varepsilon_k$	$11\varepsilon_k$	$13\varepsilon_k$	$15\varepsilon_k$	20
		腹板 h_0/t_w	$(33+13\alpha_0^{1.3})\varepsilon_k$	$(38+13\alpha_0^{1.39})\varepsilon_k$	$(40+18\alpha_0^{1.5})\varepsilon_k$	$(45+25\alpha_0^{1.66})\varepsilon_k$	250
	箱形截面	壁板（腹板）间翼缘 b_0/t	$30\varepsilon_k$	$35\varepsilon_k$	$40\varepsilon_k$	$45\varepsilon_k$	—
	圆钢管截面	径厚比 D/t	$50\varepsilon_k^2$	$70\varepsilon_k^2$	$90\varepsilon_k^2$	$100\varepsilon_k^2$	—
受弯构件（梁）	工字形截面	翼缘 b/t	$9\varepsilon_k$	$11\varepsilon_k$	$13\varepsilon_k$	$15\varepsilon_k$	20
		腹板 h_0/t_w	$65\varepsilon_k$	$72\varepsilon_k$	$93\varepsilon_k$	$124\varepsilon_k$	250
	箱形截面	壁板（腹板）间翼缘 b_0/t	$25\varepsilon_k$	$32\varepsilon_k$	$37\varepsilon_k$	$42\varepsilon_k$	—

注：1. ε_k 为钢号修正系数，其值为 235 与钢材牌号中屈服点数值的比值的平方根。

2. b 为工字形、H 形截面的翼缘外伸宽度，t、h_0、t_w 分别是翼缘厚度、腹板净高和腹板厚度。对轧制型截面，腹板净高不包括翼缘腹板过渡处圆弧段；对于箱形截面，b_0、t 分别为壁板间的距离和翼缘厚度；D 为圆管截面外径。

3. 箱形截面梁及单向受弯的箱形截面柱，其腹板限值可根据 H 形截面腹板采用。

4. 腹板的宽厚比可通过设置加劲肋减小。

5. 当 S5 级截面的板件宽厚比小于 S4 级经 ε_σ 修正的板件宽厚比时，可归属为 S4 级截面。ε_σ 为应力修正因子，$\varepsilon_\sigma=\sqrt{f/\sigma_{max}}$。

6. 参数 α_0 系应力梯度，$\alpha_0=\dfrac{\sigma_{max}-\sigma_{min}}{\sigma_{max}}$，式中：$\sigma_{max}$——腹板计算边缘的最大压应力；$\sigma_{min}$——腹板计算高度另一边缘相应的应力，压应力取正值，拉应力取负值。

① S1 级：可达全截面塑性，保证塑性铰具有塑性设计要求的转动能力，且在转动过程中承载力不降低，称为一级塑性截面也可称为塑性转动截面。作为梁时，图 1.3.10 所示的曲

线 1 可以表示其弯矩-曲率关系，Φ_{P2}一般要求达到曲率 Φ_P的 8 ~15 倍。

② S2 级截面：可达全截面塑性，但由于进入塑性后发生局部屈曲，塑性铰转动能力有限，称为二级塑性截面。作为梁时的弯矩-曲率关系如图 1. 3. 10 所示的曲线 2；Φ_{P1} 大约是 Φ_P 的 2 ~3 倍。

③ S3 级截面：翼缘全部屈服，腹板可发展不超过 1/4 截面高度的塑性，称为弹塑性截面。作为梁时，其弯矩-曲率关系如图 1. 3. 10 所示的曲线 3。

④ S4 级截面：边缘纤维可达屈服强度，但由于局部屈曲而不能发展塑性，称为弹性截面。作为梁时，其弯矩-曲率关系如图 1. 3. 10 所示的曲线 4。

⑤ S5 级截面：在边缘纤维达屈服应力前，翼缘或/和腹板可能发生局部屈曲，称为薄壁截面。作为梁时，其弯矩-曲率关系为图 1. 3. 10 所示的曲线 5。

§1.4　学习本课程的建议

本课程是“钢结构设计”的先行课程，重点讲述钢结构设计的基本原理，包括设计方法、钢材性能、连接及各种基本构件的性能和设计方法、节点设计原理，并以单层厂房钢结构为例，介绍了上述内容的具体应用。书中还介绍了钢结构的疲劳计算和防脆断设计、钢结构的塑性设计和抗震设计特点，以及冷弯薄壁型钢结构设计原理的部分内容，内容比较丰富。

由于各校的教学计划不同，本课程的教学要求和教学时数也不尽相同，各校教师应选择合适的内容安排教学。例如，少学时的学校，可将重点放在前 7 章，将第 8 章节点设计原理的相关内容，放到各基本构件的章节中讲述。设有“荷载与结构设计方法”“结构稳定理论”等课程的院校，本课程中的相关内容可以缩减。教学中应充分利用书中的视频和动画，形象化地开展教学。

学生们在学习本课程时，最好能在课前预习相关内容，带着问题听课。课后积极答疑，认真做习题。对于某些难点问题，建议查找相关参考文献，主动地学习。

本书是结合新版《钢结构设计标准》编写的，但在《标准》发布实施之后，又有两本重要的国家标准：GB/T 1591—2018《低合金高强度结构钢》和 GB 50068—2018《建筑结构可靠性设计统一标准》发布实施。前者取消了 Q345 的钢材牌号，代之 Q355，还有其他一些改变，与《标准》有矛盾；后者取消了承载能力极限状态中的“永久荷载效控制的组合”，并将对承载力不利时的永久荷载分项系数由 1. 2 提高到 1. 3，可变荷载分项系数由 1. 4 提高到 1. 5，还有其他一些重要改变，这和现行国家标准 GB 50009—2012《建筑结构荷载规范》有矛盾。这些矛盾需要在有关规范修订时解决，届时本书将做相应的修改。

习　　题

1. 1　试述钢结构的优缺点，及其应用范围。

1. 2　何谓结构的可靠度？它与哪些因素有关？

1.3 何谓可靠指标？它与可靠度有何关系？

1.4 结构的极限状态表达式有哪些项目？各代表何意？

1.5 何谓结构的二阶弹性分析？为何叠加原理已不再适用？

1.6 何谓假想水平力？

1.7 二阶 $P\text{-}\Delta$ 效应和二阶 $P\text{-}\delta$ 效应有何不同？

1.8 何谓构件截面板件的宽厚比等级？

第 2 章

钢结构的材料

§2.1 概　　述

钢是以铁和碳为主要成分的合金，其中铁是最基本的元素，碳和其他元素所占比例甚少，但却左右着钢材的物理和化学性能。钢材的种类繁多，性能差别很大，适用于钢结构的钢材只是其中的一小部分。为了确保质量和安全，这些钢材应具有较高的强度、塑性和韧性，以及良好的加工性能。我国《标准》具体推荐碳素结构钢（carbon structural steels）中的 Q235 和低合金高强度结构钢（high strength low alloy structural steels）中的 Q345、Q390、Q420、Q460 以及建筑结构用钢板（steel plates for building structure）中的 Q345GJ 等牌号的钢材作为承重钢结构用钢。

钢材的性能与其化学成分、组织构造、冶炼和成型方法等内在因素密切相关，同时也受到荷载类型、结构形式、连接方法和工作环境等外界因素的影响。本章简要介绍钢材的生产过程和组织构造；重点介绍钢材的主要性能以及各种因素对钢材性能的影响；介绍钢材的种类、规格及选用原则。

§2.2 钢材的生产

2.2.1 钢材的冶炼

除了天外来客——陨石中可能存在少量的天然铁之外，地球上的铁都蕴藏在铁矿中。从铁矿石开始到最终产品钢材为止，钢材的生产大致可分为炼铁、炼钢和轧制三道工序。

1. 炼铁

矿石中的铁是以氧化物的形态存在的，因此要从矿石中得到铁，就要用与氧的亲和力比铁更大的物质——一氧化碳与碳等还原剂，通过还原作用从矿石中除去氧，还原出铁。同时，为了使砂质和黏土质的杂质（矿石中的废石）易于熔化为熔渣，常用石灰石作为熔剂。所有这些作用只有在足够的温度下才会发生，因此铁的冶炼都是在可以鼓入热风的高炉内进行。装入炉膛内的铁矿石、焦炭、石灰石和少量的锰矿石，在鼓入的热风中发生反应，在高温下成为熔融的生铁（含碳量超过 2.06% 的铁碳合金称为生铁或铸铁）和漂浮其上的熔渣。常温下的生铁质坚而脆,但由于其熔化温度低,在熔融状态下具有足够的流动性,且价格低廉,故在机械制造业的铸件生产中有广泛的应用。铸铁管是土木建筑业中少数应用生铁的例子之一。

2. 炼钢

含碳量在2.06%以下的铁碳合金称为碳素钢。因此,当用生铁制钢时,必须通过氧化作用除去生铁中多余的碳和其他杂质,使它们转变为氧化物进入渣中,或成气体逸出。这一作用也要在高温下进行,称为炼钢。常用的炼钢炉有三种形式:转炉、平炉和电炉。

电炉炼钢是利用电热原理,以废钢和生铁等为主要原料,在电弧炉内冶炼。由于不与空气接触,易于清除杂质和严格控制化学成分,炼成的钢质量好。但因耗电量大,成本高,一般只用来冶炼特种用途的钢材。

转炉炼钢是利用高压空气或氧气使炉内生铁熔液中的碳和其他杂质氧化,在高温下使铁液变为钢液。氧气顶吹转炉冶炼的钢中有害元素和杂质少,质量和加工性能优良,且可根据需要添加不同的元素,冶炼碳素钢和合金钢。由于氧气顶吹转炉可以利用高炉炼出的生铁熔液直接炼钢,生产周期短、效率高、质量好、成本低,已成为国内外发展最快的炼钢方法。

平炉炼钢是利用煤气或其他燃料供应热能,把废钢、生铁熔液或铸铁块和不同的合金元素等冶炼成各种用途的钢。平炉的原料广泛,容积大,产量高,冶炼工艺简单,化学成分易于控制,炼出的钢质量优良。但平炉炼钢周期长、效率低、成本高,现已逐渐被氧气顶吹转炉炼钢所取代。

3. 钢材的浇注和脱氧

按钢液在炼钢炉中或盛钢桶中进行脱氧的方法和程度的不同,碳素结构钢可分为沸腾钢、半镇静钢、镇静钢和特殊镇静钢4类。沸腾钢采用脱氧能力较弱的锰作脱氧剂,脱氧不完全,在将钢液浇注入钢锭模时,会有气体逸出,出现钢液的沸腾现象。沸腾钢在铸模中冷却很快,钢液中的氧化铁和碳作用生成的一氧化碳气体不能全部逸出,凝固后在钢材中留有较多的氧化铁夹杂和气孔,因此沸腾钢的质量较差。镇静钢采用锰加硅作脱氧剂,脱氧较完全,硅在还原氧化铁的过程中还会产生热量,使钢液冷却缓慢,使气体充分逸出,浇注时不会出现沸腾现象。这种钢质量好,但成本高。半镇静钢的脱氧程度介于上述二者之间。特殊镇静钢是在锰硅脱氧后,再用铝补充脱氧,其脱氧程度高于镇静钢。低合金高强度结构钢一般都是镇静钢。

随着冶炼技术的不断发展,用连续铸造法生产钢坯(用作轧制钢材的半成品)的工艺和设备已逐渐取代了笨重而复杂的铸锭—开坯—初轧的工艺流程和设备。连铸法的特点是钢液由钢包经过中间包连续注入被水冷却的铜制铸模中,冷却后的坯材被切割成半成品。连铸法的机械化、自动化程度高,可采用电磁感应搅拌装置等先进设施提高产品质量,生产的钢坯整体质量均匀,但只有镇静钢才适合连铸工艺。因此国内大钢厂已很少生产沸腾钢,若采用沸腾钢,不但质量差,而且供货困难,价格并不便宜。

2.2.2 钢材的组织构造和缺陷

1. 钢材的组织构造

碳素结构钢是通过在强度较低而塑性较好的纯铁中加适量的碳来提高强度的,一般常用的低碳钢含碳量不超过 0.25%。低合金结构钢则是在碳素结构钢的基础上，适当添加总量不超过 5% 的其他合金元素，来改善钢材的性能。

碳素结构钢在常温下主要由铁素体和渗碳体（Fe_3C）所组成。铁素体是碳溶入体心立方晶体的 α 铁[①]中的固溶体，常温下溶碳仅 0.000 8%，与纯铁的显微组织没有明显的区别，其强度、硬度较低，而塑性、韧性良好。铁素体在钢中形成不同取向的结晶群（晶粒），是钢的主要成分，约占重量的 99%。渗碳体是铁碳化合物，含碳 6.67%，其熔点高，硬度大，几乎没有塑性，在钢中其与铁素体晶粒形成机械混合物——珠光体，填充在铁素体晶粒的空隙中，形成网状间层（图 2.2.1a）。珠光体强度很高，坚硬而富于弹性。另外，还有少量的锰、硅、硫、磷及其化合物溶解于铁素体和珠光体中。碳素钢的力学性能在很大程度上与铁素体和珠光体这两种成分的比例有关。同时，铁素体的晶粒越细小，珠光体的分布越均匀，钢的性能也就越好。

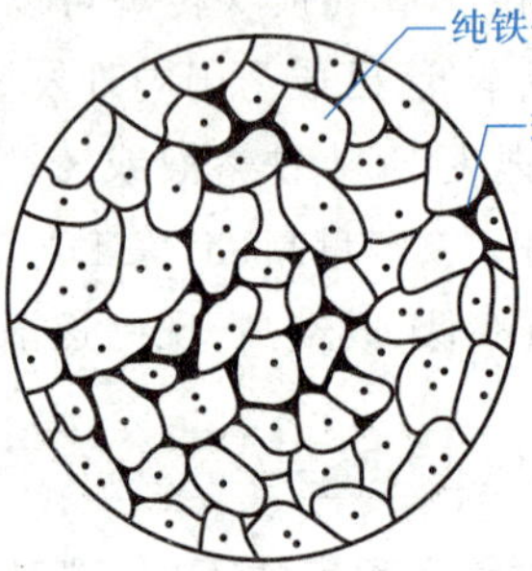

(a) 碳素钢多晶体结构示意图

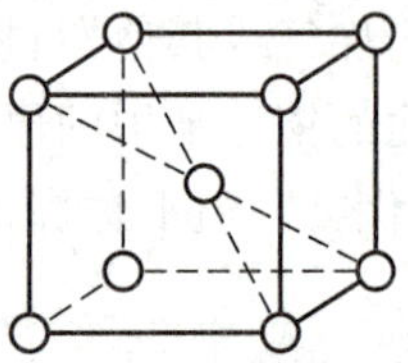
(b) α铁的体心立方晶格

图 2.2.1　钢的组织结构

低合金结构钢是在低碳钢中加入少量的锰、硅、钒、铌、钛、铝、铬、镍、铜、氮、稀土等合金元素炼成的钢材，其组织结构与碳素钢类似。合金元素及其化合物溶解于铁素体和珠光体中，形成新的固溶体——合金铁素体和新的合金渗碳体组成的珠光体类网状间层，使钢材的强度得到提高，而塑性、韧性和焊接性能并不降低。

2. 钢材的铸造缺陷

当采用铸模浇注钢锭时，与连续铸造生产的钢坯质量均匀相反，由于冷却过程中向周边散热，各部分冷却速度不同，在钢锭内形成了不同的结晶带（图 2.2.2）。靠近铸模外壳区形成了细小的等轴晶带，靠近中部形成了粗大的等轴晶带，在这二部分之间形成了柱状晶带。这种组织结构的不均匀性，会给钢材的性能带来差异。

钢在冶炼和浇注过程中还会产生其他的冶金缺陷，如偏析、非金属夹杂、气孔、缩孔和裂纹等。所谓偏析是指化学成分在钢内的分布不均匀，特别是有害元素如硫、磷等在钢锭中的富集现象；非金属夹杂是指钢中含有硫化物与氧化物等杂质；气孔是指由氧化铁与碳作用生成的一氧化碳气体，在浇注时不能充分逸出而留在钢锭中的微小孔洞；缩孔是因钢液在钢锭模中由外向内、自下而上凝固时体积收缩，因液面下降，最后凝固部位得不到钢液补充而形

① 纯铁在不同温度下有同素异构现象，在铁液凝固点 1 538～1 394℃之间为高温体心立方晶格的 δ 铁，在 912℃以下为 α 铁，而在 1 394～912℃之间为面心立方晶格的 γ 铁。

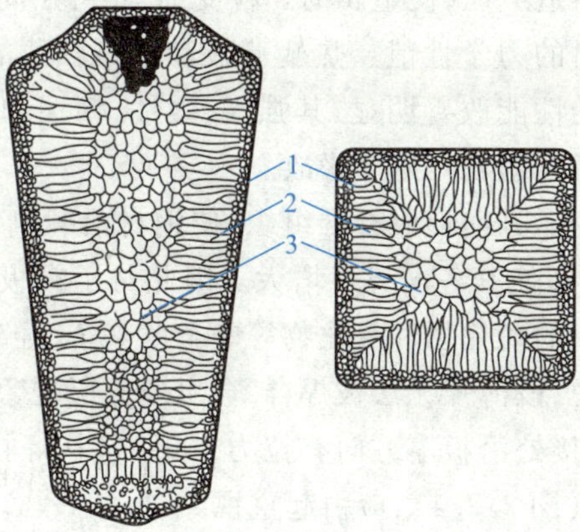

图 2.2.2　钢锭组织示意图

1—表面细晶粒层;2—柱状晶粒区;3—心部等轴晶粒区

成;钢液在凝固中因先后次序的不同会引起内应力,拉力较大的部位可能出现裂纹。

钢材的组织构造和缺陷,均会对钢材的力学性能产生重要的影响。

2.2.3　钢材的加工

钢材的加工分为热加工、冷加工和热处理三种。将钢坯加热至塑性状态,依靠外力改变其形状,产生出各种厚度的钢板和型钢,称为热加工。在常温下对钢材进行加工称为冷加工。通过加热、保温、冷却的操作方法,使钢的组织结构发生变化,以获得所需性能的加工工艺称为热处理。

1. 热加工

将钢锭或钢坯加热至一定温度时,钢的组织将完全转变为奥氏体状态,奥氏体是碳溶入面心立方晶格的 γ 铁的固溶体,虽然含碳量很高,但其强度较低,塑性较好,便于塑性变形。因此钢材的轧制或锻压等热加工,经常选择在形成奥氏体时的适当温度范围内进行。选择原则是开始热加工时的温度不得过高,以免钢材氧化严重,而终止热加工时的温度也不能过低,以免钢材塑性差,引发裂纹。一般开轧和锻压温度控制在 1 150 ~1 300℃。

钢材的轧制是通过一系列轧辊,使钢坯逐渐辊轧成所需厚度的钢板或型钢,图 2.2.3 是宽翼缘 H 型钢的轧制示意图。钢材的锻压是将加热了的钢坯用锤击或模压的方法加工成所需的形状,钢结构中的某些连接零件常采用此种方法制造。

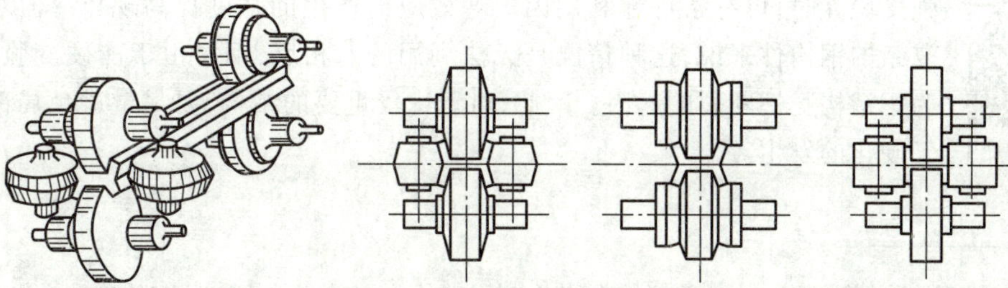

图 2.2.3　宽翼缘 H 型钢轧制示意图

热加工可破坏钢锭的铸造组织，使金属的晶粒变细，还可在高温和压力下压合钢坯中的气孔、裂纹等缺陷，改善钢材的力学性能。热轧薄板和壁厚较薄的热轧型钢，因辊轧次数较多，轧制的压缩比大，钢材的性能改善明显，其强度、塑性、韧性和焊接性能均优于厚板和厚壁型钢。钢材的强度按板厚分组就是这个缘故。

热加工使金属晶粒沿变形方向形成纤维组织，使钢材沿轧制方向（纵向）的性能优于垂直轧制方向（横向）的性能，即使其各向异性增大。因此对于钢板部件应沿其横向切取试件进行拉伸和冷弯试验。钢中的硫化物和氧化物等非金属夹杂，经轧制之后被压成薄片，对轧制压缩比较小的厚钢板来说，该薄片无法被焊合，会出现分层现象。分层使钢板沿厚度方向受拉的性能恶化，在焊接连接处沿板厚方向有拉力作用（包括焊接产生的约束拉应力作用）时，可能出现层状撕裂现象（图 2.2.4），应引起重视。

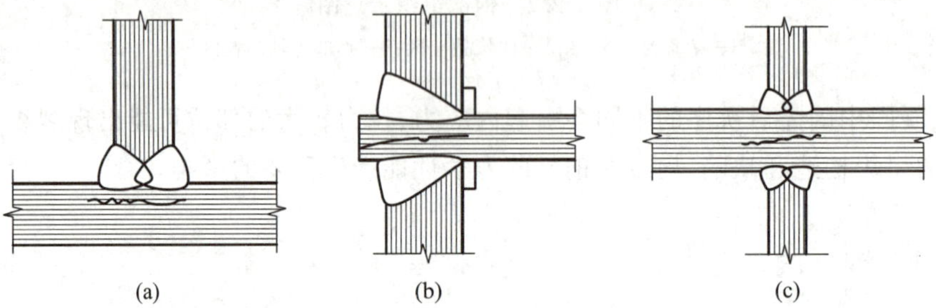

图 2.2.4　因焊接产生的层状撕裂

2. 冷加工

在常温或低于再结晶温度[①]情况下，通过机械的力量，使钢材产生所需要的永久塑性变形，获得需要的薄板或型钢的工艺称为冷加工。冷加工包括冷轧、冷弯、冷拔等延伸性加工，也包括剪、冲、钻、刨等切削性加工。冷轧卷板和冷轧钢板就是将热轧卷板或热轧薄板经带钢冷轧机进一步加工得到的产品。在轻钢结构中广泛应用的冷弯薄壁型钢和压型钢板也是经辊轧或模压冷弯所制成。组成平行钢丝束、钢绞线或钢丝绳等的基本材料——高强钢丝，就是由热处理的优质碳素结构钢盘条经多次连续冷拔而成的。

2.1　钢管制作（冷弯）

2.2　冷弯加工

经过冷加工的钢材均产生了不同程度的塑性变形，金属晶粒沿变形方向被拉长，局部晶粒破碎、位错密度增加，并使残余应力增加。钢材经冷加工后，会产生局部或整体硬化，即在局部或整体上提高了钢材的强度和硬度，但却降低了塑性和韧性，这种现象称为冷作硬化（或应变硬化）。冷拔高强度钢丝充分利用了冷作硬化现象，在悬索结构中有广泛的应用。冷弯薄壁型钢结构在强度验算时，可有条件地利用因冷弯效应而产生的强度提高现象。但对截面复杂的钢构件来说，这种情况是无法利用的。相反，钢材由于冷硬变脆，常成为钢结构脆性断裂的起因。因此，对于比较重要的结构，要尽量避免局部冷加工硬化的发生。

① 当温度超过再结晶温度时，由于冷加工而破碎拉长的晶粒会转变成新的等轴晶粒，但晶格的类型不变。碳素结构钢及合金钢的再结晶温度一般为 680～720℃。

3. 热处理

钢的热处理是将钢在固态范围内，施以不同的加热、保温和冷却措施，即改变其内部组织构造，达到改善钢材性能的一种加工工艺。钢材的普通热处理包括退火、正火、淬火和回火四种基本工艺。

退火和正火是应用非常广泛的热处理工艺，用其可以消除加工硬化、软化钢材、细化晶粒、改善组织以提高钢的机械性能；消除残余应力，以防钢件的变形和开裂；为进一步的热处理作好准备。对一般低碳钢和低合金钢而言，其操作方法为在炉中将钢材加热至 850 ~ 900℃，保温一段时间后，若随炉温冷却至 500℃以下，再放至空气中冷却的工艺称为完全退火；若保温后从炉中取出在空气中冷却的工艺称为正火。正火的冷却速度比退火快，正火后的钢材组织比退火细，强度和硬度有所提高。如果钢材在终止热轧时的温度正好控制在上述范围内，可得到正火的效果，称为控轧。如果热轧卷板的成卷温度正好在上述范围内，则卷板内部的钢材可得到退火的效果，钢材会变软。

还有一种去应力退火，又称低温退火，主要用来消除铸件、热轧件、锻件、焊接件和冷加工件中的残余应力。去应力退火的操作是将钢件随炉缓慢加热至 500 ~ 600℃，经一段时间后，随炉缓慢冷却至 300 ~ 200℃以下出炉。钢在去应力退火过程中并无组织变化，残余应力是在加热、保温和冷却过程中消除的。

淬火工艺是将钢件加热到 900℃以上，保温后快速在水中或油中冷却。在极大的冷却速度下原子来不及扩散，因此含有较多碳原子的面心立方晶格的奥氏体，以无扩散方式转变为碳原子过饱和的 α 铁固溶体，称为马氏体。由于 α 铁的含碳量是过饱和状态，从而使体心立方晶格被撑长为歪曲的体心正方晶格。晶格的畸变增加了钢材的强度和硬度，同时使塑性和韧性降低。马氏体是一种不稳定的组织，不宜用于建筑结构。

回火工艺是将淬火后的钢材加热到某一温度进行保温，而后在空气中冷却。其目的是消除残余应力，调整强度和硬度，减少脆性，增加塑性和韧性，形成较稳定的组织。将淬火后的钢材加热至 500 ~ 650℃，保温后在空气中冷却，称为高温回火。高温回火后的马氏体转化为铁素体和粒状渗碳体的机械混合物，称为索氏体。索氏体钢具有强度、塑性、韧性都较好的综合机械性能。通常称淬火加高温回火的工艺为调质处理。强度较高的钢材，如 Q420 中的 C、D、E 级钢和高强度螺栓的钢材都要经过调质处理。

§ 2.3　钢材的主要性能

2.3.1　钢材的破坏形式

钢材有两种完全不同的破坏形式：塑性破坏（plastic fracture）和脆性破坏（brittle fracture）。钢结构所用的钢材在正常使用条件下，虽然有较高的塑性和韧性，但在某些条件下，仍然存在发生脆性破坏的可能性。

塑性破坏的主要特征是，破坏前具有较大的塑性变形，常在钢材表面出现明显的相互垂直交错的锈迹剥落线。只有当构件中的应力达到抗拉强度后才会发生破坏，破坏后的断口呈纤维状,色泽发暗。由于塑性破坏前总有较大的塑性变形发生,且变形持续时间较长,容易被发现和抢修加固,因此不至发生严重后果。钢材塑性破坏前的较大塑性变形能力,可以实现构件和结构中的内力重分布,钢结构的塑性设计就是建立在这种足够的塑性变形能力上。

脆性破坏的主要特征是,破坏前塑性变形很小,或根本没有塑性变形,而突然迅速断裂。破坏后的断口平直,呈有光泽的晶粒状或有人字纹。由于破坏前没有任何预兆,破坏速度又极快,无法察觉和补救,而且一旦发生常引发整个结构的破坏,后果非常严重,因此在钢结构的设计、施工和使用过程中,要特别注意防止这种破坏的发生。

钢材存在的两种破坏形式与其内在的组织构造和外部的工作条件有关。试验和分析均证明,在剪力作用下,具有体心立方晶格的铁素体很容易通过位错移动形成滑移,即形成塑性变形;而其抵抗沿晶格方向伸长至拉断的能力却强大得多,因此当单晶铁素体承受拉力作用时,总是首先沿最大剪应力方向产生塑性滑移变形(图 2.3.1)。实际钢材是由铁素体和珠光体等组成的,由于珠光体间层的限制,阻遏了铁素体的滑移变形,因此受力初期表现出弹性性能。当应力达到一定数值,珠光体间层失去了约束铁素体在最大剪应力方向滑移的能力,此时钢材将出现屈服现象,先前铁素体被约束了的塑性变形就充分表现出来,直到最后破坏。显然当内外因素使钢材中铁素体的塑性变形无法发生时,钢材将出现脆性破坏。

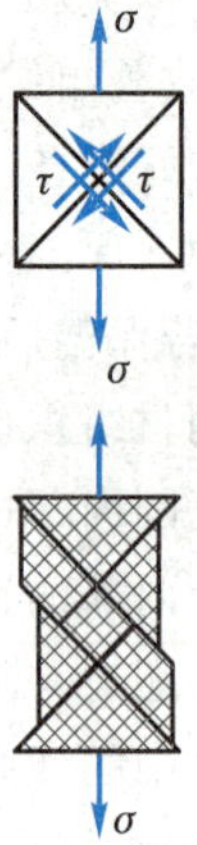

图 2.3.1　铁素体单晶体的塑性滑移

2.3.2　钢材在单向一次拉伸下的工作性能

钢材的多项性能指标可通过单向一次(也称单调)拉伸试验获得。试验一般都是在标准条件下进行的,即试件的尺寸符合国家标准,表面光滑,没有孔洞、刻槽等缺陷;荷载分级逐次增加,直到试件破坏;室温为 20℃左右。图 2.3.2 给出了相应钢材的单调拉伸应力–应变曲线。由低碳钢和低合金钢的试验曲线看出,在比例极限(proportional limit)σ_p以前钢材的工作是弹性的;比例极限以后,进入了弹塑性阶段;达到了屈服点(yield point 或 yield strength)f_y后,出现了一段纯塑性变形,也称为塑性平台;此后强度又有所提高,出现所谓自强阶段,直至产生颈缩而破坏。破坏时的残余延伸率表示钢材的塑性性能。调质处理的低合金钢没有明显的屈服点和塑性平台。这类钢的屈服点是以卸载后试件中残余应变为 0.2% 所对应的应力人为定义的,称为名义屈服点或$f_{0.2}$(图 2.3.2)。

2.3　单向拉伸试验

钢材的单调拉伸应力–应变曲线提供了三个重要的力学性能指标:抗拉强度(tensile strength)f_u、伸长率(elongation)δ 和屈服点 f_y。抗拉强度 f_u 是钢材一项重要的强度指标,它反映钢材受拉时所能承受的极限应力。伸长率 δ 是衡量钢材断裂前所具有的塑性变形能力的指标,以试件破坏后在标定长度内的残余应变率表示。取圆试件直径的 5 倍或 10 倍为标定长度,其相应伸长率分别用 δ_5 或 δ_{10} 表示。屈服点 f_y 是钢结构设计中应力允许达到的最大限值,因为当构件中的应力达到屈服点时,结构会因过度的塑性变形而不适于继续承载。承重结构的

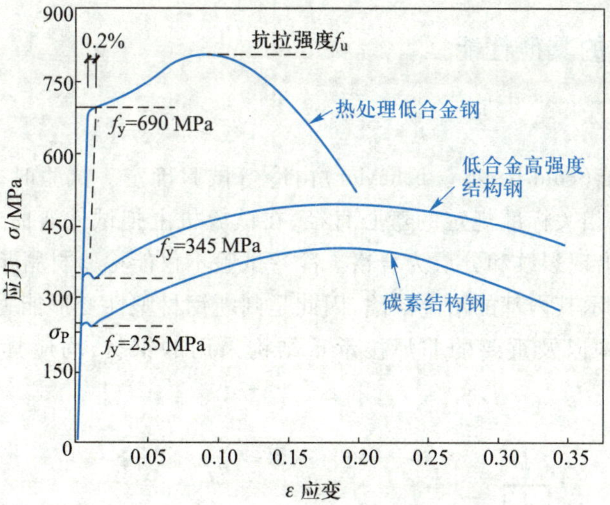

图 2.3.2　钢材的单调拉伸应力-应变曲线

钢材应满足相应国家标准对上述三项力学性能指标的要求。

断面收缩率 ψ 是试样拉断后，颈缩处横断面积的最大缩减量与原始横断面积的百分比，也是单调拉伸试验提供的一个塑性指标。ψ 越大，塑性越好。在现行国家标准 GB/T 5313—2010《厚度方向性能钢板》中，使用沿厚度方向的标准拉伸试件的断面收缩率来定义 Z 向钢的种类，如 ψ 分别大于或等于 15%、25%、35% 时，为 Z15、Z25、Z35 钢。

由单调拉伸试验还可以看出钢材的韧性好坏。韧性可以用材料破坏过程中单位体积吸收的总能量来衡量，包括弹性能和非弹性能两部分，其数值等于应力-应变曲线(图 2.3.2)下的总面积。当钢材有脆性破坏的趋势时，裂纹扩展释放出来的弹性能往往成为裂纹继续扩展的驱动力，而扩展前所消耗的非弹性能量则属于裂纹扩展的阻力。因此，上述的静力韧性中非弹性能所占的比例越大，材料抵抗脆性破坏的能力越高。

由图 2.3.2 可以看到，屈服点以前的应变很小，如把钢材的弹性工作阶段提高到屈服点，且不考虑自强阶段，则可把应力-应变曲线简化为图 2.3.3 所示的两条直线，称为理想弹塑性体的工作曲线。它表示钢材在屈服点以前应力与应变关系符合胡克定律，接近理想弹性体工作；屈服点以后塑性平台阶段又近似于理想的塑性体工作。这一简化，与实际误差不大，却大大方便了计算，成为钢结构弹性设计和塑性设计的理论基础。

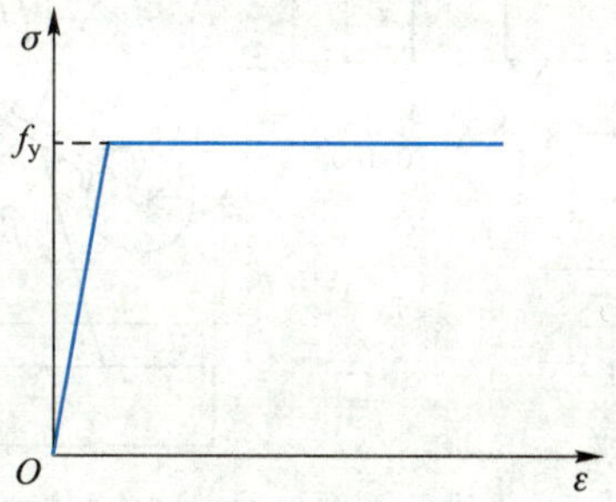

图 2.3.3　理想弹塑性体应力-应变曲线

2.3.3　钢材的其他性能

1. 冷弯性能

钢材的冷弯性能(cold-bending behavior)由冷弯试验确定。试验时,根据钢材的牌号和不同的板厚,按国家相关标准规定的弯心直径,在试验机上把试件弯曲 180°(图 2.3.4),以试件表面和侧面不出现裂纹和分层为合格。冷弯试验不仅能检验材料承受规定的弯曲变形能力的大小,还能显示其内部的冶金缺陷,因此是判断钢材塑性变形能力和冶金质量的综合指标。焊接承重结构以及重要的非焊接承重结构采用的钢材,均应具有冷弯试验的合格保证。

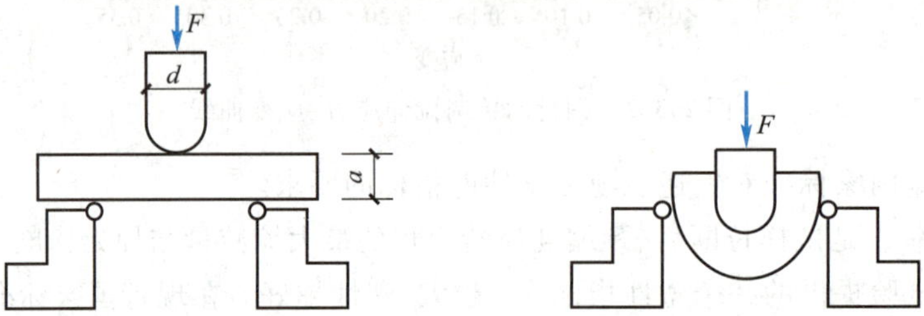

图 2.3.4　冷弯实验

2.4　冷弯试验

2. 冲击韧性

由单调拉伸试验获得的韧性没有考虑应力集中和动荷作用的影响,只能用来比较不同钢材在正常情况下的韧性好坏。冲击韧性也称缺口韧性(notch toughness)是评定带有缺口的钢材在冲击荷载作用下抵抗脆性破坏能力的指标,通常用带有夏比 V 型缺口(Charpy V-notch)的标准试件做冲击试验(图 2.3.5),以击断试件所消耗的冲击功大小来衡量钢材抵抗脆性破坏的能力。冲击韧性也叫冲击功,用 A_{KV} 表示,单位为 J(1 J=1 N×1 m,即 1 焦耳=1 牛顿×1 米)。

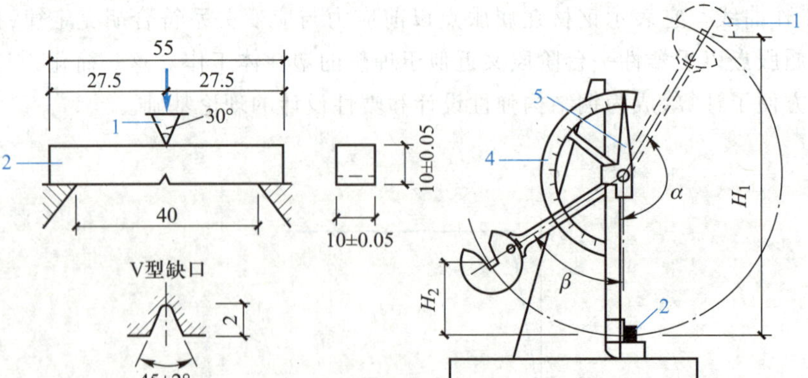

图 2.3.5　夏比 V 型缺口冲击试验和标准试件

1—摆锤;2—试件;3—试验机台座;4—刻度盘;5—指针

试验表明，钢材的冲击韧性值随温度的降低而降低，但不同牌号和质量等级钢材的降低规律又有很大的不同。因此，在寒冷地区承受动力作用的重要承重结构，应根据其工作温度和所用钢材牌号，对钢材提出相当温度下的冲击韧性指标的要求，以防脆性破坏发生。

2.5　冲击韧性试验

2.3.4　钢材在复杂应力状态下的屈服条件

单调拉伸试验得到的屈服点是钢材在单向应力作用下的屈服条件，实际结构中，钢材常常受到平面或三向应力作用。根据形状改变比能理论（或称剪应变能量理论），钢在复杂应力状态由弹性过渡到塑性的条件，也称米塞斯屈服条件（Mises yield condition），为

$$\sigma_{zs}=\sqrt{\sigma_x^2+\sigma_y^2+\sigma_z^2-(\sigma_x\sigma_y+\sigma_y\sigma_z+\sigma_z\sigma_x)+3(\tau_{xy}^2+\tau_{yz}^2+\tau_{zx}^2)}=f_y \tag{2.3.1}$$

或以主应力表示为

$$\sigma_{zs}=\sqrt{\frac{1}{2}[(\sigma_1-\sigma_2)^2+(\sigma_2-\sigma_3)^2+(\sigma_3-\sigma_1)^2]}=f_y \tag{2.3.2}$$

$\sigma_{zs}\geqslant f_y$ 时，为塑性状态；

$\sigma_{zs}<f_y$ 时，为弹性状态。

式中，σ_{zs}为折算应力；f_y 为单向应力作用下的屈服点。其他应力见图 2.3.6。

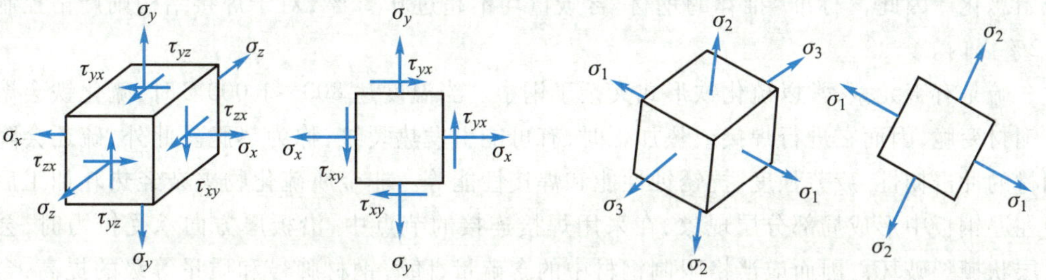

(a) 一般应力分量状态　　(b) 主应力状态

图 2.3.6　钢材单元体上的复杂应力状态

由式（2.3.2）可以明显看出，当 σ_1、σ_2、σ_3为同号应力且数值接近时，即使它们各自都远大于 f_y，折算应力 σ_{zs}仍小于 f_y，说明钢材很难进入塑性状态。当为三向拉应力作用时，甚至直到破坏也没有明显的塑性变形产生，破坏表现为脆性。这是因为钢材的塑性变形主要是铁素体沿剪切面滑动产生的，同号应力场剪应力很小，钢材转变为脆性。相反，在异号应力场下，剪应变增大，钢材会较早地进入塑性状态，提高了钢材的塑性性能。

在平面应力状态下（如钢材厚度较薄时，厚度方向应力很小，常可忽略不计），式（2.3.1）成为

$$\sigma_{zs}=\sqrt{\sigma_x^2+\sigma_y^2-\sigma_x\sigma_y+3\tau_{xy}^2}=f_y \tag{2.3.3}$$

当只有正应力和剪应力时，为

$$\sigma_{zs}=\sqrt{\sigma^2+3\tau^2}=f_y \tag{2.3.4}$$

当承受纯剪时,变为 $\sigma_{zs}=\sqrt{3\tau^2}=f_y$,或 $\tau=\frac{f_y}{\sqrt{3}}=\tau_y$,则有

$$\tau_y=0.58f_y \tag{2.3.5}$$

式中,τ_y 为钢材的屈服剪应力,或剪切屈服强度,也用 f_{vy} 表示。

§2.4　各种因素对钢材性能的影响

2.4.1　化学成分的影响

正如§2-1所述,钢是以铁和碳为主要成分的合金,虽然碳和其他元素所占比例甚少,但却左右着钢材的性能。

碳是各种钢中的重要元素之一,在碳素结构钢中则是铁以外的最主要元素。碳是形成钢材强度的主要成分,随着含碳量的提高,钢的强度逐渐增高,而塑性和韧性下降,冷弯性能、焊接性能和抗锈蚀性能等也变劣。碳素钢按碳的含量区分,小于0.25%的为低碳钢,介于0.25%和0.6%之间的为中碳钢,大于0.6%的为高碳钢。含碳量超过0.3%时,钢材的抗拉强度很高,但却没有明显的屈服点,且塑性很小。含碳量超过0.2%时,钢材的焊接性能将开始恶化。因此,《标准》推荐的钢材,含碳量均不超过0.22%,对于焊接结构则严格控制在0.2%以内。

硫是有害元素,常以硫化铁形式夹杂于钢中。当温度达800~1 000℃时,硫化铁会熔化使钢材变脆,因而在进行焊接或热加工时,有可能引发热裂纹,称为热脆。此外,硫还会降低钢材的冲击韧性、疲劳强度、抗锈蚀性能和焊接性能等。非金属硫化物夹杂经热轧加工后还会在厚钢板中形成局部分层现象,在采用焊接连接的节点中,沿板厚方向承受拉力时,会发生层状撕裂破坏。因而应严格限制钢材中的含硫量,随着钢材牌号和质量等级的提高,含硫量的限值由0.05%依次降至0.025%,厚度方向性能钢板(抗层状撕裂钢板)的含硫量更限制在0.01%以下。

磷可提高钢的强度和抗锈蚀能力,但却严重地降低钢的塑性、韧性、冷弯性能和焊接性能,特别是在温度较低时促使钢材变脆,称为冷脆。因此,磷的含量也要严格控制,随着钢材牌号和质量等级的提高,含磷量的限值由0.045%依次降至0.025%。但是当采取特殊的冶炼工艺时,磷可作为一种合金元素来制造含磷的低合金钢,此时其含量可达0.12%~0.13%。

锰是有益元素,在普通碳素钢中,它是一种弱脱氧剂,可提高钢材强度,消除硫对钢的热脆影响,改善钢的冷脆倾向,同时不显著降低塑性和韧性。锰还是我国低合金钢的主要合金元素,其含量为0.8%~1.8%。但锰对焊接性能不利,因此含量也不宜过多。

硅是有益元素,在普通碳素钢中,它是一种强脱氧剂,常与锰共同除氧,生产镇静钢。适量的硅,可以细化晶粒,提高钢的强度,而对塑性、韧性、冷弯性能和焊接性能无显著不良影响。硅的含量在一般镇静钢中为0.12%~0.30%,在低合金钢中为0.2%~0.55%。过量的硅会恶化焊接性能和抗锈蚀性能。

钒、铌、钛等元素在钢中形成微细碳化物,加入适量,能起细化晶粒和弥散强化作用,从而提高钢材的强度和韧性,又可保持良好的塑性。

铝是强脱氧剂,还能细化晶粒,可提高钢的强度和低温韧性,在要求低温冲击韧性合格保证的低合金钢中,其含量不小于 0.015%。

铬、镍是提高钢材强度的合金元素,用于 Q390 及以上牌号的钢材中,但其含量应受限制,以免影响钢材的其他性能。

铜是有益合金元素,可在金属基体表面形成保护层,提高钢对大气的抗腐蚀能力,同时保持钢材具有良好的焊接性能。在我国的焊接结构用耐候钢中,铜的含量为 0.20% ~0.40%。

镧、铈等稀土元素(RE)可提高钢的抗氧化性,并改善其他性能,在低合金钢中其含量按 0.02% ~0.20% 控制。

氧和氮属于有害元素。氧与硫类似(使钢热脆),氮的影响和磷类似,因此其含量均应严格控制。但当采用特殊的合金组分匹配时,氮可作为一种合金元素来提高低合金钢的强度和抗腐蚀性,如在九江长江大桥中已成功使用的 $15M_nVN$ 钢,就是 Q420 中的一种含氮钢,氮含量控制在 0.010% ~0.020%。

氢是有害元素,呈极不稳定的原子状态溶解在钢中,其溶解度随温度的降低而降低,常在结构疏松区域、孔洞、晶格错位和晶界处富集,生成氢分子,产生巨大的内压力,使钢材开裂,称为氢脆(hydrogen cracking)。氢脆属于延迟性破坏,在有拉应力作用下,常需要经过一定孕育发展期才会发生。在破裂面上常可见到白点,称为氢白点。含碳量较低且硫、磷含量较少的钢,氢脆敏感性低。钢的强度等级越高,对氢脆越敏感。

2.4.2 钢材的焊接性能

钢材的焊接性能受含碳量和合金元素含量的影响。当含碳量在 0.12% ~0.20% 范围内时,碳素钢的焊接性能最好;含碳量超过上述范围时,焊缝及热影响区容易变脆。一般 Q235A 的含碳量较高,且含碳量不作为交货条件,因此这一牌号通常不能用于焊接构件。而 Q235B、C、D 的含碳量控制在上述的适宜范围之内,是适合焊接使用的普通碳素钢牌号。在高强度低合金钢中,低合金元素大多对可焊性有不利影响,我国现行国家标准 GB 50661—2011《钢结构焊接规范》推荐使用碳当量来衡量低合金钢的可焊性,其计算式如下:

$$C_E=C+\frac{Mn}{6}+\frac{Cr+Mo+V}{5}+\frac{Ni+Cu}{15} \tag{2.4.1}$$

式中,C、Mn、Cr、Mo、V、Ni、Cu 分别为碳、锰、铬、钼、钒、镍和铜的百分含量。当 C_E 不超过 0.38% 时,钢材的可焊性很好,可以不用采取措施直接施焊;当 C_E 在 0.38% ~0.45% 范围内时,钢材呈现淬硬倾向,施焊时需要控制焊接工艺、采用预热措施并使热影响区缓慢冷却,以免发生淬硬开裂;当 C_E 大于 0.45% 时,钢材的淬硬倾向更加明显,需严格控制焊接工艺和预热温度才能获得合格的焊缝。

钢材焊接性能的优劣除了与钢材的碳当量有直接关系之外,还与母材厚度、焊接方法、焊接工艺参数以及结构形式等条件有关。目前,国内外都采用可焊性试验的方法来检验钢材的焊接性能,从而制定出重要结构和构件的焊接制度和工艺。

2.4.3　钢材的硬化

钢材的硬化有三种情况：时效硬化、冷作硬化（或应变硬化）和应变时效硬化。

在高温时溶于铁中的少量氮和碳，随着时间的增长逐渐由固溶体中析出，生成氮化物和碳化物，散存在铁素体晶粒的滑动界面上，对晶粒的塑性滑移起到遏制作用，从而使钢材的强度提高，塑性和韧性下降（图 2.4.1a）。这种现象称为时效硬化（也称老化）。产生时效硬化的过程一般较长，但在振动荷载、反复荷载及温度变化等情况下，会加速发展。

在冷加工（或一次加载）使钢材产生较大的塑性变形的情况下，卸荷后再重新加载，钢材的屈服点提高，塑性和韧性降低的现象（图 2.4.1a）称为冷作硬化。

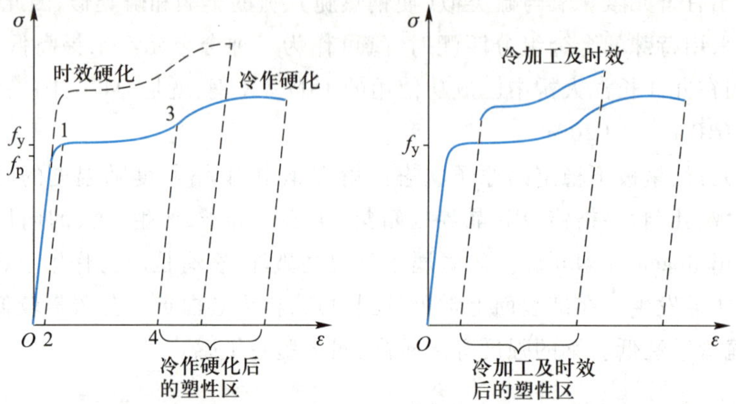

(a) 时效硬化及冷作硬化　　(b) 应变时效硬化

图 2.4.1　硬化对钢材性能的影响

在钢材产生一定数量的塑性变形后，铁素体晶体中的固溶氮和碳将更容易析出，从而使已经冷作硬化的钢材又发生时效硬化现象（图 2.4.1b），称为应变时效硬化。这种硬化在高温作用下会快速发展，人工时效就是据此提出来的，方法是：先使钢材产生 10% 左右的塑性变形，卸载后再加热至 250℃，保温一小时后在空气中冷却。用人工时效后的钢材进行冲击韧性试验，可以判断钢材的应变时效硬化倾向，确保结构具有足够的抗脆性破坏能力。

正如本章有关钢材的冷加工部分所述，对于比较重要的钢结构，要尽量避免局部冷作硬化现象的发生。如钢材的剪切和冲孔，会使切口和孔壁发生分离式的塑性破坏，在剪断的边缘和冲出的孔壁处产生严重的冷作硬化，甚至出现微细的裂纹，促使钢材局部变脆。此时，可将剪切处刨边；用较小的冲头冲孔，冲完后再行扩钻或完全改为钻孔，用这种办法来除掉硬化部分或使之根本不发生硬化。

2.4.4　应力集中的影响

由单调拉伸试验所获得的钢材性能，只能反映钢材在标准试验条件下的性能，即应力均匀分布且是单向的。实际结构中不可避免地存在孔洞、槽口、截面突然改变以及钢材内部缺陷等，此时截面中的应力分布不再保持均匀，由于主应力线在绕过孔口等缺陷时发生弯转，不仅在孔口边缘处会产生沿力作用方向的应力高峰，而且会在孔口附近产生垂直于力的作用方向的横向应力，甚至会产生三向拉应力（图 2.4.2），而且越厚的钢板，在其缺口中心部位的三向拉应力越大，这是因为在轴向拉力作用下，缺口中心沿板厚方向的收缩变形受到较大的限制，形成所谓平面应变状态所致。应力集中的严重程度用应力集中系数衡量，缺口边缘沿受力方向的最大应力 σ_{max} 和净截面的平均应力 $\sigma_0=N/A_n$（A_n 为净截面面积）的比值称为应力集中系数，即 $k=\sigma_{max}/\sigma_0$。图 2.4.2 中的 σ_a 是按毛截面计算的平均应力。

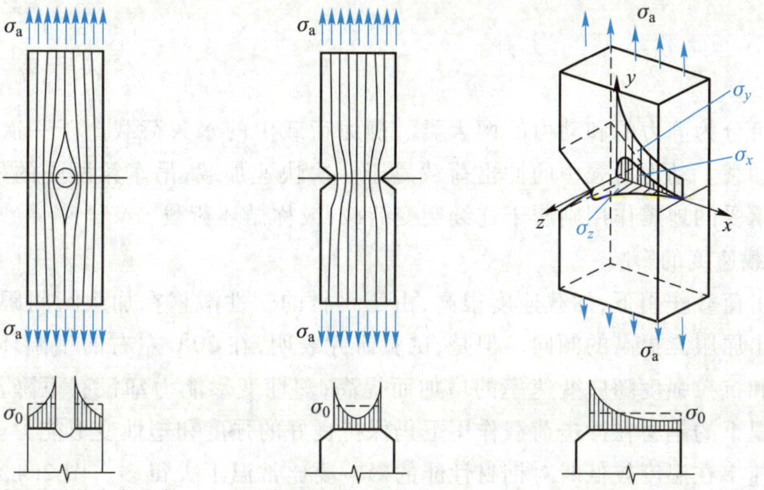

(a) 薄板圆孔处的应力分布　(b) 薄板缺口处的应力分布　(c) 厚板缺口处的应力分布

图 2.4.2　板件在孔口处的应力集中

由式（2.3.1）或式（2.3.2）可知，当出现同号力场或同号三向力场时，钢材将变脆，而且应力集中越严重，出现的同号三向力场的应力水平越接近，钢材越趋于脆性。具有不同缺口形状的钢材拉伸试验结果也表明（如图 2.4.3 所示，其中第 1 种试件为标准试件，2、3、4 为不同应力集中水平的对比试件），截面改变的尖锐程度越大的试件，其应力集中现象就越严重，引起钢材脆性破坏的危险性就越大。第 4 种试件已无明显屈服点，表现出高强钢的脆性破坏特征。

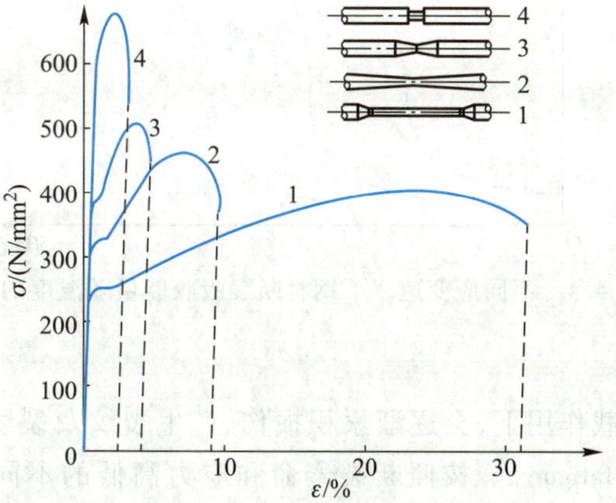

图 2.4.3　应力集中对钢材性能的影响

应力集中现象还可能由内应力产生。内应力的特点是力系在钢材内自相平衡，而与外力无关，其在浇注、轧制和焊接加工过程中，因不同部位钢材的冷却速度不同，或因不均匀加热和冷却而产生。其中焊接残余应力的量值往往很高，在焊缝附近的残余拉应力常达到屈服点，而且在焊缝交叉处经常出现双向、甚至三向残余拉应力场，使钢材局部变脆。当外力引起的应力与内应力处于不利组合时，会引发脆性破坏。

因此，在进行钢结构设计时，应尽量使构件和连接节点的形状和构造合理，防止截面的突然改变。在进行钢结构的焊接构造设计和施工时，应尽量减少焊接残余应力。

2.4.5　荷载类型的影响

荷载可分为静力的和动力的两大类。静力荷载中的永久荷载属于一次加载，活荷载可看作重复加载。动力荷载中的冲击荷载属于一次快速加载，吊车梁所受的吊车荷载以及建筑结构所承受的地震作用则属于连续交变荷载，或称循环荷载。

1. 加载速度的影响

在冲击荷载作用下，加载速度很高，由于钢材的塑性滑移在加载瞬间跟不上应变速率，因而反映出屈服点提高的倾向。但是，试验研究表明，在 20℃ 左右的室温环境下，虽然钢材的屈服点和抗拉强度随应变速率的增加而提高，塑性变形能力却没有下降，反而有所提高，即处于常温下的钢材在冲击荷载作用下仍保持良好的强度和塑性变形能力。

应变速率在温度较低时对钢材性能的影响要比常温下大得多。图 2.4.4 给出了三条不同应变速率下的缺口韧性试验结果与温度的关系曲线，图中中等加载速率相当于应变速率 $\dot{\varepsilon}=10^{-3}\,\mathrm{s}^{-1}$，即每秒施加应变 $\varepsilon=0.1\%$，若以 100 mm 为标定长度，其加载速度相当于 0.1 mm/s。由图中可以看出，随着加载速率的减小，曲线向温度较低侧移动。在温度较高和较低两侧，三条曲线趋于接近，应变速率的影响变得不十分明显，但在常用温度范围内其对应变速率的影响十分敏感，即在此温度范围内，加载速率越高，缺口试件断裂时吸收的能量越低，变得越脆。因此在钢结构防止低温脆性破坏设计中，应考虑加载速率的影响。

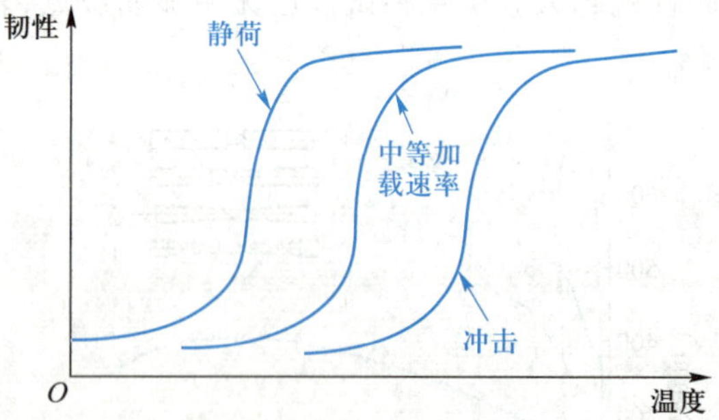

图 2.4.4　不同应变速率下钢材断裂吸收能量随温度的变化

2. 循环荷载的影响

钢材在连续交变荷载作用下，会逐渐累积损伤、产生裂纹及裂纹逐渐扩展，直到最后破坏，这种现象称为疲劳（fatigue）。按照断裂寿命和应力高低的不同，疲劳可分为高周疲劳（high-cycle fatigue）和低周疲劳（low-cycle fatigue）两类。高周疲劳的断裂寿命较长，断裂前

的应力循环次数 $n \geqslant 5\times10^4$，断裂应力水平较低，$\sigma<f_y$，因此也称低应力疲劳或疲劳，一般常见的疲劳多属于这类。高周疲劳破坏前没有明显的塑性变形，断裂具有突发性。低周疲劳的断裂寿命较短，破坏前的循环次数 $n=10^2\sim5\times10^4$，断裂应力水平较高，$\sigma\geqslant f_y$，伴有明显的塑性应变发生，因此也称为应变疲劳或高应力疲劳。有关高周疲劳的内容将在第 10 章叙述，本节重点介绍有关低周疲劳的若干概念。

试验研究发现，当钢材承受拉力至产生塑性变形，卸载后，再使其受拉，其受拉的屈服强度将提高至卸载点（冷作硬化现象）；而当卸载后使其受压，其受压的屈服强度将低于一次受压时所获得的值。这种经预拉后抗拉强度提高，抗压强度降低的现象称为包辛格效应（Bauschinger effect），如图 2.4.5a 所示。在交变荷载作用下，随着应变幅值的增加，钢材的应力应变曲线将形成滞回曲线（hysteresis loop），如图 2.4.5b 所示。低碳钢的滞回环丰满而稳定，滞回环所围的面积代表荷载循环一次单位体积的钢材所吸收的能量，在多次循环荷载下，将吸收大量的能量，十分有利于抗震。

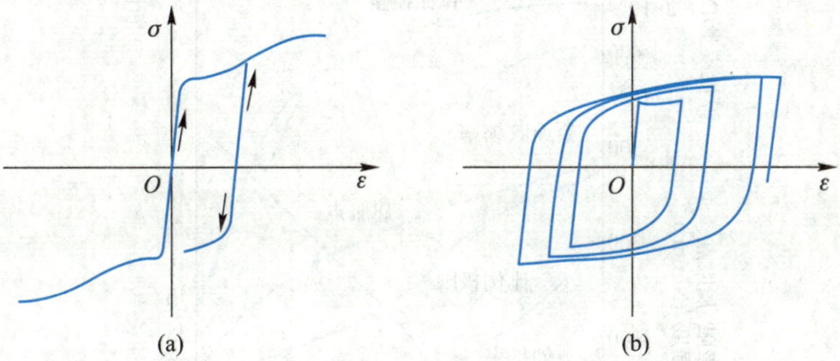

图 2.4.5　钢材的包辛格效应和滞回曲线

显然，在循环应变幅值作用下，钢材的性能仍然用由单调拉伸试验引伸出的理想应力应变曲线（图 2.4.6a）表示将会带来较大的误差，此时采用双线型和三线型曲线（图 2.4.6b、c）模拟钢材性能将更为合理。钢构件和节点在循环应变幅值作用下的滞回性能要比钢材的复杂得多，受很多因素的影响，应通过试验研究或较精确的模拟分析获得。钢结构在地震荷载作用下的低周疲劳破坏，大部分是由于构件或节点的应力集中区域产生了宏观的塑性变形，由循环塑性应变累积损伤到一定程度后发生的。其疲劳寿命取决于塑性应变幅值的大小，塑性应变幅值大的疲劳寿命就低。由于问题的复杂性，有关低周疲劳问题的研究还在发展和完善过程中。

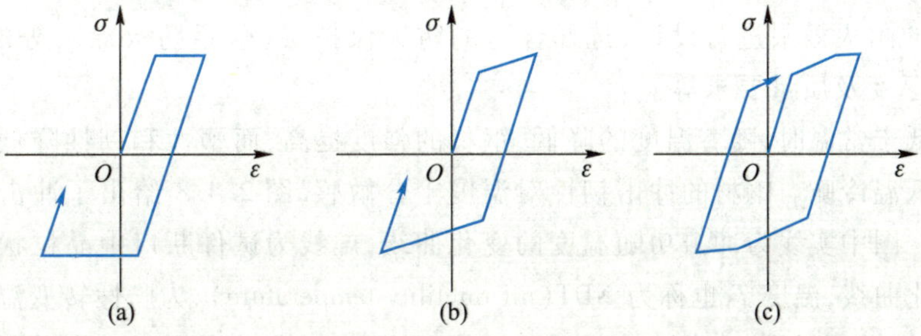

图 2.4.6　钢材在滞回应变荷载作用下应力应变简化模拟

2.4.6 温度的影响

钢材的性能受温度的影响十分明显，图 2.4.7 给出了低碳钢在不同正温下的单调拉伸试验结果。由图中可以看出，在 150℃以内，钢材的强度、弹性模量和塑性均与常温相近，变化不大。但在 250℃左右，抗拉强度有局部性提高，伸长率和断面收缩率均降至最低，出现了所谓的蓝脆现象（钢材表面氧化膜呈蓝色）。显然钢材的热加工应避开这一温度区段。在 300℃以后，强度和弹性模量均开始显著下降，塑性显著上升，达到 600℃时，强度几乎为零，塑性急剧上升，钢材处于热塑性状态。

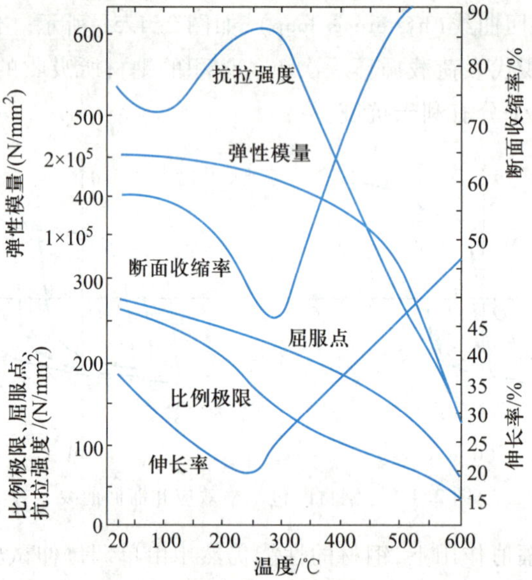

图 2.4.7　低碳钢在高温下的性能

由上述可以看出，钢材具有一定的抗热性能，但不耐火，一旦钢结构的温度达 600℃及以上时，会在瞬间因热塑而倒塌。因此受高温作用的钢结构，应根据不同情况采取防护措施：当结构可能受到炽热熔化金属的侵害时，应采用砖或耐热材料做成的隔热层加以保护；当结构表面（含高强度螺栓连接处）长期受辐射热达 150℃以上或在短时间内可能受到火焰作用时，应采取有效的防护措施（如加隔热层或水套等）。防火是钢结构设计中应考虑的一个重要问题，通常按国家有关防火的规范或标准，根据建筑物的防火等级对不同构件所要求的耐火极限进行设计，选择合适的防火保护层（包括防火涂料等的种类、涂层或防火层的厚度及质量要求等）。

当温度低于常温时，随着温度的降低，钢材的强度提高，而塑性和韧性降低，逐渐变脆，称为钢材的低温冷脆。钢材的冲击韧性对温度十分敏感，图 2.4.8 给出了冲击韧性与工作温度的关系。图中实线为冲击功随温度的变化曲线，虚线为试件断口中晶粒状区所占面积随温度的变化曲线，温度 T_1 也称为 NDT（nil ductility temperature），为脆性转变温度或零塑性转变温度，在该温度以下，冲击试件断口由 100% 晶粒状组成，表现为完全的脆性破坏。温度 T_2 也称为 FTP（fracture transition plastic），为全塑性转变温度，在该温度以上，冲击试件的断口由100%纤维状组成，表现为完全的塑性破坏。温度由 T_2 向 T_1 降低的过程中，钢材的冲击功急剧下降，试件的破坏性质也从韧性变为脆性，故称该温度区间为脆性转变温度区。冲击功曲线的反弯点（或最陡点）对应的温度 T_0 称为转变温度。不同牌号和等级的钢材具有不同的转变温度区和转变温度，均应通过试验来确定。

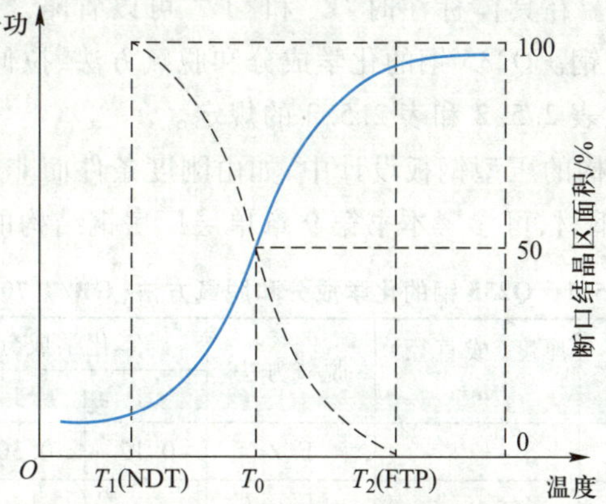

图 2.4.8 冲击韧性与工作温度的关系

在直接承受动力作用的钢结构设计中，为了防止脆性破坏，结构的工作温度应大于 T_1 接近 T_0，可小于 T_2。但是 T_1、T_2 和 T_0 的测量是非常复杂的，对每一炉钢材，都要在不同的温度下做大量的冲击试验并进行统计分析才能得到。为了工程实用，根据大量的使用经验和试验资料的统计分析，我国有关标准对不同牌号和等级的钢材，规定了在不同温度下的冲击韧性指标，例如对 Q235 钢，除 A 级不要求外，其他各级钢均取 $A_{KV}=27$ J；对低合金高强度钢，除 A 级不要求外，E 级钢采用 $A_{KV}=27$ J，其他各级钢均取 $A_{KV}=34$ J。只要钢材在规定的温度下满足这些指标，那么就可按钢结构设计标准的有关规定，根据结构所处的工作温度，选择相应的钢材作为防脆断措施。有关防脆断的设计方法将在第 10 章介绍。

§2.5 建筑用钢的种类、规格和选用

2.5.1 建筑用钢的种类

我国的建筑用钢主要为碳素结构钢、低合金高强度结构钢和建筑结构用钢板三种，优质碳素结构钢在冷拔碳素钢丝和连接用紧固件中也有应用。另外，厚度方向性能钢板、焊接结构用耐候钢、铸钢等在某些情况下也有应用。

1. 碳素结构钢

按国家标准 GB/T 700—2006《碳素结构钢》生产的钢材共有 Q195、Q215、Q235 和 Q275 等 4 种牌号，板材厚度不大于 16 mm 的相应牌号钢材的屈服点分别为 195 N/mm²、215 N/mm²、235 N/mm² 和 275 N/mm²。其中 Q235 含碳量在 0.22% 以下，属于低碳钢，钢材的强度适中，塑性、韧性均较好。该牌号钢材又根据化学成分和冲击韧性的不同划分为 A、B、C、D

共 4 个质量等级，按字母顺序由 A 到 D，表示质量等级由低到高。除 A 级外，其他三个级别的含碳量均在 0.20% 以下，焊接性能也很好。因此，《标准》将 Q235 钢推荐为宜采用钢材。

碳素结构钢的钢号由代表屈服点的字母 Q、屈服点数值（N/mm^2）、质量等级符号、脱氧方法符号 4 个部分组成。符号“F”代表沸腾钢，“B”代表半镇静钢，符号“Z”和“TZ”分别代表镇静钢和特种镇静钢。在具体标注时“Z”和“TZ”可以省略。例如 Q235B 代表屈服点为 235 N/mm^2 的 B 级镇静钢。Q235 钢的化学成分和脱氧方法、拉伸和冲击试验以及冷弯试验结果均应符合表 2.5.1、表 2.5.2 和表 2.5.3 的规定。

在冷弯薄壁型钢结构的压型钢板设计中，如由刚度条件而非强度条件起控制作用时，也允许采用 Q215 牌号的钢材，可参考本书第 9 章单层厂房钢结构的有关内容。

表 2.5.1　Q235 钢的化学成分和脱氧方法（GB/T 700—2006）

牌号	统一数字代号①	等级	厚度（或直径）/mm	脱氧方法	化学成分（质量分数）/%，不大于				
					C	Si	Mn	P	S
Q195	U11952	—	—	F、Z	0.12	0.30	0.50	0.035	0.040
Q215	U12152	A	—	F、Z	0.15	0.35	1.20	0.045	0.050
	U12155	B							0.045
Q235	U12352	A	—	F、Z	0.22	0.35	1.40	0.045	0.050
	U12355	B			0.20②				0.045
	U12358	C		Z	0.17			0.040	0.040
	U12359	D		TZ				0.035	0.035
Q275	U12752	A	—	F、Z	0.24	0.35	1.50	0.045	0.050
	U12755	B	≤40	Z	0.21			0.045	0.045
			>40		0.22				
	U12758	C	—	Z	0.20			0.040	0.040
	U12759	D		TZ				0.035	0.035

注：① 表中为镇静钢、特殊镇静钢牌号的统一数字，沸腾钢牌号的统一数字代号如下：

Q195F——U11950；

Q215AF——U12150，Q215BF——U12153；

Q235AF——U12350，Q235BF——U12353；

Q275AF——U12750。

② 经需方同意，Q235B 的碳含量可不大于 0.22%。

表 2.5.2　Q235 的拉伸试验和冲击试验结果要求（GB/T 700—2006）

牌号	等级	屈服强度① R_{eH}/（N/mm^2），不小于						抗拉强度② R_m/（N/mm^2）	断后伸长率 A/%，不小于					冲击试验（V 型缺口）	
		厚度（或直径）/mm							厚度（或直径）/mm					温度/℃	冲击吸收功（纵向）/J 不小于
		≤16	>16~40	>40~60	>60~100	>100~150	>150~200		≤40	>40~60	>60~100	>100~150	>150~200		
Q195	—	195	185	—	—	—	—	315~430	33	—	—	—	—	—	—
Q215	A	215	205	195	185	175	165	335~450	31	30	29	27	26	—	—
	B													+20	27

续表

牌号	等级	屈服强度①R_{eH}/(N/mm²),不小于						抗拉强度②R_m/(N/mm²)	断后伸长率 A/%,不小于					冲击试验(V 型缺口)	
		厚度(或直径)/mm							厚度(或直径)/mm					温度/℃	冲击吸收功(纵向)/J 不小于
		≤16	>16~40	>40~60	>60~100	>100~150	>150~200		≤40	>40~60	>60~100	>100~150	>150~200		
Q235	A	235	225	215	215	195	185	370~500	26	25	24	22	21	—	—
	B													+20	27③
	C													0	
	D													-20	
Q275	A	275	265	255	245	225	215	410~540	22	21	20	18	17	—	—
	B													+20	27
	C													0	
	D													-20	

注:① Q195 的屈服强度值仅供参考,不作交货条件。

② 厚度大于 100 mm 的钢材,抗拉强度下限允许降低 20 N/mm²。宽带钢(包括剪切钢板)抗拉强度上限不作交货条件。

③ 厚度小于 25 mm 的 Q235B 级钢材,如供方能保证冲击吸收功值合格,经需方同意,可不作检验。

表 2.5.3 Q235 钢的冷弯试验结果要求(GB/T 700—2006)

牌号	试样方向	冷弯试验 180° $B=2a$①	
		钢材厚度(或直径)②/mm	
		≤60	>60~100
		弯心直径 d	
Q195	纵	0	—
	横	0.5a	
Q215	纵	0.5a	1.5a
	横	a	2a
Q235	纵	a	2a
	横	1.5a	2.5a
Q275	纵	1.5a	2.5a
	横	2a	3a

注:① B 为试样宽度,a 为试样厚度(或直径)。

② 钢材厚度(或直径)大于 100 mm 时,弯曲试验由双方协商确定。

2. 低合金高强度结构钢

按现行国家标准 GB/T 1591—2018《低合金高强度结构钢》生产的热机械轧制钢材共有 Q355、Q390、Q420、Q460、Q500、Q550、Q620 和 Q690 等 8 种牌号,板材厚度不大于 16 mm 的相应牌号钢材的屈服点分别为 355 N/mm²、390 N/mm²、420 N/mm²、460 N/mm²、500 N/mm²、550 N/mm²、620 N/mm² 和 690 N/mm²。这些钢的含碳量均不大于 0.20%,强度的提高主要依靠添加少量几种合金元素来达到,合金元素的总量低于5%,故称为低合金高强度钢。其中 Q355、Q390 和 Q420 均按化学成分和冲击韧性各划分为 B、C、D、E 4 个质量等级,字母顺序越靠后的钢材质量越高。分别要求在+20℃、0℃、-20℃和-40℃时冲击功不小于标准的规定值。Q355 还多一个 F 级,要求-60℃时的冲击功不小于规定值。这三种牌号的钢材均有较高的强度和较好的塑性、韧性、焊接性能,被《标准》选为宜采用钢材。Q460 之后牌号的钢材只有 C、D、E 三种质量等级,其中 Q460 钢在建筑中已应用数年,钢结构设计标准也将它选为宜采用钢材。以上四种牌号钢材的化学成分和拉伸、冲击、冷弯试验结果以及可焊性指标均应符合现行国家标准 GB/T 1591—2018 的有关规定。Q420 、Q460 钢的厚板已在大型钢结构工程中批量应用,成为关键受力部位的主选钢材。调研和试验结果表明,其整体质量水平尚有待提高,在工程应用中应加强监测。

由于《标准》的发布与实施均早于《低合金高强度结构钢》,因此《标准》中仍采用 Q345,而没采用 Q355。

3. 建筑结构用钢板

按现行国家标准 GB 19879—2015《建筑结构用钢板》生产的钢材共有 Q235GJ、Q345GJ、Q390GJ、Q420GJ 和 Q460GJ 5 种牌号,板材厚度不大于 16 mm 的相应牌号的钢材的屈服点均与低合金高强度结构钢相应强度等级的钢相同。各强度等级又分为 Z 向和非 Z 向钢,Z 向钢有 Z15、Z25、Z35 三个等级。各牌号又按不同冲击试验要求分为不同质量等级。这种钢材的牌号由屈服点、高性能、建筑的汉语拼音字母、屈服点数值、质量等级符号组成。对于有厚度方向性能要求的钢板,在质量等级符号后加上 Z 向钢级别。如 Q345GJCZ15,其中 Q、G、J 分别为屈服点、高性能、建筑的首个汉语拼音字母;345 为屈服点数值,单位为 N/mm^2;C 为对应于 0℃ 冲击试验温度要求的质量等级,Z15 为厚度方向性能级别。

该钢板纯净度高(有害的 S、P 元素含量少),轧制过程控制严格,具有强度高,强度波动小,强度厚度效应小,塑性、韧性、焊接性能好等优点,是一种高性能的钢材,特别适用于地震区高层大跨等重大钢结构工程。其化学成分、力学性能和可焊性要求均应符合现行国标 GB/T 19879—2015 的有关规定。

4. 优质碳素结构钢

优质碳素结构钢(quality carbon structure steel)与碳素结构钢的主要区别在于钢中含杂质元素较少,磷、硫等有害元素的含量均不大于 0.035%,其他缺陷的限制也较严格,具有较好的综合性能。按照国家标准 GB/T 699—2015《优质碳素结构钢》生产的钢材共有两大类,一类为普通含锰量的钢,另一类为较高含锰量的钢,两类的钢号均用两位数字表示,它表示钢中的平均含碳量的万分数,前者数字后不加 Mn,后者数字后加 Mn,如 45 号钢,表示平均含碳量为 0.45% 的优质碳素钢;45Mn 钢,则表示同样含碳量、但锰的含量也较高的优质碳素钢。可按不热处理和热处理(正火、淬火、回火)状态交货,用做压力加工用钢(热压力加工、顶锻及冷拔坯料)和切削加工用钢。由于价格较高,钢结构中使用较少,仅用经热处理的优质碳素结构钢冷拔高强钢丝或制作高强螺栓、自攻螺钉等。

5. 其他建筑用钢

在某些情况下,要采用一些有别于上述牌号的钢材时,其材质应符合国家的相关标准。例如,当焊接承重结构为防止钢材的层状撕裂而采用 Z 向钢时,应符合 GB/T 5313—2010《厚度方向性能钢板》的规定;处于外露环境对耐腐蚀有特殊要求或在腐蚀性气、固态介质作用下的承重结构采用耐候钢时,应符合 GB/T 4171—2008《耐候结构钢》的规定;当在钢结构中采用非焊接铸钢件时,应符合 GB/T 11352—2009《一般工程用铸造碳钢件》的规定;当采用焊接结构用铸钢件时应符合 GB/T 7659—2010《焊接结构用铸钢件》的规定等。

2.5.2　钢材规格

钢结构所用钢材主要为热轧成型的钢板和型钢，以及冷加工成型的冷轧薄钢板和冷弯薄壁型钢等。为了减少制作工作量和降低造价，钢结构的设计和制作者应对钢材的规格有较全面的了解。

1. 钢板

钢板有厚钢板、薄钢板、扁钢（或带钢）之分。厚钢板常用做大型梁、柱等实腹式构件的翼缘和腹板，以及节点板等；薄钢板主要用来制造冷弯薄壁型钢；扁钢可用做焊接组合梁、柱的翼缘板、各种连接板、加劲肋等，钢板截面的表示方法为在符号“-”后加“宽度×厚度”，如-200×20 等。钢板的供应规格如下：

厚钢板：厚度 4.5 ~ 60 mm，宽度 600 ~ 3 000 mm，长度 4 ~ 12 m；

薄钢板：厚度 0.35 ~ 4 mm，宽度 500 ~ 1 500 mm，长度 0.5 ~ 4 m；

扁钢：厚度 4 ~ 60 mm，宽度 12 ~ 200 mm，长度 3 ~ 9 m。

2. 热轧型钢

常用的有角钢、工字钢、槽钢等，见图 2.5.1a ~ f。

角钢分为等边（也叫等肢）的和不等边（也叫不等肢）的两种，主要用来制作桁架等格构式结构的杆件和支撑等连接杆件。角钢型号的表示方法为在符号“L”后加“长边宽×短边宽×厚度”（对不等边角钢，如 L125×80×8），或加“边长×厚度”（对等边角钢，如 L125×8）。目前我国生产的角钢最大边长为 250 mm，角钢的供应长度一般为 4 ~ 19 m。

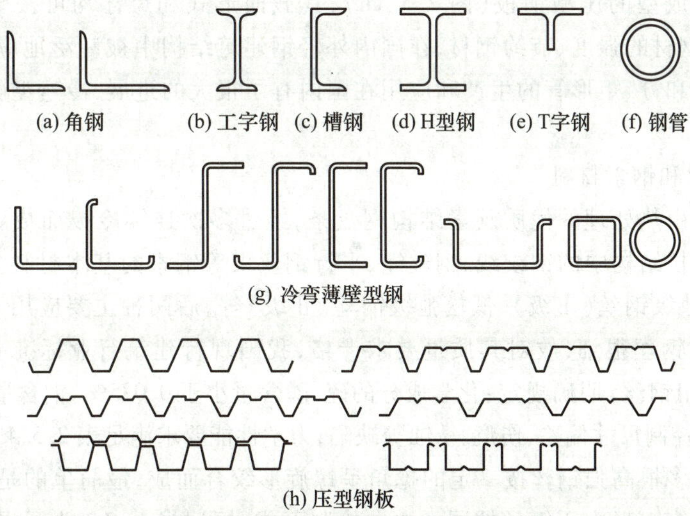

图 2.5.1　热轧型钢及冷弯薄壁型钢

工字钢有普通工字钢、轻型工字钢和 H 型钢三种。普通工字钢和轻型工字钢的两个主轴方向的惯性矩相差较大，不宜单独用作受压构件，而宜用作腹板平面内受弯的构件，或由工字钢和其他型钢组成的组合构件或格构式构件。宽翼缘 H 型钢平面内外的回转半径较接近,可单独用作受压构件。

普通工字钢的型号用符号“工”后加截面高度的厘米数来表示,20 号以上的工字钢,又按腹板的厚度不同,分为 a、b 或 a、b、c 等类别,例如 I20a 表示高度为 200 mm,腹板厚度为 a 类的工字钢。轻型工字钢的翼缘要比普通工字钢的翼缘宽而薄,回转半径较大。普通工字钢的型号为 10 ~ 63 号,轻型工字钢为 10 ~ 70 号,供应长度均为 5 ~ 19 m。

H 型钢与普通工字钢相比,其翼缘板的内外表面平行,便于与其他构件连接。H 型钢的基本类型可分为宽翼缘(HW)、中翼缘(HM)及窄翼缘(HN)三类。还可剖分成 T 型钢供应,代号分别为 TW、TM、TN。H 型钢和相应的 T 型钢的型号分别为代号后加“高度 H×宽度 B×腹板厚度 t_1×翼缘厚度 t_2”,例如 HW400×400×13×21 和 TW200×400×13×21 等。宽翼缘和中翼缘 H 型钢可用于钢柱等受压构件,窄翼缘 H 型钢则适用于钢梁等受弯构件。目前国内生产的最大型号 H 型钢为 HN1 000×300×21×40。供货长度可与生产厂家协商,长度大于 24 m 的 H 型钢不成捆交货。

槽钢有普通槽钢和轻型槽钢二种。适于作檩条等双向受弯的构件,也可用其组成组合或格构式构件。槽钢的型号与工字钢相似,例如[32a 指截面高度 320 mm,腹板较薄的槽钢。目前国内生产的最大型号为[40c。供货长度为 5 ~ 19 m。

钢管有无缝钢管和焊接钢管两种。由于回转半径较大,常用作桁架、网架、网壳等平面和空间格构式结构的杆件;在钢管混凝土柱中也有广泛的应用。型号可用代号“D”后加“外径 d×壁厚 t”表示,如 D180×8 等。国产热轧无缝钢管的最大外径可达 351 mm。供货长度为 3 ~ 12 m。焊接钢管的外径可以做得更大,一般由施工单位卷制。

3. 冷弯薄壁型钢

采用 1.5 ~6 mm 厚的钢板经冷弯和辊压成型的型材(图 2.5.1g)和采用 0.4 ~ 1.6 mm 的薄钢板经辊压成型的压型钢板(图 2.5.1h),其截面形式和尺寸均可按受力特点合理设计,能充分利用钢材的强度、节约钢材,在国内外轻钢建筑结构中被广泛地应用。近年来,冷弯高频焊接圆管和方、矩形管的生产和应用在国内有了很大的进展,冷弯型钢的最大壁厚已可达 25 mm。

4. 高强钢丝和钢索材料

高强钢丝是由热处理的优质碳素结构钢盘条,经过多次连续冷拔而成。它是组成广泛应用于悬索和张拉结构中的钢绞线、钢丝绳、平行钢丝束等钢索的基本材料。高强钢丝分冷拔钢丝、普通松弛级钢丝(Ⅰ级)、低松弛级钢丝(Ⅱ级)等,后两种主要应用于建筑和桥梁结构中。由于高强钢丝很细,故对其质量要求严格,我国现行建筑行业标准 CJ/T 495—2016《城市桥梁缆索用钢丝》明确规定:化学成分的硫、磷含量小于 0.025%,铜含量小于 0.20%;成品质量要求严格控制尺寸偏差、伤痕、锈蚀等缺陷;力学性能要求满足表 2.5.4 的各项指标。

钢绞线是由多根高强钢丝按一定的捻角呈螺旋形绞合而成,最简单的是 7 丝钢绞线,是由 6 根外围钢丝绕 1 根中心钢丝按同一方向捻制而成,标记为 1×7。为了提高承载力,还可增加绞合钢丝的层数,制成 1×19、1×37、1×61 等多种规格,如图 2.5.2 所示。钢绞线的捻制方向分左捻和右捻,多层钢绞线的最外层钢丝应与相邻内层钢丝的捻向相反,以便减少受拉力时产生的扭矩。钢绞线受拉时,中心钢丝受力最大,由于钢丝间受力不均,钢绞线的抗拉强度要比单根钢丝低 10% ~20%,弹性模量要低 15% ~35%。

表 2.5.4　高强钢丝的力学性能

公称直径 d/mm	强度级别① Rm/Mpa	规定非比例延伸强度 $R_{p0.2}$/Mpa		伸长率/δ (L_0 = 250 mm)	弹性模量	弯曲次数		扭转	缠绕	松弛率		
		Ⅰ级松弛不小于	Ⅱ级松弛不小于		Mpa	次数/180°	弯曲半径 r/mm	次	3dx 8 圈	初始载荷（公称载荷的百分数）/100%	1 000 h 应力损失②/% Ⅰ级松弛	1 000 h 应力损失②/% Ⅱ级松弛
5.0	1 670 1 770 1 860 1 960	1 340 1 420 1 490 1 570	1 490 1 580 1 660 1 750	≥4	$(2.0 \pm 0.1) \times 10^5$	≥4	15	8	不断裂	70	≤7.5	≤2.5
7.0	1 670 1 770 1 860	—	1 490 1 580 1 660	≥4		≥5	20	8	不断裂	70	—	≤2.5

注：① 钢丝强度级别值为实际抗拉强度的最小值。

② 供方在通过 1 000 h 松弛性能型式试验后，可进行 120 h 松弛试验，并以此推算出 1 000 h 松弛值。

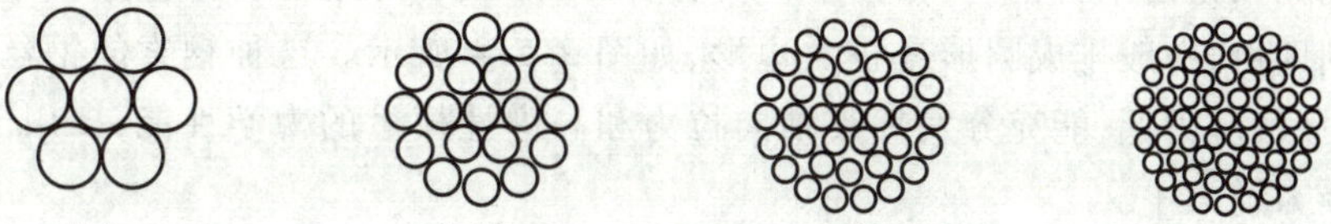

1×7　　1×19　　1×37　　1×61

图 2.5.2　钢绞线截面形式

钢丝绳是由多股钢绞线绕一核心绳（可为纤维芯或金属芯）捻制而成，如图 2.5.3 所示。纤维芯的柔软性好，利于施工，但强度较低，当钢丝绳受拉后，纤维芯的直径会缩小，使索伸长，降低索的受力性能和耐久性，所以结构用钢丝绳都用金属芯的。常用的钢丝绳有 7 股钢绞线［每股有（6+1）共 7 根钢丝］捻成（标记为 7×7）和 7 股钢绞线［每股有（1+6+12）共 19

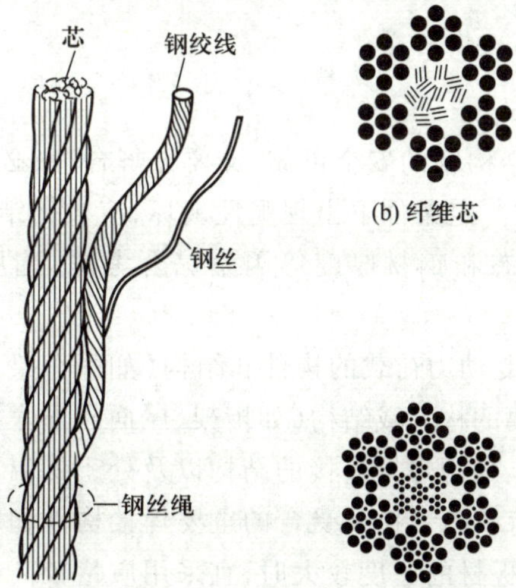

(a) 构造图　　(b) 纤维芯　　(c) 金属芯

图 2.5.3　钢丝绳构造示意图

根钢丝］捻成（标记为 7×19）的两种。钢丝绳中每股钢绞线的捻向与每股钢绞线中钢丝的捻向可以相反（交互捻），也可相同（同向捻），或部分相反、部分相同（混合捻），如表 2.5.5 所示。

表 2.5.5　钢丝绳的捻法及特点

捻法	示意图	特点
交互捻		是一种最常用的钢丝绳捻制方式。优点是不易松散和扭折，且承受横向压力的能力比同向捻要好；缺点是不够柔软，使用寿命短。结构用钢丝绳多为此种
同向捻		钢丝之间接触较好，表面比较平滑，柔软性好，耐磨损，使用寿命长；但容易松散和扭折。主要用于开采和挖掘设备中
混合捻		兼具以上两种方法的优点，但是制造困难。主要用于起重设备中

平行钢丝束是由平行钢丝，在预制厂或现场编成。每束钢丝数并无严格要求，只需每层能均匀排列即可，一般排成圆形或正六边形，如图 2.5.4 所示。这种钢索的钢丝排列紧凑，受力均匀，接触应力低，能充分发挥其轴向拉力和高弹性模量的力学性能，多用于悬索桥结构的主要受力缆索中。

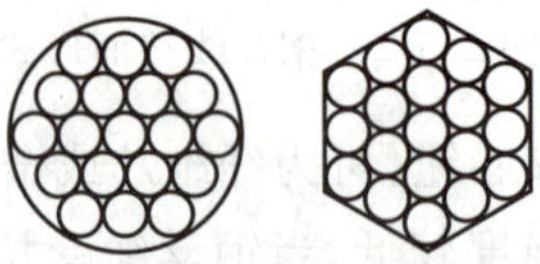

图 2.5.4　平行钢丝束截面形式

2.5.3　钢材的选择

1. 钢材选用原则和建议

钢材的选用既要确保结构物的安全可靠，又要经济合理，必须慎重对待。为了保证承重结构的承载能力，防止在一定条件下出现脆性破坏，应根据结构的重要性、荷载特征、连接方法、工作环境、应力状态和钢材厚度等因素综合考虑，选用合适牌号和质量等级的钢材。

一般而言，对于直接承受动力荷载的构件和结构（如吊车梁、工作平台梁或直接承受车辆荷载的栈桥构件等）、重要的构件或结构（如桁架、屋面楼面大梁、框架横梁及其他受拉力较大的类似结构和构件等）、采用焊接连接的结构以及处于低温下工作的结构，应采用质量较高的钢材。对承受静力荷载的受拉及受弯的重要焊接构件和结构，宜选用较薄的型钢和板材构成；当选用的型材或板材的厚度较大时，宜采用质量较高的钢材，以防钢材中较大的残余拉应力和缺陷等与外力共同作用形成三向拉应力场，引起脆性破坏。

承重结构采用的钢材应具有抗拉强度、伸长率、屈服强度和硫、磷含量的合格保证，对焊接结构尚应具有含碳量的合格保证。焊接承重结构及重要的非焊接承重结构采用的钢材，还应具有冷弯试验的合格保证。对直接承受动力荷载或需验算疲劳的构件所用钢材，尚应具有冲击韧性的合格保证。

根据多年的实践经验总结，并适当参考了有关国外规范的规定，《标准》给出了钢结构钢材应具有的冲击韧性合格保证的建议，即钢材质量等级选用的建议，如表 2.5.6 所示。

表 2.5.6　钢材质量等级选用

<table>
<tr><th colspan="2" rowspan="2">结构类别</th><th colspan="4">结构工作温度 T/℃①</th></tr>
<tr><th>$T>0$</th><th>$-20<T\leq 0$</th><th colspan="2">$-40<T\leq -20$</th></tr>
<tr><td rowspan="2">不需验算疲劳</td><td>非焊接结构</td><td>B(允许用 A)</td><td rowspan="2">B</td><td rowspan="2">B</td><td rowspan="4">受拉构件及承重结构的受拉板件：
1. 板厚或直径小于 40 mm：C
2. 板厚或直径不小于 40 mm：D
3. 重要承重结构的受拉板材宜选建筑结构用钢板</td></tr>
<tr><td>焊接结构</td><td>B(允许用 Q345A～Q420A)</td></tr>
<tr><td rowspan="2">需验算疲劳</td><td>非焊接结构</td><td>B</td><td>Q235B　Q390C
Q345GJC　Q420C
Q345B　Q460 C</td><td>Q235C　Q390D
Q345GJC　Q420D
Q345C　Q460D</td></tr>
<tr><td>焊接结构</td><td>B</td><td>Q235C　Q390D
Q345GJC　Q420D
Q345C　Q460D</td><td>Q235D　Q390E
Q345GJD　Q420E
Q345D　Q460E</td></tr>
</table>

注：① 结构工作温度：对露天和非采暖房屋的结构，取建筑物所在地区室外最低日平均温度(见《标准》条文说明 表 4)；对采暖房屋内的结构，如能确保始终在某一温度以上，可将其作为工作温度；否则可按表 4 室外最低日平均温度提高 5℃ 取用，也可经合理地研究确定。

为了简化订货，选择钢材时要尽量统一规格，减少钢材牌号和型材的种类，还要考虑市场的供应情况和制造厂的工艺可能性。对于某些拼接焊接结构(如焊接截面梁、桁架等)可以选用两种不同牌号的钢材，受力大、由强度控制的部分(如焊接梁的翼缘、桁架的弦杆等)，用强度高的钢材；受力小、由稳定控制的部分(如焊接梁的腹板、桁架的腹杆等)，用强度低的钢材，可达到经济合理的目的。

2. 国内外钢材的互换问题

随着经济全球化时代的到来，不少国外钢材进入了中国的建筑领域。由于各国的钢材标准不同，在使用国外钢材时，必须全面了解不同牌号钢材的质量保证项目，包括化学成分和力学性能，检查厂家提供的质保书，并应进行抽样复验，其复验结果应符合现行国家产品标准和设计要求，方可与我国相应的钢材进行代换。表 2.5.7 给出了以强度指标为依据的各国钢材牌号与我国钢材牌号的近似对应关系，仅供代换时参考。

表 2.5.7　国内外钢材牌号对应关系

规范	中国规范	美国规范	日本规范	欧洲规范	英国规范	俄罗斯规范	澳大利亚规范
钢材牌号	Q235	A36	SS400 SM400 SN400	S235	40	C235	250 C250

续表

规范	中国规范	美国规范	日本规范	欧洲规范	英国规范	俄罗斯规范	澳大利亚规范
钢材牌号	Q345	A242,A441, A572-50,A588	SM490 SN490	S355	50B,C,D	C345	350 C350
	Q390				50F	C390	400 Hd400
	Q420	A572-60	SA440B SA440C	S420		C440	
	Q460	A572-65		S460	55C,E,F		450 C450

习　题

2.1　何谓碳素结构钢、低合金高强度结构钢？生产和加工过程对其工作性能有何影响？

2.2　钢材有哪两种主要的破坏形式？与其化学成分和组织构造有何关系？

2.3　试述钢材的主要力学性能指标及其测试方法。

2.4　影响钢材性能的主要化学成分有哪些？碳、硫、磷对钢材性能有何影响？

2.5　何谓钢材的焊接性能？影响钢材焊接性能的化学元素有哪些？

2.6　钢材在高温下的力学性能如何？为何钢材不耐火？

2.7　解释下列名词：① 低温冷脆；② 时效硬化；③ 冷作硬化；④ 应变时效硬化；⑤ 转变温度；⑥ 包辛格效应；⑦ 滞回性能；⑧ 低周疲劳；⑨ 高周疲劳。

2.8　引起钢材脆性破坏的主要因素有哪些？

2.9　在选用钢材时应注意哪些问题？

2.10　钢材的力学性能为何要按厚度分类？在选用钢材时，应如何考虑板厚的影响？

2.11　钢材的质量等级如何确定？

第3章

连　接

§3.1　钢结构的连接

钢结构的构件是由型钢、钢板等通过连接(connections)构成的,各构件再通过安装连接架构成整个结构。因此,连接在钢结构中处于重要的枢纽地位。在进行连接的设计时,必须遵循安全可靠、传力明确、构造简单、制造方便和节约钢材的原则。

钢结构的连接方法可分为焊接连接、铆钉连接、螺栓连接、轻型钢结构用的紧固件连接和销轴连接等(图3.1.1)。

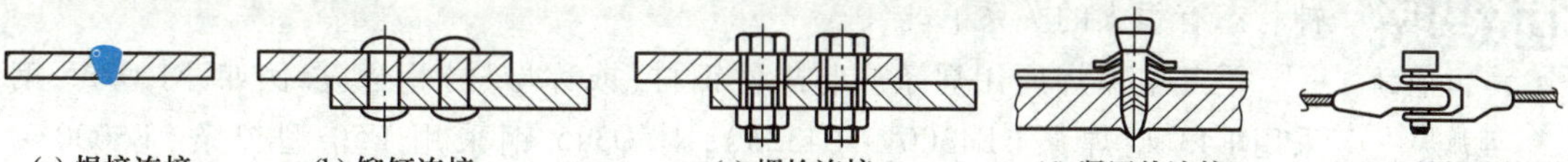

(a) 焊接连接　(b) 铆钉连接　(c) 螺栓连接　(d) 紧固件连接　(e) 销轴连接

图3.1.1　钢结构的连接方法

3.1.1　焊接连接

1. 焊接连接的特点

焊接连接(welded connection)是现代钢结构最主要的连接方法。其优点是构造简单,任何形式的构件都可直接相连;用料经济,不削弱截面;制作加工方便,可实现自动化操作;连接的密闭性好,结构刚度大。其缺点是在焊缝附近的热影响区内,钢材的金相组织发生改变,导致局部材质变脆;焊接残余应力和残余变形使受压构件稳定承载力降低;焊接结构对裂纹很敏感,局部裂纹一旦发生,就容易扩展到整体,低温冷脆问题较为突出。

3.1　焊缝演示

2. 钢结构的焊接方法

一般情况下,焊接方法可以分为两大类,即熔化焊和压力焊。我们通常所见的手工电弧焊、自动埋弧焊、气焊等均属于熔化焊,而钎焊通常单独分类。

焊接方法也可以分为手工焊、半自动焊和全自动焊三种。其中,半自动焊可以分为气体保护焊、埋弧半自动焊、自保护焊、重力焊、螺柱焊;全自动焊可以分为埋弧焊、气体保护焊、电渣焊等焊接方法。

(1) 手工电弧焊

这是最常用的一种焊接方法(图 3.1.2)。通电后,在涂有药皮的焊条和焊件间产生电弧。电弧提供热源,使焊件和焊条间的焊丝熔化,熔化的焊条滴落在焊件上被电弧所吹成的小凹槽熔池中。由电焊条药皮形成的熔渣和气体覆盖着熔池,防止空气中的氧、氮等气体与熔化的液体金属接触,避免形成脆性易裂的化合物。焊缝金属冷却后把被连接件连成一体。

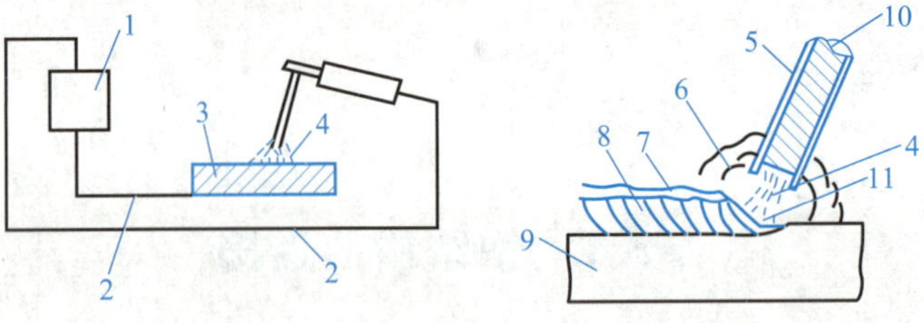

(a) 电路 (b) 施焊过程

图 3.1.2 手工电弧焊

1—电焊机;2—导线;3—焊件;4—电弧;5—药皮;6—起保护作用的气体;7—熔渣;8—焊缝金属;9—主体金属;10—焊丝;11—熔池

3.2 半自动埋弧焊

3.3 全自动埋弧焊

3.4 智能焊接 1(对接焊缝)

3.5 智能焊接 2(角部焊缝)

手工电弧焊设备简单,操作灵活方便,适于任意空间位置的焊接,特别适于焊接短焊缝。但生产效率低,劳动强度大,焊接质量与焊工的技术水平和精神状态有很大的关系。

手工电弧焊所用焊条应与焊件钢材(或称母材)相适应,例如:对 Q235 钢采用 E43 型焊条(E4300 ~ E4328);对 Q345 钢采用 E50 型焊条(E5000 ~ E5048);对 Q390 钢和 Q420 钢采用 E55 型焊条(E5500 ~ E5518)。焊条型号中字母 E 表示焊条(elecfrodes),前两位数字为熔敷金属的最小抗拉强度(单位为 kgf/mm^2),第三、四位数字表示适用焊接位置、电流以及药皮类型等。不同钢种的钢材相焊接时,宜采用低组配方案,即宜采用与低强度钢相适应的焊条。

(2) 埋弧焊(自动或半自动)

埋弧焊是电弧在焊剂层下燃烧的一种电弧焊方法。焊丝送进和焊接方向的移动有专门机构控制的称埋弧自动电弧焊(图 3.1.3);焊丝送进有专门机构控制,而焊接方向的移动靠工人操作的称为埋弧半自动电弧焊。电弧焊的焊丝不涂药皮,但施焊端靠由焊剂漏头自动流下的颗粒状焊剂所覆盖,电弧完全被埋在焊剂之内,电弧热量集中,熔深大,适于厚板的焊接,具有很高的生产率。由于采用了自动或半自动化操作,焊接时的工艺条件稳定,焊缝的化学成分均匀,故焊成的焊缝质量好。同时,高焊速也减小了热影响区的范围。但埋弧焊对焊件边缘的装配精度(如间隙)要求比手工焊高,而且焊接位置受到限制,一般用于平焊和横焊。埋弧焊主要用于自动焊、长焊缝、中等以上厚度板的焊接,对于半自动焊和短焊缝,设备移动不如气体保护电弧焊方便。在小电流下电弧的稳定性比较差,所以也不适合焊接薄板。

埋弧焊所用焊丝和焊剂应与主体金属的力学性能相适应,并应符合现行国家标准的规定。

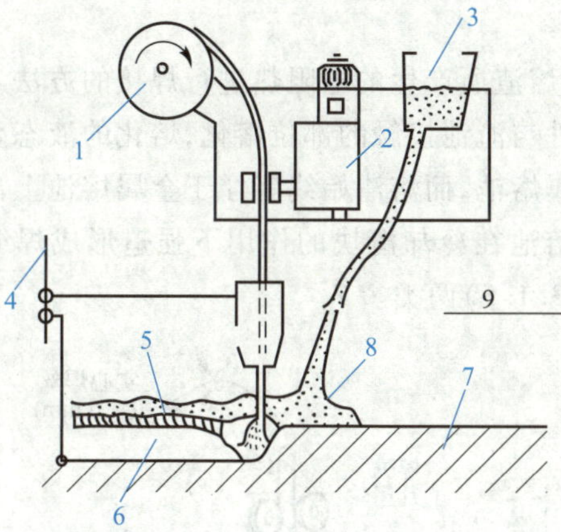

图 3.1.3 埋弧自动电弧焊

1—焊丝转盘；2—转动焊丝的电动机；3—焊剂漏斗；4—电源；5—熔化的焊剂；6—焊缝金属；7—焊件；8—焊剂；9—移动方向

(3) 气体保护焊

气体保护焊是利用二氧化碳气体或其他惰性气体作为保护介质的一种电弧熔焊方法。它直接依靠保护气体在电弧周围造成局部的保护层，以防止有害气体的侵入并保证了焊接过程的稳定性。

气体保护焊的焊缝熔化区没有熔渣，焊工能够清楚地看到焊缝成型的过程；由于保护气体是喷射的，有助于熔滴的过渡；又由于热量集中，焊接速度快，焊件熔深大，故所形成的焊缝强度比手工电弧焊高，塑性和抗腐蚀性好，适用于全位置的焊接。

实施二氧化碳保护焊时(图 3.1.4)，电源的输出两端分别接在焊枪和焊件上，盘状焊丝由送丝机经软管和喷嘴不断向电弧区送给；同时二氧化碳气体以一定的压力和流量送入焊枪，通过喷嘴后形成连续的保护气流，使熔池和电弧不受空气的侵入。随着焊枪的移动，熔池金属冷却凝固而成焊缝。二氧化碳保护焊以其生产率高、耗能低、抗锈能力强、焊接变形小、操作能力好、适用范围广等优点，已成为钢铁材料焊接中不可缺少的一种重要焊接方法。但是，二氧化碳保护焊也存在一些缺点，例如使用大电流焊接时，焊缝表面成形较差，飞溅较多，难于用交流电源焊接及在有风的地方施焊。

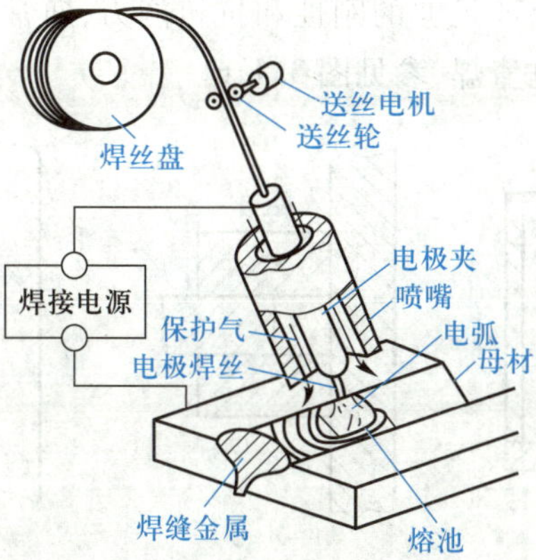

图 3.1.4 二氧化碳保护焊方法示意图

(4) 电渣焊

电渣焊是利用通过液体熔渣所产生的电阻热进行焊接的方法。高温的熔渣把热量传递给电极和焊件,使电极和焊件与渣池接触的部位熔化,熔化的液态金属在渣池中因密度较熔渣大,故下沉到底部形成金属熔池,而熔渣始终轻浮于金属熔池上部。随着焊接过程的连续进行,温度逐渐降低的金属熔池在冷却滑块的作用下强迫形成焊缝。电渣焊一般分为熔嘴电渣焊和非熔嘴电渣焊(图 3.1.5)两类。

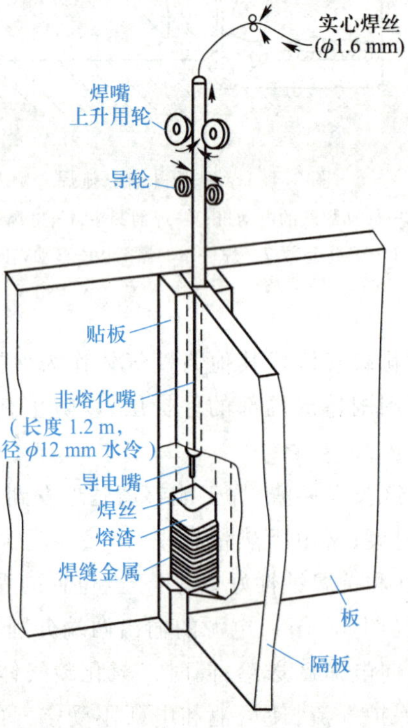

图 3.1.5　非熔嘴电渣焊示意图

非熔嘴电渣焊是熔嘴电渣焊的改进技术,其导电嘴外表不涂药皮,焊接时不断上升,自身并不熔化。由于非熔嘴电渣焊所用的电流密度高,焊接速度快,所以不但生产效率高,而且焊接质量好。

高层建筑的箱型柱为了保证足够的刚性和抗扭能力,通常在柱内设置隔板。其中隔板与腹板之间的焊接通常采用电渣焊,参见图 3.1.6。

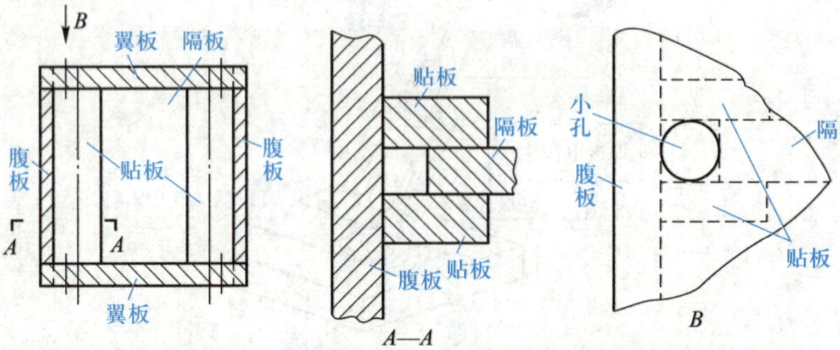

图 3.1.6　箱型柱焊道位置

(5) 电阻焊

电阻焊属于压力焊,是利用电流通过焊件接触点表面电阻所产生的热来熔化金属,再通过加压使其焊合。电阻焊与其他连接方法相比,具有连接头质量高、辅助工序少、无须添加焊接材料等优点,易于机械化、自动化。

电阻焊适用于板叠厚度不大于 12 mm 的焊接。对冷弯薄壁型钢构件,电阻焊可用来缀合壁厚不超过 3.5 mm 的构件,如将两个冷弯槽钢或 C 型钢组合成工字形截面构件等。

(6) 螺柱焊

螺柱焊(焊钉焊)是指将焊钉一端与板件(或管件)表面接触通电引弧,待接触面熔化后,给焊钉一定的压力以完成焊接的方法(图 3.1.7)。

在型钢混凝土结构和一些钢-混凝土组合结构中,为了保证钢构件和钢筋混凝土牢固连接,在钢构件上会焊上许多预埋件。螺柱焊的出现,使这一工序简便了很多,其焊接效率比手工电弧焊高出数十倍。

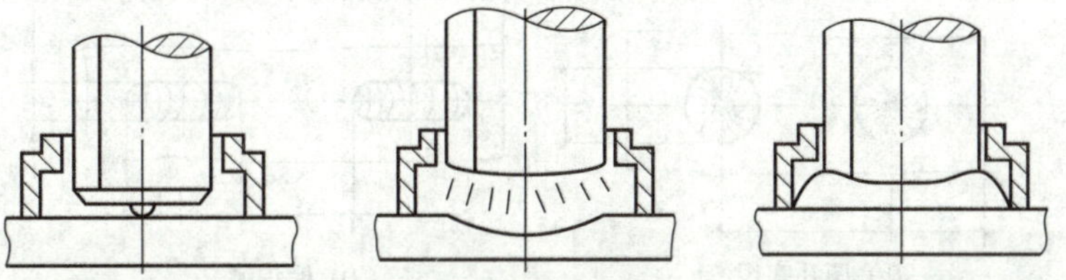
(a) 拉弧准备　(b) 大电弧发生　(c) 焊缝形成

图 3.1.7　螺柱焊过程

3. 焊缝连接形式及焊缝形式

(1) 焊缝连接形式

焊缝连接形式按被连接钢材的相互位置可分为对接、搭接、T 形连接和角部连部四种(图 3.1.8)。这些连接所采用的焊缝主要有对接焊缝、角焊缝(包括圆孔或槽孔内角焊缝)和圆孔塞焊缝。

3.6　对接焊缝

对接连接主要用于厚度相同或接近相同的两构件的相互连接。图 3.1.8a 所示为采用对接焊缝的对接连接,由于相互连接的两构件在同一平面内,因而传力均匀平缓,没有明显的应力集中,且用料经济,但是焊件边缘需要加工,被连接两板的间隙和坡口尺寸有严格的要求。

图 3.1.8b 所示为用双层盖板和角焊缝的对接连接,这种连接传力不均匀、费料,但施工简便,所连接两板的间隙大小无需严格控制。

图 3.1.8c 所示为用角焊缝的搭接连接,特别适用于不同厚度构件的连接。传力不均匀,材料较费,但构造简单,施工方便,目前还在广泛应用。为了增大连接的承载力,有时候也可以补充采用圆孔塞焊缝、圆孔或槽孔内角焊缝(即槽焊缝)的形式进行构件的搭接连接(图 3.1.8h、i)。

T 形连接省工省料,常用于制作组合截面。当采用角焊缝连接时(图 3.1.8d),焊件间存在缝隙,截面突变,应力集中现象严重,疲劳强度较低,可用于不直接承受动力荷载结构的连接中。对于直接承受动力荷载的结构,如重级工作制吊车梁,其上翼缘与腹板的连接,应采用如图 3.1.8e 所示的焊透的 T 形对接与角接组合焊缝进行连接。

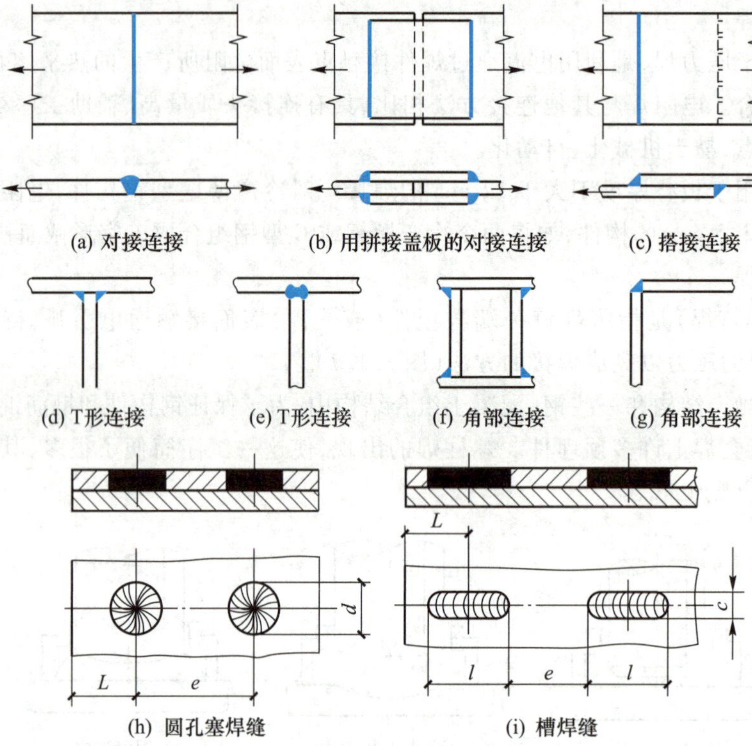

图 3.1.8　焊接连接的形式

角部连接(图 3.1.8f、g)主要用于制作箱形截面。

(2) 焊缝形式

3.7　端焊缝

3.8　斜焊缝

对接焊缝按所受力的方向分为正对接焊缝(图 3.1.9a)和斜对接焊缝(图 3.1.9b)。角焊缝(图 3.1.9c)可分为正面角焊缝、侧面角焊缝和斜焊缝。

焊缝沿长度方向的布置分为连续角焊缝和间断角焊缝两种(图 3.1.10)。连续角焊缝的受力性能较好,为主要的角焊缝形式。间断角焊缝的起、灭弧处容易引起应力集中,重要结构应避免采用,只能用于一些次要构件的连接或受力很小的连接中。间断角焊缝的间断距离 l 不宜过长,以免连接不紧密,潮气

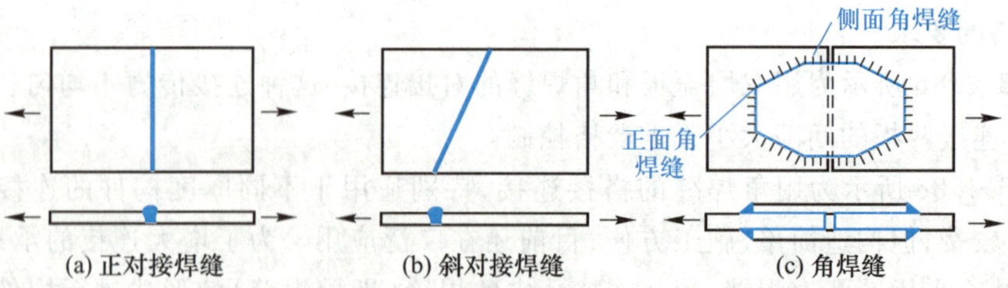

图 3.1.9　焊缝形式

图 3.1.10　连续角焊缝和间断角焊缝

侵入引起构件锈蚀。一般在受压构件中应满足 $l \leqslant 15t$；在受拉构件中 $l \leqslant 30t$，t 为较薄焊件的厚度。

焊缝按施焊位置分为平焊、横焊、立焊及仰焊（图 3.1.11）。平焊（又称俯焊）施焊方便。立焊和横焊要求焊工的操作水平比较高。仰焊的操作条件最差，焊缝质量不易保证，因此应尽量避免采用仰焊。

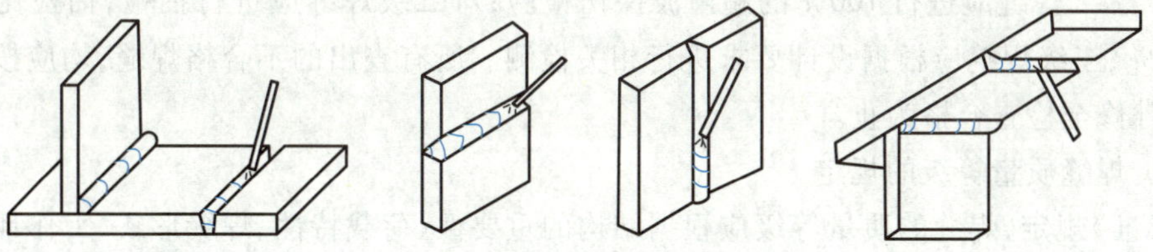

(a) 平焊　(b) 横焊　(c) 立焊　(d) 仰焊

图 3.1.11　焊缝施焊位置

4. 焊缝缺陷及焊缝质量检验

（1）焊缝缺陷

焊缝缺陷指焊接过程中产生于焊缝金属或附近热影响区钢材表面或内部的缺陷。常见的缺陷有裂纹、焊瘤、烧穿、弧坑、气孔、夹渣、咬边、未熔合、未焊透（图 3.1.12）等；以及焊缝尺寸不符合要求、焊缝成形不良等。裂纹是焊缝连接中最危险的缺陷。产生裂纹的原因很多，如钢材的化学成分不当；焊接工艺条件（如电流、电压、焊速、施焊次序等）选择不合适；焊件表面油污未清除干净等。

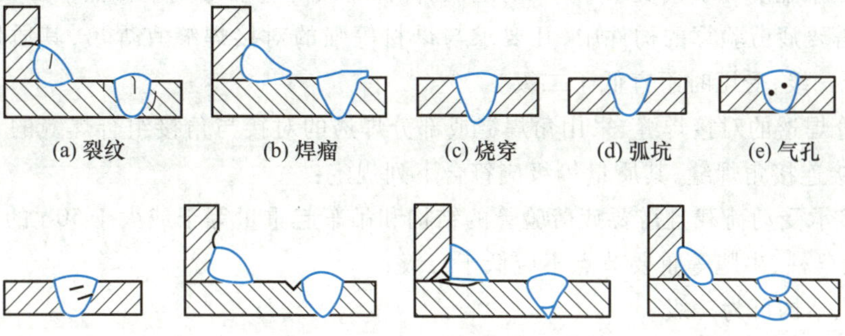

(a) 裂纹　(b) 焊瘤　(c) 烧穿　(d) 弧坑　(e) 气孔

(f) 夹渣　(g) 咬边　(h) 未熔合　(i) 未焊透

图 3.1.12　焊缝缺陷

（2）焊缝质量检验

焊缝缺陷的存在将削弱焊缝的受力面积，在缺陷处引起应力集中，故对连接的强度、冲击韧性及冷弯性能等均有不利影响。因此，焊缝质量检验极为重要。

焊缝质量检验一般可用外观检查及内部无损检验，前者检查外观缺陷和几何尺寸，后者检查内部缺陷。内部无损检验目前广泛采用超声波检验。该方法使用灵活、经济，对内部缺陷反应灵敏，但不易识别缺陷性质；有时还用磁粉检验、荧光检验等较简单的方法作为辅助。此外还可采用 X 射线或 γ 射线透照或拍片。

《钢结构工程施工质量验收规范》规定焊缝按其检验方法和质量要求分为一级、二级和三级。三级焊缝只要求对全部焊缝作外观检查且符合三级质量标准；设计要求全焊透的一

3.9　焊缝质量检查(外观)

级、二级焊缝则除外观检查外,还要求用超声波探伤进行内部缺陷的检验,超声波探伤不能对缺陷作出判断时,应采用射线探伤检验,并应符合国家相应质量标准的要求。厚度小于 6 mm 钢材的对接焊缝,不应采用超声波探伤确定焊缝质量等级。

国标 GB 50661—2011《钢结构焊接规范》规定,对设计要求全焊透的一级焊缝应进行 100% 的超声波探伤检验;对二级焊缝应进行抽检,抽检比例应不少于 20%;三级焊缝应根据设计要求进行相关检测。所有查出的不合格焊缝,均应按有关规定予以补修至检查合格为止。

(3) 焊缝质量等级的规定

《标准》规定,焊缝的质量等级应根据结构的重要性、荷载特性、焊缝形式、工作环境以及应力状态等情况,按下列原则选用:

① 在承受动荷载且需要进行疲劳验算的构件中,凡要求与母材等强连接的焊缝应焊透,其质量等级应符合下列规定:

a. 作用力垂直于焊缝长度方向的横向对接焊缝或 T 形对接与角接组合焊缝,受拉时应为一级,受压时不应低于二级;

b. 作用力平行于焊缝长度方向的纵向对接焊缝不应低于二级;

c. 重级工作制(A6 ~ A8)和起重量 $Q \geqslant 50$ t 的中级工作制(A4、A5)吊车梁的腹板与上翼缘之间以及吊车桁架上弦杆与节点板之间的 T 形连接部位焊缝应焊透,焊缝形式宜为对接与角接的组合焊缝,其质量等级不应低于二级。

② 在工作温度等于或低于-20℃的地区,构件对接焊缝的质量不得低于二级。

③ 不需要疲劳验算的构件中,凡要求与母材等强的对接焊缝宜焊透,其质量等级受拉时不应低于二级,受压时不宜低于二级。

④ 部分焊透的对接焊缝、采用角焊缝或部分焊透的对接与角接组合焊缝的 T 形连接部位,以及搭接连接角焊缝,其质量等级应符合下列规定:

a. 直接承受动荷载且需要疲劳验算的结构和吊车起重量等于或大于 50 t 的中级工作制吊车梁以及梁柱、牛腿等重要节点不应低于二级;

b. 其他结构可为三级。

3.1.2　铆钉和螺栓连接

1. 铆钉连接

铆钉连接(riveted connections)的制造有热铆和冷铆两种方法。热铆是由烧红的钉坯插入构件的钉孔中,用铆钉枪或压铆机铆合而成。冷铆是在常温下铆合而成。在建筑结构中一般都采用热铆。

铆钉的材料应有良好的塑性,通常采用专用钢材 BL2 和 BL3 号钢制成。

铆钉连接的质量和受力性能与钉孔的制法有很大关系。钉孔的制法分为 Ⅰ、Ⅱ 两类。Ⅰ类孔是用钻模钻成,或先冲成较小的孔,装配时再扩钻而成,质量较好。Ⅱ类孔是冲成或不用钻模钻成,虽然制法简单,但构件拼装时钉孔不易对齐,故质量较差。重要的结构应该采用I类孔。

铆钉打好后，钉杆由高温逐渐冷却而发生收缩，但被钉头之间的钢板阻止住，所以钉杆中产生了收缩拉应力，对钢板则产生压缩系紧力。这种系紧力使连接十分紧密。当构件受剪力作用时，钢板接触面上产生很大的摩擦力，因而能大大提高连接的工作性能。

铆钉连接的塑性和韧性较好，传力可靠，质量易于检查，多应用于一些重型和直接承受动力荷载的结构中。但是，沉头和半沉头铆钉不得用于其杆轴方向受拉的连接。

2. 螺栓连接

螺栓连接分普通螺栓连接（bolted connections）和高强度螺栓连接（high-strength bolted connections）两种。

（1）普通螺栓连接

普通螺栓分为A、B、C三级。A级与B级为精制螺栓，C级为粗制螺栓。C级螺栓材料性能等级为4.6级或4.8级。小数点前的数字表示螺栓成品的抗拉强度不小于400 N/mm^2，小数点及小数点以后数字表示其屈强比（屈服点与抗拉强度之比）为0.6或0.8。A级和B级螺栓材料性能等级则为8.8级，其抗拉强度不小于800 N/mm^2，屈强比为0.8。

C级螺栓由未经加工的圆钢压制而成。由于螺栓表面粗糙，一般采用在单个零件上一次冲成或不用钻模钻成的孔。孔径d_0较螺栓公称直径d大1.0~1.5 mm。对于采用C级螺栓的连接，由于螺杆与栓孔之间有较大的间隙，受剪力作用时，将会产生较大的剪切滑移，连接的变形大。但安装方便，且能有效地传递拉力，故宜用于沿其杆轴方向受拉的连接，在以下情况下可用于受剪连接：承受静力荷载或间接承受动力荷载结构中的次要连接、承受静力荷载的可拆卸结构的连接和临时固定构件用的安装连接。

A、B级普通螺栓是由毛坯在车床上经过切削加工精制而成。表面光滑，尺寸准确，螺杆直径与螺栓孔径相同，但螺杆直径仅允许负公差，螺栓孔直径仅允许正公差，对成孔质量要求高。我国标准规定，B级普通螺栓的孔径d_0较螺栓公称直径d大0.2~0.5 mm。A、B级普通螺栓由于有较高的精度，因而受剪性能好。但制作和安装复杂，价格较高，已很少在钢结构中采用。

（2）高强度螺栓连接

高强度螺栓一般采用45号钢，40B钢，20MnTiB钢和35VB钢加工制作，经热处理后，螺栓抗拉强度应分别不低于800 N/mm^{2}和1 000 N/mm^2，且屈强比分别为0.8和0.9，因此，其性能等级分别称为8.8级和10.9级。

高强度螺栓分大六角头型（图3.1.13a）和扭剪型（图3.1.13b、图3.1.14）两种。安装时通过特别的扳手，以较大的扭矩上紧螺帽，使螺杆产生很大的预拉力。高强度螺栓的预拉力把被连接的部件夹紧，使部件的接触面间产生很大的摩擦力，外力通过摩擦力来传递。这种连接称为高强度螺栓摩擦型连接。它的优点是施工方便，可拆换，能承受动力荷载，耐疲劳，韧性和塑性好，包含了普通螺栓和铆钉连接的各自优点。目前，高强度螺栓已成为工程中广泛应用的优良连接形式。另外，高强度螺栓也可同普通螺栓一样，允许接触面滑移，依靠螺栓杆和螺栓孔之间的承压来传力。这种连接称为高强度螺栓承压型连接。

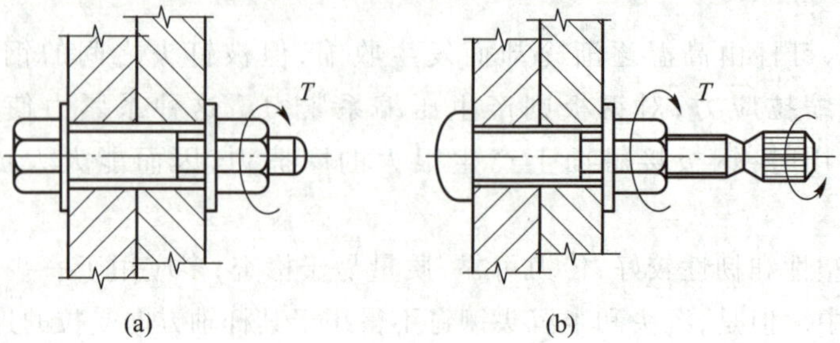

图 3.1.13　高强度螺栓

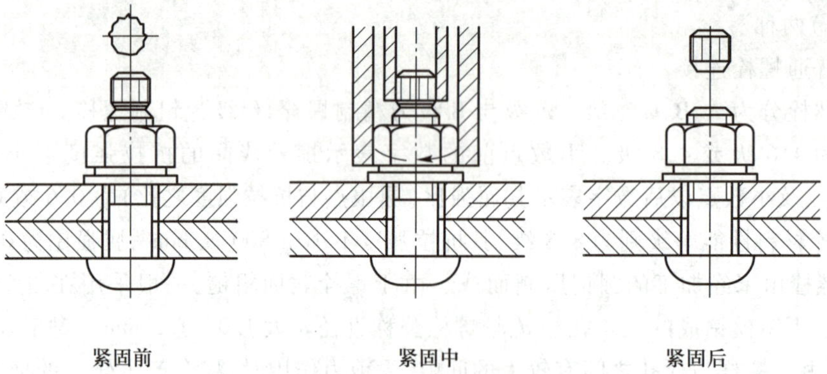

图 3.1.14　扭剪型高强度螺栓的紧固过程

根据工程需要，高强度螺栓摩擦型连接可采用标准孔、大圆孔和槽孔，孔径可按表 3.1.1 采用。采用扩大孔连接时，同一连接面只能在盖板和芯板其中之一的板上采用大圆孔或槽孔。

表 3.1.1　高强度螺栓连接的孔型尺寸匹配　　mm

螺栓公称直径			M12	M16	M20	M22	M24	M27	M30
孔型	标准孔	直径	13.5	17.5	22	24	26	30	33
	大圆孔	直径	16	20	24	28	30	35	38
	槽孔	短向	13.5	17.5	22	24	26	30	33
		长向	22	30	37	40	45	50	55

高强度螺栓摩擦型连接盖板按大圆孔、槽孔制孔时，应增大垫圈厚度或采用连续型垫板，其孔径与标准垫圈相同，对 M24 及以下的螺栓，厚度不宜小于 8 mm；对 M24 以上的螺栓，厚度不宜小于 10 mm。

3.1.3　轻钢结构的紧固件连接

在冷弯薄壁型钢结构中经常采用自攻螺钉（self drilling screws）、钢拉铆钉（steel blind rivets）、射钉（powder-actuated fasteners）等机械式紧固件连接方式（图 3.1.15），主要用于压型钢板之间和压型钢板与冷弯型钢等支承构件之间的连接。

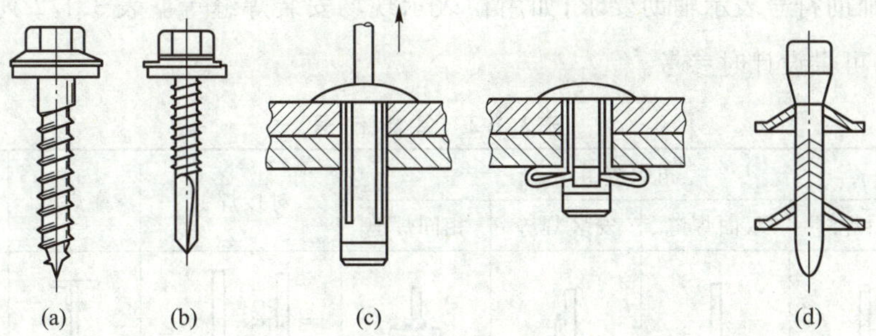

图 3.1.15　轻钢结构紧固件

自攻螺钉有两种类型,一类为一般的自攻螺钉(图 3.1.15a),需先行在被连板件和构件上钻一定大小的孔后,再用电动扳手或扭力扳手将其拧入连接板的孔中;一类为自钻自攻螺钉(图 3.1.15b),无需预先钻孔,可直接用电动扳手自行钻孔和攻入被连板件。

拉铆钉(图 3.1.15c)有铝材和钢材制作的二类,为防止电化学反应,轻钢结构均采用钢制拉铆钉。

射钉(图 3.1.15d)由带有锥杆和固定帽的杆身与下部活动帽组成,靠射钉枪的动力将射钉穿过被连板件打入母材基体中(图 3.1.15d)。射钉只用于薄板与支承构件(如檩条、墙梁等)的连接。

3.1.4　销轴连接

销轴是一类标准化的紧固件,即是用一根钢销轴将分别与两相邻构件连接的多块耳板连系起来的节点形式。其中径向荷载通过各相关部件间的接触来传递,既可静态固定连接,亦可与被连接件做相对运动,主要用于两零件的铰接处。销轴节点以往在港口、桥梁、起重机械等行业中有着广泛应用。近年来,销轴在钢结构中的应用逐渐增加。随着大型钢结构的建造增多,螺栓连接有时无法实现大承载力下构件之间的铰接,为了达到这一目标,更多形式更大尺寸的销轴开始被使用。

销轴节点具有传力明确、构造简单、施工方便等优点,同时在建筑中又比较美观,常常作为理想铰接节点应用于柱脚、拉杆以及拉索端部的连接。对于承受简单拉、压荷载的连接,均可以考虑采用销轴节点。

3.1.5　焊缝代号、螺栓图例

GB/T 324—2008《焊缝符号表示法》规定:焊缝代号由引出线、图形符号和辅助符号三部分组成。引出线由横线和带箭头的斜线组成。箭头指到图形上的相应焊缝处,横线的上面和下面用来标注图形符号和焊缝尺寸。当引出线的箭头指向焊缝所在的一面时,应将图形符号和焊缝尺寸等标注在水平横线的上面;当箭头指向对应焊缝所在的另一面时,则应将图形符号和焊缝尺寸标注在水平横线的下面。必要时,可在水平横线的末端加一尾部作为其他说明之用。图形符号表示焊缝的基本形式,如用⊾表示角焊缝,用 V 表示 V 形坡口的对接焊缝。辅助符号表示辅助要求，如用 ▶ 表示现场安装焊缝等。表 3.1.2 列出了一些常用焊缝代号，可供设计时参考。

表 3.1.2　焊 缝 代 号

	角焊缝				对接焊缝	塞焊缝	三面围焊
	单面焊缝	双面焊缝	安装焊缝	相同焊缝			
形式							
标注方法							

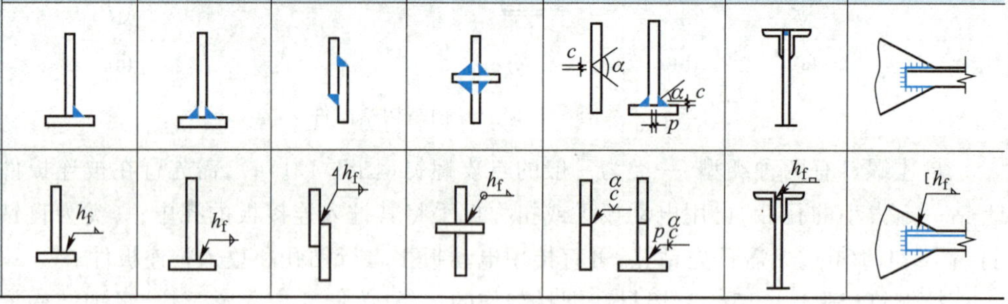

当焊缝分布比较复杂或用上述标注方法不能表达清楚时，在标注焊缝代号的同时，可在图形上加栅线表示（图 3.1.16）。

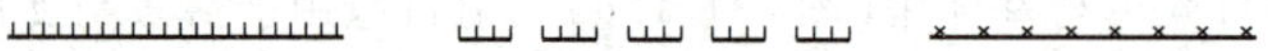

(a) 正面焊缝　　(b) 背面焊缝　　(c) 安装焊缝

图 3.1.16　用栅线表示焊缝

螺栓及其孔眼图例见表 3.1.3，在钢结构施工图上需要将螺栓及其孔眼的施工要求用图形表示清楚，以免引起混淆。

表 3.1.3　螺栓及其孔眼图例

名称	永久螺栓	高强度螺栓	安装螺栓	圆形螺栓孔	长圆形螺栓孔
图例					

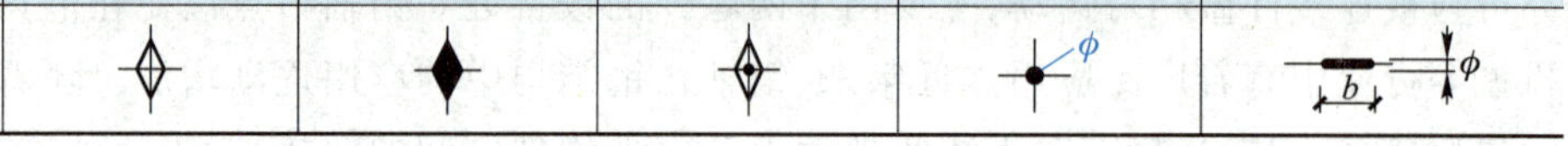

§ 3.2　对接焊缝的构造和计算

对接焊缝包括焊透的对接焊缝和 T 形对接与角接组合焊接（以下简称对接焊缝），以及部分焊透的对接焊缝和 T 形对接与角接组合焊缝。由于部分焊透的对接焊缝的受力与角焊缝相似，将在下节中介绍。

3.2.1　对接焊缝的构造

对接焊缝（butt welds）的焊件常需做成坡口，故又叫坡口焊缝（groove welds）。坡口形式与焊件厚度有关。对接焊缝的坡口形式，宜根据板厚和施工条件按现行国家标准《钢结构焊接规范》要求选用。当焊件厚度很小（手工焊 6 mm，埋弧焊 10 mm）时，可用直边缝。对于一般厚度的焊件可采用具有斜坡口的单边 V 形或 V 形焊缝。斜坡口和根部间隙 b 共同组成一个焊条能够运转的施焊空间，使焊缝易于焊透；钝边 p 有托住熔化金属的作用。对于较厚的焊件（t>20 mm），则采用 U 形、K 形和 X 形坡口（图 3.2.1）。对于 V 形缝和 U 形缝需对焊缝根部进行补焊。对接焊缝坡口形式的选用，应根据板厚和施工条件按现行标准 GB/T 985.1—2008《气焊、焊条电弧焊、气体保护焊和高能束焊的推荐坡口》和 GB/T 985.2—2008《埋弧焊的推荐坡口》的要求进行。

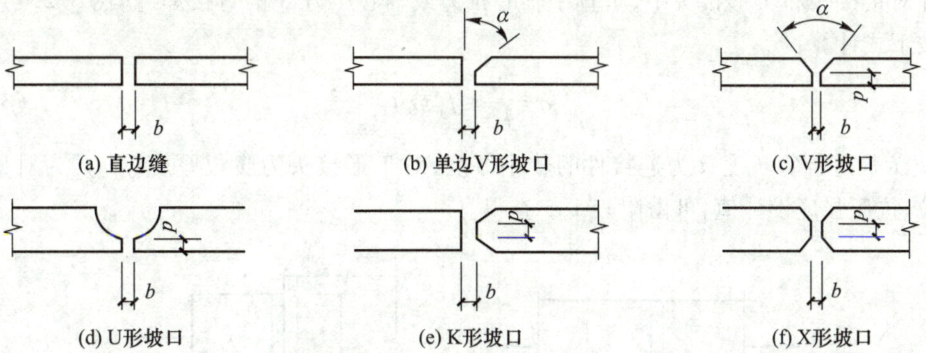

图 3.2.1　对接焊缝的坡口形式

承受动荷载时，严禁采用断续坡口焊缝。

在对接焊缝的拼接处，当焊件的宽度不同或厚度相差 4 mm 以上时，应分别在宽度方向或厚度方向从一侧或两侧做成坡度不大于 1∶2.5 的斜角（图 3.2.2），以使截面过渡和缓，减小应力集中。

在焊缝的起灭弧处，常会出现弧坑等缺陷，这些缺陷对承载力影响极大，故焊接时一般应设置引弧板和引出板（图 3.2.3），焊后将它割除。对受静力荷载的结构设置引弧（出）板有困难时，允许不设置引弧（出）板，此时，可令焊缝计算长度等于实际长度减 $2t$（此处 t 为较薄焊件厚度）。

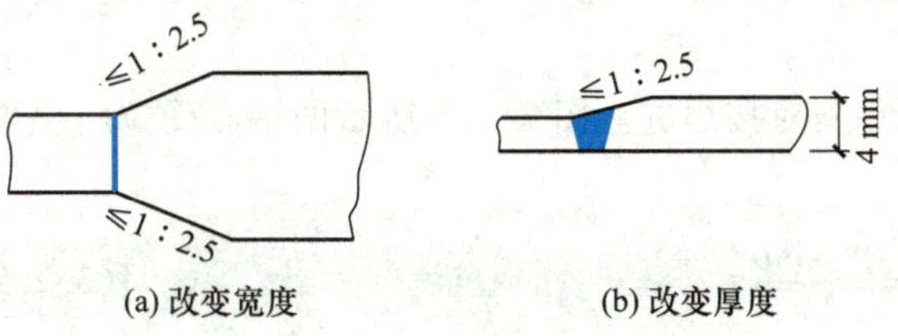

图 3.2.2　钢板拼接

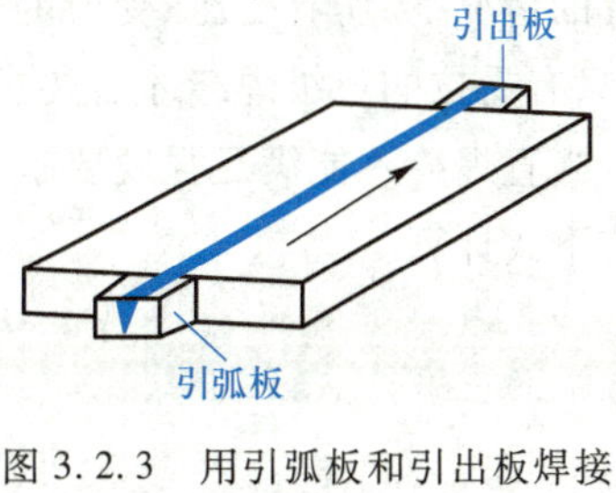

图 3.2.3　用引弧板和引出板焊接

3.2.2　对接焊缝的计算

对接焊缝的强度与所用钢材的牌号、焊条型号及焊缝质量的检验标准等因素有关。

如果焊缝中不存在任何缺陷，焊缝金属的强度是高于母材的。但由于焊接技术问题，焊缝中可能有气孔、夹渣、咬边、未焊透等缺陷。试验证明，焊接缺陷对受压、受剪的对接焊缝影响不大，故可认为受压、受剪的对接焊缝与母材强度相等，但受拉的对接焊缝对缺陷

3.10　对接连接引弧板

甚为敏感。由于三级检验的焊缝允许存在的缺陷较多，故其抗拉强度为母材强度的 85%，而一、二级检验的焊缝的抗拉强度可认为与母材强度相等。

由于对接焊缝是焊件截面的组成部分，焊缝中的应力分布情况基本上与焊件原来的情况相同，故计算方法与构件的强度计算一样。

1. 轴心受力的对接焊缝

在对接接头和 T 形接头中，垂直于轴心拉力或轴心压力 N 的对接焊缝（图 3.2.4），其强度应按下式计算：

$$\sigma=\frac{N}{l_w t}\leqslant f_t^w \text{ 或 } f_c^w \tag{3.2.1}$$

式中，l_w 为焊缝计算长度；t 为连接件的较小厚度，对 T 形接头为腹板厚度；f_t^w、f_c^w 为对接焊缝的抗拉、抗压强度设计值，可由附表 1.5 查得。

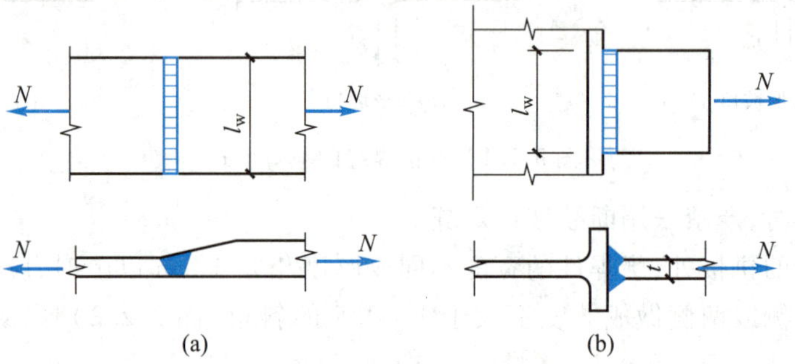

图 3.2.4　直对接焊缝

按《钢结构工程施工质量验收规范》的规定，对接焊缝施焊时均应加引弧板，以避免焊缝两端的起落弧缺陷，这样，焊缝计算长度应取为实际长度。但在某些特殊情况下，如 T 形接头，当加引弧板较为困难而未加时，则计算每条焊缝长度应减去 $2t$。因此，在一般加引弧板施焊的情况下，所有受压、受剪的对接焊缝以及受拉的一、二级焊缝，均与母材等强，不用计算，只有受拉的三级焊缝才需要进行计算。

当直焊缝不能满足强度要求时，可采用斜对接焊缝。图 3.2.5 所示的轴心受拉斜焊缝，可按下式计算：

$$\sigma=\frac{N.\sin\theta}{l_w t}\leqslant f_t^w \tag{3.2.2}$$

$$\tau=\frac{N.\cos\theta}{l_w t}\leqslant f_v^w \tag{3.2.3}$$

式中，l_w 为焊缝的计算长度，加引弧板时，$l_w=b/\sin\theta$；不加引弧板时，$l_w=b/\sin\theta-2t$；f_v^w 为对接焊缝抗剪强度设计值。

计算证明，当斜焊缝倾角 $\theta\leqslant56.3°$，即 $\tan\theta\leqslant1.5$ 时，可认为与母材等强，不用计算。

斜对接焊缝在 20 世纪 50 年代用得较多，由于消耗材料较多，施工也不方便，已逐渐摒弃不用，而代之以直对接焊缝。直缝一般加引弧板施焊，若抗拉强度不满足要求，可采用二级检验标准，或将接头位置挪至内力较小处。

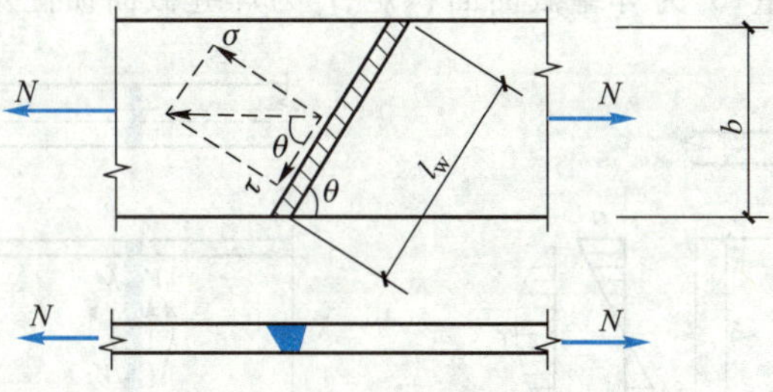

图 3.2.5　斜对接焊缝

【例题 3.1】　试验算图 3.2.6 所示钢板的对接焊缝的强度。图中 $a=540$ mm，$t=22$ mm，轴心力的设计值为 $N=2\ 500$ kN。钢材为 Q235B，手工焊，焊条为 E43 型，三级检验标准的焊缝，施焊时加引弧板。

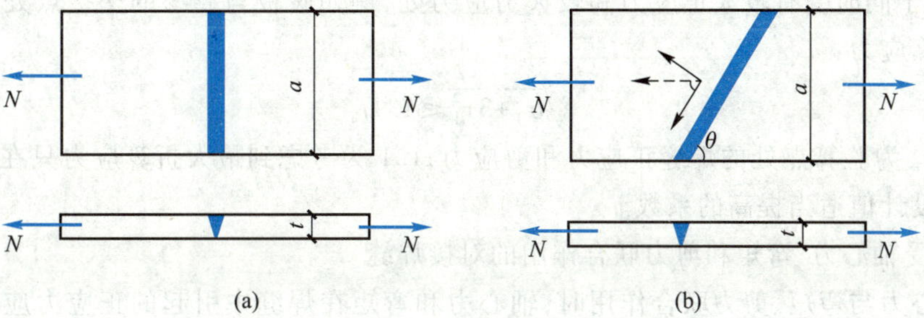

图 3.2.6　例题 3.1 图

【解】　直缝连接其计算长度 $l_w=54$ cm。焊缝正应力为

$$\sigma=\frac{N}{l_w t}=\frac{2\ 500\times10^3}{540\times22}\text{N/mm}^2=210\ \text{N/mm}^2>f_t^w=175\ \text{N/mm}^2$$

不满足要求，改用斜对接焊缝，取截割斜度为 1.5 : 1，即 $\theta=56°$，焊缝长度 $l_w=\frac{a}{\sin\theta}=\frac{54}{\sin 56°}\text{cm}=65$ cm。故此时焊缝的正应力为

$$\sigma=\frac{N\sin\theta}{l_w t}=\frac{2\ 500\times10^3\times\sin 56°}{650\times22}\text{N/mm}^2=145\ \text{N/mm}^2<f_t^w=175\ \text{N/mm}^2$$

剪应力为

$$\tau=\frac{N\cos\theta}{l_w t}=\frac{2\ 500\times10^3\times\cos 56°}{650\times22}\text{N/mm}^2=98\ \text{N/mm}^2<f_v^w=120\ \text{N/mm}^2$$

这就说明当 $\tan\theta\leqslant1.5$ 时，焊缝强度能够保证，可不必验算。

2. 承受弯矩和剪力联合作用的对接焊缝

图 3.2.7a 所示对接接头受弯矩和剪力的联合作用，由于焊缝截面是矩形，正应力与剪应力图形分别为三角形与抛物线形，其最大值应分别满足下列强度条件。

$$\sigma_{\max}=\frac{M}{W_w}=\frac{6M}{l_w^2 t}\leqslant f_t^w \tag{3.2.4}$$

$$\tau_{\max}=\frac{VS_w}{I_w t}=\frac{3}{2}\cdot\frac{V}{l_w t}\leqslant f_v^w \tag{3.2.5}$$

式中，W_w为焊缝截面模量；S_w为焊缝截面面积矩；I_w为焊缝截面惯性矩。

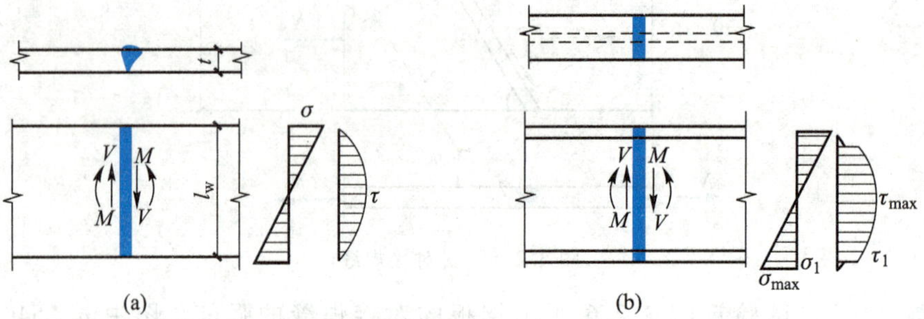

图 3.2.7 对接焊缝受弯矩和剪力联合作用

图 3.2.7b 所示是工字形截面梁的接头，采用对接焊缝，除应分别验算最大正应力和剪应力外，对于同时受有较大正应力和较大剪应力处，例如腹板与翼缘的交接点处，还应按下式验算折算应力：

$$\sqrt{\sigma_1^2+3\tau_1^2}\leqslant 1.1f_t^w \tag{3.2.6}$$

式中，σ_1、τ_1 为验算点处的焊缝正应力和剪应力；1.1 为考虑到最大折算应力只在局部出现，而将强度设计值适当提高的系数。

3. 承受轴心力、弯矩和剪力联合作用的对接焊缝

当轴心力与弯矩、剪力联合作用时，轴心力和弯矩在焊缝中引起的正应力应进行叠加，剪应力仍按试(3.2.5)验算，折算应力仍按试(3.2.6)验算。

除考虑焊缝长度是否减少，焊缝强度要否折减外，对接焊缝的计算方法与母材的强度计算完全相同。

§3.3 角焊缝的构造和计算

3.3.1 角焊缝的形式和受力特点

3.11 端焊缝受力示意

3.12 上下盖板角焊缝连接侧焊缝受力示意

1. 角焊缝的形式

角焊缝(fillet welds)是最常用的焊缝。角焊缝按其与作用力的关系可分为焊缝长度方向与作用力平行的侧面角焊缝(图 3.3.1a)；焊缝长度方向与作用力垂直的正面角焊缝(端焊缝，图 3.3.1b)；以及倾斜于作用力方向的斜向角焊缝(斜焊缝)(图 3.3.1c)。按其截面形式可分为直角角焊缝(图 3.3.2)和斜角角焊缝(图 3.3.3)。

直角角焊缝通常做成表面微凸的等腰直角三角形截面(图 3.3.2a)。在直接承受动力荷载的结构中，正面角焊缝的截面常采用图 3.3.2b 所示的形式，侧面角焊缝的截面则做成凹面式(图 3.3.2c)。图中的 h_f为焊脚尺寸。两焊脚交汇处称为焊根(图 3.3.12)。

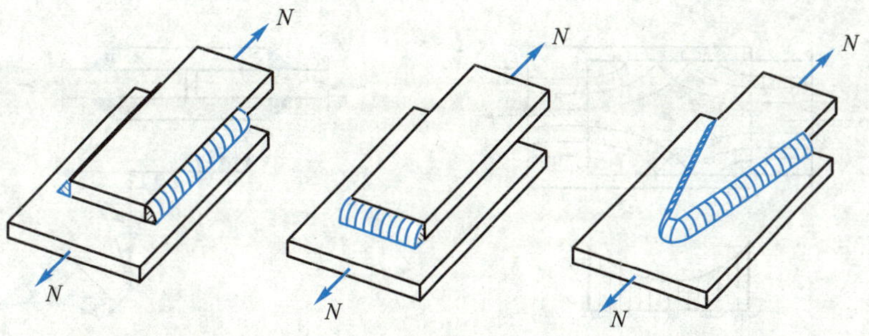

图 3.3.1　角焊缝的受力方式

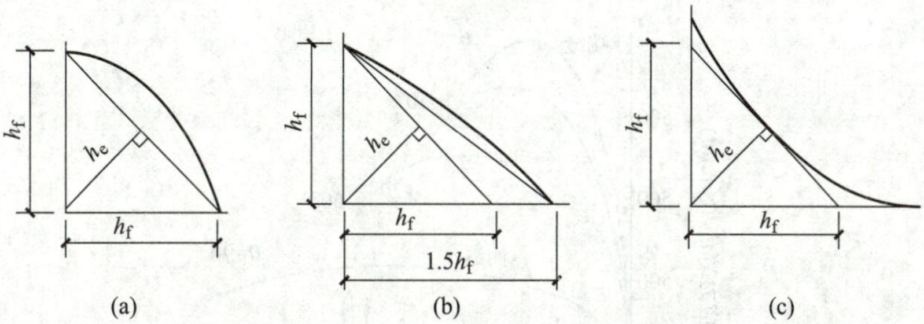

图 3.3.2　直角角焊缝截面(h_f为焊角尺寸)

两焊脚边的夹角 $\alpha>90°$或 $\alpha<90°$的焊缝称为斜角角焊缝(图 3.3.3)。斜角角焊缝常用于钢漏斗和钢管结构中。对于夹角 $\alpha>135°$或 $\alpha<60°$的斜角角焊缝,除钢管结构外,不宜用作受力焊缝。

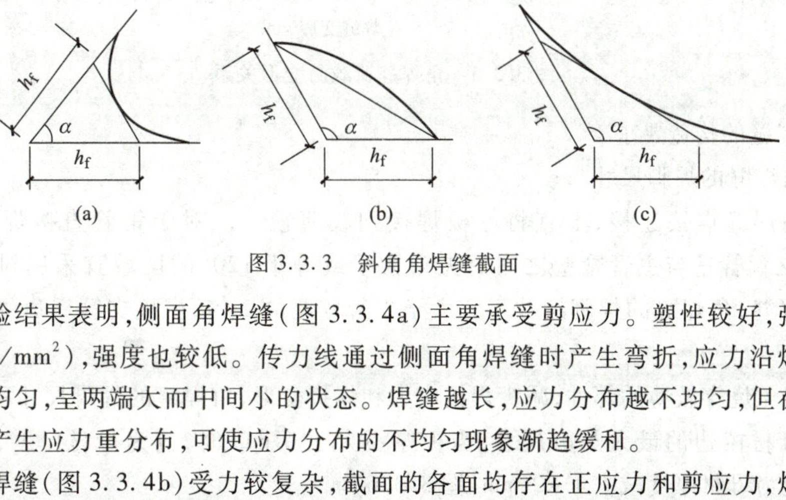

图 3.3.3　斜角角焊缝截面

大量试验结果表明,侧面角焊缝(图 3.3.4a)主要承受剪应力。塑性较好,弹性模量低($E=7\times10^4$ N/mm^2),强度也较低。传力线通过侧面角焊缝时产生弯折,应力沿焊缝长度方向的分布不均匀,呈两端大而中间小的状态。焊缝越长,应力分布越不均匀,但在进入塑性工作阶段时产生应力重分布,可使应力分布的不均匀现象渐趋缓和。

正面角焊缝(图 3.3.4b)受力较复杂,截面的各面均存在正应力和剪应力,焊根处有很大的应力集中,通常总是在根脚处首先出现裂缝,然后扩及整个焊缝截面以致断裂。这一方面由于力线的弯折,另一方面焊根处正好是两焊件接触间隙的端部,相当于裂缝的尖端。经试验,正面角焊缝的静力强度高于侧面角焊缝,一般为 1.35～1.55 倍。国内外试验结果表明,相当于 Q235 钢和 E43 型焊条焊成的正面角焊缝的平均破坏强度比侧面角焊缝要高出35%以上(图 3.3.5)。低合金钢的试验结果也有类似情况。由图 3.3.5 看出,斜焊缝的受力性能和强度介于正面角焊缝和侧面角焊缝之间。

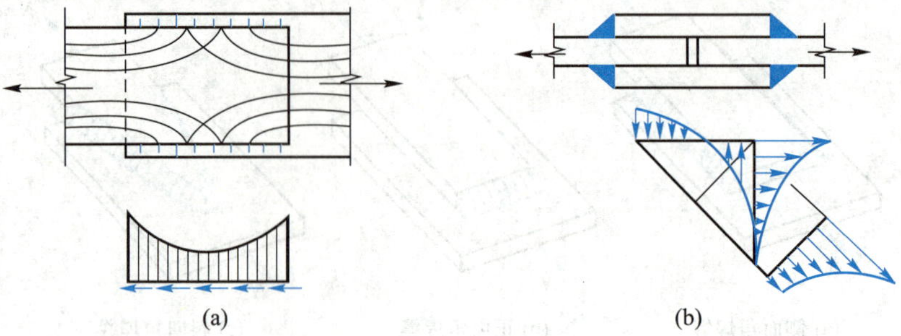

图 3.3.4　角焊缝的应力状态

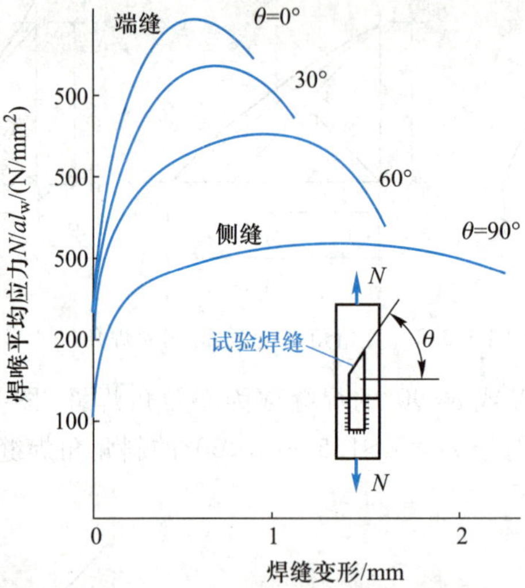

图 3.3.5　角焊缝荷载与变形关系

2. 角焊缝的构造要求

(1) 角焊缝的焊脚尺寸

采用角焊缝焊接连接，不宜将厚板焊接到较薄板上。对于钢管直接焊接节点，《标准》规定：支管管壁与主管管壁之间的夹角大于或等于 120°的区域宜采用对接焊缝或带坡口的角焊缝，角焊缝的焊脚尺寸不宜大于支管壁厚的 2 倍；搭接支管周边焊缝宜为 2 倍支管壁厚。

为了避免烧穿较薄的焊件，减少焊接应力和焊接变形，角焊缝的焊脚尺寸不宜太大。搭接焊缝沿母材棱边的最大焊脚尺寸，当板厚不大于 6 mm 时，应为母材厚度，当板厚大于 6 mm 时，应为母材厚度减去 1～2 mm（图 3.3.6）。

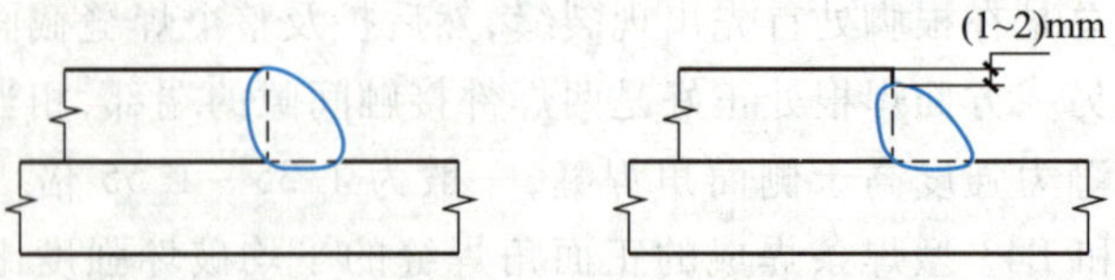

图 3.3.6　搭接焊缝沿母材棱边的最大焊脚尺寸

同时，焊脚尺寸不宜太小，以保证焊缝的最小承载能力，并防止焊缝因冷却过快而产生裂纹。标准规定：角焊缝最小焊脚尺寸宜按表 3.3.1 取值，承受动荷载时角焊缝焊脚尺寸不宜小于 5 mm。

表 3.3.1　角焊缝最小焊脚尺寸　mm

母材厚度 t	角焊缝最小焊脚尺寸 h_f
$t \leqslant 6$	3
$6 < t \leqslant 12$	5
$12 < t \leqslant 20$	6
$t > 20$	8

注：1. 采用不预热的非低氢焊接方法进行焊接时，t 等于焊接连接部位中较厚件厚度，宜采用单道焊缝。采用预热的非低氢焊接方法或低氢焊接方法进行焊接时，t 等于焊接连接部位中较薄件厚度。

2. 焊缝尺寸 h_f 不要求超过焊接连接部位中较薄件厚度的情况除外。

（2）角焊缝的计算长度

角焊缝的焊脚尺寸大而长度较小时，焊件的局部加热严重，焊缝起灭弧所引起的缺陷相距太近，以及焊缝中可能产生的其他缺陷，使焊缝不够可靠。对搭接连接的侧面角焊缝而言，如果焊缝长度过小，由于力线弯折大，也会造成严重应力集中。因此，为了使焊缝能够有一定的承载能力，我国标准规定角焊缝的最小计算长度应为其焊脚尺寸 h_f 的 8 倍，且不应小于 40 mm；断续角焊缝焊段的最小长度不应小于最小计算长度，同时不得小于 $10h_f$ 或50 mm，其净距不应大于 $15t$（对受压构件）或 $30t$（对受拉构件），t 为较薄焊件厚度。腐蚀环境中不宜采用断续角焊缝。考虑到焊缝两端的缺陷，上述各项的实际焊接长度应较前述数值要大 $2h_f$（单位：mm）。因此，每条焊缝的计算长度应为其实际焊接长度减去 $2h_f$（单位：mm）。

同时，在一般情况下，尤其对于侧焊缝，焊缝的长度不宜太长。当焊缝太长时，应力沿长度分布不均匀，两端较中间大，且焊缝越长差别越大，虽然仍有因塑性变形产生的内力重分布，但两端应力可首先达到强度极限而破坏。角焊缝的搭接焊接连接中，当焊缝计算长度 l_w 超过 $60h_f$ 时，焊缝的承载力设计值应乘以折减系数 α_f，$\alpha_f = 1.5 - \dfrac{l_w}{120h_f}$，并不小于 0.5。

（3）搭接连接的构造要求

对于采用搭接连接形式的构件连接，为防止搭接部位角焊缝在荷载作用下张开，搭接连接角焊缝在传递部件受轴向力时应采用双角焊缝；同时为防止搭接部位受轴向力时发生偏转，其搭接连接最小搭接长度应为较薄件厚度的 5 倍，且不应小于 25 mm（图 3.3.7）。

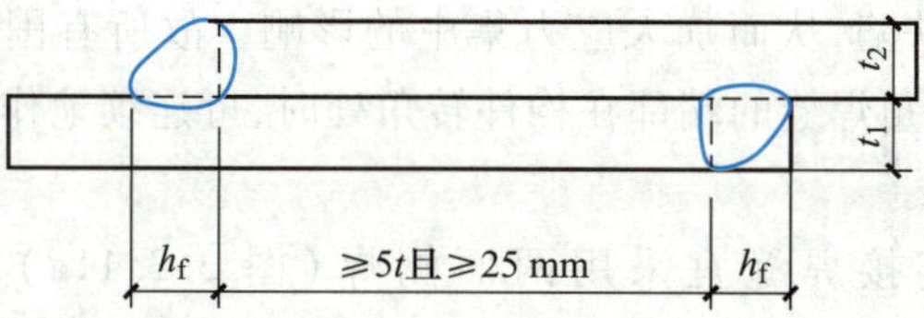

图 3.3.7　搭接连接

当型钢杆件端部仅有两条侧面角焊缝连接时（图 3.3.8），试验结果表明，连接的承载力与 b/l_w 有关。b 为两侧焊缝的距离，l_w 为侧焊缝长度。当 $b/l_w>1$ 时，连接的承载力随着 b/l_w 比值的增大而明显下降。这主要是因应力传递的过分弯折使构件中应力分布不均匀造成的。为使连接强度不致过分降低，我国标准规定型钢杆件的宽度不应大于 200 mm，当宽度大于 200 mm 时，应加横向角焊缝或中间塞焊；型钢杆件每一侧纵向角焊缝的长度不应小于型钢杆件的宽度。

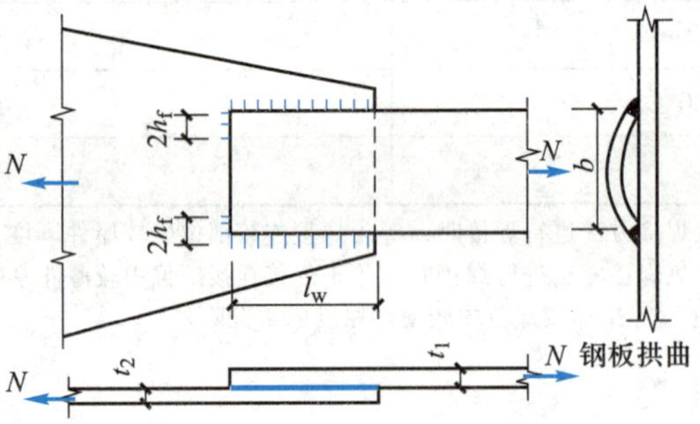

图 3.3.8　焊缝长度及两侧焊缝间距

对于承受动荷载但不需要进行疲劳验算的构件，构件端部搭接连接的纵向角焊缝长度不应小于两侧焊缝间的垂直间距 a，且在无塞焊、槽焊等其他措施时，间距 a 不应大于较薄件厚度 t 的 16 倍（图 3.3.9），以免因焊缝横向收缩，引起板件发生较大拱曲（图 3.3.8）。

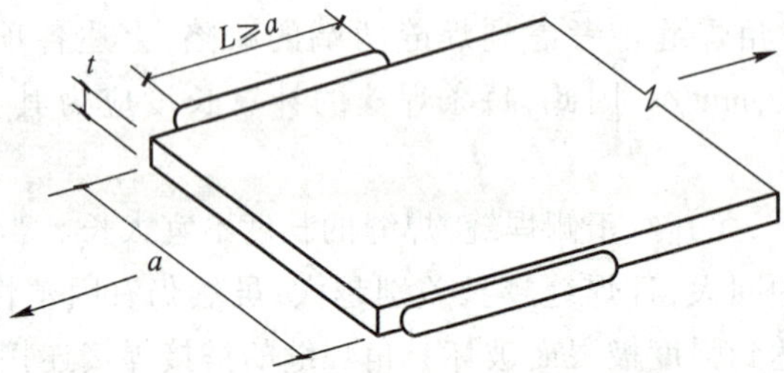

图 3.3.9　承受动载不需进行疲劳验算时构件端部纵向角焊缝长度及间距要求

a——不应大于 $16t$（中间有塞焊焊缝或槽焊焊缝时除外）

用搭接焊缝传递荷载的套管连接可只焊一条角焊缝，为防止搭接部位受轴向力时发生偏转，其管材搭接长度 L 不应小于 $5(t_1+t_2)$，且不应小于 25 mm。搭接焊缝焊脚尺寸应符合设计要求（图 3.3.10）。

杆件端部搭接采用三面围焊时，在转角处截面突变，会产生应力集中，如在此处起灭弧，可能出现弧坑或咬肉等缺陷，从而加大应力集中的影响。故所有围焊的转角处必须连续施焊。对于非围焊情况，当角焊缝的端部在构件转角处时，可连续地作长度为 $2h_f$ 的绕角焊（图 3.3.8）。

杆件与节点板的连接焊缝宜采用两面侧焊（图 3.3.11a），也可用三面围焊（图 3.3.11b），但不宜采用 L 形围焊形式（图 3.3.11c）。所有围焊的转角处也必须连续施焊。

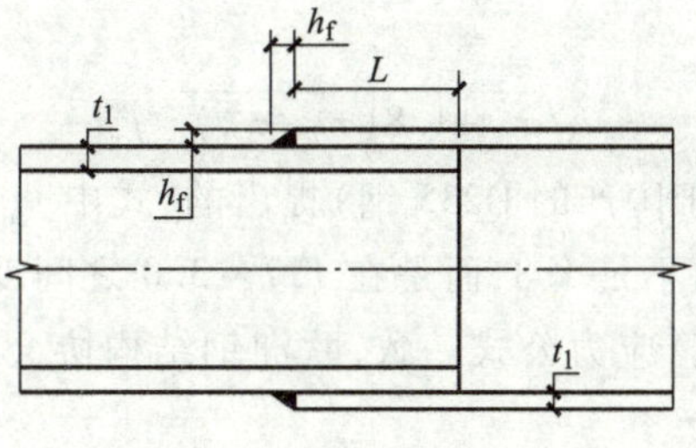

图 3.3.10 管材套管连接的搭接焊缝最小长度

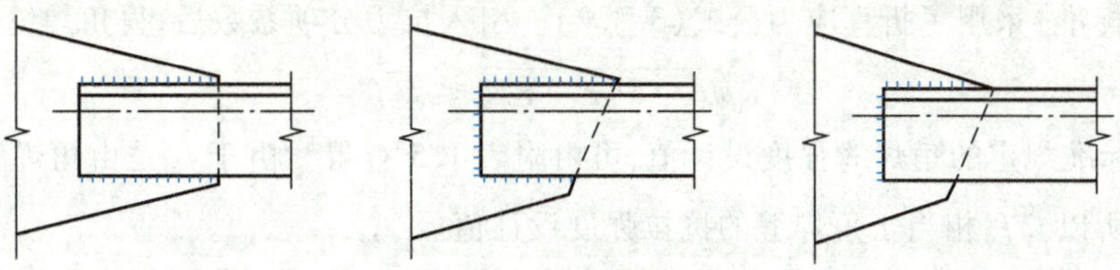

(a) 两面侧焊　　(b) 三面围焊　　(c) L形围焊

图 3.3.11 杆件与节点板的焊缝连接

3.3.2 直角角焊缝的基本计算公式

当角焊缝的两焊脚边夹角为 90°时,称为直角角焊缝,即一般所指的角焊缝。

角焊缝的受力状态比较复杂,因此精确计算比较困难,一般是根据试验结果,找出一个比较合理而又简单的设计方法和相应的公式供设计时应用。为了弄清焊缝的应力与焊缝强度的关系,许多国家对角焊缝进行了大量不同应力状态下的试验。

试验表明,直角角焊缝的破坏常发生在喉部,故长期以来对角焊缝的研究均着重于这一部位。通常认为直角角焊缝是以 45°方向的最小截面作为有效计算截面。角焊缝的有效截面为焊缝计算厚度(咽喉尺寸)与计算长度的乘积,而计算厚度为焊缝横截面的内接等腰三角形的最短距离,即不考虑熔深和凸度的距离(图 3.3.12)。作用于焊缝有效截面上的应力如图 3.3.13 所示,这些应力包括:垂直于焊缝有效截面的正应力 $\sigma_{\perp}$,垂直于焊缝长度方向的剪应力 $\tau_{\perp}$,以及沿焊缝长度方向的剪应力 $\tau_{/\!/}$。

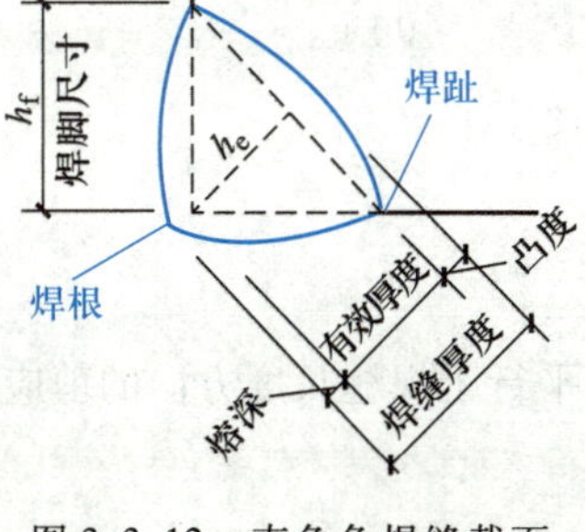

图 3.3.12 直角角焊缝截面

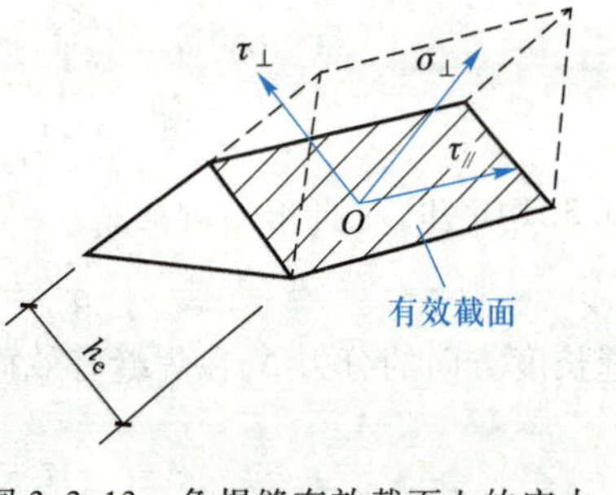

图 3.3.13 角焊缝有效截面上的应力

为了弄清 $\sigma_{\perp}$、$\tau_{\perp}$ 及 $\tau_{/\!/}$ 对角焊缝强度的影响,许多国家对角焊缝进行了大量不同应力状态下的试验。根据多国试验结果,国际标准化组织(ISO)推荐用式(3.3.1)来确定角焊缝的极限强度：

$$\sqrt{\sigma_{\perp}^2 + 1.8(\tau_{\perp}^2 + \tau_{/\!/}^2)} = f_u^w \qquad (3.3.1)$$

上式是根据 ST37（相当于国产的 Q235 钢）提出的，式中 f_u^w 为焊缝金属的抗拉强度。对于其他钢种，公式左边的系数不是 1.8，而是在 1.7～3.0 之间变化。偏于安全，同时也为了与母材的能量强度理论的折算应力公式一致，欧洲钢结构协会（ECCS）将式（3.3.1）的 1.8 改为 3，即

$$\sqrt{\sigma_{\perp}^2 + 3(\tau_{\perp}^2 + \tau_{/\!/}^2)} = f_u^w \qquad (3.3.2)$$

我国《标准》采用了折算应力公式（3.3.2）。引入抗力分项系数后，得角焊缝的计算式：

$$\sqrt{\sigma_{\perp}^2 + 3(\tau_{\perp}^2 + \tau_{/\!/}^2)} \leqslant \sqrt{3} f_f^w \qquad (3.3.3)$$

式中，f_f^w 为标准规定的角焊缝强度设计值，可由附表 1.5 查得。由于 f_f^w 是由角焊缝的抗剪条件确定的，所以 $\sqrt{3} f_f^w$ 相当于角焊缝的抗拉强度设计值。

采用式（3.3.3）进行计算，即使是在简单外力作用下，都要花费时间去求有效截面上的应力分量 $\sigma_{\perp}$、$\tau_{\perp}$、$\tau_{/\!/}$，太过繁琐。我国规范采用了下述方法进行了简化。

现以图 3.3.14a 所示承受互相垂直的 N_y 和 N_x 两个轴心力作用的直角角焊缝为例，说明角焊缝基本公式的推导。N_y 在焊缝有效截面上引起垂直于焊缝一个直角边的应力 σ_f，该应力对有效截面既不是正应力，也不是剪应力，而是 $\sigma_{\perp}$ 和 $\tau_{\perp}$ 的合应力。

$$\sigma_f = \frac{N_y}{h_e l_w} \qquad (3.3.4)$$

式中，N_y 为垂直于焊缝长度方向的轴心力；h_e 为垂直角焊缝的有效厚度，$h_e = 0.7h_f$；l_w 为焊缝的计算长度，考虑起灭弧缺陷，按各条焊缝的实际长度减去 $2h_f$ 计算。

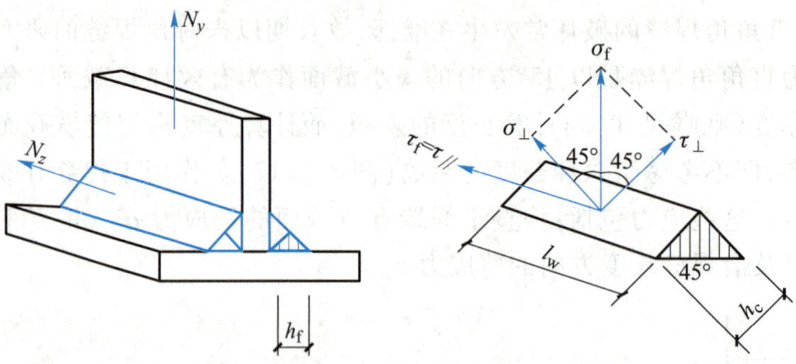

图 3.3.14 直角角焊缝的计算

由图 3.3.14b 知，对直角角焊缝：

$$\sigma_{\perp} = \tau_{\perp} = \sigma_f / \sqrt{2}$$

沿焊缝长度方向的分力 N_x 在焊缝有效截面上引起平行于焊缝长度方向的剪应力 $\tau_f = \tau_{/\!/}$：

$$\tau_f = \tau_{/\!/} = \frac{N_x}{h_e l_w} \qquad (3.3.5)$$

则得直角角焊缝在各种应力综合作用下，σ_f 和 τ_f 共同作用处的计算公式为

$$\sqrt{4\left(\frac{\sigma_f}{\sqrt{2}}\right)^2+3\tau_f^2}\leqslant\sqrt{3}f_f^w$$

或

$$\sqrt{\left(\frac{\sigma_f}{\beta_f}\right)^2+\tau_f^2}\leqslant f_f^w \tag{3.3.6}$$

式中，β_f为正面角焊缝的强度设计值增大系数，$\beta_f=\sqrt{\frac{3}{2}}=1.22$。

对正面角焊缝（作用力垂直于焊缝长度方向），此时 $\tau_f=0$，得：

$$\sigma_f=\frac{N}{h_e l_w}\leqslant\beta_f f_f^w \tag{3.3.7}$$

对侧面角焊缝（作用力平行于焊缝长度方向），此时 $\sigma_f=0$，得：

$$\tau_f=\frac{N}{h_e l_w}\leqslant f_f^w \tag{3.3.8}$$

式（3.3.6）～式（3.3.8）即为角焊缝的基本计算公式。只要将焊缝应力分解为垂直于焊缝长度方向的应力 σ_f 和平行于焊缝长度方向的应力 τ_f，上述基本公式就可适用于任何受力状态。

对于直接承受动力荷载结构中的焊缝，由于正面角焊缝的刚度大，韧性差，应将其强度降低使用，取 $\beta_f=1.0$，相当于按 σ_f 和 τ_f 的合应力进行计算，即$\sqrt{\sigma_f^2+\tau_f^2}\leqslant f_f^w$。

角焊缝的强度与熔深有关。埋弧自动焊熔深较大，若在确定焊缝计算厚度时考虑熔深对焊缝强度的影响，可带来较大的经济效益。如美国、苏联等均予以考虑。我国标准不分手工焊和埋弧焊，均统一取直角角焊缝的计算厚度为 $h_e=0.7h_f$，对自动焊来说，是偏于保守的。同时，考虑到焊接处构件间隙对焊缝连接的影响，标准规定直角角焊缝的计算厚度按以下方法取值：

当 $b\leqslant1.5$ mm 时，$h_e=0.7h_f$；当 1.5 mm$<b\leqslant5$ mm 时，$h_e=0.7(h_f-b)$。其中，b 为两焊件间隙。

3.3.3　直角角焊缝的计算

1. 承受轴心力作用时角焊缝连接的计算

（1）用盖板的对接连接

当焊件受轴心力，且轴心力通过连接焊缝中心时，可认为焊缝应力是均匀分布的。图 3.3.15 用盖板的对接连接中，当只有侧面角焊缝时，按式（3.3.8）计算；当采用三面围焊时，对矩形盖板，可先按式（3.3.7）计算正面角焊缝承担的内力

$$N'=\beta_f f_f^w\sum h_e l_w$$

式中，$\sum l_w$ 为连接一侧正面角焊缝计算长度的总和；再由力（$N-N'$）计算侧面角焊缝的强度：

$$\tau_f=\frac{N-N'}{\sum h_e l_w}\leqslant f_f^w \tag{3.3.8a}$$

（2）承受斜向轴心力的角焊缝

图 3.3.16 所示受斜向轴心力的角焊缝连接，有两种计算方法。

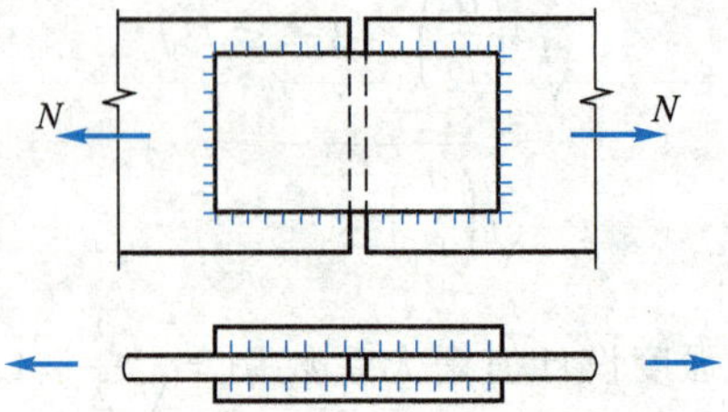

图 3.3.15　受轴心力的盖板连接

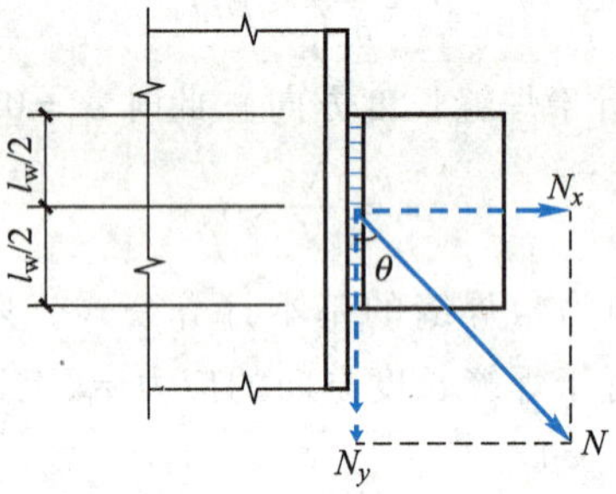

图 3.3.16　斜向轴心力作用

① 分力法。

将 N 分解为垂直于焊缝长度的分力 $N_x=N\cdot\sin\theta$ 和沿焊缝长度的分力 $N_y=N\cdot\cos\theta$，则：

$$\sigma_f=\frac{N\cdot\sin\theta}{\sum h_e l_w},\tau_f=\frac{N\cdot\cos\theta}{\sum h_e l_w} \tag{3.3.9}$$

代入式(3.3.6)中进行计算：

$$\sqrt{\left(\frac{\sigma_f}{\beta_f}\right)^2+\tau_f^2}\leqslant f_f^w$$

② 合力法。

不将 N 力分解，按下列方法导出的计算式直接进行计算：

将式(3.3.9)的 σ_f 和 τ_f 代入式(3.3.6)中：

$$\sqrt{\left(\frac{N\cdot\sin\theta}{\beta_f\sum h_e l_w}\right)^2+\left(\frac{N\cdot\cos\theta}{\sum h_e l_w}\right)^2}\leqslant f_f^w$$

取 $\beta_f^2=1.22^2\approx1.5$，得

$$\frac{N}{\sum h_e l_w}\sqrt{\frac{\sin^2\theta}{1.5}+\cos^2\theta}=\frac{N}{\sum h_e l_w}\sqrt{1-\frac{\sin^2\theta}{3}}\leqslant f_f^w$$

令 $\beta_{f\theta}=\dfrac{1}{\sqrt{1-\dfrac{\sin^2\theta}{3}}}$，则斜焊缝的计算式为

$$\frac{N}{\beta_{f\theta}\sum h_e l_w}\leqslant f_f^w \tag{3.3.10}$$

式中，θ 为作用力(或焊缝应力)与焊缝长度方向的夹角；$\beta_{f\theta}$ 为斜焊缝强度增大系数(或有效截面增大系数)，其值介于 1.0～1.22 之间。

(3) 承受轴力的角钢端部连接

在钢桁架中,角钢腹杆与节点板的连接焊缝一般采用两面侧焊,也可采用三面围焊(图 3.3.17)。腹杆受轴心力作用,为了避免焊缝偏心受力,焊缝所传递的合力的作用线应与角钢杆件的轴线重合。

对于三面围焊(图 3.3.17b)可先假定正面角焊缝的计算厚度为 h_{e3},求出正面角焊缝所分担的轴心力 N_3。当腹杆为双角钢组成的 T 形截面,且肢宽为 b 时,

$$N_3 = 2 \times h_{e3} b \beta_f f_f^w \tag{3.3.11}$$

3.13 双角钢侧焊缝连接

由平衡条件($\sum M=0$)可得:

$$N_1 = \frac{N(b-e)}{b} - \frac{N_3}{2} = K_1 N - \frac{N_3}{2} \tag{3.3.12}$$

$$N_2 = \frac{Ne}{b} - \frac{N_3}{2} = K_2 N - \frac{N_3}{2} \tag{3.3.13}$$

3.14 双角钢三面围焊

式中,N_1、N_2 为支钢肢背和肢尖上的侧面角焊缝所分担的轴力;e 为角钢的形心距;K_1、K_2 为角钢肢背和肢尖焊缝的内力分配系数,可按表 3.3.2 查用。

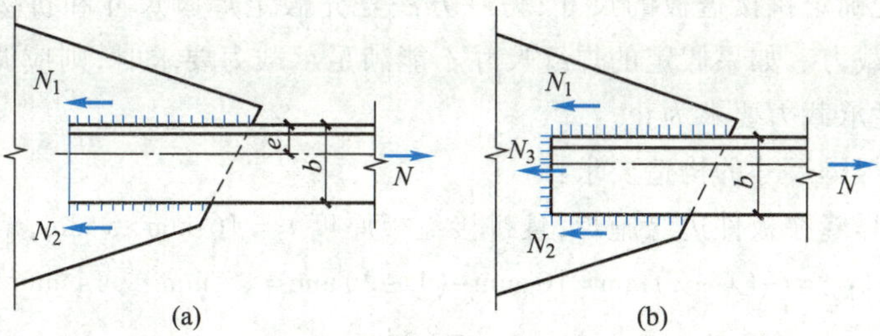

图 3.3.17 桁架腹杆节点板的连接

对于两面侧焊(图 3.3.17a),因 $N_3=0$,得:

$$N_1 = K_1 N \tag{3.3.14}$$

$$N_2 = K_2 N \tag{3.3.15}$$

求得各条焊缝所受的内力后,按构造要求(角焊缝的尺寸限制)假定肢背和肢尖焊缝的焊脚尺寸,即可求出焊缝的计算长度。例如对双角钢截面:

$$l_{w1} = \frac{N_1}{2 \times h_{e1} f_f^w} \tag{3.3.16}$$

$$l_{w2} = \frac{N_2}{2 \times h_{e2} f_f^w} \tag{3.3.17}$$

式中,h_{e1}、l_{w1} 为单个角钢肢背上的侧面角焊缝的计算厚度及计算长度;h_{e2}、l_{w2} 为单个角钢肢尖上的侧面角焊缝的计算厚度及计算长度。

考虑到每条焊缝两端的起灭弧缺陷,实际焊缝长度应为计算长度加 $2h_f$;对于采用绕角焊的侧面角焊缝实际长度等于计算长度(绕角焊缝长度 $2h_f$ 不进入计算)。

表 3.3.2　角钢焊缝内力分配系数 K

角钢类型	连接形式		肢背 K_1	肢尖 K_2
等肢角钢			0.7	0.3
不等肢角钢	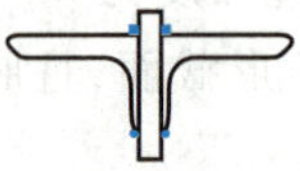	长肢水平	0.75	0.25
不等肢角钢		长肢垂直	0.65	0.35

【例题 3.2】　试设计用拼接盖板的对接连接(图 3.3.18)。已知钢板宽 $B=270$ mm,厚度 $t_1=28$ mm,拼接盖板厚度 $t_2=16$ mm。该连接承受的静态轴心力 $N=1\ 400$ kN(设计值),钢材为 Q235B,手工焊,焊条为 E43 型,采用不预热的非低氢焊接方法。焊接处构件的间隙小于 1.0 mm。

【解】　设计拼接盖板的对接连接有两种方法。一种方法是假定焊脚尺寸求得焊缝长度,再由焊缝长度确定拼接盖板的尺寸;另一方法是先假定焊脚尺寸和拼接盖板的尺寸,然后验算焊缝的承载力。如果假定的焊缝尺寸不能满足承载力要求时,则应调整焊脚尺寸,再行验算,直到满足承载力要求为止。

根据角焊缝焊脚尺寸的构造要求:

由于此处的焊缝在板件边缘施焊,且拼接盖板厚度 $t_2=16$ mm>6 mm,$t_2<t_1$,则:

$$h_{\max}=t-(1\sim2)\text{ mm}=16\text{ mm}-(1\sim2)\text{ mm}=15\text{ mm 或 }14\text{ mm}$$

$$h_{\text{fmin}}=8\text{ mm}$$

取 $h_f=10$ mm,查附表 1.5 得角焊缝强度设计值 $f_f^w=160$ N/mm^2。

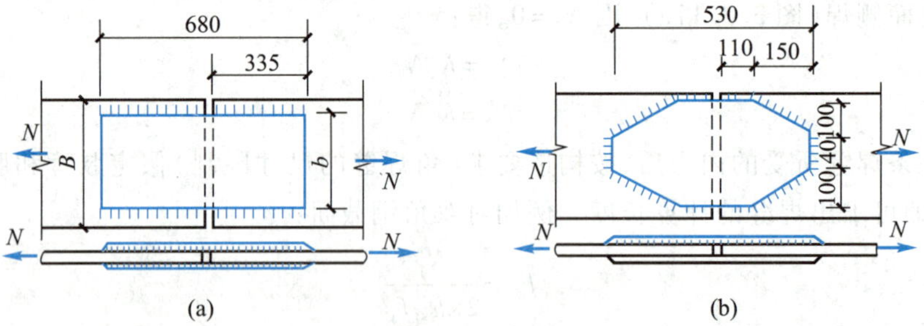

图 3.3.18　例题 3.2 图

(1) 采用两侧焊缝时(图 3.3.18a)

连接一侧所需焊缝的总长度,可按式(3.3.8)算得:

$$\sum l_w=\frac{N}{h_e f_f^w}=\frac{1\ 400\times10^3}{0.7\times10\times160}\text{mm}=1\ 250\text{ mm}$$

该连接采用了上下两块拼接盖板,共有 4 条侧焊缝,一条侧焊缝的实际长度为

$$l_w'=\frac{\sum l_w}{4}+2h_f=\left(\frac{1\ 250}{4}+20\right)\text{ mm}=333\text{ mm}<60\ h_f=60\times10\text{ mm}=600\text{ mm}$$

所需拼装盖板长度：

$$L=2l_w+10=(2\times333+10)\text{ mm}=676\text{ mm，取 }680\text{ mm。}$$

式中，10 mm 为两块被连接钢板端部的间隙。

拼接盖板的宽度 b 就是两条侧面角焊缝之间的距离，应根据强度条件和构造要求确定。

选定拼接盖板宽度 $b=240$ mm，则拼接盖板的截面面积 A' 为

$$A'=(240\times2\times16)\text{ mm}^2=7\ 680\text{ mm}^2>A=270\times28\text{ mm}^2=7\ 560\text{ mm}^2$$

且由附表 1.1 知盖板的强度设计值 $f=215$ N/mm^2($t_2=16$ mm)，而被连接钢板板厚 $t_1=$ 28 mm>16 mm，其强度设计值 $f=205$ N/mm^2，故满足强度要求。

根据构造要求，应满足：

$$b=240\text{ mm}<l'_w=335\text{ mm}$$

$$\text{且 }b<16t=16\times16\text{ mm}=256\text{ mm}$$

满足要求，故选定拼接盖板尺寸为 680 mm×240 mm×16 mm。

（2）采用菱形拼接盖板时（图 3.3.18b）

当拼接板宽度较大时，采用菱形拼接盖板可减小角部的应力集中，从而使连接的工作性能得以改善。菱形拼接盖板的连接焊缝由正面角焊缝、侧面角焊缝和斜焊缝等组成。设计时，一般先假定拼接盖板的尺寸再进行验算。拼接盖板尺寸如图 3.3.18b 所示，则各部分焊缝的承载力分别为

正面角焊缝：

$$N_1=2h_el_{w1}\beta_ff_f^w=2\times0.7\times10\times40\times1.22\times160\text{ kN}=109.3\text{ kN}$$

侧面角焊缝：

$$N_2=4h_fl_{w2}f_f^w=4\times0.7\times10\times(110-10)\times160\text{ kN}=448.0\text{ kN}$$

斜焊缝：此焊缝与作用力夹角 $\theta=\arctan\left(\dfrac{100}{150}\right)=33.7°$，可得 $\beta_{f\theta}=1/\sqrt{1-\sin^2 33.7/3}=$ 1.06，由式(3.3.10)有：

$$N_3=4h_el_{w3}\beta_{f\theta}f_f^w=4\times0.7\times10\times180\times1.06\times160\text{ N}=854.8\text{ kN}$$

连接一侧焊缝所能承受的内力为

$N'=N_1+N_2+N_3=(109.3+448.0+854.8)\text{ kN}=1\ 412\text{ kN}>N=1\ 400\text{ kN}$，满足要求。

【例题 3.3】　试确定图 3.3.19 所示承受静态轴心力的三面围焊连接的承载力及肢尖焊缝的长度。已知角钢 2∟125×10，与厚度为 8 mm 的节点板连接，其搭接长度为 300 mm，焊脚尺寸 $h_f=8$ mm，钢材为 Q235B，手工焊，焊条为 E43 型，采用不预热的非低氢焊接方法。焊接处构件的间隙小于 1.0 mm。

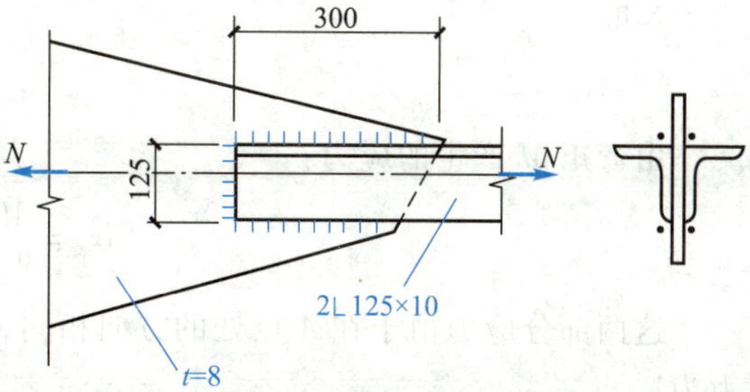

图 3.3.19　例题 3.3 图

【解】　角焊缝强度设计值 $f_f^w=160$ N/mm^2。由表 3.3.2 知焊缝内力分配系数为 $K_1=0.70$，$K_2=0.30$。正面角焊缝的长度等于相连角钢肢的宽度，即 $l_{w3}=b=125$ mm，则正面角焊

缝所能承受的力内 N_3 为

$$N_3=2h_e l_{w3}\beta_f f_f^w=2\times0.7\times8\times125\times1.22\times160\ \text{N}=273.3\ \text{kN}$$

肢背角焊缝所能承受的内力 N_1 为

$$N_1=2h_e l_w f_f^w=2\times0.7\times8\times(300-8)\times160\ \text{N}=523.3\ \text{kN}$$

由式(3.3.12)知

$$N_1=K_1N-\frac{N_3}{2}=0.70N-\frac{273.3}{2}\text{kN}=523.3\ \text{kN}$$

则

$$N=\frac{523.3+136.6}{0.70}\text{kN}=942.7\ \text{kN}$$

由式(3.3.13)计算肢尖焊缝承受的内力 N_2 为

$$N_2=K_2N-\frac{N_3}{2}=0.30\times942.7\ \text{kN}-136.6\ \text{kN}=146.2\ \text{kN}$$

由此可算出肢尖焊缝所要求的实际长度为

$$l'_{w2}=\frac{N_2}{2h_e f_f^w}+h_f=\left(\frac{146.2\times10^3}{2\times0.7\times8\times160}+8\right)\text{mm}=89.6\ \text{mm}，取\ 90\ \text{mm}。$$

由计算知该连接的承载力 $N\approx943$ kN，肢尖焊缝长度应为 90 mm。

2. 复杂受力时角焊缝连接计算

当焊缝非轴心受力时，可以将外力的作用分解为轴力、弯矩、扭矩、剪力等简单受力情况，分别求出各自的焊缝应力，然后利用叠加原理，找出焊缝中受力最大的几个点，利用式(3.3.6)进行验算。

3.15　焊缝受拉弯剪联合作用

（1）承受轴力、弯矩、剪力的联合作用时角焊缝的计算

图 3.3.20 所示的双面角焊缝连接承受偏心斜拉力 N 作用，计算时，可将作用力 N 分解为 N_x 和 N_y 两个分力。角焊缝同时承受轴心力 N_x、剪力 N_y 和弯矩 $M=N_x . e$ 的共同作用。焊缝计算截面上的应力分布如图 3.3.20b 所示，图中 A 点应力最大为控制设计点。此处垂直于焊缝长度方向的应力由两部分组成，即由轴心拉力 N_x 产生的应力：

$$\sigma_N=\frac{N_x}{A_e}=\frac{N_x}{2h_e l_w}$$

由弯矩 M 产生的应力：

$$\sigma_M=\frac{M}{W_e}=\frac{6M}{2h_e l_w^2}$$

这两部分应力由于在 A 点处的方向相同，可直接叠加，故 A 点垂直于焊缝长度方向的应力为

$$\sigma_f=\frac{N_x}{2h_e l_w}+\frac{6M}{2h_e l_w}$$

剪力 N_y 在 A 点处产生平行于焊缝长度方向的应力：

$$\tau_y=\frac{N_y}{A_e}=\frac{N_y}{2h_e l_w}$$

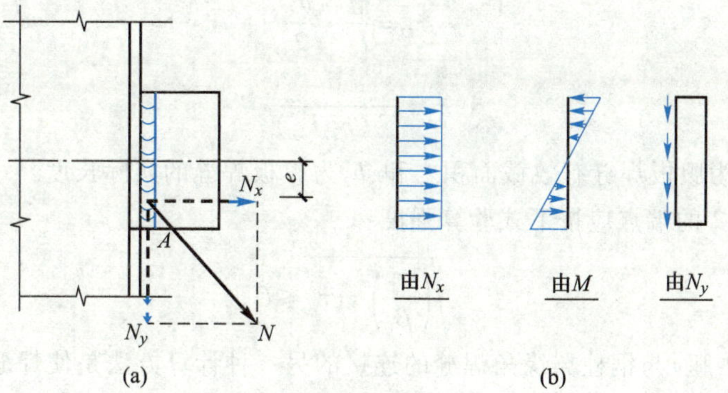

图 3.3.20　承受偏心斜拉力的角焊缝

式中，l_w为焊缝的计算长度，为实际长度减 $2h_f$。

则焊缝的强度计算式为

$$\sqrt{\left(\frac{\sigma_f}{\beta_f}\right)^2+\tau_f^2}\leqslant f_f^w$$

当连接直接承受动力荷载作用时，取 $\beta_f=1.0$。

对于工字梁（或牛腿）与钢柱翼缘的角焊缝连接（图 3.3.21），通常只承受弯矩 M 和剪力 V 的联合作用。由于翼缘的竖向刚度较差，在剪力作用下，如果没有腹板焊缝存在，翼缘将发生明显挠曲。因此，计算时通常假设腹板焊缝承受全部剪力，而弯矩则由全部焊缝承受。

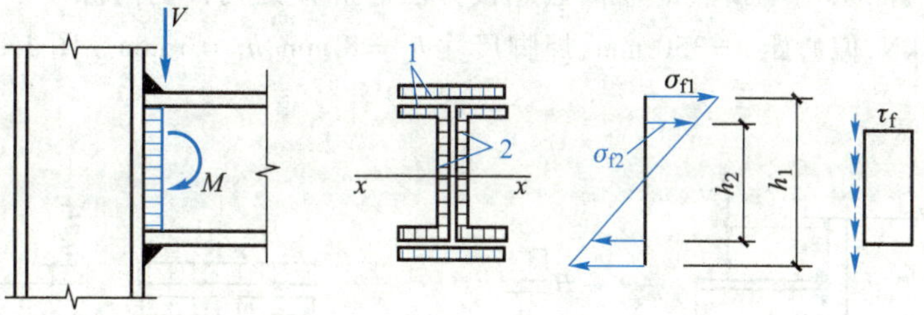

图 3.3.21　工字形梁（或牛腿）的角焊缝连接

为了使焊缝分布较合理，宜在每个翼缘的上下两侧均匀布置焊缝，弯曲应力沿梁高度呈三角形分布，最大应力发生在翼缘焊缝的最外纤维 1 处，由于翼缘焊缝只承受垂直于焊缝长度方向的弯曲应力，为了保证此焊缝的正常工作，应使翼缘焊缝最外纤维处的应力满足角焊缝的强度条件，即

$$\sigma_{f1}=\frac{M}{I_w}\cdot\frac{h_1}{2}\leqslant\beta_f f_f^w \tag{3.3.18}$$

式中，M 为全部焊缝所承受的弯矩；I_w 为全部焊缝有效截面对中和轴的惯性矩；h_1 为上下翼缘焊缝有效截面最外纤维之间的距离。

腹板焊缝承受两种应力的联合作用，即垂直于焊缝长度方向且沿梁高度呈三角形分布的弯曲应力和平行于焊缝长度方向且沿焊缝截面均匀分布的剪应力的作用，设计控制点为翼缘焊缝与腹板焊缝 2 的交点处，此处的弯曲应力和剪应力分别按下式计算：

$$\sigma_{f2}=\frac{M}{I_w}\cdot\frac{h_2}{2}$$

$$\tau_f=\frac{V}{\sum(h_{e2}l_{w2})}$$

式中，$\sum(h_{e2}l_{w2})$为腹板焊缝有效截面积之和；h_2为腹板焊缝的实际长度。

则腹板焊缝 2 的端点应按下式验算强度：

$$\sqrt{\left(\frac{\sigma_{f2}}{\beta_f}\right)^2+\tau_f^2}\leqslant f_f^w$$

工字梁（或牛腿）与钢柱翼缘角焊缝的连接的另一种计算方法是使焊缝传递应力与母材所承受应力相协调，即假设腹板焊缝只承受剪力；翼缘焊缝承担全部弯矩，并将弯矩 M 化为一对水平力 $H=M/h_1$。则

翼缘焊缝的强度计算式为

$$\sigma_f=\frac{H}{\sum h_{e1}l_{w1}}\leqslant\beta_f f_f^w$$

腹板焊缝的强度计算式为

$$\tau_f=\frac{V}{2h_{e2}l_{w2}}\leqslant f_f^w$$

式中，$\sum h_{e1}l_{w1}$为单个翼缘上角焊缝的有效截面积之和；$2h_{e2}l_{w2}$为两条腹板焊缝的有效截面积。

【例题 3.4】　试验算图 3.3.22 所示牛腿与钢柱连接角焊缝的强度。钢材为 Q235，焊条为 E43 型，手工焊，采用不预热的非低氢焊接方法。焊接处构件的间隙小于 1.0 mm。荷载设计值 $N=365$ kN，偏心距 $e=350$ mm，焊脚尺寸 $h_{f1}=8$ mm，$h_{f2}=6$ mm。图 3.3.22b 为焊缝有效截面。

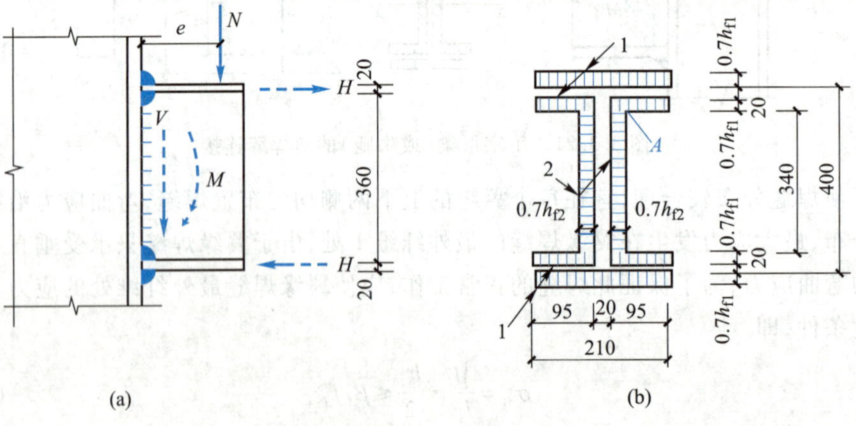

图 3.3.22　例题 3.4 图

【解】　N 力在角焊缝形心处引起剪力 $V=N=364$ kN 和弯矩 $M=Ne=365\ \text{kN}\times0.35\ \text{m}=127.8\ \text{kN}\cdot\text{m}$。

① 考虑腹板焊缝参加传递弯矩的计算方法。

为了计算方便，将图中尺寸尽可能取为整数。

全部焊缝有效截面对中和轴的惯性矩为

$$I_w=\left(2\times\frac{0.42\times34^3}{12}+2\times21\times0.56\times20.28^2+4\times9.5\times0.56\times17.28^2\right)\text{ cm}^4=18\ 779\text{ cm}^4$$

翼缘焊缝的最大应力：

$$\sigma_{f1}=\frac{M}{I_w}\cdot\frac{h}{2}=\frac{127.8\times10^6\text{ N}\cdot\text{mm}}{18\ 779\times10^4\text{ mm}^4}\times205.6\text{ mm}=140\text{ N/mm}^2<\beta_f f_f^w$$

$$=1.22\times160\text{ N/mm}^2=195\text{ N/mm}^2$$

腹板焊缝中由于弯矩 M 引起的最大应力：

$$\sigma_{f2}=140\text{ N/mm}^2\times\frac{170\text{ mm}}{205.6\text{ mm}}=115.8\text{ N/mm}^2$$

由于剪力 V 在腹板焊缝中产生的平均剪应力：

$$\tau_f=\frac{V}{\sum(h_{e2}l_{w2})}=\frac{365\times10^3}{2\times0.7\times6\times340}\text{N/mm}^2=127.8\text{ N/mm}^2$$

则腹板焊缝的强度（A 点为设计控制点）为

$$\sqrt{\left(\frac{\sigma_{f2}}{\beta_f}\right)^2+\tau_f^2}=\sqrt{\left(\frac{115.8}{1.22}\right)^2+127.8^2}\text{ N/mm}^2=159.2\text{ N/mm}^2<f_f^w=160\text{ N/mm}^2$$

故均满足强度要求。

② 按不考虑腹板焊缝传递弯矩的计算方法。

翼缘焊缝所承受的水平力：

$$H=\frac{M}{h}=\frac{127.8\times10^6\text{ N}\cdot\text{mm}}{380\text{ mm}}=336\text{ kN}$$（h 值近似取为翼缘中线间距离）

翼缘焊缝的强度：

$$\sigma_f=\frac{H}{h_{e1}l_{w1}}=\frac{336\times10^3\text{ N}}{0.7\times8\text{ mm}\times(210\text{ mm}+2\times95\text{ mm})}=150\text{ N/mm}^2<\beta_f f_f^w=195\text{ N/mm}^2$$

腹板焊缝的强度：

$$\tau_f=\frac{V}{h_{e2}l_{w2}}=\frac{365\times10^3\text{ N}}{2\times0.7\times6\text{ mm}\times340\text{ mm}}=127.8\text{ N/mm}^2<160\text{ N/mm}^2$$

故均满足强度要求。

（2）三面围焊承受扭矩剪力联合作用时角焊缝的计算

图 3.3.23 为三面围焊承受偏心力 F。此偏心力产生轴心力 F 和扭矩 $T=F\cdot e$。最危险点为 A 或 A' 点。

3.16　焊缝群受扭

计算时按弹性理论假定：① 被连接件是绝对刚性的，它有绕焊缝形心 O 点旋转的趋势，而角焊缝本身是弹性的；② 角焊缝群上任一点的应力方向垂直于该点与形心的连线，且应力大小与连线长度 r 成正比。图 3.3.23 中，A 点与 A' 点距形心 O 点最远，故 A 点和 A' 点由扭矩 T 引起的剪应力 τ_T 最大，焊缝群其他各处由扭矩 T 引起的剪应力 τ_T 均小于 A 点和 A' 点的剪应力，故 A 点和 A' 点为设计控制点。

扭矩 $T=F\cdot e$ 在 A 点产生的应力为 σ_T，其水平分应力 τ_T 和垂直分应力 σ_f 分别是

$$\tau_T=\frac{Tr_y}{I_p},\sigma_f=\frac{Tr_x}{I_p}$$

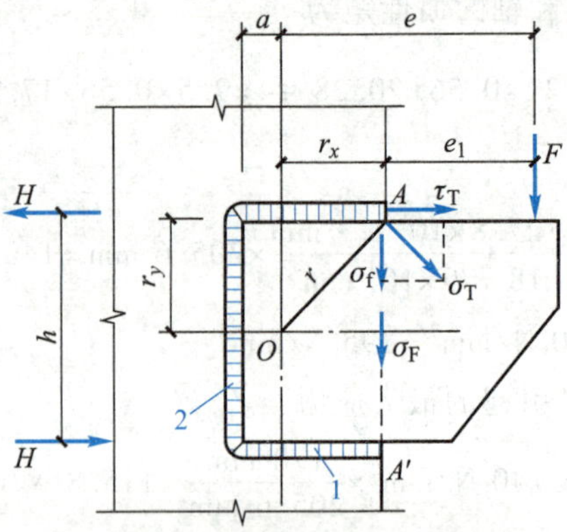

图 3.3.23　承受偏心力的三面围焊

式中，$I_p = I_x + I_y$ 为有效焊缝截面对其形心的极惯性矩。

轴心力 F 产生的应力按均匀分布于全截面计算：

$$\sigma_F = \frac{F}{\sum(h_e l_w)}$$

在 A 点，由于 τ_T 为沿焊缝长度方向，而 σ_f 和 σ_F 为垂直于长度方向，故验算式为

$$\sqrt{\left(\frac{\sigma_f + \sigma_F}{\beta_f}\right) + \tau_T^2} \leqslant f_f^w$$

此种焊缝也可采用近似方法计算，即将偏心力移至竖直焊缝处，则产生扭矩为

$$T' = F(e+a)$$

两水平焊缝能承担的扭矩为

$$T_1 = Hh = h_{e1} l_{w1} f_f^w h$$

式中，H 为一根水平焊缝传递的水平剪力，$h_{e1} l_{w1}$ 为一根水平焊缝的有效截面；h 为水平焊缝的距离。

当 $T_2 = T' - T_1 \leqslant 0$ 时，表示水平焊缝已足以承担全部扭矩，竖直焊缝只承受竖向力 F，按下式计算：

$$\frac{F}{h_{e2} l_{w2}} \leqslant f_f^w$$

式中，$h_{e2} l_{w2}$ 为竖直焊缝的有效截面。

当 $T_2 = T' - T_1 > 0$ 时，表示水平焊缝不足以承担全部扭矩。此不足部分应由竖直焊缝承担，其计算式为

$$\sqrt{\left(\frac{6T_2}{\beta_f h_{e2} l_{w2}^2}\right)^2 + \left(\frac{F}{h_{e2} l_{w2}}\right)} \leqslant f_f^w$$

【例题 3.5】　图 3.3.23 中钢板高度 $h = 400$ mm，搭接长度 $l = a + \gamma_x = 400$ mm，钢板厚 $t = 12$ mm，荷载设计值 $F = 200$ kN，荷载至柱边距离 $e_1 = 540$ mm，钢材为 Q235B 级钢，手工焊，焊条 E43 型，采用不预热的非低氢焊接方法。焊接处构件的间隙小于 1.0 mm。试确定焊脚尺寸，并验算该焊缝强度。

【解】　图 3.3.23 几段焊缝组成的围焊共同承受剪力 V 和扭矩 $T = F(e_1 + \gamma_x)$ 的作用，设

焊缝的焊脚尺寸均为 $h_f = 10$ mm。

焊缝计算截面的重心位置为

$$x_0 = \frac{2l \cdot l/2}{2l+h} = \frac{40^2}{80+40} \text{cm} = 13.3 \text{ cm}$$

在计算中，由于焊缝的实际长度稍大于 h 和 l，故焊缝的计算长度直接采用 h 和 l，不再扣除水平焊缝的端部缺陷。

焊缝截面的极惯性矩：

$$I_x = 0.7 \times 1.0 \left[\frac{40^3}{12} + 2 \times 40 \times 20^2\right] \text{cm}^4 = 26\ 133 \text{ cm}^4$$

$$I_y = 0.7 \times 1.0 \left[40 \times 13.3^2 + \frac{40^3}{12} \times 2 + 40 \times 2 \times \left(\frac{40}{2} - 13.3\right)^2\right] \text{cm}^4 = 14\ 933 \text{ cm}^4$$

$$I_p = I_x + I_y = (26\ 133 + 14\ 933) \text{cm}^4 = 41\ 066 \text{ cm}^4$$

$$r_x = (40 - 13.3) \text{cm} = 26.7 \text{ cm}$$

$$r_y = 20 \text{ cm}$$

扭矩：

$$T = F(e_1 + r_x) = 200 \times (54 + 26.7) \times 10^{-2} \text{ kN} \cdot \text{m} = 161.4 \text{ kN} \cdot \text{m}$$

$$\sigma_f = \frac{T \cdot r_x}{I_p} = \frac{161.4 \times 10^6 \times 267}{41\ 066 \times 10^4} \text{N/mm}^2 = 105 \text{ N/mm}^2$$

$$\tau_T = \frac{T \cdot r_y}{I_p} = \frac{161.4 \times 10^6 \times 200}{41\ 066 \times 10^4} \text{N/mm}^2 = 79 \text{ N/mm}^2$$

$$\sigma_F = \frac{F}{\sum(h_e l_w)} = \frac{200 \times 10^3}{0.7 \times 10 \times 3 \times 400} \text{N/mm}^2 = 24 \text{ N/mm}^2$$

$$\sqrt{\frac{(\sigma_T + \sigma_F)}{\beta_f} + \tau_T^2} = \sqrt{\frac{(105+24)^2}{1.22} + 79^2} \text{ N/mm}^2 = 141 \text{ N/mm}^2 < 160 \text{ N/mm}^2$$

故焊脚尺寸 $h_f = 10$ mm 的三面围焊角焊缝连接满足强度要求。

3.3.4　斜角角焊缝和部分焊透的对接焊缝的计算

1. 斜角角焊缝的计算

两焊脚边的夹角不是 90°的角焊缝为斜角角焊缝（obligue fillet welds），如图 3.3.24 所示。这种焊缝往往用于料仓壁板、管形构件等的端部 T 形接头连接中。

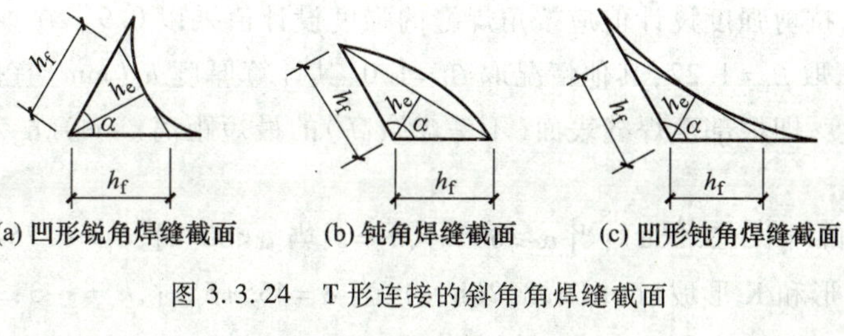

图 3.3.24　T 形连接的斜角角焊缝截面

当斜角角焊缝的两焊脚边夹角为$60° \leqslant \alpha \leqslant 135°$时(图3.3.24),其强度按式(3.3.6)至式(3.3.8)进行计算,但取$\beta_f=1.0$,其计算厚度h_e(图3.3.25)的计算应符合下列规定:

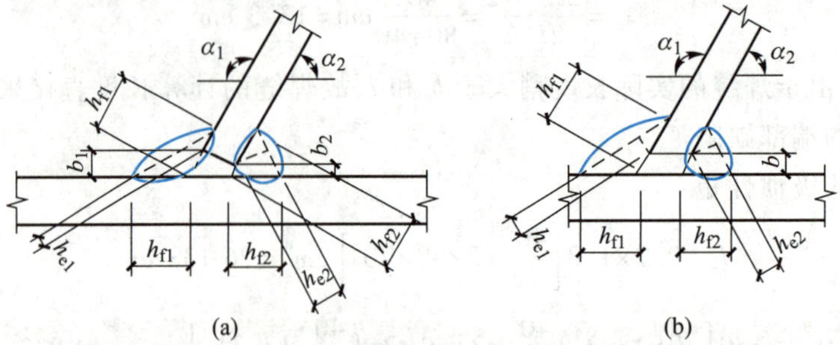

图3.3.25 T形连接的根部间隙和焊缝截面

(1) 当根部间隙b、b_1或$b_2 \leqslant 1.5$ mm时

$$h_{ei}=h_{fi}\cos\frac{\alpha_i}{2} \tag{3.3.19}$$

(2) 当根部间隙b、b_1或$b_2>1.5$ mm但$\leqslant 5$ mm时

$$h_{ei}=\left[h_f-\frac{b(\text{或}\ b_1、b_2)}{\sin\alpha_i}\right]\cos\frac{\alpha_i}{2} \tag{3.3.20}$$

2. 部分焊透的对接焊缝的计算

当板件较厚或焊缝连接无需焊透时,可以采用部分焊透的对接焊缝(partial penetration butt welds)。部分焊透的对接焊缝常用于外部需要平整的箱形柱和T形连接之处(图3.3.26)。

箱形柱的纵向焊缝通常只承受剪力,采用对接焊缝时往往可以不需要焊透全厚度。但在与横梁刚性连接处有可能要求焊透。

板厚和受力大的T形连接,当采用焊缝的焊脚尺寸很大时,可将竖直板开坡口做成带坡口的角焊缝(图3.3.26c),与普通角焊缝相比,在相同的h_e情况下,可以大大节约焊条。坡口形式有V形(全V形和半V形)、U形和J形三种。在转角处采用半V形和J形坡口时,宜在板的厚度上开坡口(图3.3.26b、e),这样可避免焊缝收缩的板厚度方向产生裂纹。

部分焊透的对接焊缝,在焊件之间存在缝隙,焊根处有较大的应力集中,受力性能接近于角焊缝。部分熔透的对接焊缝(图3.3.26a、b、d、e)和T形对接与角接组合焊缝(图3.3.26c)的强度,应按式(3.3.6)至式(3.3.8)计算,当熔合线处焊缝截面边长等于或接近于最短距离s时,抗剪强度设计值应按角焊缝的强度设计值乘以0.9。在垂直于焊缝长度方向的压力作用下,取$\beta_f=1.22$,其他情况取$\beta_f=1.0$,其计算厚度h_e(mm)宜按下列规定取值,其中s为坡口深度,即根部至焊缝表面(不考虑余高)的最短距离(mm);α为V形、单边V形或K形坡口角度:

(1) V形坡口(图3.3.26a):当$\alpha \geqslant 60°$时,$h_e=s$;当$\alpha<60°$时,$h_e=0.75s$;

(2) 单边V形和K形坡口(图3.3.26b、c):当$\alpha=45°\pm5°$时,$h_e=s-3$;

(3) U形和J形坡口(图3.3.26d、e):当$\alpha=45°\pm5°$时,$h_e=s$。

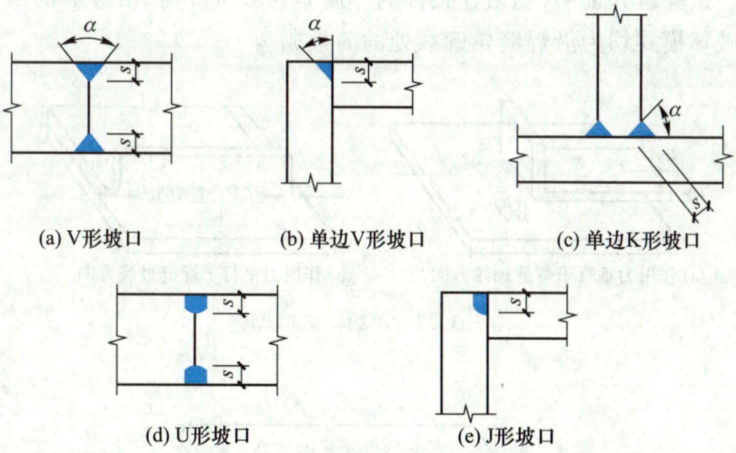

图 3.3.26　部分焊透的对接焊缝和其与角焊缝的组合焊缝截面

承受动荷载但不需要疲劳验算的连接时，对接与角接组合焊缝和 T 形连接的全焊透坡口焊缝应采用角焊缝加强，加强焊脚尺寸不应大于连接部位较薄件厚度的 1/2，但最大值不得超过 10 mm；除横焊位置以外，不宜采用 L 形和 J 形坡口。承受动荷载需经疲劳验算的连接，当拉应力与焊缝轴线垂直时，严禁采用部分焊透对接焊缝。

焊接截面工字形梁翼缘与腹板的焊缝连接，当腹板与翼缘的连接焊缝采用焊透的 T 形对接与角接组合焊缝时，其焊缝强度可不计算。

3.3.5　塞焊缝和槽焊缝的计算

塞焊缝、圆孔或槽孔内焊缝（也称槽焊缝）在抗剪连接和防止板件屈曲的约束连接中有较多应用。对于承受动荷载但不需要进行疲劳验算的构件搭接连接，采用塞焊、槽焊时，孔或槽的边缘到构件边缘在垂直于应力方向上的间距不应小于此构件厚度的 5 倍，且不应小于孔或槽宽度的 2 倍。

我国《标准》参照直角角焊缝的抗剪计算方法给出圆形塞焊缝、圆孔或槽孔内焊缝的抗剪承载力计算公式。圆形塞焊焊缝和圆孔或槽孔内角焊缝的强度应分别按式（3.3.21）和式（3.3.22）计算：

$$\tau_f=\frac{N}{A_w}\leqslant f_f^w \tag{3.3.21}$$

$$\tau_f=\frac{N}{h_e l_w}\leqslant f_f^w \tag{3.3.22}$$

式中，A_w 为塞焊圆孔面积；l_w 为圆孔内或槽孔内角焊缝的计算长度。

3.3.6　喇叭形焊缝的计算

在冷弯薄壁型钢结构中，经常遇到如图 3.3.27 和图 3.3.28 所示的喇叭形焊缝（flare groove welds）。喇叭形焊缝可分为单边喇叭形焊缝和双边喇叭形焊缝。从外形看，与斜角角焊缝有点相似。试验研究证明，当被连板件的厚度 $t\leqslant 4.5$ mm 时，沿焊缝的横向和纵向传递剪力的连接的破坏模式均为沿焊缝轮廓线处的薄板撕裂。

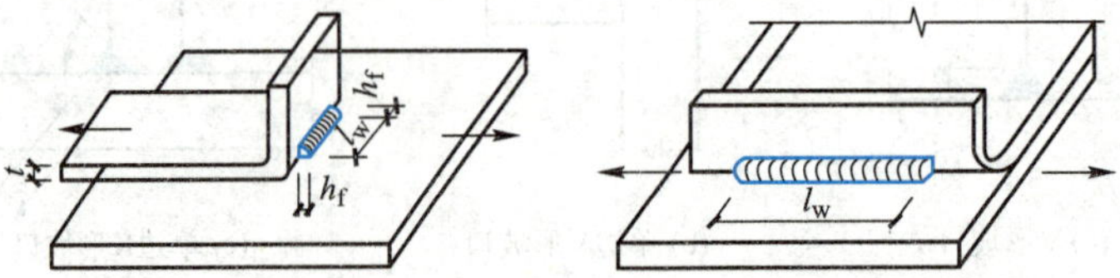

(a) 作用力垂直于焊缝轴线方向　(b) 作用力平行于焊缝轴线方向

图 3.3.27　单边喇叭形焊缝

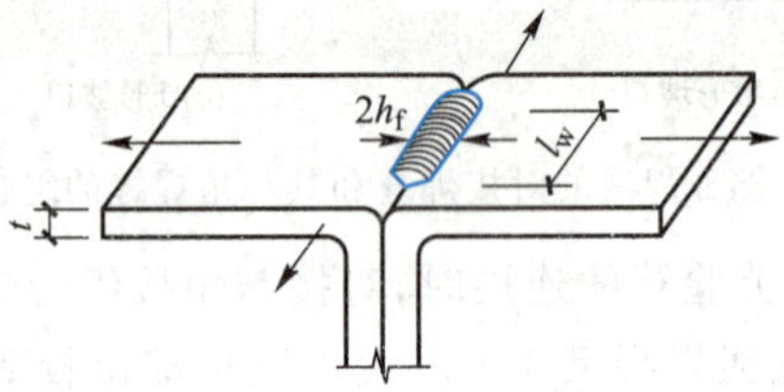

图 3.3.28　双边喇叭形焊缝

t—被连接板的最小厚度；h_f—焊脚尺寸；l_w—焊缝有效长度

为保证连接质量，当最小板厚大于 4 mm 时，单边喇叭形焊缝的焊脚尺寸 h_f（图 3.3.29）不得小于 $1.5\sqrt{t}$（t 为相连板件中较厚板件的厚度，mm），也不得大于 $1.5t$（t 为相连板件中较薄板件的厚度，mm）；当最小板厚不大于 4 mm 时，单边喇叭形焊缝的焊脚尺寸 h_f 不得小于被连板件最小厚度的 1.4 倍。

喇叭形焊缝的强度按以下情况进行计算：

（1）当连接板件的最小厚度小于或等于 4 mm 时，其焊缝抗剪强度可按下式计算：

$$\tau=\frac{N}{l_w t}\leqslant \beta f_t \tag{3.3.23}$$

式中，N 为轴心拉力或轴心压力设计值；t 为连接钢板的最小厚度；l_w 为焊缝计算长度之和，每条焊缝的计算长度均取实际长度 l 减去 $2h_f$，焊脚厚度 h_f 应按图 3.3.29 确定；β 为强度折减系数，当轴力 N 垂直于焊缝轴线方向作用时（图 3.3.27a），$\beta=0.8$，轴力 N 平行于焊缝轴线方向作用时（图 3.3.27b），$\beta=0.7$，f_t 为连接钢板的抗拉强度设计值，按《冷弯薄壁型钢结构技术规范》表 4.2.1 取值。

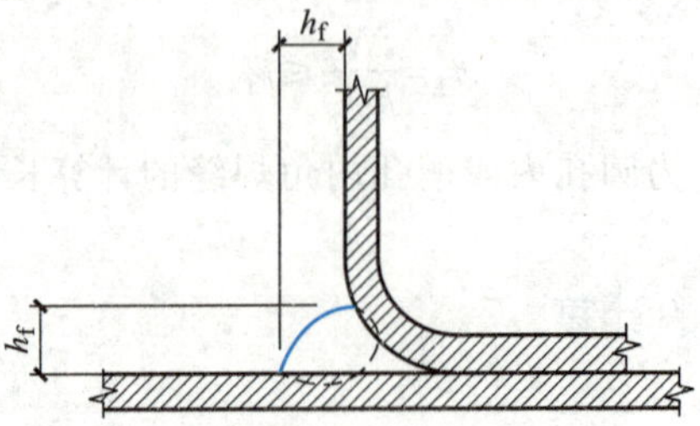

图 3.3.29　单边喇叭形焊缝的焊脚尺寸

(2) 当连接板件的最小厚度大于 4 mm 时,喇叭形焊缝连接的强度应按角焊缝计算。

单边喇叭形焊缝的抗剪强度可按下式计算:

$$\tau=\frac{N}{l_w h_f}\leqslant\beta f_f^w \tag{3.3.24}$$

双边喇叭形焊缝的抗剪强度可按下式计算:

$$\tau=\frac{N}{2l_w h_f}\leqslant\beta f_f^w \tag{3.3.25}$$

式中,N 为轴心拉力或轴心压力设计值;h_f为焊脚厚度;l_w 为焊缝计算长度之和,每条焊缝的计算长度均取实际长度 l 减去 $2h_f$,h_f应按图 3.3.29 确定;β 为强度折减系数,当轴力 N 垂直于焊缝轴线方向作用时(图 3.3.27a),$\beta=0.85$,轴力 N 平行于焊缝轴线方向作用时(图 3.3.27b),$\beta=0.7$,f_f^w为角焊缝强度设计值,按《冷弯薄壁型钢结构技术规范》表 4.2.4 取值。

§3.4 焊接残余应力和焊接变形

3.4.1 焊接残余应力和变形的成因

1. 焊接残余应力的成因

焊接残余应力(welding residual stresses)简称焊接应力,有沿焊缝长度方向的纵向焊接应力,垂直于焊缝长度方向的横向焊接应力和沿厚度方向的焊接应力。

(1) 纵向焊接应力

焊接过程是一个不均匀加热和冷却的过程。在施焊时,焊件上产生不均匀的温度场,焊缝及其附近温度最高,可达 1 600℃以上,而邻近区域温度则急剧下降(图 3.4.1)。不均匀的温度场产生不均匀的膨胀。温度高的钢材膨胀大,但受到两侧温度较低、膨胀量较小的钢材所限制,产生了热塑性压缩。焊缝冷却时,被塑性压缩的焊缝区趋向于缩短,但受到两侧钢材限制而产生纵向拉应力。在低碳钢和低合金钢中,这种拉应力经常达到钢材的屈服强度。焊接应力是一种无荷载作用下的内应力,因此会在焊件内部自相平衡,这就必然在距焊缝稍远区段内产生压应力(图 3.4.1c)。

(2) 横向焊接应力

横向焊接应力产生的原因有二:一是由于焊缝纵向收缩,使两块钢板趋向于形成反方向的弯曲变形,但实际上焊缝将两块钢板连成整体,不能分开,于是两块板的中间产生横向拉应力,而两端则产生压应力(图 3.4.2b)。二是由于先焊的焊缝已经凝固,会阻止后焊焊缝在横向自由膨胀,使其发生横向塑性压缩变形。当焊缝冷却时,后焊焊缝的收缩受到已凝固的焊缝限制而产生横向拉应力,而先焊部分则产生横向压应力,在最后施焊的末端的焊缝中必然产生拉应力(图 3.4.2c)。焊缝的横向应力是上述两种应力合成的结果(图 3.4.2d)。

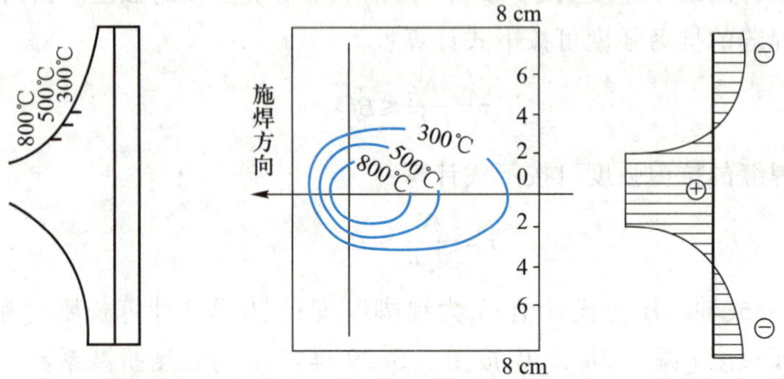

(a) 施焊时焊缝及附近的温度场　(b) 施焊时焊缝及附近的温度场　(c) 钢板上的纵向焊接应力

图 3.4.1　施焊时焊缝及附近的温度场和焊接残余应力

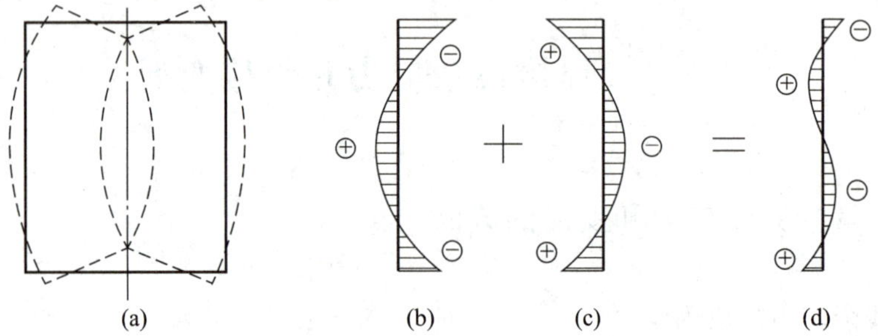

(a)　(b)　(c)　(d)

图 3.4.2　焊缝的横向焊接应力

（3）厚度方向的焊接应力

在厚钢板的焊接连接中，焊缝需要多层施焊。因此，除有纵向和横向焊接应力 σ_x、σ_y 外，还存在着沿钢板厚度方向的焊接应力 σ_z（图 3.4.3）。在最后冷却的焊缝中部，这三种应力形成同号三向拉应力，将大大降低连接的塑性。

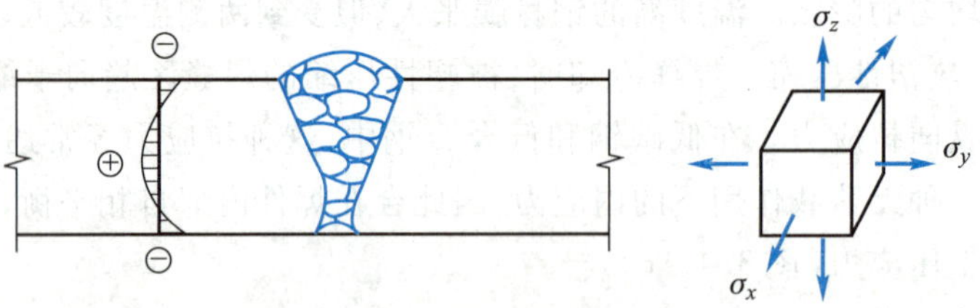

图 3.4.3　厚板中的焊接残余应力

2. 焊接残余变形的成因

在焊接过程中，由于不均匀的加热，在焊接区局部产生了热塑性压缩变形，当冷却时焊接区要在纵向和横向收缩，势必导致构件产生局部鼓曲、弯曲、歪曲和扭转等。焊接残余变形（welding residual deformations）包括纵、横向收缩、弯曲变形、角变形和扭曲变形等（图 3.4.4），且通常是几种变形的组合。任一焊接变形超过验收规范的规定时，必须进行校正，以免影响构件在正常使用条件下的承载能力。

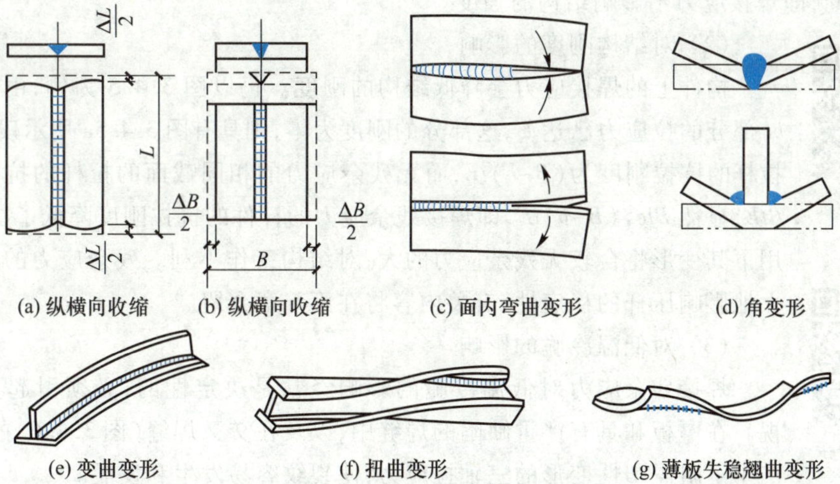

图 3.4.4　焊接残余变形类别示意图

3.4.2　焊接应力和变形对结构工作性能的影响

1. 焊接应力的影响

(1) 对结构静力强度的影响

对在常温下工作并具有一定塑性的钢材，在静荷载作用下，焊接应力是不会影响结构强度的。设轴心受拉构件在受荷前($N=0$)截面上就存在纵向焊接应力，并假设其分布如图3.4.5a所示。在轴心力 N 作用下，截面 bt 部分的焊接拉应力已达屈服点 f_y，应力不再增加，如果钢材具有一定的塑性，拉力 N 就仅由受压的弹性区承担。两侧受压区应力由原来受压逐渐变为受拉，最后应力也达到屈服点 f_y，这时全截面应力都达到 f_y(图3.4.5b)。

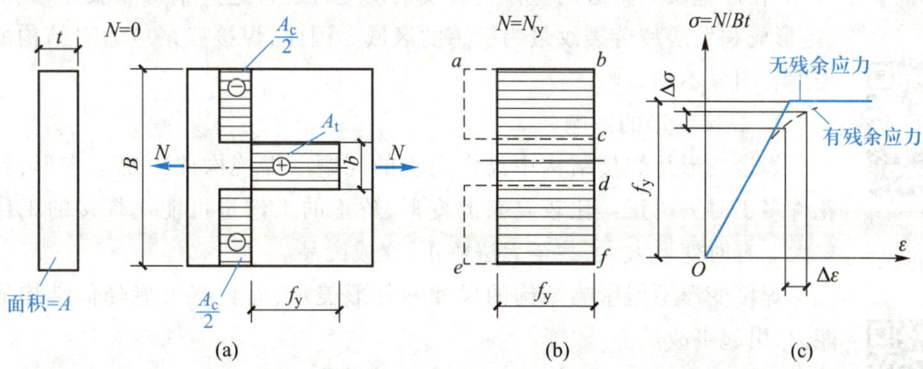

图 3.4.5　具有焊接残余应力的轴心受拉杆受荷过程

由于焊接应力自相平衡，故受拉区应力面积 A_t(实际为总残余拉力)必然和受压区应力面积 A_c(总残余压力)相等，即 $A_t=A_c=btf_y$。则构件全截面达到屈服点 f_y 时所承受的外力 $N_y=A_c+(B-b)tf_y=Btf_y$。而 Btf_y 即是无焊接应力且无应力集中现象的轴心受拉构件，当全截面上的应力达到 f_y 时所承受的外力。由此可知，有焊接应力构件的承载能力和无焊接应力者完全相同，即焊接应力不影响结构的强度。

3.17　焊接变形1

3.18　焊接变形2

3.19　焊接变形3

3.20　焊接变形4

3.21　焊接变形5

3.22　焊接变形6

(2) 对结构刚度的影响

构件上的焊接应力会降低结构的刚度。仍以图3.4.5为例，由于截面的 bt 部分的拉应力已达 f_y，这部分的刚度为零，则具有图3.4.5a所示残余应力的拉杆的抗拉刚度为 $(B-b)tE$，而无残余应力的相同截面的拉杆的抗拉刚度为 BtE，显然 $Bte>(B-b)tE$，即焊接残余应力的杆件的抗拉刚度降低了，在外力作用下其变形将会较无残余应力的大，对结构工作不利。残余应力的存在将较大地影响压杆的稳定性，有关内容将在第6章介绍。

(3) 对低温冷脆的影响

焊接残余应力对低温冷脆的影响经常是决定性的，必须引起足够的重视。在厚板和具有严重缺陷的焊缝中，以及在交叉焊缝(图3.4.6)的情况下，产生了阻碍塑性变形的三轴拉应力，使裂纹容易发生和发展。

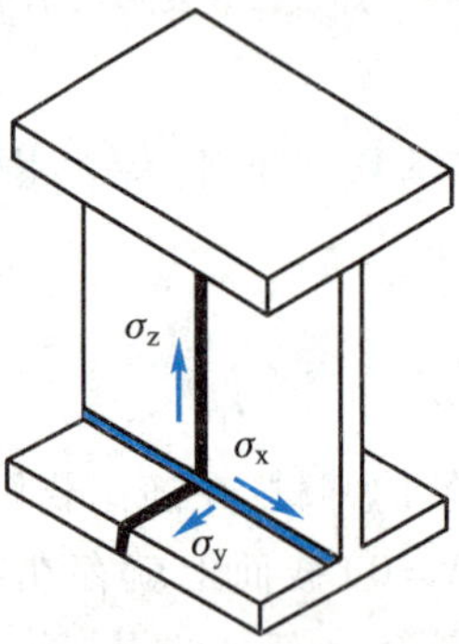

图3.4.6　三向交叉焊缝的残余应力

(4) 对疲劳强度的影响

在焊缝及其附近的主体金属残余拉应力通常达到钢材屈服点，此部位正是形成和发展疲劳裂纹最为敏感的区域。因此，焊接残余应力对结构的疲劳强度有明显不利影响。

2. 焊接变形的影响

焊接变形是焊接结构中经常出现的问题。焊接构件出现了变形，就需要花许多工时去矫正。比较复杂的变形，矫正的工作量可能比焊接的工作量还要大。有时变形太大，甚至无法矫正，变成废品。

焊接变形不但影响结构的尺寸和外形美观，而且有可能降低结构的承载能力，引起事故。

3.4.3　减少焊接应力和变形的措施

可通过合理的焊缝设计和焊接工艺措施来控制焊接结构焊接应力和变形。

1. 合理的焊缝设计

① 合理选择焊缝的尺寸和形式,在保证结构的承载能力的条件下,设计时应该尽量采用较小的焊缝尺寸。因为焊缝尺寸大,不但焊接量大,而且焊缝的焊接变形和焊接应力也大。

② 尽可能减少不必要的焊缝。在设计焊接结构时,常常采用加劲肋来提高板结构的稳定性和刚度。但是为了减轻自重采用薄板,不适当地大量采用加劲肋,反而不经济。因为这样做不但增加了装配和焊接的工作量,而且易引起较大的焊接变形,增加校正工时。

③ 合理地安排焊缝的位置。安排焊缝时尽可能对称于截面中性轴,或者使焊缝接近中性轴(图 3.4.7a、c),这对减少梁、柱等构件的焊接变形有良好的效果。而图 3.4.7b、图 3.4.7d 是不正确的。

3.23　正确焊接顺序 1

④ 尽量避免焊缝的过分集中和交叉。如几块钢板交汇一处进行连接时,应采用图 3.4.7e 的方式,避免采用图 3.4.7f 的方式,以免热量集中,引起过大的焊接变形和应力,恶化母材的组织构造。又如图 3.4.7g 中,为了让腹板与翼缘的纵向连接焊缝连续通过,加劲肋进行切角,其与翼缘和腹板的连接焊缝均在切角处中断,避免了三条焊缝的交叉。

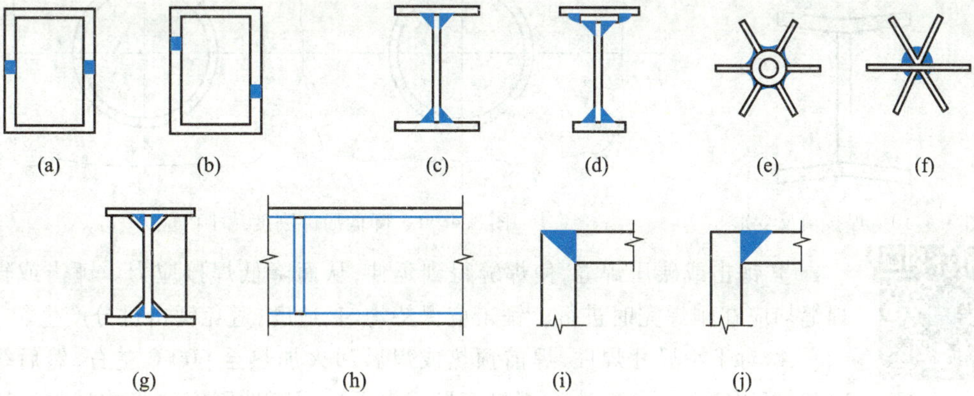

图 3.4.7　焊缝布置举例

⑤ 尽量避免在母材厚度方向的收缩应力。如图 3.4.7i 的构造措施是正确的,而图 3.4.7j 的构造常引起厚板的层状撕裂(由约束收缩焊接应力引起的)。

3.24　正确焊接顺序 2

2. 合理的工艺措施

① 采用合理的焊接顺序和方向。尽量使焊缝能自由收缩,先焊工作时受力较大的焊缝或收缩量较大的焊缝。如图 3.4.8 示在工地焊接工字梁的接头时,应留出一段翼缘角焊缝最后焊接,先焊受力最大的翼缘对接焊缝 1,再焊腹板对接缝 2。又如图 3.4.9 所示的拼接板的施焊顺序:先焊短焊缝 1、2,最后焊长焊缝 3,可使各长条板自由收缩后再连成整体。上述措施均可有效地降低焊接应力。

3.25　正确焊接顺序 3

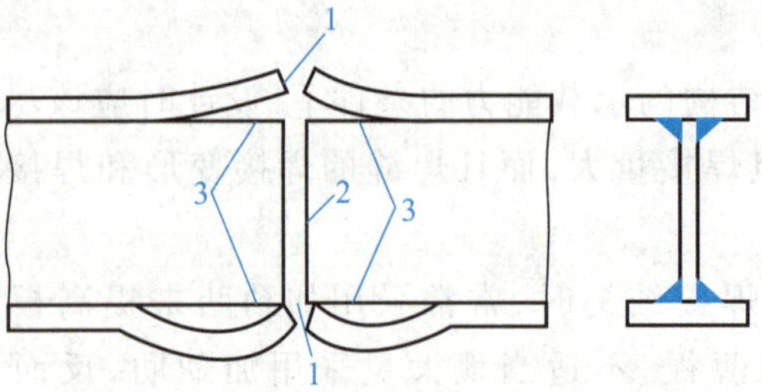

图 3.4.8　按受力大小确定焊接顺序

1、2 一对接焊缝　3—角焊缝

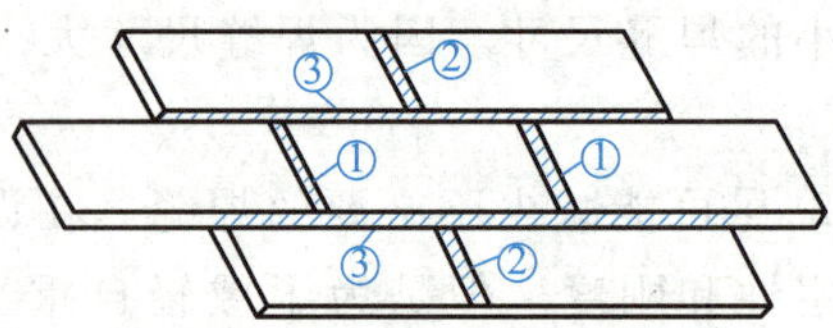

图 3.4.9　按焊缝布置确定焊接次序

② 采用反变形法减小焊接变形或焊接应力。事先估计好结构变形的大小和方向。然后在装配时给予一个相反方向的变形与焊接变形相抵消，使焊后的构件保持设计的要求，例如图 3.4.10 所示为焊前反变形的设置。

在焊接封闭焊缝或其他刚性较大，自由度较小的焊缝时，可以采用反变形法来增加焊缝的自由度，减小焊接应力，如图 3.4.11 所示。

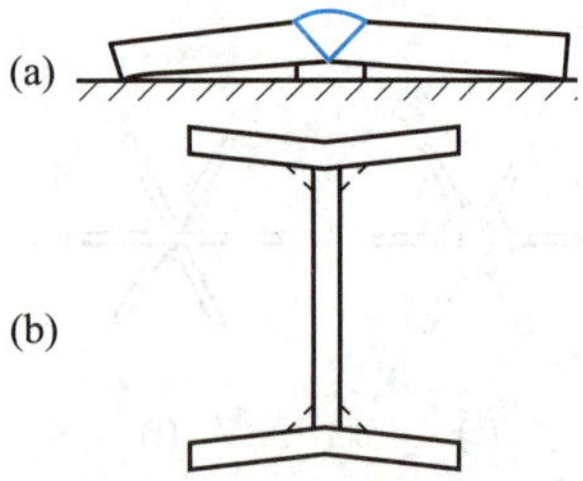

图 3.4.10　焊接前反变形

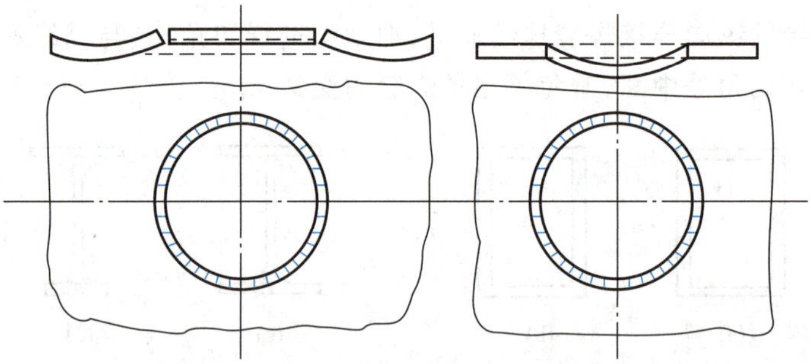

图 3.4.11　降低局部刚度减小内应力

3.26　消除残余应力

③ 锤击或碾压焊缝，使焊缝得到延伸，从而降低焊接应力。锤击或辗压焊缝均应在刚焊完时进行。锤击应保持均匀、适度，避免锤击过分产生裂纹。

④ 对于小尺寸焊件，焊前预热或焊后回火加热至 600℃ 左右，然后缓慢冷却，可以消除焊接应力和焊接变形。也可采用刚性固定法将构件加以固定来限制焊接变形，但却增加了焊接残余应力。

§3.5　螺栓连接的构造和工作性能

3.5.1　螺栓的排列和其他构造要求

1. 螺栓的排列

螺栓在构件上排列应简单、统一、整齐而紧凑，通常分为并列和错列两种形式（图 3.5.1）。并列比较简单整齐，所用连接板尺寸小，但由于螺栓孔的存在，对构件截面削弱较大。错列可以减小螺栓孔对截面的削弱，但螺栓孔排列不如并列紧凑，连接板尺寸较大。

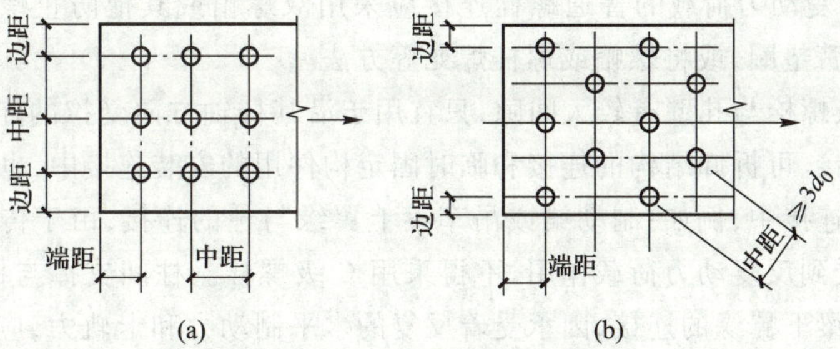

图 3.5.1 钢板上的螺栓（铆钉）排列

螺栓在构件上的排列应满足受力、构造和施工要求：

① 受力要求：在受力方向螺栓的端距过小时，钢材有剪断或撕裂的可能。各排螺栓距和线距太小时，构件有沿折线或直线破坏的可能。对受压构件，当沿作用方向螺栓距过大时，被连板间易发生鼓曲和张口现象。

② 构造要求：螺栓的中矩及边距不宜过大，否则钢板间不能紧密贴合，潮气侵入缝隙使钢材锈蚀。

③ 施工要求：要保证一定的空间，便于转动螺栓扳手拧紧螺帽。

根据上述要求，规定了螺栓（或铆钉）的最大、最小容许距离，见表 3.5.1。螺栓沿型钢长度方向上排列的间距，除应满足表 3.5.1 的要求外，尚应满足附录 10 螺栓线距的要求。

表 3.5.1 螺栓或铆钉的孔距、边距和端距容许值

<table>
<tr><th>名称</th><th colspan="3">位置和方向</th><th>最大容许间距
（取两者的较小值）</th><th>最小容许间距</th></tr>
<tr><td rowspan="5">中心间距</td><td colspan="3">外排（垂直内力方向或顺内力方向）</td><td>$8d_0$ 或 $12t$</td><td rowspan="5">$3d_0$</td></tr>
<tr><td rowspan="3">中间排</td><td colspan="2">垂直内力方向</td><td>$16d_0$ 或 $24t$</td></tr>
<tr><td rowspan="2">顺内力方向</td><td>构件受压力</td><td>$12d_0$ 或 $18t$</td></tr>
<tr><td>构件受拉力</td><td>$16d_0$ 或 $24t$</td></tr>
<tr><td colspan="3">沿对角线方向</td><td>—</td></tr>
<tr><td rowspan="4">中心至构件
边缘距离</td><td colspan="3">顺内力方向</td><td rowspan="4">$4d_0$ 或 $8t$</td><td>$2d_0$</td></tr>
<tr><td rowspan="3">垂直内力
方向</td><td colspan="2">剪切边或手工切割边</td><td rowspan="2">$1.5d_0$</td></tr>
<tr><td rowspan="2">轧制边、自动
气割或锯
割边</td><td>高强度螺栓</td></tr>
<tr><td>其他螺栓
或铆钉</td><td>$1.2d_0$</td></tr>
</table>

注：1. d_0 为螺栓或铆钉的孔径，对槽孔为短向尺寸，t 为外层较薄板件的厚度。

2. 钢板边缘与刚性构件（如角钢，槽钢等）相连的高强度螺栓的最大间距，可按中间排的数值采用。

3. 计算螺栓孔引起的截面削弱时可取 $d+4$ mm 和 d_0 的较大者。

2. 螺栓的其他构造要求

螺栓连接除了满足上述螺栓排列的容许距离外，根据不同情况尚应满足下列构造要求：

① 为了使连接可靠，螺栓连接或拼接节点中，每一杆件一端的永久性螺栓数不宜少于 2 个。对于组合构件的缀条，其端部连接可采用 1 个螺栓。

② 对直接承受动力荷载的普通螺栓连接应采用双螺帽或其他防止螺帽松动的有效措施。例如采用弹簧垫圈，或将螺帽或螺杆焊死等方法。

③ 由于 C 级螺栓与孔壁有较大间隙，只宜用于沿其杆轴方向受拉的连接。承受静力荷载结构的次要连接、可拆卸结构的连接和临时固定构件用的安装连接中，也可用 C 级螺栓受剪。但在重要的连接中，例如：制动梁或吊车梁上翼缘与柱的连接，由于传递制动梁的水平支承反力，同时受到反复动力荷载作用，不得采用 C 级螺栓。柱间支撑与柱的连接，以及在柱间支撑处吊车梁下翼缘的连接，因承受着反复的水平制动力和卡轨力，应优先采用高强度螺栓。

④ 沿杆轴方向受拉的螺栓连接中的端板（法兰板），应适当加强其刚度（如加设加劲肋），以减少撬力对螺栓抗拉承载力的不利影响。

⑤ 当型钢构件拼接采用高强度螺栓连接时，其拼接件宜采用钢板。以使被连接部分能紧密贴合，保证预拉力的建立。

⑥ 在高强度螺栓连接范围内，构件接触面的处理方法应在施工图中说明。

3.5.2　螺栓的工作性能

1. 螺栓的抗剪性能

螺栓连接按受力情况可分为三类：螺栓只承受剪力；螺栓只承受拉力；螺栓承受拉力和剪力的共同作用。

抗剪连接是最常见的螺栓连接。如果以图 3.5.2a 所示的螺栓连接试件作抗剪试验，可得出试件上 a、b 两点之间的相对位移 δ 与作用力 N 的关系曲线（图 3.5.2b）。该曲线给出了试件由零载一直加载至连接破坏的全过程，经历了以下四个阶段：

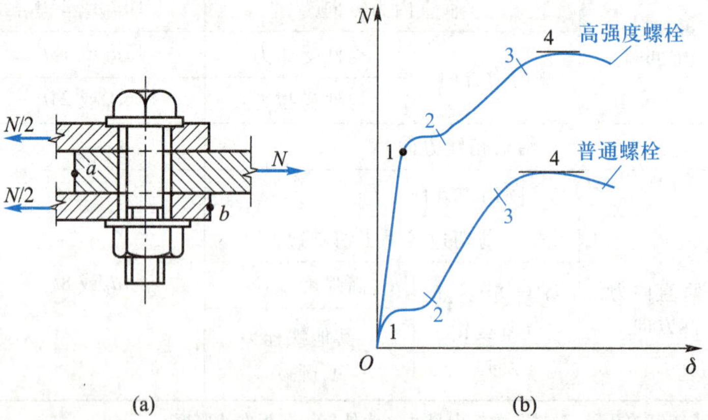

图 3.5.2　单个螺栓抗剪试验结果

（1）摩擦传力的阶段

在施加载载之初，荷载较小，荷载靠构件间接触面的摩擦力传递，螺栓杆与孔壁之间的间隙保持不变，连接工作处于弹性阶段，在 N-δ 图上呈现出 0～1 斜直线段。但由于板件间摩擦力的大小取决于拧紧螺帽时在螺杆中的初始拉力，一般说来，普通螺栓的初拉力很小，故此阶段很短；而由于高强度螺栓连接有较大的预拉力，从而使被连板叠中有很大的预压力,因此可以产生较普通螺栓连接大得多的摩擦力。高强度螺栓摩擦型连接就是以最大的摩擦力作为其极限承载力。

(2)滑移阶段

当荷载增大,连接中的剪力达到构件间摩擦力的最大值,板件间产生相对滑移,其最大滑移量为螺栓杆与孔壁之间的间隙,直至螺栓与孔壁接触,相应于 $N-\delta$ 曲线上的 1~2 段。

(3)螺杆传力的阶段

荷载继续增加,连接所承受的外力主要靠螺杆与孔壁接触传递。螺杆除主要受剪力外,还有弯矩和轴向拉力,而孔壁则受到挤压。随着作用力 N 的增大,相对位移 δ 也随之增大,即 $N-\delta$ 曲线呈上升状态。同时,由于螺杆的伸长受到螺帽的约束,增大了板件间的压紧力,使板件间的摩擦力也随之增大。达到"3"点时,曲线开始明显弯曲,表明螺栓或连接板达到弹性极限,此阶段结束。

(4)弹塑性阶段

荷载继续增加,$N-\delta$ 曲线升势趋缓,荷载达"4"点后开始下降,剪切变形迅速增大,直到剪切破坏。显然"4"点所对应的为极限承载力状态。

普通螺栓连接和高强度螺栓承压型连接的极限状态相似,均以螺栓或钢板破坏为承载力的极限状态;而高强度螺栓摩擦型连接以剪力等于摩擦力极限承载力为极限状态。因此,高强度螺栓摩擦型连接与普通螺栓连接和高强度螺栓承压型连接的重要区别,就是完全不依靠螺杆的抗剪和孔壁的承压来传力,而只靠钢板间接触面的摩擦力传力。根据高强度螺栓摩擦型连接和高强度螺栓承压型连接不同的力学行为,《标准》规定了不同的极限承载力计算方法。对于直接承受动力荷载构件的螺栓连接,当为抗剪连接时,应采用高强度螺栓的摩擦型连接。

3.27 螺栓被剪断

除高强度螺栓摩擦型连接外,受剪螺栓连接达到极限承载力时,可能的破坏形式有:① 螺杆剪断(图 3.5.3a);② 板件被挤坏(图 3.5.3b),由于螺杆和板件的挤压是相对的,故也可把这种破坏叫做螺栓承压破坏;③ 端距太小,端距范围内的板件被螺杆冲剪破坏(图 3.5.3c);④ 板件因螺栓孔削弱太多而被拉断(图 3.5.3d);⑤螺杆发生弯曲破坏(图 3.5.3e)。

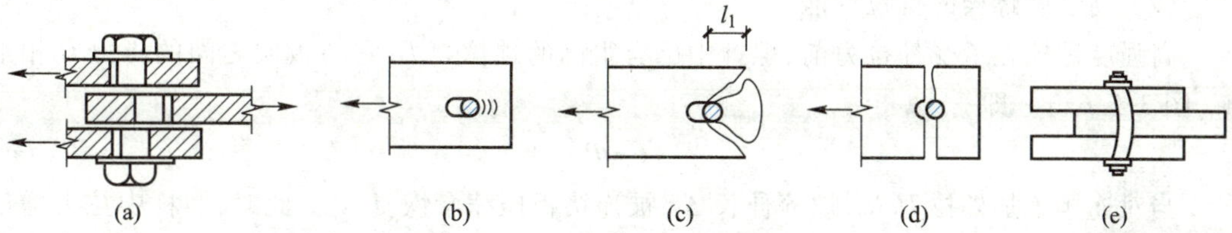

图 3.5.3 受剪螺栓连接的破坏形式

上述第③种破坏形式由螺栓端距 $l_1 \geqslant 2d_0$ 来保证;第④种破坏通过构件的强度保证;一般情况下,被连接板件总厚度小于 5 倍的螺栓直径,第⑤种破坏形式可以忽略。因此,螺栓的受剪连接满足上述要求后,只需考虑①、②两种破坏形式。

3.28 螺栓连接剪切破坏——拉豁

3.29　螺栓连接连接板被拉断

3.30　螺栓连接板被挤坏

3.31　螺栓连接杠杆效应及其防治

2. 螺栓的抗拉性能

（1）普通螺栓的抗拉性能

沿螺栓杆轴方向受拉时，拉力不是直接作用在螺杆轴线上，而是通过被连接板件传递，如图 3.5.4 所示。由于与螺栓直接相连的板件的刚度有限，产生弯曲变形，使螺栓受到撬力的附加作用，杆力增加到：

$$N_t = N + Q$$

式中，Q 称为撬力（prying force）。撬力的大小与板件厚度、螺杆直径、螺栓位置、连接总厚度等因素有关，准确求值非常困难。一般而言，被连板件越厚，螺杆直径越小，螺杆越靠近拉力作用线，撬力越小。

为了简化计算，我国《标准》将螺栓的抗拉强度设计值降低 20% 来考虑撬力影响。例如 4.6 级普通螺栓（Q235 钢做成），取抗拉强度设计值为

$$f_t^b = 0.8f = 0.8 \times 215\ \text{N/mm}^2 = 170\ \text{N/mm}^2$$

这相当于考虑了撬力 $Q = 0.25$ N。一般来说，只要按构造要求取翼缘板厚度 $t \geqslant 20$ mm，而且螺栓距离外力作用线不要过大，这样简化处理是可靠的。当不满足上述要求考虑减小撬力的影响时，一般需要设置加劲肋加强板件，如图 3.5.5 所示。当然，该措施要求同样适用于高强度螺栓连接。

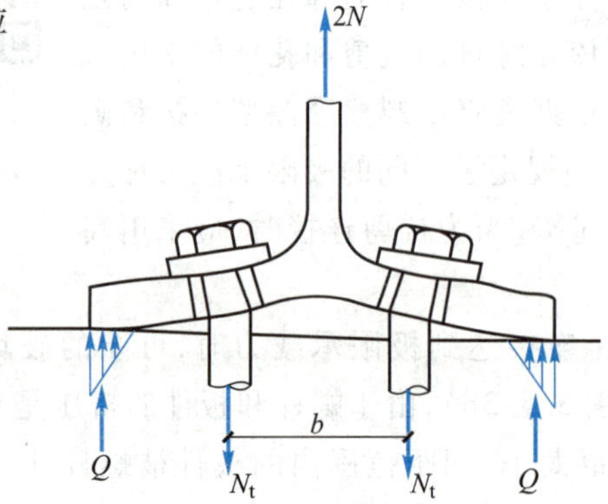

图 3.5.4　受拉螺栓的撬力

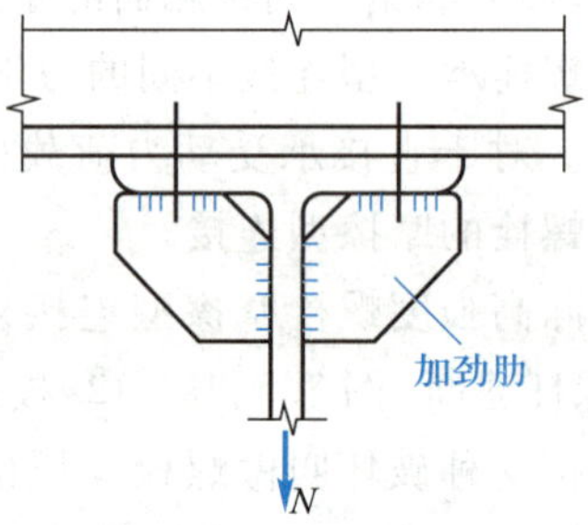

图 3.5.5　翼缘加强措施

（2）高强度螺栓的抗拉性能

高强度螺栓在承受外拉力前，螺杆中已有很高的预拉力 P，它与板层之间的压力 C 相平衡（图 3.5.6a）。即

$$C = P \tag{a}$$

当对连接施加外拉力 N_t，螺栓伸长 Δ_t，被连接板压缩量恢复 Δ_e。此时，螺杆中拉力增量为 ΔP，同时被连接板的压力 C 减少 ΔC（图 3.5.6b）。

根据平衡条件有：

$$P + \Delta P = N_t + C - \Delta C$$

代入等式(a)有：

$$\Delta P = N_t - \Delta C \tag{b}$$

根据变形协调条件：

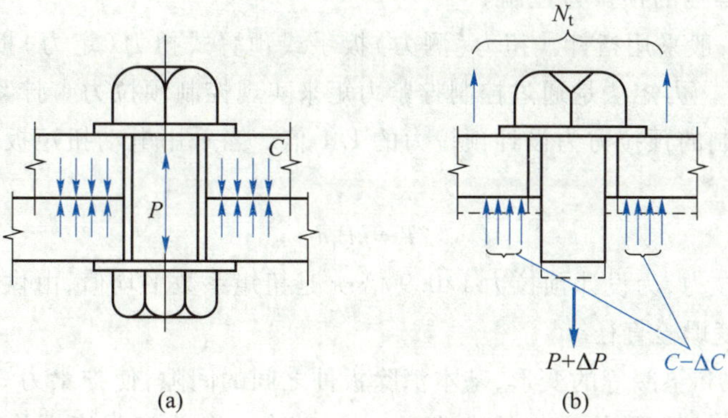

图 3.5.6　高强度螺栓受拉

$$\Delta_t=\Delta_e$$

设螺栓和被连接板的弹性模量均为 E,有效面积分别为 A_b 和 A_μ,被连接板的厚度为 δ,则:

$$\Delta_t=\frac{\Delta P}{A_b E}\delta$$

$$\Delta_e=\frac{\Delta C}{A_\mu E}\delta$$

即

$$\frac{\Delta P}{A_b E}\delta=\frac{\Delta C}{A_\mu E}\delta$$

代入等式(b)有:

$$\Delta P=\frac{N_t}{1+\frac{A_\mu}{A_b}}$$

由于 $A_\mu \gg A_b$,取 $A_\mu=10A_b$,则:

$$\Delta P=0.09N_t$$

对 N_t 考虑平均荷载分项系数 1.3,则有:$\Delta P=0.07N_t$

若 $N_t=P$,则 $\Delta P=0.07P$,即当外拉力达到 P 时,螺栓内拉力只增加 7%,几乎接近 5%。经分析表明,只要板层之间压力没有完全消失,螺杆中的拉力只会增加 5% ~10%。所以,外拉力基本只能使板层间压力减少,而对螺杆预拉力没有大的影响。当外拉力 N_t 过大时(N_t> 0.8P),螺栓将发生松弛现象,这样就丧失了摩擦型连接高强度螺栓的优越性。为了避免螺栓松弛并保留一定的余量,因此标准规定为每个摩擦型连接的高强度螺栓在其杆轴方向的外拉力不得大于 0.8P。

3. 高强度螺栓的预拉力

(1) 高强度螺栓预拉力的建立方法

为了保证通过摩擦力传递剪力,高强度螺栓的预拉力 P 的准确控制非常重要。针对不同类型的高强度螺栓,其预拉力的建立方法不尽相同。承压型连接的高强度螺栓预拉力 P 的施拧工艺和设计值取值应与摩擦型连接高强度螺栓相同。

① 大六角头螺栓的预拉力控制。

a. 力矩法　一般采用指针式扭力(测力)扳手或预置式扭力(定力)扳手。目前用得多的是电动扭矩扳手。力矩法是通过控制拧紧力矩来实现控制预拉力。拧紧力矩可由试验确定,应使施工时控制的预拉力为设计预拉力的 1.1 倍。当采用电动扭矩扳手时,所需要的施工扭矩 T_f 为

$$T_f = kP_f d \tag{3.5.1}$$

式中,P_f 是施工预拉力,为设计预拉力 1/0.9 倍;k 是扭矩系数平均值,由供货厂方给定,施工前复验;d 是高强度螺栓直径。

为了克服板件和垫圈等的变形,基本消除板件之间的间隙,使拧紧力矩系数有较好的线性度,从而提高施工控制预拉力值的准确度,在安装大六角头高强度螺栓时,应先按拧紧力矩的 50% 进行初拧,然后按 100% 拧紧力矩进行终拧。对于大型节点在初拧之后,还应按初拧力矩进行复拧,然后再行终拧。

力矩法的优点是较简单、易实施、费用少,但由于连接件和被连接件的表面和拧紧速度的差异,测得的预拉力值误差大且分散,一般误差为±25%。

b. 转角法　先用普通扳手进行初拧,使被连接板件相互紧密贴合,再以初拧位置为起点,按终拧角度,用长扳手或风动扳手旋转螺母,拧至该角度值时,螺栓的拉力即达到施工控制预拉力。

② 扭剪型高强度螺栓

3.32　扭剪型螺栓与扭矩扳手

扭剪型高强度螺栓具有强度高、安装简单和质量易于保证、可以单面拧紧、对操作人员没有特殊要求等优点。扭剪型高强度螺栓如图 3.1.13b 所示,螺栓头为盘头,螺纹段端部有一个承受拧紧反力矩的十二角体和一个能在规定力矩下剪断的断颈槽。

扭剪型高强度螺栓连接的安装需用特制的电动扳手,该扳手有两个套头,一个套在螺母六角体上;另一个套在螺栓的十二角体上。拧紧时,对螺母施加顺时针力矩,对螺栓十二角体施加大小相等的逆时针力矩,使螺栓断颈部分承受扭剪,其初拧力矩为拧紧力矩的 50%,复拧力矩等于初拧力矩,终拧至断颈剪断为止,安装结束,相应的安装力矩即为拧紧力矩。安装后一般不拆卸。

(2) 预拉力值的确定

高强度螺栓的预拉力设计值 P 由下式计算得到:

$$P = \frac{0.9 \times 0.9 \times 0.9}{1.2} f_u A_e \tag{3.5.2}$$

式中,f_u 为螺栓经热处理后的最低抗拉强度;对 8.8 级,取 $f_u = 830\ \text{N/mm}^2$,对 10.9 级,取 $f_u = 1\,040\ \text{N/mm}^2$;$A_e$ 为螺纹处的有效面积。

式(3.5.2)中的系数考虑了以下几个因素:

① 拧紧螺栓时,除使螺栓产生拉应力外,还产生剪应力。在正常施工条件下,即螺母的螺纹和下支承面涂黄油润滑剂的条件下,或在供货状态原润滑剂未干的情况下拧紧螺栓时,试验表明可考虑对应力的影响系数为 1.2。

② 考虑螺栓材质的不均匀性,引进一个折减系数 0.9。

③ 施工时为了补偿螺栓预拉力的松弛，一般超张拉5%～10%，为此采用一个超张拉系数0.9。由于以螺栓的抗拉强度为准，为安全起见再引入一个附加安全系数0.9。

各种规格高强度螺栓预拉力的取值见表3.5.2和表3.5.3。

表3.5.2　高强度螺栓的预拉力设计值 P（GB 50017）　kN

螺栓的承载性能等级	螺栓公称直径/mm					
	M16	M20	M22	M24	M27	M30
8.8级	80	125	150	175	230	280
10.9级	100	155	190	225	290	355

表3.5.3　高强度螺栓的预拉力 P 值（GB 50018）　kN

螺栓的性能等级	螺栓公称直径/mm		
	M12	M14	M16
8.8级	45	60	80
10.9级	55	75	100

（3）高强度螺栓摩擦面抗滑移系数

高强度螺栓摩擦面抗滑移系数的大小与连接处构件接触面的处理方法和构件的钢号有关。试验表明，此系数值有随连接构件接触面间的压紧力减小而降低的现象，故与物理学中的摩擦系数有区别。

我国规范推荐采用的接触面处理方法有：喷砂、抛丸和钢丝刷消除浮锈或对干净轧制表面不作处理等，各种处理方法相应的 μ 值详见表3.5.4和表3.5.5。

表3.5.4　摩擦面的抗滑移系数 μ 值（GB 50017）

连接处构件接触面的处理方法	构件的钢材牌号		
	Q235钢	Q345钢或Q390钢	Q420钢或Q460钢
喷硬质石英砂或铸钢棱角砂	0.45	0.45	0.45
抛丸（喷砂）	0.40	0.40	0.40
钢丝刷清除浮锈或未经处理的干净轧制面	0.30	0.35	—

注：1. 钢丝刷除锈方向应与受力方向垂直。
2. 当连接构件采用不同钢材牌号时，μ 按相应较低强度者取值。
3. 采用其他方法处理时，其处理工艺及抗滑移系数值均需经试验确定。

表3.5.5　摩擦面的抗滑移系数 μ 值（GB 50018）

连接处构件接触面的处理方法	构件的钢材牌号	
	Q235	Q345
喷砂（丸）	0.40	0.45
热轧钢材轧制表面清除浮锈	0.30	0.35
冷轧钢材轧制表面清除浮锈	0.25	—

注：除锈方向应与受力方向相垂直。

由于冷弯薄壁型钢构件板壁较薄，其抗滑移系数均较普通钢结构的有所降低。

在实际工程中，还可能采用砂轮打磨（打磨方向应与受力方向垂直）等接触面处理方法，其抗滑移系数应根据试验确定。采用承压型连接时，连接处构件接触面应清除油污及浮锈，仅承受拉力的高强度螺栓连接，不要求对接触面进行抗滑移处理。

另外，我国《标准》没有限定板束的总厚度和连接板叠的块数，当总厚度超出螺栓直径的 10 倍时，宜在工程中进行试验以确定施工时的技术参数（如转角法的转角）以及抗剪承载力。

钢材表面经喷砂除锈后，表面看来光滑平整，实际上金属表面尚存在着微观的凹凸不平，高强度螺栓连接在很高的压紧力作用下，被连接构件表面相互啮合，钢材强度和硬度愈高，要使这种啮合的面产生滑移的力就愈大，因此，μ 值与钢种有关。

试验证明，摩擦面涂红丹后，$\mu<0.15$，即使经处理后仍然很低，故严禁在摩擦面上涂刷红丹。另外，连接在潮湿或淋雨条件下拼装，也会降低 μ 值，故应采取有效措施保证连接处表面的干燥。

§3.6　螺栓连接的计算

3.6.1　普通螺栓连接的计算

1. 单个普通螺栓的受剪计算

3.33　剪切面示意

普通螺栓的受剪承载力主要由栓杆受剪和孔壁承压两种破坏模式控制，因此应分别计算，取其小值进行设计。计算时做了如下假定：①栓杆受剪计算时，假定螺栓受剪面上的剪应力是均匀分布的；②孔壁承压计算时，假定挤压力沿栓杆直径平面（实际上是相应于栓杆直径平面的孔壁部分）均匀分布。考虑一定的抗力分项系数后，得到普通螺栓受剪连接中，每个螺栓的受剪和承压承载力设计值如下：

受剪承载力设计值

$$N_v^b = n_v \frac{\pi d^2}{4} f_v^b \tag{3.6.1}$$

承压承载力设计值

$$N_c^b = d \sum t \cdot f_c^b \tag{3.6.2}$$

式中，n_v 为受剪面数目，单剪 $n_v=1$，双剪 $n_v=2$，四剪 $n_v=4$；d 为螺栓杆直径；$\sum t$ 为在不同受力方向中一个受力方向承压构件总厚度的较小值；f_v^b、f_c^b 为螺栓的抗剪和承压强度设计值，由附表 1.4 查用。

2. 普通螺栓群受剪连接计算

（1）普通螺栓群轴心受剪

试验证明，螺栓群的受剪连接承受轴心力时，与侧焊缝的受力相似，在长度方向各螺栓受力是不均匀的（图 3.6.1），两端受力大，中间受力小。当连接长度 $l_1 \leqslant 15d_0$（d_0 为螺孔直径）时，由于连接工作进入弹塑性阶段后，内力发生重分布，螺栓群中各螺栓受力逐渐接近，故可认为轴心力 N 由每个螺栓平均分担，即螺栓数 n 为

$$n=\frac{N}{N_{\min}^{b}} \tag{3.6.3}$$

式中，$N_{\min}^{b}$ 是一个螺栓受剪承载力设计值与承压承载力设计值的较小值。

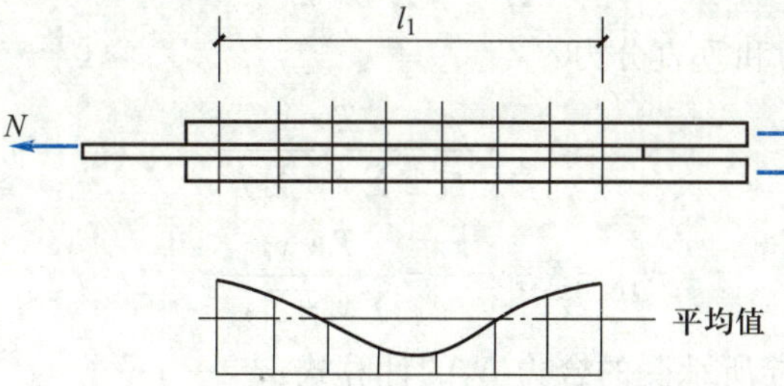

图 3.6.1 长接头螺栓的内力分布

当 $l_1>15d_0$ 时，连接进入弹塑性阶段后，各螺杆所受内力仍不易均匀，端部螺栓首先达到极限强度而破坏，随后由外向里依次破坏。

根据试验，并参考国外的规定，我国标准规定，当 $l_1>15d_0$ 时，应将承载力设计值乘以折减系数$\left(1.1-\dfrac{l_1}{150d_0}\right)$，当大于 $60d_0$时，折减系数取为定值 0.7。

（2）普通螺栓群偏心受剪

图 3.6.2 示螺栓群承受偏心剪力的情形，剪力 F 的作用线至螺栓群中心线的距离为 e，故螺栓群同时受到轴心力 F 和扭矩 $T=F\cdot e$ 的联合作用

在轴心力作用下可认为每个螺栓平均受力，即

$$N_{1F}=\frac{F}{n} \tag{3.6.4}$$

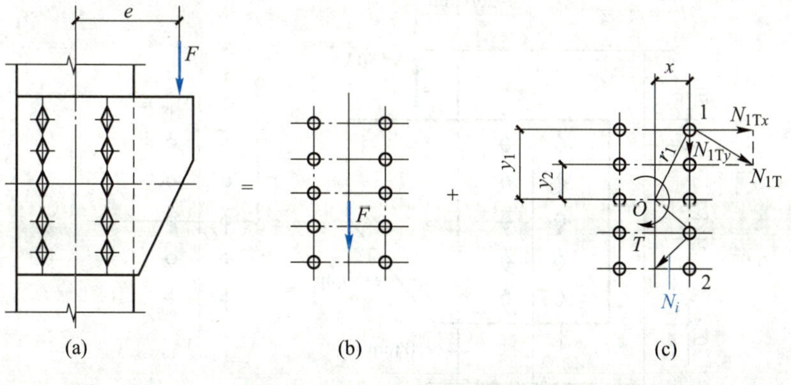

图 3.6.2 偏心受剪的螺栓群

在扭矩 $T=F\cdot e$ 作用下，通常采用弹性分析，假定连接板的旋转中心在螺栓群的形心，则螺栓剪力的大小与该螺栓至中心点距离 γ_1 成正比，方向则与此距离垂直（图 3.6.2c）。由

$$N_{1T}\cdot\gamma_1+N_{2T}\cdot\gamma_2+\cdots+N_{iT}\cdot\gamma_i+\cdots=T$$

因
$$\frac{N_{1T}}{\gamma_1}=\frac{N_{2T}}{\gamma_2}=\cdots=\frac{N_{iT}}{\gamma_i}=\cdots$$

得
$$\frac{N_{1T}}{\gamma_1}(\gamma_1^2+\gamma_2^2+\cdots+\gamma_i^2+\cdots)=\frac{N_{1T}}{\gamma_1}\sum\gamma_i^2=T$$

最大剪力
$$N_{1T}=\frac{T\cdot r_1}{\sum r_i^2}=\frac{T\cdot r_i}{\sum x_i^2+\sum y_i^2}$$

将 N_{1T}分解为水平分力和垂直分力：

$$N_{1Tx}=N_{1T}\cdot\frac{y_1}{r_1}=\frac{T\cdot y_1}{\sum x_i^2+\sum y_i^2} \tag{3.6.5}$$

$$N_{1Ty}=N_{1T}\cdot\frac{x_1}{r_1}=\frac{T\cdot x_1}{\sum x_i^2+\sum y_i^2} \tag{3.6.6}$$

由此可得受力最大螺栓所承受的合力 N_1的计算式：

$$N_1=\sqrt{N_{1Tx}^2+(N_{1Ty}+N_{1F})^2}\leqslant N_{\min}^{b} \tag{3.6.7}$$

当螺栓布置在一个狭长带，即 $y_1\geqslant 3x_1$ 时，可假定式（3.6.5）和式（3.6.6）中的 $x_i=0$，由此得 $N_{1Ty}=0$，$N_{1Tx}=Ty_1/\sum y_i^2$，计算式为

$$N_1=\sqrt{\left(\frac{T_{y1}}{\sum_{yi}}\right)^2+\left(\frac{F}{n}\right)^2}\leqslant N_{\min}^{b} \tag{3.6.8}$$

式中的各符号见图 3.6.2。$N_{\min}^{b}$为一个螺栓的受剪承载力设计值。

以上设计方法，除受力最大的螺栓外，其余大多数螺栓均有潜力。所以按式（3.6.6）计算轴心力 F 作用下的螺栓内力时，即使连接长度$>15d_0$，也不用考虑长接头的折减系数 η。

【例题 3.6】 试设计图 3.6.3 所示普通螺栓连接。柱翼缘板厚度为 10 mm，连接板厚度为 8 mm，钢材为 Q235-B，荷载设计值 $F=150$ kN，偏心距 $e=250$ mm。若螺栓排列为竖向排距 $2x_1=120$ mm，竖向行距 $y_2=80$ mm，竖向端距为 50 mm，试选 C 级螺栓规格。

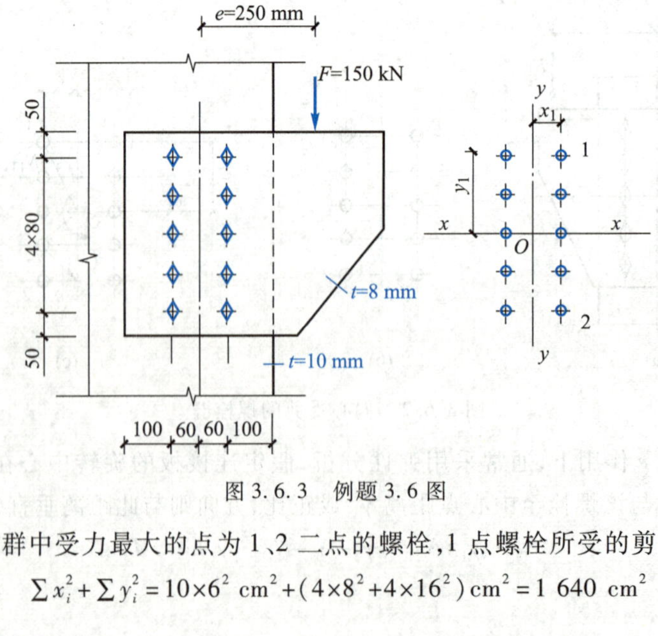

图 3.6.3　例题 3.6 图

【解】 螺栓群中受力最大的点为 1、2 二点的螺栓，1 点螺栓所受的剪力 N_{1T}计算如下：

$$\sum x_i^2+\sum y_i^2=10\times6^2\ \text{cm}^2+(4\times8^2+4\times16^2)\ \text{cm}^2=1\ 640\ \text{cm}^2$$

$$T=Fe=\frac{150\times25}{10^2}\text{kN}\cdot\text{m}=37.5\ \text{kN}\cdot\text{m}$$

$$N_{1\text{T}x}=\frac{Ty_1}{\sum x_i^2+\sum y_i^2}=\frac{37.5\times16\times10^2}{1\ 640}\text{kN}=36.6\ \text{kN}$$

$$N_{1\text{T}y}=\frac{Tx_1}{\sum x_i^2+\sum y_i^2}=\frac{37.5\times6\times10^2}{1\ 640}\text{kN}=13.7\ \text{kN}$$

$$N_{1\text{F}}=\frac{F}{n}=\frac{150}{10}\text{kN}=15\ \text{kN}$$

$$N_{1\text{T}}=\sqrt{N_{1\text{T}x}^2+(N_{1\text{T}y}+N_{1\text{F}})^2}=\sqrt{36.6^2+(13.7+15)^2}\ \text{kN}=46.5\ \text{kN}$$

为求所需螺栓直径，首先要确定 C 级螺栓的抗剪和承压强度设计值。由附表 1.6 查得：$f_\text{v}^\text{b}=140\ \text{N/mm}^2$，$f_\text{c}^\text{b}=305\ \text{N/mm}^2$。则可分别由式(3.5.1)和式(3.5.2)求出所需的螺栓直径：

受剪所需直径　$$d_\text{v}\geqslant\sqrt{\frac{4N_{1\text{T}}}{\pi n_\text{v}f_\text{v}^\text{b}}}=\sqrt{\frac{4\times46.5\times10^3}{3.14\times1\times140}}\text{mm}=20.6\ \text{mm}$$

承压所需直径　$$d_\text{c}\geqslant\frac{N_{1\text{T}}}{\sum t\cdot f_\text{c}^\text{b}}=\frac{46.5\times10^3}{8\times305}\text{mm}=19.1\ \text{mm}$$

故取 $d=22$ mm 的 C 级螺栓可满足强度要求。图中螺栓排列构造均大于中距 $3d=66$ mm，边距 $2d=44$ mm，符合构造要求。

3. 单个普通螺栓的受拉承载力

采用上述方法考虑撬力之后，单个螺栓的受拉承载力的设计值为

$$N_\text{t}^\text{b}=A_\text{e}\cdot f_\text{t}^\text{b}=\frac{\pi d_\text{e}^2}{4}\cdot f_\text{t}^\text{b}\tag{3.6.9}$$

式中，A_e为螺栓有效截面积；d_e为螺纹处的有效直径。由于螺纹呈倾斜方向，螺栓受拉时采用的直径，既不是扣去螺纹后的净直径 d_n，也不是全直径与净直径的平均直径 d_m，而是由下式计算的有效直径：

$$d_\text{e}=\frac{d_\text{n}+d_\text{m}}{2}=d-\frac{13}{24}\sqrt{3}P\tag{3.6.10}$$

式中，P 为螺纹的螺距。

附表 9.2 给出了普通螺栓按有效直径 d_e算得的螺栓净截面面积 A_n(即有效截面面积 A_e)，可直接查用。

4. 普通螺栓群受拉

(1) 栓群轴心受拉

图 3.6.4 示栓群轴心受拉。计算中，通常假定各个螺栓平均受拉，则连接所需的螺栓数为

$$n=\frac{N}{N_\text{t}^\text{b}}\tag{3.6.11}$$

(2) 栓群承受弯矩作用

图 3.6.5 为螺栓群受弯矩作用的示意图(图中的剪力 V 通过承托板传递)。按弹性设计法，在弯矩作用下，离中和轴越远的螺栓所受拉力越大，而压力则由部分受压的端板承受，设中和轴至端板受压边缘的距离为 c(图 3.6.5c)。这种连接的受力有如下特点：受拉螺栓截

面只是孤立的几个螺栓点；而端板受压区则是宽度较大的实体矩形截面（图 3.6.5b、c）。在计算中和轴位置的过程中发现，所求得的端板受压区高度 c 总是很小，中和轴通常在弯矩指向一侧最外排螺栓附近的某个位置。因此，实际计算时可近似地取中和轴位于最下排螺栓 O 处，即认为连接变形为绕 O 处水平轴转动，螺栓拉力与 O 点算起的纵坐标 y 成正比。在对 O 点水平轴列弯矩平衡方程时，偏安全地忽略了力臂很小的端板受压区部分的力矩。

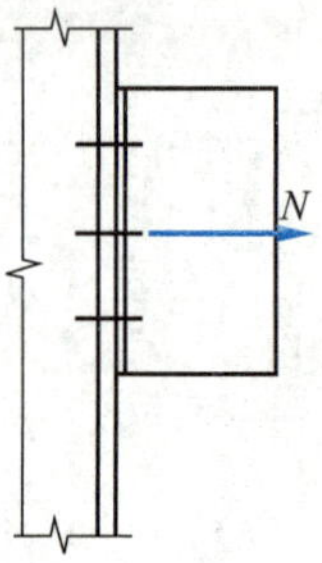

图 3.6.4　螺栓群承受轴心拉力

3.34　螺栓受拉剪联合作用

3.35　螺柱连接受拉弯剪联合作用

3.36　螺栓连接受拉弯剪联合作用加托

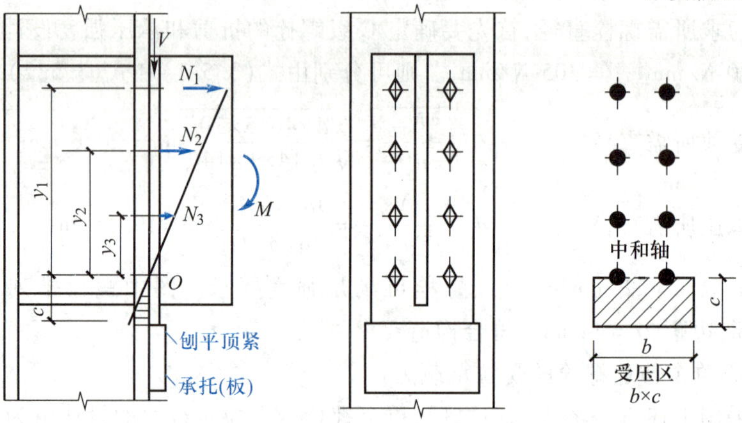

(a)　(b)　(c)

图 3.6.5　普通螺栓弯矩受拉

考虑到：$N_1/y_1=N_2/y_2=\cdots=N_i/y_i=\cdots=N_n/y_n$

则：

$$\begin{aligned}M&=N_1y_1+N_2y_2+\cdots+N_iy_i+\cdots+N_ny_n\\&=(N_1/y_1)y_1^2+(N_2/y_2)y_2^2+\cdots+(N_i/y_i)y_i^2+\cdots+(N_n/y_n)y_n^2\\&=(N_i/y_i)\sum y_i^2\end{aligned}$$

螺栓 i 的拉力为

$$N_i=My_i/\sum y_i^2$$

设计时要求受力最大的最外排螺栓 1 的拉力不超过一个螺栓的抗拉承载力设计值：

$$N_1=My_1/\sum y_i^2\leqslant N_t^b \tag{3.6.12}$$

（3）栓群偏心受拉

螺栓群偏心受拉相当于连接承受轴心拉力 N 和弯矩 $M=N\cdot e$ 的联合作用。螺栓群偏心受拉的分析和计算，近年来存在争议，以下计算方法只作为参考。

按弹性设计法，根据偏心距的大小可能出现小偏心受拉和大偏心受拉两种情况。

① 小偏心受拉。

当偏心较小时，所有螺栓均承受拉力作用，端板与柱翼缘有分离趋势，在计算时轴心拉力 N 由各螺栓均匀承受。而弯矩 M 则引起以螺栓群形心 O 为中和轴的三角形内力分布（图 3.6.6a、b），使上部螺栓受拉，下部螺栓受压；叠加后全部螺栓均受拉。最大、最小受力螺栓的拉力和满足设计要求的公式如下（y_i均自 O 点算起）：

$$N_{max}=N/n+Ney_1/\sum y_i^2\leqslant N_t^b \tag{3.6.13a}$$

$$N_{min}=N/n-Ney_1/\sum y_i^2\geqslant 0 \tag{3.6.13b}$$

式(3.5.13b)为公式使用条件，由此式可得 $N_{min}=0$ 时的偏心距 $e_{min}=\sum y_i^2/(ny_1)$。令$\rho=\frac{W_e}{nA_e}=\sum y_i^2/(ny_1)$为螺栓有效截面组成的核心距，显然，$\rho=e_{min}$。则当 $e\leqslant\rho$ 时为小偏心受拉。

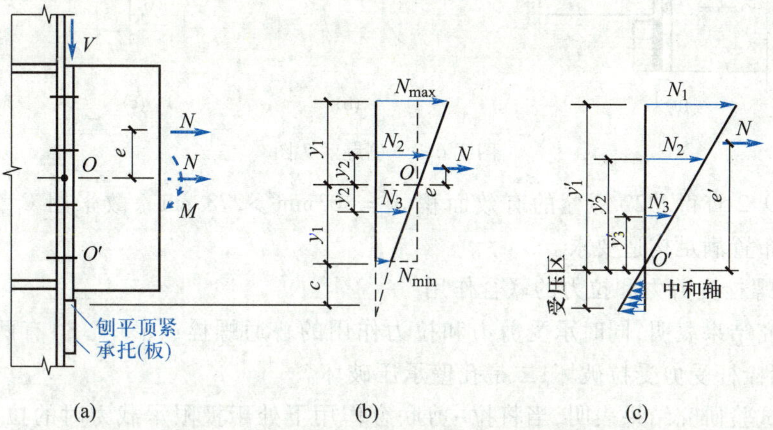

图3.6.6　螺栓群偏心受拉

② 大偏心受拉。

当 $N_{min}<0$ 偏心距 e 较大时，则在端板底部将出现受压区（图3.6.6c）。此时与螺栓群受弯情况相似，近似并偏安全取中和轴位于最下排螺栓 O'处（e'和 y_i'自 O'点算起，最上排螺栓1的拉力最大）。相似地可得：

螺栓 i 的拉力为

$$N_i=M'y_i'/\sum y_i'^2=Ne'y_1'/\sum y_i'^2$$

螺栓最大拉力为

$$N_1=M'y_1'/\sum y_i'^2=Ne'y_1'/\sum y_i'^2\leqslant N_t^b \tag{3.6.14}$$

【例题3.7】　设图3.6.7为一刚接屋架下弦节点，竖向力由承托承受。螺栓为C级，只承受偏心拉力。设 $N=300$ kN，$e=100$ mm。螺栓布置如图3.6.7a所示。试求所需的C级螺栓规格。

【解】　螺栓有效截面的核心距：

$$\rho=\frac{\sum y_i^2}{ny_1}=\frac{4\times(5^2+15^2+25^2)}{12\times25}\text{cm}=11.7\ \text{cm}>e=100\ \text{mm}$$

即偏心力作用在核心距以内，属小偏心受拉（图3.6.7c），应由式(3.6.13a)计算：

$$N_1=\frac{N}{n}+\frac{N\cdot e}{\sum y_i^2}\cdot y_1=\frac{300}{12}+\frac{300\times10\times25}{4\times(5^2+15^2+25^2)}\text{kN}=46.4\ \text{kN}$$

需要的有效面积：

$$A_e=\frac{46.4\times10^3}{170}\text{mm}^2=273\ \text{mm}^2$$

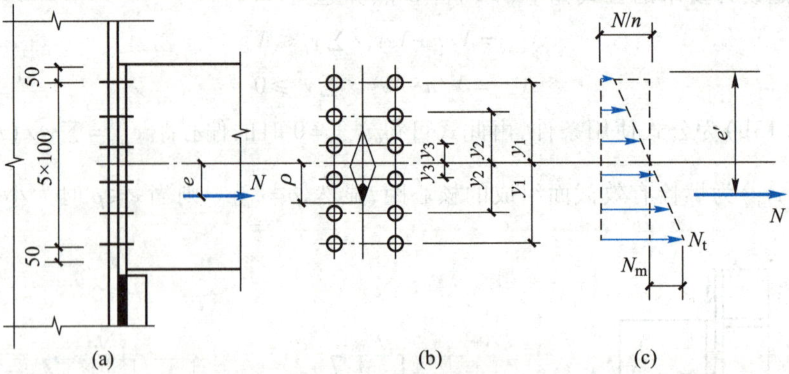

图 3.6.7　例题 3.7 图

由附表 9.2 查得 M22 螺栓的有效面积 $A_e=303\text{mm}^2>273\ \text{mm}^2$，故采用 C 级 M22 螺栓。显然连接的布置满足构造要求。

5. 普通螺栓受剪力和拉力的联合作用

试验研究结果表明，同时承受剪力和拉力作用的普通螺栓（图 3.6.8）有两种可能破坏形式：一是螺栓杆受剪受拉破坏；二是孔壁承压破坏。

大量的试验研究结果表明，当将拉-剪联合作用下处于极限承载力时的拉力和剪力，分别除以各自单独作用时的承载力，所得到的关于 N_t/N_t^b 和 N_v/N_v^b 的相关曲线，近似为圆曲线（图 3.6.9）。

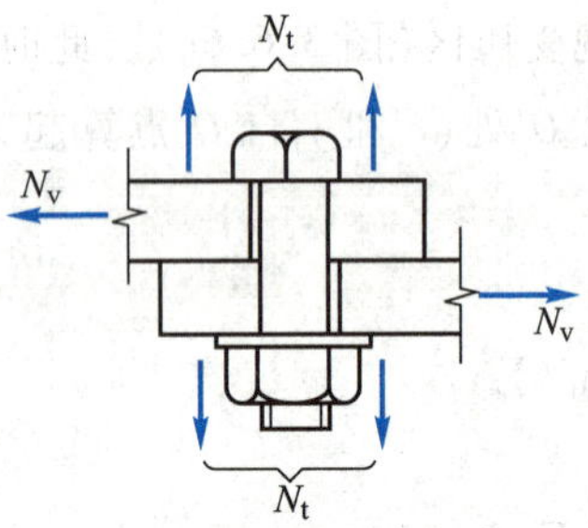

图 3.6.8　拉-剪联合作用的螺栓

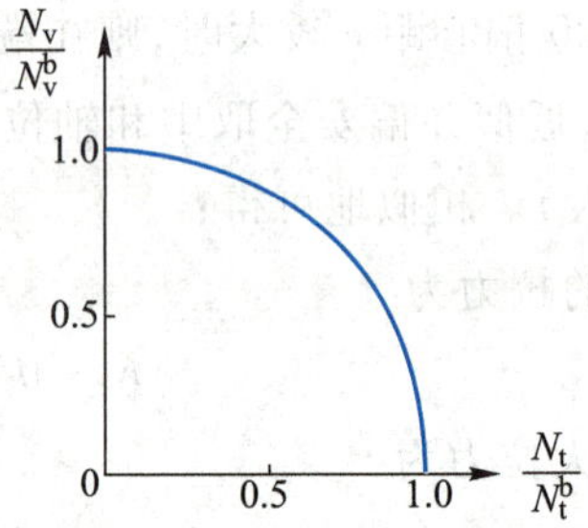

图 3.6.9　剪力和拉力的相关曲线

于是，《标准》规定：同时承受剪力和杆轴方向拉力的普通螺栓，应分别符合下列公式的要求：

验算剪-拉作用

$$\sqrt{\left(\frac{N_v}{N_v^b}\right)^2+\left(\frac{N_t}{N_t^b}\right)^2}\leqslant 1 \tag{3.6.15}$$

验算孔壁承压

$$N_V\leqslant N_c^b \tag{3.6.16}$$

式中，N_v、N_t 分别为一个螺栓所承受的剪力和拉力设计值；N_v^b、N_t^b 分别为一个螺栓的螺杆抗剪和抗拉承载力设计值；N_c^b 为一个螺栓的孔壁承压载力设计值。

【例题 3.8】　图 3.6.10 示一承受斜拉力的螺栓连接。已知被连板件的厚度均为 20 mm，钢材均为 Q235B，已知斜拉力的二个分力分别为 $V=300$ kN，$N=200$ kN，偏心 $e=$

120 mm，螺栓采用等距离布置，行距为 100 mm，端距为 50 mm，共设两排 C 级螺栓，试选择螺栓规格。

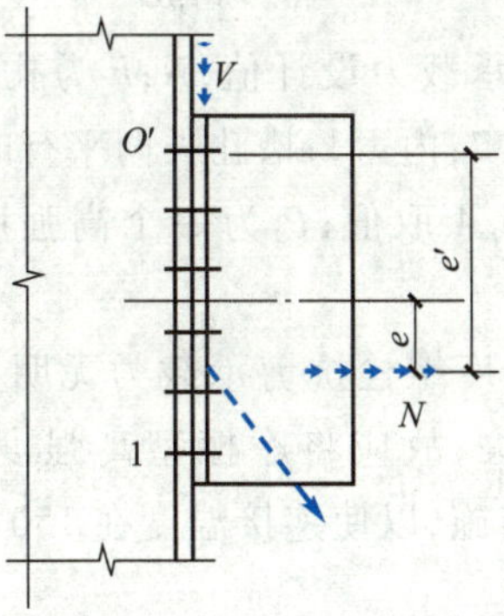

图 3.6.10 例题 3.8 图

【解】 栓群有效截面的核心距为

$$\rho=\frac{\sum y^2}{ny_1}=\frac{4\times(5^2+15^2+25^2)}{12\times25}\text{mm}=11.7\ \text{cm}=117\ \text{mm}<e=120\ \text{mm}$$

故按大偏心求解螺栓中的最大拉力，此时距最上一行螺栓轴 O' 的偏心距 $e'=250+e=370\ \text{mm}=37\ \text{cm}$。

由式(3.6.14)求出受拉力最大的 1 号螺栓的拉力为

$$N_t=N_1=\frac{Ne'y_1'}{\sum y_i'^2}=\frac{200\times37\times50}{2\times(50^2+40^2+30^2+20^2+10^2)}\text{kN}=33.6\ \text{kN}$$

由剪力引起的螺栓剪力由 12 个螺栓共同承受，$N_v=V=\frac{300}{12}\text{kN}=25\ \text{kN}$

试选用 M20C 级螺栓，查附表 9.2 知，其有效面积 $A_e=245\ \text{mm}^2$，查附表 1.6 知 $f_t^b=170\ \text{N/mm}^2$；$f_v^b=1\ 400\ \text{N/mm}^2$；$f_c^b=305\ \text{N/mm}^2$

有 $N_t^b=A_ef_t^b=41.7\ \text{kN}$

$$N_v^b=n_v\frac{\pi d^2}{4}f_v^b=1\times\frac{3.14\times20^2}{4}\times140\ \text{N}=44\ \text{kN}$$

$$N_c^b=d\sum tf_c^b=20\times20\times305\ \text{N}=122\ \text{kN}$$

则 $\sqrt{\left(\frac{N_v}{N_v^b}\right)^2+\left(\frac{N_t}{N_t^b}\right)^2}=\sqrt{\left(\frac{25}{44}\right)^2+\left(\frac{33.5}{41.7}\right)^2}=0.98<1$

$$N_v=25\ \text{kN};N_c^b=122\ \text{kN}$$

故所选螺栓满足强度要求。

3.6.2 单个高强度螺栓承载力计算

1. 高强度螺栓摩擦型连接计算

(1) 受剪连接承载力

摩擦型连接的承载力取决于构件接触面的摩擦力，而此摩擦力的大小与螺栓所受预拉

力和摩擦面的抗滑移系数以及连接的传力摩擦面数有关。因此,一个摩擦型连接高强度螺栓的受剪承载力设计值为

$$N_v^b=0.9kn_f\mu P \tag{3.6.17}$$

式中,N_v^b 为个高强度螺栓的受剪承载力设计值,N;k 为孔型系数,标准孔取 1.0;大圆孔取 0.85;内力与槽孔长向垂直时取 0.7;内力与槽孔长向平行时取 0.6;n_f 为传力摩擦面数目;μ 为摩擦面的抗滑移系数,按表 3.5.4 取值;P 为一个高强度螺栓的预拉力设计值,N,按表 3.5.3 取值。

试验证明,低温对摩擦型高强度螺栓抗剪承载力无明显影响,但当温度 $t=100\sim150$℃时,螺栓的预拉力将产生温度损失,故应将摩擦型高强度螺栓的抗剪承载力设计值降低 10%;当 $t>150$℃时,应采取隔热措施,以使连接温度在 150℃或 100℃以下。

(2) 受拉连接承载力

根据上节关于高强度螺栓受力性能的叙述,施加预拉力的高强度螺栓连接继续受拉,当单个螺栓所受拉力超过 $0.8P$ 后将会产生应力松弛现象。因此,为提高强度螺栓连接在承受拉力作用时,能使被连接板间保持一定的压紧力,标准规定在杆轴方向承受拉力的高强度螺栓摩擦型连接中,单个高强度螺栓受拉承载力设计值为

$$N_t^b=0.8P \tag{3.6.18}$$

(3) 同时承受剪力和拉力连接的承载力

如前所述,当螺栓所受外拉力 $N_t\leqslant P$ 时,虽然螺杆中的预拉力 P 基本不变,但板层间压力将减少到 $P-N_t$,其抗滑移静摩擦力(即螺栓的抗剪承载力)也随之减少。

试验研究表明,这时接触面的抗滑移系数 μ 值也有所降低,而且 μ 值随 N_t 的增大而减小,试验结果表明,外加剪力 N_v 和拉力 N_t 与高强度螺栓的受拉、受剪承载力设计值之间具有线性相关关系,故标准规定,当高强度螺栓摩擦型连接同时承受摩擦面间的剪力和螺栓杆轴方向的外拉力时,其承载力应按下式计算:

$$\frac{N_v}{N_v^b}+\frac{N_t}{N_t^b}\leqslant 1 \tag{3.6.19}$$

式中,N_v、N_t 分别为某个高强度螺栓所承受的剪力和拉力设计值;N_v^b、N_t^b 分别为一个高强度螺栓的受剪、受拉承载力设计值。

式(3.6.19)可改写为

$$N_v=N_v^b\left(1-\frac{N_t}{N_t^v}\right)$$

将 $N_v^b=0.9kn_f\mu P$;$N_t^v=0.8P$ 代入上式得:

$$N_v\leqslant 0.9kn_f\mu(P-1.25N_t) \tag{3.6.20a}$$

即式(3.6.19)和式(3.6.20)是等价的。式中的 N_v 是同时作用剪力和拉力时,单个螺栓所承受的剪力设计值。

此外,螺栓应满足:

$$N_t\leqslant N_t^b \tag{3.6.20b}$$

应引起注意的是,式(3.6.19)是当确切知道了单个螺栓所受到的剪力设计值之后才适用的。应用于承受拉剪作用的螺栓群中时,只有当斜拉力通过栓群中心才能适用,此时栓

群中各个螺栓所受到的拉力和剪力是均匀的。从力学概念角度看,式(3.6.20)更适用于高强度螺栓群摩擦型连接在不同的拉力、剪力共同作用下的承载力极限状态。《冷弯薄壁型钢结构技术规范》仍采用类似的公式计算拉剪共同作用时的单个螺栓所能承受的剪力设计值。

2. 高强度螺栓承压型连接计算

(1) 受剪连接承载力

高强度螺栓承压型连接的计算方法与普通螺栓连接相同,仍可用式(3.6.1)和式(3.6.2)计算单个螺栓的抗剪承载力设计值,只是应采用承压型连接高强度螺栓的强度设计值。当剪切面在螺纹处时,承压型连接高强度螺栓的抗剪承载力应按螺纹处的有效截面计算。但对于普通螺栓,其抗剪强度设计值是根据连接的试验数据统计而定的,试验时不分剪切面是否在螺纹处,故计算抗剪强度设计值时用公称直径。

高强度螺栓承压型连接不应用于直接承受动力荷载的结构,抗剪承压型连接在正常使用极限状态下应符合摩擦型连接的设计要求。

(2) 受拉连接承载力

承压型连接高强度螺栓沿杆轴方向受拉时,规范给出了相应强度级别的螺栓抗拉强度设计值$f_t^b \approx 0.48 f_u^b$,抗拉承载力的计算公式与普通螺栓相同,只是抗拉强度设计值不同。

(3) 同时承受剪力和拉力连接的承载力

同时承受剪力和杆轴方向拉力的承压型连接高强度螺栓的计算方法与普通螺栓相同,即:

$$\sqrt{\left(\frac{N_v}{N_v^b}\right)^2+\left(\frac{N_t}{N_t^b}\right)^2} \leqslant 1 \tag{3.6.21}$$

$$N_v \leqslant N_c^b/1.2 \tag{3.6.22}$$

式中,N_v、N_t分别为某个高强度螺栓所承受的剪力和拉力设计值;N_v^b、N_t^b、N_c^b分别为一个高强度螺栓的受剪、受拉和承压承载力设计值。

由于在剪应力单独作用下,高强度螺栓对板层间产生强大压紧力。当板层间的摩擦力被克服,螺杆与孔壁接触时,板件孔前区形成三向应力场,因而承压型连接高强度螺栓的承压强度比普通螺栓高得多,两者相差约50%。当承压型连接高强度螺栓受有杆轴拉力时,板层间的压紧力随外拉力的增加而减小,因而其承压强度设计值也随之降低。为了计算简便,《标准》规定,只要有外拉力存在,就将承压强度除以1.2予以降低,而未考虑承压强度设计值变化幅度随外拉力大小而变化这一因素。因为所有高强度螺栓的外拉力一般均不大于$0.8P$。此时,可认为整个板层间始终处于紧密接触状态,采用统一除以1.2的做法来降低承压强度,一般能保证安全。

3.6.3 高强度螺栓群的计算

1. 高强度螺栓群受剪

(1) 轴心受剪

此时,高强度螺栓连接所需螺栓数目应由下式确定:

$$n \geqslant \frac{N}{N_{\min}^{b}}$$

式中，$N_{\min}^{b}$是相应连接类型的单个高强度螺栓受剪承载力设计值的最小值，应按相应类型由式(3.6.17)或式(3.6.1)和式(3.6.2)计算。

(2) 高强度螺栓群的非轴心受剪

高强度螺栓群在扭矩或扭矩、剪力共同作用时的抗剪计算方法与普通螺栓群相同，但应采用高强度螺栓承载力设计值进行计算。

2. 高强度螺栓群受拉

(1) 轴心受拉

高强度螺栓群连接所需螺栓数目：

$$n \geqslant \frac{N}{N_{t}^{b}}$$

式中，N_{t}^{b} 为在杆轴方向受拉力时，一个高强度螺栓(摩擦型或承压型)的承载力设计值，根据连接类型按式(3.6.18)或式(3.6.9)计算。

(2) 高强度螺栓群受弯矩作用

高强度螺栓(摩擦型和承压型)的外拉力总是小于预拉力 P，在连接受弯矩而使螺栓沿栓杆方向受力时，被连接构件的接触面一直保持紧密贴合；因此，可认为中和轴在螺栓群的形心轴上(图3.6.11)，最外排螺栓受力最大。最大拉力及其验算式为

$$N_{1} = \frac{M \cdot y_{1}}{\sum y_{i}^{2}} \leqslant N_{t}^{b} \tag{3.6.23}$$

式中，y_1 为螺栓群形心轴至螺栓的最大距离；$\sum y_i^2$ 为形心轴上、下各螺栓至形心轴距离的平方和。

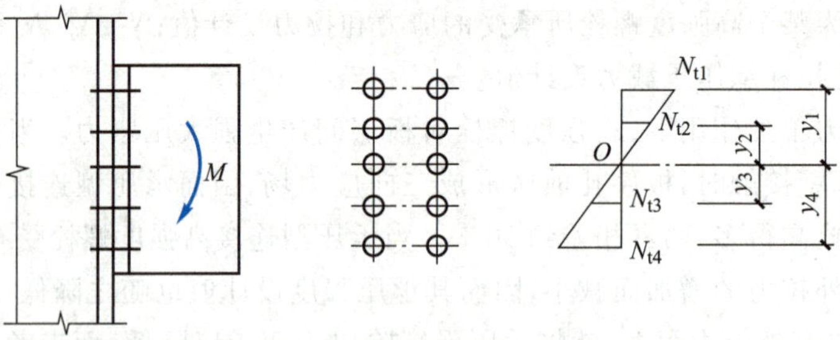

图3.6.11 承受弯矩的高强度螺栓连接

(3) 高强度螺栓群偏心受拉

同样原理，当高强度螺栓群偏心受拉(即拉、弯联合作用)时，由于存在较大的预拉力，能够保证板层之间始终保持紧密贴合，端板不会拉开，故高强度螺栓摩擦型连接和承压型连接均可按普通螺栓小偏心受拉计算，即：

$$N_{1} = \frac{N}{n} + \frac{Ne}{\sum y_{i}^{2}} y_{1} \leqslant N_{t}^{b} \tag{3.6.24}$$

3. 高强度螺栓群承受拉力、弯矩和剪力的共同作用

(1) 高强度螺栓摩擦型连接的计算

图 3.6.12 所示为高强度螺栓摩擦型连接承受拉力、弯矩和剪力共同作用时的情况。根据受力情况可知螺栓群中各排螺栓受到的拉力各不相同。由于螺栓连接板层间的压紧力和接触面的抗滑移系数,随外拉力的增加而减小,故各排螺栓所能承受的剪力也不会相同。

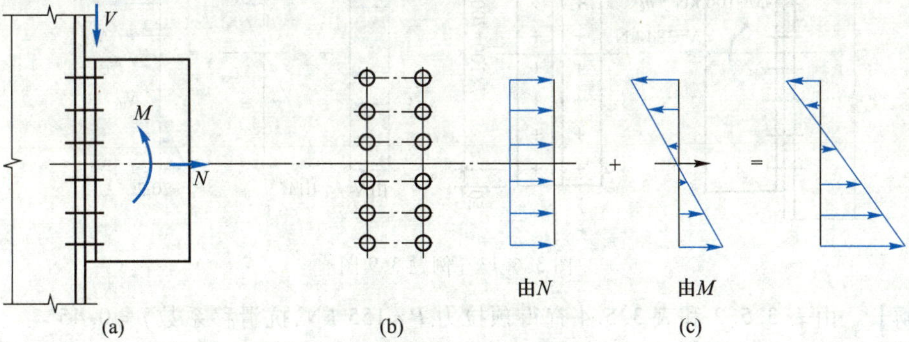

图 3.6.12　摩擦型连接高强度螺栓的内力分布

在弯矩和拉力共同作用下,高强螺栓群中第 i 排的拉力为

$$N_{ti}=\frac{N}{n}\pm\frac{My_i}{\sum y_i^2} \tag{3.6.25}$$

则第 i 排螺栓所能承受的剪力可由式(3.6.20a)算出,所以,栓群所能承受的总剪力 V 的验算应满足下式:

$$V\leqslant\sum_{i=1}^{n}0.9kn_f\mu(P-1.25N_{ti})$$

或

$$V\leqslant 0.9kn_f\mu\left(nP-1.25\sum_{i=1}^{n}N_{ti}\right) \tag{3.6.26}$$

式(3.6.25)中,当 $N_{ti}<0$ 时,取 $N_{ti}=0$;$N_{ti}\leqslant N_t^b=0.8P$。

在式(3.6.26)中,只考虑螺栓拉力对抗剪承载力的不利影响,未考虑受压区板层间压力增加的有利作用,故按该式计算的结果是略偏安全的。

此外,螺栓最大拉力应满足:

$$N_{ti}\leqslant N_t^b=0.8P$$

(2) 高强度螺栓承压型连接的计算

对承压型连接高强度螺栓,应按式(3.6.21)和式(3.6.22)验算拉剪的共同作用。即

$$\sqrt{\left(\frac{N_v}{N_v^b}\right)^2+\left(\frac{N_t}{N_t^b}\right)^2}\leqslant 1$$

$$N_v\leqslant\frac{N_c^b}{1.2}$$

式中的 1.2 为承压强度设计值降低系数。计算 N_c^b 时,f_c^b 值应按被连接板件的钢材种类由附表 1.4 查取。

【例题 3.9】 图 3.6.13 所示高强度螺栓摩擦型连接,被连接构件的钢材为 Q235-B。螺栓为 10.9 级,直径 20 mm,标准孔型,接触面采用喷砂处理。试验算此连接的承载力。图

中内力均为设计值。

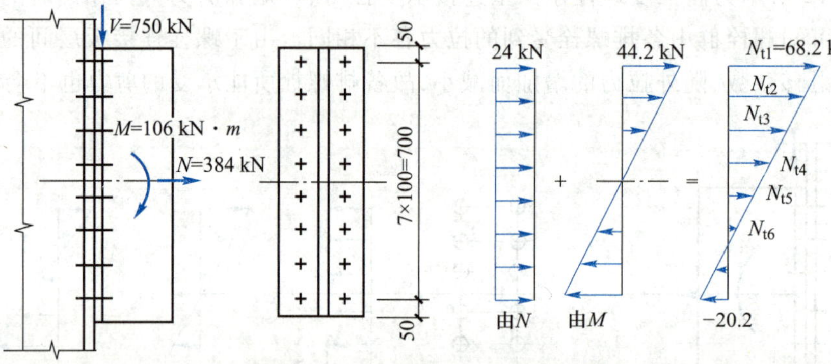

图 3.6.13 例题 3.9 图

【解】 由表 3.5.2 和表 3.5.4 查得预拉力 $P=155\ \text{kN}$，抗滑移系数 $\mu=0.45$。

受力最大的一个螺栓的拉力为

$$N_{t1}=\frac{N}{n}+\frac{N_{y1}}{m\sum y_i^2}=\frac{384}{16}\ \text{kN}+\frac{106\times10^2\times35}{2\times2\times(35^2+25^2+15^2+5^2)}\ \text{kN}$$

$$=24\ \text{kN}+\frac{106\times10^2\times35}{8\ 400}\ \text{kN}=68.2\ \text{kN}<0.8P=124\ \text{kN}$$

按比例关系可求得：

$$N_{t2}=55.6\ \text{kN},$$
$$N_{t3}=42.9\ \text{kN},$$
$$N_{t4}=30.3\ \text{kN},$$
$$N_{t5}=17.7\ \text{kN},$$
$$N_{t6}=5.1\ \text{kN}$$

有 $\sum N_{ti}=(68.2+55.6+42.9+30.3+17.7+5.1)\text{kN}\times2=440\ \text{kN}$

按式(3.6.26)验算受剪承载力设计值：

$$\begin{aligned}\sum N_v^b&=0.9kn_f\mu\left(nP-1.25\sum_{i=1}^{n}N_{ti}\right)\\&=0.9\times1.0\times1\times0.45\times(16\times155-1.25\times440)\text{kN}\\&=781.7\ \text{kN}>V=750\ \text{kN}\end{aligned}$$

故满足强度要求。

3.6.4 螺栓连接附加内力的影响

在下列情况的连接中，应考虑连接附加内力的影响，螺栓的数目应予增加：

① 一个构件借助填板或其他中间板与另一构件连接的螺栓(摩擦型连接的高强度螺栓除外)数目，应按计算增加 10%。

② 当采用搭接或拼接板的单面连接传递轴心力，因偏心引起连接部位发生弯曲时，螺栓(摩擦型连接的高强度螺栓除外)数目应按计算增加 10%。

③ 在构件的端部连接中，当利用短角钢连接型钢(角钢或槽钢)的外伸肢以缩短连接长度时，在短角钢两肢中的一肢上，所用的螺栓或铆钉数目应按计算增加50%。

§3.7 轻钢结构紧固件连接的构造和计算

3.7.1 紧固件连接的构造要求

用于薄壁型钢结构中的紧固件包括普通螺栓、高强螺栓、抽芯铆钉、自攻螺钉和射钉等。普通螺栓和高强螺栓的构造和计算，类似于普通钢结构的相应部分，此处不再赘述。其他各项应满足下述构造要求：

① 抽芯铆钉(拉铆钉)和自攻螺钉的钉头部分应靠在较薄的板件一侧。连接件的中距和端距不得小于连接件直径的3倍，边距不得小于连接件直径的1.5倍。受力连接中的连接件不宜少于2个。

② 抽芯铆钉的适用直径为2.6～6.4 mm，在受力蒙皮结构中宜选用直径不小于4 mm的抽芯铆钉；自攻螺钉的适用直径为3.0～8.0 mm，在受力蒙皮结构中宜选用直径不小于5 mm的自攻螺钉。

③ 自攻螺钉连接的板件上的预制孔径d_0应符合下式要求：

$$d_0 = 0.7d + 0.2t_t \tag{3.7.1}$$

且

$$d_0 \leq 0.9d \tag{3.7.2}$$

式中，d为自攻螺钉的公称直径，mm；t_t为被连接板的总厚度，mm。

④ 射钉只用于薄板与支承构件(即基材如檩条)的连接。射钉的间距不得小于射钉直径的4.5倍，且其中距不得小于20 mm，到基材的端部和边缘的距离不得小于15 mm，射钉的适用直径为3.7～6.0 mm。

射钉的穿透深度(指射钉尖端到基材表面的深度，如图3.7.1所示)应不小于10 mm。

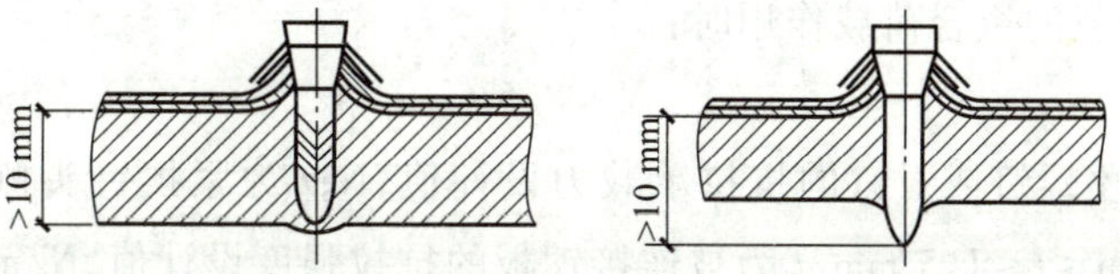

图3.7.1 射钉的穿透深度

基材的屈服强度应不小于150 N/mm²，被连钢板的最大屈服强度应不大于360 N/mm²。基材和被连钢板的厚度应满足表3.7.1和表3.7.2的要求。

⑤ 在抗拉连接中，自攻螺钉和射钉的钉头或垫圈直径不得小于14 mm；且应通过试验保证连接件由基材中的拔出强度不小于连接件的抗拉承载力设计值。

上述规定大部分引自国外的相关规范，项次③是根据我国自己的试验结果归纳出的经验公式。

表 3.7.1　被连钢板的最大厚度　　mm

射钉直径/mm	≥3.7	≥4.5	≥5.2
单一方向			
单层被固定钢板最大厚度	1.0	2.0	3.0
多层被固定钢板最大厚度	1.4	2.5	3.5
相反方向			
所有被固定钢板最大厚度	2.8	5.0	7.0

表 3.7.2　基材的最小厚度

射钉直径/mm	≥3.7	≥4.5	≥5.2
最小厚度/mm	4.0	6.0	8.0

3.7.2　紧固件的强度计算

1. 紧固件受拉

根据大量的试验结果，得到了静荷载和反复荷载作用下，自攻螺钉和射钉连接抗拉强度的计算公式。风是反复荷载的根本起因，在风吸力作用下，压型钢板上下波动，使紧固件承受反复荷载作用，常引起钉头部位的疲劳破坏。因此含风组合时承载力降低。

《冷弯薄壁型钢结构技术规范》规定，在压型钢板与冷弯型钢等支承构件之间的连接件杆轴方向受拉的连接中，每个自攻螺钉或射钉所受的拉力应不大于按下列公式计算的抗拉承载力设计值。

当只受静荷载作用时：

$$N_t^f = 17tf \tag{3.7.3}$$

当受含有风荷载的组合荷载作用时：

$$N_t^f = 8.5tf \tag{3.7.4}$$

式中，N_t^f 为一个自攻螺钉或射钉的抗拉承载力设计值，N；t 为紧挨钉头侧的压型钢板厚度，mm，应满足 $0.5\ \text{mm} \leqslant t \leqslant 1.5\ \text{mm}$；$f$ 为被连接钢板的抗拉强度设计值，N/mm^2。

当连接件位于压型钢板波谷的一个四分点时（如图 3.7.2b 所示），其抗拉承载力设计值应乘以折减系数 0.9；当两个四分点均设置连接件时（如图 3.7.2c 所示），则应乘以折减系数 0.7。

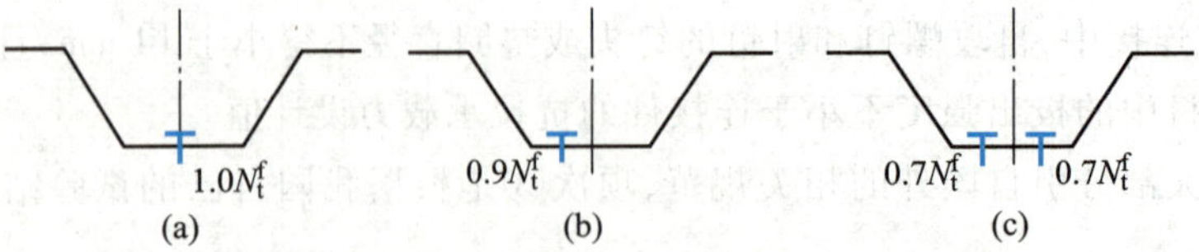

图 3.7.2　压型钢板连接示意图

自攻螺钉在基材中的钻入深度 t_c 应大于 0.9 mm，其所受的拉力应不大于按下式计算的抗拉承载力设计值。

$$N_t^f = 0.75 t_c df \tag{3.7.5}$$

式中，d 为自攻螺钉的直径，mm；t_c 为钉杆的圆柱状螺纹部分钻入基材中的深度，mm；f 为基材的抗拉强度设计值（N/mm^2）。

2. 紧固件受剪

当紧固件能牢固地将压型钢板与其支承构件（如檩条和墙梁等）连在一起时，压型钢板面层除能承受法向于它的面外荷载之外，还可与支承构件一起承受面内的剪力，这一效应称为受力蒙皮作用（stressed skin action），此时紧固件要承受剪力作用。试验研究表明，紧固件受剪的破坏形式主要是薄板被挤压或被撕裂。《冷弯薄壁型钢结构技术规范》规定当连接件受剪时，每个连接件所承受的剪力应不大于按下列公式计算的抗剪承载力设计值。

抽芯铆钉和自攻螺钉：

当 $\dfrac{t_1}{t}=1$ 时，

$$N_v^f = 3.7\sqrt{t^3 d}f \tag{3.7.6}$$

且

$$N_v^f \leqslant 2.4tdf \tag{3.7.7}$$

当 $\dfrac{t_1}{t}\geqslant 2.5$ 时，

$$N_v^f = 2.4tdf \tag{3.7.8}$$

当 $\dfrac{t_1}{t}$ 介于 1 和 2.5 之间时，N_v^f 可由式（3.7.6）和式（3.7.8）插值求得。

式中，N_v^f 为一个连接件的抗剪承载力设计值，N；d 为铆钉或螺钉直径，mm；t 为较薄板（钉头接触侧的钢板）的厚度，mm；t_1 为较厚板（在现场形成钉头一侧的板或钉尖侧的板）的厚度，mm；f 为被连接钢板的抗拉强度设计值，N/mm^2。

射钉：

$$N_v^f = 3.7tdf \tag{3.7.9}$$

式中，t 为被固定的单层钢板的厚度，mm；d 为射钉直径，mm；f 为被固定钢板的抗拉强度设计值，N/mm^2。

当抽芯铆钉或自攻螺钉用于压型钢板端部与支承构件（如檩条）的连接时，其抗剪承载力设计值应乘以折减系数 0.8。

3. 紧固件同时承受拉力和剪力

试验研究表面紧固件在拉、剪联合作用下的承载力符合圆曲线相关方程，《薄壁型钢结构技术规范》规定同时承受剪力和拉力作用的自攻螺钉和射钉连接，应符合下式要求：

$$\sqrt{\left(\frac{N_v}{N_v^f}\right)^2+\left(\frac{N_t}{N_t^f}\right)^2} \leqslant 1 \tag{3.7.10}$$

式中，N_v、N_t 分别为一个连接件所承受的剪力和拉力设计值；N_v^f、N_t^f 分别为一个连接件的抗剪和抗拉承载力设计值。

§3.8　销轴连接的计算

销轴连接适用于铰接柱脚或拱脚以及拉索、拉杆端部的连接。销轴与耳板宜采用 Q345、Q390 与 Q420,也可采用 45 号钢、35CrMo 或 40Cr 等钢材。当销孔和销轴表面要求机加工时,其质量要求应符合相应的机械零件加工标准的规定。当销轴直径大于 120 mm 时,宜采用锻造加工工艺制作。

销轴连接的销轴孔中心应位于耳板的中心线上(图 3.8.1),其孔径与销轴直径相差不应大于 1 mm。销轴表面与耳板孔周表面宜进行机加工。耳板两侧宽厚比 b/t 不宜大于 4,几何尺寸应符合式(3.8.1)和式(3.8.2)规定:

$$a \geqslant \frac{4}{3} b_e \tag{3.8.1}$$

$$b_e = 2t + 16 \leqslant b \tag{3.8.2}$$

式中,b 为连接耳板两侧边缘与销轴孔边缘净距,mm;t 为耳板厚度,mm;a 为顺受力方向,销轴孔边距板边缘最小距离,mm。

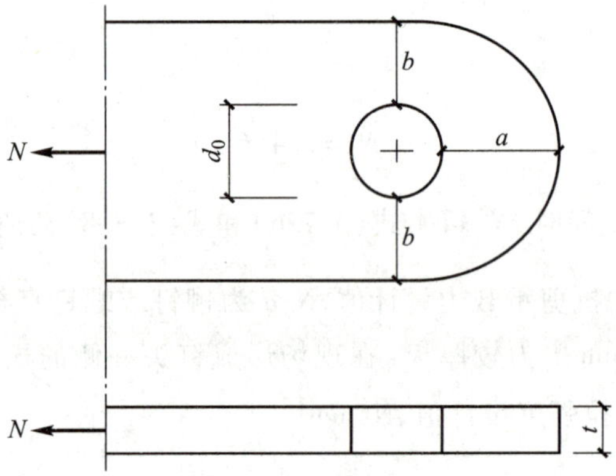

图 3.8.1　销轴连接耳板

在杆件轴力作用下,销接连接的破坏形式包括连接耳板破坏和销轴破坏两个方面。其中,连接耳板可能出现的破坏形式包括:耳板受拉破坏、耳板端部截面受拉(劈开)破坏、耳板受剪破坏、耳板局部承压失稳破坏等(图 3.8.2)。同时,钢销轴需考虑局部承压、受剪、受弯以及弯剪组合等情况的承载力计算。

连接耳板应按以下方法进行抗拉、抗剪强度的计算:

耳板孔净截面处的抗拉强度:

$$\sigma = \frac{N}{2tb_1} \leqslant f \tag{3.8.3}$$

$$b_1 = \min\left(2t+16,\ b-\frac{d_0}{3}\right) \tag{3.8.4}$$

耳板端部截面抗拉(劈开)强度:

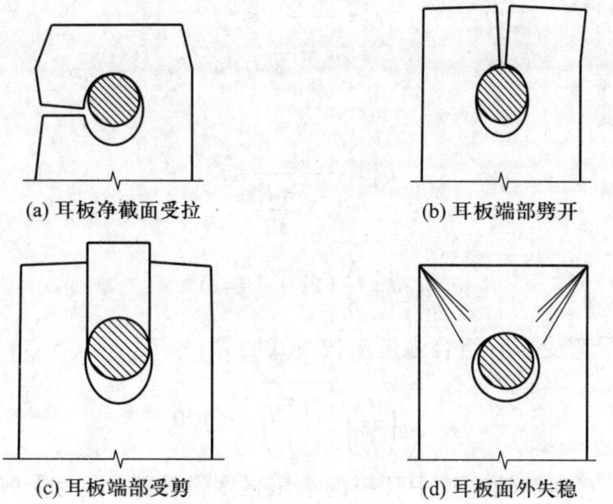

图 3.8.2　销轴连接中耳板四种承载力极限状

$$\sigma=\frac{N}{2t\left(a-\frac{2d_0}{3}\right)}\leqslant f \tag{3.8.5}$$

耳板抗剪强度：

$$\tau=\frac{N}{2tZ}\leqslant f_v \tag{3.8.6}$$

$$Z=\sqrt{(a+d_0/2)^2-(d_0/2)^2} \tag{3.8.7}$$

式中，N 为杆件轴向拉力设计值；b_1 为计算宽度；d_0 为销轴孔径；f 为耳板抗拉强度设计值；Z 为耳板端部抗剪截面宽度（图 3.8.3）；f_v 为耳板钢材抗剪强度设计值，N/mm²。

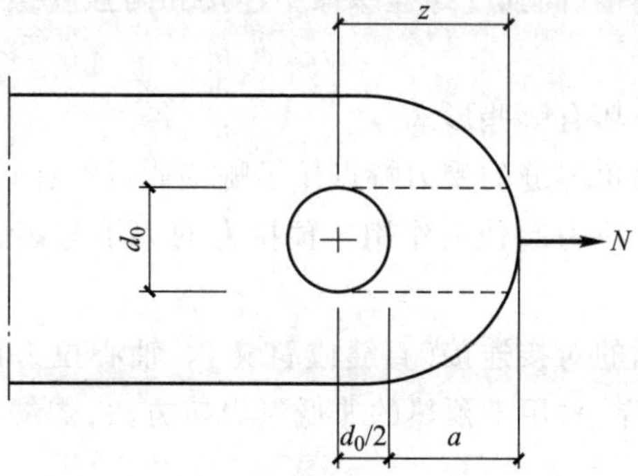

图 3.8.3　销轴连接耳板受剪面示意图

销轴应按以下方法进行承压、抗剪与抗弯强度的计算：

销轴承压强度

$$\sigma_c=\frac{N}{dt}\leqslant f_c^b \tag{3.8.8}$$

销轴抗剪强度

$$\tau_b=\frac{N}{n_v\pi\frac{d^2}{4}}\leqslant f_v^b \tag{3.8.9}$$

销轴的抗弯强度

$$\sigma_b=\frac{M}{1.5\frac{\pi d^3}{32}}\leqslant f^b \tag{3.8.10}$$

$$M=\frac{N}{8}(2t_e+t_m+4s) \tag{3.8.11}$$

计算截面同时受弯受剪时组合强度应按下式验算：

$$\sqrt{\left(\frac{\sigma_b}{f^b}\right)^2+\left(\frac{\tau_b}{f_v^b}\right)^2}\leqslant 1.0 \tag{3.8.12}$$

式中，d 为销轴直径；f_c^b为销轴连接中耳板的承压强度设计值；n_v 为受剪面数目；f_v^b为销轴的抗剪强度设计值；M 为销轴计算截面弯矩设计值；f^b 为销轴的抗弯强度设计值；t_e 为两端耳板厚度；t_m 为中间耳板厚度；s 为端耳板和中间耳板间距。

习　　题

3.1　焊缝的连接方式有哪几种？焊缝连接形式有哪些？

3.2　在实际工程中，焊缝因施工措施不当等原因会出现哪些缺陷？我国规范如何对焊缝质量进行控制？

3.3　影响焊缝残余应力的因素主要有哪些？减少焊接应力和变形的措施有哪些？

3.4　试述普通螺栓连接、高强度螺栓摩擦型连接和高强度螺栓承压型连接受剪时的力学性能。

3.5　普通螺栓受剪破坏有哪些形式？

3.6　我国规范对直角角焊缝的受力特点作了哪些假设？在计算中如何体现这些假设？

3.7　高强度螺栓的预拉力起什么作用？预拉力的大小与高强度螺栓的承载力有什么关系？

3.8　试设计如图所示的对接连接（直缝或斜缝）。轴心拉力设计值 $N=1\ 500$ kN，钢材 Q345A，焊条 E50 型，手工焊，采用不预热的非低氢焊接方法，焊缝质量Ⅲ级。焊接处构件的间隙小于 1.0 mm。

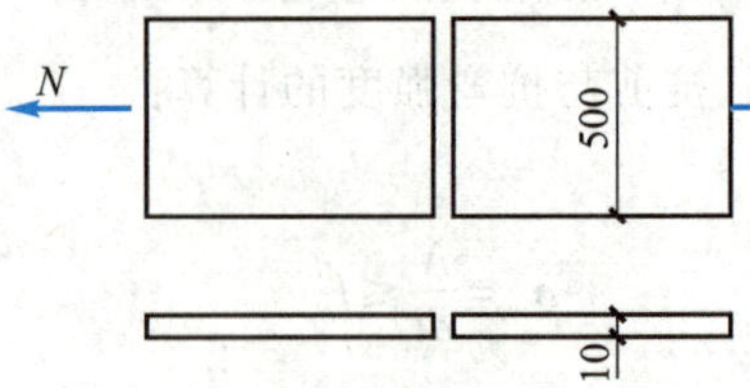

习题 3.8 图

3.9 条件同习题 3.8，受静力荷载。试设计加盖板的对接连接。

3.10 有一支托角钢，两边用角焊缝与柱相连，如图所示，钢材为 Q345A，焊条为 E50 型，手工焊，采用不预热的非低氢焊接方法，Ⅱ级焊缝的质量检验标准。焊接处构件的间隙小于 1.0 mm。试确定焊缝高度。（焊缝有绕角，焊缝长度可以不减去 $2h_f$）

已知：外力 $N=400$ kN。

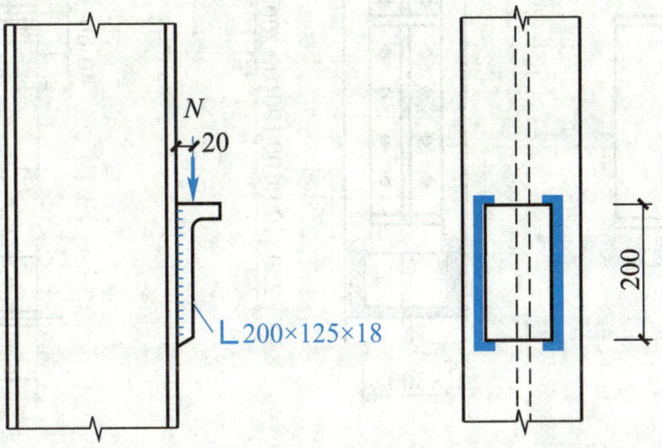

习题 3.10 图

3.11 试设计如图所示牛腿与柱的角焊缝连接。钢材 Q235B，焊条 E43 型，手工焊，采用不预热的非低氢焊接方法。焊接处构件的间隙小于 1.0 mm。$N=98$ kN（静力荷载），偏心 $e=120$ mm。（注意 N 力对水平焊缝也有偏心）

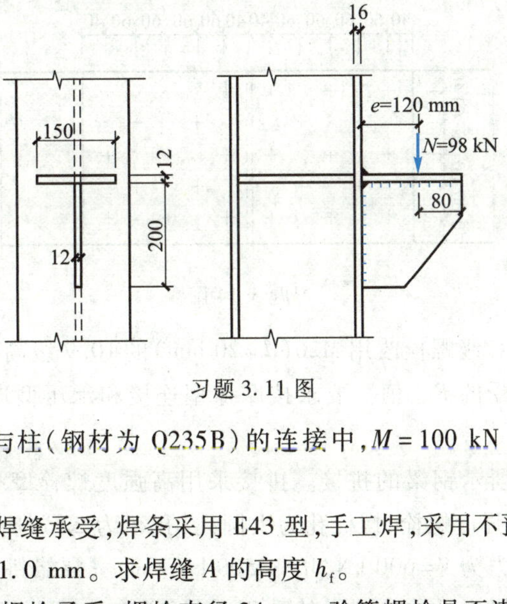

习题 3.11 图

3.12 如图所示梁与柱（钢材为 Q235B）的连接中，$M=100$ kN · m，$V=600$ kN，试完成下列设计和验算：

（1）剪力 V 由支托焊缝承受，焊条采用 E43 型，手工焊，采用不预热的非低氢焊接方法，焊接处构件的间隙小于 1.0 mm。求焊缝 A 的高度 h_f。

（2）弯矩 M 由普通螺栓承受，螺栓直径 24 mm，验算螺栓是否满足要求。

3.13 试验算如图所示拉力螺栓连接的强度。C 级螺栓 M20，所用钢材为 Q235B。若改用 M20 的 8.8 级高强度螺栓摩擦型连接（摩擦面间采用抛丸处理，螺栓孔为大圆孔），其承载力有何差别？

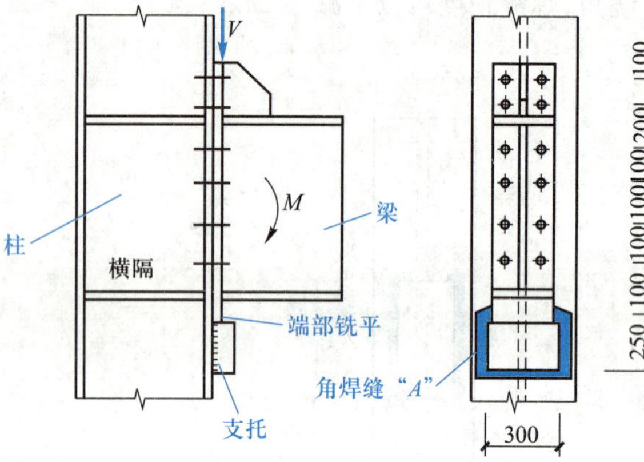

习题 3.12 图

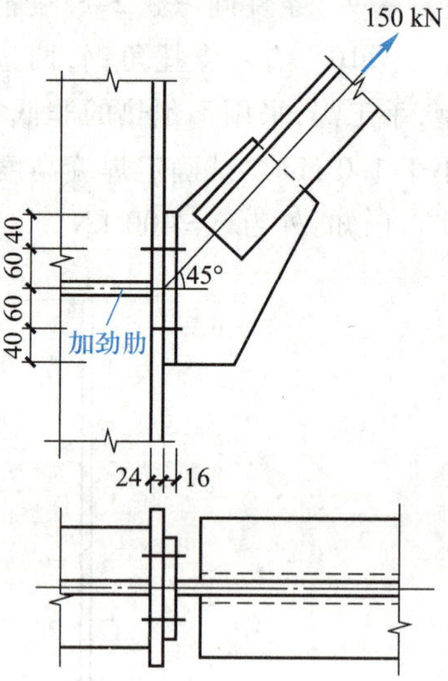

习题 3.13 图

3.14 如图所示螺栓连接采用 Q235B 钢。C 级螺栓直径 $d=20$ mm,求此连接最大能承受的 $F_{\max}$ 值。

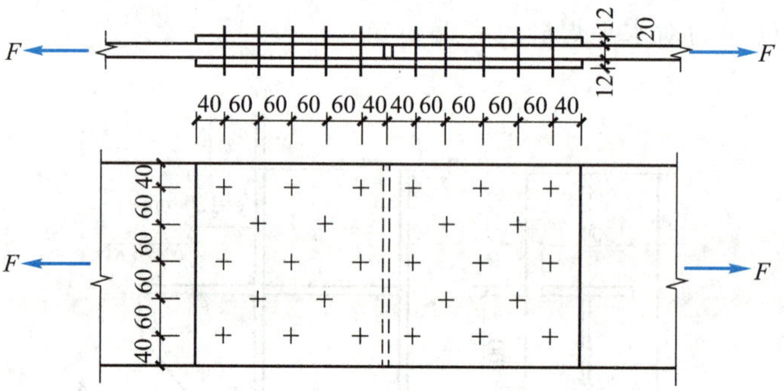

习题 3.14 图

3.15 如上题中将 C 级螺栓改用 M20($d=20$ mm)的 10.9 级高强度螺栓,螺栓孔为标准孔。求此连接最大能承受的 $F_{\max}$ 值。要求按摩擦型连接和承压型连接分别计算。(钢板表面用钢丝刷清除浮锈)

3.16 试验算如图所示钢梁的拼接。拼接采用高强度螺栓摩擦型连接。钢材为 Q345 钢,采用 10.9 级 M20 高强度螺栓,螺栓孔为大圆孔,孔径为 22 mm,接触面采用喷硬质石英砂处理。拼接处梁的内力为 $V=600$ kN,$M=1\ 500$ kN·m。(翼缘拼接可按轴心力计算,轴心力取翼缘截面面积和翼缘内平均正应力的乘积,腹板拼接承受全部的剪力和按截面惯性矩比例分配给腹板的弯矩)

3.17 双角钢拉杆与柱的连接如图。拉力 $N=550$ kN。钢材为 Q235B。角钢与节点板、节点板与端板采用焊缝连接,焊条采用 E43 型焊条,采用不预热的非低氢焊接方法。焊接处构件的间隙小于 1.0 mm。端板与柱采用双排 10.9 级 M20 高强度螺栓连接,螺栓孔为标准孔。构件表面喷硬质石英砂处理。

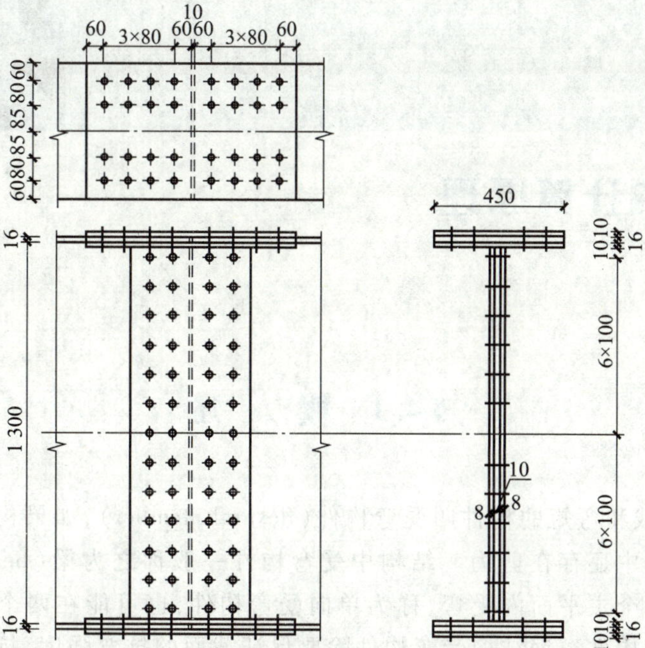

习题 3.16 图

求:(1) 角钢与节点板连接的焊缝长度;

(2) 节点板与端板的焊缝高度;

(3) 验算高强度螺栓连接。

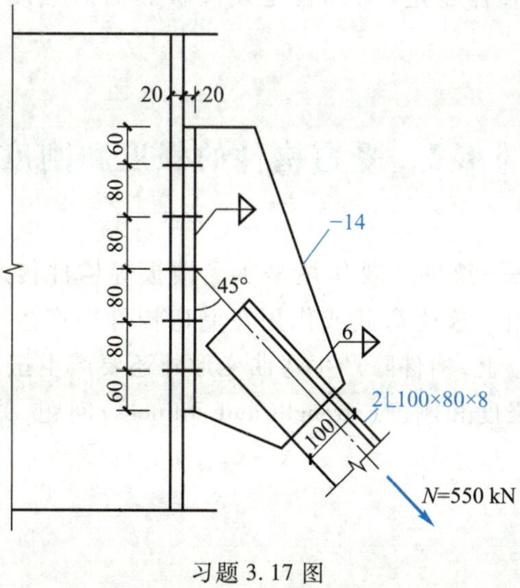

习题 3.17 图

第 4 章

受弯构件的计算原理

§4.1　概　　述

承受横向荷载和弯矩的构件叫受弯构件(flexural member),如果构件中的弯矩不均匀分布,那么构件中还存在剪力。结构中受弯构件一般称之为梁(beam),根据使用情况,它可能只在一个主平面内受弯,称为单向受弯构件,也可能在两个主平面内同时受弯,称为双向受弯构件。钢结构受弯构件除要保证截面的抗弯强度、抗剪强度外还要保证构件的整体稳定性和受压翼缘板件的局部稳定要求。对不利用腹板屈曲后强度的构件还要满足腹板局部稳定要求。这些属于构件设计的第一极限状态问题,即承载力极限状态问题。此外受弯构件要有足够的刚度,保证构件的变形不影响正常使用要求,这属于构件设计的第二极限状态问题,即正常使用极限状态问题。本章主要介绍实腹式受弯构件的强度、刚度、整体稳定、局部稳定及腹板屈曲后强度的基本概念和相关的计算方法。

§4.2　受弯构件的强度和刚度

在结构中受弯构件——梁的主要作用是承受楼板等构件传来的横向荷载,在框架结构中还承受水平力的作用。这些荷载或作用在受弯构件中产生弯矩和剪力,如果剪力没有作用在构件截面的剪心上,构件除产生弯曲变形外还要产生扭矩。本节讲述弯矩、剪力作用下受弯构件截面的强度和刚度(strength and stiffness)问题,关于扭转问题在 §4-3 中介绍。

4.2.1　弯曲强度

由材料力学知:在弹性阶段当构件截面作用着绕形心(centroid)主轴 x 轴的弯矩时,构件截面边缘最大正应力为

$$\sigma=\frac{M_x}{W_{nx}} \tag{4.2.1}$$

式中，当受力过程中，如果构成构件截面的板件局部稳定能够得到保证，W_{nx} 取为截面对 x 轴的净截面模量。否则，取为有效截面模量，均匀受压翼缘有效外伸宽度可取为 $15t\varepsilon_k$ 倍翼缘厚度，腹板有效截面按有效宽度法确定，见7.6.2小节。

当 σ 达到钢材屈服点 f_y 时，构件截面处于弹性极限状态（图4.2.1b），其上作用的弯矩为屈服弯曲（yield moment）$M_y=W_x f_y$。截面分类S1～S4（见表1.3.3）的截面均可达到此状态。随着 M_x 进一步增大，构件截面开始向内发展塑性，进入弹塑性状态，此时应力状态如图4.2.1c所示。在 a 处于1/8～1/4截面高度的情况下，S1～S3类截面可处于这样的应力状态。当 a 超过1/4截面高度，仅S1、S2类截面可继续发展塑性。如图4.2.1d所示当整个构件截面完全进入塑性，截面达到最大抗弯承载力，称为塑性弯矩（plastic moment）$M_p=W_p f_y$，这时此截面形成塑性铰（plastic hinge），达到塑性极限状态。W_p 为截面对 x 轴的截面塑性模量。通常定义 $\gamma_{xp}=M_p/M_y$ 为截面的绕 x 轴的塑性系数。在钢梁设计中，如按截面形成塑性铰进行设计，虽然可节省钢材，但变形比较大，有时会影响正常使用。因此，《标准》规定可通过限制塑性发展区有限制的利用塑性，一般限制图4.2.1c中的 a 在 $h/8$～$h/4$ 之间，根据这一工作阶段定出塑性发展系数 γ_x。表4.2.1给出了常用截面的塑性发展系数，如对于双轴对称工字形截面 $\gamma_x=1.05$，当绕 y 轴弯曲时 $\gamma_y=1.2$；对于箱形截面 $\gamma_x=\gamma_y=1.05$。这时梁的抗弯强度应满足：

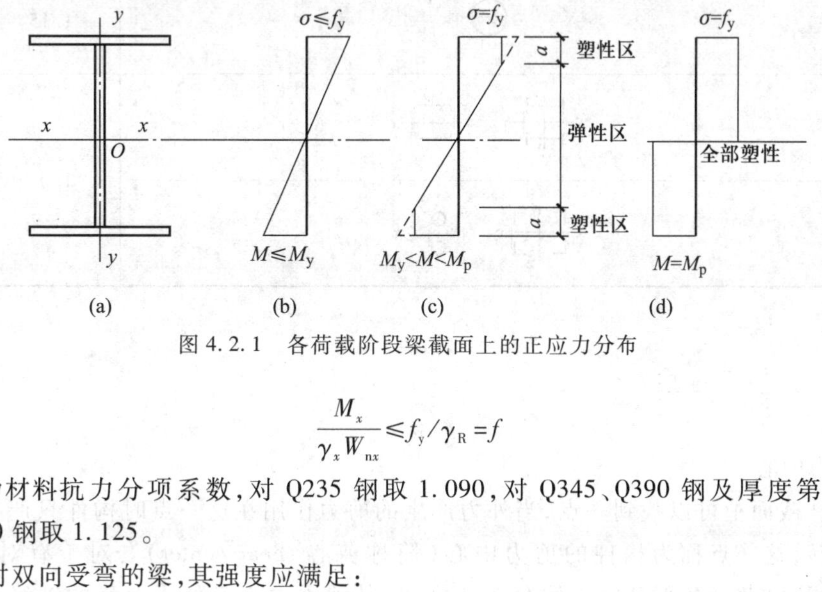

图4.2.1　各荷载阶段梁截面上的正应力分布

$$\frac{M_x}{\gamma_x W_{nx}} \leqslant f_y/\gamma_R = f \tag{4.2.2}$$

式中，γ_R 为材料抗力分项系数，对Q235钢取1.090，对Q345、Q390钢及厚度第一分组的Q420、Q460钢取1.125。

同理对双向受弯的梁，其强度应满足：

$$\frac{M_x}{\gamma_x W_{nx}} + \frac{M_y}{\gamma_y W_{ny}} \leqslant f \tag{4.2.3}$$

式中，M_y、W_{ny}、γ_y 分别为作用在截面上绕 y 轴的弯矩、绕 y 轴的净截面模量和相应的塑性发展系数。

对于需要计算疲劳的梁不宜考虑塑性的发展，这时在式(4.2.2)、式(4.2.3)中 γ_x、γ_y 取1.0。对于不需计算疲劳的梁，只要翼缘宽厚比满足S3类截面及以上要求、腹板局部稳定可以保证或利用腹板屈曲后强度的梁，均可考虑部分发展塑形。

表 4.2.1　截面塑性发展系数 γ_x、γ_y

项次	截面形式	γ_x	γ_y
1	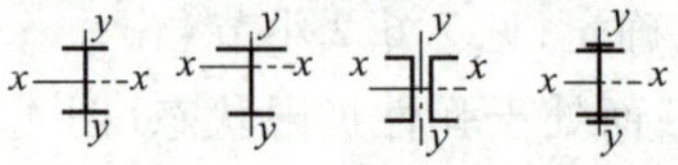	1.05	1.2
2	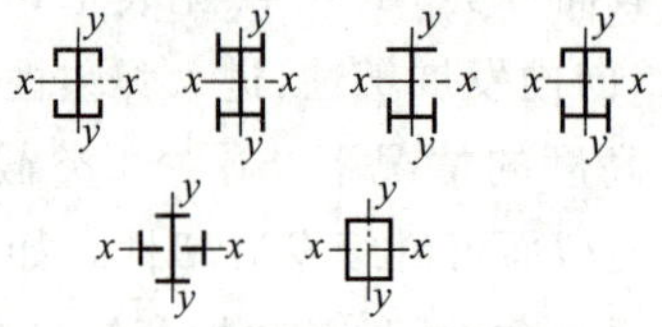		1.05
3	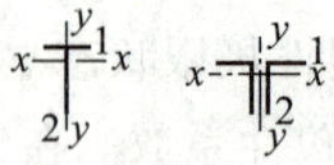	$\gamma_{x1}=1.05$ $\gamma_{x2}=1.2$	1.2
4	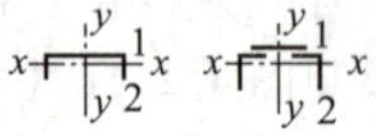		1.05
5	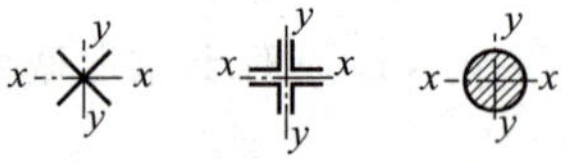	1.2	1.2
6	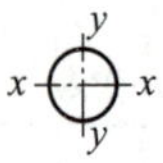	1.15	1.15
7	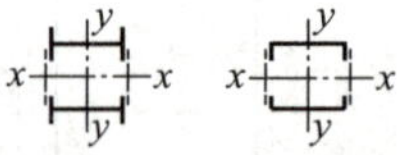	1.0	1.05
8	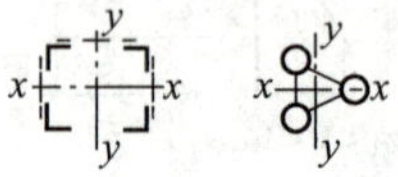		1.0

4.2.2　抗剪强度

1. 剪力中心

在构件截面上可以找到一点，当外力产生的剪力作用在这一点时构件只产生线位移，不产生扭转，这一点称为构件的剪力中心（简称剪心 shear center）。对于有对称轴的截面，按剪力流沿截面各部分中心线分布的规律，其剪力中心必位于对称的轴线上，对于由几个狭长的矩形截面组成且其中心线交于一点的截面，其剪力中心即在这一点上。对于剪力中心位置的确定，材料力学教科书已给出明确的方法，本文不再赘述。图 4.2.2 给出常见截面剪力中心的位置。当外荷载产生的剪力作用在其他位置而不是剪心上时，我们可以将其挪到剪心上。这时剪心上不但作用剪力，还作用有平移剪力产生的扭矩。扭矩使整个截面绕剪心转动，关于扭矩产生的应力将在 4.3 节中介绍。本部分讲述由弯曲产生的剪应力的计算。

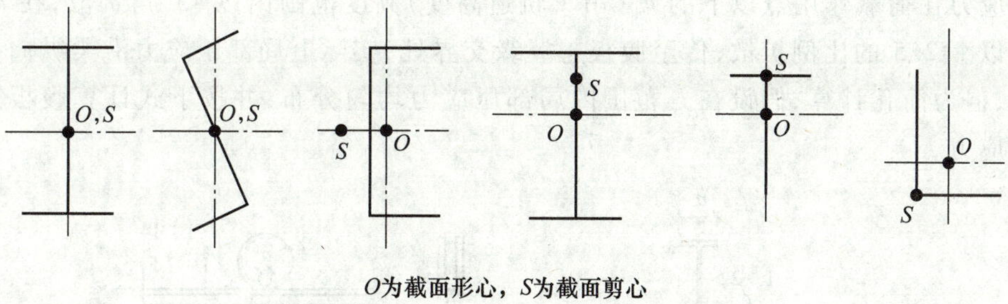

图 4.2.2 开口截面剪心位置示意图

2. 弯曲剪应力计算

按照材料力学知识，实腹梁截面上的剪应力（图 4.2.3）为

$$\tau=\frac{V_y S_x}{I_x t} \tag{4.2.4}$$

式中，V_y 为计算截面 y 轴主平面内的剪力；S_x 为计算剪应力处以上（或以下）截面对中和轴（neutral axis）x 轴的面积矩；I_x 为绕 x 轴的毛截面惯性矩；t 为计算点处板件的厚度。

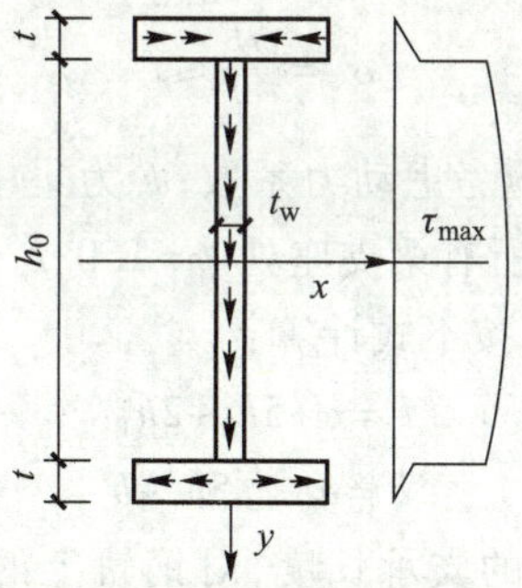

图 4.2.3 剪应力

当构件在两个主轴方向均作用剪力时，按下式计算剪应力：

$$\tau=\frac{V_y S_x}{I_x t}+\frac{V_x S_y}{I_y t} \tag{4.2.5}$$

式中，V_x 为计算截面 x 轴主平面内的剪力；S_y 为计算剪应力处以左（或以右）截面对中和轴 y 轴的面积矩；I_y 为绕 y 轴的毛截面惯性矩；t 为计算点处板件的厚度。

按弹性设计时，截面最大剪应力达到钢材抗剪屈服点时为极限状态。因此设计时应满足下式：

$$\tau_{max} \leqslant f_V \tag{4.2.6}$$

式中，τ_{max} 为截面最大剪应力；f_V 为钢材的抗剪设计强度。

4.2.3 局部压应力

如图 4.2.4 所示，在梁的固定集中荷载（包括支座反力）作用处无支承加劲肋，或有移动的集中荷载（如吊车轮压），这时梁的腹板将承受集中荷载产生的局部压应力。局部压应力在梁腹板与上翼缘交界处最大，到下翼缘处减为零，如图 4.2.4b 所示。计算时，假设局部压应力在荷载作用点以下的 h_R(吊车轨道高度)高度范围内以 45°角扩散,在 h_y 高度范围内以 1:2.5 的比例扩散,传至腹板与翼缘交界处,实际上局部压应力沿梁纵向分布并不均匀,但为简化计算,假设在 l_z 范围内局部压应力均匀分布,并按下式计算腹板边缘的局部压应力。

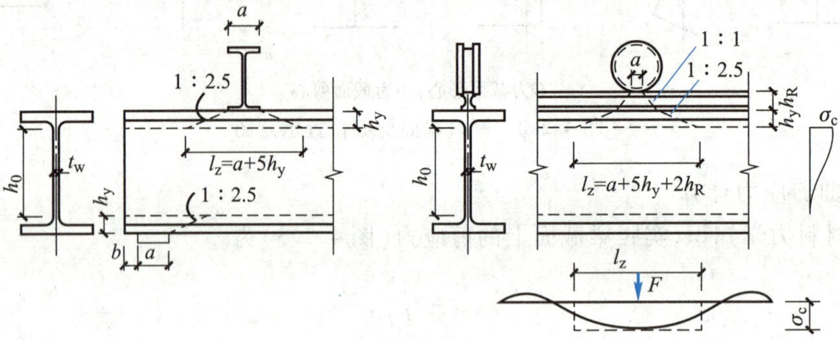

图 4.2.4　腹板边缘局部压应力分布

$$\sigma_c=\frac{\psi F}{t_w l_z}\leqslant f \tag{4.2.7}$$

式中,F 为集中荷载,对动力荷载应考虑动力系数;ψ 为集中荷载放大系数,对重级工作制吊车梁,$\psi=1.35$,其他梁 $\psi=1.0$,在所有梁支座处 $\psi=1.0$;t_w 为腹板厚度;l_z 为集中荷载在腹板计算高度上边缘的假定分布长度,按下式计算:

跨中集中荷载:
$$l_z=a+5h_y+2h_R \tag{4.2.8}$$

梁端支反力处:
$$l_z=a+2.5h_y+b \tag{4.2.9}$$

式中,a 为集中荷载沿梁跨度方向的支承长度,对钢轨上的轮压可取为 50 mm;h_y 为自梁顶面至腹板计算高度上边缘的距离;h_R 为轨道的高度,对梁顶无轨道的梁 $h_R=0$;b 为梁端到支座板外边缘距离,如果 b 大于 $2.5h_y$,取 $2.5h_y$;f 为钢材的抗压强度设计值。

关于跨中集中荷载作用下 l_z 的计算,《标准》根据弹性地基梁模型给出了式(4.2.10),可供设计时选用。

$$l_z=3.25\sqrt[3]{\frac{I_R+I_f}{t_w}} \tag{4.2.10}$$

式中,I_R 为轨道绕自身形心轴的惯性矩,mm^4;I_f 为梁上翼缘绕翼缘中面的惯性矩,mm^4。

腹板计算高度 h_0:对轧制型钢梁,为腹板与上、下翼缘相连处两内弧起点之间的距离;对焊接截面梁,为腹板高度;对铆接(或高强螺栓连接)截面梁,为上、下翼缘与腹板连接的铆钉(或高强螺栓)线间最近距离。

当计算不能满足要求时,对集中荷载(包括支座反力)可采用设置支承加劲肋的办法,对吊车荷载只能采用增加腹板厚度的方法。

4.2.4　折算应力

梁上一般同时作用有剪力和弯矩,有时还作用有局部集中力。在进行梁的强度设计时不仅最大剪应力、最大正应力和局部压应力要满足要求，若在组合梁腹板计算高度边缘处同时受有较大的正应力、剪应力和局部压应力，或同时受有较大的正应力和剪应力（如连续梁中支座处或梁的翼缘截面改变处等）时，在这些部位尽管正应力、剪应力都不是最大，但在它们同时作用下该处可能更危险。在设计时要对这些部位进行验算。根据第四强度理论，在复杂应力状态下，若某一点的折算应力达到钢材单向拉伸的屈服点，则该点进入塑性状态。在设计中危险点处的折算应力 σ_z 应满足：

$$\sigma_z=\sqrt{\sigma^2+\sigma_c^2-\sigma\sigma_c+3\tau^2}\leqslant\beta_1 f \tag{4.2.11}$$

式中，σ、τ、σ_c 为腹板计算高度边缘同一点上同时产生的正应力、剪应力和局部压应力，σ 和 σ_c 以拉应力为正，压应力为负。τ、σ_c 分别按式（4.2.4）、式（4.2.7）计算，σ 按下式计算：

$$\sigma=\frac{M_x}{I_n}y_1 \tag{4.2.12}$$

式中，I_n 为梁净截面惯性矩；y_1 为所计算点至梁中和轴的距离；β_1 为计算折算应力时的强度设计值增大系数，考虑到梁的某一截面处腹板边缘的折算应力达屈服时，仅限于局部，所以设计强度予以提高；同时也考虑到异号应力场将增加钢材的塑性性能，因而 β_1 可取得大一些；故当 σ 和 σ_c 异号时，取 $\beta_1=1.2$；当 σ 和 σ_c 同号或 $\sigma_c=0$ 时，取 $\beta_1=1.1$。

4.2.5 受弯构件的刚度

梁的刚度用标准荷载作用下的挠度大小来度量。梁的刚度不足将影响正常使用或外观。所谓正常使用系指设备的正常运行、装饰物与非结构构件不受损坏以及满足人的舒适感等。一般梁在动力影响下发生的振动亦可以通过限制梁的变形来控制。因此，梁的刚度可按下式验算：

$$v\leqslant[v] \tag{4.2.13}$$

式中，v 为由荷载的标准值（不考虑荷载的分项系数和动力系数）引起的梁中最大挠度；$[v]$ 为梁的容许挠度值，一般情况下可参照附表 2.1 采用，当有实践经验或有特殊要求时，可根据不影响正常使用和观感的原则，对附表 2.1 的规定进行适当调整。

§4.3 梁的扭转

4.3.1 自由扭转

当作用在梁上的剪力未通过剪力中心时梁不仅产生弯曲变形，还将绕剪力中心扭转（torsion）。当扭转发生时除圆形截面的构件截面保持平面外，其他截面形式的构件由于截面上的诸纤维沿纵向产生位移而使表面凹凸不平，截面不再保持为平面，产生翘曲变形。如果各纤维沿纵向伸缩不受约束，则为自由扭转（pure torsion）。图 4.3.1 所示为一等截面工字形构件在两端大小相等，方向相反的扭矩作用下，端部并无添加特殊的构造措施，截面可自由翘曲，构件发生的是自由扭转。自由扭转在开口截面构件上产生的剪力流如图 4.3.2

所示，方向与壁厚中心线平行，沿壁厚方向线性变化，在壁厚中部剪应力为零，在两壁面处达最大值 τ_t、τ_t 的大小与构件扭转角的变化率 φ'（即扭转率）呈正比例关系。此剪力流形成抵抗外扭矩的合力矩为 $GI_t\varphi'$，则作用在构件上的自由扭矩 M_t 为

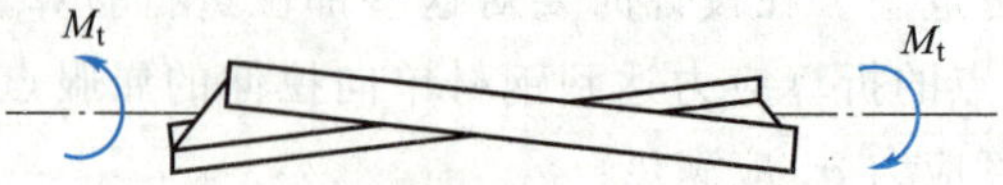

图 4.3.1　工字形截面构件自由扭转

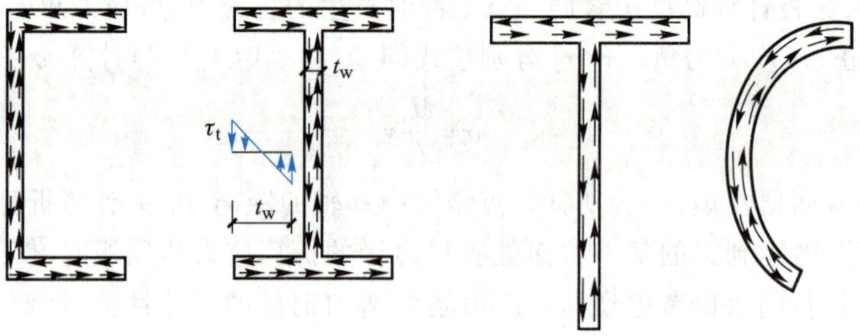

图 4.3.2　自由扭转剪应力

$$M_t = GI_t\varphi' \tag{4.3.1}$$

式中，G 为材料剪切模量；φ 为截面的扭转角，和 M_t 一样用右手螺旋规律确定其正负号；I_t 为扭转常数（torsion constant），也称为抗扭惯性矩。对由几个狭长矩形截面组成的开口薄壁截面 I_t 由下式计算：

$$I_t = \frac{k}{3}\sum_{i=1}^{n} b_i t_i^3 \tag{4.3.2}$$

式中，b_i、t_i 为第 i 块板件的宽度和厚度；k 考虑热轧型钢在板件交接处凸出部分的有利影响，其值由试验确定。对角钢取 1.0，对 T 形截面取 1.15，槽形截面取 1.12，工字形截面取 1.25。

最大剪应力 τ_t 与 M_t 的关系为

$$\tau_t = \frac{M_t t}{I_t} \tag{4.3.3}$$

对闭口截面，剪力流的分布如图 4.3.3 所示，沿构件截面成封闭状。对于薄壁截面可认为剪应力 τ 沿壁厚均匀分布，方向与截面中线相切，沿构件截面任意处 τt 为常数。因此有：

$$M_t = \oint \rho\tau t\mathrm{d}s = \tau t\oint \rho\mathrm{d}s \tag{4.3.4}$$

式中，ρ 为剪力中心至微元段 $\mathrm{d}s$ 的中心线的距离，故 $\oint \rho\mathrm{d}s$ 为截面中心线所围面积 A 的两倍，即

$$M_t = 2\tau tA \text{ 或 } \tau = \frac{M_t}{2At} \tag{4.3.5}$$

式中，t 为计算截面处的壁厚。

从以上叙述可见闭口截面比开口截面有更强的抗自由扭转的能力。

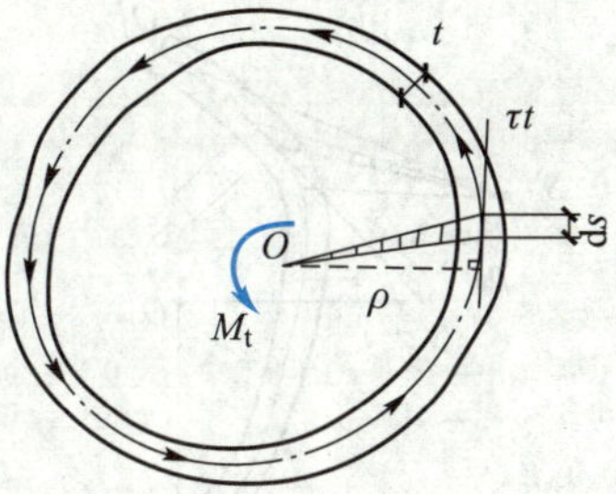

图 4.3.3 闭口截面的自由扭转

4.3.2 开口截面构件的约束扭转

如图 4.3.4 所示，悬臂工字形构件在扭矩 M_z 作用下发生扭转，尽管自由端处不受约束但固定端处截面完全不能翘曲，因此中间各截面受到不同程度的约束。截面的翘曲变形受到约束后产生纵向翘曲正应力，并伴随产生翘曲剪应力，翘曲剪应力绕截面剪心形成抵抗翘曲扭矩 M_ω 的能力。发生这种扭转的构件不仅产生自由扭转而且产生约束翘曲扭转（warping torsion），总扭矩分成自由扭矩 M_t 与翘曲扭矩 M_ω 两部分。构件扭转平衡方程为

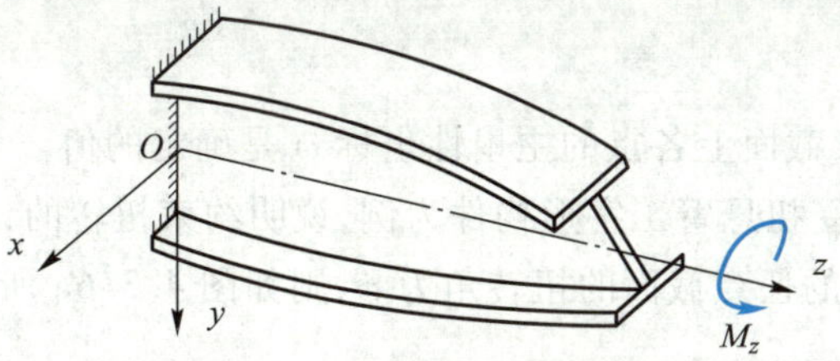

图 4.3.4 悬臂工字形构件发生的约束扭转

$$M_z = M_t + M_\omega \tag{4.3.6}$$

式中，对开口截面 M_t 可采用式(4.3.1)计算；翘曲扭矩 M_ω 采用下式计算：

$$M_\omega = -EI_\omega \varphi''' \tag{4.3.7}$$

将式(4.3.1)、式(4.3.7)代入式(4.3.6)得扭矩平衡方程：

$$M_z = GI_t\varphi' - EI_\omega \varphi''' \tag{4.3.8}$$

式中，I_ω 为截面翘曲扭转常数（warping constant），又称扇性惯性矩，量纲为 L^6，其一般计算式为

$$I_\omega = \int_0^s \omega^2 t\mathrm{d}s = \int_A \omega^2 \mathrm{d}A \tag{4.3.9}$$

式中，ω 为主扇性坐标（sectorial area），其量纲为 L^2。下面介绍 ω 的计算方法。

如图 4.3.5 所示以 O_1 为起点沿截面中线的长度定义为曲线坐标 s。截面中线上任意点 P 的扇性坐标为 O_1 与 P 点间的弧线与剪心 S 围成的面积的两倍。在 P、O_1 间任取一微元段 $\mathrm{d}s$，S 距 $\mathrm{d}s$ 的垂直距离为 ρ_s，这一微段扇形面积为 $\frac{\mathrm{d}\omega_s}{2}=\frac{\rho_s \mathrm{d}s}{2}$，$P$ 点扇形坐标 ω_s 为

$$\omega_s = \int_0^s \rho_s \mathrm{d}s \tag{4.3.10}$$

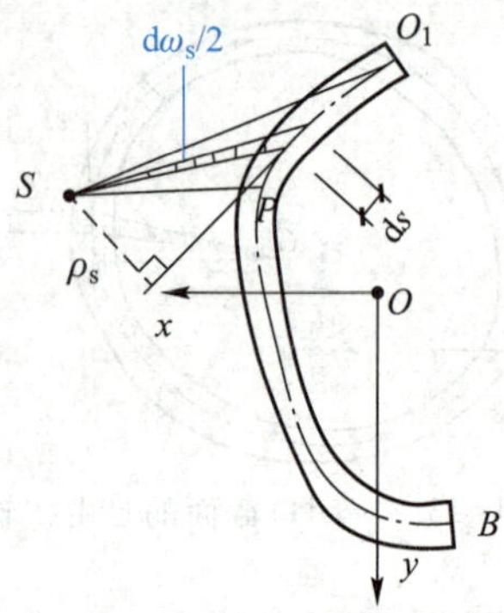

图 4.3.5　扇性坐标

O_1 点是扇形坐标零点，并令 SP 以逆时针方向转动得到的扇性坐标 ω_s 为正。可在截面上任取一点作为 O_1 点，当然随 O_1 点的变化，ω_s 是变化的。得到扇性坐标 ω_s 后可按下式计算主扇性坐标 ω：

$$\omega = \omega_s - \frac{\int_A \omega_s \mathrm{d}A}{A} \tag{4.3.11}$$

式中，A 为截面面积。如果选择的 O_1 点恰好使 $\omega = \omega_s$（即 $\int_A \omega_s \mathrm{d}A = 0$），那么 ω_s 就是主扇形坐标了。

对某一确定的截面，截面上各点的主扇性坐标 ω 是确定的值。

现以图 4.3.4 所示受扭悬臂工字形构件为例，说明约束扭转的计算方法。

设距坐标原点 Z 处的任意截面的扭转角为 ϕ，则如图 4.3.6a 所示，上、下翼缘水平方向的位移为

$$u = \frac{h}{2}\varphi$$

将每个翼缘看作单个的受弯构件，则有：

$$M_f = -EI_f u'' = -EI_f \frac{h}{2}\varphi''$$

式中，I_f 为一个翼缘绕 y 轴的惯性矩，$I_f \approx I_y/2$；M_f 为一个翼缘平面内的弯矩。

根据弯矩和剪力间的关系，翼缘中的剪力为

$$V_f = \frac{\mathrm{d}M_f}{\mathrm{d}Z} = -EI_f \frac{h}{2}\varphi'''$$

则由上下翼缘方向相反的两个剪力（图 4.3.6b）形成的翘曲扭矩为

$$M_\omega = V_f h = -EI_f \frac{h^2}{2}\varphi''' \tag{4.3.12}$$

定义图 4.3.6b 中上、下翼缘中两个方向相反的弯矩 M_f 与其间的距离 h 的乘积为双力矩（bimoment）B：

$$B = M_f h = -EI_f \frac{h^2}{2}\varphi'' \tag{4.3.13}$$

为了将上述公式转换为更一般的表达式，下面来研究工字形截面的扇性坐标。可以证

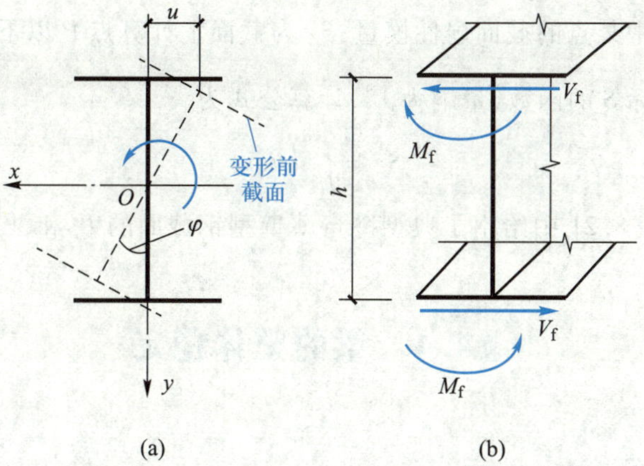

图 4.3.6　约束扭转的变形和内力(以中线代替截面)

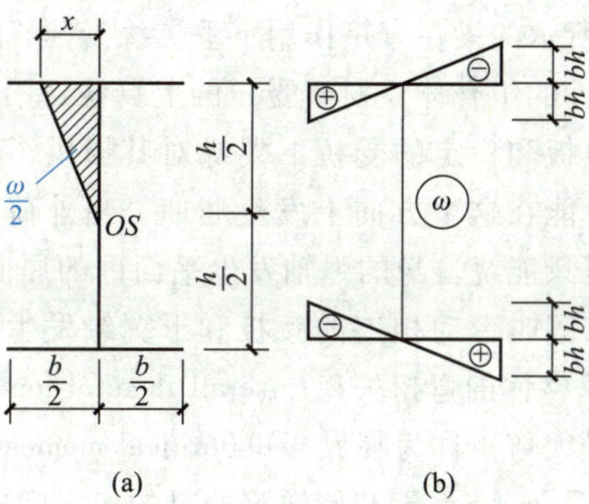

图 4.3.7　工字形截面的扇性坐标

明双轴对称截面的形心(也是剪心)的主扇性坐标为零,则可由式(4.3.10)求出截面各点的扇性坐标。注意到 $\rho_s = h/2$(图 4.3.7a)为常数,则可得工字形截面的扇性坐标(只有翼缘有非零值)表达式为

$$\omega = \frac{h}{2}x \tag{4.3.14}$$

工字形截面各点的扇性坐标示于图 4.3.7b 中。由式(4.3.14)可以证明:

$$I_f \frac{h^2}{2} = \left(\frac{h}{2}\right)^2 (2I_f) \approx \left(\frac{h}{2}\right)^2 I_y = \left(\frac{h}{2}\right)^2 \int_A x^2 \mathrm{d}A = \int_A \omega^2 \mathrm{d}A = I_\omega \tag{4.3.15}$$

将式(4.3.15)代入式(4.3.12)和式(4.3.13),可得翘曲扭矩[即式(4.3.7)]和双力矩的一般表达式为

$$\begin{aligned} M_\omega &= -EI_\omega \varphi''' \\ B &= -EI_\omega \varphi'' \end{aligned} \tag{4.3.16}$$

由约束扭转产生的翘曲正应力和翘曲剪应力分别为

$$\sigma_\omega = -E\omega\varphi'' = \frac{B}{I_\omega}\omega = \frac{B}{W_\omega} \tag{4.3.17}$$

$$\tau_\omega = -\frac{M_\omega S_\omega}{I_\omega t} \tag{4.3.18}$$

式中，$W_{\omega}=\frac{I_{\omega}}{\omega}$为截面中某点的截面扇性模量；$S_{\omega}$ 为截面上计算点 P 以下部分（见图 4.3.5）的扇形静矩，是曲线坐标 S 的函数，量纲为 L^4，计算公式为

$$S_{\omega}=\int_{P}^{B}\omega t\mathrm{d}s \tag{4.3.19}$$

附表 8.17 ~ 附表 8.21 中给出了典型冷弯薄壁型钢截面的 I_{ω} 和 W_{ω} 的数值，可供查用。

§4.4　梁的整体稳定

4.4.1　梁整体稳定的概念

4.1　工字形梁整体失稳

图 4.4.1 所示的梁在弯矩作用下上翼缘受压，下翼缘受拉，使梁犹如受压构件和受拉构件的组合体。对于受压的上翼缘可沿刚度较小的翼缘板平面外方向屈曲，但腹板和稳定的受拉下翼缘对其提供了此方向连续的抗弯和抗剪约束，使它不可能在这个方向上发生屈曲。当外荷载产生的翼缘压力达到一定值时，翼缘板只能绕自身的强轴发生平面内的屈曲，对整个梁来说上翼缘发生了侧向位移，同时带动相连的腹板和下翼缘发生侧向位移并伴有整个截面的扭转，这时我们称梁发生了整体的弯扭失稳（overall flexural-torsional buckling）或侧向失稳（lateral buckling）。梁中的最大弯矩称为临界弯矩（critical moment），对应的最大弯曲应力称为临界应力。从稳定问题的分类来看，无初始缺陷的梁的稳定问题应属第一类稳定问题，当弯矩未达临界弯矩时，梁在弯矩作用的平面内发生弯曲，当达到临界弯矩时梁突然发生弯矩作用平面外的位移和扭转。当临界应力低于屈服点时，属于弹性弯扭失稳，可采用弹性稳定理论通过在梁失稳后的位置上建立平衡微分方程的方法求解。

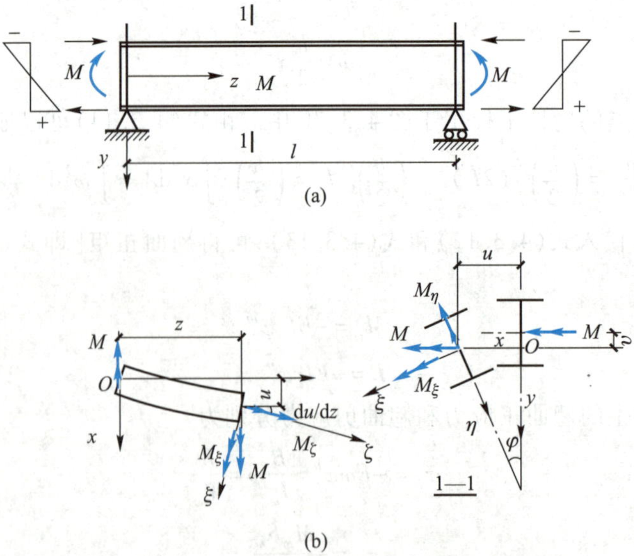

图 4.4.1　工字形截面简支梁整体弯扭失稳

4.4.2　双轴对称工字形截面简支梁纯弯作用下的整体稳定

1. 临界弯矩

图4.4.1中的简支梁两端是夹支支座,即在支座处梁不能发生 x、y 方向的位移,也不能发生绕 z 轴的转动,可发生绕 x、y 轴的转动,梁端截面不受约束,可自由发生翘曲。梁端左支座不能发生 z 方向位移,右支座可以。

图4.4.1b给出了梁失稳后的位置,在梁上任意截取截面1-1,变形后1-1截面沿 x、y 轴的位移为 u、v,截面扭转角为 φ。根据小变形假设,可认为变形前后作用在1-1截面上的弯矩 M 矢量的方向不变,变形后可在梁上建立随截面移动的坐标,ξ、η 为截面两主轴方向,ζ 为构件纵轴切线方向,z 轴与 ζ 轴间的夹角为 $\theta\approx \mathrm{d}u/\mathrm{d}z$。$M$ 在 ξ、η、ζ 上的分量为

$$M_{\xi}=M\cos\theta\cos\varphi\approx M \tag{4.4.1}$$

$$M_{\eta}=M\cos\theta\sin\varphi\approx M\varphi \tag{4.4.2}$$

$$M_{\zeta}=M\sin\theta\approx M\frac{\mathrm{d}u}{\mathrm{d}z}=Mu' \tag{4.4.3}$$

建立绕两主轴的弯曲平衡微分方程为

$$-EI_{y}u''=M_{\eta} \tag{4.4.4}$$

$$-EI_{x}v''=M_{\xi} \tag{4.4.5}$$

由式(4.3.8)可得绕纵轴的扭转平衡微分方程为

$$GI_{t}\varphi'-EI_{\omega}\varphi'''=M_{\zeta} \tag{4.4.6}$$

将式(4.4.1)、式(4.4.2)、式(4.4.3)分别代入式(4.4.4)、式(4.4.5)、式(4.4.6)得:

$$EI_{x}v''+M=0 \tag{4.4.7}$$

$$EI_{y}u''+M\varphi=0 \tag{4.4.8}$$

$$GI_{t}\varphi'-EI_{\omega}\varphi'''=Mu' \tag{4.4.9}$$

以上方程中式(4.4.7)是可独立求解的方程,它是在弯矩 M 作用平面内的弯曲问题,与梁的扭转无关。式(4.4.8)、式(4.4.9)中具有两个未知数值,必须联立求解。将式(4.4.9)微分一次后,与式(4.4.8)联立消去 u'' 得:

$$EI_{\omega}\varphi^{\mathrm{IV}}-GI_{t}\varphi''-\frac{M^{2}}{EI_{y}}\varphi=0 \tag{4.4.10}$$

假设两端简支梁的扭转角符合正弦半波曲线分布,即:

$$\varphi=A\cdot\sin\frac{\pi z}{l} \tag{4.4.11}$$

可以证明,该式满足梁的边界条件。将其代入式(4.4.10)得:

$$\left[EI_{\omega}\left(\frac{\pi}{l}\right)^{4}+GI_{t}\left(\frac{\pi}{l}\right)^{2}-\frac{M^{2}}{EI_{y}}\right]A\cdot\sin\frac{\pi z}{l}=0 \tag{4.4.12}$$

要使上式对任意 z 值都成立,必须使方括号中的数值为零,即:

$$EI_{\omega}\left(\frac{\pi}{l}\right)^{4}+GI_{t}\left(\frac{\pi}{l}\right)^{2}-\frac{M^{2}}{EI_{y}}=0 \tag{4.4.13}$$

上式中的 M 即为双轴对称工字形截面梁整体失稳时的临界弯矩 M_{cr}，解之得：

$$M_{cr}=\pi\sqrt{1+\frac{EI_{\omega}}{GI_{t}}\left(\frac{\pi}{l}\right)^{2}}\frac{\sqrt{EI_{y}GI_{t}}}{l} \tag{4.4.14}$$

进一步得：

$$M_{cr}=k\frac{\sqrt{EI_{y}GI_{t}}}{l} \tag{4.4.15}$$

式中，k 为梁的弯扭屈曲系数，对于双轴对称工字形截面 $I_{\omega}=\frac{h^{2}}{2}I_{f}\approx\frac{h^{2}}{4}I_{y}$，故

$$k=\pi\sqrt{1+\frac{EI_{\omega}}{GI_{t}}\left(\frac{\pi}{l}\right)^{2}}=\pi\sqrt{1+\pi^{2}\frac{EI_{y}}{GI_{t}}\left(\frac{h}{2l}\right)^{2}}=\pi\sqrt{1+\pi^{2}\psi} \tag{4.4.16}$$

其中

$$\psi=\frac{EI_{y}}{GI_{t}}\left(\frac{h}{2l}\right)^{2} \tag{4.4.17}$$

从 k 的表达式可以看出，其与梁的侧向抗弯刚度、抗扭刚度、梁的夹支跨度 l 及梁高 h 有关。

为下面分析讨论方便将式(4.4.14)变换成：

$$M_{cr}=\frac{\pi^{2}EI_{y}}{l^{2}}\sqrt{\frac{I_{\omega}}{I_{y}}\left(1+\frac{GI_{t}l^{2}}{\pi^{2}EI_{\omega}}\right)} \tag{4.4.18}$$

式中，$\frac{\pi^{2}EI_{y}}{l^{2}}$项为将梁当做压杆时绕弱轴 y 的欧拉临界力。

2. 荷载种类及梁端和跨中约束对梁的整体稳定影响

梁的整体稳定(overall buckling)还与荷载种类有关。采用弹性稳定理论可以推出在各种荷载条件下梁的临界弯矩表达式，表 4.4.1 列出双轴对称工字形截面的 k 值。从表可以看出纯弯情况下 k 值最低，这是因为此时梁上翼缘的压力在全长范围内不变，如果将上翼缘看作轴心压杆，则纯弯显然是最不利荷载。作用于形心上的均布荷载情况稍不利于集中荷载，其弯矩图较为饱满。集中力作用于跨中形心上时 k 值最高，此时只有在跨中上翼缘处压力最大，其后按线性折减。

表 4.4.1 双轴对称工字形截面简支梁的弯扭屈曲系数 k

荷载种类	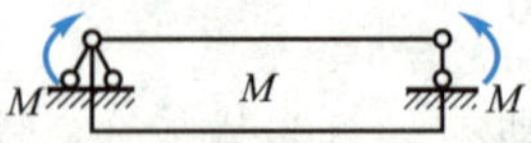 纯弯作用	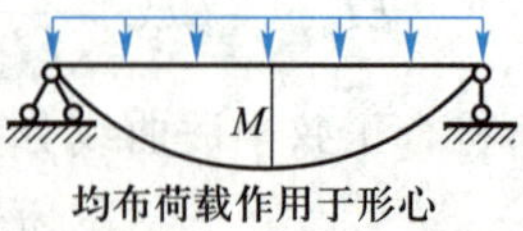 均布荷载作用于形心	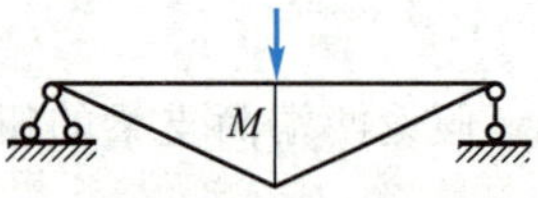 集中力作用于形心
k 值	$k=\pi\sqrt{1+\pi^{2}\psi}$	$k=1.13\pi\sqrt{1+10\psi}$	$k=1.35\pi\sqrt{1+10.2\psi}$

改变梁端和跨中侧向约束相当于改变了梁的侧向夹支长度 l，随梁端约束程度的加大，和跨中侧向支承点的设置，将梁的侧向计算长度减小为 l_1(图 4.4.2)，使梁的临界弯矩显著提高，因此增加梁端和跨中约束也是提高梁的临界弯矩的一个有效措施。

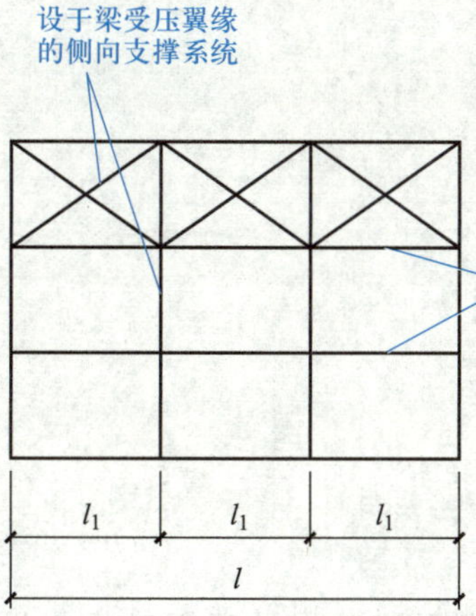

图 4.4.2 梁的侧向支撑系统

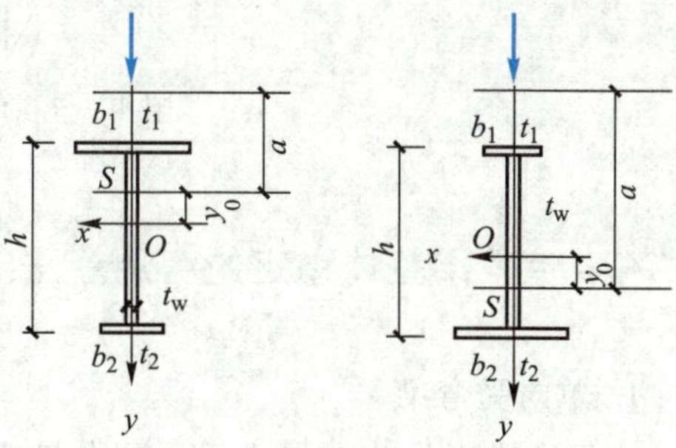

图 4.4.3 单轴对称工字形截面

4.4.3 单轴对称工字形截面梁的整体稳定

将图 4.4.1 所示的双轴对称工字形截面换成单轴对称截面(如图 4.4.3),边界条件仍为简支和夹支,采用能量法可求出在不同荷载种类和作用位置情况下的梁的临界弯矩为:

$$M_{\mathrm{cr}}=\beta_1\frac{\pi^2EI_y}{l^2}\left[\beta_2a+\beta_3B_y+\sqrt{(\beta_2a+\beta_3B_y)^2+\frac{I_\omega}{I_y}\left(1+\frac{GI_tl^2}{\pi^2EI_\omega}\right)}\right] \tag{4.4.19}$$

式中,β_1、β_2、β_3 为和荷载类型有关的系数,取值见表 4.4.2;a 为荷载作用点至剪心 S 的距离,荷载在剪心以下时为正,反之为负;B_y 为截面不对称修正系数,

$$B_y=\frac{1}{2I_x}\int_A y(x^2+y^2)\,\mathrm{d}A-y_0 \tag{4.4.20}$$

式中,y_0 为剪力中心与截面形心的距离,如图 4.4.3 所示,在形心以上时为负。

式(4.4.19)也适用于双轴对称截面,此时 $B_y=0$。当 β_1 取 1,β_2 取 0,β_3 取 1 时,式(4.4.19)变成式(4.4.18)。从式(4.4.19)、式(4.4.20)可以看出增大受压翼缘截面对梁的整体稳定承载力是有利的。

表 4.4.2 β_1、β_2、β_3 取值表

荷载类型	β_1	β_2	β_3
跨中集中荷载	1.35	0.55	0.40
满跨均布荷载	1.13	0.46	0.53
纯弯曲	1	0	1

另外,由式(4.4.19)还可看出荷载作用点的位置对整体稳定的影响。当荷载作用点在剪心以上时,a 为负值,Mcr 将降低;当荷载作用点在剪心以下时,a 为正值,Mcr 将提高。图 4.4.4 给出了双轴对称工字形截面,当荷载分别作用于上、下翼缘的情况。显然当荷载作用于上翼缘时,梁一旦扭转,荷载会对剪心 S 产生不利的附加扭矩,促进扭转,加速屈曲;而当荷载位于下翼缘时,会产生减缓梁扭转的附加扭矩,延缓屈曲。

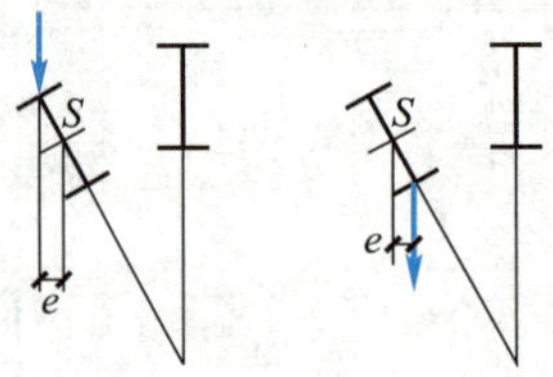

图 4.4.4　荷载作用位置的影响

4.4.4　梁整体稳定的实用算法

1. 单向受弯梁

为保证梁不发生整体失稳，梁中最大弯曲压应力应不超过临界弯矩时的临界应力 σ_{cr}，即：

$$\sigma=\frac{M_x}{W_x}\leqslant\sigma_{cr}=\frac{M_{cr}}{W_x} \tag{4.4.21}$$

考虑材料抗力分项系数：

$$\sigma\leqslant\frac{\sigma_{cr}}{\gamma_R}=\frac{\sigma_{cr}f_y}{f_y\gamma_R}=\varphi_b f$$

或

$$\frac{M_x}{\varphi_b W_x f}\leqslant 1.0 \tag{4.4.22}$$

式中，φ_b 为梁的整体稳定系数，$\varphi_b=\dfrac{\sigma_{cr}}{f_y}=\dfrac{M_{cr}}{M_y}$　　(4.4.23)

W_x 为按受压最大纤维确定的梁毛截面模量，在梁失稳过程中，板件局部稳定可以保证的构件，取为全截面模量；显然，截面板件宽厚比等级为 S1 ~ S4 的构件，应取全截面模量；板件会发生局部失稳的构件，应取有效截面模量。

将式(4.4.18)代入 φ_b 的表达式，并令 λ_y 为梁在侧向支承点间绕 y 轴的长细比，A 为梁的毛截面面积，t_1 为受压翼缘的厚度，得纯弯作用下简支的双轴对称焊接工字形截面梁的整体稳定系数：

$$\varphi_b=\frac{4\ 320}{\lambda_y^2}\cdot\frac{Ah}{W_x}\sqrt{1+\left(\frac{\lambda_y t_1}{4.4h}\right)^2}\cdot\frac{235}{f_y} \tag{4.4.24}$$

该式只适用于纯弯情况，对于其他荷载种类仍可以通过式(4.4.15)求得整体稳定系数 $\bar{\varphi}_b$，定义等效临界弯矩系数 $\beta_b=\bar{\varphi}_b/\varphi_b$，这样在式(4.4.24)中乘以 β_b 就可以考虑其他荷载情况了。β_b 可按附表 3.1 选用。对于双轴对称的工字形等截面(含 H 型钢)的悬臂梁，β_b 应按附表 3.3 选用。

对于单轴对称工字形截面，应引入截面不对称修正系数 η_b，它和参数 $\alpha_b=I_1/(I_1+I_2)$ 有关。I_1、I_2 分别是受压翼缘和受拉翼缘对 y 轴的惯性矩：$I_1=\frac{1}{12}t_1b_1^3$，$I_2=\frac{1}{12}t_2b_2^3$。加强受压翼缘时 $\eta_b=0.8(2\alpha_b-1)$，加强受拉翼缘时 $\eta_b=2\alpha_b-1$，双轴对称截面 $\eta_b=0$。

因此，整体稳定系数的通式为

$$\varphi_b=\beta_b\frac{4\ 320}{\lambda_y^2}\cdot\frac{Ah}{W_x}\left[\sqrt{1+\left(\frac{\lambda_y t_1}{4.4h}\right)^2}+\eta_b\right]\cdot\frac{235}{f_y} \tag{4.4.25}$$

对于轧制普通工字钢,截面几何尺寸有一定的比例关系,因而可将公式简化,由型钢号码和侧向支承点间的距离 l_1 从附表 3.2 中直接查得稳定系数 φ_b。

对于轧制槽钢,《标准》按纯弯情况给出其稳定系数公式(4.4.26),偏于安全地用于各种载荷、各种载荷位置情况下的计算。

$$\varphi_b=\frac{570bt}{l_1h}\cdot\frac{235}{f_y} \tag{4.4.26}$$

式中,h、b、t 分别为槽钢截面的高度、翼缘宽度和其平均厚度。

上述整体稳定系数是按弹性稳定理论求得的,如果考虑残余应力的影响,当 $\varphi_b>0.6$ 时梁已进入弹塑性阶段。《标准》规定此时必须按式(4.4.27)对 φ_b 进行修正,用 φ_b'代替 φ_b,考虑钢材弹塑性对整体稳定的影响。

$$\varphi_b'=1.07-\frac{0.282}{\varphi_b}\leqslant1.0 \tag{4.4.27}$$

均匀弯曲的受弯构件,当 $\lambda_y\leqslant120\sqrt{235/f_y}=120\varepsilon_k$ 时,可按附录 3.5 的近似公式计算整体稳定系数 φ_b。

2. 双向受弯梁

对于在两个主平面内受弯的 H 型钢截面构件或工字形截面构件,其整体稳定可按下列经验公式计算:

$$\frac{M_x}{\varphi_b W_x}+\frac{M_y}{\gamma_y W_y}\leqslant f \tag{4.4.28}$$

式中,W_x、W_y 分别为按受压纤维确定的对 x 轴和对 y 轴的毛截面模量;φ_b 为绕强轴弯曲所确定的梁整体稳定系数。

4.4.5 影响梁整体稳定的因素及增强梁整体稳定的措施

1. 影响梁整体稳定的因素

从以上分析可以看出截面的侧向抗弯刚度 EI_y、抗扭刚度 GI_t 和翘曲刚度 EI_ω 越大,临界弯矩越高;梁两端的支承条件对临界弯矩也有不可忽视的影响,约束程度越高,临界弯矩越高;构件侧向支承点间的距离 l_1 越小,临界弯矩越大;梁的整体失稳是由受压翼缘侧向失稳引起,受压翼缘宽大的截面,临界弯矩高一些。此外,荷载的种类和作用位置对临界弯矩也有不可忽视的影响,弯矩图饱满的构件,临界弯矩低些;荷载作用的位置越高对梁的整体稳定也越不利。

2. 增强梁整体稳定的措施

从影响梁整体稳定的因素来看可以采用以下办法增强梁的整体稳定性:

① 增大梁截面尺寸,其中增大受压翼缘的宽度是最为有效的;

② 增加侧向支撑系统,减小构件侧向支承点间的距离 l_1,侧向支承应设在受压翼缘处,按第 6 章的方法将受压翼缘视为轴心压杆计算支承所受的力。

③ 当梁跨内无法增设侧向支承时，宜采用闭合箱形截面，因其 I_y、I_t 和 I_ω 均较开口截面的大。

④ 增加梁两端的约束提高其稳定承载力。在式(4.4.14)、式(4.4.19)中假定支座是夹支支座，因此在实际设计中，梁的支座处应采取构造措施，以防止梁端截面的扭转。当简支梁仅腹板与相邻构件相连，钢梁稳定性计算时侧向支承点距离应取实际距离的 1.2 倍。

在以上措施中没有提到荷载种类和荷载作用位置，这是因为在设计中它们一般并不取决于设计者。

4.4.6　不需验算整体稳定的情况

在以下情况梁的整体稳定不需验算：

① 当有铺板(各种钢筋混凝土板和钢板)密铺在梁的受压翼缘上并与其牢固相连，能阻止梁的受压翼缘侧向位移时。

② 前面已经提到影响钢梁整体稳定性的主要因素是受压翼缘侧向支撑点的间距 l_1 和受压翼缘的平面内刚度，因此主要取决于 l_1 和 b_1。经过计算发现，对于 H 型钢截面或工字形截面简支梁当 l_1/b_1 满足表 4.4.3 要求时，整体稳定可以保证。

③ 重型吊车梁和锅炉构架大板梁有时采用箱形截面(图 4.4.5)，这种截面抗扭刚度大，只要截面尺寸满足 $h/b_0 \leqslant 6$，$l_1/b_1 \leqslant 95(235/f_y)$ 就不会丧失整体稳定。

表 4.4.3　H 型钢或工字形截面简支梁不需计算整体稳定的最大 l_1/b_1 值

钢号	跨中无侧向支承点的梁		跨中受压翼缘有侧向支承点的梁，无论荷载作用于何处
	荷载作用于上翼缘	荷载作用于下翼缘	
Q235	13.0	20.0	16.0
Q345	10.5	16.5	13.0
Q390	10.0	15.5	12.5
Q420	9.5	15.0	12.0

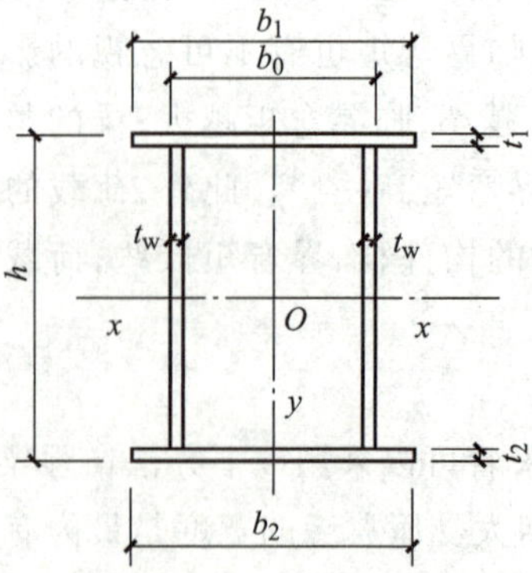

图 4.4.5　箱形截面

§4.5 梁板件的局部稳定

由于钢材的轻质高强，钢构件的承载力往往由整体稳定承载力控制着。为合理有效使用钢材，钢结构构件截面一般设计得比较开展，板件宽而薄对整体稳定是有利的，但这又带来了局部稳定（local stability）问题。除方、圆形等实体截面外一般构件都可看成由薄板按一定构成规律组成的，构件的局部稳定问题就是保证这些板件在构件整体失稳前不发生局部失稳或者在设计中合理利用板件的屈曲后性能（post-buckling behavior）。

4.5.1 矩形薄板的屈曲

板按其厚度分为厚板、薄板，如果板的板面最小宽度 b 与厚度 t 的比值 $b/t<5\sim8$，这样的板称为厚板。此时板内的横向剪应力产生的剪切变形与弯曲变形属同量级大小，在计算时不能忽略不计。$b/t>8$ 的板称为薄板，板件剪切变形与弯曲变形相比很微小，可以忽略不计。薄板即具有抗弯能力，同时随板弯曲挠度的增大还可能产生薄膜张拉力。当板薄到一定程度，其抗弯刚度几乎降为零，这种完全靠薄膜力来承担横向荷载作用的板称为薄膜。本节主要讨论外力作用于板件中面内的薄板稳定问题。

如图 4.5.1、图 4.5.2 所示，当面内荷载达到一定值时板会由平板状态变为微微弯曲状态，这时我们称板发生了屈曲。根据弹性力学小挠度理论，得到薄板的屈曲平衡方程为

$$D\left(\frac{\partial^4 w}{\partial x^4}+2\frac{\partial^4 w}{\partial x^2\partial y^2}+\frac{\partial^4 w}{\partial y^4}\right)+N_x\frac{\partial^2 w}{\partial x^2}-2N_{xy}\frac{\partial^2 w}{\partial x\partial y}+N_y\frac{\partial^2 w}{\partial y^2}=0 \qquad (4.5.1)$$

式中，w 为板的挠度；N_x、N_y 分别为在 x、y 方向沿板中面周边单位宽度上所承受的力，压力为正，拉力为负，此力沿板厚均匀分布；N_{xy} 为沿板周边单位宽度上所承受的剪力，图 4.5.1 中所示剪力为正；D 为板单位宽度的抗弯刚度（plate flexural rigidity），也称柱面刚度：$D=\dfrac{Et^3}{12(1-\nu^2)}$，$t$ 为板厚，ν 为钢材泊松比，取 0.3。

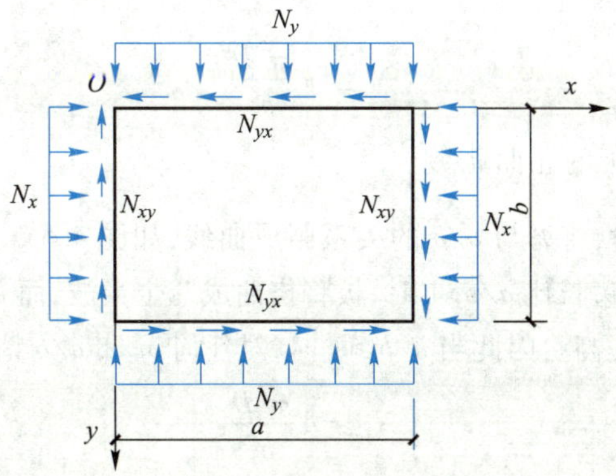

图 4.5.1 N_x、N_y、N_{xy} 作用下的板

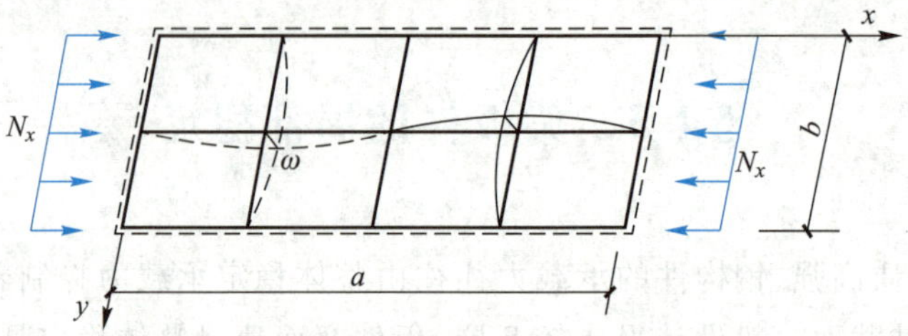

图4.5.2 单向面内荷载作用下的四边简支板

对于图4.5.2所示四边简支板,单向荷载 N_x 作用在板的中面,对于此种情况方程(4.5.1)变为

$$D\left(\frac{\partial^4 w}{\partial x^4}+2\frac{\partial^4 w}{\partial x^2 \partial y^2}+\frac{\partial^4 w}{\partial y^4}\right)+N_x\frac{\partial^2 w}{\partial x^2}=0 \tag{4.5.2}$$

对于简支矩形板,方程(4.5.2)的解可用下式(双重三角级数)表示:

$$w=\sum_{m=1}^{\infty}\sum_{n=1}^{\infty}A_{mn}\sin\frac{m\pi x}{a}\sin\frac{n\pi y}{b} \tag{4.5.3}$$

式中,m 为板屈曲时沿 x 方向的半波数;n 为沿 y 方向的半波数。

式(4.5.3)满足板的边界条件:

当 $x=0$ 和 $x=a$ 时,

$$w=0, \frac{\partial^2 w}{\partial x^2}+\nu\frac{\partial^2 w}{\partial y^2}=0(\text{即 } M_x=0)$$

当 $y=0$ 和 $y=b$ 时,

$$w=0, \frac{\partial^2 w}{\partial y^2}+\nu\frac{\partial^2 w}{\partial x^2}=0(\text{即 } M_y=0)$$

将式(4.5.3)代入方程(4.5.2)得到的 N_x 即为单向均匀受压荷载下四边简支板的临界屈曲荷载 N_{xcr}:

$$N_{xcr}=\frac{\pi^2 D}{b^2}\left(\frac{mb}{a}+\frac{n^2 a}{mb}\right)^2 \tag{4.5.4}$$

下面讨论当 m、n 取何值时,N_{xcr} 最小,这不仅可以获得板的临界屈曲荷载,同时还可得出板挠曲屈曲时的形状。

从式(4.5.4)可以看出,当 $n=1$ 时,N_{xcr} 最小,意味着板屈曲时沿 y 方向只形成一个半波,将式(4.5.4)表示为

$$N_{xcr}=k\frac{\pi^2 D}{b^2} \tag{4.5.5}$$

其中 $k=\left(\frac{mb}{a}+\frac{a}{mb}\right)^2$,称为板的屈曲系数。

当 m 取1,2,3,4,…时,将 k 与 a/b 的关系画成曲线,如图4.5.3所示,图中这些曲线构成的下界线是 k 的取值。当边长比 $a/b>1$ 时,板将挠曲成几个半波,而 k 基本为常数;只有 $a/b<1$ 时,才可能使临界力大大提高。因此当 $a/b\geq 1$ 时,对任何 m 和 a/b 情况均可取 $k=4$,即:

$$N_{xcr}=4\frac{\pi^2 D}{b^2} \tag{4.5.6}$$

对其他边界条件和面内载荷情况,矩形板的屈曲临界荷载都可写成式(4.5.5)的形式,只是 k 的取值有变化而已。其他边界条件和面内载荷情况下 k 的推导本书不作详细介绍,

有兴趣的同学可查阅弹性稳定理论方面的书籍。为了以后使用方便，将 D 的表达式代入式(4.5.5)后除 t 得临界应力 σ_{cr}：

$$\sigma_{cr}=\frac{k\pi^2 E}{12(1-\nu^2)}\left(\frac{t}{b}\right)^2 \tag{4.5.7}$$

式中，k 为板的屈曲系数，与荷载种类、分布状态及板的边长比例和边界条件有关。因而上式不仅适用于四边简支板，也适用于一边自由其他三边简支的板。

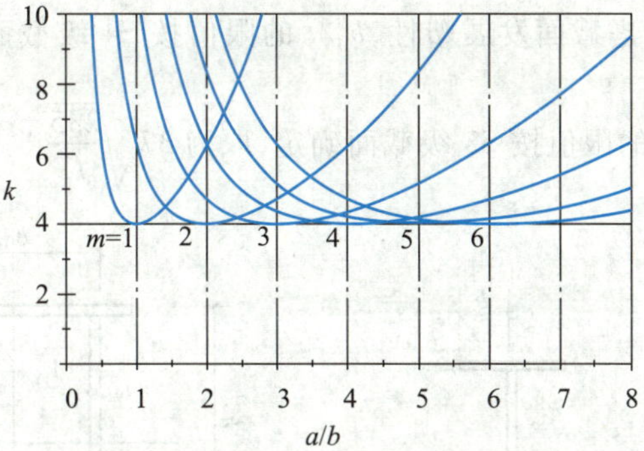

图 4.5.3 k 和 a/b 关系

考虑到钢梁受力时，并不是组成梁的所有板件同时屈曲，板件之间存在相互约束作用，可在式(4.5.7)中引入约束系数 χ，得到：

$$\sigma_{cr}=\frac{\chi k\pi^2 E}{12(1-\nu^2)}\left(\frac{t}{b}\right)^2 \tag{4.5.8}$$

取 $E=2.06\times10^5\ \text{N/mm}^2$，$\nu=0.3$ 代入上式，得：

$$\sigma_{cr}=\frac{N_{cr}}{t}=18.6k\chi\left(\frac{t}{b}\right)^2\times10^4 \tag{4.5.9}$$

梁是由板件组成的，考虑梁的整体稳定及强度要求时，希望板尽可能宽而薄，但过薄的板可能导致在整体失稳或强度破坏前，腹板或受压翼缘出现波形鼓曲，即出现局部失稳。在钢梁设计中可以采用两种方法处理局部失稳问题：① 对普通钢梁构件，可通过设置加劲肋、限制板件宽厚比(width to thickness ratio)的方法，保证板件不发生局部失稳。对于非承受疲劳荷载的梁，可利用腹板屈曲后强度。② 对宽厚比不满足局部稳定要求的板件，只考虑一部分宽度有效，采用有效截面的概念进行强度和整体稳定的计算。对于型钢梁，其板件宽厚比较小，都能满足局部稳定要求，不需要计算。此处主要介绍钢板焊接(或铆接及高强度螺栓连接)截面梁(也称板梁，plate girders)的局部稳定问题。

4.5.2 梁受压翼缘板的局部稳定

梁的受压翼缘主要承受弯矩产生的均匀压应力，对于箱形截面翼缘中间部分(图 4.5.4)属四边简支板，为充分发挥材料的强度，翼缘的临界应力应不低于钢材屈服点。同时考虑梁翼缘发展塑性，引入塑性系数 η，由式(4.5.9)有：

$$\sigma_{cr}=18.6k\sqrt{\eta}\chi\left(\frac{t}{b}\right)^2\times10^4\geqslant f_y \tag{4.5.10}$$

式中，η 为塑性系数，$\eta=E_t/E$，E_t 为钢材切线模量。

由于腹板比较薄对翼缘没有什么约束作用，故取$\chi=1.0$，宽为 b_0 的翼缘相当于四边简支板。对于两对边均匀受压的四边简支板 $k=4.0$，如取 $\eta=0.25$，并令 $\sigma_{cr}=f_y$，得翼缘达强度极限承载力时不会失去局部稳定的宽厚比限值为

$$\frac{b_0}{t}\leqslant 40\sqrt{\frac{235}{f_y}} \tag{4.5.11}$$

按照《标准》，如不考虑截面发展塑性，b_0/t 的限值按 S4 级截面确定，取为 $42\sqrt{\frac{235}{f_y}}$；如考虑截面发展塑性，b_0/t 的限值按 S3 级截面确定，取为 $37\sqrt{\frac{235}{f_y}}$。

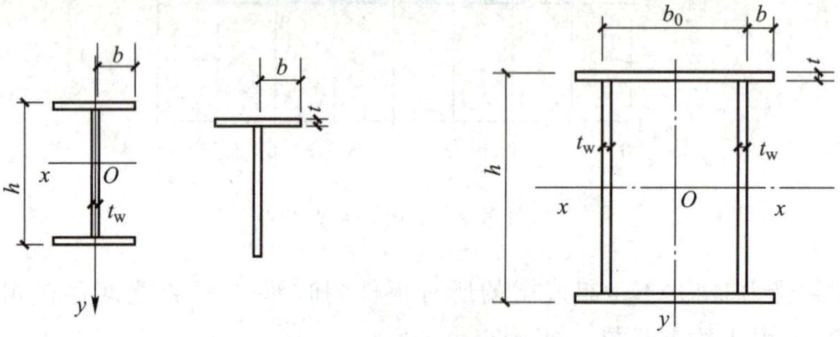

图 4.5.4　工字形、T 形截面的翼缘及箱形截面

对工字形、T 形截面的翼缘及箱形截面悬伸部分的翼缘，属于一边自由其余三边简支的板，其 k 值为

$$k=0.425+\left(\frac{b}{a}\right)^2 \tag{4.5.12}$$

式中，a 是纵边长度，b 是翼缘板悬伸部分的宽度，对焊接构件，取腹板边至翼缘板边缘的距离；对轧制构件，取内圆弧起点至翼缘板边缘的距离。

一般 a 大于 b，按最不利情况 $a/b=\infty$考虑，$k_{min}=0.425$，取$\chi=1.0$，$\eta=0.25$ 代入式(4.5.10)得不失去局部稳定的宽厚比限值与 S3 级截面翼缘宽厚比的限值相同，为

$$\frac{b}{t}\leqslant 13\sqrt{\frac{235}{f_y}} \tag{4.5.13}$$

如梁按弹性设计时可放宽至与 S4 级截面翼缘宽厚比的限值相同：

$$\frac{b}{t}\leqslant 15\sqrt{\frac{235}{f_y}} \tag{4.5.14}$$

4.5.3　梁腹板的局部稳定

1. 腹板的纯剪屈曲

图 4.5.5 所示梁腹板横向加劲肋之间的一段，属四边支承的矩形板，四边受均布剪力作用，处于纯剪状态。板中主应力与剪力大小相等并与它成 45°角，主压应力可引起板的屈曲，屈曲时呈现出大约沿 45°方向倾斜的鼓曲，与主压应力方向垂直。如不考虑发展塑性，可将

式(4.5.9)改写为

$$\tau_{cr}=18.6k\chi\left(\frac{t_w}{b}\right)^2\times10^4 \tag{4.5.15}$$

式中,b 为板的边长 a 与 h_0 中较小者,t_w 是腹板厚度,h_0 是腹板高度。考虑翼缘对腹板的约束作用χ取 1.23。屈曲系数 k 与板的边长比有关:

当 $a/h_0\leqslant1$(a 为短边)时,

$$k=4+5.34/(a/h_0)^2 \tag{4.5.16}$$

当 $a/h_0>1$(a 为长边)时,

$$k=5.34+4/(a/h_0)^2 \tag{4.5.17}$$

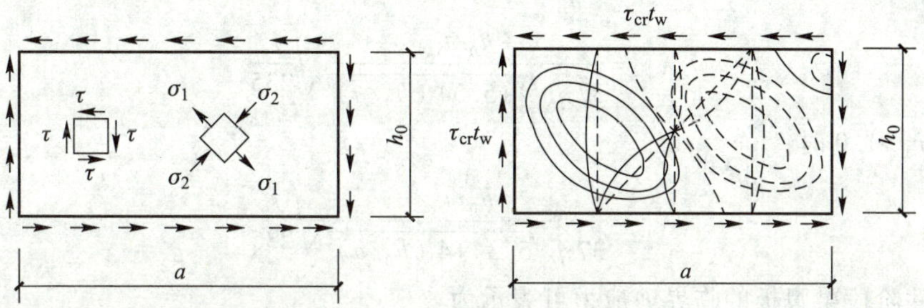

图 4.5.5　腹板纯剪屈曲

图 4.5.6 给出了 k 与 a/h_0 的关系。从图中可见随 a 的减小临界剪应力提高。当然增加 t_w,临界剪应力也提高,但这样做并不经济。一般采用在腹板上设置横向加劲肋以减少 a 的办法来提高临界剪应力,如图 4.5.7 所示。剪应力在梁支座处最大,向着跨中逐渐减少,故横向加劲肋也可不等距布置,靠近支座处密些。但为制作和构造方便,常取等距布置。如图 4.5.6 所示,当 $a/h_0>2$ 时,k 值变化不大,即横向加劲肋作用不大。因此《标准》规定横向加劲肋最大间距为 $2h_0$(对无局部压应力的梁,当 $h_0/t_w\leqslant100$ 时,可放宽至 $2.5h_0$)。

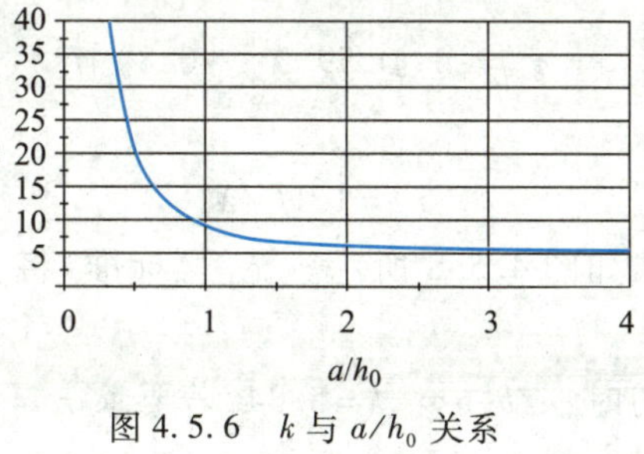

图 4.5.6　k 与 a/h_0 关系

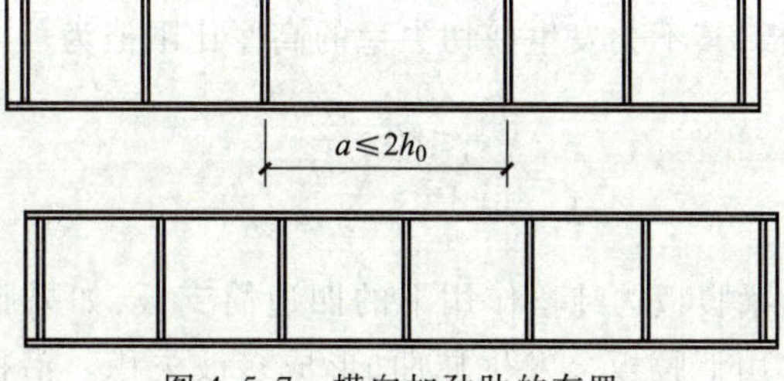

图 4.5.7　横向加劲肋的布置

令腹板受剪时的通用高厚比(normalized slenderness)或称正则化高厚比为

$$\lambda_{n,s}=\sqrt{f_{vy}/\tau_{cr}} \tag{4.5.18}$$

式中,f_{vy}为钢材的剪切屈服强度,$f_{vy}=f_y/\sqrt{3}$。将式(4.5.15)代入上式,并令 $b=h_0$,可得用于腹板受剪计算时的正则化高厚比:

$$\lambda_{n,s}=\frac{h_0/t_w}{41\sqrt{k}}\sqrt{\frac{f_y}{235}} \tag{4.5.19}$$

为和框架梁统一,将 41 改为 37η,对于简支梁 η 取 1.11;框架梁梁端最大应力区 η 取 1。将式(4.5.16)和式(4.5.17)代入上式有:

当 $a/h_0\leqslant 1.0$ 时,

$$\lambda_{n,s}=\frac{h_0/t_w}{37\eta\sqrt{4+5.34\ (h_0/a)^2}}\sqrt{\frac{f_y}{235}} \tag{4.5.20}$$

当 $a/h_0>1.0$ 时,

$$\lambda_{n,s}=\frac{h_0/t_w}{37\eta\sqrt{5.34+4\ (h_0/a)^2}}\sqrt{\frac{f_y}{235}} \tag{4.5.21}$$

在弹性阶段梁腹板的临界剪应力可表示为

$$\tau_{cr}=f_{vy}/\lambda_{n,s}^2\approx 1.1f_v/\lambda_{n,s}^2 \tag{4.5.22}$$

已知钢材的剪切比例极限等于 $0.8f_{vy}$,再考虑 0.9 的几何缺陷影响系数,令 $\tau_{cr}=0.8\times 0.9f_{vy}$代入式(4.5.22)可得到满足弹性失稳的正则化高厚比界限为 $\lambda_{n,s}>1.2$。当 $\lambda_{n,s}\leqslant 0.8$ 时,《标准》认为临界剪应力会进入塑性,当 $0.8<\lambda_{n,s}\leqslant 1.2$ 时,τ_{cr}处于弹塑性状态。因此《标准》规定 τ_{cr}按下列公式计算:

当 $\lambda_{n,s}\leqslant 0.8$ 时,

$$\tau_{cr}=f_v \tag{4.5.23}$$

当 $0.8<\lambda_{n,s}\leqslant 1.2$ 时,

$$\tau_{cr}=[1-0.59(\lambda_{n,s}-0.8)]f_v \tag{4.5.24}$$

当 $\lambda_{n,s}>1.2$ 时,

$$\tau_{cr}=1.1f_v/\lambda_{n,s}^2 \tag{4.5.25}$$

临界剪应力的三个公式如图 4.5.8 所示。显然《标准》将 $f_{vy}/\gamma_R=f_v$ 作为临界剪应力的最大值。

当腹板不设横向加劲肋时,$a/h\rightarrow\infty$,$k=5.34$,若要求 $\tau_{cr}=f_v$,则 $\lambda_{n,s}$应不大于 0.8,代入式(4.5.19)得 $h_0/t_w=75.8\sqrt{\frac{235}{f_y}}$。考虑到梁腹板中的平均剪应力一般低于 f_v,故《标准》规定仅受剪应力作用的腹板,其不会发生剪切失稳的高厚比限值为

$$\frac{h_0}{t_w}\leqslant 80\sqrt{\frac{235}{f_y}} \tag{4.5.26}$$

2. 腹板的纯弯屈曲

如图 4.5.9 所示,设梁腹板为纯弯作用下的四边简支板,如果腹板过薄,当弯矩达到一定值后,在弯曲压应力作用下腹板会发生屈曲,形成多波失稳。沿横向(h_0 方向)为一个半

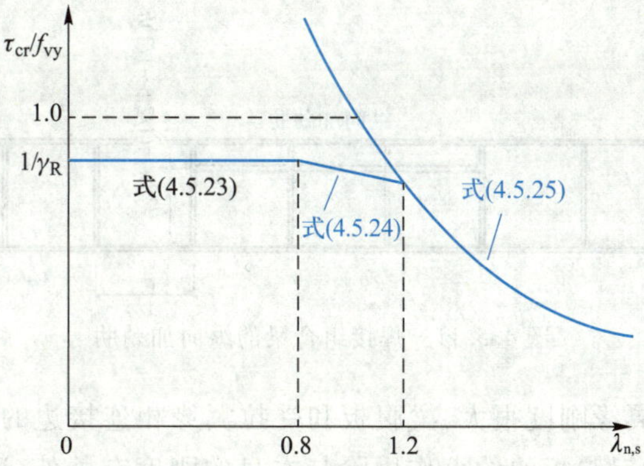

图 4.5.8　临界剪应力公式适用范围

波,波峰在压力作用区偏上的位置。沿纵向形成的屈曲波数取决于板长。屈曲系数 k 的大小取决于板的边长比。图 4.5.10 给出 k 与 a/h_0 的关系,a/h_0 超过 0.7 后 k 值变化不大,$k_{min}=23.9$,只有小于 0.7 后 k 才显著变化,可见除非横向加劲肋配置得相当密才能显著提高腹板的临界应力,否则意义不大。比较有效的措施是在腹板受压区中部偏上的部位设置纵向加劲肋(如图 4.5.11),加劲肋距受压边的距离为 $h_1=(1/2.5\sim1/2)h_c$(h_c 为腹板受压区高度),以便有效阻止腹板的屈曲。纵向加劲肋只需设在梁弯曲应力较大的区段。

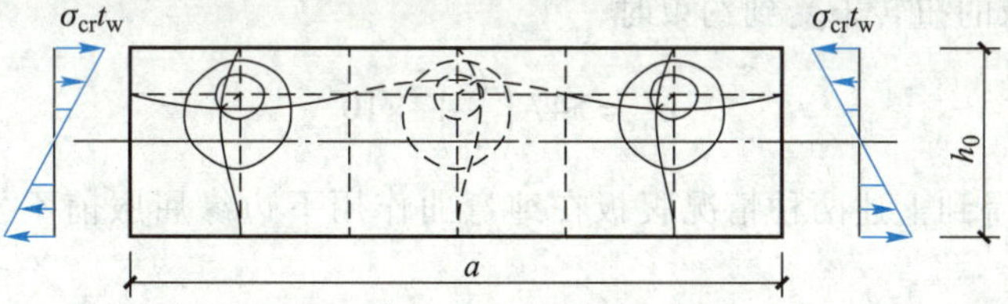

图 4.5.9　腹板受弯屈曲

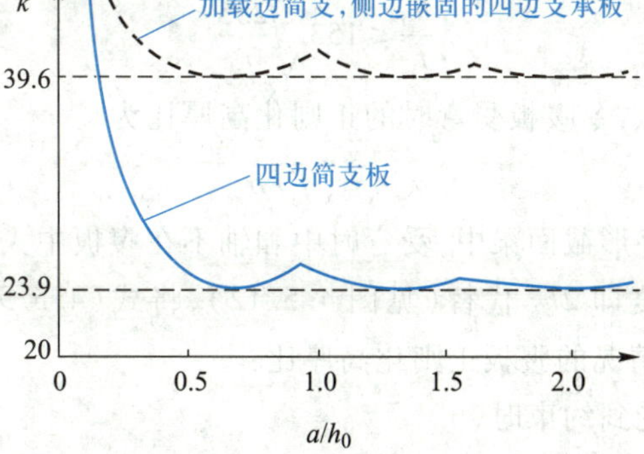

图 4.5.10　矩形板受弯的屈曲系数

如不考虑上、下翼缘对腹板的转动约束作用,将 $k_{min}=23.9$ 和 $b=h_0$ 代入式(4.5.7)中可得到腹板简支于翼缘的临界应力公式:

$$\sigma_{cr}=445\left(\frac{t_w}{h_0}\right)^2\times10^4 \tag{4.5.27}$$

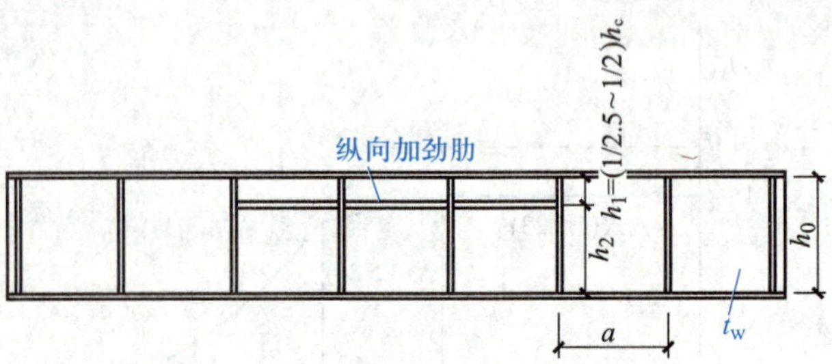

图 4.5.11　焊接组合梁的纵向加劲肋

实际上,由于受拉翼缘刚度很大,梁腹板和受拉翼缘相连接边的转动基本被约束,相当于完全嵌固。受压翼缘对腹板的约束作用除与本身的刚度有关外,还和限制其转动的构造有关。例如当受压翼缘连有刚性铺板或焊有钢轨时,很难发生扭转,因此腹板的上边缘也相当于完全嵌固,此时嵌固系数χ 可取为 1.66(相当于加载边简支,其余两边为嵌固时的四边支承板的屈曲系数 $k_{min}=39.6$);当无构造限制其转动时,腹板上部的约束介于简支和嵌固之间,χ 可取为 1.23。将式(4.5.27)分别乘以不同的χ 值得:

当梁受压翼缘的扭转受到约束时,

$$\sigma_{cr}=738\left(\frac{t_w}{h_0}\right)^2\times10^4 \tag{4.5.28}$$

当梁受压翼缘的扭转未受到约束时,

$$\sigma_{cr}=547\left(\frac{t_w}{h_0}\right)^2\times10^4 \tag{4.5.29}$$

令 $\sigma_{cr}=f_y$,可得到上述两种情况腹板在纯弯曲作用下边缘屈服前不发生局部失稳的高厚比限值分别为

$$\frac{h_0}{t_w}\leqslant177\sqrt{\frac{235}{f_y}} \tag{4.5.30}$$

$$\frac{h_0}{t_w}\leqslant153\sqrt{\frac{235}{f_y}} \tag{4.5.31}$$

与腹板受纯剪时相似,令腹板受弯时的正则化高厚比为

$$\lambda_{n,b}=\sqrt{f_y/\sigma_{cr}} \tag{4.5.32}$$

考虑单轴对称的工字形截面梁中,受弯时中和轴不在腹板中央,此时可近似把腹板高度 h_0 用 2 倍腹板受压区高度即 $2h_c$ 代替(见图 4.5.12),将式(4.5.9)代入式(4.5.32),并令 $b=2h_c$,可得相应于两种情况的腹板正则化高厚比:

当梁受压翼缘扭转受到约束时,

$$\lambda_{n,b}=\frac{2h_c/t_w}{177}\sqrt{\frac{f_y}{235}} \tag{4.5.33}$$

当梁受压翼缘扭转未受到约束时,《标准》认为翼缘对腹板的约束作用很小,将χ 取为 1.0,将此式改为

$$\lambda_{n,b}=\frac{2h_c/t_w}{138}\sqrt{\frac{f_y}{235}} \tag{4.5.34}$$

与 τ_{cr} 相似，临界弯曲应力 σ_{cr} 也可分为塑性、弹塑性和弹性三段，按下列公式计算：

当 $\lambda_{n,b} \leqslant 0.85$ 时，

$$\sigma_{cr}=f \tag{4.5.35}$$

当 $0.85<\lambda_{n,b} \leqslant 1.25$ 时，

$$\sigma_{cr}=[1-0.75(\lambda_{n,b}-0.85)]f \tag{4.5.36}$$

当 $\lambda_{n,b}>1.25$ 时，

$$\sigma_{cr}=1.1f/\lambda_{n,b}^2 \tag{4.5.37}$$

三段公式适用范围 $\lambda_{n,b}$ 的取值如下：考虑板件内存在残余应力和几何缺陷的影响，取 $\lambda_{n,b}=0.85$ 为弹塑性修正的上起始点；考虑梁整体稳定计算中，取弹性界限为 $0.6f_y$，相应的 $\lambda_{n,b}=\sqrt{1/0.6}=1.29$，因腹板局部屈曲受残余应力的影响不如整体屈曲大，故取弹塑性修正的下起始点为 $\lambda_{n,b}=1.25$。

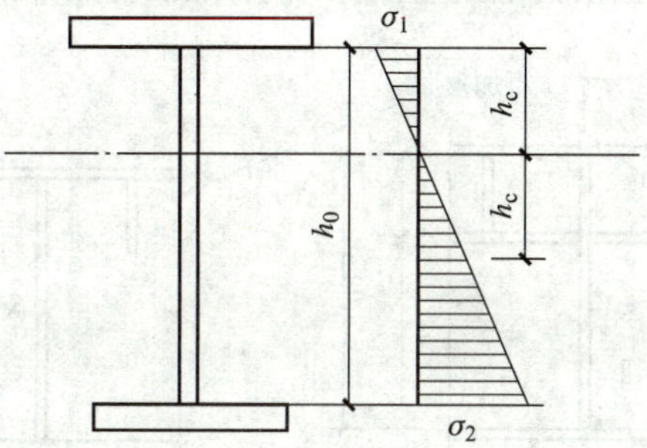

图 4.5.12 单轴对称梁的 h_c

3. 腹板在局部压应力作用下的屈曲

§4.2 中提到，在集中荷载作用处未设支承加劲肋及吊车荷载作用的情况下，都会使腹板处于局部压应力 σ_c 作用之下。其应力分布状态如图 4.5.13 所示，在上边缘处最大，到下边缘减为零。其临界应力为

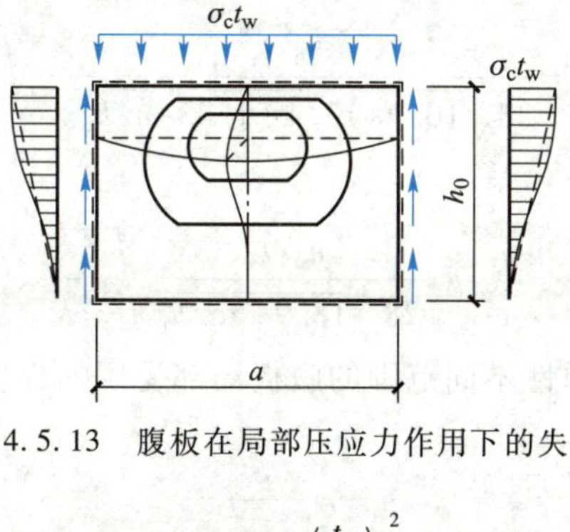

图 4.5.13 腹板在局部压应力作用下的失稳

$$\sigma_{c,cr}=18.6k\chi\left(\frac{t_w}{h_0}\right)^2\times10^4 \tag{4.5.38}$$

屈曲系数 k 与板的边长比有关：

当 $0.5 \leqslant a/h_0 \leqslant 1.5$ 时，

$$k=\frac{7.4}{a/h_0}+\frac{4.5}{(a/h_0)^2} \tag{4.5.39}$$

当 $1.5<a/h_0\leqslant 2.0$ 时，

$$k=\frac{11.0}{a/h_0}-\frac{0.9}{(a/h_0)^2} \tag{4.5.40}$$

翼缘对腹板的约束系数为

$$\chi=1.81-0.255h_0/a \tag{4.5.41}$$

根据临界屈曲应力不小于屈服应力的准则，按 $a/h_0=2$ 考虑得到不发生局压局部屈曲的腹板高厚比限值为

$$h_0/t_w\leqslant 84\sqrt{\frac{235}{f_y}}$$

取为

$$h_0/t_w\leqslant 80\sqrt{\frac{235}{f_y}} \tag{4.5.42}$$

如不满足这一条件，应把横向加劲肋间距减小，或设置短加劲肋（见图 4.5.14）。

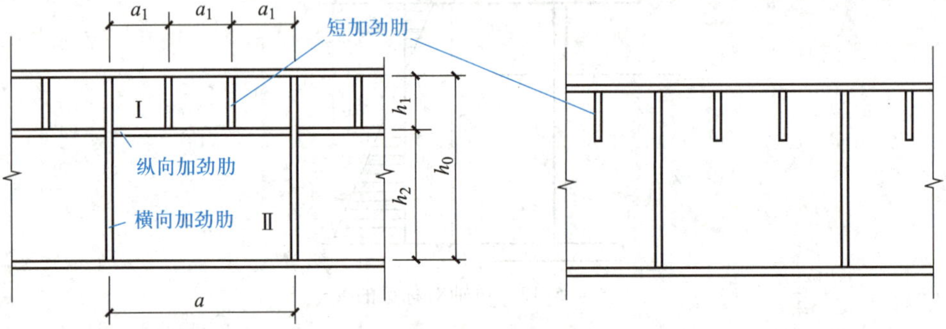

图 4.5.14　加劲肋的布置

将屈曲系数 k 和约束系数 χ 乘积的简化式代入式(4.5.38)，类似于 $\lambda_{n,s}$、$\lambda_{n,b}$，可得相应于局压的正则化高厚比 $\lambda_{n,c}$ 为

当 $0.5\leqslant a/h_0\leqslant 1.5$ 时，

$$\lambda_{n,c}=\frac{h_0/t_w}{28\sqrt{10.9+13.4(1.83-a/h_0)^3}}\sqrt{\frac{f_y}{235}} \tag{4.5.43}$$

当 $1.5<a/h_0\leqslant 2.0$ 时，

$$\lambda_{n,c}=\frac{h_0/t_w}{28\sqrt{18.9-5a/h_0}}\sqrt{\frac{f_y}{235}} \tag{4.5.44}$$

适用于塑性、弹塑性和弹性不同范围的腹板局部受压临界应力 $\sigma_{c,cr}$ 按下列公式计算：

当 $\lambda_{n,c}\leqslant 0.9$ 时，

$$\sigma_{c,cr}=f \tag{4.5.45}$$

当 $0.9<\lambda_{n,c}\leqslant 1.2$ 时，

$$\sigma_{c,cr}=[1-0.79(\lambda_{n,c}-0.9)]f \tag{4.5.46}$$

当 $\lambda_{n,c}>1.2$ 时，

$$\sigma_{c,cr}=1.1f/\lambda_{n,c}^2 \tag{4.5.47}$$

局部压应力和弯曲应力均为正应力，但腹板中引起横向非弹性变形的残余应力不如纵

向的大，故取 $\lambda_{n,c}=1.2$ 作为弹塑性影响的下起始点，偏于安全取 $\lambda_{n,c}=0.9$ 为弹塑性影响的上起始点。

4. 加劲肋设置原则

经过以上分析，对直接承受动力荷载的吊车梁及类似构件，或其他不考虑屈曲后强度的组合梁，应按以下原则布置腹板加劲肋：

① 当 $h_0/t_w\leqslant 80\sqrt{\dfrac{235}{f_y}}$ 时，对有局部压应力的梁宜按构造配置横向加劲肋，如吊车梁及类似构件；当局部压应力较小时，可不配置加劲肋。

② 当 $h_0/t_w>80\sqrt{\dfrac{235}{f_y}}$ 时，对直接承受动力荷载的吊车梁及类似构件应配置横向加劲肋；不考虑屈曲后强度的组合梁，宜配置横向加劲肋。

③ 当 $h_0/t_w>170\sqrt{\dfrac{235}{f_y}}$（受压翼缘扭转受到约束，如连有刚性铺板或焊有铁轨时）或 $h_0/t_w>150\sqrt{\dfrac{235}{f_y}}$（受压翼缘扭转未受到约束）时，或按计算需要时，除配置横向加劲肋外，还应在弯矩较大的受压区配置纵向加劲肋。局部压应力很大的梁，必要时宜在受压区配置短加劲肋。任何情况下（包括考虑腹板屈曲后强度的设计）h_0/t_w 均不宜超过 250，以免高厚比过大时产生焊接翘曲变形。在本条中的 h_0 为腹板的计算高度，对单轴对称梁，当确定是否配置纵向加劲肋时，h_0 应取为腹板受压区高度 h_c 的 2 倍。

④ 梁的支座处和上翼缘受有较大固定集中荷载处，宜设置支承加劲肋。

5. 腹板在几种应力联合作用下的屈曲

不考虑腹板屈曲后强度时，当 $h_0/t_w>80\sqrt{\dfrac{235}{f_y}}$ 时，焊接截面梁应计算腹板的稳定性。轻级、中级工作制吊车梁计算腹板的稳定性时，吊车轮压设计值可乘以 0.9 的折减系数。

前面介绍了腹板在几种应力单独作用下的屈曲问题，在实际梁的腹板中常同时存在几种应力联合作用的情况，下面分情况介绍其稳定计算方法。

（1）横向加劲肋加强的腹板

如图 4.5.15 所示两横向加劲肋之间的腹板段，同时承受着弯曲正应力 σ，均布剪应力 τ 及局部压应力 σ_c 的作用。当这些内力达到某种组合值时，腹板将由平板转变为微微弯曲的平衡状态，这就是腹板失稳的临界状态。其平衡方程求解运算非常繁复，此时可按下面《标准》提供的近似相关方程验算腹板的稳定：

$$\left(\frac{\sigma}{\sigma_{cr}}\right)^2+\left(\frac{\tau}{\tau_{cr}}\right)^2+\frac{\sigma_c}{\sigma_{c,cr}}\leqslant 1 \tag{4.5.48}$$

式中，σ 为所计算腹板区格内，由平均弯矩产生的腹板计算高度边缘的弯曲压应力；τ 为所计算腹板区格内，由平均剪力产生的腹板平均剪应力，$\tau=V/(h_w t_w)$，h_w 为腹板高度；σ_c 为腹板边缘的局部压应力，按式（4.2.7）计算，但 $\psi=1.0$；分母为各应力单独作用时的临界应力。σ_{cr}、τ_{cr} 及 $\sigma_{c,cr}$ 分别按式（4.5.35）~式（4.5.37），式（4.5.23）~式（4.5.25），式（4.5.45）~式（4.5.47）计算。

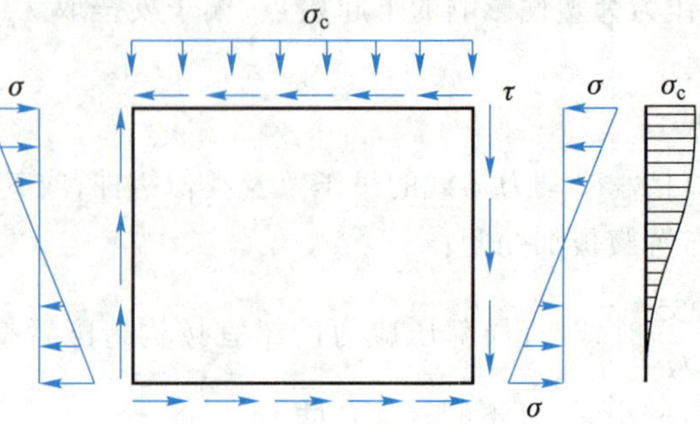

图 4.5.15　仅用横向加劲肋加强的腹板段

（2）同时用横向加劲肋和纵向加劲肋加强的腹板

同时用横向加劲肋和纵向加劲肋加强的腹板分为上板段——板段 Ⅰ 和下板段——板段 Ⅱ 两种情况，应分别验算。

① 上板段

板段 Ⅰ 的受力状态见图 4.5.16a，两侧受近乎均匀的压应力和剪应力，上下边也按受 σ_c 的均匀压应力考虑。这时局部稳定的相关公式为

$$\frac{\sigma}{\sigma_{cr1}}+\left(\frac{\sigma_c}{\sigma_{c,cr1}}\right)^2+\left(\frac{\tau}{\tau_{cr1}}\right)^2\leqslant 1 \tag{4.5.49}$$

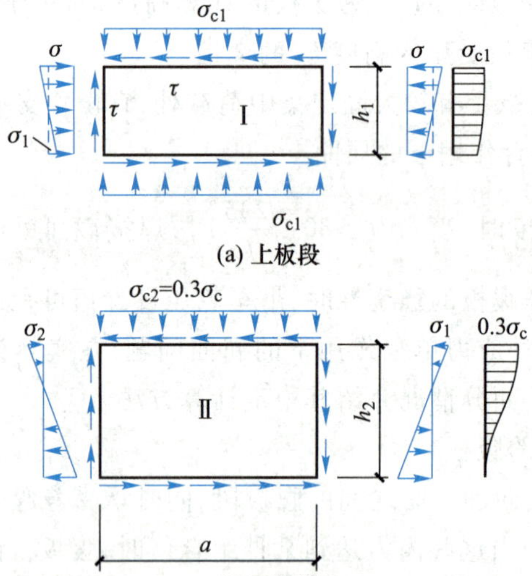

图 4.5.16　上、下板段受力状态

式中，σ_{cr1} 按式(4.5.35) ~ 式(4.5.37)计算，但式中的 $\lambda_{n,b}$ 改用下列 $\lambda_{n,b1}$ 代替：

当梁受压翼缘扭转受到约束时，

$$\lambda_{n,b1}=\frac{h_1/t_w}{75}\sqrt{\frac{f_y}{235}} \tag{4.5.50}$$

当梁受压翼缘扭转未受到约束时，

$$\lambda_{n,b1}=\frac{h_1/t_w}{64}\sqrt{\frac{f_y}{235}} \tag{4.5.51}$$

式中，h_1 为纵向加劲肋至腹板计算高度受压边缘的距离；τ_{cr1} 按式(4.5.20)~式(4.5.21)，式(4.5.23)~式(4.5.25)计算，但式中的 h_0 改为 h_1；$\sigma_{c,cr1}$ 亦按式(4.5.35)~式(4.5.37)计算，但式中的 $\lambda_{n,b}$ 改用下列 $\lambda_{n,c1}$ 代替。

当梁受压翼缘扭转受到约束时，

$$\lambda_{n,c1}=\frac{h_1/t_w}{56}\sqrt{\frac{f_y}{235}} \tag{4.5.52}$$

当梁受压翼缘扭转未受到约束时，

$$\lambda_{n,c1}=\frac{h_1/t_w}{40}\sqrt{\frac{f_y}{235}} \tag{4.5.53}$$

在受压翼缘与纵向加劲肋之间设有短加劲肋的区格，其局部稳定性也按式(4.5.49)验算。计算 σ_{cr1} 和 τ_{cr1} 的方法不变，计算时以短加劲肋的间距 a_1 代替横向加劲肋的间距 a，以 h_1 代替 h_0。计算 $\sigma_{c,cr1}$ 也仍用式(4.5.35)~式(4.5.37)，但式中 $\lambda_{n,b}$ 改用下列 $\lambda_{n,c1}$ 代替：

当梁受压翼缘扭转受到约束时，

$$\lambda_{n,c1}=\frac{a_1/t_w}{87}\sqrt{\frac{f_y}{235}} \tag{4.5.54}$$

当梁受压翼缘扭转未受到约束时，

$$\lambda_{n,c1}=\frac{a_1/t_w}{73}\sqrt{\frac{f_y}{235}} \tag{4.5.55}$$

对 $a_1/h_1>1.2$ 的区格，式(4.5.54)、式(4.5.55)右侧应乘以$\dfrac{1}{\sqrt{0.4+0.5a_1/h_1}}$。

② 下板段

板段 II 的受力状态见图 4.5.16b，局部稳定的相关公式为

$$\left(\frac{\sigma_2}{\sigma_{cr2}}\right)^2+\left(\frac{\tau}{\tau_{cr2}}\right)^2+\frac{\sigma_{c2}}{\sigma_{c,cr2}}\leqslant 1 \tag{4.5.56}$$

式中，σ_2 为所计算区格内腹板在纵向加劲肋处压应力的平均值；σ_{c2} 为腹板在纵向加劲肋处的横向压应力，取为 $0.3\sigma_c$；σ_{cr2} 按式(4.5.35)~式(4.5.37)计算，但式中的 $\lambda_{n,b}$ 改用下列 $\lambda_{n,b2}$ 代替：

$$\lambda_{n,b2}=\frac{h_2/t_w}{194}\sqrt{\frac{f_y}{235}} \tag{4.5.57}$$

τ_{cr2} 按式(4.5.20)~式(4.5.21)，式(4.5.23)~式(4.5.25)计算，但式中的 h_0 改为 h_2 ($h_2=h_0-h_1$)；$\sigma_{c,cr2}$ 按式(4.5.45)~式(4.5.47)计算，但式中的 h_0 改为 h_2，当 $a/h_2>2$ 时，取 $a/h_2=2$。

§4.6 梁腹板的屈曲后强度

4.6.1 薄板的屈曲后强度

前面分析板的局部稳定时假设板发生的是小变形，忽略了板中面产生的薄膜力。采用大挠度理论，分析如图 4.5.2 所示的单向均匀受压四边简支矩形板屈曲后强度，得出板所受

压力 N_x 与板挠度 w 的无量纲关系曲线如图 4.6.1 所示。由图中可见，侧边有支承的无缺陷薄板，在失去局部稳定之后，仍可继续承担更大的荷载，直到 A 点板边开始屈服，此后由于塑性发展，板的挠度迅速增加，很快达到极限荷载。一般实际中的板都或多或少存在缺陷，考虑缺陷影响后板的极限承载力与 A 点的荷载接近。因此可把无缺陷板侧边纤维达屈服时的荷载作为板的极限承载力，称为薄板的屈曲后强度(post-buckling strength)。

如图 4.6.2 所示，板屈曲后中面应力分布为

$$\sigma_x=\sigma_u+(\sigma_u-\sigma_{xcr})\cos 2\pi y/b \tag{4.6.1}$$

$$\sigma_y=(\sigma_u-\sigma_{xcr})\cos 2m\pi x/b \tag{4.6.2}$$

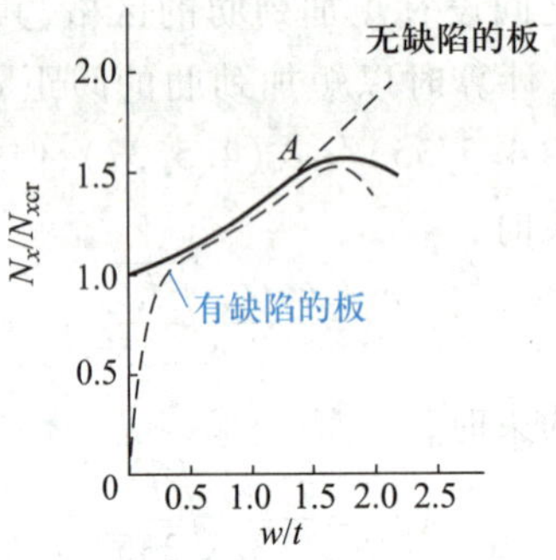

图 4.6.1　板的荷载挠度曲线

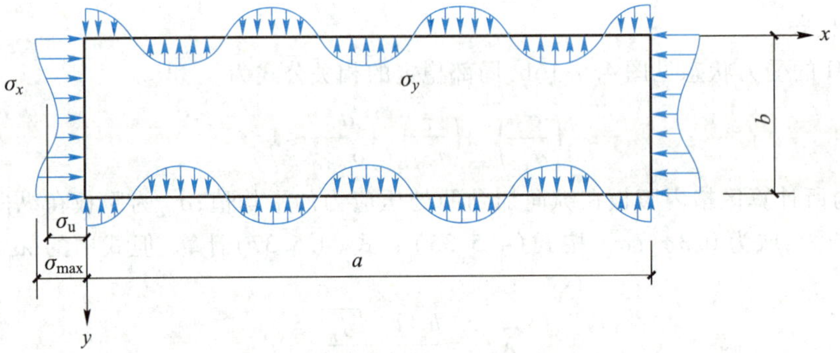

图 4.6.2　板屈曲后应力分布

在板屈曲前纵向应力 σ_x 是均匀分布的。σ_x 超过 σ_{xcr} 后(即屈曲后)，随压力的增大在板中产生横向应力 σ_y，在每个波节中，两端是压应力，中部是拉应力。正由于这个拉应力牵制了板纵向变形的发展，使板屈曲后有继续承载的潜能，同时 σ_x 的分布也不再均匀，呈现两端大，中间小的马鞍形。

从以上介绍可见板有较大的屈曲后潜能可以利用。国内外学者在理论与实验研究的基础上提出有效宽度(effective width)的概念：根据合力不变原则将截面应力分布等效成图 4.6.3 右侧所示形式，中间无应力部分认为无效，在计算时从截面中扣除。两端应力为 f_y 的部分认为有效，两部分宽度之和即为板的有效宽度。当非均匀受压时，板件两边的有效宽度不相等。目前有效宽度的计算是采用来源于实验的经验公式，有效宽度概念广泛用于冷弯薄壁型钢构件设计中，较详细的介绍见 §6-8 节。

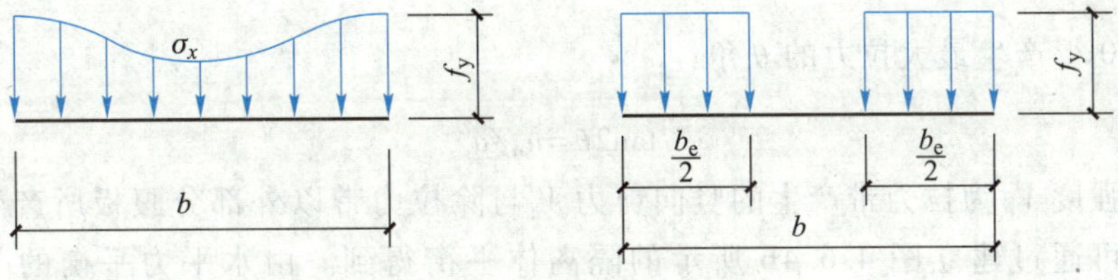

图 4.6.3　板件有效宽度

钢焊接截面梁的腹板一般较薄，往往有横向加劲肋加强，试验研究和理论分析均已证明，只要梁翼缘和加劲肋没有破坏，即使梁腹板失去了局部稳定，钢梁仍可继续承载。梁腹板受压屈曲后和受剪屈曲后的承载机理不同，本节将重点介绍这两种屈曲后强度的计算问题。

考虑到多次反复屈曲可能导致腹板边缘出现疲劳裂纹，因此对直接承受动力荷载的梁如吊车梁暂不考虑腹板屈曲后强度。此外进行塑性设计时也不能利用屈曲后强度，因为板件局部屈曲将使构件塑性不能充分发展。在焊接截面梁的设计中，不考虑翼缘屈曲后承载力的提高，因为对工字形截面来说翼缘属三边简支，一边自由板件，屈曲后继续承载的潜能不是很大。利用腹板屈曲后强度的梁，一般不再考虑设置纵向加劲肋。

4.6.2　梁腹板受剪屈曲后强度

如图 4.6.4a 所示，梁腹板在剪力作用下，尽管发生了局部屈曲，但由于薄膜效应在腹板中形成了张力场(tension-field)，使梁可以继续承载。目前关于张力场理论有多种模型和假定，本文介绍 Basler 建议的模型，该模型计算结果与试验结果吻合得较好。在 Basler 模型中将腹板屈曲后的梁视为一个桁架，腹板变为宽度为 S 的拉杆(张拉带)，横向加劲肋为受压竖杆。腹板屈曲后的剪切承载力 V_u 是屈曲强度 V_{cr} 和屈曲后强度 V_t 之和，即：

$$V_u = V_{cr} + V_t \tag{4.6.3}$$

式中，$V_{cr} = h_0 t_w \tau_{cr} = A_w \tau_{cr}$

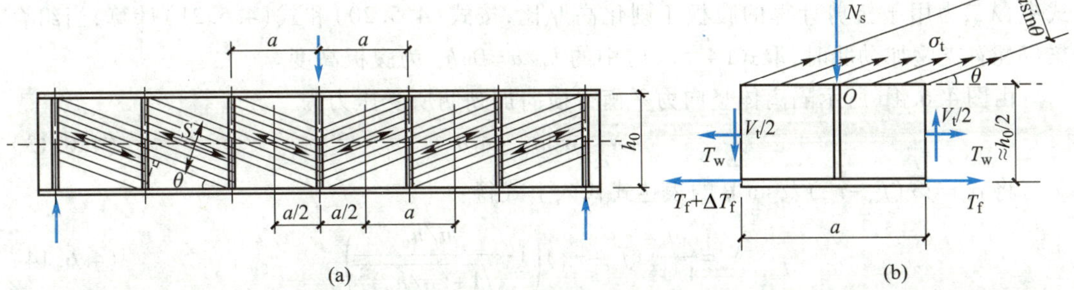

图 4.6.4　梁腹板中形成的张拉场

如图 4.6.4a 张拉带的宽度为 $S=h_0\cos\theta-a\sin\theta$，当张拉带的应力为 σ_t 时，由张力场产生的竖向分剪力为

$$V_t' = \sigma_t t_w (h_0\cos\theta - a\sin\theta)\sin\theta = \sigma_t t_w \left(\frac{h_0}{2}\sin 2\theta - a\sin^2\theta\right) \tag{4.6.4}$$

由$\frac{\partial V_t'}{\partial\theta}=0$得产生最大拉力的 θ 角：

$$\tan2\theta=h_0/a \tag{4.6.5}$$

屈曲后强度 V_t 为拉力带产生的竖向剪力 V_t'与除拉力带以外部分腹板所产生的屈曲后剪力之和。可通过建立图 4.6.4b 所示的隔离体平衡得到。由水平力平衡的下翼缘拉力差为

$$\Delta T_f=(\sigma_t t_w a\sin\theta)\cos\theta=\frac{1}{2}\sigma_t t_w a\sin2\theta \tag{4.6.6}$$

由绕 O 点的力矩平衡得：

$$V_t=\Delta T_f h_0/a=\frac{1}{2}\sigma_t h_0 t_w\sin2\theta=\frac{1}{2}\sigma_t A_w\frac{1}{\sqrt{1+(a/h_0)^2}} \tag{4.6.7}$$

腹板屈曲时 τ_{cr}引起的主应力方向与 σ_t 的方向并不一致，为简化计算可假设一致。可得屈服条件为：$\tau_{cr}+\sigma_t/\sqrt{3}=f_{vy}$，将 $\sigma_t=\sqrt{3}(f_{vy}-\tau_{cr})$代入式(4.6.7)得：

$$V_t=\frac{\sqrt{3}}{2}A_w\frac{f_{vy}-\tau_{cr}}{\sqrt{1+(a/h_0)^2}} \tag{4.6.8}$$

将上式代入(4.6.3)得：

$$V_u=\tau_{cr}A_w+\frac{\sqrt{3}}{2}A_w\frac{f_{vy}-\tau_{cr}}{\sqrt{1+(a/h_0)^2}}=A_w\left(\tau_{cr}+\frac{f_{vy}-\tau_{cr}}{1.15\sqrt{1+(a/h_0)^2}}\right) \tag{4.6.9}$$

上式即为腹板的极限抗剪承载力。为了简化计算，我国规范采用下面的近似公式计算 V_u 的设计值。

当 $\lambda_{n,s}\leqslant0.8$ 时，

$$V_u=h_w t_w f_v \tag{4.6.10}$$

当 $0.8<\lambda_{n,s}\leqslant1.2$ 时，

$$V_u=h_w t_w f_v[1-0.5(\lambda_{n,s}-0.8)] \tag{4.6.11}$$

当 $\lambda_{n,s}>1.2$ 时，

$$V_u=h_w t_w f_v/\lambda_{n,s}^{1.2} \tag{4.6.12}$$

式中，$\lambda_{n,s}$为用于抗剪计算的腹板正则化高厚比，按式(4.5.20)和式(4.5.21)计算，当组合梁仅配置支座加劲肋时，取式(4.5.21)中的 $h_0/a=0$；h_w 为腹板高度。

由图 4.6.4b 所示隔离体竖向力平衡得横向加劲肋所受压力为

$$N_s=\sigma_t a t_w\sin^2\theta \tag{4.6.13}$$

将 $\sigma_t=\sqrt{3}(f_{vy}-\tau_{cr})$及$\sin^2\theta$的表达式代入上式得：

$$N_s=\frac{a t_w}{1.15}(f_{vy}-\tau_{cr})\left(1-\frac{a/h_0}{\sqrt{1+(a/h_0)^2}}\right) \tag{4.6.14}$$

即为张力场产生的对横向加劲肋的竖向力，当横向加劲肋上端尚有集中力 F 时，计算时应将其加入 N_s 中。此外张力场对横向加劲肋还产生水平分力，对中间加劲肋来说，可以认为两相邻区格的水平力相互抵消。因此，这类加劲肋只按轴心压力计算其在腹板平面外的稳定。对支座加劲肋则必须考虑这个水平力的影响，按压弯构件计算其在腹板平面外的稳定。

为了简化计算，与对 V_u 的处理类似，我国规范采用下列近似公式计算 N_s：

$$N_s = V_u - \tau_{cr} h_w t_w + F \tag{4.6.15}$$

式中，V_u 按式(4.6.10)~式(4.6.12)计算；τ_{cr} 按式(4.5.23)~式(4.5.25)计算；F 为作用于中间支承加劲肋上端的集中力，只有在计算该加劲肋时才加上此力。

4.6.3 腹板受弯屈曲后梁的极限弯矩

在4.5.3小节中我们得出当 h_0/t_w 不满足式(4.5.30)或式(4.5.31)时，在纯弯作用下腹板会发生弹性屈曲，此时板边缘的压应力 σ_{cr} 尚未达到钢材屈服点 f_y。腹板屈曲后，因薄膜效应，梁还可继续承载，但受压区的应力分布不再是线性(图4.6.5)，中和轴位置下移，直到板边缘纤维达到钢材屈服点 f_y 才达到极限承载力。设计中仍可在受压区引入有效宽度的概念，认为受压区上下两部分有效，中间部分退出工作，受拉区全部有效。研究表明对Q235钢来说，受压翼缘受到扭转约束的梁，当腹板高厚比达到200时(或受压翼缘扭转未受到约束的梁，当腹板高厚比达到175时)，腹板屈曲后梁的抗弯承载力与全截面有效的梁相比，仅下降5%。这说明腹板局部屈曲对梁的抗弯影响不大，我国《标准》采用图4.6.5最右侧的腹板有效截面分布假设，得到如下近似公式计算腹板受弯屈曲后梁的抗弯承载力设计值 M_{eu}：

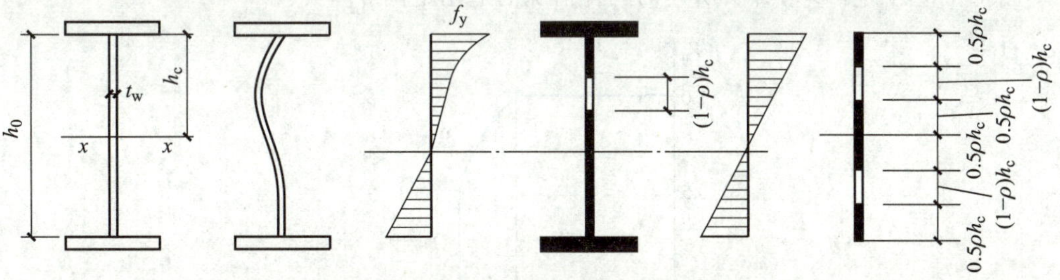

图4.6.5 梁腹板受弯屈曲后的有效截面

$$M_{eu} = \gamma_x \alpha_e W_x f \tag{4.6.16}$$

$$\alpha_e = 1 - \frac{(1-\rho) h_c^3 t_w}{2I_x} \tag{4.6.17}$$

式中，α_e 为梁截面模量考虑腹板有效高度的折减系数；I_x 为按梁截面全部有效算得的绕 x 轴的惯性矩；h_c 为按梁截面全部有效算得的腹板受压区高度；γ_x 为梁截面塑性发展系数；ρ 为腹板受压区有效高度系数，

当 $\lambda_{n,b} \leqslant 0.85$ 时，

$$\rho = 1.0 \tag{4.6.18}$$

当 $0.85 < \lambda_{n,b} \leqslant 1.25$ 时，

$$\rho = 1 - 0.82(\lambda_{n,b} - 0.85) \tag{4.6.19}$$

当 $\lambda_{n,b} > 1.25$ 时，

$$\rho = \frac{1}{\lambda_{n,b}}\left(1 - \frac{0.2}{\lambda_{n,b}}\right) \tag{4.6.20}$$

$\lambda_{n,b}$ 为腹板受弯时正则化高厚比，按式(4.5.33)、式(4.5.34)计算。

4.6.4 同时受弯和受剪的梁考虑腹板屈曲后的强度

实际工程中梁腹板大多承受弯剪的联合作用。研究表明：①当剪力 $V\leqslant 0.5V_u$ 时，梁的极限弯矩仍可取为 M_{eu}；②当梁所受的弯矩不超过两个翼缘的抗弯能力 M_f 时可以认为腹板不参与承担弯矩，故梁的抗剪能力为 V_u；③当 $V>0.5V_u$ 或 $M>M_f$ 时，《标准》采用类似欧洲钢结构规范(EC3)的相关公式验算梁的抗弯和抗剪承载能力：

$$\left(\frac{V}{0.5V_u}-1\right)^2+\frac{M-M_f}{M_{eu}-M_f}\leqslant 1 \tag{4.6.21}$$

$$M_f=\left(A_{f1}\frac{h_{m1}^2}{h_{m2}}+A_{f2}h_{m2}\right)f \tag{4.6.22}$$

式中，M、V 分别为所计算区格内梁的任一截面上同时产生的弯矩和剪力设计值；计算时，当 $V<0.5V_u$ 取 $V=0.5V_u$；当 $M<M_f$ 取 $M=M_f$；M_f 为两翼缘所承担的弯矩设计值；A_{f1}、h_{m1} 分别为较大翼缘截面积及其形心至梁中和轴的距离；A_{f2}、h_{m2} 分别为较小翼缘截面积及其形心至梁中和轴的距离；M_{eu}、V_u 分别为梁抗弯和抗剪承载力设计值，见式(4.6.16)，式(4.6.10)～式(4.6.12)。

图4.6.6给出了本节开头所述的三种情况的适用范围。

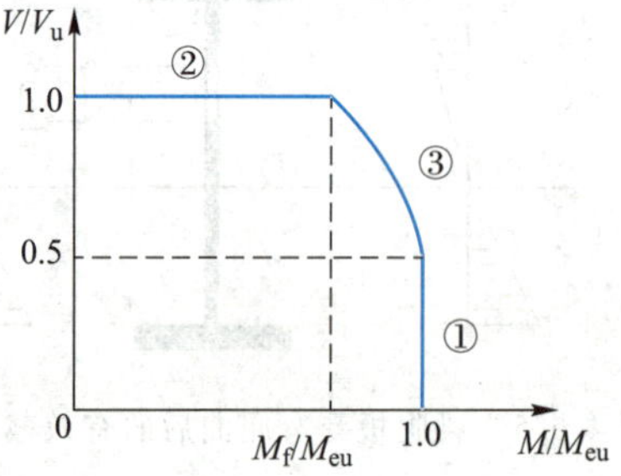

图4.6.6 利用腹板屈曲后强度的梁的剪力和弯矩相关曲线

4.6.5 利用腹板屈曲后强度的梁的加劲肋设计

《标准》规定：当梁仅配支承加劲肋不能满足式(4.6.21)的要求时，应在两侧成对布置中间横向加劲肋。间距一般为$(1\sim2)h_0$，其截面尺寸除应满足构造要求外，中间加劲肋还要能够承担由式(4.6.15)计算的张力场产生的竖向力和集中力，按轴心受压构件验算其平面外的稳定性。

支座加劲肋承担的竖向力按支座反力 R 考虑，当腹板在支座旁的区格利用屈曲后强度亦即 $\lambda_{n,s}>0.8$ 时，支座加劲肋还要承受张力场产生的水平分力 H 的作用，按压弯构件计算其强度和在腹板平面外的稳定。H 按下式计算：

$$H=(V_u-h_w t_w \tau_{cr})\sqrt{1+(a/h_0)^2} \tag{4.6.23}$$

对设中间横向加劲肋的梁，a 取支座端区格的加劲肋间距。对不设中间加劲肋的腹板，

a 取梁支座至跨内剪力为零点的距离。

H 的作用点在距腹板计算高度上边缘 $h_0/4$ 处。此压弯构件的计算长度同一般支座加劲肋。

如果为增强梁的抗弯能力在支座处采用如图 4.6.7a 所示的加封头肋板的构造形式时，可按下述简化方法进行计算：加劲肋 1 作为承受支座反力 R 的轴心压杆计算，封头肋板 2 的截面积不应小于 A_c：

$$A_c=\frac{3h_0H}{16ef} \tag{4.6.24}$$

式中，e 为支座加劲肋与封头肋板之间的距离，f 为钢材设计强度。

图 4.6.7b 给出了另一种梁端构造方法，即在梁端处减小支座肋板 1 与相邻肋板 3 的间距 a_1，使该区格腹板的正则化高厚比 $\lambda_{n,s}\leqslant 0.8$，使其不会发生局部屈曲。这样支座加劲肋就不会受到拉力的作用了，只按承受支座反力 R 的轴心压杆验算其平面外的稳定性即可。

考虑腹板屈曲后强度的梁，腹板高后比不应大于 250，可按构造需要设置中间横向加劲肋。$a>2.5h_0$ 和不设中间横向加劲肋的腹板，当满足式(4.5.48)时，可取水平分力 $H=0$。

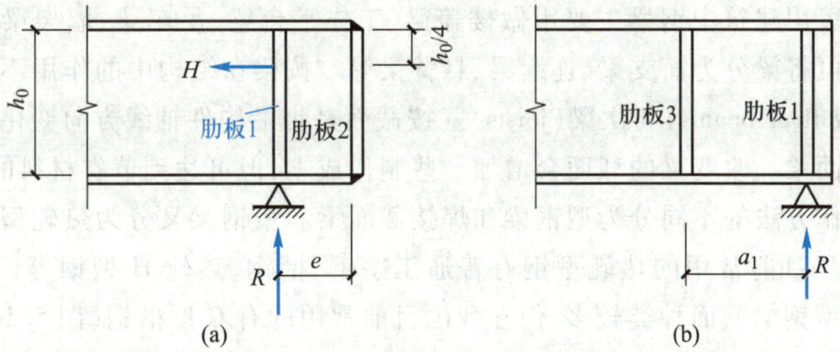

图 4.6.7 利用腹板屈曲后强度的梁端构造

习 题

4.1 进行梁的强度验算时，都验算哪些内容？

4.2 什么是自由扭转？什么是约束扭转？举例说明构件在什么情况下只产生自由扭转。

4.3 梁整体失稳发生的原因是什么，发生何种失稳，属第几类稳定问题？

4.4 以纯弯梁为例，分析影响其临界弯矩的因素及提高临界荷载的可能措施。

4.5 在钢梁整体稳定计算时，残余应力的影响是如何考虑的？

4.6 哪些内力可引起薄板的屈曲，屈曲后变形状态如何？

4.7 什么原因使梁腹板失稳后还有承载潜能，在什么情况下可以利用其屈曲后承载力？

4.8 利用梁的腹板屈曲后强度时，对加劲肋有何要求？为什么？

第5章

梁的设计

§5.1 梁的类型和梁格布置

5.1.1 梁的类型

在工业与民用建筑中钢梁主要用做楼盖梁、工作平台梁、吊车梁、墙架梁及檩条等。按梁的支承情况可将梁分为简支梁、连续梁、悬臂梁等。按梁在结构中的作用不同可将梁分为主梁(girders 或 floor beams)与次梁(joists)。按截面是否沿构件轴线方向变化可将梁分为等截面梁与变截面梁。改变梁的截面会增加一些制作成本,但可达到节省材料的目的。

钢梁按制作方法的不同分为型钢梁和焊接截面梁。型钢梁又分为热轧型钢梁和冷弯薄壁型钢梁两种。目前常用的热轧型钢有普通工字钢、槽钢、热轧 H 型钢等(如图 5.1.1a ~ c)。冷弯薄壁型钢梁截面种类较多,但在我国目前常用的有 C 形槽钢(图 5.1.1d)和 Z 形钢(图 5.1.1e)。冷弯薄壁型钢是通过冷轧加工成形的,板壁都很薄,截面尺寸较小。在梁跨较小、承受荷载不大的情况下采用比较经济,例如屋面檩条和墙梁。型钢梁具有加工方便、成本低廉的优点,在结构设计中应优先选用。但由于型钢规格型号所限,在大多情况下,用钢量要多于焊接截面梁。

如图 5.1.1f、g 所示,由钢板焊成的工字形截面梁在工程中应用较多,当抗弯承载力不足时可在翼缘加焊一层翼缘板。如果梁所受荷载较大、而梁高受限或者截面抗扭刚度要求较高时可采用箱形截面(图 5.1.1h)。

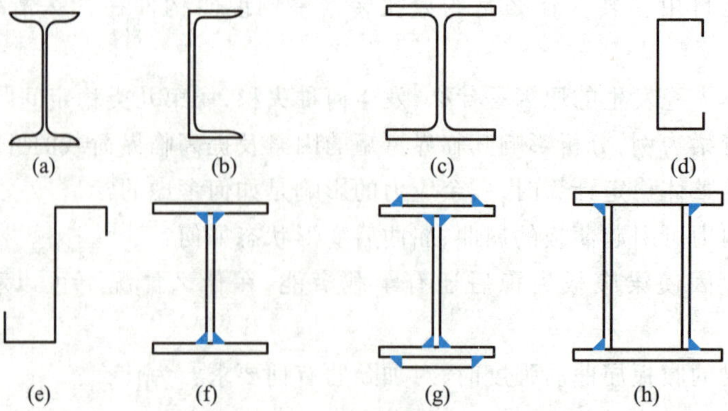

图 5.1.1　梁的截面形式

蜂窝梁在工程实践中也有较多应用,该梁能够有效节省钢材,而且腹板空洞可作为设备通道。如图 5.1.2 所示,将工字钢、H 型钢或焊接工字钢沿腹板折线状切开,然后错动半个折线或颠倒重新焊连即可制成蜂窝梁。

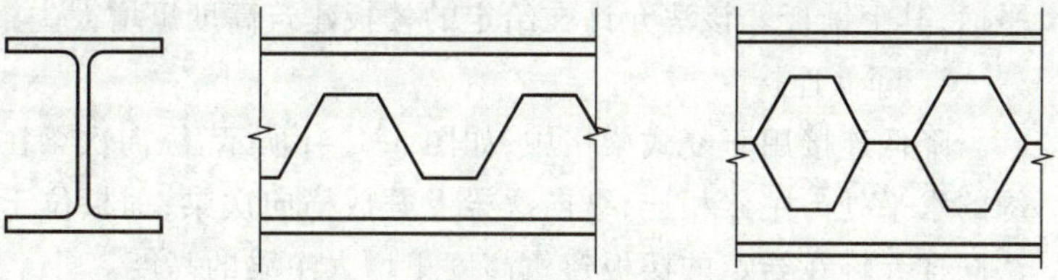

图 5.1.2 蜂窝梁

5.1.2 梁格布置

在设计梁式楼板结构或其他类似结构时必须选择承重梁体系,称之为梁格。梁格可分为三个主要形式:简单式、普通式和复式梁格。

1. 简单式梁格

如图 5.1.3a 所示的简单式梁格中,荷载由楼板传至主梁,并经主梁传至墙壁或柱等承重结构上。由于板的承载力不大,所以梁布置得较密,这只有在梁跨度不大时才合理。

2. 普通式梁格

如图 5.1.3b 所示的普通式梁格中,荷载由楼板传至次梁,次梁再将荷载传至主梁,主梁支承在柱或墙等承重结构上。这是一种常用的梁格布置方式。

3. 复式梁格

如图 5.1.3c 所示的复式梁格中,主梁间加设纵向次梁,纵向次梁间设横向次梁。荷载由楼板传至横向次梁,再由横向次梁传至纵向次梁,经纵向次梁传给主梁。荷载传递路径长,构造复杂,只用在主梁跨度大、荷载重的情况下。

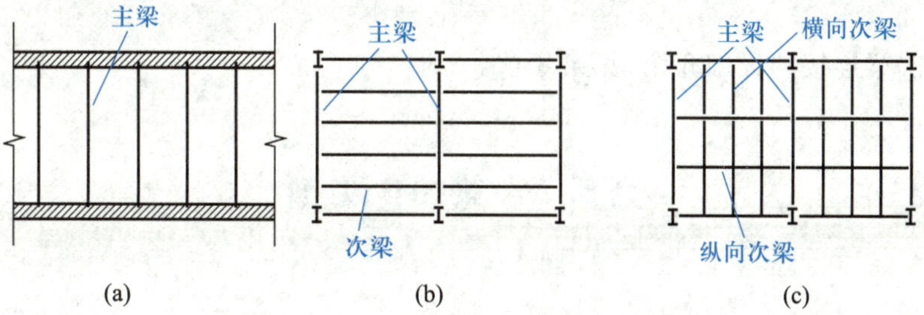

图 5.1.3 梁格布置

5.1.3 主次梁连接

主次梁间的连接可以是叠接、平接或降低连接。

1. 叠接

如图 5.1.4a 所示,叠接就是次梁直接放在主梁或其他次梁上,用焊缝或螺栓固定。从安装上看这是最简单最方便的连接方法，但建筑高度大，使用常受限制。

5.1　主次梁不等高连接1

2. 平接

平接又称等高连接，如图5.1.4b～i所示，次梁与主梁上翼缘位于同一平面，其上铺板。该法允许在给定的楼板建筑高度里增大主梁的高度。

3. 降低连接

降低连接用于复式梁格中，如图5.1.4j所示，纵向次梁在低于主梁上翼缘的水平处与主梁相连，纵向次梁上叠放横向次梁，铺板位于主梁之上。该法同样允许在给定的楼板建筑高度里增大主梁的高度。

5.2　主次梁不等高连接2

5.3　主次梁等高连接1

5.4　主次梁等高连接2

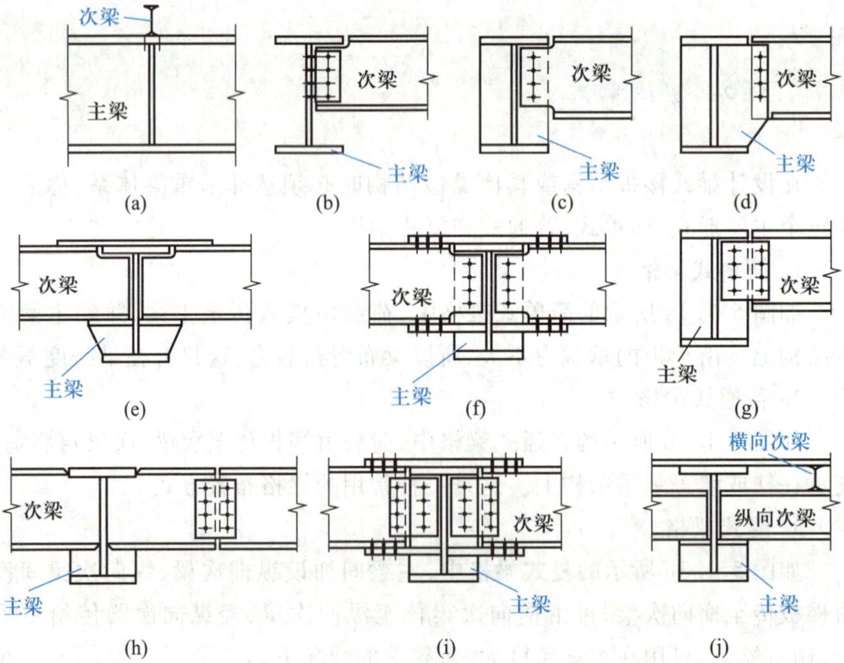

图5.1.4　主次梁的连接

有关主次梁连接的详细介绍，见第8章。

§5.2　梁的设计

5.2.1　梁的截面选择

1. 型钢梁截面的选择

型钢梁的选择比较简单，只需根据计算所得到的梁中最大弯矩按下列公式求出需要的净截面模量：

$$W_{nx}=\frac{M_x}{\gamma_x f} \tag{5.2.1}$$

然后在型钢规格表中选择截面模量接近 W_{nx} 的型钢做为试选截面。为节省钢材,设计时应避免在最大弯矩作用的截面上开栓钉孔,以免削弱截面。

2. 焊接梁截面的选择

焊接梁截面的选择包括:估算梁高、腹板厚度和翼缘尺寸。

(1) 梁高的估算

确定梁的高度应考虑建筑要求、梁的刚度和梁的经济条件。梁的建筑高度要求决定了梁的最大高度 $h_{\max}$,而建筑要求取决于使用要求。梁的刚度要求决定了梁的最小高度 $h_{\min}$。在组成截面时,为了满足需要的截面模量,可以有多种方案。梁既可以是高而窄,也可以是矮而宽。前者翼缘用钢量少,而腹板用钢量多,后者则相反,合理方案是使总用钢量最少。根据这一原则确定的梁高叫经济高度 h_e。有了以上三种高度,就可以选择梁高了。合理梁高是介于最大高度与最小高度之间,尽可能接近经济高度。

下面以承受均布荷载的简支梁为例说明 $h_{\min}$ 的计算方法。该梁的最大挠度应符合式(4.2.13)的要求:

$$v_{\max}=\frac{5q_k l^4}{384EI_x}=\frac{5l^2}{48EI_x}\cdot\frac{q_k l^2}{8}=\frac{5M_{k\max}l^2}{48EI_x}=\frac{5}{48}\cdot\frac{M_{k\max}l^2}{EW_x(h/2)}=\frac{5\sigma_{k\max}l^2}{24Eh}\leqslant[v] \tag{5.2.2}$$

式中,$v_{\max}$ 为按标准荷载算得的梁中最大挠度;l 为梁的跨度;q_k 为均布荷载标准值;I_x、W_x 分别为梁截面的惯性矩与截面模量;$M_{k\max}$ 为由荷载标准值产生的梁跨中最大弯矩;$\sigma_{k\max}$ 为梁中最大弯矩处截面的最大正应力,$\sigma_{k\max}=\dfrac{M_{k\max}}{W_x}$。

由式(5.2.2)可见,梁的刚度和高度有直接关系,为使梁能充分发挥强度又能保证刚度,取 $\sigma_{\max}=f/1.3$(1.3 为永久荷载和活荷载分项系数的平均值)。由此得:

$$h_{\min}=\frac{5fl}{31.2E}\left[\frac{l}{v}\right] \tag{5.2.3}$$

经济高度可采用如下经验公式计算:

$$h_e=7\sqrt[3]{W_x}-30\ \text{cm} \tag{5.2.4}$$

(2) 腹板尺寸

梁高确定后腹板高也就确定了,腹板高为梁高减两个翼缘的厚度,在取腹板高时要考虑钢板的规格尺寸,一般使腹板高度为 50 mm 的模数。从经济角度出发,腹板薄一些比较省钢,但腹板厚度的确定要考虑腹板的抗剪强度,腹板的局部稳定和构造要求。从抗剪强度角度来看,应满足下式:

$$\tau_{\max}=1.2\frac{V_{\max}}{h_w t_w}\leqslant f_v \tag{5.2.5}$$

式中,假定腹板最大剪应力为平均剪应力的 1.2 倍,$V_{\max}$ 为梁的最大剪力。

由式(5.2.5)得腹板厚度应满足:

$$t_w\geqslant\frac{1.2V_{\max}}{h_w f_v} \tag{5.2.6}$$

由上式算得 t_w 值一般较小,为满足局部稳定和构造要求,常按下列经验公式估算:

$$t_w=\frac{\sqrt{h_w}}{3.5} \tag{5.2.7}$$

由以上两式即可确定腹板的厚度。腹板厚度的选取要符合钢板的规格。腹板选的薄固然省钢,但为保证局部稳定需配置加劲肋,使构造复杂。同时厚度太小容易因锈蚀而降低承载力,在制造过程也易发生较大的变形。厚度太大除不经济外,制造上也困难,因此选取腹板厚度要综合考虑以上因素。一般来说,腹板厚度最好在 8 ~ 22 mm 范围内,对个别小跨度梁,腹板最小厚度可采用 6 mm。

(3) 翼缘尺寸

由式(5.2.1)求得需要的净截面模量,则整个截面需要的惯性矩为

$$I_x = W_{nx} \cdot \frac{h}{2} \tag{5.2.8}$$

由于腹板尺寸已确定,其惯性矩为

$$I_w = \frac{1}{12} t_w h_0^3 \tag{5.2.9}$$

则翼缘需要的惯性矩为

$$I_t = I_x - I_w \approx 2bt\,(h_0/2)^2 \tag{5.2.10}$$

由式(5.2.10)得:

$$bt = \frac{2(I_x - I_w)}{h_0^2} \tag{5.2.11}$$

翼缘宽度 b 或厚度 t 只要定出一个,就能确定另一个。b 通常取 $(1/5 \sim 1/3)h$,同时为保证局部稳定 $b/t \leqslant 30\sqrt{235/f_y}$,如果截面考虑发展部分塑性则 $b/t \leqslant 26\sqrt{235/f_y}$。选择 b 和 t 时要符合钢板规格尺寸,一般 b 取 10 mm 的倍数,t 取 2 mm 的倍数,且不小于 8 mm。

5.2.2 梁的验算

梁的验算包括刚度、强度、整体稳定,对于焊接截面梁还包括局部稳定验算。

1. 强度验算

强度验算包括:正应力、剪应力、局部压应力验算,对组合梁还要验算翼缘与腹板交界处的折算应力。

(1) 正应力

运用材料力学知识找出梁截面最大弯矩及可能产生最大正应力处的弯矩(如变截面处和截面有较大削弱处),单向受弯时按式(4.2.2)验算截面最大正应力 σ 是否满足要求。双向受弯时采用式(4.2.3)验算。使用式(4.2.2)及式(4.2.3)时应注意 W_{nx} 及 W_{ny} 为验算截面处的净截面抵抗矩。

(2) 剪应力

根据梁是单向受剪还是双向受剪采用式(4.2.4)或式(4.2.5)计算剪应力,并应满足式(4.2.6)要求。对于型钢梁由于腹板较厚,一般均能满足上式要求,只在剪力较大处截面有较大削弱时方需进行剪应力计算。

(3) 局部压应力

当梁上翼缘受有沿腹板平面作用的集中荷载且该荷载处又未设置支承加劲肋时,腹板

计算高度上边缘的局部承压强度应该满足式(4.2.7)的要求。在梁支座处,当不设支承加劲肋时局部承压强度也应该满足式(4.2.7)的要求。应注意在跨中集中荷载处与支座处荷载在腹板计算高度边缘的分布长度计算公式不同。

(4) 折算应力

在组合梁的腹板计算高度边缘处,若同时受有较大的正应力、剪应力和局部压应力,或同时受有较大的正应力和剪应力(如连续梁中部支座处或梁的翼缘截面改变处等),应按式(4.2.11)验算折算应力。

2. 梁的刚度验算

众所周知,楼盖梁的挠度过大会给人们一种不舒适感和不安全感,同时也会使附着物如抹灰等脱落,影响使用。吊车梁的挠度过大会影响吊车的正常运行。因此除承载力满足要求外,尚应按式(4.2.13)验算梁的刚度,以保证梁的正常使用。使用要求不同的构件,最大挠度的限制值也是不同的,附表2.1给出了吊车梁、楼盖梁、屋盖梁、工作平台梁以及墙架梁的挠度容许值。

梁的挠度计算方法较多,可按材料力学和结构力学的方法计算,也可由结构静力计算手册取用,也可采用通用的力学软件计算。梁的荷载一般为均布荷载和集中力,等截面梁均布荷载情况下可用式(5.2.12)计算。受多个集中力情况(如吊车梁、楼盖主梁等),其挠度的精确计算比较麻烦,但由于其与受均布荷载作用的梁在最大弯矩相同情况下挠度接近,我们可以得出下列简化计算公式:

对等截面简支梁:
$$v=\frac{5}{384}\frac{q_k l^4}{EI_x}=\frac{5}{48}\frac{q_k l^4}{8EI_x}\approx\frac{M_{kmax}l^2}{10EI_x} \tag{5.2.12}$$

对变截面简支梁:
$$v=\frac{M_{kmax}l^2}{10EI_x}\left(1+\frac{3}{25}\frac{I_x-I_{x1}}{I_x}\right) \tag{5.2.13}$$

式中,q_k 为均布线荷载标准值;M_{kmax} 为荷载标准值下梁的最大弯矩;I_x 为跨中毛截面惯性矩;I_{x1} 为支座附近毛截面惯性矩。

对于焊接截面梁,选截面时梁高大于 h_{min},可不必验算刚度。

3. 整体稳定验算

首先根据4.4.6小节中所述的原则判断该梁是否需要进行整体稳定验算。如需要则按照梁的截面类型选择适当的公式计算整体稳定系数。对于焊接工字钢和轧制H型钢简支梁可按式(4.4.25)计算,轧制普通工字钢简支梁可查附表3.2。轧制槽钢简支梁按式(4.4.26)计算。不论哪种情况算得的稳定系数 φ_b 大于0.6时,都应采用式(4.4.27)算得相应的 φ'_b 代替 φ_b 值。单向受弯、双向受弯构件应分别采用式(4.4.22)、式(4.4.28)验算整体稳定承载力是否满足要求。

4. 局部稳定验算

型钢梁的局部稳定都已满足要求不必再验算。对于焊接截面梁,翼缘可通过限制板件宽厚比保证其不发生局部失稳。腹板则较为复杂些,一种方法是通过设置加劲肋的方法保证其不发生局部失稳,设置加劲肋的原则及局部稳定验算见4.5.3小节;另一种方法是允许腹板发生局部失稳,利用其屈曲后承载力,《标准》建议对于承受静力荷载和间接承受动力荷载的梁宜考虑利用腹板屈曲后强度。另外需要注意的是:轻级、中级工作制吊车梁计算腹板的稳定性时,吊车轮压设计值可乘以折减系数 0.9。

【例题 5.1】 某建筑物采用如图 5.1.3b 所示的梁格布置,次梁间距 2 m,主梁间距 6 m,柱截面高 0.5 m。采用普通工字型钢作为主次梁。梁上铺设钢筋混凝土预制板,并与主次梁有可靠的连接,能够保证其整体稳定。均布活荷载标准值为 3 kN/m²,楼板自重标准值为 3 kN/m²。主梁和次梁、主梁和柱子均采用构造为铰接的连接方法。次梁选用 I25a,试设计边部主梁截面。

【解】 从图 5.1.3b 中取出边部主梁,计算简图如图 5.2.1 所示。梁的计算跨度为 2 m×5−0.5 m=9.5 m。拟选用 Q235B 钢材。由于恒载与活载相近,按可变荷载控制的基本组合选取荷载。

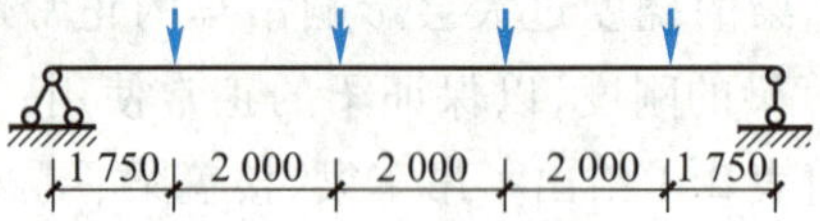

图 5.2.1　计算简图

查附表 8.5,一根次梁重量为 38 .1 kg/m×6 m=228.6 kg,转化为牛顿 228.6 kg×9.8 N/kg=2.24 kN

一根次梁传给主梁的竖向荷载如下:

恒荷载标准值为 2 m×6 m/2×3 kN/m²+2.24 kN/2=19.1 kN,设计值为 1.2×19.1 kN=22.9 kN

活荷载标准值为 2 m×6 m/2×3 kN/m² =18 kN,设计值为 1.4×18 kN=25.2 kN

总荷载标准值为 19.1 kN+18 kN=37.1 kN,总设计值为(22.9+25.2)kN=48.1 kN

设计荷载在主梁支座处产生的最大剪力为 V=48.1 kN×4/2=96.2 kN

主梁跨中最大弯矩为 M_{max}=96.2 kN×9.5 m/2−48.1 kN×1 m−48.1 kN×3 m=264.6 kN/m

承担此弯矩所需梁的净截面抵抗矩为 $W_{nx}=\dfrac{M_{max}}{\gamma_x f}=\dfrac{264.6\times10^6\ \text{N}\cdot\text{mm}}{1.05\times215\ \text{N/mm}^2}=1.17\times10^6\ \text{mm}^3$

按此查附表 8.5,试采用 I45a,I_x=32 200 cm⁴,W_x=1 430 cm³,重量为 80.4 kg/m,由此产生的跨中最大弯矩为

$$M'_{max}=(1.2\times80.4\times9.8\times10^{-3}\times9.5^2/8)\ \text{kN}\cdot\text{m}=10.7\ \text{kN}\cdot\text{m}$$

梁跨中最大弯矩处的应力为

$$\sigma_{max}=\frac{M_{max}+M'_{max}}{\gamma_x W_{nx}}=\frac{(264.6+10.7)\times10^6}{1.05\times1\ 430\times10^3}\ \text{N/mm}^2$$
$$=183\ \text{N/mm}^2<f=205\ \text{N/mm}^2(\text{因翼缘厚}\ t=18\ \text{mm}>16\ \text{mm})$$

由荷载标准值产生的最大弯矩为

$$M_k=(74.2\times9.5/2-37.1\times1-37.1\times3+80.4\times9.8\times10^{-3}\times9.5^2/8)\ \text{kN}\cdot\text{m}$$
$$=212.9\ \text{kN}\cdot\text{m}$$

产生的最大挠度为 $v_{max}=\dfrac{M_k l^2}{10EI_x}=\dfrac{212.9\times9.5^2\times10^{12}}{10\times2.06\times10^5\times32\ 200\times10^4}\ \text{mm}=29\ \text{mm}$

由附录 2 知 $[v_T]=l/400$=9 500/400 mm=23.8 mm,$v_{max}>[v_T]$,不满足要求。改选 I50a,I_x=46 500 cm⁴,重量为 93.6 kg/m。

由荷载标准值产生的最大弯矩为

$$M_k=(74.2\times9.5/2-37.1\times1-37.1\times3+93.6\times9.8\times10^{-3}\times9.5^2/8)\ \text{kN}\cdot\text{m}$$
$$=214.4\ \text{kN}\cdot\text{m}$$

产生的最大挠度为 $v_{max}=\dfrac{M_k l^2}{10EI_x}=\dfrac{214.4\times9.5^2\times10^{12}}{10\times2.06\times10^5\times46\ 500\times10^4}\ \text{mm}=20.2\ \text{mm}<[v_T]$，满足要求。

由于活荷载占一半左右，而$[v_Q]$为$[v_T]$的 0.8 倍，故在活荷载作用下挠度也满足要求。可见在本例中梁的截面由挠度控制。

【例题 5.2】 某跨度 6 m 的简支梁承受均布荷载作用（作用在梁的上翼缘），其中永久荷载标准值为 20 kN/m，可变荷载标准值为 25 kN/m。该梁拟采用 Q235B 钢制成的焊接工字形截面，试设计该梁。

【解】 标准荷载 $q_k=(20+25)\ \text{kN/m}=45\ \text{kN/m}$

设计荷载 $q=(1.2\times20+1.4\times25)\ \text{kN/m}=59\ \text{kN/m}$

梁跨中最大弯矩：$M_{max}=59\times6^2/8\ \text{kN}\cdot\text{m}=265.5\ \text{kN}\cdot\text{m}$

由附录 2 查得$[v_T]$为 $l/400$，由式(5.2.3)得梁的最小高度为

$$h_{min}=\frac{5fl}{31.2E}\left[\frac{l}{v_T}\right]=\frac{5\times215\times6\times10^3}{31.2\times2.06\times10^5}\left[\frac{6\times10^3}{6\times10^3/400}\right]\ \text{mm}=401.4\ \text{mm}$$

需要的净截面抵抗矩为

$$W_{nx}=\frac{M_{max}}{\gamma_x f}=\frac{265.5\times10^6}{1.05\times215}\ \text{mm}^3=1.18\times10^6\ \text{mm}^3=1.18\times10^3\ \text{cm}^3$$

由式(5.2.4)得梁的经济高度为

$$h_e=7\sqrt[3]{W_x}-30\ \text{cm}=44\ \text{cm}$$

因此取梁腹板高 450 mm。

支座处最大剪力为

$$V_{max}=59\times6/2\ \text{kN}=177\ \text{kN}$$

由式(5.2.6)得：$t_w\geqslant\dfrac{1.2V_{max}}{h_w f_v}=\dfrac{1.2\times177\times10^3}{450\times125}\ \text{mm}=3.8\ \text{mm}$

由式(5.2.7)得：$t_w=\dfrac{\sqrt{h_w}}{3.5}=\dfrac{\sqrt{450}}{3.5}\ \text{mm}=6.1\ \text{mm}$

取腹板厚为 $t_w=8$ mm，故腹板采用−450×8 的钢板。

假设梁高为 500 mm，需要的净截面惯性矩为

$$I_{nx}=W_{nx}\frac{h}{2}=1.18\times10^6\times(500/2)\times10^{-4}\ \text{mm}^4=2.95\times10^4\ \text{cm}^4$$

腹板惯性矩为

$$I_w=t_w h_0^3/12=0.8\times45^3/12\ \text{cm}^4=6\ 075\ \text{cm}^4$$

由式(5.2.11)得：$bt=\dfrac{2(I_x-I_w)}{h_0^2}=\dfrac{2(2.95\times10^4-6\ 075)}{45^2}\ \text{cm}^2=23.1\ \text{cm}^2$

取 $b=150\ \text{mm}=h_0/3$，$t=23.1/15\ \text{cm}=1.54\ \text{cm}$，取 $t=18$ mm。$t>b/26=5.8$ mm，翼缘选用−150×18。

所选截面尺寸如图 5.2.2 所示。截面惯性矩为

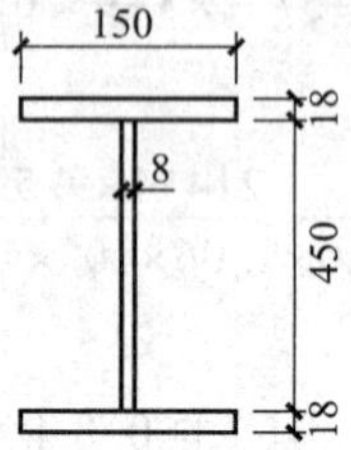

图 5.2.2　梁的截面尺寸

$$I_x = t_w h_0^3/12 + 2bt\left[\frac{1}{2}(h_0+t)\right]^2$$

$$= 0.8\ \text{cm}\times 45^3\ \text{cm}^3/12 + 2\times 15\ \text{cm}\times 1.8\ \text{cm}\times\left[\frac{1}{2}(45+1.8)\ \text{cm}\right]^2$$

$$= 35\ 643\ \text{cm}^4$$

$$W_x = \frac{I_x}{h/2} = \frac{35\ 643}{(45+3.6)/2}\ \text{cm}^3 = 1\ 467\ \text{cm}^3$$

$$A = 2bt + t_w h_0 = (2\times 15\times 1.8 + 0.8\times 45)\ \text{cm}^2 = 90\ \text{cm}^2$$

强度验算:

梁自重

$$g = A\gamma = 0.009\times 7.85\times 9.8\ \text{kN/m} = 0.69\ \text{kN/m}$$

设计荷载

$$q = [1.2\times(0.69+20) + 1.4\times 25]\ \text{kN/m} = 59.83\ \text{kN/m}$$

$$M_{\max} = ql^2/8 = 59.83\times 6^2/8\ \text{kN}\cdot\text{m} = 269.2\ \text{kN}\cdot\text{m}$$

$$\sigma = \frac{M_{\max}}{\gamma_x W_{nx}} = \frac{269.2\times 10^6}{1.05\times 1\ 467\times 10^3}\ \text{N/mm}^2 = 174.8\ \text{N/mm}^2 < f = 205\ \text{N/mm}^2$$

剪应力、刚度不需验算,因为选腹板尺寸和梁高时已得到满足。

支座处如不设支承加劲肋,则应验算局部压应力,但一般主梁均设置支座加劲肋,需按§5-3 设计加劲肋。

整体稳定验算:

$$I_y = 2\times 1.8\times 15^3/12\ \text{cm}^4 = 1\ 012.5\ \text{cm}^4 \quad i_y = \sqrt{\frac{I_y}{A}} = \sqrt{\frac{1\ 012.5}{90}}\ \text{cm} = 3.35\ \text{cm}$$

$$\lambda_y = l_1/i_y = 600/3.35 = 179$$

$\xi = \dfrac{l_1 t_1}{b_1 h} = \dfrac{6\times 0.018}{0.15\times 0.486} = 1.481$,由附表 3.1 查得:

$\beta_b = 0.69 + 0.13\xi = 0.69 + 0.13\times 1.481 = 0.883$

$$\varphi_b = \beta_b \frac{4\ 320}{\lambda_y^2}\cdot\frac{Ah}{W_x}\left[\sqrt{1+\left(\frac{\lambda_y t_1}{4.4h}\right)^2} + \eta_b\right]$$

$$= 0.883\times\frac{4\ 320}{179^2}\cdot\frac{90\times 48.6}{1\ 467}\sqrt{1+\left(\frac{179\times 1.8}{4.4\times 48.6}\right)^2}$$

$$= 0.642$$

$\varphi_b>0.6$ 时应用如下 φ_b' 代替 φ_b：

$$\varphi_b'=1.07-\frac{0.282}{\varphi_b}=0.631$$

$$\varphi_b f=0.631\times205\ \text{N/mm}^2=129.4\ \text{N/mm}^2$$

$\sigma=\frac{M_{max}}{W_x}=\frac{269.2\times10^6}{1\ 467\times10^3}\ \text{N/mm}^2=183.5\ \text{N/mm}^2>\varphi_b f=129.4\ \text{N/mm}^2$，不满足要求。

在跨中设置一道侧向支承点，则 $\varphi_b=2.314$。

$$\varphi_b'=1.07-\frac{0.282}{2.314}=0.948$$

$$\varphi_b f=0.948\times205\ \text{N/mm}^2=194.3\ \text{N/mm}^2$$

$\sigma=183.5\ \text{N/mm}^2<\varphi_b f=194.3\ \text{N/mm}^2$，满足要求。

局部稳定验算：

翼缘板

$$b/t\approx8.3<26。$$

腹板

$h_0/t_w=\frac{450}{8}\approx56<80$，满足局部稳定要求。

§5.3　腹板加劲肋的布置和设计

5.3.1　腹板加劲肋的布置要求

对于直接承受动力荷载的吊车梁及类似构件或其他不考虑腹板屈曲后强度的组合梁，可根据腹板高厚比的大小，按4.5.3小节划定的范围在梁腹板上布置横向加劲肋、纵向加劲肋及短向加劲肋（见图4.5.7，图4.5.11及图4.5.14），以保证腹板的局部稳定。对于承受静力荷载的梁宜考虑腹板屈曲后强度，仅配支承加劲肋不能满足要求时应设置中间横向加劲肋。

加劲肋可用型钢及钢板制作，一般用钢板制作的较多。加劲肋宜在腹板两侧成对布置，也可单侧布置，但支承加劲肋、考虑腹板屈曲后强度的梁的中间横向加劲肋及重级工作制吊车梁的加劲肋不应单侧配置。

不考虑屈曲后强度的组合梁的横向加劲肋最小间距为 $0.5h_0$，最大间距为 $2h_0$，对无局部压应力的梁，当 $h_0/t_w\leqslant100$ 时可采用 $2.5h_0$。纵向加劲肋至腹板计算高度受压边缘的距离 h_1 应为 $h_c/2.5\sim h_c/2$。短向加劲肋的最小间距为 $0.75h_1$，h_1 为纵向加劲肋至腹板计算高度上边缘的距离。

5.3.2　加劲肋的构造要求

在腹板两侧成对配置的钢板横向加劲肋，如图5.3.1所示，其截面尺寸应符合下列公式要求：

外伸宽度

$$b_s \geqslant \frac{h_0}{30}+40\ \text{mm} \tag{5.3.1}$$

厚度

承压加劲肋，$t_s \geqslant \dfrac{b_s}{15}$；不受力加劲肋，$t_s \geqslant \dfrac{b_s}{19}$　　(5.3.2)

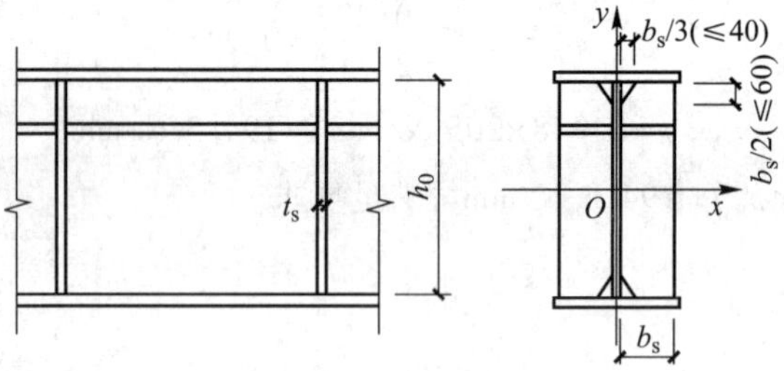

图 5.3.1　腹板加劲肋

在腹板一侧配置的钢板横向加劲肋，其外伸宽度应大于按式(5.3.1)算得的 1.2 倍，厚度应符合式(5.3.2)的要求。

焊接梁的横向加劲肋与翼缘板、腹板相接处应切角(图 5.3.1)，当切成斜角时，其宽约为 $b_s/3$(但不大于 40 mm)，高约为 $b_s/2$(但不大于 60 mm)。当作为焊接工艺孔时，切角宜采用半径 $R=30$ mm 的 1/4 圆弧。

在同时用横向加劲肋和纵向加劲肋加强的腹板中，横向加劲肋的截面尺寸除应符合上述规定外，其截面惯性矩尚应符合下式要求(如图 5.3.2)：

$$I_z \geqslant 3h_0 t_w^3 \tag{5.3.3}$$

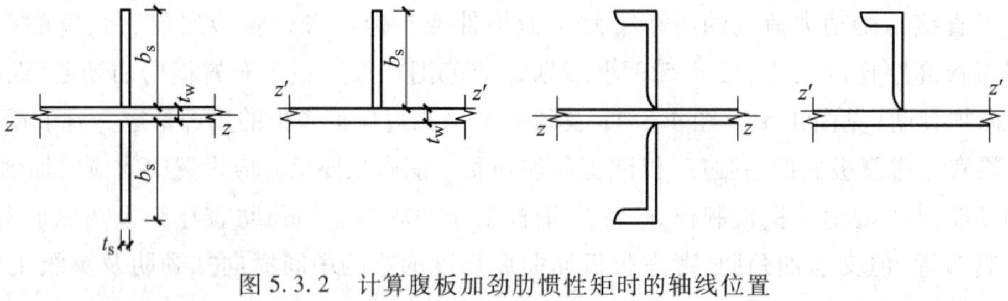

图 5.3.2　计算腹板加劲肋惯性矩时的轴线位置

纵向加劲肋的截面惯性矩 I_y，应符合下列公式要求：

当 $a/h_0 \leqslant 0.85$ 时，

$$I_y \geqslant 1.5h_0 t_w^3 \tag{5.3.4}$$

当 $a/h_0 > 0.85$ 时，

$$I_y \geqslant \left(2.5-0.45\frac{a}{h_0}\right)\left(\frac{a}{h_0}\right)^2 h_0 t_w^3 \tag{5.3.5}$$

短向加劲肋最小间距为 $0.75h_1$，外伸宽度应取为横向加劲肋外伸宽度的 0.7～1.0 倍，厚度同样不小于短加劲肋外伸宽度的 1/15。

用型钢（如 H 型钢、工字钢、槽钢、肢尖焊于腹板的角钢）制成的加劲肋，其截面惯性矩不应小于相应钢板加劲肋的惯性矩。在腹板两侧成对配置的加劲肋（图 5.3.2），其截面惯性矩应按梁腹板中心线为轴线计算。在腹板一侧配置的加劲肋，其截面惯性矩应按与加劲肋相连的腹板边缘为轴线进行计算。

5.3.3　支承加劲肋的计算

梁的支承加劲肋，应按承受梁支座反力或固定集中荷载的轴心受压构件计算其在腹板平面外的稳定性。此受压构件的截面应包括加劲肋和加劲肋每侧 $15t_w\sqrt{235/f_y}$ 范围内的腹板面积，计算长度取 h_0（图 5.3.3，图 5.3.4）。

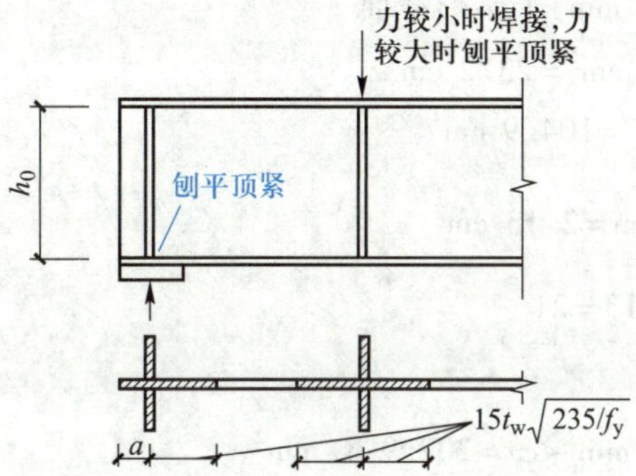

图 5.3.3　加劲肋受力计算

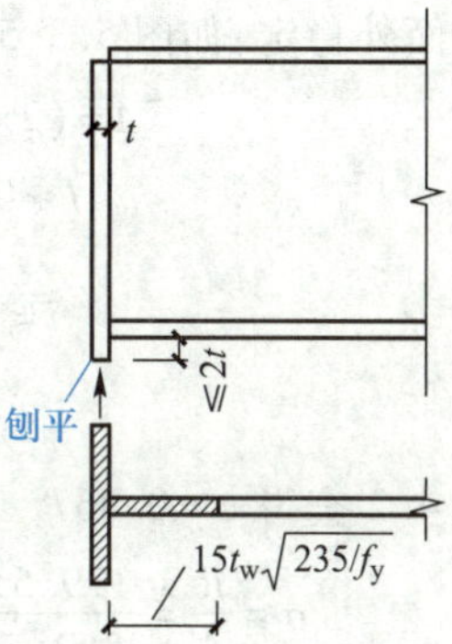

图 5.3.4　突缘支座

梁支承加劲肋的端部应按其所承受的支座反力或固定集中荷载进行计算；当端部为刨平顶紧时，计算其端面承压应力；当端部为焊接时应按传力情况计算其焊缝应力，以及支承加劲肋与腹板的连接焊缝。对突缘支座，其伸出长度不得大于其厚度的两倍（图 5.3.4）。

在考虑利用腹板屈曲后强度的设计中支承加劲肋所受的力按式（4.6.15）计算。

【例题 5.3】　试设计例 5.2 的支座的支承加劲肋

【解】　设计加劲肋成图 5.3.5 所示形式：

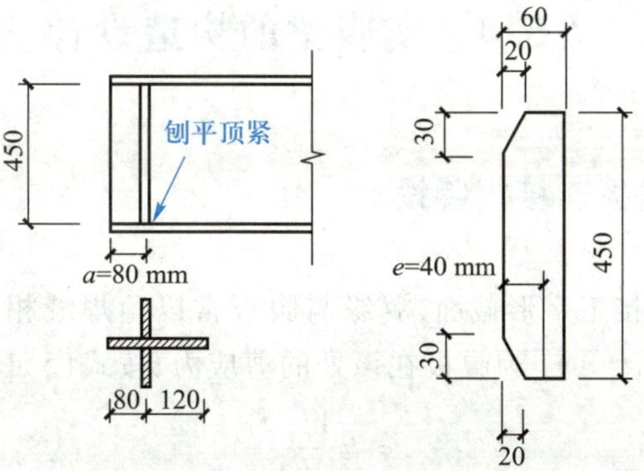

图 5.3.5　支座加劲肋

按构造要求：$b_s \geqslant \dfrac{h_0}{30}+40\ \text{mm}=55\ \text{mm}$

厚度：$t_s=\frac{b_s}{15}=\frac{55}{15}$ mm = 3.7 mm。取 $b_s=60$ mm，$t_s=6$ mm。

支座反力为 $R=59.83\times6/2$ kN = 179.5 kN，肋板为−60×6，加劲肋与腹板间的角焊缝计算：

取 $h_f=5$ mm，$l_w=60h_f=300$ mm

$$\tau_f=\frac{R}{0.7h_f\sum l_f}=\frac{179.5\times10^3}{0.7\times5\times4\times300}\ \text{N/mm}^2=42.7\ \text{N/mm}^2$$

$$\sigma_f=\frac{R\cdot e}{2W_f}=\frac{179.5\times10^3\times40}{2\times\frac{2\times0.7\times5\times300^2}{6}}\ \text{N/mm}^2=34.2\ \text{N/mm}^2$$

$$\sqrt{\left(\frac{\sigma_f}{\beta}\right)^2+\tau_f^2}=\sqrt{\left(\frac{34.2}{1.22}\right)^2+(42.7)^2}\ \text{N/mm}^2=51.1\ \text{N/mm}^2<f_f^w=160\ \text{N/mm}^2$$

验算平面外稳定：如图 5.3.5 所示 $l_0=h_0=450$ mm，十字形截面

$$A=(2\times0.6\times6+0.8\times20)\ \text{cm}^2=23.2\ \text{cm}^2$$

$$I\approx0.6\times12.8^3/12\ \text{cm}^4=104.9\ \text{cm}^4$$

$$i=\sqrt{\frac{I}{A}}=\sqrt{\frac{104.9}{23.2}}\ \text{cm}=2.13\ \text{cm}$$

$$\lambda=l_0/i=45/2.13=21$$

由附表 4.2 查得 $\varphi=0.967$

$$\sigma=\frac{R}{A}=\frac{179.5\times10^3\ \text{N}}{23.2\times10^2\ \text{mm}^2}=77.4\ \text{N/mm}^2<\varphi f=207.9\ \text{N/mm}^2$$

肋板为−60×6，实际承压面积 480 mm^2，

$\sigma=\frac{R}{A_{ce}}=\frac{179.5\times10^3\ \text{N}}{480\ \text{mm}^2}=374\ \text{N/mm}^2>f_{ce}=320\ \text{N/mm}^2$，不满足要求。

肋板改为−60×8，实际承压面积 640 mm^2，

$\sigma=\frac{R}{A_{ce}}=\frac{179.5\times10^3\ \text{N}}{640\ \text{mm}^2}=280\ \text{N/mm}^2<f_{ce}=320\ \text{N/mm}^2$，满足要求。

§5.4 实腹梁的构造设计

5.4.1 翼缘与腹板连接焊缝设计

如图 5.4.1 所示，焊接工字形截面，翼缘与腹板常以角焊缝相连，此焊缝单位长度所受的纵向水平剪力为 $V_h=\tau_1t_w$。τ_1 为腹板在该处的剪应力，按式(5.4.1)计算。

$$\tau_1=\frac{V_{max}S_1}{I_xt_w}\tag{5.4.1}$$

在此剪力作用下，采用双面角焊缝需要的焊角尺寸为

$$h_f\geqslant\frac{1}{1.4f_f^w}\frac{V_{max}S_1}{I_x}\tag{5.4.2}$$

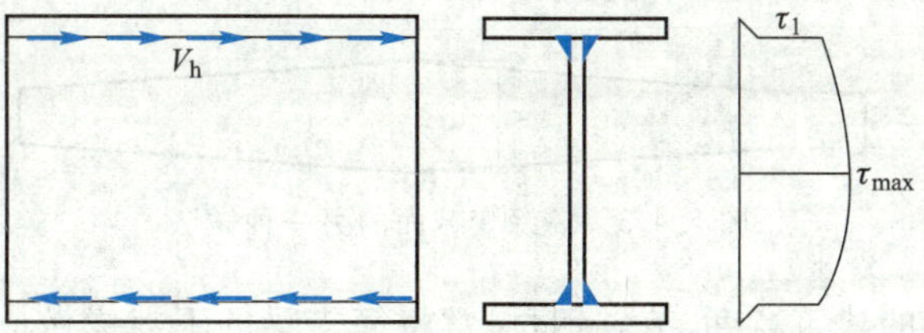

图 5.4.1 翼缘与腹板的连接焊缝

如果梁上作用有固定集中荷载，而荷载作用处又未设置支承加紧肋，或梁上有移动的集中荷载(如吊车梁轮压)，则焊缝不仅受水平剪力 V_h，还受竖向荷载引起的压力作用。单位长度焊缝所受竖向压力为

$$P=\sigma_c t_w=\frac{\psi F}{t_w l_z}\cdot t_w=\frac{\psi F}{l_z} \tag{5.4.3}$$

这时焊角尺寸应满足：

$$h_f\geqslant\frac{1}{1.4f_f^w}\sqrt{\left(\frac{P}{\beta_f}\right)^2+(V_h)^2} \tag{5.4.4}$$

当腹板与翼缘的连接焊缝采用焊透的 T 形对接与角接组合焊缝时，其强度可与主体金属等强，不必计算。

5.4.2 梁截面沿长度的改变

梁的弯矩沿梁长变化，按最大弯矩设计的截面尺寸在弯矩较小处，材料强度未被充分利用。为了节约钢材可将组合梁截面也随弯矩变化而变化。单层翼缘板的变截面梁可以改变梁高，也可以改变梁宽；多层翼缘板的梁可改变翼缘的层数；变化梁的截面应尽量不使梁的构造过于复杂，过多增加制作费用。

如图 5.4.2 所示，单层翼缘板的梁通过改变翼缘宽，达到变截面的目的。变截面点的位置可按弯矩包络图确定，一般距支座的距离为 $l/6$ 处变截面较为经济。较窄翼缘宽度 b_1 由变截面点弯矩 M_1 确定，但 b_1 不应小于 120 mm，否则与支座连接存在困难。翼缘宽度从 b 减为 b_1 应做成小于 1 : 4 的缓坡，以减小应力集中。上翼缘受压可采用对接直焊缝，下翼缘受拉，根据焊缝质量可采用对接直焊缝或斜焊缝。分析表明，截面改变一次可节约钢材 10% ~ 20%；改变两次，最多只能再节约 3% ~4%，因此一般只变一次截面。对于跨度较小的梁，改变截面取得的经济效果往往并不明显，常不改变截面。

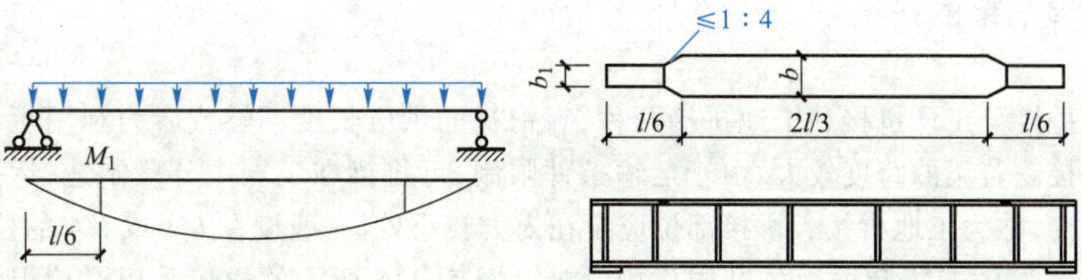

图 5.4.2 翼缘变截面

图 5.4.3 给出了另一种改变翼缘宽度的做法。

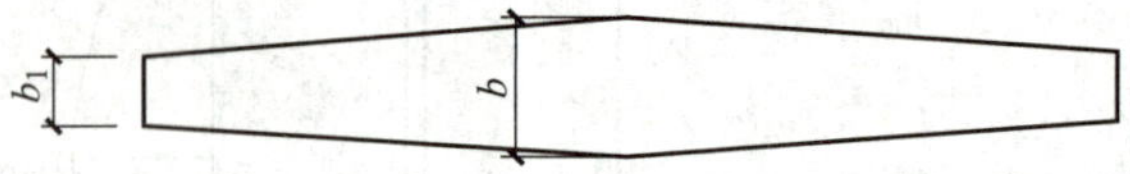

图 5.4.3　翼缘变截面的另一种做法

有时为了降低梁的建筑高度，节省钢材，常将简支梁的下翼缘做成折线状，翼缘截面保持不变，如图 5.4.4 所示。此时，梁端腹板高度应按抗剪强度计算确定，且不应小于跨中腹板高度的一半。

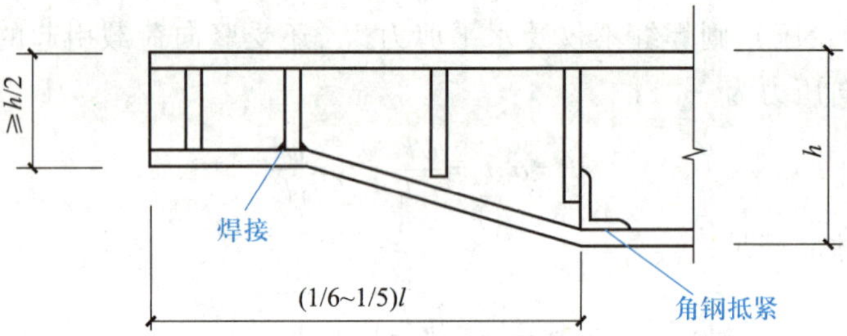

图 5.4.4　梁高度改变

当翼缘采用两层钢板时，外层钢板与内层钢板厚度比宜为 0.5～1.0。改变梁的截面可通过切断外层翼缘板实现，如图 5.4.5 所示。此时，其理论切断点处的外伸长度 l_1 应符合下列要求：

端部有正面角焊缝：

当 $h_f \geqslant 0.75t$ 时：$l_1 \geqslant b$

当 $h_f < 0.75t$ 时：$l_1 \geqslant 1.5b$

端部无正面角焊缝：$l_1 \geqslant 2b$

b 和 t 分别为外层翼缘板的宽度和厚度，h_f 为侧面角焊缝和正面角焊缝的焊角尺寸。

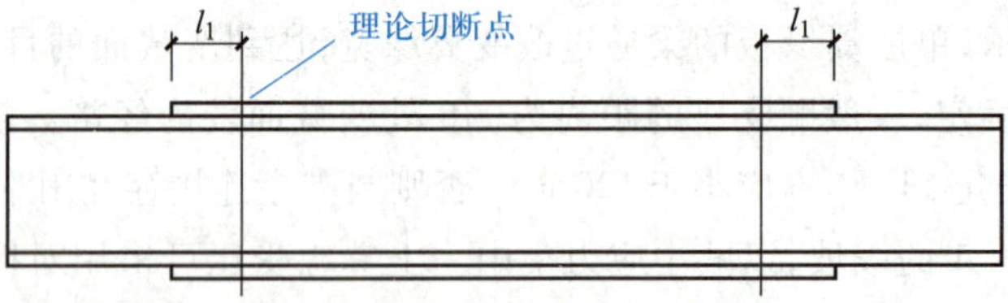

图 5.4.5　翼缘板切断点

5.4.3　梁的拼接

梁的拼接分工厂拼接和工地拼接两种，当钢材的供应长度不够或者为利用短材时可进行工厂拼接。若梁的跨度较大，由于运输条件限制，可将梁在工厂中分段制造，运至现场后再进行拼接，称为工地拼接。拼接部位应设在内力较小处，一般设在 $l/3$ 或 $l/4$ 的位置，因而应该按该截面的弯矩和剪力的共同作用设计。图 5.4.6 所示的拼接采用对接焊缝直接相连，可以省工省料，是一种较常采用的方法，但翼缘与腹板连接处不易焊透。当施工条件较差，质量不易保证，或型钢截面较大时，可采用图 5.4.7 所示加盖板的连接方法。采用对接接头时，当焊缝为三级对接焊缝，受拉翼缘可采用斜焊缝。采用加盖板的对接连接方式时，可按翼缘承担全部弯矩，腹板承受全部剪力计算，它们分别通过各自的盖板传力。

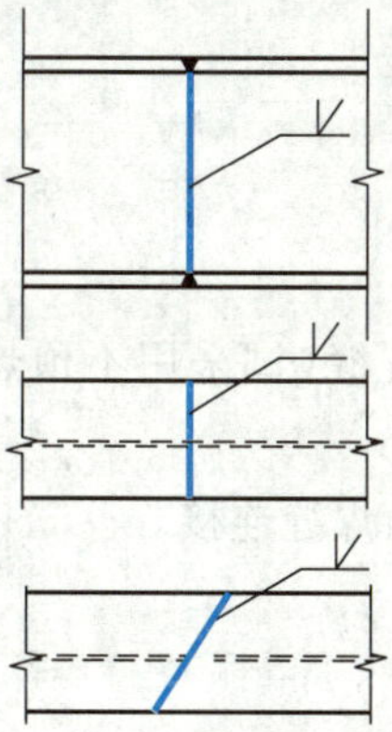

图 5.4.6 对接焊缝连接

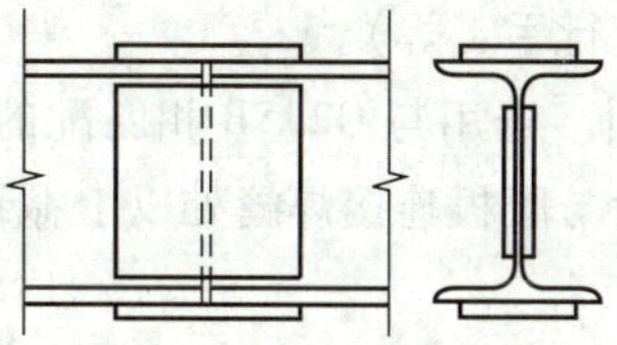

图 5.4.7 拼接盖板连接

为保证焊接质量，焊接截面梁在工厂的拼接宜采用引弧板施焊，焊后还应将对接焊缝表面加工齐平。为减少焊接应力，翼缘和腹板的对接焊缝应该相互错开，同时腹板的对接焊缝距加劲肋的距离应大于 $10t_w$（图 5.4.8）。工地拼接时，为便于运输应使翼缘与腹板在同一处断开，有时将翼缘与腹板的接头略微错开些，当然断开处应是内力较小处，这时可用对接焊缝连接。为便于施焊，翼缘应开向上的 V 形坡口（图 5.4.9）。如果对接焊缝质量是三级，承担不了受拉翼缘拉力时，可改用 60°的斜对接焊缝连接。当然翼缘板也可用盖板拼接连接。腹板连接处的对接焊缝同时受弯矩和剪力的作用，应该验算下边缘处焊缝的折算应力。为减少接头处的焊接残余应力，往往将翼缘焊缝留一段不焊，在工地按图 5.4.9 所示顺序施焊。近年来为了施工方便，常常采用高强螺栓连接，如图 5.4.10 所示。

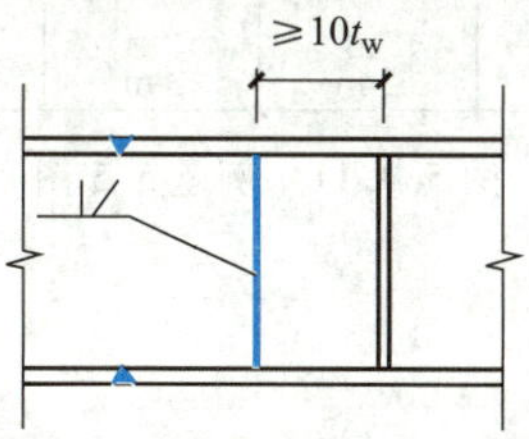

图 5.4.8 焊接截面梁工厂拼接

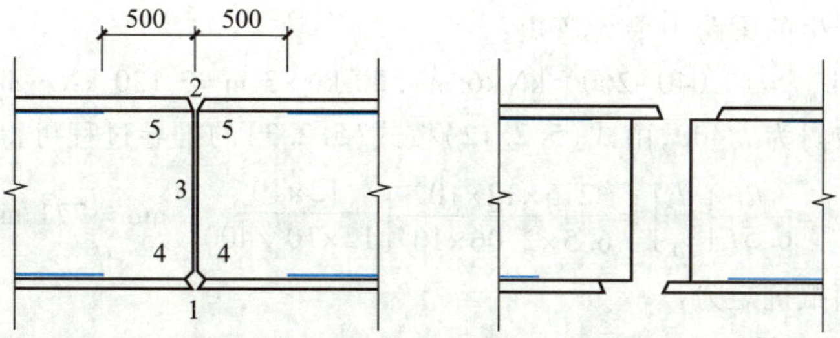

图 5.4.9 焊接截面梁的工地拼接

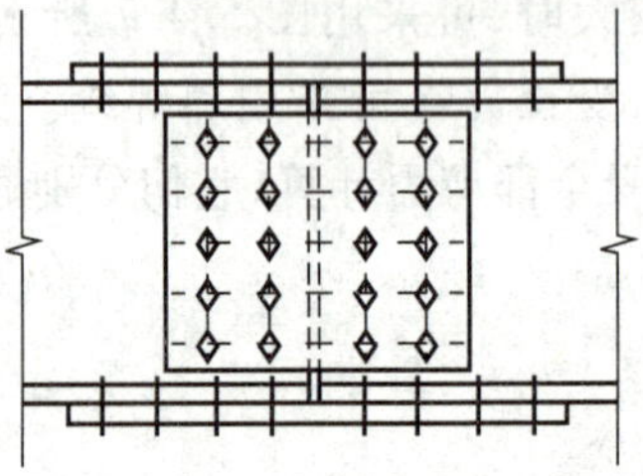

图 5.4.10　高强螺栓连接

【例题 5.4】　试设计例 5.2 中的梁翼缘与腹板的连接焊缝（试采用不预热的非低氢焊接方法进行手工焊）。

【解】　选用与 Q235B 相匹配的 E43 型焊条，采用双面角焊缝连接。

翼缘与腹板连接焊缝处以上截面对中和轴的面积矩为

$$S_1=15\times1.8\times(45+1.8)/2\ \text{cm}^3=631.8\ \text{cm}^3$$

按式（5.4.2）有：

$$h_f\geqslant\frac{1}{1.4f_f^w}\frac{V_{max}S_1}{I_x}=\frac{1}{1.4\times160}\frac{179.5\times10^3\times631.8\times10^3}{35\ 643\times10^4}\ \text{mm}=1.4\ \text{mm}$$

按构造查表 3.3.1　得：$h_{fmin}=6$ mm

故取 $h_f=6$ mm。

【例题 5.5】　试设计一跨度 12 m 的工作平台梁，中间次梁传来的集中荷载标准值为 400 kN，设计值为 520 kN。边部次梁传来的集中荷载为中间的一半。图 5.4.11 为该梁的计算简图，该梁采用 Q235B 级钢制作，焊条采用 E43 型，考虑利用腹板屈曲后承载力。

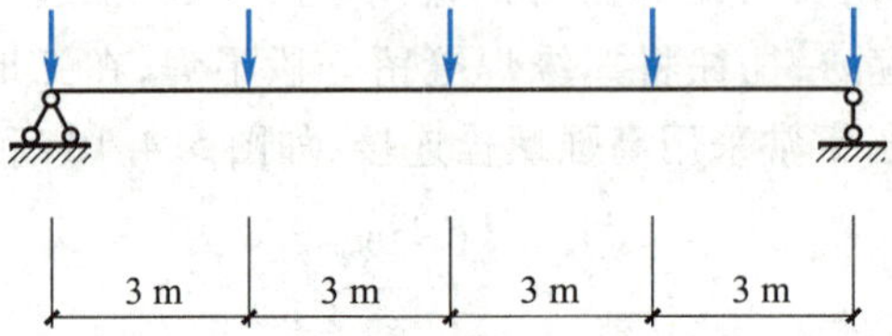

图 5.4.11　例题 5.5 图

【解】

1. 梁的截面选择

由设计荷载产生的梁支座反力：

$$R=(520\times3/2+260)\ \text{kN}=1\ 040\ \text{kN}$$

由设计荷载产生的梁跨中最大弯矩：

$$M_{max}=(1\ 040-260)\ \text{kN}\times6\ \text{m}-520\ \text{kN}\times3\ \text{m}=3\ 120\ \text{kN}\cdot\text{m}$$

由规范查得 $[v_T]$ 为 $l/400$，由式（5.2.12）按式（5.2.3）的推导过程可得梁的最小高度为

$$h_{min}=\frac{fl}{6.5E}\left[\frac{l}{v_T}\right]=\frac{215\times12\times10^3}{6.5\times2.06\times10^5}\left[\frac{12\times10^3}{12\times10^3/400}\right]\ \text{mm}=771\ \text{mm}$$

需要的净截面抵抗矩为

$$W_{nx}=\frac{M_{max}}{\gamma_x f}=\frac{3\ 120\times10^6}{1.05\times215}\ \text{mm}^3=1.38\times10^7\ \text{mm}^3=1.38\times10^4\ \text{cm}^3$$

由式(5.2.4)得梁的经济高度为

$$h_e = 7\sqrt[3]{W_x} - 30\ \text{cm} = 138\ \text{cm}$$

因此梁腹板高取 1 400 mm。

支座处最大剪力为

$$V_{max} = R - 260\ \text{kN} = 780\ \text{kN}$$

由式(5.2.6)得:

$$t_w \geqslant \frac{1.2V_{max}}{h_w f_v} = \frac{1.2\times780\times10^3}{1\ 400\times125}\ \text{mm} = 5.3\ \text{mm}$$

由式(5.2.7)得:

$$t_w = \frac{\sqrt{h_w}}{3.5} = \frac{\sqrt{1\ 400}}{3.5}\ \text{mm} = 10.7\ \text{mm}$$

考虑利用腹板屈曲后强度,腹板厚取为 $t_w = 8$ mm,故腹板采用-1 400×8 的钢板。假设梁高为 1 450 mm。需要的净截面惯性矩:

$$I_{nx} = W_{nx}\frac{h}{2} = 1.38\times10^4\times145/2\ \text{cm}^4 = 1.0\times10^6\ \text{cm}^4$$

腹板惯性矩为

$$I_w = t_w h_0^3/12 = 0.8\times140^3/12\ \text{cm}^4 = 0.18\times10^6\ \text{cm}^4$$

由式(5.2.11)得:

$$bt = \frac{2(I_x - I_w)}{h_0^2} = \frac{2(1.0\times10^6 - 0.18\times10^6)}{140^2}\ \text{cm}^3 = 83.6\ \text{cm}^2$$

取 $b = h_0/5 \sim h_0/3 = 28 \sim 46.7$ cm,取 40 cm,$t = 83.6$ cm/40 = 2.09 cm,取 $t = 22$ mm。$t > b/26 = 15.4$ mm。

翼缘选用-400×22,所选截面尺寸如图 5.4.12 所示。截面惯性矩为

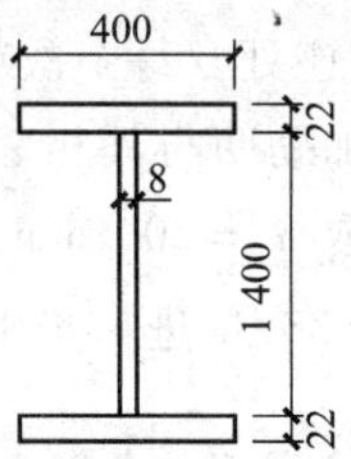

图 5.4.12 梁截面尺寸

$$\begin{aligned} I_x &= t_w h_0^3/12 + 2bt\left[\frac{1}{2}(h_0 + t)\right]^2 \\ &= 0.8\ \text{cm}\times140^3\ \text{cm}^3/12 + 2\times40\ \text{cm}\times2.2\ \text{cm}\times\left[\frac{1}{2}(140+2.2)\ \text{cm}\right]^2 \\ &= 1.07\times10^6\ \text{cm}^4 \end{aligned}$$

$$W_x = \frac{I_x}{h/2} = \frac{1.07\times10^6}{(140+4.4)/2}\ \text{cm}^3 = 1.48\times10^4\ \text{cm}^3$$

$$A = 2bt + t_w h_0 = (2\times40\times2.2 + 0.8\times140)\ \text{cm}^2 = 288\ \text{cm}^2$$

2. 承载力验算

强度验算：

梁自重 $g=A\gamma=0.0288\times7.85\times9.8\ \text{kN/m}=2.22\ \text{kN/m}$

设计荷载 $q=1.2\times2.22\ \text{kN/m}=2.66\ \text{kN/m}$

$$M_{\max}=3\,120\ \text{kN}\cdot\text{m}+ql^2/8=3\,120\ \text{kN}\cdot\text{m}+2.66\times12^2/8\ \text{kN}\cdot\text{m}=3\,168\ \text{kN}\cdot\text{m}$$

$\sigma=\dfrac{M_{\max}}{\gamma_x W_{nx}}=\dfrac{3\,168\times10^6}{1.05\times1.48\times10^7}\ \text{N/mm}^2=203.9\ \text{N/mm}^2<f=205\ \text{N/mm}^2$（因翼缘板厚超过16 mm 故 $f=205\ \text{N/mm}^2$）

剪应力、刚度不需验算，因为选腹板尺寸和梁高时已得到满足。

支座和集中力作用点处设支承加劲肋，故不必验算局部压应力。

整体稳定验算：次梁可视为主梁受压翼缘的侧向支撑，故 $l_1/b_1=300/40=7.5<16$，按表 4.4.3 的规定该梁不必进行整体稳定验算。

3. 翼缘和腹板连接焊缝计算

梁最大剪力为

$$V_{\max}=780\ \text{kN}+2.66\times12/2\ \text{kN}=796\ \text{kN}$$

$$S_1=40\times2.2\times(140+2.2)/2\ \text{cm}^3=6\,257\ \text{cm}^3$$

按式（5.4.2）有：

$$h_f\geqslant\frac{1}{1.4f_f^w}\frac{V_{\max}S_1}{I_x}=\frac{1}{1.4\times160}\frac{796\times10^3\times6\,257\times10^3}{1.07\times10^{10}}\ \text{mm}=2.1\ \text{mm}$$

采用不预热的非低氢焊接方法进行焊接，按构造查表 3.3.1：$h_{f\min}=8\ \text{mm}$，故取 $h_f=8\ \text{mm}$。

4. 加劲肋设计

（1）腹板验算

该梁利用腹板屈曲后强度，应在支座处及每个次梁处设置支承加劲肋。此外，梁端采取图 4.6.7b 所示的构造措施，减小支座加劲肋与其相邻加劲肋的间距 a_1，使该处板段的 $\tau_{cr}=f_v$，即图 5.4.13 的板段 Ⅰ 不会屈曲。取 $a_1=600\ \text{mm}$，$a_1/h_0=600/1\,400=0.429<1.0$，由式（4.5.16）得 $k=4+5.34\ (1\,400/600)^2=33.1$，进一步由式（4.5.19）得：

$\lambda_{n,s}=\dfrac{h_0/t_w}{41\sqrt{k}}\sqrt{\dfrac{f_y}{235}}=\dfrac{1\,400/8}{41\sqrt{33.1}}=0.742<0.8$，由式（4.5.23）知 $\tau_{cr}=f_v$，故板段 Ⅰ 不会屈曲。

对于板段 Ⅱ：

左侧截面剪力 $V_2=(796-2.66\times0.6)\ \text{kN}=794\ \text{kN}$

相应弯矩 $M_2=(796\times0.6-2.66\times0.6^2/2)\ \text{kN}\cdot\text{m}=477\ \text{kN}\cdot\text{m}$

$$M_f=400\times22\times1\,422\times205\ \text{N}\cdot\text{mm}=2.57\times10^9\ \text{N}\cdot\text{mm}=2\,570\ \text{kN}\cdot\text{m}$$

$$M_2<M_f$$

$$a/h_0=1\,200/1\,400=0.857<1.0,\ k=4+5.34\times(1\,400/1\,200)^2=11.3$$

$\lambda_{n,s}=\dfrac{h_0/t_w}{41\sqrt{k}}\sqrt{\dfrac{f_y}{235}}=\dfrac{1\,400/8}{41\sqrt{11.3}}=1.27>1.2$，由式（4.6.12）得：

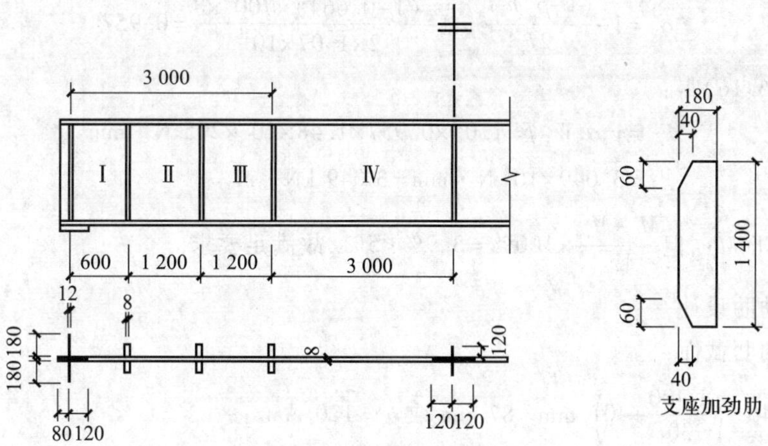

图 5.4.13　加劲肋布置图

$$V_u = h_w t_w f_v / \lambda_{n,s}^{1.2} = 1\ 400 \times 8 \times 125 / 1.27^{1.2}\ \text{N} = 1\ 051\ \text{kN}$$

$V_2 < V_u$，满足要求。

右侧截面剪力 $V_3 = 796\ \text{kN} - 2.66 \times (0.6 + 1.2)\ \text{kN} = 791\ \text{kN}$

相应弯矩 $M_3 = (796 \times 1.8 - 2.66 \times 1.8^2/2)\ \text{kN}\cdot\text{m} = 1\ 428\ \text{kN}\cdot\text{m}$

$M_3 < M_f$，$V_3 < V_u$，满足要求。

对于板段Ⅲ：

其 M_f、V_u 与板段Ⅱ相同。

其右侧截面 $V_4 = 796\ \text{kN} - 2.66 \times (0.6 + 1.2 + 1.2)\ \text{kN} = 788\ \text{kN}$

$$M_4 = 796 \times 3\ \text{kN}\cdot\text{m} - 2.66 \times 3^2/2\ \text{kN}\cdot\text{m} = 2\ 376\ \text{kN}\cdot\text{m}$$

$M_4 < M_f$，$V_4 < V_u$，满足要求。

对于板段Ⅳ：

右侧截面剪力 $V_5 = 796\ \text{kN} - 2.66 \times 6\ \text{kN} - 520\ \text{kN} = 260\ \text{kN}$，

相应弯矩 $M_5 = M_{max} = 3\ 168\ \text{kN}\cdot\text{m}$

$a/h_0 = 3\ 000/1\ 400 = 2.143 > 1.0$，由式(4.5.17)得：

$$k = 5.34 + 4 \times (1\ 400/3\ 000)^2 = 6.211$$

$$\lambda_{n,s} = \frac{h_0/t_w}{41\sqrt{k}}\sqrt{\frac{f_y}{235}} = \frac{1\ 400/8}{41\sqrt{6.211}} = 1.713 > 1.2$$

$$V_u = h_w t_w f_v / \lambda_{n,s}^{1.2} = 1\ 400 \times 8 \times 125 / 1.713^{1.2}\ \text{N} = 734\ \text{kN}$$

$$V_5 < 0.5V_u = 367\ \text{kN}$$

考虑梁受压翼缘扭转未受到约束，由式(4.5.34)得：

$$\lambda_{n,b} = \frac{2h_c/t_w}{138}\sqrt{\frac{f_y}{235}} = \frac{2 \times 700/8}{138} = 1.268 > 1.25$$

由式(4.6.20)得：

$$\rho = \frac{1}{\lambda_{n,b}}\left(1 - \frac{0.2}{\lambda_{n,b}}\right) = \frac{1}{1.268}\left(1 - \frac{0.2}{1.268}\right) = 0.664$$

由式(4.6.17)得：

$$\alpha_e = 1 - \frac{(1-\rho)h_c^3 t_w}{2I_x} = 1 - \frac{(1-0.664)\times700^3\times8}{2\times1.07\times10^{10}} = 0.957$$

由式(4.6.16)得：

$$M_{eu} = \gamma_x \alpha_e W_x f = 1.05\times0.957\times1.48\times10^7\times205\ \text{N}\cdot\text{mm}$$
$$=3.049\times10^9\ \text{N}\cdot\text{mm} = 3\ 049\ \text{kN}\cdot\text{m}$$

M_5 略大于 M_{eu}，但 $\frac{M_5 - M_{eu}}{M_{eu}}\times100\% = 3.9\% < 5\%$，故满足要求。

(2) 加劲肋设计

横向加劲肋截面：

$b_s \geqslant \frac{h_0}{30}+40 = \left(\frac{1\ 400}{30}+40\right)$ mm = 87 mm 取 $b_s = 120$ mm

$t_s \geqslant \frac{b_s}{15} = \frac{100}{15}$ mm = 6.7 mm 取 $t_s = 8$ mm

板段Ⅳ承受次梁支座反力的支承加劲肋的平面外稳定验算：

$$\lambda_{n,s} = 1.713 > 1.2$$

由式(4.5.25)有：

$$\tau_{cr} = 1.1 f_v / \lambda_{n,s}^2 = 1.1\times125/1.713^2\ \text{N/mm}^2 = 46.9\ \text{N/mm}^2$$

由式(4.6.15)得加劲肋所承受的轴心力：

$$N_s = V_u - \tau_{cr} h_w t_w + F = (734 - 46.9\times1\ 400\times8\times10^{-3} + 520)\ \text{kN} = 729\ \text{kN}$$

截面面积

$$A = (2\times0.8\times12 + 2\times0.8\times15\times0.8)\ \text{cm}^2 = 38.4\ \text{cm}^2$$

$$I_z = \frac{0.8\times24.8^3}{12}\ \text{cm}^4 = 1\ 017\ \text{cm}^4,\ i_z = \sqrt{\frac{I_z}{A}} = \sqrt{\frac{1\ 017}{38.4}}\ \text{cm} = 5.15\ \text{cm}$$

$$\lambda = \frac{140}{5.15} = 27,\ \varphi = 0.946$$

$$N_s < \varphi A f = 0.946\times3\ 840\times215\times10^{-3}\ \text{kN} = 781\ \text{kN}$$

次梁与主梁采用如图 5.1.4c 所示次梁与主梁加劲肋连接的构造措施，所以不必验算加劲肋端部的承压强度。

除支座外，其他加劲肋仍采用 2-120×8，不必验算。

支座加劲肋验算：支座加劲肋承受的力 N 为支座反力 $R = (796+260)$ kN = 1 056 kN。

采用 2-180×12 的板：

$$A = (2\times1.2\times18 + 20\times0.8)\ \text{cm}^2 = 59.2\ \text{cm}^2$$

$$I_z = \frac{1.2\times36.8^3}{12}\ \text{cm}^4 = 4\ 984\ \text{cm}^4,\ i_z = \sqrt{\frac{I_z}{A}} = \sqrt{\frac{4\ 984}{59.2}}\ \text{cm} = 9.2\ \text{cm}$$

$$\lambda = \frac{140}{9.2} = 15,\ \varphi = 0.983$$

$N = 1\ 056$ kN $< \varphi A f = 0.983\times5\ 920\times215\times10^{-3}$ kN = 1 251 kN，满足要求。

端部承压强度：

$\sigma_{ce}=\dfrac{1\ 056\times10^3}{2\times(180-40)\times12}\ N/mm^2=314\ N/mm^2<f_{ce}=320\ N/mm^2$，满足要求。

支座加劲肋与腹板连接的焊缝：

此焊缝属侧焊缝，$h_{fmin}=5$ mm，取 $h_f=8$ mm，$60h_f=480$ mm。

$$\tau_f=\frac{R}{0.7h_f\sum l_f}=\frac{1\ 056\times10^3}{0.7\times8\times4\times480}\ N/mm^2=98.2\ N/mm^2$$

$$\sigma_f=\frac{R\cdot e}{2W_f}=\frac{1\ 056\times10^3\times110}{2\times\dfrac{2\times0.7\times8\times480^2}{6}}\ N/mm^2=135\ N/mm^2$$

$$\sqrt{\left(\frac{\sigma_f}{\beta_f}\right)^2+\tau_f^2}=\sqrt{\left(\frac{135}{1.22}\right)^2+98.2^2}\ N/mm^2=147.9\ N/mm^2<f_t^w=160\ N/mm^2$$

满足要求。

【例题 5.6】 在例题 5.5 中如不利用腹板屈曲后强度，试布置加劲肋，保证腹板不发生局部失稳。

【解】 $h_0/t_w=1\ 400/8=175>170$，需配置横向加劲肋，同时在压应力较大区域布置纵向加劲肋，经试算加劲肋布置如图 5.4.14 所示。

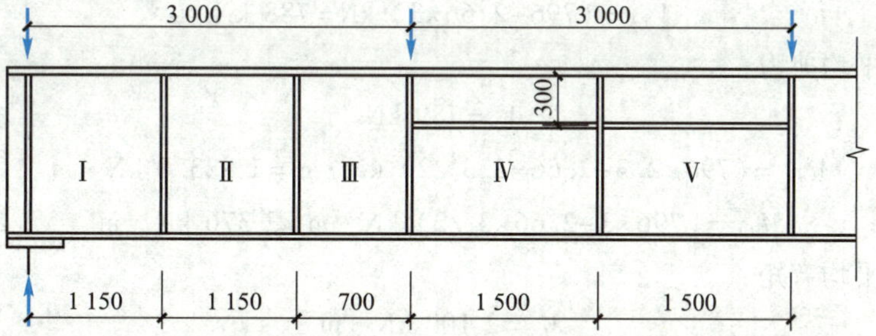

图 5.4.14 加劲肋布置图

Ⅰ与Ⅱ板段的加劲肋间距相同，所受剪力相差不大，第Ⅱ板段所受弯矩较大，受力情况最为不利，故只需验算第Ⅱ板段：

$V_{2左}=(796-2.66\times1.15)\ kN=792.9\ kN\quad V_{2右}=(796-2.66\times2.3)\ kN=789.9\ kN$

第Ⅱ板段平均剪力：

$$V_2=791\ kN$$

$$M_{2左}=(796\times1.15-2.66\times1.15^2/2)\ kN\cdot m=913.6\ kN\cdot m$$

$$M_{2右}=(796\times2.3-2.66\times2.3^2/2)\ kN\cdot m=1\ 823.8\ kN\cdot m$$

第Ⅱ板段平均弯矩：

$$M_2=1\ 369\ kN\cdot m$$

由式(4.5.34)得：

$$\lambda_{n,b}=\frac{2h_c/t_w}{138}\sqrt{\frac{f_y}{235}}=\frac{2\times700/8}{138}=1.268>1.25$$

由式(4.5.37)得：

$$\sigma_{cr}=1.1f/\lambda_{n,b}^2=1.1\times215/1.268^2\ N/mm^2=147.1\ N/mm^2$$

$$a/h_0=1\ 150/1\ 400=0.821<1.0$$，由式(4.5.20)得：

$$\lambda_{n,s}=\frac{h_0/t_w}{41\sqrt{4+5.34\ (h_0/a)^2}}\sqrt{\frac{f_y}{235}}=\frac{1\ 400/8}{41\sqrt{4+5.34\left(\frac{1\ 400}{1\ 150}\right)^2}}=1.237$$

由式(4.5.25)得：

$$\tau_{cr}=1.1f_v/\lambda_{n,s}^2=1.1\times125/1.237^2\ N/mm^2=89.9\ N/mm^2$$

$$\sigma=\frac{M_2h_0/2}{I_x}=\frac{1\ 369\times10^6\times1\ 400/2}{1.07\times10^{10}}\ N/mm^2=89.6\ N/mm^2$$

$$\tau=\frac{V_2}{h_0t_w}=\frac{791\times10^3}{1\ 400\times8}\ N/mm^2=70.6\ N/mm^2$$

由式(4.5.48)得：

$$\left(\frac{\sigma}{\sigma_{cr}}\right)^2+\left(\frac{\tau}{\tau_{cr}}\right)^2=\left(\frac{89.6}{147.1}\right)^2+\left(\frac{70.6}{89.9}\right)^2=0.988<1$$

满足要求。

第Ⅲ板段验算：

$$V_{3左}=(796-2.66\times2.3)\ kN=789.9\ kN$$

$$V_{3右}=(796-2.66\times3)\ kN=788\ kN$$

第Ⅲ板段平均剪力：

$$V_3=789\ kN$$

$$M_{3左}=(796\times2.3-2.66\times2.3^2/2)\ kN\cdot m=1\ 823.8\ kN\cdot m$$

$$M_{3右}=(796\times3-2.66\times3^2/2)\ kN\cdot m=2\ 376\ kN\cdot m$$

第Ⅲ板段平均弯矩：

$$M_3=2\ 100\ kN\cdot m$$

与板段Ⅱ相同：

$$\sigma_{cr}=147.1\ N/mm^2$$

$$a/h_0=700/1\ 400=0.5<1.0$$

由式(4.5.20)得：

$$\lambda_{n,s}=\frac{h_0/t_w}{41\sqrt{4+5.34(h_0/a)^2}}\sqrt{\frac{f_y}{235}}=\frac{1\ 400/8}{41\sqrt{4+5.34\left(\frac{1\ 400}{700}\right)^2}}=0.848$$

由式(4.5.24)得：

$$\tau_{cr}=[1-0.59(\lambda_{n,s}-0.8)]f_v=[1-0.59(0.848-0.8)]\times125\ N/mm^2=121.5\ N/mm^2$$

$$\sigma=\frac{M_3h_0/2}{I_x}=\frac{2\ 100\times10^6\times1\ 400/2}{1.07\times10^{10}}\ N/mm^2=137.4\ N/mm^2$$

$$\tau=\frac{V_3}{h_0t_w}=\frac{789\times10^3}{1\ 400\times8}\ N/mm^2=70.4\ N/mm^2$$

由式(4.5.48)得：

$$\left(\frac{\sigma}{\sigma_{cr}}\right)^2+\left(\frac{\tau}{\tau_{cr}}\right)^2=\left(\frac{137.4}{147.1}\right)^2+\left(\frac{70.4}{121.5}\right)^2=1.21>1$$

不满足要求。

将Ⅳ区段的纵向加劲肋延至Ⅲ区段,请读者自行验算此段的局部稳定是否能够保证?

第Ⅳ板段与第Ⅴ板段加劲肋布置相同,第Ⅴ板段受力更为不利,故只需验算第Ⅴ板段。

$V_{5左}=(796-2.66\times4.5-520)\ \text{kN}=264\ \text{kN}\quad V_{5右}=(796-2.66\times6-520)\ \text{kN}=260\ \text{kN}$

第Ⅴ板段平均剪力:

$$V_5=262\ \text{kN}$$

$$M_{5左}=(796\times4.5-2.66\times4.5^2/2-520\times1.5)\ \text{kN}\cdot\text{m}=2\ 775\ \text{kN}\cdot\text{m}$$

$$M_{5右}=(796\times6-2.66\times6^2/2-520\times3)\ \text{kN}\cdot\text{m}=3\ 168\ \text{kN}\cdot\text{m}$$

平均弯矩:

$$M_5=2\ 972\ \text{kN}\cdot\text{m}$$

$$\sigma=\frac{M_5h_0/2}{I_x}=\frac{2\ 972\times10^6\times1\ 400/2}{1.07\times10^{10}}\ \text{N/mm}^2=194.4\ \text{N/mm}^2$$

$$\tau=\frac{V_5}{h_0t_w}=\frac{262\times10^3}{1\ 400\times8}\ \text{N/mm}^2=23.4\ \text{N/mm}^2$$

上板段:

由式(4.5.51)得:

$$\lambda_{n,b1}=\frac{h_1/t_w}{64}\sqrt{\frac{f_y}{235}}=\frac{300/8}{64}=0.586<0.85$$

$$\sigma_{cr1}=f=215\ \text{N/mm}^2$$

$$a/h_1=1\ 500/300=5>1.0$$

$$\lambda_{n,s}=\frac{h_1/t_w}{41\sqrt{5.34+4\ (h_1/a)^2}}\sqrt{\frac{f_y}{235}}=\frac{300/8}{41\sqrt{5.34+4\left(\frac{300}{1\ 500}\right)^2}}=0.39<0.8$$

故 $\tau_{cr1}=f_v=125\ \text{N/mm}^2$

由式(4.5.49)得:

$$\frac{\sigma}{\sigma_{cr1}}+\left(\frac{\tau}{\tau_{cr1}}\right)^2=\frac{194.4}{215}+\left(\frac{23.4}{125}\right)^2=0.939<1,\text{满足要求。}$$

下板段:

由式(4.5.57)得:

$$\lambda_{n,b2}=\frac{h_2/t_w}{194}\sqrt{\frac{f_y}{235}}=\frac{1\ 100/8}{194}=0.709<0.85$$

故

$$\sigma_{cr2}=f=215\ \text{N/mm}^2$$

$$a/h_2=1\ 500/1\ 100=1.364>1.0$$

$$\lambda_{n,s}=\frac{h_2/t_w}{41\sqrt{5.34+4(h_2/a)^2}}\sqrt{\frac{f_y}{235}}=\frac{1\ 100/8}{41\sqrt{5.34+4\left(\frac{1\ 100}{1\ 500}\right)^2}}=1.225>1.2$$

故

$$\tau_{cr2}=1.1f_v/\lambda_{n,s}^2=1.1\times125/1.225^2\ N/mm^2=91.6\ N/mm^2$$

$$\sigma=\frac{M_5(h_0/2-h_1)}{I_x}=\frac{2\ 972\times10^6\times(1\ 400/2-300)}{1.07\times10^{10}}\ N/mm^2=111.1\ N/mm^2$$

$$\left(\frac{\sigma}{\sigma_{cr2}}\right)^2+\left(\frac{\tau}{\tau_{cr2}}\right)^2=\left(\frac{111.1}{215}\right)^2+\left(\frac{23.4}{91.6}\right)^2=0.332<1$$，满足要求。

作为练习，请读者自行完成加劲肋截面的设计。

§5.5 吊车梁的设计特点

5.5.1 吊车梁所承受的荷载

吊车在吊车梁(crane girder)上运动产生三个方向的动力荷载：竖向荷载、横向水平荷载和沿吊车梁纵向的水平荷载。纵向水平荷载是指吊车刹车力，其沿轨道方向由吊车梁传给柱间支撑，计算吊车梁截面时不予考虑。吊车梁的竖向荷载标准值应采用吊车最大轮压或最小轮压。吊车沿轨道运行、起吊、卸载以及工件翻转时将引起吊车梁振动。特别是当吊车越过轨道接头处的空隙时还将发生撞击。因此在计算吊车梁及其连接强度时吊车竖向荷载应乘以动力系数。对悬挂吊车(包括电动葫芦)及工作级别 A1 ~ A5 的软钩吊车，动力系数可取 1.05；对工作级别 A6 ~ A8 的软钩吊车、硬钩吊车和其他特种吊车，动力系数可取为 1.1。有关吊车工作级别与过去常用的工作制等级(轻、中、重、特重)的对应关系，详见 §9.8 表 9.8.1。

吊车的横向水平荷载由小车横行引起，其标准值应取横行小车重量与额定起重量之和的下列百分数，并乘以重力加速度：

① 软钩吊车：当额定起重量不大于 10 t 时，应取 12%；当额定起重量为 16 ~ 50 t 时，应取 10%；当额定起重量不小于 75 t 时，应取 8%。

② 硬钩吊车：应取 20%。

横向水平荷载应等分于桥架的两端，分别由轨道上的车轮平均传至轨道，其方向与轨道垂直，并考虑正反两个方向的刹车情况。对于悬挂吊车的水平荷载应由支撑系统承受，可不计算。手动吊车及电动葫芦可不考虑水平荷载。

计算重级工作制吊车梁及其制动结构的强度、稳定性以及连接(吊车梁、制动结构、柱相互间的连接)的强度时，由于轨道不可能绝对平行、轨道磨损及大车运行时本身可能倾斜等原因，在轨道上产生卡轨力，因此《标准》规定应按下式考虑吊车摆动引起的横向水平力，此水平力不与小车横行引起的水平荷载同时考虑。

$$H_k=\alpha P_{k,max} \tag{5.5.1}$$

式中，H_k 为轮压处水平力标准值；$P_{k,max}$ 为吊车最大轮压标准值；α 为系数，对一般软钩吊车取 0.1，抓斗或磁盘吊车取 0.15，对硬钩吊车取 0.2。

5.5.2 吊车梁的形式

吊车梁应该能够承受吊车在使用中产生的荷载。竖向荷载在吊车梁垂直方向产生弯矩和剪力，水平荷载在吊车梁上翼缘平面产生水平方向的弯矩和剪力。吊车的起重量和吊车梁的跨度决定了吊车梁的形式。吊车梁一般设计成简支梁，设计成连续梁固然可节省材料，但连续梁对支座沉降比较敏感，因此对基础要求较高。图 5.5.1a ~ e 为吊车梁的常用截面形式，可采用工字钢、H 型钢、焊接工字钢、箱型梁及桁架做为吊车梁。桁架式吊车梁用钢量省，但制作费工，连接节点在动力荷载作用下易产生疲劳破坏，故一般用于跨度较小的轻中级工作制的吊车梁。一般跨度小起重量不大（跨度不超过 6 m，起重量不超过 30 t）的情况下，吊车梁可通过在翼缘上焊钢板、角钢、槽钢的办法抵抗横向水平荷载，如图 5.5.1f ~ h 所示。对于焊接工字钢也可采用扩大上翼缘尺寸的方法加强其侧向刚度。

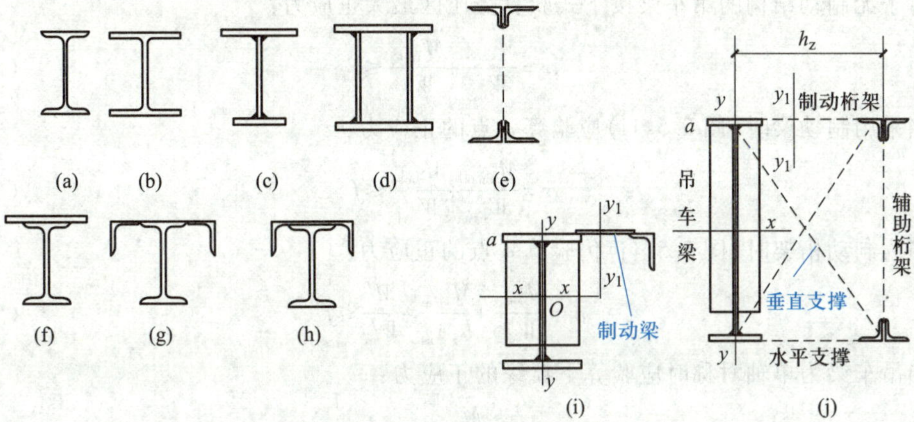

图 5.5.1 吊车梁的形式

对于跨度或起重量较大的吊车梁应设置制动结构，即制动梁或制动桁架（图 5.5.1i、j），由制动结构将横向水平荷载传至柱，同时保证梁的整体稳定。制动梁的宽度不宜小于 1 ~ 1.5 m，宽度较大时宜采用制动桁架。吊车梁的上翼缘充当制动结构的翼缘或弦杆，制动结构的另一翼缘或弦杆可以采用槽钢或角钢。制动结构还可以充当检修走道，故制动梁腹板一般采用花纹钢板，厚度 6 ~ 10 mm。对于跨度大于或等于 12 m 的重级工作制吊车梁，或跨度大于或等于 18 m 的轻中级工作制吊车梁宜设置辅助桁架和下翼缘（下弦）水平支撑系统，同时设置垂直支撑，其位置不宜设在梁或桁架最大挠度处，以免受力过大造成破坏。对柱两侧均有吊车梁的中柱则应在两吊车梁间设置制动结构。

5.5.3 吊车梁的设计

1. 吊车梁钢材的选择

吊车梁承受动态荷载的反复作用，因此，其钢材应具有良好的塑性和韧性，且应满足《标准》4.3 节（见本书 2.5.3 小节）中的相关要求。

2. 吊车梁的内力计算

由于吊车荷载为移动荷载，计算吊车梁内力时必须首先用力学方法确定使吊车梁产生最大内力（弯矩和剪力）的最不利轮压位置，然后分别求梁的最大弯矩及相应的剪力和梁的最大剪力及相应弯矩，以及横向水平荷载在水平方向产生的最大弯矩。计算吊车梁的强度及稳定时按作用在跨间荷载效应最大的两台吊车或按实际情况考虑，并采用荷载设计值。

计算吊车梁的疲劳及挠度时应按作用在跨间内荷载效应最大的一台吊车确定，并采用不乘荷载分项系数和动力系数的荷载标准值计算。求出最不利内力后选择梁的截面和制动结构。

3. 吊车梁的强度、稳定承载力验算

(1) 强度验算

假定吊车横向水平荷载由梁加强的上翼缘或制动梁或桁架承受，竖向荷载则由吊车梁本身承受，同时忽略横向水平荷载对制动结构的偏心作用。

对于无制动结构的吊车梁按下式验算受压区最大正应力：

$$\sigma=\frac{M_{x\max}}{W_{\mathrm{n}x}}+\frac{M_{y\max}}{W'_{\mathrm{n}y}}\leqslant f \tag{5.5.2}$$

当采用制动梁时（图 5.5.1i）应验算 a 点的正应力：

$$\sigma=\frac{M_{x\max}}{W_{\mathrm{n}x}}+\frac{M_{y\max}}{W_{\mathrm{n}y1}}\leqslant f \tag{5.5.3}$$

当为制动桁架时（图 5.5.1j）仍验算 a 点的正应力：

$$\sigma=\frac{M_{x\max}}{W_{\mathrm{n}x}}+\frac{M_{y\max}}{h_z A_{n1}}+\frac{M'_y}{W'_{\mathrm{n}y}}\leqslant f \tag{5.5.4}$$

当吊车梁为单轴对称时应验算下翼缘的正应力：

$$\sigma=\frac{M_{x\max}}{W_{\mathrm{n}x2}}\leqslant f \tag{5.5.5}$$

以上式中，$M_{x\max}$、$M_{y\max}$ 分别为垂直荷载及横向水平荷载产生的弯矩设计值；$W_{\mathrm{n}x}$ 为吊车梁截面对 x 轴的净截面抵抗矩；$W_{\mathrm{n}x2}$ 为吊车梁下翼缘最大拉应力处对 x 轴的净截面抵抗矩；$W'_{\mathrm{n}y}$ 为吊车梁上翼缘截面对 y 轴的净截面抵抗矩；$W_{\mathrm{n}y1}$ 为制动梁截面对 y_1 轴的净截面抵抗矩；h_z 为制动桁架的高度；$A_{\mathrm{n}1}$ 为吊车梁上翼缘及 $15t_{\mathrm{w}}$ 腹板的净截面之和；M'_y 为吊车梁上翼缘作为制动桁架的弦杆，由横向水平荷载对弦杆所产生的局部弯矩，近似为 $M'_y=(1/3\sim1/5)T\cdot d$，$T$ 为横向水平荷载，d 为制动桁架的节间距。

对于焊接组合梁尚应按式（4.2.11）验算翼缘与腹板交界处的折算应力。

梁的支座截面的最大剪应力，在选截面时已予保证，不必验算。

(2) 局部稳定验算

对于焊接组合梁，应按 4.5.3 小节的内容进行局部稳定设计及验算。

(3) 整体稳定验算

当采用制动梁或制动桁架时，梁的整体稳定能够保证，不必验算。无制动结构的梁应按下式验算：

$$\sigma=\frac{M_{x\max}}{\varphi_{\mathrm{b}}W_x}+\frac{M_{y\max}}{W_y}\leqslant f \tag{5.5.6}$$

4. 吊车梁疲劳验算

吊车梁直接承受动力荷载，对重级工作制吊车梁和重级、中级工作制吊车桁架可作为常幅疲劳，按式（10.3.13）和式（10.3.14）验算疲劳强度。验算的部位一般包括：受拉翼缘与腹板连接处的主体金属、受拉区加劲肋的端部和受拉翼缘与支撑的连接等处的主体金属以及角焊缝连接处。

5. 吊车梁刚度验算

吊车梁在竖向荷载作用下的挠度要满足附录2给出的容许限值要求。对冶金工厂或类似车间中工作制为A7、A8的吊车梁，一台最大吊车的横向水平荷载(按GB 50009—2012《建筑结构荷载规范》或5.5.1小节取值)产生的挠度不宜超过制动结构跨度的1/2 200。应注意的是在计算竖向挠度时系按自重和起重量最大的一台吊车计算。

6. 吊车梁的合理构造设计

应力集中是造成疲劳破坏的主要原因，因而应特别关注吊车梁的细部构造设计。焊接组合吊车梁的翼缘宜用一层钢板，当采用两层钢板时，外层钢板宜沿梁通长设置，并应在设计和施工中采取措施使上翼缘两层钢板紧密接触。吊车梁的翼缘板或腹板的焊接拼接应采用加引弧(引出)板的焊透对接焊缝，引弧(引出)板割去处应予打磨平整。焊接吊车梁和焊接吊车桁架的工地整段拼接应采用焊接或高强螺栓的摩擦型连接。

吊车梁横向加劲肋的宽度不宜小于90 mm。在支座处的横向加劲肋应在腹板两侧成对布置，并与梁上下翼缘刨平顶紧。中间横向加劲肋的上端应与梁的上翼缘刨平顶紧，在重级工作制吊车梁中，中间横向加劲肋亦应在腹板两侧成对布置，而中、轻级工作制吊车梁则可单侧设置或两侧错开设置。在焊接吊车梁中，横向加劲肋(含短加劲肋)不得与受拉翼缘相焊，但可与受压翼缘焊接，如图5.5.1i、j所示端加劲肋可与梁上下翼缘相焊，中间横向加劲肋的下端宜在距受拉下翼缘50～100 mm处断开，其与腹板的连接焊缝不宜在肋下端起落弧。当吊车梁受拉翼缘与支撑相连时，不宜采用焊接连接。

重级工作制吊车梁中，上翼缘与柱或制动桁架传递水平力的连接宜采用高强度螺栓的摩擦型连接，而上翼缘与制动梁的连接，可采用高强度螺栓摩擦型连接或焊缝连接。

吊车梁端部与柱的连接构造应设法减少由于吊车梁弯曲变形而在连接处产生的附加应力。吊车梁的受拉翼缘边缘，宜为轧制边或自动气割边，当用手工气割或剪切机切割时，应沿全长刨边。吊车梁的受拉翼缘上下不得焊接悬挂设备的零件，并不宜在该处打火或焊接夹具。

吊车梁上翼缘与腹板的连接焊缝直接承受反复的动力荷载作用，加上难以避免的轨道偏心作用，焊缝及其附近的主体金属受力非常复杂，因此对于重级工作制或起重量≥50 t的中级工作制吊车梁，腹板与上翼缘的焊缝要采用图5.5.2所示的焊透的T形接头对接与角接组合焊缝。吊车梁焊缝的质量等级要符合《标准》中11.1.6条的要求(见3.1.1小节之4)。

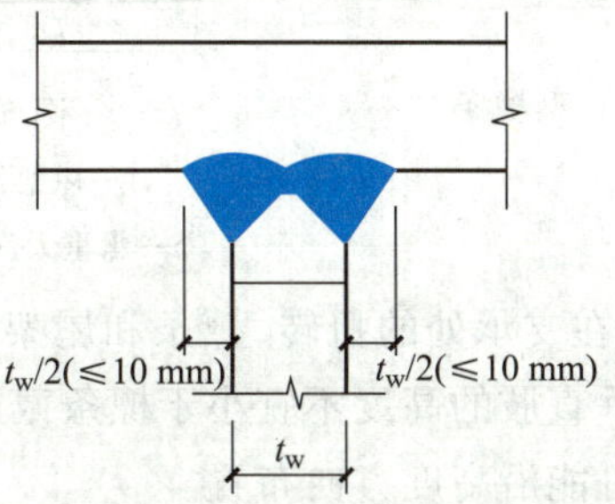

图5.5.2　焊透的T形接头对接与角接组合焊缝

§5.6　冷弯型钢檩条和墙梁的设计特点

冷弯薄壁型钢(cold-formed thin-walled steel)系由带钢或钢板经辊轧、模压冷弯或冷拔成型,由于薄壁和截面开展,其回转半径较普通型钢截面要大,因此比较经济。本节仅介绍应用较多的冷弯型钢檩条和墙梁的设计特点,有关冷弯薄壁型钢结构的特点,详见§6-8。

5.6.1　冷弯型钢檩条的设计特点

冷弯型钢檩条(cold-formed steel purlins)较热轧型钢檩条能够较好地节约材料,目前在钢结构中应用较多。常用的冷弯型钢檩条有 Z 型和 C 型两种截面形式,如图 5.6.1 所示。檩条一般垂直于屋面坡度放置,在屋面荷载作用下绕截面的两个主轴弯曲,如果荷载作用线不经过剪力中心,还将产生扭矩。但一般屋面的拉结体系能起到阻止檩条扭转的作用,故可不考虑扭矩的影响按双向压弯构件设计。

为减小檩条在使用期间和施工过程中的侧向变形和扭转,当檩条跨度超过 4 m 时应在檩条之间设置拉条及撑杆,拉条必须张紧,以保证传递拉力。跨度在 4 ~6 m 时可在跨中设置一道拉条,超过 6 m 时在三分点处设置两道拉条。跨度 6 m 时可视荷载大小设一道或两道拉条。拉条必须连到可以作为不动点的屋架节点或檩条上,所以在屋脊处要把两坡向上的脊檩用缀板相连以增强其刚度。图 5.6.2 为檩条拉结体系的典型布置方案,该体系可起到檩条的侧向支承作用。

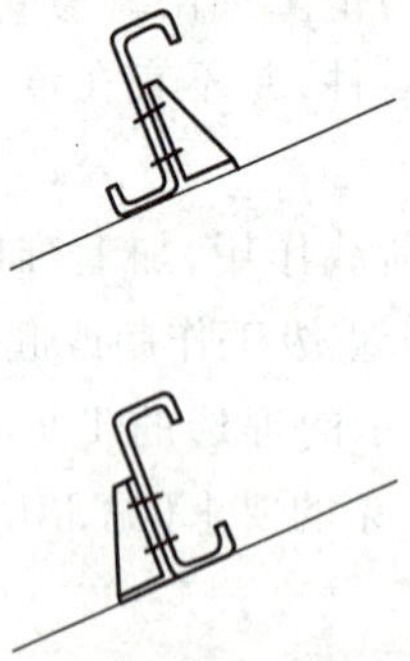

图 5.6.1　冷弯型钢 Z 型和 C 型檩条

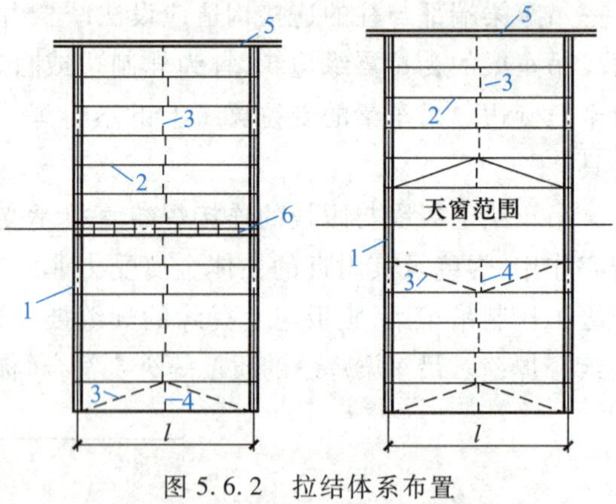

图 5.6.2　拉结体系布置

1—屋架;2—檩条;3—拉条;4—撑杆;

5—承重天沟或圈梁;6—连接两檩条的缀板

为了便于安装和阻止檩条在支承处的扭转,檩条和屋架的连接宜采用檩托,如图 5.6.1 所示檩托通常用角钢制作,其垂直肢的高度不宜小于檩条截面高度的 3/4。檩条端部与檩托的连接螺栓不宜少于 2 个,尽可能沿高度方向布置。

对于冷弯型钢檩条,应按有效截面验算其强度和整体稳定。如果屋面能阻止檩条侧向失稳和扭转,可仅按式(5.6.1)计算其强度,无需验算其稳定性。否则应按式(5.6.2)验算其稳定性:

$$\sigma=\frac{M_x}{W_{efnx}}+\frac{M_y}{W_{efny}}\leqslant f \tag{5.6.1}$$

$$\frac{M_x}{\varphi_b W_{efx}}+\frac{M_y}{W_{efy}}\leqslant f \tag{5.6.2}$$

上两式中，M_x、M_y 分别为对主轴 x 和 y 的弯矩；φ_b 为受弯构件整体稳定系数，应按 GB 50018—2002《冷弯薄壁型钢结构技术规范》附录 A2 计算；W_{efx}、W_{efy} 分别为截面对主轴 x、y 的有效截面模量，按上述规范 5.6 节计算；f 为钢材的抗弯强度设计值，按上述规范表 4.2.1 采用。

檩条的挠度也要满足冷弯薄壁型钢规范的相应规定。

5.6.2　冷弯型钢墙梁的设计特点

Z 型和 C 型冷弯型钢也常用作墙梁（wall girt），与热轧槽钢、角钢或工字钢墙梁相比，可省钢 30% 左右。墙梁主要承受水平方向的风荷载，宜将其刚度较大的主平面置于水平方向，并用支托支承于柱上，如图 5.6.3 所示。墙梁通常设计成单跨简支梁，柱距较小时可设计成两跨连续梁。当柱距大于 6 m 时常在两柱之间加设墙架柱；当然也可通过加隅撑的办法减小墙梁跨中的挠度和弯矩，此时可按三跨连续梁计算。

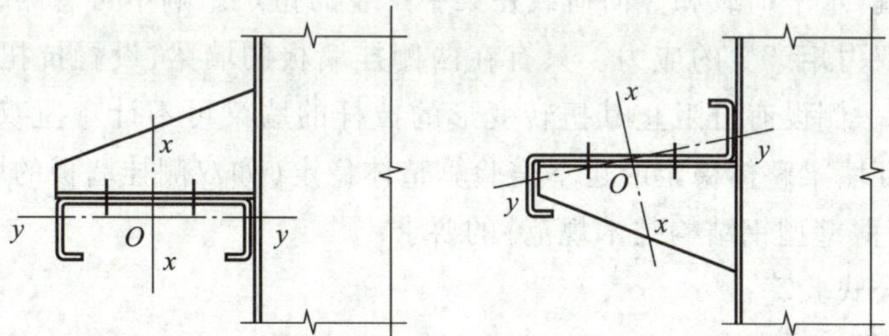

图 5.6.3　墙梁与柱的连接

Z 型和 C 型墙梁垂直于地面方向的刚度较弱，因此当梁跨在 4～6 m 时在跨中设置一道拉条（图 5.6.4），超过 6 m（包括 6 m）时设两道拉条，这时在垂直方向可按两跨或三跨连续梁计算。拉条承担的墙体竖向荷载通过斜拉条传到柱上，一般每隔 5 根墙梁设一对斜拉条，以分段传递墙体自重。拉条在檩条上的位置如图 5.6.5 所示，采用单层墙板时拉条靠近墙板一侧（图 5.6.5a），采用双层墙板时置于中间（图 5.6.5b）。有时为了减少梁的扭转变形和双力矩值，提高梁的整体稳定性，还设置如图 5.6.5c～e 所示的抗扭支撑体系。

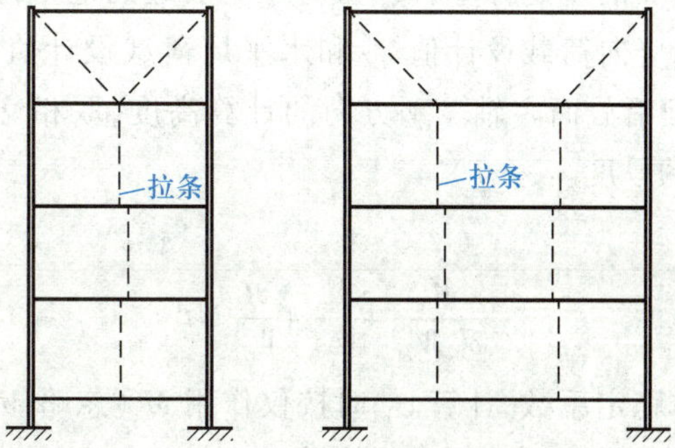

图 5.6.4　墙面拉条布置

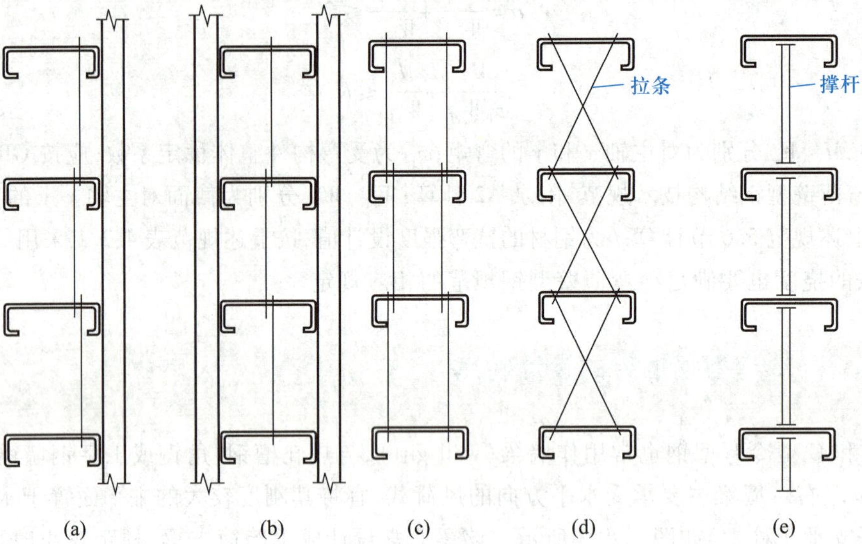

图 5.6.5　拉条在檩条上的位置

对于墙梁来说，水平荷载和竖向荷载在梁中产生的扭矩影响不可忽略，在验算其强度和稳定性时需考虑双力矩产生的应力。只有在两侧挂墙板的墙梁，设置抗扭支撑体系的墙梁和一侧挂墙板、另一侧设有可阻止其扭转变形的拉杆的墙梁可不计弯扭双力矩的影响。另外构造上能够保证墙梁整体稳定时也不需验算整体稳定（如双侧挂墙板的墙梁）。墙梁的变形也要满足《冷弯薄壁型钢结构技术规范》的要求。

强度按下列公式验算：

$$\sigma=\frac{M_x}{W_{\mathrm{efn}x}}+\frac{M_y}{W_{\mathrm{efn}y}}+\frac{B}{W_\omega}\leqslant f \tag{5.6.3}$$

$$\tau_x=\frac{3V_{x\max}}{4b_0t}\leqslant f_{\mathrm{v}} \tag{5.6.4}$$

$$\tau_y=\frac{3V_{y\max}}{2h_0t}\leqslant f_{\mathrm{v}} \tag{5.6.5}$$

以上各式中，B 为与所取弯矩同一截面的双力矩，当受弯构件的受压翼缘上有铺板，且与受压翼缘牢固相连并能阻止受压翼缘侧向变位和扭转时，$B=0$。其他情况，可按《冷弯薄壁型钢结构技术规范》附录 A.4 的规定计算；W_ω 为与弯矩引起的应力同一验算点处的毛截面扇形模量；$V_{x\max}$、$V_{y\max}$ 分别为竖向荷载设计值 q_x 和水平风荷载设计值 q_y 所产生的剪力的最大值；b_0、h_0 分别为墙梁截面沿截面主轴 x、y 方向的计算高度，取相交板件连接处两内弧起点间的距离；t 为墙梁截面的厚度。

稳定性按下式验算：

$$\frac{M_x}{\varphi_{\mathrm{b}x}W_{\mathrm{ef}x}}+\frac{M_y}{W_{\mathrm{ef}y}}+\frac{B}{W_\omega}\leqslant f \tag{5.6.6}$$

式中，$\varphi_{\mathrm{b}x}$ 为受弯构件整体稳定系数，计算 $\varphi_{\mathrm{b}x}$ 时按仅作用 M_x（忽略 M_y 及 B 的影响），按《冷弯薄壁型钢结构技术规范》附录 A.2 的规定计算。

习　题

5.1　某楼盖一两端简支梁跨度 15 m，承受均布静力荷载，不变荷载标准值为 35 kN/m（不包括梁自重），活荷载标准值为 45 kN/m，该梁拟采用 Q235B 级钢制作，采用焊接工字形截面。若该梁整体稳定能够保证，试设计该梁。

5.2　某工作平台梁两端简支，跨度 6 m，采用型号 I56b 的工字钢制作，钢材为 Q345。该梁承受均布荷载，荷载为间接动力荷载。若工作平台梁的铺板没与钢梁连牢，试求该梁能承担的最大设计荷载。

5.3　如习题 5.3 图所示，某焊接工字形等截面简支梁，跨度 10 m，在跨中作用有一静力集中荷载，该荷载由两部分组成，一部分为恒载，标准值为 200 kN；另一部分为活载，标准值为 300 kN。荷载沿梁的跨度方向支承长度为 150 mm。该梁在支座处设有支承加劲肋，加劲肋距梁端 80 mm。若该梁采用 Q235 钢制作，试验算该梁的强度、刚度是否满足要求。

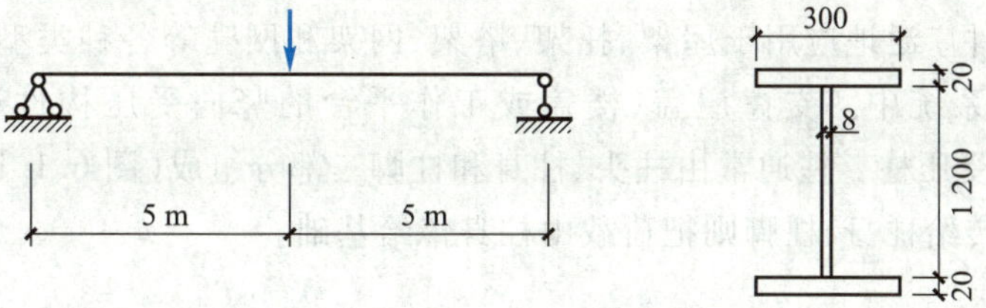

习题 5.3 图

5.4　如果该梁仅在支座处设有侧向支承，该梁整体稳定能否满足要求。如不能，采用何种措施？

5.5　为习题 5-3 的梁设计加劲肋，保证腹板不发生局部失稳。同时在支座处和集中荷载作用处设计支承加劲肋。

5.6　若考虑习题 5-3 所给钢梁的腹板屈曲后强度，且只在跨中和支座处设置支承加劲肋，试验算该梁的承载力是否满足要求（假设整体稳定能够保证），并设计支承加劲肋。

第 6 章

轴心受力构件

§6.1 轴心受力构件的应用和截面形式

轴心受力构件(axially loaded members)是指承受通过构件截面形心轴线的轴向力作用的构件,当这种轴向力为拉力时,称为轴心受拉构件(axially tension members),简称轴心拉杆;当这种轴向力为压力时,称为轴心受压构件(axially compression members),简称轴心压杆。轴心受力构件广泛地应用于屋架、托架、塔架、网架和网壳等各种类型的平面或空间杆系结构以及支撑系统中。支撑屋盖、楼盖或工作平台的竖向受压构件通常称为柱(columns),包括轴心受压柱。柱通常由柱头、柱身和柱脚三部分组成(图 6.1.1),柱头支承上部结构并将其荷载传给柱身,柱脚则把荷载由柱身传给基础。

6.1 柱子构造

6.2 缀板式柱

6.3 缀条式柱

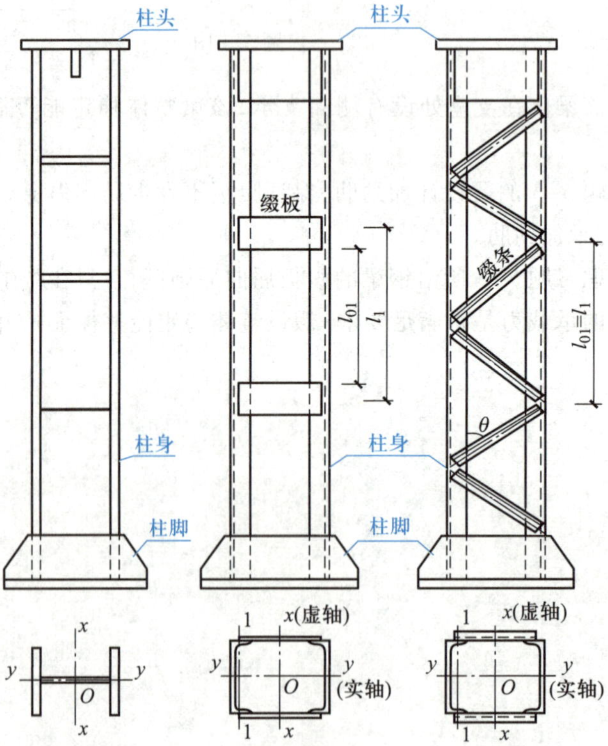

图 6.1.1 柱的形式

轴心受力构件(包括轴心受压柱),按其截面组成形式,可分为实腹式构件(solid-webbed members)和格构式构件(latticed members)两种(图 6.1.1)。实腹式构件具有整体连通的截面,常见的有三种截面形式。第一种是热轧型钢截面,如圆钢、圆管、方管、角钢、工字钢、T 形钢和槽钢等,其中最常用的是工字形截面;第二种是冷弯型钢截面,如卷边和不卷边的角钢或槽钢与方管;第三种是型钢或钢板连接而成的组合截面。在普通桁架中,受拉或受压杆件常采用两个等边或不等边角钢组成的 T 形截面或十字形截面,也可采用单角钢、圆管、方管、工字钢或 T 形钢等截面(图 6.1.2a)。轻型桁架的杆件则采用小角钢、圆钢或冷弯薄壁型钢等截面(图 6.1.2b)。受力较大的轴心受力构件(如轴心受压柱),通常采用实腹式或格构式双轴对称截面;实腹式构件一般是组合截面,有时也采用轧制工字形或圆管截面(图 6.1.2c)。格构式构件一般由两个或多个分肢用缀件联系组成(图 6.1.2d),采用较多的是两分肢格构式构件。在格构式构件截面中,通过分肢腹板的主轴叫做实轴,通过分肢缀件的主轴叫做虚轴。分肢通常采用轧制槽钢或工字钢,承受荷载较大时可采用焊接工字形或槽形组合截面。缀件有缀条或缀板两种,一般设置在分肢翼缘两侧平面内,其作用是将各分肢连成整体,使其共同受力,并承受绕虚轴弯曲时产生的剪力。缀条由斜杆组成或斜杆与横杆共同组成,缀条常采用单角钢,与分肢翼缘组成桁架体系,使承受横向剪力时有较大的刚度。缀板常采用钢板,与分肢翼缘组成刚架体系。在构件产生绕虚轴弯曲而承受横向剪力时,刚度比缀条格构式构件略低,所以通常用于受拉构件或压力较小的受压构件。实腹式构件比格构式构件构造简单,制造方便,整体受力和抗剪性能好,但截面尺寸较大时钢材用量较多;而格构式构件容易实现两主轴方向的等稳定性,刚度较大,抗扭性能较好,用料较省。

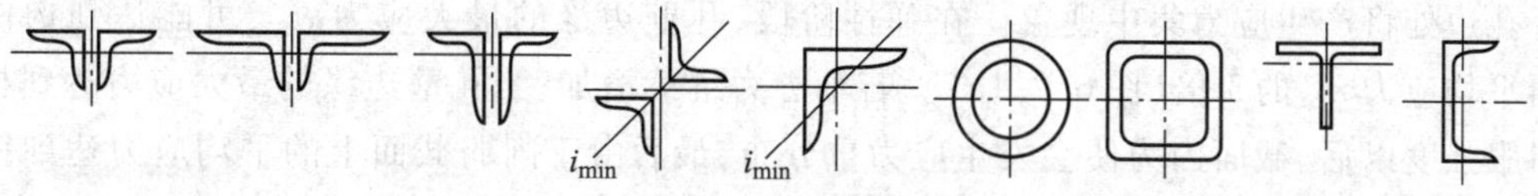

(a) 普通桁架杆件截面

(b) 轻型桁架杆件截面

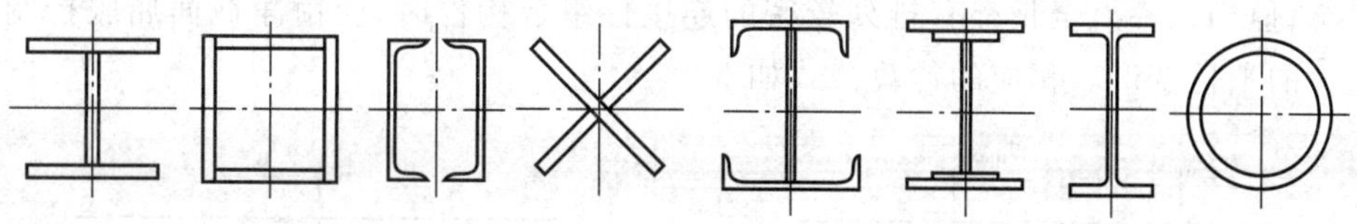

(c) 实腹式构件截面

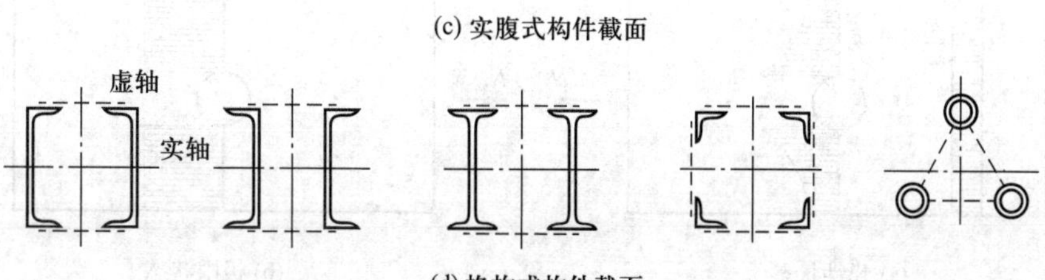

(d) 格构式构件截面

图 6.1.2　轴心受力构件的截面形式

§6.2　轴心受力构件的强度和刚度

6.2.1　轴心受力构件的强度计算

从钢材的应力-应变关系可知，当轴心受力构件的截面平均应力达到钢材的抗拉强度 f_u 时，构件达到强度极限承载力。但由于构件断裂的危害大于过大变形的影响，以此作为构件的强度计算准则时，应有较大的安全储备。实际上，当构件的平均应力达到钢材的屈服强度 f_y 时，由于构件塑性变形的发展，会使构件的变形过大以致达到不适于继续承载的状态。因此，轴心受力构件是以截面的平均应力达到钢材的屈服强度作为强度计算准则的，这就要求在设计时应选用具有良好塑性性能的材料。

对无孔洞等削弱的轴心受力构件，以全截面平均应力达到屈服强度为强度极限状态，应按下式进行毛截面强度计算：

$$\sigma=\frac{N}{A}\leqslant f \tag{6.2.1}$$

式中：N 为构件的轴心力设计值；f 为钢材抗拉强度设计值或抗压强度设计值；A 为构件的毛截面面积。

对有孔洞等削弱的轴心受力构件（图 6.2.1），在孔洞处截面上的应力分布是不均匀的，靠近孔边处将产生应力集中现象。在弹性阶段，孔壁边缘的最大应力 σ_{max} 可能达到构件毛截面平均应力 σ_a 的 3 倍（图 6.2.1a）。若轴心力继续增加，当孔壁边缘的最大应力达到材料的屈服强度以后，截面内力便会发生应力重分布，最后由于削弱截面上的平均应力达到钢材的抗拉强度 f_u 而破坏（图 6.2.1b）。由于局部削弱的截面在整个构件长度范围内所占比例较小，这些截面屈服后局部变形的发展对构件整体的伸长变形影响不大，还不属于过度的塑性变形。因此，对于有孔洞削弱的轴心受力构件，除了应按照（6.2.1）计算毛截面强度外，还应以其净截面的平均应力达到抗拉强度为强度极限状态，考虑抗力分项系数后，进行净截面强度计算；但当构件沿全长都有排列较密的连接件组合构件时，应由净截面屈服控制，以免产生过大的塑性变形。相应的计算公式如下：

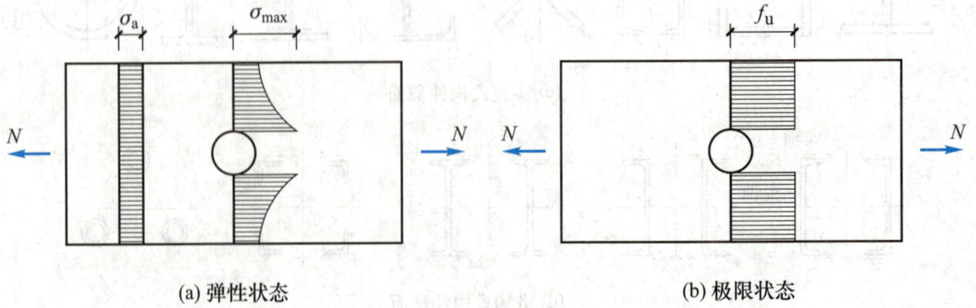

图 6.2.1　截面削弱处的应力分布

局部孔洞净截面断裂　$\sigma = \frac{N}{A_n} \leqslant 0.7f_u$　(6.2.2a)

连续孔洞净截面屈服　$\frac{N}{A_n} \leqslant f$　(6.2.2b)

式中：f_u 为钢材的抗拉强度最小值；A_n 为构件的净截面面积。

对有螺纹的轴心受力构件，A_n 取螺纹处的有效截面面积。

当轴心受力构件采用普通螺栓（或铆钉）连接时，若螺栓（或铆钉）为并列布置（图 6.2.2a），A_n 按最危险的正交截面（Ⅰ—Ⅰ截面）计算。若螺栓错列布置（图 6.2.2b），构件既可能沿正交截面Ⅰ—Ⅰ破坏，也可能沿齿状截面Ⅱ—Ⅱ或Ⅲ—Ⅲ破坏。截面Ⅱ—Ⅱ或Ⅲ—Ⅲ的毛截面长度较大但孔洞较多，其净截面面积不一定比截面Ⅰ—Ⅰ的净截面面积大。A_n 应取Ⅰ—Ⅰ、Ⅱ—Ⅱ或Ⅲ—Ⅲ截面的较小面积计算。

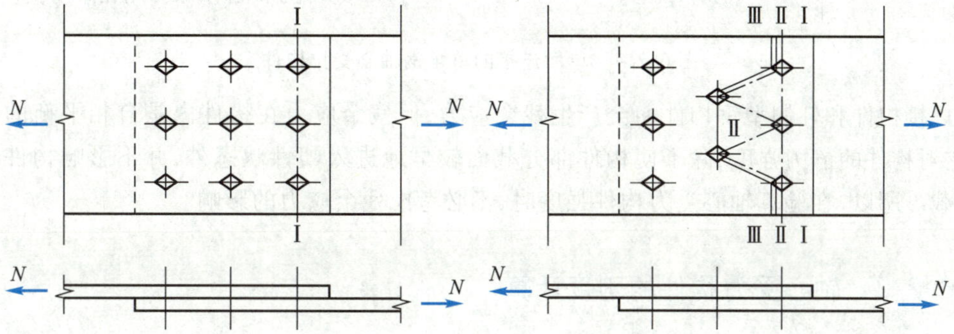

图 6.2.2　净截面面积的计算

对于高强度螺栓摩擦型连接的构件，可以认为高强度螺栓摩擦型连接传力所依靠的摩擦力均匀分布于螺孔四周，故在孔前接触面已传递一半的力（图 6.2.3）。因此，最外列螺栓处危险截面的净截面强度应按下式计算：

$$\sigma = \frac{N'}{A_n} \leqslant 0.7f_u \tag{6.2.3}$$

式中，$N' = N(1-0.5n_1/n)$；n 为连接一侧的高强度螺栓总数；n_1 为计算截面（最外列螺栓处）上的高强度螺栓数目；0.5 为孔前传力系数。

对于高强度螺栓摩擦型连接的构件，除按式（6.2.3）验算净截面强度外，还应按式（6.2.1）验算毛截面强度。

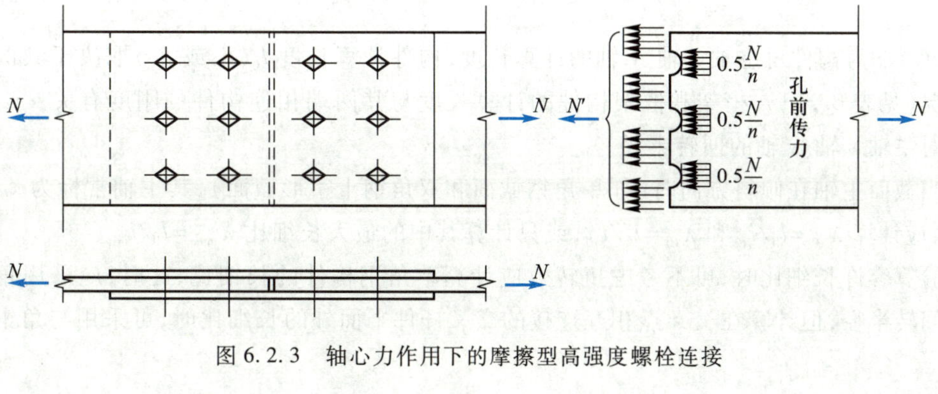

图 6.2.3　轴心力作用下的摩擦型高强度螺栓连接

对于单面连接的单角钢轴心受力构件,实际处于双向偏心受力状态(图6.2.4),试验表明其极限承载力约为轴心受力构件极限承载力的80%~85%。因此单面连接的单角钢按轴心受力计算强度和连接时,钢材的强度设计值f应乘以折减系数$\eta=0.85$。

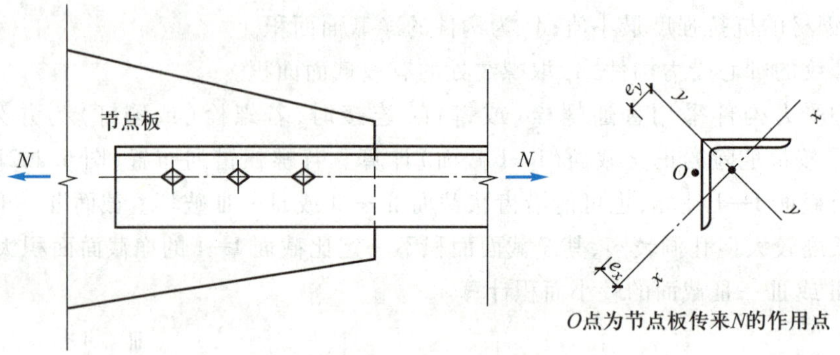

图6.2.4 单面连接的单角钢轴心受拉构件

焊接构件和轧制型钢构件均会产生残余应力,但残余应力在构件内是自相平衡的内应力,它对构件的静力强度,除了使构件部分截面较早地进入塑性状态外,并不影响构件的极限荷载。所以,在验算轴心受力构件强度时,不必考虑残余应力的影响。

6.2.2 轴心受力构件的刚度计算

按正常使用极限状态的要求,轴心受力构件均应具有一定的刚度。轴心受力构件的刚度通常用长细比(slenderness ratio)来衡量,长细比越小,表示构件刚度越大,反之则刚度越小。

当轴心受力构件刚度不足时,在本身自重作用下容易产生过大的挠度,在动力荷载作用下容易产生振动,在运输和安装过程中容易产生弯曲。因此,设计时应对轴心受力构件的长细比进行控制。构件的容许长细比[λ],是按构件的受力性质、构件类别和荷载性质确定的。对于受压构件,长细比更为重要。受压构件因刚度不足而变形增加的附加弯矩影响远比受拉构件严重,长细比过大,会使稳定承载力降低太多,因而其容许长细比[λ]限制应更严;直接承受动力荷载的受拉构件也比承受静力荷载或间接承受动力荷载的受拉构件不利,其容许长细比[λ]限制也较严;轴心受力构件对主轴x轴、y轴的长细比λ_x和λ_y应满足下式要求:

$$\lambda_x=\frac{l_{0x}}{i_x}\leqslant[\lambda] \qquad \lambda_y=\frac{l_{0y}}{i_y}\leqslant[\lambda] \tag{6.2.4}$$

式中,l_{0x}、l_{0y}为构件对主轴x轴、y轴的计算长度;构件计算长度l_0(l_{0x}或l_{0y})取决于其两端支承情况(见表6.3.1),桁架和框架构件的计算长度与其两端相连构件的刚度有关。i_x、i_y为截面对主轴x轴、y轴的回转半径。

当截面主轴在倾斜方向时(如单角钢截面和双角钢十字形截面),其主轴常标为x_0轴和y_0轴,应计算$\lambda_{x0}=l_0/i_{x0}$和$\lambda_{y0}=l_0/i_{y0}$,或只计算其中的最大长细比$\lambda_{\max}=l_0/i_{\min}$。

验算容许长细比时,可不考虑扭转效应计算单角钢构件的长细比,此时,应采用角钢的最小回转半径;但计算在交叉点相互连接的交叉杆件平面外的长细比时,可采用与角钢肢边平行轴的回转半径。

轴心受压构件的容许长细比宜符合下列规定：

① 跨度等于或大于 60 m 的桁架，其受压弦杆、端压杆和直接承受动力荷载的受压腹杆的长细比不宜大于 120。

② 轴心受压构件的长细比不宜超过表 6.2.1 规定的容许值，但当杆件内力设计值不大于承载能力的 50% 时，容许长细比值可取 200。

受拉构件的容许长细比宜符合下列规定：

① 除对腹杆提供平面外支点的弦杆外，承受静力荷载的结构受拉构件，可仅计算竖向平面内的长细比。

② 中、重级工作制吊车桁架下弦杆的长细比不宜超过 200。

③ 在设有夹钳或刚性料耙等硬钩起重机的厂房中，支撑的长细比不宜超过 250。

④ 受拉构件在永久荷载与风荷载组合作用下受压时，其长细比不宜超过 250。

⑤ 跨度等于或大于 60 m 的桁架，其受拉弦杆和腹杆的长细比，承受静力荷载或间接动力荷载时不宜超过 300，直接承受动力荷载时，不宜超过 250。

⑥ 受拉构件的长细比不宜超过表 6.2.2 规定的容许值。柱间支撑按拉杆设计时，竖向荷载作用下柱子的轴力应按无支撑时考虑。

表 6.2.1　受压构件的容许长细比

项次	构件名称	容许长细比
1	轴心受压柱、桁架和天窗架中的压杆	150
	柱的缀条、吊车梁或吊车桁架以下的柱间支撑	
2	支撑	200
	用以减少受压构件计算长度的杆件	

表 6.2.2　受拉构件的容许长细比

项次	构件名称	承受静力荷载或间接承受动力荷载的结构			直接承受动力荷载的结构
		一般建筑结构	对腹杆提供平面外支点的弦杆	有重级工作制起重机的厂房	
1	桁架的杆件	350	250	250	250
2	吊车梁或吊车桁架以下的柱间支撑	300	—	200	—
3	除张紧的圆钢外的其他拉杆、支撑、系杆等	400	—	350	—

§6.3　轴心受压构件的整体稳定

6.3.1　轴心受压构件的整体失稳现象

无缺陷的轴心受压构件，当轴心压力 N 较小时，构件只产生轴向压缩变形，保持直线平衡状态。此时如有干扰力使构件产生微小弯曲，则当干扰力移去后，构件将恢复到原来的直线平衡状态，这种直线平衡状态下构件的外力和内力间的平衡是稳定的。当轴心压力 N 逐渐增加到一定大小，如有干扰力使构件发生微弯，但当干扰力移去后，构件仍保持微弯状态而不能恢复到原来的直线平衡状态，这种从直线平衡状态过渡到微弯曲平衡状态的现象称为平衡状态的分枝，此时构件的外力和内力间的平衡是随遇的，称为随遇平衡或中性平衡。如轴心压力 N 再稍微增加，则弯曲变形迅速增大而使构件丧失承载能力，这种现象称为构件的弯曲屈曲或弯曲失稳(flexural buckling)(图 6.3.1a)。中性平衡是从稳定平衡过渡到不稳定平衡的临界状态，中性平衡时的轴心压力称为临界力 N_{cr}，相应的截面应力称为临界应力 σ_{cr}；σ_{cr} 常低于钢材屈服应力 f_y，即构件在到达强度极限状态前就会丧失整体稳定。无缺陷的轴心受压构件发生弯曲屈曲时，构件的变形发生了性质上的变化，即构件由直线形式改变为弯曲形式，且这种变化带有突然性。结构丧失稳定时，平衡形式发生改变的，称其为丧失了第一类稳定性或称为平衡分支失稳。除丧失第一类稳定性外，还有第二类稳定性问题。丧失第二类稳定性的特征是结构丧失稳定时其弯曲平衡形式不发生改变，只是随着外力的增加，弯曲变形快速增大，直到外力达到某一最大值后，失去稳定的平衡而破坏。丧失第二类稳定性也称为极值点失稳。

6.4　弯曲屈曲

6.5　弯扭屈曲

6.6　扭转屈曲

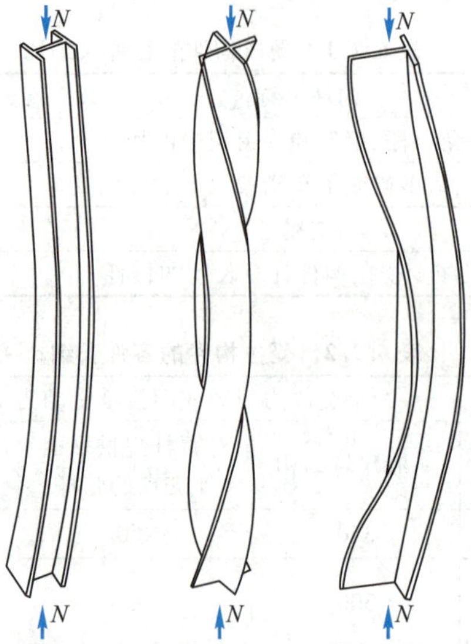

(a) 弯曲屈曲　(b) 扭转屈曲　(c) 弯扭屈曲

图 6.3.1　两端铰接轴心受压构件的屈曲状态

对某些抗扭刚度较差的轴心受压构件(如十字形截面)，当轴心压力 N 达到临界值时，稳定平衡状态不再保持而发生微扭转。当 N 再稍微增加，则扭转变形迅速增大而使构件丧失承载能力，这种现象称为扭转屈曲或扭转失稳(torsional buckling)(图 6.3.1b)。

截面为单轴对称(如 T 形截面)的轴心受压构件绕对称轴失稳时，由于截面形心与截面剪切中心(或称扭转中心与弯曲中心，即构件弯曲时截面剪应力合力作用点通过的位置)不重合，在发生弯曲变形的同时必然伴随有扭转变形，故称为弯扭屈曲或弯扭失稳(图 6.3.1c)。同理，截面没有对称轴的轴心受压构件，其屈曲形态也属弯扭屈曲(flexural torsional buckling)。

钢结构中常用截面的轴心受压构件,由于其板件较厚,构件的抗扭刚度也相对较大,失稳时主要发生弯曲屈曲;单轴对称截面的构件绕对称轴弯扭屈曲时,当采用考虑扭转效应的换算长细比后,也可按弯曲屈曲计算。因此弯曲屈曲是确定轴心受压构件稳定承载力的主要依据,本节将主要讨论弯曲屈曲问题。

6.3.2 无缺陷轴心受压构件的屈曲

1. 弹性弯曲屈曲

图 6.3.2 为两端铰接的理想等截面构件,当轴心压力 N 达到临界值时,处于屈曲的微弯状态。

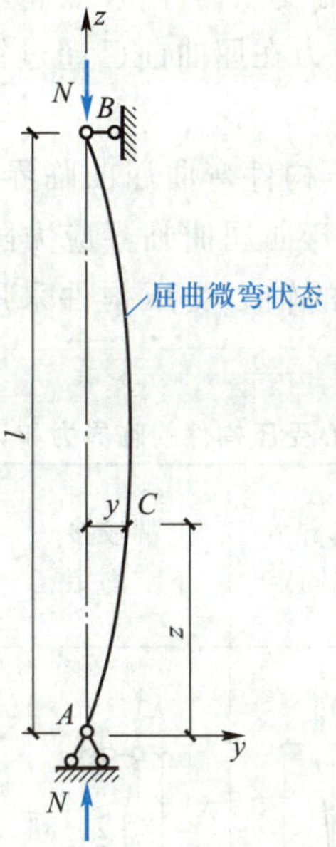

图 6.3.2 轴心受压构件的弯曲屈曲

在弹性微弯状态下,由内外力矩平衡条件,可建立平衡微分方程,求解后可得到著名的欧拉临界力(Euler critical force)公式为

$$N_{cr} = \frac{\pi^2 EI}{(\mu l)^2} = \frac{\pi^2 EI}{l_0^2} = \frac{\pi^2 EA}{\lambda^2} \tag{6.3.1}$$

相应临界应力为

$$\sigma_{cr} = \frac{\pi^2 E}{\lambda^2} \tag{6.3.2}$$

式中,$l_0=\mu l$ 称为构件的计算长度或有效长度(effective length),l 为构件的几何长度,μ 称为构件的计算长度系数。构件的几种典型支承情况及相应的 μ 值列于表 6.3.1 中,考虑到理想条件难于完全实现,表中给出了用于实际设计的建议值。对于两端铰接的构件,$\mu=1$,即几何长度与计算长度相等。计算长度 l_0 的几何意义是构件弯曲屈曲时变形曲线反弯点间的距离(见表 6.3.1 中的图)。有关轴心受力构件计算长度的具体规定,见《标准》7.4 至 7.6 节。

$\lambda=l_0/i$ 为构件的有效长细比，$i=\sqrt{I/A}$ 为截面的回转半径(radious gyration)，A 为构件的毛截面面积，I 为截面惯性矩，E 为弹性模量。

欧拉临界力公式的推导中，假定材料无限弹性、符合胡克(Hooker)定律(弹性模量 E 为常量)，因此当截面应力超过钢材的比例极限 f_{p} 后，欧拉临界力公式不再适用，式(6.3.2)需满足：

$$\sigma_{\mathrm{cr}}=\frac{\pi^2 E}{\lambda^2}\leqslant f_{\mathrm{p}} \tag{6.3.3}$$

或

$$\lambda\geqslant\lambda_{\mathrm{p}}=\pi\sqrt{\frac{E}{f_{\mathrm{p}}}} \tag{6.3.4}$$

对于长细比较大($\lambda\geqslant\lambda_{\mathrm{p}}$)的轴心受压构件，才能满足式(6.3.3)的要求。对于长细比较小($\lambda\leqslant\lambda_{\mathrm{p}}$)的轴心受压构件，截面应力在屈曲前已超过钢材的比例极限，构件处于弹塑性阶段，应按弹塑性屈曲计算其临界力。

从欧拉公式可以看出，轴心受压构件弯曲屈曲临界力随截面回转半径的增加和构件长度的减小而增大；换句话说，构件的弯曲屈曲临界应力随构件的长细比减小而增大，与材料的抗压强度无关，因此长细比较大的轴心受压构件采用高强度钢材并不能提高其稳定承载力。

表 6.3.1　轴心受压构件的临界力和计算长度系数 μ

两端支承情况	两端铰接	上端自由 下端固定	上端铰接 下端固定	两端固定	上端可移动 但不转动 下端固定	上端可移动 但不转动 下端铰接
屈曲形状	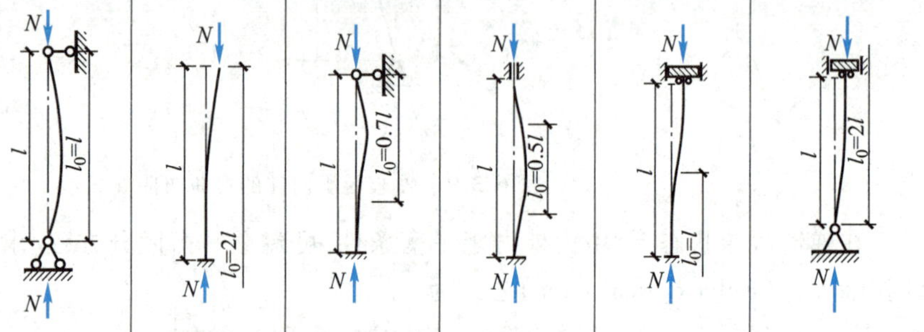					
计算长度 $l_0=\mu l$ μ 为理论值	$1.0l$	$2.0l$	$0.7l$	$0.5l$	$1.0l$	$2.0l$
μ 的设计建议值	1	2	0.8	0.65	1.2	2

2. 弹塑性弯曲屈曲

1889 年恩格塞尔(Engesser)，用应力-应变曲线的切线模量(tangent modulus) $E_{\mathrm{t}}=\mathrm{d}\sigma/\mathrm{d}\varepsilon$ 代替欧拉公式中的弹性模量 E，将欧拉公式推广应用于非弹性范围，即

$$N_{\mathrm{cr}}=\frac{\pi^2 E_{\mathrm{t}} I}{l_0^2}=\frac{\pi^2 E_{\mathrm{t}} A}{\lambda^2} \tag{6.3.5}$$

相应的切线模量临界应力为

$$\sigma_{cr} = \frac{\pi^2 E_t}{\lambda^2} \tag{6.3.6}$$

从形式上看，切线模量临界应力公式和欧拉临界应力公式仅 E_t 与 E 不同，但在使用上却有很大的区别。采用欧拉公式可直接由长细比 λ 求得临界应力 σ_{cr}，但切线模量公式则不能，因为切线模量 E_t 与临界应力 σ_{cr} 互为函数。可通过短柱试验先测得钢材的平均 σ-ε 关系曲线（图 6.3.3a），从而得到钢材的 σ-E_t 关系式或关系曲线（图 6.3.3b）。对 σ-E_t 关系已知的轴心受压构件，可先给定 σ_{cr} 再从试验所得的 σ-E_t 关系曲线得出相应的 E_t，然后由切线模量公式(6.3.6)求出长细比 λ。由此所得到的弹塑性屈曲阶段的临界应力 σ_{cr} 随长细比 λ 的变化曲线如图 6.3.3c 中的 AB 段所示。当然，也可以将试验所得的 σ-E_t 关系与式(6.3.6)联立求解得到 σ_{cr}-λ 关系曲线。临界应力 σ_{cr} 与长细比 λ 的关系曲线可作为轴心受压构件设计的依据，称为柱子曲线。

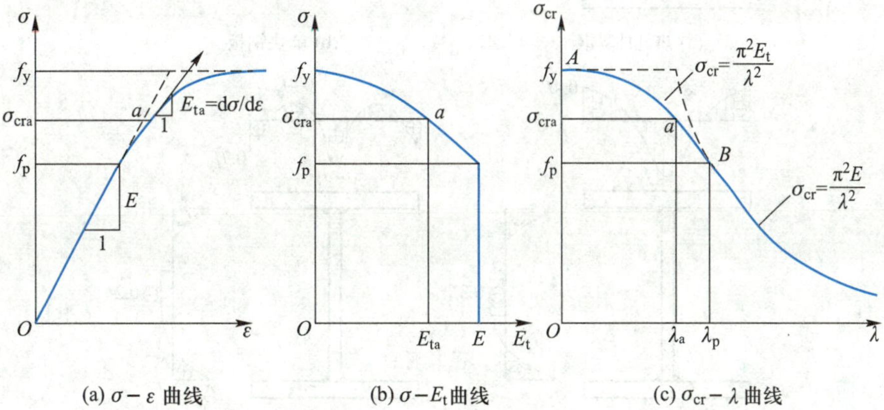

图 6.3.3　切线模量理论

关于经典的轴心受压构件非弹性（弹塑性）屈曲的理论，最早是恩格塞尔于 1889 年提出的切线模量理论。继而于 1895 年恩格塞尔吸取了雅辛斯基（ясчнскчй）的建议，考虑到在弹塑性屈曲产生微弯时，构件凸面出现弹性卸载（应采用弹性模量 E），从而提出与 E 和 E_t 有关的双模量理论，也叫折算模量理论。1910 年卡门（Karman）也独立导出了双模量理论，并给出矩形和工字形截面的双模量公式，在之后几十年得到广泛的承认和应用。后来发现，双模量理论计算结果比试验值偏高，而切线模量理论计算结果却与试验值更为接近。1947 年香莱（Shanley）用模型解释了这个现象，指出切线模量应力是轴心受压构件弹塑性屈曲应力的下限，双模量应力是其上限，切线模量应力更接近实际的弹塑性屈曲应力。因此，切线模量理论更有实用价值。

6.3.3　力学缺陷对轴心受压构件弯曲屈曲的影响

1. 残余应力的产生与分布规律

构件中的力学缺陷主要是指残余应力，它的产生主要是由钢材热轧以及板边火焰切割、构件焊接和校正调直等加工制造过程中不均匀的高温加热和冷却所引起的。其中焊接残余应力数值最大，通常可达到或接近钢材的屈服强度 f_y（见 3.4.1 小节）。

图 6. 3. 4a 所示的 H 型钢,在热轧后的冷却过程中,翼缘板端的单位体积的暴露面积大于腹板与翼缘交接处,冷却较快。腹板与翼缘的交接处,冷却较慢。同理,腹板中部也比其两端冷却较快。后冷却部分的收缩受到先冷却部分的约束产生了残余拉应力,而先冷却部分则产生了与之平衡的残余压应力。因此,截面残余应力为自平衡应力。

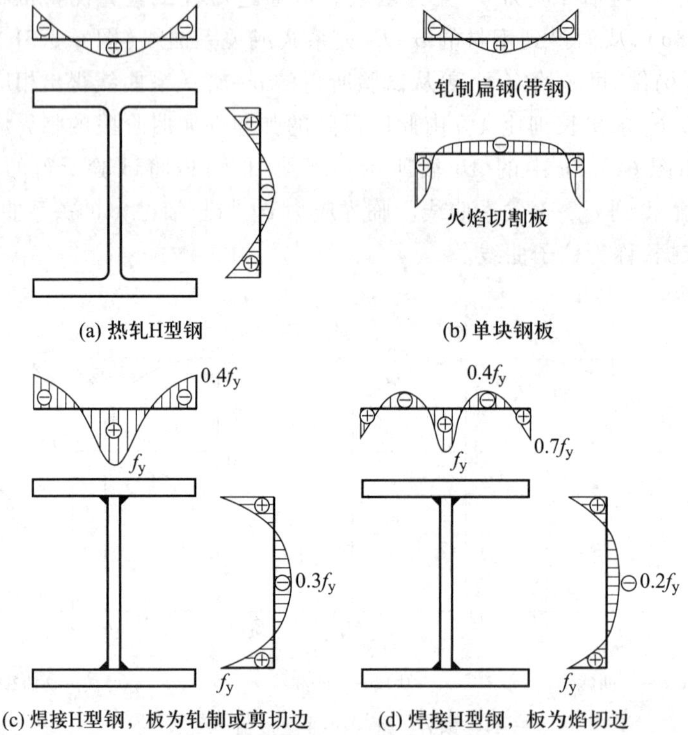

图 6. 3. 4　构件纵向残余应力的分布

热轧扁钢(带钢)钢板的两侧冷却较快产生残余压应力,中部产生残余拉应力,但残余应力很小(图 6. 3. 4b)。剪切钢板几乎无残余应力。用这种带钢组成的焊接工字形截面,焊缝处的残余拉应力可能达到屈服点,因焊接较扎制的热影响程度大,其腹板的残余应力可能反号,如图 6. 3. 4c 所示。

对火焰切割钢板,由于切割时热量集中在切割处的很小范围,在板边缘小范围内可能产生高达屈服点的残余拉应力,板的中部产生较小的残余压应力(6. 3. 4b)。用这种钢板组成的焊接工字形截面,翼缘板的焊缝处变号为残余拉应力,图 6. 3. 4d 所示。

热轧型钢中残余应力在截面上的分布和大小与截面形状、尺寸比例、初始温度、冷却条件以及钢材性质有关。焊接构件中残余应力在截面上的分布和大小,除与这些因素有关外,还与焊缝大小、焊接工艺和翼缘板边缘制作方法(焰切、剪切或轧制)有关。

测量残余应力的方法主要有分割法、钻孔法和 X 射线衍射法等,但应用较多的是分割法,这是一种应力释放法。其原理是将构件的各板件切成若干窄条,使残余应力完全释放,测量各窄条切割前后的长度,两者的差值就反映出截面残余应力的大小和分布。焊接构件的残余应力也可应用非线性热传导、热弹塑性有限元法分析求得。

2. 残余应力对短柱应力-应变曲线的影响

残余应力对应力-应变曲线的影响通常由短柱压缩试验(stub column test)测定。所谓短柱就是在距离型钢火焰切割端至少一个截面高度之外,用钢锯(在水冷或油冷下)截取一柱段,其长度(对热轧型钢)不得短于 $2d+250$ mm 或 $3d$(取小者),不得长于 $20i_y$ 或 $5d$(取大者),其中,d 为截面高度;i_y 为截面绕弱轴的回转半径。这样,既可保留其中部截面的实际残余应力,又足以保证在受压时不发生屈曲破坏。

现以图 6.3.5a 所示工字形截面为例,说明残余应力对轴心受压短柱的平均应力-应变($\sigma-\varepsilon$)曲线的影响。假定工字形截面短柱的截面面积为 A,材料为理想弹塑性体,翼缘上残余应力的分布规律和应力变化规律如图 6.3.5b 所示。为使问题简化起见,忽略影响不大的腹板残余应力。当压力 N 作用时,截面上的应力为残余应力和压应力之和。因此,当 $N/A<0.7f_y$ 时,截面上的应力处于弹性阶段。当 $N/A\doteq0.7f_y$ 时,翼缘端部应力达屈服点 f_y,这时短柱的平均应力-应变曲线开始弯曲,该点被称为有效比例极限 $f_p=N/A=f_y-\sigma_r$(图 6.3.5c 中的 A 点,式中 σ_r 为截面最大残余压应力)。当压力继续增加,$N/A\geqslant0.7f_y$ 后,截面的屈服逐渐向中间发展,能承受外力的弹性区逐渐减小,压缩应变相对增大,在短柱的平均应力-应变曲线上反映为弹塑性过渡阶段(图 6.3.5c 中的 B 点)。直到 $N/A=f_y$ 时,整个翼缘截面完全屈服(图 6.3.5c 中的 C 点)。由此可见,短柱试验 $\sigma-\varepsilon$ 的曲线与其截面残余应力分布有关,而比例极限 $f_p=f_y-\sigma_r$ 则与截面最大残余压应力有关。

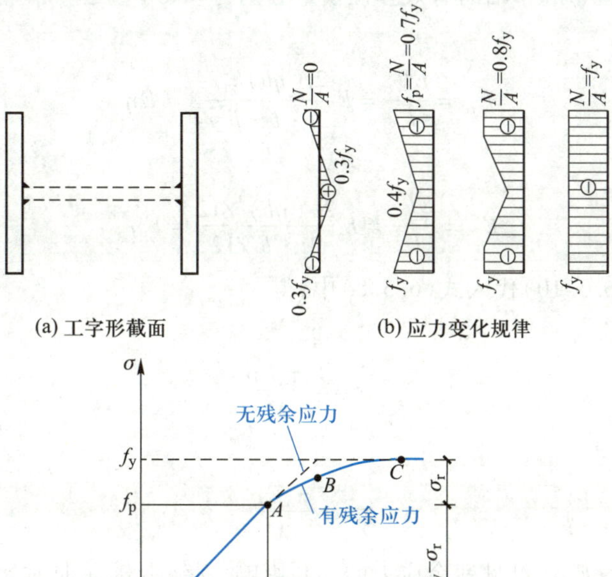

(a) 工字形截面　(b) 应力变化规律

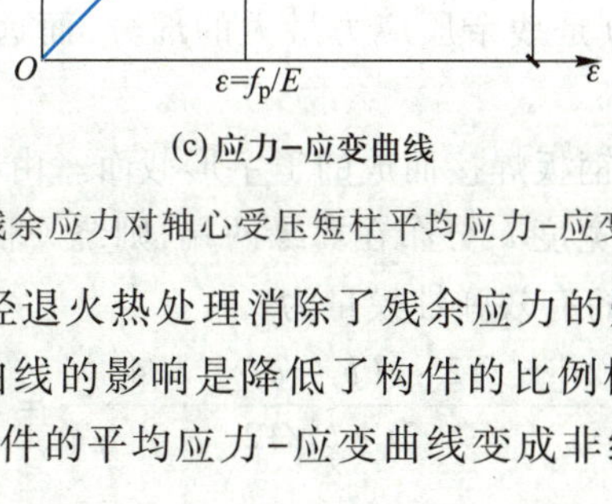

(c) 应力-应变曲线

图 6.3.5　残余应力对轴心受压短柱平均应力-应变曲线的影响

将有残余应力的短柱与经退火热处理消除了残余应力的短柱的试验 $\sigma-\varepsilon$ 曲线对比可知,残余应力对短柱的 $\sigma-\varepsilon$ 曲线的影响是降低了构件的比例极限;当外荷载引起的应力超过比例极限后,残余应力使构件的平均应力-应变曲线变成非线性关系,同时减小了截面的有效面积和有效惯性矩，从而降低了构件的稳定承载力。

3. 残余应力对构件稳定承载力的影响

若 $\sigma=N/A\leqslant f_p=f_y-\sigma_r$ 或长细比 $\lambda\geqslant\lambda_p=\pi\sqrt{\dfrac{E}{f_p}}$ 时，构件处于弹性阶段，可采用欧拉（Euler）公式（6.3.1）与式（6.3.2）计算其临界力与临界应力。

若 $f_p\leqslant\sigma\leqslant f_y$，构件进入弹塑性阶段，截面出现部分塑性区和部分弹性区。已屈服的塑性区，弹性模量 $E=0$，不能继续有效地承载，导致构件屈曲时稳定承载力降低。因此，只能按弹性区截面的有效截面惯性矩 I_e 来计算其临界力，即

$$N_{cr}=\frac{\pi^2 EI_e}{l^2} \tag{6.3.7}$$

相应临界应力为：

$$\sigma_{cr}=\frac{N_{cr}}{A}=\frac{\pi^2 EI}{l^2 A}\cdot\frac{I_e}{I}=\frac{\pi^2 E}{\lambda^2}\cdot\frac{I_e}{I} \tag{6.3.8}$$

式（6.3.8）表明，考虑残余应力影响时，弹塑性屈曲的临界应力为弹性欧拉（Euler）临界应力乘以小于 1 的折减系数 I_e/I。比值 I_e/I 取决于构件截面形状尺寸、残余应力的分布和大小，以及构件屈曲时的弯曲方向。EI_e/I 称为有效弹性模量或换算切线模量 E_t。

图 6.3.6a 是翼缘为轧制边的焊接工字形截面。由于残余应力的影响，翼缘四角先屈服，截面弹性部分的翼缘宽度为 b_e，令 $\eta=b_e/b=b_e t/bt=A_e/A$，$A_e$ 为截面弹性部分的面积，则绕 x 轴（忽略腹板面积）和 y 轴的有效弹性模量分别为

绕 x（强）轴

$$E_{tx}=\frac{EI_{ex}}{I_x}=E\frac{2t(\eta b)h_1^2/4}{2t\cdot b\cdot h_1^2/4}=E\eta \tag{6.3.9}$$

绕 y（弱）轴

$$E_{ty}=\frac{EI_{ey}}{I_y}=E\frac{2t(\eta b)^3/12}{2t\cdot b^3/12}=E\eta^3 \tag{6.3.10}$$

将式（6.3.9）和式（6.3.10）代入式（6.3.8）中，得

绕 x（强）轴

$$\sigma_{cr}=\frac{\pi^2 E\eta}{\lambda_x^2} \tag{6.3.11}$$

绕 y（弱）轴

$$\sigma_{cr}=\frac{\pi^2 E\eta^3}{\lambda_y^2} \tag{6.3.12}$$

因 $\eta<1$，故 $E_{ty}\ll E_{tx}$。可见残余应力的不利影响，对绕弱轴屈曲时比绕强轴屈曲时严重得多。原因是远离弱轴的部分是残余压应力最大的部分，而远离强轴的部分则兼有残余压应力和残余拉应力。

图 6.3.6b 是用火焰切割钢板焊接而成的工字形截面。由于残余应力的影响，翼缘中部先屈服，截面弹性部分的翼缘宽度 b_e 分布在翼缘两端，则绕 x 轴（强轴）的有效弹性模量与式（6.3.9）相同，绕 y 轴（弱轴）的有效弹性模量为

$$E_{ty}=\frac{EI_{ey}}{I_y}=E\frac{2t[b^3/12-(b-b_e)(b/4)^2]}{2t\cdot b^3/12}=E\left(\frac{1}{4}+\frac{3}{4}\eta\right) \tag{6.3.13}$$

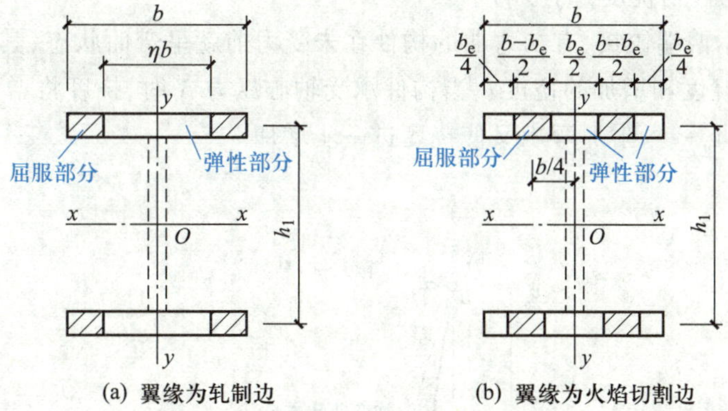

图 6.3.6　工字形截面的弹性区域塑性区分布

显然,式(6.3.13)的值比式(6.3.10)大,可见对绕弱轴屈曲时残余应力的不利影响,翼缘为轧制边的工字形截面比用火焰切割钢板焊接而成的工字形截面严重。这是由于火焰切割钢板焊接而成的工字形截面在远离弱轴翼缘两端具有使其推迟发展塑性的残余拉应力。对绕强轴屈曲时残余应力的不利影响,两种截面是相同的。

因为系数 η 随 σ_{cr} 变化,所以求解式(6.3.11)或式(6.3.12)时,尚需建立另一个 η 与 σ_{cr} 的关系式来联立求解,此关系式可根据内外力平衡来确定(例如,在图 6.3.5 中的弹塑性阶段,$\sigma_{cr}=f_y-0.3f_y\eta^2$)。联立求解后,可画出柱子曲线如图 6.3.7 所示。在 $\lambda \geqslant \lambda_p$ 的弹性范围与欧拉(Euler)曲线相同,在 $\lambda \leqslant \lambda_p$ 的弹塑性范围绕强轴的临界力高于绕弱轴的临界力。

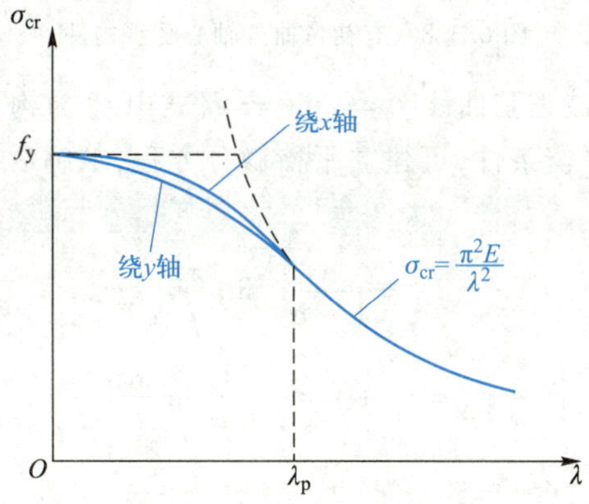

图 6.3.7　考虑残余应力影响的柱子曲线

6.3.4　构件几何缺陷对轴心受压构件弯曲屈曲的影响

实际轴心受压构件在制造、运输和安装过程中,不可避免地会产生微小的初弯曲。又由于构造、施工和加载等方面的原因,可能产生一定程度的偶然初偏心。初弯曲和初偏心统称为几何缺陷。有几何缺陷的轴心受压构件,其侧向挠度从加载开始就会不断增加,因此构件除轴心力作用外,还存在因构件弯曲产生的弯矩,从而降低了构件的稳定承载力。

1. 构件初弯曲(初挠度)的影响

图 6.3.8 所示两端铰接、有初弯曲的构件在未受力前就呈弯曲状态,其中 y_0 和 y 分别为任意点 C 处的初挠度和增加的挠度。当构件承受轴心压力 N 时,挠度将增长为 y_0+y 并同时存在附加弯矩 $N(y_0+y)$,附加弯矩又使挠度进一步增加。

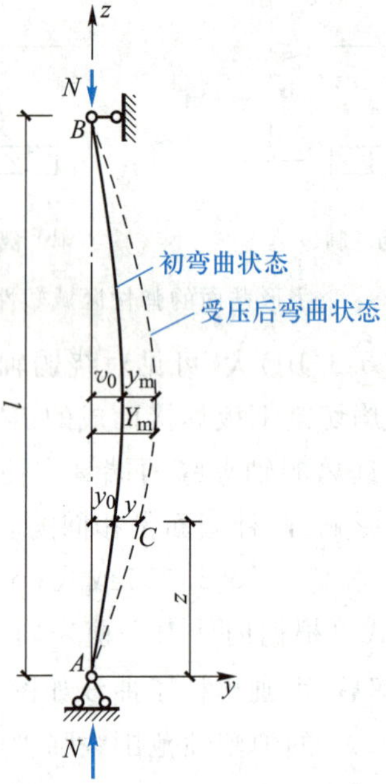

图 6.3.8　有初弯曲的轴心受压构件

假设初弯曲形状为半波正弦曲线 $y_0=v_0\sin\pi z/l$(式中 v_0 为构件中央初挠度值),在弹性弯曲状态下,由内外力矩平衡条件,可建立平衡微分方程,求解后可得到挠度 y 和总挠度 Y 的曲线分别为

$$y=\frac{\alpha}{1-\alpha}v_0\sin\frac{\pi z}{l} \tag{6.3.14}$$

$$Y=y_0+y=\frac{v_0}{1-\alpha}\sin\frac{\pi z}{l} \tag{6.3.15}$$

中点挠度和中点总挠度为

$$y_m=y_{(z=l/2)}=\frac{\alpha}{1-\alpha}v_0 \tag{6.3.16}$$

$$Y_m=Y_{(z=l/2)}=\frac{v_0}{1-\alpha} \tag{6.3.17}$$

中点的弯矩为

$$M_m=NY_m=\frac{Nv_0}{1-\alpha} \tag{6.3.18}$$

式中,$\alpha=N/N_E$,$N_E=\pi^2EI/l^2$ 为欧拉临界力,$1/(1-\alpha)$ 为初挠度放大系数或弯矩放大系数。有初弯曲的弹性轴心受压构件的荷载-总挠度曲线如图 6.3.9 所示。从图 6.3.9 中的虚线和式(6.3.14)、式(6.3.15)可以看出,从开始加载起,构件即产生挠曲变形,挠度 y 和总挠度

Y 与初挠度 v_0 成正比例。当 v_0 一定时，挠度和总挠度随 N 的增加而加速增大。有初弯曲的轴心受压构件，其承载力总是低于欧拉临界力，只有当挠度趋于无穷大时，压力 N 才可能接近或到达 N_E。

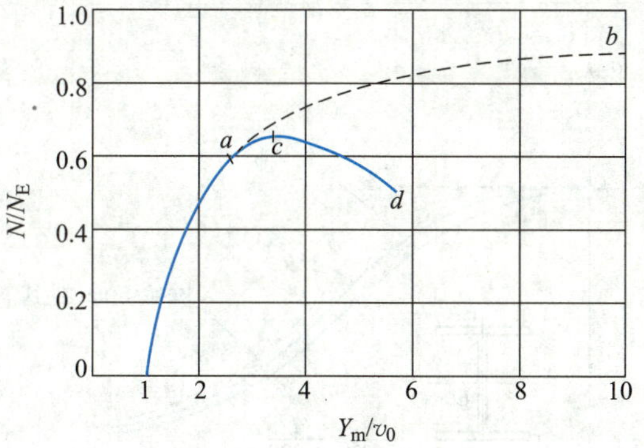

图 6.3.9　有初弯曲轴心受压构件的荷载-总挠度曲线

式(6.3.14)和式(6.3.15)是在材料为无限弹性条件下推导出来的，理论上轴心受压构件的承载力可达到欧拉临界力，挠度和弯矩可以无限增大。但实际上这是不可能的，因为钢材不是无限弹性的，在轴力 N 和弯矩 M_m 共同作用下，构件中点截面纤维压应力会达到屈服点 f_y。为了分析方便，假设钢材为完全弹塑性材料。当挠度发展到一定程度时，构件中点截面最大受压边缘纤维的应力应满足：

$$\sigma_{max}=\frac{N}{A}+\frac{M_m}{W}=\frac{N}{A}\left(1+\frac{v_0}{W/A}\frac{1}{1-N/N_E}\right)=f_y \tag{6.3.19}$$

令 $W/A=\rho$（截面核心距），$v_0/\rho=\varepsilon_0$ 为相对初弯曲或初弯曲率，$N/A=\sigma_0$，$N_E/A=\sigma_E=\pi^2E/\lambda^2$，则由式(6.3.19)可解得：

$$\sigma_0=\frac{f_y+(1+\varepsilon_0)\sigma_E}{2}-\sqrt{\left[\frac{f_y+(1+\varepsilon_0)\sigma_E}{2}\right]^2-f_y\sigma_E} \tag{6.3.20}$$

式(6.3.20)叫做佩利(Perry)公式。根据式(6.3.20)求出的 $N=A\sigma_0$ 相当于图 6.3.9 中的 a 点，它表示截面边缘纤维开始屈服时的荷载。随着 N 的继续增加，截面的一部分进入塑性状态，挠度不再像完全弹性那样沿 ab 发展，而是增加更快且不再继续承受更多的荷载；到达曲线(图 6.3.9 中实线)c 点时，截面塑性变形区发展得相当深，再增加 N 已不可能，要维持平衡必须随挠度增大而卸载，故曲线表现出下降段 cd。与 c 点对应的极限荷载 N_c 为有初弯曲构件整体稳定极限承载力，又称为压溃荷载。这里丧失稳定承载力不像理想直杆那样是平衡分枝失稳，而是极值点失稳，属于第二类稳定问题。

求解极限荷载 N_c 比较复杂，一般采用数值法。在没有计算机的年代，作为近似计算常取边缘纤维开始屈服时的曲线 a 点代替 c 点。佩利公式是由构件截面边缘屈服准则导出的，求得的 N 或 σ_0 代表边缘受压纤维到达屈服时的最大荷载或最大应力，而不代表稳定极限承载力，因此所得结果偏于保守，有些情况比实际屈曲荷载低得多。实际上，这是用应力问题代替了稳定问题。

施工规范规定的初弯曲最大允许值是 $v_0=l/1\ 000$，则初弯曲率为

$$\varepsilon_0=\frac{l}{1\ 000}\frac{A}{W}=\frac{\lambda}{1\ 000}\frac{i}{\rho} \tag{6.3.21}$$

对不同的截面及其对应轴，i/ρ 各不相同，因此可由佩利公式确定各种截面的柱子曲线，如图 6.3.10 所示。

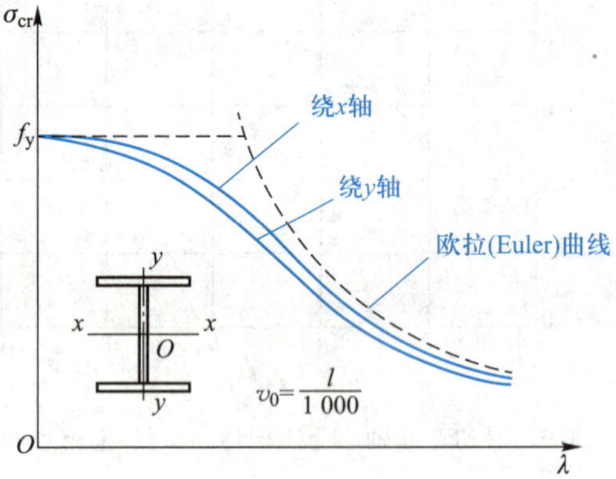

图 6.3.10　考虑初弯曲影响时的柱子曲线

2. 构件初偏心的影响

图 6.3.11 表示两端铰接、有初偏心 e_0 的轴心受压构件。在弹性弯曲状态下，由内外力矩平衡条件，可建立平衡微分方程，求解后可得到挠度曲线为

$$y=e_0\left[\tan\frac{kl}{2}\sin kz+\cos kz-1\right] \tag{6.3.22}$$

式中，$k^2=N/EI$，中点挠度为

$$y_m=y_{(Z=l/2)}=e_0\left(\sec\frac{\pi}{2}\sqrt{\frac{N}{N_E}}-1\right) \tag{6.3.23}$$

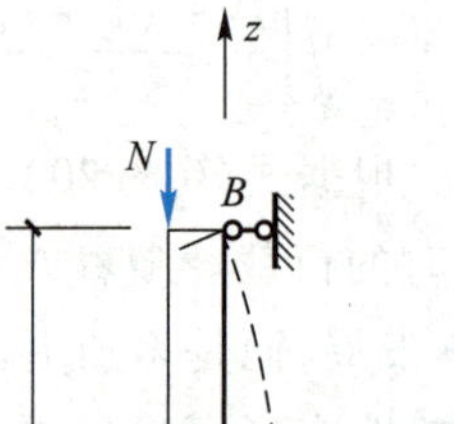

图 6.3.11　有初始偏心的轴心受压构件

有初偏心轴心受压构件的荷载-挠度曲线如图 6.3.12 所示。从图中可以看出，初偏心对轴心受压构件的影响与初弯曲影响类似，因此为了简单起见可合并采用一种缺陷代表两种缺陷的影响。同样地，有初偏心轴心受压构件的 $N-y_m$ 曲线不可能沿无限弹性的 $Oa'b'$ 曲线发展，而是先沿弹性曲线 Oa'、然后沿弹塑性曲线 $a'c'd'$ 发展。其中，a' 点对应的荷载也可由截面边缘纤维屈服准则确定（正割公式）。但是，对相同的构件，当初偏心 e_0 与初弯曲 v_0 相等（即 ε_0 相同）时，初偏心的影响更为不利，这是由于初偏心情况中构件从两端开始就存在附加弯矩 Ne_0。按正割公式求得的 σ_0 和 N 也比按佩利（Perry）公式的值略低。

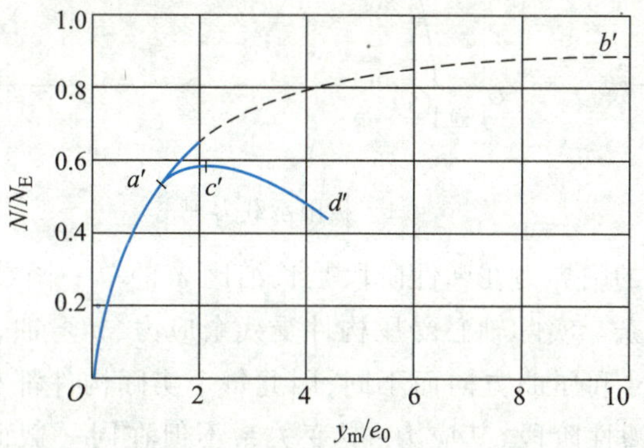

图 6.3.12　有初偏心轴心受压构件的荷载-挠度曲线

§ 6.4　实际轴心受压构件整体稳定的计算

6.4.1　实际轴心受压构件的稳定承载力计算方法

实际轴心受压构件的各种缺陷总是同时存在的，但因初弯曲和初偏心的影响类似，且各种不利因素同时出现最大值的概率较小，常取初弯曲作为几何缺陷代表。因此在理论分析中，只考虑残余应力和初弯曲两个最主要的影响因素。

图 6.4.1 是两端铰接、有残余应力和初弯曲的轴心受压构件及其荷载-挠度曲线图。在弹性受力阶段（O_1a_1 段），荷载 N 和最大总挠度 Y_m（或挠度 y_m）的关系曲线与只有初弯曲、没有残余应力时的弹性关系曲线完全相同。随着轴心压力 N 增加，构件截面中某一点达到钢材屈服强度 f_y 时，截面开始进入弹塑性状态。开始屈服时（a_1 点）的平均应力 $\sigma_{a1}=N_p/A$ 总是低于只有残余应力而无初弯曲时的有效比例极限 $f_p=f_y-\sigma_r$；当构件凹侧边缘纤维为残余压应力时也低于只有初弯曲而无残余应力时的 a 点，为残余拉应力时则可能高于 a 点。此后截面进入弹塑性状态，挠度随 N 的增加而增加的速率加快，直到 c_1 点，继续增加 N 已不可能，要维持平衡，只能卸载，如曲线 c_1d_1 下降段。$N-Y_m$ 曲线的极值点 c_1 表示由稳定平衡过渡到不稳定平衡，相应于 c_1 点的 N_u 是临界荷载，即极限荷载或压溃荷载，它是构件不能维持内外力平衡时的极限承载力。由此模型建立的计算理论叫做极限承载力理论。

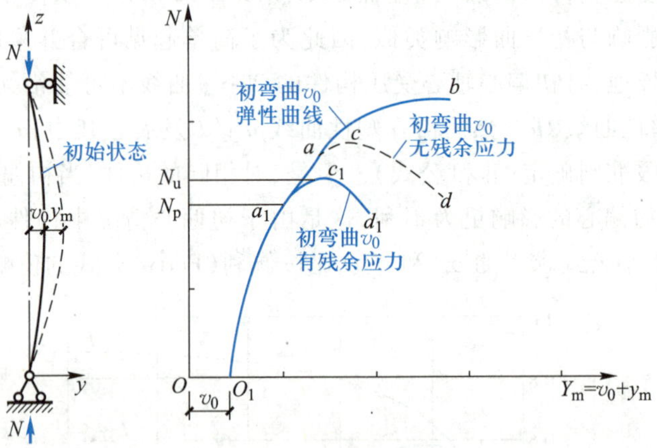

图 6.4.1 极限承载力理论

理想轴心受压构件的临界力在弹性阶段是长细比 λ 的单一函数，在弹塑性阶段按切线模量理论计算也并不复杂。实际轴心受压构件受残余应力、初弯曲、初偏心的影响，且影响程度还因截面形状、尺寸和屈曲方向而不同，因此每个实际构件都有各自的柱子曲线。另外，当实际构件处于弹塑性阶段，其应力-应变关系不但在同一截面各点而且沿构件轴线方向各截面都有变化，因此按极限承载力理论计算比较复杂，一般需要采用数值法用计算机求解。数值计算方法很多，如数值积分法、差分法等解微分方程的数值方法和有限单元法等。

我国在制订轴心受压构件的柱子曲线时，根据不同截面形状和尺寸、不同加工条件和相应的残余应力分布及大小、不同的弯曲屈曲方向以及 $l/1\ 000$ 的初弯曲(可理解为几何缺陷的代表值)，按极限承载力理论，采用数值积分法，对多种实腹式轴心受压构件弯曲屈曲算出了近 200 条柱子曲线。如前所述，轴心受压构件的极限承载力并不仅仅取决于长细比。由于残余应力的影响，即使长细比相同的构件，随着截面形状、弯曲方向、残余应力分布和大小的不同，构件的极限承载能力有很大差异，所计算的柱子曲线形成相当宽的分布带。这个分布带的上、下限相差较大，特别是中等长细比的常用情况相差尤其显著(图 6.4.2)。因此，若用一条曲线来代表，显然是不合理的。《标准》将这些曲线分成四组，也就是将分布带分成四个窄带，取每组的平均值(50% 的分位值)曲线作为该组代表曲线，给出 a、b、c、d 四条柱子曲线。在 $\lambda=40\sim120$ 的常用范围，柱子曲线 a 约比曲线 b 高出 4% ~15%，而曲线 c 比曲线 b 约低 7% ~13%。曲线 d 则更低，主要用于厚板截面。这种柱子曲线有别于过去采用的单一柱子曲线，常称为多条柱子曲线。曲线中 $\varphi=N/(Af_y)=\sigma_u/f_y$，称为轴心受压构件的整体稳定系数。

归属于 a、b、c、d 四条曲线的轴心受压构件截面分类见表 6.4.1 和表 6.4.2，一般的截面属于 b 类。轧制圆管冷却时基本是均匀收缩，产生的截面残余应力很小，属于 a 类；焊接圆管由于存在残余应力的影响，属于 b 类。窄翼缘轧制普通工字钢的整个翼缘截面上的残余应力为拉应力，对绕 x 轴弯曲屈曲有利，也属于 a 类。对于 $b/h>0.8$ 的宽翼缘轧制 H 形钢，其翼缘两端也存在较大的残余压应力，故绕 y 轴失稳比绕 x 轴失稳时低一类别，且残余应力的不利影响随钢材强度的提高而减弱，故将屈服强度为 235 Mpa、$b/h>0.8$ 的宽翼缘轧制 H

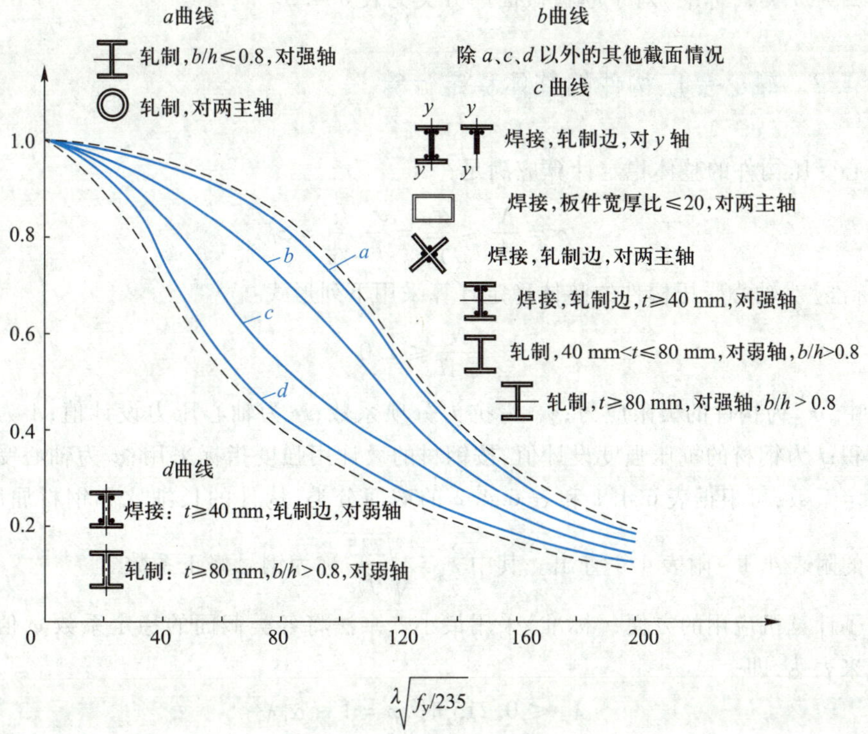

图 6.4.2　《标准》的柱子曲线

形钢绕 x 轴失稳时归为 b 类，而将屈服强度达到和超过 345 Mpa、$b/h>0.8$ 的宽翼缘轧制 H 形钢提高一类采用。同样的道理，将屈服强度达到和超过 345 Mpa 的等边角钢也提高一个类别。对焊接工字形截面，当翼缘为轧制或剪切边或焰切后刨边时，其翼缘两端存在较大的残余压应力，绕对称轴失稳比绕非对称轴失稳时承载能力降低较多，故前者归入 c 类，后者归入 b 类。当翼缘为焰切边时，翼缘两端部存在残余拉应力，可使绕 y 轴失稳的承载力比翼缘为轧制边或剪切边的有所提高，所以绕 x 轴和绕 y 轴两种情况都属 b 类。格构式轴心受压构件绕虚轴的稳定计算，不宜采用考虑截面塑性发展的极限承载力理论，而采用边缘屈服准则确定的 φ 值与曲线 b 接近，故属于 b 类。当槽形截面用于格构式构件的分肢时，由于分肢的扭转变形受到缀件的牵制，所以计算分肢绕其自身对称轴的稳定时，可按 b 类。单轴对称截面绕对称轴失稳时，属于弯扭屈曲，其中 T 形和槽形截面的弯扭屈曲承载力均较低，为简化计算起见，将其归为 c 类，按弯曲屈曲计算。对于无对称轴截面，如不等边角钢，也可根据同样的道理列入 c 类。对于双角钢组成的 T 形截面，由于腹板厚度为翼缘厚度的两倍，且两角钢之间有空隙，故抗扭刚度较大，弯扭失稳承载力并不太低，所以列入 b 类。

高层建筑钢结构的钢柱常采用板件厚度大（或宽厚比小）的热轧或焊接 H 形、箱形截面，其残余应力较常规截面的大而复杂。厚板的残余应力不但沿板件宽度方向变化，而且沿厚度方向变化也较大，板的外表面往往是残余压应力，此外，厚板质量也较差，这些因素都会对稳定承载力带来较大的不利影响。参考我国 JGJ 99—2015《高层民用建筑钢结构技术规程》对这些截面作了补充规定，将较有利情况归为 b 类，某些不利情况归为 c 类，某些更不利情况则归为 d 类,《标准》对于厚板截面的分类见表 6.4.2。

6.4.2　轴心受压构件的整体稳定计算

轴心受压构件的整体稳定计算应满足:

$$\sigma=\frac{N}{A}\leqslant\frac{\sigma_u}{\gamma_R}=\frac{\sigma_u}{f_y}\frac{f_y}{\gamma_R}=\varphi f \tag{6.4.1}$$

《标准》对轴心受压构件的整体稳定计算采用下列形式:

$$\frac{N}{\varphi Af}\leqslant 1.0 \tag{6.4.2}$$

式中,σ_u 为构件的极限应力;γ_R 为抗力分项系数;N 为轴心压力设计值;A 为构件的毛截面面积;f 为钢材的抗压强度设计值,按钢材的设计用强度指标采用;φ 为轴心受压构件的整体稳定系数,可根据表 6.4.1 和表 6.4.2 的截面分类、构件的长细比和钢材屈服强度,按附录 6 的附表 4.1 ~ 附表 4.4 查出。其中 $\varepsilon_k=\sqrt{\dfrac{235}{f_y}}$ 称为钢号修正系数。

为了计算机应用的方便,《标准》采用最小二乘法将各类截面的稳定系数 φ 值拟合成数学公式来表达,即

$$\lambda_n\leqslant 0.215 \text{ 时},\varphi=1-\alpha_1\lambda_n^2 \tag{6.4.3}$$

$$\begin{aligned}\lambda_n>0.215 \text{ 时},\varphi&=\left[(1+\varepsilon_0+\lambda_n^2)-\sqrt{(1+\varepsilon_0+\lambda_n^2)^2-4\lambda_n^2}\right]/2\lambda_n^2\\&=\left[(\alpha_2+\alpha_3\lambda_n+\lambda_n^2)-\sqrt{(\alpha_2+\alpha_3\lambda_n+\lambda_n^2)^2-4\lambda_n^2}\right]/2\lambda_n^2\end{aligned} \tag{6.4.4}$$

式中,$\lambda_n=\dfrac{\lambda}{\pi}\sqrt{\dfrac{f_y}{E}}$,为构件的相对(或正则化)长细比,等于构件长细比与欧拉(Euler)临界力 $\sigma_E=f_y$ 时的长细比之比;用 λ_n 代替 λ 后,公式无量纲化并能适用于各种屈服强度 f_y 的钢材;式(6.4.4)与佩利公式(6.3.20)具有相同的形式,但此时 φ 值不再以截面的边缘屈服为准则,而是先按极限承载力理论确定出构件的极限承载力后再反算出 ε_0 值。因此式中的 ε_0 值实质为考虑初弯曲、残余应力等综合影响的等效初弯曲率。ε_0 取 λ_n 的一次表达式,即 $\varepsilon_0=\alpha_2+\alpha_3\lambda_n-1$。式中系数 α_2、α_3 由最小二乘法求得后,按表 6.4.3 查用。

当长细比较小,即 $\lambda_n\leqslant 0.215(\lambda\leqslant 20\varepsilon_k)$ 时,式(6.4.4)不再适用,则在 $\lambda_n=0(\varphi=1)$ 与 $\lambda_n=0.215$ 间近似用抛物线公式(6.4.3)与式(6.4.4)衔接。

表 6.4.1　轴心受压构件的截面分类(板厚 t<40 mm)

截面形式		对 x 轴	对 y 轴
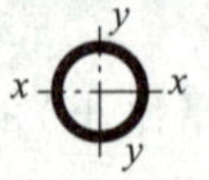 轧制		a 类	a 类
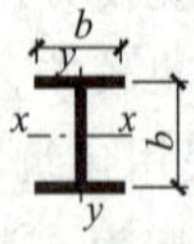 轧制	$b/h\leqslant 0.8$	a 类	b 类
	$b/h>0.8$	a* 类	b* 类

续表

<table>
<tr><th colspan="2">截 面 形 式</th><th>对 x 轴</th><th>对 y 轴</th></tr>
<tr><td colspan="2">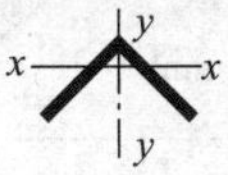
轧制等边角钢</td><td>a^*类</td><td>a^*类</td></tr>
<tr><td>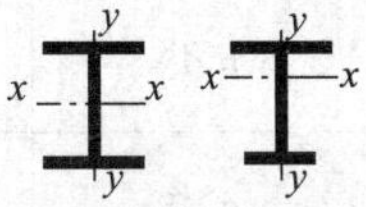
焊接、翼缘为焰切边</td><td>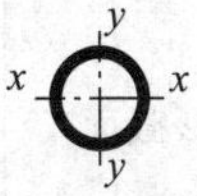
焊接</td><td rowspan="5">b 类</td><td rowspan="5">b 类</td></tr>
<tr><td colspan="2">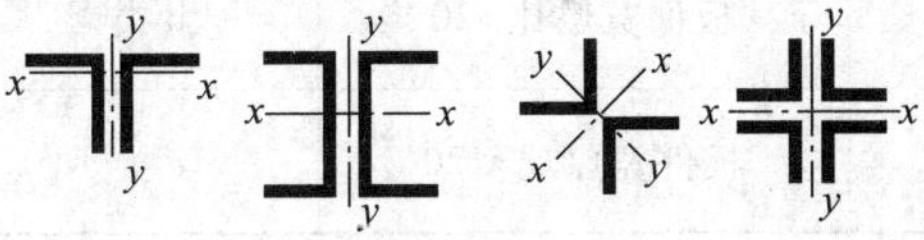
轧制</td></tr>
<tr><td>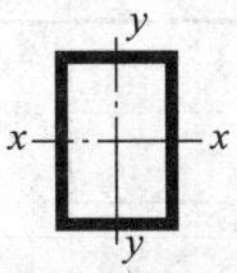
轧制、焊接(板件宽厚比>20)</td><td>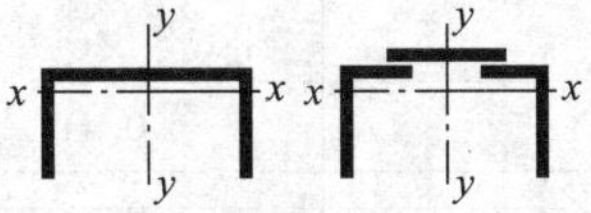
轧制或焊接</td></tr>
<tr><td>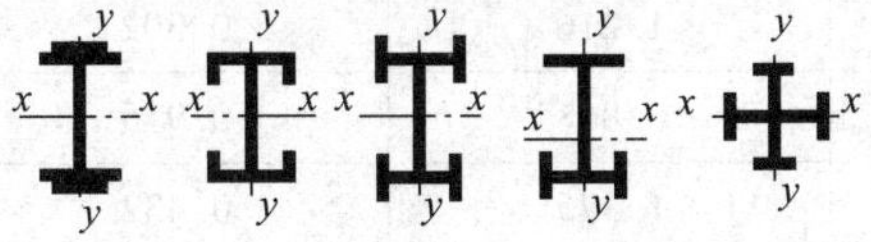
焊接</td><td>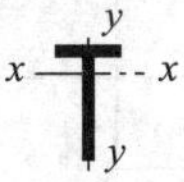
轧制截面和翼缘为焰切边的焊接截面</td></tr>
<tr><td>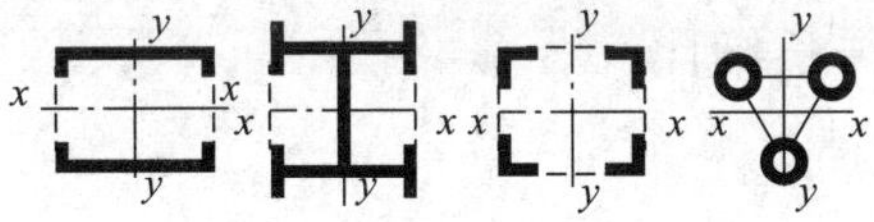
格构式</td><td>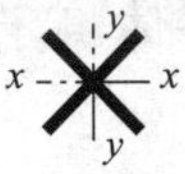
焊接,板件边缘焰切</td></tr>
<tr><td colspan="2">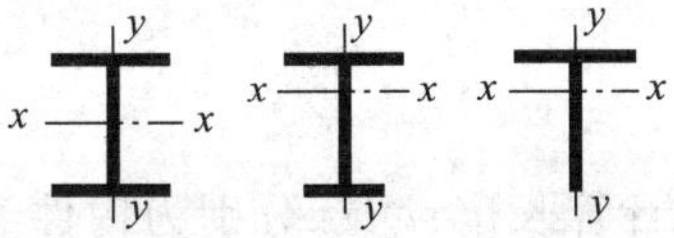
焊接,翼缘为轧制或剪切边</td><td>b 类</td><td>c 类</td></tr>
<tr><td>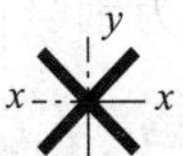
焊接,板件边缘轧制或剪切</td><td>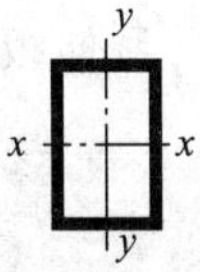
轧制、焊接(板件厚度比≤20)</td><td>c 类</td><td>c 类</td></tr>
</table>

注:1. a^*类含义为 Q235 钢取 b 类,Q345、Q390、Q420 和 Q460 钢取 a 类;b^* 类含义为 Q235 钢取 c 类,Q345、Q390、Q420 和 Q460 钢取 b 类;

2. 无对称轴且剪心和形心不重合的截面,其截面分类可按有对称轴的类似截面确定,如不等边角钢采用等边角钢的类别;当无类似截面时,可取 c 类。

表 6.4.2　轴心受压构件的截面分类(板厚 $t \geq 40$ mm)

截面形式			对 x 轴	对 y 轴
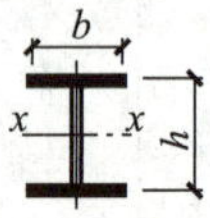	轧制工字形或 H 形截面	$t<80$ mm	b 类	c 类
		$t \geq 80$ mm	c 类	d 类
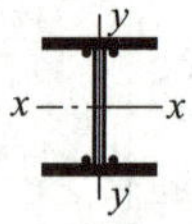	焊接工字形截面	翼缘为焰切边	b 类	b 类
		翼缘为轧制或剪切边	c 类	d 类
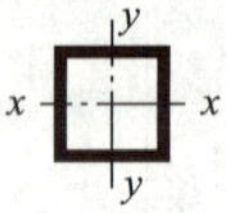	焊接箱形截面	板件宽厚比>20	b 类	b 类
		板件宽厚比≤20	c 类	c 类

表 6.4.3　系数 α_1、α_2、α_3 值

截面说明		α_1	α_2	α_3
a 类		0.41	0.986	0.152
b 类		0.65	0.965	0.300
c 类	$\lambda_n \leq 1.05$	0.73	0.906	0.595
	$\lambda_n > 1.05$		1.216	0.302
d 类	$\lambda_n \leq 1.05$	1.35	0.868	0.915
	$\lambda_n > 1.05$		1.375	0.432

6.4.3　轴心受压构件整体稳定计算的构件长细比

1. 截面为双轴对称或极对称的构件

计算轴心受压构件的弯曲屈曲时,构件长细比 λ 应按照下列规定确定:

$$\lambda_x = \frac{l_{0x}}{i_x} \qquad \lambda_y = \frac{l_{0y}}{i_y} \tag{6.4.5}$$

式中,l_{0x}、l_{0y} 分别为构件对主轴 x 轴、y 轴的计算长度;i_x、i_y 分别为构件毛截面对主轴 x 轴、y 轴的回转半径。

对双轴对称十字形截面构件,悬伸板件宽厚比不超过 $15\varepsilon_k$(ε_k 为钢号修正系数)时,可不计算扭转屈曲。

2. 截面为单轴对称的构件

以上讨论轴心受压构件的整体稳定时,假定构件失稳时只发生弯曲而没有扭转,即所谓弯曲屈曲。对于单轴对称截面,却可能发生弯扭屈曲。在相同情况下,弯扭屈曲比弯曲屈曲的临界应力要低。在对 T 形和槽形等单轴对称截面进行弯扭屈曲分析后,认为绕对称轴(设为 y 轴)的稳定应取计及扭转效应的下列换算长细比 λ_{yz} 代替 λ_y。

① 计算绕对称主轴的弯扭屈曲时，长细比应按下式计算确定：

$$\lambda_{yz}=\frac{1}{\sqrt{2}}\left[(\lambda_y^2+\lambda_z^2)+\sqrt{(\lambda_y^2+\lambda_z^2)^2-4\left(1-\frac{y_s^2}{i_0^2}\right)\lambda_y^2\lambda_z^2}\right]^{\frac{1}{2}} \tag{6.4.6}$$

$$\lambda_z^2=\frac{I_0}{\left(\frac{I_t}{25.7}+\frac{I_\omega}{l_\omega^2}\right)} \tag{6.4.7}$$

$$i_0^2=y_s^2+i_x^2+i_y^2 \tag{6.4.8}$$

式中，y_s 为截面形心至剪心的距离，mm；i_0 为截面对剪心的极回转半径；λ_y 为构件对对称轴的长细比；λ_z 为扭转屈曲的换算长细比，由式(6.4.7)确定；I_0、I_t、I_ω 分别为构件毛截面对剪心的极惯性矩，mm^4，自由扭转常数，mm^4，扇性惯性矩，mm^6，对十字形截面可近似取 $I_\omega=0$；l_ω 为扭转屈曲的计算长度，两端铰支且端截面可自由翘曲者，取几何长度 l；两端嵌固且端截面的翘曲完全受到约束者，取 $0.5l$，mm。

② 对于等边单角钢轴心受压构件，当绕两主轴弯曲的计算长度相等时，可不计算弯扭屈曲。塔架单角钢压杆应符合《标准》第 7.6 节相关规定。

③ 双角钢组合 T 形截面(图 6.4.3)绕对称轴的换算长细比 λ_{yz} 可按下列简化公式计算：

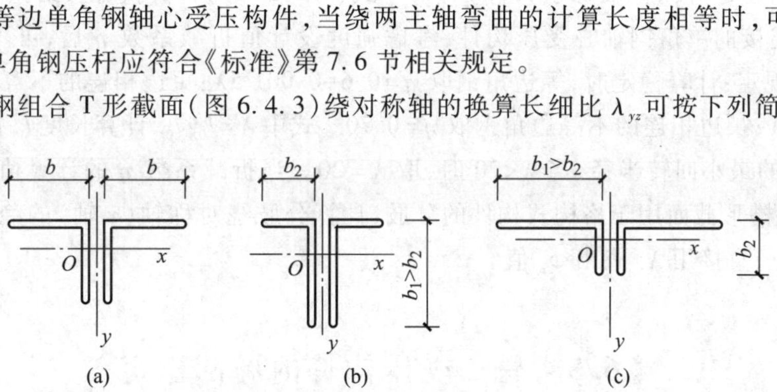

图 6.4.3　双角钢组合 T 形截面

等边双角钢截面(图 6.4.3a)：

当 $\lambda_y \geqslant \lambda_z$ 时，

$$\lambda_{yz}=\lambda_y\left[1+0.16\left(\frac{\lambda_z}{\lambda_y}\right)^2\right] \tag{6.4.9}$$

当 $\lambda_y<\lambda_z$ 时，

$$\lambda_{yz}=\lambda_z\left[1+0.16\left(\frac{\lambda_y}{\lambda_z}\right)^2\right] \tag{6.4.10}$$

$$\lambda_z=3.9\frac{b}{t} \tag{6.4.11}$$

长肢相并的不等边双角钢截面(图 6.4.3b)：

当 $\lambda_y \geqslant \lambda_z$ 时，

$$\lambda_{yz}=\lambda_y\left[1+0.25\left(\frac{\lambda_z}{\lambda_y}\right)^2\right] \tag{6.4.12}$$

当 $\lambda_y<\lambda_z$ 时，

$$\lambda_{yz}=\lambda_z\left[1+0.25\left(\frac{\lambda_y}{\lambda_z}\right)^2\right] \tag{6.4.13}$$

$$\lambda_z = 5.1\frac{b_2}{t} \tag{6.4.14}$$

短肢相并的不等边双角钢截面(图 6.4.3c)：

当 $\lambda_y \geqslant \lambda_z$ 时，

$$\lambda_{yz} = \lambda_y\left[1+0.06\left(\frac{\lambda_z}{\lambda_y}\right)^2\right] \tag{6.4.15}$$

当 $\lambda_y < \lambda_z$ 时，

$$\lambda_{yz} = \lambda_z\left[1+0.06\left(\frac{\lambda_y}{\lambda_z}\right)^2\right] \tag{6.4.16}$$

$$\lambda_z = 3.7\frac{b_1}{t} \tag{6.4.17}$$

无任何对称轴且又非极对称的截面(单面连接的不等边单角钢除外)不宜用作轴心受压构件。如采用时,可按《标准》式(7.2.2-14)~式(7.2.2-19)计算换算长细比。

对单面连接的单角钢轴心受压构件,考虑强度设计值折减系数 η 后,可不考虑弯扭效应。《标准》规定:计算稳定时,等边角钢取 $\eta = 0.6+0.0015\lambda$;短边相连的不等边角钢取 $\eta = 0.5+0.0025\lambda$;长边相连的不等边角钢取 $\eta = 0.70$。式中 $\lambda = l_0/i_0$,计算长度 l_0 按相关规定确定,i_0 为角钢的最小回转半径,当 $\lambda < 20$ 时,取 $\lambda = 20$。当折减系数 η 的计算值大于 1.0 时,取为 1.0。当槽形截面用于格构式构件的分肢,计算分肢绕对称轴(y 轴)的稳定性时,不必考虑扭转效应,直接用 λ_y 查出 φ_y 值。

§6.5　轴心受压构件的局部稳定

6.5.1　均匀受压板件的屈曲

实腹式轴心受压构件一般由若干矩形平面板件组成,在轴心压力作用下,这些板件都承受均匀压力。如果这些板件的平面尺寸很大,而厚度又相对很薄(宽厚比较大)时,在均匀压力作用下,板件有可能在达到强度承载力之前先失去局部稳定。在 §4.5 节,已阐述了有关局部稳定的基本概念,并给出了考虑板件间相互作用的单个矩形板件的临界应力公式(4.5.8)：

$$\sigma_{cr} = \frac{\chi k\pi^2 E}{12(1-\nu^2)}\left(\frac{t}{b}\right)^2$$

当轴心受压构件中板件的临界应力超过比例极限 f_p 进入弹塑性受力阶段时,可认为板件变为正交异性板。单向受压板沿受力方向的弹性模量 E 降为切线模量 $E_t = \eta E$,但与压力垂直的方向仍为弹性阶段,其弹性模量仍为 E。这时可用 $E\sqrt{\eta}$ 代替 E,按下列近似公式计算其临界应力 σ_{cr}：

$$\sigma_{cr} = \frac{\chi k\pi^2 E\sqrt{\eta}}{12(1-v^2)}\left(\frac{t}{b}\right)^2 \tag{6.5.1}$$

根据轴心受压构件局部稳定的试验资料,可取弹性模量修正系数 η 为

$$\eta = 0.1013\lambda^2 \frac{f_y}{E}\left(1 - 0.0248\lambda^2 \frac{f_y}{E}\right) \tag{6.5.2}$$

式中,λ 为构件两方向长细比的较大值。

6.5.2 轴心受压构件局部稳定的计算方法

1. 确定板件宽(高)厚比限值的准则

为了保证实腹式轴心受压构件的局部稳定,通常采用限制其板件宽(高)厚比的办法来实现。确定板件宽(高)厚比限值所采用的原则有两种:一种是使构件应力达到屈服前其板件不发生局部屈曲,即局部屈曲临界应力不低于屈服应力;另一种是使构件整体屈曲前其板件不发生局部屈曲,即局部屈曲临界应力不低于整体屈曲临界应力(或极限应力),常称作等稳定性准则。后一准则与构件长细比发生关系,对中等或较长构件似乎更合理,前一准则对短柱比较适合。《标准》在规定轴心受压构件宽(高)厚比限值时,主要采用后一准则,在长细比很小时参照前一准则予以调整。

2. 轴心受压构件板件宽(高)厚比的限值

轧制型钢(工字钢、H 形钢、槽钢、T 形钢、角钢等)的翼缘和腹板一般都有较大厚度,宽(高)厚比相对较小,都能满足局部稳定要求,可不作验算。对焊接组合截面构件(图 6.5.1),一般采用限制板件宽(高)厚比办法来保证局部稳定。

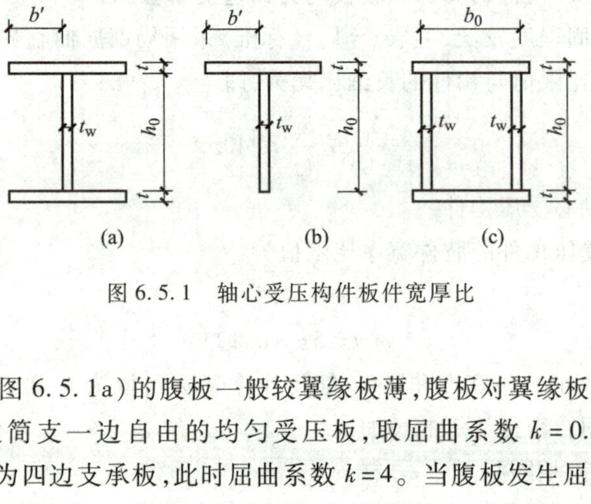

图 6.5.1 轴心受压构件板件宽厚比

(1) H 形截面

由于 H 形截面(图 6.5.1a)的腹板一般较翼缘板薄,腹板对翼缘板几乎没有嵌固作用,因此翼缘可视为三边简支一边自由的均匀受压板,取屈曲系数 $k=0.425$,弹性嵌固系数 $\chi=1.0$。而腹板可视为四边支承板,此时屈曲系数 $k=4$。当腹板发生屈曲时,翼缘板作为腹板纵向边的支承,对腹板将起一定的弹性嵌固作用,根据试验可取弹性嵌固系数 $\chi=1.3$。在弹塑性阶段,弹性模量修正系数 η 按式(6.5.2)计算。代入式(6.5.1)使其大于或等于 $\varphi \cdot f_y$,可分别得到翼缘板悬伸部分的宽厚比 b'/t 及腹板高厚比 h_0/t_w 与长细比 λ 的关系曲线。这种曲线较为复杂,为了便于应用,当 $\lambda=30\sim100$ 时,《标准》采用了下列简化的直线式表达:

翼缘
$$\frac{b'}{t} \leqslant (10 + 0.1\lambda)\varepsilon_k \tag{6.5.3}$$

腹板　$$\frac{h_0}{t_w} \leqslant (25 + 0.5\lambda)\varepsilon_k \tag{6.5.4}$$

式中,λ 为构件两方向长细比的较大值。对 λ 很小的构件,国外多按短柱考虑,使局部屈曲临界应力达到屈服应力,甚至有考虑应变强化影响的。当 λ 较大时,弹塑性阶段的公式不再适用,并且板件宽厚比也不宜过大。因此,《标准》规定:当 $\lambda \leqslant 30$ 时,取 $\lambda = 30$;当 $\lambda \geqslant 100$ 时,取 $\lambda = 100$,仍用式(6.5.3)和式(6.5.4)计算。

(2) T 形截面

T 形截面(图 6.5.1b)轴心受压构件的翼缘板悬伸部分的宽厚比 b'/t 限值与工字形截面一样,按式(6.5.3)计算。

T 形截面的腹板也是三边支承一边自由的板,但其宽厚比比翼缘大得多,它的屈曲受到翼缘一定程度的弹性嵌固作用,故腹板的宽厚比限值可适当放宽;又考虑到焊接 T 形截面几何缺陷和残余压力都比热轧 T 型钢大,采用了相对低一些的限值。即:

热轧剖分 T 形钢　$$\frac{h_0}{t_w} \leqslant (15 + 0.2\lambda)\varepsilon_k \tag{6.5.5}$$

焊接 T 形钢　$$\frac{h_0}{t_w} \leqslant (13 + 0.17\lambda)\varepsilon_k \tag{6.5.6}$$

式中,对热轧剖分 T 形钢,h_0 取腹板平直段长度。

(3) 箱形截面

箱形截面轴心受压构件的翼缘和腹板均为四边支承板(图 6.5.1c),但翼缘和腹板一般用单侧焊缝连接,嵌固程度较低,可取 $\chi = 1$。《标准》采用局部屈曲临界应力不低于屈服应力的准则,得到的宽厚比限值与构件的长细比无关,即

$$\frac{b_0}{t} \text{ 或 } \frac{h_0}{t_w} \leqslant 40\varepsilon_k \tag{6.5.7}$$

(4) 等边角钢轴心受压构件

等边角钢轴心受压构件的肢件宽厚比限值为

当 $\lambda \leqslant 80\varepsilon_k$ 时:　$$\omega/t \leqslant 15\varepsilon_k \tag{6.5.8}$$

当 $\lambda > 80\varepsilon_k$ 时:　$$\omega/t \leqslant 5\varepsilon_k + 0.125\lambda \tag{6.5.9}$$

式中,ω、t 分别为角钢的平板宽度和厚度,简要计算时 ω 可取为 $b-2t$,b 为角钢宽度;λ 为按角钢绕非对称主轴回转半径计算的长细比。

3. 加强局部稳定的措施

当所选截面不满足板件宽(高)厚比规定要求,一般应调整板件厚度或宽(高)度使其满足要求。但对工字形和箱形截面的腹板也可采用设置纵向加劲肋的方法予以加强,以缩减腹板计算高度(图 6.5.2)。纵向加劲肋宜在腹板两侧成对配置,其一侧外伸宽度 $b_z \geqslant 10t_w$,厚度 $t_z \geqslant 0.75t_w$。纵向加劲肋通常在横向加劲肋间设置,横向加劲肋的尺寸应满足外伸宽度 $b_s \geqslant (h_0/30) + 40$ mm,厚度 $t_s \geqslant b_s/15$。

4. 腹板的有效截面

大型工字形截面的腹板,由于高厚比 h_0/t_w 较大,在满足高厚比限值的要求时,需采用较厚的腹板,往往显得很不经济。为节省材料,仍然可采用较薄的腹板,听任腹板屈曲,考虑其

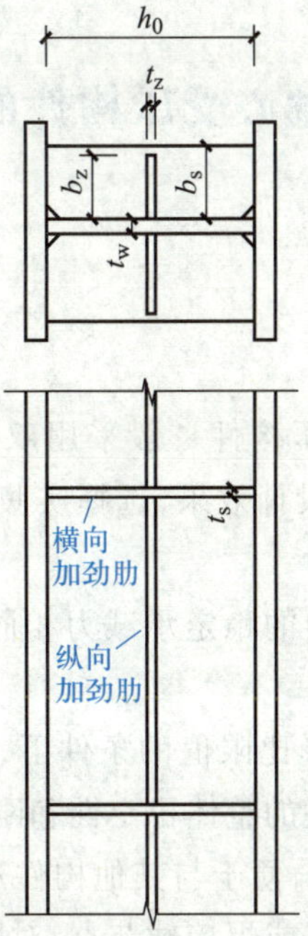

图 6.5.2　纵向加劲肋加强腹板

屈曲后强度的利用,采用有效截面进行计算。在计算构件的强度和稳定性时,可采用下述简化方法考虑屈曲后强度:认为腹板中间部分退出工作,仅考虑腹板计算高度边缘范围内两侧宽度各为 $20t_w\sqrt{235/f_y}$ 的部分和翼缘作为有效截面(图 6.5.3),计算有效截面面积,但在计算构件的长细比和整体稳定系数 φ 时,仍用全部截面。

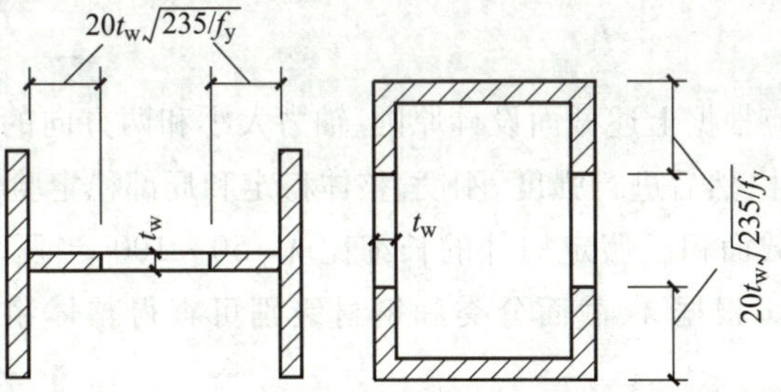

图 6.5.3　腹板有效截面

强度和稳定性可按下列公式计算:

强度计算

$$\frac{N}{A_{ne}}\leqslant f \tag{6.5.10}$$

稳定性计算

$$\frac{N}{\varphi A_e f}\leqslant 1.0 \tag{6.5.11}$$

式中,A_{ne}、A_e 分别为有效净截面面积和有效毛截面面积。也可按《标准》7.3.3 条和 7.3.4 条的方法考虑屈曲后强度。

§6.6 实腹式轴心受压构件的截面设计

6.6.1 截面设计原则

为了避免弯扭失稳，实腹式轴心受压构件一般采用双轴对称截面，其常用截面形式如图6.1.2所示。为了获得经济与合理的设计效果，选择实腹式轴心受压构件的截面时，应考虑以下几个原则：

① 等稳定性。使构件两个主轴方向的稳定承载力相同，即使 $\lambda_x=\lambda_y$ 或 $\varphi_x=\varphi_y$，以达到经济的效果。

② 宽肢薄壁。在满足板件宽(高)厚比限值的条件下，截面面积的分布应尽量开展，以增加截面的惯性矩和回转半径，提高构件的整体稳定性和刚度，达到用料合理。

③ 连接方便。一般选择开敞式截面，便于与其他构件进行连接；在杆系结构中，也常采用管形截面构件，对于圆管常采用螺栓球或焊接球节点；对圆管和方矩形管也常采用直接相贯焊接节点。

④ 制造省工。尽可能构造简单，加工方便，取材容易。如选择型钢或便于采用自动焊的工字形截面，这样做有时用钢量可能会增加一点，但因制造省工和型钢价格便宜，可能仍然比较经济。

6.6.2 截面选择

截面设计时，首先应根据上述截面设计原则、轴力大小和两方向的计算长度等情况综合考虑后，初步选择截面尺寸，然后进行强度、刚度、整体稳定和局部稳定验算。具体步骤如下：

① 确定所需要的截面积。假定构件的长细比 $\lambda=50\sim100$，当压力大而计算长度小时取较小值，反之取较大值。根据 λ、截面分类和钢材级别可查得整体稳定系数 φ 值，则所需要的截面面积为

$$A_{\mathrm{req}}=\frac{N}{\varphi f} \tag{6.6.1}$$

实际上，要准确假定构件的长细比是不容易的，往往要反复多次才能成功。但对每种截面形式，都可以推导出确定 λ 假设值的近似公式，例如对焊接工字形截面(通常 y 轴是弱轴)，可采用如下公式：

$$\varphi=(0.417\ 5+0.004\ 919\lambda_y)\lambda_y^2\frac{N}{l_{oy}^2 f}\varepsilon_{\mathrm{k}} \tag{6.6.2}$$

截面设计时，只需任意假设一个满足刚度要求的 λ_y，然后由式(6.6.2)求出对应的 φ 值。若能从 φ 值表中找到这一对 λ_y 和 φ，则所假设的 λ_y 就是正确的，否则要重新假设 λ_y。

② 确定两个主轴所需要的回转半径。$i_{x\mathrm{req}}=l_{0x}/\lambda$，$i_{y\mathrm{req}}=l_{0y}/\lambda$。对于焊接组合截面，根据

所需回转半径 i_{req} 与截面高度 h、宽度 b 之间的近似关系，即 $i_x \approx \alpha_1 h$ 和 $i_y \approx \alpha_2 b$（系数 α_1、α_2 的近似值见附录 5，例如由三块钢板焊成的工字形截面，$\alpha_1 = 0.43$，$\alpha_2 = 0.24$），求出所需截面的轮廓尺寸，即

$$h = \frac{i_{xreq}}{\alpha_1} \qquad b = \frac{i_{yreq}}{\alpha_2} \tag{6.6.3}$$

对于型钢截面，根据所需要的截面积 A_{req} 和所需要的回转半径 i_{req} 选择型钢的型号（附录 8）。

③ 确定截面各板件尺寸。对于焊接组合截面，根据所需的 A_{req}、h、b，并考虑局部稳定和构造要求（例如自动焊工字形截面 $h \approx b$）初选截面尺寸。由于假定的 λ 值不一定恰当，完全按照所需要的 A_{req}、h、b 配置的截面可能会使板件厚度太大或太小，这时可适当调整 h 或 b，h_0 和 b 宜取 10 mm 的倍数，t 和 t_w 宜取 2 mm 的倍数，t_w 应比 t 小，但不小于 6 mm。

6.6.3　截面验算

按照上述步骤初选截面后，按式（6.2.4）、式（6.4.2）和式（6.5.3）~式（6.5.9）等进行刚度、整体稳定和局部稳定验算。如有孔洞削弱，还应按式（6.2.2）或式（6.2.3）进行强度验算。如验算结果不完全满足要求，应调整截面尺寸后重新验算，直到满足要求为止。

6.6.4　构造要求

当实腹式构件的腹板高厚比 $h_0/t_w > 80\varepsilon_k$ 时，为防止腹板在施工和运输过程中发生腹板鼓曲变形，应设置横向加劲肋，其间距不得大于 $3h_0$，在腹板两侧成对配置，截面尺寸应满足 6.5.2 小节的要求（图 6.5.2）。

为了保证构件截面几何形状不变、提高构件抗扭刚度，以及传递必要的内力，对大型实腹式构件，在受有较大横向力处和每个运送单元的两端，还应设置横隔（图 6.6.1）。构件较长时并应设置中间横隔，横隔的间距不得大于构件截面较大宽度的 9 倍或 8 m。

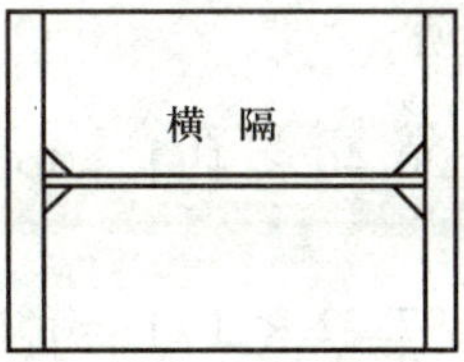

图 6.6.1　横隔

轴心受压实腹式构件的翼缘与腹板的纵向连接焊缝受力很小，不必计算，可按构造要求确定焊缝尺寸 $h_f = 4 \sim 8$ mm。

【例题 6.1】 图 6.6.2a 所示为一管道支架，其支柱的轴心压力（包括自重）设计值为 $N = 1\ 450$ kN，柱两端铰接，钢材为 Q345 钢，截面无孔洞削弱。试设计此支柱的截面：① 用轧制普通工字钢；② 用轧制 H 形钢；③ 用焊接工字形截面，翼缘板为焰切边；④ 钢材改为 Q235 钢。以上所选截面是否可以安全承载？

【解】 设截面的强轴为 x 轴，弱轴为 y 轴，柱在两个方向的计算长度分别为

$$l_{0x}=600\ \text{cm};l_{0y}=300\ \text{cm}$$

1. 轧制工字钢(图 6.6.2b)

(1) 试选截面

假定 $\lambda=100$，对于 $b/h\leqslant0.8$ 的轧制工字钢，当绕 x 轴屈曲时属于 a 类截面，绕 y 轴屈

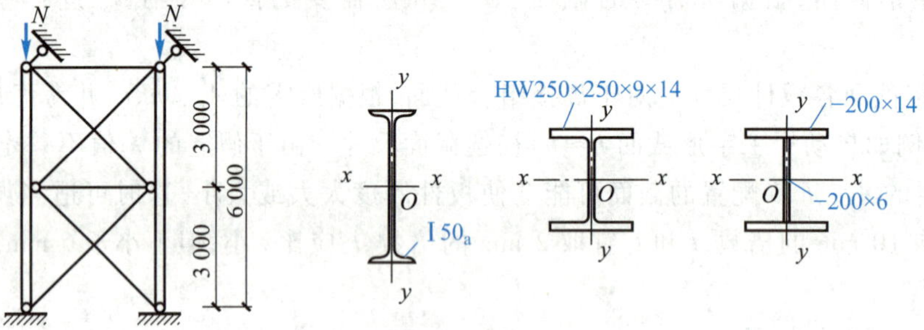

图 6.6.2 例题 6.1 示意图

曲时属于 b 类截面，$\lambda/\varepsilon_k=100/\sqrt{235/345}=100/0.825=121$，由附表 4.2 查得 $\varphi_{\min}=\varphi_y=0.431$。当计算点钢材厚度 $t<16$ mm 时，取 $f=305\ \text{N/mm}^2$。则所需截面面积和回转半径为

$$A_{\text{req}}=\frac{N}{\varphi_{\min}f}=\frac{1\ 450\times10^3}{0.431\times305\times10^2}\ \text{cm}^2=110.30\ \text{cm}^2$$

$$i_{x\text{req}}=\frac{l_{0x}}{\lambda}=\frac{600}{100}\ \text{cm}=6\ \text{cm}$$

$$i_{y\text{req}}=\frac{l_{0y}}{\lambda}=\frac{300}{100}\ \text{cm}=3\ \text{cm}$$

由附表 8.5 不可能选出同时满足 A_{req}、$i_{x\text{req}}$ 和 $i_{y\text{req}}$ 的型号，可以 A_{req} 和 $i_{y\text{req}}$ 为主，适当考虑 $i_{x\text{req}}$ 进行选择。现试选 I50a，$A=119\ \text{cm}^2$，$i_x=19.7\ \text{cm}$，$i_y=3.07\ \text{cm}$，$t=20\ \text{mm}$，$f=295\ \text{N/mm}^2$。

(2) 截面验算

因截面无孔洞削弱，可不验算强度。又因轧制工字钢的翼缘和腹板均较厚，可不验算局部稳定，只需进行刚度和整体稳定验算。

$$\lambda_x=\frac{l_{0x}}{i_x}=\frac{600}{19.7}=30.46<[\lambda]=150\text{，满足刚度要求。}$$

$$\lambda_y=\frac{l_{0y}}{i_y}=\frac{300}{3.07}=97.72<[\lambda]=150\text{，满足刚度要求。}$$

λ_y 远大于 λ_x，绕 y 轴屈曲时属于 b 类截面，故由 $\lambda_y/\varepsilon_k=97.72/0.825=118.45$ 查附表 4.2得 $\varphi=0.445$。

$$\frac{N}{\varphi Af}=\frac{1\ 450\times10^3}{0.445\times119\times10^2\times295}=0.928<1.0\text{，满足整体稳定要求。}$$

2. 轧制 H 型钢(图 6.6.2c)

(1) 试选截面

因轧制 H 型钢可以选用宽翼缘的形式，截面宽度较大，因此长细比的假设值可适当减

小,假设 $\lambda=70$。对宽翼缘 H 型钢,因 $b/h>0.8$,钢材标号为 Q345,所以对 x 轴属于 a 类截面,对 y 轴属于 b 类截面。由 $\lambda/\varepsilon_k=70/0.825=84.85$ 查附表 4.2 得 $\varphi_{min}=\varphi_y=0.656$,所需截面面积和回转半径分别为

$$A_{req}=\frac{N}{\varphi f}=\frac{1\ 450\times10^3}{0.656\times305\times10^2}\ \text{cm}^2=72.47\ \text{cm}^2$$

$$i_{xreq}=\frac{l_{0x}}{\lambda}=\frac{600}{70}\ \text{cm}=8.57\ \text{cm}$$

$$i_{yreq}=\frac{l_{0y}}{\lambda}=\frac{300}{70}\ \text{cm}=4.29\ \text{cm}$$

由附表 8.9 试选 HW250×250×9×14,$A=91.43\ \text{cm}^2$,$i_x=10.8\ \text{cm}$,$i_y=6.31\ \text{cm}$,$f=305\ \text{N/mm}^2$。

(2) 截面验算

因截面无孔洞削弱,可不验算强度。又因为热轧型钢,亦可不验算局部稳定,只需进行刚度和整体稳定验算。

$$\lambda_x=\frac{l_{0x}}{i_x}=\frac{600}{10.8}=55.6<[\lambda]=150\text{,满足刚度要求。}$$

$$\lambda_y=\frac{l_{0y}}{i_y}=\frac{300}{6.31}=47.5<[\lambda]=150\text{,满足刚度要求。}$$

因绕 x 轴屈曲属于 a 类截面,由 $\lambda_x/\varepsilon_k=55.6/0.825=67.39$ 查附表 4.1,得 $\varphi_x=0.852$;绕 y 轴屈曲属 b 类截面,由 $\lambda_y/\varepsilon_k=47.5/0.825=57.58$ 查附表 4.2,得 $\varphi_{min}=\varphi_y=0.820$。

$$\frac{N}{\varphi Af}=\frac{1\ 450\times10^3}{0.820\times91.43\times10^2\times305}=0.63<1.0\text{,满足整体稳定要求。}$$

3. 焊接工字形截面(图 6.6.2d)

(1) 试选截面

参照 H 型钢截面试选截面。翼缘 2—200×14,腹板 1—200×6,其截面面积:

$$A=(2\times20\times1.4+20\times0.6)\ \text{cm}^2=68\ \text{cm}^2$$

$$I_x=\frac{1}{12}(20\times22.8^3-19.4\times20^3)\ \text{cm}^4=6\ 821\ \text{cm}^4$$

$$I_y=2\times\frac{1}{12}\times1.4\times20^3\ \text{cm}^4=1\ 867\ \text{cm}^4$$

$$i_x=\sqrt{\frac{6\ 821}{68}}\ \text{cm}=10.02\ \text{cm}$$

$$i_y=\sqrt{\frac{1\ 867}{68}}\ \text{cm}=5.24\ \text{cm}$$

(2) 刚度和整体稳定验算

$$\lambda_x=\frac{l_{0x}}{i_x}=\frac{600}{10.02}=59.88<[\lambda]=150\text{,满足刚度要求。}$$

$$\lambda_y=\frac{l_{0y}}{i_y}=\frac{300}{5.24}=57.25<[\lambda]=150\text{,满足刚度要求。}$$

因绕 x 轴和 y 轴屈曲均属 b 类截面,故由长细比的较大值 $\lambda_x/\varepsilon_k=59.88/0.825=72.58$ 查附表 4.2,得 $\varphi=0.735$。

$$\frac{N}{\varphi Af}=\frac{1\,450\times10^3}{0.735\times68\times10^2\times305}=0.95<1.0,\text{满足整体稳定要求。}$$

(3) 局部稳定验算

翼缘外伸部分:

$$\frac{b}{t}=\frac{9.7}{1.4}=6.93<(10+0.1\lambda_{max})\varepsilon_k$$

$$=(10+0.1\times59.88)\sqrt{\frac{235}{345}}=13.20,\text{满足要求。}$$

腹板:

$$\frac{h_0}{t_w}=\frac{20}{0.6}=33.33<(25+0.5\lambda_{max})\varepsilon_k$$

$$=(25+0.5\times59.88)\sqrt{\frac{235}{345}}=45.34,\text{满足要求。}$$

截面无孔洞削弱,不必验算强度。

(4) 构造

因腹板高厚比小于 80,故不必设置横向加劲肋。采用不预热的非低氢焊接方法进行焊接,按构造由表 3.3.1 确定翼缘与腹板的连接焊缝最小焊脚尺寸,取 $h_f=6$ mm。

4. 原截面改用 Q235 钢

(1) 轧制工字钢:绕 y 轴屈曲时属于 b 类截面,由 $\lambda_y=97.72$ 查附表 4.2,得 $\varphi=0.570$。

$$\frac{N}{\varphi Af}=\frac{1\,450\times10^3}{0.570\times119\times10^2\times205}=1.043>1.0,\text{但在 5\% 以内,可满足整体稳定要求。}$$

(2) 轧制 H 型钢:绕 x 轴屈曲属于 a 类截面,由 $\lambda_x=55.6$ 查附表 4.1,得 $\varphi_x=0.898$;绕 y 轴屈曲属于 b 类截面,$\lambda_y=47.5$ 查附表 4.2,得 $\varphi_{min}=\varphi_y=0.868$。

$$\frac{N}{\varphi Af}=\frac{1\,450\times10^3}{0.868\times91.43\times10^2\times215}=0.850<1.0,\text{满足整体稳定要求。}$$

(3) 焊接工字形截面:绕 x 轴和 y 轴屈曲均属 b 类截面,故由长细比的较大值 $\lambda_x=59.88$ 查附表 4.2,得 $\varphi=0.808$。

$$\frac{N}{\varphi Af}=\frac{1\,450\times10^3}{0.808\times68\times10^2\times215}=1.23>1.0,\text{不满足整体稳定要求。}$$

由本例计算结果可知,① 轧制普通工字钢要比轧制 H 型钢和焊接工字形截面的面积大很多,这是由于普通工字钢绕弱轴的回转半径太小。尽管弱轴方向的计算长度仅为强轴方向计算长度的 1/2,但其长细比远大于后者,因而构件的承载能力是由弱轴所控制的,对强轴则有较大富裕,这显然是不经济的。若必须采用此种截面,宜再增加侧向支撑的数量。对于轧制 H 型钢和焊接工字形截面,由于其两个方向的长细比非常接近,基本上做到了等稳定性,用料更经济。焊接工字形截面更容易实现等稳定性要求,用钢量最省,但焊接工字形截面的焊接工作量大,在设计实腹式轴心受压构件时宜优先选用轧制 H 型钢。② 改用 Q235 钢后,轧制普通工字钢的截面不增大时仍可安全承载,而焊接工字形截面却不能安全承载且相差很多,这是因为长细比大的轧制普通工字钢构件处于弹性工作状态,钢材强度对稳定承载力影响不大,而长细比小的焊接工字形截面构件处于弹塑性工作状态,钢材强度对稳定承载力有显著影响。

§6.7 格构式轴心受压构件

6.7.1 格构式轴心受压构件绕实轴的整体稳定

格构式轴心受压构件的分肢通常采用槽钢和工字钢,构件截面具有两个对称轴(图6.1.1)。当构件丧失整体稳定时,不大可能发生扭转屈曲和弯扭屈曲,往往发生绕截面主轴的弯曲屈曲。因此计算格构式轴心受压构件的整体稳定时,只需计算绕截面实轴和虚轴抵抗弯曲屈曲的能力。

格构式轴心受压构件绕实轴的弯曲屈曲情况与实腹式轴心受压构件没有区别,因此其整体稳定计算也相同,可以采用式(6.4.2)进行计算。

6.7.2 格构式轴心受压构件绕虚轴的整体稳定

实腹式轴心受压构件在弯曲屈曲时,剪切变形影响很小,对构件临界力的降低不到1%,可以忽略不计。格构式轴心受压构件绕虚轴弯曲屈曲时,由于两个分肢不是实体相连,连接两分肢的缀件的抗剪刚度比实腹式构件的腹板弱,构件在微弯平衡状态下,除弯曲变形外,还需要考虑剪切变形的影响,因此稳定承载力有所降低。根据弹性稳定理论分析,当缀件采用缀条时,两端铰接等截面格构式构件绕虚轴弯曲屈曲的临界应力为

$$\sigma_{cr}=\frac{\pi^2 E}{\lambda_x^2+\dfrac{\pi^2}{\sin^2\theta\cos\theta}\cdot\dfrac{A}{A_{1x}}} \tag{6.7.1}$$

即

$$\sigma_{cr}=\frac{\pi^2 E}{\lambda_{0x}^2} \tag{6.7.2}$$

其中

$$\lambda_{0x}=\sqrt{\lambda_x^2+\frac{\pi^2}{\sin^2\theta\cos\theta}\cdot\frac{A}{A_{1x}}} \tag{6.7.3}$$

式中,λ_x 为整个构件对虚轴的长细比;A 为整个构件的毛截面面积;A_{1x} 为节间内两侧斜缀条毛截面面积之和;θ 为缀条与构件轴线间的夹角(图6.1.1c)。

式(6.7.2)与实腹式轴心受压构件欧拉(Euler)临界应力计算公式的形式完全相同。由此可见,如果用 λ_{0x} 代替 λ_x,则可采用与实腹式轴心受压构件相同的公式计算格构式构件绕虚轴的稳定性,因此,称 λ_{0x} 为换算长细比。

一般斜缀条与构件轴线间的夹角 θ 在40°~70°范围内,在此常用范围,$\pi^2/(\sin^2\theta\cdot\cos\theta)=25.6\sim32.7$,其值变化不大。为了简便,《标准》按 $\theta=45°$ 计算,即取为常数27。由此换算长细比公式(6.7.3)简化为

$$\lambda_{0x}=\sqrt{\lambda_x^2+27\frac{A}{A_{1x}}} \tag{6.7.4}$$

需要注意的是，当斜缀条与柱轴线间的夹角不在 40°～70°范围内时，$\pi^2/(\sin^2\theta\cdot\cos\theta)$ 值将比 27 大很多，式(6.7.4)是偏于不安全的，应按式(6.7.3)计算换算长细比 λ_{0x}。此外，λ_{0x} 是按弹性屈曲推导的，但一般推广用于全部 λ_x 范围。

当缀件为缀板时，用同样的原理可得格构式轴心受压构件的换算长细比为

$$\lambda_{0x}=\sqrt{\lambda_x^2+\frac{\pi^2}{12}\left(1+\frac{2}{k}\right)\lambda_1^2} \tag{6.7.5}$$

式中，$\lambda_1=l_1/i_1$ 为相应分肢长细比；$k=(I_b/c)/(I_1/l_1)$ 为缀板与分肢线刚度比值；l_1 为相邻两缀板间的中心距(图 6.1.1b)；I_1、i_1 分别为每个分肢绕其平行于虚轴方向形心轴的惯性矩和回转半径；I_b 为构件截面中各缀板的截面积惯性矩之和；c 为两分肢的轴线间距。

通常情况下，k 值较大(两分肢不相等时，k 按较大分肢计算)。当 $k=6\sim20$ 时，$\pi^2(1+2/k)/12=0.905\sim1.097$，即在 $k\geqslant6$ 的常用范围，接近于 1。为简化起见，《标准》规定换算长细比按以下简化式计算：

$$\lambda_{0x}=\sqrt{\lambda_x^2+\lambda_1^2} \tag{6.7.6}$$

式中，$\lambda_1=l_{01}/i_1$ 为分肢对最小刚度轴的长细比。缀板式构件分肢在缀板连接范围内刚度较大而变形很小，因此当缀板与分肢焊接时，计算长度 l_{01} 为相邻两缀板间的净距；当缀板与分肢螺栓连接时，计算长度 l_{01} 为相邻两缀板边缘螺栓的距离。

当 $k=2\sim6$ 时，$\pi^2(1+2/k)/12=1.097\sim1.645$，按式(6.7.6)计算 λ_{0x}，误差较大。因此，当 $k\leqslant6$ 时宜用式(6.7.5)计算。

对于四肢和三肢组合的格构式轴心受压构件，可得出类似的换算长细比计算公式，详见《标准》。

6.7.3　格构式轴心受压构件分肢的稳定和强度计算

格构式轴心受压构件的分肢既是组成整体截面的一部分，在缀件节点之间又是一个单独的实腹式受压构件。所以，对格构式构件除需作为整体计算其强度、刚度和稳定外，还应计算各分肢的强度、刚度和稳定，且应保证各分肢失稳不先于格构式构件整体失稳。

由于初弯曲等缺陷的影响，格构式轴心受压构件受力时呈弯曲变形，故各分肢内力并不相同，其强度或稳定计算是相当复杂的。为简化起见，经对各类型实际构件(取初弯曲 $l/500$)进行计算和综合分析，《标准》规定分肢的长细比满足下列条件时可不计算分肢的强度、刚度和稳定：

当缀件为缀条时　　$\lambda_1\leqslant0.7\lambda_{max}$　　(6.7.7)

当缀件为缀板时　　$\lambda_1\leqslant0.5\lambda_{max}$ 且不大于 $40\varepsilon_k$　　(6.7.8)

式中，λ_{max} 为构件两方向长细比(对虚轴取换算长细比)的较大值。对于缀板柱，当 $\lambda_{max}<50$ 时，取 $\lambda_{max}=50$。λ_1 为按式(6.7.6)的规定计算，但当缀件采用缀条时，l_{01} 取缀条节点间距。

6.7.4 格构式轴心受压构件分肢的局部稳定

格构式轴心受压构件的分肢承受压力,应进行板件的局部稳定计算。分肢常采用轧制型钢,其翼缘和腹板一般都能满足局部稳定要求。当分肢采用焊接组合截面时,其翼缘和腹板宽厚比应按式(6.5.3)~式(6.5.9)进行验算,以满足局部稳定要求。

6.7.5 格构式轴心受压构件的缀件设计

1. 格构式轴心受压构件的剪力

格构式轴心受压构件绕虚轴弯曲时将产生剪力 $V=\mathrm{d}M/\mathrm{d}z$,其中 $M=NY$,如图 6.7.1 所示。考虑初始缺陷的影响,经理论分析,《标准》采用以下实用公式计算格构式轴心受压构件中可能发生的最大剪力设计值 V,即

$$V=\frac{Af}{85\varepsilon_{\mathrm{k}}} \tag{6.7.9}$$

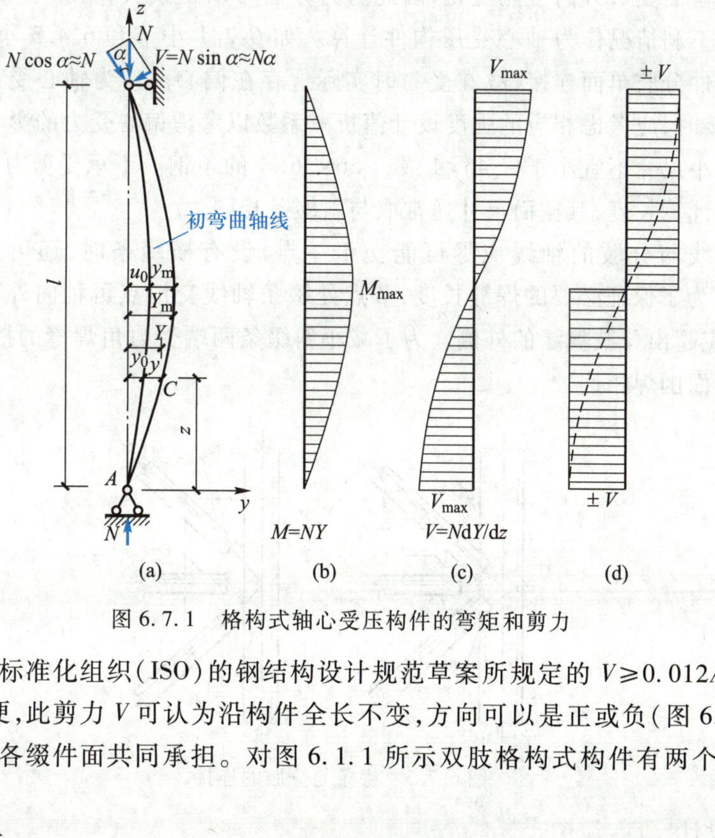

图 6.7.1 格构式轴心受压构件的弯矩和剪力

此式与国际标准化组织(ISO)的钢结构设计规范草案所规定的 $V\geqslant 0.012Af_{y}/\gamma_{R}$ 基本相同;为了设计方便,此剪力 V 可认为沿构件全长不变,方向可以是正或负(图 6.7.1d 实线),由承受该剪力的各缀件面共同承担。对图 6.1.1 所示双肢格构式构件有两个缀件面,每面承担 $V_1=V/2$。

2. 缀条设计

当缀件采用缀条时,格构式构件的每个缀件面如同缀条与构件分肢组成的平行弦桁架体系,缀条可看作桁架的腹杆,其内力可按铰接桁架进行分析。如图 6.7.2 的斜缀条的内力为

$$N_{d1}=V_1/\sin\theta \tag{6.7.10}$$

式中，V_1 为每面缀条所受的剪力；θ 为斜缀条与构件轴线间的夹角。

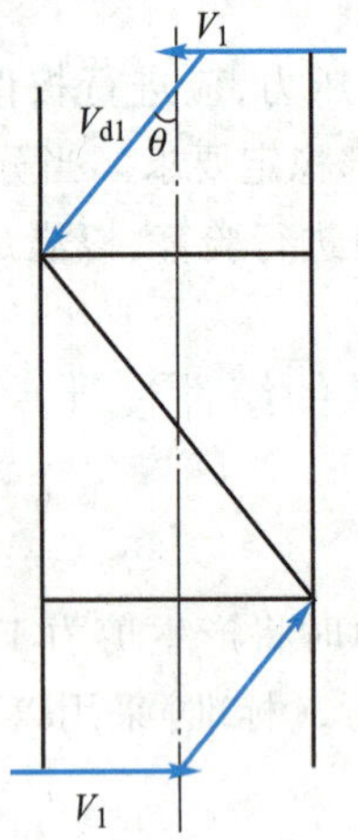

图 6.7.2　缀条的内力

由于构件弯曲变形方向可能变化，因此剪力方向可以正或负，斜缀条可能受拉或受压，设计时应按最不利情况作为轴心受压构件计算。如 6.2.1 小节和 6.4.3 小节所述，单角钢缀条通常与构件分肢单面连接，故在受力时实际上存在偏心。作为轴心受力构件计算其强度、稳定和连接时，应考虑相应的强度设计值折减系数以考虑偏心受力的影响。

缀条的最小尺寸不宜小于∟ 45×4 或∟ 56×36×4 的角钢。不承受剪力的横缀条主要用来减少分肢的计算长度，其截面尺寸通常取与斜缀条相同。

缀条的轴线与分肢的轴线应尽可能交于一点，设有横缀条时，还可加设节点板（图 6.7.3）。有时为了保证必要的焊缝长度，节点处缀条轴线交汇点可稍向外移至分肢形心轴线以外，但不应超出分肢翼缘的外侧。为了减小斜缀条两端受力角焊缝的搭接长度，缀条与分肢可采用三面围焊相连。

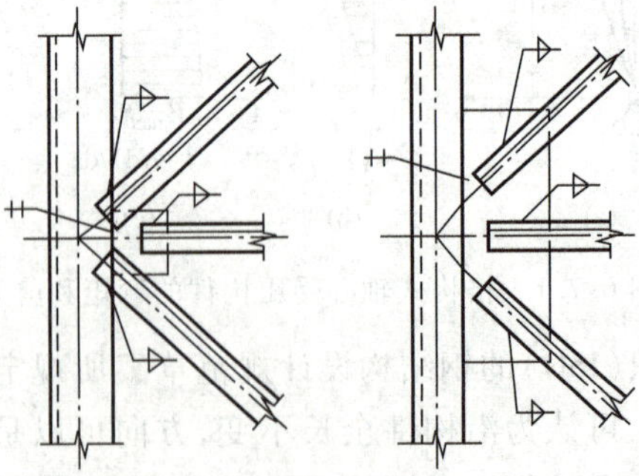

图 6.7.3　缀条与分肢的连接

3. 缀板设计

当缀件采用缀板时，格构式构件的每个缀件面如同缀板与构件分肢组成的单跨多层平面刚架体系。假定受力弯曲时，反弯点分布在各段分肢和缀板的中点。取如图 6.7.4 所示的隔离体，根据内力平衡可得每个缀板剪力 V_{b1} 和缀板与分肢连接处的弯矩 M_{b1}：

$$V_{b1}=\frac{V_1 l_1}{c} \qquad M_{b1}=\frac{V_1 l_1}{2} \tag{6.7.11}$$

式中，l_1 为两相邻缀板轴线间的距离；C 为分肢轴线间的距离。

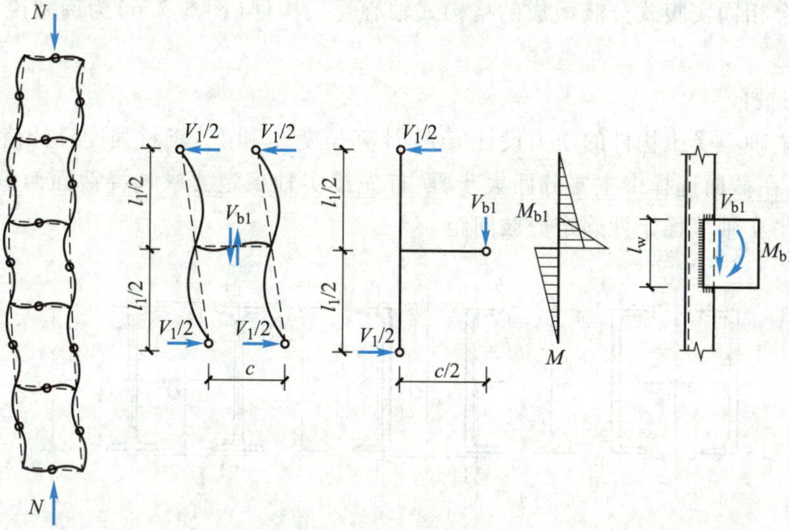

图 6.7.4 缀板的内力计算

根据 M_{b1} 和 V_{b1} 可验算缀板的弯曲强度、剪切强度以及缀板与分肢的连接强度。由于角焊缝强度设计值低于缀板强度设计值，故一般只需计算缀板与分肢的角焊缝连接强度。

缀板的尺寸由刚度条件确定，为了保证缀板的刚度，《标准》规定在同一截面处各缀板的线刚度之和不得小于构件较大分肢线刚度的 6 倍，即 $\sum(I_b/c)\geqslant 6(I_1/l_1)$，式中 I_b、I_1 分别为缀板和分肢的截面惯性矩。若取缀板的宽度 $h_b\geqslant 2c/3$，厚度 $t_b\geqslant c/40$ 和 6 mm，一般可满足上述线刚度比、受力和连接等要求。

缀板与分肢的搭接长度一般取 20～30 mm，可以采用三面围焊，或只用缀板端部纵向焊缝与分肢相连。

6.7.6 格构式轴心受压构件的横隔和缀件连接构造

为了提高格构式构件的抗扭刚度，保证运输和安装过程中截面几何形状不变，以及传递必要的内力，在受有较大水平力处和每个运送单元的两端，应设置横隔，构件较长时还应设置中间横隔。横隔的间距不得大于构件截面较大宽度的 9 倍或 8 m。格构式构件的横隔可用钢板或交叉角钢做成(图 6.7.5)。

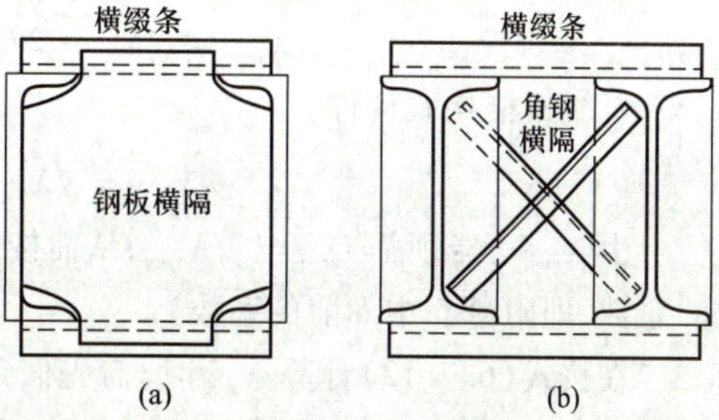

图 6.7.5 格构式构件的横隔

6.7.7　格构式轴心受压构件的截面设计

现以两个相同实腹式分肢组成的格构式轴心受压构件(图 6.7.6)为例来说明其截面选择和设计问题。

1. 截面选择

当格构式轴心受压构件的压力设计值 N、计算长度 l_{0x} 和 l_{0y}、钢材强度设计值 f 和截面类型都已知时,在截面选择中主要分两大步骤:首先按实轴稳定要求选择截面两分肢的尺寸,其次按虚轴与实轴等稳定性确定分肢间距。

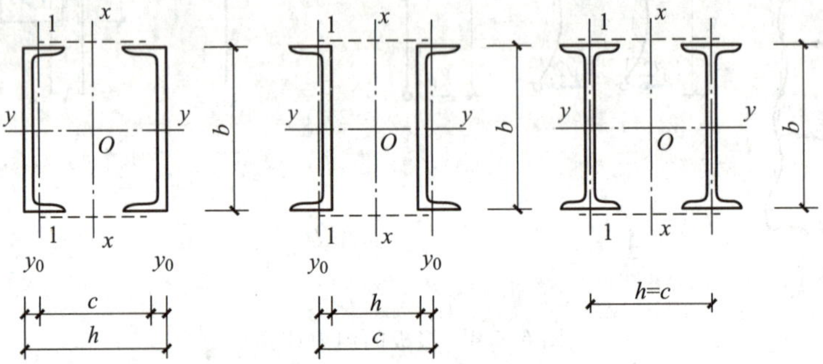

图 6.7.6　格构式构件截面设计

(1) 按实轴(设为 y 轴)稳定条件选择截面尺寸

假定绕实轴长细比 $\lambda_y=60\sim100$,当 N 较大而 l_{0y} 较小时取较小值,反之取较大值。根据 λ_y 及钢号和截面类别查得整体稳定系数 φ 值,按式(6.6.1)求所需截面面积 A_{req}。

求绕实轴所需要的回转半径 $i_{yreq}=l_{0y}/\lambda_y$(如分肢为组合截面时,则还应由 i_{yreq} 按附录 5 的近似值求所需截面宽度 $b=i_{yreq}/a_1$,式中 α_1 为截面高度的系数,即附录 5 中 h 前的系数)。

根据所需 A_{req}、i_{yreq}(或 b)初选分肢型钢规格(或截面尺寸),并进行实轴整体稳定和刚度验算,必要时还应进行强度验算和板件宽厚比验算。若验算结果不完全满足要求,应重新假定 λ_y 再试选截面,直至满意为止。

(2) 按虚轴(设为 x 轴)与实轴等稳定原则确定两分肢间距

根据换算长细比 $\lambda_{0x}=\lambda_y$,则可求得所需要的 λ_{xreq}:

对缀条格构式构件

$$\lambda_{xreq}=\sqrt{\lambda_{0x}^2-27A/A_{1x}}=\sqrt{\lambda_y^2-27A/A_{1x}} \tag{6.7.12}$$

对缀板格构式构件

$$\lambda_{xreq}=\sqrt{\lambda_{0x}^2-\lambda_1^2}=\sqrt{\lambda_y^2-\lambda_1^2} \tag{6.7.13}$$

由 λ_{xreq} 可求所需 $i_{xreq}=l_{0x}/\lambda_{xreq}$,从而按附录 5 确定分肢间距 $h=i_{xreq}/\alpha_2$(α_2 为截面宽度前的系数,即附录 5 中 b 前的系数)。

在按式(6.7.12)计算 λ_{xreq} 时,需先假定 A_{1x},可按 $A_{1x}=0.1A$ 预估缀条角钢型号;在按式(6.7.13)计算 λ_{xreq} 时,需先假定 λ_1,λ_1 可按式(6.7.8)的最大值取用。

两分肢翼缘间的净空应大于 100～150 mm,以便于油漆。h 的实际尺寸应调整为 10 mm

的倍数。

2. 截面验算

按照上述步骤初选截面后，按式(6.2.4)、式(6.4.2)、式(6.7.7)和式(6.7.8)等进行刚度、整体稳定和分肢稳定验算；如有孔洞削弱，还应按式(6.2.2)进行强度验算；缀件设计按 6.7.5 小节进行。如验算结果不完全满足要求，应调整截面尺寸后重新验算，直到满足要求为止。

【例题 6.2】　将例 6.1 的支柱 AB 设计成格构式轴心受压柱：① 缀条柱；② 缀板柱。钢材为 Q345 钢，焊条为 E50 型，截面无削弱。

【解】

1. 缀条柱

(1) 按实轴(y 轴)的稳定条件确定分肢截面尺寸

假定 $\lambda_y=40$，则 $\lambda=\lambda_y\sqrt{\dfrac{f_y}{235}}=40\sqrt{\dfrac{345}{235}}=48.47$，按 Q345 钢 b 类截面，从附表 4.2 查得 $\varphi=0.863$。

所需截面面积和回转半径分别为

$$A_{\text{req}}=\frac{N}{\varphi f}=\frac{1\ 450\times10^3}{0.863\times305\times10^2}\ \text{cm}^2=55.09\ \text{cm}^2$$

$$i_{y\text{req}}=\frac{l_{0y}}{\lambda_y}=\frac{300}{40}\ \text{cm}^2=7.5\ \text{cm}^2$$

查附表 8.7 的型钢表，试选 2[18b，截面形式如图 6.7.7 所示。实际 $A=2\times29.3\ \text{cm}^2=58.6\ \text{cm}^2$，$i_y=6.84\ \text{cm}$，$i_1=1.95\ \text{cm}$，$z_0=1.84\ \text{cm}$，$I_1=111\ \text{cm}^4$。

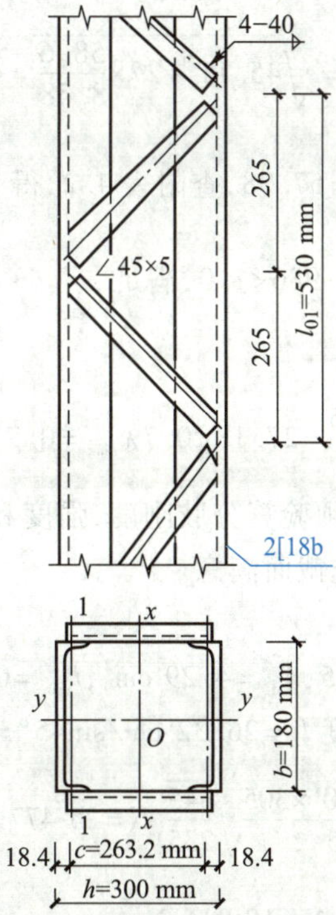

图 6.7.7　例题 6.2 缀条柱图

验算绕实轴稳定：$\lambda_y=\dfrac{l_{0y}}{i_y}=\dfrac{300}{6.84}=43.86<[\lambda]=150$，满足。

根据 $\lambda=\lambda_y\sqrt{\dfrac{f_y}{235}}=43.86\sqrt{\dfrac{345}{235}}=53.14$ 查附表 4.2，得 $\varphi=0.841$（b 类截面）。

$\dfrac{N}{\varphi Af}=\dfrac{1\ 450\times10^3}{0.841\times58.6\times10^2\times305}=0.964<1.0$　满足要求。

（2）按绕虚轴（x 轴）的稳定条件确定分肢间距

柱子轴力不大，缀条采用角钢∟ 45×5（附表 8.1），两个斜缀条毛截面面积之和 $A_{1x}=2\times4.29\ \text{cm}^2=8.58\ \text{cm}^2$。

按等稳定条件 $\lambda_{0x}=\lambda_y$ 得：

$$\lambda_{x\text{req}}=\sqrt{\lambda_y^2-27A/A_{1x}}=\sqrt{43.86^2-27\times58.6/8.58}=41.70$$

$$i_{x\text{req}}=l_{0x}/\lambda_{x\text{req}}=600/41.70\ \text{cm}=14.39\ \text{cm}$$

由附录 5，得：　$h_{\text{req}}\approx\dfrac{14.39}{0.44}\ \text{cm}=32.7\ \text{cm}$，取 $h=30\ \text{cm}$

两槽钢翼缘间净距 $=(300-2\times70)\ \text{mm}=160\ \text{mm}>100\ \text{mm}$，满足构造要求。

验算虚轴稳定：

$$I_x=2\times(111+29.3\times13.16^2)\ \text{cm}^4=10\ 371\ \text{cm}^4$$

$$i_x=\sqrt{\frac{I_x}{A}}=\sqrt{\frac{10\ 371}{58.6}}\ \text{cm}=13.30\ \text{cm}$$

$$\lambda_x=\frac{l_{0x}}{i_x}=\frac{600}{13.30}=45.11<50$$

$$\lambda_{0x}=\sqrt{\lambda_x^2+27\frac{A}{A_x}}=\sqrt{45.11^2+27\times\frac{58.6}{8.58}}=47.11<[\lambda]=150$$

由 $\lambda=\lambda_{0x}\sqrt{\dfrac{f_y}{235}}=47.11\sqrt{\dfrac{345}{235}}=57.08$，查附表 4.2，得 $\varphi=0.823$（b 类截面）。

$\dfrac{N}{\varphi Af}=\dfrac{1\ 450\times10^3}{0.823\times58.6\times10^2\times305}=0.986<1.0$，满足。

（3）分肢稳定

$$\lambda_1=\frac{l_{01}}{i_1}=\frac{2\times26.5}{1.95}=27.18<0.7\lambda_{\max}=0.7\times47.11=32.98$$

满足国家标准的规定，所以无须验算分肢刚度、强度和整体稳定；分肢采用型钢，也不必验算其局部稳定。至此可认为所选截面满意。

（4）缀条设计

缀条尺寸已初步确定为∟ 45×5，$A_{d1}=4.29\ \text{cm}^2$，$i_{\min}=0.88\ \text{cm}$。采用人字形单缀条体系，$\theta=45°$，分肢 $l_{01}=53\ \text{cm}$，斜缀条长度 $l_d=26.32\ \text{cm}/\sin45°=37.22\ \text{cm}$。

柱的剪力 $V=\dfrac{Af}{85}\sqrt{\dfrac{f_y}{235}}=\dfrac{58.6\times10^2\times305}{85}\sqrt{\dfrac{345}{235}}\ \text{N}=25\ 477\ \text{N}$　$V_1=\dfrac{V}{2}=\dfrac{25\ 477}{2}\ \text{N}=12\ 739\ \text{N}$

斜缀条内力 $N_{d1}=\dfrac{V_1}{\sin\theta}=\dfrac{12\ 739}{\sin45°}\ \text{N}=18\ 016\ \text{N}$

$$\lambda_1 = \frac{l_{01}}{i_{\min}} = \frac{37.22}{0.88} = 42.30 < [\lambda] = 150$$

根据 $\lambda = \lambda_1\sqrt{\frac{f_y}{235}} = 42.30\sqrt{\frac{345}{235}} = 51.25$,查附表 4.2,得 $\varphi = 0.851$(b 类截面)。强度设计值折减系数为

$$\eta = 0.6 + 0.0015\lambda_1 = 0.6+0.0015\times42.30 = 0.664$$

斜缀条的稳定:$\frac{N_{d1}}{\eta\varphi Af} = \frac{18\ 016}{0.664\times0.851\times4.29\times10^2\times305} = 0.244<1.0$,满足。

缀条无孔洞削弱,不必验算强度。缀条的连接角焊缝采用两面侧焊,按构造要求取 $h_f = 4$ mm;单面连接的单角钢按轴心受力计算连接时,$\eta = 0.85$。则

肢背焊缝所需长度

$$l_{w1} = \frac{k_1N_{d1}}{0.7h_f\eta f_f^w} = \frac{0.7\times18\ 605}{0.7\times0.4\times0.85\times200\times10^2}\ \text{cm}+1\ \text{cm} = 3.7\ \text{cm}$$

肢尖焊缝所需长度

$$l_{w2} = \frac{k_2N_{d1}}{0.7h_f\eta f_f^w} = \frac{0.3\times18\ 605}{0.7\times0.4\times0.85\times200\times10^2}\ \text{cm}+1\ \text{cm} = 2.17\ \text{cm}$$

肢背与肢尖焊缝长度均取 4 cm。

(5) 横隔

柱截面最大宽度为 30 cm,要求横隔间距≤9×0.30 m=2.7 m 和 8 m。柱高 6 m,上下两端有柱头柱脚,中间三分点处设两道钢板横隔,与斜缀条节点配合设置(参见图 6.7.5)。

2. 缀板柱

(1) 按实轴(y 轴)的稳定条件确定分肢截面尺寸

同缀条柱,选用 2[18b(图 6.7.8),$\lambda_y = 43.86$。

(2) 按绕虚轴(x 轴)的稳定条件确定分肢间距

取 $\lambda_1 = 22$,$\lambda_{\max} = 43.86<50$,取 $\lambda_{\max} = 50$,满足 $\lambda_1 \leqslant 0.5\lambda_{\max} = 0.5\times50 = 25$ 且不大于 40 的分肢稳定要求。按等稳定原则 $\lambda_{0x} = \lambda_y$,得:

$$\lambda_{x\text{req}} = \sqrt{\lambda_y^2 - \lambda_1^2} = \sqrt{43.86^2-22^2} = 37.94$$

$$i_{x\text{req}} = \frac{l_{0x}}{\lambda_{x\text{req}}} = \frac{600}{37.94}\ \text{cm} = 15.81\ \text{cm}$$

$$h_{\text{req}} \approx \frac{15.81}{0.44}\ \text{cm} = 35.93\ \text{cm},\text{取 } h = 32\ \text{cm}$$

两槽钢翼缘间净距=(320−2×70)mm=180 mm>100 mm,满足构造要求。

验算虚轴稳定:

缀板净距 $l_{01} = \lambda_1 i_1 = 22\times1.95$ cm $= 42.9$ cm,取 43 cm。

$$\lambda_1 = \frac{43}{1.95} = 22.05$$

$$I_x = 2\times(111+29.3\times14.16^2)\ \text{cm}^4 = 11\ 972\ \text{cm}^4$$

$$i_x = \sqrt{\frac{I_x}{A}} = \sqrt{\frac{11\ 972}{58.6}}\ \text{cm} = 14.29\ \text{cm}$$

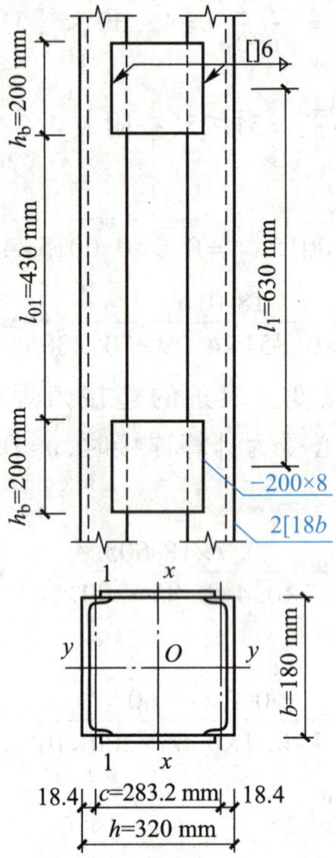

图 6.7.8 例题 6.2 缀板柱图

$$\lambda_x=\frac{l_{0x}}{i_x}=\frac{600}{14.29}=41.99$$

$$\lambda_{0x}=\sqrt{\lambda_x^2+\lambda_1^2}=\sqrt{41.99^2+22.05^2}=47.43<[\lambda]=150$$

由 $\lambda=\lambda_{0x}\sqrt{\frac{f_y}{235}}=47.43\sqrt{\frac{345}{235}}=57.47$，查附表 4.2，得 $\varphi=0.821$（b 类截面）。

$$\frac{N}{\varphi Af}=\frac{1\ 450\times10^3}{0.821\times58.6\times10^2\times305}=0.988<1.0\text{，满足。}$$

$\lambda_{max}=47.43<50$，取 $\lambda_{max}=50$，则 $\lambda_1=22.05<0.5\lambda_{max}=25$ 和 40，满足国家标准的规定。所以无须验算分肢刚度、强度和整体稳定；分肢采用型钢，也不必验算其局部稳定。至此可认为所选截面满意。

（3）缀板设计

初选缀板尺寸：纵向高度 $h_b\geqslant\frac{2}{3}c=\frac{2}{3}\times28.32\ \text{cm}=18.88\ \text{cm}$，厚度 $t_b\geqslant c/40=28.32/40\ \text{cm}=0.71\ \text{cm}$，取 $h_b\times t_b=200\times8$。

相邻缀板净距 $l_{01}=43$ cm，相邻缀板中心距 $l_1=l_{01}+h_b=(43+20)\ \text{cm}=63$ cm

缀板线刚度之和与分肢线刚度比值：

$$\frac{\sum I_b/c}{I_1/l_1}=\frac{2\times(0.8\times20^3/12)/28.32}{111/63}=21.38>6\text{，满足缀板的刚度要求。}$$

柱的剪力 $V=25\ 477$ N，每个缀板面剪力 $V_1=12\ 739$ N

弯矩 $M_{b1}=\frac{V_1 l_1}{2}=12\ 739\times\frac{63}{2}\ N\cdot cm=401\ 279\ N\cdot cm$

剪力 $V_{b1}=\frac{V_1 l_1}{c}=12\ 739\times\frac{63}{28.32}\ N=28\ 339\ N$

$$\sigma=\frac{6M_{b1}}{t_b h_b^2}=\frac{6\times414\ 446\times10}{0.8\times10\times(20\times10)^2}\ N/mm^2=78\ N/mm^2<f=305\ N/mm^2$$

$$\tau=\frac{1.5V_{b1}}{t_b h_b}=\frac{1.5\times28\ 339}{0.8\times20\times10^2}\ N/mm^2=27\ N/mm^2<f_v=175\ N/mm^2$$

满足缀板的强度要求。

(4) 缀板焊缝计算

采用三面周围角焊缝。计算时可偏于安全地仅考虑端部纵向焊缝，按构造要求取焊脚尺寸 $h_f=6$ mm，$l_w=200$ mm。则

$$A_f=0.7\times0.6\times20\ cm^2=8.4\ cm^2$$

$$W_f=\frac{1}{6}\times0.7\times0.6\times20^2\ cm^3=28\ cm^3$$

在弯矩 M_{b1} 和剪力 V_{b1} 共同作用下焊缝的应力为

$$\sqrt{\left(\frac{\sigma_f}{\beta_f}\right)^2+\tau_f^2}=\sqrt{\left(\frac{401\ 279\times10}{1.22\times28\times10^3}\right)^2+\left(\frac{28\ 339}{8.4\times10^2}\right)^2}\ N/mm^2=122\ N/mm^2<f_f^w=200\ N/mm^2$$

§6.8 冷弯薄壁型钢轴心受压构件的设计特点

6.8.1 冷弯薄壁型钢结构的特点

冷弯薄壁型钢由带钢或钢板模压冷弯成型，承重构件的壁厚一般在 2 ~ 6 mm 之间。由于冷弯薄壁型钢构件的壁薄和截面开展，与普通型材相比，材料(或截面积)相同时截面惯性矩和回转半径更大。因此，用作承受较轻荷载的构件时，可以获得很好的经济效果。表 6.8.1 给出了薄壁型钢方管和截面积相似的热轧角钢组合截面回转半径的比较。

表 6.8.1 薄壁型钢方管和热轧角钢组合截面回转半径的比较

截面形式和规格	截面积 A/cm^2	最小回转半径 i_{min}/cm	i_{min}^2/A
□140×3 薄壁型钢方管	16.05	5.56	1.93
□70×6 角钢组合方管	16.32	2.78	0.47
┐┌70×6 角钢组合截面	16.32	2.15	0.28

冷弯薄壁型钢采用的钢材目前只限于 Q235 钢和 Q345 钢，由于原材料常为带钢，质量比普通钢材差一些，经统计分析，其抗力分项系数 $\gamma_R=1.165$，比普通钢结构的抗力分项系数高，因此冷弯薄壁型钢的钢材强度设计值比普通钢结构的低。Q235 钢和 Q345 钢的强度设

计值分别为 $f=205\ \text{N/mm}^2$ 和 $f=300\ \text{N/mm}^2$。同理,其他的强度设计指标,如钢材抗剪、端面承压以及焊缝和螺栓的强度设计值都低于普通钢结构中的相应规定值,详见《冷弯薄壁型钢结构技术规范》。但是,冷弯薄壁型钢构件在冷加工成型过程中,由于冷作硬化的影响,屈服强度将较母材有较大的提高,这种影响称之为冷弯效应。钢板冷弯时,棱角部分产生了剧烈的塑性变形,不仅弯曲塑性变形方向出现强化现象,而且还在垂直于冷弯方向也提高了材料的强度。计算表明:截面的棱角部分强度可提高 50%,截面的平板部分由于冷弯过程中也经受碾压,强度提高约 10%;按全截面计算,强度平均提高 15% 左右。因此,当计算截面面积全部有效的受拉、受压或受弯构件的强度时,可考虑冷弯效应的影响按《冷弯薄壁型钢结构技术规范》规定提高钢材的强度设计值。

冷弯薄壁型钢的防腐蚀问题是一个重要问题。但经过几十年的应用以及国内有关单位长达十年以上的不同地区与不同环境的挂片试验,说明这种结构用于无严重腐蚀性环境时,结构的耐久性是可靠的。目前,冷弯薄壁型钢结构的防腐蚀问题基本得到解决,应用时可根据具体使用情况采用金属保护层(表面合金化镀锌、镀铝锌)、防腐涂料等防腐措施。

6.8.2　冷弯薄壁型钢受压构件的屈曲后承载能力与有效宽度设计方法

冷弯薄壁型钢构件的截面由各种不同类型的板件组成,通常把这些板件按纵边的支承条件分为四类:① 加劲板件为两纵边均与其他板件相连接的板件;② 部分加劲板件为一纵边与其他板件相连接,另一纵边由卷边加劲的板件;③ 非加劲板件为一纵边与其他板件相连接,另一纵边为自由边的板件;④ 中间加劲板件为两纵边均与其他板件相连接且中部有中间加劲肋的板件。如图 6.8.1 所示,箱形截面构件的腹板和翼板都是加劲板件;卷边槽形截面构件的腹板是加劲板件,翼缘是部分加劲板件;槽形截面构件的腹板是加劲板件,翼缘是非加劲板件;宽厚比很大、在中间设有中间加劲肋的板件是中间加劲板件。

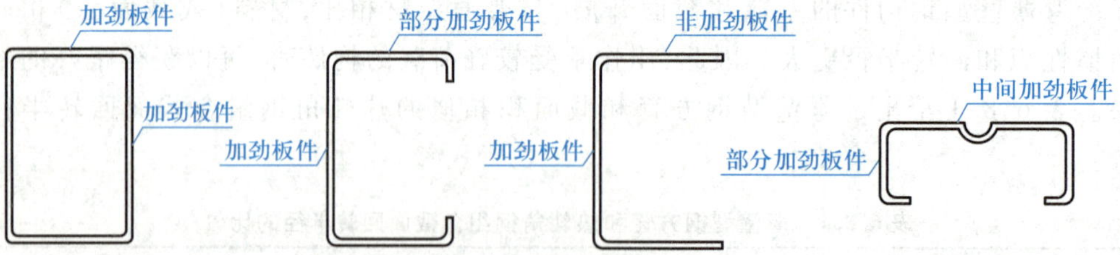

图 6.8.1　板件的分类

当轴心受压构件采用冷弯薄壁型钢截面时,板件的宽厚比不受式(6.5.7)或式(6.5.8)的限制,允许板件发生局部屈曲。由于板件很薄,宽厚比 b/t 较大,在轴心压力作用下,会较早地发生屈曲,但板件在屈曲后仍可继续承受更大的荷载。

板件的屈曲后承载力来源于薄膜拉力,现以加劲板件为例加以说明。假想板件由一组和力作用方向平行的纵向板条及另一组横向板条组成,板件两端加载边在受载后保持平直,如图 6.8.2 所示。当压力 N 达到临界值时,纵向板条由直变弯,横向板条因此而受拉,并对纵向板条的弯曲变形提供弹性支承作用，使纵向板条还能继续承受增大的外力。由于横向板条也有弯曲变形，处于板中央的纵向板条的挠度比靠近边缘支承的纵向板条的挠度要大，也即靠近边缘支承的纵向板条的刚度比较大，继续增加的荷载主要由刚度较大的靠近边缘的板条承受。因此，四边有一定约束的板件在纵向压力下发生较大的屈曲后变形（挠度）后，在横向会引起薄膜张力，起限制薄板变形的作用，从而产生了屈曲后承载力。另外，板件屈曲后，靠近边缘部分板件的刚度比中央部分大，因此板件屈曲后继续增加的荷载主要由刚度较大的边缘部分来承受，使应力沿板件宽度方向的分布不均匀。按照四边简支板大挠度理论分析，屈曲后板件内应力分布如图 6.8.3a 所示。板件在屈曲后，中央部分的应力最低，靠近支承处应力最高，甚至可达到屈服点，通常把板件支承处应力达到某一控制应力 $\sigma_{\max}$（如屈服点）作为屈曲后极限状态，此控制应力也称为板件的屈曲后强度或超临界强度。在冷弯薄壁型钢结构设计中，通常都利用板件的屈曲后承载力，板件的宽厚比越小，板件的临界应力与控制应力越接近，屈曲后承载力提高不显著；板件的宽厚比越大，板件临界应力比控制应力小得多，可以利用的屈曲后潜力很大。

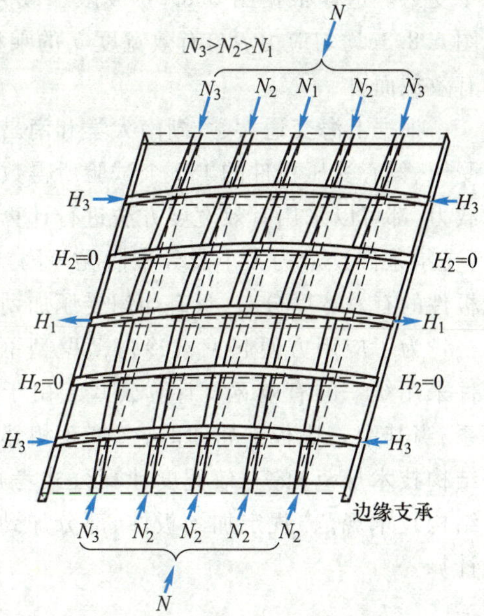

图 6.8.2 板件的屈曲后变形

板件屈曲后承载力的计算比较复杂，设计中常采用有效宽度设计方法，即用图 6.8.3c 所示计算图形代替图 6.8.3b 应力图形进行计算。在图 6.8.3c 中，板件取有效宽度 b_e 并均等分配在两侧边缘支承处，在有效宽度内的应力为 f_y 并均匀分布，而不再考虑板中央部分参

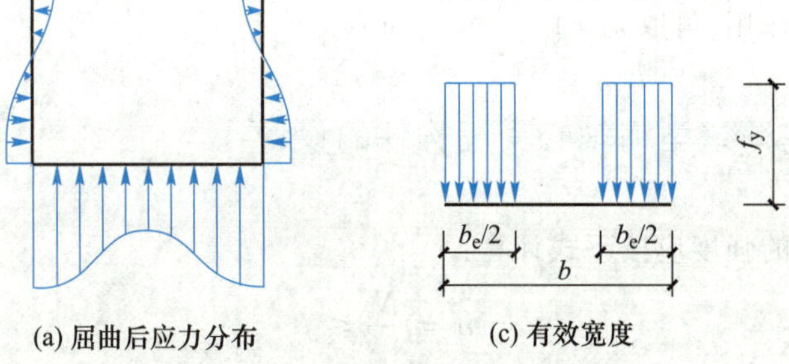

图 6.8.3 板件的屈曲后应力与有效宽度

予受力。这样根据图 6.8.3b 极限承载力应力图形的平均应力 σ_{av} 与截面宽度 b 的乘积和图 6.8.3c均匀应力 f_y 与有效宽度 b_e 的乘积相等，即可求出 b_e。有效宽度范围内的截面称为有效截面。

根据上海交通大学、湖南大学和南昌大学对箱形截面、卷边槽形截面和槽形截面的轴心受压、偏心受压板件的 132 个试验所得数据的分析，发现不论是哪一类板件都具有屈曲后承载力，都可以采用有效宽度方法进行计算。板件有效宽度及其分布与板件的实际宽度、类型（支承条件）、应力大小及分布情况等因素有关，《冷弯薄壁型钢结构技术规范》给出了各类板件的有效宽度分布，只有均匀受压加劲板件的有效宽度才是对称分布的。

为了应用方便起见，《冷弯薄壁型钢结构技术规范》对各种受力情况下不同类型的板件采用统一的有效宽度计算公式。由于冷弯薄壁型钢受压构件是由板件所组成的板组体系，当其中一块板件屈曲时，会带动相邻板件屈曲或受到相邻板件的约束，《冷弯薄壁型钢结构技术规范》的有效宽度计算公式考虑了这种板组约束效应的影响。《冷弯薄壁型钢结构技术规范》规定加劲板件、部分加劲板件和非加劲板件的有效宽厚比统一按下列公式计算：

当 $\dfrac{b}{t}\leqslant 18\alpha\rho$ 时，
$$\frac{b_e}{t}=\frac{b_c}{t} \tag{6.8.1a}$$

当 $18\alpha\rho<\dfrac{b}{t}\leqslant 38\alpha\rho$ 时，
$$\frac{b_e}{t}=\left[\sqrt{\frac{21.8\alpha\rho}{\dfrac{b}{t}}}-0.1\right]\frac{b_c}{t} \tag{6.8.1b}$$

当 $\dfrac{b}{t}\geqslant 38\alpha\rho$ 时，
$$\frac{b_e}{t}=\frac{25\alpha\rho}{\dfrac{b}{t}}\frac{b_c}{t} \tag{6.8.1c}$$

式中，b 为板件宽度；t 为板件厚度；b_e 为板件有效宽度；α 为计算系数，$\alpha=1.15-0.15\psi$，当 $\psi<0$ 时，$\alpha=1.15$；ψ 为压应力分布不均匀系数，$\psi=\dfrac{\sigma_{min}}{\sigma_{max}}$；$\sigma_{max}$ 为受压板件边缘的最大压应力（N/mm^2），取正值；σ_{min} 为受压板件另一边缘的应力（N/mm^2），以压应力为正，拉应力为负；b_c 为板件受压区宽度，当 $\psi\geqslant 0$ 时，$b_c=b$；$\psi<0$ 时，$b_c=\dfrac{b}{1-\psi}$；ρ 为计算系数，$\rho=\sqrt{\dfrac{205k_1k}{\sigma_1}}$，其中 σ_1 按《冷弯薄壁型钢结构技术规范》的规定采用，对轴心受压构件 $\sigma_1=\varphi\cdot f$，φ 为轴心受压构件的稳定系数；k 为板件受压稳定系数，按《冷弯薄壁型钢结构技术规范》规定采用，对均匀受压加劲板件 $k=4$；k_1 为板组约束系数，按《冷弯薄壁型钢结构技术规范》规定采用；若不计相邻板件的约束作用，可取 $k_1=1$。

6.8.3　冷弯薄壁型钢轴心受压构件的设计

轴心受压构件的强度应按下式计算：

$$\sigma=\frac{N}{A_{en}}\leqslant f \tag{6.8.2}$$

式中，A_{en} 为有效净截面面积。

轴心受压构件的稳定性应按下式计算：

$$\frac{N}{\varphi A_e f} \leqslant 1 \tag{6.8.3}$$

式中，A_e 为有效截面面积；φ 为轴心受压构件的稳定系数。

由于冷弯薄壁型钢构件截面类型较少，《冷弯薄壁型钢结构技术规范》规定的柱子曲线（或 φ 值表）采用单条曲线（相当于普通钢结构的 b 曲线）；冷弯薄壁型钢轴心受压构件的稳定系数，可根据钢材的牌号和构件长细比按《冷弯薄壁型钢结构技术规范》采用，表 6.8.2 给出了 Q235 钢轴心受压构件的稳定系数简表。

表 6.8.2　Q235 钢轴心受压构件的稳定系数简表

λ	0	10	20	30	40	50	60	70	80	90
φ	1.000	0.974	0.947	0.918	0.886	0.852	0.818	0.775	0.722	0.661
λ	100	110	120	130	140	150	160	170	180	190
φ	0.588	0.516	0.452	0.396	0.349	0.308	0.274	0.245	0.220	0.199
λ	200	210	220	230	240	250	—	—	—	—
φ	0.180	0.164	0.150	0.138	0.127	0.117	—	—	—	—

计算闭口截面、双轴对称的开口截面和截面全部有效的不卷边的等边单角钢轴心受压构件的稳定系数时，由于其只发生弯曲屈曲，其长细比 λ_x、λ_y 应取按式（6.4.5）计算后取较大值。

对单轴对称开口截面（图 6.8.4）轴心受压构件，还可能发生弯扭屈曲，故采用换算长细比方法来计算其稳定性。计算这类构件的稳定系数时，其长细比应取 λ_x、λ_y 和 λ_ω 的较大值，弯扭屈曲的换算长细比 λ_ω 按下式计算：

$$\lambda_\omega = \lambda_x \sqrt{\frac{s^2 + i_0^2}{2s^2} + \sqrt{\left(\frac{s^2 + i_0^2}{2s^2}\right)^2 - \frac{i_0^2 - \alpha e_0^2}{s^2}}} \tag{6.8.4}$$

$$s^2 = \frac{\lambda_x^2}{A}\left(\frac{I_\omega}{l_\omega^2} + 0.039 I_t\right) \tag{6.8.5}$$

$$i_0^2 = e_0^2 + i_x^2 + i_y^2 \tag{6.8.6}$$

式中，I_ω 为毛截面扇性惯性矩；I_t 为毛截面抗扭惯性矩；e_0 为毛截面的弯心在对称轴上的坐标；l_ω 为扭转屈曲的计算长度，$l_\omega = \beta \cdot l$；l 为无缀板时，为构件的几何长度；有缀板时，取两相邻缀板中心线的最大间距；α、β 为约束系数，按表 6.8.3 采用。

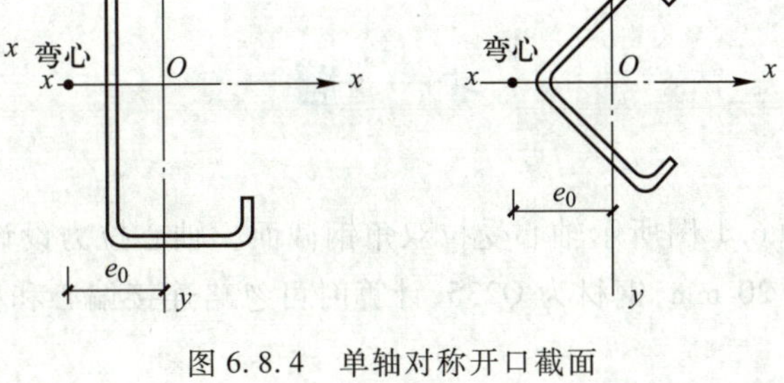

图 6.8.4　单轴对称开口截面

表 6.8.3 开口截面轴心受压构件的约束系数

项次	构件两端的支承情况	无缀板		有缀板	
		α	β	α	β
1	两端铰接,端部截面可自由翘曲	1.00	1.00	—	—
2	两端嵌固,端部截面的翘曲完全约束	1.00	0.50	0.80	1.00
3	两端铰接,端部截面的翘曲完全约束	0.72	0.50	0.80	1.00

【例题 6.3】 一根两端铰接、长度为 6 m 的冷弯薄壁型钢轴心受压构件,材料用 Q235 钢,承受压力设计值为 245 kN,试选用适当的薄壁方管截面。

【解】 由附表 8.14,试选用 140 mm×4 mm 的方管,其截面面积 $A=21.07\ \text{cm}^2$,回转半径 $i_x=5.5$ cm,算得板件宽厚比 $b/t=140/4=35$,长细比 $\lambda=600/5.5=109.1$,查表 6.8.2 得稳定系数 $\varphi=0.522$,因此构件的应力不超过 $\sigma_1=\varphi\cdot f=0.522\times205\ \text{N/mm}^2=107.01\ \text{N/mm}^2$;板件均匀受压,故 $\psi=1$,$\alpha=1$,$k=4$;均匀受压方管截面的板组无约束,故 $k_1=1$;算得 $\rho=\sqrt{\dfrac{205\times1\times4}{107.01}}=2.768$。根据式(6.8.1),$b/t=35<18\times1.0\times2.768=49.82$,又 $\psi=1>0$,$b_c=b$,故截面全部有效。

$$\frac{N}{\varphi A_e f}=\frac{245\times10^3}{0.522\times21.07\times10^2\times205}=1.087>1.0\text{,整体稳定不满足要求。}$$

现改选非标准 180 mm×3 mm 的方管,$A=20.85\ \text{cm}^2$,$i_x=7.16$ cm,$b/t=180/3=60$;长细比 $\lambda=600/7.16=83.8$,查表 6.8.2 得稳定系数 $\varphi=0.699$;$\psi=1$,$\alpha=1$,$k=4$,$k_1=1$,$\sigma_1=\varphi\cdot f=0.699\times205=143.3\ \text{N/mm}^2$,算得 $\rho=\sqrt{\dfrac{205\times1\times4}{143.3}}=2.392$。根据式(6.8.1),得

$$\frac{b}{t}=60\geqslant18\alpha\rho=18\times1\times2.392=43.06$$

$$\frac{b}{t}=60\leqslant38\alpha\rho=38\times1\times2.392=90.90$$

$$\frac{b_e}{t}=\left[\sqrt{\frac{21.8\times1\times2.392}{60}}-0.1\right]\times60=49.94$$

有效截面 $A_e=20.85\ \text{cm}^2-4\times(60-49.94)\times0.3^2\ \text{cm}^2=17.23\ \text{cm}^2$

$$\frac{N}{\varphi A_e f}=\frac{245\times10^3}{0.699\times17.23\times10^2\times205}=0.99<1.0\text{,整体稳定满足要求。}$$

180 mm×3 mm 的方管比 140 mm×4 mm 的方管的截面面积略小,且不全部有效,却能承受更大的轴心压力,是因为利用了板件的屈曲后承载能力。

习 题

6.1 试选择习题 6.1 图所示轴心受拉双角钢截面。轴心拉力设计值为 250 kN,计算长度为 3 m,螺杆直径为 20 mm,钢材为 Q235,计算时可忽略连接偏心和杆件自重的影响。

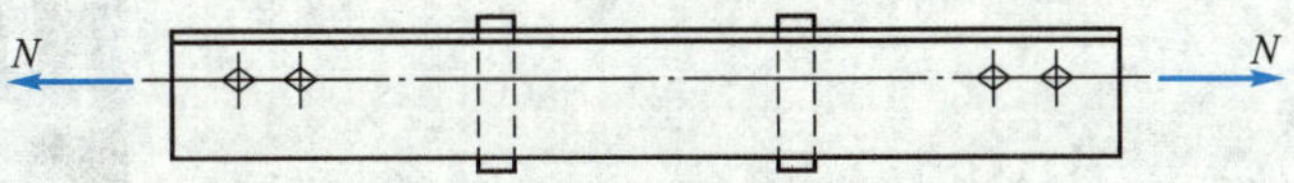

习题 6.1 图

6.2　试计算习题 6.2 图所示两种焊接工字钢截面（截面面积相等）轴心受压柱所能承受的最大轴心压力设计值和局部稳定，并作比较说明。柱高 10 m，两端铰接，翼缘为焰切边，钢材为 Q235。

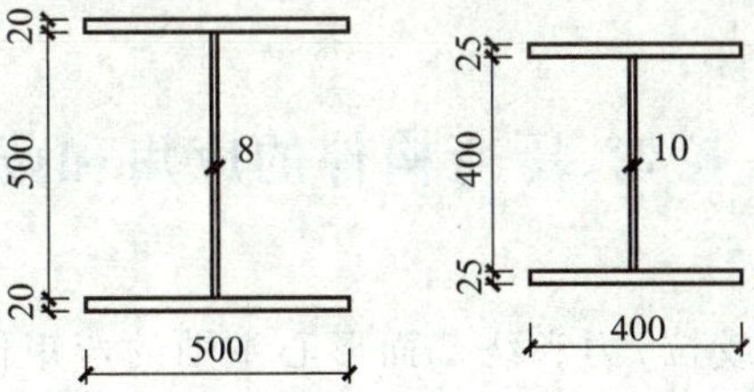

习题 6.2 图

6.3　试设计一工作平台柱。柱的轴心压力设计值为 4 500 kN（包括自重），柱高 6 m，两端铰接，采用焊接工字形截面（翼缘为轧制边）或 H 型钢，截面无削弱，钢材为 Q235。

6.4　在习题 6.3 所述平台柱的中点增加一侧向支撑（即 $l_{0y}=3$ m），试重新设计。

6.5　试设计一桁架的轴心受压杆件。杆件采用等边角钢组成的 T 形截面（对称轴为 y 轴），角钢间距为 12 mm。轴心压力设计值为 400 kN，杆件的计算长度为 $l_{0x}=230$ cm，$l_{0y}=290$ cm，钢材为 Q235。

6.6　试设计两槽钢组成的缀板柱。柱的轴心压力设计值为 2 400 kN（包括自重），柱高 7.5 m，上端铰接，下端固定，钢材为 Q235。

6.7　条件与习题 6.6 相同，试设计成缀条柱。

6.8　试确定某轴心受压缀板柱所能承受的轴心压力设计值。柱高为 6 m，两端铰接，单肢长细比为 35，截面如习题 6.8 图所示，钢材为 Q235。

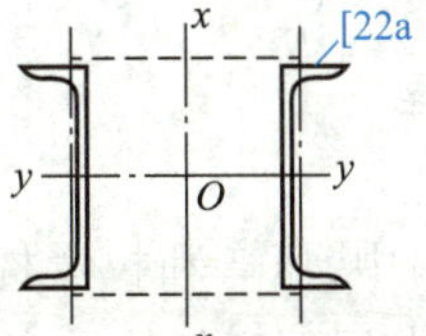

习题 6.8 图

第 7 章

拉弯、压弯构件

§7.1 拉弯、压弯构件的应用和截面形式

构件同时承受轴心压(或拉)力和绕截面形心主轴的弯矩作用,称为压弯(或拉弯)构件。弯矩可能由轴心力的偏心作用、端弯矩作用或横向荷载作用等因素产生(图 7.1.1、图 7.1.2)。弯矩由偏心轴力引起时,也称为偏压(或拉)构件。当弯矩作用在截面的一个主轴平面内时称为单向压弯(或拉弯)构件,同时作用在两个主轴平面内时称为双向压弯(或拉弯)构件。由于压弯构件是受弯构件和轴心受压构件的组合,因此压弯构件也称为梁-柱(beam column)。

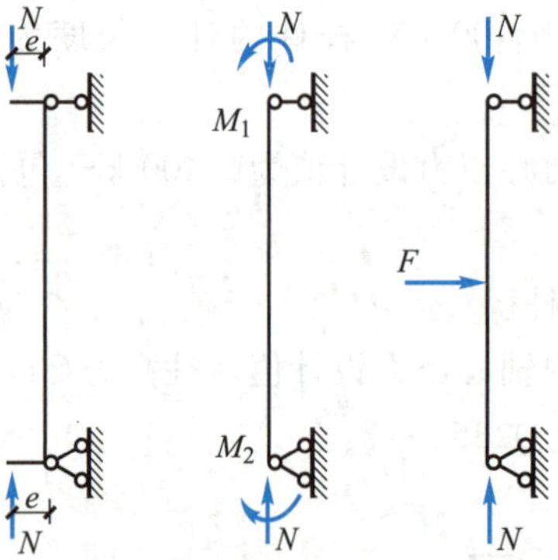

图 7.1.1 压弯构件

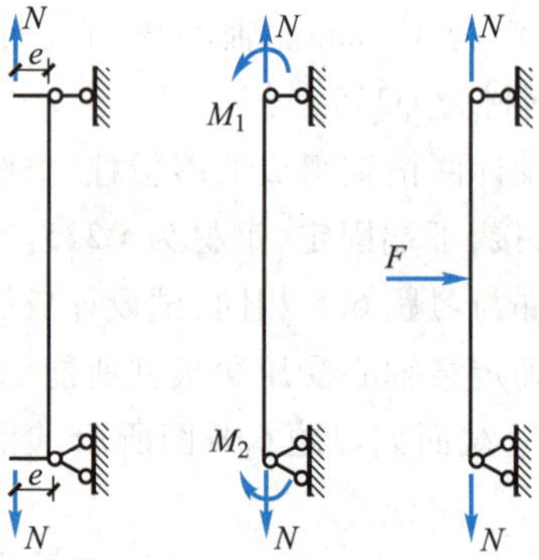

图 7.1.2 拉弯构件

在房屋建筑和桥梁工程的钢结构中,压弯和拉弯构件的应用十分广泛,例如,受风荷载作用的墙架柱、工作平台柱、支架柱、单层厂房结构及多高层框架结构中的柱,有节间荷载作用的桁架上、下弦杆,桥墩(塔)、拱桥的拱肋等大多是压弯(或拉弯)构件。

与轴心受力构件一样,拉弯和压弯构件也可按其截面形式分为实腹式构件和格构式构件两种,常用的截面形式有热轧型钢截面、冷弯薄壁型钢截面和组合截面,如图 7.1.3 所示。当受力较小时,可选用热轧型钢或冷弯薄壁型钢(图 7.1.3a、b)。当受力较大时,可选用钢板焊接组合截面或型钢与型钢、型钢与钢板的组合截面(图 7.1.3c)。除了实腹式截面(图 7.1.3a ~ c)外,当构件计算长度较大且受力较大时,为了提高截面的抗弯刚度,还常常采用格构式截面(图 7.1.3d)。图 7.1.3 中对称截面一般适用于所受弯矩值不大或正负弯矩值相差不大的情况;非对称截面适用于所受弯矩值较大、弯矩不变号或正负弯矩值相差较大的情况,即在受力较大的一侧适当加大截面、在弯矩作用平面内加大截面高度。在格构式构件中,通常使弯矩绕虚轴作用,以便根据承受弯矩的需要,更灵活地调整分肢间距。此外,构件截面沿轴线可以变化,例如,工业建筑中的阶形柱(图 7.1.4a)、门式刚架中的楔形柱(图 7.1.4b)等。截面形式的选择,取决于构件的用途、荷载、制作、安装、连接构造以及用钢量等诸多因素。不同的截面形式,在计算方法上会有若干差别。

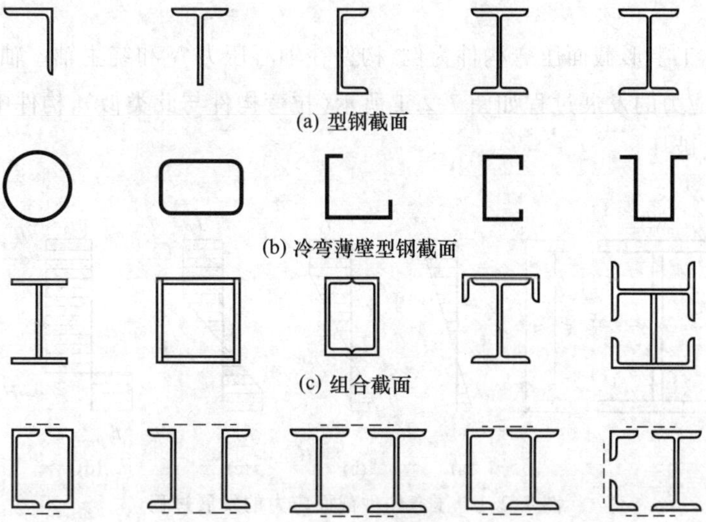
(a) 型钢截面
(b) 冷弯薄壁型钢截面
(c) 组合截面
(d) 格构式截面

图 7.1.3　拉弯、压弯构件截面形式

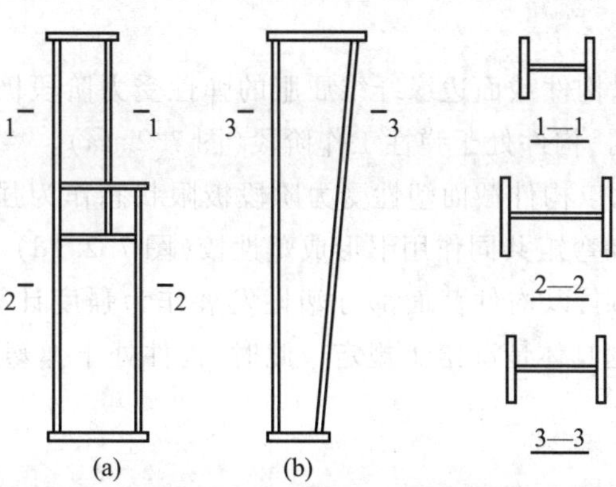

(a)　(b)

图 7.1.4　变截面压弯构件

在进行设计时,压弯和拉弯构件应同时满足正常使用极限状态和承载能力极限状态的要求。在满足正常使用极限状态方面,与轴心受力构件一样,拉弯和压弯构件也是通过限制构件长细比来保证构件的刚度要求,拉弯构件和压弯构件的容许长细比与轴心受力构件相同。压弯构件承载能力极限状态的计算,包括强度、整体稳定和局部稳定计算,其中整体稳定计算包括弯矩作用平面内稳定和弯矩作用平面外稳定的计算。拉弯构件承载能力极限状态的计算通常仅需要计算其强度,但是,当构件所承受的弯矩较大时,需按受弯构件进行整体稳定和局部稳定计算。

§7.2　拉弯、压弯构件的强度和刚度

7.2.1　拉弯、压弯构件的强度计算准则

以双轴对称工字形截面压弯构件为例，构件在轴心压力 N 和绕主轴 x 轴弯矩 M_x 的共同作用下，截面上应力的发展过程如图 7.2.1 所示（拉弯构件与此类似），构件中应力最大的截面可能发生强度破坏。

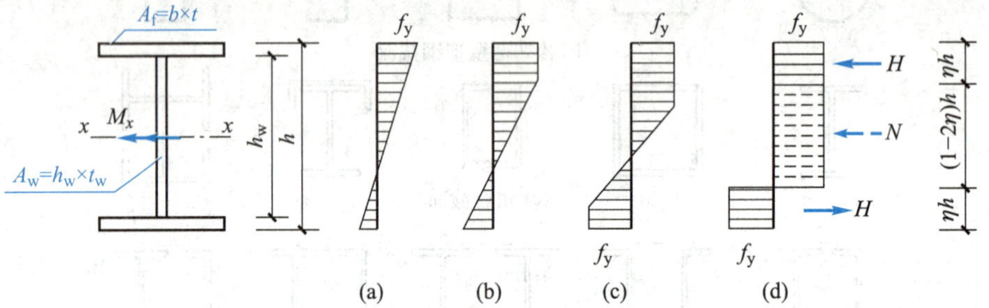

图 7.2.1　压弯构件截面应力的发展过程

对拉弯构件、截面有削弱或构件端部弯矩大于跨间弯矩的压弯构件，需要进行强度计算。计算拉弯和压弯构件的强度时，根据截面上应力发展的不同程度，可取以下三种不同的强度计算准则：

① 边缘屈服准则，以构件截面边缘纤维屈服的弹性受力阶段极限状态作为强度计算的承载能力极限状态。此时，构件处于弹性工作阶段（图 7.2.1a）。

② 全截面屈服准则，以构件截面塑性受力阶段极限状态作为强度计算的承载能力极限状态，此时，构件在轴力和弯矩共同作用下形成塑性铰（图 7.2.1d）。

③ 部分发展塑性准则，以构件截面部分塑性发展作为强度计算的承载能力极限状态，塑性区发展的深度将根据具体情况给予规定。此时，构件处于弹塑性工作阶段（图 7.2.1b、图 7.2.1c）。

（1）边缘屈服准则

按边缘屈服准则设计的压弯（或拉弯）构件，在达到承载能力极限状态前，构件处于弹性工作阶段。在达到承载能力极限状态时，最危险截面的边缘纤维处的最大应力 σ 达到钢材的屈服强度 f_y（图 7.2.1a），即：

$$\sigma=\frac{N}{A}+\frac{M_x}{W_{ex}}=f_y \tag{7.2.1}$$

式中，N、M_x 分别为验算截面处的轴力和弯矩；A 为验算截面处的截面面积；W_{ex} 为验算截面处的绕截面主轴 x 轴的截面模量。

令截面屈服轴力 $N_p=Af_y$，屈服弯矩 $M_{ex}=W_{ex}f_y$，根据边缘屈服准则，则由式（7.2.1）得 N 和 M_x 的线性相关公式（correlation equation）：

$$\frac{N}{N_{\mathrm{p}}}+\frac{M_x}{M_{ex}}=1 \tag{7.2.2}$$

（2）全截面屈服准则

按全截面屈服准则设计的压弯（或拉弯）构件，构件最危险的截面处于全截面塑性工作阶段，塑性中和轴可能在腹板或在翼缘内。此时，根据截面内力和外力的平衡条件，可以得到轴心力 N 和弯矩 M_x 的关系式。

以受单向压弯的双轴对称工字形截面为例进行分析，为了简化起见，近似取 $h=h_{\mathrm{w}}$，并令一个翼缘面积 $A_{\mathrm{f}}=\alpha A_{\mathrm{w}}$，则截面屈服轴力：

$$N_{\mathrm{P}}=Af_{\mathrm{y}}=(2\alpha+1)A_{\mathrm{w}}f_{\mathrm{y}}$$

截面塑性屈服弯矩：

$$M_{\mathrm{p}x}=W_{\mathrm{p}x}f_{\mathrm{y}}=\alpha A_{\mathrm{w}}f_{\mathrm{y}}h+0.5A_{\mathrm{w}}f_{\mathrm{y}}h_{\mathrm{w}}/2\approx(\alpha+0.25)A_{\mathrm{w}}f_{\mathrm{y}}h$$

式中，$W_{\mathrm{p}x}$ 为塑性截面模量。

当轴心力 N 和弯矩 M_x 共同作用、且轴力较小（$N\leqslant A_{\mathrm{w}}f_{\mathrm{y}}$，其中 A_{w} 为腹板面积）时，塑性中和轴在腹板内，其截面应力分布如图 7.2.1d 所示。根据全塑性应力图形，轴力和弯矩的平衡条件分别为

$$N=(1-2\eta)ht_{\mathrm{w}}f_{\mathrm{y}}\approx(1-2\eta)A_{\mathrm{w}}f_{\mathrm{y}} \tag{7.2.3a}$$

$$M_x=A_{\mathrm{f}}f_{\mathrm{y}}(h-t)+(\eta h-t)t_{\mathrm{w}}f_{\mathrm{y}}(h-\eta h-t)\approx A_{\mathrm{w}}hf_{\mathrm{y}}(\alpha+\eta-\eta^2) \tag{7.2.3b}$$

在以上二式的近似式中，均应用了 $h\approx h_{\mathrm{w}}=h-t$ 的假定。消去以上二式中的 η，则可得 N 和 M_x 的相关公式：

$$\frac{(2\alpha+1)^2}{4\alpha+1}\cdot\frac{N^2}{N_{\mathrm{p}}^2}+\frac{M_x}{M_{\mathrm{p}x}}=1 \tag{7.2.4a}$$

同理，当轴心力 N 和弯矩 M_x 共同作用、且轴力很大（$N>A_{\mathrm{w}}f_{\mathrm{y}}$）时，塑性中和轴将位于翼缘范围内，按上述相同方法可以得到：

$$\frac{N}{N_{\mathrm{p}}}+\frac{(4\alpha+1)}{2(2\alpha+1)}\cdot\frac{M_x}{M_{\mathrm{p}x}}=1 \tag{7.2.4b}$$

构件的 N/N_{p} 与 $M/M_{\mathrm{p}x}$ 的关系式（7.2.4a）和式（7.2.4b）均为外凸曲线，它不仅与截面形状有关，而且与 $\alpha=A_{\mathrm{f}}/A_{\mathrm{w}}$ 有关，α 越小外凸越多。对于常用工字形截面 $\alpha=A_{\mathrm{f}}/A_{\mathrm{w}}\approx1.5$，曲线外凸不多，可用直线近似。为设计简便，当 N/N_{p} 很小时可按照 $M=M_{\mathrm{p}x}$ 计算，当 N/N_{p} 较大时可在式（7.2.4b）中近似取 $A_{\mathrm{f}}/A_{\mathrm{w}}=1.5$ 计算。因此，将式（7.2.4a）和式（7.2.4b）近似简化为以下两条直线的公式，即

当 $\dfrac{N}{N_{\mathrm{p}}}\leqslant0.13$ 时，

$$\frac{M_x}{M_{\mathrm{p}x}}=1 \tag{7.2.5a}$$

当 $\dfrac{N}{N_{\mathrm{p}}}>0.13$ 时，

$$\frac{N}{N_{\mathrm{p}}}+\frac{1}{1.15}\cdot\frac{M_x}{M_{\mathrm{p}x}}=1 \tag{7.2.5b}$$

考虑到上述全截面塑性分析中没有计入轴心力对变形引起的附加弯矩以及剪力的不利影响，为了考虑这种不利影响和便于计算，也可以偏于安全地采用直线式相关公式，即用一条斜直线（图7.2.2中的虚线）代替曲线：

$$\frac{N}{N_p}+\frac{M_x}{M_{px}}=1 \tag{7.2.6}$$

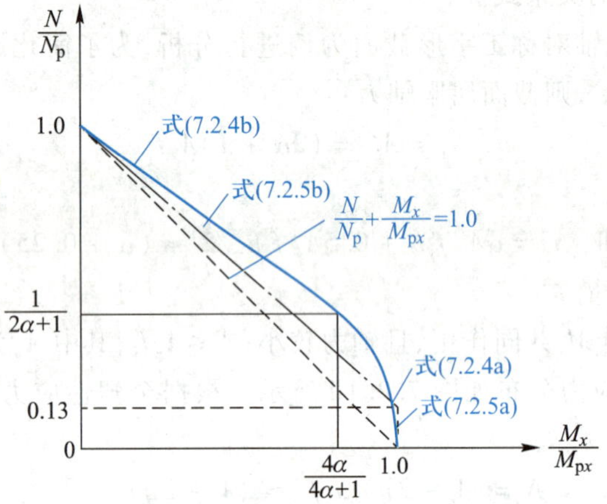

图7.2.2 压弯构件 $N/N_p-M/M_{px}$ 关系曲线

(3) 部分发展塑性准则

为了不使构件因截面形成塑性铰而产生过大的变形，可以考虑构件最危险的截面在轴力和弯矩作用下一部分进入塑性，另一部分截面还处于弹性阶段（图7.2.1b、图7.2.1c）。式(7.2.2)和式(7.2.6)两者都是直线关系，差别在于左端第二项，式(7.2.2)采用弹性截面模量 W_{ex}，式(7.2.6)采用塑性截面模量 W_{px}。因此当构件部分塑性发展时，也可近似采用直线关系式，即

$$\frac{N}{N_p}+\frac{M_x}{\gamma_x M_{ex}}=1 \tag{7.2.7}$$

式中，γ_x 为截面塑性发展系数（$\gamma_x \geqslant 1$），其值与截面形式、塑性发展深度、$\alpha=A_f/A_w$ 以及应力状态等因素有关。塑性发展越深，γ_x 值越大。显然，式中 $\gamma_x M_{ex}$ 满足 $M_{ex} \leqslant \gamma_x M_{ex} < M_{px}$。一般控制塑性发展深度不超过截面高度的15%来确定 γ_x 值。

7.2.2 拉弯、压弯构件强度计算

7.2.1小节给出了拉弯、压弯构件的三种强度计算准则，并分别推导出不同设计准则时单向拉弯、压弯构件的轴心力 N 和弯矩 M_x 的线性相关公式。在此基础上，《标准》规定对于弯矩作用在一个主平面内的拉弯、压弯构件按下式计算截面强度：

$$\frac{N}{A_n}\pm\frac{M_x}{\gamma_x W_{nx}}\leqslant f \tag{7.2.8}$$

式(7.2.8)同时适用于双轴和单轴对称截面。弯矩正应力一项带有正负号，计算时应使两项应力的代数和的绝对值最大。

对于弯矩作用在两个主平面内的拉弯、压弯构件,采用与轴心受力构件、受弯构件、单向拉弯和压弯构件的强度计算相衔接的相关公式来计算截面强度,即

$$\frac{N}{A_n} \pm \frac{M_x}{\gamma_x W_{nx}} \pm \frac{M_y}{\gamma_y W_{ny}} \leqslant f \tag{7.2.9}$$

$$\frac{N}{A_n} + \frac{\sqrt{M_x^2 + M_y^2}}{\gamma_m W_n} \leqslant f \tag{7.2.10}$$

式(7.2.9)适用于除圆形外的截面;式(7.2.10)适用于圆形截面。式中,A_n为构件验算截面净截面面积;W_{nx}、W_{ny}分别为构件验算截面对 x 轴和 y 轴的净截面模量;γ_x、γ_y分别为截面塑性发展系数,根据受压板件的内力分布情况确定其截面板件的宽厚比等级,满足 S3 级要求时按表 4.2.1 采用;W_n为构件净截面模量;γ_m为圆形截面的塑性发展指数,对于实腹圆形截面取 1.2,当圆管截面板件宽厚比等级满足 S3 级要求时取 1.15。

对以下三种情况,在设计时应采用边缘屈服作为构件强度计算的依据,即取 $\gamma_x=\gamma_y=1$, $\gamma_m=1$:① 对于需要验算疲劳的拉弯、压弯构件,目前对其截面塑性性能缺乏研究;② 对格构式拉弯、压弯构件,当弯矩绕虚轴作用时,由于截面腹板无实体部件,塑性发展潜力不大;③ 当截面板件宽厚比等级不满足 S3 级要求时,截面发展塑性时可能发生板件的局部失稳,因此不考虑塑性开展。

7.2.3　拉弯、压弯构件刚度计算

与轴心受力构件一样,拉弯和压弯构件也是通过限制构件长细比来保证构件的刚度要求。压弯和拉弯构件的容许长细比分别与轴心受压构件和轴心受拉构件的规定完全相同,见表 6.2.1 和表 6.2.2。

【例题 7.1】　图 7.2.3 所示的拉弯构件,承受的荷载的设计值为轴向拉力 800 kN,横向均布荷载 7 kN/m。试选择其截面,截面无削弱,材料为 Q235 钢。

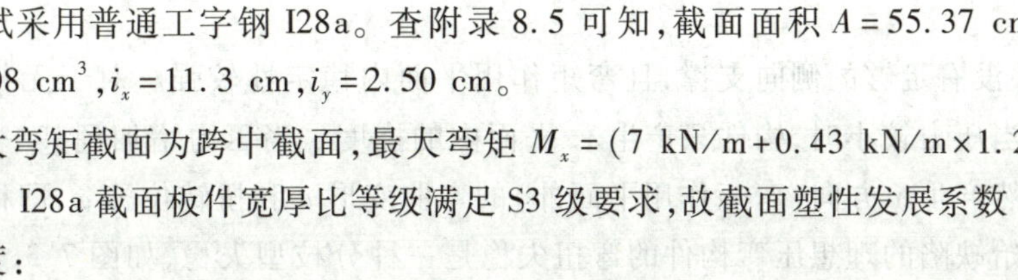

图 7.2.3　例题 7.1 图

【解】　试采用普通工字钢 I28a。查附录 8.5 可知,截面面积 $A=55.37\ \text{cm}^2$,自重 0.43 kN/m,$W_x=508\ \text{cm}^3$,$i_x=11.3\ \text{cm}$,$i_y=2.50\ \text{cm}$。

构件最大弯矩截面为跨中截面,最大弯矩 $M_x=(7\ \text{kN/m}+0.43\ \text{kN/m}\times1.2)\times6^2\ \text{m}^2/8=33.8\ \text{kN}\cdot\text{m}$。I28a 截面板件宽厚比等级满足 S3 级要求,故截面塑性发展系数 γ_x取 1.05。

验算强度:

$$\frac{N}{A_n}+\frac{M_x}{\gamma_x W_{nx}}=\frac{800\times10^3\ \text{N}}{55.37\times10^2\ \text{mm}^2}+\frac{33.8\times10^6\ \text{N}\cdot\text{mm}}{1.05\times5.08\times10^5\ \text{mm}^3}=208\ \text{N/mm}^2\leqslant f=215\ \text{N/mm}^2$$

满足强度要求。

验算刚度：

$$\left.\begin{aligned}\lambda_x &= 6\ 000\ \text{mm}/113\ \text{mm} = 53.1 < [\lambda] = 350\\ \lambda_y &= 6\ 000\ \text{mm}/25\ \text{mm} = 240 < [\lambda] = 350\end{aligned}\right\}\text{，满足刚度要求。}$$

§7.3 实腹式单向压弯构件在弯矩作用平面内的稳定计算

7.3.1 压弯构件整体失稳形式

压弯构件的整体失稳破坏有多种形式。单向压弯构件的整体失稳分为弯矩作用平面内和弯矩作用平面外两种情况；其中，弯矩作用平面内的失稳表现为弯曲失稳(图7.3.1)，弯矩作用平面外的失稳表现为弯扭失稳(图7.3.2)。而双向压弯构件的整体失稳一定伴随着构件的扭转变形，即表现为弯扭失稳。

以偏心受压构件为例(弯矩与轴力按比例加载)，来考察弯矩作用平面内的情况。直杆在偏心压力作用下，如果有足够的约束防止弯矩作用平面外的侧移和变形，弯矩作用平面内构件中点最大挠度 v 与构件压力 N 的关系如图7.3.1中曲线所示。从图7.3.1中可以看出，随着压力 N 的增加，构件中点挠度 v 非线性地增长。由于二阶效应(轴压力增加时，挠度增长的同时产生附加弯矩，附加弯矩又使挠度进一步增长)的影响，即使在弹性阶段，轴压力与挠度的关系也呈现非线性。到达 A 点时，截面边缘开始屈服。随后，由于构件截面塑性的发展，截面内弹性区不断缩小，截面上拉应力合力与压应力合力间的力臂变短，导致截面内弯矩的增大速率降低，而作用在截面上的外力偶的增大速率却随轴压力增大而变快(二阶效应导致)，使轴压力与挠度间呈现出更明显的非线性关系。此时，随着压力的增加，挠度比弹性阶段增长得更快。在曲线的上升段 OAB，挠度是随着压力的增加而增加的，压弯构件处在稳定平衡状态。但是，曲线到达最高点 B 后，继续增加压力已不可能；要维持平衡，必须卸载，因此曲线出现了下降段 BCD，压弯构件处于不稳定平衡状态。显然，B 点表示构件达到了稳定极限状态，相应于 B 点的轴力 N_{ux} 称为极限荷载。轴压力达到 N_{ux} 之后，构件即失去弯矩作用平面内的稳定。与理想轴心压杆不同，压弯构件在弯矩作用平面内失稳为极值型失稳，不存在分枝现象，且 $N_{ux}<N_{ex}$(欧拉荷载)。需要注意的是，在曲线的极值点，构件的最大内力截面不一定到达全塑性状态，而这种全塑性状态可能发生在轴压承载力下降段的某点 C 处。

假如构件没有足够的侧向支撑，且弯矩作用平面内稳定性较强。对于无初始缺陷的理想压弯构件，当压力较小时，构件只产生 yz 平面内的挠度。当压力增加到某一临界值 N_{cr} 之后，构件会突然产生 x 方向(弯矩作用平面外)的弯曲变形 u 和扭转位移 φ，即构件发生了弯扭失稳，无初始缺陷的理想压弯构件的弯扭失稳是一种分枝型失稳，如图7.3.2所示。若构件具有初始缺陷，荷载一经施加，构件就会产生较小的侧向位移 u 和扭转位移 φ，并随荷载的增加而增加，当达到某一极限荷载 N_{uyz} 之后，位移 u 和 φ 增加速度很快，而荷载却反而下降，压弯构件失去了稳定。有初始缺陷压弯构件在弯矩作用平面外失稳为极值型失稳，无分

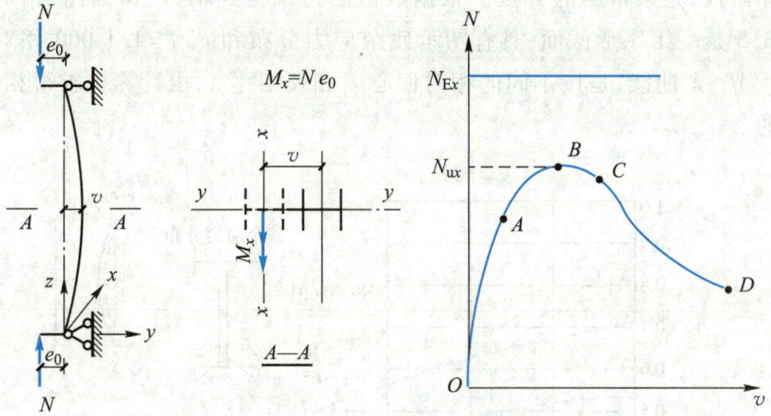

图 7.3.1 单向压弯构件弯矩作用平面内失稳变形和轴力-位移曲线

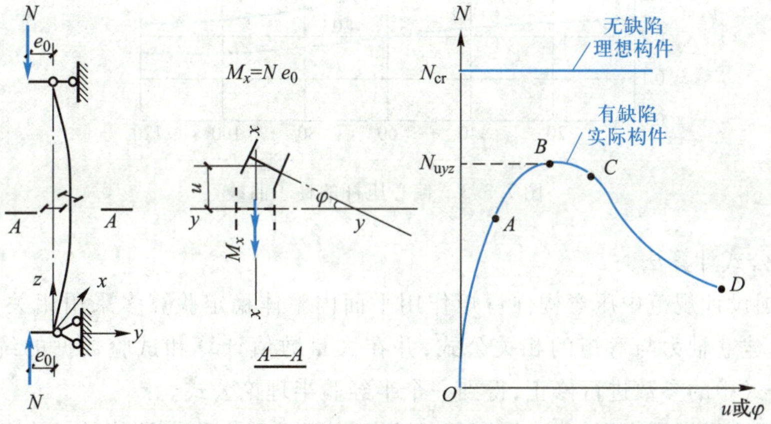

图 7.3.2 单向压弯构件弯矩作用平面外失稳变形和轴力-位移曲线

枝现象，N_{uyz}是其极限荷载，如图 7.3.2 曲线 B 点所示。

7.3.2 实腹式单向压弯构件弯矩作用平面内的整体稳定

目前确定压弯构件弯矩作用平面内极限承载力的方法很多，可分为两大类。一类是极限荷载计算方法，即采用解析法或数值法直接求解压弯构件弯矩作用平面内的极限荷载 N_{ux}。另一类是相关公式方法，即建立轴力和弯矩相关公式来验算压弯构件弯矩作用平面内的极限承载力。

1. 极限荷载计算法

计算压弯构件弯矩作用平面内极限荷载的方法有解析法和数值法。解析法是在各种近似假定的基础上，通过理论方法求得构件在弯矩作用平面内稳定承载力 N_{ux} 的解析解，例如耶硕克(Jezek)近似解析法。一般情况下，解析法很难得到稳定承载力的闭合解，即使得到了，表达式也是很复杂的，使用很不方便。数值计算方法可求得单一构件弯矩作用平面内稳定承载力 N_{ux} 的数值解，可以考虑构件的几何缺陷和残余应力影响，适用于各种边界条件以及弹塑性工作阶段,是最常用的方法。根据数值法可以得到轴力、长细比、相对偏心的相关曲线。图 7.3.3 是一工字形截面、具有图示残余应力分布和 $v_0/l=1/1\,000$ 相对初弯曲的偏心压杆的 $N_{ux}/Af_y-\lambda$ 曲线,是按不同的相对偏心 ε 和长细比 λ,由计算机求得相应的 N_{ux} 的数值解后绘制的。

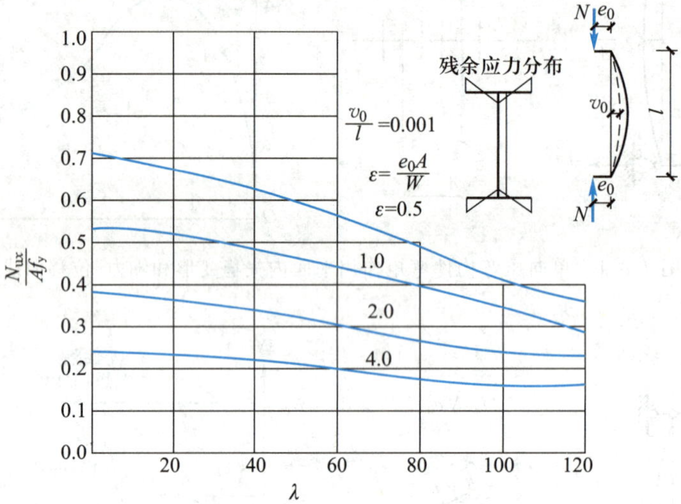

图 7.3.3 偏心压杆的柱子曲线

2. 相关公式计算法

目前各国设计规范中压弯构件弯矩作用平面内整体稳定验算多采用相关公式法,即通过理论分析,建立轴力与弯矩的相关公式,并在大量数值计算和试验数据的统计分析基础上,对相关公式中的参数进行修正,得到一个半经验半理论公式。

下文利用边缘屈服准则,建立压弯构件弯矩作用平面内稳定计算的轴力与弯矩的相关公式。参考图 6.3.11,由式(6.3.23)可得到受均匀弯矩作用的压弯构件中点的最大挠度为

$$y_m=e_0\left(\sec\frac{\pi}{2}\sqrt{\frac{N}{N_{Ex}}}-1\right)=\frac{M}{N}\left(\sec\frac{kl}{2}-1\right)=\frac{Ml^2}{8EI}\frac{8EI}{Nl^2}\left(\sec\frac{kl}{2}-1\right)=\delta_0\left[\frac{2\left(\sec\frac{kl}{2}-1\right)}{(kl/2)^2}\right] \tag{7.3.1}$$

式中,$k^2=N/EI$;$\delta_0=Ml^2/(8EI)$为不考虑 N(仅受均匀弯矩 M)时简支梁的跨度中点挠度。方括号项为压弯构件考虑轴力 N 影响(二阶效应)的跨中挠度放大系数,把上式中 $\sec(kl/2)$展开成幂级数,可得:

$$\begin{aligned}\left[\frac{2\left(\sec\frac{kl}{2}-1\right)}{(kl/2)^2}\right]&=1+\frac{5}{12}\left(\frac{kl}{2}\right)^2+\frac{61}{360}\left(\frac{kl}{2}\right)^4+\cdots\\&=1+1.028N/N_{Ex}+1.032\,(N/N_{Ex})^2+\cdots\\&\approx 1+N/N_{Ex}+(N/N_{Ex})^2+\cdots=\frac{1}{1-N/N_{Ex}}=\frac{1}{1-\alpha}\end{aligned} \tag{7.3.2}$$

这与§6.3是一致的。对于其他荷载作用下的压弯构件,也可导出挠度放大系数近似为 $1/(1-N/N_E)$。一般情况 $N/N_{Ex}<0.6$,误差不超过 2%。

下面分析轴心压力 N 对弯矩的增大影响。考虑二阶效应后，两端铰支压弯构件由横向力或端弯矩引起的最大弯矩应为

$$M_{x\max1}\approx M_x+N\cdot\frac{\delta_0}{1-N/N_{Ex}}=\frac{M_x}{1-N/N_{Ex}}\left(1+\kappa\frac{N}{N_{Ex}}\right)=\frac{\beta_{mx}M_x}{1-N/N_{Ex}}\tag{7.3.3a}$$

式中，M_x 为构件截面上由横向力或端弯矩引起的一阶弯矩。κ 为系数，$\kappa=N_{Ex}\delta_0/M_x-1$；$\beta_{mx}$ 为弯矩修正系数或等效弯矩系数，$\beta_{mx}=1+\kappa N/N_{Ex}$，将横向力或端弯矩引起的非均匀分布弯矩当量化为均匀分布弯矩。κ 和 β_{mx} 值随荷载类型的不同而不同，对均匀弯矩作用的压弯构件，$\beta_{mx}=1$。$\dfrac{1}{1-N/N_{Ex}}$为考虑轴力 N 引起二阶效应的弯矩增大系数，$N_{Ex}=\dfrac{\pi^2EA}{\lambda_x^2}$为欧拉临界荷载。

进一步考虑构件初始缺陷的影响，并将构件各种初始缺陷等效为跨中最大初弯曲 v_0（表示综合缺陷）。假定等效初弯曲为正弦曲线，由式（6.3.18）可得，考虑二阶效应后由初弯曲产生最大弯矩为

$$M_{x\max2}=\frac{Nv_0}{1-N/N_{Ex}}\tag{7.3.3b}$$

因此，根据边缘屈服准则，压弯构件弯矩作用平面内截面最大应力应满足：

$$\frac{N}{A}+\frac{M_{x\max1}+M_{x\max2}}{W_{1x}}=\frac{N}{A}+\frac{\beta_{mx}M_x+Nv_0}{W_{1x}(1-N/N_{Ex})}=f_y\tag{7.3.4}$$

式中，A、W_{1x}分别为压弯构件截面面积和最大受压纤维的毛截面模量。

令式（7.3.4）中 $M_x=0$，则满足式（7.3.4）关系的轴心力 N 成为有初始缺陷的轴心压杆的临界力 N_{0x}，在此情况下，由式（7.3.4）解出等效初始缺陷：

$$v_0=\frac{W_{1x}(Af_y-N_{0x})(N_{Ex}-N_{0x})}{AN_{0x}N_{Ex}}\tag{7.3.5}$$

将式（7.3.5）代入式（7.3.4），并注意到 $N_{0x}=\varphi_xAf_y$，可得：

$$\frac{N}{\varphi_xAf_y}+\frac{\beta_{mx}M_x}{W_{1x}f_y(1-\varphi_xN/N_{Ex})}=1\tag{7.3.6}$$

从概念上讲，上述边缘屈服准则的应用是属于二阶应力问题，不是稳定问题，但由于在推导过程中引入了有初始缺陷的轴心压杆稳定承载力的结果，因此上式就等于采用应力问题的表达式来建立稳定问题的相关公式。

相关公式（7.3.6）考虑了压弯构件的二阶效应和构件的综合缺陷，是按边缘屈服准则得到的，由于边缘屈服准则以构件截面的边缘纤维屈服的弹性受力阶段极限状态作为稳定承载能力极限状态，因此对于绕虚轴弯曲的格构式压弯构件以及截面发展塑性可能性较小的构件（如冷弯薄壁型钢压弯构件），可以直接采用式（7.3.6）作为设计依据。对于实腹式压弯构件，可允许利用截面上的塑性发展，经与试验资料和数值计算结果的比较，可采用下列修正公式：

$$\frac{N}{\varphi_xAf_y}+\frac{\beta_{mx}M_x}{\gamma_xW_{1x}f_y(1-0.8N/N_{Ex})}=1\tag{7.3.7}$$

图 7.3.4 对绕强轴弯曲的焊接工字形截面偏心压杆，给出了采用数值方法的极限荷载理论相关曲线与式（7.3.7）的比较，二者吻合较好。

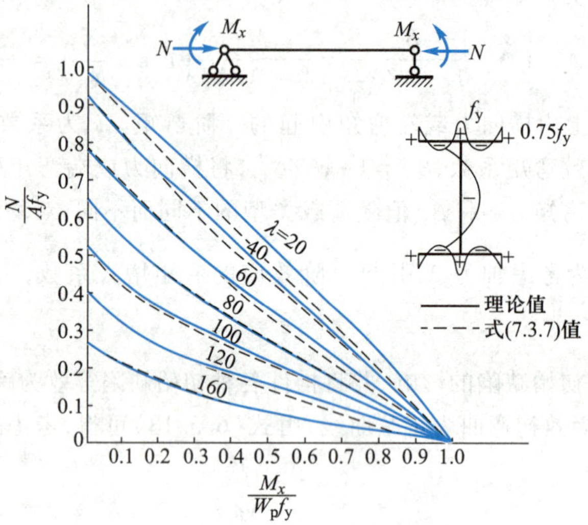

图 7.3.4　焊接工字钢偏心压杆的相关曲线

3. 压弯构件弯矩作用平面内整体稳定的计算公式

在式(7.3.6)和式(7.3.7)中考虑抗力分项系数后,《标准》规定除圆管(含圆形)截面外,实腹式压弯构件在弯矩作用平面内的整体稳定按下式计算:

$$\frac{N}{\varphi_x Af}+\frac{\beta_{mx}M_x}{\gamma_x W_{1x}(1-0.8N/N'_{Ex})f}\leqslant 1.0 \tag{7.3.8}$$

$$N'_{Ex}=\frac{\pi^2 EA}{1.1\lambda_x^2} \tag{7.3.9}$$

式中,N 为所计算构件范围内轴心压力设计值;φ_x 为弯矩作用平面内轴心受压构件稳定系数,按第 6 章中方法确定;M_x 为所计算构件段范围内的最大弯矩设计值;N'_{Ex} 为参数,相当于欧拉临界力 N_{Ex} 除以抗力分项系数的平均值 1.1。

对于表 4.2.1 的 3、4 项中的单轴对称截面(T 形和槽形截面)压弯构件,当弯矩作用在对称轴平面内且使较大翼缘受压时,有可能在无翼缘一侧产生较大的拉应力而首先屈服。为了使其塑性不致深入过大,对这种情况,除应按式(7.3.8)计算外,尚应补充如下计算:

$$\left|\frac{N}{Af}-\frac{\beta_{mx}M_x}{\gamma_x W_{2x}(1-1.25N/N'_{Ex})f}\right|\leqslant 1.0 \tag{7.3.10}$$

式中,W_{2x} 为无翼缘端的毛截面模量。

等效弯矩系数 β_{mx} 按下列规定采用:

(1) 无侧移框架柱和两端支承的构件

① 无横向荷载作用时,$\beta_{mx}=0.6+0.4\frac{M_2}{M_1}$,$M_1$ 和 M_2 是构件端弯矩,构件无反弯点时取同号,构件有反弯点时取异号,且 $|M_1|\geqslant|M_2|$。

② 无端弯矩但有横向荷载作用时,

a. 对于跨中作用单个集中荷载的情形,$\beta_{mx}=1-0.36N/N_{cr}$;

b. 对于全跨均布荷载的情形：$\beta_{mx}=1-0.18N/N_{cr}$。$N_{cr}=\dfrac{\pi^2 EI}{(\mu l)^2}$为弹性临界力，$\mu$为构件的计算长度系数。

③ 端弯矩和横向荷载同时作用时，式(7.3.8)和式(7.3.10)中的$\beta_{mx}M_x=\beta_{mqx}M_{qx}+\beta_{m1x}M_1$，式中$M_{qx}$为横向荷载产生的弯矩最大值；$\beta_{m1x}$和$\beta_{mqx}$分别为按照第(1)款第①项和第②项计算的等效弯矩系数。

(2) 有侧移框架柱和悬臂构件

① 有横向荷载的柱脚铰接的单层框架柱和多层框架的底层柱，$\beta_{mx}=1.0$；

② 除第(2)款第①项规定之外的框架柱，$\beta_{mx}=1-0.36N/N_{cr}$；

③ 自由端作用有弯矩的悬臂柱，$\beta_{mx}=1-0.36(1-m)N/N_{cr}$，$m$为自由端弯矩与固定端弯矩之比，当弯矩图无反弯点时取正号，有反弯点时取负号。

§7.4 实腹式单向压弯构件在弯矩作用平面外的稳定计算

开口薄壁截面压弯构件的抗扭刚度及弯矩作用平面外的抗弯刚度通常较小，当构件在弯矩作用平面外没有足够的支撑以阻止其产生侧向位移和扭转时，构件可能发生弯扭失稳而破坏，这种弯扭失稳又称为压弯构件弯矩作用平面外的整体失稳；对于理想的压弯构件，它具有分枝型失稳的特征。

7.4.1 单向压弯构件在弯矩作用平面外的弯扭失稳

对于两端简支、两端受轴心压力N和等弯矩M_x作用的双轴对称截面实腹式单向压弯构件(无初始几何缺陷)，可将其弯矩作用平面外的弯扭变形分解为侧向弯曲和绕纵轴的扭转(如图7.3.2)。轴心压力对侧向位移和扭转变形会产生附加侧向弯矩和扭矩。根据弹性稳定理论，在弯矩作用平面外的弯扭失稳临界条件，可用下式表达：

$$\left(1-\frac{N}{N_{Ey}}\right)\left(1-\frac{N}{N_z}\right)-\frac{M_x^2}{M_{crx}^2}=0 \tag{7.4.1}$$

式中，N_{Ey}为构件轴心受压时绕y轴弯曲失稳的临界力，即欧拉临界力；N_z为构件绕纵轴z轴扭转失稳的临界力；M_{crx}为构件受绕x轴的均匀弯矩作用时的弯扭失稳临界弯矩。

根据式(7.4.1)可绘制出$\dfrac{N}{N_{Ey}}-\dfrac{N}{N_z}-\dfrac{M_x}{M_{crx}}$的关系曲线，如图7.4.1所示。$\dfrac{N}{N_{Ey}}-\dfrac{M_x}{M_{crx}}$的相关曲线形式依赖于$\dfrac{N_z}{N_{Ey}}$。$\dfrac{N_z}{N_{Ey}}>1$时，曲线外凸，且$\dfrac{N_z}{N_{Ey}}$越大，曲线越凸。通过分析钢结构构件常用的截面形式可知，绝大多数情况下$\dfrac{N_z}{N_{Ey}}$都大于1.0。如果偏安全地取$\dfrac{N_z}{N_{Ey}}=1$，则可得到判别构件弯矩作用平面外稳定性的直线相关方程为

$$\frac{N}{N_{Ey}}+\frac{M_x}{M_{crx}}=1 \tag{7.4.2}$$

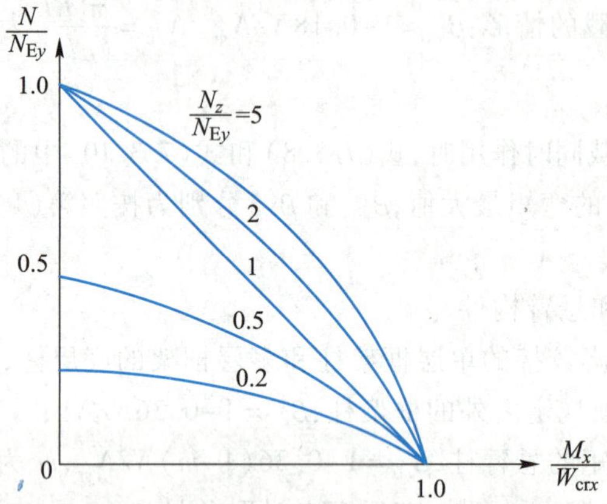

图 7.4.1　单向压弯构件在弯矩作用平面外失稳的相关曲线

式(7.4.2)是根据双轴对称理想压弯构件导出并经简化的理论公式。对截面只有一个对称轴或者截面无对称轴、可能发生弹塑性失稳的粗短构件以及具有初始缺陷的实际工程构件，通常需采用数值解法和试验方法来确定压弯构件弯矩作用平面外的稳定承载力。但理论分析和试验研究均表明，将相关公式(7.4.2)中的 N_{Ey} 和 M_{crx} 分别用 $\varphi_y Af_y$ 和 $\varphi_b W_{1x} f_y$ 代入，并引入等效弯矩系数 β_{tx} 和截面影响系数 η，可以得到计算上述各种压弯构件在弯矩作用平面外稳定承载力的实用相关公式：

$$\frac{N}{\varphi_y Af_y}+\eta\frac{\beta_{tx}M_x}{\varphi_b W_{1x}f_y}=1.0 \tag{7.4.3}$$

7.4.2　压弯构件在弯矩作用平面外整体稳定的计算公式

在式(7.4.3)中考虑抗力分项系数后，《标准》规定除圆管(含圆形)截面外，实腹式单向压弯构件弯矩作用平面外整体稳定计算公式为

$$\frac{N}{\varphi_y Af}+\eta\frac{\beta_{tx}M_x}{\varphi_b W_{1x}f}\leqslant 1.0 \tag{7.4.4}$$

式中，M_x 为所计算构件段范围内(侧向支承点间)的最大弯矩设计值；φ_y 为弯矩作用平面外的轴心受压构件稳定系数，按第 6 章中方法确定；φ_b 为均匀弯曲的受弯构件的整体稳定系数，按附录 3 计算；为了设计方便，对工字形(含 H 型钢)截面和 T 形截面的非悬臂构件，可按受弯构件整体稳定系数的近似公式计算(见附录 3.5 节)；对闭口截面，$\varphi_b=1.0$；η 为截面影响系数，闭口截面 $\eta=0.7$，其他截面 $\eta=1.0$；β_{tx} 为计算弯矩作用平面外稳定时的弯矩等效系数，应根据所计算构件段的荷载和内力情况确定，按下列规定采用：

① 在弯矩作用平面外有支撑的构件，应根据两相邻支撑点间构件段内的荷载和内力情况确定：a. 构件段无横向荷载作用时，$\beta_{tx}=0.65+0.35M_2/M_1$，$M_1$ 和 M_2 是构件段在弯矩作用平面内的端弯矩，$|M_1|\geqslant|M_2|$；当使构件段产生同向曲率时取同号，产生反向曲率时取异号；b. 构件段内有端弯矩和横向荷载同时作用时，使构件段产生同向曲率取 $\beta_{tx}=1.0$；使构件段产生反向曲率取 $\beta_{tx}=0.85$；c. 构件段内无端弯矩但有横向荷载作用时，$\beta_{tx}=1.0$。

② 弯矩作用平面外为悬臂构件，$\beta_{tx}=1.0$。

【例题 7.2】 验算图 7.4.2 所示构件的稳定性。图中荷载为设计值，材料为 Q235 钢，$f=215\ \text{N/mm}^2$，构件中间有一侧向支承点，截面参数为 $A=21.27\ \text{cm}^2$，$I_x=266\ \text{cm}^4$；$i_x=3.54\ \text{cm}$；$i_y=2.88\ \text{cm}$。

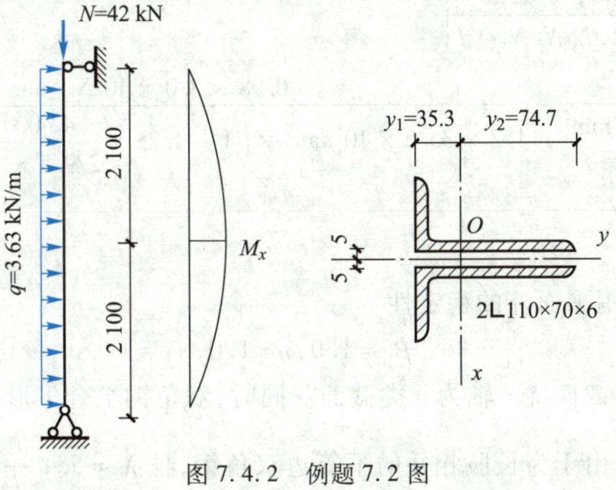

图 7.4.2　例题 7.2 图

【解】 构件截面最大弯矩：

$$M_x = ql^2/8 = 3.63\ \text{kN/m} \times 4.2^2\ \text{m}^2/8 = 8.004\ \text{kN}\cdot\text{m}$$

构件长细比：

$$\lambda_x = l_{0x}/i_x = 4\ 200\ \text{mm}/35.4\ \text{mm} = 118.6$$

$$\lambda_y = l_{0y}/i_y = 2\ 100\ \text{mm}/28.8\ \text{mm} = 72.9$$

（1）验算弯矩作用平面内的稳定性

$$W_{1x} = I_x/y_1 = 266\ \text{cm}^4/3.53\ \text{cm} = 75.4\ \text{cm}^3$$

$$W_{2x} = I_x/y_2 = 266\ \text{cm}^4/7.47\ \text{cm} = 35.6\ \text{cm}^3$$

$$N'_{Ex} = \frac{\pi^2 EA}{1.1\lambda_x^2} = \frac{\pi^2 \times 206 \times 10^3\ \text{N/mm}^2 \times 2127\ \text{mm}^2}{1.1 \times 118.6^2} = 279.5 \times 10^3\ \text{N}$$

查表 4.2.1 可知，$\gamma_{x1}=1.05$，$\gamma_{x2}=1.2$。由于构件无端弯矩，但有横向均布荷载作用，故：

$$\beta_{mx} = 1 - 0.18 \cdot \frac{N}{N_{crx}} = 1 - 0.18 \cdot \frac{N}{\dfrac{\pi^2 EI_x}{(\mu l_x)^2}}$$

$$= 1 - 0.18 \times \frac{42\ 000\ \text{N}}{\dfrac{\pi^2 \times 206 \times 10^3\ \text{N/mm}^2 \times 266 \times 10^4\ \text{mm}^4}{(1.0 \times 4\ 200)^2\ \text{mm}^2}} = 0.98$$

查表 6.4.1 可知，截面绕 x 轴为 b 类截面，稳定系数 φ_x 可直接由 λ_x 查附表 4.2 得到 $\varphi_x=0.444$。

$$\frac{N}{\varphi_x Af} + \frac{\beta_{mx} M_x}{\gamma_{x1} W_{1x}(1 - 0.8N/N'_{Ex})f}$$

$$= \frac{42\ 000\ \text{N}}{0.444 \times 2\ 127\ \text{mm}^2 \times 215\ \text{N/mm}^2}$$

$$+ \frac{0.98 \times 8.0 \times 10^6\ \text{N}\cdot\text{mm}}{1.05 \times 75.4 \times 10^3\ \text{mm}^3 \times \left(1 - 0.8 \times \dfrac{42\ 000\ \text{N}}{279.5 \times 10^3\ \text{N}}\right) \times 215\ \text{N/mm}^2}$$

$$=0.73\leqslant 1.0$$

满足要求。

对于双角钢组合 T 形单轴对称截面，弯曲时翼缘受拉，还需验算：

$$\left|\frac{N}{Af}-\frac{\beta_{mx}M_x}{\gamma_{x2}W_{2x}(1-1.25N/N_{Ex})f}\right|$$

$$=\left|\frac{42\ 000\ \text{N}}{2\ 127\ \text{mm}^2\times 215\ \text{N/mm}^2}-\frac{0.98\times 8.0\times 10^6\text{N}\cdot\text{mm}}{1.2\times 35.6\times 10^3\text{mm}^3\times\left(1-1.25\times\dfrac{42\ 000\ \text{N}}{279.5\times 10^3\text{N}}\right)\times 215\ \text{N/mm}^2}\right|$$

$$=0.96\leqslant 1.0$$

满足要求。

(2) 验算弯矩作用平面外的稳定性

$$\beta_{tx}=1.0,\eta=1.0$$

查表6.4.1可知，截面绕 y 轴为 b 类截面。同时，双角钢组合 T 形截面，绕对称轴 y 轴应采用换算长细比 λ_{yz}。由于为长肢相并的不等边双角钢，且 $\lambda_z=5.1\dfrac{b_2}{t}=5.1\times\dfrac{70\ \text{mm}}{6\ \text{mm}}=59.5<\lambda_y=72.9$，故：

$$\lambda_{yz}=\lambda_y\left[1+0.25\left(\frac{\lambda_z}{\lambda_y}\right)^2\right]=72.9\times\left[1+0.25\times\left(\frac{59.5}{72.9}\right)^2\right]=85.0$$

因此，稳定系数 φ_y 可直接由 λ_{yz} 查附表 4.2 得到 $\varphi_y=0.65$。

$$\varphi_b=1-0.001\ 7\lambda_y\sqrt{f_y/235}=1-0.001\ 7\times 72.9\times\sqrt{235/235}=0.88$$

$$\frac{N}{\varphi_y Af}+\eta\frac{\beta_{tx}M_x}{\varphi_b W_{1x}f}$$

$$=\frac{42\ 000\ \text{N}}{0.65\times 2\ 127\ \text{mm}^2\times 215\ \text{N/mm}^2}+1.0\times\frac{1.0\times 8.0\times 10^6\text{N}\cdot\text{mm}}{0.88\times 75.4\times 10^3\text{mm}^3\times 215\ \text{N/mm}^2}$$

$$=0.70\leqslant 1.0$$

满足要求。

综上，该构件满足弯矩作用平面内、外的整体稳定性要求。

§7.5　实腹式双向压弯构件的稳定承载力计算

弯矩作用在两个主轴平面内的构件为双向弯曲压弯（双向压弯）构件。实腹式双向压弯构件的整体失稳常伴随着构件的扭转变形，其稳定承载力与 N、M_x、M_y 三者的比例有关，无法给出解析解，只能采用数值解。当两个方向弯矩很小时，双向压弯构件接近轴心受压构件的受力情况；当某一方向的弯矩很小时，双向压弯构件接近单向压弯构件的受力情况。故为了设计方便，并与轴心受压构件和单向压弯构件的计算衔接，采用相关公式来计算实腹式双向压弯构件的稳定承载力。

《标准》规定，弯矩作用在两个主平面内的双轴对称实腹式工字形截面（含 H 型钢）和箱形（闭口）截面的压弯构件，其稳定性按下列公式计算：

$$\frac{N}{\varphi_x Af}+\frac{\beta_{mx}M_x}{\gamma_x W_x\left(1-0.8\frac{N}{N'_{Ex}}\right)f}+\eta\frac{\beta_{ty}M_y}{\varphi_{by}W_y f}\leqslant 1.0 \tag{7.5.1}$$

$$\frac{N}{\varphi_y Af}+\eta\frac{\beta_{tx}M_x}{\varphi_{bx}W_x f}+\frac{\beta_{my}M_y}{\gamma_y W_y\left(1-0.8\frac{N}{N'_{Ey}}\right)f}\leqslant 1.0 \tag{7.5.2}$$

$$N'_{Ey}=\frac{\pi^2 EA}{1.1\lambda_y^2} \tag{7.5.3}$$

式中，M_x、M_y分别为所计算构件段范围内对 x 轴（工字形截面和 H 型钢 x 轴为强轴）和 y 轴的最大弯矩；φ_x、φ_y 分别为对 x 轴和 y 轴的轴心受压构件稳定系数；φ_{bx}、φ_{by} 分别为均匀弯曲的受弯构件整体稳定系数，对工字形截面（含 H 型钢）的非悬臂构件，φ_{bx} 可按附录 3.5 受弯构件整体稳定系数近似公式计算，$\varphi_{by}=1.0$（认为 M_y 不会引起绕强轴发生侧扭失稳）；对闭口截面，$\varphi_{bx}=\varphi_{by}=1.0$。

等效弯矩系数 β_{mx} 和 β_{my} 应按弯矩作用平面内稳定计算的有关规定采用；β_{tx}、β_{ty} 和 η 应按弯矩作用平面外稳定计算的有关规定采用。

对双向压弯圆管柱而言，当沿构件长度分布的弯矩主矢量不在一个方向上时，根据有限元数值分析，适合于开口截面构件和箱形截面构件的上述相关公式在许多情况下有较大误差，并可能偏于不安全。为此，对两主轴方向不同端弯矩比值时的双向压弯圆管柱进行了大量计算，回归总结了下述相关公式。

当柱段中没有很大横向力或集中弯矩时，双向压弯圆管的整体稳定按下列公式计算：

$$\frac{N}{\varphi Af}+\frac{\beta M}{\gamma_m W\left(1-0.8\frac{N}{N'_{Ex}}\right)f}\leqslant 1.0 \tag{7.5.4}$$

$$M=\max\left(\sqrt{M_{xA}^2+M_{yA}^2},\sqrt{M_{xB}^2+M_{yB}^2}\right) \tag{7.5.5}$$

$$\beta=\beta_x\beta_y \tag{7.5.6}$$

$$\beta_x=1-0.35\sqrt{N/N_E}+0.35\sqrt{N/N_E}\,(M_{2x}/M_{1x}) \tag{7.5.7}$$

$$\beta_y=1-0.35\sqrt{N/N_E}+0.35\sqrt{N/N_E}\,(M_{2y}/M_{1y}) \tag{7.5.8}$$

$$N_E=\frac{\pi^2 EI}{\lambda^2} \tag{7.5.9}$$

式中，φ 为轴心受压构件的整体稳定系数，按构件最大长细比取值；M 为计算双向压弯圆管构件整体稳定时采用的弯矩值；M_{xA}、M_{yA}、M_{xB}、M_{yB} 分别为构件 A 端和 B 端关于 x、y 轴的弯矩；β_x、β_y 分别为计算双向压弯构件整体稳定时采用的等效弯矩系数；M_{1x}、M_{2x}、M_{1y}、M_{2y} 分别为 x、y 轴端弯矩，构件无反弯点时取同号，构件有反弯点时取异号，$|M_{1x}|\geqslant|M_{2x}|$，$|M_{1y}|\geqslant|M_{2y}|$。

当结构按平面分析或圆管柱仅为平面压弯时，仍可按上述公式计算，此时，取 $\beta=\beta_x^2$ 为等效弯矩系数，这里的 x 方向为弯曲轴方向。计算分析表明，该公式具有良好精度。

§7.6　实腹式压弯构件的局部稳定

7.6.1　板件的宽(高)厚比限值

实腹式压弯构件的受压翼缘板主要承受正应力，剪应力很小，可以忽略不计，其应力状态与轴心受压构件或梁的受压翼缘基本相同，在均匀压应力作用下局部失稳形式也一样。因此，《标准》通过限制翼缘板的宽厚比来避免翼缘发生局部屈曲。

工字形和 H 形截面压弯构件腹板的局部失稳，是在不均匀压力和剪力的共同作用下发生的，经分析，平均剪应力 τ 可取腹板弯曲应力 σ_m 的 30%，即 $\tau=0.3\sigma_m$(σ_m 为弯曲正应力)。但是，腹板的局部稳定问题受剪应力 τ 的影响不大，主要与其压应力不均匀分布的梯度有关。引入应力梯度(stress gradient)α_0 来考虑不均匀压力的影响，定义 α_0 为

$$\alpha_0=\frac{\sigma_{\max}-\sigma_{\min}}{\sigma_{\max}} \tag{7.6.1}$$

式中，$\sigma_{\max}$ 为腹板计算高度边缘的最大压应力，计算时不考虑构件的稳定系数和截面塑性发展系数；$\sigma_{\min}$ 为腹板计算高度另一边缘相应的应力，压应力为正，拉应力为负。

根据弹性稳定理论，在不均匀压力和剪力共同作用下的腹板(按四边简支板分析)弹性屈曲临界应力为

$$\sigma_{cr}=K_e\frac{\pi^2Et_w^2}{12(1-\nu^2)h_0^2} \tag{7.6.2}$$

式中，K_e 为弹性屈曲系数，其值与应力梯度 α_0 有关；h_0 为腹板计算高度，对于焊接截面 $h_0=h_w$。

如果式(7.6.2)中取临界应力 $\sigma_{cr}=235\ \text{N/mm}^2$，泊松比 $\nu=0.3$ 和 $E=206\ 000\ \text{N/mm}^2$，可以得到腹板高厚比 h_0/t_w 与应力梯度 α_0 之间的关系。

综上，《标准》规定：实腹压弯构件(框架柱)要求不出现局部失稳者，其腹板高厚比、翼缘宽厚比应符合压弯构件 S4 级截面要求。

(1) 工字形(H 形)截面

外伸翼缘板宽厚比限值为

$$b/t\leqslant 15\sqrt{235/f_y} \tag{7.6.3}$$

腹板高厚比限值为

$$h_0/t_w\leqslant(45+25\alpha_0^{1.66})\sqrt{235/f_y} \tag{7.6.4}$$

(2) 箱形截面

壁板(腹板)间翼缘：

$$b_0/t\leqslant 45\sqrt{235/f_y} \tag{7.6.5}$$

对单向压弯箱形截面柱，腹板高厚比限值可按照 H 形截面腹板采用。

式(7.6.3)～式(7.6.5)中(图 7.6.1)，b 为工字形、H 形截面的翼缘外伸宽度；h_0 为腹板

计算高度，对于焊接截面，h_0等于腹板净高 h_w，对轧制型截面，腹板净高不包括翼缘腹板过渡处圆弧段；t、t_w分别为翼缘和腹板厚度。

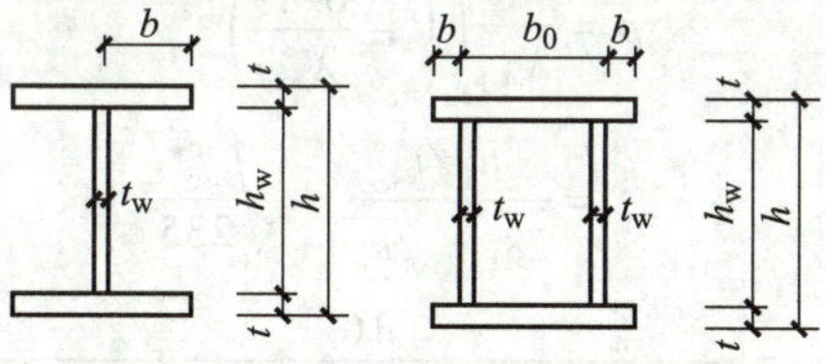

图 7.6.1　宽(高)厚比限制中的截面尺寸

(3) T 形截面

《标准》所规定的 S4 级截面类型不包含 T 形截面，当设计弯矩作用于对称轴平面内的 T 形压弯构件时，可按下述方法限制板件的宽(高)厚比。

当弯矩使翼缘侧受压时，可按式(7.6.3)确定外伸翼缘板宽厚比限值。此时，腹板中的最大压应力在翼缘侧，比轴心受压构件的腹板有利，可偏于安全的按轴心受压的 T 形构件确定腹板的高厚比限值，即按式(6.5.5)或式(6.5.6)计算。

当弯矩使腹板自由边受压时，忽略剪应力的影响，由弹性理论得出，该腹板的弹性屈曲系数比均匀受压三边简支一边自由板(翼缘板)的屈曲系数 0.425 高 $1/(1-0.25\alpha_0)$倍，说明 T 形截面压弯构件的腹板在弹性屈曲时，其高厚比可以比轴心受压构件翼缘板的宽厚比放大$\sqrt{1/(1-0.25\alpha_0)}$倍。但考虑到腹板弹塑性屈曲的不利影响，在 α_0 较小时不作放大，只有在 α_0 较大时适当放大。于是上版规范(GB 50017—2003《钢结构设计规范》)规定：

$$\text{当 } \alpha_0 \leqslant 1.0 \text{ 时，} \frac{h_0}{t_w} \leqslant 15\sqrt{\frac{235}{f_y}} \tag{7.6.6a}$$

$$\text{当 } \alpha_0 > 1.0 \text{ 时，} \frac{h_0}{t_w} \leqslant 18\sqrt{\frac{235}{f_y}} \tag{7.6.6b}$$

当压弯构件腹板的高厚比不满足要求时，可调整厚度或高度。对工字形和箱形截面压弯构件的腹板也可在计算构件的强度和稳定性时采用有效截面，也可采用纵向加劲肋加强腹板(见 6.5 节)，这时应按上述规定验算纵向加劲肋与翼缘间腹板的高厚比。

7.6.2　考虑板件局部屈曲后强度的压弯构件承载力

工字形和箱形截面压弯构件的腹板高厚比超过压弯构件 S4 级截面要求时，应考虑腹板局部屈曲对截面的影响。《标准》规定，此时应以有效截面代替实际截面来计算杆件的承载力。

1. 腹板受压区有效宽度的计算

腹板受压区有效宽度 h_e采用下式计算：

$$h_e = \rho h_c \tag{7.6.7}$$

式中，h_c、h_e分别为腹板受压区宽度和有效宽度，当腹板全部受压时，$h_c = h_w$。ρ 为考虑腹板局部屈曲的有效宽度系数，按以下方法计算：

当 $\lambda_{n,p} \leqslant 0.75$ 时，

$$\rho = 1.0 \tag{7.6.8a}$$

当 $\lambda_{n,p} > 0.75$ 时，

$$\rho = \frac{1}{\lambda_{n,p}}\left(1 - \frac{0.19}{\lambda_{n,p}}\right) \tag{7.6.8b}$$

$$\lambda_{n,p} = \frac{h_w/t_w}{28.1\sqrt{k_\sigma}} \cdot \sqrt{\frac{f_y}{235}} \tag{7.6.9}$$

$$k_\sigma = \frac{16}{2 - \alpha_0 + \sqrt{(2 - \alpha_0)^2 + 0.112\alpha_0^2}} \tag{7.6.10}$$

以上计算得到的 h_e 为整个腹板受压区的有效宽度。而由于腹板局部屈曲一般发生在受压区的中间部分，因此，腹板受压区的有效宽度的分布按以下方法得到：

当截面全部受压（即 $\alpha_0 \leqslant 1$）时（如图 7.6.2a），

$$h_{e1} = 2h_e/(4 + \alpha_0) \tag{7.6.11}$$

$$h_{e2} = h_e - h_{e1} \tag{7.6.12}$$

当截面部分受拉（即 $\alpha_0 > 1$）时（如图 7.6.2b），

$$h_{e1} = 0.4h_e \tag{7.6.13}$$

$$h_{e2} = 0.6h_e \tag{7.6.14}$$

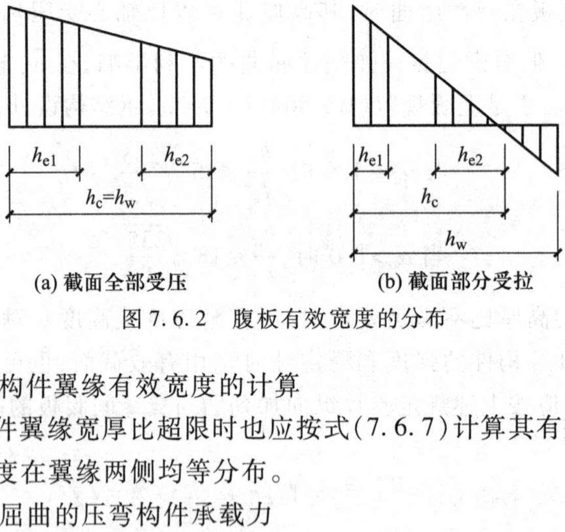

图 7.6.2　腹板有效宽度的分布

2. 箱形截面压弯构件翼缘有效宽度的计算

箱形截面压弯构件翼缘宽厚比超限时也应按式(7.6.7)计算其有效宽度，计算时取 $k_\sigma = 4.0$，且翼缘的有效宽度在翼缘两侧均等分布。

3. 考虑板件局部屈曲的压弯构件承载力

对于弯矩最大的危险截面，截面强度按下式计算：

$$\frac{N}{A_{ne}} \pm \frac{M_x + Ne}{W_{nex}} \leqslant f \tag{7.6.15}$$

由于强度验算是针对构件中的危险截面进行验算，因此，式中 A_{ne} 和 W_{nex} 分别为该危险截面的有效净截面面积和有效截面的净截面模量。

对于弯矩作用平面内和平面外的整体稳定分别按照式(7.6.16)和式(7.6.17)计算：

$$\frac{N}{\varphi_x A_e f} + \frac{\beta_{mx} M_x + Ne}{W_{elx}(1 - 0.8N/N'_{Ex})f} \leqslant 1.0 \tag{7.6.16}$$

$$\frac{N}{\varphi_y A_e f} + \eta \frac{\beta_{tx} M_x + Ne}{\varphi_b W_{elx} f} \leqslant 1.0 \tag{7.6.17}$$

式中，e 为有效截面形心至原截面形心的距离；A_e、W_{elx} 分别为有效毛截面面积和有效截面对较大受压纤维的毛截面模量。由于弯矩并不沿整个杆件长度上均匀分布，故沿杆件长度上各截面的有效面积不相同。如果在稳定计算时也取弯矩最大截面的 A_e 和 W_{elx} 进行计算，将低估构件的稳定承载力。因此，计算构件在弯矩作用平面外的稳定性，可取计算段中间 1/3 范围内弯矩最大截面的有效截面特性。平面内稳定计算在没有适当计算方法之前则仍取弯矩最大处的有效截面特性，不过必然偏于安全。

§7.7　实腹式压弯构件的截面设计

7.7.1　截面形式

对于实腹式压弯构件，要按受力大小、使用要求和构造要求选择合适的截面形式。当承受的弯矩较小时其截面形式与一般的轴心受压构件相同，可采用对称截面；当弯矩较大时，宜采用在弯矩作用平面内截面高度较大的双轴对称截面，或采用截面一侧翼缘加大的单轴对称截面（图 7.1.3）。在满足局部稳定、使用要求和构造要求时，截面应尽量符合宽肢薄壁以及弯矩作用平面内和平面外整体稳定性相等的原则，从而节省钢材。

7.7.2　截面选择及验算

设计时需首先选定截面的形式，再根据构件所承受的轴力 N、弯矩 M 和构件的计算长度 l_{0x}、l_{0y} 初步确定截面的尺寸，然后进行强度、整体稳定、局部稳定和刚度的验算。由于压弯构件的验算式中所牵涉的未知量较多，根据估计初选出来的截面尺寸不一定合适，因而初选的截面尺寸往往需要进行多次调整和重复验算，直到满意为止。初选截面时，可参考已有的类似设计进行估算。对初选截面需作如下验算：

（1）强度验算

按式（7.2.8）或式（7.2.9）计算。

（2）整体稳定验算

对于单向压弯构件，弯矩作用平面内的稳定性按式（7.3.8）计算，对于单轴对称截面压弯构件尚需按式（7.3.10）作补充计算；弯矩作用平面外的稳定性按式（7.4.4）计算。对于双向压弯构件，按照式（7.5.1）和式（7.5.2）进行计算。

（3）局部稳定验算

要求不出现局部失稳时，构件截面板件的宽厚比、高厚比应符合压弯构件 S4 级截面的要求：工字形（H 形）截面的外伸翼缘与腹板分别按照式（7.6.3）和式（7.6.4）计算；箱形截面的壁板间翼缘与腹板分别按照式（7.6.5）和式（7.6.4）计算。T 形截面的外伸翼缘和腹板分别按照式（7.6.3）和式（6.5.5）、式（6.5.6）、式（7.6.6）计算。对于工字形（H 形）和箱形截面腹板高厚比超过压弯构件 S4 级截面的要求或箱形截面翼缘宽厚比超过压弯构件 S4 级截面的要求时，构件在进行强度和整体稳定验算时，应采用有效截面代替实际截面进行计算,即首先采用式(7.6.7)~式(7.6.14)确定板件受压区的有效宽度及分布,再根据式(7.6.15)~式(7.6.17)分别计算杆件的强度、平面内整体稳定和平面外整体稳定。

(4) 刚度验算

压弯构件的长细比不应超过表6.2.1规定的容许长细比。在整体稳定和刚度验算中均需要确定构件的计算长度,除可按表6.3.1确定简单情况的等截面构件的计算长度之外,对一些复杂的结构构件,应通过稳定理论分析确定。附录6给出了多层多跨框架柱(附表6.1和附表6.2)和单层厂房单阶和双阶柱(附表6.3~附表6.6)计算长度的确定方法,可供查用。

7.7.3　构造要求

实腹式压弯构件的构造要求与实腹式轴心受压构件相似。当腹板的 $h_0/t_w>80$ 时,为防止腹板在施工和运输中发生变形,应设置间距不大于 $3h_0$ 的横向加劲肋。另外,设有横向加劲肋的同时,也可设置纵向加劲肋,加劲肋的截面选择见图6.5.2。为保持截面形状不变,提高构件抗扭刚度,防止施工和运输过程中发生变形,实腹式柱在受较大水平力处和运输单元的端部应设置横隔;当构件较长时还应设置中间横隔,设置方法见图6.6.1。压弯构件设置侧向支撑,当截面高度较小时,可在腹板加横肋或横隔连接支撑;当截面高度较大时或受力较大时,则应在两个翼缘平面内同时设置支撑。

【例题7.3】　试验算图7.7.1所示焊接T形截面(组成板件均为剪切边)偏心压杆的整体稳定和刚度,杆长为8 m,两端铰接,杆中央在侧向有一支点,钢材为Q235。已知静力荷载作用于对称轴平面内的翼缘一侧,设计值 $N=800$ kN,偏心距 $e_1=150$ mm,$e_2=100$ mm。

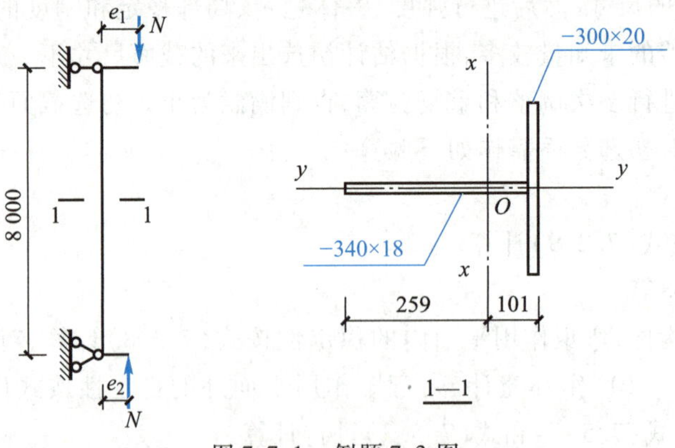

图7.7.1　例题7.3图

【解】

1. 截面几何特征

$$A_n=A=300\ \text{mm}\times20\ \text{mm}+340\ \text{mm}\times18\ \text{mm}=1.212\times10^4\ \text{mm}^2$$

截面形心位置:

$$y=\frac{340\ \text{mm}\times18\ \text{mm}\times(340\ \text{mm}/2+10\ \text{mm})}{1.212\times10^4\ \text{mm}^2}+10\ \text{mm}=101\ \text{mm}$$

$$I_x=18\ \text{mm}\times340^3\ \text{mm}^3/12+340\ \text{mm}\times18\ \text{mm}\times89^2\ \text{mm}^2+300\ \text{mm}\times20\ \text{mm}\times91^2\ \text{mm}^2=1.57\times10^8\ \text{mm}^4$$

$$I_y=20\ \text{mm}\times300^3\ \text{mm}^3/12=4.5\times10^7\ \text{mm}^4$$

$$i_x=\sqrt{\frac{I_x}{A}}=\sqrt{\frac{1.57\times10^8\ \text{mm}^4}{1.212\times10^4\ \text{mm}^2}}=113.8\ \text{mm}$$

$$i_y=\sqrt{\frac{I_y}{A}}=\sqrt{\frac{4.5\times10^7\ \text{mm}^4}{1.212\times10^4\ \text{mm}^2}}=60.9\ \text{mm}$$

$$W_{1nx}=W_{1x}=I_x/y_1=1.57\times10^8\ \text{mm}^4/101\ \text{mm}=1.55\times10^6\ \text{mm}^3$$

$$W_{2nx}=W_{1x}=I_x/y_2=1.57\times10^8\ \text{mm}^4/259\ \text{mm}=6.06\times10^5\ \text{mm}^3$$

2. 截面验算

(1) 强度验算

截面弯矩：

$$M_1=Ne_1=800\ \text{kN}\times0.15\ \text{m}=120\ \text{kN}\cdot\text{m}$$

$$M_2=Ne_2=800\ \text{kN}\times0.10\ \text{m}=80\ \text{kN}\cdot\text{m}$$

$$M_x=M_1=120\ \text{kN}\cdot\text{m}$$

因翼缘外侧部分 $b_1/t_1=141\ \text{mm}/20\ \text{mm}=7<13$，故截面塑性发展系数取：$\gamma_{x1}=1.05$，$\gamma_{x2}=1.20$。

由于截面为单轴对称截面，故应对翼缘和腹板最外纤维处分别进行验算：

受压侧翼缘纤维：

$$\frac{N}{A_n}+\frac{M_x}{\gamma_{x1}W_{1nx}}=\frac{800\times10^3\ \text{N}}{1.212\times10^4\ \text{mm}^2}+\frac{120\times10^6\ \text{N}\cdot\text{mm}}{1.05\times1.55\times10^6\ \text{mm}^3}=139.7\ \text{N/mm}^2<f=205\ \text{N/mm}^2$$

因翼缘厚度 $t=20\ \text{mm}>16\ \text{mm}$，故取 $f=205\ \text{N/mm}^2$，满足要求。

受拉侧腹板纤维：

$$\left|\frac{N}{A_n}-\frac{M_x}{\gamma_{x2}W_{2nx}}\right|=\left|\frac{800\times10^3\ \text{N}}{1.212\times10^4\ \text{mm}^2}-\frac{120\times10^6\ \text{N}\cdot\text{mm}}{1.2\times6.06\times10^5\ \text{mm}^3}\right|=99.0\ \text{N/mm}^2<f=205\ \text{N/mm}^2$$

满足要求。

(2) 弯矩作用平面内的稳定性验算

$\lambda_x=l_{0x}/i_x=800\ \text{cm}/11.4\ \text{cm}=70.2$，查附表4.2得，$\varphi_x=0.75$（b类截面）。

$$N'_{Ex}=\frac{\pi^2EA}{1.1\lambda_x^2}=\frac{\pi^2\times206\times10^3\ \text{N/mm}^2\times1.212\times10^4\ \text{mm}^2}{1.1\times70.2^2}=4\ 546\ \text{kN}$$

无横向荷载作用，故：

$$\beta_{mx}=0.6+0.4M_2/M_1=0.6+0.4\times(80\ \text{kN}\cdot\text{m}/120\ \text{kN}\cdot\text{m})=0.87$$

$$\frac{N}{\varphi_xAf}+\frac{\beta_{mx}M_x}{\gamma_{x1}W_{1x}(1-0.8N/N'_{Ex})f}$$

$$=\frac{800\times10^3\ \text{N}}{0.75\times1.212\times10^4\ \text{mm}^2\times205\ \text{N/mm}^2}+\frac{0.87\times120\times10^6\ \text{N}\cdot\text{mm}}{1.05\times1.55\times10^6\ \text{mm}^3\times(1-0.8\times800\ \text{kN}/4\ 546\ \text{kN})\times205\ \text{N/mm}^2}$$

$$=0.79\leqslant1.0$$

满足要求。

由于截面为单轴对称T形截面，当弯矩作用使翼缘受压时，有可能在受拉侧产生较大的拉应力而首先屈服。故应验算受拉侧的应力：

$$\left|\frac{N}{Af}-\frac{\beta_{mx}M_x}{\gamma_{x2}W_{2x}(1-1.25N/N'_{Ex})f}\right|$$

$$=\left|\frac{800\times10^3\ \text{N}}{1.212\times10^4\ \text{mm}^2\times205\ \text{N/mm}^2}-\frac{0.87\times120\times10^6\ \text{N}\cdot\text{mm}}{1.2\times6.06\times10^5\ \text{mm}^3\times(1-1.25\times800\ \text{kN}/4\ 546\ \text{kN})\times205\ \text{N/mm}^2}\right|$$

$$=0.58\leqslant1.0$$

满足要求。

（3）弯矩作用平面外的稳定性验算

$$\lambda_y=l_{0y}/i_y=4\ 000\ \text{mm}/61\ \text{mm}=65.6<[\lambda]=150$$

计算绕对称轴 y 轴的弯扭失稳时，应采用计入扭转效应的换算长细比 λ_{yz}。

截面形心至剪心的距离：

$$y_s=101\ \text{mm}-10\ \text{mm}=91\ \text{mm}$$

截面对剪心的极回转半径：

$$i_0=\sqrt{y_s^2+i_x^2+i_y^2}=\sqrt{91^2\ \text{mm}^2+113.8^2\ \text{mm}^2+60.9^2\ \text{mm}^2}=157.9\ \text{mm}$$

截面抗扭惯性矩：

$$I_t=\sum b_it_i^3/3=(300\ \text{mm}\times20^3\ \text{mm}^3+340\ \text{mm}\times18^3\ \text{mm}^3)/3=1.46\times10^6\ \text{mm}^4$$

T 形截面扇性惯性矩可近似取 $I_\omega=0$，扭转屈曲的计算长度 $l_\omega=l_0=8$ m。

下面计算截面对剪心的极惯性矩 I_{0s}：

$$I_{ys}=I_y=4.5\times10^7\ \text{mm}^4$$

$$I_{xs}=\frac{300\ \text{mm}\times20^3\ \text{mm}^3}{12}+\frac{18\ \text{mm}\times340^3\ \text{mm}^3}{12}+18\ \text{mm}\times340\ \text{mm}\times(170+10)^2\ \text{mm}^2=2.57\times10^8\ \text{mm}^4$$

$$I_{0s}=I_{xs}+I_{ys}=2.57\times10^8\ \text{mm}^4+4.5\times10^7\ \text{mm}^4=3.02\times10^8\ \text{mm}^4$$

因此扭转屈曲换算长细比：

$$\lambda_z^2=I_{0s}/(I_t/25.7+I_w/l_w^2)=3.02\times10^8\ \text{mm}^4/(14.6\times10^5\ \text{mm}^4/25.7+0)=5\ 316$$

计入扭转效应的换算长细比 λ_{yz}：

$$\lambda_{yz}=\frac{1}{\sqrt{2}}\left[(\lambda_y^2+\lambda_z^2)+\sqrt{(\lambda_y^2+\lambda_z^2)^2-4(1-y_s^2/i_0^2)\lambda_y^2\lambda_z^2}\right]^{\frac{1}{2}}$$

$$=\frac{1}{\sqrt{2}}\left[(65.6^2+5\ 316)+\sqrt{(65.6^2+5\ 316)^2-4(1-91^2/157.9^2)\times65.6^2\times5\ 316}\right]^{\frac{1}{2}}$$

$$=87.2$$

对 y 轴属 c 类截面，由 $\lambda_{yz}=87.2$ 查附表 4.3 得 $\varphi_y=0.533$。由附录 3.5 公式（附 3.5.3）有：

$$\varphi_b=1-0.002\ 2\lambda_y\sqrt{f_y/235}=1-0.002\ 2\times65.6\times1=0.856$$

构件中点有侧向支撑，中点弯矩 $M=(120\ \text{kN}\cdot\text{m}+80\ \text{kN}\cdot\text{m})/2=100\ \text{kN}\cdot\text{m}$，弯矩作用平面外整体稳定计算所考虑的计算段内弯矩分别为 $M_1=120\ \text{kN}\cdot\text{m}$ 和 $M_2=100\ \text{kN}\cdot\text{m}$，故等效弯矩系数：

$$\beta_{tx}=0.65+0.35M_2/M_1=0.65+0.35(100\ \text{KN}\cdot\text{m}/120\ \text{KN}\cdot\text{m})=0.942$$

弯矩作用平面外的稳定性验算：

$$\frac{N}{\varphi_y Af}+\eta\frac{\beta_{tx}M_x}{\varphi_b W_{1x}f}=\frac{800\times10^3\text{ N}}{0.533\times1.212\times10^4\text{ mm}^2\times205\text{ N/mm}^2}+1.0\times\frac{0.942\times120\times10^6\text{ N}\cdot\text{mm}}{0.856\times1.55\times10^6\text{ mm}^3\times205\text{ N/mm}^2}$$
$$=1.02$$

$$\frac{N_t}{\varphi_t A_t}=\frac{73.4\times10^3\text{ N}}{0.718\times6.14\times10^2\text{ mm}^2}=166.5\text{ N/mm}^2<\eta\cdot f=211.4\text{ N/mm}^2$$

偏差在容许范围之内,故弯矩作用平面外的稳定性满足要求。

(4) 刚度验算

构件的最大长细比 $\lambda_{max}=\lambda_{yz}=87.3<[\lambda]=150$,满足要求。

【例题 7.4】 校核如图 7.7.2 所示双轴对称焊接箱形截面压弯构件的截面尺寸,截面无削弱。承受的荷载设计值:轴心压力 $N=880$ kN,构件跨度中点横向集中荷载 $F=180$ kN。构件长 $l=10$ m,两端铰接并在两端各设有一侧向支承点。材料用 Q235 钢。

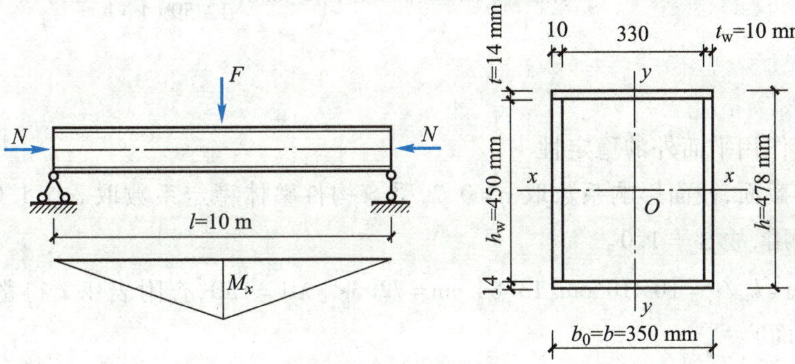

图 7.7.2 例题 7.4 图

【解】 构件计算长度 $l_{0x}=l_{0y}=10$ m, $M_x=Fl/4=180\text{ kN}\times10\text{ m}/4=450\text{ kN}\cdot\text{m}$

1. 截面几何特性

截面积:

$$A=2bt+2h_w t_w=2\times35\text{ cm}\times1.4\text{ cm}+2\times45\text{ cm}\times1.0\text{ cm}=188\text{ cm}^2$$

惯性矩:

$$I_x=[bh^3-(b-2\text{ cm})h_w^3]/12=[35\text{ cm}\times47.8^3\text{cm}^3-33\text{ cm}\times45^3\text{cm}^3]/12=67\ 951\text{ cm}^4$$

$$I_y=[hb^3-h_w(b-2\text{cm})^3]/12=[47.8\text{ cm}\times35^3\text{cm}^3-45\text{ cm}\times33^3\text{cm}^3]/12=36\ 022\text{ cm}^4$$

回转半径:

$$i_x=\sqrt{I_x/A}=\sqrt{67\ 951\text{ cm}^4/188\text{ cm}^2}=19.01\text{ cm}$$

$$i_y=\sqrt{I_y/A}=\sqrt{36\ 022\text{ cm}^4/188\text{ cm}^2}=13.84\text{ cm}$$

弯矩作用平面内受压纤维的毛截面模量:

$$W_{1x}=W_x=2I_x/h=2\times67\ 951\text{ cm}^4/47.8\text{ cm}=2\ 843\text{ cm}^3$$

2. 稳定性验算

(1) 弯矩作用平面内的稳定性

长细比 $\lambda_x=l_{0x}/i_x=10\times10^2\text{cm}/19.01\text{ cm}=52.6<[\lambda]=150$,查附表 4.2 得稳定系数 $\varphi_x=0.844$(b 类截面)。截面塑性发展系数:$\gamma_x=1.05$。

$$N'_{Ex}=\frac{\pi^2 EA}{1.1\lambda_x^2}=\frac{\pi^2\times206\times10^3\ \text{N/mm}^2\times188\times10^2\ \text{mm}^2}{1.1\times52.6^2}=12\ 559\ \text{kN}$$

构件段无端弯矩但有横向荷载作用，弯矩作用平面内的等效弯矩系数 β_{mx} 按以下计算：

$$N_{crx}=\frac{\pi^2 EI_x}{(\mu l)^2}=\frac{\pi^2\times206\times10^3\ \text{N/mm}^2\times67\ 951\times10^4\ \text{mm}^4}{(1.0\times10\times10^3)^2\ \text{mm}^2}=13\ 815\ \text{kN}$$

$$\beta_{mx}=1-0.36\frac{N}{N_{crx}}=1-0.36\times\frac{880\ \text{kN}}{13\ 815\ \text{kN}}=0.98$$

$$\frac{N}{\varphi_x Af}+\frac{\beta_{mx}M_x}{\gamma_{x1}W_{1x}(1-0.8N/N'_{Ex})f}$$

$$=\frac{880\times1\ 000\ \text{N}}{0.844\times18\ 800\ \text{mm}^2\times215\ \text{N/mm}^2}+\frac{0.98\times450\times10^6\ \text{N}\cdot\text{mm}}{1.05\times2\ 843\times10^3\ \text{mm}^3\times\left(1-0.8\times\dfrac{880\ \text{kN}}{12\ 599\ \text{kN}}\right)\times215\ \text{N/mm}^2}$$

$=0.99\leqslant1.0$

满足要求。

(2) 弯矩作用平面外的稳定性

对于闭口截面，截面影响系数取 $\eta=0.7$，受弯构件整体稳定系数取 $\varphi_b=1.0$。无端弯矩有横向荷载作用，故 $\beta_{tx}=1.0$。

长细比 $\lambda_y=l_{0y}/i_y=10\times10^2\ \text{cm}/13.84\ \text{cm}=72.3<[\lambda]=150$，查附表 4.2 得稳定系数 $\varphi_y=0.736$（b 类截面）。

$$\frac{N}{\varphi_y Af}+\eta\frac{\beta_{tx}M_x}{\varphi_b W_{1x}f}$$

$$=\frac{880\ 000\ \text{N}}{0.736\times18\ 800\ \text{mm}^2\times215\ \text{N/mm}^2}+0.7\times\frac{1.0\times450\times10^6\ \text{N}\cdot\text{mm}}{1.0\times2\ 843\times10^3\ \text{mm}^3\times215\ \text{N/mm}^2}$$

$=0.81\leqslant1.0$

满足要求。

(3) 局部稳定性

受压翼缘板宽厚比：

$$\frac{b_0}{t}=\frac{350\ \text{mm}}{14\ \text{mm}}=25<45\sqrt{\frac{235}{f_y}}=45\text{，满足要求。}$$

腹板计算高度边缘的最大压应力：

$$\sigma_{max}=\frac{N}{A}+\frac{M_x}{I_x}\frac{h_0}{2}=\frac{880\times10^3\ \text{N}}{188\times10^2\ \text{mm}^2}+\frac{450\times10^6\ \text{N}\cdot\text{mm}}{67\ 951\times10^4\ \text{mm}^4}\times\frac{450\ \text{mm}}{2}=195.8\ \text{N/mm}^2$$

腹板计算高度另一边缘的最大压应力：

$$\sigma_{min}=\frac{N}{A}-\frac{M_x}{I_x}\frac{h_0}{2}=46.8\ \text{N/mm}^2-149.0\ \text{N/mm}^2=-102.2\ \text{N/mm}^2\text{（拉应力）}$$

应力梯度：

$$\alpha_0=\frac{\sigma_{max}-\sigma_{min}}{\sigma_{max}}=[195.8\ \text{N/mm}^2-(-102.2\ \text{N/mm}^2)]/(195.8\ \text{N/mm}^2)=1.52$$

腹板高厚比：

$$\frac{h_0}{t_w}=\frac{h_w}{t_w}=\frac{450\ \text{mm}}{10\ \text{mm}}=45\leqslant(45+25\alpha_0^{1.66})\sqrt{\frac{235}{f_y}}=(45+25\times1.52^{1.66})\sqrt{\frac{235}{235}}=95.1$$，满足要求。

3. 刚度验算

构件的最大长细比 $\lambda_{max}=\lambda_y=72.3<[\lambda]=150$，满足要求。

因截面无削弱，截面强度不必验算。

§7.8 格构式压弯构件的计算

7.8.1 弯矩绕虚轴作用的格构式压弯构件

格构式压弯构件当弯矩绕虚轴（x 轴）作用时（图 7.8.1a ~ c），应进行弯矩作用平面内的整体稳定计算和分肢的稳定计算。

（1）弯矩作用平面内的整体稳定计算

弯矩绕虚轴（x 轴）作用的格构式压弯构件，由于截面中部空心，不能考虑塑性的深入发展，故弯矩作用平面内的整体稳定计算适宜采用边缘屈服准则按下式计算。

$$\frac{N}{\varphi_x Af}+\frac{\beta_{mx}M_x}{W_{1x}(1-N/N'_{Ex})f}\leqslant1.0 \tag{7.8.1}$$

$$W_{1x}=I_x/y_0 \tag{7.8.2}$$

式中，I_x 为构件横截面对虚轴的毛截面惯性矩；y_0 为由虚轴到压力较大分肢的轴线距离或者到压力较大分肢腹板外边缘的距离，二者取较大者；φ_x、N'_{Ex} 分别为弯矩作用平面内轴心受压构件稳定系数和参数，应取换算长细比计算。

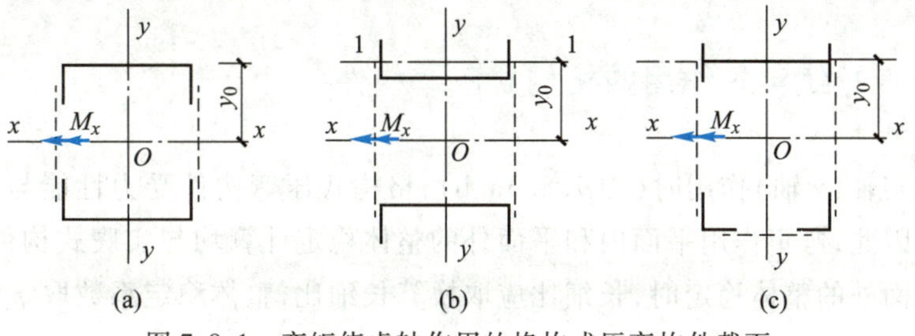

图 7.8.1 弯矩绕虚轴作用的格构式压弯构件截面

（2）分肢的稳定计算

由于受力较大的分肢平均应力大于整体构件的平均应力，故只要分肢在两个方向的稳定得到保证，整个构件在弯矩作用平面外的稳定也可以得到保证。因此，弯矩作用平面外的整体稳定性不必计算，但必须计算分肢的稳定性。将整个构件视为一平行弦桁架，将构件的两个分肢看作桁架体系的弦杆，两分肢的轴心力应按下列公式计算（图 7.8.2）：

分肢 1

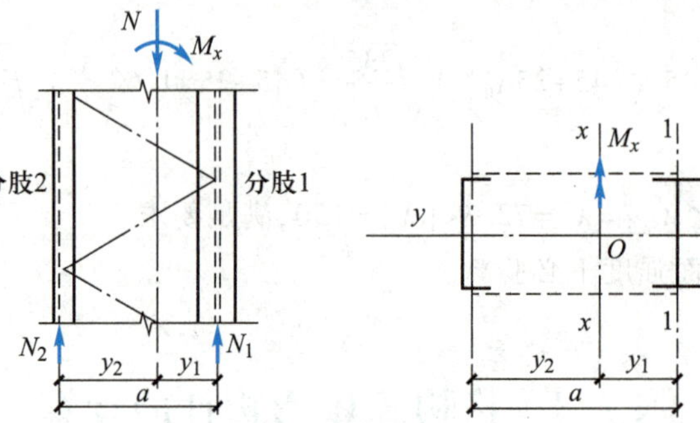

图 7.8.2　分肢的内力计算

$$N_1 = N\frac{y_2}{a} + \frac{M_x}{a} \tag{7.8.3a}$$

分肢 2

$$N_2 = N - N_1 \tag{7.8.3b}$$

缀条式压弯构件的分肢按轴心压杆计算，分别计算分肢绕 1-1 轴和分肢绕 $y-y$ 轴的整体稳定。分肢的计算长度，在缀条平面内（分肢绕 1-1 轴）取缀条体系的节间长度（图 6.1.1）；在缀条平面外（分肢绕 $y-y$ 轴），取整个构件两侧向支承点间的距离。

进行缀板式压弯构件的分肢计算时，除轴心力 N_1（或 N_2）外，还应考虑由缀板的剪力作用引起的局部弯矩，按实腹式压弯构件验算单肢的稳定性。在缀板平面内分肢的计算长度（分肢绕 1-1 轴）取缀板间净距（缀板采用焊接）或相邻两缀板边缘螺栓的距离（缀板采用螺栓连接）。

（3）缀材的计算

计算压弯构件的缀材时与格构式轴心受压构件相同，但应取构件实际剪力和按式（6.7.9）计算所得剪力两者中的较大值进行计算。

7.8.2　弯矩绕实轴作用的格构式压弯构件

当弯矩绕实轴（y 轴）作用时（图 7.8.3a、b），格构式压弯构件受力性能与实腹式压弯构件完全相同。因此，弯矩作用平面内和平面外的整体稳定计算均与实腹式构件相同，但在计算弯矩作用平面外的整体稳定时，长细比应取换算长细比，整体稳定系数取 $\varphi_b = 1$。

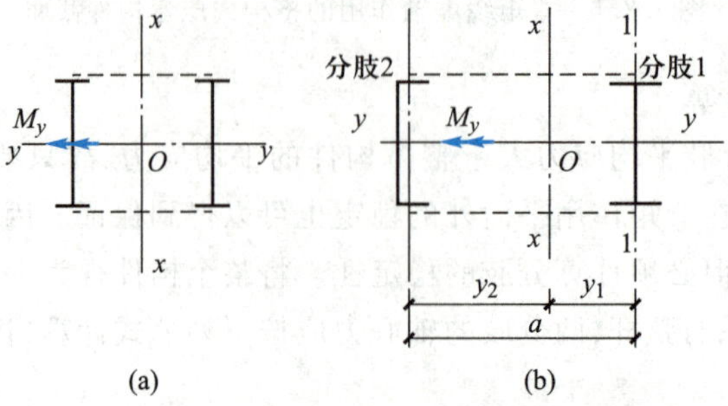

图 7.8.3　弯矩绕实轴作用的格构式压弯构件截面

分肢稳定按实腹式压弯构件计算，内力按以下原则分配（图 7.8.3b）：轴心压力 N 在两分肢间的分配与分肢轴线至虚轴 x 轴的距离成反比；弯矩 M_y 在两分肢间的分配与分肢对实轴 y 轴的惯性矩成正比、与分肢轴线至虚轴 x 轴的距离成反比。即：

分肢 1 的轴心力

$$N_1 = N\frac{y_2}{a} \tag{7.8.4a}$$

分肢 1 的弯矩

$$M_{y1} = \frac{I_1/y_1}{I_1/y_1 + I_2/y_2}\cdot M_y \tag{7.8.4b}$$

分肢 2 的轴心力

$$N_2 = N - N_1 \tag{7.8.4c}$$

分肢 2 的弯矩

$$M_{y2} = M_y - M_{y1} \tag{7.8.4d}$$

式中，I_1、I_2 分别为分肢 1 和分肢 2 对 y 轴的惯性矩。

上式适用于当 M_y 作用在构件的主平面时的情形，当 M_y 不是作用在构件的主轴平面而是作用在一个分肢的轴线平面（如图 7.8.3 中分肢 1 的 1-1 轴线平面）时，则 M_y 视为全部由该分肢承受。

7.8.3 双向受弯的格构式压弯构件

弯矩作用在两个主平面内的双肢格构式压弯构件（图 7.8.4），其整体稳定性应按整体和分肢分别计算。

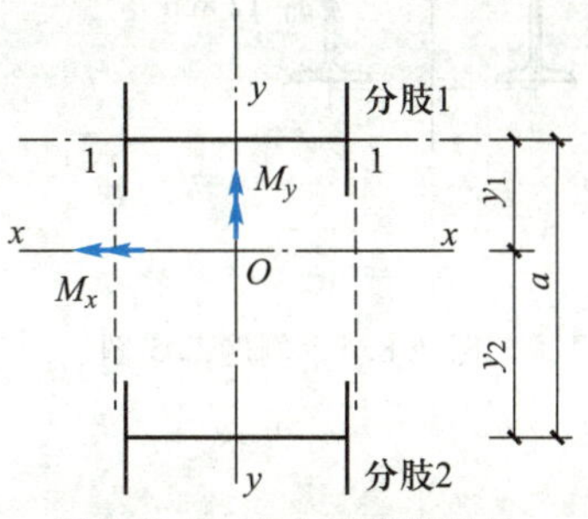

图 7.8.4 双向受弯格构柱

（1）按整体计算

《标准》采用与按边缘屈服准则导出的弯矩绕虚轴作用的格构式压弯构件在弯矩作用平面内整体稳定计算式相衔接的近似公式进行计算：

$$\frac{N}{\varphi_x Af} + \frac{\beta_{mx}M_x}{W_{1x}\left(1 - \dfrac{N}{N'_{Ex}}\right)f} + \frac{\beta_{ty}M_y}{W_{1y}f} \leqslant 1.0 \tag{7.8.5}$$

式中，W_{1y} 为在 M_y 作用下对较大受压纤维的毛截面模量，其他系数与实腹式压弯构件相同，但对虚轴（x 轴）的系数应采用换算长细比 λ_{0x} 确定。

(2) 分肢的稳定计算

分肢按实腹式压弯构件计算其稳定性,在轴力和弯矩共同作用下产生的内力按以下原则分配:N 和 M_x 在两分肢产生的轴心力 N_1 和 N_2 按式(7.8.3)计算;M_y 在两分肢间的分配按式(7.8.4b)和式(7.8.4d)计算。因此,对于缀条式压弯构件,其分肢稳定按单向压弯构件计算;而对缀板式压弯构件还应考虑缀板剪力产生的局部弯矩 M_{x1},其分肢稳定按双向压弯构件计算。

7.8.4　格构式压弯构件的设计

截面高度较大的压弯构件,采用格构式可以节省材料,所以格构式压弯构件一般用于厂房的框架柱和高大的独立支柱。当截面的高度较大且有较大的剪力时,构件宜采用缀条连接。格构式压弯构件的端部或中间横隔的设置方法与轴心受压格构柱相同。

【例题 7.5】 图 7.8.5 示某双肢缀条柱,柱截面型号和尺寸如图所示,缀条采用∟ 63×5,构件长 $l=12$ m,两端铰接,并在 $x-x$ 方向二分点处设一侧向支撑点,计算长度 $l_{0x}=l=12$ m,$l_{0y}=6$ m。荷载设计值为 $N=3\ 000$ kN,$M_x=\pm680$ kN · m,$M_y=\pm180$ kN · m,M_x、M_y 沿柱高的分布如图 7.8.5 中的右图所示。材料为 Q345 钢,试进行柱子校核。

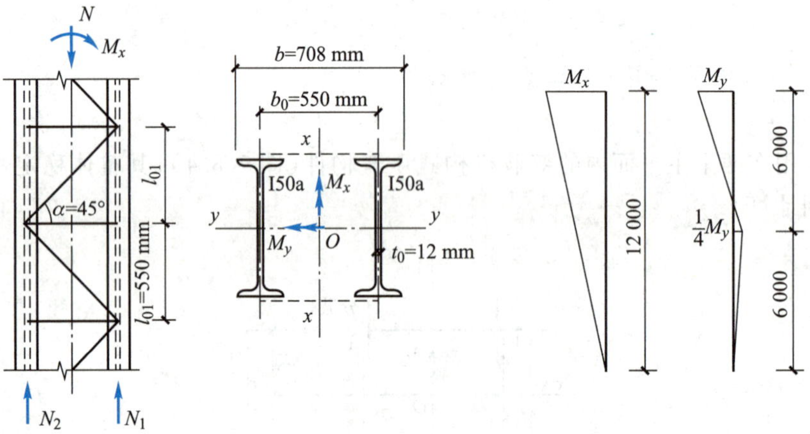

图 7.8.5　例题 7.5 图

【解】

1. 柱截面验算

(1) 柱截面几何特性

分肢 I50a,$A_1=119.2\ \text{cm}^2$。

截面面积:$A=2A_1=2\times119.2\ \text{cm}^2=238.4\ \text{cm}^2$

惯性矩:$I_x=2[I_1+A_1(b_0/2)^2]=2\times[1\ 120\ \text{cm}^4+119.2\ \text{cm}^2\times(55\ \text{cm}/2)^2]=182\ 530\ \text{cm}^4$

回转半径:$i_x=\sqrt{I_x/A}=\sqrt{182\ 530\ \text{cm}^4/238.5\ \text{cm}^2}=27.67\ \text{cm}$

$i_y=i_{y1}=19.7\ \text{cm}$

截面模量:$W_x=I_x/(b/2)=182\ 530\ \text{cm}^4/(70.8\ \text{cm}/2)=5\ 156\ \text{cm}^3$

$$W_{1x}=I_x/(b_0/2)=182\ 530\ \text{cm}^4/(55\ \text{cm}/2)=6\ 637\ \text{cm}^3$$

$$W_y=2W_{y1}=1\ 860\ \text{cm}^3\times2=3\ 720\ \text{cm}^3$$

(2) 强度验算

格构式双肢构件对虚轴 x 和实轴 y 的截面塑性发展系数分别为 $\gamma_x=1.0$，$\gamma_y=1.05$，截面无削弱，于是：

$$\frac{N}{A_n}+\frac{M_x}{\gamma_x W_{nx}}+\frac{M_y}{\gamma_y W_{ny}}$$

$$=\frac{3\ 000\times10^3\ \text{N}}{238.4\times10^2\ \text{mm}^2}+\frac{680\times10^6\ \text{N}\cdot\text{mm}}{1.0\times5\ 156\times10^3\ \text{mm}^3}+\frac{180\times10^6\ \text{N}\cdot\text{mm}}{1.05\times3\ 720\times10^3\ \text{mm}^3}$$

$=303.8\ \text{N/mm}^2>f=295\ \text{N/mm}^2$ （I50a 的翼缘厚 $t=20\ \text{mm}>16\ \text{mm}$）

因 $\dfrac{303.8\ \text{N/mm}^2-295\ \text{N/mm}^2}{295\ \text{N/mm}^2}\approx3.0\%<5\%$，偏差在容许范围之内，故强度验算满足要求。

(3) 按整体的稳定验算

缀条截面面积：$A_{1x}=2A_t=2\times6.14\ \text{cm}^2=12.28\ \text{cm}^2$

绕 x 轴长细比：$\lambda_x=l_{0x}/i_x=12\times10^2\text{cm}/27.67\ \text{cm}=43.4$

绕 x 轴换算长细比：$\lambda_{0x}=\sqrt{\lambda_x^2+27\dfrac{A}{A_{1x}}}=\sqrt{43.4^2+27\times\dfrac{238.5\ \text{cm}^2}{12.28\ \text{cm}^2}}=49.1$

由 $\lambda=\lambda_{0x}\sqrt{\dfrac{f_y}{235}}=49.1\times\sqrt{\dfrac{345}{235}}=59.5$，查附表 4.2 得稳定系数：

$\varphi_x=0.810$（b 类截面）

$$N'_{Ex}=\frac{\pi^2EA}{1.1\lambda_{0x}^2}=\frac{\pi^2\times206\times10^3\ \text{N/mm}^2\times238.5\times10^2\ \text{mm}^2}{1.1\times49.1^2}=18\ 285\ \text{kN}$$

等效弯矩系数：

$$\beta_{mx}=0.6+0.4M_2/M_1=0.6+0.4\times0\ \text{kN}\cdot\text{m}/680\ \text{kN}\cdot\text{m}=0.6$$

$\beta_{ty}=0.65+0.35M_2/M_1=0.65-0.35\times1/4=0.65-0.088=0.56$

$$\frac{N}{\varphi_xAf}+\frac{\beta_{mx}M_x}{W_{1x}(1-N/N'_{Ex})f}+\frac{\beta_{ty}M_y}{W_{1y}f}$$

$$=\frac{3\ 000\times10^3\text{N}}{0.81\times238.4\times10^2\text{mm}^2\times295\ \text{N/mm}^2}+\frac{0.6\times680\times10^6\text{N}\cdot\text{mm}}{6\ 640\times10^3\text{mm}^3\times(1-3\ 000\ \text{kN}/18\ 278\ \text{kN})\times295\ \text{N/mm}^2}$$

$$+\frac{0.56\times180\times10^6\text{N}\cdot\text{mm}}{3\ 720\times10^3\text{mm}^3\times295\ \text{N/mm}^2}$$

$=0.87\leqslant1.0$

满足要求。

(4) 按分肢的稳定验算

由于右侧分肢受到的荷载更大，因此可只验算该分肢的稳定。作用在单肢上的荷载：

$$N_1=N\frac{y_2}{b_0}+\frac{M_x}{b_0}=3\ 000\ \text{kN}/2+680\ \text{kN}\cdot\text{m}/0.55\ \text{m}=2\ 736\ \text{kN}$$

$$M_{y1}=\frac{I_1/y_1}{I_1/y_1+I_2/y_2}\cdot M_y=180\ \text{kN}\cdot\text{m}/2=90\ \text{kN}\cdot\text{m}$$

单肢对 y 轴长细比 $\lambda_{y1}=l_{0y}/i_y=600\ \text{cm}/19.7\ \text{cm}=30.5$，由 $\lambda=\lambda_{y1}\sqrt{\frac{f_y}{235}}=30.5\times\sqrt{\frac{345}{235}}=37$ 查附表 4.2 得稳定系数 $\varphi_{y1}=0.91$（b 类截面）。

单肢对最小刚度轴的计算长度 l_{01}、长细比 λ_1 和稳定系数 φ_1 分别为

$$l_{01}\approx\frac{b_0}{\tan\alpha}=\frac{55\ \text{cm}}{\tan 45°}=55\ \text{cm},\lambda_1=l_{01}/i_1=55\ \text{cm}/3.07\ \text{cm}=17.9$$

$\lambda=\lambda_1\sqrt{\frac{f_y}{235}}=17.9\times\sqrt{\frac{345}{235}}=21.7$，查附表 4.2 得 $\varphi_1=0.964$（b 类截面）。

$$N'_{Ey1}=\frac{\pi^2EA_1}{1.1\lambda_{y1}^2}=\frac{\pi^2\times206\times10^3\ \text{N/mm}^2\times119.2\times10^2\ \text{mm}^2}{1.1\times30.5^2}=23\ 684\ \text{kN}$$

① 分肢在弯矩 M_{y1} 作用平面内的稳定验算

单肢在弯矩 M_{y1} 作用平面内的等效弯矩系数：$\beta_{my1}=0.6+0.4\times(-1/4)=0.5$。

$$\frac{N_1}{\varphi_{y1}A_1f}+\frac{\beta_{my1}M_{y1}}{\gamma_{y1}W_{y1}(1-0.8N_1/N'_{Ey1})f}$$
$$=\frac{2\ 736\times10^3\ \text{N}}{0.91\times119.2\times10^2\ \text{mm}^2\times295\ \text{N/mm}^2}+$$
$$\frac{0.5\times90\times10^6\ \text{N}\cdot\text{mm}}{1.05\times1\ 860\times10^3\ \text{mm}^3\times(1-0.8\times2\ 736\ \text{kN}/23\ 684\ \text{kN})\times295\ \text{N/mm}^2}$$
$$=0.94<1$$

分肢在 M_{y1} 作用平面内稳定性满足要求。

② 分肢在弯矩 M_{y1} 作用平面外的稳定验算

单肢在弯矩 M_{y1} 作用平面外支承点的间距 $l_{01}=0.55\ \text{m}$，由图 7.8.5 可知，计算段 l_{01} 范围内的两端弯矩分别为 $M_1=M_{y1}$ 和 $M_2=\left(M_1+\frac{M_1}{4}\right)\times\frac{6-0.55}{6}-\frac{M_1}{4}=0.89M_1$。

$$\beta_{t1}=0.65+0.35M_2/M_1=0.65+0.35\times0.89M_{y1}/M_{y1}=0.96$$

当弯矩绕截面强轴 y 轴作用时，工字形截面受弯构件整体稳定系数为

$$\varphi_b=1.07-\frac{\lambda_1^2}{44\ 000}\cdot\frac{f_y}{235}=1.07-\frac{17.9^2}{44\ 000}\times\frac{345}{235}=1.06>1$$

取 $\varphi_b=1.0$，于是：

$$\frac{N_1}{\varphi_1A_1f}+\eta\frac{\beta_{t1}M_{y1}}{\varphi_1W_{y1}f}=\frac{2\ 736\times10^3\ \text{N}}{0.964\times119.2\times10^2\ \text{mm}^2\times295\ \text{N/mm}^2}+1.0\times$$
$$\frac{0.96\times90\times10^6\ \text{N}\cdot\text{mm}}{1.0\times1\ 860\times10^3\ \text{mm}^3\times295\ \text{N/mm}^2}$$
$$=0.96<1$$

即分肢在 M_{y1} 作用平面外的稳定性满足要求。

(5) 刚度验算

最大长细比 $\lambda_{max}=\lambda_{0x}=49.1<[\lambda]=150$，刚度满足要求。

2. 缀条稳定性验算

(1) 缀条内力

对 x 轴弯曲的实际剪力：

$$V=M_x/l=680\ \text{kN}\cdot\text{m}/12\ \text{m}=56.7\ \text{kN}$$

对 x 轴弯曲的计算剪力：

$$V=\frac{Af}{85}\sqrt{\frac{f_y}{235}}=\frac{2\times119.2\times10^2\ \text{mm}^2\times305\ \text{N/mm}^2}{85}\times\sqrt{\frac{345}{235}}=103.7\ \text{kN}>56.7\ \text{kN}$$

取 $V=103.7$ kN，每个缀条系面承担的剪力：

$$V_1=0.5V=0.5\times103.7\ \text{kN}=51.9\ \text{kN}$$

缀条内力：

$$N_t=V_1/\sin\alpha=51.9\ \text{kN}/\sin45^\circ=73.4\ \text{kN}$$

(2) 截面验算

截面几何特性(∟ 63×5)：

$$A_t=6.143\ \text{cm}^2,i_{\min}=i_{y0}=1.25\ \text{cm}$$

缀条最大长细比：

$$\lambda_t=\frac{l_t}{i_{y0}}=\frac{b_0/\sin\alpha}{i_{y0}}=\frac{55\ \text{cm}/\sin45^\circ}{1.25\ \text{cm}}=62.2<[\lambda]=150$$

$$\lambda=\lambda_t\sqrt{\frac{f_y}{235}}=62.2\times\sqrt{\frac{345}{235}}=75.4$$

$\varphi_t=0.718$(b 类截面)，单边连接等边单角钢验算稳定时，其强度设计值应乘以折减系数(见 6.4.3 小节)：

$$\eta=0.6+0.0015\lambda=0.6+0.0015\times62.2=0.693<1.0$$

$$\eta\cdot f=0.693\times305\ \text{N/mm}^2=211.4\ \text{N/mm}^2$$

$$\frac{N_t}{\varphi_t A_t}=\frac{73.4\times10^3\ \text{N}}{0.718\times6.143\times10^2\ \text{mm}^2}=166.4\ \text{N/mm}^2<\eta\cdot f=211.4\ \text{N/mm}^2$$

缀条满足要求。

§7.9 冷弯薄壁型钢拉弯和压弯构件的设计特点

冷弯薄壁型钢拉弯构件和压弯构件的强度及稳定计算方法与普通钢结构基本相同，主要区别在于冷弯薄壁型钢构件不考虑塑性发展；冷弯薄壁型钢受压板件宽厚比超过了《冷弯薄壁型钢结构技术规范》规定的有效宽厚比时，需按有效截面计算截面几何特性；有些情况要考虑双力矩的不利影响。

7.9.1 冷弯薄壁型钢拉弯和压弯构件的强度计算

拉弯构件的强度按下式计算：

$$\sigma=\frac{N}{A_{\mathrm{n}}}\pm\frac{M_x}{W_{\mathrm{n}x}}\pm\frac{M_y}{W_{\mathrm{n}y}}\leqslant f \tag{7.9.1}$$

式中，N、M_x、M_y分别为轴力和对截面主轴 x、y 的弯矩；A_{n}、$W_{\mathrm{n}x}$、$W_{\mathrm{n}y}$分别为净截面面积和对截面主轴 x、y 的净截面模量。

压弯构件的强度按下式计算：

$$\sigma=\frac{N}{A_{\mathrm{en}}}\pm\frac{M_x}{W_{\mathrm{en}x}}\pm\frac{M_y}{W_{\mathrm{en}y}}\leqslant f \tag{7.9.2}$$

式中，A_{en}、$W_{\mathrm{en}x}$、$W_{\mathrm{en}y}$分别为有效净截面面积和对截面主轴 x、y 的有效净截面模量，受压板件的有效宽度可按《冷弯薄壁型钢结构技术规范》中 5.6 节的规定确定。

7.9.2 冷弯薄壁型钢压弯构件的整体稳定计算

1. 双轴对称截面

双轴对称截面冷弯薄壁型钢压弯构件，当弯矩作用于对称平面内（如图 7.9.1 所示）时应分别计算弯矩作用平面内和弯矩作用平面外的整体稳定。

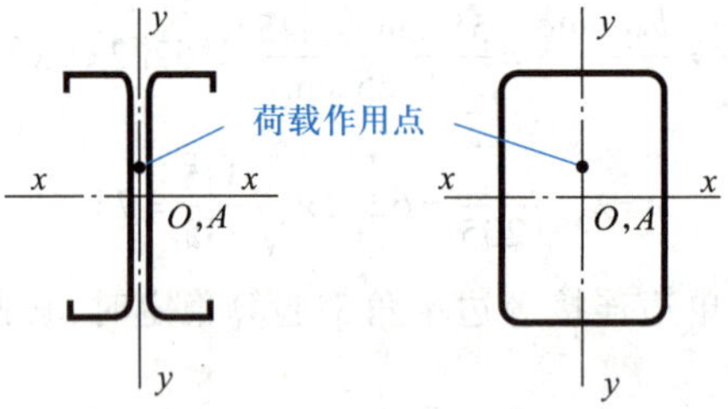

图 7.9.1 双轴对称截面

弯矩作用平面内的整体稳定按下式计算：

$$\frac{N}{\varphi_x A_{\mathrm{e}} f}+\frac{\beta_{\mathrm{m}} M_x}{W_{\mathrm{e}x}\left(1-\varphi_x \frac{N}{N'_{\mathrm{E}x}}\right) f}\leqslant 1 \tag{7.9.3}$$

式中，M_x为构件全长范围内的最大弯矩；β_{m}为等效弯矩系数，取值与普通钢结构类似，按《冷弯薄壁型钢结构技术规范》采用；A_{e}为构件有效截面面积；$W_{\mathrm{e}x}$为对截面主轴 x 的最大受压边缘的有效截面模量；$N'_{\mathrm{E}x}$为考虑抗力分项系数后的欧拉临界荷载，$N'_{\mathrm{E}x}=\dfrac{\pi^2 EA}{1.165\lambda^2}$，$\lambda$ 为构件在弯矩作用平面内的长细比，A 为构件毛截面面积；φ_x为构件在弯矩作用平面内（对 x 轴）的轴心受压稳定系数，按《冷弯薄壁型钢结构技术规范》查表。

双轴对称截面的压弯构件，若弯矩作用在最大刚度平面内（图 7.9.1 中的 y 轴平面），构件有可能产生侧向失稳，因此，尚应按下式计算弯矩作用平面外的稳定性：

$$\frac{N}{\varphi_y A_{\mathrm{e}} f}+\frac{\eta M_x}{\varphi_{\mathrm{b}x} W_{\mathrm{e}x} f}\leqslant 1 \tag{7.9.4}$$

式中，φ_y为对 y 轴的轴心受压稳定系数，按《冷弯薄壁型钢结构技术规范》查表；$\varphi_{\mathrm{b}x}$为当弯矩作用于最大刚度平面内时，取受弯构件的整体稳定系数，按《冷弯薄壁型钢结构技术规范》的规定计算，对闭口截面，$\varphi_{bx}=1.0$；M_x为构件计算段的最大弯矩；η 为截面影响系数，闭口截面 $\eta=0.7$，其他截面 $\eta=1.0$。

2. 单轴对称开口截面

单轴对称开口截面压弯构件，当弯矩作用于对称平面内时（图 7.9.2a），其弯矩作用平面内的稳定性可按式（7.9.3）计算，弯矩作用平面外稳定性可按式（6.8.3）计算，但公式中轴心受压构件稳定系数 φ 应按弯扭失稳换算长细比 λ_ω 由《冷弯薄壁型钢结构技术规范》查得。λ_ω按下式计算：

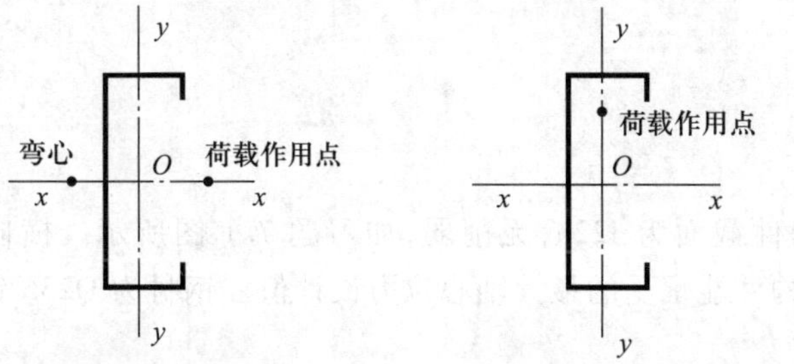

(a) 弯矩作用于对称平面内　　(b) 弯矩作用于非对称平面内

图 7.9.2　单轴对称开口截面

$$\lambda_\omega=\lambda_x\sqrt{\frac{s^2+a^2}{2s^2}+\sqrt{\left(\frac{s^2+a^2}{2s^2}\right)^2-\frac{a^2-\alpha\,(e_0-e_x)^2}{s^2}}} \tag{7.9.5a}$$

$$a^2=e_0^2+i_x^2+i_y^2+2e_x\left(\frac{U_y}{2I_y}-e_0-\xi_2 e_a\right) \tag{7.9.5b}$$

$$U_y=\int_A x(x^2+y^2)\,\mathrm{d}A \tag{7.9.5c}$$

式中，e_x 为等效偏心距，$e_x=\pm\dfrac{\beta_m M}{N}$，当偏心在截面弯心一侧时 e_x 为负，当偏心在与截面弯心相对的另一侧时 e_x 为正，M 取构件计算段的最大弯矩；ξ_2为横向荷载作用位置影响系数，由《冷弯薄壁型钢结构技术规范》查表确定；e_a为横向荷载作用点到弯心的垂直距离，对于偏心受压构件或当横向荷载作用在弯心时 $e_a=0$；当荷载不作用在弯心且荷载方向指向弯心时 e_a为负，而离开弯心时 e_a为正；s 为计算系数，按式（6.8.5）计算。

当弯矩作用于对称平面内，且使截面在弯心一侧受压时，为防止出现受拉侧的破坏，还应补充如下计算：

$$\left|\frac{N}{A_e}-\frac{\beta_{my}M_y}{W'_{ey}(1-N/N_{Ey})}\right|\leqslant f \tag{7.9.6}$$

式中，W'_{ey}为截面的较小有效截面模量；N'_{Ey}为系数，$N'_{Ey}=\dfrac{\pi^2 EA}{1.165\lambda_y^2}$；$\beta_{my}$为对 y 轴的等效弯矩系数，采用与 β_m相同的方法确定。

单轴对称开口截面压弯构件，当弯矩作用于非对称主平面内时（图 7.9.2b），弯矩作用平面内的稳定计算公式为

$$\frac{N}{\varphi_x A_n f}+\frac{\beta_m M_x}{W_{ex}(1-\varphi_x N/N'_{Ey})f}+\frac{B}{W_\omega f}\leqslant 1 \tag{7.9.7}$$

弯矩作用平面外的稳定计算公式为

$$\frac{N}{\varphi_y A_n f}+\frac{M_x}{\varphi_{bx} W_{ex} f}+\frac{B}{W_\omega f}\leqslant 1 \tag{7.9.8}$$

式中，φ_x、φ_y分别对 x 轴和 y 轴的轴心受压构件整体稳定系数，其中 φ_x应根据轴心受压构件弯扭屈曲的换算长细比公式(6.8.4)确定；W_ω为毛截面扇性模量；B 为与所取弯矩同一截面的双力矩。

习　题

7.1　某拉弯构件截面为 I22a，无削弱，如习题 7.1 图所示。横向均布荷载设计值为 8 kN/m。试确定该构件能承受的最大轴心拉力设计值。钢材为 Q235 钢。

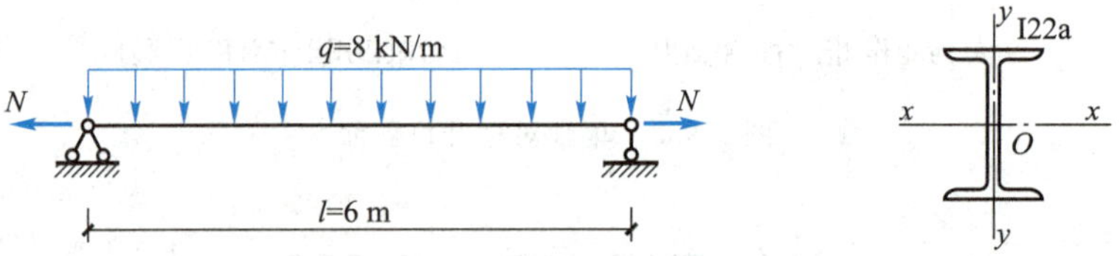

习题 7.1 图

7.2　习题 7.2 图为一两端铰支焊接工字形截面压弯杆件，杆长 $l=10$ m，已知截面 $I_x=32\,997$ cm^4，$A=84.8$ cm^2，b 类截面，钢材 Q235，$f=215$ N/mm^2，$E=2.06\times10^5$ N/mm^2。作用于杆上的轴向压力和杆端弯矩如图所示，试由弯矩作用平面内的稳定性确定该杆能承受多大的弯矩 M。

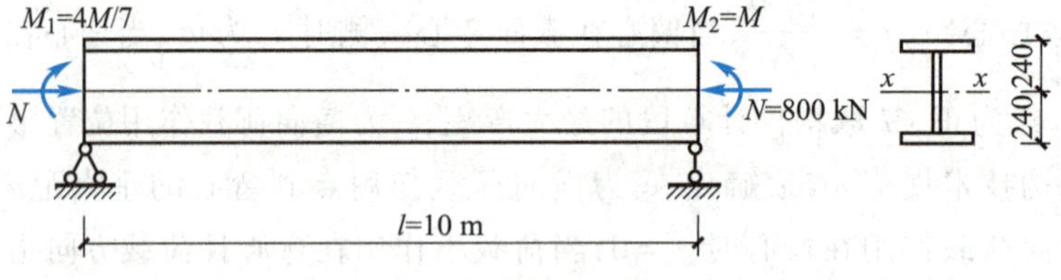

习题 7.2 图

7.3　验算习题 7.3 图所示荷载(设计值)作用下压弯构件的承载力是否满足要求。已知构件截面为普通热轧工字钢 I10，Q235 钢，假定图示侧向支承保证不发生弯扭屈曲。I10 截面的特性：$A=14.3$ cm^2，$W_x=49$ cm^3，$i_x=4.14$ cm。

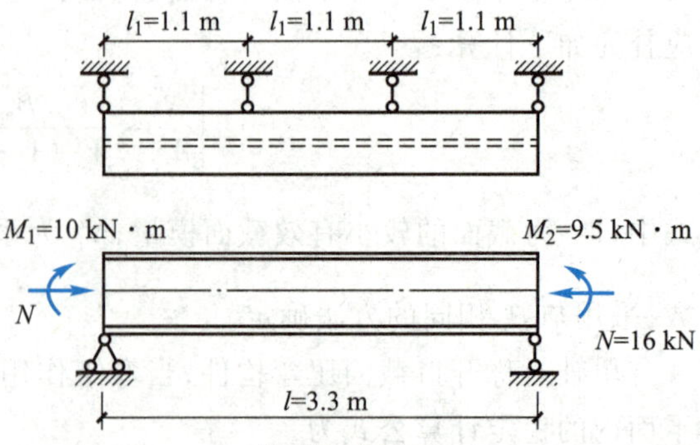

习题 7.3 图

7.4　验算习题 7.4 图所示荷载(设计值)作用下压弯构件在弯矩作用平面内的稳

定性。钢材为 Q235。已知截面几何特性 $A=20\ \text{cm}^2$，$y_1=4.4\ \text{cm}$，$I_x=346.8\ \text{cm}^4$，组成板件均为火焰切割边。

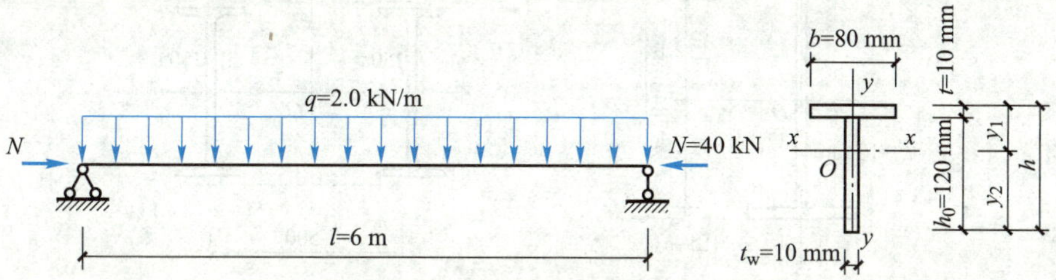

习题 7.4 图

7.5　验算习题 7.5 图所示的双角钢 T 形截面压弯构件。构件长 $l=3$ m，两端铰接并仅在该处设有侧向支承，节点板厚 12 mm。承受荷载设计值为 $N=38$ kN，$q=3$ kN/m。材料为 Q235 钢。

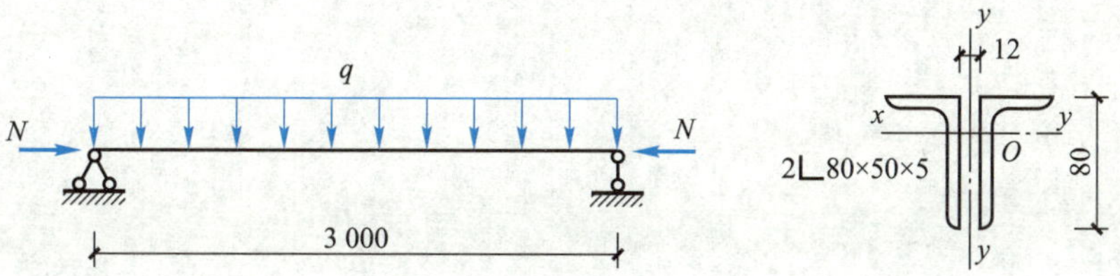

习题 7.5 图

7.6　焊接工字形截面柱，翼缘为火焰切割。柱上端作用有荷载设计值：轴心压力 $N=2\,000$ kN，水平力 $H=75$ kN。柱上端自由，下端固定，侧向支承和截面尺寸如习题 7.6 图所示，钢材为 Q235 钢，验算柱的整体稳定性。

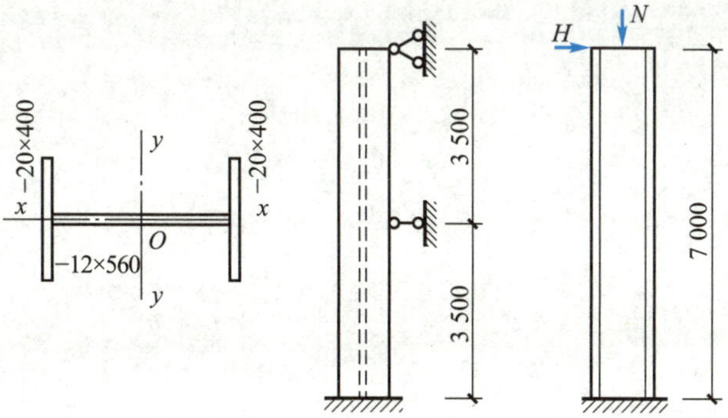

习题 7.6 图

7.7　已知压弯构件的内力设计值为 $N=800$ kN，$M_x=400$ kN · m，$\lambda_x=95$，截面尺寸如习题 7.7 图所示，材料为 Q345 钢，验算翼缘和腹板的局部稳定性。

7.8　试验算习题 7.8 图所示的厂房柱下柱截面。柱的计算长度 $l_{0x}=19.8$ m，$l_{0y}=6.6$ m，承受荷载设计值：轴力 $N=1\,700$ kN，弯矩 $M_x=\pm 2\,000$ kN · m。缀条倾角 45°，且设有横缀条。钢材为 Q235 钢。

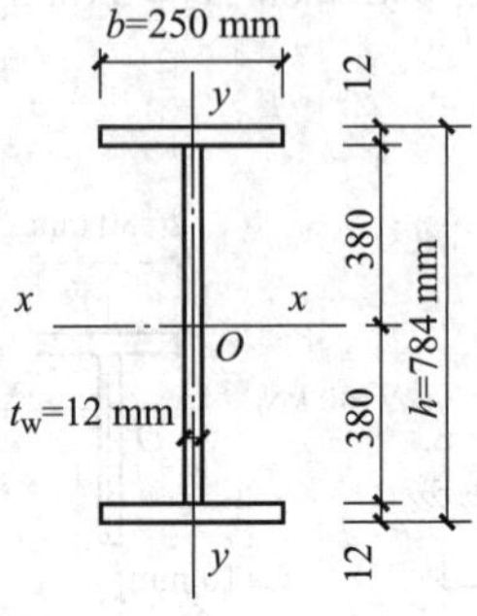
b=250 mm
y
x
x
O
12
380
380
12
h=784 mm
tw=12 mm
y

习题 7.7 图

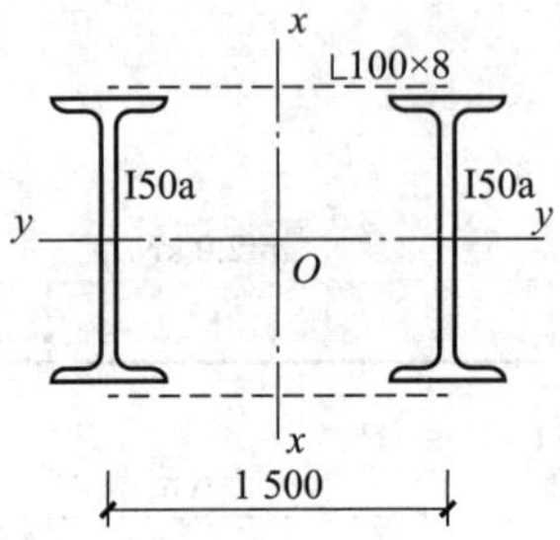
x
∟100×8
I50a
I50a
y
y
O
x
1 500

习题 7.8 图

第 8 章

节点设计原理

§8.1 节点设计的原则

整个结构是由构件和节点(connection)构成的。构件之间必须通过节点相连接并协同工作才能形成结构整体。即使每个构件都能满足安全使用的要求,如果节点设计处理不恰当,连接节点的破坏,也常会引起整个结构的破坏。可见,要使结构能够满足预定功能的要求,正确的节点设计与构件设计,两者具有同等的重要性。

钢结构节点设计应根据结构的重要性、受力特点、荷载情况和工作环境等因素选用节点形式、材料与加工工艺。由于连接节点受力状态较为复杂,不易精确地分析其工作状态。所以,在节点设计时应遵循下列基本原则:

① 节点设计应满足承载力极限状态要求,确保传力安全可靠。应使节点具有安全工作所需的强度与刚度,防止焊缝与螺栓等连接部位断裂引起节点失效,避免节点变形过大造成结构内力重分配。构造复杂的新型重要节点应通过有限元分析确定其承载力,并宜进行试验验证。节点传力应均匀和分散,尽可能减少应力集中现象。

② 节点构造应符合结构计算假定,连于同一节点的各杆件轴线应尽量交汇于一点,当偏心相交时,尚应考虑局部弯矩的影响。连接节点应有明确的传力路线和可靠的构造保证。应通过合理的节点构造设计,使结构实际受力与计算简图中节点的刚接、铰接等假定相一致。避免因节点构造不恰当而改变结构或构件的受力状态,并尽可能地使节点计算简图接近于节点实际工作情况。拼接节点应保证被连接构件的连续性。

③ 节点设计应考虑加工制作、运输和现场安装的简单便捷,便于使用维护。节点设计便于施工,则施工效率高,成本降低;反之,则成本高,且工程质量不易保证。所以应尽量简化节点构造。节点设计还应防止积水、积尘,并采取有效的防腐、防火措施。

④ 经济合理。要对设计、加工制作和施工安装等方面综合考虑后,确定最合适的方案。在省工时与省材料之间选择最佳平衡。尽可能减少节点类型,连接节点做到定型化、标准化。

各类节点的具体构造不尽相同,也很难同时满足上述各项原则。总起来说,首先节点能够保证具有良好的承载能力,使结构或构件可以安全可靠地工作;其次则是施工方便和经济合理。

§8.2　次梁与主梁的连接节点

次梁与主梁的连接有铰接(hinged connection 或 simple framing connection)和刚接(fully restrained connection)两种。若次梁按简支梁或连续梁计算,但在连接节点处只传递次梁的竖向支座反力,其连接为铰接。若次梁按连续梁计算,连接节点除传递次梁的竖向支座反力外,还能同时传递次梁的端弯矩,其连接为刚接。

次梁与主梁的连接型式按其连接相对位置的不同,可分为叠接和平接两种。

8.2.1　次梁与主梁铰接

1. 叠接

叠接是把单跨次梁直接放在主梁上,如图 8.2.1 所示,并用焊缝或螺栓固定其相互间位置。当次梁支座反力较大时,应在主梁支承次梁的位置设置支承加劲肋,以避免主梁腹板承受过大的局部压力。主梁腹板横向加劲肋的间距要结合次梁的支承位置来确定。

另一种叠接做法是次梁在主梁上连续通过,如图 8.2.2 所示。由于次梁本身是连续的,次梁支座弯矩可以直接传递。当次梁需要拼接时,拼接位置应选择在弯矩较小处。当次梁荷载较大或主梁上翼缘较宽时,可在主梁支承次梁处设置焊于主梁中心的垫板,以保证次梁支座反力以集中力的形式传给主梁,避免主梁受扭作用(图 8.2.3)。这种连接的优点是构造简单,次梁安装方便。缺点是主次梁结构所占空间大,其使用常受到限制。

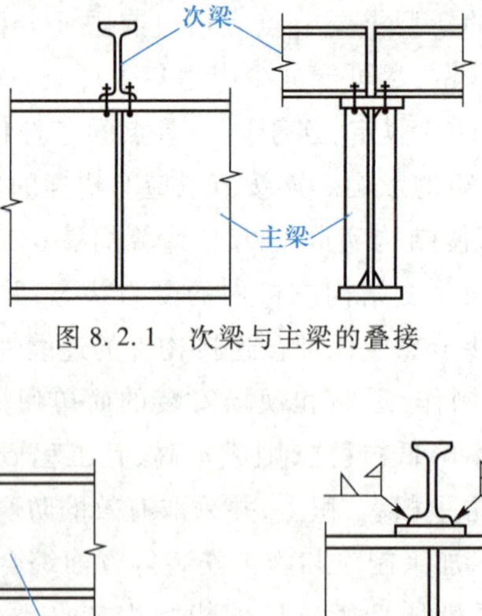

图 8.2.1　次梁与主梁的叠接

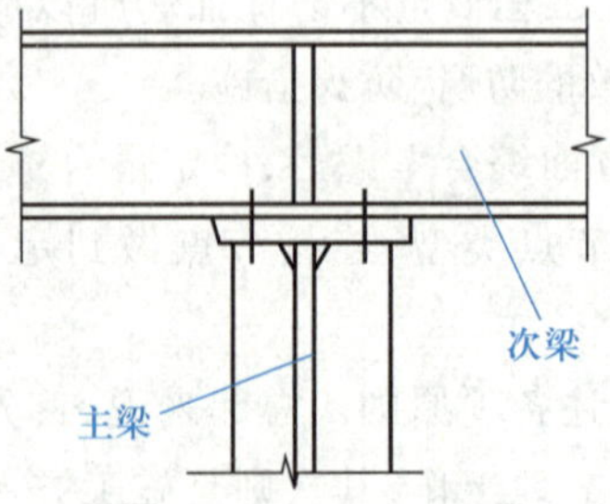

图 8.2.2　次梁与主梁的叠接

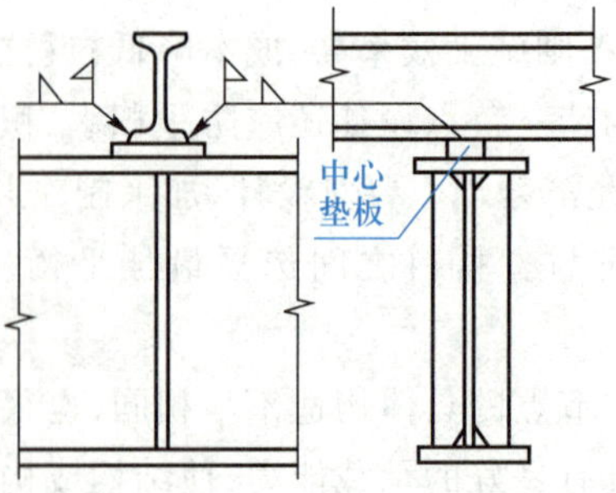

图 8.2.3　主梁的中心垫板

2. 平接

平接是将次梁连接在主梁的侧面(图8.2.4),可以直接连在主梁的加劲肋(图8.2.4a)、短角钢(图8.2.4b)和承托(图8.2.4c)上。次梁顶面根据需要可以与主梁顶面相平,或比主梁顶面稍低。平接可以降低结构高度,故在实际工程中应用较为广泛。

图8.2.4a、b中的连接构造,需将次梁的翼缘局部切除。考虑到连接处有一定的约束作用,并非理想铰接,通常将次梁支座反力值加大20% ~30%进行连接计算。当次梁的支座反力较大,用螺栓连接不能满足要求时,可采用工地焊缝连接承受支座反力,此时螺栓仅起安装和临时固定位置的作用。

图8.2.4c适用于次梁支座反力较大的情况。支座反力全部由承托传递,支座反力引起的压力在承托上面按三角形分布,反力合力作用点位于承托顶板外边缘 $a/3$ 处(图8.2.5c)。次梁端部的腹板应采取适当的固定措施防止支座处截面的扭转。

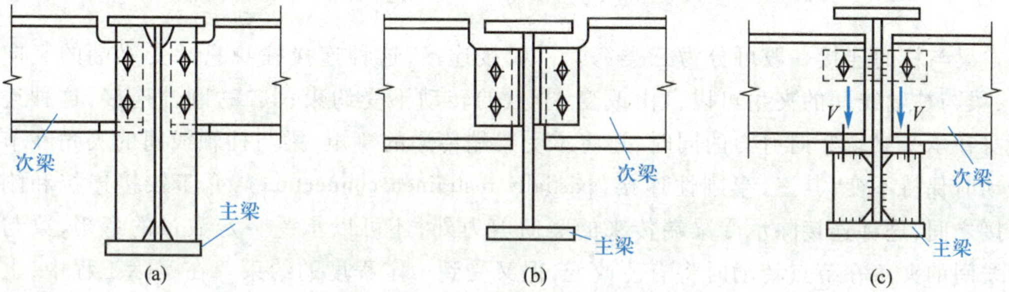

图8.2.4 次梁与主梁的平接

8.2.2 次梁与主梁刚接

次梁与主梁刚接时,由于连接节点除传递次梁的竖向支反力外,还要传递次梁的梁端弯矩,当主梁两侧的次梁梁端弯矩相差较大时,会使主梁受扭,对主梁不利。因此,只有当主梁两侧次梁的梁端弯矩差较小时,才采用这种连接方式。

次梁与主梁的刚接常采用平接形式。此时,次梁连接在主梁的侧面,并与主梁刚接,两相邻次梁成为支承于主梁侧面的连续梁(图8.2.5)。为此,两跨次梁之间必须保证能够传递其支座弯矩。图8.2.5a为采用高强度螺栓连接。图8.2.5b为次梁支承在主梁的承托上,采用焊接连接。由于次梁弯矩主要由其翼缘承受,所以在次梁翼缘上应设置连接盖板。次梁支座负弯矩 M 可以分解为上翼缘拉力和下翼缘压力的力偶 $N=\dfrac{M}{h}$(h 为次梁高度)。计算时,次梁上、下翼缘与连接板的螺栓连接或焊接连接要满足承受 N 力的要求。次梁的竖向支座反力 R 则通过螺栓传给主梁腹板加劲肋(图8.2.5a),或直接通过次梁梁端承压传给主梁的承托(图8.2.5b)。次梁的竖向支座反力 R 在承托顶板上的作用位置可视为距承托外边缘 $\dfrac{a}{3}$ 处,承托顶板上的压力为三角形分布(图8.2.5c)。

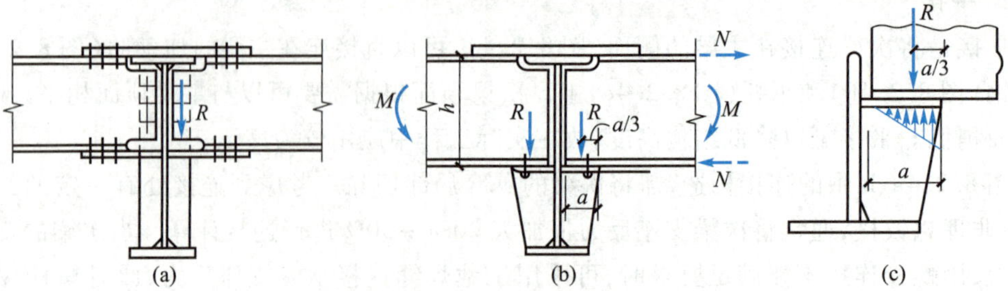

图 8.2.5　次梁与主梁的平接

§8.3　梁与柱的连接节点

梁与柱的连接一般可分为三类:其一,铰接连接,这种连接柱身只承受梁端的竖向剪力,梁与柱轴线间的夹角可以自由改变,节点的转动不受约束;其二,刚性连接,这种连接柱身在承受梁端竖向剪力的同时,还将承受梁端传递的弯矩,梁与柱轴线间的夹角在节点转动时保持不变;其三,半刚性连接(partially restrained connection),介于铰接连接和刚性连接之间,这种连接除承受梁端传来的竖向剪力外,还可以承受一定数量的弯矩,梁与柱轴线间的夹角在节点转动时将有所改变,但又受到一定程度的约束。在实际工程中,上述理想的刚性连接是很少存在的。通常,按梁端弯矩与梁柱轴线相对转角之间的关系,确定梁与柱连接节点的类型。当梁与柱的连接节点只能传递理想刚性连接弯矩的 20% 以下时,即可认为是铰接连接。当梁与柱的连接节点能够承受理想刚性连接弯矩的 90% 以上时,即可认为是刚性连接。半刚性连接的弯矩-转角关系较为复杂,它随连接形式、构造细节的不同而异。进行结构设计时,必须通过试验或其他方法提供较为准确的节点弯矩-转角关系。

8.3.1　梁与柱的铰接连接

1. 梁支承于柱顶的铰接连接

图 8.3.1 为梁支承在柱顶的铰接构造。梁的支座反力通过柱顶板传给柱身,顶板与柱身采用焊缝连接。每个梁端与柱采用螺栓连接,使其位置固定在柱顶板上。顶板厚度一般取 16 ~ 20 mm。

8.1　典型轴心受力柱头

在图 8.3.1a 中,梁端加劲肋对准柱的翼缘板,使梁的支座反力通过梁端加劲肋直接传给柱的翼缘。这种连接形式构造简单,施工方便,适用于相邻梁的支座反力相等或差值较小的情况。当两相邻梁支座反力不等且相差较大时(例如左跨梁有活荷载,右跨梁无活荷载),柱将产生较大的偏心弯矩。设计时柱身除按轴心受压构件计算外,还应按压弯构件进行验算。两相邻梁在调整、安装就位后,用连接板和螺栓在靠近梁下翼缘处连接起来。

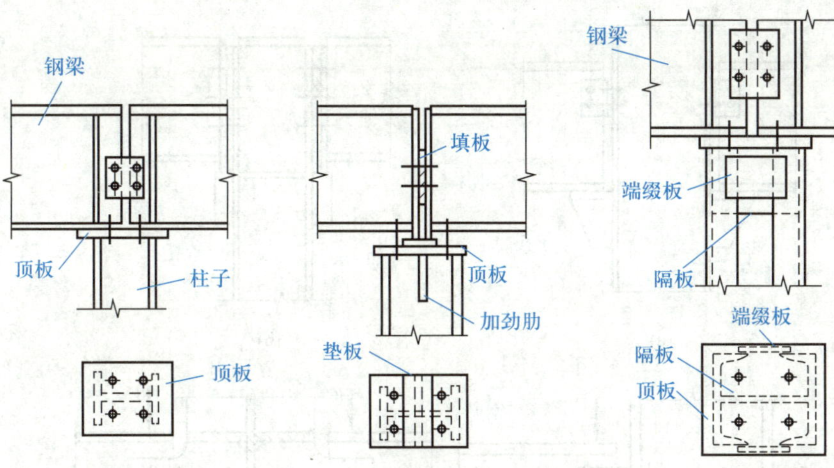

图 8.3.1 梁支承在柱顶的铰接连接

在图 8.3.1b 中,梁端采用突缘支座,突缘板底部刨平(或铣平),与柱顶板直接顶紧,梁的支座反力通过突缘板作用在柱身的轴线附近。这种连接即使两相邻梁支座反力不相等时,对柱所产生的偏心弯矩也很小,柱仍接近轴心受压状态。梁的支座反力主要由柱的腹板来承受,所以柱腹板的厚度不能太薄。在柱顶板之下的柱腹板上应设置一对加劲肋以加强腹板。加劲肋与柱腹板的竖向焊缝连接要按同时传递剪力和弯矩计算,因此加劲肋要有足够的长度,以满足焊缝强度和应力均匀扩散的要求。加劲肋与顶板的水平焊缝连接应按传力需要计算。为了加强柱顶板的抗弯刚度,在柱顶板中心部位加焊一块垫板。为了便于制造和安装,两相邻梁之间预留 10~20 mm 间隙。在靠近梁下翼缘处的梁支座突缘板间填以合适的填板,并用螺栓相连。

8.2 插入式柱头

图 8.3.1c 为梁支承在格构式柱顶的铰接连接构造。为了保证格构式柱两单肢受力均匀,不论是缀条式还是缀板式柱,在柱顶处应设置端缀板,并在两个单肢的腹板内侧中央处设置竖向隔板,使格构式柱在柱头一段变为实腹式。这样,梁支承在格构式柱顶连接构造可与实腹式柱的同样处理。

8.3 格构式轴心受力柱头

2. 梁支承于柱侧面的铰接连接

梁连接在柱的侧面上时,可在柱侧面设置承托,以支承梁的支座反力,其铰接构造如图 8.3.2a、b 所示。

当梁的支座反力不大时,可采用如图 8.3.2a 所示的连接构造。梁端可不设支承加劲肋,直接放在柱的承托上,用普通螺栓固定其位置。梁端与柱侧面预留一定间隙,在梁腹板靠近上翼缘处设一短角钢和柱身相连,以防止梁端向平面外方向产生偏移。这种连接形式比较简单,施工方便。

当梁的支座反力较大时,可采用如图 8.3.2b 所示的连接构造。梁的支座反力由突缘板传给承托,承托一般用厚钢板制作,有时为了安装方便,也可采用加劲后的角钢。承托的厚度应比梁端突缘板的厚度大 10~12 mm,承托的宽度应比梁端突缘板的宽度大 10 mm。承托与柱侧面用焊缝相连。承托的顶面应刨平,和梁端突缘板顶紧并以局部承压传力。考虑

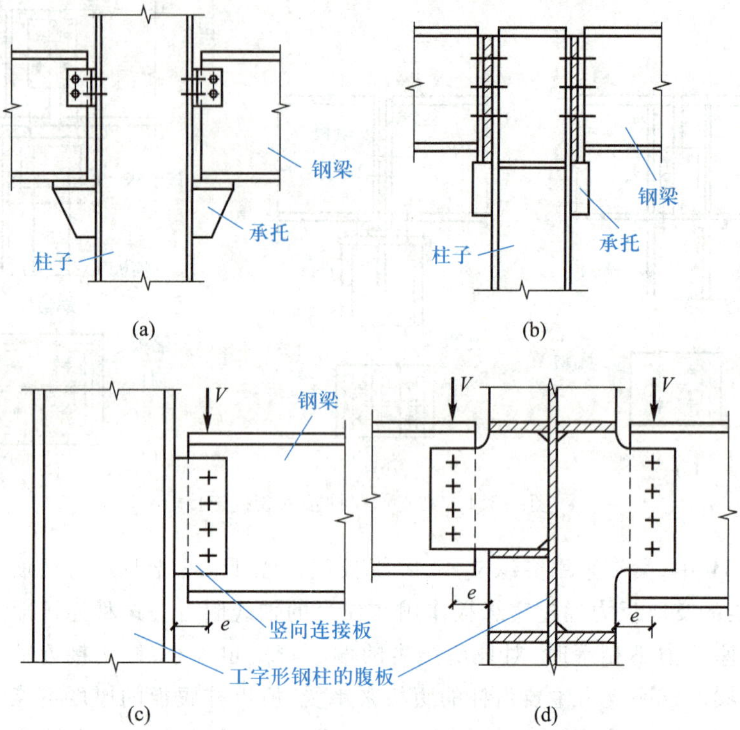

图 8.3.2　梁支承于柱侧面的铰接连接

到梁端支座反力偏心的不利影响，承托与柱的连接焊缝按 1.25 倍梁端支座反力来计算。为了便于安装，梁端与柱侧面应预留 5～10 mm 的间隙，安装时加填板并设置构造螺栓，以固定梁的位置。当两相邻梁的支座反力相差较大时，应考虑偏心影响，对柱身应按压弯构件进行验算。

此外，梁与柱铰接时，也可将钢梁腹板与柱子上焊接的竖向连接板通过高强度螺栓进行连接，如图 8.3.2c、d 所示。与梁腹板相连的高强度螺栓，除应承受梁端剪力 V 外，尚应承受偏心弯矩的作用，偏心弯矩 M 应按 $M=V\times e$ 进行计算。

对于梁与绕柱弱轴的连接(图 8.3.2d)，需要在柱上设置外伸的竖向连接板，连接板的上端和下端需要设置水平加劲肋，加劲肋板与柱腹板和翼缘的连接均可采用双面角焊缝。竖向连接板与柱腹板和加劲肋板也通过双面角焊缝进行连接。

8.3.2　梁与柱的刚性连接

框架梁与柱的连接节点做成刚性连接，可以增强框架的抗侧移刚度，减小框架横梁的跨中弯矩。在多、高层框架中梁与柱的连接节点一般都是采用刚性连接。梁与柱节点的刚性连接就是要保证将梁端的弯矩和剪力可以有效地传给柱子。图 8.3.3 是梁与柱的刚性连接构造图。

图 8.3.3a 所示为多层框架工字形梁和工字形柱全焊接刚性连接。梁翼缘与柱翼缘采用坡口对接焊缝连接。为了便于梁翼缘处坡口焊缝的施焊和设置衬板，在梁腹板两端上、下

角处各开 $r=30\sim35$ mm 的半圆孔（也常称为过焊孔）。梁翼缘焊缝承受由梁端弯矩产生的拉力和压力；梁腹板与柱翼缘采用角焊缝连接以传递梁端剪力。这种全焊接节点的优点是省工省料，缺点是梁需要现场定位、工地高空施焊，不便于施工。为了消除上述缺点，可以将框架横梁做成两段，并把短梁段在工厂制造时先焊在柱子上，如图 8.3.3b 所示，在施工现场再采用高强度螺栓摩擦型连接将横梁的中间段拼接起来。框架横梁拼接处的内力比梁端处小，因而有利于高强度螺栓连接的设计。图 8.3.3c 为梁腹板与柱翼缘采用连接角钢和高强度螺栓连接。因该连接中采用高强螺栓受力，而做为安装螺栓会损伤高强螺栓丝扣，影响终拧扭矩，故不得直接采用高强螺栓做为安装螺栓。因此，现场定位应另行设置安装螺栓。横梁安装就位后再将梁的上、下翼缘与柱的翼缘用坡口对接焊缝连接。这种节点连接包括高强度螺栓和焊缝两种连接件，要求它们联合或分别承受梁端的剪力和弯矩，常称为混合连接。

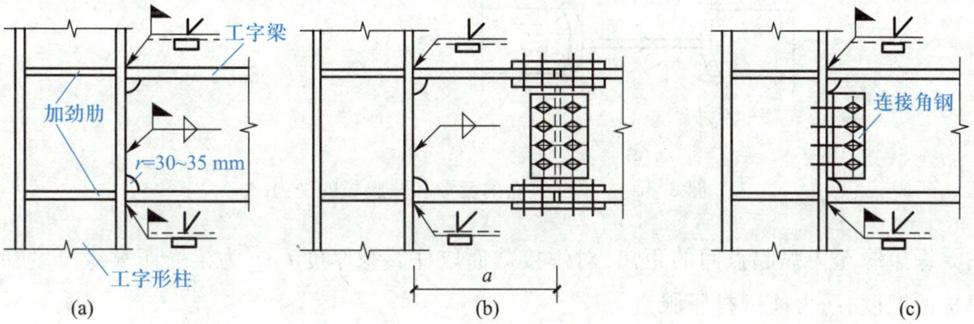

图 8.3.3　梁与柱的刚性连接

1. 柱腹板未设置水平加劲肋的节点

图 8.3.4a 为工字形梁与 H 形柱的刚性连接节点（梁翼缘采用焊透的 T 形对接焊缝与柱翼缘焊接）的变形示意图。在梁的受压翼缘处（图 8.3.4b），由梁端弯矩引起的集中压力对柱腹板产生挤压力，应验算：柱腹板计算高度边缘处的局部承压强度以及柱腹板在横向压力作用下的局部稳定；在梁受拉翼缘的拉力作用下（图 8.3.4c），防止柱翼缘发生横向变形过大，保证梁翼缘应力均匀分布，应验算柱翼缘的厚度。

在梁的受压翼缘处，柱腹板的厚度 t_w 应同时满足：

局部承压条件
$$t_w \geqslant \frac{A_{fb} \cdot f_b}{b_e \cdot f_c} \tag{8.3.1}$$

局部稳定条件
$$t_w \geqslant \frac{h_c}{30}\sqrt{\frac{f_{yc}}{235}} \tag{8.3.2}$$

在梁的受拉翼缘处，柱翼缘板的厚度 t_c 按强度计算应满足：

$$t_c \geqslant 0.4\sqrt{\frac{A_{ft} f_b}{f_c}} \tag{8.3.3}$$

式中，A_{fb}、A_{ft} 分别为梁受压、受拉翼缘的截面面积；f_c、f_b 分别为柱、梁钢材抗拉（压）强度设计值；b_e 为在垂直于柱翼缘的集中压力作用下，柱腹板计算高度边缘处压应力的假定分布长度，按式 $b_e=t_b+5h_y$ 进行计算；h_y 为自柱顶面至腹板计算高度上边缘的距离，对轧制型钢截面

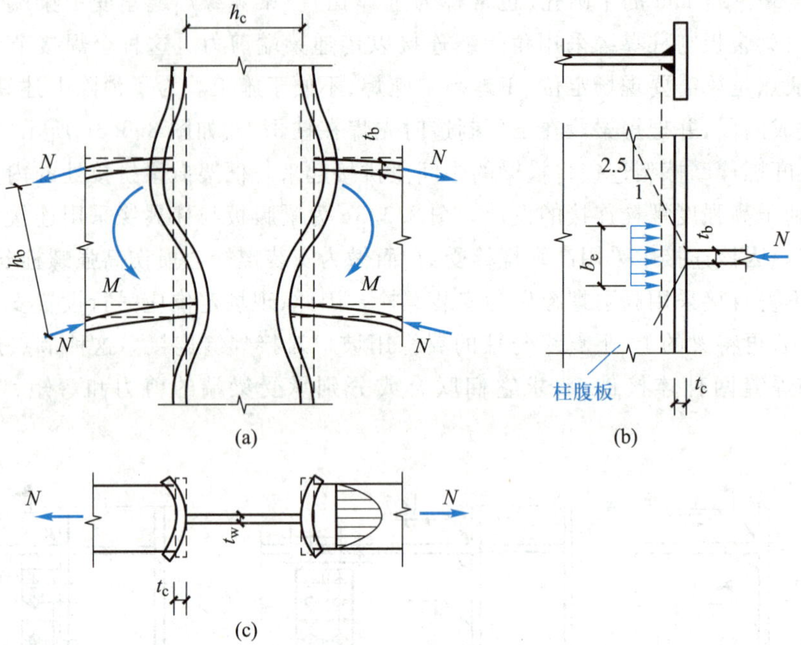

图 8.3.4　梁柱节点的变形和柱腹板的受力

取柱翼缘边缘至内弧起点间的距离，对焊接截面取柱翼缘厚度 t_c；t_b 为梁受压翼缘厚度；h_c 为柱腹板的宽度；f_{yc} 为柱钢材屈服点。

2. 对应于梁翼缘的柱腹板部位设置水平加劲肋的节点

如果上述柱腹板不设水平加劲肋时关于梁的受压或受拉翼缘处的计算不能满足，就需要对柱的腹板设置横向（水平）加劲肋。梁与柱刚性连接中柱腹板横向加劲肋的尺寸与焊接等要求应满足《标准》中 12.3.5 小节的有关规定。

当梁柱采用刚性连接，对应于梁翼缘的柱腹板部位设置横向加劲肋时，刚性连接节点的节点域如图 8.3.5a 所示，由柱的翼缘板和腹板的横向加劲肋所包围，即节点域的边长分别是梁和柱的腹板高度。节点域在周边剪力和弯矩作用下，柱腹板存在屈服和局部失稳的可能性，应验算其抗剪强度和稳定性。节点域的受剪承载力与其宽厚比紧密相关。《标准》规定：当横向加劲肋厚度不小于梁的翼缘板厚度时，节点域的受剪正则化宽厚比 $\lambda_{n,s}$ 不应大于 0.8；对单层和低层轻型建筑，$\lambda_{n,s}$ 不得大于 1.2。节点域的受剪正则化宽厚比 $\lambda_{n,s}$ 应按下式计算：

当 $h_c/h_b<1.0$ 时，
$$\lambda_{n,s}=\frac{h_b/t_w}{37\sqrt{4+5.34\,(h_b/h_c)^2}}\sqrt{\frac{f_y}{235}}$$

当 $h_c/h_b\geqslant 1.0$ 时，
$$\lambda_{n,s}=\frac{h_b/t_w}{37\sqrt{5.34+4\,(h_b/h_c)^2}}\sqrt{\frac{f_y}{235}}$$

式中，h_c、h_b 分别为节点域腹板的宽度和高度。

节点域在梁端弯矩作用下将产生较大的剪力。假设梁端弯矩仅由梁翼缘板承受，柱腹板上边加劲肋受力如图 8.3.5b 所示（其中 V_{c1} 为柱传来的剪力），则有：

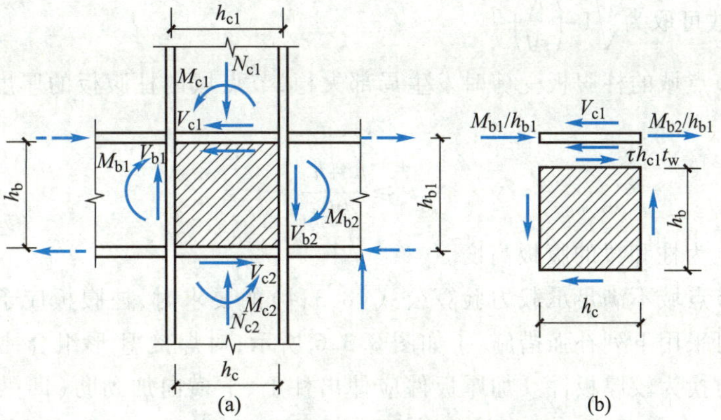

图 8.3.5　钢梁与柱子刚性连接的节点域

$$\tau h_{c1} t_w = \frac{M_{b1} + M_{b2}}{h_{b1}} - V_{c1}$$

$$\tau = \frac{M_{b1} + M_{b2}}{h_{b1} h_{c1} t_w} - \frac{V_{c1}}{h_{c1} t_w}$$

节点域中的应力比较复杂，剪应力 τ 在节点域的中心为最大，剪切屈服由中心开始逐步向四周扩展。由于节点域四周有较强的弹性约束，节点域屈服后，剪切承载力仍可提高。试验证明：节点域的剪应力 τ 达到 $\frac{4}{3}\tau_y$ 时，节点域仍能保持稳定，因此将节点域屈服剪应力提高到 $\frac{4}{3}\tau_y$。即当 $\lambda_{n,s}$ 较小时，节点域抗剪屈服条件为 $\tau \leqslant \frac{4}{3}\tau_y$。为了简化计算，当忽略柱剪力 V_{c1} 及柱轴力的影响时，节点域抗剪强度按下式验算：

$$\tau = \frac{M_{b1} + M_{b2}}{h_{b1} h_{c1} t_w} \leqslant \frac{4}{3} f_v \quad \text{或} \quad \frac{M_{b1} + M_{b2}}{V_p} \leqslant \frac{4}{3} f_v$$

然而，当 $\lambda_{n,s}$ 较大时，节点域的抗剪承载力将低于 $\frac{4}{3}\tau_y$（甚至低于 τ_y）。因此节点域的抗剪承载力验算的公式可以统一取为

$$\frac{M_{b1} + M_{b2}}{V_p} \leqslant f_{ps} \tag{8.3.4}$$

式中，M_{b1}、M_{b2} 分别为节点两侧梁端弯矩设计值；f_v 为钢材抗剪强度设计值；h_{c1} 为柱翼缘中心线间的宽度；h_{b1} 为梁翼缘中心线间的高度；t_w 为柱腹板厚度；V_p 为节点域腹板的体积。柱为工字形截面时，$V_p = h_{b1} h_{c1} t_w$；柱为箱形截面时，$V_p = 1.8 h_{b1} h_{c1} t_w$；柱为圆管截面时，$V_p = (\pi/2) h_{b1} d_c t_c$。$d_c$ 为钢管直径线上管壁中心线之间的距离；t_c 为采用圆管柱时节点域钢管壁厚；f_{ps} 为节点域的抗剪强度。

节点域的抗剪承载力 f_{ps} 应据节点域受剪正则化宽厚比 $\lambda_{n,s}$ 按下列规定取值：① 当 $\lambda_{n,s} \leqslant 0.6$ 时，$f_{ps} = \frac{4}{3} f_v$；② 当 $0.6 < \lambda_{n,s} \leqslant 0.8$ 时，$f_{ps} = \frac{1}{3}(7 - 5\lambda_{n,s}) f_v$；③ 当 $0.8 < \lambda_{n,s} \leqslant 1.2$ 时，$f_{ps} = [1 - 0.75(\lambda_{n,s} - 0.8)] f_v$；④ 当柱子轴压比 $\frac{N}{Af} > 0.4$ 时，受剪承载力 f_{ps} 应乘以修正系数，当 $\lambda_{n,s} \leqslant$

0.8 时，修正系数可取为 $\sqrt{1-\left(\frac{N}{Af}\right)^2}$。

为了防止节点域的柱腹板受剪时发生局部失稳，节点域内柱腹板的厚度 t_w 应满足下式要求：

$$t_w \geqslant \frac{h_c+h_b}{90} \tag{8.3.5}$$

式中，h_c、h_b 分别为柱和梁的腹板高度。

当柱腹板节点域不满足承载力验算公式(8.3.4)的要求时，柱腹板应予补强。对 H 形截面柱节点域可采用下列补强措施：①如图 8.3.6 所示，对焊接 H 形组合柱，宜将柱腹板在节点域范围内更换为较厚板件。加厚板件应伸出柱上、下横向加劲肋（即梁上、下翼缘高度处）之外各 150 mm，并采用对接焊缝将其与上、下柱腹板拼接。②节点域处焊贴补强板加强。补强板与柱加劲肋和翼缘可采用角焊缝连接，与柱腹板采用塞焊连成整体，塞焊点之间的距离不应大于较薄焊件厚度的 $21\sqrt{\frac{235}{f_y}}$ 倍。③在节点域设置斜向加劲肋加强。

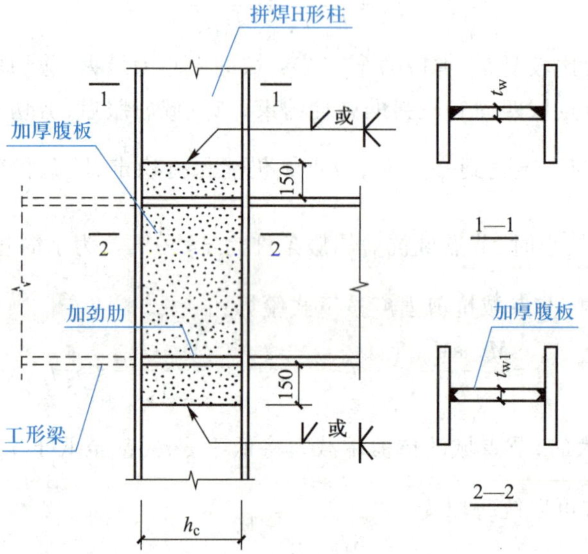

图 8.3.6　节点域柱腹板的加厚

8.3.3　梁与柱的半刚性连接

图 8.3.7 为多层框架梁与柱的半刚性连接节点。

在图 8.3.7a 中，梁端上、下翼缘处各用一个角钢作为连接件，并采用高强度螺栓摩擦型连接将角钢的两肢分别与梁和柱连接，这种连接属于半刚性连接。图 8.3.7b 为梁端焊一端板，端板用高强度螺栓与柱翼缘连接，常称为端板连接。试验结果表明：图 8.3.7b 比图 8.3.7a 的转动刚度大，当图 8.3.7b 中的连接端板足够厚且螺栓布置合理、数量足够时，端板连接对梁端的约束可以达到刚性连接的要求。类似的，图 8.3.7c 中当 T 形钢板

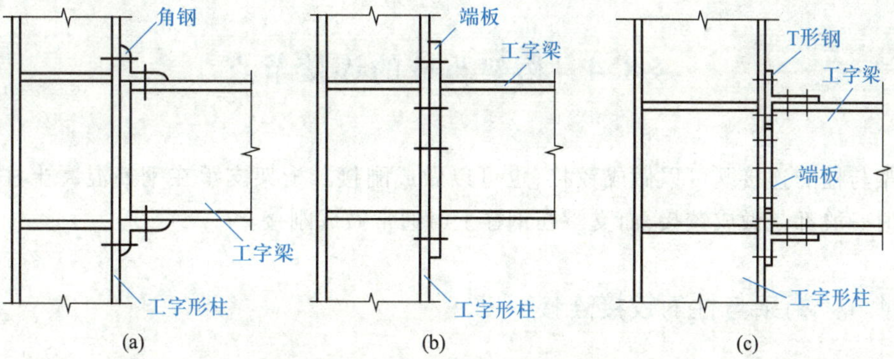

图 8.3.7 钢梁与柱的半刚性连接

厚不大时，属于半刚性连接，但如果连接件厚度较大且螺栓布置足够时，也可达到刚性连接的要求。

图 8.3.8 为轻型单层框架梁与柱连接的常见节点形式，斜梁和柱子通常采用外伸端板和高强螺栓连接，当端部厚度不大且螺栓数量不多时，属于半刚性连接节点。外伸端板有三种形式：端板竖放（图 8.3.8a）、端板平放（图 8.3.8b）和端板斜放（图 8.3.8c）。与图 8.3.7b 端板连接类似，当端板的厚度足够厚（或采用适当的短加劲肋加强端板时）且螺栓布置合理、数量足够时，图 8.3.8 所示的端板连接可以作为刚性连接。还应注意，当用于轻型门式刚架时，因结构内力和位移计算中斜梁与柱子的连接通常按刚接处理，因此，为与之一致，斜梁和柱子必须做成刚性连接。

由于端板连接施工方便、做法简单、受弯承载力和刚度大，在实际工程中应用较多。《标准》要求对于端板连接的梁柱刚接节点应符合下列规定：① 端板宜采用外伸式端板，端板的厚度不宜小于螺栓直径。② 节点中端板厚度与螺栓直径应由计算决定，计算时宜计入撬力的影响。③ 节点区柱腹板对应于梁翼缘部位应设置横向加劲肋，其与柱翼缘围成的节点域应进行抗剪强度的验算，强度不足时宜设斜加劲肋加强。而且，对采用端板连接的节点，还应符合下列规定：① 连接应采用高强度螺栓，螺栓间距应满足《标准》表 11.5.2 的规定；② 螺栓应成对称布置，并应满足拧紧螺栓的施工要求。

半刚性连接的框架计算比较复杂，需要通过试验确定节点连接的 M-θ 关系曲线。目前，关于半刚性连接已取得许多研究成果，但尚未达到实用化程度。

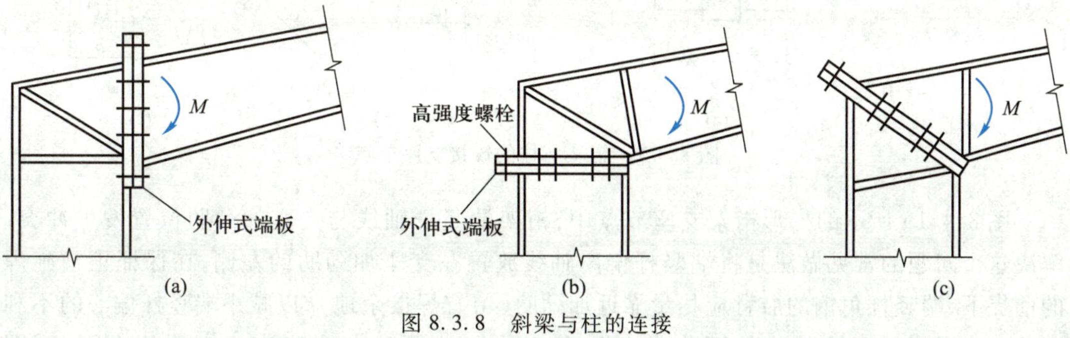

图 8.3.8 斜梁与柱的连接

§8.4　桁架与柱的连接节点

桁架与柱的连接既可以做成铰接,也可以做成刚接。桁架支承在钢筋混凝土柱或砖砌体柱上时一般都是做成铰接,而支承在钢柱上时通常做成刚接。

8.4.1　桁架与柱的铰接连接

图 8.4.1 为梯形桁架和三角形桁架支承在钢筋混凝土柱或砖柱顶的支座节点构造图,支座只传递桁架的竖向支座反力,可以视为铰接。这种支座是由支座节点板、支座底板和加劲肋组成,通常称为平板式支座。加劲肋成对设置在支座节点板两侧,其中面位于支座底板对称轴线上。加劲肋的作用是增加支座节点板的平面外刚度,减小支座底板中的弯矩。支座反力 R(图 8.4.1a、b)通过节点板和加劲肋将集中荷载转化成为线荷载,从而改善了支座底板的受力状态。由于加强了底板的刚度,使支座反力 R 以方形或矩形底板下呈均匀分布压力的形式传给钢筋混凝土柱等下部结构。

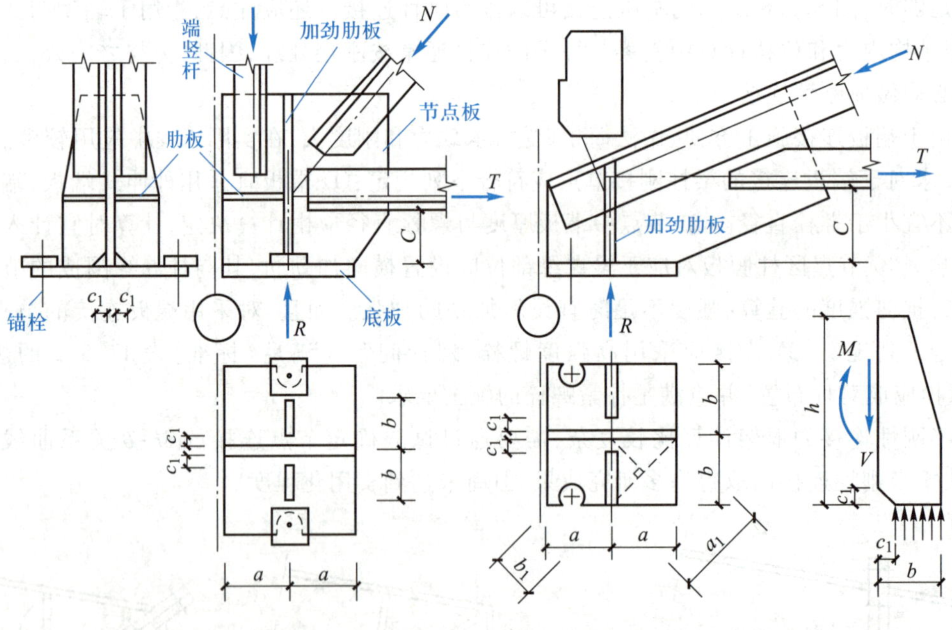

图 8.4.1　桁架与柱的铰接支座节点

图 8.4.1a 所示的梯形桁架支座节点中,桁架端竖杆轴线与支座加劲肋位置发生冲突。解决这个问题的常见做法是将端竖杆偏离轴线放置在支座加劲肋的左侧,在保证正常施焊的前提下,端竖杆角钢的肢背应尽量靠近加劲肋(留有焊接余地),以减小端竖杆偏心的不利影响。为了便于桁架下弦角钢肢背施焊,下弦角钢水平肢与支座底板之间的净距 C(图 8.4.1a、b 所示),不应小于下弦角钢伸出肢的宽度,且不得小于 130 mm。锚栓预埋在钢筋混

凝土柱顶,用于固定桁架的位置。锚栓的直径 d 一般为 20~24 mm,埋入柱顶的锚固长度一般为 $25d$,并应加 $4d$ 的弯钩。为便于安装桁架时可以调整位置,底板上的锚栓孔直径应为锚栓直径的 2~2.5 倍,待桁架安装就位完毕后,再在锚栓上套上垫板,并与底板焊牢以固定桁架,垫板上的孔径比锚栓直径大 1~2 mm。锚栓设置在底板的中线上,并与加劲肋对齐(如图 8.4.1a 所示),这将使底板的宽度加大。锚栓位置也可按图 8.4.1b 所示布置,底板的宽度就可变小。

支座节点的传力路线:桁架杆件的内力通过杆端连接焊缝传给节点板,经由节点板与加劲肋之间的竖向焊缝,将一部分力传给加劲肋,然后再通过节点板、加劲肋与底板的水平焊缝把全部支座反力传给底板,最后传给钢筋混凝土柱等下部构件。

支座底板的净面积按下式计算:

$$A_n = \frac{R}{f_c} \tag{8.4.1}$$

式中,R 为桁架的支座反力;f_c 为混凝土的抗压强度设计值。

底板所需的面积为 $A = A_n$ + 锚栓孔缺口面积,底板如采用矩形应使 $2a \times 2b \geq A$。在图 8.4.1a 中加劲肋的端部不可能伸到底板的边缘,此时底板的面积可只算到加劲肋的外缘,即图中的 $2a \times 2b$,此时不必扣除预留锚栓孔缺口面积。通常桁架支座反力不大,底板平面尺寸由其刚度和锚栓位置等构造要求确定,常用尺寸:$2a \times 2b$ = 240 mm×240 mm ~ 400 mm×400 mm。底板的宽度和长度均不能超出钢筋混凝土柱顶支承面的范围。

底板厚度按柱顶反力均匀作用下在底板中产生的弯矩确定。在图 8.4.1b 中底板被节点板和加劲肋分隔成为四个两相邻边支承的板($a \times b$),其单位宽度的弯矩按下式计算:

$$M = \beta q a_1^2 \tag{8.4.2}$$

式中,q 为底板下的均布反力,$q = \frac{R}{A_n}$;a_1 为两相邻支承边的对角线长度,见图 8.4.1b;β 为系数,由 $\frac{b_1}{a_1}$ 查表 8.4.1 得,b_1 是内角顶点至对角线的垂直距离。

表 8.4.1 两相邻支承边的矩形板的系数 β

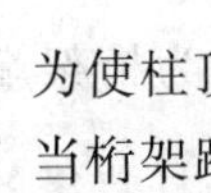	b_1/a_1	0.3	0.4	0.5	0.6	0.7
	β	0.026	0.042	0.058	0.072	0.085

支座底板的厚度为

$$t \geq \sqrt{\frac{6M}{f}} \tag{8.4.3}$$

为使柱顶压力比较均匀地分布,底板不宜太薄。支座底板的厚度宜满足下列构造要求:

当桁架跨度≤18 m 时,$t \geq 16$ mm;

当桁架跨度>18 m 时,$t \geq 20$ mm。

加劲肋的高度与节点板的高度相同(图 8.4.1a),三角形桁架支座节点的加劲肋应紧靠上弦水平肢并焊接(图 8.4.1b)。加劲肋的厚度取与节点板厚度相同或略小。为避免三条互相垂直的焊缝交于一点,加劲肋底端应切角 c_1(图 8.4.1c)。加劲肋可视为支承于节点板上的悬臂梁，一个加劲肋所受的剪力 V 通常假定为支座反力 R 的 1/4，或按加劲肋的底部水平焊缝所传的合力计算，故应按悬臂梁验算其强度。加劲肋与节点板的竖向连接焊缝同时承受剪力 V 和弯矩 $M=V\cdot\frac{b}{2}$。

每个加劲肋与节点板之间竖向连接焊缝按下式验算：

$$\sqrt{\tau_{\mathrm{f}}^{2}+\left(\frac{\sigma_{\mathrm{f}}}{\beta_{\mathrm{f}}}\right)^{2}}=\sqrt{\left(\frac{V}{2\times0.7\times h_{\mathrm{f}}\times L_{\mathrm{w}}}\right)^{2}+\left(\frac{6M}{2\times0.7h_{\mathrm{f}}\times L_{\mathrm{w}}^{2}\times\beta_{\mathrm{f}}}\right)^{2}}\leqslant f_{\mathrm{f}}^{\mathrm{w}} \tag{8.4.4}$$

式中，$L_{\mathrm{w}}=h-2h_{\mathrm{f}}-c_{1}$；$h$ 为加劲肋高度；c_1 为加劲肋切角高度，一般取 15 mm。

底板与节点板、加劲肋的水平连接焊缝承受全部支座反力 R，按下式计算：

$$\sigma_{\mathrm{f}}=\frac{R}{0.7h_{\mathrm{f}}\sum L_{\mathrm{w}}}\leqslant\beta_{\mathrm{f}}\cdot f_{\mathrm{f}}^{\mathrm{w}} \tag{8.4.5}$$

式中，焊缝计算长度之和 $\sum L_{\mathrm{w}}=2(2a-2h_{\mathrm{f}})+4(b-c_{1}-2h_{\mathrm{f}})$。

8.4.2　桁架与柱的刚性连接

图 8.4.2 所示是桁架与柱刚性连接的构造图。桁架与柱刚性连接时，桁架支座处除承受竖向支座反力外，还有由桁架端弯矩产生的上、下弦的水平力。当组合弯矩为负弯矩时，上弦受拉，为正弯矩时，上弦受压。图 8.4.2 为正弯矩组合时的受力情况。

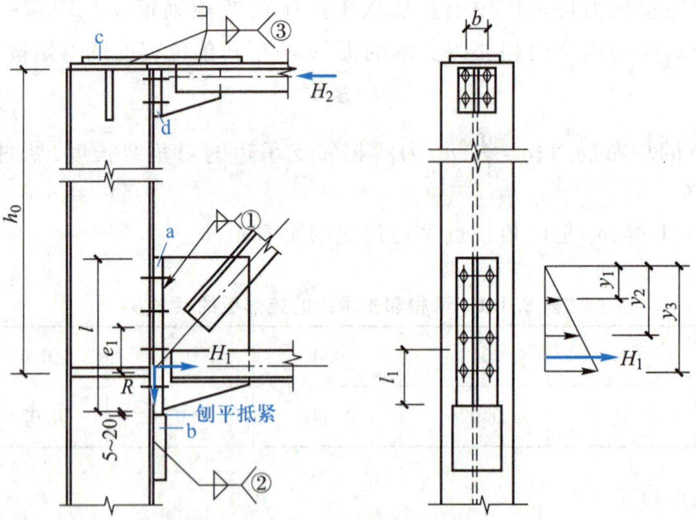

图 8.4.2　桁架与柱的刚性连接

在上弦节点中，上弦与柱采用盖板 c 连接，节点处的水平力为 $H_2=\frac{M}{h_0}$（M 为桁架端弯矩）。上弦节点处的水平力 H_2 通过盖板及其连接焊缝传给柱子。上弦的端板与柱翼缘的连接螺栓只起安装定位作用，只需满足构造要求。

在下弦节点中，下弦节点的螺栓连接承受水平偏心拉力，承托板承受竖向剪力 R。为了减小节点板的尺寸，将下弦和端斜杆轴线汇交于柱的内侧边缘，因此螺栓不能对桁架下弦轴线对称布置(即螺栓群形心一般偏于下弦杆轴线的上方)。下弦节点处的水平拉力为 $H_1=N+\frac{M}{h_0}$(N、M 分别为刚架计算时的横梁轴力和支座弯矩),水平拉力 H_1 对螺栓群有偏心作用。螺栓最大拉力的计算应考虑两种情况(即采用C级螺栓连接时应判断大偏心受拉或者小偏心受拉)进行。螺栓连接中最大受拉螺栓的拉力 N_{max},应满足不大于螺栓受拉的承载力设计值 N_t^b。

桁架下弦节点板与端板的连接焊缝共同承受支座反力 R、最大水平力 H_1(拉力或压力)以及偏心弯矩 H_1e_1 作用,其连接焊缝的强度按下式计算:

$$\sqrt{\left(\frac{R}{2\times0.7h_f\times l_w}\right)^2+\frac{1}{1.22^2}\left(\frac{H_1}{2\times0.7h_f\times l_w}+\frac{6H_1e_1}{2\times0.7h_f\times l_w^2}\right)^2}\leqslant f_f^w$$

式中,e_1 为最大水平力 H_1 至焊缝中心的距离;$l_w=l-2h_f$。

上弦和下弦节点中端板 d 和 a 应具有一定的刚度,端板厚度 t 应满足构造要求,上弦节点:$t\geqslant12\sim20$ mm;下弦节点:$t\geqslant20$ mm,并应计算下弦节点中端板的抗弯强度。下弦节点的端板 a 在水平拉力 H_1 作用下受弯,计算时通常取最大受拉螺栓处的一段端板,其高度为 l_1。考虑端板两侧边缘部分有较大的嵌固作用,端板可以近似按嵌固于两列螺栓间的单跨固接板计算弯矩,则端板厚度 t 应满足式(8.4.3)的要求:

$$t\geqslant\sqrt{\frac{6M_{max}}{l_1f}}=\sqrt{\frac{6\times\frac{1}{8}\times2N_{max}b}{l_1f}}=\sqrt{\frac{3N_{max}b}{2l_1f}}$$

式中,N_{max} 为一个螺栓所受的最大拉力(根据螺栓群属大偏心或小偏心受拉进行计算);b 为两竖列螺栓的距离;l_1 为受力最大螺栓的端距加上螺栓竖向间距的一半。

桁架支座竖向反力 R 由端板传给承托 b。承托常用 25~40 mm 的厚钢板,有时采用 14~16 mm 厚的大号角钢截成。承托与柱的连接焊缝通常按(1.2~1.3)R 力计算。

当组合弯矩为负时,上弦节点处的拉力仍通过盖板及其焊缝传给柱子。下弦节点处的偏心压力通过端板 a 与柱子翼缘直接承压传递,螺栓群不受力。下弦节点板与端板 a 间的角焊缝验算,以及桁架竖向反力的传递验算,与组合弯矩为正时类似,此处不再赘述。

§8.5 变截面柱的节点构造

在设置吊车的单层工业厂房中,经常要使用阶形柱(Separate Columns)。阶形柱变截面处是上、下段柱连接和支承吊车梁的重要部位,必须具有足够的强度和刚度。阶形柱的吊车梁支承平台,也称为肩梁,是由上盖板、下盖板、腹板以及垫板组成的。在阶形柱变截面处构造肩梁的主要目的有二:其一,是将上、下段柱连成整体,实现上、下段柱的内力传递,保证不产生相对转角和位移;其二,是解决吊车梁、制动梁和柱的连接。上、下段柱的截面形式、截面宽度都不相同,下段柱的截面高度比较大,常做成格构式,需要在下段柱的上端做一个具有足够刚度的肩梁来承受上段柱的内力,同时又作为吊车梁的承托。因此,肩梁应有足够大的强度和刚度。肩梁有单壁式和双壁式两种。

1. 单壁式肩梁

图 8.5.1 为边柱上、下段柱的连接构造及上段柱的安装接头。肩梁只有一块腹板，为单壁式肩梁，主要用于上、下段柱都是实腹柱的情况，也可用于下段柱为截面较小的格构式柱中。板 b 加板 c 可视为肩梁的上翼缘，板 d 可视为肩梁的下翼缘。上段柱腹板与肩梁翼缘一般采用角焊缝连接。上段柱内、外翼缘直接用斜对接焊缝分别与翼缘板 e 和下段柱屋盖肢的腹板拼接，翼缘板 e 实际上是上柱内翼缘板的延伸，可适应上、下段柱宽度改变的需要，便于安装，又保证了上、下段柱连接的刚度。上段柱内翼缘板 e 开槽口插入肩梁腹板 a，用角焊缝连接，其计算内力可近似按下式计算：

$$P_1=\frac{N}{2}\pm\frac{M}{h_1} \tag{8.5.1}$$

式中，P_1 为上段柱翼缘板的内力；N、M 为上段柱下端使 P_1 绝对值最大的最不利内力组合中的轴力和弯矩；h_1 为近似取上段柱的截面高度。

上段柱整个截面也可用直对接焊缝与下段柱伸出部分拼接，此时上段柱和下段柱伸出部分的内外翼缘均为平切，可节省钢材，但为保证焊缝与母材等强度，焊缝的质量等级不应低于二级。

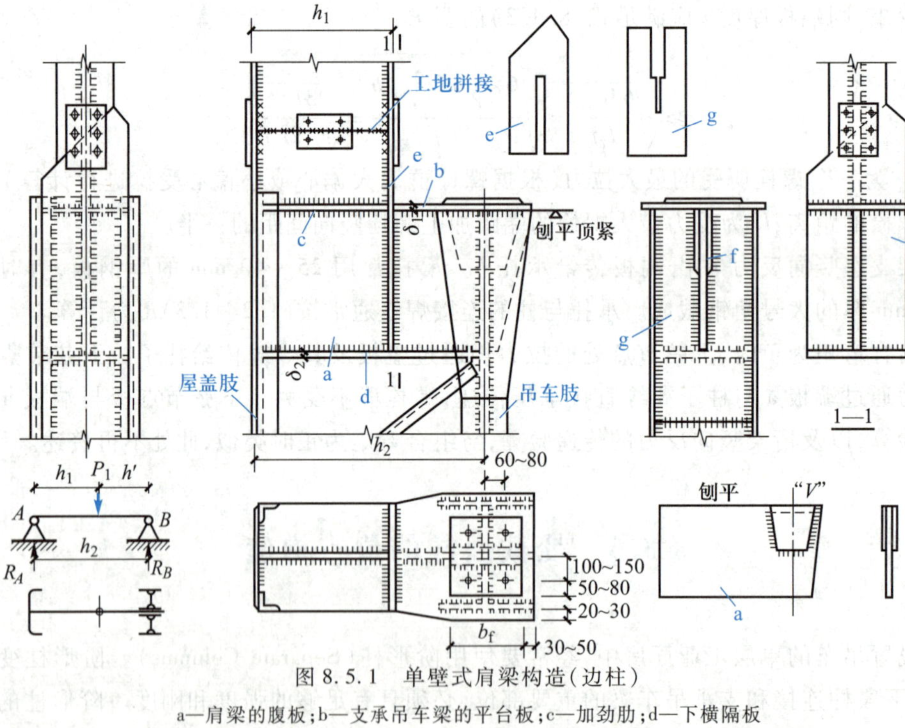

图 8.5.1　单壁式肩梁构造(边柱)

a—肩梁的腹板；b—支承吊车梁的平台板；c—加劲肋；d—下横隔板

肩梁腹板 a 可近似按跨度为 h_2(h_2 为下段柱的截面高度)，受集中荷载 P_1 作用的两端简支梁计算(图 8.5.1)。为了保证阶形柱变截面处的刚度，肩梁高度不宜太小，通常肩梁的腹板高度可取$(0.45\sim0.6)h_2$。肩梁只需计算其强度而不必计算刚度和稳定性。肩梁腹板厚度通常由剪切强度确定，不应小于 12 mm。肩梁腹板 a 与下段柱屋盖肢腹板的连接焊缝按肩梁支座反力 R_A 计算。肩梁腹板 a 与下段柱吊车肢腹板的连接焊缝不但承受肩梁支座反力

R_B,同时还承受吊车梁竖向支座反力作用,故应综合考虑上柱段受力和吊车荷载等作用的同一内力组合来确定该处连接焊缝的最不利受力,并进行计算。这些连接焊缝的计算长度应不大于 $60h_f$,且 $h_f \geq 8$ mm。

上、下段柱连接如在工地进行安装拼接,则必须在上段柱下端连接处设置连接板(如图 8.5.1 所示),以保证拼接正确。

在阶形柱中,吊车肢上的平台板 b 要传递较大的吊车荷载,厚度不宜小于 20 mm,根据荷载的大小,厚度通常为 16 ~ 36 mm。平台板 b 的平面尺寸应比下段柱截面尺寸略大,以便于焊缝连接。加劲肋 c 的厚度一般取 16 ~ 20 mm,横隔板 d 的厚度一般取 12 ~ 20 mm。

图 8.5.1 所示肩梁构造适用于吊车梁支座为突缘支座的情况。当吊车梁竖向支座反力较大时,为了加强肩梁的腹板,可在吊车梁突缘宽度范围内,在肩梁腹板两侧局部各贴焊一块板 f,板 f 与板 a 以角焊缝相焊,可按单侧吊车梁最大支座反力的 75% 计算所需焊缝长度,板 f 的高度不宜小于 300 mm,板厚由承压面积计算确定。板 f 顶面采用 V 形坡口焊缝,并与板 a 一起刨平顶紧于上盖板。为了伸出板 a 和板 f,并传递吊车梁竖向支反力,吊车肢上部的腹板常改用带有槽口的厚板,如图中 g 板所示。上盖板设置垫板用以调整吊车梁的标高,同时也起到分布吊车梁竖向支座反力增大承压面积的作用,垫板厚度不宜小于 20 mm。

当吊车梁为平板式支座时,如图 8.5.2 所示,宜在吊车肢腹板上与吊车梁梁端支座加劲肋的相应位置处设置短加劲肋,并按吊车梁最大支座反力计算端面承压和焊缝强度。这时肩梁腹板不必穿出吊车肢腹板。

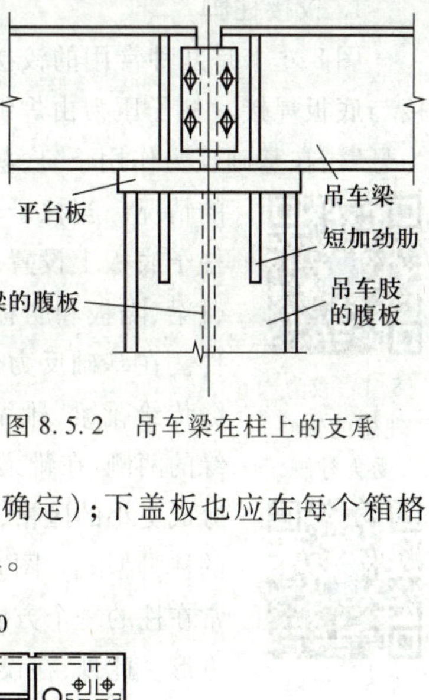

图 8.5.2　吊车梁在柱上的支承

2. 双壁式肩梁

图 8.5.3 为中柱变截面处采用双壁式肩梁的连接构造,主要用于下段柱为格构柱,以及拼接刚度要求较高的重型柱中。双壁式肩梁由支承吊车梁的平台板、两侧的肩梁腹板和肩梁的下横隔板构成一个箱形结构,其刚度和整体性较好,但制造、施焊复杂。为便于安装螺栓,应在上盖板上开直径 $\phi 150$ mm 的孔(个数按需要确定);下盖板也应在每个箱格适当开直径 $\phi 100$ mm 的孔,以排除肩梁箱体内可能有的积水。

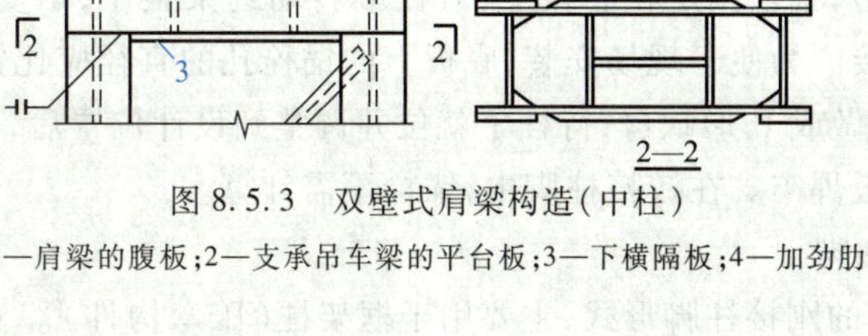

图 8.5.3　双壁式肩梁构造(中柱)

1—肩梁的腹板;2—支承吊车梁的平台板;3—下横隔板;4—加劲肋

双壁式肩梁的计算方法与单壁式基本相同，只是在计算腹板时，应考虑两块腹板共同受力，连接焊缝应根据构造作法具体布置确定。

§8.6　柱脚节点

8.6.1　柱脚的形式与构造

柱脚(column bases)的作用是将柱的下端固定于基础，并将柱身所受的内力传给基础。柱脚按其与基础的连接方式不同，可分为铰接和刚接两种型式。又按柱脚外部是否有钢筋混凝土包裹可分为外露式和非外露式(包括埋入式、外包式及插入式)柱脚。多高层结构框架柱的柱脚可采用埋入式柱脚、外包式柱脚及插入式柱脚，多层结构框架柱尚可采用外露式柱脚，单层厂房刚接柱脚可采用插入式柱脚、外露式柱脚，铰接柱脚宜采用外露式柱脚。本节将主要介绍外露式柱脚。因基础一般由钢筋混凝土做成，其强度远比钢材低。为此，需要将柱身的底端放大，以增加其与基础顶部的接触面积，使接触面上的压应力小于或等于基础混凝土的抗压强度设计值。

1. 铰接柱脚

图 8.6.1 是几种常用的铰接柱脚型式，主要用于轴心受压柱。图 8.6.1a 在柱子下端直接与底板焊接。柱子压力由焊缝传给底板，由底板扩散并传给基础。由于底板在各方向均为悬臂，在基础反力作用下，底板抗弯刚度较弱。所以这种柱脚型式只适用于柱子轴力较小的情况。当柱子轴力较大时，通常采用图 8.6.1b、c、d 所示的柱脚型式。在柱子底板上设置靴梁、隔板和肋板，底板被分隔成若干小的区格。底板上的靴梁、隔板和肋板相当于这些小区格板块的边界支座，改变了底板的支承条件。在基础反力作用下，底板的最大弯矩值变小了。柱子轴力通过竖向角焊缝传给靴梁，靴梁再通过水平角焊缝传给底板。图 8.6.1b 中，靴梁焊在柱翼缘的两侧，在靴梁之间设置隔板，以增加靴梁的侧向刚度；同时，底板被进一步分成更小的区格，底板中的弯矩也因此而减小。图 8.6.1c 是格构柱仅采用靴梁的柱脚型式。图 8.6.1d 在靴梁外侧设置肋板，使柱子轴力向两个方向扩散，通常在柱的一个方向采用靴梁，另一方向设置肋板，底板宜做成正方形或接近正方形。此外，在设计柱脚中的连接焊缝时，要考虑施焊的方便与可能性。

8.4　较为理想的轴心受力柱脚

8.5　格构式柱脚

柱脚通过预埋在基础上的锚栓来固定。锚栓按柱脚是铰接还是刚接进行布置和固定。铰接柱脚只沿着一条轴线设置两个连接于底板上的锚栓(图 8.6.1)，锚栓固定在底板上，对柱端转动约束很小，承受的弯矩也很小，接近于铰接。为便于现场安装，底板上的锚栓孔的直径应比锚栓直径大 0.5～1.0 倍，并做成 U 形缺口，待柱子就位并调整到设计位置后，再用垫板套住锚栓并与底板焊牢。在铰接柱脚中，锚栓不需计算。

8.6　简单轴心柱脚的构造

2. 外露式刚接柱脚

图 8.6.2 是常用的刚接柱脚形式，主要用于框架柱(压弯构件)。对于单根实腹式框架

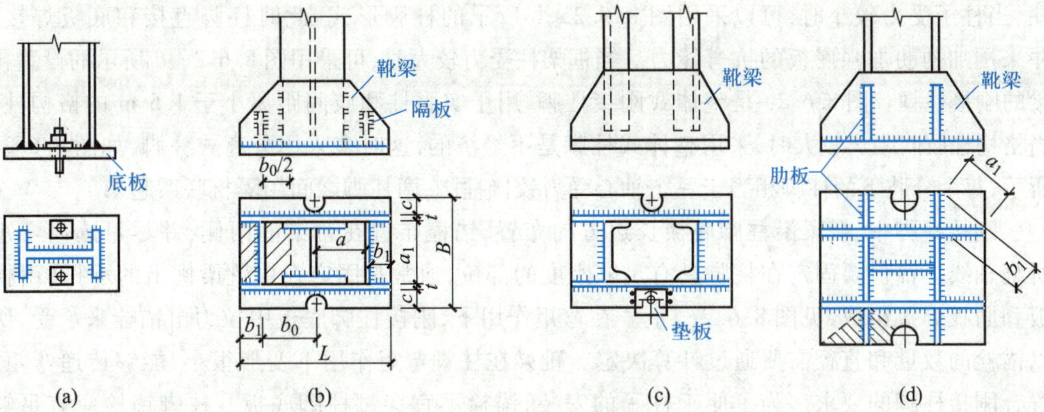

图 8.6.1 铰接柱脚

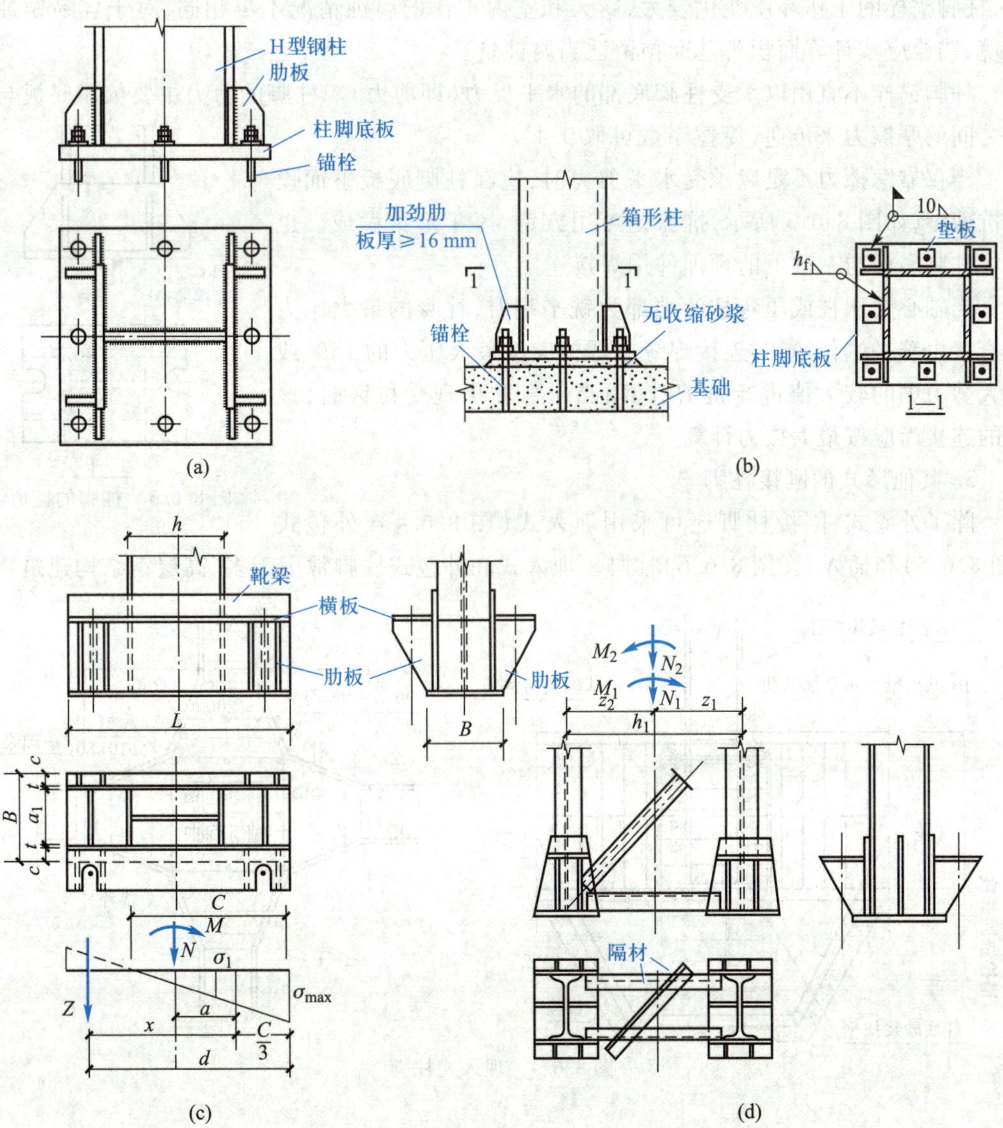

图 8.6.2 刚接柱脚

柱，当柱子受力较小时，可以采用图 8.6.2a、b 所示的柱脚形式，此时柱脚直接和底板焊接，并采用加劲肋加强底板的抗弯能力。当框架柱受力较大时，可采用图 8.6.2c、d 所示的设置靴梁的刚接柱脚。图 8.6.2c 是整体式刚接柱脚，用于实腹柱和肢间距离小于 1.5 m 的格构柱。当格构柱肢间距离较大时，采用整体式柱脚是不经济的，这时多采用分离式柱脚，如图 8.6.2d 所示，每个分肢下的柱脚相当于一个轴心受力铰接柱脚，两柱脚之间用隔材联系起来。

刚接柱脚中，靴梁沿柱脚底板长边方向布置，锚栓布置在靴梁的两侧，并尽量远离弯矩所绕轴线。锚栓要固定在柱脚具有足够刚度的部位，通常是固定在由靴梁挑出的承托（由横板和肋板焊接组成，见图 8.6.2c）上。在弯矩作用下，刚接柱脚底板中拉力由锚栓来承受，所以锚栓的数量和直径需要通过计算决定。靴梁在柱脚弯矩作用下变形很小，能够传递弯矩，符合刚接柱脚的要求。为了便于柱子的安装，锚栓不宜穿过柱脚底板。柱脚锚栓应有足够的埋置深度，当埋置深度受限或锚栓在混凝土中的锚固较长时，则可设置锚板或锚梁。此外，柱脚锚栓的工作环境变化较大，露天和室内工作的腐蚀情况不尽相同，对于容易锈蚀的环境，锚栓应按计算面积为基准预留适当腐蚀量。

柱脚锚栓不宜用以承受柱脚底部的水平反力（即剪力）。柱脚的剪力主要依靠底板与基础之间的摩擦力来传递（摩擦系数可取 0.4）。

当仅靠摩擦力不足以承受水平剪力时，应在柱脚底板下面设置抗剪键，如图 8.6.3 所示，抗剪键可用方钢、短 T 形钢做成。也可将柱脚底板与基础上的预埋件用焊接连接。

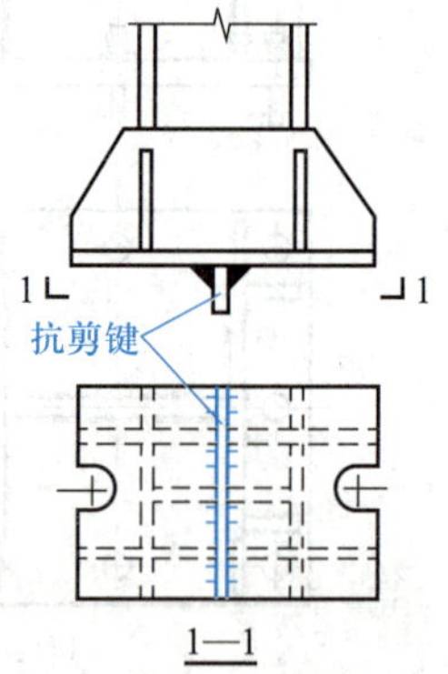

图 8.6.3　柱脚的抗剪键

当轴心受压柱或压弯柱的端部为铣平端时，柱身的最大压力应直接由铣平端传递，其连接焊缝或螺栓应按最大压力的 15% 或最大剪力中的较大值进行抗剪计算；当压弯柱出现受拉区时，该区的连接尚应按最大拉力计算。

3. 其他形式的刚接柱脚

除了外露式，刚接柱脚还可采用埋入式（图 8.6.4）、外包式（图 8.6.5）和插入式（图 8.6.6）柱脚。埋入式和外包式柱脚常用于多、高层钢结构建筑物。

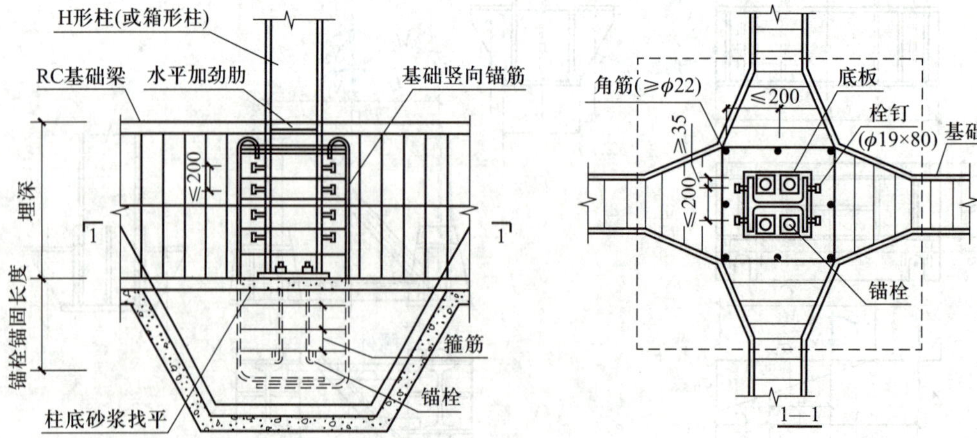

图 8.6.4　埋入式柱脚

将钢柱直接埋入钢筋混凝土构件(如地下室墙、基础梁等)中的柱脚称为埋入式柱脚(图8.6.4)。钢柱埋入部分四周的钢筋布置、混凝土保护层厚度以及柱埋深等应符合《标准》中12.7.8~12.7.10条的要求。钢柱脚底板应设置锚栓与下部混凝土连接。

研究表明,这种柱脚中,埋入部分的柱表面设置的栓钉对于传递弯矩和剪力没有支配作用,但对于抗拉,由于栓钉受剪,能传递内力。因此对于有拔力的柱,宜设栓钉,其数量和布置按计算确定。此外,为了增强柱脚的整体性,也宜设置栓钉。一般来讲,栓钉直径不应小于16 mm(通常为19 mm),栓钉长度约$4d$(d为栓钉直径),沿柱轴向和水平向栓钉的间距不应大于200 mm,栓钉至钢柱边缘的边距不小于35 mm。

柱脚所受的侧向剪力和弯矩主要是依据基础内混凝土对钢柱翼缘的侧向承压力所产生的侧向抵抗矩承担的。为防止钢柱在混凝土侧压力下被压坏,在混凝土基础顶部,钢柱应设置水平加劲肋或横隔板(图8.6.4)。柱脚底板厚度可据计算确定,且不宜小于16 mm。

将钢柱置于混凝土构件上又伸出钢筋,在钢柱四周外包一段钢筋混凝土便形成外包式柱脚(图8.6.5)。柱脚底板应位于基础梁或筏板的混凝土保护层内,底板厚度不宜小于16 mm。柱脚混凝土的外包高度,H形截面柱不宜小于柱截面高度的2倍,矩形管柱或圆管柱宜为矩形管截面长边尺寸或圆管直径的2.5倍。柱在外包混凝土的顶部箍筋处应设置水平加劲肋或横隔板。主筋应伸入基础进行锚固,四角主筋两端应加弯钩,下弯段宜与钢柱焊接。箍筋按100 mm的间距配置,以避免出现受剪斜裂缝。顶部箍筋应加强加密,并不应小于3道(图8.6.5)直径12 mm的HRB335级热轧钢筋,以防止顶部混凝土被压碎和保证水平剪力传递。为了加强柱脚整体性,宜在外包部分的柱表面设置栓钉。锚栓直径不宜小于16 mm,且应有足够的锚固深度。因外包式柱脚内力传递复杂,影响因素多,除了上述构造要求,其他计算与构造方面的要求详见《标准》中12.7.7条。

在柱脚范围内,弯矩和剪力由外包层混凝土和钢柱脚共同承担。钢柱向外包混凝土传递内力在顶部钢筋处实现,外包混凝土部分可按钢筋混凝土悬臂梁设计。

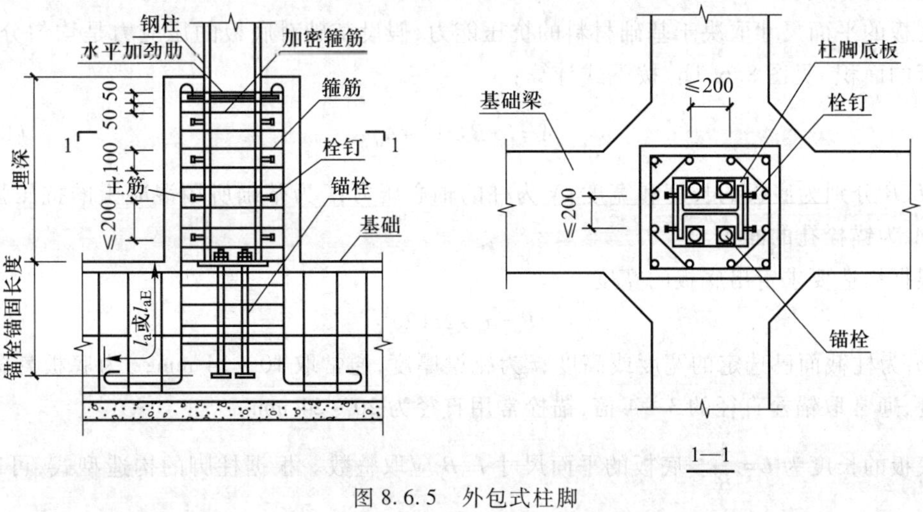

图8.6.5 外包式柱脚

插入式柱脚是指钢柱直接插入已浇筑好的杯口内,经校准后用细石混凝土浇灌至基础顶面,使钢柱与基础刚性连接(图8.6.6)。近年来,该种柱脚已在多项单层工业厂房工程中应用,效果较好。这种柱脚构造简单、节约钢材、安装调整快捷、安全可靠。柱脚的作用是将钢柱下端的内力(轴力、弯矩、剪力)通过二次浇灌的细石混凝土传给基础,其作用力的传递机理与埋入式柱脚基本相同。钢柱下部的弯矩和剪力,主要是通过二次浇灌层细石混凝土对钢柱翼缘的侧向压力所产生的弯矩来平衡,轴向力由二次浇灌层的黏结力和柱底反力承受。最小插入深度 $d_{\min}$ 可据柱子截面外围尺寸(b_c 和 h_c 等)确定,详见《标准》中 12.7.10 条的规定。

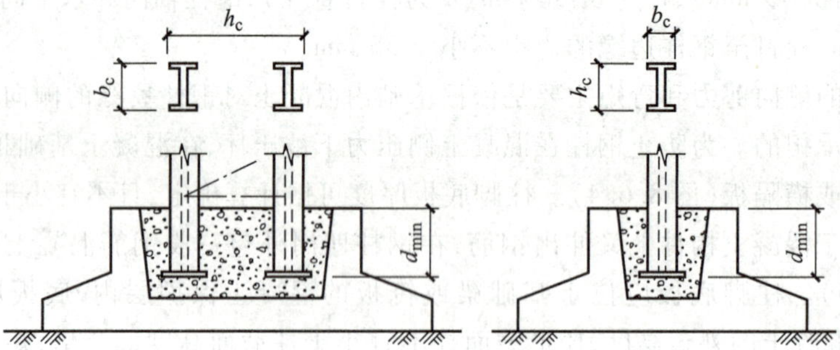

(a) 双肢柱脚　　(b) 单肢柱脚

图 8.6.6　插入式柱脚

埋入式、外包式和插入式柱脚中,钢柱与混凝土接触的范围内不得涂刷油漆;柱脚安装时,应将钢柱表面的泥土、油污、铁锈和焊渣等用砂轮清刷干净。有关埋入式、外包式和插入式柱脚更详尽的构造和计算规定见《标准》中 12.7 节和 JGJ 99—2015《高层民用建筑钢结构技术规程》中 8.6 节。

8.6.2　轴心受压柱的柱脚计算

1. 底板的计算

底板的平面尺寸取决于基础材料的抗压能力,假设基础对底板的压应力是均匀分布的,则底板的面积(见图 8.6.1b)按下式计算:

$$A=L\times B\geqslant\frac{N}{f_c}+A_0 \tag{8.6.1}$$

式中,L、B 分别为底板的长度和宽度;N 为柱的轴心压力;f_c 为基础所用混凝土的抗压强度设计值;A_0 为锚栓孔的面积。

根据构造要求定出底板的宽度:

$$B=a_1+2t+2c \tag{8.6.2}$$

式中,a_1 为柱截面已选定的宽度或高度;t 为靴梁厚度,通常取 10～14 mm;c 为底板悬臂部分的宽度,通常取锚栓直径的 3～4 倍;锚栓常用直径为 20～24 mm。

底板的长度为 $L=\frac{A}{B}$。底板的平面尺寸 L、B 应取整数。根据柱脚的构造型式,可以取 L 与 B 大致相同。

底板的厚度由板的抗弯强度决定。可以把底板看作是一块支承在靴梁、隔板、肋板和柱端的平板,承受从基础传来的均匀反力。靴梁、隔板、肋板和柱端面看作是底板的支承边,并将底板分成不同支承形式的区格,其中有四边支承、三边支承、两相邻边支承和一边支承。在均匀分布的基础反力作用下,各区格单位宽度上最大弯矩为

四边支承板:

$$M=\alpha\cdot q\cdot a^2 \tag{8.6.3}$$

三边支承板及两相邻边支承板:

$$M=\beta\cdot q\cdot a_1^2 \tag{8.4.2}$$

一边支承(悬臂)板:

$$M=\frac{1}{2}q\cdot c^2 \tag{8.6.4}$$

式中,q 为作用于底板单位面积上的压力;a 为四边支承板中短边的长度;α 为系数,由板的长边 b 与短边 a 之比,查表 8.6.1;a_1 为三边支承板中自由边的长度;两相邻支承板中对角线的长度(见图 8.6.1 中 b、d);β 为系数,由 b_1/a_1,查表 8.6.2,b_1 为三边支承板中垂直于自由边方向的长度或两相邻边支承板中的内角顶点至对角线的垂直距离(见图 8.6.1 中 b、d)。当三边支承板 b_1/a_1 小于 0.3 时,可按悬臂长为 b_1 的悬臂板计算;c 为悬臂长度。

表 8.6.1 四边支承板弯矩系数 α

b/a	1.0	1.1	1.2	1.3	1.4	1.5	1.6	1.7	1.8	1.9	2.0	3.0	≥4.0
α	0.048	0.055	0.063	0.069	0.075	0.081	0.086	0.091	0.095	0.099	0.102	0.119	0.125

表 8.6.2 三边支承板及两相邻边支承板弯矩系数 β

b_1/a_1	0.3	0.4	0.5	0.6	0.7	0.8	0.9	1.0	1.2	≥1.4
β	0.026	0.042	0.058	0.072	0.085	0.092	0.104	0.111	0.120	0.125

经过计算,取各区格板中的最大弯矩 M_{max},按式(8.4.3)来确定底板的厚度 t。合理的设计应使各区格板的弯矩值基本相近;如果区格板的弯矩值相差很大,则应调整底板尺寸或重新划分区格。

为了使底板具有足够的刚度,以满足基础反力均匀分布的假设,底板厚度一般为 20 ~ 40 mm,最小厚度不宜小于 14 mm。

2. 靴梁的计算

在柱脚制造时,柱身往往做得稍短一些(见图 8.6.1c),在柱身与底板之间仅采用构造焊缝相连。在焊缝计算时,假定柱端与底板之间的连接焊缝不受力,柱端对底板只起划分底板区格支承边的作用。柱压力 N 是由柱身通过竖向焊缝传给靴梁,再传给底板。焊缝计算包括:柱身与靴梁之间竖向连接焊缝承受柱压力 N 作用的计算;靴梁与底板之间水平连接焊缝承受柱压力 N 作用的计算。同时要求:每条竖向焊缝的计算长度不应大于 $60h_f$。

靴梁的高度根据靴梁与柱身之间的竖向焊缝长度来确定,其厚度略小于柱翼缘板厚度。

在底板均布反力作用下,靴梁按支承于柱侧边的双悬臂简支梁计算。根据靴梁所承受的最大弯矩和最大剪力,验算其抗弯和抗剪强度。

3. 隔板、肋板的计算

隔板应具有一定的刚度,才能起支承底板和侧向支撑靴梁的作用。为此,隔板的厚度不得小于宽度的 1/50,且厚度不小于 10 mm。

隔板按支承在靴梁侧边的简支梁计算，承受由底板传来的基础反力作用，荷载按图 8.6.1b 所示阴影面积的底板反力计算。根据其承受的荷载，计算隔板与底板之间的连接焊缝（隔板内侧不易施焊，仅有外侧焊缝）、验算隔板强度、计算隔板与靴梁之间的焊缝。隔板的高度由其与靴梁连接的焊缝长度决定。

肋板按悬臂梁计算，荷载按图 8.6.1d 所示的阴影面积的底板反力计算。应计算肋板及其连接的强度。

8.6.3　框架柱的外露式柱脚计算

框架柱多采用刚接柱脚。有时，单层框架也采用铰接柱脚，其构造和计算与轴心受压柱的铰接柱脚相似。所不同的是铰接柱脚还要承受剪力。如果水平剪力超过底板与基础间的摩擦力，铰接柱脚一般要采取抗剪构造措施，如图 8.6.3 所示。

1. 整体式柱脚

（1）底板的计算

图 8.6.2c 为整体式柱脚构造图。柱脚的传力过程与轴心受压柱脚类似，即柱子内力由柱身传给靴梁，再传至底板。但是，由于框架柱脚同时有弯矩和轴心压力作用，底板下的压力不是均匀分布的，并且可能出现拉力。如果底板下出现拉力，则此拉力由锚栓来承受。

假定柱脚底板与基础接触面的压应力成直线分布，底板下基础的最大压应力按下式计算：

$$\sigma_{\max}=\frac{N}{B\cdot L}+\frac{6\cdot M}{B\cdot L^2}\leqslant f_c \tag{8.6.5}$$

式中，N、M 为使基础一侧产生最大压应力的内力组合值；B、L 分别为底板的宽度、长度；f_c 为混凝土的抗压强度设计值。

根据底板下基础的最大压应力不超过混凝土抗压强度设计值的条件，即可确定底板面积。一般先按构造要求决定底板宽度 B，其中悬伸宽度 c 一般取 20 ~ 30 mm，然后求出底板的长度 L。

底板厚度的计算方法与轴心受压柱脚相同。虽然底板各区格所承受的压应力不是均匀分布的，但是在计算各区格底板的弯矩值时，可以偏于安全地按该区格的最大压应力计算。底板的厚度一般不小于 20 mm。

（2）锚栓的计算

底板另一侧的应力为

$$\sigma_{\min}=\frac{N}{B\times L}-\frac{6\cdot M}{B\times L^2} \tag{8.6.6}$$

当最小应力 $\sigma_{\min}$ 出现负值时，说明底板与基础之间产生拉应力。由于底板和基础之间不能承受拉应力，此时拉应力的合力由锚栓承担。根据对混凝土受压区压应力合力作用点的力矩平衡条件 $\sum M=0$，可得锚栓拉力 Z 为

$$Z=\frac{M-N\cdot a}{x} \tag{8.6.7}$$

式中，M、N 为使锚栓产生最大拉力的内力组合值；a 为柱截面形心轴到基础受压区合力点间

的距离；x 为锚栓位置到基础受压区合力点间的距离。其中

$$a=\frac{L}{2}-\frac{C}{3};x=d-\frac{C}{3};C=\frac{\sigma_{\max}}{\sigma_{\max}+|\sigma_{\min}|}\cdot L。$$

每个锚栓所需要的有效截面面积为

$$A_e=\frac{Z}{n\cdot f_t^a} \tag{8.6.8}$$

式中，n 为柱脚受拉侧锚栓数；f_t^a 为锚栓的抗拉强度设计值。

锚栓直径不小于 20 mm。锚栓下端在混凝土基础中用弯钩或锚板等锚固，保证锚栓在拉力 Z 作用下不被拔出。锚栓承托肋板按悬臂梁设计，高度一般不小于 350～400 mm。

(3) 靴梁、隔板、肋板及其连接焊缝的计算

柱身与靴梁连接焊缝承受的最大内力 N_1 按下式计算：

$$N_1=\frac{N}{2}+\frac{M}{h} \tag{8.6.9}$$

靴梁的高度由靴梁与柱身之间的焊缝长度确定，其高度不宜小于 450 mm。靴梁按双悬臂简支梁验算截面强度，荷载按底板上不均匀反力的最大值计算。

靴梁与底板之间的连接焊缝按承受底板下不均匀基础反力的最大值设计。在柱身范围内，靴梁内侧不易施焊，故仅在靴梁外侧布置焊缝。

隔板、肋板及其连接的设计与轴心受压柱脚相似，只是荷载按底板下不均匀反力相应受荷范围的最大值计算。

2. 分离式柱脚

图 8.6.2 d 为分离式柱脚的构造图。这种柱脚可以认为是由两个独立的轴心受压柱脚所组成。每个分肢的柱脚都是根据其可能产生的最大压力，按轴心受压柱脚进行设计。受拉分肢的全部拉力由锚栓承担并传至基础。

分离式柱脚的两个独立柱脚所承受的最大压力为

右肢

$$N_r=\frac{N_1\cdot Z_2}{h_1}+\frac{M_1}{h_1} \tag{8.6.10}$$

左肢

$$N_l=\frac{N_2\cdot Z_1}{h_1}+\frac{M_2}{h_1} \tag{8.6.11}$$

式中，N_1、M_1 为使右肢产生最大压力的柱内力组合值；N_2、M_2 为使左肢产生最大压力的柱内力组合值；Z_1、Z_2 分别为右肢、左肢至柱轴线的距离；h_1 为两分肢轴线距离。

每个柱脚的锚栓也按各自的最不利内力组合换算成的最大拉力计算。

【例题 8.1】 试设计轴心受压柱的柱脚

已知：柱子采用热轧 H 型钢，截面为 HW250×250×9×14，轴心压力设计值为 1 650 kN，柱脚钢材选用 Q235，焊条为 E43 型。基础混凝土强度等级为 C15，$f_c=7.2\ \text{N/mm}^2$。

【解】 选用带靴梁的柱脚，如图 8.6.7 所示。

1. 底板尺寸

锚栓采用 $d=20$ mm，锚栓孔直径取 $2d=40$ mm，锚栓孔面积 A_0 约为 3 000 mm²，靴梁厚度

取 10 mm，悬臂 $c=4d=80$ mm，则需要的底板面积为

$$A=B\times L=\frac{N}{f_c}+A_0=\frac{1\ 650\times10^3\ \text{N}}{7.2\ \text{N/mm}^2}+3\ 000\ \text{mm}^2=23.2\times10^4\ \text{mm}^2$$

$$B=a_1+2t+2c=250\ \text{mm}+2(10\ \text{mm}+80\ \text{mm})=430\ \text{mm}$$

$$L=\frac{A}{B}=\frac{23.2\times10^4\ \text{mm}^2}{430\ \text{mm}}=540\ \text{mm}$$

采用 $B\times L=430$ mm×580 mm。

底板承受的均匀压应力：

$$q=\frac{N}{B\times L-A_0}=\frac{1\ 650\times10^3\ \text{N}}{430\ \text{mm}\times580\ \text{mm}-3\ 000\ \text{mm}^2}=6.70\ \text{N/mm}^2<f_c$$

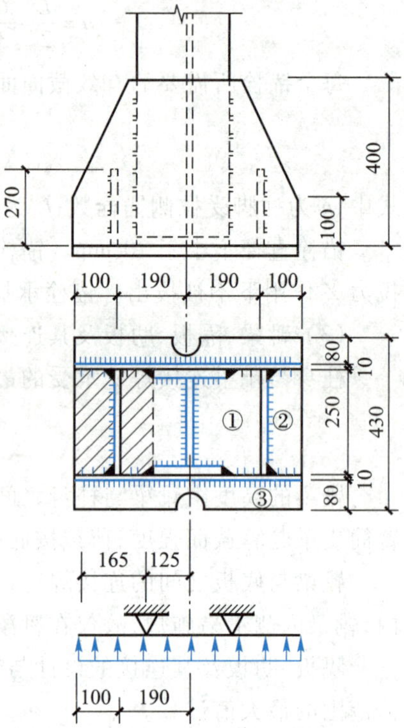

图 8.6.7　例题 8.1 图

四边支承板（区格①）的弯矩为

$b/a=250/190=1.32$，查表 8.6.1，$\alpha=0.070\ 2$

$$M=\alpha\cdot q\cdot a^2=0.070\ 2\times6.70\times190^2\ \text{N}\cdot\text{mm/mm}=16\ 979\ \text{N}\cdot\text{mm/mm}$$

三边支承板（区格②）的弯矩为

$b_1/a_1=100/250=0.4$，查表 8.6.2，$\beta=0.042$

$$M=\beta\cdot q\cdot a_1^2=0.042\times6.70\times250^2\ \text{N}\cdot\text{mm/mm}=17\ 588\ \text{N}\cdot\text{mm/mm}$$

悬臂板（区格③）的弯矩为

$$M=\frac{1}{2}q\cdot c^2=\frac{1}{2}\times6.70\times80^2\ \text{N}\cdot\text{mm/mm}=21\ 440\ \text{N}\cdot\text{mm/mm}$$

各区格板的弯矩值相差不大，最大弯矩为

$$M_{max}=21\ 440\ \text{N}\cdot\text{mm/mm}$$

底板厚度为

$$t\geqslant\sqrt{\frac{6M_{max}}{f}}=\sqrt{\frac{6\times21\ 440\ \text{N}\cdot\text{mm/mm}}{205\ \text{N/mm}^2}}=25.05\ \text{mm}$$

取底板厚度为 25 mm。

2. 靴梁与柱身间竖向焊缝计算

连接焊缝取 $h_f=10$ mm，则焊缝长度 L_w 为

$$L_w=\frac{N}{4\times0.7h_f\cdot f_f^w}=\frac{1\ 650\times10^3\ \text{N}}{4\times0.7\times10\ \text{mm}\times160\ \text{N/mm}^2}=368\ \text{mm}<60h_f$$

靴梁高度取 400 mm。

3. 靴梁与底板的焊缝计算

靴梁与底板的焊缝长度为

$$\sum L_w=580\ \text{mm}\times4-250\ \text{mm}\times2=1\ 820\ \text{mm}$$

所需焊缝尺寸 h_f 为

$$h_f=\frac{N}{0.7\times(\sum L_w-6\times2\times10)\times f_f^w\times1.22}=\frac{1\ 650\times10^3\ \text{N}}{0.7\times1\ 700\ \text{mm}\times160\ \text{N/mm}^2\times1.22}=7.10\ \text{mm}$$

选用 $h_f=10$ mm。

4. 靴梁强度计算

靴梁按双悬臂简支梁计算，悬伸部分长度 $l=165$ mm。靴梁厚度取 $t=10$ mm。

底板传给靴梁的荷载 q_1 为

$$q_1=\frac{B}{2}\cdot q=\frac{430\ \text{mm}}{2}\times6.70\ \text{N/mm}^2=1\ 441\ \text{N/mm}$$

靴梁支座处最大剪力 V_{max} 为

$$V_{max}=q_1\cdot l=1\ 441\ \text{N/mm}\times165\ \text{mm}=2.38\times10^5\ \text{N}$$

靴梁支座处最大弯矩 M_{max} 为

$$M_{max}=\frac{1}{2}q_1l^2=\frac{1}{2}\times1\ 441\ \text{N/mm}\times165^2\ \text{mm}^2=19.6\times10^6\ \text{N}\cdot\text{mm}$$

靴梁强度：

$$\tau=1.5\times\frac{V_{max}}{t\times h}=1.5\times\frac{2.38\times10^5\ \text{N}}{10\ \text{mm}\times400\ \text{mm}}=89.3\ \text{N/mm}^2<f_v=125\ \text{N/mm}^2。$$

$$\sigma=\frac{M_{max}}{W}=\frac{6\times19.6\times10^6\ \text{N}\cdot\text{mm}}{10\ \text{mm}\times400^2\ \text{mm}^2}=73.5\ \text{N/mm}^2<f=215\ \text{N/mm}^2$$

5. 隔板计算

隔板按简支梁计算，隔板厚度取 $t=8$ mm。

底板传给隔板的荷载：

$$q_2=\left(100\ \text{mm}+\frac{190\ \text{mm}}{2}\right)\times6.70\ \text{N/mm}^2=1\ 307\ \text{N/mm}$$

隔板与底板的连接焊缝强度验算（只有外侧焊缝）：连接焊缝取 $h_f=10$ mm，焊缝长度为 L_w。

$$\sigma_f=\frac{q_2\times L_w}{0.7\times h_f\times L_w\times1.22}=\frac{1\ 307\ \text{N/mm}}{0.7\times10\ \text{mm}\times1.22}=153\ \text{N/mm}^2<f_f^w=160\ \text{N/mm}^2$$

隔板与靴梁的连接焊缝计算：取 $h_f=8$ mm。

隔板的支座反力 R 为

$$R=\frac{1}{2}\times1\ 307\ \text{N/mm}\times250\ \text{mm}=163\ 375\ \text{N}$$

焊缝长度 L_w 为

$$L_w=\frac{R}{0.7h_f\times f_f^w}=\frac{163\ 375\ \text{N}}{0.7\times8\ \text{mm}\times160\ \text{N/mm}^2}=182.3\ \text{mm}$$

取隔板高度 $h=270$ mm，取隔板厚度 $t=8\ \text{mm}>\frac{b}{50}=\frac{250\ \text{mm}}{50}=5\ \text{mm}$。

隔板强度验算：

$V_{max}=R=163\ 375\ \text{N}$

$M_{max}=\frac{1}{8}\times1\ 307\ \text{N/mm}\times250^2\ \text{mm}^2=10.2\times10^6\ \text{N}\cdot\text{mm}$

$$\tau = 1.5 \times \frac{V_{max}}{t \times h} = 1.5 \times \frac{163\ 375\ \text{N}}{8\ \text{mm} \times 270\ \text{mm}} = 113.5\ \text{N/mm}^2 < f_v = 125\ \text{N/mm}^2$$

$$\sigma = \frac{M_{max}}{W} = \frac{6 \times 10.2 \times 10^6\ \text{N} \cdot \text{mm}}{8\ \text{mm} \times 270^2\ \text{mm}^2} = 105\ \text{N/mm}^2 < f = 215\ \text{N/mm}^2$$

柱脚与基础的连接按构造要求选用两个直径 $d = 20$ mm 的锚栓。

【例题 8.2】 试设计框架柱的整体式柱脚。

已知：柱子采用焊接工字形截面，柱子翼缘为 -360×20，腹板为 -650×10。柱脚钢材为 Q235，焊条为 E43 型，柱脚和锚栓的最不利荷载组合的内力设计值 $N = 80$ kN，$M = 700$ kN · m。基础混凝土强度等级为 C20，$f_c = 10$ N/mm²。

【解】 选用整体式刚接柱脚，如图 8.6.8 所示。

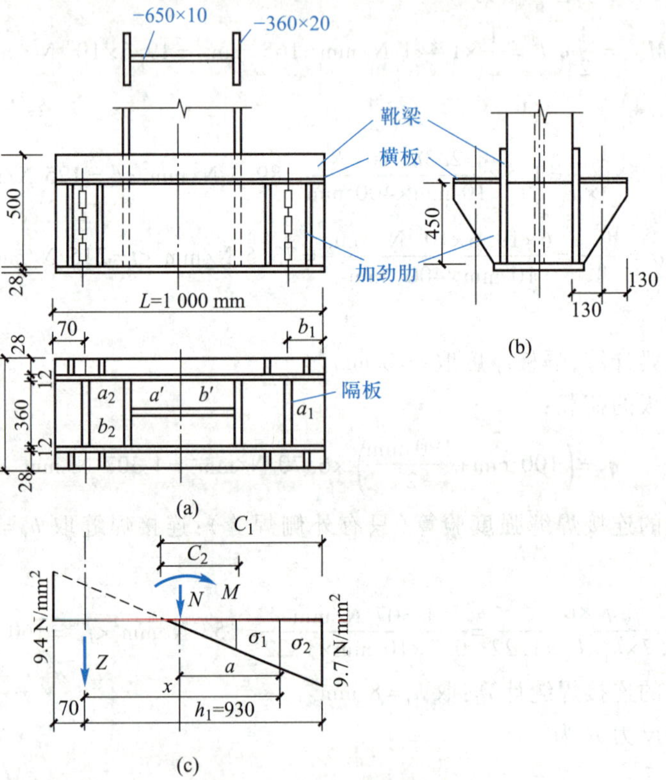

图 8.6.8　例题 8.2 图

1. 底板尺寸

靴梁厚度取 $t = 12$ mm，则底板宽度 B 为

$$B = 360\ \text{mm} + 2 \times 12\ \text{mm} + 2 \times 28\ \text{mm} = 440\ \text{mm}$$

底板面积：

$$\frac{N}{B \times L} + \frac{6 \cdot M}{B \times L^2} = \frac{80 \times 10^3\ \text{N}}{440\ \text{mm} \times L} + \frac{6 \times 700 \times 10^6\ \text{N} \cdot \text{mm}}{440\ \text{mm} \times L^2} = 10\ \text{N/mm}^2$$

整理得：

$$L^2 - 18.2L - 954\ 545 = 0$$

求得：

$$L = 986\ \text{mm}$$

选用 $B\times L=440\ \text{mm}\times1\ 000\ \text{mm}$。

基础顶面的实际应力为

$$\sigma_{\max}=\frac{N}{B\times L}+\frac{6\cdot M}{B\times L^2}=\frac{80\times10^3\ \text{N}}{440\ \text{mm}\times1\ 000\ \text{mm}}+\frac{6\times700\times10^6\ \text{N}\cdot\text{mm}}{440\ \text{mm}\times1\ 000^2\ \text{mm}^2}=9.7\ \text{N/mm}^2$$

$$\sigma_{\min}=\frac{N}{B\times L}-\frac{6\cdot M}{B\times L^2}=\frac{80\times10^3\ \text{N}}{440\ \text{mm}\times1\ 000\ \text{mm}}-\frac{6\times700\times10^6\ \text{N}\cdot\text{mm}}{440\ \text{mm}\times1\ 000^2\ \text{mm}^2}=-9.4\ \text{N/mm}^2$$

受压区高度分别为

$$C_1=\frac{\sigma_{\max}}{\sigma_{\max}+|\sigma_{\min}|}\cdot L=\frac{9.7\ \text{N/mm}^2}{9.7\ \text{N/mm}^2+9.4\ \text{N/mm}^2}\times1\ 000\ \text{mm}=508\ \text{mm}$$（按式(8.6.7)的符号说明计算）

$$C_2=C_1-155\ \text{mm}=508\ \text{mm}-155\ \text{mm}=353\ \text{mm}$$

$$\sigma_2=\frac{C_1-70\ \text{mm}}{C_1}\cdot\sigma_{\max}=\frac{508\ \text{mm}-70\ \text{mm}}{508\ \text{mm}}\times9.7\ \text{N/mm}^2=8.36\ \text{N/mm}^2$$

$$\sigma_1=\frac{C_2}{C_1}\cdot\sigma_{\max}=\frac{353\ \text{mm}}{508\ \text{mm}}\times9.7\ \text{N/mm}^2=6.7\ \text{N/mm}^2$$

悬臂板的弯矩为

$$M_1=\frac{1}{2}\cdot\sigma_{\max}\cdot c^2=\frac{1}{2}\times9.7\ \text{N/mm}^2\times28^2\ \text{mm}^2=3\ 802\ \text{N}\cdot\text{mm/mm}$$

三边支承板的弯矩为

$$\frac{b_1}{a_1}=\frac{70\ \text{mm}}{360\ \text{mm}}=0.2<0.3$$

由于 b_1 与 a_1 相差大，按悬臂板计算弯矩：

$$M_3=\frac{1}{2}\cdot\sigma_{\max}\cdot b_1^2=\frac{1}{2}\times9.7\ \text{N/mm}^2\times70^2\ \text{mm}^2=23\ 765\ \text{N}\cdot\text{mm/mm}$$

四边支承板的弯矩为

隔板与柱翼缘范围：

$$\frac{b_2}{a_2}=\frac{360\ \text{mm}}{85\ \text{mm}}=4.24>4.0$$

取 $\alpha=0.125$。

$$M_4=\alpha\cdot\sigma_2\cdot a_2^2=0.125\times8.36\ \text{N/mm}^2\times85^2\ \text{mm}^2=7\ 550\ \text{N}\cdot\text{mm/mm}$$

柱腹板与靴梁范围：

柱身范围底板的受压区长边 $b'=C_2$，$\frac{b'}{a'}=\frac{C_2}{a'}=\frac{353\ \text{mm}}{180\ \text{mm}}=1.96$，取 $\alpha=0.101$。

$$M'_4=\alpha\sigma_1(a')^2=0.101\times6.7\ \text{N/mm}^2\times180^2\ \text{mm}^2=21\ 925\ \text{N}\cdot\text{mm/mm}$$

各区格中板的最大弯矩 $M_{\max}$ 为

$$M_{\max}=23\ 765\ \text{N}\cdot\text{mm/mm}$$

底板厚度：

$$t\geqslant\sqrt{\frac{6\cdot M_{\max}}{f}}=\sqrt{\frac{6\times23\ 765\ \text{N}\cdot\text{mm/mm}}{205\ \text{N/mm}^2}}=26.4\ \text{mm}$$

取底板厚度为 28 mm。

2. 靴梁与柱身间竖向焊缝计算

$$N_1=\frac{N}{2}+\frac{M}{h}=\frac{80\ \text{kN}}{2}+\frac{700\ \text{kN}\cdot\text{m}}{0.65\ \text{m}+0.02\ \text{m}}=1\ 085\ \text{kN}$$

取 $h_f=12$ mm,焊缝长度 L_w 为

$$L_w=\frac{N_1}{2\times0.7h_f\times f_f^w}=\frac{1\ 085\times10^3\ \text{N}}{2\times0.7\times12\ \text{mm}\times160\ \text{N/mm}^2}=404\ \text{mm}$$

取靴梁高度 $h=500$ mm。

3. 靴梁与底板的焊缝计算

悬伸部分(四条焊缝):

$$h_f=\frac{B\times1\times\sigma_{max}}{4\times0.7f_f^w\times1.22}=\frac{440\ \text{mm}\times1\times9.7\ \text{N/mm}^2}{4\times0.7\times160\ \text{N/mm}^2\times1.22}=7.8\ \text{mm}$$

柱身部分(两条焊缝):

$$h_f'=\frac{B\times1\times\sigma_1}{2\times0.7f_f^w\times1.22}=\frac{440\ \text{mm}\times1\times6.7\ \text{N/mm}^2}{2\times0.7\times160\ \text{N/mm}^2\times1.22}=10.8\ \text{mm}$$

取焊缝尺寸 $h_f=12$ mm。

4. 靴梁强度计算

靴梁按双悬臂简支梁计算,悬伸部分长度 $l=155$ mm,靴梁厚度取 $t=12$ mm。

靴梁支座处最大剪力 V_{max} 为

$$V_{max}=\frac{\sigma_{max}+\sigma_1}{2}\times\frac{B}{2}\times l=\frac{9.7\ \text{N/mm}^2+6.7\ \text{N/mm}^2}{2}\times\frac{440\ \text{mm}}{2}\times155\ \text{mm}=2.8\times10^5\ \text{N}$$

靴梁支座处最大弯矩 M_{max} 为

$$M_{max}=\frac{1}{2}\sigma_1\cdot\frac{B}{2}\cdot l^2+\frac{1}{2}(\sigma_{max}-\sigma_1)\cdot\frac{B}{2}\cdot l\cdot\frac{2}{3}l$$

$$=\frac{1}{4}\times6.7\ \text{N/mm}^2\times440\ \text{mm}\times155^2\ \text{mm}^2+\frac{1}{6}(9.7\ \text{N/mm}^2-6.7\ \text{N/mm}^2)\times440\ \text{mm}\times155^2\ \text{mm}^2$$

$$=2.3\times10^7\ \text{N}\cdot\text{mm}$$

靴梁强度:

$$\tau=1.5\times\frac{V_{max}}{t\cdot h}=1.5\times\frac{2.8\times10^5\ \text{N}}{12\ \text{mm}\times500\ \text{mm}}=70\ \text{N/mm}^2<f_v=125\ \text{N/mm}^2$$

$$\sigma=\frac{M_{max}}{W}=\frac{6\times2.3\times10^7\ \text{N}\cdot\text{mm}}{12\ \text{mm}\times500^2\ \text{mm}^2}=46\ \text{N/mm}^2<f=215\ \text{N/mm}^2$$

5. 隔板计算

隔板按简支梁计算,隔板厚度取 $t=10$ mm。

底板传给隔板的荷载:

$$q=\left(70\ \text{mm}+\frac{85\ \text{mm}}{2}\right)\times\sigma_{max}=\left(70\ \text{mm}+\frac{85\ \text{mm}}{2}\right)\times9.7\ \text{N/mm}^2=1\ 091\ \text{N/mm}$$

隔板与底板的连接焊缝:

$$h_f=\frac{q\cdot L_w}{0.7L_w\times f_f^w\times1.22}=\frac{1\ 091\ \text{N/mm}}{0.7\times160\ \text{N/mm}^2\times1.22}=7.98\ \text{mm}$$

取 $h_f=10\ \text{mm}$。

隔板与靴梁的连接焊缝,取 $h_f=8\ \text{mm}$。

隔板的支座反力 R 为

$$R=\frac{1}{2}q\times360\ \text{mm}=\frac{1}{2}\times1\ 091\ \text{N/mm}\times360\ \text{mm}=19.6\times10^4\ \text{N}$$

焊缝长度 L_w 为

$$L_w=\frac{R}{0.7h_f\cdot f_f^w}=\frac{19.6\times10^4\ \text{N}}{0.7\times8\ \text{mm}\times160\ \text{N/mm}^2}=219\ \text{mm}$$

隔板高度取 $h=450\ \text{mm}$,厚度取 $t=10\ \text{mm}$。

隔板强度验算:

$$V_{max}=R=19.6\times10^4\ \text{N}$$

$$M_{max}=\frac{1}{8}q\times360^2\ \text{mm}^2=\frac{1}{8}\times1\ 091\ \text{N/mm}\times360^2\ \text{mm}^2=17.7\times10^6\ \text{N}\cdot\text{mm}$$

$$\tau=1.5\times\frac{V_{max}}{t\cdot h}=1.5\times\frac{19.6\times10^4\ \text{N}}{10\ \text{mm}\times450\ \text{mm}}=65\ \text{N/mm}^2<f_v=125\ \text{N/mm}^2$$

$$\sigma=\frac{M_{max}}{W}=\frac{6\times17.7\times10^6\ \text{N}\cdot\text{mm}}{10\ \text{mm}\times450^2\ \text{mm}^2}=52.4\ \text{N/mm}^2<f=215\ \text{N/mm}^2$$

6. 锚栓计算

$$C_1=508\ \text{mm},a=\frac{L}{2}-\frac{C_1}{3}=\frac{1\ 000\ \text{mm}}{2}-\frac{508\ \text{mm}}{3}=331\ \text{mm}$$

$$x=(1\ 000\ \text{mm}-70\ \text{mm})-\frac{508\ \text{mm}}{3}=761\ \text{mm}$$

锚栓拉力 Z 为

$$Z=\frac{M-Na}{x}=\frac{700\times10^6\ \text{N}\cdot\text{mm}-80\times10^3\ \text{N}\times331\ \text{mm}}{761\ \text{mm}}=8.85\times10^5\ \text{N}$$

$$A_e=\frac{Z}{n\cdot f_t^a}=\frac{8.85\times10^5\ \text{N}}{2\times180\ \text{N/mm}^2}=2\ 458.3\ \text{mm}^2$$

选用 $\phi64$ 锚栓,钢材为 Q345。

7. 加劲肋计算

加劲肋按悬臂梁计算,所承受的压力 $N'=\frac{Z}{4}=\frac{8.85\times10^5\ \text{N}}{4}=2.2\times10^5\ \text{N}$。

加劲肋厚度取 $t=10\ \text{mm}$。

加劲肋与横板的焊缝计算:

取 $h_f=8\ \text{mm},L_w=260\ \text{mm}-2\times8\ \text{mm}=244\ \text{mm}$,

$$\sigma_f=\frac{2.2\times10^5\ \text{N}}{0.7\times8\ \text{mm}\times244\ \text{mm}\times1.22}=132\ \text{N/mm}^2<f_f^w=160\ \text{N/mm}^2$$

加劲肋与靴梁的焊缝计算:

$$V=N'=2.2\times10^5\ \text{N}$$

$$M=N'\times130\ \text{mm}=2.2\times10^5\ \text{N}\times130\ \text{mm}=2.86\times10^7\ \text{N}\cdot\text{mm}$$

取 $h_f=10\ \text{mm},L_w=(450\ \text{mm}-2\times10\ \text{mm})=430\ \text{mm}$。

$$\tau_f=\frac{2.2\times10^5\ \text{N}}{0.7\times10\ \text{mm}\times430\ \text{mm}}=73.1\ \text{N/mm}^2$$

$$\sigma_f=\frac{6\times2.86\times10^7\ \text{N}\cdot\text{mm}}{0.7\times10\ \text{mm}\times430^2\ \text{mm}^2}=132.6\ \text{N/mm}^2$$

$$\sqrt{\left(\frac{\sigma_f}{1.22}\right)^2+\tau_f^2}=\sqrt{\left(\frac{132.6}{1.22}\right)^2+73.1^2}=131\ \text{N/mm}^2<f_f^w=160\ \text{N/mm}^2。$$

加劲肋强度计算从略。

§8.7　支座节点

8.7.1　支座节点的形式

钢结构与其支承结构或基础的连接节点称为支座节点(supports),因此前述的桁架或梁与钢筋混凝土柱或砖柱的连接节点和柱脚节点,均属于支座节点。支座节点的构造形式可分为固支(如与基础刚接的柱脚)、不动铰支和可动铰支等。本节重点介绍后两种支座节点。总体上说,支座节点构造应与结构计算时采用的约束条件相符合,能够安全、准确地传递支座反力,同时还应做到受力明确、传力简捷、构造简单、制造安装方便。铰支支座节点有三种基本形式:平板支座、弧形支座和铰轴式支座。

图 8.7.1 是工程中常见的平板支座。图 8.7.1a 所示在梁端下面设置钢板,梁端不能灵活地移动和转动,一般在跨度小于 20 m 的梁中采用。图 8.7.1b 用于球节点(焊接空心球或螺栓球)的网架,支座不能完全转动,与计算简图有差异,一般用在跨度小于 30 m 的网架中。当平板支座支承于砌体或混凝土上时,应验算下部砌体或混凝土的承压强度,底板厚度应根据支座反力对底板产生的弯矩进行计算,且不宜小于 12 mm。

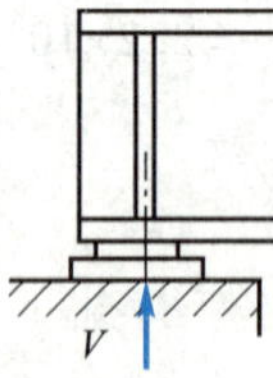

(a)

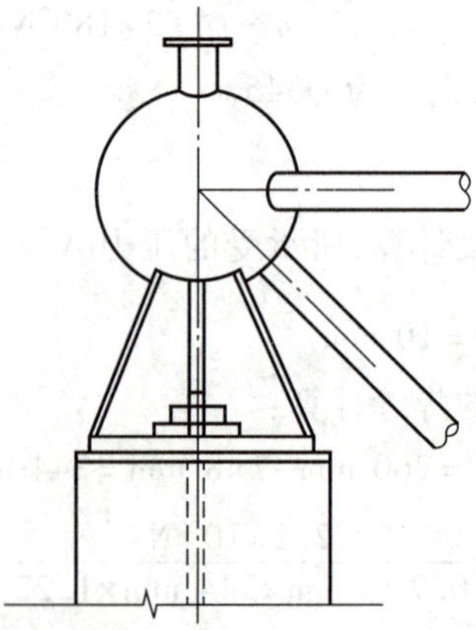

(b)

图 8.7.1　平板支座

图 8.7.2 所示为弧形支座,弧形板是用厚钢板(厚度为 40 ~ 50 mm)将顶面切削加工而成。支座沿圆柱形弧面可以转动,但弧形支座下的摩擦力仍然较大,可用于能产生一定水平

线位移的铰支座。弧形支座节点与计算简图比较接近。图 8.7.2a 所示为梁端弧形支座,常用于 20 ~ 40 m 的梁中。图 8.7.2b 所示适用于中小跨度的网架。当支座反力较大时,可设 4 个锚栓(图 8.7.2c),为使锚栓锚固后不影响支座转动,应在锚栓上加弹簧。

图 8.7.3 所示为辊轴支座。在辊轴支座中以滚动摩擦代替了滑动摩擦,可以当作一种能自由移动的支座型式。

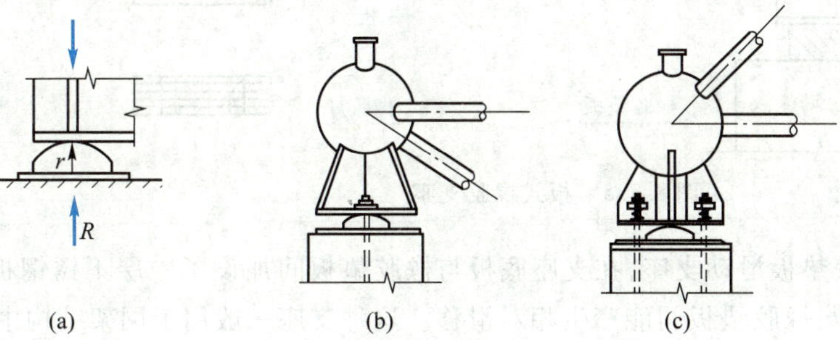

图 8.7.2　弧形支座

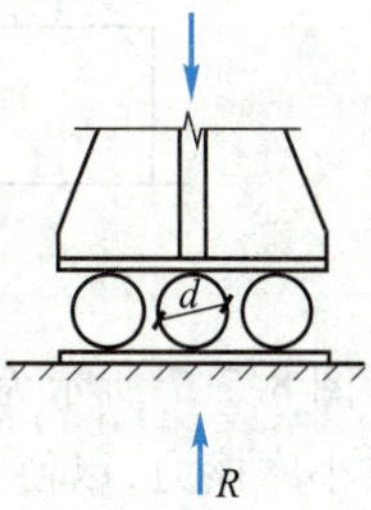

图 8.7.3　辊轴支座

图 8.7.4a 所示为铰轴式支座示意图,支座可以自由转动。铰轴式支座节点与简支梁的计算简图完全一致,适用于对转动约束条件有严格要求的结构。图 8.7.4b 所示为梁端铰轴式支座,用于跨度大于 40 m 的梁。图 8.7.4c 所示为格构式拱支座。格构式拱在支座处必须过渡到实腹截面,因此格构式拱与实腹式拱的支座节点完全相同。

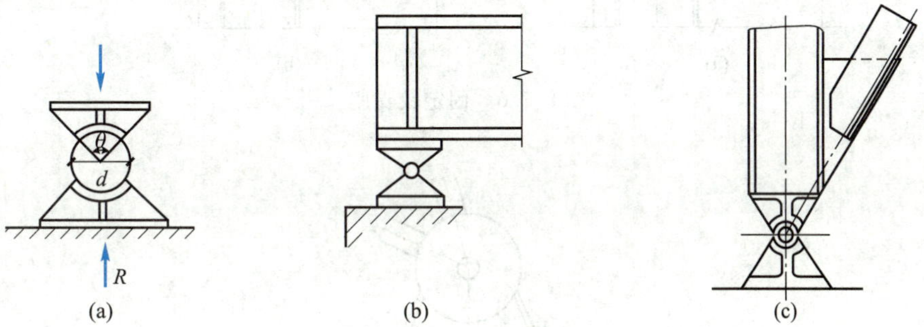

图 8.7.4　铰轴式支座

橡胶支座有板式和盆式两种,板式承载力小,盆式承载力大。板式橡胶支座如图 8.7.5 所示。在支座底板与支承面之间设置一块橡胶垫板。橡胶垫板是由多层橡胶片与薄钢板间隔黏合、压制而成。由于橡胶垫板具有良好的弹性和较大的剪切变位能力,因而支座既可转动又可在水平方向产生一定的弹性变位。这种支座一般用于对水平推力有限制或需释放温度应力的大跨度梁和大中跨度的网架结构中。

图 8.7.6 所示为固定铰支座,节点可以转动而不能产生线位移。因此,节点只能传递轴向力和剪力,而不能传递弯矩。这种支座多用于跨度较大的网壳结构中。图 8.7.6a 为双向弧形铰支座,是由两个弧形支座组合而成。它可以使支座节点不产生任何线位移,而有效地传递支座水平反力。为使节点能作转动,两块弧形垫板应位于以节点中心为圆心的同心圆上。图 8.7.6b 是双向板式橡胶支座,采用橡胶垫板代替弧形支座来达到同样的目的。

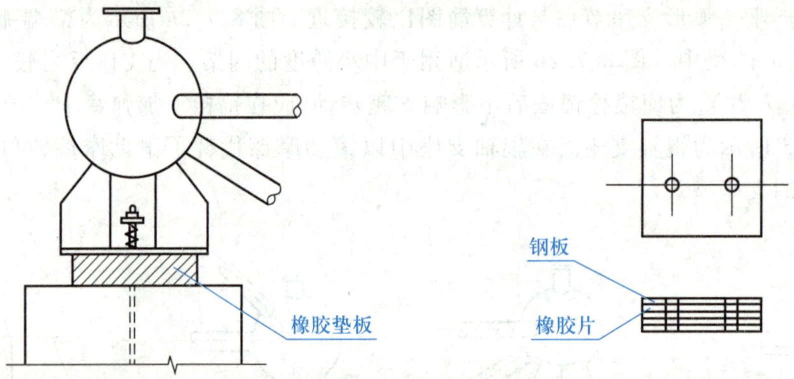

图 8.7.5　板式橡胶支座

图 8.7.7 所示为橡胶垫板滑动支座，在支座底板与橡胶垫板间加设了一层不锈钢板，力求减小摩擦力，以使支座与橡胶垫板间能产生相对滑移。这种支座一般用于网架结构中。

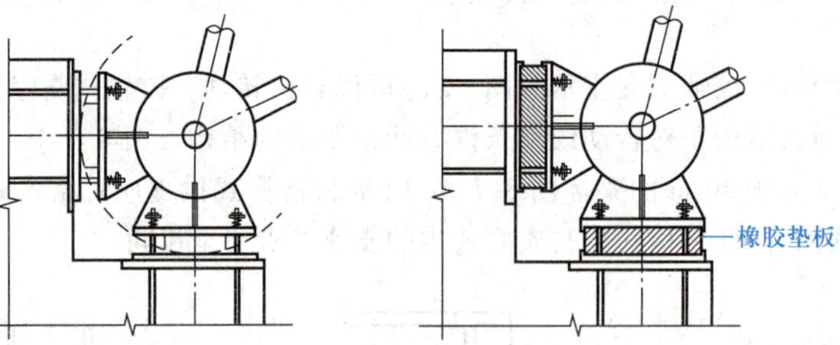

(a)　(b)

图 8.7.6　固定铰支座

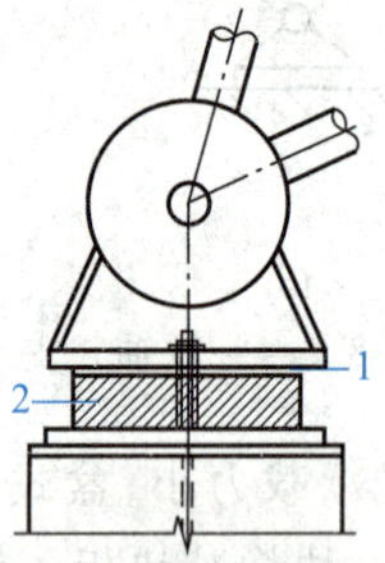

图 8.7.7　橡胶垫板滑动支座

1—不锈钢板；2—橡胶垫板

此外，受力复杂或大跨度结构宜采用球形支座。球形支座应根据使用条件采用固定、单向滑动或双向滑动等形式。球形支座上盖板、球芯、底座和箱体均应采用铸钢加工制作，滑动面应采取相应的润滑措施、支座整体应采取防尘及防锈措施。

8.7.2　支座节点的设计

平板支座（图 8.7.1）底板（或垫板）的面积可按式（8.6.1）确定，但应令 $N=R$。支座底板的厚度，按均布支座反力产生的最大弯矩进行计算。

弧形支座(图8.7.2)和辊轴支座(图8.7.3)中圆柱形弧面与平板为线接触，其支座反力R应满足下式要求：

$$R \leqslant 40 \cdot n \cdot d \cdot l \cdot f^2 / E \tag{8.7.1}$$

式中，d对辊轴支座为辊轴直径，对弧形支座为弧形表面接触点曲率半径r的2倍；n为辊轴数目，对弧形支座$n=1$；l为弧形表面或辊轴与平板的接触长度。

铰轴式支座的圆柱形枢轴(图8.7.4)，当两相同半径的圆柱形弧面自由接触的中心角$\theta \geqslant 90°$时，其承压应力应按下式计算：

$$\sigma = \frac{2R}{d \cdot l} \leqslant f \tag{8.7.2}$$

式中，d为枢轴直径；l为枢轴纵向接触面长度。

在网架、网壳等大跨度结构中，支座节点可能承受拉力。当结构跨度较小，可采用图8.7.1b所示的平板支座节点，此时锚栓承受拉力。当结构跨度较大，可采用弧形支座节点，为了更好地将拉力传递到支座上，在承受拉力的锚栓附近应设置肋板以增加节点刚度。

板式橡胶支座设计应符合下列规定：① 板式橡胶支座的底面面积可根据承压条件确定。② 橡胶层总厚度应根据橡胶剪切变形条件确定。③ 在水平力作用下，板式橡胶支座应满足稳定性和抗滑移要求。④ 支座锚栓按构造设置时数量宜为2～4个，直径不宜小于20 mm。对于受拉锚栓，其直径及数量应按计算确定，并应设置双螺母防止松动。⑤ 板式橡胶支座应采取防老化措施，并应考虑长期使用后因橡胶老化进行更换的可能性。⑥ 板式橡胶支座宜采取限位措施。具体计算时可参考有关资料。

§8.8 直接焊接管节点

钢管构件与开口截面构件相比，具有较高的抗压和抗扭承载能力，且两个方向的抗弯承载能力相等或相近；采用直接焊接的管节点(welded tubular connections)，除外形轻巧美观外，节点形式简单，节约钢材，还可形成封闭空间，节约防腐涂料。由于上述的优越性，直接焊接钢管结构获得了较快的发展和应用。

直接焊接管节点的设计包括下列内容：管节点的构造形式，相贯焊缝的计算和管节点的承载力计算。

8.8.1 直接焊接管节点的构造形式

直接焊接管节点又称相贯节点，系指在节点处主管保持连续，其余支管通过端部相贯线加工后，不经任何加强措施，直接焊接在主管外表的节点形式。当节点交汇的各杆轴线处于同一平面时，称为平面相贯节点，否则称为空间相贯节点。

主管和支管均为圆管的直接焊接管节点的构造形式如图8.8.1所示；主管为方、矩形管，支管为方、矩形管或圆管的直接焊接管节点的构造形式如图8.8.2所示。按《标准》的分类：主管为圆钢管时为圆钢管节点，支管可为方（矩）形管或圆管；主管为方（矩）形钢管时为矩形钢管节点，支管可为方（矩）形管或圆管。

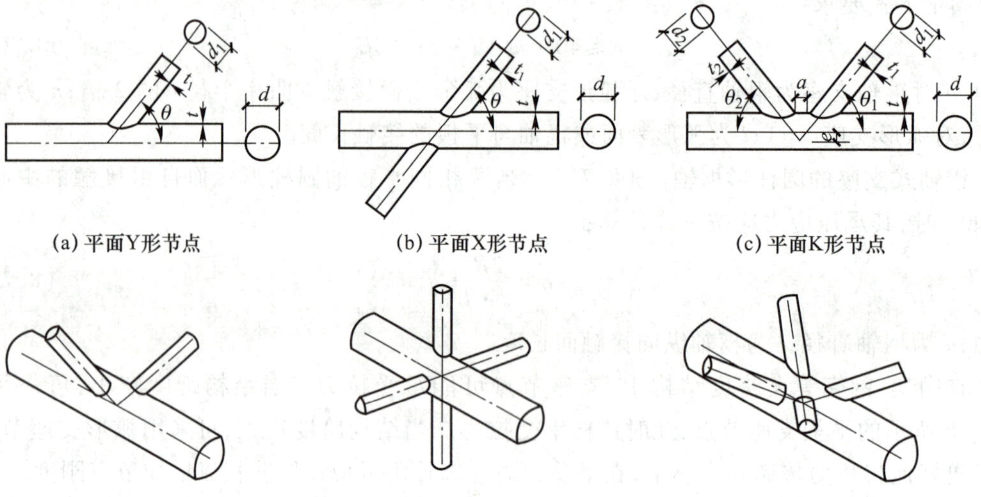

(a) 平面Y形节点　(b) 平面X形节点　(c) 平面K形节点

(d) 空间TT形节点　(e) 空间XX形节点　(f) 空间KK形节点

图 8.8.1　圆管结构的节点形式

由图中可见，平面管节点主要有 T、Y、X 形，有间隙的 K、N 形和搭接的 K、N 形。空间管节点主要有 TT、XX 和 KK 形。图中 a 为汇交于同一节点的支管间隙；p 为搭接支管与主管的相贯长度，q 为两支管间搭接部分延伸至主管表面时的长度，q 与 p 的比值代表搭接率；e 为支管轴线交点与主管轴线间的偏心矩，当偏心位于无支管一侧时，定义为 $e>0$，反之 $e\leqslant 0$。这些参数均对节点的工作性能有影响。

影响节点强度和刚度的重要几何和力学参数还有：主管的径厚比（或宽厚比）；支管和主管间的直径比（或宽度比）β_i；各支管轴线与主管轴线间的夹角 θ_i；对空间节点还有主管轴线平面处支管间的夹角 ϕ 等；钢材的屈服强度和屈强比；主管的轴压比等。

试验研究表明，节点的承载能力与节点的构造形式和上述参数间的关系十分复杂，为了确保安全和简化计算，根据工程实际实用范围和试验研究的范围，在《标准》中第 13 章提出了一系列构造要求和参数限制。

当设计者根据《标准》的规定进行管节点的设计时，必须满足这些要求和限制。

8.8.2　相贯焊缝的计算

支管与主管之间的连接可沿相贯线全周采用角焊缝或部分采用对接焊缝、部分采用角焊缝相焊。支管壁与主管壁之间大于或等于 120°的区域，宜用对接焊缝或带坡口的角焊缝相焊。为确保焊缝承载力大于或等于节点承载力，同时避免焊接过程中产生“过烧”现象，角焊缝的焊脚尺寸不宜大于支管壁厚的 2 倍；搭接支管周边焊缝宜为 2 倍支管壁厚。

当支管仅受轴心力作用时，非搭接支管与主管间的连接焊缝可视为全周角焊缝，按式 $\sigma_f = N/h_e l_w \leqslant f_f^w$ 进行计算。焊缝的计算厚度 h_e 沿相贯线是变化的。经分析表明，焊缝的平均计算厚度可取 $0.7h_f$。焊缝的计算长度按管节点处的刚度区分为以下情况：

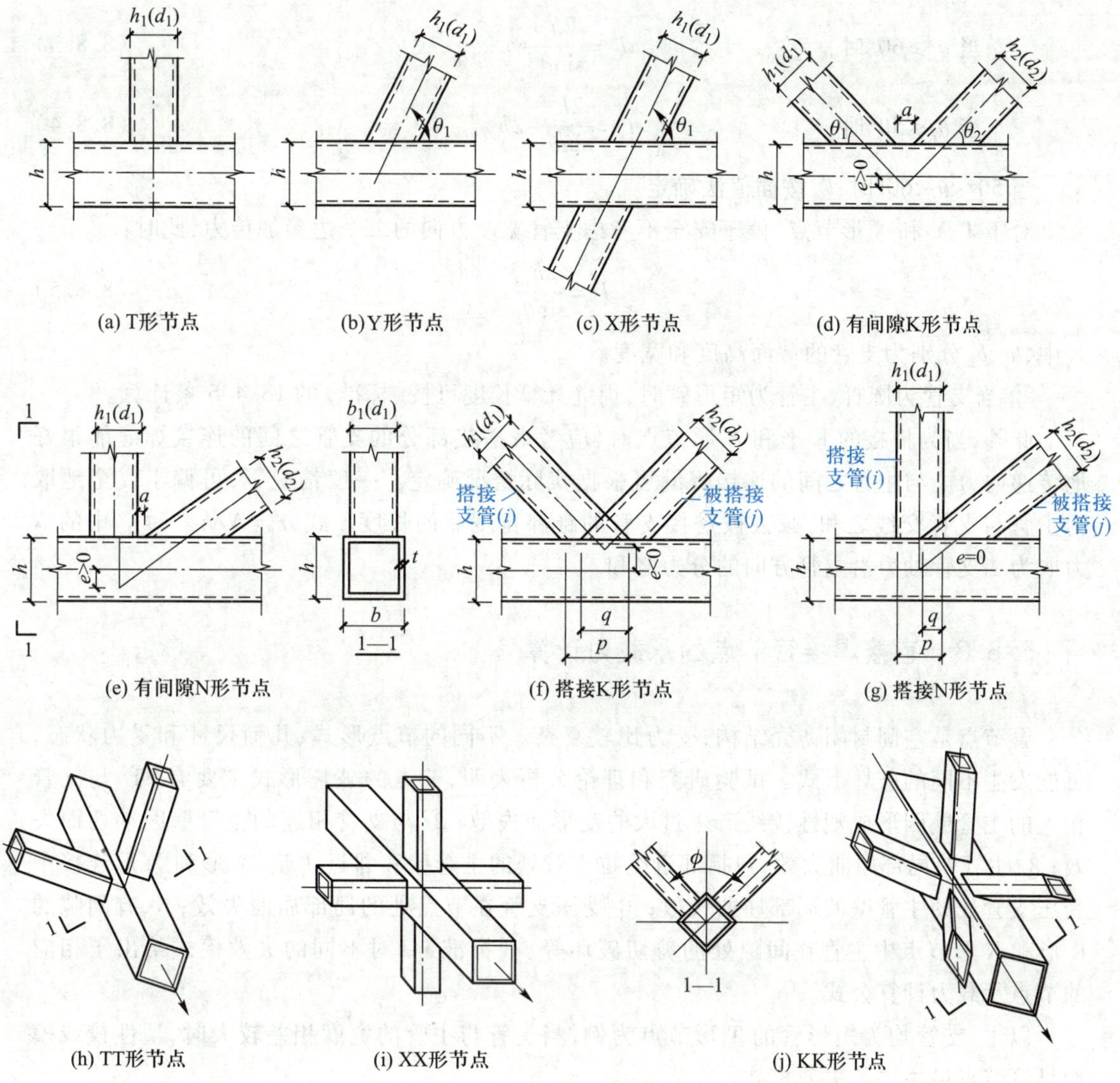

图 8.8.2　方、矩形管结构的节点形式

① 对于圆管节点，由于节点刚度较大，支管轴力可认为沿主管的相贯线均匀分布，当支管为圆管时，取相贯线长度为焊缝的计算长度：

当 $d_i/d \leqslant 0.65$ 时　　$$l_w=(3.25d_i-0.025d)\left(\frac{0.534}{\sin\theta_i}+0.466\right) \tag{8.8.1}$$

当 $0.65<d_i/d \leqslant 1$ 时　　$$l_w=(3.81d_i-0.389d)\left(\frac{0.534}{\sin\theta_i}+0.466\right) \tag{8.8.2}$$

式中，d、d_i 分别为主、支管的外径，θ_i 为支管轴线与主管轴线的夹角。

② 对于矩形管节点，以有间隙的 K 形和 N 形节点为例，当支管与主管的轴线夹角 θ_i 较大时，支管截面中垂直于主管轴线的侧边受力是不均匀的，靠近主管侧壁的部分，支承刚度较大，受力较大，远离主管侧壁部分，支承刚度较小，受力较小；但当 θ_i 角较小时，主管对支管截面各部分的支承刚度比较均匀，可认为相贯线全长参加工作。据此，矩形钢管节点中，当支管为方（矩）形管时，连接焊缝的计算长度可按下式计算：

当 $\theta_i \geqslant 60°$ 时，
$$l_w = \frac{2h_i}{\sin\theta_i} + b_i \tag{8.8.3}$$

当 $\theta_i \leqslant 50°$ 时，
$$l_w = \frac{2h_i}{\sin\theta_i} + 2b_i \tag{8.8.4}$$

当 $50° < \theta_i < 60°$ 时，l_w 按插值法确定。

对于 T、Y 和 X 形节点，偏于安全不考虑支管宽度方向的二个边参加传力，此时：

$$l_w = \frac{2h_i}{\sin\theta_i} \tag{8.8.5}$$

式中，h_i、b_i 分别为支管的截面高度和宽度。

③ 当支管为圆管、主管为矩形管时，焊缝计算长度可按《标准》的 13.4.5 条计算。

此外，当为搭接的 K 形和 N 形节点时，应考虑搭接部分的支管之间的连接焊缝能很好地传递内力。与主管之间的连接焊缝可根据实际情况确定。一般情况下，可偏于安全地取为主管与支管交线之和，减去被搭接支管的趾部宽度后的长度。式 $\sigma_f = N/h_e l_w \leqslant f_f^w$ 中的 N 力取为二支管轴力沿主管方向的分力之和。

8.8.3　直接焊接管节点的承载力计算

管节点是空间封闭薄壳结构，受力比较复杂。不同的节点形式、几何尺寸和受力状态，可能发生不同的破坏形式。试验研究和理论分析表明，节点的破坏形式主要有：① 与支管相连的主管壁因形成塑性绞线产生过大的变形而失效；② 与支管相连的主管壁因冲切而失效；③ 主管壁局部屈曲失效，包括邻近受拉支管处的主管壁和邻近 T 形、Y 形和 X 形连接中受压支管处的主管壁的局部屈曲失效；④ 受压支管在节点处的局部屈曲失效；⑤ 有间隙的 K 形和 N 形节点中主管在间隙处的剪切破坏等。《标准》针对不同的失效模式给出了相应的节点承载力计算公式。

以主、支管均为矩形管的 T 形节点为例，当支管与主管的宽度相差较大时，塑性铰线模型是管节点最主要的失效模式。

假设主管不受轴力作用的 T 形节点失效时形成的塑性铰线如图 8.8.3 所示，支管下端各点的变形均为 Δ。θ_i 代表塑性铰线两侧的面之间的夹角，其大小与 Δ 和 α 角有关。假设钢材符合理想弹塑性材料，则单位长度上的塑性铰线弯矩为

$$m_p = \frac{t^2 f_y}{4}$$

设支管所围面积在位移 Δ 的基础上发生虚位移 δΔ，各塑性铰线处将发生虚转角：

$$\delta\theta_i = C_i(\alpha) \cdot \delta\Delta$$

式中，α 为待定角度，$C_i(\alpha)$ 是与 α 有关的几何参数，反映各塑性铰线与 α 的几何关系。例如对图 8.8.3 中的 ag、ce、df、bh 各塑性铰线而言，$C_i(\alpha) = \dfrac{2}{b-b_1}$；对 ab、cd、ef、gh 各线，$C_i(\alpha) = \dfrac{2\tan\alpha}{b-b_1}$ 等。

由虚功原理有：

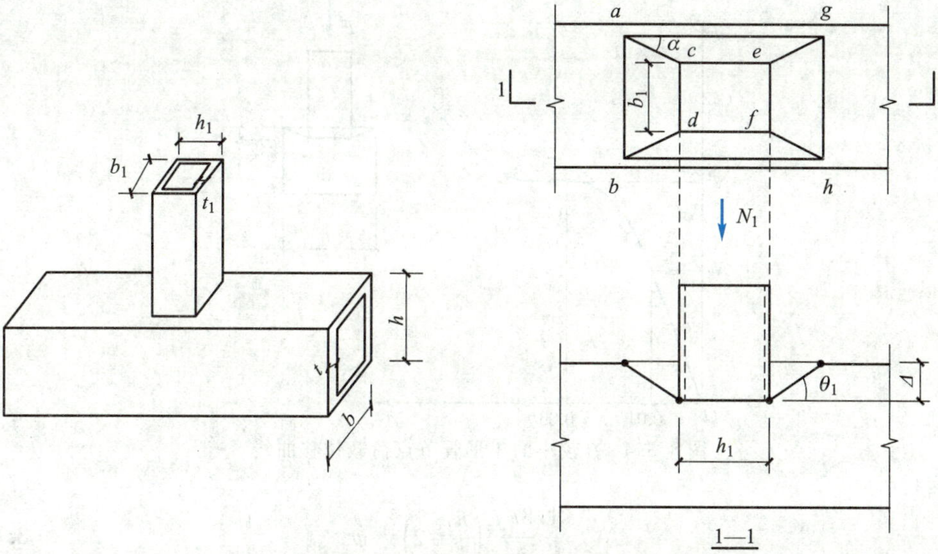

图 8.8.3 T形管节点的塑性铰线模型

$$N\delta\Delta=\sum m_{\mathrm{p}}l_i\delta\theta_i=m_{\mathrm{p}}\delta\Delta\sum l_iC_i(\alpha)$$

消除 $\delta\Delta$,并令$\frac{\partial N}{\partial\alpha}=0$,可求得 α 角,进而求得国外通用的节点承载力公式:

$$N^*=\frac{t^2f_{\mathrm{y}}}{1-\beta}[2\eta+4(1-\beta)^{0.5}] \tag{8.8.6}$$

式中,$\eta=\frac{h_1}{b}$;$\beta=\frac{b_1}{b}$。

也可将上式变为我国《标准》的表达形式:

$$N^*=\frac{2t^2f_{\mathrm{y}}}{c}\left(\frac{h_1}{bc}+2\right) \tag{8.8.7}$$

式中,$c=(1-\beta)^{0.5}$。

试验研究和有限元分析均表明,β 较小的 T 形管节点的荷载位移曲线如图 8.8.4 所示。如果允许出现较大的变形,该节点可承受很大的荷载。有些文献建议按主管表面相对变形限制确定节点的极限状态。

当 $\Delta_{0.03}=0.03b$ 时,为承载力极限状态,对应的荷载 N^* 为节点的极限承载力;

当 $\Delta_{0.01}=0.01b$ 时,为正常使用极限状态,对应的荷载 N_{k} 为正常使用标准强度。

大量的有限元算例分析和试验结果证明,式(8.8.6)或式(8.8.7)所给出的管节点承载力正好和按 $\Delta_{0.03}$ 确定的极限承载力 N^* 相吻合。因此按上述公式计算管节点的极限承载力是合理的。

假设 k 为管节点的安全系数,则当 $N^*\leqslant kN_{\mathrm{k}}$ 时,满足了承载力极限状态 N^* 就自动满足了正常使用极限状态 N_{k},可免去变形的烦琐计算。目前欧洲各国的 $k\approx1.5$,大多数情况下,可满足上式要求。但当 $\beta<0.6$,$b/t>15$ 时,$k=1.5$ 已不能满足上式要求,此时常由正常使用极限状态起控制作用。为了避免计算变形的麻烦,我国《标准》将 N^* 乘以 0.9 的系数,即相当于将 k 由 1.5 扩大到 1.7,再考虑主管受轴力作用时的影响参数 ψ_{n},式(8.8.7)变为

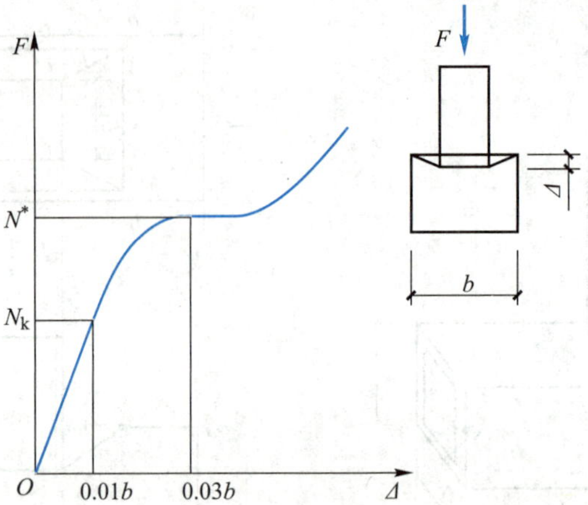

图 8. 8. 4　β 较小的 T 形管节点荷载位移曲线

$$N^{*}=\frac{1.8t^{2}f_{y}}{c}\left(\frac{h_{1}}{bc}+2\right)\cdot\psi_{n} \tag{8.8.8}$$

经分析，该式算得的 N^{*} 基本上均小于 $1.7N_{k}$。

式(8. 8. 8)是当 $\beta\leqslant0.85$ 时，主、支管均为方(矩)形管的 T 形节点的计算公式之一，其他圆管和矩形管直接焊接管节点的承载力计算公式见《标准》第 13 章，此处不再赘述。

上述是不采取任何加强措施的直接焊接管节点。当直接焊接方式不能满足节点承载力要求时，还可采用在主管内设置横向加劲板或在主管外表面贴加强板的方法来加强节点，相应的构造和计算规定见《标准》第 13 章。

§8.9　连接板节点

1. 节点处连接板件在拉、剪作用下的强度计算

当构件通过焊缝或螺栓相连进行传力时，在焊缝或螺栓的强度满足承载力要求时，除了因构件截面削弱过多而导致构件沿整个横截面拉断外，还有可能出现节点处连接板件被拉剪而破坏，如图 8. 9. 1 所示。此时，平行于拉力作用线的纵向截面(螺栓连接时为净截面，见图 8. 9. 1a、b)受剪，而垂直拉力作用线的截面受拉。因此，也常称这种破坏方式为块状拉剪破坏。当被连接的板件厚度较小，例如，用于螺栓连接中角钢(图 8. 9. 1a)的壁厚较小时；或者，对于槽钢或工字钢等型钢构件，当在节点处构件被切角后被连接腹板的壁厚较薄时(图 8. 9. 1b、c)，此种破坏可能发生，应予验算。连接节点处板件在拉、剪作用下的强度应按下列公式计算：

$$\frac{N}{\sum(\eta_{i}A_{i})}\leqslant f \tag{8.9.1}$$

$$A_{i}=tl_{i} \tag{8.9.2}$$

$$\eta_{i}=\frac{1}{\sqrt{1+2\cos^{2}\alpha_{i}}} \tag{8.9.3}$$

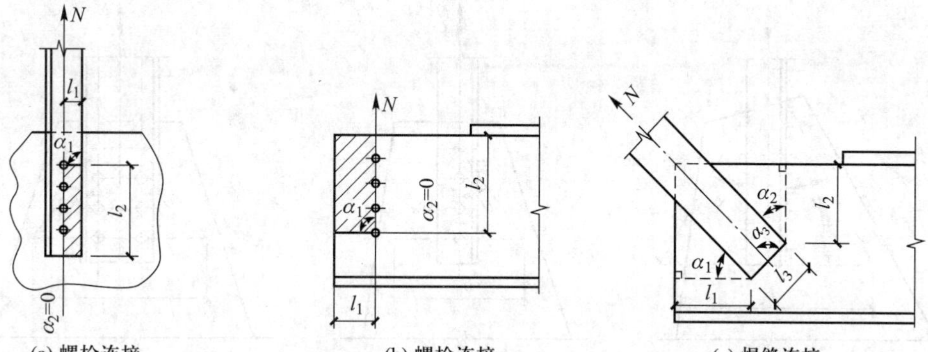

图 8.9.1 板件的拉、剪撕裂

式中，N 为作用于板件的拉力；A_i 为第 i 段破坏面的截面积，当为螺栓连接时，应取净截面面积；t 为板件厚度；l_i 为第 i 破坏段的长度，应取板件中最危险的破坏线长度（图 8.9.1）；η_i 为第 i 段的拉剪折算系数；α_i 为第 i 段破坏线与拉力轴线的夹角。

需说明的是，试验研究发现在焊接结构中，图 8.9.1c 中的破坏线常为三折线且外侧破坏线与连接板的边线基本垂直。沿破坏线割取自由体，考虑塑性发展引起内力重分布，假定在破坏面上各线段的应力在段内均匀分布且平行于腹杆轴力，当各破坏段上的折算应力同时达到抗拉强度时，试件破坏。根据平衡条件并忽略很小的弯矩和剪力的影响，推导出上述公式。该公式符合破坏机理，其计算值与试验值之比平均为 87.5%，偏于安全且离散性较小，可用于验算连接板的强度。

2. 桁架节点板的强度计算

考虑到桁架节点板的外形常不规则，采用前述方法计算较麻烦，还无法计算节点板的疲劳。参照国外多数国家的经验，并经过试验验证，建议桁架节点板（杆件轧制 T 形和双板焊接 T 形截面者除外）的强度除可按式(8.9.1)～式(8.9.3)计算外，也可用有效宽度法计算。该法认为腹杆轴力 N 将通过连接件在节点板内按照某一个应力扩散角传至连接件端部与杆轴相垂直的一定宽度范围内，该宽度称为有效宽度。有效宽度法按下式计算：

$$\sigma=\frac{N}{b_e t}\leqslant f \tag{8.9.4}$$

式中，b_e 为板件的有效宽度（图 8.9.2）；当用螺栓（或铆钉）连接时，应减去孔径，孔径应取比螺栓（或铆钉）标称尺寸大 4 mm。

采用上述方法，通过大量的参数分析，编制了单壁式桁架节点板厚度与腹杆内力的关系表（见表 9.6.4），可通过腹杆内力直接查得节点板厚度，无需计算。

3. 桁架节点板在斜腹杆压力作用下的稳定性验算

通过试验研究拟合出了节点板在斜腹杆压力作用下验算稳定的近似方法，并给出了不需验算稳定的具体条件：

① 对有竖腹杆相连的节点板，当 $c/t\leqslant 15\sqrt{235/f_y}$ 时，可不计算稳定，否则应按《标准》附录 G 进行稳定计算，在任何情况下，c/t 不得大于 $22\sqrt{235/f_y}$，c 为受压腹杆连接肢端面中点沿腹杆轴线方向至弦杆的净距离。

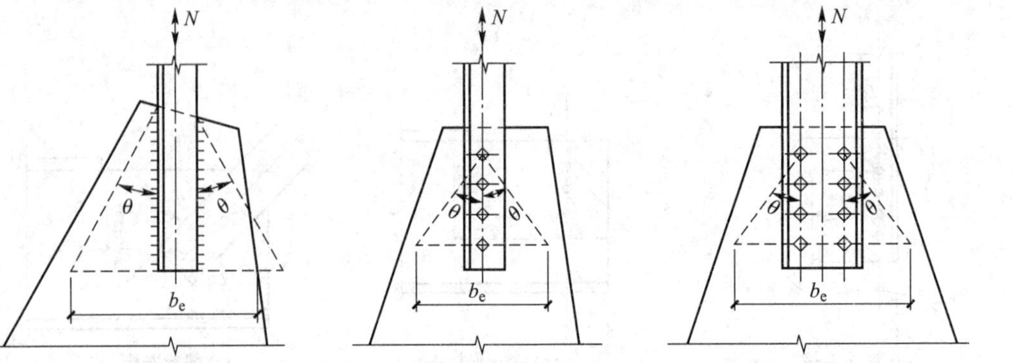

(a) 焊缝连接　　(b) 螺栓(铆钉)连接　　(c) 螺栓(铆钉)连接

图 8.9.2　板件的有效宽度

θ—应力扩散角,焊接及单排螺栓时可取 30°,多排螺栓时可取 22°。

② 对无竖腹杆相连的节点板,当 $c/t \leqslant 10\sqrt{235/f_y}$ 时,节点板的稳定承载力可取为 $0.8b_e tf$。当 $c/t > 10\sqrt{235/f_y}$ 时,应按《标准》附录 G 进行稳定计算,但在任何情况下,c/t 不得大于 $17.5\sqrt{235/f_y}$。

4. 设计桁架节点板时的构造要求

在采用上述方法验算节点板的强度和稳定性时,应满足下列要求:① 节点板边缘与腹杆轴线之间的夹角不应小于 15°;② 斜腹杆与弦杆的夹角应为 30° ~60°;③节点板的自由边长度 l_f 与厚度 t 之比不得大于 $60\sqrt{235/f_y}$。与桁架节点板设计的其他有关问题,见 9.7 节。

5. 垂直于杆件轴向焊接设置的连接板或梁的翼缘的强度验算

采用焊接方式与工字形、H 形或其他截面的未设水平加劲肋的杆件(例如柱子)翼缘相连的连接板或梁的翼缘,形成 T 形接合时(图 8.9.3),考虑到被连接杆件的翼缘中间和两侧部分支承刚度不同,连接板或梁的翼缘的母材和焊缝均应根据有效宽度进行强度计算。

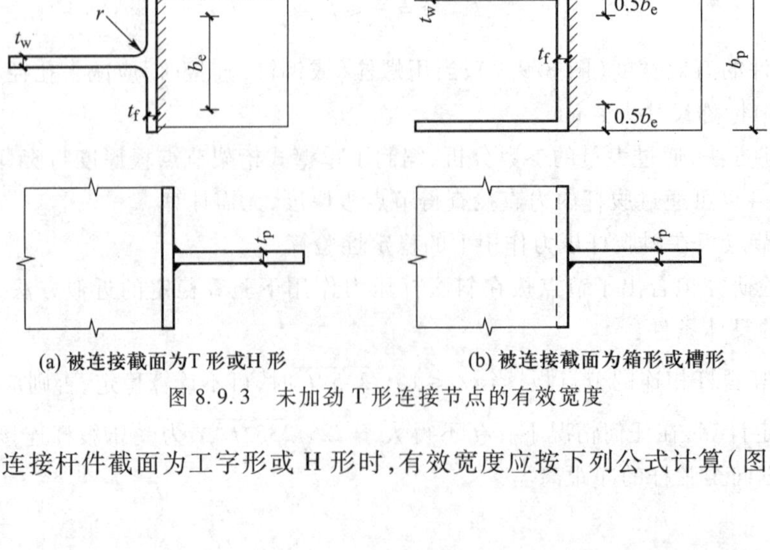

(a) 被连接截面为T 形或H 形　　(b) 被连接截面为箱形或槽形

图 8.9.3　未加劲 T 形连接节点的有效宽度

① 当被连接杆件截面为工字形或 H 形时,有效宽度应按下列公式计算(图 8.9.3a):

$$b_e = t_w + 2s + 5kt_f \tag{8.9.5}$$

$$k = \frac{t_f}{t_p} \cdot \frac{f_{yc}}{f_{yp}}；当 k>1.0 时取 1 \tag{8.9.6}$$

式中，b_e为 T 形接合的有效宽度；f_{yc}为被连接杆件翼缘的钢材屈服强度；f_{yp}为连接板的钢材屈服强度；t_w为被连接杆件的腹板厚度；t_f为被连接杆件的翼缘厚度；t_p为连接板厚度；s 为对于被连接杆件，轧制工字形或 H 形截面杆件取为圆角半径 r；焊接工字形或 H 形截面杆件取为焊脚尺寸 h_f。

② 当被连接杆件截面为箱形或槽形，且其翼缘宽度与连接板件宽度相近时（图 8.9.3b），有效宽度应按下式计算：

$$b_e = 2t_w + 5kt_f \tag{8.9.7}$$

③ 有效宽度 b_e尚应满足下式要求：

$$b_e \geqslant \frac{f_{yp} b_p}{f_{up}} \tag{8.9.8}$$

式中，f_{up}为连接板的极限强度；b_p为连接板宽度。

④ 当节点板不满足式（8.9.8）要求时，被连接杆件的翼缘应设置加劲肋。

⑤ 连接板与翼缘的焊缝应按能传递连接板的抗力 $b_p t_p f_{yp}$（假定为均布应力）进行设计。

§8.10 其 他 节 点

8.10.1 铸钢节点

铸钢节点（图 8.10.1）应满足结构受力、铸造工艺、连接构造与施工安装的要求，适用于几何形式复杂、杆件汇交密集、受力集中且对结构安全有重要影响的部位。铸钢节点可采用的形式多种多样，节点与相邻构件可采取焊接（图 8.10.1b）、螺纹或销轴等连接方式。

(a) 铸钢节点

(b) 铸钢节点与相邻构件连接

图 8.10.1 铸钢节点及其工程应用

非焊接结构用铸钢节点的材料应符合现行国家标准 GB/T 11352—2009《一般工程用铸造碳钢件》的要求；焊接结构用铸钢节点材料的碳当量及硫、磷含量应符合现行国家标准 GB/T 7659—2010《焊接结构用铸钢件》的规定。铸钢节点与构件母材焊接时，在碳当量基本相同的情况下，可按与构件母材相同技术要求选用相应的焊条、焊丝与焊剂，并应进行焊接工艺评定。铸钢节点应根据铸件轮廓尺寸、夹角大小与铸造工艺确定最小壁厚、内圆角半径与外圆角半径。铸钢件壁厚不宜大于 150 mm，应避免壁厚急剧变化，壁厚变化斜率不宜大于 1/5。内部肋板厚度不宜大于外侧壁厚。为确保铸钢节点的制作质量，铸造工艺应保证铸钢节点内部组织致密、均匀，铸钢件宜进行正火或调质热处理，设计文件应注明铸钢件毛皮尺寸的容许偏差。

对铸钢节点进行强度校核时，根据铸钢材料的特点，可采用第四强度理论进行计算。铸钢节点应满足承载力极限状态的要求，节点应力应符合下式要求：

$$\sqrt{\frac{1}{2}[(\sigma_1-\sigma_2)^2+(\sigma_2-\sigma_3)^2+(\sigma_3-\sigma_1)^2]}\leqslant\beta_f f \tag{8.10.1}$$

式中，σ_1、σ_2、σ_3为计算点处在相邻构件荷载设计值作用下的第一、第二、第三主应力；β_f为强度增大系数。当各主应力均为压应力时，$\beta_f=1.2$；当各主应力均为拉应力时，$\beta_f=1.0$，且最大主应力应满足 $\sigma_1\leqslant 1.1f$；其他情况时，$\beta_f=1.1$。

铸钢节点可采用有限元法确定其受力状态（有限元分析应采用实体单元，径厚比不小于 10 的部位可采用板壳单元），并可根据实际情况对其承载力进行试验验证。铸钢节点属于下列情况之一时，宜进行节点试验：设计或建设方认为对结构安全至关重要的节点；8 度、9 度抗震设防时，对结构安全有重要影响的节点；铸钢件与其他构件采用复杂连接方式的节点。

8.10.2 预应力索节点

对张拉后获得预应力的高强拉索进行锚固或连接便形成了预应力索节点。

预应力高强拉索的张拉节点应保证节点张拉区有足够的施工空间，便于施工操作，且锚固可靠。预应力索张拉节点与主体结构的连接应考虑超张拉和使用荷载阶段拉索的实际受力大小，确保连接安全。

预应力索锚固节点应采用传力可靠、预应力损失低且施工便利的锚具，应保证锚固区的局部承压强度和刚度。应对锚固节点区域的主要受力杆件、板域进行应力分析和连接计算。节点区应避免焊缝重叠、开孔等。

预应力索转折节点应设置滑槽或孔道，滑槽或孔道内可涂润滑剂或加衬垫，或采用摩擦系数低的材料；应验算转折节点处的局部承压强度，并采取加强措施。

有关预应力索节点的连接构造和受力特点等，可参阅《钢结构设计》（张耀春主编，高等教育出版社）一书第 4 章 4.4 节的内容。

习　题

8.1　按例题 6.1 中用焊接工字形钢(图 6.6.2d)设计的轴心受压柱截面,设计该柱的柱脚。基础用 C20 混凝土。

8.2　试设计习题 7.7 中框架柱(压弯构件)的整体式刚接柱脚。基础用 C20 混凝土。

第 9 章

单层厂房钢结构

§9.1 单层厂房钢结构的组成及布置原则

9.1.1 单层厂房钢结构的组成

单层厂房钢结构(single-story industrial steel structures)一般是由屋盖结构、柱、吊车梁、制动梁(或制动桁架)、各种支撑以及墙架等构件组成的空间体系(图 9.1.1)。这些构件按其作用可分为下面几类:

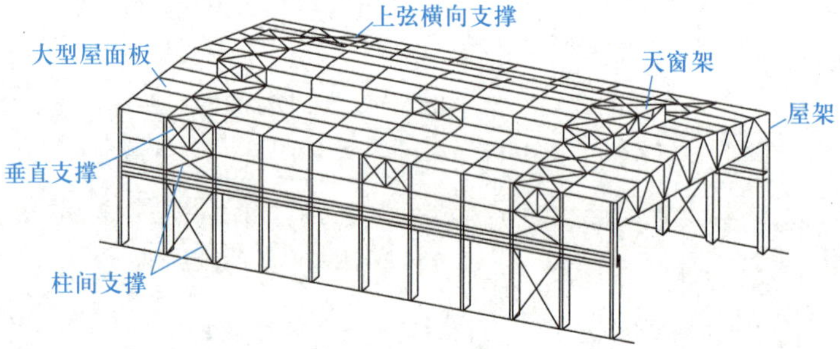

(a) 无檩屋盖

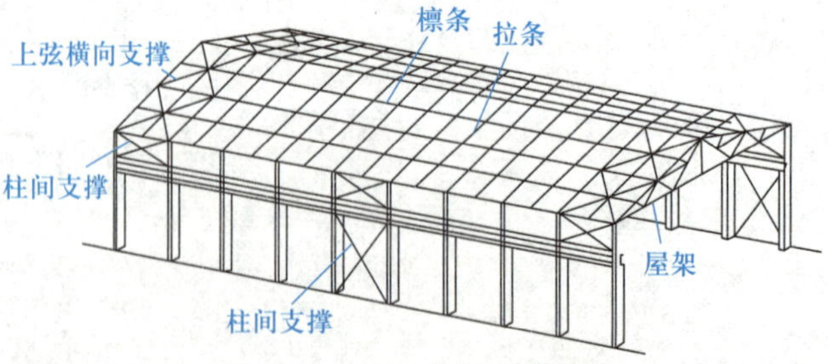

(b) 有檩屋盖

图 9.1.1 单层厂房钢结构的组成示例

① 横向框架。由柱和它所支承的屋架或屋盖横梁组成,是单层厂房钢结构的主要承重体系,承受结构的自重、风、雪荷载和吊车的竖向与横向荷载,并把这些荷载传递到基础。

② 屋盖结构。承担屋盖荷载的结构体系,包括横向框架的横梁、托架、中间屋架、天窗

架、檩条等。

③ 支撑体系。包括屋盖部分的支撑和柱间支撑等，它一方面与柱、吊车梁等组成单层厂房钢结构的纵向框架，承担纵向水平荷载；另一方面又把主要承重体系由个别的平面结构连成空间的整体结构，从而保证了单层厂房钢结构所必需的刚度和稳定。

④ 吊车梁和制动梁（或制动桁架）。主要承受吊车竖向及水平荷载，并将这些荷载传到横向框架和纵向框架上。

⑤ 墙架。承受墙体的自重和风荷载。

9.1 厂房钢结构全集

此外，还有一些次要的构件如梯子、走道、门窗等。在某些单层厂房钢结构中，由于工艺操作上的要求，还设有工作平台。

9.1.2 柱网和温度伸缩缝的布置

1. 柱网布置

柱网布置（layout of column rows）就是确定单层厂房钢结构承重柱在平面上的排列，即确定它们的纵向和横向定位轴线所形成的网格。单层厂房钢结构的跨度就是柱纵向定位轴线之间的尺寸，单层厂房钢结构的柱距就是柱子在横向定位轴线之间的尺寸（图 9.1.2）。

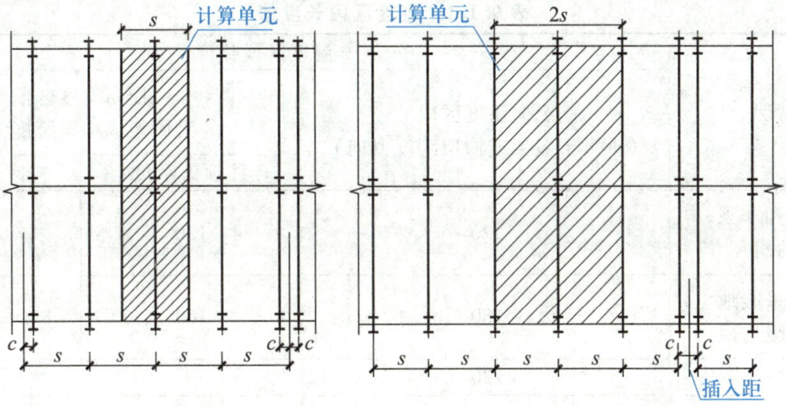

(a) 各列柱距相等　　(b) 中列柱有抽柱

图 9.1.2　柱网布置和温度伸缩缝

进行柱网布置时，应注意以下几方面的问题：

① 应满足生产工艺要求。厂房是直接为工业生产服务的，不同性质的厂房具有不同的生产工艺流程，各种工艺流程所需主要设备、产品尺寸和生产空间都是决定跨度和柱距的主要因素。柱的位置（包括柱下基础的位置）应和地上（地下）设备、机械及起重运输设备等相协调。此外，柱网布置尚应考虑未来生产发展和生产工艺的可能变动。

② 应满足结构的要求。为了保证车间的正常使用，使厂房具有必要的刚度，应尽量将柱布置在同一横向轴线上，以便与屋架或横梁组成横向框架，提供尽可能大的横向刚度。

③ 应符合经济合理的原则。柱距大小对结构的用钢量影响较大，较经济的柱距可通

过具体方案比较确定，例如，在柱子较高、跨度较大而吊车起重量又较小的车间中，采用大柱距可能是经济合理的。为了降低制作和安装工作量，应尽量实现结构构件的统一化和标准化，满足 TJ-6-74《厂房建筑统一化基本规则》的规定：当单层厂房钢结构跨度小于或等于 18 m 时，应以 3 m 为模数，即 9 m、12 m、15 m、18 m；当厂房跨度大于 18 m 时，则以 6 m为模数，即 24 m、30 m、36 m。但是当工艺布置和技术经济有明显的优越性时，也可采用 21 m、27 m、33 m等。单层厂房钢结构柱距一般采用 6 m 较为经济，当工艺有特殊要求时，可局部抽柱，即柱距做成 12 m；对某些有扩大柱距要求的单层厂房钢结构也可采用 9m 及 12m 柱距。

2. 温度伸缩缝

温度变化将引起结构变形，使厂房钢结构产生温度应力。故当厂房平面尺寸较大时，为避免产生过大的温度变形和温度应力，应在厂房钢结构的横向或纵向设置温度伸缩缝（temperature joint）。

温度伸缩缝的布置决定于单层厂房钢结构的纵向和横向长度。纵向很长的厂房在温度变化时，纵向构件伸缩的幅度较大，引起整个结构变形，使构件内产生较大的温度应力，并可能导致墙体和屋面的破坏。为了避免这种不利后果的产生，常采用横向温度伸缩缝将单层厂房钢结构分成伸缩时互不影响的温度区段。按《标准》规定，当温度区段长度不超过表 9.1.1的数值时，可不计算温度应力。

表 9.1.1　温度区段长度值　　m

结构情况	温度区段长度		
	纵向温度区段（垂直于屋架或构架跨度方向）	横向温度区段（沿屋架或构架跨度方向）	
		柱顶为刚接	柱顶为铰接
采暖房屋和非采暖地区的房屋	220	120	150
热车间和采暖地区的非采暖房屋	180	100	125
露天结构	120	—	—
围护构件为金属压型钢板的房屋	250	150	

温度伸缩缝最普遍的做法是设置双柱。即在缝的两旁布置两个无任何纵向构件联系的横向框架，使温度伸缩缝的中线和定位轴线重合（图 9.1.2a）；在设备布置条件不允许时，可采用插入距的方式（图 9.1.2b）。将缝两旁的柱放在同一基础上，其轴线间距一般可采用 1 m，对于重型厂房由于柱的截面较大，可能要放大到 1.5 m 或 2 m，有时甚至到 3 m，方能满足温度伸缩缝的构造要求。为节约钢材也可采用单柱温度伸缩缝，即在纵向构件（如托架、吊车梁等）支座处设置滑动支座，以使这些构件有伸缩的余地。不过单柱伸缩缝使构造复杂，实际应用较少。

当厂房宽度较大时，也应该按《标准》规定布置纵向温度伸缩缝。

§9.2　横向框架的结构类型及主要尺寸

9.2.1　框架的类型

单层厂房的基本承重结构通常采用框架(frames)结构体系。这种体系能够保证必要的横向刚度,同时其净空又能满足使用上的要求。

横向框架按其静力计算模式来分,主要有横梁与柱铰接和横梁与柱刚接两种情况。如按跨度来分,则有单跨、双跨和多跨。

横梁与柱铰接的框架,在传统单层厂房钢结构中常可见到。由于其横向刚度较差,常不能满足吊车使用上的要求,因此这种结构类型多在吊车起重量较小时采用。横梁与柱刚接的框架具有良好的横向刚度,但对于支座不均匀沉降及温度作用比较敏感,需采取防止不均匀沉降的措施。轻钢厂房采用的门式刚架属于横梁与柱刚接,而且由于结构自重与传统单层厂房钢结构相比大为减轻,沉降问题不甚严重,因而是一种较好的结构形式。

9.2.2　主要尺寸

框架的主要尺寸见图 9.2.1 所示。框架的跨度,一般取为上部柱中心线间的横向距离,可由下式定出:

$$L_0 = L_K + 2S \tag{9.2.1}$$

式中,L_K 为桥式吊车的跨度;S 为吊车梁轴线至上段柱轴线的距离(图 9.2.2),应满足下式要求:

$$S = B + D + b_1/2 \tag{9.2.2}$$

式中,B 为吊车桥架悬伸长度,可由行车样本查得;D 为吊车外缘和柱内边缘之间的必要空隙:当吊车起重量不大于 500 kN 时,不宜小于 80 mm;当吊车起重量大于或等于 750 kN 时,不宜小于 100 mm;当在吊车和柱之间需要设置安全走道时,则 D 不得小于 400 mm;b_1 为上段柱宽度。

S 的取值:对于中型厂房一般采用 0.75 m 或 1 m,重型厂房则为 1.25 m 甚至达 2.0 m。

框架由柱脚底面到横梁下弦底部的距离:

$$H = h_1 + h_2 + h_3 \tag{9.2.3}$$

式中,h_1 为地面至柱脚底面的距离。中型车间约为 0.8~1.0 m,重型车间为 1.0~1.2 m。h_2 为地面至吊车轨顶的高度,由工艺要求决定。h_3 为吊车轨顶至屋架下弦底面的距离:

$$h_3 = A + 100\ \text{mm} + (150 \sim 200)\ \text{mm} \tag{9.2.4}$$

式中,A 为吊车轨道顶面至起重小车顶面之间的距离;100 mm 是为制造、安装误差留出的空隙;(150~200)mm 则是考虑屋架的挠度和下弦水平支撑角钢的下伸等所留的空隙。

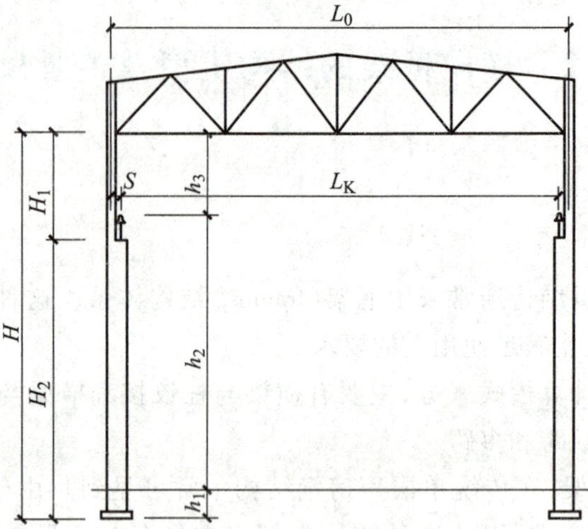

图 9.2.1　横向框架的主要尺寸

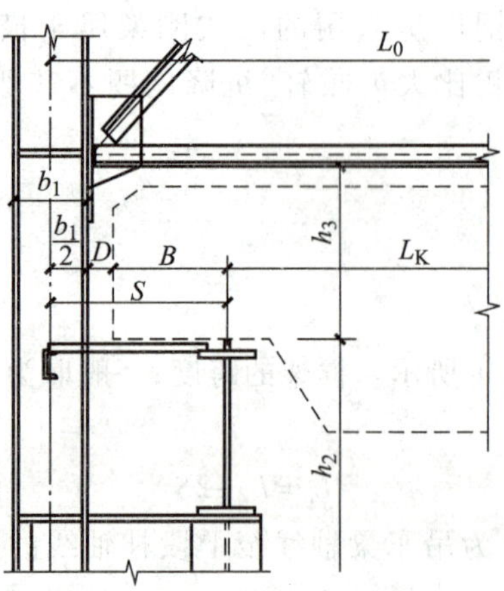

图 9.2.2　柱与吊车梁轴线间的净空

吊车梁的高度可按(1/12～1/5)L 选用,L 为吊车梁的跨度,吊车轨道高度可根据吊车起重量决定。框架横梁一般采用梯形或人字形屋架,其形式和尺寸参见本章 §9.4。

§9.3　结构的纵向传力系统

9.3.1　纵向框架柱间支撑的作用和布置

柱间支撑(bracings)与厂房钢结构框架柱相连接,其作用为

① 组成坚强的纵向构架,保证单层厂房钢结构的纵向刚度;

② 承受单层厂房钢结构端部山墙的风荷载、吊车纵向水平荷载及温度应力等,在地震区尚应承受纵向地震作用,并将这些力和作用传至基础;

③ 可作为框架柱在框架平面外的支点,减少柱在框架平面外的计算长度。

柱间支撑由两部分组成:在吊车梁以上的部分称为上层支撑,吊车梁以下的部分称为下层支撑,下层柱间支撑与柱和吊车梁一起在纵向组成刚性很大的悬臂桁架。显然,将下层支撑布置在温度区段的端部,在温度变化的影响方面将是很不利的。因此,为了使纵向构件在温度发生变化时能较自由地伸缩,下层支撑应该设在温度区段中部。只有当吊车位置高而车间总长度又很短(如混铁炉车间)时,下层支撑设在两端不会产生很大的温度应力,而对厂房纵向刚度却能提高很多,这时放在两端才是合理的。

当温度区段小于 90 m 时,在它的中央设置一道下层支撑(图 9.3.1a);如果温度区段长度超过 90 m,则在它的 1/3 点处各设一道支撑(图 9.3.1b),以免传力路程太长。在短而高的单层厂房钢结构中,下层支撑也可布置在单层厂房钢结构的两端(图 9.3.1c)。

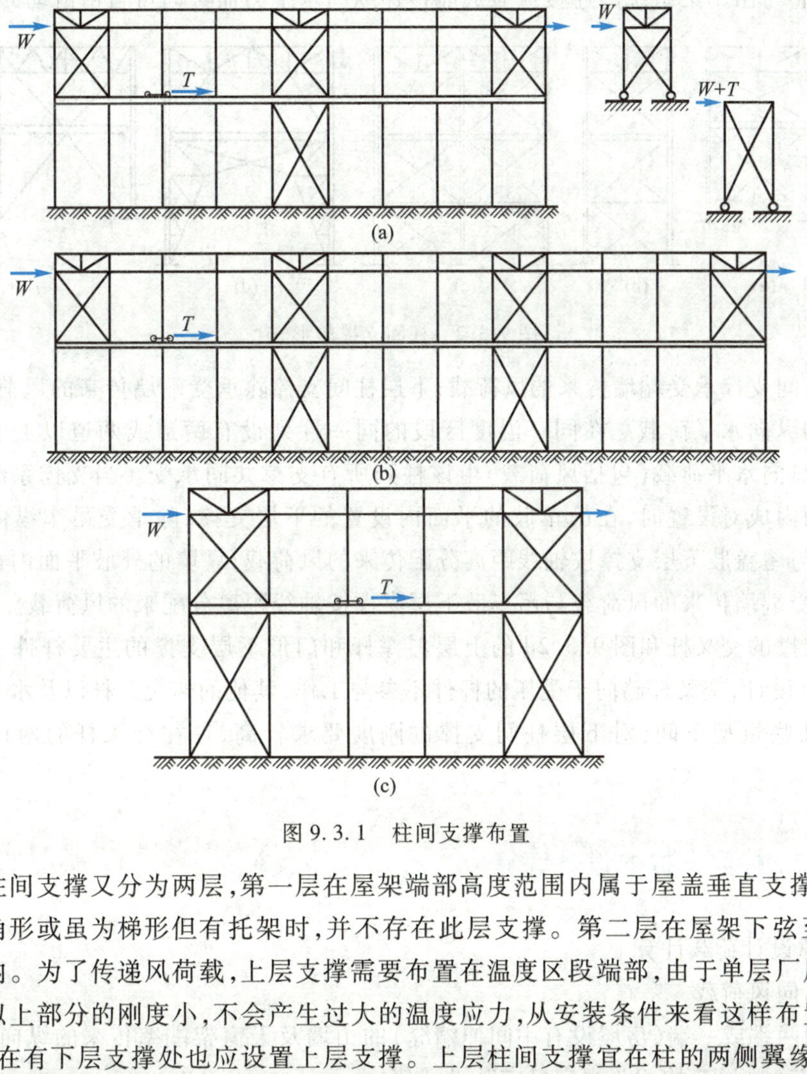

图 9.3.1　柱间支撑布置

上层柱间支撑又分为两层,第一层在屋架端部高度范围内属于屋盖垂直支撑。显然,当屋架为三角形或虽为梯形但有托架时,并不存在此层支撑。第二层在屋架下弦至吊车梁上翼缘范围内。为了传递风荷载,上层支撑需要布置在温度区段端部,由于单层厂房钢结构柱在吊车梁以上部分的刚度小,不会产生过大的温度应力,从安装条件来看这样布置也是合适的。此外,在有下层支撑处也应设置上层支撑。上层柱间支撑宜在柱的两侧翼缘设置,只有在无人孔且柱截面高度不大的情况下才可沿柱中心设置一道。下层柱间支撑应在柱的两个肢的平面内成对设置,与外墙墙架有联系的边列柱可仅设在内侧,但重级工作制吊车的厂房外侧也同样设置支撑。此外,吊车梁和辅助桁架作为撑杆是柱间支撑的组成部分,承担并传递单层厂房钢结构纵向水平力。

9.3.2　柱间支撑的形式

柱间支撑按结构形式可分为十字交叉式、八字式、门架式等(图 9.3.2)。十字交叉支撑的构造简单、传力直接、用料节省,使用最为普遍,其斜杆倾角宜为 45°左右。上层支撑在柱间距较大时可改用斜撑杆(图 9.3.2a);下层支撑高而不宽者可以用两个十字形(图 9.3.2b),高而刚度要求严格者可以占用两个开间(图 9.3.2c)。当柱间距较大或十字撑妨碍生产空间时,可采用门架式支撑(图 9.3.2d)。图 9.3.2e 的支撑形式,上层为 V 形,下层为人字形,它与吊车梁系统的连接应做成能传递纵向水平力而竖向可自由滑动的构造。

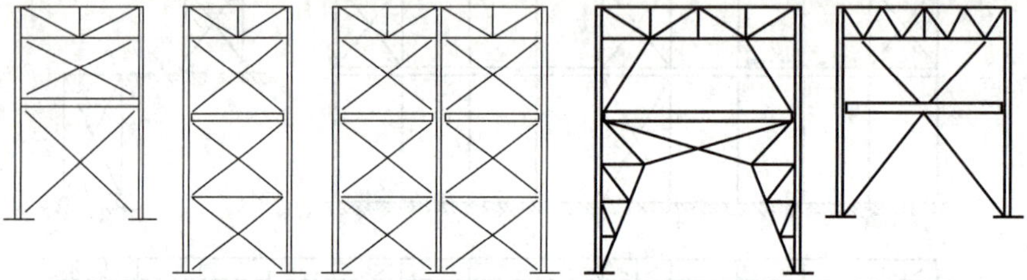

图 9.3.2　柱间支撑的形式

上层柱间支撑承受端墙传来的风荷载;下层柱间支撑除承受端墙传来的风荷载以外,还承受吊车的纵向水平荷载。在同一温度区段的同一柱列设有两道或两道以上的柱间支撑时,则全部纵向水平荷载(包括风荷载)由该柱列所有支撑共同承受。当支撑系统在柱的两个肢的平面内成对设置时,在吊车肢的平面内设置的下层支撑,除承受吊车纵向水平荷载外,还承受与屋盖肢下层支撑按轴线距离分配传来的风荷载;靠墙的外肢平面内设置的下层支撑,只承受端墙传来的风荷载与吊车肢下层支撑按轴线距离分配来的风荷载。

柱间支撑的交叉杆和图 9.3.2d 的上层斜撑杆和门形下层支撑的主要杆件一般按柔性杆件(拉杆)设计,交叉杆趋向于受压的杆件不参与工作,其他的非交叉杆以及水平横杆按压杆设计。某些重型车间,对下层柱间支撑的刚度要求较高,往往交叉杆的两杆均按压杆设计。

9.3.3　柱间支撑的设计计算

1. 支撑设计荷载计算

(1) 纵向风荷载

由房屋两端或一端(房屋设有中间伸缩缝)的山墙及天窗架端壁传来的纵向风荷载,按《建筑结构荷载规范》的相关规定确定其设计值。

(2) 吊车纵向水平荷载

由吊车在轨道上纵向行驶所产生的刹车力,一般按不多于两台吊车计算,该荷载的设计值可由下式决定:

$$T=0.1P_{max} \tag{9.3.1}$$

式中，P_{max} 为吊车作用在一边轨道上所有刹车轮的最大设计轮压之和。

(3) 纵向地震作用

位于抗震设防烈度 6 度及以上地区的单层厂房钢结构，应根据其抗震设防标准，按 GB 50011—2010《建筑抗震设计规范》中 9.2 节的相关规定确定其纵向地震作用设计值。

(4) 保证柱子平面外稳定的支撑力

作为框架柱平面外的支撑点，在纵向柱列高度中央附近通过柱截面剪心设置一道支撑系统（包括水平撑杆）时，支撑系统所受的支撑力设计值应按下式计算：

$$F_{bn}=\frac{\sum N_i}{60}\left(0.6+\frac{0.4}{n}\right) \tag{9.3.2}$$

式中，$\sum N_i$ 为被撑柱列同时存在的轴心压力设计值之和；n 为柱列中被撑柱的根数。

该支撑力应按实际可能发生的情况，与其他荷载效应组合。

2. 支撑构件内力计算

① 计算各支撑杆件的内力时，假设各连接节点均为铰接，并忽略各杆件的偏心影响，即各杆件均可按轴心受拉或轴心受压构件计算。

② 柱间支撑的内力，应根据该柱列所受纵向风荷载（如有吊车，还应计入吊车纵向制动力）按支承于柱脚基础上的竖向悬臂桁架计算。对于带有交叉腹杆的支撑可按拉杆体系设计，也可按压杆设计。所谓按拉杆设计，是假定交叉腹杆只承受拉力，一旦受压即失去稳定而退出工作，如图 9.3.3 中的虚线所示，体系变为静定结构。所谓按压杆设计，是假定所有杆件均可受压，此时应按超静定结构计算支撑体系的内力。当交叉腹杆截面相同时，可假设两杆内力的绝对值相同，以简化计算。在内力分析时，必须考虑荷载方向的可变性。当同一柱列设有多道纵向柱间支撑时，纵向力在各支撑间可按平均分布考虑。

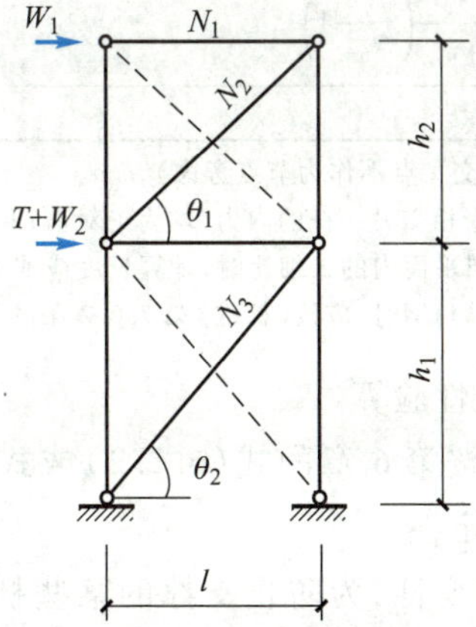

图 9.3.3 柱间支撑计算简图

3. 支撑构件截面验算

(1) 支撑构件的长细比验算

支撑的截面尺寸一般由杆件的长细比按构造要求确定，即首先应满足其容许长细比的要求：

$$\lambda_{max} \leqslant [\lambda] \tag{9.3.3}$$

式中，$[\lambda]$为支撑构件的容许长细比，按第 6 章表 6.2.1 和表 6.2.2 采用。支撑压杆的$[\lambda]$=200；拉杆的$[\lambda]$=400。

计算支撑杆件的λ_{max}时，应符合下列规定：

① 张紧圆钢拉条的长细比不受限制。

② 十字交叉支撑的斜杆的平面内计算长度应取节点中心到交叉点间的距离；其平面外的计算长度，当按拉杆设计时，取节点中心间的距离 l（交叉点不作为节点考虑），当按压杆设计时，应按表 9.3.1 取用。

③ 计算单角钢杆件的长细比时，应采用角钢最小回转半径；但计算在交叉点相互连接的单角钢交叉杆件在支撑平面外的长细比时，应采用与角钢肢边平行轴的回转半径。

④ 双片支撑的单肢杆件在平面外的计算长度，可取横向联系杆之间的距离。

表 9.3.1　交叉腹杆平面外的计算长度

项次	杆件类别	杆件相交情况	平面外的计算长度
1	压杆	相交另一杆受压；两杆截面相同并在交叉点均不中断	$l_0=l\sqrt{\frac{1}{2}\left(1+\frac{N_0}{N}\right)}$
2	压杆	相交另一杆受压，此另一杆在交叉点中断但以节点板搭接	$l_0=l\sqrt{1+\frac{\pi^2}{12}\cdot\frac{N_0}{N}}$
3	压杆	相交另一杆受拉，两杆截面相同并在交叉点均不中断	$l_0=l\sqrt{\frac{1}{2}\left(1-\frac{3}{4}\cdot\frac{N_0}{N}\right)}\geqslant 0.5l$
4	压杆	相交另一杆受拉，此拉杆在交叉点中断但以节点板搭接	$l_0=l\sqrt{1-\frac{3}{4}\cdot\frac{N_0}{N}}\geqslant 0.5l$
5	压杆	当拉杆连续而压杆在交叉点中断但以节点板搭接，若 $N_0\geqslant N$ 或拉杆在桁架平面外的弯曲刚度 $EI_y\geqslant\frac{3N_0l^2}{4\pi^2}\left(\frac{N}{N_0}-1\right)$	$l_0=0.5l$
6	拉杆		$l_0=l$

注：1. 表中 l 为桁架节点中心间距离（交叉点不作为节点考虑），mm。
2. 表中 N 为所计算杆的内力，N_0 为相交另一杆的内力，均为绝对值；两杆均受压时，取 $N_0\leqslant N$，两杆截面应相同。
3. 当确定交叉腹杆中单角钢杆件斜平面内的长细比时，计算长度应取节点中心至交叉点的距离。
4. 当交叉腹杆为塔架单边连接的单角钢时，应按《标准》第 7.6.2 条的规定确定杆件等效长细比。

（2）支撑构件的强度和稳定性验算

支撑构件的内力求出后，应按第 6 章的式(6.2.2)或式(6.2.3)验算构件的强度，按式(6.4.2)验算受压支撑构件的稳定性。

由于支撑系统受力方向的可变性，为防止支撑的某些杆件受压失稳导致整个支撑系统失效，除按拉杆设计交叉腹杆外，其他杆件均应按压杆设计。

【例题 9.1】　一跨度为 30 m 的单层厂房，两端为封闭式山墙，设有山墙柱，其上端与屋架下弦水平支撑相连，下端与柱基铰接。檐口标高 13 m。内设两台起重量为 20 t 的普通桥式吊车，中级工作制，轨顶标高 9 m，吊车的最大轮压（标准值）p_{kmax}=29.6 t。每侧边列柱均设有两道柱间支撑，均为三层 X 形交叉支撑，如图 9.3.4 所示。取山墙基本风压 w_0=0.45 kN/m²，风压高度变化系数 μ_z=1.0，风压体型系数 μ_s=0.9。试仅按风荷载和吊车荷载设计柱间支撑各构件的截面。钢材选用 Q235B 级钢。

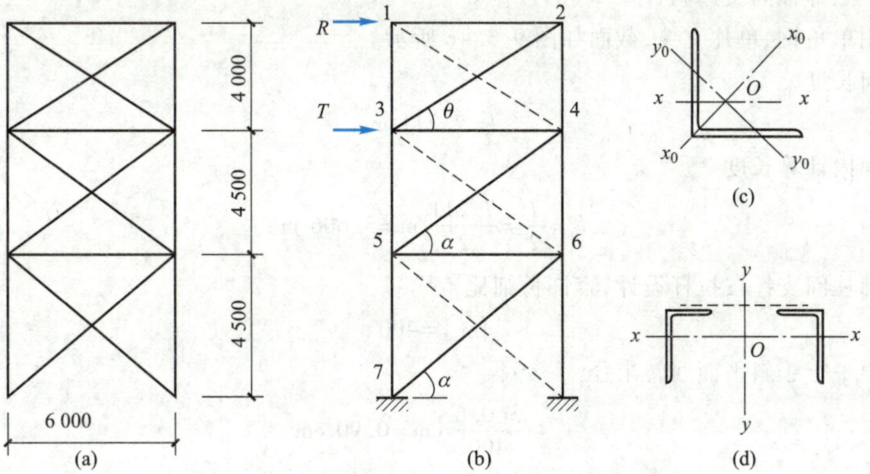

图 9.3.4　柱间支撑设计简图

【解】

1. 荷载计算

（1）风荷载

风压设计值

$$w=1.4\mu_s\mu_z w_0=1.4\times0.9\times1.0\times0.45\ \text{kN/m}^2=0.57\ \text{kN/m}^2$$

每片柱间支撑柱顶风荷载节点反力为

$$R=\frac{1}{4}\times w\times\text{挡风面积}=\frac{1}{4}\times0.57\ \text{kN/m}^2\times13\ \text{m}\times30\ \text{m}=55.58\ \text{kN}$$

（2）吊车纵向水平制动力 T

按计算跨间两台吊车同时作用，一台吊车一侧有两个制动轮计算，则单片柱间支撑所受吊车纵向水平制动力 T 为

$$T=0.1\sum p_{\max}=0.1\times1.4\times2\times2\times9.8\times29.6\ \text{kN}=162.44\ \text{kN}$$

2. 柱间支撑构件内力计算

柱间支撑桁架内力分析如图 9.3.4b 所示。假设交叉斜杆只能受拉，当如图示纵向力的方向时，虚线的斜杆退出工作不受力。将 1，2，…，7 诸点都看作铰。

$$N_{2-3}^{\text{R}}=\frac{R}{\cos\theta}=\frac{55.58\times\sqrt{6^2+4^2}}{6}\ \text{kN}=66.80\ \text{kN}$$

$$N_{4-5}^{\text{R}}=\frac{R}{\cos\alpha}=\frac{55.58\times\sqrt{6^2+4.5^2}}{6}\ \text{kN}=69.48\ \text{kN}$$

$$N_{4-5}^{\text{T}}=\frac{T}{\cos\alpha}=\frac{162.44\times\sqrt{6^2+4.5^2}}{6}\ \text{kN}=203.05\ \text{kN}$$

$$N_{6-7}=N_{4-5}$$

$$N_{5-6}^{\text{R}}=-R=-55.58\ \text{kN（压杆）}$$

$$N_{5-6}^{\text{T}}=-T=-162.44\ \text{kN（压杆）}$$

3. 截面设计

(1) 上部柱间支撑斜杆 2-3

采用单角钢、单片支撑,截面如图 9.3.4c 所示。

几何长度

$$l=7.211\ \mathrm{m}$$

平面内计算长度

$$l_0=\frac{l}{2}=\frac{7.211}{2}\ \mathrm{m}=3.606\ \mathrm{m}$$

上部柱间支撑按拉杆设计,容许长细比

$$[\lambda]=400$$

需要平行于斜平面回转半径

$$i_{y0}\geqslant\frac{360.6}{400}\ \mathrm{cm}=0.90\ \mathrm{cm}$$

平面外计算长度

$$l_0=l=7.211\ \mathrm{m}$$

需要平行于角钢肢边的回转半径

$$i_x\geqslant\frac{721.1}{400}\ \mathrm{cm}=1.80\ \mathrm{cm}$$

需要角钢的净截面面积为

$$A_n=\frac{N_{2-3}^{\mathrm{R}}}{0.85f}=\frac{66.80\times10^3}{0.85\times215\times10^2}\ \mathrm{cm}^2=3.66\ \mathrm{cm}^2$$

式中,0.85 是单面连接单角钢强度设计值折减系数。

选用 1 ∟ 63×6,$A=7.29\ \mathrm{cm}^2$,$i_{y0}=1.24\ \mathrm{cm}>0.90\ \mathrm{cm}$,$i_x=1.93\ \mathrm{cm}>1.80\ \mathrm{cm}$。

杆件与节点板以角焊缝焊接,安装螺栓在节点范围以内,不需扣除螺栓孔,$A_n=A=7.29\ \mathrm{cm}^2$,大于需要的 $A_n=3.66\ \mathrm{cm}^2$,满足要求。但按构造要求,选用∟ 75×6。

(2) 下部柱间支撑斜杆 4-5(6-7)

采用两角钢双片支撑,截面如图 9.3.4d 所示。假设 N_{4-5}^{R} 由外侧的支撑分肢承受,N_{4-5}^{T} 由吊车梁侧的支撑分肢承受。双片支撑两分肢间用缀条或缀板相连,以增强侧向刚度。

吊车梁侧支撑需要的净截面面积为

$$A_n\geqslant\frac{N_{4-5}^{\mathrm{T}}}{f}=\frac{203.05\times10^3}{215\times10^2}\ \mathrm{cm}^2=9.44\ \mathrm{cm}^2$$

外侧支撑需要的净截面面积为

$$A_n\geqslant\frac{N_{4-5}^{\mathrm{R}}}{f}=\frac{69.48\times10^3}{215\times10^2}\ \mathrm{cm}^2=3.23\ \mathrm{cm}^2$$

因两支撑分肢间有缀件相连,实际上已构成一个组合构件,故以上计算中强度设计值未考虑折减系数 0.85。两分肢选用相同截面,各为 1 ∟ 90×8,$A=13.94\ \mathrm{cm}^2$,$i_{y0}=1.78\ \mathrm{cm}$,$i_x=2.76\ \mathrm{cm}$。

两片支撑斜杆(拉杆)之间用缀条相连,以增强平面外的刚度,这样验算支撑斜杆的长细比将由平面内控制:

平面内计算长度

$$l_0=\frac{l}{2}=\frac{7.500\ \mathrm{m}}{2}=3.750\ \mathrm{m}$$

平面内回转半径

$$i_x=2.76\ \mathrm{cm}$$

$$\lambda_x=\frac{375.0\ \mathrm{cm}}{2.76\ \mathrm{cm}}=135.9<[\lambda]=300$$

满足要求。

(3) 下部柱间支撑横杆 5-6

吊车梁侧支撑横杆受力最大

容许长细比

$$[\lambda]=150$$

需要平面内回转半径

$$i_x\geqslant\frac{600\ \mathrm{cm}}{150}=4\ \mathrm{cm}$$

内力 $$N_{5-6}^{\mathrm{T}}=-162.44\ \mathrm{kN}$$

根据需要的 $i_x\geqslant 4$ cm,选用两角钢组合截面如图 9.3.4d 所示,为 2 ∟ 140×90×10,长肢下伸,$A=2\times22.26\ \mathrm{cm}^2=44.52\ \mathrm{cm}^2$,$i_x=4.47$ cm。

验算吊车梁侧支撑横杆的稳定性(平面内控制)

$$\lambda=\frac{l_0}{i_x}=\frac{600\ \mathrm{cm}}{4.47\ \mathrm{cm}}=134.2<[\lambda]=150$$

由 b 类截面查得 $\varphi=0.369$,

$$\frac{N}{\varphi Af}=\frac{162.44\times10^3\ \mathrm{N}}{0.369\times22.26\times10^2\ \mathrm{mm}^2\times215\ \mathrm{N/mm}^2}=0.92<1.0$$

满足要求。

支撑横杆的两角钢间用缀条相连,以保证分肢稳定,横杆绕 y 轴(虚轴)的稳定按格构式压弯杆验算(略)。

9.3.4 柱间支撑的连接及构造

柱间支撑采用角钢时,其截面不宜小于∟ 75×6;采用槽钢连接时,不宜小于[12。下层柱间支撑一般设置为双片,分别与吊车肢和屋盖肢相连,双片支撑之间以缀条相连,缀条常采用单角钢,以控制其长细比不超过 200,且不小于∟ 50×5 为宜。上层柱间支撑一般设置为单片,如果上柱设有人孔或截面高度过大(≥800 mm),亦应采用双片。支撑的连接可采用焊缝或高强度螺栓。采用焊缝时,焊缝尺寸不应小于 6 mm,焊缝长度不应小于 80 mm,同时要在连接处设置安装螺栓,一般不小于 M16。对于人字形、八字形之类的支撑还要注意采取构造措施,使其与吊车梁(或制动结构,辅助桁架)的连接仅传递水平力,而不传递垂直力,以免支撑成为吊车梁的中间支点。支撑与柱的连接节点如图 9.3.5 所示。

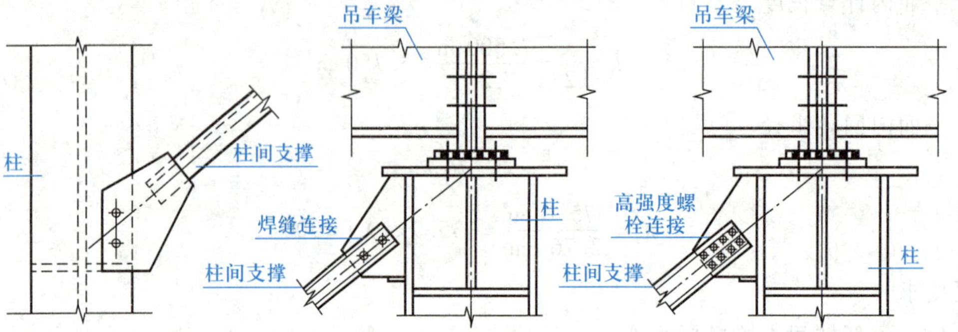

(a) 柱间支撑下端与柱的连接　(b) 柱间支撑上端与柱焊接连接　(c) 柱间支撑上端与柱用螺栓连接

图 9.3.5　柱间支撑与柱的连接

§9.4　屋盖结构体系

9.4.1　钢屋盖结构的形式、组成及布置

钢屋盖结构通常由屋面、檩条、屋架、托架和天窗架等构件组成。根据屋面材料和屋面结构布置情况的不同,可分为无檩屋盖结构体系和有檩屋盖结构体系。

1. 无檩屋盖结构体系

无檩屋盖结构体系(图 9.1.1a)中屋面板通常采用钢筋混凝土大型屋面板、钢筋加气混凝土板等。屋架的间距应与屋面板的长度配合一致,通常为 6 m。这种屋面板上一般采用卷材防水屋面,通常适用于较小屋面坡度,常用坡度为 1/12 ~ 1/8,因此常采用梯形屋架作为主要承重构件。

无檩体系屋盖屋面构件的种类和数量少,构造简单,安装方便,施工速度快,且屋盖刚度大,整体性能好;但屋面自重大,常要增大屋架杆件和下部结构的截面,对抗震也不利。

2. 有檩屋盖结构体系

有檩屋盖结构体系(图 9.1.1b)常用于轻型屋面材料的情况。如压型钢板、压型铝合金板、石棉瓦、瓦楞铁皮等。屋架间距通常为 6 m;当柱距大于或等于 12 m 时,则用托架支承中间屋架,一般适用于较陡的屋面坡度以便排水,常用坡度为 1/3 ~ 1/2,因此常采用三角形屋架作为主要承重构件。当采用较好的防水措施,用压型钢板作屋面时,屋面坡度也可以做到 1/12 或更小,因此也可用 H 型钢梁作为主要承重构件。

有檩体系屋盖可供选用的屋面材料种类较多,屋架间距和屋面布置较灵活。自重轻,用料省,运输和安装较轻便;但构件的种类和数量多,构造较复杂。在选用屋盖结构体系时,应全面考虑房屋的使用要求、受力特点、材料供应情况以及施工和运输条件等,以确定最佳方案。

3. 天窗架形式

在工业厂房中,为了满足采光和通风等要求,常需在屋盖上设置天窗。天窗的形式有纵向天窗、横向天窗和井式天窗三种。后两种天窗的构造较为复杂,较少采用。最常用的是沿房屋纵向在屋架上设置天窗架(图 9.4.1),该部分的檩条和屋面板由屋架上弦平面移到天窗架上弦平面,而在天窗架侧柱部分设置采光窗。天窗架支承于屋架之上,将荷载传递到屋架。

4. 托架形式

在工业厂房的某些部位,常因放置设备或交通运输要求而需局部少放一根或几根柱。这时该处的屋架(称为中间屋架)就需支承在专门设置的托架上(图 9.4.2)。托架两端支承于相邻的柱上,跨中承受中间屋架的反力。钢托架一般做成平行弦桁架,其跨度不一定大,但所受荷载较重。钢托架通常做在与屋架大致同高度的范围内,中间屋架从侧面连接于托架的竖杆,构造方便且屋架和托架的整体性、水平刚度和稳定性都好。

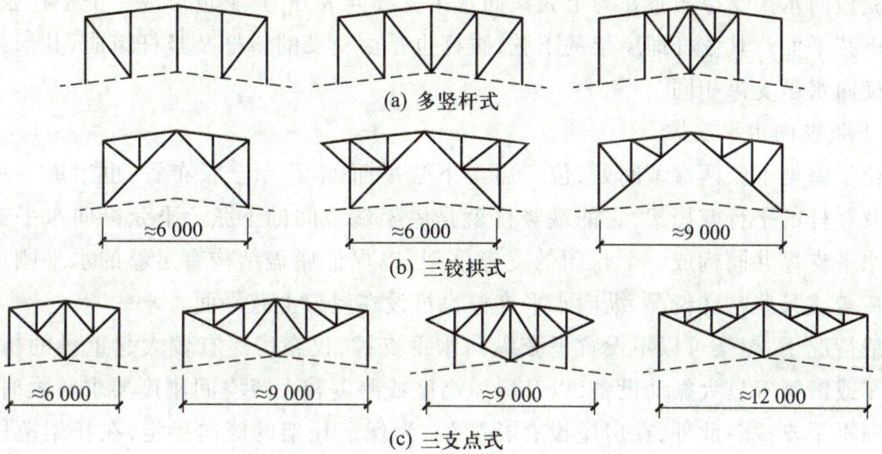

图 9.4.1 天窗架形式

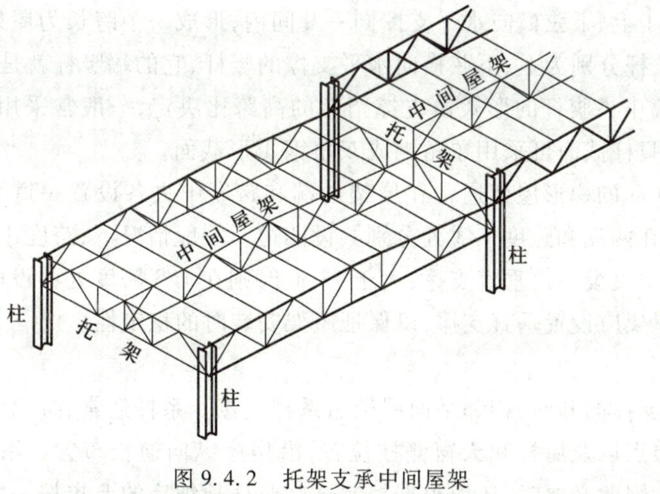

图 9.4.2 托架支承中间屋架

9.4.2 钢屋盖支撑

当钢屋盖以平面桁架作为主要承重构件时,各个平面桁架(屋架)要用各种支撑及纵向杆件(系杆)连成一个空间几何不变的整体结构,才能承受荷载。这些支撑及系杆统称为屋盖支撑。它由上弦横向水平支撑、下弦横向水平支撑、下弦纵向水平支撑、垂直支撑及系杆组成(图 9.4.3)。下面分别介绍各类支撑及系杆的位置、组成、形式及计算和构造。

1. 上弦横向水平支撑

上弦横向水平支撑一般布置在屋盖两端(或每个温度区段的两端)的两榀相邻屋架的上弦杆之间,位于屋架上弦平面沿屋架全跨布置,形成一平行弦桁架,其节间长度为屋架节间距的 2 ~4 倍。它的弦杆即屋架的上弦杆,腹杆由交叉的斜杆及竖杆组成。交叉的斜杆一般用单角钢或圆钢制成(按拉杆计算),竖杆常用双角钢的 T 形截面。当屋架有檩条时,竖杆由檩条兼任。

2. 下弦横向水平支撑

下弦横向水平支撑布置在与上弦横向水平支撑同一开间,它也形成一个平行弦桁架,位于屋架下弦平面。其弦杆即屋架的下弦,腹杆也是由交叉的斜杆及竖杆组成,其形式和构造与上弦横向水平支撑相同。

3. 下弦纵向水平支撑

它位于屋架下弦两端节间处,位于屋架下弦平面,沿房屋全长布置,也组成一个具有交叉斜杆及竖杆的平行弦桁架,它的端竖杆就是屋架端节间的下弦。下弦纵向水平支撑与下弦横向水平支撑共同构成一个封闭的支撑框架,以保证屋盖结构有足够的水平刚度。对于三角形屋盖或某些特殊情况,纵向水平支撑也可设在屋架上弦平面。

一般情况下,屋架可以不设置下弦纵向水平支撑,仅在房屋有较大起重量的桥式吊车、壁行吊车或锻锤等较大振动设备,以及房屋高度或跨度较大或空间刚度要求较大时,才设置下弦纵向水平支撑。此外,在房屋设有托架处,为保证托架的侧向稳定,在托架范围及两端各延伸一个柱间应设置下弦纵向水平支撑。

4. 垂直支撑

垂直支撑位于上、下弦横向水平支撑同一开间内,形成一个跨长为屋架间距的平行弦桁架。它的上、下弦杆分别为上、下弦横向水平支撑的竖杆,它的端竖杆就是屋架的竖杆(或斜腹杆)。垂直支撑中央腹杆的形式由支撑桁架的高跨比决定,一般常采用 W 形或双节间交叉斜杆等形式。腹杆截面可采用单角钢或双角钢 T 形截面。

跨度小于 30 m 的梯形屋架通常在屋架两端和跨度中央各设置一道垂直支撑。当跨度大于 30 m 时,则在两端和跨度 1/3 处分别共设四道。一般情况下,跨度小于 18 m 的三角形屋架只需在跨度中央设一道垂直支撑,大于 18 m 时则在 1/3 跨度处共设两道。沿厂房纵向每间隔 4 ~6 个屋架应设置垂直支撑,以保证屋架安装时的稳定性。

5. 系杆

在未设横向支撑的开间,相邻平面屋架由系杆连接。系杆通常在屋架两端,有垂直支撑位置的上、下弦节点以及屋脊和天窗侧柱位置,沿房屋纵向通长布置。系杆对屋架上、下弦杆提供侧向支承,因此必要时,还应根据控制这些弦杆长细比的要求按一定距离增设中间系杆。对于有檩屋盖,檩条可兼作系杆。

系杆中只能承受拉力的称为柔性系杆,设计时可按容许长细比$[\lambda]=400$(有重级工作制吊车的厂房为 350)控制,常采用单角钢或张紧的圆钢拉条(此时不控制长细比);能承受压力的称刚性系杆,设计时可按$[\lambda]=200$ 控制,常用双角钢 T 形或十字形截面。一般在屋架下弦端部及上弦屋脊处需设置刚性系杆,其他可设柔性系杆。

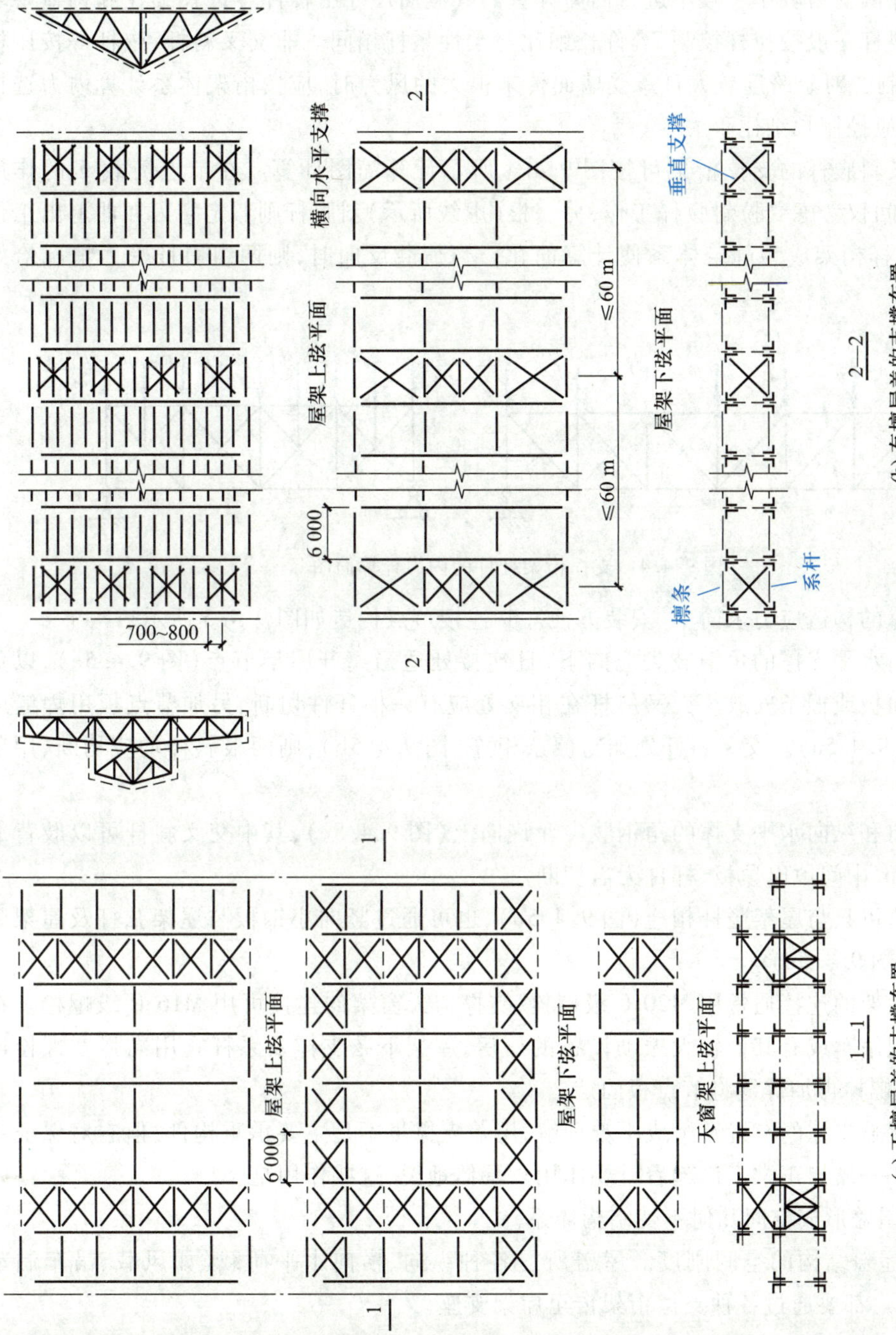

(a) 无檩屋盖的支撑布置

(b) 有檩屋盖的支撑布置

图 9.4.3 屋盖支撑布置图

当房屋两端为山墙时，上、下弦横向水平支撑及垂直支撑可设在两端第二开间，这时第一开间的所有系杆均设为刚性系杆。当房屋长度大于 60 m 时，应在中间增设一道（或几道）上、下弦横向水平支撑及垂直支撑。

屋盖支撑因受力较小一般不进行内力计算。其截面尺寸由杆件容许长细比和构造要求确定。交叉斜杆一般按拉杆控制，容许长细比与柔性系杆相同。非交叉斜杆、弦杆等按压杆 $[\lambda]=200$ 控制。对于跨度较大且承受墙面传来很大的风力时，应按桁架体系计算内力选择截面，同时亦应控制长细比。

具有交叉斜腹杆的支撑桁架可按图 9.4.4 所示计算简图计算。在节点荷载 F 的作用下，图中每节间仅考虑受拉斜腹杆工作，另一根（虚线所示）斜腹杆则假定它因屈曲退出工作（偏安全），这样桁架成为静定体系使计算简化。当荷载反向时，则两组斜杆受力情况恰好相反。

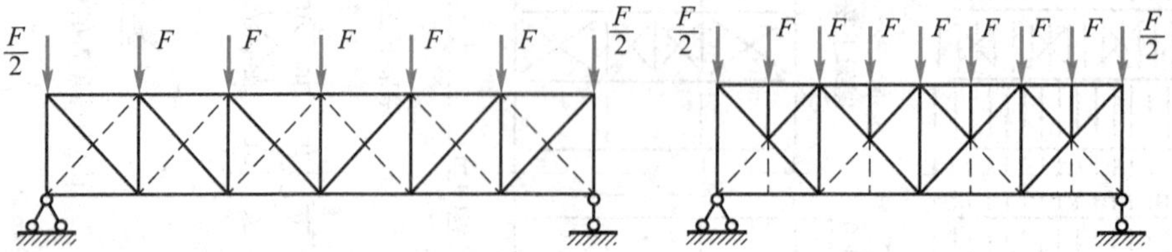

图 9.4.4　支撑桁架杆件的内力计算简图

屋盖支撑的构造应力求简单、安装方便。其连接节点构造如图 9.4.5 所示。

上弦横向水平支撑的角钢肢尖应向下，且连接处适当离开屋架节点（图 9.4.5a），以免影响大型屋面板或檩条安放。交叉斜杆在相交处应有一根杆件切断，另加节点板用焊缝或螺栓连接（图 9.4.5a）。交叉斜杆处如与檩条相连（图 9.4.5b），则两根斜杆均应切断，用节点板相连。

下弦横向和纵向水平支撑的角钢肢尖允许向上（图 9.4.5c），其中交叉斜杆可以肢背靠肢背交叉放置，中间填以填板，杆件无需切断。

垂直支撑可只与屋架竖杆相连（图 9.4.5d），也可通过竖向小钢板与屋架弦杆及屋架竖杆同时相连（图 9.4.5e）。

支撑与屋架的连接通常用 M20 C 级螺栓，支撑与天窗架的连接可用 M16 C 级螺栓。在有重级工作制吊车或有其他较大振动设备的厂房，屋架下弦支撑及系杆宜用高强度螺栓连接，或用 C 级螺栓再加焊缝将节点板固定。

从前述屋盖支撑的布置及组成不难理解，屋盖支撑虽不是主要承重构件，但它对保证主要承重构件——屋架正常工作起着重要作用。具体地说，这些作用是

① 保证屋盖形成空间几何不变结构体系。

② 加强屋盖结构的空间刚度。屋盖所受各种纵向、横向水平荷载（如风载、吊车制动力、地震力等），都要通过各种支撑桁架传至屋架支座。

③ 为上、下弦杆提供侧向支撑点，减小弦杆在屋架平面外的计算长度，提高其侧向刚度和稳定性。

④ 保证屋盖结构安装时的稳定和方便。

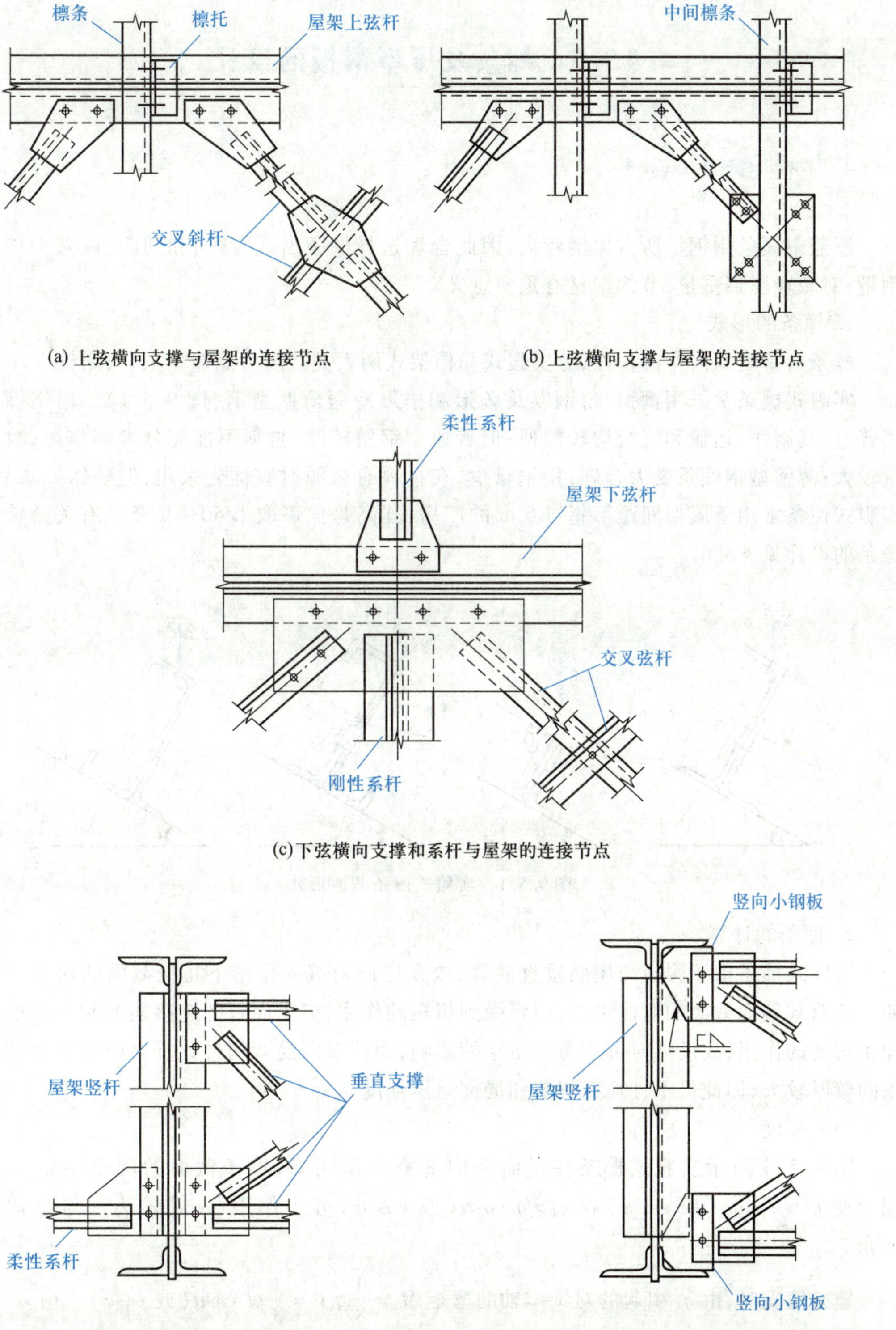

(a) 上弦横向支撑与屋架的连接节点　(b) 上弦横向支撑与屋架的连接节点

(c) 下弦横向支撑和系杆与屋架的连接节点

(d) 垂直支撑与屋架的连接节点　(e) 垂直支撑与屋架的连接节点

图 9.4.5　支撑与屋架连接构造

§9.5 檩条及压型钢板的设计

9.5.1 钢檩条设计

屋盖中檩条用钢量所占比例较大,因此合理选择檩条形式、截面和间距,以减少檩条用钢量,对减轻屋盖重量、节约钢材有重要意义。

1. 檩条的形式

檩条通常是双向弯曲构件,分实腹式和桁架式两大类。后者制造费工,应用较少。

实腹式檩条常采用槽钢、角钢以及Z形和槽形冷弯薄壁型钢(图9.5.1)。槽钢檩条应用普遍,其制作、运输和安装均较简便;但普通型钢壁较厚,材料不能充分发挥作用,故用钢量较大;薄壁型钢檩条受力合理,用钢量少,在材料有来源时宜优先采用,但防锈要求较高。实腹式檩条常用于屋架间距不超过6 m的厂房,其高跨比可取1/50～1/35。有关薄壁型钢檩条的设计见§5.6。

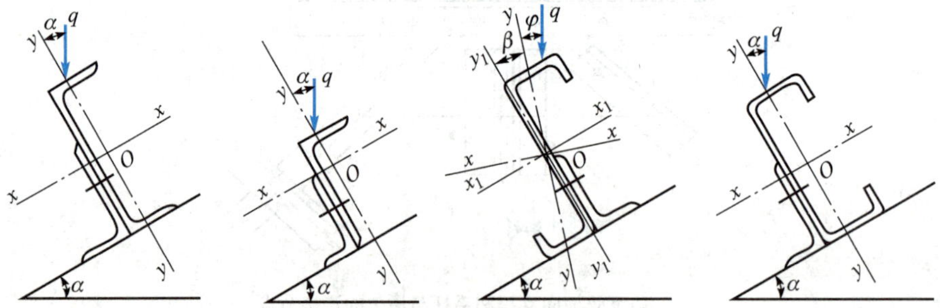

图9.5.1 实腹式檩条截面形式

2. 檩条的计算

实腹式檩条由于腹板与屋面垂直放置,故在屋面荷载 q 作用下将绕截面的两个主轴弯曲。若荷载偏离截面的弯曲中心,还将受到扭矩的作用,但屋面板的连接能起到一定的阻止檩条扭转的作用,故设计时可不考虑扭矩的影响,而按双向受弯构件计算。由于普通型钢檩条的壁厚较大,因此可不计算其抗剪和局部承压强度。

(1) 强度

图9.5.1所示实腹式檩条在屋面竖向荷载 q 作用下,檩条截面的两个主轴方向分别承受 $q_x=q\sin\alpha$(或 $\sin\varphi$)和 $q_y=q\cos\alpha$(或 $\cos\varphi$)分力作用(α 或 φ 为 q 与主轴 y 的夹角)。

檩条简支时,由 q_y 引起的对 x-x 轴的弯矩 $M_x=\dfrac{1}{8}q_yl^2=\dfrac{1}{8}ql^2\cos\alpha$(或 $\cos\varphi$)。由 q_x 引起的对 y-y 轴的弯矩 M_y,如中间不设拉条时其弯矩 $M_y=\dfrac{1}{8}q_xl^2=\dfrac{1}{8}ql^2\sin\alpha$(或 $\sin\varphi$);当屋盖檩条间设拉条时,则拉条作为檩条的侧向支承,可按双跨或多跨连续梁计算 M_y。承受双向弯

曲的檩条的计算弯矩见表 9.5.1。

表 9.5.1　承受双向弯曲的檩条的计算弯矩

檩条形式	拉条设置	刚度最大面弯矩	刚度最小面弯矩
单跨简支檩条	无拉条	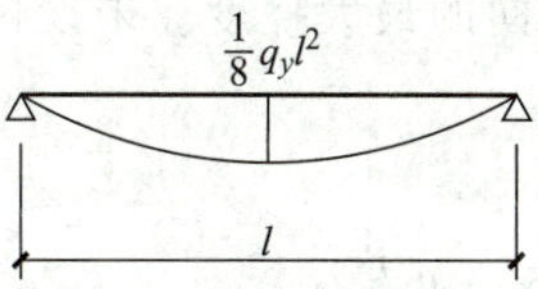	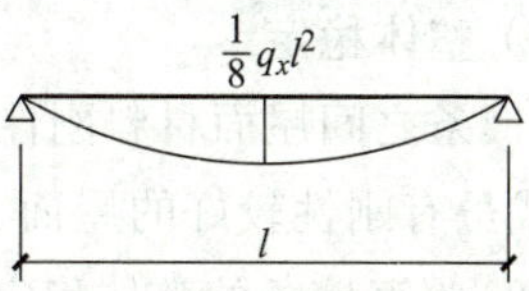
	有一根拉条		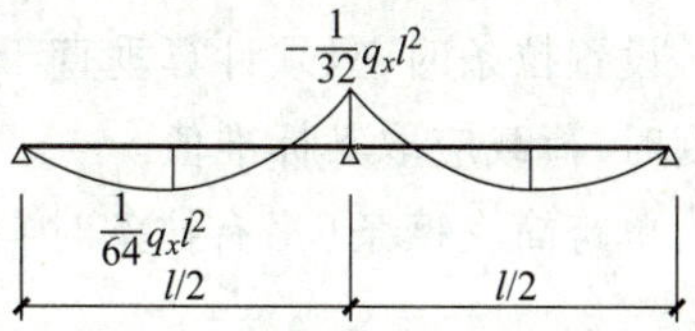
	有两根拉条		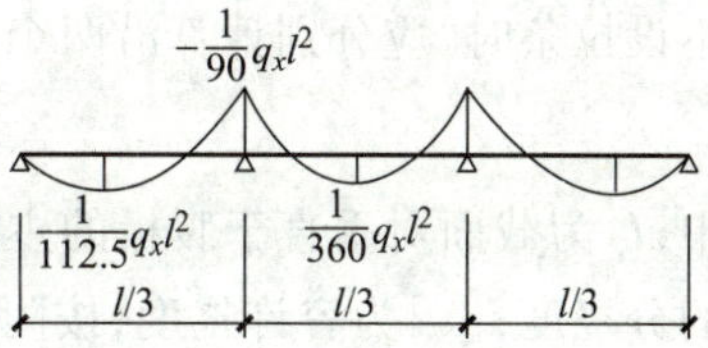
双跨连续檩条	无拉条	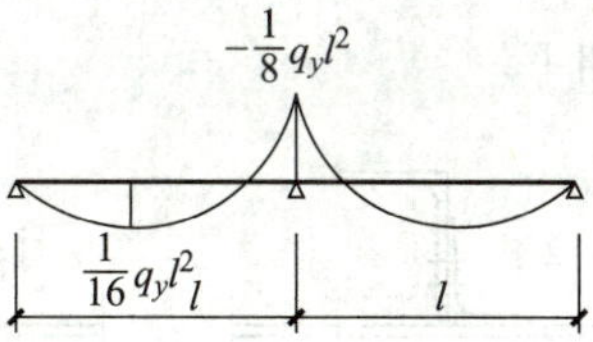	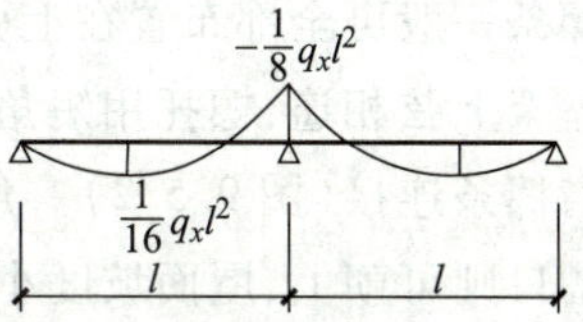
	每跨有一根拉条		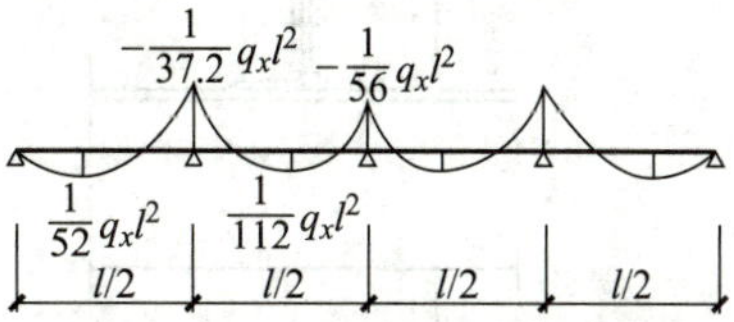

檩条承受双向弯曲时，按下列公式计算强度：

$$\frac{M_x}{\gamma_x W_{nx}}+\frac{M_y}{\gamma_y W_{ny}}\leqslant f$$

式中，M_x、M_y 分别为檩条刚度最大面（绕 x 轴）和刚度最小面（绕 y 轴）的弯矩。单跨简支檩条当无拉条或有一根拉条时采用跨度中央的弯矩；有两根位于 1/3 跨的拉条，当 $q_y<q_x/3.5$ 时采用跨中的弯矩；当 $q_y>q_x/3.5$ 时采用跨度 1/3 处的弯矩；双跨连续檩条采用中央支座处的弯矩；W_{nx}、W_{ny} 分别为檩条刚度最大面（绕 x 轴）和刚度最小面（绕 y 轴）的净截面抵抗矩；γ_x、γ_y 为截面塑性发展系数；按表 4.2.1 取用；f 为钢材的抗弯强度设计值。

檩条仅承受单向弯曲时，按下式计算强度：

$$\frac{M_x}{\gamma_x W_{nx}} \leqslant f$$

（2）整体稳定

当檩条之间屋面材料刚性较差（如石棉瓦等），在构造上不能阻止檩条受压翼缘侧向位移时，或虽有刚性较好的屋面，但屋面较轻，在风吸力下可能使下翼缘受压时，可近似按式（4.4.28）验算檩条的整体稳定。

（3）刚度

设置拉条时，只须计算垂直于屋面方向的最大挠度。未设拉条时需计算总挠度。计算挠度时，荷载应取其标准值。

单跨简支檩条（当有拉条时）：

$$v=\frac{5}{384} \cdot \frac{q_y l^4}{EI_x} \leqslant [v] \tag{9.5.1}$$

当不设拉条时，应分别计算沿两个主轴方向的分挠度 v_x、v_y，然后验算总挠度，即：

$$v=\sqrt{v_x^2+v_y^2} \leqslant [v] \tag{9.5.2}$$

式中，I_x 为截面对垂直于腹板的主轴的惯性矩；v_x、v_y 分别由 q_x 和 q_y 引起的沿 x、y 两主轴方向的分挠度；$[v]$ 为容许挠度，按附录 2 中附表 2.1 取值。

（4）檩条的连接与构造

檩条一般可全部布置在上弦节点上，由屋檐起沿屋架上弦等距离设置。檩条一般用檩托与屋架上弦相连，檩托用短角钢做成，先焊在屋架上弦，然后用 C 级螺栓（不少于 2 个）或焊缝与檩条连接（图 9.5.2）。角钢和 Z 形薄壁型钢檩条的上翼缘肢尖应朝向屋脊，槽钢檩条的槽口则可朝上，屋面坡度小时亦可朝下。

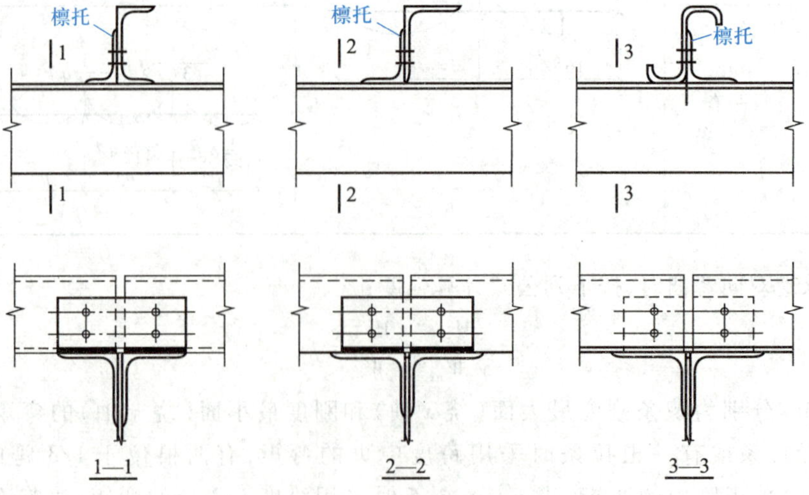

图 9.5.2　檩条与屋架的连接

在实腹式檩条之间往往要设置拉条和撑杆(图 9.5.3),当檩条的跨度为 4 ~ 6 m 时,宜设置一道拉条;当檩条的跨度为 6 m 以上时,应布置两道拉条。屋架两坡面的脊檩须在拉条连接处相互联系,或设斜拉条和撑杆。Z 形薄壁型钢檩条还须在檐口处设斜拉条和撑杆。当檐口处有圈梁或承重天沟时,可只设直拉条并与其连接。

拉条通常采用直径 10 ~ 16 mm 的圆钢制成。撑杆主要是限制檐檩的侧向弯曲,故多采用角钢,其长细比按压杆考虑,不能大于 200,并据此选择其截面。

拉条与檩条、撑杆与檩条的连接构造如图 9.5.4 所示,图中 d 为拉条直径。拉条的位置应靠近檩条的上翼缘约 30 ~ 40 mm,并用位于腹板两侧的螺母将其固定于檩条的腹板上。撑杆与焊在檩条上的角钢用 C 级螺栓连接。

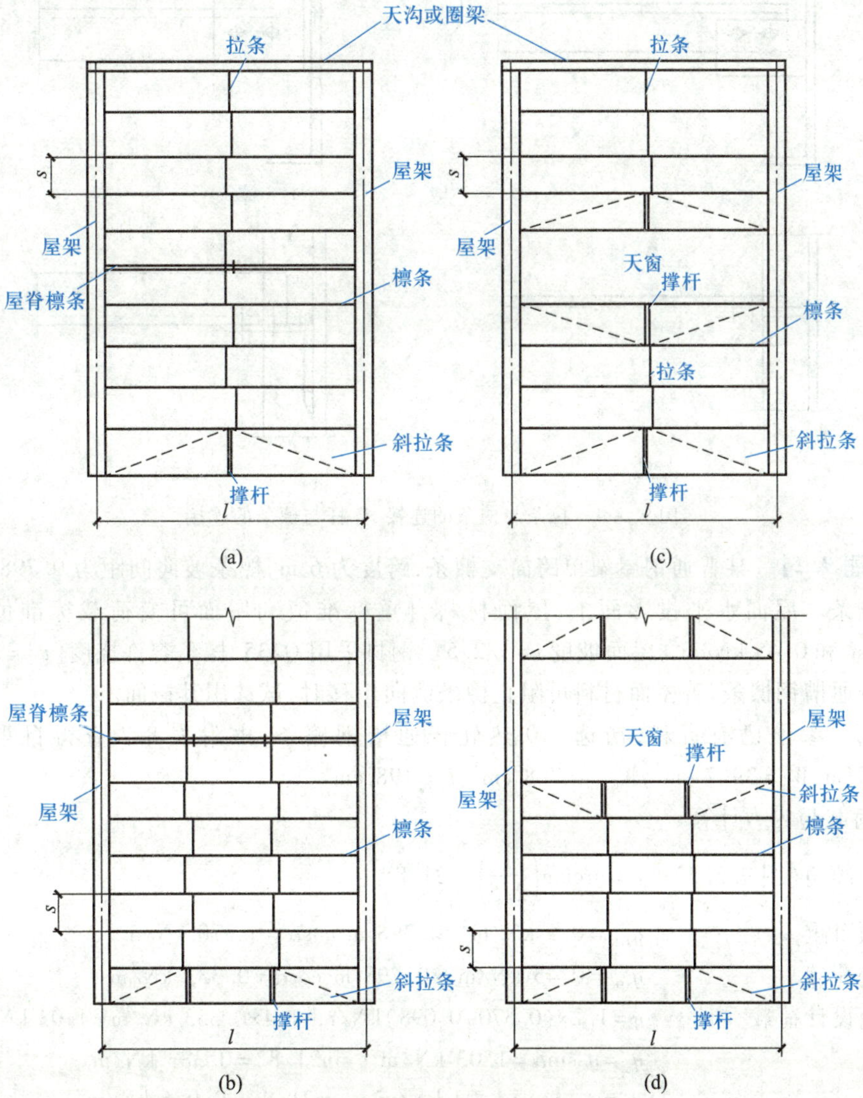

图 9.5.3　拉条、斜拉条和撑杆的布置

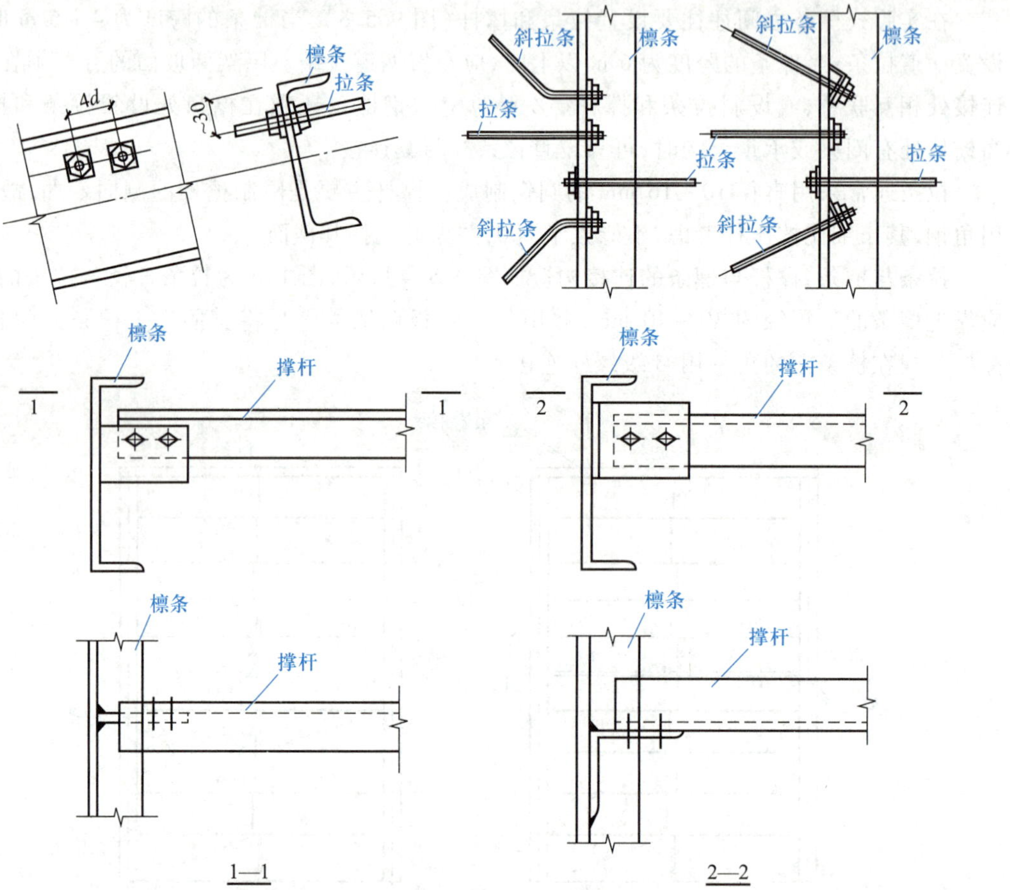

图 9.5.4　拉条与檩条的连接、撑杆与檩条的连接

【例题 9.2】　某普通钢屋架单跨简支檩条，跨度为 6 m，檩条坡向间距为 0.798 m，跨中设一道拉条。屋面水平投影面上，屋面材料自重标准值和屋面可变荷载标准值分别为 0.5 kN/m^2 和 0.45 kN/m^2，屋面坡度 $i=1/2.5$。钢材采用 Q235，檩条容许挠度 $[v]=l/200$，采用热轧普通槽钢檩条，若屋面材料可阻止檩条侧向位移时，试选用其截面。

【解】　参照已有资料，初选[10 热轧普通槽钢檩条，由附表 8.7 查得自重标准值 0.098 kN/m，$W_x=39.7\ \text{cm}^3$，$W_{y\min}=7.8\ \text{cm}^3$，$I_x=198\ \text{cm}^4$。

1. 荷载与内力计算

屋面倾角（图 9.5.5）　$\alpha=\arctan\left(\dfrac{1}{2.5}\right)=21.8°$

屋面自重　$q_{GK}=0.5\ \text{kN/m}^2\times0.798\ \text{m}\cos\alpha=0.370\ \text{kN/m}$

可变荷载　$q_{QK}=0.45\ \text{kN/m}^2\times0.798\ \text{m}\cos\alpha=0.333\ \text{kN/m}$

屋面设计荷载　$q=1.2\times(0.370+0.098)\text{kN/m}+1.4\times0.333\ \text{kN/m}=1.03\ \text{kN/m}$

$$q_x=q\sin\alpha=1.03\ \text{kN/m}\cdot\sin21.8°=0.383\ \text{kN/m}$$

$$q_y=q\cos\alpha=1.03\ \text{kN/m}\cdot\cos21.8°=0.956\ \text{kN/m}$$

则由 q_y 和 q_x 引起的弯矩 M_x 和 M_y（图 9.5.5）分别为

$$M_x=\frac{1}{8}q_yl^2=\frac{1}{8}\times0.956\times6^2\ \text{kN}\cdot\text{m}=4.30\ \text{kN}\cdot\text{m}（正弯矩）$$

$$M_y=\frac{1}{8}q_x l_1^{\ 2}=\frac{1}{32}q_x l^2=\frac{1}{32}\times 0.383\times 6^2\ \text{kN}\cdot\text{m}=0.43\ \text{kN}\cdot\text{m}(\text{负弯矩})$$

2. 截面验算

因屋面能阻止侧移，可不计算整体稳定。

(1) 抗弯强度

由附表 1 查得 $f=215\ \text{N/mm}^2$。

由于跨中截面 M_x、M_y 都最大，故该截面上的 a 点应力最大(图 9.5.5)，为拉应力。

$$\sigma_a=\frac{M_x}{\gamma_x W_{nx}}+\frac{M_y}{\gamma_y W_{ny}}=\frac{4.30\times 10^6}{1.05\times 39.7\times 10^3}\ \text{N/mm}^2+\frac{0.43\times 10^6}{1.20\times 7.8\times 10^3}\ \text{N/mm}^2$$

$$=149.1\ \text{N/mm}^2<215\ \text{N/mm}^2$$

(2) 刚度验算

屋面线荷载的标准值为 $q_k=(0.37+0.098+0.333)\ \text{kN/m}=0.801\ \text{kN/m}=0.801\ \text{N/mm}$，檩条在垂直于屋面方向的最大挠度为

$$v=\frac{5}{384}\cdot\frac{q_{k_y}l^4}{EI_x}=\frac{5}{384}\cdot\frac{q_k\cos\alpha\cdot l^4}{EI_x}=\frac{5\times 0.801\ \cos 21.8°\times(6\times 10^3)^4}{384\times 2.06\times 10^5\times 198\times 10^4}\ \text{mm}$$

$$=30.8\ \text{mm}>[v]=\frac{l}{200}=\frac{6\ 000}{200}\ \text{mm}=30\ \text{mm}$$

略大 2.7%，但<5%，故采用[10 槽钢檩条满足要求。

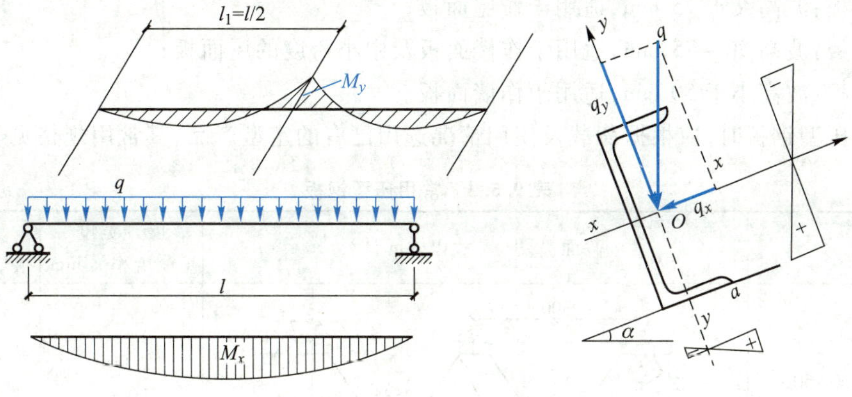

图 9.5.5　槽钢檩条设计简图

9.5.2　压型钢板的设计

1. 压型钢板的类型及适用条件

压型钢板(profiled steel sheets)是以冷轧薄钢板为基板，经镀锌或镀锌后覆以彩色涂层再经辊弯成型的波纹板材，具有成型灵活、施工速度快、外观美观、重量轻、易于工业化、商品化生产等特点，广泛用作建筑屋面及墙面围护材料。

压型钢板按表面处理情况可分为以下三种：

① 镀锌型钢板：其基板为热镀锌板，镀锌层重应不小于 275 g/m^2(双面)，产品标准应符合 GB 2518—2008《连续热镀锌薄钢板及钢带》的要求。

② 涂层压型钢板：为在热镀锌基板上增加彩色涂层的薄板压型而成，其产品标准应符合 GB/T 12754—2006《彩色涂层钢板及钢带》的要求，其性能指标可参考表 9.5.2。

表 9.5.2 彩色涂层板性能指标

<table>
<tr><th colspan="2" rowspan="2"></th><th rowspan="2">涂层厚度/μm</th><th colspan="3">60°光泽</th><th rowspan="2">铅笔硬度</th><th colspan="2">弯曲</th><th colspan="2">反向冲击/J</th><th rowspan="2">耐雾度 h</th></tr>
<tr><th>高</th><th>中</th><th>低</th><th>厚度≤0.8 mm 180°，T 弯</th><th>厚度>0.8 mm</th><th>厚度≤0.8 mm</th><th>厚度>0.8 mm</th></tr>
<tr><td rowspan="4">建筑外用</td><td>外用聚酯</td><td rowspan="3">≥20</td><td rowspan="3">>70</td><td rowspan="8">40 ~ 70</td><td rowspan="8"><40</td><td rowspan="3">≥HB</td><td>≤8t</td><td rowspan="8">90°</td><td>≥6</td><td>≥9</td><td>≥500</td></tr>
<tr><td>硅改性聚酯</td><td rowspan="2">≤10t</td><td colspan="2" rowspan="2">≥4</td><td>≥750</td></tr>
<tr><td>外用丙烯酸</td><td>≥500</td></tr>
<tr><td>塑料溶胶</td><td>≥100</td><td>—</td><td>—</td><td>0</td><td colspan="2">≥9</td><td>≥1 000</td></tr>
<tr><td rowspan="4">建筑内用</td><td>内用聚酯</td><td rowspan="2">≥20</td><td rowspan="2">>70</td><td rowspan="2">≤8t</td><td rowspan="2">≤8t</td><td>≥6</td><td>≥9</td><td rowspan="2">≥250</td></tr>
<tr><td>内用丙烯酸</td><td colspan="2">≥4</td></tr>
<tr><td>有机溶胶</td><td>≥20</td><td>—</td><td>—</td><td>≤2t</td><td colspan="2" rowspan="2">≥9</td><td>≥500</td></tr>
<tr><td>塑料溶胶</td><td>≥20</td><td>—</td><td>—</td><td>0</td><td>≥1 000</td></tr>
</table>

注：t 为板厚。

③ 锌铝复合涂层压型钢板：为新一代无紧固件的扣压式压型钢板，其使用寿命更长，但要求基板为专用的、强度等级更高的冷轧薄钢板。

压型钢板根据其波型截面可分为

高波板：波高大于 75 mm，适用于作屋面板；

中波板：波高 50 ~ 75 mm，适用于作楼面板及中小跨度的屋面板；

低波板：波高小于 50 mm，适用于作墙面板。

选用压型钢板时，应根据荷载及使用情况选用已有的定型产品，其常用规格见表 9.5.3。

表 9.5.3 常用压型钢板

型 号	截面简图（尺寸以 mm 计）	展开宽度（覆盖率）/mm	说明
YX130-300-600[①]	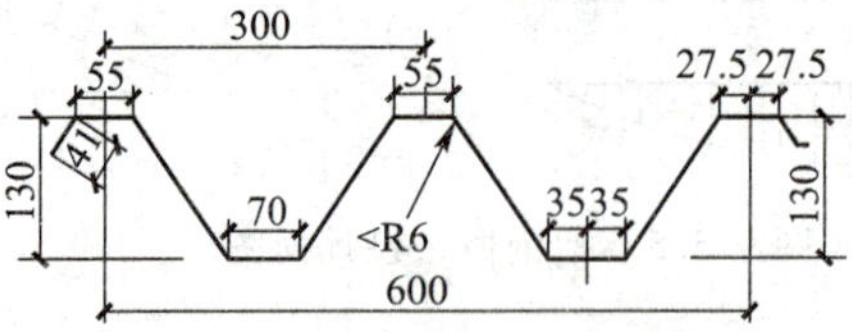	1 000（0.6）	宜用于大跨度屋面
YX114-300-600	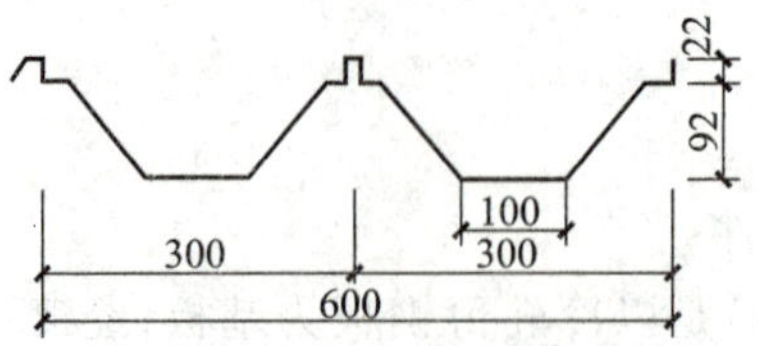	914（0.6）	板缝可咬边连接，适于屋面
YX75-200-600[①]	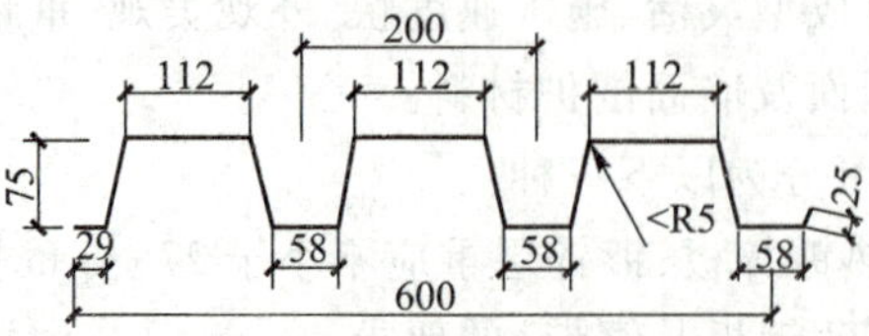	1 000（0.6）	宜用于组合楼面

续表

型　号	截面简图(尺寸以 mm 计)	展开宽度 (覆盖率)/mm	说明
YX70-200-600①	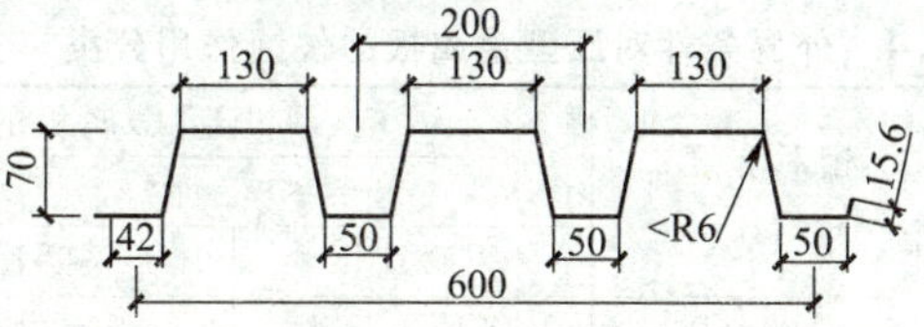	1 000 (0.6)	腹板可无刻痕或有刻痕,宜用于组合楼面
YX60-200-600①	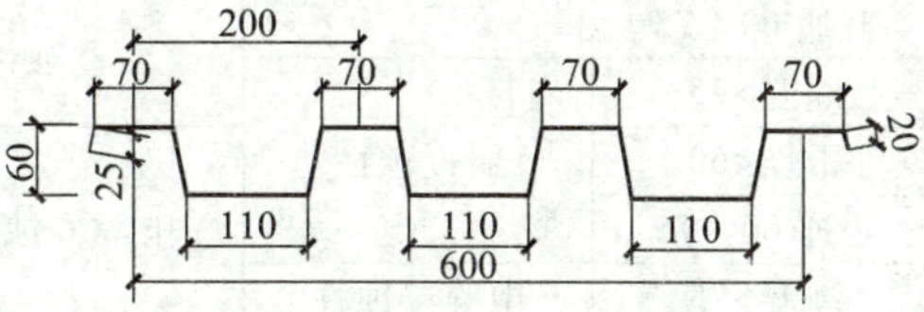	1 000 (0.6)	腹板可无刻痕或有刻痕,宜用于组合楼面
YX50-245-735	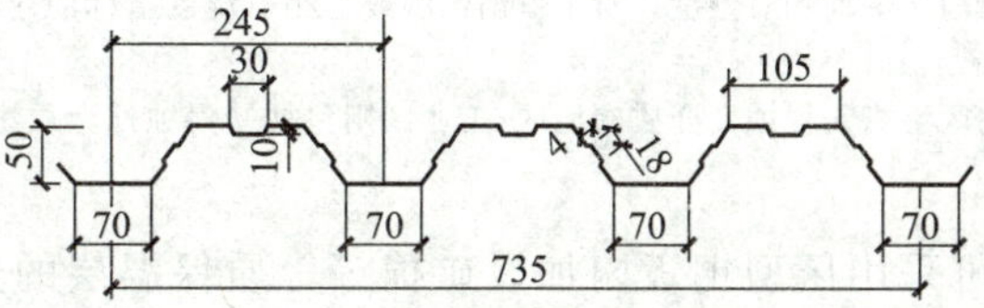	1 000 (0.735)	宜用于中小跨度屋面
YX56-180-720	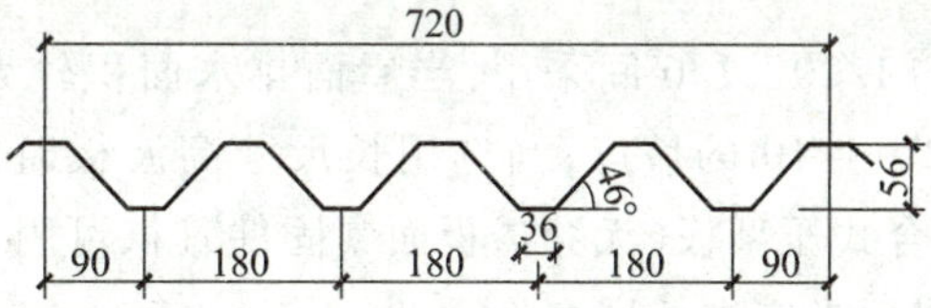	1 000 (0.72)	宜用于墙面
YX35-125-750①	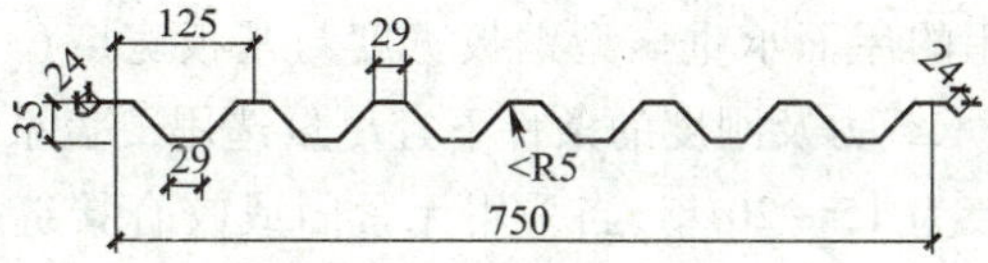	1 000 (0.75)	宜用于墙面
YX30-160-800	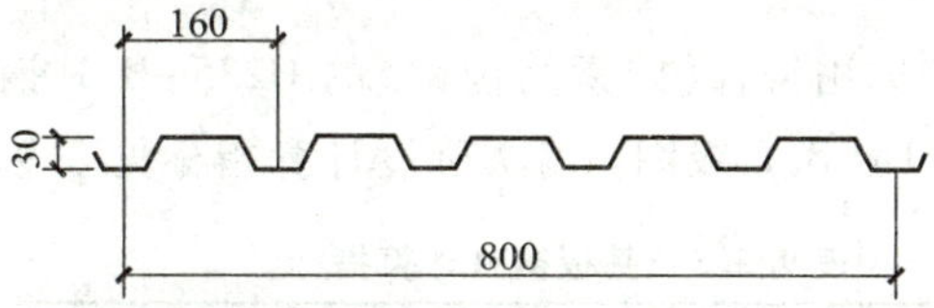	1 000 (0.8)	宜用于墙面
YX28-150-750①	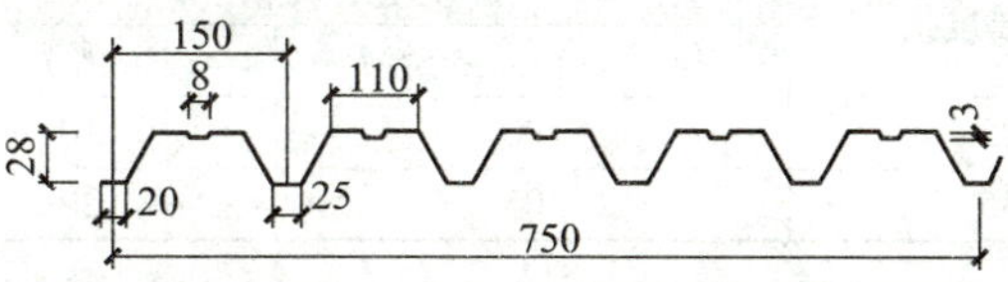	1 000 (0.75)	宜用于墙面
YX25-150-750	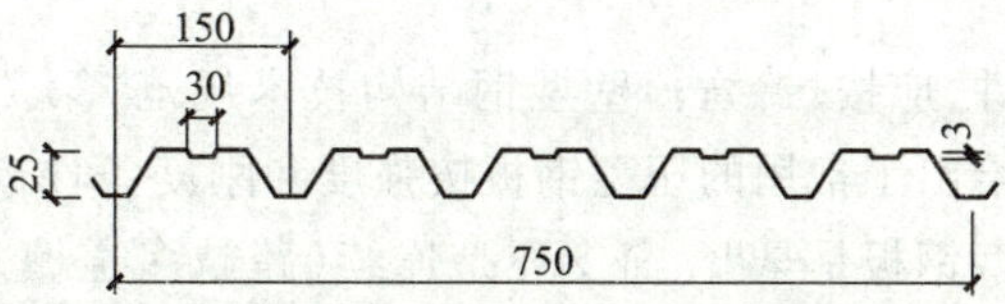	1 000 (0.75)	宜用于墙面

注:① 为 GB/T 12755—2008《建筑用压型钢板》已列入的规格。

压型钢板在用作建筑物的维护板材及屋面与楼面的承重板材时，镀锌压型钢板宜用于无侵蚀和弱侵蚀环境；彩色涂层压型钢板可用于无侵蚀、弱侵蚀及中侵蚀环境，并应根据侵蚀条件选用相应的涂层系列。关于侵蚀级别的确定参见表 9.5.4。

表 9.5.4　外界条件对压型金属板的侵蚀作用分类

<table>
<tr><th rowspan="3">地　区</th><th rowspan="3">相对湿度
/%</th><th colspan="3">对压型金属板的侵蚀作用</th></tr>
<tr><th colspan="2">室　　内</th><th rowspan="2">露大</th></tr>
<tr><th>采暖房屋</th><th>无采暖房屋</th></tr>
<tr><td rowspan="3">农村、一般城市的商业区及住宅区</td><td>干燥<60</td><td rowspan="2">无侵蚀性</td><td>无侵蚀性</td><td>弱侵蚀性</td></tr>
<tr><td>普通 60～75</td><td rowspan="2">弱侵蚀性</td><td rowspan="5">中等侵蚀性</td></tr>
<tr><td>潮湿>75</td><td rowspan="3">弱侵蚀性</td></tr>
<tr><td rowspan="3">工业区、沿海地区</td><td>干燥<60</td><td rowspan="3">中等侵蚀性</td></tr>
<tr><td>普通 60～75</td></tr>
<tr><td>潮湿>75</td><td>中等侵蚀性</td></tr>
</table>

注：1. 表中的相对湿度系指当地的年平均相对湿度。对于恒温恒湿或有相对湿度指标的建筑物，则采用室内的相对湿度。

2. 一般城市的商业区及住宅区泛指无侵蚀性介质的地区；工业区则包括受侵蚀性介质影响及散发轻微侵蚀性介质的地区。

当有保温隔热要求时，可采用压型钢板内加设矿棉等轻质保温层的作法形成保温隔热屋（墙）面。

压型钢板的屋面坡度可在 1/20～1/6 间采用，当屋面排水面积较大或地处大雨量区及板型为中波板时，宜选用 1/12～1/10 的坡度；当选用长尺寸高波板时，可采用 1/20～1/15 的屋面坡度；当为扣压式或咬合式压型板（无穿透板面紧固件）时，可用 1/20 的屋面坡度；对暴雨或大雨量地区的压型板屋面尚应进行排水验算。

一般永久性大型建筑选用的屋面承重压型钢板宽度与基板宽度（一般为 1 000 mm）之比为覆盖系数，应用时在满足承载力及刚度的条件下宜尽量选用覆盖系数大的板型。

压型钢板的使用寿命一般为 15～20 年，当采用无紧固或咬合接缝构造压型板时，其使用寿命可达 30 年以上。

压型钢板基板材料一般应选用符合《碳素结构钢》的 Q235-B. F 钢，当为由挠度控制截面时，也可选用强度稍低的 Q215-B. F 级钢。有关强度计算指标见表 9.5.5。

表 9.5.5　基板钢材计算指标　　N/mm^2

钢号	屈服强度 f_y	强度设计值		
		抗拉、抗压、抗弯 f	抗剪 f_v	弹性模量 E
Q215-B. F	215	190	110	206 000
Q235-B. F	235	205	120	206 000

2. 压型钢板的选用

压型钢板为薄壁受弯板件，应按《冷弯薄壁型钢结构技术规范》第 7 章的有关规定进行设计。目前许多生产厂家已给出了常用的压型钢板按强度和刚度条件进行选用的表格可资利用，设计者可根据檩距，压型钢板是悬臂、简支还是连续（跨越多道檩条）和屋面荷载情况等直接选用合适的型号。

§ 9.6　桁架的形式和截面设计

采用两个角钢组成的T形或十字形截面的杆件，在杆件汇交处（节点）通过节点板用焊缝连接而成的普通钢桁架（trusses），具有受力性能好、制造安装方便、取材容易、与支撑体系形成的屋盖结构整体刚度好、工作可靠、适应性强等优点，因而在工业与民用房屋的屋盖结构中得到较广泛应用。普通钢桁架所用的普通型钢（角钢）的厚度较大，因此其耗钢量较大，用于屋面荷载小及跨度太小的桁架不够经济。另外，受角钢最大规格限制，屋面荷载重、跨度大的房屋也不宜采用。其最适宜的跨度一般在 18 ~ 36 m 之间。

9.6.1　桁架的形式和主要尺寸

1. 桁架的形式

普通钢桁架按其外形可分为三角形（图 9.6.1），梯形（图 9.6.2）及平行弦（图 9.6.3）三种。在确定桁架外形时，应综合考虑房屋的用途、建筑造型、屋面材料的排水要求、桁架的跨度、荷载的大小等因素，使之符合适用、受力合理、经济和施工方便等原则。从受力角度出发，桁架外形应尽量与弯矩图相近，以使弦杆受力均匀。受力较合理的腹杆布置应使短杆受压，长杆受拉，腹杆数量少，总长度短。且尽可能使荷载作用于节点，避免弦杆因受节间荷载引起局部弯矩而增加截面。从施工角度出发，桁架杆件的数量和品种规格应尽可能少，在用钢量增加不多的原则下，力求尺寸统一，构造简单，以便制造。腹杆与弦杆轴线间的夹角一般在 30° ~ 60°之间，最好在 45°左右，以使节点紧凑。桁架上弦的坡度须适合屋面的排水要求。此外，还应考虑建筑的需要，以及设置天窗等方面的要求。上述各种要求往往难以同时满足，因此应根据具体情况，对经济技术指标进行综合分析、比较与设计。下面讨论各类桁架的特点。

（1）三角形桁架适用于屋面坡度较大的有檩屋盖结构，根据屋面的排水要求，上弦坡度一般为 $i=1/2\sim1/3$，跨度一般在 18 ~ 24 m 之间。三角形桁架与柱只能做成铰接，故房屋的横向刚度较低，且桁架弦杆的内力变化较大，在支座处最大，跨中较小，故弦杆用同一规格截面时，其承载力不能得到充分利用。图 9.6.1a、c 形式是芬克式桁架，它的腹杆受力合理，且可分为两榀小桁架运输，比较方便。图 9.6.1b 是将三角形桁架的两端高度改为 500 mm，这样改变以后，桁架支座处上、下弦的内力大大减少，改善了桁架的工作情况。

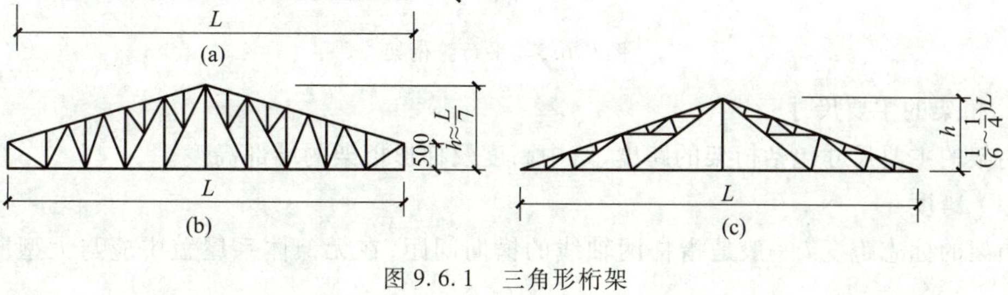

图 9.6.1　三角形桁架

（2）梯形桁架的外形较接近于弯矩图，各节间弦杆受力较均匀，且腹杆较短，适用于屋面坡度较小的屋盖体系。其坡度一般为 $i=1/16\sim1/8$。跨度可达 36 m。梯形桁架与柱的连接可做成刚接也可做成铰接。当做成刚接时，可提高房屋的横向刚度，因此是目前无檩体系的工业厂房屋盖中应用最广的屋盖形式。

梯形桁架的腹杆体系有人字式（图 9.6.2a、c）、再分式（图 9.6.2b）。人字式腹杆体系的支座处斜杆（端斜杆）与弦杆组成的支承节点在上弦时称为上承式，在下弦时称为下承式。桁架与柱刚接时一般采用下承式，铰接时二者均可。再分式腹杆体系的桁架上弦节间短，屋面板宽度较窄时，可避免上弦承受节间荷载，产生局部弯矩，用料经济，但节点和腹杆数量增多，制造较费工，故有时仍采用较大节间使上弦杆承受节间荷载的做法，虽耗钢量增多，但构造较简单。折中的做法是在跨中弦杆内力较大处的一部分节间增加再分杆，而在支座附近弦杆内力较小的节间仍采用较大节间，以获得较好的经济效果。

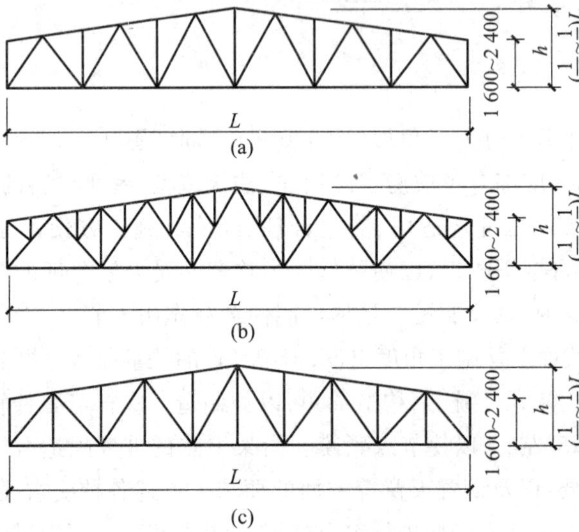

图 9.6.2　梯形桁架

（3）平行弦桁架具有杆件规格统一、节点构造统一、便于制造等优点。其上下弦杆相互平行（图 9.6.3），且可做成不同坡度。这种形式一般用于托架或支撑体系。

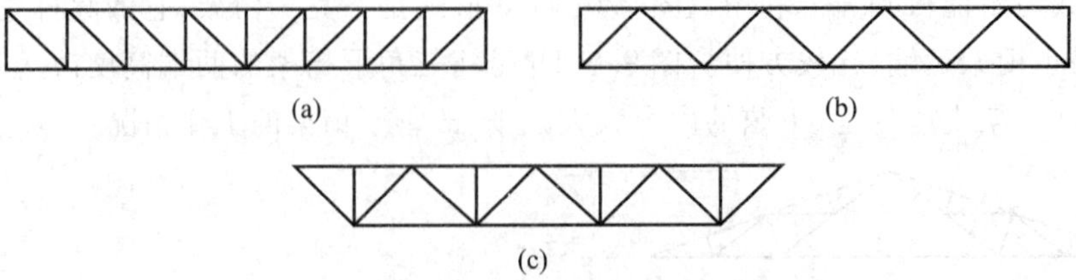

图 9.6.3　平行弦桁架

2. 桁架的主要尺寸

桁架的主要尺寸包括桁架的跨度、跨中高度及梯形桁架的端部高度。

（1）跨度

桁架的标志跨度 l 一般是指柱网轴线的横向间距，在无檩体系屋盖中应与大型屋面板的宽度相适应,一般以 3 m 为模数。桁架的计算跨度 l_0 是指桁架两端支座反力间的距离。当桁架简支于钢筋混凝土柱或砖柱上,且柱网采用封闭结合时,考虑桁架支座处需一定的构造尺寸,一般可取 $l_0=l-(300\sim400\ \text{mm})$(图 9.6.4a);当桁架支承于钢筋混凝土柱上,而柱网采用非封闭结合时,计算跨度等于标志跨度即 $l_0=l$(图 9.6.4b);当桁架与钢柱刚接时,其计算跨度取钢柱内侧面之间的间距(图 9.6.4c)。

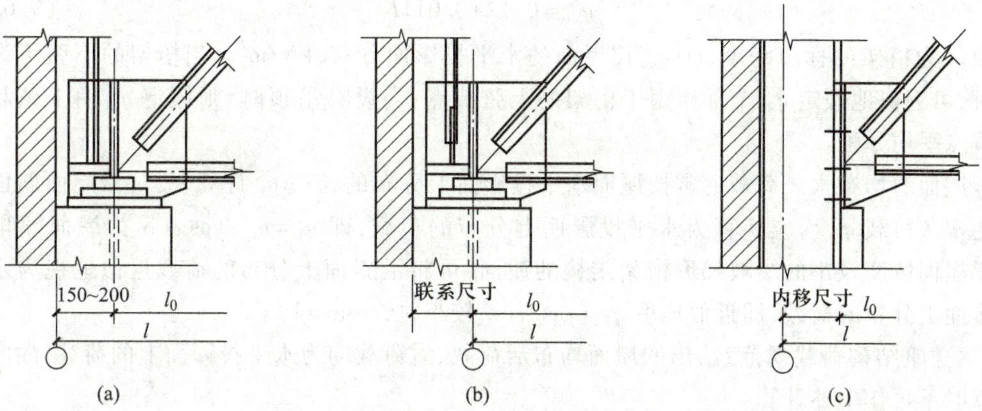

图 9.6.4　桁架的计算跨度

(2) 高度

桁架的高度应根据经济、刚度和建筑等要求,以及屋面坡度、运输条件等因素确定。桁架的最大高度取决于运输界限,最小高度根据桁架容许挠度确定,经济高度则是根据桁架杆件的总用钢量最少的条件确定。有时建筑高度也限制了桁架的最大高度。

一般情况下,桁架的高度可在如下范围内采用:三角形桁架高度较大,一般取 $h=(1/6\sim1/4)l$。梯形桁架的屋面坡度较平坦,当上弦坡度为 1/12～1/8 时,跨中高度一般为 $(1/10\sim1/6)l$。跨度大(或屋面荷载小)时取小值,跨度小(或屋面荷载大)时取大值。梯形桁架的端部高度:当桁架与柱铰接时为 1.6～2.2 m,刚接时为 1.8～2.4 m。端弯矩大时取大值,端弯矩小时取小值。

对跨度较大的桁架,在横向荷载作用下将产生较大的挠度,有损外观并可能影响桁架的正常使用。为此,对跨度 $l\geqslant15$ m 的三角形桁架和跨度 $l\geqslant24$ m 的梯形、平行弦桁架,当下弦无向上曲折时,宜采用起拱,即预先给桁架一个向上的反挠度,以抵消桁架受荷后产生的部分挠度。起拱高度一般为其跨度的 1/500 左右。当采用图解法求桁架杆件内力时,图中可不考虑起拱高度。

9.6.2　桁架的荷载和内力计算

1. 桁架的荷载计算与荷载组合

(1) 桁架荷载

桁架上的荷载有永久荷载和可变荷载两大类。永久荷载包括屋面材料(保温层、防水层、屋面板等)和檩条、屋架、天窗架、支撑及天棚等结构的自重。可变荷载包括屋面活荷载、风荷载、积灰荷载、雪荷载及悬挂吊车荷载等。永久荷载和可变荷载值可由《建筑结构荷载规范》查得或根据材料的规格计算。

风荷载一般可不予考虑。但对瓦楞铁等轻型屋面、开敞式房屋或风荷载标准值大于 0.49 kN/m^2 时，应根据房屋体形、坡度情况及封闭状况等，按荷载规范的规定计算风荷载的作用。

桁架和支撑的自重可按下面经验公式进行估算，即

$$q_{wk}=0.12+0.011l \tag{9.6.1}$$

式中，l 为桁架的标志跨度，m；q_{wk} 按屋面的水平投影面分布，kN/m^2。当桁架的下弦不设吊顶时，可近似地假定 q_{wk} 全部作用于桁架的上弦节点；当设有吊顶时，则假定 q_{wk} 由上弦和下弦节点平均分配。

屋面的均布永久荷载通常按屋面水平投影面上分布的荷载 q_k 计算，故凡沿屋面斜面分布的永久荷载 $q_{\alpha k}$ 均应换算为水平投影面上分布的荷载，即 $q_k=q_{\alpha k}/\cos\alpha$（$\alpha$ 为屋面倾角）。对于屋面坡度较小的缓坡梯形桁架结构的屋面，可将沿斜面上分布的荷载近似地视为水平投影面上分布的荷载，即近似地取 $q_k=q_{\alpha k}$（当 α 较小时，$\cos\alpha\approx1$）。

《建筑结构荷载规范》给出的屋面均布活荷载、雪荷载均为水平投影面上的荷载，故实际计算时不再作上述计算。

（2）节点荷载计算

桁架所受的荷载一般通过檩条或大型屋面板肋以集中力的方式作用于桁架的节点上。对于有节间荷载作用的桁架弦杆，可先将各节间荷载分配在相邻的两个节点上，与该节点原有节点荷载叠加，解得桁架各杆轴力，然后在计算弦杆时再按实际节间荷载作用情况计算弦杆的局部弯矩。作用于桁架上弦节点的集中荷载 F 可按各种均布荷载的不同组合对节点汇集进行计算（图 9.6.5 中阴影面积）：

$$F=\left(\sum\gamma_{Gi}\cdot q_{Gik}+\sum\gamma_{Qj}\cdot\gamma_{Lj}\cdot\psi_{cj}\cdot q_{Qjk}\right)\cdot a\cdot s \tag{9.6.2}$$

式中，γ_{Gi}、γ_{Qj} 分别为永久荷载和可变荷载的荷载分项系数；γ_{Lj} 为考虑结构设计使用年限的荷载调整系数；ψ_{cj} 为可变荷载的组合系数。以上各项可按 1.3.1 小节采用。但当是可变荷载效应控制的组合时，式(9.6.2)中起控制作用的第一个可变荷载标准值 q_{Q1k} 的组合系数 ψ_{c1} 应取 1.0；q_{Gik}、q_{Qjk} 分别为按屋面水平投影面分布的永久荷载和可变荷载标准值；a 为上弦节间的水平投影长度；s 为桁架的间距。

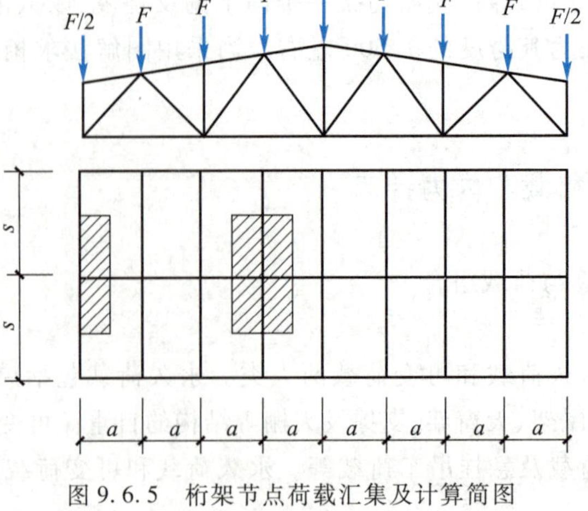

图 9.6.5　桁架节点荷载汇集及计算简图

(3) 荷载组合

设计桁架时,应根据使用和施工过程中可能出现的最不利荷载组合计算桁架杆件的内力。一般情况下,对平行弦、梯形等钢桁架应考虑以下三种荷载组合:

① 全跨永久荷载+全跨可变荷载;

② 全跨永久荷载+半跨可变荷载;

③ 全跨桁架、天窗架和支撑自重+半跨屋面板自重+半跨屋面活荷载。

在考虑荷载组合时,屋面的活荷载和雪荷载不考虑其同时作用,可取两者中的较大值计算。

用第一种荷载组合计算的桁架杆件内力在多数情况下为最不利内力。但在后两种荷载组合下,梯形桁架在跨中部分的斜腹杆内力可能变号,由拉变为压,而且可能为最大,故须给予考虑。如果在安装过程中,两侧屋面板对称均匀铺设,则可不考虑第三种荷载组合。对于屋面坡度较大和自重较轻的钢桁架,尚应考虑风荷载吸力作用的组合。

2. 桁架杆件的内力计算

计算桁架杆件内力时,通常可近似地采用如下假定:

① 桁架的各节点均视为铰接;

② 桁架的所有杆件的轴线都在同一平面内且在节点处交汇;

③ 荷载均在桁架平面内作用于节点上。

桁架的杆件内力可根据以上假定的桁架计算简图(图 9.6.5)采用数解法、图解法或借助电算等求得。对三角形和梯形桁架用图解法较为简便。对一些常用形式的桁架,各种建筑结构设计手册中均有单位节点荷载作用下的杆件内力计算系数表。设计时,只要将桁架节点荷载值乘以相应杆件的内力系数,即求得该杆件的内力(轴向力)。

桁架上弦有节间荷载时,除整体分析求得的轴向力外还有节间荷载引起的杆件局部弯矩。在理论上局部弯矩应将弦杆视为支承于节点上的弹性支座连续梁计算,其计算过于烦琐。一般可近似地按简支梁计算出其弯矩 M_0,然后再乘以调整系数(图 9.6.6)作为有节间荷载作用的桁架上弦的局部弯矩;端节间正弯矩可取 $M_1=0.8M_0$;其他节间的正弯矩和节点(包括屋脊节点)负弯矩取 $M_2=\pm0.6M_0$。M_0 为相应节间按简支梁算得的最大弯矩。当只有一个节间荷载 F 作用于节间中点时,$M_0=Fa/4$。

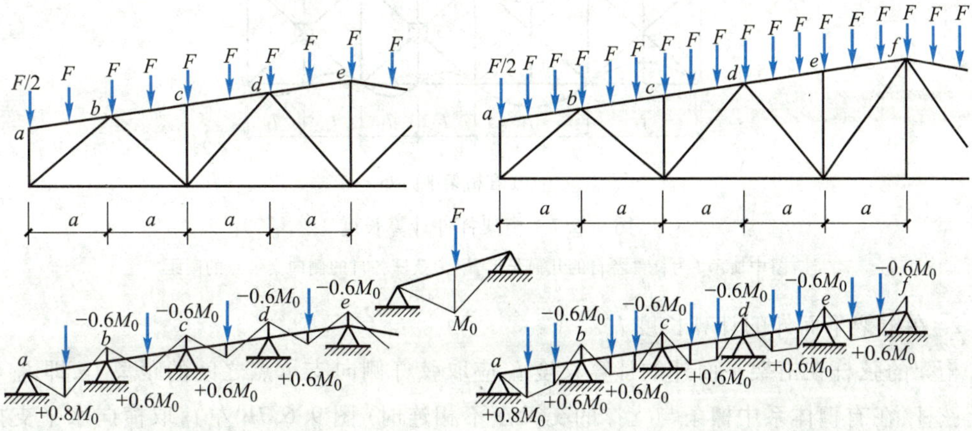

(a) 每节间一个集中荷载　　(b) 每节间两个集中荷载

图 9.6.6　上弦杆的局部弯矩

9.6.3　桁架杆件的计算长度和容许长细比

1. 在桁架平面内的计算长度 l_{0x}

实际桁架的各杆件是通过其节点板用焊缝连接在一起的，故节点本身具有一定的刚度；由于节点板上有多个杆件与其相连，当某一压杆在桁架平面内失稳屈曲而引起杆端绕节点转动时，就要受到该节点上其他杆（尤其是拉杆）的阻碍与约束。因此，节点不是真正的理想铰接点，而是介于刚接和铰接之间的弹性嵌固。这种嵌固作用提高了铰接杆件的稳定承载力，即可减小杆件的计算长度。节点上的拉杆数量相对越多，线刚度和拉力越大，则嵌固越强，杆件的计算长度就可减小得越多。

根据研究，图 9.6.7a 所示梯形桁架的弦杆、支座竖杆和支座斜杆，两端相对约束较小，可偏安全地视为铰接，在桁架平面内的计算长度可取节点间的轴线长度，即 $l_{0x}=l$。其他腹杆，虽然在上弦节点处因拉杆少，嵌固作用不大，但下弦节点处相连拉杆较多；且拉力大，拉杆的刚度亦大，嵌固作用较大，因此其桁架平面内的计算长度可取 $l_{0x}=0.8l$。

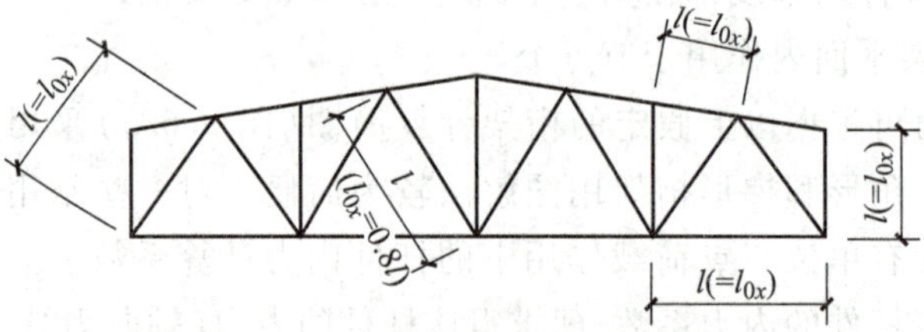

(a) 在桁架平面内

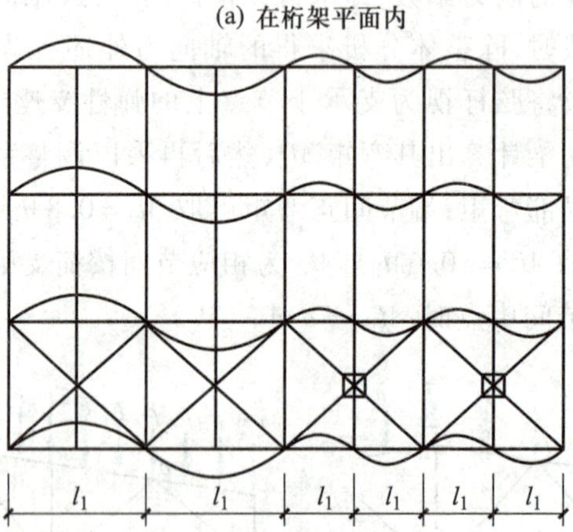

(b) 在桁架平面外

图 9.6.7　桁架杆件计算长度

注：图中所示 l 为杆件各自的几何长度，l_1 为弦杆各自的侧向支承点的间距。

2. 在桁架平面外的计算长度 l_{0y}

桁架的弦杆在桁架平面外的计算长度 l_{0y} 应取弦杆侧向支承点之间的距离 l_1，即 $l_{0y}=l_1$。对上弦杆，在有檩体系中檩条与支撑的交叉点不相连时（图 9.6.7b 左），取横向水平支撑与桁架上弦交点间的距离，即支撑节点间的距离；当檩条与支撑的交叉点用节点板焊牢时

(图 9.6.7b 右),则取檩条间的距离,无檩体系屋盖中的上弦杆上直接放置钢筋混凝土大型屋面板时,若能保证大型屋面板与上弦三点可靠焊接,使大型屋面板能起支撑作用,可取两块大型屋面板的宽度,即 $l_{0y}=2b$;若不能保证三点可靠焊接,则认为大型屋面板只能起到刚性系杆作用,计算长度 l_{0y} 仍取支撑点间的距离。

桁架下弦在平面外的计算长度取下弦侧向支承点间的距离,该距离应由下弦的支撑体系或系杆的设置确定。

当受压弦杆侧向支承点间的距离 l_1 为节间长度 l 的两倍,且两节间弦杆的内力 $N_1 \neq N_2$ 时(图 9.6.8a),其计算长度可按下式计算:

$$l_{0y}=l_1\left(0.75+0.25\frac{N_2}{N_1}\right),且 l_{0y} \geqslant 0.5l_1 \tag{9.6.3}$$

式中,N_1 为较大的压力,计算时取正值;N_2 为较小的压力或拉力,计算时压力取正值,拉力取负值。

再分式腹杆体系的受压主斜杆(图 9.6.8b)在桁架平面外的计算长度亦按式(9.6.3)确定;受拉主斜杆仍取 $l_{0y}=l_1$。再分式主斜杆在桁架平面内的计算长度 l_{0x},考虑主斜杆的上段(N_2 段)杆件的两端弹性嵌固作用均较差,故该段应取节间距离,即 $l_{0x}=l$;主斜杆的下段(N_2 段)仍取 $l_{0x}=0.8l$。

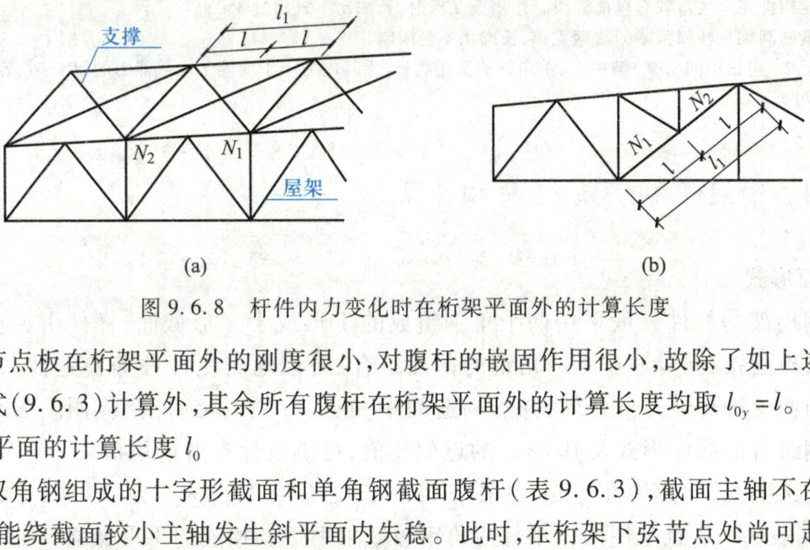

图 9.6.8 杆件内力变化时在桁架平面外的计算长度

由于节点板在桁架平面外的刚度很小,对腹杆的嵌固作用很小,故除了如上述的再分式主斜杆按式(9.6.3)计算外,其余所有腹杆在桁架平面外的计算长度均取 $l_{0y}=l$。

3. 斜平面的计算长度 l_0

对于双角钢组成的十字形截面和单角钢截面腹杆(表 9.6.3),截面主轴不在桁架平面内,杆件可能绕截面较小主轴发生斜平面内失稳。此时,在桁架下弦节点处尚可起到一定的嵌固作用,故取腹杆斜平面的计算长度 $l_0=0.9l$。

桁架各杆件在平面内和平面外的计算长度 l_0 汇总列入表 9.6.1 中,以便查用。

表 9.6.1 桁架杆件的计算长度 l_0

方　　向	弦杆	腹　杆	
		端斜杆和端竖杆	其他腹杆
在桁架平面内(l_{0x})	l	l	$0.8l$
在桁架平面外(l_{0y})	l_1	l	l
斜平面(l_0)	—	l	$0.9l$

注:l 为杆件的几何长度,l_1 为杆件侧向支承点之间的距离。当受压为主的杆件在 l_1 范围内两段受力不等时,l_{0y} 按式(9.6.3)确定。

4. 桁架杆件的容许长细比

钢桁架中有些杆件，按荷载计算常常轴力很小，甚至为零杆。这些杆件设计截面，如果太小，长细比太大，在自重作用下就会产生较大挠度，运输安装时也易弯曲，动荷作用时还可能引起过大振动。这些都对杆件工作不利，因此规范要求桁架各类杆的长细比不得超过容许长细比[λ]，其值见表 9.6.2。

表 9.6.2　桁架杆件的容许长细比

<table>
<tr><th rowspan="3">杆件名称</th><th rowspan="3">压杆</th><th colspan="3">拉　杆</th></tr>
<tr><th colspan="2">承受静力荷载或间接承受动力荷载的结构</th><th rowspan="2">直接承受动力荷载的结构</th></tr>
<tr><th>无吊车和有轻中级工作制吊车的厂房</th><th>有重级工作制吊车的厂房</th></tr>
<tr><td>普通钢桁架的杆件</td><td rowspan="3">150</td><td rowspan="3">350</td><td>250</td><td>250</td></tr>
<tr><td>轻钢桁架的主要杆件</td><td rowspan="2">—</td><td>—</td></tr>
<tr><td>天窗构件</td><td>—</td></tr>
<tr><td>屋盖支撑杆件</td><td rowspan="2">200</td><td>400</td><td rowspan="2">350</td><td rowspan="2">—</td></tr>
<tr><td>轻钢桁架的其他杆件</td><td>350</td></tr>
</table>

注：1. 承受静力荷载的结构中，可只计算受拉杆件在竖向平面内的长细比；
2. 在直接或间接承受动力荷载的结构中，计算单角钢受拉杆件的长细比时，应采用角钢的最小回转半径，但在计算单角钢交叉受拉杆件平面外的长细比时，应采用与角钢肢边平行轴的回转半径；
3. 受拉构件在永久荷载与风荷载组合作用下受压时，长细比不宜超过 250；
4. 张紧的圆钢拉杆和张紧的圆钢支撑，长细比不受限制；
5. 在桁架（包括中间桁架）结构中，单角钢的受压腹杆，当其内力小于或等于承载能力的 50% 时，容许长细比可取为 200。

9.6.4　桁架杆件的截面选择和计算

1. 截面形式

普通钢桁架的杆件一般采用两个角钢组成的 T 形或十字形截面，杆件由夹在一对角钢之间的节点板连接，同时通过不同角钢的截面组合，近似地满足杆件等稳定性（即 $\lambda_x \approx \lambda_y$）的要求。因而这种杆件经济合理，并且构造简单，施工方便，得到广泛应用。表 9.6.3 所列为各种角钢组合的截面形式及其 i_y/i_x 的近似比值，可供设计参考选用。

对于桁架上弦，如无局部弯矩，往往其计算长度 $l_{0y} \geqslant 2l_{0x}$，为满足 $\lambda_x \approx \lambda_y$，要求截面的 $i_y \geqslant 2i_x$，根据表 9.6.3 宜采用两个不等边角钢短肢角钢短肢相连的 T 形截面。如有较大的局部弯矩，为提高上弦杆在桁架平面内的抗弯承载力，宜采用两个不等肢角钢长肢相连或两个等肢角钢组成的 T 形截面。

桁架的下弦杆，由于受轴向拉力作用，其截面一般由强度条件确定。但在桁架平面外的计算长度通常较大，为增强其刚度，宜优先采用两个不等肢角钢短肢相连或等肢角钢组成的 T 形截面。这种截面的侧向刚度较大，且由于水平肢较宽，便于与支撑连接。

对如图 9.6.8 所示的梯形桁架的端斜杆，由于 $l_{0x} = l_{0y}$，为使 $i_x \approx i_y$，宜采用两个不等肢角钢长肢相连的 T 形截面。

其他腹杆，由于 $l_{0x} = 0.8l_{0y}$，为使 $i_y \approx 1.25i_x$，宜采用两个等肢角钢组成的 T 形截面。受力很小的腹杆亦可用单角钢截面，其放置方法可采用交替地单面连接在桁架平面的两侧，或在两杆端开槽嵌入节点板对称置于桁架平面。

连接垂直支撑的竖腹杆常采用两个等肢角钢组成的十字形截面。

表 9.6.3　屋架杆件截面形式

项次	杆件截面组合方式	截面形式	回转半径的比值	用途
1	二不等边角钢短肢相并	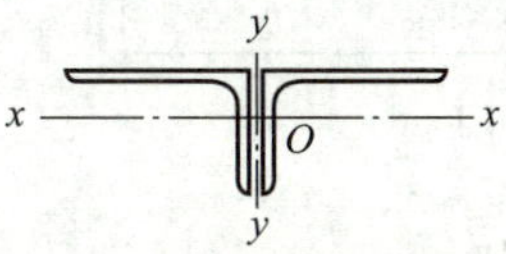	$\frac{i_y}{i_x}\approx 2.6\sim 2.9$	计算长度 l_{0y} 较大的上、下弦杆
2	二不等边角钢长肢相并	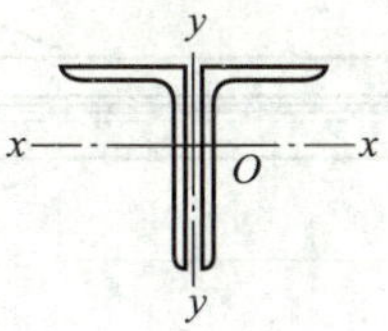	$\frac{i_y}{i_x}\approx 0.75\sim 1.0$	端斜杆、端竖杆、受较大弯矩作用的弦杆
3	二等边角钢相并	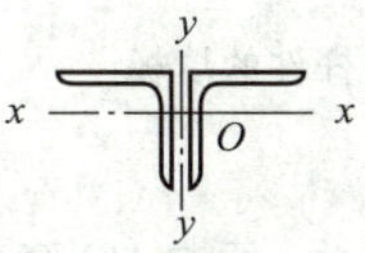	$\frac{i_y}{i_x}\approx 1.3\sim 1.5$	其余腹杆、下弦杆
4	二等边角钢组成的十字形截面	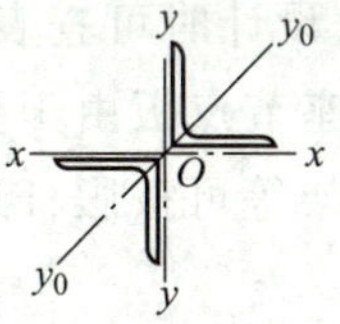	$\frac{i_y}{i_x}\approx 1.0$	与竖向支撑相连的屋架竖杆
5	单角钢	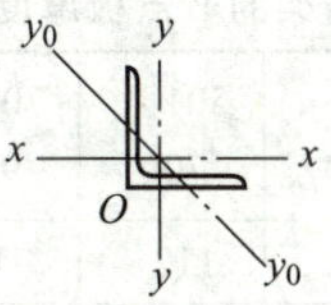		轻型钢屋架中内力较小的杆件
6	钢管	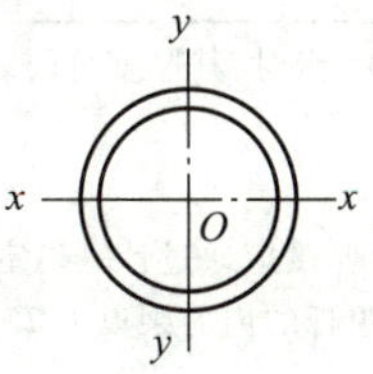	各方向都相等	轻型钢屋架中的杆件

2. 填板的设置

为确保由两个角钢组成的 T 形或十字形截面杆件能形成一整体杆件共同受力，必须每隔一定距离在两个角钢间设置填板并用焊缝连接（图 9.6.9）。这样，杆件才可按实腹式杆件计算。填板厚度同节点板厚，宽度一般取 40 ~ 60 mm，长度取：T 形截面比角钢肢宽大 10 ~ 15 mm；十字形截面则由角钢肢尖两侧各缩进 10 ~ 15 mm。填板间距：对压杆 $l_d\leqslant 40i$，对拉杆 $l_d\leqslant 80i$。在 T 形截面中 i 为一个角钢对平行于填板的自身形心轴（图 9.6.9a 中的 1 - 1 轴）的回转半径；十字形截面中 i 为一个角钢的最小回转半径（图 9.6.9b 中的 2 - 2

轴)。受压构件两个侧向支承点之间的填板数不少于 2 个。

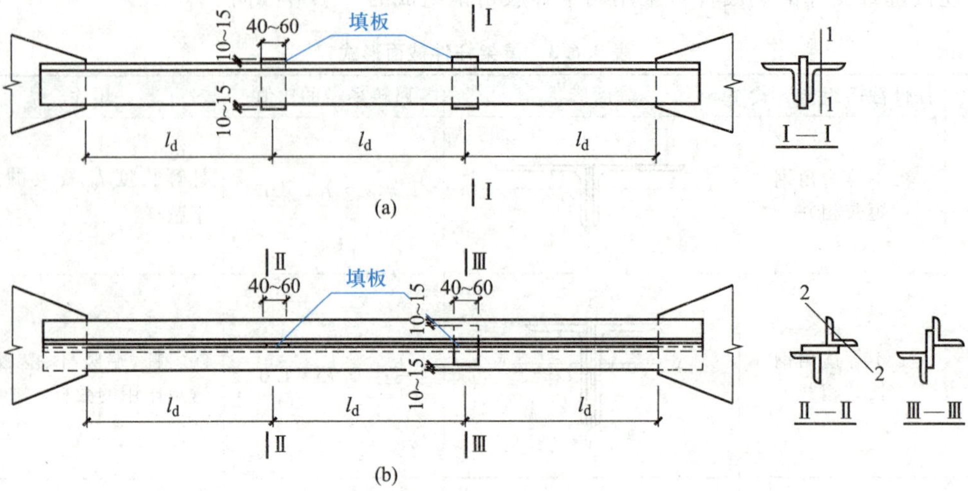

图 9.6.9　桁架杆件的填板

3. 节点板的厚度

节点板内应力大小与所连构件内力大小有关,可按 §8.9 的有关规定计算其强度和稳定。表 9.6.4 系根据上述计算方法编制的表格,设计时可查表确定节点板厚度。在同一榀桁架中,所有中间节点板均采用同一种厚度,支座节点板由于受力大且很重要,厚度比中间的增大 2mm。节点板的厚度对于梯形普通钢桁架等可按腹杆最大内力确定,对于三角形普通钢桁架则按其弦杆最大内力确定。

表 9.6.4　单节点板桁架的节点板厚度

梯形桁架腹杆最大内力或三角形桁架弦杆最大内力/kN	<180	181 ~ 300	301 ~ 500	501 ~ 700	701 ~ 950	951 ~ 1 200	1 201 ~ 1 550	1 551 ~ 2 000
中间节点板厚度/mm	6	8	10	12	14	16	18	20
支座节点板厚度/mm	8	10	12	14	16	18	20	22

注:1. 表列厚度系按钢材为 Q235 钢考虑,当节点板为 Q345 钢时,其厚度可较表列数值适当减小 1 ~2 mm,但板厚不得小于 6 mm;

2. 节点板边缘与腹杆轴线间的夹角应不小于 30°;

3. 节点板与腹杆用侧焊缝连接,当采用围焊时,节点板厚度应通过计算确定;

4. 无竖腹杆相连且无加劲肋加强的节点板,可将受压腹杆的内力乘以 1.25 后再查表。

4. 截面选择的一般原则

选择截面时应考虑下列要求:

① 应优先选用在相同截面积情况下宽肢薄壁的角钢,以增加截面的回转半径,这对压杆尤为重要。

② 角钢规格不宜小于∟ 45×4 或∟ 56×36×4。有螺栓孔时,角钢的肢宽须满足附录 10 的要求。放置屋面板时,上弦角钢水平肢宽须满足搁置尺寸要求。

③ 同一榀桁架的角钢规格应尽量统一,一般宜调整到不超过 5 ~6 种。同时应尽量避免使用同一肢宽而厚度相差不大的角钢,同一种规格的厚度之差不宜小于 2 mm,以便施工时

辨认。

④ 桁架弦杆一般沿全跨采用等截面，但对跨度大于 24 m 的三角形桁架和跨度大于 30 m 的梯形桁架，可根据内力变化改变弦杆截面，但在半跨内只宜改变一次，且只改变肢宽而保持厚度不变，以便拼接的构造处理。

5. 截面计算

（1）轴心拉杆

轴心拉杆可按强度条件确定所需的净截面面积 A_n，即

$$A_n \geqslant \frac{N}{f} \tag{9.6.4}$$

式中，f 为钢材的抗拉强度设计值。当采用单角钢单面连接时，乘以 0.85 的折减系数。

根据 A_n 由附录 8 选用合适的角钢，然后按轴心受拉构件验算其强度和刚度。当连接支撑的螺栓孔位于连接节点板内且离节点板边缘的距离（沿杆件受力方向）不小于 100 mm 时，由于连接焊缝已传递部分内力给节点板，节点板一般可以补偿孔洞的削弱，故可不考虑该孔对角钢截面的削弱。

（2）轴心压杆

一般情况下，轴心压杆可由稳定条件确定所需的截面面积。按第 6 章所述方法先假定长细比 λ（弦杆一般取 $\lambda=60\sim100$，腹杆一般取 $\lambda=80\sim120$），由 λ 查附录 4 得 φ 值，然后求所需截面积 A，同时计算 i_x、i_y，参考这些数据从附录 8 中选择合适的角钢，根据所选用角钢的实际截面积 A，回转半径 i_x、i_y，按轴心受压构件进行强度、刚度和稳定性验算。如不满足，可重新假定 λ 计算或在原选择的截面的基础上改选角钢验算，直至合适为止。

（3）拉弯或压弯杆

桁架上弦或下弦有节间荷载作用时，应根据轴心力和局部弯矩，按第 7 章拉弯和压弯构件计算方法对节点处或节间弯矩较大截面进行计算。一般先根据经验或参照已有设计资料试选截面，然后验算，若不满足则改选截面再进行试算，直至符合要求为止。对拉弯杆只须验算强度和刚度；对压弯杆除强度和刚度外，还须验算弯矩作用平面内和弯矩作用平面外的稳定性。

（4）按刚度条件验算和选择杆截面

钢桁架中各类杆件的刚度要求应按 $\lambda_{max}=(l_0/i)_{max}\leqslant[\lambda]$ 进行验算。$[\lambda]$ 为容许长细比，由表 9.6.2 查得，对单角钢截面和双角钢组成的十字形截面，其回转半径应取截面的最小刚度轴的回转半径 i_{min}，即按 $\lambda=l_0/i_{min}\leqslant[\lambda]$ 验算其刚度。

对桁架中内力很小的腹杆或因构造需要设置的杆件（如芬克式桁架跨中竖杆），其截面可按刚度条件确定，即按 $i=l_0/[\lambda]$ 或 $i_{min}=l_0/[\lambda]$ 计算截面所需的回转半径，然后根据 i_x、i_y 或 i_{min} 由附录 8 选用合适的角钢截面。

§9.7　桁架的节点设计

桁架的杆件一般采用节点板相互连接，各杆件内力通过各自的杆端焊缝传至节点板，并

汇交于节点中心而取得平衡。节点的设计应做到传力明确、可靠，构造简单和制造、安装方便等。

9.7.1　节点设计步骤和一般设计原则

节点设计时应按如下原则和步骤进行：

① 布置桁架杆件时，原则上应使杆件形心线与桁架几何轴线重合，以免杆件偏心受力。为便于制造，通常取角钢肢背至形心距离为 5 mm 的整倍数。当弦杆截面沿跨度有改变时，为便于拼接和放置屋面构件，一般应使拼接处两侧弦杆角钢肢背齐平，并使两侧角钢形心线的中心线与桁架几何轴线重合。如轴心线引起的偏心不超过较大弦杆截面高度的5%，计算中可不计由此偏心引起的弯矩。节点处各杆件的轴线如图 9.7.1 所示，图中 e_0 按 e_1 和 e_2 的平均数取 5 mm 的倍数值，e_3、e_4 则按角钢形心距取 5 mm 倍数值。

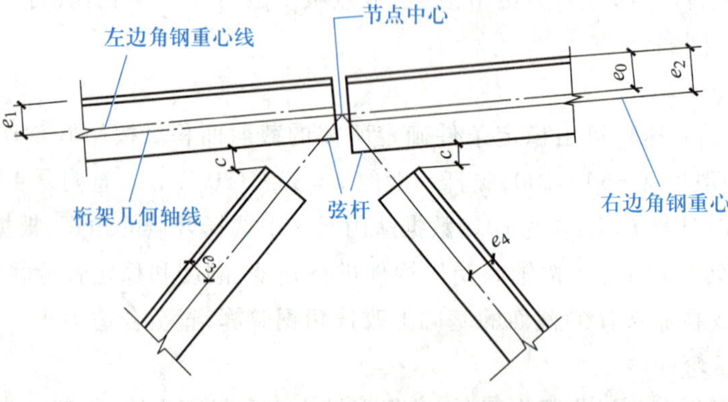

图 9.7.1　节点处各杆件的轴线

② 根据已画出的杆件轴线，按一定比例尺画出各杆件的角钢轮廓线（表示角钢外伸边厚度的线可不按比例、仅示意画出）。腹杆与弦杆、腹杆与腹杆轮廓线间应保持最小间距 c（图 9.7.1）。在直接承受动力荷载的焊接桁架中，取 $c=50$ mm；在不直接承受动力荷载的焊接桁架中，c 不应小于 20 mm，以避免因焊缝过分密集而使该处节点板过热而变脆。在非焊接屋架中，c 应不小于 5 ~ 10 mm，以便于安装。按此要求可定出各杆件的端部位置。杆端的切割面一般宜与杆件轴线垂直（图 9.7.2a），也允许将角钢的一边切去一角（图 9.7.2b），但不允许作如图 9.7.2c 的端部切割方式。

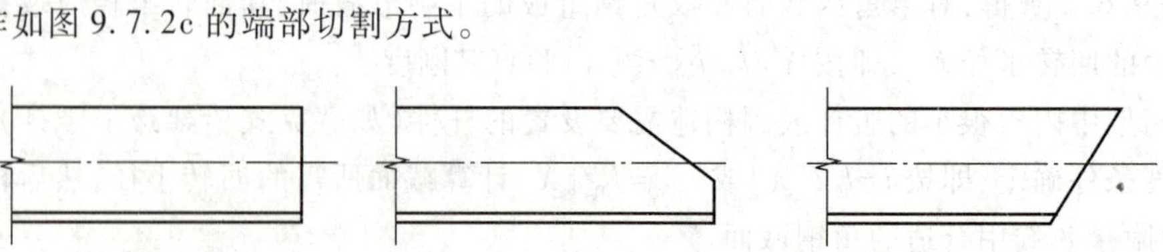

(a) 常用方式　　(b) 允许方式　　(c) 不允许方式

图 9.7.2　角钢端部的切割

③ 根据事先计算好的各腹杆与节点的连接焊缝（包括角钢肢背和肢尖两者）尺寸，进行焊缝布置并绘于图上，而后定出节点板的外形（当为非焊接节点时，同样，根据已计算出的各腹杆与节点板的连接螺栓数目，进行螺栓排列后定出节点板外形）。在确定节点板外形时，

要注意沿焊缝长度方向应多留约 $2h_f$ 的长度以考虑施焊时焊缝两端的缺陷影响，垂直于焊缝长度方向应留出 10～15 mm 的焊缝位置，如图 9.7.3 所示。

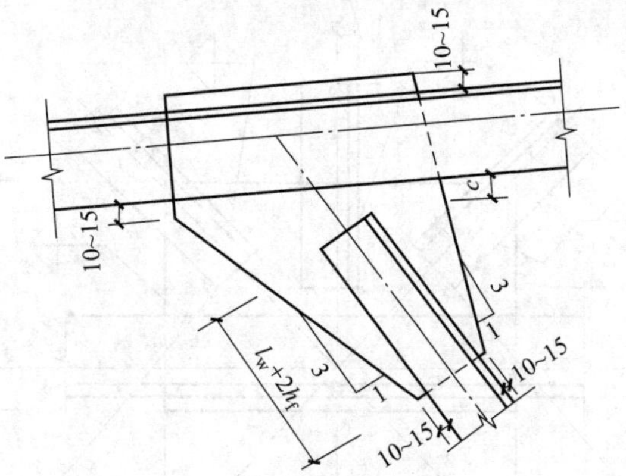

图 9.7.3 只有一根腹杆时的节点构造

节点板的外形应力求简单，宜优先采用矩形、梯形、平行四边形或至少有一直角的四边形，如图 9.7.4 所示，以减少加工时的钢材损耗和便于切割。节点板的长和宽宜取为 10 mm 的倍数。

当节点处只有一根斜杆与弦杆相交时，节点形式示于图 9.7.3。需注意节点板的外边缘与斜杆轴线应保持不小于 1∶3 的坡度，使杆中内力在节点板中有良好的扩散，以改善节点板的受力情况。

④ 根据已有节点板的尺寸，布置弦杆与节点板间的连接焊缝。当弦杆在节点处改变截面，则还应在节点处设计弦杆拼接。

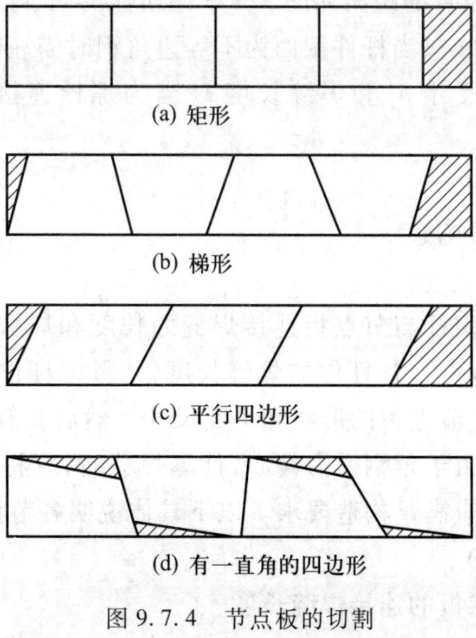

(a) 矩形

(b) 梯形

(c) 平行四边形

(d) 有一直角的四边形

图 9.7.4 节点板的切割

注：阴影线部分表示切割余料。

⑤ 绘制节点大样（比例尺为 1/10～1/5），确定每一节点上都需标明的尺寸，为今后绘制

施工详图时提供必要的数据(对简单的节点,可不绘大样,而由计算得到所需尺寸)。节点上需标注的尺寸如下(图 9.7.5):

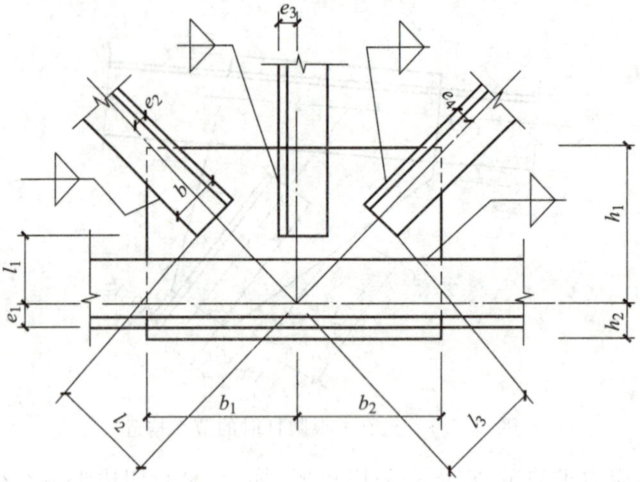

图 9.7.5　节点上的尺寸

a. 每一腹杆端部至节点中心的距离,如图 9.7.5 中所示 l_1、l_2 和 l_3(当为非焊接节点,则应标明节点中心至腹杆末端第一个螺栓中心的距离),数字准确到 mm。此距离主要用于制造时的拼装,还可由此计算每一腹杆的实际长度(由腹杆两端的节点间几何长度减去两端至各自节点的距离之和)。

b. 节点板的平面尺寸。应从节点中心分两边分别注明其宽度和高度,如图 9.7.5 所示的 b_1、b_2 和 h_1、h_2,尺寸分别平行和垂直于弦杆的轴线,主要用于制造时节点板的定位。

c. 各杆件轴线至角钢肢背的距离如图 9.7.5 中所注的 e_1、e_2 等。

d. 角钢连接边的边长 b(只当杆件截面为不等边角钢时需注明)。

e. 每条角焊缝的焊脚尺寸 h_f 和焊缝长度 l(当为螺栓连接时,应注明螺栓中心距和端距)。

9.7.2　节点计算和构造

先根据腹杆内力,计算腹杆与节点板连接焊缝的长度和焊脚尺寸。焊脚尺寸一般取等于或小于角钢肢厚。根据节点上各杆件的焊缝长度,并考虑杆件之间应留的间隙以及适当考虑制作和装配的误差确定节点板的形状和平面尺寸。然后验算弦杆与节点板的焊缝。对于单角钢杆件的单面连接,由于角钢受力偏心,计算焊缝时,应将焊缝强度设计值乘以 0.85 的折减系数,焊缝的尺寸尚应满足构造要求。以下具体说明各节点的计算。

1. 上弦节点(图 9.7.6)

上弦节点中腹杆与节点板的连接焊缝长度

肢背:

$$l'_w = \frac{K_1 N}{2 \times 0.7 h'_f f_f^w} \tag{9.7.1}$$

肢尖：

$$l''_w=\frac{K_2N}{2\times0.7h''_f f_f^w} \tag{9.7.2}$$

式中，N 为杆件的轴力；f_f^w 为角焊缝的强度设计值；h_f 为角焊缝的焊脚尺寸（注意：肢背与肢尖的 h_f 可以不相等）；K_1、K_2 分别为角钢肢背和肢尖焊缝受力分配系数（见表 3.3.2）；l'_w、l''_w 分别为角钢肢背和肢尖的焊缝计算长度，对每条焊缝取其实际长度减去 $2h_f$。

图 9.7.6a 所示为有檩屋盖中的桁架上弦节点。其主要特点是上弦杆与节点板间的焊缝除承受弦杆节点相邻节间的内力差 $\Delta N=N_1-N_2$ 外，还需承受由檩条传给上弦杆的竖向节点荷载 F。构造上需注意的是由于檩托的存在，节点板无法伸出角钢背面，图 9.7.6a 中将节点板缩进 $(0.6\sim1.0)t$（t 为节点板厚度），并在此进行槽焊。槽焊缝按两条 $h_f=0.5t$（t 为节点板厚度）的角焊缝计算。图 9.7.6b 为有檩屋盖中上弦节点的另一形式，在节点板上边缘处开一凹口以容纳檩托和槽钢檩条，凹口处节点板缩进角钢背面，凹口以外仍伸出角钢背面 10～15 mm，在该处可设角焊缝。

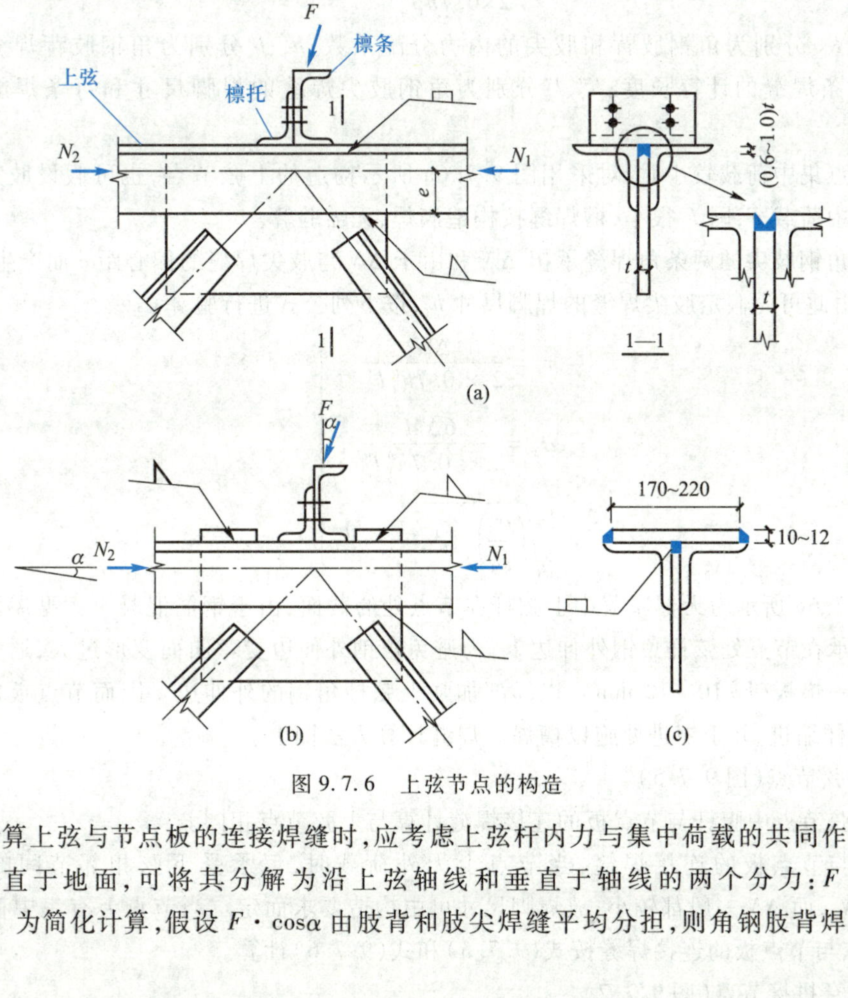

图 9.7.6　上弦节点的构造

在计算上弦与节点板的连接焊缝时，应考虑上弦杆内力与集中荷载的共同作用。因集中荷载垂直于地面，可将其分解为沿上弦轴线和垂直于轴线的两个分力：$F\cdot\sin\alpha$ 和 $F\cdot\cos\alpha$。为简化计算，假设 $F\cdot\cos\alpha$ 由肢背和肢尖焊缝平均分担，则角钢肢背焊缝的验算公式为

$$\frac{\sqrt{[K_1(\Delta N+F\cdot\sin\alpha)]^2+\left(\frac{F\cdot\cos\alpha/2}{1.22}\right)^2}}{2\times0.7h'_f l'_w}\leqslant f_f^w \tag{9.7.3}$$

角钢肢尖焊缝的验算公式为

$$\frac{\sqrt{[K_2(\Delta N+F\cdot\sin\alpha)]^2+\left(\frac{F\cdot\cos\alpha/2}{1.22}\right)^2}}{2\times0.7h''_f l''_w}\leqslant f_f^w \tag{9.7.4}$$

当梯形桁架屋面坡度小于1/10时，可近似认为 $\Delta N\perp F$，$\cos\alpha\approx1.0$，$\sin\alpha\approx0$，则以上两式简化为

肢背焊缝
$$\frac{\sqrt{(K_1\Delta N)^2+\left(\frac{F/2}{1.22}\right)^2}}{2\times0.7h'_f l'_w}\leqslant f_f^w \tag{9.7.5}$$

肢尖焊缝
$$\frac{\sqrt{(K_2\Delta N)^2+\left(\frac{F/2}{1.22}\right)^2}}{2\times0.7h''_f l''_w}\leqslant f_f^w \tag{9.7.6}$$

式中，K_1、K_2 分别为角钢肢背和肢尖的内力分配系数；h'_f、l'_w 分别为角钢肢背焊缝的焊脚尺寸和每条焊缝的计算长度；h''_f、l''_w 分别为角钢肢尖焊缝的焊脚尺寸和每条焊缝的计算长度。

当节点集中荷载较小时，对采用图 9.7.6a 所示构造的上弦节点，也可假设肢背槽焊缝仅承受集中荷载 F，因 F 很小，槽焊缝按构造满焊，无需验算。

弦杆角钢肢尖的两条角焊缝承担 ΔN 和由于 ΔN 与肢尖焊缝的偏心距 e 而产生的 $\Delta M=\Delta N\cdot e$。由此可先假定肢尖焊缝的焊脚尺寸 h''_f，按下列公式进行验算：

$$\left.\begin{aligned}\tau_f&=\frac{\Delta N}{2\times0.7h''_f l''_w}\\ \sigma_f&=\frac{6\Delta M}{2\times0.7h''_f l''^2_w}\\ \sqrt{\left(\frac{\sigma_f}{\beta_f}\right)^2+\tau_f^2}&\leqslant f_f^w\end{aligned}\right\} \tag{9.7.7}$$

图 9.7.6c 所示为无檩屋盖中上弦杆在节点处的截面，由于钢筋混凝土大型屋面板的纵肋直接支承在节点处弦杆角钢外伸边上，为避免角钢外伸边受弯曲而变形过大，通常在角钢背面加焊一垫板(厚 10 ~ 12 mm)，以局部加强上弦杆角钢的外伸边。因而节点板也需如图 9.7.6a 那样缩进、并于缩进处施以槽焊。焊缝计算方法同上。

2. 下弦节点(图 9.7.5)

在下弦节点中腹杆与节点板的连接焊缝计算与上弦节点相同。

弦杆与节点板的连接焊缝，当节点上无外荷载时，仅承受下弦相邻节间的内力差 $\Delta N=N_1-N_2$，而 ΔN 一般都较小，故焊脚尺寸可由构造要求而定。当节点上有集中荷载 F 作用时，下弦与节点板的连接焊缝按式(9.7.5)和式(9.7.6)计算。

3. 屋脊拼接节点(图 9.7.7)

当桁架的跨度较大时，需将桁架分成两个运输单元，在屋脊节点和下弦跨中节点设置工

地拼接(图 9.7.7 和图 9.7.8)。左半边的上弦、斜杆和竖杆与节点板的连接为工厂焊缝,而右半边的上弦、斜杆与节点板的连接为工地焊缝。拼接角钢与上弦的连接全用工地焊缝。为了便于工地焊接,需设置临时性安装螺栓。

当桁架上弦设置天窗架时,天窗架与桁架上弦一般采用普通螺栓连接。

图 9.7.7 为梯形桁架或三角形桁架的屋脊节点示例。在此节点上,左右两弦杆必然断开因而需用拼接件拼接。拼接件通常采用与弦杆相同的角钢截面,同时需将拼接角钢的棱角截去并把竖向肢 $\Delta=t+h_f+5$ mm 的一部分切除。对屋面坡度较小的梯形桁架,拼接角钢可热弯成形;对屋面坡度较大的三角形桁架,则常需将拼接角钢的竖直边割一口子,如图 9.7.7b 所示,而后冷弯成形并对焊连接。

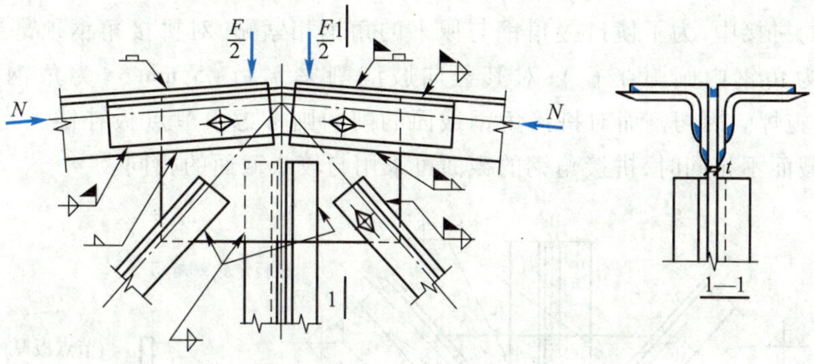

(a) 屋脊节点

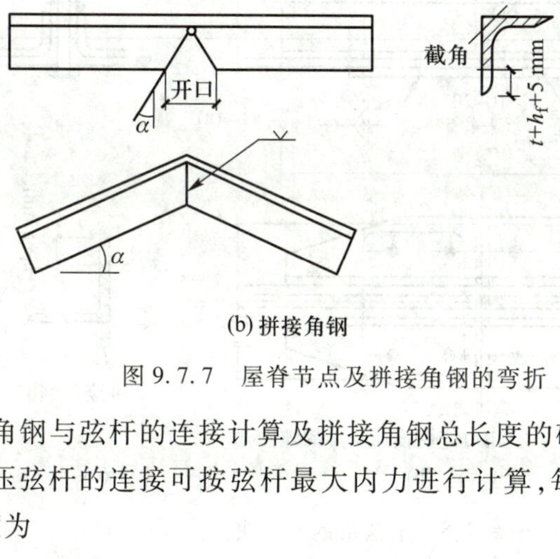

(b) 拼接角钢

图 9.7.7 屋脊节点及拼接角钢的弯折

(1) 屋脊拼接角钢与弦杆的连接计算及拼接角钢总长度的确定

拼接角钢与受压弦杆的连接可按弦杆最大内力进行计算,每边共有 4 条焊缝平均承受此力,因而焊缝长度为

$$l_w \geqslant \frac{N}{4\times0.7h_f f_f^w} \tag{9.7.8}$$

由此可得拼接角钢总长度为

$$l_s=2(l_w+2h_f\ \text{mm})+\text{弦杆杆端空隙} \tag{9.7.9}$$

当为开口后弯折的角钢,还需计入开口的宽度。

(2) 弦杆与节点板的连接焊缝

计算上弦与节点板的连接焊缝时,假定节点荷载 F 由上弦角钢肢背处的槽焊缝承受,无需验算。此时，屋脊两侧弦杆已被连接角钢连成整体，因此轴力对肢尖偏心引起的弯矩左右互相抵消。上弦角钢肢尖与节点板的连接焊缝只需按上弦内力的 15% 计算：

$$\tau_f^N=\frac{0.15N}{2\times0.7h_f l_w}\leqslant f_f^w \tag{9.7.10}$$

当桁架上弦的坡度较大时，拼接角钢与上弦杆之间的连接焊缝仍按上弦内力计算，而上弦杆与节点板之间的连接焊缝，则取上弦内力的竖向分力与节点荷载的合力，和上弦内力的 15% 按式(9.7.3)和式(9.7.4)验算。

4. 下弦的拼接节点(图 9.7.8)

下弦一般采用与下弦尺寸相同的角钢来拼接，并保持拼接处原有下弦杆的刚度和强度，见图 9.7.8a。

在下弦的拼接中，为了使拼接角钢与原来的角钢相紧贴，对拼接角钢顶部要截去棱角，宽度为 r(r 为角钢内圆弧半径)；对其竖向肢应割去 h_f+t+5 mm(t 为角钢厚度)，见图 9.7.8c，以便施焊。因切割而对拼接角钢截面的削弱则考虑由节点板补偿。当节点两侧下弦杆的角钢截面不相同时，拼接角钢的截面可采用与较小截面的相同。

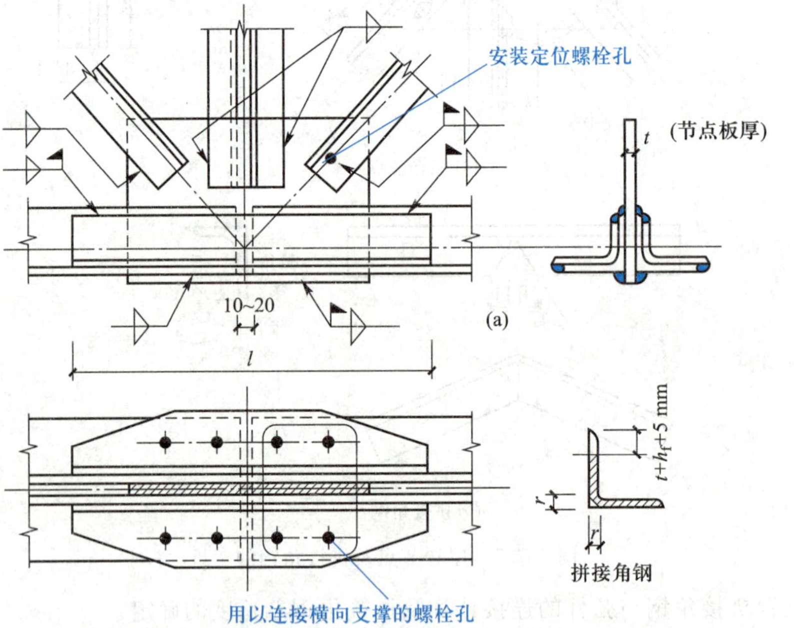

图 9.7.8　下弦角钢的工地拼接节点

(1) 下弦拼接角钢与弦杆的连接计算及拼接角钢总长度的确定

拼接角钢与下弦杆角钢间共有 4 条角焊缝，承担节点两侧较小截面中的内力设计值 N_2(当节点两侧弦杆截面不相同时)，对轴心拉杆的拼接，常偏安全地取 $N_2=A_2f$，即按截面的抗拉强度承载力进行连接计算。4 条角焊缝都位于角钢的肢尖，其与角钢截面形心距离大致相同，因而可认为平均受力。由连接焊缝的需要可求出拼接角钢的总长度为

$$l_s=2\left(\frac{A_2f}{4\times0.7h_f\cdot f_f^w}+2h_f\right)+(10\sim20)\text{ mm} \tag{9.7.11}$$

式中，A_2 为拼接两侧弦杆的较小截面面积，括号后的(10～20) mm 为拼接处原角钢间的空隙。

当角钢的边长 $b \geqslant 125$mm 时，为了使传力路线不过分集中在角钢趾部的焊缝处，以改善拼接角钢中的受力情况，不使产生较大的应力集中，宜将拼接角钢的两端各切去一角，焊缝沿斜边布置见图 9.7.8b(此法同样适用于拼接角钢的水平边和竖直边，图上的竖直边未切角，水平边切角，主要是为了表示 $b<125$ mm 和 $b \geqslant 125$ mm 时的两种处理方案)。

(2) 下弦杆与节点板的连接角焊缝

下弦杆与节点板的连接焊缝，按两侧下弦较大内力的15%，和两侧下弦的内力差两者中的较大值来计算，但当拼接节点处有竖向外荷载作用时，则应按此较大值与外荷载根据式(9.7.5)和式(9.7.6)进行计算。

5. 支座节点

桁架与柱的连接有铰接和刚接两种形式(图 8.4.1 和图 8.4.2)。支承于钢筋混凝土柱或砖柱上的桁架一般为铰接，而支承于钢柱上的桁架通常为刚接。图 8.4.1 为梯形桁架和三角形桁架在钢筋混凝土柱顶或砌体上的支座节点示例。这种支座只传递桁架的竖向反力 R，看作铰接。这种铰接支座节点由节点板、底板、加劲肋和锚栓等组成。图 8.4.2 为梯形桁架与钢柱的刚接节点，节点的计算方法见 §8.4。

【例题 9.3】 普通钢桁架设计

1. 设计资料

某采暖车间跨度为 30 m，柱距为 6 m，厂房总长度为 90 m。车间内设有一台 50 t、一台 20 t 中级工作制软钩桥式吊车，吊车轨顶标高为+9.000 m。冬季最低温度为-20 ℃。设计使用年限为 50 年。

屋面采用 1.5 m×6.0 m 预应力大型屋面板，屋面坡度为 $i=1:10$。上铺 80 mm 厚泡沫混凝土保温层和二毡三油防水层。

屋面活荷载标准值为 0.7 kN/m^2，雪荷载标准值为 0.5 kN/m^2，因紧靠锰、铬铁合金车间，其积灰荷载标准值为 0.75 kN/m^2。桁架采用梯形钢桁架，其两端铰支于钢筋混凝土柱上，上柱截面尺寸为 450 mm×450 mm，混凝土强度等级为 C25。

钢材采用 Q235B 级，焊条采用 E43 型，手工焊。

桁架计算跨度：

$$l_0 = 30\ \text{m} - 2\times0.15\ \text{m} = 29.7\ \text{m}$$

跨中及端部高度：

桁架的中间高度： $h = 3.490$ m

在 29.7 m 的两端高度： $h_0 = 2.005$ m

在 30 m 轴线处端部高度： $h_0 = 1.990$ m

桁架跨中起拱 60 mm(≈$L/500$)。

2. 结构形式与布置

桁架形式及几何尺寸如图 9.7.9 所示。

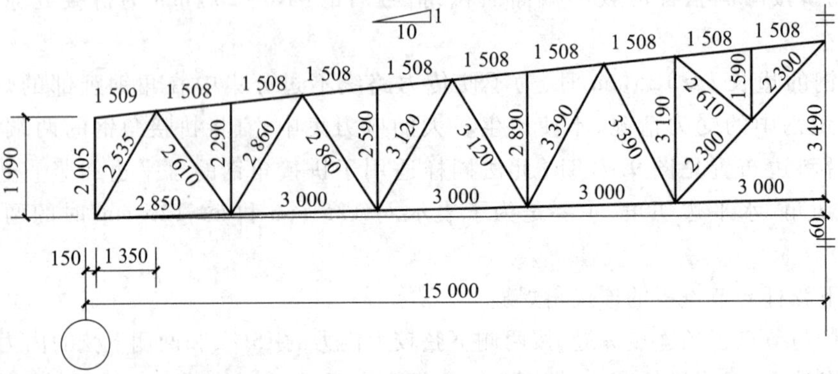

图 9.7.9　桁架形式及几何尺寸(图中杆件尺寸为未起拱的尺寸)

桁架支撑布置如图 9.7.10 所示。

3. 荷载计算

屋面活荷载与雪荷载不会同时出现,从资料可知屋面活荷载大于雪荷载,故取屋面活荷载计算。沿屋面斜面分布的永久荷载应乘以 $1/\cos\alpha=\sqrt{10^2+1}/10=1.005$ 换算为沿水平投影面分布的荷载。桁架沿水平投影面积分布的自重(包括支撑)按经验公式(9.6.1)计算,因设计法用年限为50 年,故 $\gamma_{Li}=1.0$。

标准永久荷载:

预应力混凝土大型屋面板	$1.005\times1.4\ kN/m^2=1.407\ kN/m^2$
二毡三油防水层	$1.005\times0.35\ kN/m^2=0.352\ kN/m^2$
找平层(厚 20 mm)	$1.005\times0.02\ m\times20\ kN/m^2=0.402\ kN/m^2$
80 mm 厚泡沫混凝土保温层	$1.005\times0.08\ m\times6\ kN/m^2=0.482\ kN/m^2$
桁架和支撑自重	$0.12\ kN/m^2+0.011\times30\ kN/m^2=0.45\ kN/m^2$
管道荷载(由工艺设计提供)	$0.182\ kN/m^2$
共	$3.275\ kN/m^2$

标准可变荷载:

屋面活荷载	$0.7\ kN/m^2$
积灰荷载	$0.75\ kN/m^2$

设计桁架时,应考虑以下三种荷载组合:

(1) 全跨永久荷载 + 全跨可变荷载(按永久荷载为主控制的组合)

全跨节点荷载设计值:

$$F=(1.35\times3.275\ kN/m^2+1.4\times0.7\times0.7\ kN/m^2+1.4\times0.9\times0.75\ kN/m^2)\times1.5\ m\times6\ m$$
$$=54.47\ kN$$

(2) 全跨永久荷载+半跨可变荷载

全跨节点永久荷载设计值:

对结构不利时,

$$F_{1.1}=1.35\times3.275\ kN/m^2\times1.5\ m\times6\ m=39.79\ kN\text{(按永久荷载为主的组合)}$$

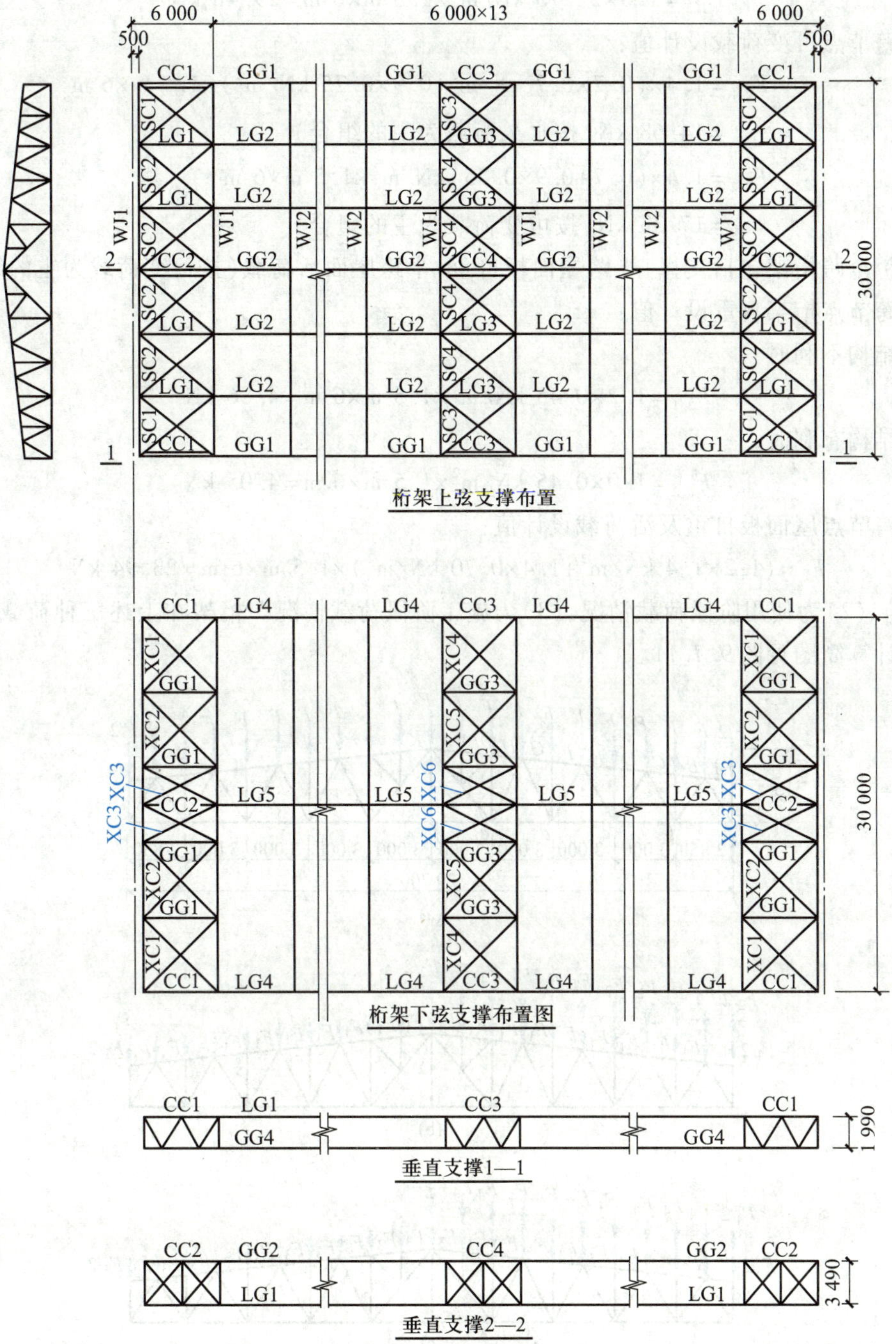

图 9.7.10 桁架支撑布置

符号说明：

SC—上弦支撑；XC—下弦支撑；CC—垂直支撑；GG—刚性系杆；LG—柔性系杆

$F_{1.2}=1.2\times3.275\ \text{kN/m}^2\times1.5\ \text{m}\times6\ \text{m}=35.37\ \text{kN}$（按可变荷载为主的组合）

对结构有利时，

$$F_{1.3}=1.0\times3.275\ \mathrm{kN/m^2}\times1.5\ \mathrm{m}\times6\ \mathrm{m}=29.48\ \mathrm{kN}$$

半跨节点可变荷载设计值：

$$F_{2.1}=1.4\times(0.7\times0.7\ \mathrm{kN/m^2}+0.9\times0.75\ \mathrm{kN/m^2})\times1.5\ \mathrm{m}\times6\ \mathrm{m}$$

$$=14.68\ \mathrm{kN}(\text{按永久荷载为主的组合})$$

$$F_{2.2}=1.4\times(0.7+0.9\times0.75)\mathrm{kN/m^2}\times1.5\ \mathrm{m}\times6\ \mathrm{m}$$

$$=17.33\ \mathrm{kN}(\text{按可变荷载为主的组合})$$

(3) 全跨桁架包括支撑+半跨屋面板自重+半跨屋面活荷载(按可变荷载为主的组合)

全跨节点桁架自重设计值：

对结构不利时，

$$F_{3.1}=1.2\times0.45\ \mathrm{kN/m^2}\times1.5\ \mathrm{m}\times6\ \mathrm{m}=4.86\ \mathrm{kN}$$

对结构有利时，

$$F_{3.2}=1.0\times0.45\ \mathrm{kN/m^2}\times1.5\ \mathrm{m}\times6\ \mathrm{m}=4.05\ \mathrm{kN}$$

半跨节点屋面板自重及活荷载设计值：

$$F_4=(1.2\times1.4\ \mathrm{kN/m^2}+1.4\times0.70\ \mathrm{kN/m^2})\times1.5\ \mathrm{m}\times6\ \mathrm{m}=23.94\ \mathrm{kN}$$

(1)、(2)为使用阶段荷载情况，(3)为施工阶段荷载情况。桁架在上述三种荷载组合作用下的计算简图见图 9.7.11。

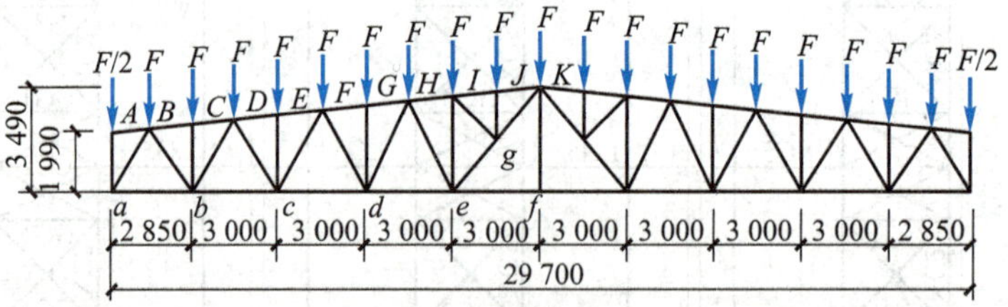

(a)

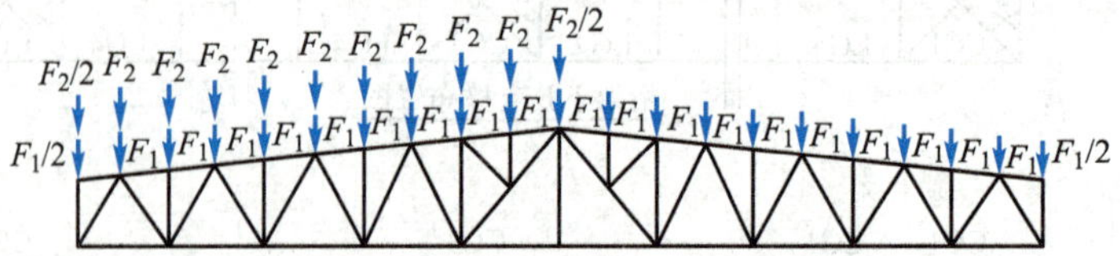

(b)

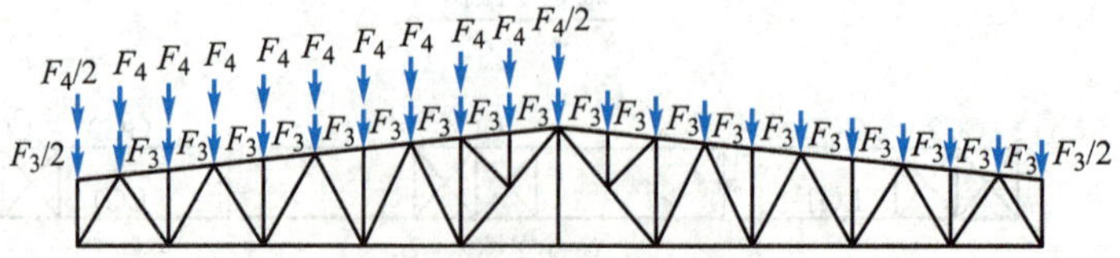

(c)

图 9.7.11　桁架计算简图

4. 内力计算

由电算先解得 $F=1$ 的桁架各杆件的内力系数($F=1$ 作用于全跨、左半跨和右半跨)。然后求出各种荷载情况下的内力进行组合，计算结果见表 9.7.1。

表 9.7.1 桁架杆件内力组合表

杆件名称		内力系数($F=1$)			第一种组合 $F\times$①	第二种组合		第三种组合		计算杆件内力/kN
		全跨①	左半跨②	右半跨③		$F_{1,i}\times$①+$F_{2,i}\times$②	$F_{1,i}\times$①+$F_{2,i}\times$③	$F_{3,i}\times$①+$F_4\times$②	$F_{3,i}\times$①+$F_4\times$③	
上弦	*AB*	0	0	0	0	0	0	0	0	0
	BC、*CD*	-11.45	-8.30	-3.15	-623.68					-623.68
	DE、*EF*	-18.34	-12.60	-5.74	-998.98					-998.98
	FG、*GH*	-21.70	-13.90	-7.80	-1 182.00					-1 182.00
	HI	-22.46	-13.06	-9.40	-1 223.40					-1 223.40
	IJ、*JK*	-22.95	-13.55	-9.40	-1 250.09					-1 250.09
下弦	*ab*	6.05	4.45	1.60	329.54					329.54
	bc	15.20	10.70	4.50	827.94					827.94
	cd	20.26	13.46	6.80	1 103.56					1 103.56
	de	22.22	13.62	8.60	1 210.32					1 210.32
	ef	21.32	10.66	10.66	1 161.30					1 161.30
斜腹杆	*aB*	-11.30	-8.35	-2.95	-615.51					-615.51
	Bb	9.15	6.50	2.65	498.40					498.40
	bD	-7.45	-4.85	-2.60	-405.80					-405.80
	Dc	5.50	3.25	2.25	299.59					299.59
	cF	-4.20	-2.00	-2.20	-228.47					-228.47
	Fd	2.60	0.70	1.90	141.62					141.62
	dH	-1.50	0.40	-1.90	-81.71	-53.81 ($F_{1,1}$, $F_{2,1}$)	-87.58 ($F_{1,1}$, $F_{2,1}$)	3.50 ($F_{3,2}$, F_4)	-52.78 ($F_{3,1}$, F_4)	-87.58 3.50
	He	0.30	-1.40	1.70	16.34	-15.42 ($F_{1,3}$, $F_{2,2}$)	40.07 ($F_{1,1}$, $F_{2,1}$)	-32.30 ($F_{3,2}$, F_4)	42.16 ($F_{3,1}$, F_4)	-32.30 42.16
	eg	1.65	3.65	-2.00	89.88	121.62 ($F_{1,2}$, $F_{2,2}$)	36.29 ($F_{1,1}$, $F_{2,1}$)	95.40 ($F_{3,1}$, F_4)	-41.20 ($F_{3,2}$, F_4)	-41.20 121.62
	gK	2.22	4.22	-2.00	120.92	151.65 ($F_{1,1}$, $F_{2,1}$)	58.97 ($F_{1,1}$, $F_{2,1}$)	111.82 ($F_{3,1}$, F_4)	-38.89 ($F_{3,2}$, F_4)	-38.89 151.65
	gI	0.60	0.60	0	32.68	32.68				32.68
竖杆	*Aa*	-0.50	-0.50	0	-27.24					-27.24
	Cb、*Ec*	-1.00	-1.00	0	-54.47					-54.47
	Gd、*Jg*	-1.00	-1.00	0	-54.47					-54.47
	Ie	-1.50	-1.50	0	-81.71					-81.71
	Kf	0	0	0	0					0

注：$F=54.47$ kN；$F_{1,1}=39.79$ kN；$F_{1,2}=35.37$ kN；$F_{1,3}=29.48$ kN；$F_{2,1}=14.68$ kN；$F_{2,2}=17.33$ kN；$F_{3,1}=4.86$ kN；$F_{3,2}=4.05$ kN；$F_4=23.94$ kN。

5. 杆件设计

(1) 上弦杆

整个上弦采用等截面，按 *IJ*、*JK* 杆件之最大设计内力设计。

$$N=-1\ 250.09\ \text{kN}=-1\ 250\ 090\ \text{N}$$

上弦杆计算长度：

在桁架平面内，为节间轴线长度 $l_{0x}=150.8$ cm

在桁架平面外，根据支撑布置和内力变化情况，取

$$l_{0y}=3\times150.8\ \text{cm}=452.4\ \text{cm}$$

因为 $l_{0y}=3l_{0x}$，故截面宜选用两个不等肢角钢，短肢相并（图 9.7.12）。

腹杆最大内力 $N=615.51$ kN，查表 9.6.4，节点板厚度选用 12 mm，支座节点板厚度用 14 mm。

设 $\lambda=60$，查附录 4 得 $\varphi=0.807$。

需要截面积：

$$A=\frac{N}{\varphi f}=\frac{1\ 250\ 090\ \text{N}}{0.807\times215\ \text{N/mm}^2}=7\ 204.9\ \text{mm}^2$$

需要的回转半径：

$$i_x=\frac{l_{0x}}{\lambda}=\frac{150.8\ \text{cm}}{60}=2.51\ \text{cm},\ i_y=\frac{l_{0y}}{\lambda}=\frac{452.4\ \text{cm}}{60}=7.54\ \text{cm}$$

根据需要的 A、i_x、i_y 查角钢规格表（附录 8），选用 2 ∟ 200×125×12，$A=75.82\ \text{cm}^2$，$i_x=3.57\ \text{cm}$，$i_y=9.62\ \text{cm}$，$b_1/t=200\ \text{cm}/12\ \text{cm}=16.67$，按所选角钢进行验算：

$$\lambda_x=\frac{l_{0x}}{i_x}=\frac{150.8\ \text{cm}}{3.57\ \text{cm}}=42.24$$

$$\lambda_y=\frac{l_{0y}}{i_y}=\frac{452.4\ \text{cm}}{9.62\ \text{cm}}=47.03$$

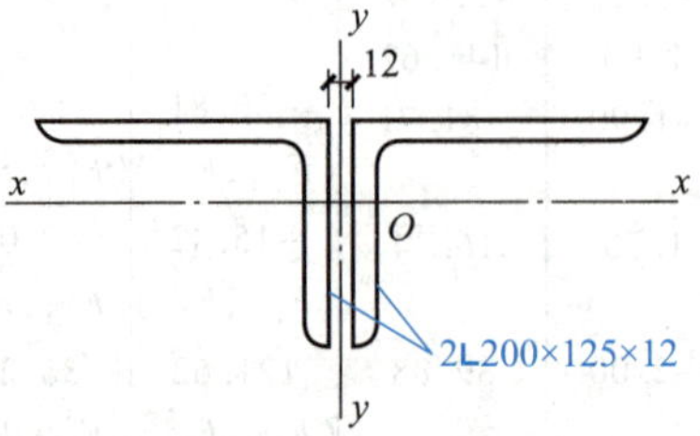

图 9.7.12　上弦截面

由于是短肢相并的不等边双角钢

$$\lambda_z=3.7\frac{b_1}{t}=3.7\times16.67=61.68$$

由于 $\lambda_y<\lambda_z$，则

$$\lambda_{yz}=\lambda_z\left[1+0.06\left(\frac{\lambda_y}{\lambda_z}\right)^2\right]=61.68\times\left[1+0.06\times\left(\frac{47.08}{61.68}\right)^2\right]=63.84$$

满足长细比 $<[\lambda]=150$ 的要求。

截面在 x 和 y 平面皆属 b 类，由于 $\lambda_{yz}>\lambda_x$，只需求 φ_y。查表得 $\varphi_y=0.787$。

$$\frac{N}{\varphi_y Af}=\frac{1\ 250\ 090\ \text{N}}{0.787\times7\ 582.4\ \text{mm}^2\times215\ \text{N/mm}^2}=0.974<1.0$$

所需截面合适。

（2）下弦杆

整个下弦采用同一截面，按最大内力所在的 de 杆计算。

$$N_{de}=1\ 210.32\ \text{kN}=1\ 210\ 320\ \text{N}$$

$$l_{0x}=300\ \text{cm},l_{0y}=1\ 485\ \text{cm}(因跨中有通长系杆)$$

所需截面积为

$$A_{\mathrm{n}}=\frac{N}{f}=\frac{1\ 210\ 320\ \mathrm{N}}{215\ \mathrm{N/mm^2}}=5\ 629.4\ \mathrm{mm^2}=56.29\ \mathrm{cm^2}$$

选用 2 ∟ 180×110×12，因 $l_{0y}\gg l_{0x}$，故用不等肢角钢，短肢相并（图 9.7.13）。

$$A=67.424\ \mathrm{cm^2}>56.29\ \mathrm{cm^2}$$

$$i_x=3.10\ \mathrm{cm},i_y=8.76\ \mathrm{cm}$$

$$\lambda_{0y}=\frac{l_{0y}}{i_y}=\frac{1\ 485\ \mathrm{cm}}{8.76\ \mathrm{cm}}=169.5<[\lambda]=350$$

考虑下弦有 2ϕ21.5 mm 的栓孔削弱，下弦净截面面积：

$$A_{\mathrm{n}}=6\ 742\ \mathrm{mm^2}-2\times21.5\times15\ \mathrm{mm^2}=6\ 097\ \mathrm{mm^2}$$

$$\sigma=\frac{N}{A_{\mathrm{n}}}=\frac{1\ 210\ 320\ \mathrm{N}}{6\ 097\ \mathrm{mm^2}}=198.5\ \mathrm{N/mm^2}<215\ \mathrm{N/mm^2}$$

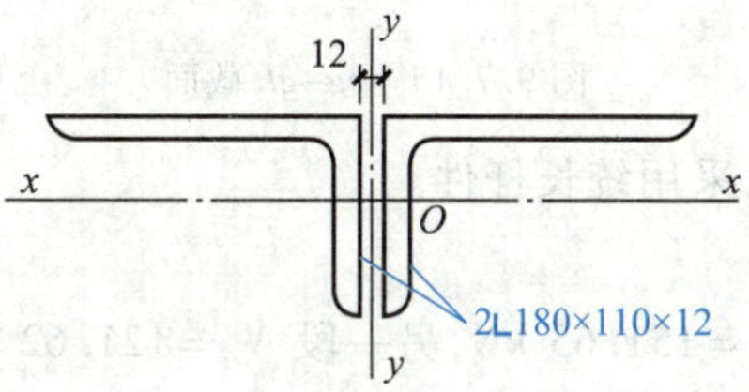

图 9.7.13　下弦截面

（3）端斜杆 aB（图 9.7.14）

杆件轴力：

$$N=-615.51\ \mathrm{kN}=-615\ 510\ \mathrm{N}$$

计算长度 $l_{0x}=l_{0y}=253.5$ cm。因为 $l_{0x}=l_{0y}$，故采用不等肢角钢，长肢相并，使 $i_x\approx i_y$。选用 2 ∟ 140×90×10，$A=44.52\ \mathrm{cm^2}$，$i_x=4.47$ cm，$i_y=3.73$ cm，$b/t=90\ \mathrm{mm}/10\ \mathrm{mm}=9$。

$$\lambda_x=\frac{l_{0x}}{i_x}=\frac{253.5\ \mathrm{cm}}{4.47\ \mathrm{cm}}=56.71$$

$$\lambda_y=\frac{l_{0y}}{i_y}=\frac{253.5\ \mathrm{cm}}{3.73\ \mathrm{cm}}=67.96$$

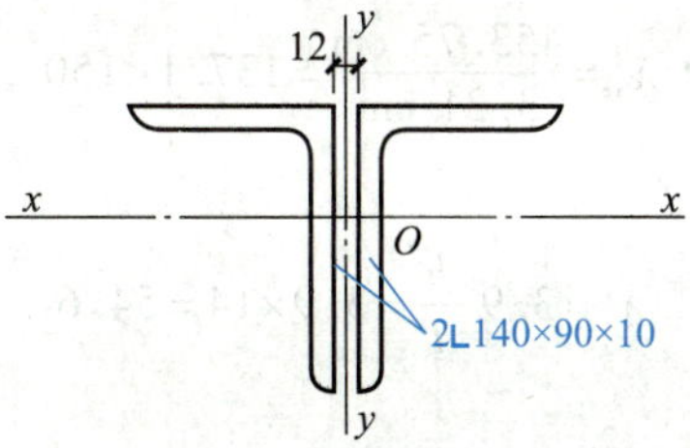

图 9.7.14　端斜杆截面

由于是长肢相并的不等边双角钢

$$\lambda_z=5.1\frac{b_2}{t}=5.1\times9=45.9$$

由于 $\lambda_y>\lambda_z$，则

$$\lambda_{yz}=\lambda_y\left[1+0.25\left(\frac{\lambda_z}{\lambda_y}\right)^2\right]=67.96\times\left[1+0.25\times\left(\frac{45.9}{67.96}\right)^2\right]=75.71$$

满足长细比<[λ]=150 的要求。

截面在 x 和 y 平面皆属 b 类，由于 $\lambda_{yz}>\lambda_x$，只需求 φ_y。查表得 $\varphi_y=0.715$。

$$\frac{N}{\varphi_y Af}=\frac{654\ 380\ \text{N}}{0.715\times4\ 452\ \text{mm}^2\times215\ \text{N/mm}^2}=0.956<1.0$$

所选截面合适。

（4）腹杆 $eg-gk$（图 9.7.15）

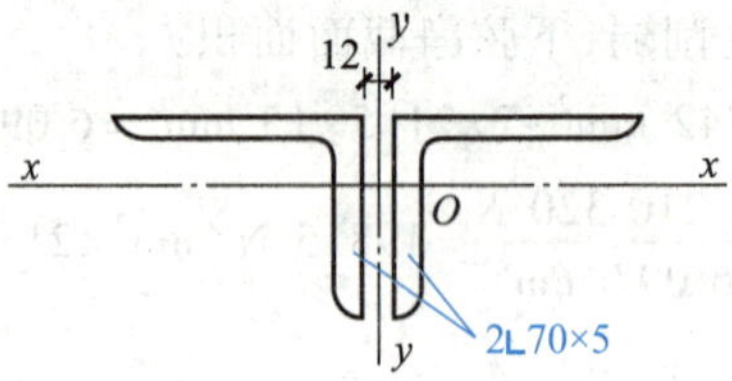

图 9.7.15　$eg-gk$ 截面

此杆在 g 节点处不断开，采用统长杆件。

最大拉力：

$$N_{gk}=151.65\ \text{kN}，另一段\ N_{eg}=121.62\ \text{kN}$$

最大压力：

$$N_{eg}=-41.20\ \text{kN}，另一段\ N_{gk}=-38.89\ \text{kN}$$

再分式桁架中的斜腹杆，在桁架平面内的计算长度取节点中心间距：

$$l_{0x}=230.1\ \text{cm}$$

在桁架平面外的计算长度 l_{0y} 按式（9.6.3）计算：

$$l_{0y}=l_1\left(0.75+0.25\frac{N_2}{N_1}\right)=460.2\ \text{cm}\times\left(0.75+0.25\times\frac{38.89}{41.20}\right)=453.75\ \text{cm}$$

选用 2 ∟ 70×5，由附录 8 得：

$$A=13.75\ \text{cm}^2,i_x=2.16\ \text{cm},i_y=3.31\ \text{cm},b/t=70\ \text{mm}/5\ \text{mm}=14$$

$$\lambda_x=\frac{230.1\ \text{cm}}{2.16\ \text{cm}}=106.5<150$$

$$\lambda_y=\frac{453.75\ \text{cm}}{3.31\ \text{cm}}=137.1<150$$

由于是等边双角钢

$$\lambda_z=3.9\frac{b}{t}=3.9\times14=54.6$$

由于 $\lambda_y>\lambda_z$，则

$$\lambda_{yz}=\lambda_y\left[1+0.16\left(\frac{\lambda_z}{\lambda_y}\right)^2\right]=137.1\times\left[1+0.16\left(\frac{54.6}{137.1}\right)^2\right]=140.579$$

满足长细比<[λ]=150 的要求。

截面在 x 和 y 平面皆属 b 类，由于 $\lambda_{yz}>\lambda_x$，只需求 φ_y。查表得 $\varphi_y=0.345$。

$$\frac{N}{\varphi_y Af}=\frac{41\ 200\ \text{N}}{0.345\times 1\ 375\ \text{mm}^2\times 215\ \text{N/mm}^2}=0.404<1.0$$

拉应力

$$\sigma=\frac{N}{A}=\frac{151\ 650\ \text{N}}{1\ 375\ \text{mm}^2}=110.29\ \text{N/mm}^2<215\ \text{N/mm}^2$$

所选截面合适。

(5) 竖杆 Ie(图 9.7.16)

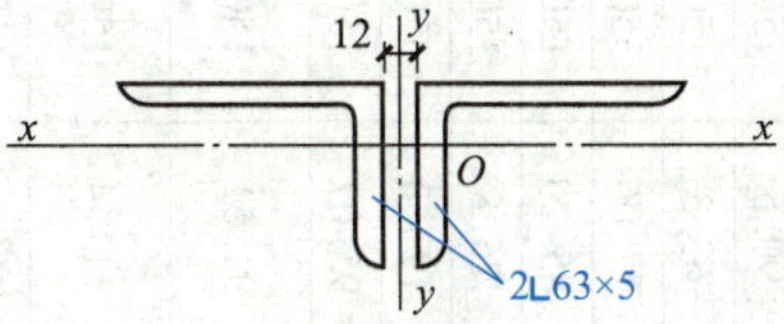

图 9.7.16　Ie 截面

$$N=-81.71\ \text{kN}=-81\ 710\ \text{N}$$
$$l_{0x}=0.8l=0.8\times 319\ \text{cm}=255.2\ \text{cm}$$
$$l_{0y}=l=319\ \text{cm}$$

内力较小,按$[\lambda]=150$选择,需要的回转半径为

$$i_x=\frac{l_{0x}}{[\lambda]}=\frac{255.2\ \text{cm}}{150}=1.70\ \text{cm}$$

$$i_y=\frac{l_{0y}}{[\lambda]}=\frac{319\ \text{cm}}{150}=2.13\ \text{cm}$$

查型钢表,选截面的 i_x 和 i_y 较上述计算的 i_x 和 i_y 略大些。

选用 2 ∟ 63×5 得截面几何特性:

$$A=12.286\ \text{cm}^2,i_x=1.94\ \text{cm},i_y=3.04\ \text{cm},b/t=63\ \text{mm}/5\ \text{mm}=12.6$$

$$\lambda_x=\frac{255\ \text{cm}}{1.94\ \text{cm}}=131.4<150$$

$$\lambda_y=\frac{319\ \text{cm}}{3.04\ \text{cm}}=105.0<150$$

由于是等边双角钢

$$\lambda_z=3.9\frac{b}{t}=3.9\times 12.6=49.14$$

由于 $\lambda_y>\lambda_z$,则:

$$\lambda_{yz}=\lambda_y\left[1+0.16\left(\frac{\lambda_z}{\lambda_y}\right)^2\right]=105\times\left[1+0.16\times\left(\frac{49.14}{105}\right)^2\right]=108.68$$

满足长细比$<[\lambda]=150$的要求。

截面在 x 和 y 平面皆属 b 类,由于 $\lambda_x>\lambda_{yz}$,只需求 φ_x。查表得 $\varphi_x=0.381$。

$$\frac{N}{\varphi_x Af}=\frac{81\ 710\ \text{N}}{0.381\times 1\ 228.6\ \text{mm}^2\times 215\ \text{N/mm}^2}=0.812<1.0$$

所选截面合适。

其余各杆件的截面选择计算过程不一一列出,现将计算结果列于表 9.7.2 中。

表 9.7.2　杆件截面选择表

杆件		计算内力/kN	截面规格	截面面积/cm²	计算长度/cm		回转半径/cm		长细比		容许长细比[λ]	稳定系数 φ		$\frac{N}{\varphi Af}$
名称	编号				l_{0x}	l_{0y}	i_x	i_y	λ_x	$\lambda_y(\lambda_{yz})$		φ_x	φ_y	
上弦	*IJ*、*JK*	-1 250.09	200×125×12	75.82	150.8	452.4	3.57	9.62	42.24	63.83	150		0.787	0.974
下弦	*de*	1 210.32	180×110×12	67.42	300	1 485	3.10	8.76	96.77	170.59	350			0.904
腹杆	*Aa*	-27.24	63×5	12.286	199	199	1.94	3.04	102.6	65.5	150	0.538		0.204
	aB	-615.51	140×90×10	44.52	253.5	253.5	4.47	3.73	56.71	75.71	150		0.715	0.956
	Bb	498.40	100×7	27.6	208.6	260.8	3.09	4.53	67.51	57.57	350			0.840
	Cb	-54.47	50×5	9.606	183.2	229.0	1.53	2.53	119.7	90.5	150	0.439		0.601
	bD	-405.80	100×7	27.6	229.5	286.9	3.09	4.53	74.3	63.3	150	0.724		0.945
	Dc	299.59	80×5	15.824	228.7	285.9	2.48	3.71	92.22	77.06	350			0.881
	Ec	-54.47	63×5	12.286	207.2	259.0	1.94	3.04	106.8	85.20	150	0.512		0.403
	cF	-228.47	90×6	21.27	250.3	312.9	2.79	4.12	89.7	75.8	150	0.623		0.802
	Fd	141.62	50×5	9.606	249.5	311.9	1.53	2.53	167	123.3	350			0.686
	Gd	-54.47	63×5	12.286	231.2	289	1.94	3.04	119.2	95.07	150	0.441		0.468
	dH	-87.58 3.50	80×5	15.824	271.6	339.5	2.48	3.71	109.52	91.51	150	0.496		0.519
	He	-32.30 42.16	63×5	12.286	270.8	338.5	1.94	3.04	139.6	111.4	150	0.347		0.352
	Ie	-81.71	63×5	12.286	255.2	319.0	1.94	3.04	131.4	108.68	150	0.381		0.812
	eg	-41.20 121.62	70×5	13.75	230.1	452.2	2.16	3.31	106.5	140.58	150		0.345	0.404
	gK	-38.89 151.65	70×5	13.75	230.1	452.2	2.16	3.31	106.5	140.58	150		0.345	0.513
	Kf	0	63×5	12.286	314.1	314.1	i=2.45		128.2		200			0.000
	gI	32.68	50×5	9.606	166.3	207.9	1.53	2.53	108.7	82.2	350			0.158
	Jg	-54.47	50×5	9.606	127.6	159.5	1.53	2.53	83.4	63	150	0.665		0.397

6. 节点设计

(1) 下弦节点“b”(图 9.7.17)

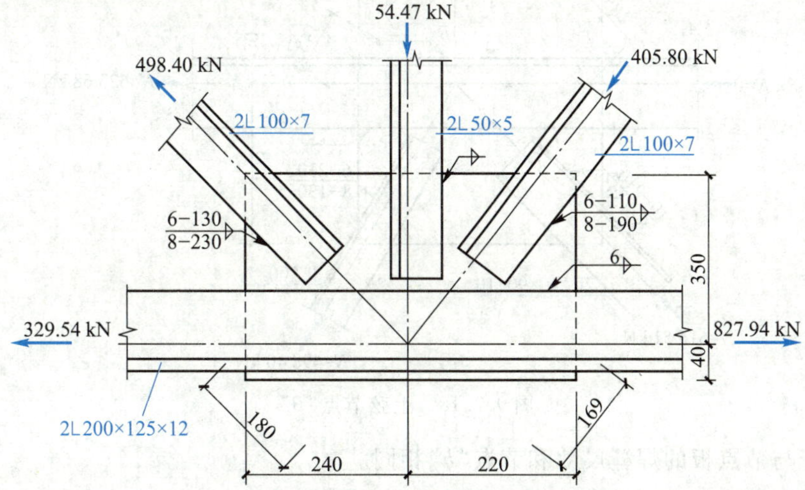

图 9.7.17　下弦节点“b”

各杆件的内力由表 9.7.1 查得。

这类节点的设计步骤:先根据腹杆的内力计算腹杆与节点板连接焊缝的尺寸,即 h_f 和 l_w,然后根据 l_w 的大小按比例绘出节点板的形状和尺寸,最后验算下弦杆与节点板的连接焊缝。

用 E43 型焊条角焊缝的抗拉、抗压和抗剪强度设计值 $f_f^w=160\ \text{N/mm}^2$。设“Bb”杆的肢背和肢尖焊缝 $h_f=8$ mm 和 6 mm,则所需的焊缝长度为

肢背:$l'_w=\dfrac{0.7N}{2h_e f_f^w}=\dfrac{0.7\times 498\ 400\ \text{N}}{2\times 0.7\times 8\ \text{mm}\times 160\ \text{N/mm}^2}=195\ \text{mm}$,加 $2h_f$ 后取 23 cm。

肢尖:$l''_w=\dfrac{0.3N}{2h_e f_f^w}=\dfrac{0.3\times 498\ 400\ \text{N}}{2\times 0.7\times 6\ \text{mm}\times 160\ \text{N/mm}^2}=111.3\ \text{mm}$,加 $2h_f$ 后取 23 cm。

设“bD”杆的肢背和肢尖焊缝分别为 8 mm 和 6 mm,则所需的焊缝长度为

肢背:$l'_w=\dfrac{0.7\times 405\ 800\ \text{N}}{2\times 0.7\times 8\ \text{mm}\times 160\ \text{N/mm}^2}=158.5\ \text{mm}$,取 19 cm。

肢尖:$l''_w=\dfrac{0.3\times 405\ 800\ \text{N}}{2\times 0.7\times 6\ \text{mm}\times 160\ \text{N/mm}^2}=96.6\ \text{mm}$,取 11 cm。

“Cb”杆的内力很小,焊缝尺寸可按构造确定,取 $h_f=5$ mm。

根据上面求得的焊缝长度,并考虑杆件之间应有间隙以及制作和装配等误差,按比例绘出节点详图,从而确定节点板尺寸为 390 mm×460 mm。

下弦与节点板连接的焊缝长度为 46 cm,$h_f=6$ mm。焊缝所受的力为左右两下弦杆的内力差 $\Delta N=827.94\ \text{kN}-329.54\ \text{kN}=498.40\ \text{kN}$,受力较大的肢背处的焊缝应力为

$$\tau_f=\frac{0.75\times 498\ 400\ \text{N}}{2\times 0.7\times 6\ \text{mm}\times(460\ \text{mm}-12\ \text{mm})}=99.3\ \text{N/mm}^2<160\ \text{N/mm}^2$$

焊缝强度满足要求。

(2) 上弦节点"B"(图 9.7.18)

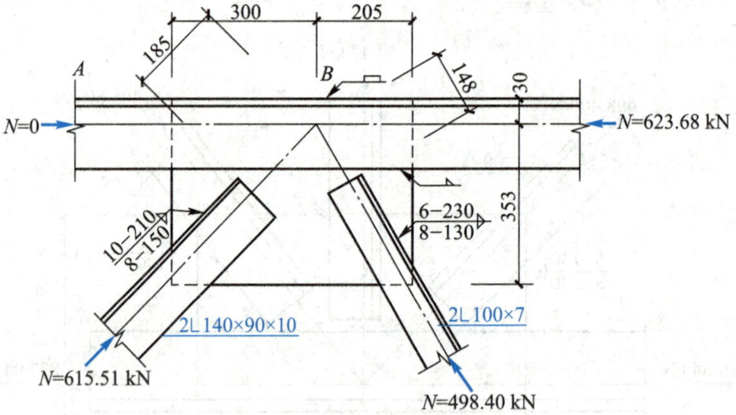

图 9.7.18　上弦节点"B"

"Bb"杆与节点板的焊缝尺寸和节点"b"相同。

"aB"杆与节点板的焊缝尺寸按上述同样方法计算:

$$N_{aB}=615.51\ \text{kN}$$

肢背:

$$h_f=10\ \text{mm}$$

$$l'_w=\frac{0.65\times615\ 510\ \text{N}}{2\times0.7\times10\ \text{mm}\times160\ \text{N/mm}^2}=178.60\ \text{mm},\text{取 }21\ \text{cm。}$$

肢尖:

$$h_f=8\ \text{mm}$$

$$l''_w=\frac{0.35\times615\ 510\ \text{N}}{2\times0.7\times8\ \text{mm}\times160\ \text{N/mm}^2}=120.22\ \text{mm},\text{取 }15\ \text{cm。}$$

为了便于在上弦上搁置屋面板,节点板的上边缘可缩进上弦肢背 8 mm。用槽焊缝把上弦角钢和节点板连接起来(图 9.7.18)。槽焊缝作为两条角焊缝计算。计算时可略去桁架上弦坡度的影响,而假定集中荷载 F 与上弦垂直。上弦肢背槽焊缝内的应力计算如下:

$$h'_f=\frac{1}{2}\times\text{节点板厚度}=\frac{1}{2}\times12=6\ \text{mm},h''_f=10\ \text{mm}$$

上弦与节点板间焊缝长度为 505 mm。

$$\frac{\sqrt{[K_1(N_1-N_2)]^2+\left(\frac{F}{2\times1.22}\right)^2}}{2\times0.7h'_fl'_w}=\frac{\sqrt{(0.75\times623\ 680\ \text{N})^2+\left(\frac{54\ 470\ \text{N}}{2\times1.22}\right)^2}}{2\times0.7\times6\ \text{mm}\times(505\ \text{mm}-12\ \text{mm})}$$

$$=113.08\ \text{N/mm}^2<f_f^w=160\ \text{N/mm}^2$$

上弦肢尖角焊缝的剪应力为

$$\frac{\sqrt{[K_2(N_1-N_2)]^2+\left(\frac{P}{2\times1.22}\right)^2}}{2\times0.7h''_fl''_w}=\frac{\sqrt{(0.25\times623\ 680\ \text{N})^2+\left(\frac{54\ 470\ \text{N}}{2\times1.22}\right)^2}}{2\times0.7\times10\ \text{mm}\times(505\ \text{mm}-20\ \text{mm})}$$

$$=23.20\ \text{N/mm}^2<160\ \text{N/mm}^2$$

此节点亦可按另一种近似方法验算。节点荷载由槽焊缝承受,上弦两相邻节间内力差由角钢肢尖焊缝承受,这时槽焊缝肯定是安全的,可不必验算。肢尖焊缝验算如下:

$$\tau_f^N=\frac{N_1-N_2}{2\times0.7h_w''l_w''}=\frac{623\ 680\ \text{N}}{2\times0.7\times10\ \text{mm}\times485\ \text{mm}}=91.85\ \text{N/mm}^2$$

$$\sigma_f^M=\frac{6M}{2\times0.7h_f''l_w''^2}=\frac{6\times623\ 680\ \text{N}\times95\ \text{mm}}{2\times0.7\times10\ \text{mm}\times485^2\ \text{mm}^2}=107.95\ \text{N/mm}^2$$

$$\sqrt{(\tau_f^N)^2+(\sigma_f^M/1.22)^2}=\sqrt{91.85^2+\left(\frac{107.95}{1.22}\right)^2}\ \text{N/mm}^2=127.54\ \text{N/mm}^2<160\ \text{N/mm}^2$$

（3）屋脊节点“K”（图 9.7.19）

弦杆一般都采用同号角钢进行拼接，为使拼接角钢与弦杆之间能够密合，并便于施焊，需将拼接角钢的尖角削除（图 9.7.19），且截去垂直肢的一部分宽度（一般为 $t+h_f+5$ mm）。拼接角钢的这部分削弱，可以靠节点板来补偿。接头一边的焊缝长度按弦杆内力计算。

设焊缝 $h_f=10$ mm，则所需焊缝计算长度为（一条焊缝）：

$$l_w=\frac{1\ 250\ 090\ \text{N}}{4\times0.7\times10\ \text{mm}\times160\ \text{N/mm}^2}=279.03\ \text{mm}$$

拼接角钢的长度取 740 mm>2×279.03 mm=558.06 mm

上弦与节点板之间的槽焊，假定承受节点荷载 $F=54.47$ kN，验算略。上弦肢尖与节点板的连接焊缝，应按上弦内力的 15% 计算。设肢尖焊缝 $h_f=10$ mm，节点板长度为 60 cm，则节点一侧弦杆焊缝的计算长度为 $l_w=\frac{60\ \text{cm}}{2}-1\ \text{cm}-2\ \text{cm}=27$ cm（图 9.7.19），焊缝应力为

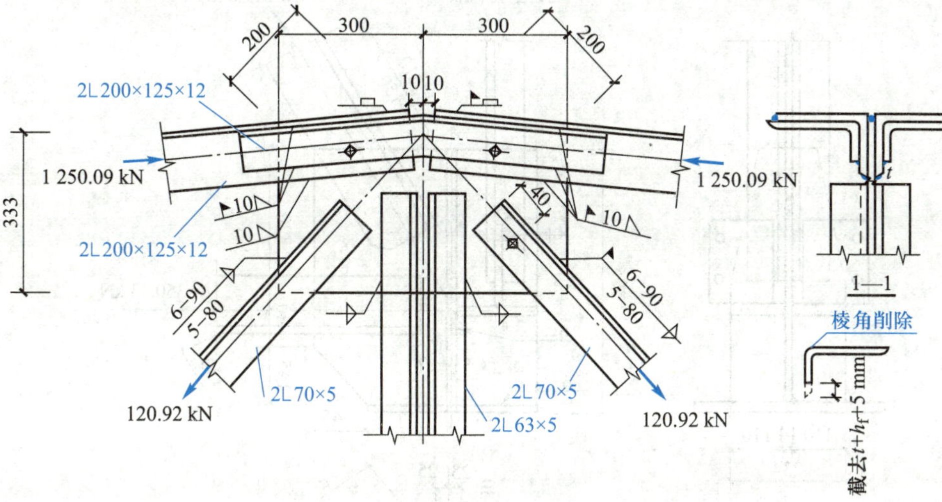

图 9.7.19　屋脊节点“K”

$$\tau_f^N=\frac{0.15\times1\ 250\ 090\ \text{N}}{2\times0.7\times10\ \text{mm}\times270\ \text{mm}}=49.61\ \text{N/mm}^2<160\ \text{N/mm}^2$$

如考虑左右两弦杆的竖向分力 V（向上作用）：

$V=2N\cdot\sin\alpha=2\times1\ 250.09\times\sin(\arctan 0.1)\text{kN}=2\ 500.18\times0.099\ 5\ \text{kN}=248.78\ \text{kN}$

抵消竖向节点荷载，分配到每侧上弦角钢的作用为

$$\frac{1}{2}(V-F)=\frac{1}{2}(248.78-54.47)\text{kN}=97.16\ \text{kN}$$

假设由角钢的肢背和肢尖平均负担，再考虑 0.15 N 的轴力作用，可按式（9.7.5）和式

(9.7.6)验算上弦角钢与节点板之间的焊缝。经验算满足要求,请自行验证。

因桁架的跨度较大,需将桁架分成两个运输单元,在屋脊节点和下弦跨中节点设置工地拼接,左半边的上弦、斜杆和竖杆与节点板连接用工厂焊缝,而右半边的上弦、斜杆与节点板的连接用工地焊缝。

腹杆与节点板连接焊缝计算方法与以上几个节点相同。

(4) 支座节点"a"(图 9.7.20)

为了便于施焊,下弦杆角钢水平肢的底面与支座底板的净距离取 160 mm。在节点中心线上设置加劲肋,加劲肋的高度与节点板的高度相等,厚度为 14 mm。

① 支座底板的计算。

支座反力:

$$R=10F=544\ 700\ \text{N}$$

支座底板的平面尺寸采用 280 mm×400 mm,如仅考虑有加劲肋部分的底板承受支座反力,则承压面积为 280 mm×234 mm = 65 520 mm^2。

验算柱顶混凝土的抗压强度:

$$\sigma=\frac{R}{A_n}=\frac{544\ 700\ \text{N}}{65\ 520\ \text{mm}^2}=8.31\ \text{N/mm}^2<f_c=11.9\ \text{N/mm}^2$$

式中,f_c 为混凝土轴心抗压强度设计值,对 C25 混凝土,$f_c=11.9\ \text{N/mm}^2$。

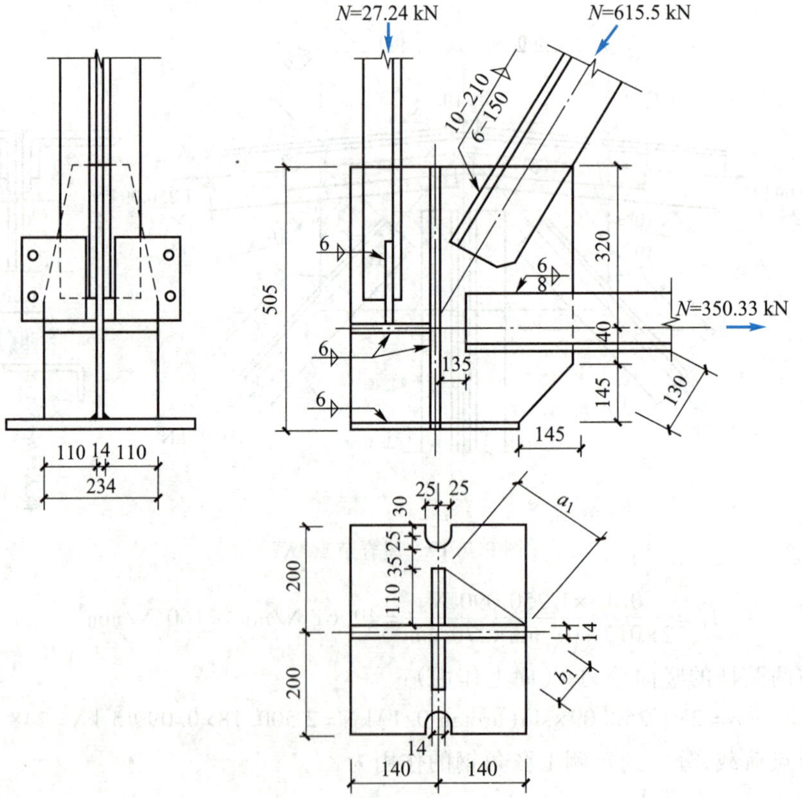

图 9.7.20　支座节点"a"

底板的厚度按桁架反力作用下的弯矩计算,节点板和加劲肋将底板分成四块,每块板为两相邻边支承而另两相邻边自由的板,每块板的单位宽度的最大弯矩为

$$M=\beta\sigma a_1^2$$

式中,σ 为底板下的平均应力:

$$\sigma=\frac{544\ 700\ \text{N}}{280\ \text{mm}\times234\ \text{mm}}=8.31\ \text{N/mm}^2$$

a_1 为两支承边之间的对角线长度:

$$a_1=\sqrt{\left(140-\frac{14}{2}\right)^2\ \text{mm}^2+110^2\ \text{mm}^2}=172.6\ \text{mm}$$

β 为系数,由 b_1/a_1 查表 8.4.1 而定,b_1 为两支承边的相交点到对角线 a_1 的垂直距离(图 9.7.20)。由相似三角形的关系,得:

$$b_1=\frac{110\ \text{mm}\times133\ \text{mm}}{172.6\ \text{mm}}=84.8\ \text{mm},\ \frac{b_1}{a_1}=\frac{84.8\ \text{mm}}{172.6\ \text{mm}}=0.49$$

查表 8.4.1,得 $\beta\approx0.058$。

$$M=\beta\sigma a_1^2=0.058\times8.31\ \text{N/mm}^2\times172.6^2\ \text{mm}^2=14\ 358.55\ \text{N}\cdot\text{mm/mm}$$

底板厚度:

$$t=\sqrt{\frac{6M}{f}}=\sqrt{\frac{6\times14\ 358.55\ \text{N}\cdot\text{mm/mm}}{215\ \text{N/mm}^2}}=20.02\ \text{mm}>16\ \text{mm}$$

$f=205\ \text{N/mm}^2$,t 应增大到$\sqrt{215/205}=1.02$ 倍,取 $t=22$ mm。

② 加劲肋与节点板的连接焊缝计算。

加劲肋与节点板的连接焊缝计算与牛腿焊缝相似(图 9.7.21)。偏于安全地假定一个加劲肋的受力为桁架支座反力的 1/4,即:

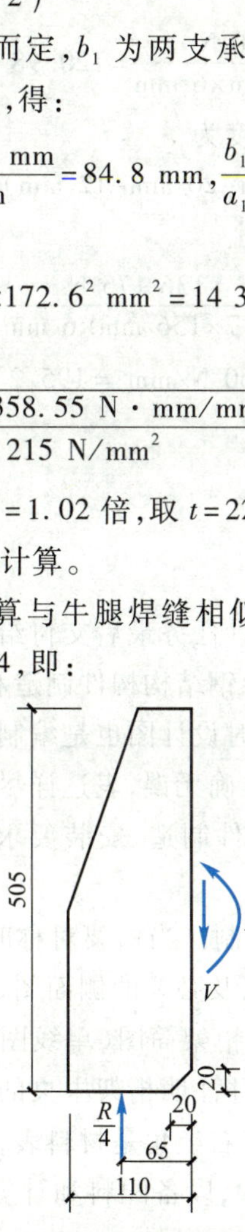

图 9.7.21 加劲肋计算简图

$$\frac{R}{4}=\frac{544\ 700\ \text{N}}{4}=136\ 175\ \text{N}$$

则焊缝内力为

$$V=136\ 175\ \text{N}$$

$$M=136\ 175\ \text{N}\times65\ \text{mm}=8\ 851\ 375\ \text{N}\cdot\text{mm}$$

设焊缝 $h_f=6\ \text{mm}$,焊缝计算长度 $l_w=505\ \text{mm}-12\ \text{mm}-20\ \text{mm}=473\ \text{mm}$,则焊缝应力为

$$\sqrt{\left(\frac{136\ 175\ \text{N}}{2\times0.7\times6\ \text{mm}\times473\ \text{mm}}\right)^2+\left(\frac{8\ 851\ 375\ \text{N}\cdot\text{mm}\times6}{2\times0.7\times6\ \text{mm}\times473^2\ \text{mm}^2\times1.22}\right)^2}=41.36\ \text{N/mm}^2<160\ \text{N/mm}^2$$

③ 节点板、加劲肋与底板的连接焊缝计算。

设焊缝传递全部支座反力 $R=544\ 700\ \text{N}$,其中每块加劲肋各传 $\frac{1}{4}R=136\ 175\ \text{N}$,节点板传递 $R/2=272\ 350\ \text{N}$。

设节点板与底板的连接焊缝的焊脚尺寸 $h_f=6\ \text{mm}$,则焊缝长度 $\sum l_w=2(280-12)\ \text{mm}=536\ \text{mm}$,焊缝强度验算如下:

$$\sigma_f=\frac{R/2}{0.7\sum l_w\times h_f}=\frac{272\ 350\ \text{N}}{0.7\times536\ \text{mm}\times6\ \text{mm}}=120.98\ \text{N/mm}^2<1.22\times160\ \text{N/mm}^2$$

每块加劲肋与底板的连接焊缝长度为

$$\sum l_w=(110\ \text{mm}-20\ \text{mm}-12\ \text{mm})\times2=156\ \text{mm}$$

焊缝强度验算如下:

$$\sigma_f=\frac{R/2}{0.7\sum l_w\times h_f}=\frac{136\ 175\ \text{N}}{0.7\times156\ \text{mm}\times6\ \text{mm}}=207.84\ \text{N/mm}^2$$
$$>1.22\times160\ \text{N/mm}^2=195.2\ \text{N/mm}^2$$

取 $h_f=8\ \text{mm}$。

9.7.3　桁架施工图

钢结构施工图是设计部门完成设计任务最后交付给施工单位的成果。其内容包括构件布置图、构件图及总说明等。它是指导钢结构构件制造和安装的技术文件,钢结构的制造和安装部门将依据它绘制施工详图。同时设计图也是编制工程预算的依据和工程竣工后的存档资料。因此,务须做到清晰、明确、准确无误,表达详尽。

钢桁架施工图是表达所有单体构件制造、安装要求的详细图纸,其主要内容和绘制要点为

① 桁架施工图一般按运输单元绘制。当桁架对称时,可仅绘制半榀桁架。施工图上应包括桁架正面图、上弦和下弦平面图以及必要的侧面图、剖面图和零件图。

② 图纸的左上角用适当比例绘制桁架简图(单线图),左半跨注明桁架杆件的几何轴线尺寸,右半跨注明杆件的内力设计值,并注明桁架中央的起拱高度(桁架图上不必表示)。图纸正中为桁架正面和上、下弦平面图。右上角是材料表,把所有杆件和零部件的编号、规格、长度、数量(正反)及重量等均填于表中,以备配料和计算用钢量,并可供配备起重和运输设备时参考。

③ 桁架施工图通常采用两比例尺绘制。桁架杆件的轴线一般用 1∶30～1∶20,而节点尺寸和杆件截面尺寸用 1∶15～1∶10 的比例尺绘制。对重要节点和特殊零部件还可加大些。以清楚地表达节点的细部尺寸。

④ 施工图上应注明各零部件的型号和主要几何尺寸,包括加工尺寸(宜取 5mm 的倍数)、定位尺寸、孔洞位置以及对工厂制造和工地安装的要求。定位尺寸主要有:节点中心至

各杆件端部和至节点板边缘(上、下和左、右)的距离、轴线至角钢背的距离等。螺栓孔位置要符合螺栓排列的要求。工厂制造的工地安装要求,包括零部件切角、切肢、削棱、孔洞直径和焊缝尺寸等均应在施工图中注明。工地安装焊缝和螺栓应标注其符号,以适应运输单元划分的拼接。

⑤ 施工图中的各零部件应加以详细编号,其次序按主次、上下、左右排列。完全相同的零部件用同一编号,如两个零部件形状和尺寸完全一样,仅因开孔位置或切角等不同,使两构件成镜面对称时,可采用同一编号而只需在材料表中用正、反字样注明,以示区别。

⑥ 施工图上还应有文字说明,其内容主要有:钢材的钢号、焊条型号和焊接方法、质量要求,图中未注明的焊缝和螺栓孔尺寸,防锈处理方法,以及运输、安装和制造要求等。此外,对一些在施工图上难以用图而宜用文字表达清楚的内容亦可用文字加以说明。

图 9.7.22 为例题 9.3 的钢屋架施工图,见书后插页。

§9.8　有吊车单层工业厂房的设计特点

9.8.1　吊车的工作级别

吊车是厂房中常见的起重设备,按照吊车使用的繁重程度(亦即吊车的利用次数和荷载大小),GB 3811—2008《起重机设计规范》将其分为 8 个工作级别,称为 A1 ~ A8。许多文献习惯将吊车以轻、中、重和特重 4 个工作制等级来划分,它们之间的对应关系见表 9.8.1。

表 9.8.1　吊车的工作制等级与工作级别的对应关系

工作制等级	轻级	中级	重级	特重级
工作级别	A1 ~ A3	A4、A5	A6、A7	A8

9.8.2　计算简图

单层房屋钢结构一般由横向框架作为承重结构,而横向框架通常由柱和桁架(横梁)所组成。横梁与柱子的连接可以是铰接,亦可以是刚接,相应地,称横向框架为铰接框架或刚接框架。对一些刚度要求较高的厂房(如设有双层吊车,装备硬钩吊车等),尤其是单跨重型厂房,宜采用刚接框架。在多跨时,特别在吊车起重量不很大和采用轻型围护结构时,适宜采用铰接框架。各个横向框架之间有屋面板或檩条、托架、屋盖支撑等纵向构件相互连接在一起,故框架实际上是空间工作的结构,应按空间工作计算才比较合理和经济,但由于计算较繁,工作量大,所以通常均简化为单个的平面框架(图 9.8.1)来计算。框架计算单元的划分应根据柱网的布置确定(图 9.1.2),使纵向每列柱至少有一根柱参加框架工作,同时将受力最不利的柱划入计算单元中。对于各列柱距均相等的单层房屋钢结构,只计算一个框架。对有抽柱的计算单元,一般以最大柱距作为划分计算单元的标准,其界限可以采用柱距的中心线,也可以采用柱的轴线,如采用后者,则对计算单元的边柱只应计入柱的一半刚度,作用于该柱的荷载也只计入一半。

对于由格构式横梁和阶形柱(下部柱为格构柱)所组成的横向框架,一般考虑桁架式横梁和格构柱的腹杆或缀条变形的影响,将惯性矩(对高度有变化的桁架式横梁按平均高度计算)乘以折减系数 0.9,简化成实腹式横梁和实腹式柱。对柱顶刚接的横向框架,当满足下式的条件时,可近似认为横梁刚度为无穷大,否则横梁按有限刚度考虑:

$$\frac{K_{AB}}{K_{AC}}\geqslant 4 \tag{9.8.1}$$

式中,K_{AB} 为横梁在远端固定使近端 A 点转动单位角时在 A 点所需施加的力矩值;K_{AC} 为柱在 A 点转动单位角时在 A 点所需施加的力矩值。

框架的计算跨度 L_0(或 L_{01}、L_{02})取为两上柱轴线之间的距离(图 9.8.1)。

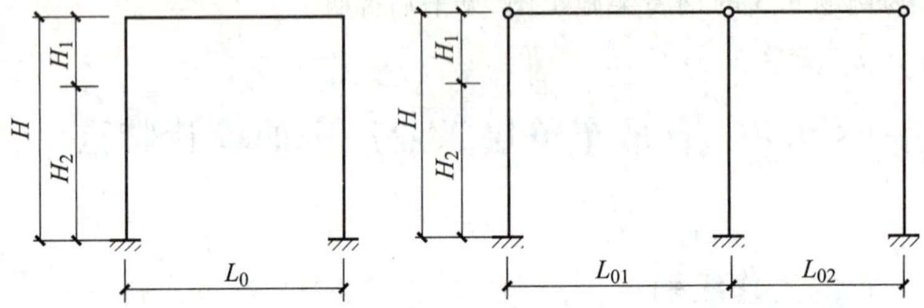

(a) 柱顶刚接　　(b) 柱顶铰接

图 9.8.1　横向框架的计算简图

横向框架的计算高度 H:柱顶刚接时,可取为柱脚底面至框架下弦轴线的距离(横梁假定为无限刚性),或柱脚底面至横梁端部形心的距离(横梁为有限刚性)(图 9.8.2a、b);柱顶铰接时,应取为柱脚底面至横梁主要支承节点间距离(图 9.8.2c、d)。对阶形柱应以肩梁上表面作分界线将 H 划分为上部柱高度 H_1 和下部柱高度 H_2。

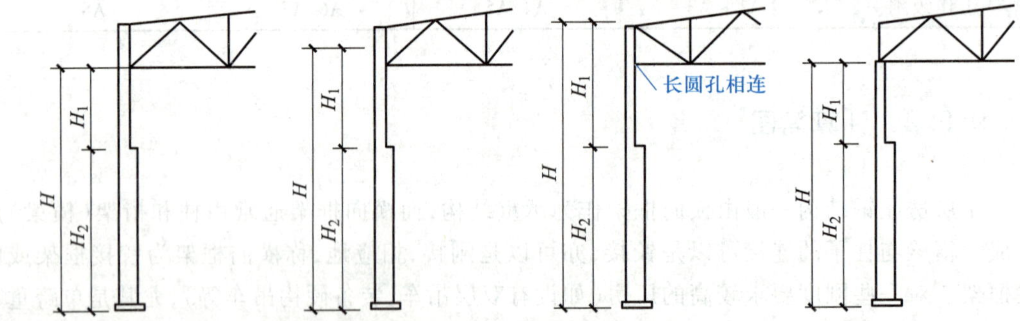

(a) 柱顶钢接,横梁视为无限刚性　　(b) 柱顶刚接,横梁视为有限刚性　　(c) 柱顶铰接,横梁为上承式　　(d) 柱顶铰接,横梁为下承式

图 9.8.2　横向框架的高度取值方法

9.8.3　横向框架的荷载

作用在横向框架上的荷载可分为永久荷载和可变荷载两种。

永久荷载有:屋盖系统、柱、吊车梁系统、墙架、墙板及设备管道等的自重。这些重量可参考有关资料、表格、公式进行计算。

可变荷载有：风、雪荷载、积灰荷载、屋面均布活荷载、吊车荷载、地震荷载等。这些荷载可由荷载规范和吊车规格查得。

对框架横向长度超过容许的温度缝区段长度而未设置伸缩缝时，则应考虑温度变化的影响；对单层房屋钢结构地基土质较差、变形较大或单层房屋钢结构中的有较重的大面积地面荷载时，则应考虑基础不均沉陷对框架的影响。雪荷载一般不与屋面均布活荷载同时考虑，积灰荷载与雪荷载或屋面均布活荷载两者中的较大者同时考虑。屋面荷载化为均布的线荷载作用于框架横梁上。当无墙架时，纵墙上的风力一般作为均布荷载作用在框架柱上；有墙架时，尚应计入由墙架柱传于框架柱的集中风荷载。作用在框架横梁轴线以上的桁架及天窗上的风荷载按集中在框架横梁轴线上计算。吊车垂直轮压及横向水平力一般根据同一跨间、两台满载吊车并排运行的最不利情况考虑，对多跨单层房屋钢结构一般只考虑4台吊车作用。

9.8.4 内力分析和内力组合

框架内力分析可按结构力学的方法进行，也可利用现成的图表或计算机程序分析框架内力。应根据不同的框架，不同的荷载作用，采用比较简便的方法。为便于对各构件和连接进行最不利的组合，对各种荷载作用应分别进行框架内力分析。

为了计算框架构件的截面，必须将框架在各种荷载作用下所产生的内力进行最不利组合。要列出上段柱和下段柱的上下端截面中的弯矩 M、轴向力 N 和剪力 V。此外还应包括柱脚锚固螺栓的计算内力。每个截面必须组合出 $+M_{max}$ 和相应的 N、V；$-M_{max}$ 和相应的 N、V；N_{max} 和相应的 M、V。对柱脚锚栓则应组合出可能出现的最大拉力，即：M_{max} 和相应的 N、V；$-M_{max}$ 和相应的 N、V。

柱与桁架刚接时，应对横梁的端弯矩和相应的剪力进行组合。最不利组合可分为四组：第一组组合使桁架下弦杆产生最大压力（图9.8.3a）；第二组组合使桁架上弦杆产生最大压力，同时也使下弦杆产生最大拉力（图9.8.3b）；第三、四组组合使腹杆产生最大拉力或最大压力（图9.8.3c、d）。组合时考虑施工情况，只考虑屋面恒载所产生的支座端弯矩和水平力的不利作用，不考虑它的有利作用。

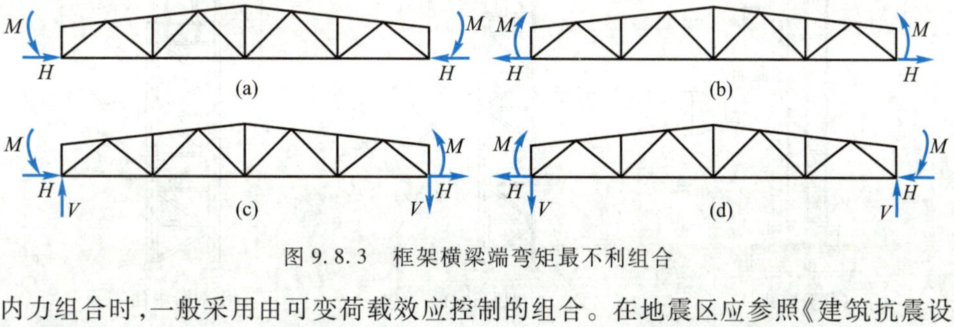

图9.8.3 框架横梁端弯矩最不利组合

内力组合时，一般采用由可变荷载效应控制的组合。在地震区应参照《建筑抗震设计规范》进行偶然组合。对单层吊车的房屋钢结构，当采用两台及两台以上吊车的竖向和水平荷载组合时，应根据参与组合的吊车台数及其工作制，乘以相应的折减系数。比如两台吊车组合时，对轻中级工作制吊车，折减系数为 0.9；对重级工作制吊车，折减系数取 0.95。

9.8.5　框架柱的类型及其截面选择

框架柱按结构形式可分为等截面柱、阶形柱和分离式柱三大类。

等截面柱有实腹式和格构式两种图，通常采用实腹式（图 9.8.4a）。等截面柱将吊车梁支于牛腿上，构造简单，但吊车竖向荷载偏心大，只适用于吊车起重量 $Q<150$ kN，或无吊车且房屋高度较小的轻型钢结构中。

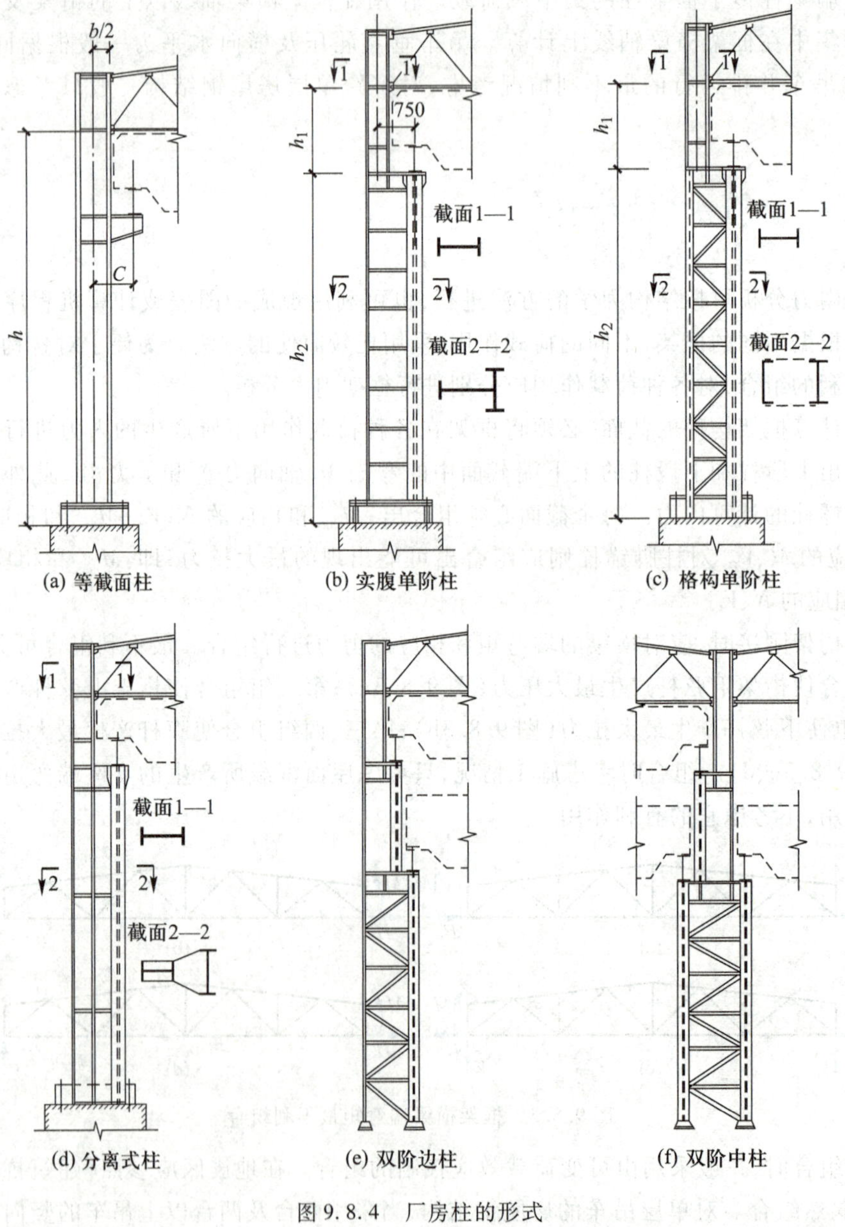

图 9.8.4　厂房柱的形式

阶形柱也可分为实腹式和格构式两种(图 9.8.4b、c、d、e、f)。从经济角度考虑,阶形柱由于吊车梁或吊车桁架支承在柱截面变化的肩梁处,荷载偏心小,构造合理,其用钢量比等截面柱节省,因而在单层房屋钢结构中广泛应用。阶形柱还根据房屋内设单层吊车或双层吊车做成单阶柱或双阶柱。阶形柱的上段由于截面高度 h 不大(无人孔时 $h=400\sim600$ mm;有人孔时 $h=900\sim1\ 000$ mm),并考虑柱与屋架、托架的连接等,一般采用工字形截面的实腹柱。下段柱,对于边列柱来说,由于吊车肢受的荷载较大,通常设计成不对称截面,中列柱两侧荷载相差不大时,可以采用对称截面。下段柱截面高度≤1 m 时,采用实腹式;截面高度≥1 m 时,采用缀条柱(图 9.8.4c、e、f)。

分离式柱(图 9.8.4d)由支承屋盖结构的屋盖肢和支承吊车梁或吊车桁架的吊车肢所组成,两柱肢之间用水平板相连接。吊车肢在框架平面内的稳定性就依靠连在屋盖肢上的水平连系板来解决。屋盖肢承受屋面荷载、风荷载及吊车水平荷载,按压弯构件设计。吊车肢仅承受吊车的竖向荷载,当吊车梁采用突缘支座时,按轴心受压构件设计;当采用平板支座时,仍按压弯构件设计。分离式柱构造简单,制作和安装比较方便,但用钢量比阶形柱多,且刚度较差,只宜用于吊车轨顶标高低于 10 m 且吊车起重量 $Q\geqslant750$ kN 的情况,或者相邻两跨吊车的轨顶标高相差很悬殊,而低跨吊车的起重量 $Q\geqslant500$ kN 的情况。

双肢格构式柱是重型厂房阶形下柱的常见型式,图 9.8.5 是其截面的常见类型。阶形柱的上柱截面通常取实腹式等截面焊接工字形或类型(a)所示的双槽钢结构式截面。下柱截面类型要依吊车起重量的大小确定:类型(b)常见于吊车起重量较小的边列柱截面;吊车起重量不超过 50 t 的中柱可选取(c)类截面,否则需做成(d)类截面;显然,截面类型(e)适合于吊车起重量较大的边列柱;特大型厂房的下柱截面可做成(f)类截面。

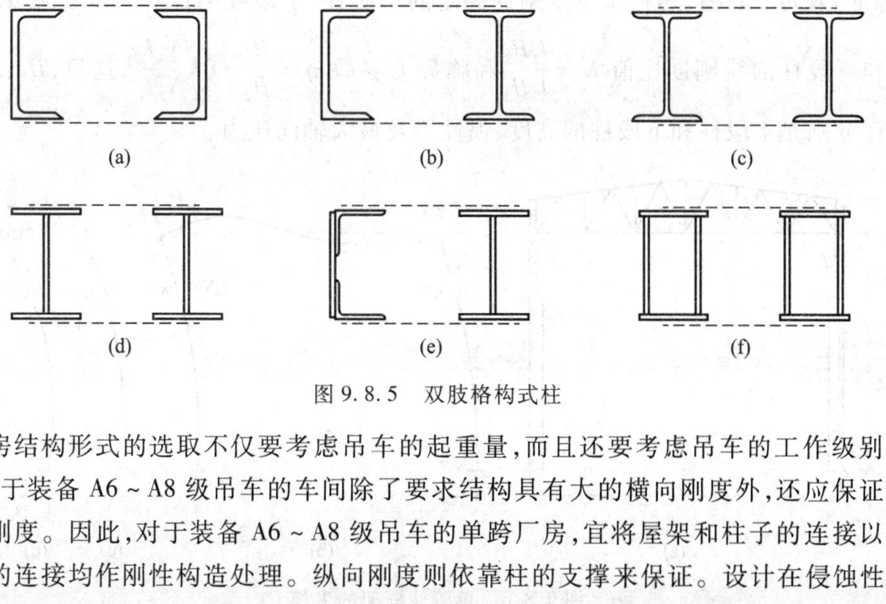

图 9.8.5　双肢格构式柱

厂房结构形式的选取不仅要考虑吊车的起重量,而且还要考虑吊车的工作级别及吊钩类型,对于装备 A6 ~ A8 级吊车的车间除了要求结构具有大的横向刚度外,还应保证足够大的纵向刚度。因此,对于装备 A6 ~ A8 级吊车的单跨厂房,宜将屋架和柱子的连接以及柱子和基础的连接均作刚性构造处理。纵向刚度则依靠柱的支撑来保证。设计在侵蚀性环境中工作的厂房,除了要选择耐腐蚀性的钢材,还应寻求有利于防侵蚀的结构形式和构造措施。同理,在高热环境中工作的厂房,在设计中不仅要考虑对结构的隔热防护,亦应采用有利于隔热的结构形式和构造措施。

9.8.6　框架柱设计特点

柱在框架平面内的计算长度应通过对整个框架的稳定分析确定，但由于框架实际上是一空间体系，而构件内部又存在残余应力，要确定临界荷载比较复杂。因此，目前对框架的分析，不论是等截面柱框架还是阶形柱框架，都按弹性理论确定其计算长度。

柱在框架平面内的计算长度应根据柱的形式及两端支承情况而定。等截面柱的计算长度按附录 6 的单层有侧移框架柱确定。对于阶形柱，其计算长度是分段确定的，即各段的计算长度应等于各段的几何长度乘以相应的计算长度系数 μ_1 和 μ_2，但各段的计算长度系数 μ_1 和 μ_2 之间有一定联系。在图 9.8.6a 中，柱上段和下段计算长度分别是 $H_{1x}=\mu_1 H_1$、$H_{2x}=\mu_2 H_2$。

阶形柱的计算长度系数是根据对称的单跨框架发生如图 9.8.6b 所示的有侧移失稳变形条件确定的。因为这种失稳条件的柱临界力最小，这时上段柱的临界力 $N_1=\dfrac{\pi^2 EI_1}{(\mu_1 H_1)^2}$，而下段柱的临界力为 $N_2=\dfrac{\pi^2 EI_2}{(\mu_2 H_2)^2}$。由于横梁的线刚度常常大于柱上端的线刚度，研究表明，在这种条件下，把横梁的线刚度看作无限大，计算结果是足够精确的。这样一来，按照弹性稳定理论分析框架时，柱与横梁之间的关系归结为它们之间的连接条件：如为铰接，则柱的上端既能自由移动也能自由转动；如为刚接，则柱的上端只能自由移动但不能转动。计算时只凭一根如图 9.8.6c、d 所示的独立柱即可确定柱的计算长度系数。

《标准》规定，单层厂房框架下端刚性固定的单阶柱，下段柱的计算长度系数 μ_2 取决于上段柱和下段柱的线刚度比值 $K_1=\dfrac{I_1 H_2}{I_2 H_1}$ 和临界力参数 $\eta_1=\dfrac{H_1}{H_2}\cdot\sqrt{\dfrac{N_1 I_2}{N_2 I_1}}$，这里，$H_1$、$I_1$、$N_1$ 和 H_2、I_2、N_2 分别是上段柱和下段柱的高度、惯性矩及最大轴向压力。

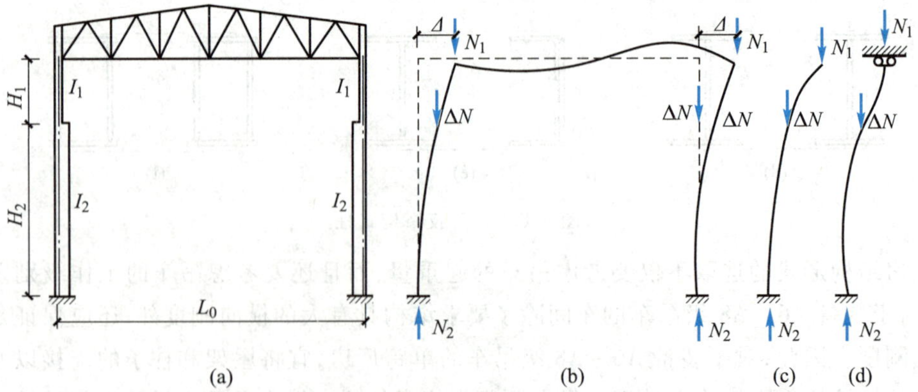

图 9.8.6　单阶柱框架的失稳

当柱上端与横梁铰接时，将柱视为上端自由的独立柱，下段柱计算长度系数 μ_2 应按附表 6.3 取值；当柱上端与桁架式横梁刚接时，将柱视为上端可移动但不能转动的独立柱，μ_2 按附表 6.4取值。当柱上端与实腹横梁刚接时，由于实腹钢梁的线刚度远小于桁架横梁，满

足不了式(9.8.1)的条件,只能对柱提供一定的转动约束,上部柱顶的转角不可忽略。下段柱的计算长度系数按下式计算:

$$\mu_2=\frac{\eta_1^2}{2(\eta_1+1)}\cdot\sqrt[3]{\frac{\eta_1-K_b}{K_b}}+(\eta_1-0.5)K_1+2 \tag{9.8.2}$$

式中,$K_b=\frac{I_b}{I_1}\cdot\frac{H_1}{l_0}$;$I_b$ 为横梁刚度;l_0 为框架跨度。

上段柱的计算长度系数 μ_1 按下式计算:

$$\mu_1=\frac{\mu_2}{\eta_1} \tag{9.8.3}$$

考虑到组成横向框架的单层厂房各阶形柱所承受的吊车竖向荷载差别较大,荷载较小的相邻柱会给所计算的荷载较大的柱提供侧移约束。同时在纵向因有纵向支撑和屋面等纵向连系构件,各横向框架之间有空间作用,有利于荷载重分配。故《标准》规定对于阶形柱的计算长度系数还应根据表 9.8.2 中的不同条件乘以折减系数,以反映阶形柱在框架平面内承载力的提高。

厂房柱在框架平面外(沿厂房长度方向)的计算长度,应取阻止框架平面外位移的侧向支承点之间的距离,柱间支撑的节点是阻止框架柱在框架平面外位移的可靠侧向支承点,与此节点相连的纵向构件(如吊车梁、制动结构、辅助桁架、托架、纵梁和刚性系杆等)亦可视为框架柱的侧向支承点。此外,柱在框架平面外的尺寸较小,侧向刚度较差,在柱脚和连接节点处可视为铰接。

具体的取法:当设有吊车梁和柱间支撑而无其他支承构件时,上段柱的计算长度可取制动结构顶面至屋盖纵向水平支撑或托架支座之间柱的高度;下段柱的计算长度可取柱脚底面至肩梁顶面之间柱的高度。

表 9.8.2 单层厂房阶形柱计算长度的折减系数

厂房类型				折减系数
单跨或多跨	纵向温度区段内一个柱列的柱子数	屋面情况	厂房两侧是否有通长的屋盖纵向水平支撑	
单跨	等于或少于 6 个	—	—	0.9
	多于 6 个	非大型屋面板屋面	无纵向水平支撑	
			有纵向水平支撑	0.8
		大型屋面板屋面	—	
多跨		非大型屋面板屋面	无纵向水平支撑	0.8
			有纵向水平支撑	0.7
		大型屋面板屋面	—	

注:有横梁的露天结构(如落锤车间等)其折减系数可采用 0.9。

9.8.7 柱的截面验算和构造设计

单阶柱的上柱,一般为实腹工字形截面,选取最不利的内力组合,按第 7 章的计算方法进行截面验算。阶形柱的下段柱一般为格构式压弯构件,需要验算在框架平面内的整体稳定以及屋盖肢与吊车肢的单肢稳定。计算单肢稳定时,应注意分别选取对所验算的单肢产生最大压力的内力组合。

考虑到格构式柱的缀材体系传递两肢间的内力情况还不十分明确,为了确保安全,还需按吊车肢单独承受最大吊车垂直轮压 R_{max} 进行补充验算。此时,吊车肢承受最大压力为

$$N_1 = R_{max} + \frac{(N - R_{max})y_2}{a} + \frac{(M - M_R)}{a} \tag{9.8.4}$$

式中,R_{max} 为吊车竖向荷载及吊车梁自重等所产生的最大计算压力;M 为使吊车肢受压的下段柱计算弯矩,包括 R_{max} 的作用;N 为与 M 相应的内力组合的下段柱轴向力,含 R_{max};M_R 为仅由 R_{max} 作用对下段柱产生的计算弯矩,与 M、N 同一截面;y_2 为下柱截面重心轴至屋盖肢重心线的距离;a 为下柱屋盖肢和吊车肢重心线间的距离(参见图 7.8.2)。

当吊车梁为突缘支座时,其支反力沿吊车肢轴线传递,吊车肢按承受轴心压力 N_1 计算单肢的稳定性。当吊车梁为平板式支座时,尚应考虑由于相邻两吊车梁支座反力差 (R_1-R_2) 所产生的框架平面外的弯矩:

$$M_y = (R_1 - R_2) \times e \tag{9.8.5}$$

M_y 全部由吊车肢承受,其沿柱高度方向弯矩的分布可近似地假定在吊车梁支承处为铰接,在柱底部为刚性固定,分布如图 9.8.7 所示。吊车肢按实腹式压弯杆验算在弯矩 M_y 作用平面内(即框架平面外)的稳定性。

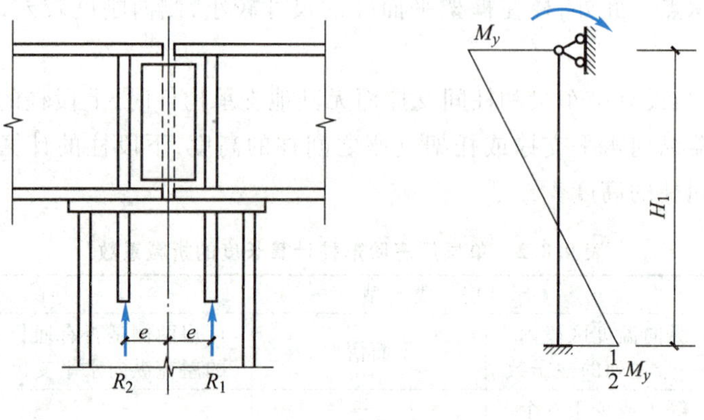

图 9.8.7　吊车肢的弯矩计算图

阶形柱的变截面处是上、下柱相连并支撑吊车梁关键部位,必须仔细设计。阶形柱的柱脚皆与基础刚接,要同时传递竖向力、水平力和弯矩,受力复杂。有关这些部位的构造设计可参见 §8.5 和 §8.6。

§9.9　轻型门式刚架结构的设计特点

9.9.1　轻型门式刚架结构的组成

轻型门式刚架结构主要指房屋高度不大于 18 m,房屋高宽比小于 1,承重结构为单跨或

多跨实腹门式刚架、具有轻型屋盖和轻型外墙、可以设置起重量不大于 20 t 的中、轻级工作制桥式吊车或 3 t 悬挂式起重机的单层房屋钢结构。

在门式刚架轻型房屋钢结构体系中,屋盖应采用压型钢板屋面板和冷弯薄壁型钢檩条,主刚架可采用变截面实腹刚架,外墙宜采用压型钢板墙板和冷弯薄壁型钢墙梁,也可以采用砌体外墙或底部为砌体、上部为轻质材料的外墙。主刚架斜梁下翼缘和刚架柱内翼缘的出平面稳定性,由与檩条或墙梁相连接的隅撑来保证。主刚架间的交叉支撑可采用张紧的圆钢、钢索或型钢等。

单层门式刚架轻型房屋的屋面应选用导热系数较小的保温隔热材料,应结合防水、防潮与防火要求进行设计。应主要采用轻质纤维状保温材料和轻质有机发泡材料。墙面也可采用轻质砌块或加气混凝土板材。

门式刚架轻型房屋屋面坡度宜取 1/20 ~ 1/8,在雨水较多的地区宜取其中较大值。

门式刚架尺寸应符合下规定:

① 门式刚架的跨度,应取横向刚架柱轴线间的距离。

② 门式刚架的高度,应取地坪至柱轴线与斜梁轴线交点的高度。门式刚架的高度,应根据使用要求的室内净高确定,设有吊车的厂房应根据轨顶标高和吊车净高要求而定。

③ 柱的轴线可取通过柱下端(较小端)中心的竖向轴线。工业建筑边柱的定位轴线宜取柱外皮。斜梁的轴线可取通过变截面梁段最小端中心与斜梁上表面平行的轴线。

④ 对于门式刚架轻型房屋:其檐口高度,应取室外地面至房屋外侧檩条上缘的高度;其房屋最大高度,应取室外地面至屋盖顶部檩条上缘的高度;其宽度,应取房屋侧墙墙梁外皮之间的距离;其长度,应取两端山墙墙梁外皮之间的距离。

⑤ 门式刚架的跨度,宜为 12 ~ 48 m,以 3 m 为模数。当有依据时,可采用更大的跨度。边柱的宽度不相等时,其外侧要对齐。

⑥ 门式刚架的间距,即柱网轴线在纵向的距离宜为 6 ~ 9 m。

⑦ 挑檐长度可根据使用要求确定,宜采用 0.5 ~ 1.2 m,其上翼缘坡度宜与斜梁坡度相同。

门式刚架的形式分为单跨双坡、双跨单坡、多跨双坡以及带挑檐和带毗屋的刚架(图 9.9.1)等。多跨刚架中间柱与刚架斜梁的连接,可采用铰接。考虑有利于屋面排水要求,多跨刚架宜采用双坡或单坡屋盖,必要时也可采用由多个双坡单跨相连的多跨刚架形式。当设置夹层时,夹层可沿纵向设置或在横向端跨设置。夹层与柱的连接可采用刚性连接或铰接。

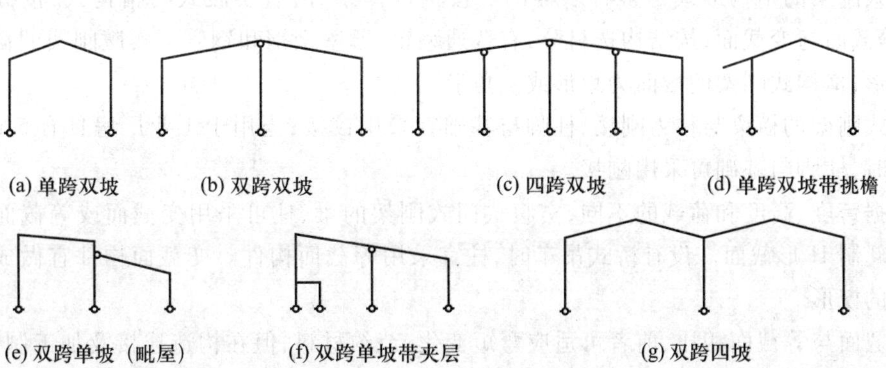

图 9.9.1　门式刚架的形式

9.9.2 轻型门式刚架结构的特点及适用范围

1. 刚架特点

门式刚架结构有以下特点：

① 用轻型屋面,不仅可减少梁柱截面尺寸,基础也相应减少。

② 在多跨建筑中可做成一个屋脊的大双坡屋面,为长坡面排水创造了条件。设中间柱可减少横梁的跨度,从而降低造价。中间柱采用钢管制作的上下铰接摇摆柱,占空间小。

③ 侧向刚度靠檩条的隅撑保证,省去纵向刚性构件,并减少翼缘宽度。

④ 刚架可采用变截面,截面与弯矩成正比;变截面时根据需要可改变腹板的高度和厚度及翼缘的宽度,做到材尽其用。

⑤ 刚架的腹板可按有效宽度设计,即允许部分腹板失稳,并可利用其屈曲后强度,即可减少腹板厚度。

⑥ 竖向荷载通常是设计的控制荷载,但当风荷载较大或房屋较高时,风荷载的作用不应忽视。在轻屋面门式刚架中,地震作用一般不起控制作用。

⑦ 支撑可做得较轻便。将其直接或用水平节点板连接在腹板上,可采用张紧的圆钢或钢索。

⑧ 结构构件可全部在工厂制作,工业化程度高。构件单元可根据运输条件划分,单元之间在现场用螺栓相连,安装方便快速,土建施工量少。

2. 适用范围

门式刚架通常用于无强腐蚀介质作用,跨度为12~48 m,柱距为6~9 m,房屋高度不大于18 m,设有吊车起重量较小的单层工业房屋或公共建筑(超市、娱乐体育设施、车站候车室、码头建筑)。设置桥式吊车时起重量不宜大于20 t,属于中、轻级工作制的吊车;设置悬挂吊车时起重量通常不大于3 t;当有需要并采取可靠技术措施时,起重量允许不大于5 t。

9.9.3 结构形式和布置

1. 结构形式

门式刚架的结构形式是多种多样的。按构件体系分,有实腹式与格构式;按截面形式分,有等截面与变截面;按结构选材分,有普通型钢、薄壁型钢和钢管。实腹刚架的截面一般为工字形;格构式刚架的截面为矩形或三角形。

门式刚架的横梁与柱为刚接,柱脚与基础宜采用铰接;当用于工业厂房具有5 t以上桥式吊车时,柱脚与基础可采用刚接。

根据跨度、高度和荷载的不同,实腹式门式刚架的梁、柱可采用变截面或等截面焊接工字形或轧制H形截面。设有桥式吊车时,柱宜采用等截面构件。变截面构件宜做成改变腹板高度的楔形。

变截面与等截面相比,前者可适应弯矩变化,节约材料,但在构造连接及加工制造方面,不如等截面方便。图9.9.2为典型的单跨双坡变截面刚架的结构形式和主要几何尺寸。图中 h、l 分别为刚架柱高和跨度；I_{c0}、I_{c1} 分别为柱小端和大端的截面惯性矩；I_{b0}、I_{b1}、I_{b2} 分别为双楔形横梁最小截面、檐口和跨中截面的惯性矩；β 为楔形横梁的长度比值。

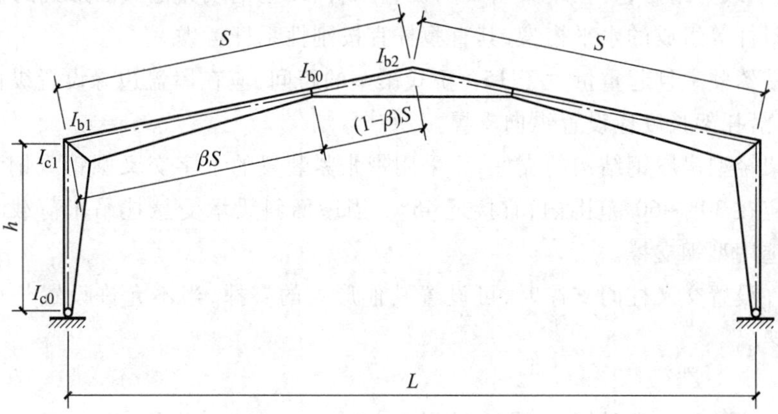

图 9.9.2　变截面刚架的几何尺寸

2. 结构平面布置

门式刚架轻型房屋钢结构的纵向温度区段不大于 300 m，横向温度区段长度不大于 150 m，当横向温度区段大于 150 m 时，应考虑温度影响。当有计算依据时，温度区段长度可适当增大。当需要设置伸缩缝时，可在搭接檩条的螺栓连接处采用长圆孔并使该处屋面板在构造上允许胀缩；吊车梁与柱的连接处宜采用长圆孔或者设置双柱。

在多跨刚架局部抽掉中柱处，可布置托梁或托架。

山墙处可设置由斜梁、抗风柱和墙架组成的山墙墙架，或直接采用门式刚架。

3. 墙梁布置

门式刚架轻型房屋钢结构侧墙墙梁的布置，应考虑设置门窗、挑檐、遮雨篷等构件和围护材料的要求。

门式刚架轻型房屋钢结构的侧墙，在采用压型钢板作围护面时，墙梁宜布置在钢架的外侧，其间距随墙板板型及规格而定，但不应大于计算要求的值。

外墙在抗震设防烈度 8 度及以下时，宜采用轻型金属墙板或非嵌砌砌体；当为 9 度时，应采用轻型金属墙板或与柱柔性连接的轻质墙板。

4. 支撑布置

在每个温度区段或者分期建设的区段中，应分别设置能独立构成空间稳定结构的支撑体系；在设置柱间支撑的开间应同时设置屋盖横向支撑以组成几何不变体系。

屋盖横向支撑宜设在温度区间端部的第一或第二个开间。当端部支撑设在第二个开间时，在第一开间的相应位置设置刚性系杆。

柱间支撑的间距应根据房屋纵向柱距、受力情况和安装条件确定。当无吊车时宜取 30～45 m；当有吊车时，吊车牛腿下部支撑宜设在温度区段中部，或当温度区段较长时宜设在三分点内。且间距不宜大于 50 m。牛腿上部支撑设置原则与无吊车时相同。当建筑物宽度大于 60 m 时，在内柱列宜适当增加柱间支撑。当有吊车时，每个吊车跨两侧柱列均应设置吊车柱间支撑。房屋高度大于柱间距 2 倍时，柱间支撑要分层设置。

刚架转折处(单跨房屋边柱柱顶和屋脊,以及多跨房屋某些中间柱顶和屋脊)宜沿房屋全长设置刚性系杆。刚性系杆可由檩条兼作,此时檩条应满足压弯杆件的刚度和承载力要求,若刚度或承载力不足,可在刚架斜梁间设置钢管、H 型钢或其他截面形式的杆件。

由支撑斜杆等组成的水平桁架,其直腹杆宜按刚性系杆考虑。

在设有带驾驶室且起重量大于 15 t 桥式吊车的跨间,应在屋盖边缘设置纵向支撑;在有抽柱的柱列,沿托架长度应设置纵向支撑。

门式刚架轻型房屋钢结构的支撑,可采用带张紧装置的十字交叉圆钢或钢索支撑,圆钢与构件夹角应在 30°~60°范围内,宜接近 45°。当屋面斜梁承受悬挂吊车荷载时,屋面横向交叉支撑应选用型钢支撑。

当不允许设置交叉柱间支撑时,可设置其他形式的支撑,当不允许设置任何支撑时,可设置纵向刚架。

9.9.4 轻钢门式刚架房屋的设计特点

轻钢门式刚架,特别是变截面门式刚架房屋与普通钢结构有许多不同之处,设计时应符合现行国家标准 GB 51022—2015《门式刚架轻型房屋钢结构技术规范》的有关规定。某些设计特点简述如下。

1. 荷载

门式刚架采用的设计荷载包括永久荷载、竖向可变荷载、风荷载、地震作用和温度作用。

① 风荷载的取值有如下特点:因门式刚架对风荷载敏感,在计算主体刚架时,要对基本风压乘以 1.1 的系数;考虑阵风的影响,在计算屋面和墙面的构件、板件和连接时,要对基本风压乘以 1.5 的系数。风荷载系数(相当于风荷载体型系数)采用了美国房屋制造商协会(MBMA)根据风洞试验提出的系数,该系数已考虑了内、外风压最大值的组合。

② 门式刚架屋盖较轻,属于对雪荷载敏感的结构,雪荷载经常是控制荷载,工程实践表明,在极端雪荷载的作用下,常发生刚架房屋的整体垮塌,后果非常严重,故计算时,应采用 100 年重现期的基本雪压。

③ 由于结构自重较轻,当抗震设防烈度 7 度(0.1g)及以下时,一般不需做抗震验算。需做抗震验算的地区,计算地震作用时,其阻尼比取法如下:封闭式房屋可取 0.05,敞开式房屋可取 0.035;其余房屋按外墙开孔率插值计算。

④ 当房屋的纵横向尺寸超过相关的温度区段长度的限值,又没采取释放温度应力的措施时,应考虑温度作用。计算温度效应时,基本气温应按现行国家标准《建筑结构荷载规范》的规定采用。温度作用效应系数为 1.4。当房屋纵向结构采用全螺栓连接时,可对温度作用效应进行折减,折减系数可取 0.35。

2. 结构计算分析

① 门式刚架不宜考虑受力蒙皮效应(仅作为安全储备),可按平面结构采用弹性分析方法计算内力和位移。

② 当采用二阶弹性分析时,考虑缺陷的影响,应施加假想水平荷载,该荷载应取竖向荷载的 0.5%(普钢为 0.4%),分别作用在竖向荷载作用处。假想荷载的方向与风荷载或地震

作用的方向相同。

③ 工字形截面的轻钢门式刚架，腹板宽度比很大，均考虑腹板的屈曲后性能。因此，即使梁、柱构件均为等直截面，也不能采用塑性设计方法。只有完全符合塑性设计的相关规定时，才可开展门式刚架的塑性设计。

④ 单跨和多跨等高房屋可采用基底剪力法进行横向刚架的水平地震作用计算，不等高房屋可按振型分解反应谱法计算。

⑤ 纵向柱列的地震作用可采用基底剪力法计算，并应保证每一集中质量处，均能将分配到的地震作用传递到纵向支撑或纵向框架上。

⑥ 当房屋的纵向长度小于横向宽度的1.5倍，且纵向和横向均有高低跨时，宜按整体空间刚架模型计算纵向支撑体系。

3. 构件设计

门式刚架轻型房屋钢结构的承重构件，应按承载能力极限状态和正常使用极限状态进行设计。与普钢不同之处为构件沿长度变截面和利用腹板的屈曲后强度。

① 当构件腹板受弯及受压板幅利用屈曲后强度时，应采用有效截面的计算方法。在计算变截面板幅的有效宽度系数时，采用楔形板幅的平均高度，来考虑楔率的影响。

② 结构构件的受拉强度应按净截面计算，受压强度应按有效净截面计算，轴压和压弯构件的稳定性应按有效截面计算，变截面刚架梁的稳定性，以及变形和各种稳定系数均可按毛截面计算。

③ 计算变截面柱在刚架平面内和平面外的稳定性时，均将变截面柱换算成以大端截面为准的等直截面柱，并以大端截面特性算得长细比，查附录4确定稳定系数。

④ 变截面刚架柱的计算长度，应考虑不同变截面梁对柱子的转动约束，以及变截面柱的段数，是否有摇摆柱等情况，按GB 51022—2015《门式刚架轻型房屋钢结构技术规范》的附录A确定。

除上述各项外，轻钢门式刚架的支撑系统、檩条和墙梁、连接和节点、围护系统、防火防腐设计，以及制作安装等，均有具体要求，请参照《门式刚架轻型房屋钢结构技术规范》，此处不再赘述。

习　题

9.1　单层房屋钢结构是由哪些构件组成的？这些组成构件的作用是什么？

9.2　布置柱网时应考虑哪些因素？

9.3　为什么要设置温度缝？横向和纵向温度缝如何设置？

9.4　横向框架有哪些类型？如何确定横向框架的主要尺寸？

9.5　试述支撑体系的组成部分及其在单层房屋钢结构中的作用？

9.6　试述柱间支撑的布置、构造和计算特点。

9.7　选择压型钢板时应考虑哪些因素？

9.8　屋盖结构布置及选型时，应主要考虑哪些因素？

9.9　桁架的主要尺寸是根据什么确定的？根据哪几条基本原则来选择桁架的形式？在什么情况下需要采用再分式腹杆形式？

9.10　如果屋面采用压型钢板，屋架跨度 $l=36$ m，屋面坡度 $i=1/5$，檩距为 3 m，要求屋架与柱子连接为刚接，采用什么屋架形式较好？

9.11　屋盖支撑有哪些类型？各自的作用和布置原则是什么？根据什么原则来布置柔性系杆或刚性系杆？

9.12　为什么梯形桁架除按全跨荷载计算外，还要按半跨荷载进行计算？

9.13　桁架杆件内力组合的基本原则及类型是什么？

9.14　是否可把桁架杆件在桁架平面内的计算长度都取为节点间的距离？为什么？

9.15　为什么桁架拉杆与压杆的容许长细比取值不同？桁架杆件的刚度要求是什么？

9.16　桁架杆件截面选择是按什么原则进行的？杆件截面选择应考虑哪些因素？

9.17　为什么桁架支座处节点板厚度要比中间节点板厚？若取它们相等是否可行？为什么？

9.18　在设计时如何考虑杆件上螺栓孔造成的截面削弱的影响？为什么杆件强度计算采用净截面而稳定计算却按毛截面进行计算？

9.19　桁架节点设计的基本要求有哪些？节点设计时采用哪些办法来节约钢材？

9.20　为什么通常不按起拱后的尺寸来绘制屋架施工详图？起拱的作用是什么？

9.21　桁架中杆件的下料尺寸是如何得出来的？节点板尺寸是怎样得出的？

9.22　绘制桁架施工图有哪些步骤？

9.23　单层房屋钢结构横向框架的计算简图如何确定？应考虑哪些荷载？

9.24　单层房屋钢结构框架柱有几种类型？如何选择其截面？框架柱在平面内及平面外的计算长度怎样确定？

9.25　门式刚架轻型钢结构是由哪些构件组成？它们各有什么作用？

第 10 章

疲劳计算和防脆断设计

§10.1 疲劳破坏的特征

2.4.5 节已介绍了疲劳的分类和有关低周疲劳的概念，本章主要介绍高周疲劳（以下简称疲劳）问题。引起疲劳破坏的交变荷载有两种类型：一种为常幅交变荷载，引起的应力称为常幅循环应力，如图 10.1.1a 所示，简称循环应力，由这种荷载引起的疲劳称为常幅疲劳，转动的机械零件常发生常幅疲劳破坏；另一种为变幅交变荷载，引起的应力称为变幅循环应力，如图 10.1.1b 所示，简称变幅应力，由这种荷载引起的疲劳称为变幅疲劳，吊车梁、钢桥等则主要是变幅疲劳破坏。

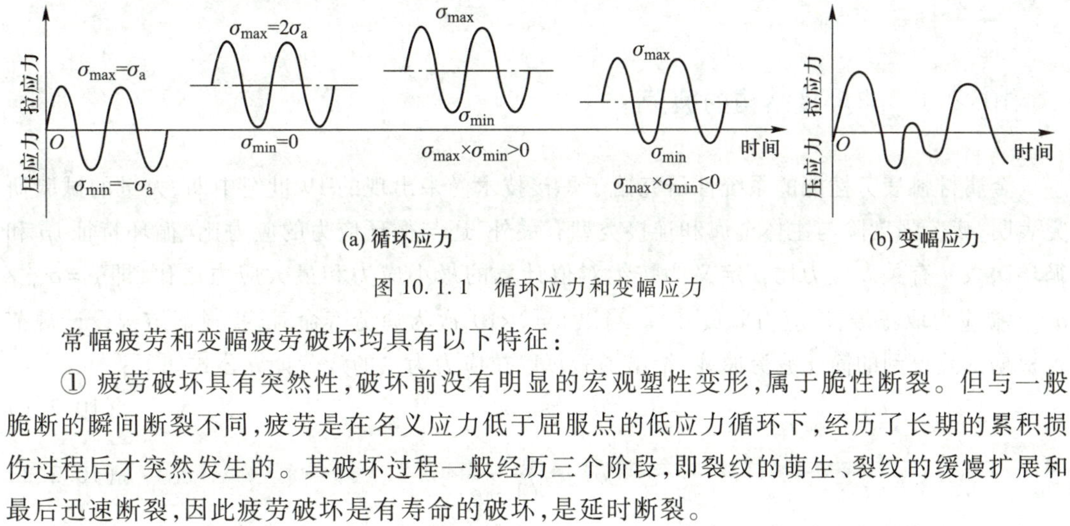

图 10.1.1　循环应力和变幅应力

常幅疲劳和变幅疲劳破坏均具有以下特征：

① 疲劳破坏具有突然性，破坏前没有明显的宏观塑性变形，属于脆性断裂。但与一般脆断的瞬间断裂不同，疲劳是在名义应力低于屈服点的低应力循环下，经历了长期的累积损伤过程后才突然发生的。其破坏过程一般经历三个阶段，即裂纹的萌生、裂纹的缓慢扩展和最后迅速断裂，因此疲劳破坏是有寿命的破坏，是延时断裂。

② 疲劳破坏的断口与一般脆性断口不同，可分为三个区域：裂纹源、裂纹扩展区和断裂区（图 10.1.2）。裂纹扩展区表面较光滑，常可见到放射和年轮状花纹，这是疲劳断裂的主要断口特征。根据断裂力学的解释，只有当裂纹扩展到临界尺寸，发生失稳扩展后才形成瞬间断裂区，出现人字纹或晶粒状脆性断口。

③ 疲劳对缺陷（包括缺口、裂纹及组织缺陷等）十分敏感。缺陷部位应力集中严重，会加快疲劳破坏的裂纹萌生和扩展。

目前我国对基于可靠度理论的疲劳极限状态设计方法还缺乏基础性研究，对不同类型构件连接的裂纹形成、扩展以致断裂这一全过程的极限状态，包括其严格的定义和影响发展

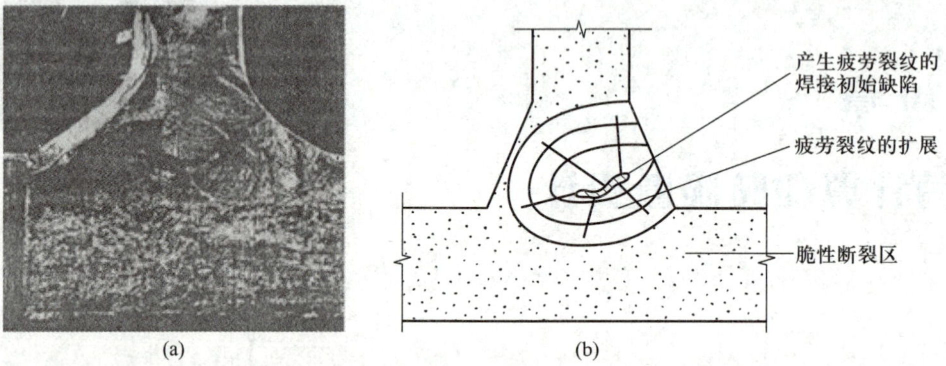

图 10.1.2　疲劳破坏的断口特征

过程的有关因素都还未明确，掌握的疲劳强度数据只是结构抗力表达式中的材料强度部分，因此疲劳计算时，仍采用容许应力设计方法。进行内力计算时，应采用荷载的标准值，按线弹性进行结构分析。由于确定疲劳强度的试验中自动包括了动力作用，故内力计算中不再乘以动力系数。《标准》规定，直接承受动力荷载重复作用的钢结构构件及其连接，当应力变化的循环次数 n 等于或大于 5×10^4 次时，应进行疲劳计算。

§10.2　常幅疲劳

10.2.1　非焊接结构的疲劳

金属材料疲劳性能的系统性研究始于焊接技术尚未出现的 19 世纪中期，大量的试验研究表明，疲劳强度除与主体金属和连接类型有关外，还与循环应力的应力比（循环特征）ρ 和循环次数 n 有关。应力比 ρ 定义为按绝对值计算的最小应力和最大应力之比，即 $\rho=\sigma_{min}/\sigma_{max}$（拉应力取正号，压应力取负号）。当以 $n=2\times10^6$ 次为疲劳寿命时，我国钢结构设计规范曾根据试验得到的简化疲劳曲线，给出了验算以拉应力为主的疲劳计算公式如下：

$$\sigma_{max}\leqslant[\sigma^{P}] \tag{10.2.1}$$

$$[\sigma^{P}]=\frac{[\sigma_0^{P}]}{(1-k\rho)} \tag{10.2.2}$$

式中，σ_{max} 为交变荷载作用下，需验算部位的最大拉应力；$[\sigma^{P}]$ 为与构造形式有关的以拉应力为主的疲劳容许强度；$[\sigma_0^{P}]$ 为相应构造形式当 $\rho=0$ 时的疲劳容许强度，由试验确定；k 为与构造形式有关的系数，由试验确定。

10.2.2　焊接结构的疲劳

随着焊接结构的不断发展和应用，发现上述以应力为准则的疲劳验算方法不适用于焊接结构。对大量试验数据进行统计分析表明：控制焊接结构疲劳寿命最主要的因素是构件和连接的构造类型和应力幅，而与应力比无关。正应力幅如式(10.2.3)所示，是最大拉应力与最小拉应力或压应力的代数差，即当 σ_{min} 为压应力时，应取负值。剪应力幅如式(10.2.4)所示，是最大剪应力与最小剪应力的代数差。

正应力幅：

$$\Delta\sigma=\sigma_{max}-\sigma_{min} \tag{10.2.3}$$

剪应力幅：

$$\Delta\tau=\tau_{max}-\tau_{min} \tag{10.2.4}$$

焊接结构与非焊接结构的根本差别在于焊接残余应力。在焊接结构中，焊缝部位的残余拉应力通常达到钢材的屈服点 f_y，该处是萌生和发展疲劳裂纹最敏感的区域。以图 10.2.1 中的焊接板件承受纵向拉压循环荷载为例，当名义循环应力为拉时，因焊缝附近的残余拉应力已达屈服点不再增加，实际拉应力保持 f_y 不变；当名义循环应力减小到最小时，焊缝附近的实际应力将降至 $f_y-\Delta\sigma=f_y-(\sigma_{max}-\sigma_{min})$。显然，焊缝附近的真实应力比为 $\rho=(f_y-\Delta\sigma)/f_y$，而不是名义应力比 $\rho=\sigma_{min}/\sigma_{max}$。只要应力幅 $\Delta\sigma=\sigma_{max}-\sigma_{min}$ 为常数，不管循环荷载下的名义应力比为何值，焊缝附近的真实应力比也为常数。由此可见，焊缝部位的疲劳寿命主要与应力幅有关。

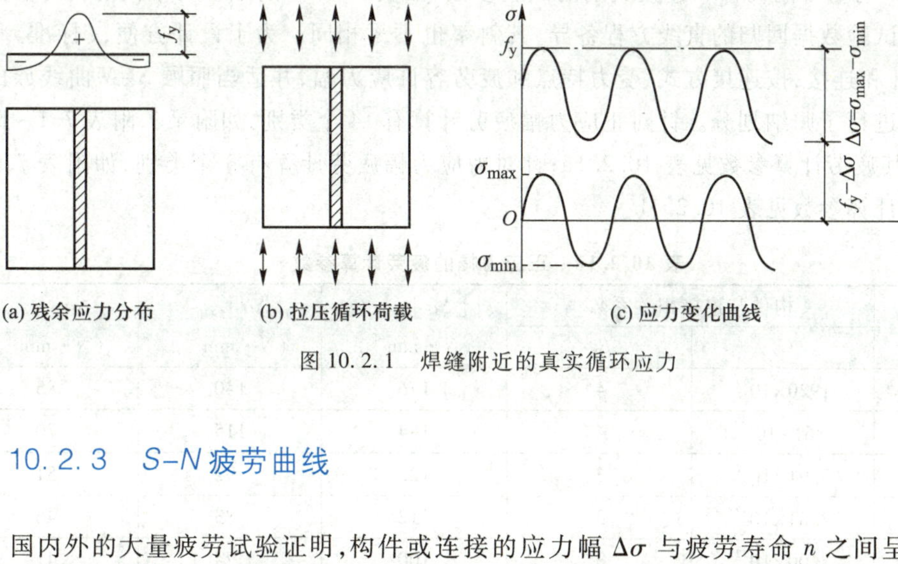

(a) 残余应力分布　　(b) 拉压循环荷载　　(c) 应力变化曲线

图 10.2.1　焊缝附近的真实循环应力

10.2.3　*S-N* 疲劳曲线

国内外的大量疲劳试验证明，构件或连接的应力幅 $\Delta\sigma$ 与疲劳寿命 n 之间呈指数为负数的幂函数关系，如图 10.2.2a 所示。对应某一循环寿命(也称疲劳寿命) n_1，就有一个应力幅 $\Delta\sigma_1$ 与之相应，说明在该应力幅值下循环 n_1 次，构件或连接就会发生疲劳破坏。为了方便分析，可对该曲线关系取对数，则 $\lg\Delta\sigma$ 和 $\lg n$ 之间在双对数坐标系中成直线关系，如图 10.2.2b 所示。令 $S=\lg\Delta\sigma$，$N=\lg n$，可称其为 $S-N$ 疲劳曲线(简称 $S-N$ 曲线)。考虑到 $\Delta\sigma$ 与 n 之间的关系曲线系试验回归所得，反映了平均值之间的关系，同时考虑到试验数据的离散性，取平均值减去 2 倍 N 的标准差($2\sigma_n$)作为疲劳强度的下限值，如图 10.2.2b 中的虚线所示。如 N 符合正态分布，则构件或连接的疲劳强度的保证率为 97.7%，称该虚线上的应力幅为对应某疲劳寿命的容许应力幅[$\Delta\sigma$]。

将图 10.2.2b 中的虚线延长与横坐标交于 $\lg C_Z$ 点，设该线对纵坐标的斜率为 $-1/\beta_Z$，则

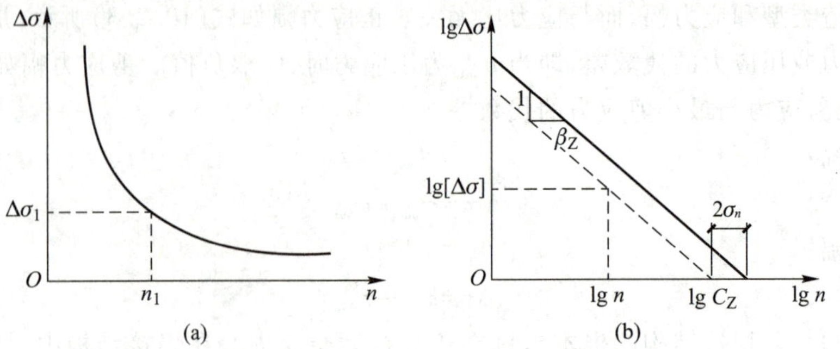

图 10.2.2　应力幅与循环寿命的关系

对应疲劳寿命 n 的容许应力幅$[\Delta\sigma]$可由两个相似三角形的关系求出：

$$\frac{1}{\beta_Z}=\frac{\lg[\Delta\sigma]}{\lg C_Z-\lg n}=\frac{\lg[\Delta\sigma]}{\lg(C_Z/n)} \tag{10.2.5}$$

可求得容许应力幅的表达式：

$$[\Delta\sigma]=\left(\frac{C_Z}{n}\right)^{1/\beta_Z} \tag{10.2.6}$$

式中，C_Z、β_Z 均为不同构件和连接类别的试验参数，如表 10.2.1 所示。对不同的构件和连接类型，由于试验数据回归的直线方程各异，其斜率也不尽相同。为了设计方便，《标准》将各类型的构件和连接，按连接方式、受力特点和疲劳容许应力幅，并适当照顾 $S-N$ 曲线族的等间隔设置，进行了归纳划分。针对正应力幅疲劳计算有 14 个类别，如附录 7 附表 7.1～附表 7.5 所示，其疲劳计算参数见表 10.2.1a；针对剪应力幅疲劳计算有 3 个类别，如附表 7.6 所示，其疲劳计算参数见表 10.2.1b。

表 10.2.1a　正应力幅的疲劳计算参数

构件与连接类别	构件与连接相关系数		$[\Delta\sigma]_{2\times10^6}$/ (N·mm^{-2})	$[\Delta\sigma]_{5\times10^6}$/ (N·mm^{-2})	$[\Delta\sigma_L]_{1\times10^8}$/ (N·mm^{-2})
	C_Z	β_Z			
Z1	1920×10^{12}	4	176	140	85
Z2	861×10^{12}	4	144	115	70
Z3	3.91×10^{12}	3	125	92	51
Z4	2.81×10^{12}	3	112	83	46
Z5	2.00×10^{12}	3	100	74	41
Z6	1.46×10^{12}	3	90	66	36
Z7	1.02×10^{12}	3	80	59	32
Z8	0.72×10^{12}	3	71	52	29
Z9	0.50×10^{12}	3	63	46	25
Z10	0.35×10^{12}	3	56	41	23
Z11	0.25×10^{12}	3	50	37	20
Z12	0.18×10^{12}	3	45	33	18
Z13	0.13×10^{12}	3	40	29	16
Z14	0.09×10^{12}	3	36	26	14

表 10.2.1b 剪应力幅的疲劳计算参数

构件与连接类别	构件与连接的相关系数		$[\Delta\tau]_{2\times10^6}$/ $(N\cdot mm^{-2})$	$[\Delta\tau_L]_{1\times10^8}$/ $(N\cdot mm^{-2})$
	C_J	β_J		
J1	4.10×10^{11}	3	59	16
J2	2.00×10^{16}	5	100	46
J3	8.61×10^{21}	8	90	55

国际上研究表明，对变幅疲劳问题，低应力幅在高周循环阶段的疲劳损伤程度有所降低。为了将常幅疲劳与变幅疲劳计算相协调和合理衔接，在常幅疲劳计算中，对于不同范围的应力循环次数 n，其容许正应力幅 $\Delta\sigma$ 计算时采用的 $S-N$ 曲线的斜率有所不同。当应力循环次数 $n\leqslant5\times10^6$ 时，$S-N$ 曲线的斜率采用 β_Z；当应力循环次数 $5\times10^6<n\leqslant1\times10^8$ 时，$S-N$ 曲线的斜率采用 β_Z+2（图 10.2.3）。但是，针对剪应力计算时采用的 $S-N$ 曲线，斜率保持不变，为 β_J（图 10.2.4）。

国际上的试验研究还表明，构件或连接在经受疲劳荷载时，存在一个不会疲劳损伤的截止限。无论是常幅疲劳还是变幅疲劳，低于疲劳截止限的应力幅一般不会导致疲劳破坏。《标准》规定，对正应力幅和剪应力幅，都在应力循环次数 $n=1\times10^8$ 处分别设置疲劳截止限 $[\Delta\sigma]_{1\times10^8}$ 和 $[\Delta\tau]_{1\times10^8}$，如图 10.2.3 和 10.2.4 所示。

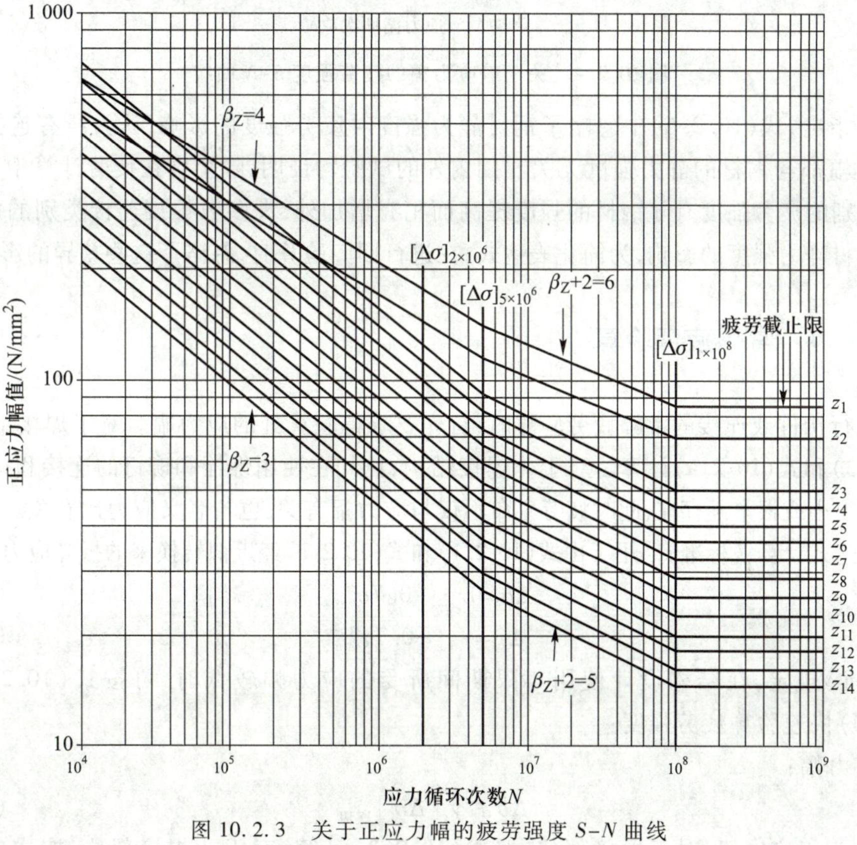

图 10.2.3 关于正应力幅的疲劳强度 $S-N$ 曲线

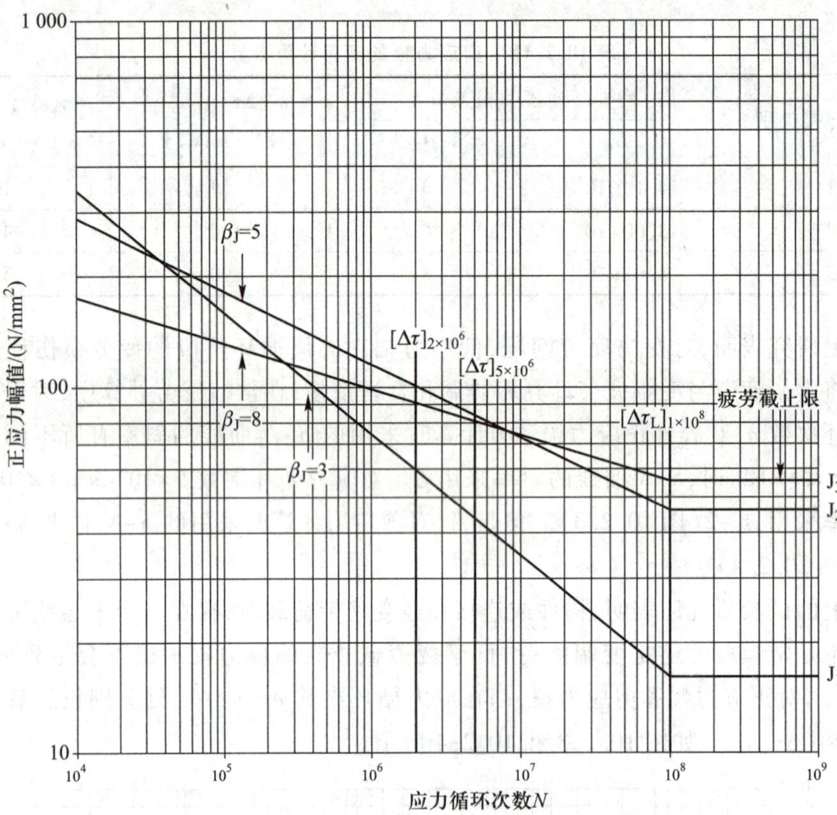

图 10.2.4　关于剪应力幅的疲劳强度 S–N 曲线

应当指出，式(10.2.6)中忽略了钢材静力强度对疲劳强度的影响，认为所有连接形式的容许应力幅都与钢材的静力强度无关。国内外的试验均证明，除个别在疲劳计算中不起控制作用的类别的疲劳强度有随钢材的强度提高而稍有增加外，大多数焊接连接类别的疲劳强度均不受钢材静力强度的影响，为简化表达式，在进行回归验算时，忽略了这些差异的影响。

10.2.4　常幅疲劳验算

在进行构件或连接的常幅疲劳验算时，首先要求得验算处的应力幅。对于焊接结构，应按式(10.2.3)和式(10.2.4)计算。对于非焊接结构，例如在使用螺栓和铆钉的连接和构件中，残余拉应力很小或根本不存在，此时疲劳寿命不仅与应力幅有关，也与名义应力比有关。为了统一用一种表达式计算，《标准》采用了由式(10.2.1)和式(10.2.2)经近似转换来的折算应力幅计算：

$$\Delta\sigma=\sigma_{max}-0.7\sigma_{min} \tag{10.2.7}$$

$$\Delta\tau=\tau_{max}-0.7\tau_{min} \tag{10.2.8}$$

《标准》规定，在结构设计使用年限期间所受的应力幅较低时，可按式(10.2.9)或式(10.2.10)快速验算疲劳强度：

正应力幅：

$$\Delta\sigma\leqslant\gamma_t[\Delta\sigma]_{1\times10^8} \tag{10.2.9}$$

式中，$\Delta\sigma$ 为正应力幅，对于焊接部位，按式(10.2.3)计算，对于非焊接部位，按式(10.2.7)

计算；$[\Delta\sigma]_{1\times10^8}$ 为正应力幅疲劳截止限，按表 10.2.1 选取；γ_t 为板厚或直径修正系数，按照以下规定采用：

① 对于横向角焊缝连接和对接焊缝连接，当板厚 $t>25$ mm 时，$\gamma_t=(25/t)^{0.25}$；

② 对于螺栓轴向受拉连接，当螺栓的公称直径 $d>30$ mm 时，$\gamma_t=(30/d)^{0.25}$；

③ 除①和②以外的其余情况取 $\gamma_t=1.0$。

剪应力幅：

$$\Delta\tau\leqslant[\Delta\tau]_{1\times10^8} \tag{10.2.10}$$

式中，$\Delta\tau$ 为剪应力幅，对于焊接部位，按式(10.2.4)计算，对于非焊接部位，按式(10.2.8)计算；$[\Delta\tau]_{1\times10^8}$ 为剪应力幅疲劳截止限，按表 10.2.1 选取。

当常幅疲劳的应力幅不满足式(10.2.9)或式(10.2.10)时，应按照结构预期使用寿命按式(10.2.11)或式(10.2.12)进行疲劳强度验算：

正应力幅：

$$\Delta\sigma\leqslant\gamma_t[\Delta\sigma] \tag{10.2.11}$$

式中，$\Delta\sigma$、γ_t 均同式(10.2.9)；$[\Delta\sigma]$ 为常幅疲劳的容许正应力幅，按以下规定采用：

① 当应力循环次数 $n\leqslant5\times10^6$ 时，$[\Delta\sigma]=\left(\dfrac{C_Z}{n}\right)^{1/\beta_Z}$；

② 当应力循环次数 $5\times10^6<n\leqslant1\times10^8$ 时，$[\Delta\sigma]=\left[([\Delta\sigma]_{5\times10^6})^2\dfrac{C_Z}{n}\right]^{1/(\beta_Z+2)}$；

③ 当应力循环次数 $n>1\times10^8$ 时，$[\Delta\sigma]=[\Delta\sigma]_{1\times10^8}$。

剪应力幅：

$$\Delta\tau\leqslant[\Delta\tau] \tag{10.2.12}$$

式中，$\Delta\tau$ 同式(10.2.10)；$[\Delta\tau]$ 为常幅疲劳的容许剪应力幅，按以下规定采用：

① 当应力循环次数 $n\leqslant1\times10^8$ 时，$[\Delta\tau]=\left(\dfrac{C_J}{n}\right)^{1/\beta_J}$；

② 当应力循环次数 $n>1\times10^8$时，$[\Delta\tau]=[\Delta\tau]_{1\times10^8}$。

【例题 10.1】　如图 10.2.5 所示，一焊接箱型钢梁，在跨中截面受到 $F_{min}=10$ kN 和 $F_{max}=100$ kN 的常幅交变荷载作用，跨中截面对水平形心轴的惯性矩为$I_z=68.5\times10^{-6}\,\mathrm{m}^4$。该梁翼缘与腹板由单侧施焊手工焊接而成，$h_f=10$ mm，角焊缝符合二级外观质量标准，翼缘与腹板很好贴合，若欲使构件在服役期间内能承受 2×10^6 次交变荷载作用。试校核其疲劳强度。

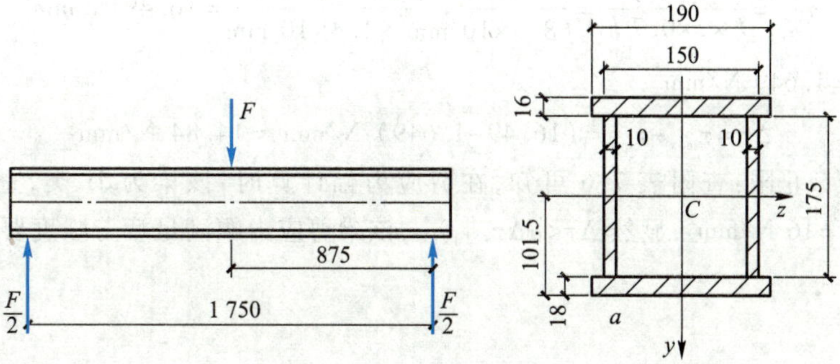

图 10.2.5　例题 10.1 图

【解】

1. 正应力幅校核

计算跨中截面危险点(a 点)的正应力幅:

$$\sigma_{min}=\frac{M_{min}y_a}{I_z}=\frac{(F_{min}l/4)y_a}{I_z}=\frac{(10\times10^3\ \text{N}\times1\ 750\ \text{mm}/4)\times101.5\ \text{mm}}{68.5\times10^6\ \text{mm}^4}=6.48\ \text{N/mm}^2$$

$$\sigma_{max}=\frac{M_{max}y_a}{I_z}=\frac{(F_{max}l/4)y_a}{I_z}=\frac{(100\times10^3\ \text{N}\times1\ 750\ \text{mm}/4)\times101.5\ \text{mm}}{68.5\times10^6\ \text{mm}^4}=64.83\ \text{N/mm}^2$$

$$\Delta\sigma=\sigma_{max}-\sigma_{min}=64.83\ \text{N/mm}^2-6.48\ \text{N/mm}^2=58.35\ \text{N/mm}^2$$

确定疲劳截止限:该梁 $\gamma_t=1.0$,查附表 7.2 可知,在正应力幅计算时,该梁为 Z5 类,查表 10.2.1 可知,$[\Delta\sigma_L]_{1\times10^8}=41\ \text{N/mm}^2$,显然 $\Delta\sigma>\gamma_t[\Delta\sigma_L]_{1\times10^8}$

确定容许正应力幅$[\Delta\sigma]$,并校核疲劳强度:

查表 10.2.1 可知,$C_Z=2.00\times10^{12}$,$\beta_Z=3$,$[\Delta\sigma]_{2\times10^6}=100\ \text{N/mm}^2$

显然,$\Delta\sigma\leqslant\gamma_t[\Delta\sigma]$,该梁正应力幅满足疲劳强度要求。

2. 剪应力幅校核

z 轴处截面面积矩:

$$S_z=16\ \text{mm}\times190\ \text{mm}\times\left[\frac{16}{2}+(175-101.5+18)\right]\text{mm}+2\times10\ \text{mm}\times$$

$$(175-101.5+18)\text{mm}\times[(175-101.5+18)/2]\text{mm}=386\ 202.5\ \text{mm}^3$$

上部角焊缝处截面面积矩:

$$S_{sf}=16\ \text{mm}\times190\ \text{mm}\times(8+175+18-101.5)\text{mm}=302\ 480\ \text{mm}^3$$

下部角焊缝处截面面积矩:

$$S_{xf}=18\ \text{mm}\times190\ \text{mm}\times(101.5-9)\text{mm}=316\ 350\ \text{mm}^3$$

计算剪应力幅:

梁中剪力$V_y=F/2$,最大剪应力位于下述两者较大的位置:

$$\frac{S_z}{2t}=\frac{386\ 202.5}{2\times10}\ \text{mm}^2=19\ 310.125\ \text{mm}^2$$

由于$S_{xf}>S_{sf}$,取$S_f=S_{xf}$,

$$\frac{S_f}{2\times0.7\ h_f}=\frac{316\ 350}{1.4\times10}\ \text{mm}^2=22\ 596.429\ \text{mm}^2$$

则最大剪应力位于下翼缘焊缝处:

$$\tau_{max}=\frac{V_{ymax}S_f}{I_z\times2\times0.7\ h_f}=\frac{50\times10^3\text{N}\times316\ 350\ \text{mm}^3}{68.5\times10^6\text{mm}^4\times1.4\times10\ \text{mm}}=16.49\ \text{N/mm}^2$$

显然$\tau_{min}=1.649\ \text{N/mm}^2$,

$$\Delta\tau=\tau_{max}-\tau_{min}=(16.49-1.649)\ \text{N/mm}^2=14.84\ \text{N/mm}^2$$

确定疲劳截止限:查附表 7.6 可知,在剪应力幅计算时,该梁为 J1 类,查表 10.2.1 可知,$[\Delta\tau_L]_{1\times10^8}=16\ \text{N/mm}^2$,显然 $\Delta\tau<[\Delta\tau_L]_{1\times10^8}$,该梁剪应力幅满足疲劳强度要求。

§ 10.3　变幅疲劳

10.3.1　变幅疲劳的一般计算方法

实际结构中作用的交变荷载一般不是常幅循环荷载，而是变幅随机荷载，例如吊车梁和桥梁的荷载。显然变幅疲劳的计算比常幅疲劳的计算复杂得多。如果能够预测出结构在使用寿命期间各级应力幅水平所占频次百分比以及预期寿命（总频次）$\sum n_i$ 所构成的设计应力谱，则可根据 Miner 线性累积损伤准则（linear cumulative damage criteria），将变幅应力幅折算为常幅等效应力幅 $\Delta\sigma_e(\Delta\tau_e)$，然后按应力循环 $n=2\times10^6$ 次等效的常幅疲劳进行计算。

如前所述，在正应力幅的变幅疲劳中，低应力幅比高应力幅的疲劳损伤作用要减弱，并且也不是任何小的低应力幅都有疲劳损伤作用，小到一定程度就没有损伤作用了。因此，应考虑到高应力幅与低应力幅不同的损伤效应。

设某个构件或连接的设计正应力谱由 $(\Delta\sigma_i, n_i)$ 和 $(\Delta\sigma_j, n_j)$ 两部分组成，总的应力循环 $\sum n_i+\sum n_j$ 次后发生疲劳破坏，则 Miner 的线性累积损伤准则为：

$$\sum \frac{n_i}{N_i}+\sum \frac{n_j}{N_j}=1 \tag{10.3.1}$$

上式可这样理解：当某一水平的应力幅 $\Delta\sigma_i$ 或 $\Delta\sigma_j$ 循环一次时，将引起 $1/N_i$ 或 $1/N_j$ 的损伤，n_i 次或 n_j 次循环后的损伤为 n_i/N_i 或 n_j/N_j；其他应力幅水平的常幅循环应力也有各自的损伤份额，当这些损伤份额之和等于 1 时，将发生疲劳破坏。

假设构件或连接类别相同的变幅疲劳和常幅疲劳具有相同的疲劳曲线，如图 10.3.1 所示，该图给出了具有 6 个应力幅水平的变幅疲劳的例子。按照 $S-N$ 曲线的方程，参照式 (10.2.6) 对于 $\Delta\sigma_1 \sim \Delta\sigma_6$，每一个应力幅水平均有：

$$N_i=\frac{C_Z}{(\Delta\sigma_i)^{\beta_Z}} \qquad i=1\sim3 \tag{10.3.2}$$

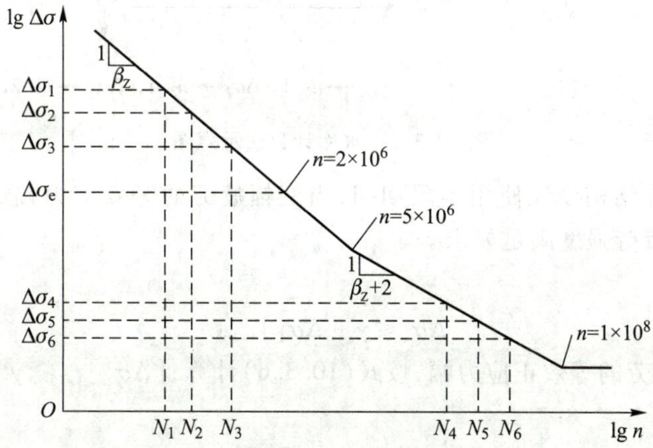

图 10.3.1　变幅疲劳的疲劳曲线

$$N_j = \frac{C'_Z}{(\Delta\sigma_j)^{\beta_Z+2}} \qquad j=4\sim6 \tag{10.3.3}$$

由于斜率β_Z与β_Z+2的两条 S-N 曲线在 $n=5\times10^6$处交汇，则满足下式：

$$C'_Z = \frac{(\Delta\sigma_{5\times10^6})^{\beta_Z+2}}{(\Delta\sigma_{5\times10^6})^{\beta_Z}} C_Z = (\Delta\sigma_{5\times10^6})^2 C_Z \tag{10.3.4}$$

设想另有一等效常幅疲劳应力幅 $\Delta\sigma_e$（见图 10.3.1），循环 2×10^6次后，也使该类别的部件产生疲劳破坏，则有：

$$C_Z = 2\times10^6 (\Delta\sigma_e)^{\beta_Z} \tag{10.3.5}$$

将式(10.3.2)~式(10.3.5)代入式(10.3.1)，可得到常幅疲劳 200 万次的等效正应力幅：

$$\Delta\sigma_e = \left[\frac{\sum n_i (\Delta\sigma_i)^{\beta_Z} + ([\Delta\sigma]_{5\times10^6})^{-2} \sum n_j (\Delta\sigma_j)^{\beta_Z+2}}{2\times10^6}\right]^{1/\beta_Z} \tag{10.3.6}$$

同理，可得应力循环 $n=2\times10^6$次常幅疲劳的等效剪应力幅：

$$\Delta\tau_e = \left[\frac{\sum n_i (\Delta\tau_i)^{\beta_J}}{2\times10^6}\right]^{1/\beta_J} \tag{10.3.7}$$

线性累积损伤准则假定疲劳破坏与不同水平的应力幅出现的先后次序无关，虽与实际有所不同，但可简化计算，且能保证安全。据此，可按工程方法，如水库计数法（也称泄水池法）等由设计应力谱找出不同水平的应力幅 $\Delta\sigma_i$和与其相应的频次 n_i。图 10.3.2 给出了水库计数法的分析示意图。该法的计算流程为：首先在设计应力谱中找出波峰应力所在点，在该点切断曲线，并将该点之前的曲线段平移至尾端，形成两端高的“水库”，最大水深即为 $\Delta\sigma_1$；在水库的最深处排水后，形成的新水面内相应最大水深尾 $\Delta\sigma_2$；重复上一步，直到把水排空，依次找到其他应力幅 $\Delta\sigma_i$，比较大小，并计算出频次 n_i。

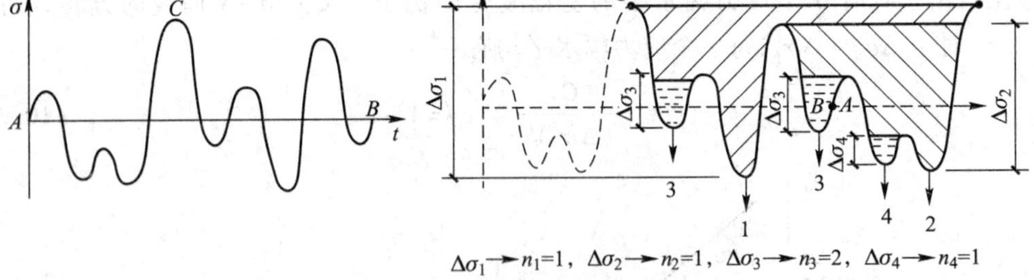

图 10.3.2　水库计数法示意图

《标准》规定，在结构设计使用年限期间，当变幅疲劳的等效应力幅满足式(10.3.8)或式(10.3.9)时，则疲劳强度满足要求。

正应力幅：

$$\Delta\sigma_e \leqslant \gamma_t [\Delta\sigma_L]_{1\times10^8} \tag{10.3.8}$$

式中，$\Delta\sigma_e$为变幅疲劳的等效正应力幅，按式(10.3.6)计算；$[\Delta\sigma_L]_{1\times10^8}$、$\gamma_t$均同式(10.2.9)。

剪应力幅：

$$\Delta\tau_e \leqslant [\Delta\tau_L]_{1\times10^8} \tag{10.3.9}$$

式中，$\Delta\tau_e$ 为变幅疲劳的等效剪应力幅，按式(10.3.7)计算；$[\Delta\tau_L]_{1\times10^8}$同式(10.2.10)。

当变幅疲劳的等效应力幅不满足式(10.3.8)或式(10.3.9)时,按式(10.3.10)或式(10.3.11)进行验算。

正应力幅:

$$\Delta\sigma_e \leqslant \gamma_t[\Delta\sigma]_{2\times10^6} \tag{10.3.10}$$

式中,$\Delta\sigma_e$、γ_t均同式(10.3.8);$[\Delta\sigma]_{2\times10^6}$为应力循环次数 $n=2\times10^6$时的容许正应力幅,按表10.2.1 选取。

剪应力幅:

$$\Delta\tau_e \leqslant [\Delta\tau]_{2\times10^6} \tag{10.3.11}$$

式中,$\Delta\tau_e$同式(10.3.9);$[\Delta\tau]_{2\times10^6}$为应力循环次数 $n=2\times10^6$时的容许剪应力幅,按表10.2.1 选取。

10.3.2 吊车梁的疲劳验算

众所周知,吊车梁是钢结构中处于变幅疲劳工作环境的典型构件。经过多年的工程实践和现场测试分析,已获得了一些有代表性的车间的重级工作制吊车梁和重级、中级工作制吊车桁架的设计应力谱。由于不同车间内的吊车梁在 50 年设计基础期内的应力循环次数并不相同,为便于比较,统一按 2×10^6循环次数计算出了相应的等效应力幅 $\Delta\sigma_e$。将变幅应力谱中的最大应力幅 $\Delta\sigma_1$看成满负荷工作的常幅设计应力幅 $\Delta\sigma$,则实际工作的吊车梁的欠载效应的等效系数为

$$\alpha_f=\frac{\Delta\sigma_e}{\Delta\sigma} \tag{10.3.12}$$

于是重级工作制吊车梁和重级、中级工作制吊车桁架的疲劳可作为常幅疲劳,分别按照式(10.3.13)或式(10.3.14)进行计算:

$$\alpha_f\cdot\Delta\sigma \leqslant \gamma_t[\Delta\sigma]_{2\times10^6} \tag{10.3.13}$$

$$\alpha_f\cdot\Delta\tau \leqslant [\Delta\tau]_{2\times10^6} \tag{10.3.14}$$

式中,α_f为欠载效应的等效系数,按表 10.3.1 选取;$\Delta\sigma$ 为设计应力谱中的最大正应力幅;$[\Delta\sigma]_{2\times10^6}$同式(10.3.10);$\gamma_t$同式(10.3.10);$\Delta\tau$ 为设计应力谱中的最大剪应力幅;$[\Delta\tau]_{2\times10^6}$同式(10.3.11)。

表 10.3.1 吊车梁和吊车桁架欠载效应的等效系数 α_f

吊车类别	α_f
A6、A7、A8 工作级别(重级)的硬钩吊车	1.0
A6、A7 工作级别(重级)的软钩吊车	0.8
A4、A5 工作级别(中级)的吊车	0.5

§10.4 防止疲劳破坏的措施

由上述可见,影响钢结构疲劳破坏的主要因素是应力幅、循环次数和构造细节,而与破

坏部位的最大应力和钢材的静力强度并无多大关系。

1. 钢材的选择

由于《标准》推荐钢种的静力强度对焊接构件和连接的疲劳强度无显著影响，故可以认为，疲劳容许应力幅与钢材牌号无关。显然，当某类型的构件和连接的承载力是由疲劳强度起控制作用时，采用高强钢材并不能充分发挥作用，反而会造成不必要的浪费。疲劳荷载属于动力作用，虽然疲劳破坏的周期较长，但最终呈脆性破坏，因此，应选择强度适当（满足静力计算的强度即可）而韧性好的钢材，如表 2.5.6 所示。

2. 构造细节设计

构件和连接的疲劳容许应力幅主要由循环次数和构造细节确定，在设计使用年限内，循环次数是确定的，因此，决定局部应力状态的构造细节是控制疲劳强度的关键因素。在进行构造设计时，要特别注意构造合理，措施得当，以便最大限度地减少应力集中和残余应力，使构件或连接的分类序号尽量靠前（指正应力幅的情况），达到改善工作性能，提高疲劳强度，节约钢材的目的。构造细节的确定原则是：

① 优先采用应力集中不严重的方案，避免截面突变。如能用对接焊缝，就不用拼接板加角焊缝。在截面改变处，尽量缓坡过渡。如不同厚度板材或管材对接时，均应加工成斜坡过渡。接口的错边量小于较薄板件厚度时，宜将焊缝焊成斜坡状，或将较厚板的一面（或两面）及管材的外壁（或内壁）在焊前加工成斜坡，其坡度最大允许值为 1 : 4，如图 10.4.1、图 10.4.2 所示。

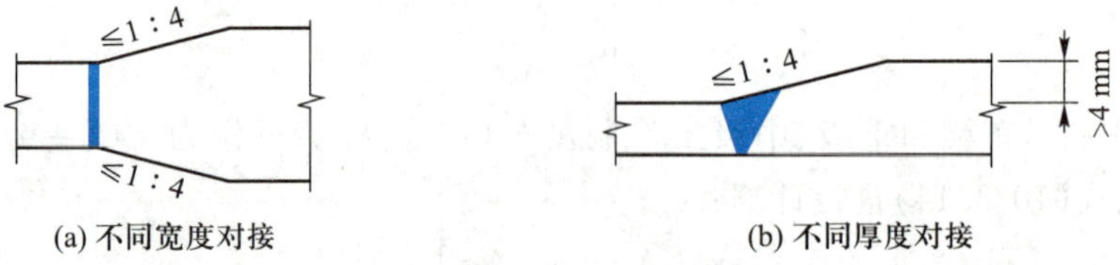

图 10.4.1　不同宽度或厚度钢板的拼接

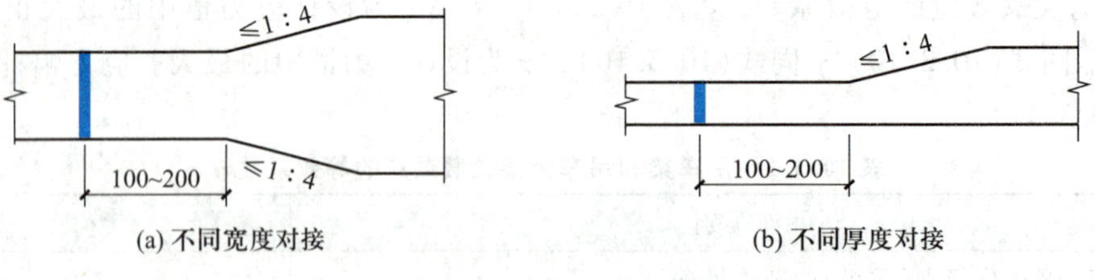

图 10.4.2　不同宽度或厚度铸钢件的拼接

② 必须采用应力集中严重的构造时，尽量把它放在低应力区。如当梁的翼缘用外层焊接翼板加强时，可将翼板的实际切断点向低应力区延长。

③ 优先采用疲劳性能好的连接方式。如摩擦型高强螺栓抗剪连接具有较高的疲劳性能，上述用外层翼板加强的梁，可在翼板端部改用摩擦型高强螺栓来传递层间剪力，较大提高连接的疲劳强度。

④ 尽量避免双向和三向应力状态。如避免多条焊缝平面交叉和空间立体交叉，以防过高的双向或三向焊接残余拉应力。

⑤ 避免单个构件或整体结构的自振频率与疲劳荷载的施振频率接近,防止形成过大的振幅,加大应力幅。

此外,《标准》中对于需验算疲劳的焊接结构和吊车梁、吊车桁架及类似结构提出了详尽的构造要求和规定,此处不再赘述。

3. 施工和工艺措施

通过施工过程的精细管理和改进制作工艺,可以提高构件或连接节点的疲劳性能。

① 承受疲劳荷载的钢构件在制作之前,应根据设计施工图的要求,编制制作工艺,并按此进行制作。在施工图不明确的地方,也应特殊考虑,采取措施。如在疲劳荷载控制部位的钢材下料时,应使其轧制方向与受力方向相同,疲劳强度可比垂直轧制方向放置的高。又如对焊接结构,应采用合理的焊接工艺措施,减少焊接缺陷和残余应力,也会提高疲劳强度。

② 在构件的运输、安装甚至临时堆放的过程中,要特别防止操作不当而损伤构件的疲劳性能。如运输时,由于构件放置不当,使其产生振动而萌生裂纹;又如在安装现场,随意在构件受拉区打火和焊接安装用的小部件(即使安装后拆掉),由于该处局部热胀而受到周围材料的约束,会产生很大的受压热塑性变形,冷却时该塑性变形要保留,使该处收缩,又受到周围材料的约束,在该处产生很大的残余拉应力,就像绷紧的鼓皮,为日后的疲劳破坏留下隐患。

③ 对于焊接结构,通过改进焊接工艺可以提高焊接连接的疲劳性能。焊接连接的疲劳强度较低,通常是由于裂纹萌生期太短的缘故。采取下述工艺措施,可延长裂纹萌生期:避免过大的焊缝加强高、咬边、熔深不足以及焊缝的凸凹不平;磨光对接焊缝的加强高,降低焊缝的应力集中;打磨角焊缝的焊趾(要深入母材厚约 5 mm),也可采用 TIG(Tungsten-arc Inert-Gas welding 钨极电弧惰性气体保护焊)电弧修整工艺,使焊趾区域的金属在焊炬的作用下重新熔化,以便改善焊趾的轮廓,消除焊趾部位类似裂纹的缺陷;通过对焊趾部分的锤击或喷丸处理,可使该区域形成很高的残余压应力,还可整平裂纹缺陷,改善焊趾的剖面轮廓,较大提高焊接件的疲劳寿命。

§ 10.5 钢结构的防脆断设计

10.5.1 钢材的脆性破坏

正如第 2 章所叙述的那样,在正常使用条件下具有较高的塑性和韧性的建筑钢材,在某些条件下,却可能发生脆性破坏,即在所受应力小于其强度的情况下,发生速度极快且吸收能量极少的不稳定断裂。由于破坏突发,常造成财产和人员的重大损失。

回顾历史,国内外曾发生过许多钢结构脆断事故,特别在焊接代替铆接连接之后,在桥梁、储液罐、压力容器、船舶、工业厂房,甚至海上钻井平台,都发生过灾难性的脆性破坏事故。如自 1938 年至 1950 年间,比利时有 6 座焊接钢桥因低温冷脆断裂;又如第二次世界大战时期美国建造的全焊接船舶有 200 多艘脆性破坏,有十几艘是在较低温度下从船舷中部断裂成两截沉入海底的……

我国也有惨痛的教训。如 1979 年 12 月 28 日，吉林市煤气公司液化石油气厂的一个容积为 400 m^3 的球罐突发脆性破裂，裂口长达 13 m 多，喷出大量液化石油气，遇明火发生燃烧，在 6 万多平方米的范围内形成一片火海。由于火势太猛，消防装备不适应，无法控制火势。在大火的烘烤下，相邻的球罐严重超压，发生了强烈爆炸。该球罐的爆炸，使整个罐区遭到破坏。大火持续 23 小时，烧毁 6 个 400 m^3 球罐、4 个 50 m^3 卧罐、3 000 多只液化石油气钢瓶，烧掉 600 多吨液化石油气，并殃及周边建筑物、机动车辆和高压输电线路。按当时价格，直接经济损失达 540 万元，间接经济损失近 90 万元。此次事故共造成 32 人死亡，54 人受伤。当日气温为 -20℃，根据壁厚 15 mm 的断口特征和断裂力学（fracture mechanics）估算，该球罐属于低温低应力脆性断裂，主断裂源位于上环焊缝的内壁焊趾上，长约 65 mm。检查还发现，上下环焊缝质量很差，表面和内部有很多咬边、错位、裂纹、融和不良、夹渣及气孔等缺陷。该球罐自 1977 年建成投入使用前后，从没进行过检验，致使制造、安装中的先天缺陷没能及时发现和消除，使裂纹不断扩展，最终发生脆性破坏。1980 年国务院批转了《关于吉林市煤气公司液化石油气厂恶性爆炸、火灾事故的报告》，并在全国范围内开展以查裂纹及裂纹性缺陷为重点的压力容器的大检查。经过近两年的开罐检查，采取积极措施，消除了大量缺陷，保证了各种储罐的安全运行。

钢材的脆性破坏大致可分为即时脆性破坏和延迟脆性破坏两类。前者是指钢材在缺陷、低温、拉力或冲击荷载等影响下突然发生脆性断裂。例如 1989 年 1 月 22 日 8 时许，内蒙古某糖厂交工验收不久的废蜜贮罐在气温 -11.9℃ 的情况突然发生脆性破坏事故。废蜜贮罐直径为 20 m，高 15.76 m，是由十层不等厚度钢板（6 ~ 18 mm）焊接而成，可贮存废蜜 5 600 t。罐体的破坏是灾难性的，整个罐体被肢解，下部三层撕成两段，上部七层及盖帽被甩出 25 m 外，砸倒了糖库的西墙和西南角墙。4 300 t 废蜜从罐中涌出，将相距 4 m 处的两层泵房夷为平地，整个事故过程不足 10 秒钟。检查发现该事故是由于焊接质量差，某些焊缝没焊透，只有 3/4 载荷的罐体的薄弱部位发生了低温脆断。

延迟脆性破坏是指钢结构虽有缺陷，但尚没达到即时脆性破坏状态，而是经过了一段时间的缺陷发展后出现的脆性断裂，钢结构的疲劳破坏（含腐蚀疲劳）、钢材的应力腐蚀开裂 SCC（stress corrosion cracking）和氢脆可以归为此类。

承受拉应力（外拉力引起的拉应力或残余拉应力）的钢材处于某一特定腐蚀环境中，由于电化学反应，使其初始缺陷或裂纹端部受到腐蚀而不断扩展，最终发生脆性断裂，称为 SCC。不同的钢材对不同的腐蚀介质的敏感度是不同的，低碳钢和低合金钢对硝酸盐介质敏感，因此石油化工系统使用的压力容器、管道等用钢要特别留意。高强钢丝对盐雾和酸雨比较敏感，我国 20 世纪 70 至 90 年代初修建的 30 多座斜拉桥中，已有 46% 因高强钢丝束锈蚀或应力腐蚀疲劳开裂，更换了斜拉索，损失严重。

钢材由于吸收了原子氢而使其变脆的现象称为氢脆。原子氢在晶格位错处或晶界和缺陷处富集，生成氢分子。随着时间的推移，氢气越聚越多，在内部产生巨大压力，使钢材从内部开裂，并不断扩展，在外拉力作用下发生脆断。与上述应力腐蚀不同的是，氢脆只在高强度钢中敏感。早期我国铁路钢桥中大量使用 40B 钢的高强螺栓，在十几年间有五千分之一发生了延迟断裂，大部分是氢脆。后采用可冷镦法生产高强螺栓的 20MnTiB 和 35VB 钢代替 40B 钢，情况好转。

10.5.2　断裂力学的应用

钢结构脆性断裂的主要影响因素之一是裂纹缺陷的存在。常规的强度理论将材料看作是理想均匀的连续体，基于小试样而得到强度指标，无法应用于钢结构的脆性断裂分析中。断裂力学正是研究带裂纹材料或结构的强度及裂纹扩展规律的一门学科。断裂力学运用连续体力学原理，来研究带有缺陷的均质连续材料制成的工程结构构件的强度和断裂条件，建立一套适用于这类构件的理论分析与实验研究的原理和方法，以确保其安全服役。

1. 断裂力学中的裂纹

在断裂力学中，将实际材料中存在的缺陷统称为裂纹。裂纹按照几何特征（图 10.5.1）可以分为穿透裂纹（图 10.5.1a）、表面裂纹（图 10.5.1b）和深埋裂纹（图 10.5.1c）。裂纹按照力学特征可以分为张开型（Ⅰ型）裂纹（图 10.5.2a）、滑移型（Ⅱ型）裂纹（图 10.5.2b）和撕开型（Ⅲ型）裂纹（图 10.5.2c）。在钢结构中，Ⅰ型裂纹是最常见的裂纹形式。

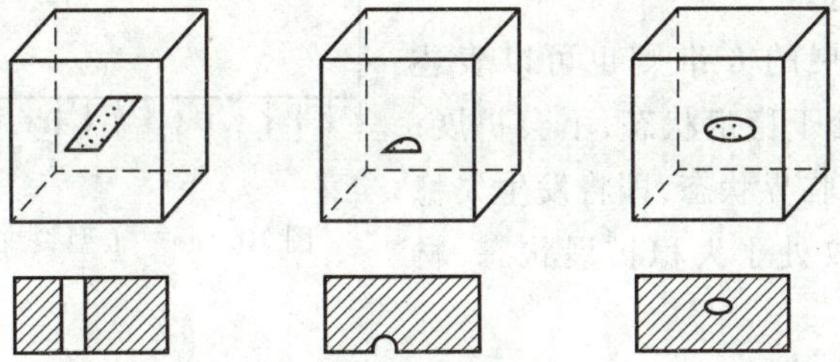

图 10.5.1　裂纹的几何特征分类图

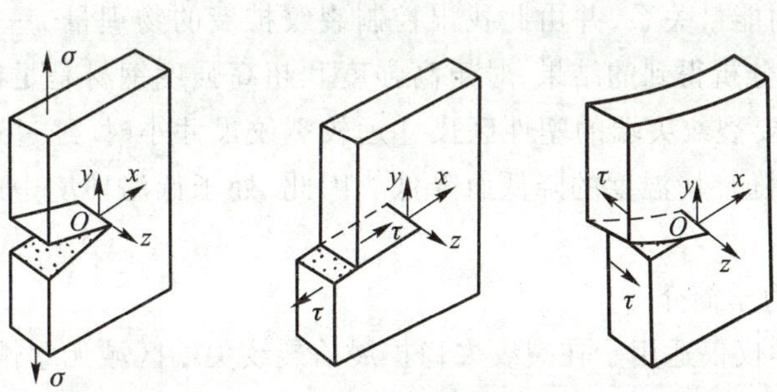

图 10.5.2　裂纹的力学特征分类图

2. 脆性断裂的 K 准则

构件的断裂是裂纹失稳扩展的结果，而裂纹的失稳扩展与裂纹尖端附近区域的应力场强度相关。

对于Ⅰ型裂纹，令：

$$K_{\mathrm{I}}=y\sigma\sqrt{\pi a} \tag{10.5.1}$$

式中，K_{I}为Ⅰ型裂纹应力强度因子（stress intensity factor），仅取决于外应力大小、裂纹的位置和尺寸；a 为裂纹宽度的一半（图 10.5.3 的情况）或裂纹宽度（图 10.5.2（a）的情况）；σ 为板的外应力；y 为考虑边界效应、裂纹和荷载形式的修正系数，可查有关表格确定，如当穿透裂纹位于无限宽板的中央时，$y=1.0$；当穿透裂纹位于半无限宽板的边缘时，$y=1.1$。应力强度因子$K_{\rm I}$表征了Ⅰ型裂纹尖端附近区域应力场的强弱程度，裂纹是否会发生失稳扩展取决于$K_{\rm I}$的大小。

据此建立Ⅰ型裂纹失稳扩展的 K 准则：

$$K_{\rm I}=K_{\rm Ic} \tag{10.5.2}$$

式中，$K_{\rm Ic}$为 $K_{\rm I}$的临界值，又称断裂韧度（fracture toughness），是材料的固有常数。试验和理论分析均表明，材料的断裂韧度随材料厚度的增加而下降，这是由于在承受拉力的厚板裂纹尖端，会出现三向拉力场，形成平面应变状态，使材料变脆。钢材的断裂韧度可以遵照国家标准 GB/T 4161—2007《金属材料平面应变断裂韧度$K_{\rm Ic}$试验方法》测定。

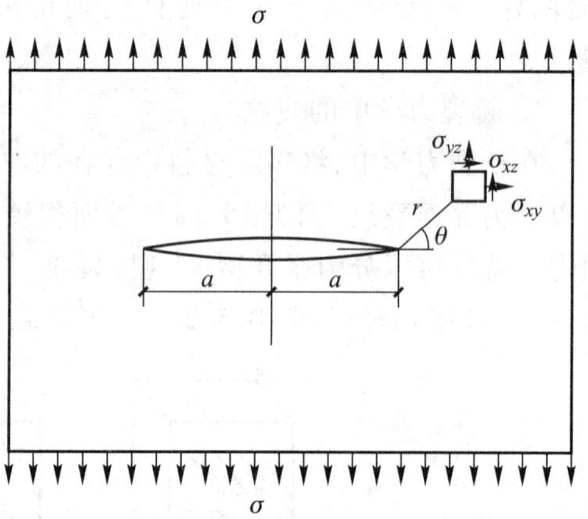

图 10.5.3　Ⅰ型裂纹裂尖附近应力状态

Ⅰ型裂纹失稳扩展的 K 准则也可以表述为：当$K_{\rm I}<K_{\rm Ic}$时，裂纹处于稳定状态，不会扩展；当$K_{\rm I}=K_{\rm Ic}$时，裂纹处于临界状态，即将发生失稳扩展；当$K_{\rm I}>K_{\rm Ic}$时，裂纹处于失稳扩展状态，材料即将发生断裂。

需要指出，K 准则是基于脆性材料导出，属于线弹性断裂力学的范畴。在推导过程中，裂纹体被视为线弹性材料，人们利用弹性力学的方法去分析裂纹尖端的应力场、位移场，以及与裂纹扩展有关的能量关系，并由此找出控制裂纹扩展的物理量——应力强度因子。实践表明：采用 K 准则分析得到的结果，对于高强度和超高强度钢材是足够精确的；对于较厚的中低强度钢材，只要裂纹尖端的塑性区尺寸远较裂纹尺寸小时，经过适当的修正，也是有效的。试验表明，$K_{\rm Ic}$随环境温度的降低而降低。因此，处于低温环境中的中低强度钢，也是适用的。

3. 弹塑性断裂力学简介

线弹性断裂力学仅仅适用于在裂纹失稳扩展前裂纹尖端区域无塑性变形或无明显的塑性变形的断裂，基本上属于弹性应力的情况，如高强钢的断裂，以及中低强度钢在低温条件下的断裂。对于常温下韧度较高的中、低强度钢，裂纹在扩展前，其端部的塑性区尺寸已接近甚至超过裂纹尺寸，将发生弹塑性断裂，此时应采用弹塑性断裂力学的方法来解决问题。

弹塑性断裂力学要解决的中心问题是如何在大范围屈服条件下，确定出能定量描述裂纹尖端区域弹塑性应力、应变场强度的参量，以便既能用理论建立起这些参量与裂纹几何特性、外加载荷之间的关系，又易于通过试验来测定它们，并最后建立便于工程应用的断裂准则。目前应用最多的是 COD（cracking opening displacement）理论和 J 积分（J integral）理论。

COD 理论的断裂准则的表达式为式（10.5.3），即当裂纹尖端张开位移 $\delta_{\rm I}$ 达到材料的临界值 $\delta_{\rm Ic}$时，裂纹发生失稳扩展。J 积分属于围线积分，通过 J 积分描述裂纹尖端弹塑性应力应变场的强度，J 积分与积分路线无关。因此，可以避开裂纹尖端的复杂应力应变场，其断裂准则的表达式为式(10.5.4)，即当 J 积分值 $J_{\rm I}$ 达到材料的临界值 $J_{\rm Ic}$ 时，裂纹发生失稳扩展。

$$\delta_{\rm I}=\delta_{\rm Ic} \tag{10.5.3}$$

$$J_{\rm I}=J_{\rm Ic} \tag{10.5.4}$$

$\delta_{\rm Ic}$、$J_{\rm Ic}$ 也都称为材料的断裂韧度，可遵照国家标准 GB/T 21143—2014《金属材料准静态断裂韧度的统一试验方法》测定。根据理论分析，在钢材所受拉应力 σ 满足条件 $\sigma/f_y\leqslant 0.5$ 时，钢材的三个断裂韧度之间有如下的近似换算关系：

$$J_{\rm Ic}=\frac{K_{\rm Ic}^2(1-\mu^2)}{E}=f_y\delta_{\rm Ic} \tag{10.5.5}$$

考虑平面应变条件下的 $K_{\rm Ic}$ 试件尺寸限制严格，对韧性好的钢材，试件尺寸过大，试验难度较大，此时可由标准试件小得多的 $J_{\rm Ic}$ 的测试结果，通过式(10.5.5)换算 $K_{\rm Ic}$。

4. 断裂力学在防脆断设计中的应用

目前工程上应用断裂力学主要有下述几个方面：

① 估算含裂纹钢构件和连接节点的安全性和寿命，确定构件或连接节点在工作条件下的裂纹尺寸容许限值；

② 用断裂力学作指导，分析各种断裂事故，提出改进措施；

③ 用断裂力学作指导，对特别重要或特殊的结构构件和连接节点，进行抗脆断验算和安全性设计；

④ 用断裂力学作指导，合理选择断裂韧度好的钢材和工艺，发展新材料、新工艺。

为解决上述问题，需要完成断裂力学参量($K_{\rm I}$、$\delta_{\rm I}$ 或 $J_{\rm I}$)的计算和钢材相应的断裂韧度的选择，最后选取合理的断裂判据进行判断。

在计算参量时，首先要确定裂纹的类型和尺寸。前两个方面的缺陷要通过测量和分析确定；在解决第③方面的问题时，可参考工程质量验收规范、当前的施工水平、探伤水平等因素，假定初始裂纹的位置、形状和尺寸；在解决第④方面问题时，可人为设置缺陷。当受力状态和几何条件较为简单时，可采用简化裂纹模型，直接查找断裂力学现成表格和公式计算参量；当受力状态和几何条件复杂时可采用数值模型计算。

在选择钢材的断裂韧度时，可利用已有的相应钢材的断裂韧度值；当缺乏数据时，需要通过试验进行测定。当钢结构可能处于低温环境下工作时，应选择低温下的断裂韧度值；焊接钢结构的缺陷常出现在焊接连接处，此时，应选择焊缝金属和热影响区的断裂韧度，它们都比母材的低，热影响区的断裂韧度最低。

10.5.3 防止脆性断裂的方法

影响钢材在一定条件下出现脆性破坏的因素主要有：钢材的内在因素，如钢材的化学成分、组织构造和缺陷等；钢材的外在因素，如构造缺陷和焊接加工引起的应力集中(特别是厚板的应力集中)、低温影响、动荷作用、冷作硬化和应变时效硬化等。因此，为了防止脆性破坏的发生，应在钢结构的设计、施工和使用过程中注意以下各点：

① 合理设计。首先，应正确选用钢材。随着钢材强度的提高，其韧性和工艺性能一般

都有所下降。而且高强度钢材在满负荷工作时，本身储有很高的应变能，一旦发生开裂，释放的应变能将会成为驱动裂纹发展的动力。因此，不宜采用比实际需要强度更高的材料。同时，对于低温下工作、受动力荷载的钢结构，应使所选钢材的脆性转变温度低于结构的工作温度。在低温下承受拉力的构件及承重结构的受拉板件，应尽量使用较薄的型钢和板材，并应保证较高的质量等级。可参考表 2.5.6 选择钢材。其次，构造应力求合理，避免构件截面的突然改变，使之能均匀、连续地传递应力，减少构件和节点的应力集中。在满足结构的正常使用条件下，应尽量减少结构的刚度和整体性，以防断裂的失稳扩展，例如构件和节点的连接应尽量采用螺栓连接。如必须采用焊接连接时，应避免焊缝的密集和交叉，尽量采用焊接残余应力小的构造形式，受拉构件或受弯构件的拉应力区不宜使用角焊缝，对接焊缝的质量等级不得低于二级。在有腐蚀性介质和近海烟雾腐蚀环境下受拉或受弯的钢构件，应选择耐应力腐蚀开裂的钢材，并加强防腐处理；对于索桥的缆索应采用镀锌钢丝制作，且应从内部到外部加强防护措施和安全监测。根据苏联对脆断事故的调查结果，焊接格构式桁架较实腹式结构容易发生冷脆破坏，《标准》规定在工作温度等于或低于-30℃的地区，焊接构件宜采用实腹式构件，避免采用手工焊接的格构式构件。《标准》中还给出了不少具体规定，此处不再赘述。

② 正确施工。应严格按照设计要求进行制作，例如不得随意进行钢材代换，不得随意将螺栓连接改为焊接连接，不得随意加大焊缝厚度，施工临时安装连接应避免采用焊缝连接，等等。受拉构件的钢材边缘宜为轧制边或自动气割边。应尽量采用钻孔或冲孔后再扩钻，以及对剪切边进行刨边等方法来避免冷作硬化现象。为了保证焊接质量，尽量减少焊接残余应力，应制定合理的焊接工艺和技术措施，并由考试合格的焊工施焊，必要时可采用热处理方法消除主要构件中的焊接残余应力。焊接中不得在构件上任意打火起弧。在制作和安装过程中所造成的缺陷，如定位焊缝、引弧板、吊装辅件等均应进行清理和修复。制作和安装过程中及完成后，均要严格执行质量检验制度。

③ 合理使用。不得随意改变结构使用用途或任意超负荷使用结构；原设计在室温工作的结构，在冬季停产检修时要注意保暖；不在主要结构上任意焊接附加零件悬挂重物；避免因生产和运输不当对结构造成撞击或机械损伤；平时应注意检查和维护等。

④ 对于特别重要或特殊的结构构件和连接节点，可采用断裂力学和损伤力学的方法对其进行抗脆断验算。

10.5.4　国外防脆断设计的有关建议

欧洲钢结构设计规范第 10 部分（EN1993-1-10：2005）对承受拉力的构件，承受含有拉应力部分的疲劳荷载的焊接构件，针对三种不同的参考应力水平（σ_{Ed}）和七种不同的参考温度（T_{Ed}），给出了不必进行脆性断裂验算的各种牌号钢材制成的构件的最大板厚限值，见表 10.5.1。表中数值是假定加载应变速率为 4×10^{-4}/s，钢材未经任何冷弯加工的情况下给出的，当实际情况有出入时，可通过调整参考温度的办法进行修正。文中还给出了应用断裂力学进行评估的方法。这些方法同时考虑了钢材的强度等级、材料韧性、材料厚度、应力水平、加载速率、参考温度和构件冷加工情况等对脆性破坏的影响，规定比较详细，具有可操作性。

表 10.5.1 欧洲钢结构规范规定的钢构件板件最大厚度限值 mm

钢材牌号	质量等级	冲击功 温度 T/℃	冲击功 J_{min}	参考温度T_{Ed}/℃																				
				10	0	-10	-20	-30	-40	-50	10	0	-10	-20	-30	-40	-50	10	0	-10	-20	-30	-40	-50
				$\sigma_{Ed}=0.75f_y(t)$							$\sigma_{Ed}=0.50f_y(t)$							$\sigma_{Ed}=0.25f_y(t)$						
S235	JR	20	27	60	50	40	35	30	25	20	90	75	65	55	45	40	35	135	115	100	85	75	65	60
	J0	0	27	90	75	60	50	40	35	30	125	105	90	75	65	55	45	175	155	135	115	100	85	75
	J2	-20	27	125	105	90	75	60	50	40	170	145	125	105	90	75	65	200	200	175	155	135	115	100
S275	JR	20	27	55	45	35	30	25	20	15	80	70	55	50	40	35	30	125	110	95	80	70	60	55
	J0	0	27	75	65	55	45	35	30	25	115	95	80	70	55	50	40	165	145	125	110	95	80	70
	J2	-20	27	110	95	75	65	55	45	35	155	130	115	95	80	70	55	200	190	165	145	125	110	95
	M、N	-20	40	135	110	95	75	65	55	45	180	155	130	115	95	80	70	200	200	190	165	145	125	110
	ML、NL	-50	27	185	160	135	110	95	75	65	200	200	180	155	130	115	95	230	200	200	200	190	165	145
S355	JR	20	27	40	35	25	20	15	15	10	65	55	45	40	30	25	25	110	95	80	70	60	55	45
	J0	0	27	60	50	40	35	25	20	15	95	80	65	55	45	40	30	150	130	110	95	80	70	60
	J2	-20	27	90	75	60	50	40	35	25	135	110	95	80	65	55	45	200	175	150	130	110	95	80
	K2、M、N	-20	40	110	90	75	60	50	40	35	155	135	110	95	80	65	55	200	200	175	150	130	110	95
	ML、NL	-50	27	155	130	110	90	75	60	50	200	180	155	135	110	95	80	210	200	200	200	175	150	130
S420	M、N	-20	40	95	80	65	55	45	35	30	140	120	100	85	70	60	50	200	185	160	140	120	100	85
	ML、NL	-50	27	135	115	95	80	65	55	45	190	165	140	120	100	85	70	200	200	200	185	160	140	120
S460	Q	-20	30	70	60	50	40	30	25	20	110	95	75	65	55	45	35	175	155	130	115	95	80	70
	M、N	-20	40	90	70	60	50	40	30	25	130	110	95	75	65	55	45	200	175	155	130	115	95	80
	QL	-40	30	105	90	70	60	50	40	30	155	130	110	95	75	65	55	200	200	175	155	130	115	95

续表

钢材牌号	质量等级	冲击功		参考温度 T_{Ed}/℃																				
		温度 T/℃	J_{min}	10	0	-10	-20	-30	-40	-50	10	0	-10	-20	-30	-40	-50	10	0	-10	-20	-30	-40	-50
				$\sigma_{Ed}=0.75f_y(t)$							$\sigma_{Ed}=0.50f_y(t)$							$\sigma_{Ed}=0.25f_y(t)$						
S460	ML、NL	-50	27	125	105	90	70	60	50	40	180	155	130	110	95	75	65	200	200	200	175	155	130	115
	QL1	-60	30	150	125	105	90	70	60	50	200	180	155	130	110	95	75	215	200	200	200	175	155	130
S690	Q	0	40	40	30	25	20	15	10	10	65	55	45	35	30	20	20	120	100	85	75	60	50	45
	Q	-20	30	50	40	30	25	20	15	10	80	65	55	45	35	30	20	140	120	100	85	75	60	50
	QL	-20	40	60	50	40	30	25	20	15	95	80	65	55	45	35	30	165	140	120	100	85	75	60
	QL	-40	30	75	60	50	40	30	25	20	115	95	80	65	55	45	35	190	165	140	120	100	85	75
	QL1	-40	40	90	75	60	50	40	30	25	135	115	95	80	65	55	45	200	190	165	140	120	100	85
	QL1	-60	30	110	90	75	60	50	40	30	160	135	115	95	80	65	55	200	200	190	165	140	120	100

注：1. 表中 $f_y(t)=f_{y.nom}-0.25\frac{t}{t_0}$，N/mm²，系考虑钣厚影响的钢材屈服强度，$t_0=1$ mm，$f_{y,nom}$ 是标准屈服点，t 是实际板厚。$f_{y,nom}$ 也可直接由相应的钢材标准中查取。

2. 表中数值可以采用内插法插入。

3. 冲击功最小值（J_{min}）是沿着钢材的轧制方向提取的。

4. 预定 S690 钢材制品时，应提交冲击功试验温度。

澳大利亚钢结构规范(AS4100—1998)采用限制钢构件服役温度或断裂评估的办法来防止脆性断裂。根据不同厚度不同钢材的缺口韧性确定其容许的服役温度,并制成表格,选择钢材时,要根据设计的服役温度应大于容许的服役温度,从表格中选择合适的钢材牌号和厚度。当采用断裂评估法时,应采用所选择钢材的断裂韧性测定值和非破损试验结果,进行断裂力学分析。

俄罗斯地处欧洲西北部,冬季气候寒冷,过去曾发生过不少钢结构的脆性破坏事故。经过大量的理论和试验研究,苏联《钢结构设计规范》($CH_N\Pi$ Ⅱ-23-81)提出了一套考虑脆性破坏的强度计算方法。该规范规定,建造在-30℃至-65℃气温地区的钢结构中,都要考虑脆性破坏的抗力,按下式验算强度:

$$\sigma_{max} \leqslant \beta R_u / \gamma_u \tag{10.5.6}$$

式中,σ_{max}为构件计算截面的最大名义拉应力,计算时不考虑动力系数,按净截面算出;β为计算系数,考虑了使用时的最低计算温度、钢材牌号、构件的构造和连接形式以及构件板厚的影响,总的趋势是计算温度越低、所用钢材的屈服强度越高、构件的板厚越厚、采用焊接连接形式引起的应力集中越严重,β就越低,最低时可达0.6;R_u为钢材的计算抗拉强度;γ_u为相应的抗力系数,取1.3。

美国钢结构协会《建筑钢结构规范》(ANSN/AISC360—16)在材料一章中单列了热轧重型型钢和焊接重型型钢的内容,规定:采用热轧重型型钢(翼缘板厚≥50 mm),当主要承受由拉力和弯矩引起的拉应力作用时,和采用全熔透坡口焊缝对其整个厚度进行拼接时,在钢材的供货合同中应由供货商提供C_V试验值,并满足+70°F(+21℃)的C_V平均值不小于20 ft·lbs(27J)的要求;同时规定,由板厚≥2 in(50 mm)组成的重型焊接组合截面钢构件,当主要承受由拉力和弯矩引起的拉应力作用时,和采用全熔透坡口焊缝与其他构件全厚度进行熔融拼接或连接时,其钢材也应满足上述要求。规范的条文说明指出,由于真实结构中钢材的应变速率远低于夏比V型缺口冲击试验中的应变速率,因此规定的试验温度比预期的结构使用温度高。美国公路钢桥规范对非累赘钢桥构件的断裂控制规定,采用屈服强度为248 N/mm^{2}和345 N/mm^{2}的钢材构件,当型材板厚不超过38 mm时,按所在地区最低温度增加39℃进行夏比试验,而不是在服役环境的最低温度下做冲击试验,这和上述的道理是一样的,不过冲击功的下限定为34 J。当厚度大于38 mm时,对最低温度为-35℃ ~ -51℃的地区,则要求增加28℃进行夏比试验。当厚度大于51 mm时,对于屈服强度为345 N/ mm^{2}的焊接钢构件,除按上述要求进行夏比试验外,冲击功的下限提高到41 J。

钢材的板厚越薄,轧下量越大,钢材的综合性能越好。显然,考虑实际板厚进行防脆断设计是合理的。由于我国在这方面的研究不多,《标准》仅在4.3.4条对工作温度不高于-20℃的受拉构件及承重构件的受拉板件,以40 mm的板厚或直径为界限,将钢材的质量限制为C、D两个等级。期望我国钢结构工程界和科技工作者,能开展这方面的研究,以便使我国在防脆断的钢材选用上,更加科学合理。

习　题

10.1　高周疲劳和低周疲劳有哪些区别?

10.2　常幅疲劳和变幅疲劳有哪些区别？

10.3　直接承受动力荷载的钢结构，当应力循环次数到达多少时应进行疲劳计算？

10.4　在疲劳验算时，计算内力应采用材料标准值还是设计值？为什么？

10.5　为何影响焊接结构疲劳强度的主要因素是应力幅而不是应力比？

10.6　非焊接结构的应力幅如何计算？为什么？

10.7　什么是等效应力幅？是根据什么原理求得的？

10.8　如何防止钢结构的脆性破坏？

10.9　何谓钢材的断裂韧度和断裂判据？

10.10　两块截面为 400 mm×20 mm 的钢板，采用引弧和引出板的对接焊缝连接，其焊缝质量为一级，表面进行磨平加工，对接焊接后的钢板承受垂直于焊缝的重复轴心拉力荷载，预期循环次数为10^6次，荷载标准值为$N_{min}=0$，$N_{max}=600$ kN，试进行疲劳验算。

10.11　试验算图示承受循环轴心力的三面围焊连接的疲劳强度。已知角钢 2∟125×10，与厚度为 8 mm 的节点板连接，节点板的 θ 角为 30°，其搭接长度为 300 mm，焊脚尺寸$h_f=$ 8 mm，钢材为 Q235B，手工焊，焊条为 E43 型，其承受的循环轴力标准值$N_{min}=200$ kN，$N_{max}=$ 500 kN，预期寿命为 2×10^6次。

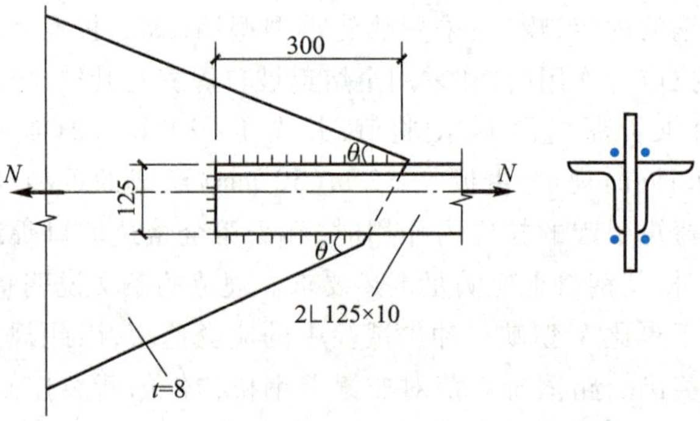

习题 10.11 图

第 11 章

钢结构的塑性设计和抗震设计

§11.1 塑性和弯矩调幅设计的基本概念

钢材具有良好的延性，在保证结构构件不丧失局部稳定和侧向稳定的情况下，可以在超静定结构中的若干部位形成具有充分转动能力的塑性铰（plastic hinge），引起结构内力的重分配（redistribution of internal forces），从而发挥结构各部分的潜能。这种以整个结构的极限承载力作为结构极限状态的塑性设计（plastic design）方法具有如下的优点：

① 与通常的弹性设计方法相比，可以节约钢材（10% ~15%）和降低造价。

② 对整个结构的安全度有更直观的估计。通常的弹性设计方法在弹性范围内可以给出精确的内力和位移，但给不出整个结构的极限承载能力。

③ 对连续梁和低层框架的内力分析较弹性方法简便。

1914 年匈牙利建造了世界上第一座塑性设计的建筑物，随后英、加、美等国均在本国建造了塑性设计的工程。英国在 1948 年第一个把塑性设计方法引进了 BSS 499 规范。随后，以英国和美国为中心，迅速地普及塑性设计。现已公认，塑性设计简单、合理，而且可以节约钢材，所以英国和荷兰的低层建筑几乎全部采用塑性设计，美国和加拿大的大部分低层建筑也应用塑性设计。

我国 1988 年的 GBJ 17—1988《钢结构设计规范》（已废止）开始列入塑性设计，要求使用简单塑性分析方法进行内力分析。《标准》又引入了弯矩调幅设计方法，使钢结构塑性设计能够结合到弹性分析程序中去，将塑性设计实用化。

《标准》规定：在进行塑性及弯矩调幅设计，按正常使用极限状态设计时，应采用标准荷载，按弹性理论计算；按承载能力极限状态设计时，应采用设计荷载，用简单塑性理论分析内力；柱端弯矩及水平荷载产生的弯矩不得进行调幅。

11.1.1 简单塑性分析方法

1. 塑性铰的性质

§4-2 和 §7-2 分别介绍了受弯构件和压弯构件全截面屈服的条件，当满足了屈服条件时，就认为在该截面形成了塑性铰。实际的塑性铰附近截面均发展了一定的塑性（见图 11.1.1a），形成了一个塑性区域。为了简化计算，认为塑性区仅集中在塑性铰截面，杆件的其他部分都保持弹性。

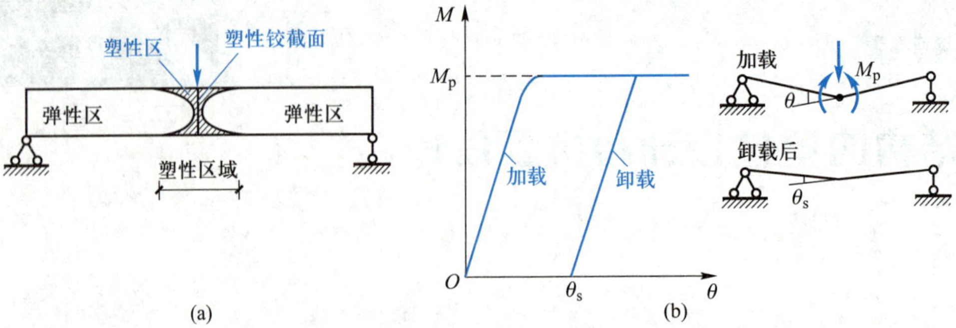

图 11.1.1　塑性铰及其性质

由图 11.1.1b 可见，当在外荷载作用下，杆件的某一截面达到塑性弯矩 M_p 以后，该截面除可以传递该弯矩外，在力矩作用方向上允许有任意大小的转动，但不能传递大于 M_p 的弯矩。当荷载反向作用(或卸载)时，塑性铰恢复弹性，可以传递反方向弯矩，但不能任意转动，只有当反方向弯矩达到塑性弯矩时，才会形成反向的塑性铰。

2. 简单塑性分析的基本假设

简单塑性分析(simple plastic analysis)也称为极限分析(limit analysis)，其基本假设如下：

① 结构构件以弯曲为主，且钢材是理想的弹塑性体，不考虑强化效应；

② 所有荷载均按同一比例增加，即满足简单加载条件；

③ 假设结构平面外有足够的侧向支撑，构件的组成板件满足构造要求，能保证结构中塑性铰的形成及充分的转动能力(rotation capacity)，直到结构形成机构(mechanism)之前，不会发生侧扭屈曲，板件不会发生局部屈曲；

④ 采用一阶分析方法，不考虑二阶效应。

分析时假设变形均集中于塑性铰处，塑性铰间的杆件保持原形。

3. 极限分析方法

(1) 极限分析定理

根据塑性力学，结构的极限分析定理如下：

① 上限定理。对于一个给定的结构与荷载系，只要存在一个满足运动约束条件的机动场(运动可能场)，使外荷载所做的功率不小于内部塑性变形所消耗的功率，由此所得的荷载值，总是大于或等于真正的极限荷载。

② 下限定理。对于一个给定的结构与荷载系，只要存在一个满足平衡条件，且不破坏屈服条件的内力场，由满足平衡条件的内外弯矩所求得的荷载值，总是小于或等于真正的极限荷载。

③ 极限分析的全解。在极限分析中，如所求的内力场和机动场能同时满足平衡条件、破坏机构条件和屈服条件，则所求得的解答，即为极限分析的全解。如果所求荷载既是极限荷载的上限，又是其下限，则该荷载便是真实的极限荷载。

(2) 极限分析方法

针对上述极限分析定理，可有相应的两种分析方法：破坏机构法和极限平衡法。

① 破坏机构法。

当不考虑平衡方面的要求，而只考虑机动与屈服条件，用上限定理求出荷载的上限解，称为破坏机构法。其步骤为

a. 确定结构上可能出现塑性铰的位置，一般塑性铰出现在集中力作用处、嵌固支座处和均布荷载作用时剪力为零的地方。

b. 画出可能的破坏机构，并找出各塑性铰处的位移关系。

c. 运用虚功原理逐一计算各破坏机构的破坏荷载，其中最小的即为极限荷载的上限值。虚功原理的公式为

$$\sum_{i=1}^{n} F_i \delta_i = \sum_{j=1}^{m} M_{pj} \theta_j \tag{11.1.1}$$

式中，F_i、δ_i 分别为结构所受的第 i 个外力和相应该外力方向的虚位移；M_{pj}、θ_j 分别为某破坏机构中出现的第 j 个塑性铰处的塑性弯矩和相应的虚转角。

d. 用平衡方程求出弯矩图，并检查是否满足 $-M_{pj} \leqslant M \leqslant M_{pj}$ 的塑性弯矩条件。

【例题 11.1】 图 11.1.2 示门式刚架的所有杆件均具有相同的塑性弯矩 M_p，求其极限荷载 F_u。

【解】 可能出现塑性铰的位置是点 1、2、3、4 和 5 处。有三种可能的破坏机构如图 11.1.2 中的 b、c、d 所示。

运用虚功原理，对机构(1)有：$F\Delta = F\dfrac{\theta \cdot l}{2} = 4M_p\theta$，则 $F_1 = \dfrac{8M_p}{l}$。

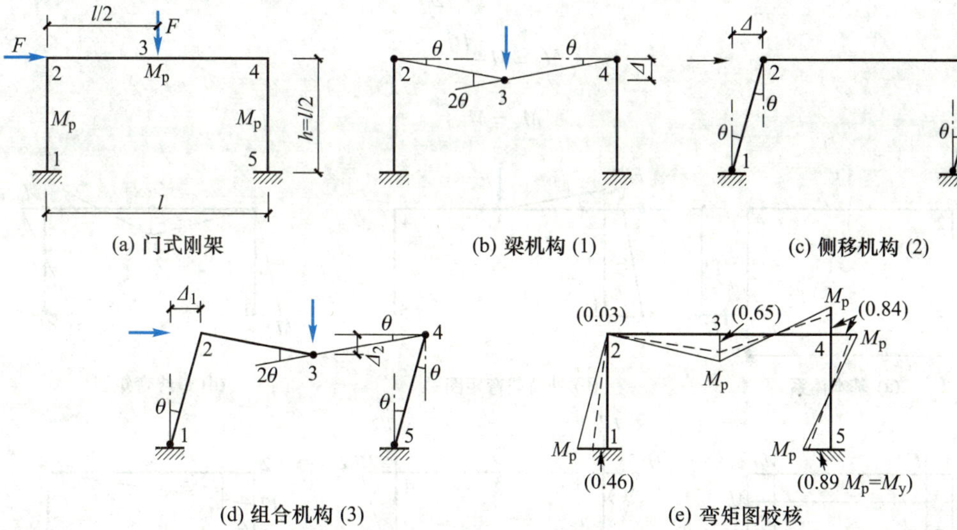

图 11.1.2　例题 11.1 图

对机构(2)有：$F\dfrac{\theta \cdot l}{2} = M_p(\theta+\theta+\theta+\theta)$，则 $F_2 = \dfrac{8M_p}{l}$。

对机构(3)有：$F\Delta_1 + F\Delta_2 = M_p(\theta+2\theta+2\theta+\theta)$，即 $F\theta l = 6M_p\theta$，则 $F_3 = \dfrac{6M_p}{l}$。

故 $F_u=F_3=\dfrac{6M_p}{l}$。

图 11.1.2e 为弯矩校核，对机构(3)，所有弯矩 $-M_{pj}\leqslant M\leqslant M_{pj}$，故 F_u 为该结构的极限荷载的上限。图中虚线是弯矩最大点(5 点)的弯矩达到屈服弯矩 $M_y=0.89M_p$ 时弹性状态下结构的弯矩图，由图中可以看出，塑性弯矩的出现顺序是 5→4→3→1。

② 极限平衡法(静力法)。

当不考虑机动方面的要求时，只考虑平衡与屈服条件，用下限定理求出极限荷载的下限解，称为极限平衡法。其步骤为

a. 去掉多余约束，并用未知力代替，将超静定结构化为静定结构(基本体系)；

b. 分别按外荷载和未知力在基本体系上画弯矩图；

c. 将弯矩图叠加，并使最大或最小弯矩达到塑性弯矩 M_p 或 $-M_p$；

d. 解平衡方程组，并求出极限荷载；

e. 检查是否满足破坏机构条件。

【例题 11.2】 试用极限平衡法，求例题 11-1 的极限荷载 F_u。

【解】 取基本体系如图 11.1.3a 所示。外荷载和未知力引起的弯矩图如图 11.1.3b、c 所示。针对 1、2、3、4、5 各点弯矩叠加如下：

$$M_1=M+Vl-Fl \quad ①$$

$$M_2=M+Vl-\frac{Fl}{2}-\frac{Hl}{2} \quad ②$$

$$M_3=M+\frac{Vl}{2}-\frac{Hl}{2} \quad ③$$

$$M_4=M-\frac{Hl}{2} \quad ④$$

$$M_5=M \quad ⑤$$

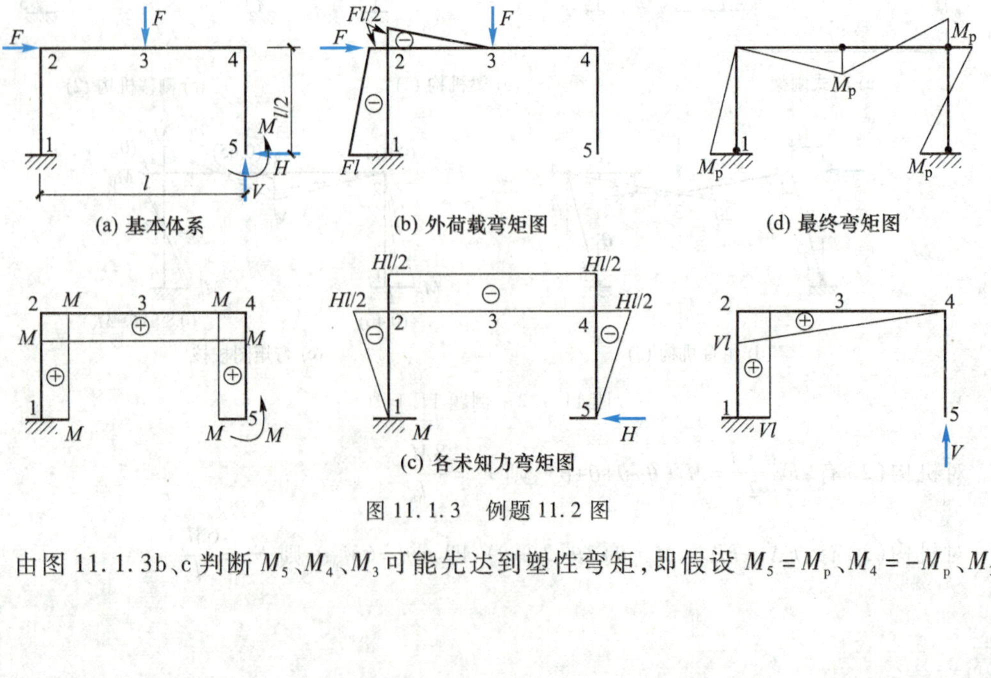

图 11.1.3　例题 11.2 图

由图 11.1.3b、c 判断 M_5、M_4、M_3 可能先达到塑性弯矩，即假设 $M_5=M_p$、$M_4=-M_p$、$M_3=$

M_p，分别代入式⑤、式④、式③，并求解得：

$$M=M_p$$

$$H=\frac{4M_p}{l}$$

$$V=\frac{4M_p}{l}$$

将 M、H、V 各值代入式①、式②得：

$$M_1=5M_p-Fl$$

$$M_2=3M_p-\frac{Fl}{2}$$

若假设 $M_2=-M_p$，可得：

$F=\frac{8M_p}{l}$、$M_1=-3M_p<-M_p$，显然是不对的。

若假设 $M_1=-M_p$，可得：

$F=\frac{6M_p}{l}$、$M_2=0$，此时最终弯矩图如图 11.1.3d 所示，由图可见满足破坏机构条件。因此其极限荷载为

$$F_u=\frac{6M_p}{l}$$

回顾例题 11-1，由于该解既是机构上限解，又是平衡下限解，故该解为真实的极限荷载。

由上述两个例题可以看出，对于一些简单的超静定结构，破坏机构法相对简捷些，常为人们采用。

11.1.2　弯矩调幅设计方法

弯矩调幅法是在一阶弹性分析的基础上，根据需要适当调整某些截面的弯矩值。通常是对那些弯矩绝对值较大的截面弯矩进行调整，然后按调整后的内力进行截面设计，是一种实用的设计方法。

弯矩调幅来源于构件截面的塑性发展而产生的内力重分布，以图 11.1.4 的双轴对称的等直截面多跨连续梁为例，当荷载较小时，跨中和支座处的弯矩都线性增加，中间支座的负弯矩大于跨中正弯矩；随着荷载增大，中间支座处的梁达到屈服承载力并进入塑性，此时中间支座处的负弯矩增加趋缓，而跨中弯矩继续增加，直至跨中截面也发展一定程度的塑性。最后支座负弯矩与跨中正弯矩在数值上趋于一致，以达到充分利用材料的目的。以第 2 跨为例，实际操作时，将按一阶弹性分析得到的较大的支座负弯矩数值予以降低（降低幅度分别为 ΔM_2 和 ΔM_3），同时将跨中正弯矩数值予以提高[提高幅度为 $(\Delta M_2+\Delta M_3)/2$]，使调整后的支座和跨中弯矩的数值基本相当，并据此设计梁截面。可见，弯矩调幅设计为塑性设计的一种简化形式，但在设计时允许使用弹性分析，直接对弹性内力进行调幅，使得塑性设计能够结合到弹性分析的程序中去，可以使塑性设计更加实用化。

对于钢结构而言，弯矩调整的幅度应根据梁两端的负弯矩和跨中正弯矩的数值确定，当

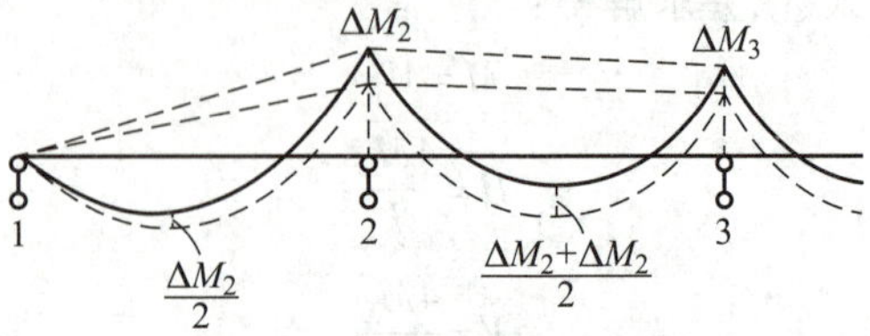

图 11.1.4　弯矩调幅示意图

正、负弯矩的数值差距较大时，调整的幅度可以稍大，反之稍小。最终的结果是使正、负弯矩数值趋于一致。一般弯矩调幅的最大幅度（支座处降低的弯矩与弹性弯矩的比值）不超过20%时，是相对保守的，如确有经验时调幅幅度可适当增加，但不能超过30%。

根据《标准》规定，柱端弯矩及水平荷载产生的弯矩不得进行调幅，这意味着仅对梁在竖向荷载作用下的弯矩进行调幅，将调幅后的弯矩与水平荷载工况进行组合，这种做法与简单塑性理论分析方法相比是偏于保守的，仅有限利用了结构塑性承载力的潜能。

弯矩调幅时，仅梁上形成塑性铰，是一种局部的塑性机构，但会增加梁的挠度，也会降低结构的水平刚度，增加结构侧移。因此，当采用一阶弹性分析进行弯矩调幅设计时，对于连续梁和框架梁，钢梁的调幅幅度限值及变形增大系数可按表 11.1.1 采用。

表 11.1.1　钢梁调幅幅度限值和变形增大系数

调幅幅度限值	梁截面板件宽厚比等级	侧移增大系数
15%	S1 级	1.00
20%	S1 级	1.05

11.1.3　塑性及弯矩调幅设计的适用范围

《标准》规定塑性设计及弯矩调幅设计适用于不直接承受动力荷载的下列结构或构件：

① 超静定梁；

② 由实腹构件组成的单层框架结构；

③ 层侧移不大于容许侧移的 50% 的 2 ~6 层框架结构；

④ 满足下列条件之一的框架-支撑（剪力墙、核心筒等）结构中的框架部分：

a. 结构下部 1/3 楼层的框架部分承担的水平力不大于该层总水平力 20%；

b. 支撑（剪力墙）系统能够承担所有水平力。

连续梁是塑性设计及弯矩调幅设计最适合应用的领域。对于按正常使用极限状态设计时，层侧移不大于容许侧移 50% 的单层和多层框架也可采用塑性及弯矩调幅设计，但为防止框架柱形成塑性铰转动时使受力复杂化，对框架柱的受力有所限制。

在水平荷载（不包括地震作用）下，构成抗侧力支撑系统的梁、柱构件，均可能承受较大轴力，不适合进行塑性设计和弯矩调幅设计。由于变截面构件的塑性铰位置很难确定，目前的塑性设计仅适用于等直截面梁和等截面框架结构。

当采用塑性或弯矩调幅设计时，构件计算及抗震设计均应采用调整后的内力。

一、二层框架中，构件截面除受弯矩作用外，还有一定的轴力，因而构件实为压弯构件或拉弯构件。轴力的存在将降低截面所能承受的塑性弯矩。但一、二层框架构件中的轴力一般不大，可以认为以受弯为主，使用简单塑性分析方法进行塑性设计时可略去轴力影响，仅在截面的强度验算中考虑轴力的作用。对于两层以上的框架，满足上述条件③或④时，建议使用弯矩调幅法进行塑性设计。

由于动力荷载对塑性铰的形成和内力重分配等的影响，目前研究得还不够，故《标准》限制塑性设计法应用于直接承受动力作用的结构中。对于双向受弯构件，达到塑性铰弯矩、发生塑性转动后，相互垂直的两个弯矩如何发生塑性流动尚难以掌握，故目前的塑性设计或弯矩调幅设计只适用于单向受弯的构件。

§ 11.2　塑性和弯矩调幅设计的必要条件

11.2.1　对钢材的要求

钢结构塑性设计和弯矩调幅设计主要是利用在结构中的若干截面处进入塑性后，在该截面处发生塑性转动而在结构或构件中产生内力重分配，最后形成破坏机构，因此要求钢材必须具有良好的延性。标准规定按塑性设计及弯矩调幅设计的钢结构，其钢材必须满足三个条件：

① 屈强比 $f_y/f_u \leqslant 0.85$；

② 具有明显的屈服平台；

③ 伸长率 $\delta \geqslant 20\%$。

这三个条件不但要求钢材具有良好的延性，而且要求具有足够的强化阶段，这是保证塑性铰具有充分的转动能力和板件进入塑性后仍能保持局部稳定所需要的。试验研究表明，由 $f_y/f_u=0.9$ 的钢材制作的连续梁不能实现塑性设计所求得的承载极限，这是因为屈强比偏大的钢材一旦屈服后，钢材的应变硬化模量 E_{st} 也将非常小，即使组成板件的宽厚比再小，也会过早地失去稳定，降低塑性铰处承受弯矩的能力。超静定次数越多的结构，在形成破坏机构时，要求先期出现的塑性铰处的转动角度越大，因此还必须满足伸长率 δ 的要求（图 11.2.1）。根据工程调研和独立试验实测数据，国产建筑钢材 Q235～Q460 钢的屈强比标准值都小于 0.83，伸长率都大于 20%，故均可采用。但应注意塑性区一般不宜采用屈服强度过高的钢材。

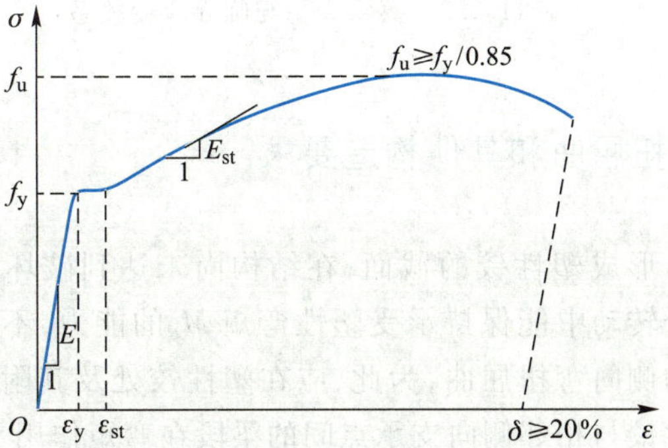

图 11.2.1　塑性设计对钢材性能的要求

11.2.2　对板件宽厚比的要求

塑性设计和弯矩调幅设计的前提是在构件中必须发展塑性，形成塑性铰后所能承受的弯矩等于构件的塑性弯矩，要求在形成塑性铰和塑性转动的过程中所能承担的弯矩不得降低。如果组成构件的板件宽厚比过大，可能在没达到塑性弯矩之前就发生了局部屈曲，或者虽然在达到塑性弯矩形成塑性铰之前没有发生局部屈曲，但是有可能在塑性铰没来得及充分转动，使结构内力重分配并形成机构之前，板件在塑性阶段就发生了局部屈曲，使塑性弯矩降低。

国内外的研究均证明，板件的宽厚比越小，板件在塑性屈服后失稳时的临界应变（反映了塑性变形能力）就越大。图 11.2.2 给出了纯弯工字梁试验中，试件翼缘外伸宽厚比 $(b/t)\sqrt{f_y/235}$ 与失稳时相对临界应变 $\varepsilon_{cr}/\varepsilon_y$ 之间的相关关系试验点，图中实线为理论曲线，虚线是根据试验点对实线的延伸线。因此，要保证塑性铰截面有充分的转动能力，且在转动过程中承载力不降低，就必须对板件的宽厚比给以较常规设计更严格的限制。《标准》规定：形成塑性铰并发生塑性转动的截面，其截面板件宽厚比应采用 S1 级；最后形成塑性铰的截面板件宽厚比等级不应低于 S2 级；其他截面板件宽厚比等级不应低于 S3 级。

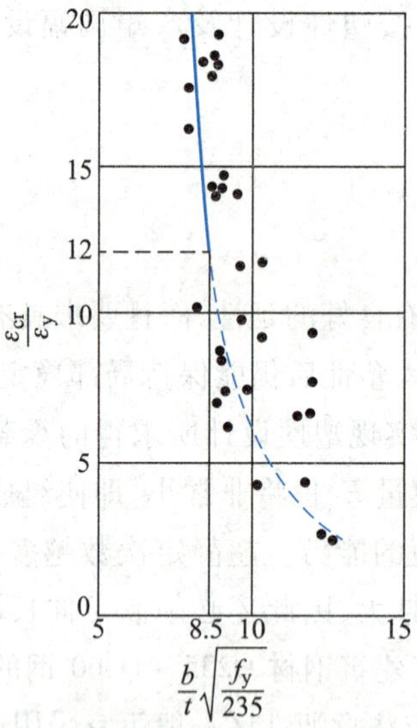

图 11.2.2　翼缘失稳与临界应变关系

11.2.3　防止弯扭屈曲和其他构造要求

按塑性设计要求，已形成塑性铰的截面，在结构尚未达到破坏机构之前必须能继续变形，为了使塑性铰在充分转动中能保持承受塑性弯矩 M_p 的能力，不但要避免板件的局部屈曲，而且必须避免构件的侧向弯扭屈曲，为此，应在塑性铰处及其附近适当距离处设置侧向支承点。试验证明：塑性铰与相邻侧向支承点间的梁段在弯矩作用平面外的长细比 λ_y（简称侧向长细比)越小,塑性铰截面的转动能力 θ/θ_y 就越强(图 11.2.3),θ_y 为试验测定的塑性铰截面处的最大弹性转角。因此,可用限制侧向长细比 λ_y 作为保证梁段在塑性铰处的转动能力的一项措施。《标准》规定,当钢梁的上翼缘没有通长的刚性铺板或防止侧向弯扭屈曲的构件时,在构件出现塑性铰的截面处应设置侧向支承。该支承点与其相邻支承点间构件的长细比 λ_y 应符合下列规定:

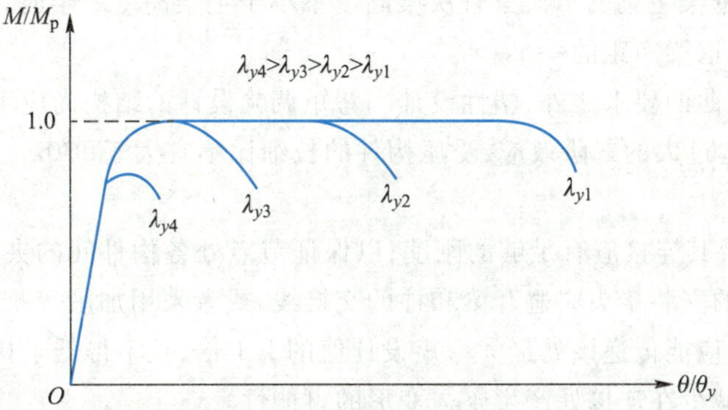

图 11.2.3 侧向长细比与塑性铰转动能力关系

当 $-1\leqslant\dfrac{M_1}{\gamma_x W_x f}\leqslant 0.5$ 时,

$$\lambda_y\leqslant\left(60-40\frac{M_1}{\gamma_x W_x f}\right)\varepsilon_k \tag{11.2.1}$$

当 $0.5\leqslant\dfrac{M_1}{\gamma_x W_x f}\leqslant 1.0$ 时,

$$\lambda_y\leqslant\left(45-10\frac{M_1}{\gamma_x W_x f}\right)\varepsilon_k \tag{11.2.2}$$

式中,λ_y 为弯矩作用平面外的长细比,$\lambda_y=l_1/i_y$,l_1 为侧向支承点间距离,i_y 为截面绕弱轴的回转半径;$\varepsilon_k=\sqrt{235/f_y}$ 为钢号修正系数;M_1 为与塑性铰相距为 l_1 的侧向支承点处的弯矩,当长度 l_1 内为同向曲率时,$M_1/(\gamma_x W_x f)$ 为正,反之为负。

式(11.2.1)和式(11.2.2)是以塑性铰处的最大转动能力 $\theta_{max}/\theta_y=10$ 为标准,按试验资料加以简化得到的经验公式。

不出现塑性铰的构件区段,其侧向支承点间距,应按非塑性设计时有关构件弯矩作用平面外的整体稳定计算确定。

当工字钢梁受拉的上翼缘有楼板或刚性铺板与钢梁可靠连接时,不会发生侧向弯扭屈曲,但可能发生受压下翼缘的侧向失稳,这是一种畸变屈曲。因此为防止塑性设计的梁端发生这种畸变屈曲,应满足下列要求之一:① 根据式(11.2.3)计算的正则化长细比不大于 0.3;② 布置间距不大于 2 倍梁高的横向加劲肋;③ 受压下翼缘设置侧向支撑。

$$\lambda_{n,b}=\sqrt{\frac{f_y}{\sigma_{cr}}} \tag{11.2.3}$$

$$\sigma_{cr}=\frac{3.46b_1t_1^3+h_wt_w^3(7.27\gamma+3.3)\varphi_1}{h_w^2(12b_1t_1+1.78h_wt_w)}E \tag{11.2.4}$$

$$\gamma=\frac{b_1}{t_w}\sqrt{\frac{b_1t_1}{h_wt_w}} \tag{11.2.5}$$

$$\varphi_1=\frac{1}{2}\left(\frac{5.436\gamma h_w^2}{l^2}+\frac{l^2}{5.436\gamma h_w^2}\right) \tag{11.2.6}$$

式中，b_1 为受压翼缘的宽度；t_1 为受压翼缘的厚度；$\lambda_{n,b}$ 为正则化长细比；σ_{cr} 为畸变屈曲临界应力；l 为距离，当框架主梁支承次梁且次梁高度不小于主梁高度一半时，取次梁到框架柱的净距；除此情况外，取梁净距的一半。

除防止侧向屈曲的要求之外，塑性设计和弯矩调幅设计的结构尚应考虑下述构造要求：

① 为避免引起过大的二阶效应，受压构件的长细比不宜大于 $130\varepsilon_k$，比弹性设计的要求稍严。

② 所有节点及其连接应有足够的刚度，以保证节点处各构件间的夹角保持不变。为达此目的，采用螺栓的安装接头应避开梁和柱的交接线，或者采用加腋等扩大式接头。构件拼接和构件间的连接应能传递该处最大弯矩设计值的 1.1 倍，且不得低于 $0.5\gamma_xW_xf$，以便使节点强度稍有余量，减少在连接处产生永久变形的可能性。

③ 当构件采用手工气割或剪切机割时，应将出现塑性铰部位的边缘刨平。当螺栓孔位于构件塑性铰部位的受拉板件上时，应采用钻成孔或先冲后扩钻孔。

§11.3　塑性和弯矩调幅设计的构件计算

因为塑性设计和弯矩调幅设计都是以发挥构件截面的弹塑性强度为计算依据的，故其构件承载力的计算表达式均采用了内力表达形式。对标准中所规定的塑性设计适用范围，结构和构件的正常使用极限状态仍可采用荷载的标准值，并按弹性理论计算。

11.3.1　受弯构件的强度和稳定计算

受弯构件的强度和稳定性计算应符合第 4 章的规定。对于受弯构件采用塑性设计进行强度验算时，截面承载力不使用截面塑性弯矩 M_p，而是使用 $\gamma_xW_{nx}f$，原因如下：

① 在简支梁的情况下，塑性调幅设计法和第 4 章的设计方法结果一致，这保证了塑性调幅设计带来的好处限于来自内力的重分配，而不是来自截面的塑性开展深度，这相当于使得塑性设计的安全裕度比使用塑性铰弯矩 M_p 进行验算时增加了 7% ~15%。

② 对连续梁，采用 $\gamma_xW_{nx}f$，可以使得正常使用状态下，弯矩最大截面的屈服区深度得到一定程度的控制，减小使用阶段的变形。

③ 对单层和没有设置支撑的多层框架，如果形成塑性机构，则框架结构的物理刚度已经达到 0 的状态，但是此时框架上还有竖向重力荷载，重力荷载对于结构是一种负的刚度（几何刚度），因此在物理刚度已经为 0 的情况下，结构的总刚度（物理刚度与几何刚度之和）为负，按照结构稳定理论，此时已经超过了稳定承载力极限状态，荷载-位移曲线进入了卸载阶段。为避免这种情况的出现，在塑性弯矩的利用上应进行限制。

受弯构件的剪切强度应符合下式要求：

$$V \leqslant h_{w} t_{w} f_{v} \tag{11.3.1}$$

式中，h_w、t_w 分别为腹板高度和厚度；V 为构件的剪力设计值；f_v 为钢材抗剪强度设计值。

在受弯构件和压弯构件中，剪力的存在会加速塑性铰的形成。在塑性设计中，一般将最大剪力的极限规定为腹板截面的剪切屈服承载力，即 $V \leqslant V_p = h_w t_w f_{vy}$，考虑了抗力分项系数后，就得到式(11.3.1)。由于钢材实际上并非理想弹-塑性体，而是有应变硬化阶段的，因此，塑性铰截面处的应变硬化部分对塑性弯矩的提高作用，抵消了剪力的存在对塑性铰弯矩的降低作用。也就是说在满足式(11.3.1)的前提下，仍可采用第 4 章方法计算受弯构件的弯曲强度。

11.3.2　压弯构件的强度和稳定验算

除塑性铰部位的强度计算外，压弯构件的强度和稳定性计算应符合第 7 章的规定，即只考虑了内力重分配带来的好处，提高了安全裕度。

采用塑性设计或采用弯矩调幅设计且结构为有侧移失稳时，框架柱的计算长度系数应乘以 1.1 的放大系数。塑性或弯矩调幅设计，由于构件截面发展了较多塑性，其抗侧刚度要比弹性设计的有所下降，因此框架柱发生有侧移失稳时，计算长度系数应乘以 1.1 的放大系数，相当于稳定承载力下降了 20%。框架发生无侧移失稳时，计算长度系数可以取为 1.0。

同时承受压力和弯矩的塑性铰截面，塑性铰转动时，会发生弯矩-轴力极限曲面上的塑性流动，受力性能复杂化，因此形成塑性铰的截面，轴压比不宜过大，采用塑性设计时要求塑性铰部位的强度计算应满足：

$$N \leqslant 0.6 A_{n} f \tag{11.3.2}$$

式中，N 为构件的压力设计值；A_n 为净截面面积；f 为钢材的抗弯强度设计值。

当 $\dfrac{N}{A_n f} \leqslant 0.15$ 时，

塑性设计：

$$M_{x} \leqslant 0.9 W_{npx} f \tag{11.3.3a}$$

弯矩调幅设计：

$$M_{x} \leqslant \gamma_{x} W_{nx} f \tag{11.3.3b}$$

当 $\dfrac{N}{A_n f} > 0.15$ 时，

塑性设计：

$$M_{x} \leqslant 1.05\left(1-\frac{N}{A_{n} f}\right) W_{npx} f \tag{11.3.4a}$$

弯矩调幅设计：

$$M_{x} \leqslant 1.15\left(1-\frac{N}{A_{n} f}\right) \gamma_{x} W_{nx} f \tag{11.3.4b}$$

式中，M_x 为构件的弯矩设计值；W_{npx} 为对 x 轴的塑性净截面模量；W_{nx} 为对 x 轴的净截面模量。

在应用上述公式计算时，其剪切强度仍应符合式(11.3.1)的要求。且当 $V > 0.5 h_w t_w f_v$ 时，验算受弯承载力所用的腹板强度设计值 f 可折减为 $(1-\rho)f$，折减系数 ρ 应按下式计算：

$$\rho = \left[2V/(h_{w} t_{w} f_{v}) - 1\right]^{2} \tag{11.3.5}$$

【例题 11.3】　设例题 11-1 中的门式刚架轴线尺寸为 $l=6$ m，所受荷载的设计值 $P=660$ kN，试按简单塑性设计方法选择梁柱截面，并完成构件验算。钢材为 Q235B 级钢。计算时可忽略梁、柱自重。

【解】

1. 求 M_P 及刚架内力

由例题 11-1 和例题 11-2 的塑性分析知 $P_u=P=\dfrac{6M_P}{l}$，则：

$$M_p=\frac{Pl}{6}=\frac{660\times6}{6}\ \text{kN}\cdot\text{m}=660\ \text{kN}\cdot\text{m}$$

根据内力平衡条件，求得形成机构时的刚架内力分布如图 11.3.1 所示。

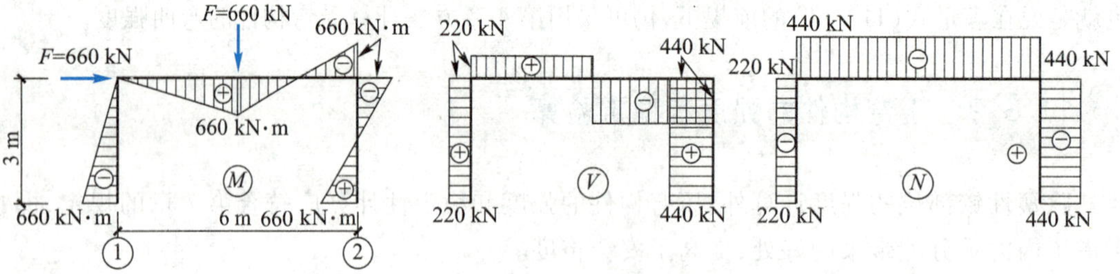

图 11.3.1 形成机构时的刚架内力图

2. 按弯矩 M_p 估算所需的 $W_{npx,t}$

由式(13.3.3a)得：

$$W_{npx,t}=M_p/(0.9f)=660\times10^6/(0.9\times215)\ \text{mm}^3=3.41\times10^6\ \text{mm}^3$$

3. 梁柱截面相同，均试选为焊接 H 形截面(图 11.3.2)，

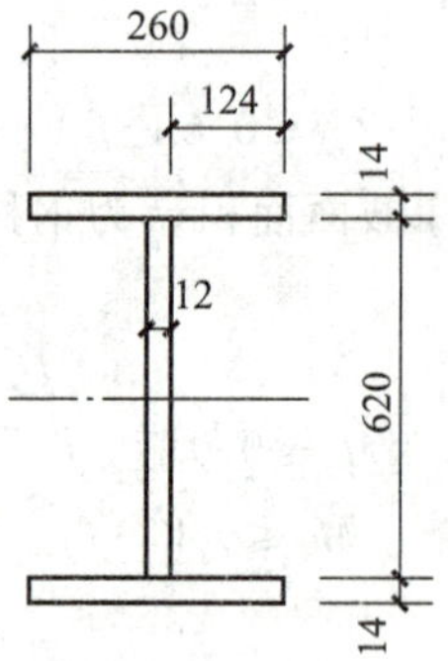

图 11.3.2 例题 11.3 图

翼缘面积：

$$2A_f=2\times260\times14\ \text{mm}^2=7\ 280\ \text{mm}^2$$

腹板面积：

$$A_w=620\times12\ \text{mm}^2=7\ 440\ \text{mm}^2$$

总面积：

$$A=2A_f+A_w=(7\ 280+7\ 440)\ \text{mm}^2=14\ 720\ \text{mm}^2$$

$$W_{npx}=260\times14\times634\ \text{mm}^3+310\times12\times310\ \text{mm}^3=3.46\times10^6\ \text{mm}^3>W_{npx,t}$$

4. 验算板件宽厚比(按截面等级为 S1 级)

(1) 翼缘

$$b/t=124/14=8.86<9\varepsilon_k$$

(2) 腹板

由图 11.3.1 知梁、柱均为压弯构件,且最大压力和弯矩设计值均相同,故统一验算腹板高厚比。

按弹性方法近似计算应力梯度:

惯性矩　　$I_x=\frac{1}{12}\times(260\times648^3-2\times124\times620^3)\ \text{mm}^4=9.7\times10^8\ \text{mm}^4$

弹性抵抗矩　　$W_x=2I_x/h=2\times9.7\times10^8/648\ \text{mm}^3=2.994\times10^6\ \text{mm}^3$

$\sigma_{\max}=\frac{660\times10^6}{2.994\times10^6}\cdot\frac{620}{648}\ \text{N/mm}^2+\frac{440\times10^3}{14\ 720}\ \text{N/mm}^2=240.8\ \text{N/mm}^2>235\ \text{N/mm}^2$,取 $235\ \text{N/mm}^2$。

$$\sigma_{\min}=-\frac{660\times10^6}{2.994\times10^6}\cdot\frac{620}{648}\ \text{N/mm}^2+\frac{440\times10^3}{14\ 720}\ \text{N/mm}^2=-181\ \text{N/mm}^2$$

$$\alpha_0=\frac{\sigma_{\max}-\sigma_{\min}}{\sigma_{\max}}=\frac{235-(-181)}{235}=1.77$$

按 S1 级,$\frac{h_0}{t_w}=\frac{620}{12}=51.7<(33+13\alpha_0^{1.3})\varepsilon_k=33+13\times1.77^{1.3}=60.3$

均能满足局部稳定的要求。

5. 塑性铰部位的强度验算

(1) 腹板剪切强度验算

梁、柱中的最大剪力设计值相同,$V_{\max}=440\ \text{kN}$,

$h_w t_w f_v=620\times12\times125\ \text{N}=930\ \text{kN}>440\ \text{kN}$,满足要求。

(2) 梁、柱抗弯强度验算

梁、柱均为压弯构件,且最大弯矩和压力的设计值分别相同,按压弯构件验算:

因$\frac{N}{A_n f}=\frac{440\times10^3}{14\ 720\times215}=0.14<0.15$,且 $V<0.5h_w t_w f_v=465\ \text{kN}$,

故 $M_x=660\ \text{kN}\cdot\text{m}<0.9W_{npx}f=0.9\times3.46\times10^6\times215\ \text{N}\cdot\text{mm}=669.5\ \text{kN}\cdot\text{m}$,满足要求。

6. 平面内整体稳定验算

(1) 刚架梁、柱计算长度确定

由于梁、柱均为压弯构件,均应按压弯构件验算弯矩作用平面内的整体稳定。

刚架柱平面内的计算长度应按附表 6.2 有侧移框架柱的计算长度系数确定。由于梁和柱的截面相同,因此柱上端的梁、柱线刚度比 K_1 就等于刚架的高跨比 0.5,柱下端与基础刚接,取 $K_2=10$,由附表 6.2 查得柱计算长度系数 $\mu_c=1.30$,柱平面内计算长度等于 $l_{0xc}=1.1\mu_c l/2=1.1\times1.3\times300\ \text{cm}=429\ \text{cm}$。

刚架梁平面内的计算长度可按附表 6.1 无侧移框架柱的计算长度系数确定。此时可将刚架横置,以横梁为受压柱,将柱看成远端为嵌固的横梁,如图 11.3.3 所示。根据附表 6.1 的注 1,应将横梁线刚度乘以 2,因此柱(实际为梁)上、下端横梁(实际为柱)与柱的线刚度比 $K_1=K_2=4$,由表查得实际梁的计算长度系数 $\mu_b=0.611$,梁平面内计算长度等于 $l_{0xb}=\mu_b l=0.611\times600\ \text{cm}=366.6\ \text{cm}$。

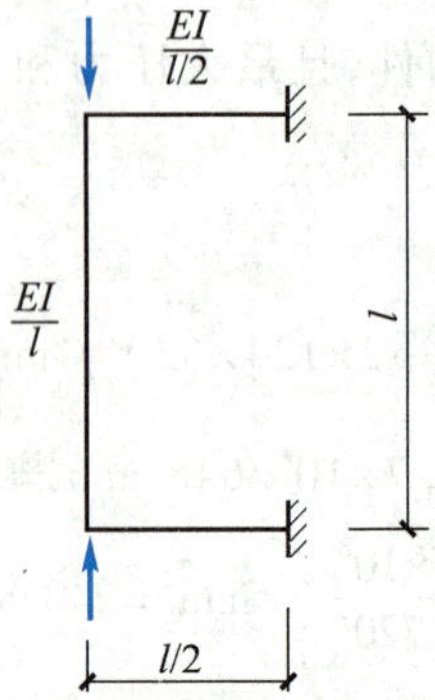

图 11.3.3　梁的无侧移框架模型

(2) 计算参数确定

梁、柱截面绕 x 轴的回转半径：

$$i_x=\sqrt{\frac{I_x}{A}}=\sqrt{\frac{97\ 000}{147.2}}\ \text{cm}\approx 25.7\ \text{cm}$$

梁绕 x 轴的长细比：

$$\lambda_{xb}=\frac{l_{0xb}}{i_x}=\frac{366.6}{25.7}=14.3$$

柱绕 x 轴的长细比：

$$\lambda_{xc}=\frac{l_{0xc}}{i_x}=\frac{429}{25.7}=16.7$$

查附表 4.2 得梁、柱的轴心受压构件稳定系数分别为

$$\varphi_{xb}\approx 0.984,\varphi_{xc}\approx 0.979$$

$$\text{参数} N_{crb}=\frac{\pi^2 EA}{\lambda_{xb}^2}=\frac{3.14^2\times 2.06\times 10^5\times 14\ 720}{14.3^2}\ \text{N}=1.462\times 10^8\ \text{N}=1.462\times 10^5\ \text{kN}$$

$$N_{crc}=\frac{\pi^2 EA}{\lambda_{xc}^2}=\frac{3.14^2\times 2.06\times 10^5\times 14\ 720}{16.7^2}\ \text{N}=1.072\times 10^5\ \text{kN}$$

$$N'_{Exb}=\frac{N_{crb}}{1.1}=1.329\times 10^5\ \text{kN}$$

$$N'_{Exc}=\frac{N_{crc}}{1.1}=9.746\times 10^4\ \text{kN}$$

由 §7.3 的等效弯矩系数 β_{mx} 的规定可知：

柱①按有侧移框架柱计算 $\beta_{mx}=1-0.36N_1/N_{crc}=1-0.36\times 220/(1.072\times 10^5)\approx 0.999$；柱②同样按有侧移框架柱计算 $\beta_{mx}=1-0.36N_2/N_{crc}=1-0.36\times 440/(1.072\times 10^5)\approx 0.999$。

梁的等效弯矩系数按无侧移框架柱或两端支承的构件计算。除轴力外，梁以正弯矩为主，且跨中正弯矩最大，正弯矩是影响梁平面内稳定性的主要因素。跨中最大正弯矩是跨中集中荷载引起，刚架的水平荷载不会在梁跨中产生弯矩，因此偏于保守地按仅有横向荷载的情况考虑，$\beta_{mx}=1-0.36N/N_{crb}=1-0.36\times 440/(1.462\times 10^5)\approx 0.999$。

(3) 平面内整体稳定验算

由于梁与柱②的最大内力相同，等效弯矩系数也相同，但柱②的稳定系数稍小，故以柱②最为不利，其稳定性：

$$\frac{N}{\varphi_x Af}+\frac{\beta_{mx}M_x}{\gamma_x W_x f(1-0.8N/N'_{Exc})}$$

$$=\frac{440\times10^3}{0.979\times1.472\times10^4\times215}+\frac{0.999\times660\times10^6}{1.05\times2.994\times10^6\times215\times\left(1-0.8\times\dfrac{440\times10^3}{9.746\times10^7}\right)}$$

$$=0.142+0.979=1.121>1.0$$

稳定性不满足要求，需加大截面，将腹板高度调整为 680 mm，重新计算：

此时 $A=15\ 440\ \text{mm}^2$，$W_x=3.365\times10^6\ \text{mm}^3$，$i_x=28.7\ \text{cm}$，$\lambda_{xc}=14.9$，$\varphi_{xc}\approx0.983$，$N'_{Exc}=1.413\times10^5\ \text{kN}$，$\beta_{mx}\approx0.999$。腹板高厚比为 56.7，依然满足局部稳定要求。由于截面面积和抵抗矩的增加，强度验算依然会满足要求，不必重算。重新计算平面内稳定性：

$$\frac{N}{\varphi_x Af}+\frac{\beta_{mx}M_x}{\gamma_x W_x f(1-0.8N/N'_{Exc})}=0.135+0.870=1.005\approx1.0$$，刚好满足要求。

可见，按我国目前标准，稳定验算中不使用塑性抵抗矩，而使用部分塑性开展的弯矩 $\gamma_x W_x f$ 时，会使已经通过塑性铰强度验算的截面尺寸有一定幅度的增加，用钢量增大约 5%。由此带来的好处是，适当增加钢柱自身的抗弯刚度有助于抵消因构件端部出现塑性铰而带来的转动约束能力降低和稳定承载力降低的影响，提高结构的安全性。

建议读者自行完成侧向支承点设置和压弯构件弯矩作用平面外整体稳定的验算。

【例题 11.4】 如图 11.3.4a 所示 $l=6$ m 的三跨连续钢梁，每一跨跨中均承受设计值为 $P=500$ kN 的集中荷载作用，有足够措施可以确保其整体稳定性，试通过强度验算确定梁的截面尺寸。钢材为 Q235B 级钢，计算时可忽略梁自重。

【解】

1. 使用简单塑性设计方法

(1) 极限荷载的计算

使用破坏机构法计算极限荷载上限。可能出现塑性铰的位置包括各跨跨中的正弯矩处和中间两个支座的负弯矩处。根据对称性，可能出现图 11.3.4b、c、d 所示的三种破坏机构。

运用虚功原理，对机构 1（图 11.3.4b）有：$3P\Delta=3P\theta l/2=M_P\cdot2\theta\cdot3+M_P\cdot\theta\cdot4$，则 $P_1=\dfrac{20}{3}\dfrac{M_P}{l}$。

对机构 2（图 11.3.4c）有：$2P\Delta=2P\theta l/2=M_P\cdot2\theta\cdot2+M_P\cdot\theta\cdot2$，则 $P_2=6\dfrac{M_P}{l}$。

对机构 3（图 11.3.4d）有 $P\Delta=P\theta l/2=M_P\cdot2\theta+M_P\cdot\theta\cdot2$，则 $P_3=8\dfrac{M_P}{l}$。

取最小值，显然 $P_u=P_2=6\dfrac{M_P}{l}$。也可根据极限平衡法求出极限荷载的下限亦为 $P_u=$

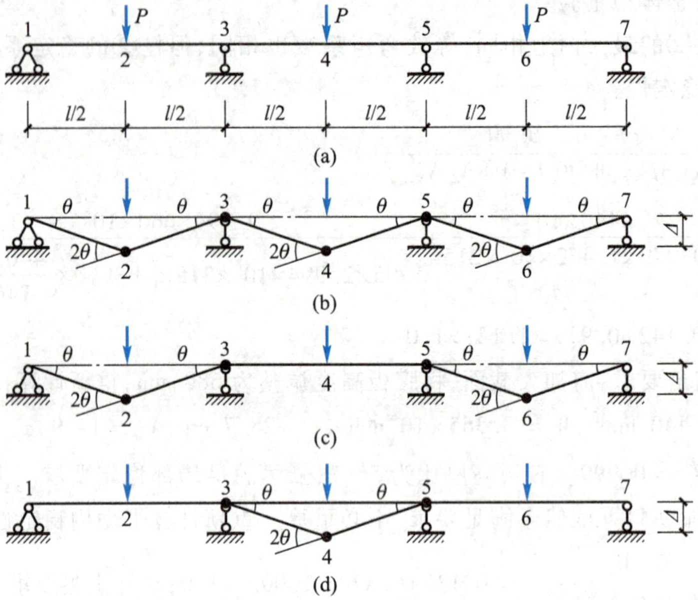

图 11.3.4　例题 11.4 的三跨连续梁及其塑性机构

$6\dfrac{M_P}{l}$,这里不再赘述。因此 $P_u=6\dfrac{M_P}{l}$ 即为真正的极限荷载。此时虽然中间跨尚未形成完全塑性结构,但两个边跨已形成塑性机构,荷载不能继续增加。

(2) 连续梁的截面选择

已知集中荷载设计值 $P=500$ kN,则塑性铰弯矩 $M_P=\dfrac{P_u l}{6}=\dfrac{500\ \text{kN}\times 6\ \text{m}}{6}=500\ \text{kN}\cdot\text{m}$,梁在支座处的最大剪力 $V=\dfrac{P_u}{2}=\dfrac{500\ \text{kN}}{2}=250\ \text{kN}$。

按式(13.3.3a)得所需的塑性截面模量为

$$W_{npx,t}=M_p/(0.9f)=500\times10^6/(0.9\times215)\ \text{mm}^3=2.58\times10^6\ \text{mm}^3$$

选择焊接 H 形截面 H550×260×10×14,如图 11.3.5 所示,其塑性截面模量为

$$W_{npx}=260\times14\times536\ \text{mm}^3+261\times10\times261\ \text{mm}^3=2.63\times10^6\ \text{mm}^3>W_{npx,t}$$

翼缘宽厚比:$b/t=125/14=8.93<9\varepsilon_k$,腹板高厚比:$h_0/t_w=522/10=52.2<65\varepsilon_k$,板件局部稳定均满足 S1 级要求。

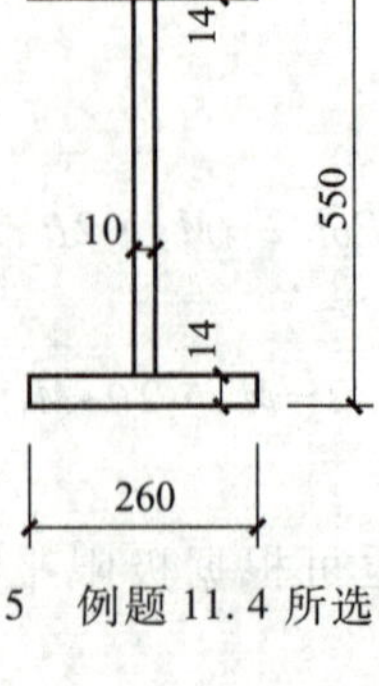

图 11.3.5　例题 11.4 所选的梁截面

(3) 连续梁的强度验算

抗剪强度验算：$h_w t_w f_v = 522\times10\times125$ N = 652.5 kN>250 kN，满足要求。

由于 $V<0.5h_w t_w f_v$，所以塑性铰部位的抗弯强度验算不用考虑腹板强度设计值的折减。同时，考虑到梁内无轴力，只要初选的塑性截面模量大于需求值，梁的抗弯强度自然满足式(11.3.3a)的要求，不必另外验算。

2. 使用弯矩调幅设计方法

(1) 弯矩调幅

图 11.3.6a 给出了此连续梁在设计荷载作用下按弹性计算时的弯矩图。显然边跨跨中弯矩数值最大，可通过调幅减小，而支座 3 处的弯矩应通过调幅增大，为使图 11.3.6b 所示的边跨跨中与支座位置调整后的弯矩数值基本相等，则应满足：$527.3-\Delta M/2=445.5+\Delta M$，则很容易求出弯矩调整的幅值 $\Delta M=54.5$ kN·m。

对于边跨跨中位置，向下调幅比例约为 5.2%；对于支座 3 位置，向上调幅比例约为 12.2%，均不超过表 11.1.1 的限值。得到调幅后的弯矩设计值为 $M_x=500$ kN·m，可以发现这个数值与塑性设计时使用的塑性铰弯矩相等，但这里将按弯矩调幅设计的方法选择并验算截面。

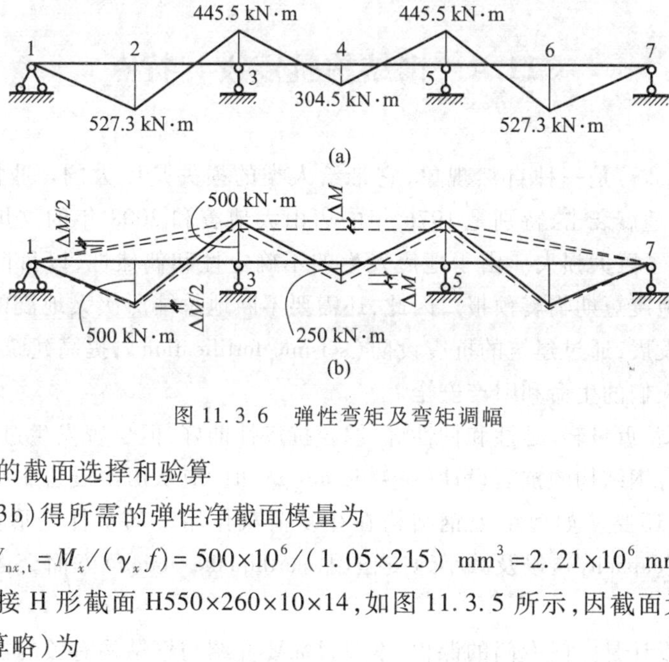

图 11.3.6　弹性弯矩及弯矩调幅

(2) 连续梁的截面选择和验算

按式(13.3.3b)得所需的弹性净截面模量为

$$W_{nx,t}=M_x/(\gamma_x f)=500\times10^6/(1.05\times215)\ \text{mm}^3=2.21\times10^6\ \text{mm}^3$$

可仍选择焊接 H 形截面 H550×260×10×14，如图 11.3.5 所示，因截面无削弱，故其弹性净截面模量(计算略)为

$$W_{nx}=W_x=2.33\times10^6\ \text{mm}^3>W_{nx,t}$$

板件宽厚比验算及梁的强度验算均能满足要求，此处略。

3. 对比分析

① 两种设计方法得到的梁截面是相同的，说明对于本三跨连续梁，这两种设计方法基本是等效的。

② 对于设计内力。塑性设计方法使用的弯矩设计值为塑性铰弯矩，是基于边跨梁跨中和支座均形成塑性铰的原则确定的，故两处的弯矩在数值上是相等的。而进行弯矩调幅设

计方法时,也是经过弯矩调整,使边跨跨中和支座的弯矩数值趋于相同。因此,两种方法得到的弯矩设计值是相同的。

③ 关于截面模量。塑性设计使用的是塑性截面模量,而弯矩调幅设计使用弹性截面模量,对于常用的工字形截面,前者是后者的 1.15 ~ 1.17 倍。观察式(13.3.3a)和式(13.3.3b),右端项系数相差的倍数为:1.05/0.9 = 1.17。也就是说弯矩调幅设计时使用了较小的弹性截面模量,但使用了更大的系数,两者正好抵消,使连续梁的设计结果与塑性设计基本一致。

④ 关于计算过程。塑性设计方法需要按破坏机构法或静力法求解临界荷载,才能反推出所需要的塑性铰弯矩,过程比较复杂。而采用弯矩调幅设计方法时,可以直接使用常用设计软件进行弹性内力计算,然后基于正负弯矩数值基本相等的原则进行弯矩调幅(如本例题),或按某一百分比(小于表 11.1.1 限值)直接进行弯矩调幅,使用方便,操作简单。

⑤ 应该指出,由于本例题设定的前提是三跨跨中的集中力相等,因此当两个边跨形成破坏机构时,荷载不能再继续增加。事实上,中间跨自身尚未形成破坏机构,中间跨尚可单独继续加载,直至中间跨的跨中也形成塑性铰,将能进一步发挥连续梁的潜力。

上述两个例题均未验算正常使用阶段,若平均荷载分项系数为 1.3,读者可自行验算。

§11.4　钢结构抗震设计特点

地震(earthquake)是一种自然现象,它带给人类的损失是巨大的。我国是地震多发国家,曾多次遭受大地震袭击,特别是 1976 年的唐山大地震和 2008 年的汶川大地震,给人民的生命、财产造成了巨大损失。由于地震发生的不确定性和偶然性,以目前的科技水平,还很难做出准确的地震短期临震预报。因此,还需要不断地总结历次大地震的经验教训,促进地震工程科学的发展,通过建筑的抗震设防(seismic fortification),提高建筑物的耐震能力以便更有效地保证人们的生命和财产安全。

钢结构强度高、重量轻、延性和韧性好,综合抗震性能好,但也曾发生过在地震中倒塌的重大事故。在进行钢结构的抗震设计(seismic design)时,应从历次震害中吸取教训,除了提高结构的抗力外,还要从如何增大钢结构在往复荷载作用下的塑性变形能力和耗能能力(energy absorbing capacity),以及减小地震作用(earthquake action)方面全面考虑,做到既经济、又可靠。

结构的抗震设计是一门专门的课程,本节只简要介绍与钢结构有关的抗震设计特点。

11.4.1　钢结构的震害特点

历次地震表明,在同等场地、地震烈度(seismic intensity)条件下,钢结构房屋的震害要较钢筋混凝土结构房屋的震害小得多。以 1985 年 9 月墨西哥城大地震(里氏 8.1 级)的震害为例,其中倒塌和严重破坏的钢结构房屋为 12 栋,而钢筋混凝土房屋却有 127 栋。

钢结构的震害主要有节点连接的破坏、构件的破坏以及结构的整体倒塌三种形式。

1. 节点连接的破坏

(1) 框架梁柱节点区的破坏

1994 年美国诺斯里奇(Northridge)地震和 1995 年日本阪神地震均造成了很多梁柱刚性节点的破坏。

图 11.4.1 是诺斯里奇地震时,H 形截面的梁柱节点的典型破坏形式。由图中可见,大多数节点破坏发生在梁端下翼缘处的柱中,这可能是由于混凝土楼板与钢梁共同作用,使下翼缘应力增大,而下翼缘与柱的连接焊缝又存在较多缺陷造成的。图 11.4.2 示出了焊缝连接处的多种失效模式。保留施焊时设置的衬板,造成下翼缘坡口熔透焊缝的根部不能清理和补焊,在衬板和柱翼缘板之间形成了一条"人工缝",在该处形成的应力集中促进了脆性破坏的发生,这可能是造成破坏的重要施工工艺原因。

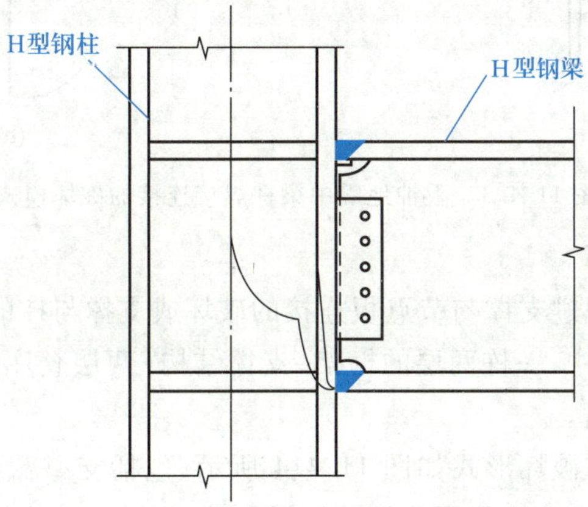

图 11.4.1　诺斯里奇地震中的梁柱连接裂缝

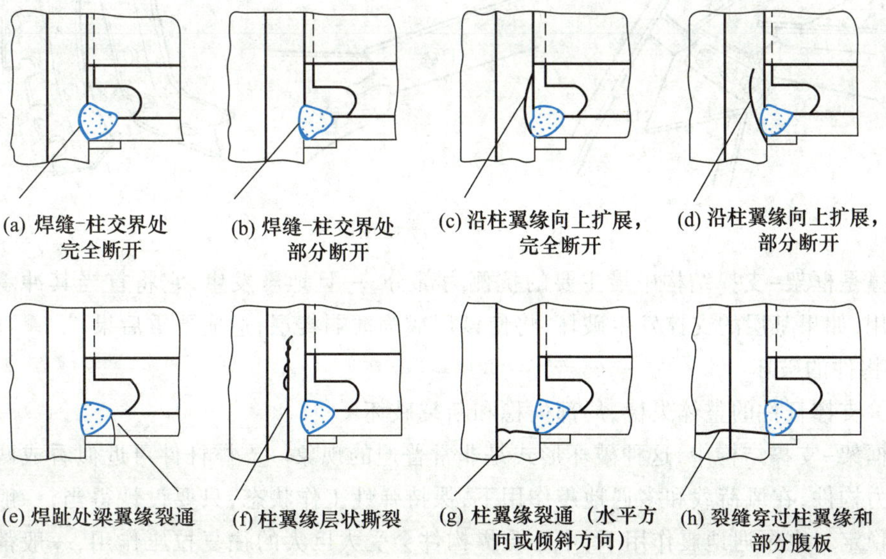

图 11.4.2　诺斯里奇地震中梁柱焊接连接处的失效模式

图 11.4.3a 是阪神地震中带有外伸横隔板的箱形柱与 H 型钢梁刚性节点的破坏形式;

图 11.4.3b 图中的“1”代表了梁翼缘断裂模式，“2”及“3”代表了焊缝热影响区的断裂模式，“4”代表柱横隔板断裂模式。上述连接破坏时，梁翼缘已有显著的屈服或局部屈曲现象。此外，连接裂缝主要向梁的一侧扩展，这主要和采用外伸的横隔板构造有关。

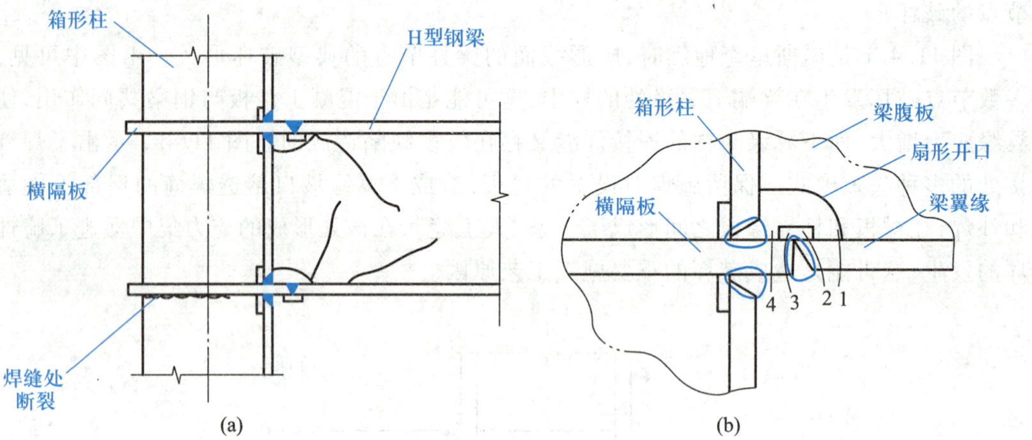

图 11.4.3　阪神地震中梁柱焊接连接的破坏模式

(2) 支撑连接的破坏

在多次地震中都出现过支撑与节点板连接的破坏或支撑与柱的连接的破坏。1980 年在日本的宫城县-大木地震中，一栋两层的框架-支撑结构(两层仓库)，由于支撑节点的断裂，使仓库的第一层完全倒塌。

采用螺栓连接的支撑破坏形式如图 11.4.4 所示，包括支撑截面削弱处的断裂、节点板端部剪切滑移破坏，以及支撑杆件螺孔间剪切滑移破坏。

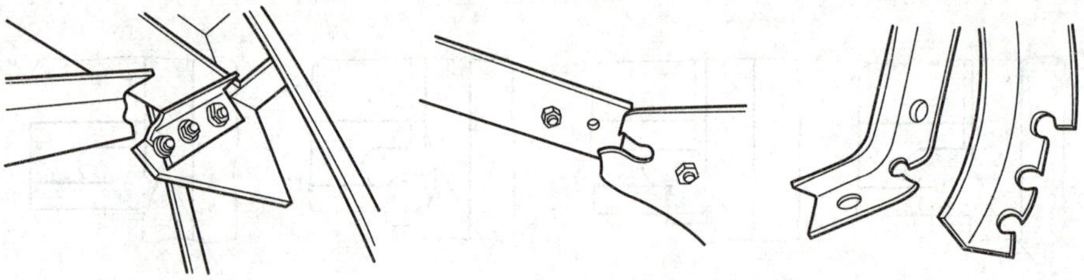

图 11.4.4　支撑连接破坏

支撑是框架-支撑结构中最主要的抗侧力部分，一旦地震发生，它将首当其冲承受水平地震作用，如果某层的支撑发生破坏，将使该层成为薄弱楼层，造成严重后果。

2. 构件的破坏

(1) 支撑杆件的整体失稳、局部失稳和断裂破坏

在框架-支撑结构中，这种破坏形式是非常普遍的现象。支撑杆件可近似看成两端简支轴心受力构件，在风荷载和多遇地震作用下，保持弹性工作状态，只要设计得当，一般不会失去整体稳定。在罕遇地震作用下，中心支撑构件会受大巨大的往复拉压作用，一般都会发生整体失稳现象，并进入塑性屈服状态，耗散能量。但随着拉压循环次数的增多，承载力会发生退化现象。图 11.4.5 是支撑杆的拉压受力特征，由图中可以看出，支撑在压力作用下一旦失去稳定，就会变成压弯杆，承载力迅速下降，并在杆中央部位形成塑性铰。当随后承受

拉力作用时，由于存在残余的塑性弯曲变形，受拉刚度很小，只有形成反向塑性铰后，支撑的抗拉刚度才逐渐恢复，直至全截面受拉屈服。支撑在拉压循环荷载作用下的滞回性能（hysteretic loops）如图 11.4.6 所示，由图中可以看出，长细比大的支撑，整体失稳后的承载力退化要比长细比小的严重得多。

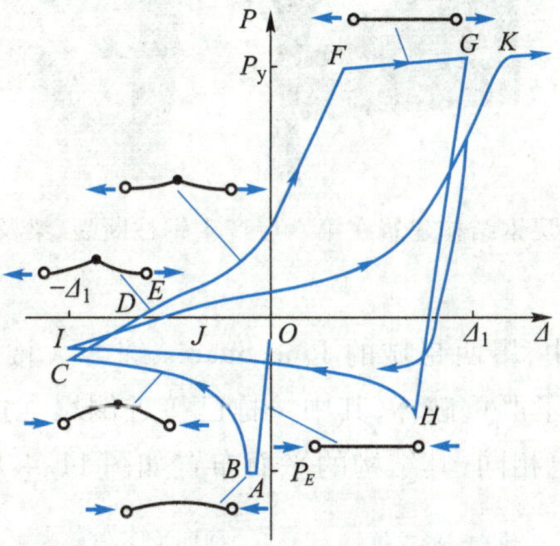

图 11.4.5　支撑杆的受力特征

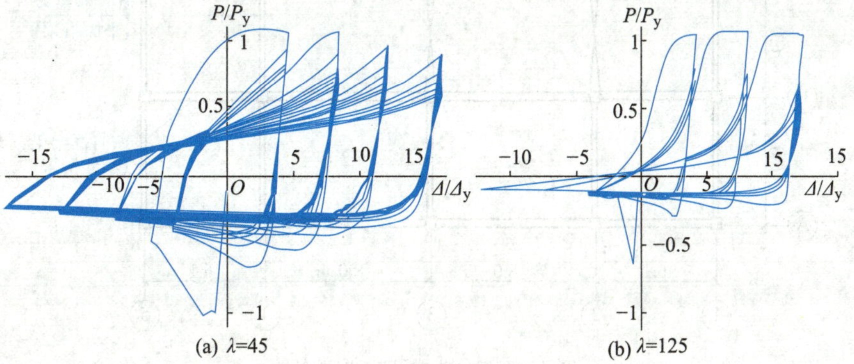

图 11.4.6　支撑杆件的滞回性能

当支撑构件的组成板件宽厚比较大时，往往伴随着整体失稳出现板件的局部失稳现象，进而引发低周疲劳和断裂破坏，这在以往的震害中并不少见。试验研究表明，要防止板件在往复塑性应变作用下发生局部失稳，进而引发低周疲劳破坏，必须对支撑板件的宽厚比进行限制，且应比塑性设计的还要严格。试验还表明，支撑杆的长细比越小时，为了防止过早发生低周疲劳断裂，对板件宽厚比的限制越严格。为了节约钢材，美欧等国的抗震规范均适当放松了对支撑长细比的限制。

（2）钢柱脆性断裂

在 1995 年阪神地震中，位于芦屋市海滨城高层住宅小区的 21 栋巨型钢框架结构的住宅楼中，共有 57 根钢柱发生了断裂，所有箱形截面柱的断裂均发生在 14 层以下的楼层里，且均为脆性受拉断裂，断口呈水平状，如图 11.4.7 所示。分析原因认为：① 竖向地震及倾覆力矩在柱中产生较大的拉力；② 箱形截面柱的壁厚达 50 mm，厚板焊接时过热，使焊缝附近钢材延性降低；③ 钢柱暴露于室外，当时正值日本的严冬，钢材温度低于零度；④ 有的钢柱断裂发生在拼接焊缝附近，这里可能正是焊接缺陷构成的薄弱部位。

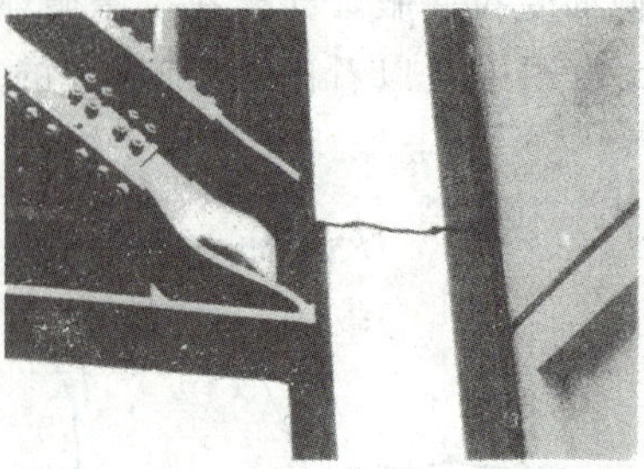

图 11.4.7　一幢 19 层钢结构建筑在第六层产生钢柱断裂、梁及支撑开裂、支撑屈曲

3. 结构的倒塌破坏

1985 年墨西哥大地震中，墨西哥城的 Pino Suarez 综合大楼的三个 22 层的钢结构塔楼之一倒塌，其余二栋也发生了严重破坏，其中一栋已接近倒塌。这三栋塔楼的结构体系均为框架-支撑结构，细部构造也相同，其结构的平面布置如图 11.4.8 所示。

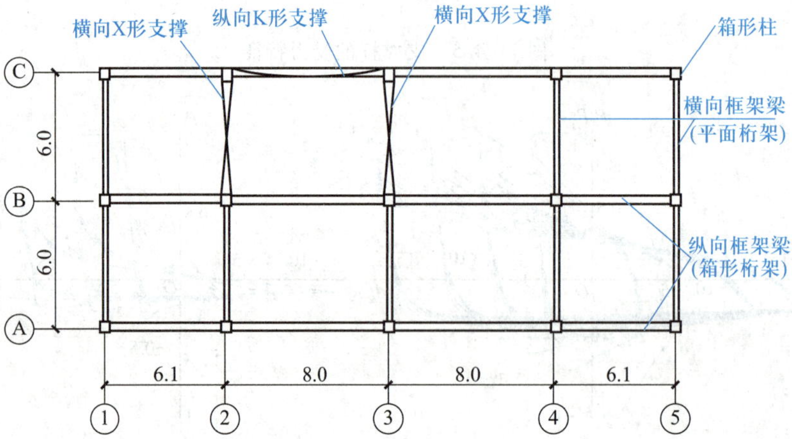

图 11.4.8　塔楼结构平面布置

分析表明，塔楼发生倒塌和严重破坏的主要原因之一，是由于纵横向垂直支撑偏位设置，导致刚度中心和质量中心相距太大，在地震中产生了较大的扭转效应，致使钢柱的作用力大于其承载力，引发了三栋完全相同的塔楼的严重破坏或倒塌。由此可见，规则对称的结构体系对抗震将十分有利。

1995 年阪神地震中，也有钢结构房屋倒塌，倒塌的房屋大多是 1971 年以前建造的，当时日本钢结构设计规范尚未修订，抗震设计水平还不高。在同一地震中，按新规范设计建造的钢结构房屋的倒塌数要少得多，说明震害的严重与否，和结构的抗震设计水平有很大关系。

11.4.2　抗震结构体系

在钢结构房屋中用得较多的结构体系有框架结构（图 11.4.9a）、框架-中心支撑结构（图 11.4.9b）和框架-偏心支撑结构（图 11.4.9c）等。

纯框架结构延性好，抗震性能好，但由于抗侧刚度较差，不宜用于层数太高的建筑。框

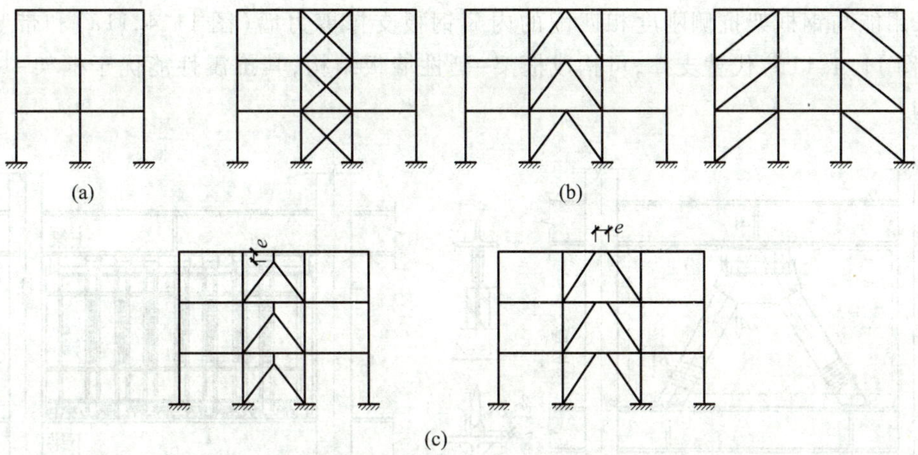

图 11.4.9　纯框架与框架-支撑结构

架-中心支撑结构抗侧刚度大，适用层数较多的建筑，但由于支撑构件的滞回性能较差，耗散的地震能量有限，抗震性能不如纯框架。框架-偏心支撑结构可通过偏心连梁(link beam) e 的剪切屈服，耗散地震能量，同时又能保证支撑不丧失整体稳定，抗震性能优于框架-中心支撑结构。图 11.4.10 中给出的框架-中心支撑结构和框架-偏心支撑结构在往复水平荷载作用下的滞回性能试验曲线就说明了这一点。

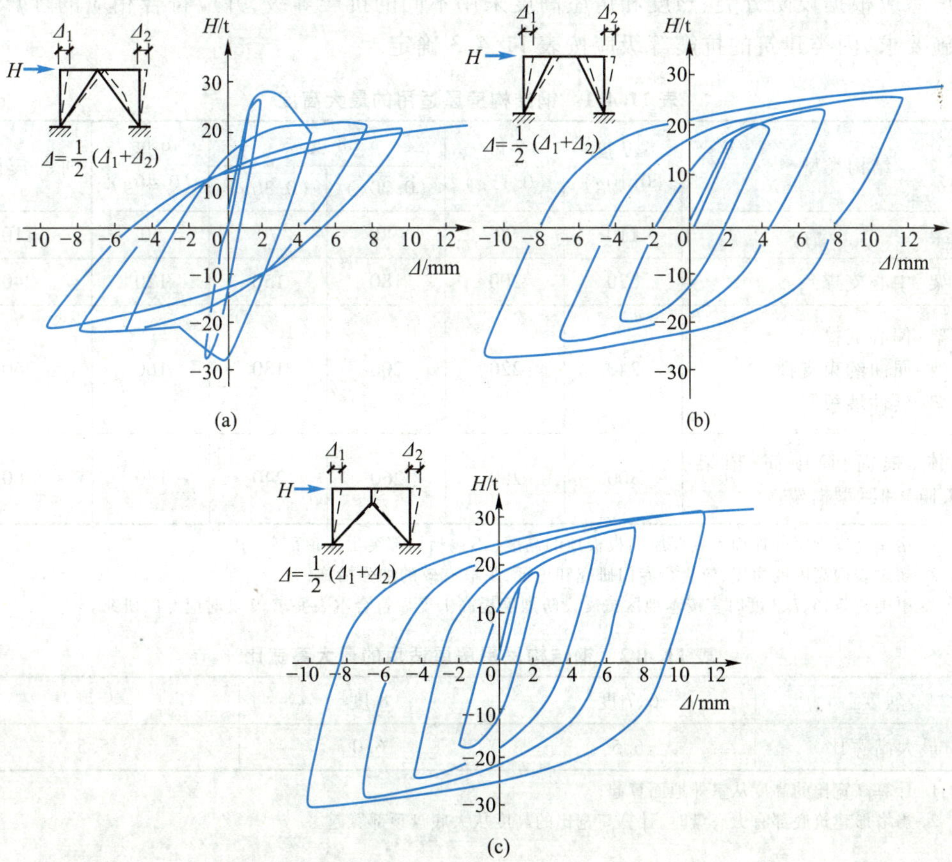

图 11.4.10　各种框架-支撑结构的滞回性能

采用能与钢框架抗侧刚度相匹配的内藏钢板支撑剪力墙(图 11.4.11a)和带竖缝剪力墙(图 11.4.11b)代替支撑,可构成框架-延性墙板结构,其抗震性能优于框架-中心支撑结构。

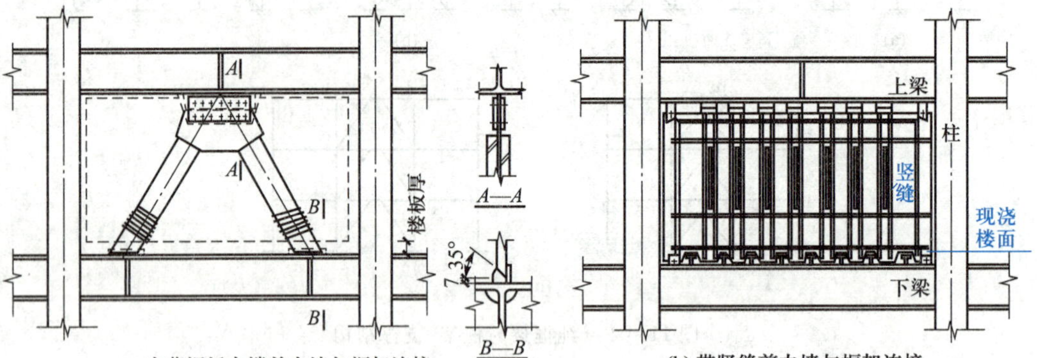

(a) 内藏钢板支撑剪力墙与框架连接　　(b) 带竖缝剪力墙与框架连接

图 11.4.11　框架-延性墙板结构

当房屋刚度更高时,可采用沿建筑周边设置密柱深梁框架构成的框筒结构。框筒结构抗侧刚度大,并具有较好的抗震性能。

各种钢结构体系房屋的适用高度和高宽比不宜大于表 11.4.1 和表 11.4.2 的规定。钢结构房屋应根据设防分类、烈度和房屋高度采用不同的抗震等级,并应符合相应的计算和构造措施要求,丙类建筑的抗震等级应按表 11.4.3 确定。

表 11.4.1　钢结构房屋适用的最大高度　　m

结构类型	6、7 度 (0.10g)	7 度 (0.15g)	8 度		9 度 (0.40g)	非抗震设防
			(0.20g)	(0.30g)		
框架	110	90	90	70	50	110
框架-中心支撑	220	200	180	150	120	240
框架-偏心支撑 框架-屈曲约束支撑 框架-延性墙板	240	220	200	180	160	260
筒体(框筒、筒中筒、桁架筒、束筒)和巨型框架	300	280	260	240	180	360

注:1. 房屋高度指室外地面到主要屋面板板顶的高度(不包括局部突出屋顶部分);
2. 超过表内高度的房屋,应进行专门研究和论证,采取有效的加强措施;
3. 甲类建筑,6、7、8 度时宜按本地区抗震设防烈度提高 1 度后符合本表要求,9 度时应专门研究。

表 11.4.2　钢结构民用房屋适用的最大高宽比

烈度	6、7 度	8 度	9 度
最大高宽比	6.5	6.0	5.5

注:1. 计算高宽比的高度从室外地面算起;
2. 当塔形建筑底部有大底盘时,计算高宽比的高度从大底盘顶部算起。

表 11.4.3 钢结构房屋的抗震等级

房屋高度	烈度			
	6	7	8	9
≤50 m		四	三	二
>50 m	四	三	二	一

注:1. 高度接近或等于高度分界时,应允许结合房屋不规则程度和场地、地基条件确定抗震等级;

2. 一般情况,构件的抗震等级应与结构相同;

3. 当某个部位各构件的承载力均满足2倍地震作用组合下的内力要求时,7~9度的构件抗震等级应允许按降低一度确定。

11.4.3 抗震设计要求

1. 对钢材性能的要求

钢结构的钢材应符合下列规定:

① 多高层钢结构中的主要承重构件所用钢材的牌号宜选用Q345钢、Q390钢,且质量等级不宜低于B级。抗震等级为二级及以上的高层民用建筑钢结构,其框架梁、柱和抗侧力支撑等主要抗侧力构件钢材的质量等级不宜低于C级。其质量应分别符合国家标准《碳素结构钢》和《低合金高强度结构钢》的规定。当有可靠根据时,也可以采用其他钢种和钢号的钢材,其性能应符合下列要求:

a. 钢材屈服强度波动范围不应大于120 MPa,钢材实物的实测屈强比不应大于0.85;

b. 钢材抗拉性能应有明显的屈服台阶,其断后伸长率不应小于20%;

c. 抗震等级为三级及以上的高层民用建筑钢结构,其主要抗侧力构件所用钢材应具有与其工作温度相应的冲击韧性合格保证;

d. 消能梁段钢材的屈服强度不应大于345 MPa,屈强比不应大于0.8,且屈服强度波动范围不应大于100 MPa。

② 在T形、十字形和角形焊接接头的连接节点中,当其板件厚度不小于40 mm且沿板厚方向有较高撕裂拉力作用时(含较高约束拉应力作用),该部位板件钢材宜具有厚度方向抗撕裂性能(Z向性能)的合格保证,其沿板厚方向断面收缩率不小于按现行国家标准《厚度方向性能钢板》规定的Z15级允许限值。

2. 对结构布置的要求

① 建筑设计应符合抗震概念设计的要求,不应采用严重不规则的设计方案。即在进行房屋的平、剖、立面设计和结构体系布置时,应尽可能做到房屋体形简单、平面规则对称,同时房屋中抗侧力结构的布置应尽可能地均匀、对称,使房屋各楼层的总体刚度中心尽可能与楼层的质量中心相重合或相接近,并应尽可能使房屋的刚度和质量沿竖向均匀连续、没有突变。

② 钢结构房屋宜避免采用不规则建筑结构方案,不设防震缝。若房屋必须采用比较复杂的平面形状时,则宜用防震缝将房屋划分为几个平面规则、对称的独立单元,为了避免地震时各部分之间相互碰撞,防震缝的宽度应不小于相应钢筋混凝土结构房屋的1.5倍。

3. 对结构设计的要求

① 在进行结构设计时,应根据建筑的抗震设防类别、抗震设计烈度、建筑高度、场地条

件、地基、结构材料和施工等因素，经技术、经济和使用条件综合比较，选择合适的结构体系。

② 结构体系应有明确的计算简图和合理的地震作用传递途径，可考虑多道抗震防线。宜使结构在两个主轴方向的动力特性相近，并尽量使其基本自振周期（fundamental period）远离场地的特征周期（characteristic period of ground motion），以防止共振，减小地震作用。

③ 应避免因部分结构或构件破坏而导致整个结构丧失抗震能力或对重力荷载的承载能力。例如，应采用冗余度较高的结构形式，重视结构的整体性；框架结构应设计成强柱弱梁型，以防止形成柱子倒塌结构等。

④ 结构应具有必要的抗震承载力、良好的变形能力和消耗地震能量的能力。例如，为避免传统的梁柱刚性节点发生脆性破坏，可采用图 11.4.12 所示的在节点附近削弱梁翼缘截面的办法，或采用图 11.4.13 所示在节点处设置加强梁段的办法，使梁中承受最大应力的截面离开梁柱接触表面，充分发挥塑性转动能力和消耗地震能量的能力。偏心支撑框架中的耗能连梁也应具有相似的塑性转动和耗能能力。

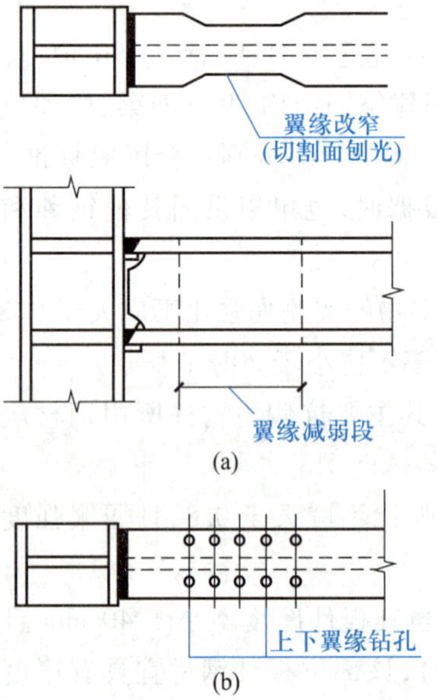

图 11.4.12　用狗骨式翼缘板及翼缘钻孔法使塑性铰外移

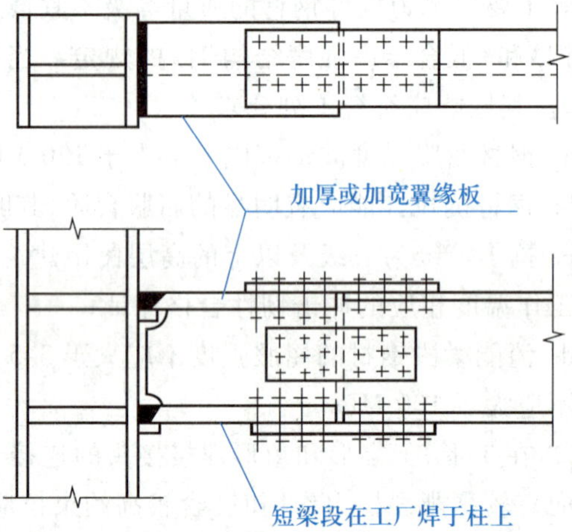

图 11.4.13　采用加强短梁段的树状梁柱节点

⑤ 对可能出现的薄弱部位，应采取措施提高抗震能力。例如，应体现强节点弱构件的设计思想，避免诸如支撑的连接节点先于杆件破坏所引发的震害；要重视非结构构件与主体结构之间的连接构造，防止地震中脱落引发次生灾害等。

⑥ 应体现小震不坏、中震可修、大震不倒的基本抗震目标。当采用抗震性能化设计（performance-based seismic design）时，应具有更具体或更高的抗震设防目标。

4. 抗震性能化设计

对结构进行抗震设计，需要制定抗震性能目标（performance objective），我国的 1989 年抗震规范提出的“小震不坏、中震可修和大震不倒”就属于一般情况的性能目标，并在我国建筑物抗震设计中一直沿用至今。其中明确要求大震下不发生危及生命的严重破坏即达到“生命安全”,有效保障了人们的生命安全。

近30年来城市震害经验表明,不少建筑遭遇的震害并不严重,但由于其使用功能遭到破坏,导致了不可接受的经济损失。因此,在建筑抗震设计中,不仅需防止主体结构不倒以保证生命安全,还应考虑不同使用功能的建筑在震害中的直接和间接的综合经济损失,力求结构在震后具有必要的使用功能。

1995年美国加州工程师协会设立的Vision 2000委员会率先提出了基于结构性能的抗震设计新概念,并给出了5类建筑抗震性能水准(earthquake performance level):充分运行、运行、生命安全、接近倒塌和倒塌;相应的损伤状态为微不足道、轻微、中等、严重和完全损坏。其基本思想是所设计的不同使用功能的建筑在使用期间内,在遭遇到预期的各强度等级的地震时能满足所期望达到的抗震性能水准的要求,即相应的抗震性能目标的要求。

为了进行性能化设计,必须对组成建筑物的结构和非结构构件的每一类性能水准选择系列的设计参数和验收标准。这些参数应该是能在建筑物地震反应分析中得到的,如构件内力、层间侧移、塑性转动等。验收标准是指达到给定的性能水准时设计参数的限值。假如选择层间侧移角作为设计参数,那么对于一般建筑物的各性能水准的限值可为充分运行0.005;运行0.01;生命安全0.015;接近倒塌0.020。

我国最早推出性能化设计的是中国工程建设标准化协会标准(CECS 160:2004)《建筑工程抗震性态设计通则(试用)》,它给出的抗震性能水准是充分运行、运行、基本运行、生命安全、接近倒塌,并建议了4类不同使用功能类别的建筑物的抗震性能目标。我国现行国标GB 50011—2010《建筑抗震设计规范》将抗震性能化设计列入基本规定,并在附录M中给出了参考方法。我国现行的行业标准JGJ 99—2015《高层民用建筑钢结构技术规程》进一步将上述方法具体化,把结构抗震性能目标分为A、B、C、D四个等级,具体的建筑结构的抗震性能目标应综合考虑抗震设防类别、设防烈度、场地条件、结构特点、建造费用、震后损失和修复难易程度等各项因素选定。给出了五个结构抗震性能水准(表11.4.4),每个性能目标均与一组在指定地震地面运动下的结构抗震性能水准相对应(表11.4.5)。

表11.4.4　各性能水准结构预期的震后性能状况要求

结构抗震性能水准	宏观损坏程度	损坏部位			继续使用的可能性
		关键构件	普通竖向构件	耗能构件	
第1水准	完好、无损坏	无损坏	无损坏	无损坏	一般不需修理即可继续使用
第2水准	基本完好、轻微损坏	无损坏	无损坏	轻微损坏	稍加修理即可继续使用
第3水准	轻度损坏	轻微损坏	轻微损坏	轻度损坏、部分中度损坏	一般修理后才可继续使用
第4水准	中度损坏	轻度损坏	部分构件中度损坏	中度损坏、部分比较严重损坏	修复或加固后才可继续使用
第5水准	比较严重损坏	中度损坏	部分构件比较严重损坏	比较严重损坏	需排险大修

表 11.4.5 结构抗震性能目标

地震水准 \ 性能水准 \ 性能目标	A	B	C	D
多遇地震	1	1	1	1
设防烈度地震	1	2	3	4
预估的罕遇地震	2	3	4	5

我国钢结构设计标准在《建筑抗震设计规范》抗震性能化设计基本规定的基础上，规定对于抗震设防烈度不高于 8 度（0.20g），结构高度不高于 100 m 的钢框架结构、支撑结构和框架-支撑结构的构件和节点，可采用抗震性能化设计，提出了构件塑性耗能区的七类抗震性能目标，如表 11.4.6 所示，并给出了钢结构构件的抗震性能化设计的基本步骤和方法。

表 11.4.6 构件塑性耗能区的抗震承载性能目标

承载性能等级	地震动水准		
	多遇地震	设防地震	罕遇地震
性能 1	完好	完好	基本完好
性能 2	完好	基本完好	基本完好 ~ 轻微变形
性能 3	完好	实际承载力满足高性能系数的要求	轻微变形
性能 4	完好	实际承载力满足较高性能系数的要求	轻微变形 ~ 中等变形
性能 5	完好	实际承载力满足中性能系数的要求	中等变形
性能 6	基本完好	实际承载力满足低性能系数的要求	中等变形 ~ 显著变形
性能 7	基本完好	实际承载力满足最低性能系数的要求	显著变形

钢结构的抗震性能化设计尚处于发展和完善中，我国各规范和标准间也缺乏详细的对比分析，有不少问题尚需深入研究，读者在应用本方法时，要认真研究各标准的规定和限制条件，防止出现差误，造成不应有的损失。

11.4.4 抗震构造要求

我国《建筑抗震设计规范》的第 8 章、第 9 章和附录 G，针对不同的工业与民用建筑钢结构体系，规定了相应的抗震构造措施。这些措施虽不尽相同，但其目的和手段却是一样的，那就是通过限制受压构件的长细比、梁平面外的长细比、构件组成板件的宽厚比、采取措施增强连接节点的承载能力以及控制制作和施工质量等手段，达到结构在罕遇地震作用下能承受较大的往复塑性变形、吸收和耗散地震输入的能量而不倒塌的目的。有关具体规定，请参见该规范，此处不再赘述。

习　题

11.1　试用简单塑性分析方法,求出习题 11.1 图所示超静定梁的极限荷载。当 $0<\zeta<1$ 时,试求最大极限荷载的作用位置和数值(用 M_p 表示)。

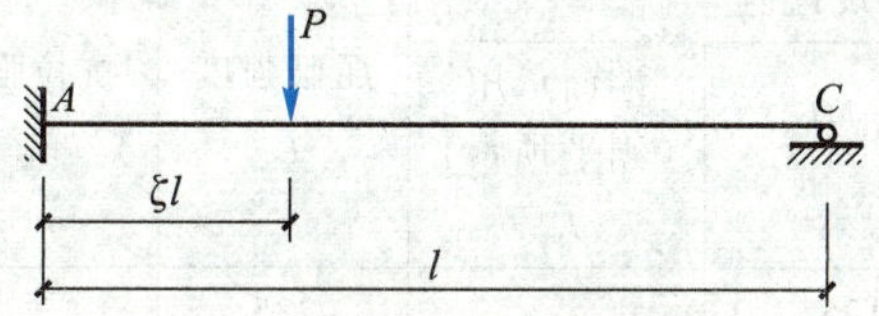

习题 11.1 图

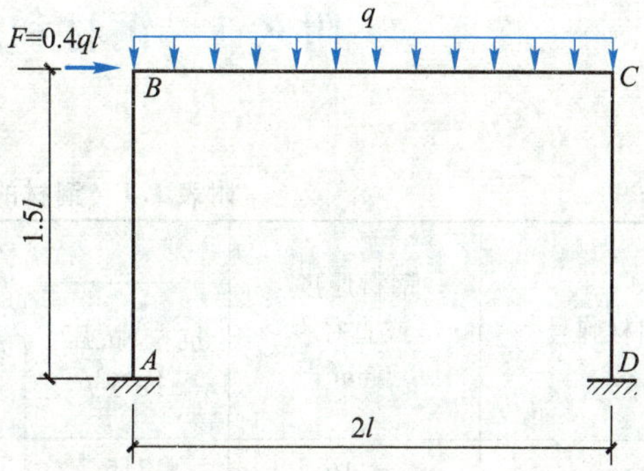

习题 11.2 图

11.2　试用简单塑性分析法,求出如习题 11.2 图所示门式刚架的极限荷载,图中梁柱截面完全相等。

11.3　假设习题 11.2 图的刚架 $l=3$ m,$q=120$ kN/m(为荷载的设计值),试按塑性设计选择梁、柱截面。计算时可忽略梁柱自重。

11.4　试述钢框架梁柱刚性节点的震害特点和原因。

11.5　结合第 2 章有关钢材低周疲劳的内容,试说明为什么由拉压滞回曲线丰满的钢材制成的支撑杆件会出现滞回环的退化现象。

11.6　墨西哥大地震中 Pino Suarez 综合大楼的主要倒塌原因是什么?

11.7　房屋钢结构的抗震结构形式有哪些?它们的抗震性能如何?

11.8　抗震设计时应注意哪些问题?

11.9　结构抗震性能化设计的目的是什么?何谓性能化水准、性能化目标?

11.10　钢结构抗震构造措施的手段和目的是什么?

附录

附录1 钢材和连接的强度指标

附表1.1 钢材的设计用强度指标 N/mm²

钢材牌号		钢材厚度或直径/mm	强度设计值 抗拉、抗压、抗弯 f	抗剪 f_v	端面承压（刨平顶紧）f_{ce}	屈服强度 f_y	抗拉强度 f_u
碳素结构钢	Q235	≤16	215	125	320	235	370
		>16，≤40	205	120		225	
		>40，≤100	200	115		215	
低合金高强度结构钢	Q345	≤16	305	175	400	345	470
		>16，≤40	295	170		335	
		>40，≤63	290	165		325	
		>63，≤80	280	160		315	
		>80，≤100	270	155		305	
	Q390	≤16	345	200	415	390	490
		>16，≤40	330	190		370	
		>40，≤63	310	180		350	
		>63，≤100	295	170		330	
	Q420	≤16	375	215	440	420	520
		>16，≤40	355	205		400	
		>40，≤63	320	185		380	
		>63，≤100	305	175		360	
	Q460	≤16	410	235	470	460	550
		>16，≤40	390	225		440	
		>40，≤63	355	205		420	
		>63，≤100	340	195		400	
建筑结构用钢板	Q345GJ	>16，≤50	325	190	415	345	490
		>50，≤100	300	175		335	

注：1. 表中直径指实芯棒材，厚度系指计算点的钢材或钢管壁厚度，对轴心受拉和轴心受压构件系指截面中较厚板件的厚度。

2. 冷弯型材和冷弯钢管，其强度设计值应按现行有关国家标准的规定采用。

附表 1.2　建筑结构用钢板的设计用强度指标　　N/mm²

建筑结构用钢板	钢材厚度或直径/mm	强度设计值			屈服强度 f_y	抗拉强度 f_u
		抗拉、抗压、抗弯 f	抗剪 f_v	端面承压（刨平顶紧）f_{ce}		
Q345GJ	>16，≤50	325	190	415	345	490
	>50，≤100	300	175		335	

附表 1.3　结构用无缝钢管的强度指标　　N/mm²

钢管钢材牌号	壁厚/mm	强度设计值			屈服强度 f_y	抗拉强度 f_u
		抗拉、抗压和抗弯 f	抗剪 f_v	端面承压（刨平顶紧）f_{ce}		
Q235	≤16	215	125	320	235	375
	>16，≤30	205	120		225	
	>30	195	115		215	
Q345	≤16	305	175	400	345	470
	>16，≤30	290	170		325	
	>30	260	150		295	
Q390	≤16	345	200	415	390	490
	>16，≤30	330	190		370	
	>30	310	180		350	
Q420	≤16	375	220	445	420	520
	>16，≤30	355	205		400	
	>30	340	195		380	
Q460	≤16	410	240	470	460	550
	>16，≤30	390	225		440	
	>30	355	205		420	

附表 1.4　铸铁件的强度设计值　　N/mm²

类别	钢号	铸件厚度/mm	抗拉、抗压和抗弯 f	抗剪 f_v	端面承压（刨平顶紧）f_{ce}
非焊接结构用铸钢件	ZG230-450	≤100	180	105	290
	ZG270-500		210	120	325
	ZG310-570		240	140	370

续表

类别	钢号	铸件厚度/mm	抗拉、抗压和抗弯 f	抗剪 f_v	端面承压（刨平顶紧）f_{ce}
焊接结构用铸钢件	ZG230-450H	≤100	180	105	290
	ZG270-480H		210	120	310
	ZG300-500H		235	135	325
	ZG340-550H		265	150	355

附表 1.5　焊缝的强度指标

N/mm²

焊接方法和焊条型号	构件钢材		对接焊缝强度设计值				角焊缝强度设计值	对接焊缝抗拉强度 f_u^w	角焊缝抗拉、抗压和抗剪强度 f_u^f
	牌号	厚度或直径/mm	抗压 f_c^w	焊缝质量为下列等级时，抗拉 f_t^w		抗剪 f_v^w	抗拉、抗压和抗剪 f_f^w		
				一级、二级	三级				
自动焊、半自动焊和 E43 型焊条手工焊	Q235	≤16	215	215	185	125	160	415	240
		>16，≤40	205	205	175	120			
		>40，≤100	200	200	170	115			
自动焊、半自动焊和 E50、E55 型焊条手工焊	Q345	≤16	305	305	260	175	200	480(E50) 540(E55)	280(E50) 315(E55)
		>16，≤40	295	295	250	170			
		>40，≤63	290	290	245	165			
		>63，≤80	280	280	240	160			
		>80，≤100	270	270	230	155			
	Q390	≤16	345	345	295	200	200(E50) 220(E55)		
		>16，≤40	330	330	280	190			
		>40，≤63	310	310	265	180			
		>63，≤100	295	295	250	170			
自动焊、半自动焊和 E55、E60 型焊条手工焊	Q420	≤16	375	375	320	215	220(E55) 240(E60)	540(E55) 590(E60)	315(E55) 340(E60)
		>16，≤40	355	355	300	205			
		>40，≤63	320	320	270	185			
		>63，≤100	305	305	260	175			

续表

焊接方法和焊条型号	构件钢材		对接焊缝强度设计值				角焊缝强度设计值	对接焊缝抗拉强度 f_u^w	角焊缝抗拉、抗压和抗剪强度 f_u^f
	牌号	厚度或直径/mm	抗压 f_c^w	焊缝质量为下列等级时，抗拉 f_t^w		抗剪 f_v^w	抗拉、抗压和抗剪 f_f^w		
				一级、二级	三级				
自动焊、半自动焊和 E55、E60 型焊条手工焊	Q460	≤16	410	410	350	235	220(E55) 240(E60)	540(E55) 590(E60)	315(E55) 340(E60)
		>16，≤40	390	390	330	225			
		>40，≤63	355	355	300	205			
		>63，≤100	340	340	290	195			
自动焊、半自动焊和 E50、E55 型焊条手工焊	Q345GJ	>16，≤35	310	310	265	180	200	480(E50) 540(E55)	280(E50) 315(E55)
		>35，≤50	290	290	245	170			
		>50，≤100	285	285	240	165			

注：表中厚度系指计算点的钢材厚度，对轴心受拉和轴心受压构件系指截面中较厚板件的厚度。

附表 1.6　螺栓连接的强度指标　N/mm²

螺栓的性能等级、锚栓和构件钢材的牌号		强度设计值										高强度螺栓的抗拉强度 f_u^b
		普通螺栓						锚栓	承压型连接或网架用高强度螺栓			
		C 级螺栓			A 级、B 级螺栓							
		抗拉 f_t^b	抗剪 f_v^b	承压 f_c^b	抗拉 f_t^b	抗剪 f_v^b	承压 f_c^b	抗拉 f_t^a	抗拉 f_t^b	抗剪 f_v^b	承压 f_c^b	
普通螺栓	4.6 级、4.8 级	170	140	—	—	—	—	—	—	—	—	—
	5.6 级	—	—	—	210	190	—	—	—	—	—	—
	8.8 级	—	—	—	400	320	—	—	—	—	—	—
锚栓	Q235	—	—	—	—	—	—	140	—	—	—	—
	Q345	—	—	—	—	—	—	180	—	—	—	—
	Q390	—	—	—	—	—	—	185	—	—	—	—
承压型连接高强度螺栓	8.8 级	—	—	—	—	—	—	—	400	250	—	830
	10.9 级	—	—	—	—	—	—	—	500	310	—	1040
螺栓球节点用高强度螺栓	9.8 级	—	—	—	—	—	—	—	385	—	—	—
	10.9 级	—	—	—	—	—	—	—	430	—	—	—

续表

螺栓的性能等级、锚栓和构件钢材的牌号		强度设计值										高强度螺栓的抗拉强度 f_u^b
		普通螺栓						锚栓	承压型连接或网架用高强度螺栓			
		C 级螺栓			A 级、B 级螺栓							
		抗拉 f_t^b	抗剪 f_v^b	承压 f_c^b	抗拉 f_t^b	抗剪 f_v^b	承压 f_c^b	抗拉 f_t^a	抗拉 f_t^b	抗剪 f_v^b	承压 f_c^b	
构件钢材牌号	Q235	—	—	305	—	—	405	—	—	—	470	—
	Q345	—	—	385	—	—	510	—	—	—	590	—
	Q390	—	—	400	—	—	530	—	—	—	615	—
	Q420	—	—	425	—	—	560	—	—	—	655	—
	Q460	—	—	450	—	—	595	—	—	—	695	—
	Q345GJ	—	—	400	—	—	530	—	—	—	615	—

注:1. A 级螺栓用于 $d \leqslant 24$ mm 和 $L \leqslant 10d$ 或 $L \leqslant 150$ mm(按较小值)的螺栓;B 级螺栓用于 $d>24$ mm 和 $L>10d$ 或 $L>150$ mm(按较小值)的螺栓;d 为公称直径,L 为螺栓公称长度。

2. A、B 级螺栓孔的精度和孔壁表面粗糙度,C 级螺栓孔的允许偏差和孔壁表面粗糙度,均应符合现行国家标准 GB 50205—2001《钢结构工程施工质量验收规范》的要求。

3. 用于螺栓球节点网架的高强度螺栓,M12 ~ M36 为 10.9 级,M39 ~ M64 为 9.8 级。

附表 1.7 铆钉连接的强度设计值 N/mm^2

铆钉钢号和构件钢材牌号		抗拉(钉头拉脱) f_t^r	抗剪 f_v^r		承压 f_c^r	
			Ⅰ类孔	Ⅱ类孔	Ⅰ类孔	Ⅱ类孔
铆钉	BL2 或 BL3	120	185	155	—	—
构件钢材牌号	Q235	—	—	—	450	365
	Q345	—	—	—	565	460
	Q390	—	—	—	590	480

注:1. 属于下列情况者为Ⅰ类孔:

① 在装配好的构件上按设计孔径钻成的孔;

② 在单个零件和构件上按设计孔径分别用钻模钻成的孔;

③ 在单个零件上先钻成或冲成较小的孔径,然后在装配好的构件上再扩钻至设计孔径的孔。

2. 在单个零件上一次冲成或不用钻模钻成设计孔径的孔属于Ⅱ类孔。

附录 2 结构或构件的变形容许值

2.1 受弯构件的挠度容许值

2.1.1 吊车梁、楼盖梁、屋盖梁、工作平台梁以及墙架构件的挠度不宜超过附表 2.1 所列的容许值。当墙面采用延性材料或与结构采用柔性连接时,墙架构件的支柱水平位移容许值可采用 $l/300$,抗风桁架(作为连续支柱的支承时)水平位移容许值可采用 $l/800$。

附表 2.1　受弯构件挠度容许值

项次	构件类别	挠度容许值	
		$[v_T]$	$[v_Q]$
1	吊车梁和吊车桁架(按自重和起重量最大的一台吊车计算挠度) (1) 手动吊车和单梁吊车(含悬挂吊车) (2) 轻级工作制桥式吊车 (3) 中级工作制桥式吊车 (4) 重级工作制桥式吊车	 l/500 l/750 l/900 l/1 000	—
2	手动或电动葫芦的轨道梁	l/400	—
3	有重轨(重量等于或大于 38 kg/m)轨道的工作平台梁 有轻轨(重量等于或小于 24 kg/m)轨道的工作平台梁	l/600 l/400	—
4	楼(屋)盖梁或桁架、工作平台梁(第 3 项除外)和平台板 (1) 主梁或桁架(包括设有悬挂起重设备的梁和桁架) (2) 仅支承压型金属板屋面和冷弯型钢檩条 (3) 除支承压型金属板屋面和冷弯型钢檩条外,尚有吊顶 (4) 抹灰顶棚的次梁 (5) 除(1)~(4)款外的其他梁(包括楼梯梁) (6) 屋盖檩条 支承压型金属板屋面者 支承其他屋面材料者 有吊顶 (7) 平台板	 l/400 l/180 l/240 l/250 l/250 l/150 l/200 l/240 l/150	 l/500 l/350 l/300 — — — —
5	墙架构件(风荷载不考虑阵风系数) (1) 支柱 (2) 抗风桁架(作为连续支柱的支承时,水平位移) (3) 砌体墙的横梁(水平方向) (4) 支承压型金属板的横梁(水平方向) (5) 支承其他墙面材料的横梁(水平方向) (6) 带有玻璃窗的横梁(竖直和水平方向)	 — — — — — l/200	 l/400 l/1 000 l/300 l/100 l/200 l/200

注:1. l 为受弯构件的跨度(对悬臂梁和伸臂梁为悬伸长度的 2 倍)。
2. $[v_T]$为永久和可变荷载标准值产生的挠度(如有起拱应减去拱度)的容许值;$[v_Q]$为可变荷载标准值产生的挠度的容许值。
3. 当吊车梁或吊车桁架跨度大于 12 m 时,其挠度容许值$[v_T]$应乘以 0.9 的系数。
4. 当墙面采用延性材料或与结构采用柔性连接时,墙架构件的支柱水平位移容许值可采用 $l/300$,抗风桁架(作为连续支柱的支承时)水平位移容许值可采用 $l/800$。

2.1.2　冶金工厂或类似车间中设有工作级别为 A7、A8 级吊车的车间,其跨间每侧吊车梁或吊车桁架的制动结构,由一台最大吊车横向水平荷载(按荷载规范取值)所产生的挠度不宜超过制动结构跨度的 1/2 200。

2.2　结构的位移容许值

2.2.1　单层钢结构水平位移限值宜符合下列规定:

1. 在风荷载标准值作用下,单层钢结构柱顶水平位移宜符合下列规定。

① 单层钢结构柱顶水平位移不宜超过附表 2.2 的数值。

② 无桥式起重机时,当围护结构采用砌体墙,柱顶水平位移不应大于 $H/240$,若围护结构采用轻型钢墙板且房屋高度不超过 18 m,柱顶水平位移可放宽至 $H/60$。

③ 有桥式起重机时,当房屋高度不超过 18 m,采用轻型屋盖,吊车起重量不大于 20 t、工作级别为 A1 ~ A5 且吊车由地面控制时,柱顶水平位移可放宽至 $H/180$。

附表 2.2　风荷载作用下柱顶水平位移容许值

<table>
<tr><th>结构体系</th><th>吊车情况</th><th>柱顶水平位移</th></tr>
<tr><td rowspan="2">排架、框架</td><td>无桥式起重机</td><td>$H/150$</td></tr>
<tr><td>有桥式起重机</td><td>$H/400$</td></tr>
</table>

注:H 为柱高度。

2. 在冶金厂房或类似车间中设有 A7、A8 级吊车的厂房柱和设有中级和重级工作制吊车的露天栈桥柱,在吊车梁或吊车桁架的顶面标高处,由一台最大吊车水平荷载(按荷载规范取值)所产生的计算变形值,不宜超过附表 2.3 所列的容许值。

附表 2.3　吊车水平荷载作用下柱水平位移(计算值)容许值

项次	位移的种类	按平面结构图形计算	按空间结构图形计算
1	厂房柱的横向位移	$H_c/1\ 250$	$H_c/2\ 000$
2	露天栈桥柱的横向位移	$H_c/2\ 500$	—
3	厂房和露天栈桥柱的纵向位移	$H_c/4\ 000$	—

注:1. H_c 为基础顶面至吊车梁或吊车桁架的顶面的高度。

2. 计算厂房或露天栈桥柱的纵向位移时,可假定吊车的纵向水平制动力分配在温度区段内所有的柱间支撑或纵向框架上。

3. 在设有 A8 级吊车的厂房中,厂房柱的水平位移(计算值)容许值不宜大于表中数值的 90%。

4. 在设有 A6 级吊车的厂房柱的纵向位移宜符合表中的要求。

2.2.2　多层钢结构层间位移角限值宜符合下列规定:

1. 在风荷载标准值作用下,有桥式起重机时,多层钢结构的弹性层间位移角不宜超过 1/400。

2. 在风荷载标准值作用下,无桥式起重机时,多层钢结构的弹性层间位移角不宜超过附表 2.4 的数值。

附表 2.4　层间位移角容许值

<table>
<tr><th colspan="3">结构体系</th><th>层间位移角</th></tr>
<tr><td colspan="3">框架、框架-支撑</td><td>1/250</td></tr>
<tr><td rowspan="3">框-排架</td><td colspan="2">侧向框-排架</td><td>1/250</td></tr>
<tr><td rowspan="2">竖向框-排架</td><td>排架</td><td>1/150</td></tr>
<tr><td>框架</td><td>1/250</td></tr>
</table>

注:1. 对室内装修要求较高的建筑,层间位移角宜适当减小;无墙壁的建筑,层间位移角可适当放宽。

2. 当围护结构可适应较大变形时,层间位移角可适当放宽。

3. 在多遇地震作用下多层钢结构的弹性层间位移角不宜超过 1/250。

2.2.3　高层建筑钢结构在风荷载和多遇地震作用下弹性层间位移角不宜超过1/250。

2.2.4　大跨度钢结构位移限值宜符合下列规定。

1. 在永久荷载与可变荷载的标准值组合下，结构挠度宜符合下列规定：

(1) 结构的最大挠度值不宜超过附表 2.5-1 中的容许挠度值；

(2) 网架与桁架可预先起拱，起拱值可取不大于短向跨度的 1/300；当仅为改善外观条件时，结构挠度可取永久荷载与可变荷载标准值作用下的挠度计算值减去起拱值，但结构在可变荷载下的挠度不宜大于结构跨度的 1/400；

(3) 对于设有悬挂起重设备的屋盖结构，其最大挠度值不宜大于结构跨度的 1/400，在可变荷载下的挠度不宜大于结构跨度的 1/500。

2. 在重力荷载代表值与多遇竖向地震作用标准值下的组合最大挠度值不宜超过附表 2.5-2 的限值。

附表 2.5-1　非抗震组合时大跨度钢结构容许挠度值

结构类型		跨中区域	悬挑结构
受弯为主的结构	桁架、网架、斜拉结构、张弦结构等	$L/250$(屋盖) $L/300$(楼盖)	$L/125$(屋盖) $L/150$(楼盖)
受压为主的结构	双层网壳	$L/250$	$L/125$
	拱架、单层网壳	$L/400$	—
受拉为主的结构	单层单索屋盖	$L/200$	
	单层索网、双层索系及横向加劲索系的屋盖、索穹顶屋盖	$L/250$	

注：1. 表中 L 为短向跨度或者悬挑跨度；
2. 索网结构的挠度为预应力之后的挠度。

附表 2.5-2　地震作用组合时大跨度钢结构容许挠度值

结构类型		跨中区域	悬挑结构
受弯为主的结构	桁架、网架、斜拉结构、张弦结构等	$L/250$(屋盖) $L/300$(楼盖)	$L/125$(屋盖) $L/150$(楼盖)
受压为主的结构	双层网壳、弦支穹顶	$L/300$	$L150$
	拱架、单层网壳	$L/400$	—

注：表中 L 为短向跨度或者悬挑跨度。

附录 3　梁的整体稳定系数

3.1　等截面焊接工字形和轧制 H 型钢简支梁

等截面焊接工字形和轧制 H 型钢(附图 3.1)简支梁的整体稳定系数 φ_b 应按下式计算：

$$\varphi_b=\beta_b\frac{4\ 320}{\lambda_y^2}\cdot\frac{Ah}{W_x}\left[\sqrt{1+\left(\frac{\lambda_y t_1}{4.4h}\right)^2}+\eta_b\right]\varepsilon_k^2 \tag{附 3.1.1}$$

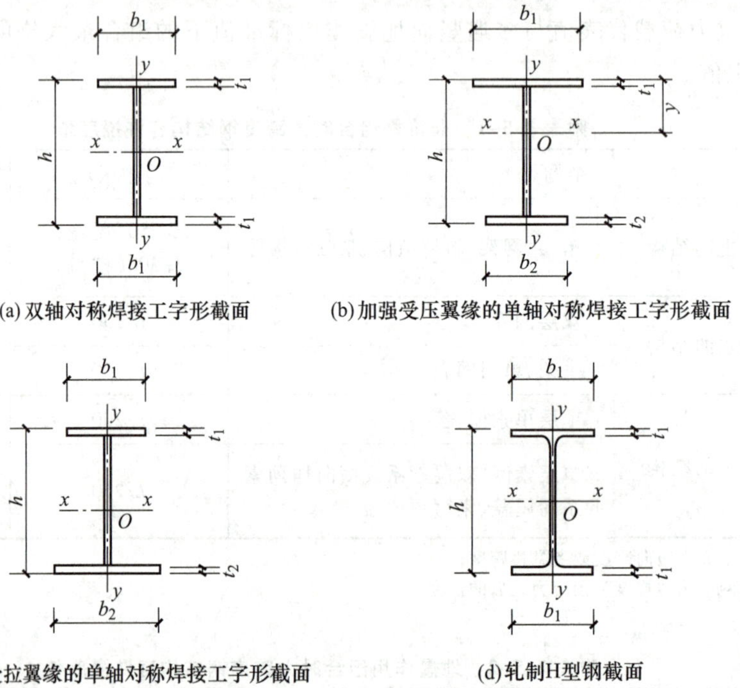

附图 3.1　焊接工字形和轧制 H 型钢截面

式中，β_b 为梁整体稳定的等效临界弯矩系数，按附表 3.1 采用；λ_y 为梁在侧向支撑点间对截面弱轴 y-y 的长细比，$\lambda_y=l_1/i_y$，l_1 为侧向支承点间的距离，i_y 为梁毛截面对 y 轴的截面回转半径；A 为梁的毛截面面积；h、t_1 为梁截面的全高和受压翼缘厚度；ε_k 为钢号修正系数；η_b 为截面不对称影响系数；对双轴对称截面(附图 3.1a、d)，$\eta_b=0$；对单轴对称工字形截面(附图 3.1b、c)，加强受压翼缘 $\eta_b=0.8(2\alpha_b-1)$，加强受拉翼缘 $\eta_b=2\alpha_b-1$；$\alpha_b=\dfrac{I_1}{I_1+I_2}$，$I_1$ 和 I_2 分别为受压翼缘和受拉翼缘对 y 轴的惯性矩。

当按式(附 3.1.1)算得的 φ_b 值大于 0.6 时，应用下式计算的 φ_b' 代替 φ_b 值：

$$\varphi_b'=1.07-\frac{0.282}{\varphi_b}\leqslant 1.0 \tag{附 3.1.2}$$

注：式(附 3.1.1)亦适用于等截面铆接(或高强度螺栓连接)简支梁，其受压翼缘厚度 t_1

包括翼缘角钢厚度在内。

附表 3.1　H 型钢和等截面工字形简支梁的系数 β_b

项次	侧向支承	荷载		$\xi\leqslant2.0$	$\xi>2.0$	适用范围
1	跨中无侧向支承	均布荷载作用在	上翼缘	$0.69+0.13\xi$	0.95	附图 3.1a、b、d 的截面
2			下翼缘	$1.73-0.20\xi$	1.33	
3		集中荷载作用在	上翼缘	$0.73+0.18\xi$	1.09	
4			下翼缘	$2.23-0.28\xi$	1.67	
5	跨度中点有一个侧向支承点	均布荷载作用在	上翼缘	1.15		附图 3.1 中的所有截面
6			下翼缘	1.40		
7		集中荷载作用在截面高度上任意位置		1.75		
8	跨中有不少于两个等距离侧向支承点	任意荷载作用在	上翼缘	1.20		
9			下翼缘	1.40		
10	梁端有弯矩，但跨中无荷载作用			$1.75-1.05\left(\frac{M_2}{M_1}\right)+0.3\left(\frac{M_2}{M_1}\right)^2$，但$\leqslant2.3$		

注：1. ξ 为参数，$\xi=\frac{l_1t_1}{b_1h}$，其中 l_1 和 b_1 分别为 H 型钢或等截面工字形简支梁受压翼缘的自由长度和宽度。

2. M_1、M_2 为梁的端弯矩，使梁产生同向曲率时 M_1 和 M_2 取同号，产生反向曲率时取异号，$|M_1|\geqslant|M_2|$。

3. 附表中项次 3、4 和 7 的集中荷载是指一个和少数几个集中荷载位于跨中央附近的情况，对其他情况的集中荷载，应按附表中项次 1、2、5、6 内的数值采用。

4. 附表中项次 8、9 的 β_b，当集中荷载作用在侧向支承点处时，取 $\beta_b=1.20$。

5. 荷载作用在上翼缘系指荷载作用点在翼缘表面，方向指向截面形心；荷载作用在下翼缘系指荷载作用点在翼缘表面，方向背向截面形心。

6. 对 $\alpha_b>0.8$ 的加强受压翼缘工字形截面，下列情况的 β_b 值应乘以相应的系数：

项次 1　当 $\xi\leqslant1.0$ 时，乘以 0.95；

项次 3　当 $\xi\leqslant0.5$ 时，乘以 0.90；当 $0.5<\xi\leqslant1.0$ 时，乘以 0.95。

3.2　轧制普通工字钢简支梁

轧制普通工字钢简支梁的整体稳定系数 φ_b 应按附表 3.2 采用，当所得的 φ_b 值大于 0.6 时，应按式（附 3.1.2）算得相应的 φ_b' 代替 φ_b 值。

附表 3.2　轧制普通工字钢简支梁的 φ_b

项次	荷载情况			工字钢型号	自由长度 l_1/m 2	3	4	5	6	7	8	9	10
1	跨中无侧向支承点的梁	集中荷载作用于	上翼缘	10～20	2.00	1.30	0.99	0.80	0.68	0.58	0.53	0.48	0.43
				22～32	2.40	1.48	1.09	0.86	0.72	0.62	0.54	0.49	0.45
				36～63	2.80	1.60	1.07	0.83	0.68	0.56	0.50	0.45	0.40
2			下翼缘	10～20	3.10	1.95	1.34	1.01	0.82	0.69	0.63	0.57	0.52
				22～40	5.50	2.80	1.84	1.37	1.07	0.86	0.73	0.64	0.56
				45～63	7.30	3.60	2.30	1.62	1.20	0.96	0.80	0.69	0.60

续表

项次	荷载情况			工字钢型号	自由长度 l_1/m								
					2	3	4	5	6	7	8	9	10
3	跨中无侧向支承点的梁	均布荷载作用于	上翼缘	10~20 22~40 45~63	1.70 2.10 2.60	1.12 1.30 1.45	0.84 0.93 0.97	0.68 0.73 0.73	0.57 0.60 0.59	0.50 0.51 0.50	0.45 0.45 0.44	0.41 0.40 0.38	0.37 0.36 0.35
4			下翼缘	10~20 22~40 45~63	2.50 4.00 5.60	1.55 2.20 2.80	1.08 1.45 1.80	0.83 1.10 1.25	0.68 0.85 0.95	0.56 0.70 0.78	0.52 0.60 0.65	0.47 0.52 0.55	0.42 0.46 0.49
5	跨中有侧向支承点的梁(不论荷载作用点在截面高度上的位置)			10~20 22~40 45~63	2.20 3.00 4.00	1.39 1.80 2.20	1.01 1.24 1.38	0.79 0.96 1.01	0.66 0.76 0.80	0.57 0.65 0.66	0.52 0.56 0.56	0.47 0.49 0.49	0.42 0.43 0.43

注:1. 同附表 3.1 的注 3、5。

2. 附表中的 φ_b 适用于 Q235 钢。对其他钢号,附表中数值应乘以 ε_k^2。

3.3 轧制槽钢简支梁

轧制槽钢简支梁的整体稳定系数,不论荷载的形式和荷载作用点在截面高度上的位置,均可按下式计算:

$$\varphi_b = \frac{570bt}{l_1 h} \cdot \varepsilon_k^2 \qquad (附 3.3.1)$$

式中,h、b、t 分别为槽钢截面的高度、翼缘宽度和平均厚度。

按式(附 3.3.1)算得的 φ_b 大于 0.6 时,应按式(附 3.1.2)算得相应的 φ_b' 代替 φ_b 值。

3.4 双轴对称工字形等截面悬臂梁

双轴对称工字形等截面悬臂梁的整体稳定系数,可按式(附 3.1.1)计算,但式中系数 β_b 应按附表 3.3 查得,$\lambda_y = l_1/i_y$(l_1 为悬臂梁的悬伸长度)。当求得的 φ_b 大于 0.6 时,应按式(附 3.1.2)算得相应的 φ_b' 代替 φ_b 值。

附表 3.3 双轴对称工字形等截面悬臂梁的系数 β_b

项次	荷载形式		$0.60 \le \xi \le 1.24$	$1.24 < \xi \le 1.96$	$1.96 < \xi \le 3.10$
1	自由端一个集中荷载作用在	上翼缘	$0.21+0.67\xi$	$0.72+0.26\xi$	$1.17+0.03\xi$
2		下翼缘	$2.94-0.65\xi$	$2.64-0.40\xi$	$2.15-0.15\xi$
3	均布荷载作用在上翼缘		$0.62+0.82\xi$	$1.25+0.31\xi$	$1.66+0.10\xi$

注:1. 本附表是按支承端为固定的情况确定的,当用于由邻跨延伸出来的伸臂梁时,应在构造上采取措施加强支承处的抗扭能力。

2. 附表中 ξ 见附表 3.1 注 1。

3.5　受弯构件整体稳定系数的近似计算

均匀弯曲的受弯构件，当 $\lambda_y \leqslant 120\varepsilon_k$ 时，其整体稳定系数 φ_b 可按下列近似公式计算：

1. 工字形截面（含 H 型钢）

双轴对称时：

$$\varphi_b = 1.07 - \frac{\lambda_y^2}{44\ 000\varepsilon_k^2} \qquad (附 3.5.1)$$

单轴对称时：

$$\varphi_b = 1.07 - \frac{W_x}{(2\alpha_b + 0.1)Ah} \cdot \frac{\lambda_y^2}{14\ 000\varepsilon_k^2} \qquad (附 3.5.2)$$

2. T 形截面（弯矩作用在对称轴平面，绕 x 轴）

（1）弯矩使翼缘受压时，

双角钢 T 形截面：

$$\varphi_b = 1 - 0.001\ 7\lambda_y/\varepsilon_k \qquad (附 3.5.3)$$

剖分 T 型钢和两板组合 T 形截面：

$$\varphi_b = 1 - 0.002\ 2\lambda_y/\varepsilon_k \qquad (附 3.5.4)$$

（2）弯矩使翼缘受拉且腹板宽厚比不大于 $18\varepsilon_k$ 时，

$$\varphi_b = 1 - 0.000\ 5\lambda_y/\varepsilon_k \qquad (附 3.5.5)$$

按式（附 3.5.1）至式（附 3.5.5）所得的 φ_b 值大于 0.6 时，不需按式（附 3.1.2）换算成 φ'_b 值；当按式（附 3.5.1）和式（附 3.5.2）算得的 φ_b 值大于 1.0 时，取 $\varphi_b = 1.0$。

附录 4　轴心受压构件的稳定系数

附表 4.1　a 类截面轴心受压构件的稳定系数 φ

λ/ε_k	0	1	2	3	4	5	6	7	8	9
0	1.000	1.000	1.000	1.000	0.999	0.999	0.998	0.998	0.997	0.996
10	0.995	0.994	0.993	0.992	0.991	0.989	0.988	0.986	0.985	0.983
20	0.981	0.979	0.977	0.976	0.974	0.972	0.970	0.968	0.966	0.964
30	0.963	0.961	0.959	0.957	0.954	0.952	0.950	0.948	0.946	0.944
40	0.941	0.939	0.937	0.934	0.932	0.929	0.927	0.924	0.921	0.918
50	0.916	0.913	0.910	0.907	0.903	0.900	0.897	0.893	0.890	0.886
60	0.883	0.879	0.875	0.871	0.867	0.862	0.858	0.854	0.849	0.844
70	0.839	0.834	0.829	0.824	0.818	0.813	0.807	0.801	0.795	0.789
80	0.783	0.776	0.770	0.763	0.756	0.749	0.742	0.735	0.728	0.721

续表

λ/ε_k	0	1	2	3	4	5	6	7	8	9
90	0.713	0.706	0.698	0.691	0.683	0.676	0.668	0.660	0.653	0.645
100	0.637	0.630	0.622	0.614	0.607	0.599	0.592	0.584	0.577	0.569
110	0.562	0.555	0.548	0.541	0.534	0.527	0.520	0.513	0.507	0.500
120	0.494	0.487	0.481	0.475	0.469	0.463	0.457	0.451	0.445	0.439
130	0.434	0.428	0.423	0.417	0.412	0.407	0.402	0.397	0.392	0.387
140	0.382	0.378	0.373	0.368	0.364	0.360	0.355	0.351	0.347	0.343
150	0.339	0.335	0.331	0.327	0.323	0.319	0.316	0.312	0.308	0.305
160	0.302	0.298	0.295	0.292	0.288	0.285	0.282	0.279	0.276	0.273
170	0.270	0.267	0.264	0.261	0.259	0.256	0.253	0.250	0.248	0.245
180	0.243	0.240	0.238	0.235	0.233	0.231	0.228	0.226	0.224	0.222
190	0.219	0.217	0.215	0.213	0.211	0.209	0.207	0.205	0.203	0.201
200	0.199	0.197	0.196	0.194	0.192	0.190	0.188	0.187	0.185	0.183
210	0.182	0.180	0.178	0.177	0.175	0.174	0.172	0.171	0.169	0.168
220	0.166	0.165	0.163	0.162	0.161	0.159	0.158	0.157	0.155	0.154
230	0.153	0.151	0.150	0.149	0.148	0.147	0.145	0.144	0.143	0.142
240	0.141	0.140	0.139	0.137	0.136	0.135	0.134	0.133	0.132	0.131

注：见附表 4.4 注。

附表 4.2　b 类截面轴心受压构件的稳定系数 φ

λ/ε_k	0	1	2	3	4	5	6	7	8	9
0	1.000	1.000	1.000	0.999	0.999	0.998	0.997	0.996	0.995	0.994
10	0.992	0.991	0.989	0.987	0.985	0.983	0.981	0.978	0.976	0.973
20	0.970	0.967	0.963	0.960	0.957	0.953	0.950	0.946	0.943	0.939
30	0.936	0.932	0.929	0.925	0.921	0.918	0.914	0.910	0.906	0.903
40	0.899	0.895	0.891	0.886	0.882	0.878	0.874	0.870	0.865	0.861
50	0.856	0.852	0.847	0.842	0.837	0.833	0.828	0.823	0.818	0.812
60	0.807	0.802	0.796	0.791	0.785	0.780	0.774	0.768	0.762	0.757
70	0.751	0.745	0.738	0.732	0.726	0.720	0.713	0.707	0.701	0.694
80	0.687	0.681	0.674	0.668	0.661	0.654	0.648	0.641	0.634	0.628
90	0.621	0.614	0.607	0.601	0.594	0.587	0.581	0.574	0.568	0.561

续表

λ/ε_k	0	1	2	3	4	5	6	7	8	9
100	0. 555	0. 548	0. 542	0. 535	0. 529	0. 523	0. 517	0. 511	0. 504	0. 498
110	0. 492	0. 487	0. 481	0. 475	0. 469	0. 464	0. 458	0. 453	0. 447	0. 442
120	0. 436	0. 431	0. 426	0. 421	0. 416	0. 411	0. 406	0. 401	0. 396	0. 392
130	0. 387	0. 383	0. 378	0. 374	0. 369	0. 365	0. 361	0. 357	0. 352	0. 348
140	0. 344	0. 340	0. 337	0. 333	0. 329	0. 325	0. 322	0. 318	0. 314	0. 311
150	0. 308	0. 304	0. 301	0. 297	0. 294	0. 291	0. 288	0. 285	0. 282	0. 279
160	0. 276	0. 273	0. 270	0. 267	0. 264	0. 262	0. 259	0. 256	0. 253	0. 251
170	0. 248	0. 246	0. 243	0. 241	0. 238	0. 236	0. 234	0. 231	0. 229	0. 227
180	0. 225	0. 222	0. 220	0. 218	0. 216	0. 214	0. 212	0. 210	0. 208	0. 206
190	0. 204	0. 202	0. 200	0. 198	0. 196	0. 195	0. 193	0. 191	0. 189	0. 188
200	0. 186	0. 184	0. 183	0. 181	0. 179	0. 178	0. 176	0. 175	0. 173	0. 172
210	0. 170	0. 169	0. 167	0. 166	0. 164	0. 163	0. 162	0. 160	0. 159	0. 158
220	0. 156	0. 155	0. 154	0. 152	0. 151	0. 150	0. 149	0. 147	0. 146	0. 145
230	0. 144	0. 143	0. 142	0. 141	0. 139	0. 138	0. 137	0. 136	0. 135	0. 134
240	0. 133	0. 132	0. 131	0. 130	0. 129	0. 128	0. 127	0. 126	0. 125	0. 124
250	0. 123	—	—	—	—	—	—	—	—	—

注：见附表 4. 4 注。

附表 4. 3　c 类截面轴心受压构件的稳定系数 φ

λ/ε_k	0	1	2	3	4	5	6	7	8	9
0	1. 000	1. 000	1. 000	0. 999	0. 999	0. 998	0. 997	0. 996	0. 995	0. 993
10	0. 992	0. 990	0. 988	0. 986	0. 983	0. 981	0. 978	0. 976	0. 973	0. 970
20	0. 966	0. 959	0. 953	0. 947	0. 940	0. 934	0. 928	0. 921	0. 915	0. 909
30	0. 902	0. 896	0. 890	0. 883	0. 877	0. 871	0. 865	0. 858	0. 852	0. 845
40	0. 839	0. 833	0. 826	0. 820	0. 813	0. 807	0. 800	0. 794	0. 787	0. 781
50	0. 774	0. 768	0. 761	0. 755	0. 748	0. 742	0. 735	0. 728	0. 722	0. 715
60	0. 709	0. 702	0. 695	0. 689	0. 682	0. 675	0. 669	0. 662	0. 656	0. 649

续表

λ/ε_k	0	1	2	3	4	5	6	7	8	9
70	0.642	0.636	0.629	0.623	0.616	0.610	0.603	0.597	0.591	0.584
80	0.578	0.572	0.565	0.559	0.553	0.547	0.541	0.535	0.529	0.523
90	0.517	0.511	0.505	0.499	0.494	0.488	0.483	0.477	0.471	0.467
100	0.462	0.458	0.453	0.449	0.445	0.440	0.436	0.432	0.427	0.423
110	0.419	0.415	0.411	0.407	0.402	0.398	0.394	0.390	0.386	0.383
120	0.379	0.375	0.371	0.367	0.363	0.360	0.356	0.352	0.349	0.345
130	0.342	0.338	0.335	0.332	0.328	0.325	0.322	0.318	0.315	0.312
140	0.309	0.306	0.303	0.300	0.297	0.294	0.291	0.288	0.285	0.282
150	0.279	0.277	0.274	0.271	0.269	0.266	0.263	0.261	0.258	0.256
160	0.253	0.251	0.248	0.246	0.244	0.241	0.239	0.237	0.235	0.232
170	0.230	0.228	0.226	0.224	0.222	0.220	0.218	0.216	0.214	0.212
180	0.210	0.208	0.206	0.204	0.203	0.201	0.199	0.197	0.195	0.194
190	0.192	0.190	0.189	0.187	0.185	0.184	0.182	0.181	0.179	0.178
200	0.176	0.175	0.173	0.172	0.170	0.169	0.167	0.166	0.165	0.163
210	0.162	0.161	0.159	0.158	0.157	0.155	0.154	0.153	0.152	0.151
220	0.149	0.148	0.147	0.146	0.145	0.144	0.142	0.141	0.140	0.139
230	0.138	0.137	0.136	0.135	0.134	0.133	0.132	0.131	0.130	0.129
240	0.128	0.127	0.126	0.125	0.124	0.123	0.123	0.122	0.121	0.120
250	0.119	—	—	—	—	—	—	—	—	—

注：见附表 4.4 注。

附表 4.4　d 类截面轴心受压构件的稳定系数 φ

λ/ε_k	0	1	2	3	4	5	6	7	8	9
0	1.000	1.000	0.999	0.999	0.998	0.996	0.994	0.992	0.990	0.987
10	0.984	0.981	0.978	0.974	0.969	0.965	0.960	0.955	0.949	0.944
20	0.937	0.927	0.918	0.909	0.900	0.891	0.883	0.874	0.865	0.857
30	0.848	0.840	0.831	0.823	0.815	0.807	0.798	0.790	0.782	0.774
40	0.766	0.758	0.751	0.743	0.735	0.727	0.720	0.712	0.705	0.697

续表

λ/ε_k	0	1	2	3	4	5	6	7	8	9
50	0. 690	0. 682	0. 675	0. 668	0. 660	0. 653	0. 646	0. 639	0. 632	0. 625
60	0. 618	0. 611	0. 605	0. 598	0. 591	0. 585	0. 578	0. 571	0. 565	0. 559
70	0. 552	0. 546	0. 540	0. 534	0. 528	0. 521	0. 516	0. 510	0. 504	0. 498
80	0. 492	0. 487	0. 481	0. 476	0. 470	0. 465	0. 459	0. 454	0. 449	0. 444
90	0. 439	0. 434	0. 429	0. 424	0. 419	0. 414	0. 409	0. 405	0. 401	0. 397
100	0. 393	0. 390	0. 386	0. 383	0. 380	0. 376	0. 373	0. 369	0. 366	0. 363
110	0. 359	0. 356	0. 353	0. 350	0. 346	0. 343	0. 340	0. 337	0. 334	0. 331
120	0. 328	0. 325	0. 322	0. 319	0. 316	0. 313	0. 310	0. 307	0. 304	0. 301
130	0. 298	0. 296	0. 293	0. 290	0. 288	0. 285	0. 282	0. 280	0. 277	0. 275
140	0. 272	0. 270	0. 267	0. 265	0. 262	0. 260	0. 257	0. 255	0. 253	0. 250
150	0. 248	0. 246	0. 244	0. 242	0. 239	0. 237	0. 235	0. 233	0. 231	0. 229
160	0. 227	0. 225	0. 223	0. 221	0. 219	0. 217	0. 215	0. 213	0. 211	0. 210
170	0. 208	0. 206	0. 204	0. 202	0. 201	0. 199	0. 197	0. 196	0. 194	0. 192
180	0. 191	0. 189	0. 187	0. 186	0. 184	0. 183	0. 181	0. 180	0. 178	0. 177
190	0. 175	0. 174	0. 173	0. 171	0. 170	0. 168	0. 167	0. 166	0. 164	0. 163
200	0. 162	—	—	—	—	—	—	—	—	—

注：1. 附表 4. 1 至附表 4. 4 中的 φ 值系按下列公式算得：

当 $\lambda_n = \frac{\lambda}{\pi}\sqrt{f_y/E} \leqslant 0.215$ 时，

$\varphi = 1 - \alpha_1\lambda_n^2$

当 $\lambda_n \geqslant 0.215$ 时，

$$\varphi = \frac{1}{2\lambda_n^2}\left[(\alpha_2 + \alpha_3\lambda_n + \lambda_n^2) - \sqrt{(\alpha_2 + \alpha_3\lambda_n + \lambda_n^2)^2 - 4\lambda_n^2}\right]$$

式中，α_1、α_2、α_3 为系数，根据截面的分类，按附表 4. 5 采用。

2. 当构件的 λ/ε_k 值超出附表 4. 1 至附表 4. 4 的范围时，则 φ 值按注 1 所列的公式计算。

附表 4. 5　系数 α_1、α_2、α_3

<table>
<tr><th colspan="2">截面类型</th><th>α_1</th><th>α_2</th><th>α_3</th></tr>
<tr><td colspan="2">a 类</td><td>0. 41</td><td>0. 986</td><td>0. 152</td></tr>
<tr><td colspan="2">b 类</td><td>0. 65</td><td>0. 965</td><td>0. 300</td></tr>
<tr><td rowspan="2">c 类</td><td>$\lambda_n \leqslant 1.05$</td><td rowspan="2">0. 73</td><td>0. 906</td><td>0. 595</td></tr>
<tr><td>$\lambda_n > 1.05$</td><td>1. 216</td><td>0. 302</td></tr>
<tr><td rowspan="2">d 类</td><td>$\lambda_n \leqslant 1.05$</td><td rowspan="2">1. 35</td><td>0. 868</td><td>0. 915</td></tr>
<tr><td>$\lambda_n > 1.05$</td><td>1. 375</td><td>0. 432</td></tr>
</table>

附录 5　各种截面回转半径的近似值

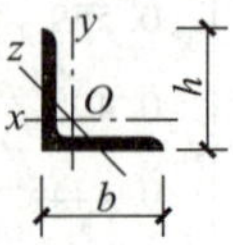 $i_x=0.30h$ $i_y=0.90b$ $i_z=0.195h$	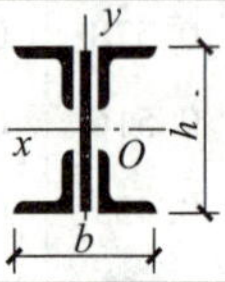 $i_x=0.40h$ $i_y=0.21b$	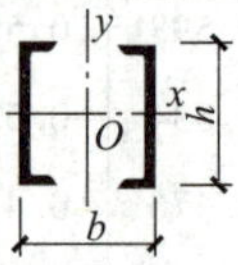 $i_x=0.38h$ $i_y=0.44b$	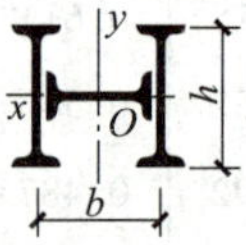 $i_x=0.32h$ $i_y=0.49b$
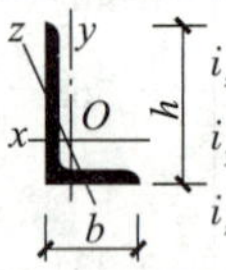 $i_x=0.32h$ $i_y=0.28b$ $i_z=0.09(b+h)$	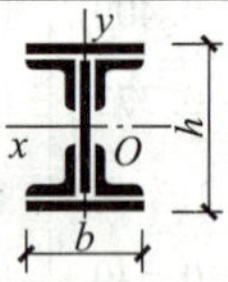 $i_x=0.45h$ $i_y=0.235b$	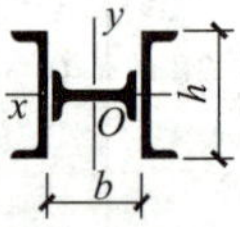 $i_x=0.32h$ $i_y=0.58b$	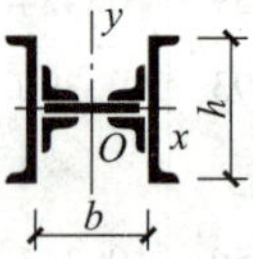 $i_x=0.29h$ $i_y=0.50b$
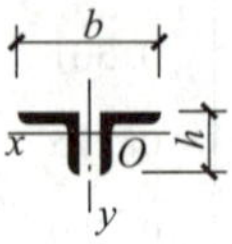 $i_x=0.30h$ $i_y=0.215b$	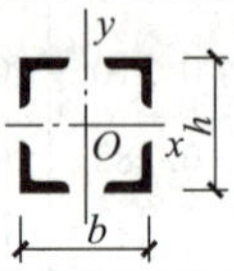 $i_x=0.43h$ $i_y=0.43b$	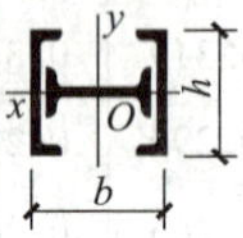 $i_x=0.32h$ $i_y=0.40b$	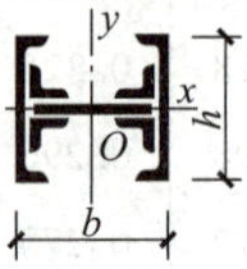 $i_x=0.29h$ $i_y=0.45b$
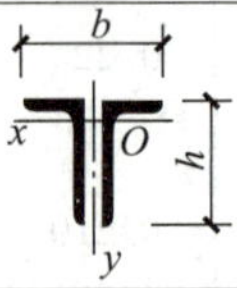 $i_x=0.32h$ $i_y=0.20b$	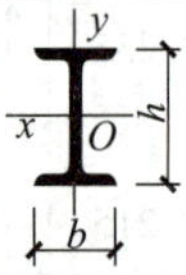 $i_x=0.39h$ $i_y=0.20b$	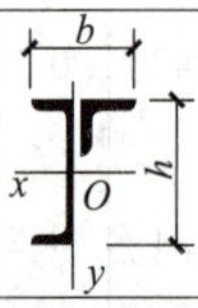 $i_x=0.38h$ $i_y=0.21b$	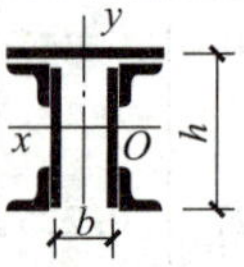 $i_x=0.39h$ $i_y=0.53b$
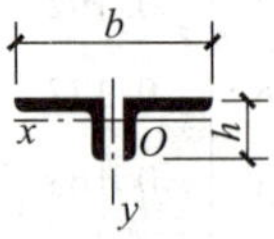 $i_x=0.28h$ $i_y=0.24b$	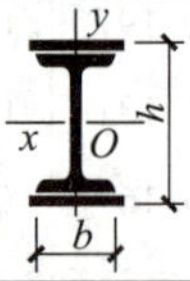 $i_x=0.42h$ $i_y=0.22b$	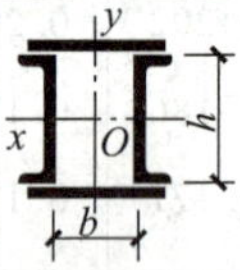 $i_x=0.44h$ $i_y=0.32b$	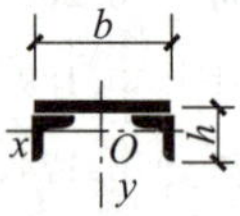 $i_x=0.28h$ $i_y=0.37b$
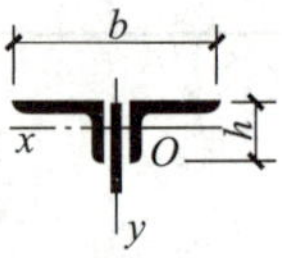 $i_x=0.30h$ $i_y=0.17b$	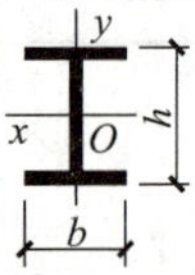 $i_x=0.43h$ $i_y=0.24b$	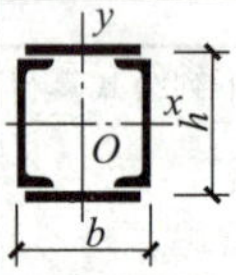 $i_x=0.44h$ $i_y=0.38b$	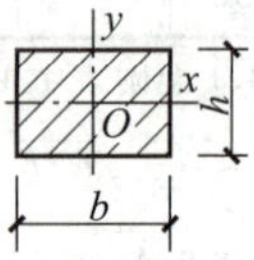 $i_x=0.29h$ $i_y=0.29b$
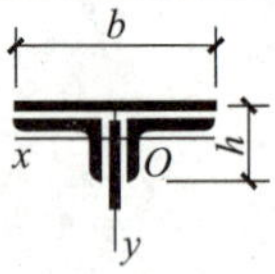 $i_x=0.28h$ $i_y=0.21b$	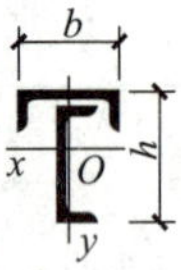 $i_x=0.365h$ $i_y=0.275b$	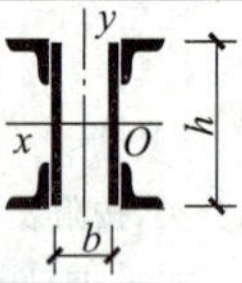 $i_x=0.37h$ $i_y=0.54b$	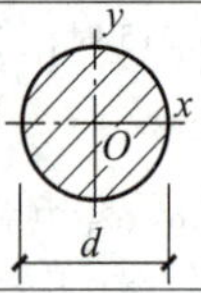 $i_x=0.25d$ $i_y=0.25d$
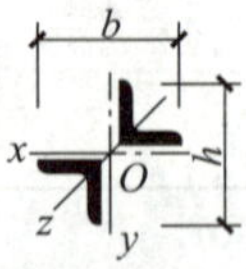 $i_x=0.21h$ $i_y=0.21b$ $i_z=0.185h$	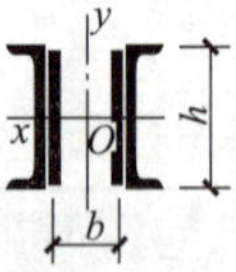 $i_x=0.35h$ $i_y=0.56b$	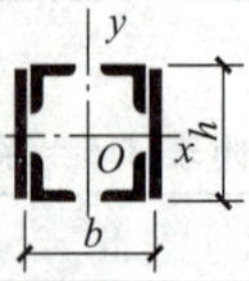 $i_x=0.37h$ $i_y=0.45b$	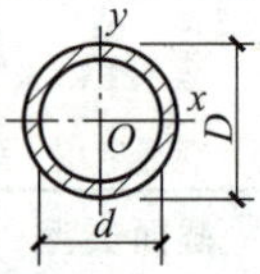 $i_x=i_y=$ $0.175(D+d)$
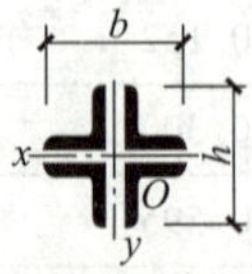 $i_x=0.21h$ $i_y=0.21b$	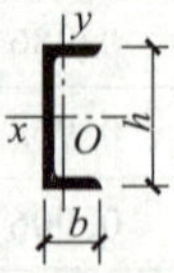 $i_x=0.39h$ $i_y=0.29b$	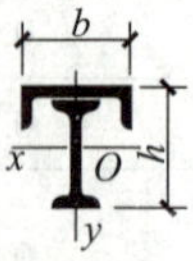 $i_x=0.40h$ $i_y=0.24b$	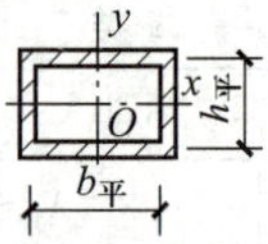 $i_x=0.40h_{平}$ $i_y=0.40b_{平}$
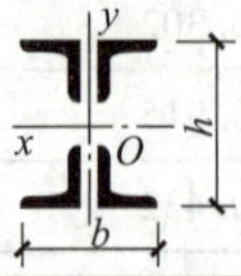 $i_x=0.45h$ $i_y=0.24b$	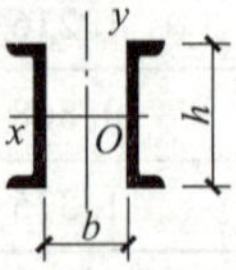 $i_x=0.38h$ $i_y=0.60b$	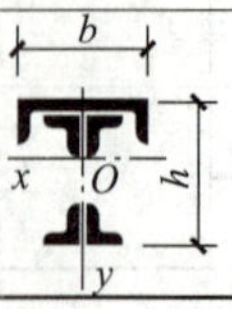 $i_x=0.41h$ $i_y=0.29b$	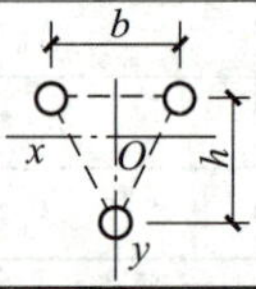 $i_x=0.47h$ $i_y=0.40b$

附录 6　柱的计算长度系数

附表 6.1　无侧移框架柱的计算长度系数 μ

K_2 \ K_1	0	0.05	0.1	0.2	0.3	0.4	0.5	1	2	3	4	5	≥10
0	1.000	0.990	0.981	0.964	0.949	0.935	0.922	0.875	0.820	0.791	0.773	0.760	0.732
0.05	0.990	0.981	0.971	0.955	0.940	0.926	0.914	0.867	0.814	0.784	0.766	0.754	0.726
0.1	0.981	0.971	0.962	0.946	0.931	0.918	0.906	0.860	0.807	0.778	0.760	0.748	0.721
0.2	0.964	0.955	0.946	0.930	0.916	0.903	0.891	0.846	0.795	0.767	0.749	0.737	0.711
0.3	0.949	0.940	0.931	0.916	0.902	0.889	0.878	0.834	0.784	0.756	0.739	0.728	0.701
0.4	0.935	0.926	0.918	0.903	0.889	0.877	0.866	0.823	0.774	0.747	0.730	0.719	0.693
0.5	0.922	0.914	0.906	0.891	0.878	0.866	0.855	0.813	0.765	0.738	0.721	0.710	0.685
1	0.875	0.867	0.860	0.846	0.834	0.823	0.813	0.774	0.729	0.704	0.688	0.677	0.654
2	0.820	0.814	0.807	0.795	0.784	0.774	0.765	0.729	0.686	0.663	0.648	0.638	0.615
3	0.791	0.784	0.778	0.767	0.756	0.747	0.738	0.704	0.663	0.640	0.625	0.616	0.593
4	0.773	0.766	0.760	0.749	0.739	0.730	0.721	0.688	0.648	0.625	0.611	0.601	0.580
5	0.760	0.754	0.748	0.737	0.728	0.719	0.710	0.677	0.638	0.616	0.601	0.592	0.570
≥10	0.732	0.726	0.721	0.711	0.701	0.693	0.685	0.654	0.615	0.593	0.580	0.570	0.549

注：1. 附表中的计算长度系数 μ 值系按下式所得：

$$\left[\left(\frac{\pi}{\mu}\right)^2+2(K_1+K_2)-4K_1K_2\right]\frac{\pi}{\mu}\cdot\sin\frac{\pi}{\mu}-2\left[(K_1+K_2)\left(\frac{\pi}{\mu}\right)^2+4K_1K_2\right]\cos\frac{\pi}{\mu}+8K_1K_2=0$$

式中，K_1、K_2 分别为相交于柱上端、柱下端的横梁线刚度之和与柱线刚度之和的比值。当横梁远端为铰接时，应将横梁线刚度乘以 1.5；当横梁远端为嵌固时，则将横梁线刚度乘以 2。

2. 当横梁与柱铰接时，取横梁线刚度为零。
3. 对底层框架柱：当柱与基础铰接时，取 $K_2=0$（对平板支座可取 $K_2=0.1$）；当柱与基础刚接时，取 $K_2=10$。
4. 当与柱刚性连接的横梁所受轴心压力 N_b 较大时，横梁线刚度应乘以折减系数 α_N；
   横梁远端与柱刚接和横梁远端铰支时：$\alpha_N=1-N_b/N_{Eb}$
   横梁远端嵌固时：$\alpha_N=1-N_b/(2N_{Eb})$
   式中，$N_{Eb}=\pi^2EI_b/l^2$，I_b 为横梁截面惯性矩，l 为横梁长度。

附表 6.2　有侧移框架柱的计算长度系数 μ

K_2 \ K_1	0	0.05	0.1	0.2	0.3	0.4	0.5	1	2	3	4	5	≥10
0	∞	6.02	4.46	3.42	3.01	2.78	2.64	2.33	2.17	2.11	2.08	2.07	2.03
0.05	6.02	4.16	3.47	2.86	2.58	2.42	2.31	2.07	1.94	1.90	1.87	1.86	1.83
0.1	4.46	3.47	3.01	2.56	2.33	2.20	2.11	1.90	1.79	1.75	1.73	1.72	1.70
0.2	3.42	2.86	2.56	2.23	2.05	1.94	1.87	1.70	1.60	1.57	1.55	1.54	1.52

续表

K_2 \ K_1	0	0.05	0.1	0.2	0.3	0.4	0.5	1	2	3	4	5	≥10
0.3	3.01	2.58	2.33	2.05	1.90	1.80	1.74	1.58	1.49	1.46	1.45	1.44	1.42
0.4	2.78	2.42	2.20	1.94	1.80	1.71	1.65	1.50	1.42	1.39	1.37	1.37	1.35
0.5	2.64	2.31	2.11	1.87	1.74	1.65	1.59	1.45	1.37	1.34	1.32	1.32	1.30
1	2.33	2.07	1.90	1.70	1.58	1.50	1.45	1.32	1.24	1.21	1.20	1.19	1.17
2	2.17	1.94	1.79	1.60	1.49	1.42	1.37	1.24	1.16	1.14	1.12	1.12	1.10
3	2.11	1.90	1.75	1.57	1.46	1.39	1.34	1.21	1.14	1.11	1.10	1.09	1.07
4	2.08	1.87	1.73	1.55	1.45	1.37	1.32	1.20	1.12	1.10	1.08	1.08	1.06
5	2.07	1.86	1.72	1.54	1.44	1.37	1.32	1.19	1.12	1.09	1.08	1.07	1.05
≥10	2.03	1.83	1.70	1.52	1.42	1.35	1.30	1.17	1.10	1.07	1.06	1.05	1.03

注:1. 附表中的计算长度系数 μ 值系按下式所得:

$$\left[36K_1K_2-\left(\frac{\pi}{\mu}\right)^2\right]\sin\frac{\pi}{\mu}+6(K_1+K_2)\frac{\pi}{\mu}\cdot\cos\frac{\pi}{\mu}=0$$

式中,K_1、K_2分别为相交于柱上端、柱下端的横梁线刚度之和与柱线刚度之和的比值。当横梁远端为铰接时,应将横梁线刚度乘以 0.5;当横梁远端为嵌固时,则应乘以 2/3。

2. 当横梁与柱铰接时,取横梁线刚度为零。
3. 对底层框架柱:当柱与基础铰接时,取 $K_2=0$(对平板支座可取 $K_2=0.1$);当柱与基础刚接时,取 $K_2=10$。
4. 当与柱刚性连接的横梁所受轴心压力 N_b 较大时,横梁线刚度应乘以折减系数 α_N;

横梁远端与柱刚接时:$\alpha_N=1-N_b/(4N_{Eb})$

横梁远端铰支时:$\alpha_N=1-N_b/N_{Eb}$

横梁远端嵌固时:$\alpha_N=1-N_b/(2N_{Eb})$

式中,N_{Eb} 的计算式见附表 6.1 注 4。

附表 6.3　柱上端为自由的单阶柱下段的计算长度系数 μ_2

简图	K_1 \ η_1	0.06	0.08	0.10	0.12	0.14	0.16	0.18	0.20	0.22	0.24	0.26	0.28	0.3	0.4	0.5	0.6	0.7	0.8
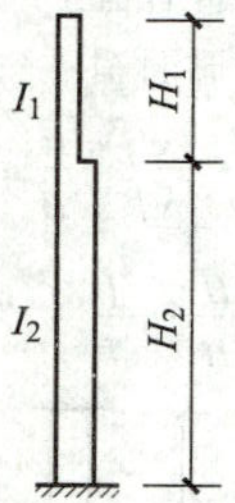	0.2	2.00	2.01	2.01	2.01	2.01	2.01	2.01	2.02	2.02	2.02	2.02	2.02	2.02	2.03	2.04	2.05	2.06	2.07
	0.3	2.01	2.02	2.02	2.02	2.03	2.03	2.03	2.04	2.04	2.05	2.05	2.05	2.06	2.08	2.10	2.12	2.13	2.15
	0.4	2.02	2.03	2.04	2.04	2.05	2.06	2.07	2.07	2.08	2.09	2.09	2.10	2.11	2.14	2.18	2.21	2.25	2.28
	0.5	2.04	2.05	2.06	2.07	2.09	2.10	2.11	2.12	2.13	2.15	2.16	2.17	2.18	2.24	2.29	2.35	2.40	2.45
	0.6	2.06	2.08	2.10	2.12	2.14	2.16	2.18	2.19	2.21	2.23	2.25	2.26	2.28	2.36	2.44	2.52	2.59	2.66
	0.7	2.10	2.13	2.16	2.18	2.21	2.24	2.26	2.29	2.31	2.34	2.36	2.38	2.41	2.52	2.62	2.72	2.81	2.90
	0.8	2.15	2.20	2.24	2.27	2.31	2.34	2.38	2.41	2.44	2.47	2.50	2.53	2.56	2.70	2.82	2.94	3.06	3.16
	0.9	2.24	2.29	2.35	2.39	2.44	2.48	2.52	2.56	2.60	2.63	2.67	2.71	2.74	2.90	3.05	3.19	3.32	3.44
	1.0	2.36	2.43	2.48	2.54	2.59	2.64	2.69	2.73	2.77	2.82	2.86	2.90	2.94	3.12	3.29	3.45	3.59	3.74
$K_1=\frac{I_1}{I_2}\cdot\frac{H_2}{H_1}$	1.2	2.69	2.76	2.83	2.89	2.95	3.01	3.07	3.12	3.17	3.22	3.27	3.32	3.37	3.59	3.80	3.99	4.17	4.34
$\eta_1=\frac{H_1}{H_2}\sqrt{\frac{N_1}{N_2}\cdot\frac{I_2}{I_1}}$	1.4	3.07	3.14	3.22	3.29	3.36	3.42	3.48	3.55	3.61	3.66	3.72	3.78	3.83	4.09	4.33	4.56	4.77	4.97
N_1——上段柱轴心力；	1.6	3.47	3.55	3.63	3.71	3.78	3.85	3.92	3.99	4.07	4.12	4.18	4.25	4.31	4.61	4.88	5.14	5.38	5.62
N_2——下段柱轴心力	1.8	3.88	3.97	4.05	4.13	4.21	4.29	4.37	4.44	4.52	4.59	4.66	4.73	4.80	5.13	5.44	5.73	6.00	6.26
	2.0	4.29	4.39	4.48	4.57	4.65	4.74	4.82	4.90	4.99	5.07	5.14	5.22	5.30	5.66	6.00	6.32	6.63	6.92
	2.2	4.71	4.81	4.91	5.00	5.10	5.19	5.28	5.37	5.46	5.54	5.63	5.71	5.80	6.19	6.57	6.92	7.26	7.58
	2.4	5.13	5.24	5.34	5.44	5.54	5.64	5.74	5.84	5.93	6.03	6.12	6.21	6.30	6.73	7.14	7.52	7.89	8.24
	2.6	5.55	5.66	5.77	5.88	5.99	6.10	6.20	6.31	6.41	6.51	6.61	6.71	6.80	7.27	7.71	8.13	8.52	8.90
	2.8	5.97	6.09	6.21	6.33	6.44	6.55	6.67	6.78	6.89	6.99	7.10	7.21	7.31	7.81	8.28	8.73	9.16	9.57
	3.0	6.39	6.52	6.64	6.77	6.89	7.01	7.13	7.25	7.37	7.48	7.59	7.71	7.82	8.35	8.86	9.34	9.80	10.24

注：附表中的计算长度系数 μ_2 值系按下式计算得出：

$$\eta_1 K_1\cdot\tan\frac{\pi}{\mu_2}\cdot\tan\frac{\pi\eta_1}{\mu_2}-1=0$$

附表 6.4　柱上端可移动但不能转动的单阶柱下段的计算长度系数 μ_2

简　图	K_1 / η_1	0.06	0.08	0.10	0.12	0.14	0.16	0.18	0.20	0.22	0.24	0.26	0.28	0.3	0.4	0.5	0.6	0.7	0.8
	0.2	1.96	1.94	1.93	1.91	1.90	1.89	1.88	1.86	1.85	1.84	1.83	1.82	1.81	1.76	1.72	1.68	1.65	1.62
	0.3	1.96	1.94	1.93	1.92	1.91	1.89	1.88	1.87	1.86	1.85	1.84	1.83	1.82	1.77	1.73	1.70	1.66	1.63
	0.4	1.96	1.95	1.94	1.92	1.91	1.90	1.89	1.88	1.87	1.86	1.85	1.84	1.83	1.79	1.75	1.72	1.68	1.66
	0.5	1.96	1.95	1.94	1.93	1.92	1.91	1.90	1.89	1.88	1.87	1.86	1.85	1.85	1.81	1.77	1.74	1.71	1.69
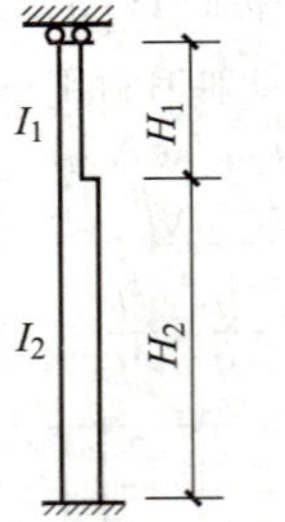	0.6	1.97	1.96	1.95	1.94	1.93	1.92	1.91	1.90	1.90	1.89	1.88	1.87	1.87	1.83	1.80	1.78	1.75	1.73
	0.7	1.97	1.97	1.96	1.95	1.94	1.94	1.93	1.92	1.92	1.91	1.90	1.90	1.89	1.86	1.84	1.82	1.80	1.78
	0.8	1.98	1.98	1.97	1.96	1.96	1.95	1.95	1.94	1.94	1.93	1.93	1.93	1.92	1.90	1.88	1.87	1.86	1.84
	0.9	1.99	1.99	1.98	1.98	1.98	1.97	1.97	1.97	1.97	1.96	1.96	1.96	1.96	1.95	1.94	1.93	1.92	1.92
	1.0	2.00	2.00	2.00	2.00	2.00	2.00	2.00	2.00	2.00	2.00	2.00	2.00	2.00	2.00	2.00	2.00	2.00	2.00
	1.2	2.03	2.04	2.04	2.05	2.06	2.07	2.07	2.08	2.08	2.09	2.10	2.10	2.11	2.13	2.15	2.17	2.18	2.20
$K_1=\frac{I_1}{I_2}\cdot\frac{H_2}{H_1}$	1.4	2.07	2.09	2.11	2.12	2.14	2.16	2.17	2.18	2.20	2.21	2.22	2.23	2.24	2.29	2.33	2.37	2.40	2.42
	1.6	2.13	2.16	2.19	2.22	2.25	2.27	2.30	2.32	2.34	2.36	2.37	2.39	2.41	2.48	2.54	2.59	2.63	2.67
$\eta_1=\frac{H_1}{H_2}\sqrt{\frac{N_1}{N_2}\cdot\frac{I_2}{I_1}}$	1.8	2.22	2.27	2.31	2.35	2.39	2.42	2.45	2.48	2.50	2.53	2.55	2.57	2.59	2.69	2.76	2.83	2.88	2.93
N_1——上段柱轴心力；	2.0	2.35	2.41	2.46	2.50	2.55	2.59	2.62	2.66	2.69	2.72	2.75	2.77	2.80	2.91	3.00	3.08	3.14	3.20
N_2——下段柱轴心力	2.2	2.51	2.57	2.63	2.68	2.73	2.77	2.81	2.85	2.89	2.92	2.95	2.98	3.01	3.14	3.25	3.33	3.41	3.47
	2.4	2.68	2.75	2.81	2.87	2.92	2.97	3.01	3.05	3.09	3.13	3.17	3.20	3.24	3.38	3.50	3.59	3.68	3.75
	2.6	2.87	2.94	3.00	3.06	3.12	3.17	3.22	3.27	3.31	3.35	3.39	3.43	3.46	3.62	3.75	3.86	3.95	4.03
	2.8	3.06	3.14	3.20	3.27	3.33	3.38	3.43	3.48	3.53	3.58	3.62	3.66	3.70	3.87	4.01	4.13	4.23	4.32
	3.0	3.26	3.34	3.41	3.47	3.54	3.60	3.65	3.70	3.75	3.80	3.85	3.89	3.93	4.12	4.27	4.40	4.51	4.61

注：附表中的计算长度系数 μ_2 值系按下式计算得出：

$$\tan\frac{\pi\eta_1}{\mu_2}+\eta_1K_1\cdot\tan\frac{\pi}{\mu_2}=0$$

附表 6.5　柱上端为自由的双阶柱下段的计算长度系数 μ_3

简　图	η_1	K_1 / K_2 / η_2	0.05											0.10										
			0.2	0.3	0.4	0.5	0.6	0.7	0.8	0.9	1.0	1.1	1.2	0.2	0.3	0.4	0.5	0.6	0.7	0.8	0.9	1.0	1.1	1.2
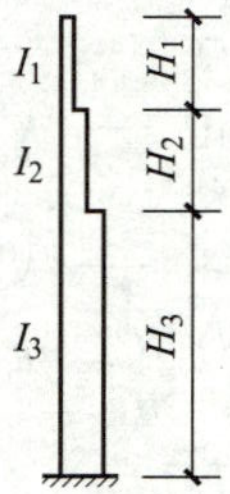	0.2	0.2	2.02	2.03	2.04	2.05	2.05	2.06	2.07	2.08	2.09	2.10	2.10	2.03	2.03	2.04	2.05	2.06	2.07	2.08	2.08	2.09	2.10	2.11
		0.4	2.08	2.11	2.15	2.19	2.22	2.25	2.29	2.32	2.35	2.39	2.42	2.09	2.12	2.16	2.19	2.23	2.26	2.29	2.33	2.36	2.39	2.42
		0.6	2.20	2.29	2.37	2.45	2.52	2.60	2.67	2.73	2.80	2.87	2.93	2.21	2.30	2.38	2.46	2.53	2.60	2.67	2.74	2.81	2.87	2.93
		0.8	2.42	2.57	2.71	2.83	2.95	3.06	3.17	3.27	3.37	3.47	3.56	2.44	2.58	2.71	2.84	2.96	3.07	3.17	3.28	3.37	3.47	3.56
		1.0	2.75	2.95	3.13	3.30	3.45	3.60	3.74	3.87	4.00	4.13	4.25	2.76	2.96	3.14	3.30	3.46	3.60	3.74	3.88	4.01	4.13	4.25
		1.2	3.13	3.38	3.60	3.80	4.00	4.18	4.35	4.51	4.67	4.82	4.97	3.15	3.39	3.61	3.81	4.00	4.18	4.35	4.52	4.68	4.83	4.98
	0.4	0.2	2.04	2.05	2.05	2.06	2.07	2.08	2.09	2.09	2.10	2.11	2.12	2.07	2.07	2.08	2.08	2.09	2.10	2.11	2.12	2.12	2.13	2.14
		0.4	2.10	2.14	2.17	2.20	2.24	2.27	2.31	2.34	2.37	2.40	2.43	2.14	2.17	2.20	2.23	2.26	2.30	2.33	2.36	2.39	2.42	2.46
		0.6	2.24	2.32	2.40	2.47	2.54	2.62	2.68	2.75	2.82	2.88	2.94	2.28	2.36	2.43	2.50	2.57	2.64	2.71	2.77	2.84	2.90	2.96
$K_1=\frac{I_1}{I_3}\cdot\frac{H_3}{H_1}$		0.8	2.47	2.60	2.73	2.85	2.97	3.08	3.19	3.29	3.38	3.48	3.57	2.53	2.65	2.77	2.88	3.00	3.10	3.21	3.31	3.40	3.50	3.59
		1.0	2.79	2.98	3.15	3.32	3.47	3.62	3.75	3.89	4.02	4.14	4.26	2.85	3.02	3.19	3.34	3.49	3.64	3.77	3.91	4.03	4.16	4.28
$K_2=\frac{I_2}{I_3}\cdot\frac{H_3}{H_2}$		1.2	3.18	3.41	3.62	3.82	4.01	4.19	4.36	4.52	4.68	4.83	4.98	3.24	3.45	3.65	3.85	4.03	4.21	4.38	4.54	4.70	4.85	4.99
	0.6	0.2	2.09	2.09	2.10	2.10	2.11	2.12	2.12	2.13	2.14	2.15	2.15	2.22	2.19	2.18	2.17	2.18	2.18	2.19	2.19	2.20	2.20	2.21
$\eta_1=\frac{H_1}{H_3}\sqrt{\frac{N_1}{N_3}\cdot\frac{I_3}{I_1}}$		0.4	2.17	2.19	2.22	2.25	2.28	2.31	2.34	2.38	2.41	2.44	2.47	2.31	2.30	2.31	2.33	2.35	2.38	2.41	2.44	2.47	2.49	2.52
		0.6	2.32	2.38	2.45	2.52	2.59	2.66	2.72	2.79	2.85	2.91	2.97	2.48	2.49	2.54	2.60	2.66	2.72	2.78	2.84	2.90	2.96	3.02
$\eta_2=\frac{H_2}{H_3}\sqrt{\frac{N_2}{N_3}\cdot\frac{I_3}{I_2}}$		0.8	2.56	2.67	2.79	2.90	3.01	3.11	3.22	3.32	3.41	3.50	3.60	2.72	2.78	2.87	2.97	3.07	3.17	3.27	3.36	3.46	3.55	3.64
N_1—— 上段柱轴		1.0	2.88	3.04	3.20	3.36	3.50	3.65	3.78	3.91	4.04	4.16	4.26	3.04	3.15	3.28	3.42	3.56	3.70	3.83	3.95	4.08	4.20	4.31
心力；		1.2	3.26	3.46	3.66	3.86	4.04	4.22	4.38	4.55	4.70	4.85	5.00	3.40	3.56	3.74	3.91	4.09	4.26	4.42	4.58	4.73	4.88	5.03
N_2—— 中段柱轴	0.8	0.2	2.29	2.24	2.22	2.21	2.21	2.22	2.22	2.22	2.23	2.23	2.24	3.63	2.49	2.43	2.40	2.38	2.37	2.37	2.36	2.36	2.37	2.37
心力；		0.4	2.37	2.34	2.34	2.36	2.38	2.40	2.43	2.45	2.48	2.51	2.54	2.71	2.59	2.55	2.54	2.54	2.55	2.57	2.59	2.61	2.63	2.65
N_3—— 下段柱轴心		0.6	2.52	2.52	2.56	2.61	2.67	2.73	2.79	2.85	2.91	2.96	3.02	2.86	2.76	2.76	2.78	2.82	2.86	2.91	2.96	3.01	3.07	3.12
力		0.8	2.74	2.79	2.88	2.98	3.08	3.17	3.27	3.36	3.46	3.55	3.63	3.06	3.02	3.06	3.13	3.20	3.29	3.37	3.46	3.54	3.63	3.71
		1.0	3.04	3.15	3.28	3.42	3.56	3.69	3.82	3.95	4.07	4.19	4.31	3.33	3.35	3.44	3.55	3.67	3.79	3.90	4.03	4.15	4.26	4.37
		1.2	3.39	3.55	3.73	3.91	4.08	4.25	4.42	4.58	4.73	4.88	5.02	3.65	3.73	3.86	4.02	4.18	4.34	4.49	4.64	4.79	4.94	5.08

续表

简图	η_1	K_1 / K_2 / η_2	0.05											0.10										
			0.2	0.3	0.4	0.5	0.6	0.7	0.8	0.9	1.0	1.1	1.2	0.2	0.3	0.4	0.5	0.6	0.7	0.8	0.9	1.0	1.1	1.2
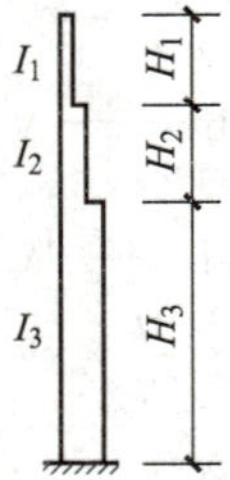	1.0	0.2	2.69	2.57	2.51	2.48	2.46	2.45	2.45	2.44	2.44	2.44	2.44	3.18	2.95	2.84	2.77	2.73	2.70	2.68	2.67	2.66	2.65	2.65
		0.4	2.75	2.64	2.60	2.59	2.59	2.59	2.60	2.62	2.63	2.65	2.67	3.24	3.03	2.93	2.88	2.85	2.84	2.84	2.84	2.85	2.86	2.87
		0.6	2.86	2.78	2.77	2.79	2.83	2.87	2.91	2.96	3.01	3.06	3.10	3.36	3.16	3.09	3.07	3.08	3.09	3.12	3.15	3.19	3.23	3.27
		0.8	3.04	3.01	3.05	3.11	3.19	3.27	3.35	3.44	3.52	3.61	3.69	3.52	3.37	3.34	3.36	3.41	3.46	3.53	3.60	3.67	3.75	3.82
		1.0	3.29	3.32	3.41	3.52	3.64	3.76	3.89	4.01	4.13	4.24	4.35	3.74	3.64	3.67	3.74	3.83	3.93	4.03	4.14	4.25	4.35	4.46
		1.2	3.60	3.69	3.83	3.99	4.15	4.31	4.47	4.62	4.77	4.92	5.06	4.00	3.97	4.05	4.17	4.31	4.45	4.59	4.73	4.87	5.01	5.14
$K_1=\frac{I_1}{I_3}\cdot\frac{H_3}{H_1}$	1.2	0.2	3.16	3.00	2.92	2.87	2.84	2.81	2.80	2.79	2.78	2.77	2.77	3.77	3.47	3.32	3.23	3.17	3.12	3.09	3.07	3.05	3.04	3.03
		0.4	3.21	3.05	2.98	2.94	2.92	2.90	2.90	2.90	2.90	2.91	2.92	3.82	3.53	3.39	3.31	3.26	3.22	3.20	3.19	3.19	3.19	3.19
$K_2=\frac{I_2}{I_3}\cdot\frac{H_3}{H_2}$		0.6	3.30	3.15	3.10	3.08	3.08	3.10	3.12	3.15	3.18	3.22	3.26	3.91	3.64	3.51	3.45	3.42	3.42	3.42	3.43	3.45	3.48	3.50
$\eta_1=\frac{H_1}{H_3}\sqrt{\frac{N_1}{N_3}\cdot\frac{I_3}{I_1}}$		0.8	3.43	3.32	3.30	3.33	3.37	3.43	3.49	3.56	3.63	3.71	3.78	4.04	3.80	3.71	3.68	3.69	3.72	3.76	3.81	3.86	3.92	3.98
		1.0	3.62	3.57	3.60	3.68	3.77	3.87	3.98	4.09	4.20	4.31	4.42	4.21	4.02	3.97	3.99	4.05	4.12	4.20	4.29	4.39	4.48	4.58
$\eta_2=\frac{H_2}{H_3}\sqrt{\frac{N_2}{N_3}\cdot\frac{I_3}{I_2}}$		1.2	3.88	3.88	3.98	4.11	4.25	4.39	4.54	4.68	4.83	4.97	5.10	4.43	4.30	4.31	4.38	4.48	4.60	4.72	4.85	4.98	5.11	5.24
N_1——上段柱轴心力；	1.4	0.2	3.66	3.46	3.36	3.29	3.25	3.23	3.20	3.19	3.18	3.17	3.16	4.37	4.01	3.82	3.71	3.63	3.58	3.54	3.51	3.49	3.47	3.45
		0.4	3.70	3.50	3.40	3.35	3.31	3.29	3.27	3.26	3.26	3.26	3.26	4.41	4.06	3.88	3.77	3.70	3.66	3.63	3.60	3.59	3.58	3.57
N_2——中段柱轴心力；		0.6	3.77	3.58	3.49	3.45	3.43	3.42	3.42	3.43	3.45	3.47	3.49	4.48	4.15	3.98	3.89	3.83	3.80	3.79	3.78	3.79	3.80	3.81
		0.8	3.87	3.70	3.64	3.63	3.64	3.67	3.70	3.75	3.81	3.86	3.92	4.59	4.28	4.13	4.07	4.04	4.04	4.06	4.08	4.12	4.16	4.21
N_3——下段柱轴心力		1.0	4.02	3.89	3.87	3.90	3.96	4.04	4.12	4.22	4.31	4.41	4.51	4.74	4.45	4.35	4.32	4.43	4.38	4.34	4.50	4.58	4.66	4.74
		1.2	4.23	4.15	4.19	4.27	4.39	4.51	4.64	4.77	4.91	5.04	5.17	4.92	4.69	4.63	4.65	4.72	4.80	4.90	5.10	5.13	5.24	5.36

续表

简图

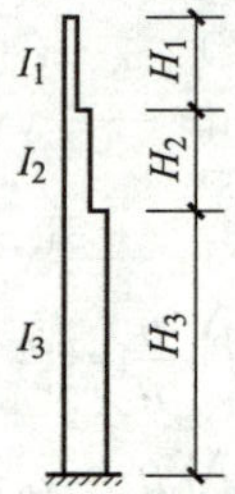

$K_1 = \frac{I_1}{I_3} \cdot \frac{H_3}{H_1}$

$K_2 = \frac{I_2}{I_3} \cdot \frac{H_3}{H_2}$

$\eta_1 = \frac{H_1}{H_3}\sqrt{\frac{N_1}{N_3} \cdot \frac{I_3}{I_1}}$

$\eta_2 = \frac{H_2}{H_3}\sqrt{\frac{N_2}{N_3} \cdot \frac{I_3}{I_2}}$

N_1——上段柱轴心力；

N_2——中段柱轴心力；

N_3——下段柱轴心力

η_1	K_1 / K_2 / η_2	0.20											0.30										
		0.2	0.3	0.4	0.5	0.6	0.7	0.8	0.9	1.0	1.1	1.2	0.2	0.3	0.4	0.5	0.6	0.7	0.8	0.9	1.0	1.1	1.2
0.2	0.2	2.04	2.04	2.05	2.06	2.07	2.08	2.08	2.09	2.10	2.11	2.12	2.05	2.05	2.06	2.07	2.08	2.09	2.09	2.10	2.11	2.12	2.13
	0.4	2.10	2.13	2.17	2.20	2.24	2.27	2.30	2.34	2.37	2.40	2.43	2.12	2.15	2.18	2.21	2.25	2.28	2.31	2.35	2.38	2.41	2.44
	0.6	2.23	2.31	2.39	2.47	2.54	2.61	2.68	2.75	2.82	2.88	2.94	2.25	2.33	2.41	2.48	2.56	2.63	2.69	2.76	2.83	2.89	2.95
	0.8	2.46	2.60	2.73	2.85	2.97	3.08	3.18	3.29	3.38	3.48	3.57	2.49	2.62	2.75	2.87	2.98	3.09	3.20	3.30	3.39	3.49	3.58
	1.0	2.79	2.98	3.15	3.32	3.47	3.61	3.75	3.89	4.02	4.14	4.26	2.82	3.00	3.17	3.33	3.48	3.63	3.76	3.90	4.02	4.15	4.27
	1.2	3.18	3.41	3.62	3.82	4.01	4.19	4.36	4.52	4.68	4.83	4.98	3.20	3.43	3.64	3.83	4.02	4.20	4.37	4.53	4.69	4.84	4.99
0.4	0.2	2.15	2.13	2.13	2.14	2.14	2.15	2.15	2.16	2.17	2.17	2.18	2.26	2.21	2.20	2.19	2.19	2.20	2.20	2.21	2.21	2.22	2.23
	0.4	2.24	2.24	2.26	2.29	2.32	2.35	2.38	2.41	2.44	2.47	2.50	2.36	2.33	2.33	2.35	2.38	2.40	2.43	2.46	2.49	2.51	2.54
	0.6	2.40	2.44	2.50	2.56	2.63	2.69	2.76	2.82	2.88	2.94	3.00	2.54	2.54	2.58	2.63	2.69	2.75	2.81	2.87	2.93	2.99	3.04
	0.8	2.66	2.74	2.84	2.95	3.05	3.15	3.25	3.35	3.44	3.53	3.62	2.79	2.83	2.91	3.01	3.10	3.20	3.30	3.39	3.48	3.57	3.66
	1.0	2.98	3.12	3.25	3.40	3.54	3.68	3.81	3.94	4.07	4.19	4.30	3.11	3.20	3.32	3.46	3.59	3.72	3.85	3.98	4.10	4.22	4.33
	1.2	3.35	3.53	3.71	3.90	4.08	4.25	4.41	4.57	4.73	4.87	5.02	3.47	3.60	3.77	3.95	4.12	4.28	4.45	4.60	4.75	4.90	5.04
0.6	0.2	2.57	2.42	2.37	2.34	2.33	2.32	2.32	2.32	2.32	2.32	2.33	2.93	2.68	2.57	2.52	2.49	2.47	2.46	2.45	2.45	2.45	2.45
	0.4	2.67	2.54	2.50	2.50	2.51	2.52	2.54	2.56	2.58	2.61	2.63	3.02	2.79	2.71	2.67	2.66	2.66	2.67	2.69	2.70	2.72	2.74
	0.6	2.83	2.74	2.73	2.76	2.80	2.85	2.90	2.96	3.01	3.06	3.12	3.17	2.98	2.93	2.93	2.95	2.98	3.02	3.07	3.11	3.16	3.21
	0.8	3.06	3.01	3.05	3.12	3.20	3.29	3.38	3.46	3.55	3.63	3.72	3.37	3.24	3.23	3.27	3.33	3.41	3.48	3.56	3.64	3.72	3.80
	1.0	3.34	3.35	3.44	3.56	3.68	3.80	3.92	4.04	4.15	4.27	4.38	3.63	3.56	3.60	3.69	3.79	3.90	4.01	4.12	4.23	4.34	4.45
	1.2	3.67	3.74	3.88	4.03	4.19	4.35	4.50	4.65	4.80	4.94	5.08	3.94	3.92	4.02	4.15	4.29	4.43	4.58	4.72	4.87	5.01	5.14
0.8	0.2	3.25	2.96	2.82	2.74	2.69	2.66	2.64	2.62	2.61	2.61	2.60	3.78	3.38	3.18	3.06	2.98	2.93	2.89	2.86	2.84	2.83	2.82
	0.4	3.33	3.05	2.93	2.87	2.84	2.83	2.83	2.83	2.84	2.85	2.87	3.85	3.47	3.28	3.18	3.12	3.09	3.07	3.06	3.06	3.06	3.06
	0.6	3.45	3.21	3.12	3.10	3.10	3.12	3.14	3.18	3.22	3.26	3.30	3.96	3.61	3.46	3.39	3.36	3.35	3.36	3.38	3.41	3.44	3.47
	0.8	3.63	3.44	3.39	3.41	3.45	3.51	3.57	3.64	3.71	3.79	3.86	4.12	3.82	3.70	3.67	3.68	3.72	3.76	3.82	3.88	3.94	4.01
	1.0	3.86	3.73	3.73	3.80	3.88	3.98	4.08	4.18	4.29	4.39	4.50	4.32	4.07	4.01	4.03	4.08	4.16	4.24	4.33	4.43	4.52	4.62
	1.2	4.13	4.07	4.13	4.24	4.36	4.50	4.64	4.78	4.91	5.05	5.18	4.57	4.38	4.38	4.44	4.54	4.66	4.78	4.90	5.03	5.16	5.29

续表

简图	η_1 \ K_2 \ η_2	K_1	0.20											0.30										
			0.2	0.3	0.4	0.5	0.6	0.7	0.8	0.9	1.0	1.1	1.2	0.2	0.3	0.4	0.5	0.6	0.7	0.8	0.9	1.0	1.1	1.2
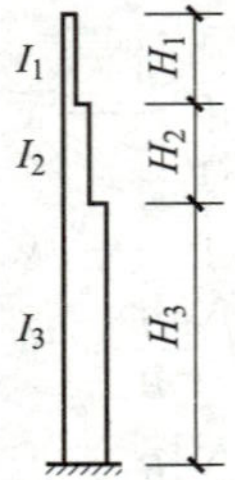	1.0	0.2	4.00	3.60	3.39	3.26	3.18	3.13	3.08	3.05	3.03	3.01	3.00	4.68	4.15	3.86	3.69	3.57	3.49	3.43	3.38	3.35	3.32	3.30
		0.4	4.06	3.67	3.48	3.37	3.30	3.26	3.23	3.21	3.21	3.20	3.20	4.73	4.21	3.94	3.78	3.68	3.61	3.57	3.54	3.51	3.50	3.49
		0.6	4.15	3.79	3.63	3.54	3.50	3.48	3.49	3.50	3.51	3.54	3.57	4.82	4.33	4.08	3.95	3.87	3.83	3.80	3.80	3.80	3.81	3.83
		0.8	4.29	3.97	3.84	3.80	3.79	3.81	3.85	3.90	3.95	4.01	4.07	4.94	4.49	4.28	4.18	4.14	4.13	4.14	4.17	4.20	4.25	4.29
		1.0	4.48	4.21	4.13	4.13	4.17	4.23	4.31	4.39	4.48	4.57	4.66	5.10	4.70	4.53	4.48	4.48	4.51	4.56	4.62	4.70	4.77	4.85
		1.2	4.70	4.49	4.47	4.52	4.60	4.71	4.82	4.94	5.07	5.19	5.31	5.30	4.95	4.84	4.83	4.88	4.96	5.05	5.15	5.26	5.37	5.48
$K_1=\frac{I_1}{I_3}\cdot\frac{H_3}{H_1}$	1.2	0.2	4.76	4.26	4.00	3.83	3.72	3.65	3.59	3.54	3.51	3.48	3.46	5.58	4.93	4.57	4.35	4.20	4.10	4.01	3.95	3.90	3.86	3.83
$K_2=\frac{I_2}{I_3}\cdot\frac{H_3}{H_2}$		0.4	4.81	4.32	4.07	3.91	3.82	3.75	3.70	3.67	3.65	3.63	3.62	5.62	4.98	4.64	4.43	4.29	4.19	4.12	4.07	4.03	4.01	3.98
$\eta_1=\frac{H_1}{H_3}\sqrt{\frac{N_1}{N_3}\cdot\frac{I_3}{I_1}}$		0.6	4.89	4.43	4.19	4.05	3.98	3.93	3.91	3.89	3.89	3.90	3.91	5.70	5.08	4.75	4.56	4.44	4.37	4.32	4.29	4.27	4.26	4.26
$\eta_2=\frac{H_2}{H_3}\sqrt{\frac{N_2}{N_3}\cdot\frac{I_3}{I_2}}$		0.8	5.00	4.57	4.36	4.26	4.21	4.20	4.21	4.23	4.26	4.30	4.34	5.80	5.21	4.91	4.75	4.66	4.61	4.59	4.59	4.60	4.62	4.65
N_1——上段柱轴心力；		1.0	5.15	4.76	4.59	4.53	4.53	4.55	4.6	4.66	4.73	4.80	4.88	5.93	5.38	5.12	5.00	4.95	4.94	4.95	4.99	5.03	5.09	5.15
N_2——中段柱轴心力；		1.2	5.34	5.00	4.88	4.87	4.91	4.98	5.07	5.17	5.27	5.38	5.49	6.10	5.59	5.38	5.31	5.30	5.33	5.39	5.46	5.54	5.63	5.73
N_3——下段柱轴心力	1.4	0.2	5.53	4.94	4.62	4.42	4.29	4.19	4.12	4.06	4.02	3.98	3.95	6.49	5.72	5.30	5.03	4.85	4.72	4.62	4.54	4.48	4.43	4.38
		0.4	5.57	4.99	4.68	4.49	4.36	4.27	4.21	4.16	4.13	4.10	4.08	6.53	5.77	5.35	5.10	4.93	4.80	4.71	4.64	4.59	4.55	4.51
		0.6	5.64	5.07	4.78	4.60	4.49	4.42	4.38	4.35	4.33	4.32	4.32	6.59	5.85	5.45	5.21	5.05	4.95	4.87	4.82	4.78	4.76	4.74
		0.8	5.74	5.19	4.92	4.77	4.69	4.64	4.62	4.62	4.63	4.65	4.67	6.68	5.96	5.59	5.37	5.24	5.15	5.10	5.08	5.06	5.06	5.07
		1.0	5.86	5.35	5.12	5.00	4.95	4.94	4.96	4.99	5.03	5.09	5.15	6.79	6.10	5.76	5.58	5.48	5.43	5.41	5.41	5.44	5.47	5.51
		1.2	6.02	5.55	5.36	5.29	5.28	5.31	5.37	5.44	5.52	5.61	5.71	6.93	6.28	5.98	5.84	5.78	5.76	5.79	5.83	5.89	5.95	6.03

注：附表中的计算长度系数 μ_3 值系按下式算得：

$$\frac{\eta_1 K_1}{\eta_2 K_2}\cdot\tan\frac{\pi\eta_1}{\mu_3}\cdot\tan\frac{\pi\eta_2}{\mu_3}+\eta_1 K_1\cdot\tan\frac{\pi\eta_1}{\mu_3}\cdot\tan\frac{\pi}{\mu_3}+\eta_2 K_2\cdot\tan\frac{\pi\eta_2}{\mu_3}\cdot\tan\frac{\pi}{\mu_3}-1=0$$

附表 6.6 柱上端可移动但不能转动的双阶柱下段的计算长度系数 μ_3

简图

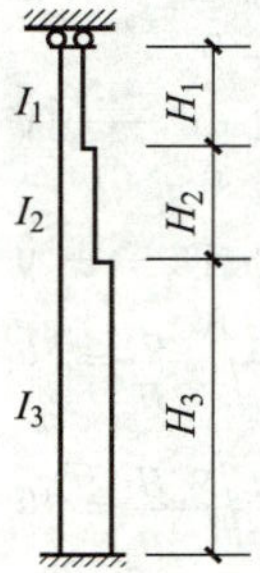

$K_1 = \frac{I_1}{I_3} \cdot \frac{H_3}{H_1}$

$K_2 = \frac{I_2}{I_3} \cdot \frac{H_3}{H_2}$

$\eta_1 = \frac{H_1}{H_3}\sqrt{\frac{N_1}{N_3} \cdot \frac{I_3}{I_1}}$

$\eta_2 = \frac{H_2}{H_3}\sqrt{\frac{N_2}{N_3} \cdot \frac{I_3}{I_2}}$

N_1——上段柱轴心力；

N_2——中段柱轴心力；

N_3——下段柱轴心力

η_1	K_1	0.05											0.10										
	K_2 / η_2	0.2	0.3	0.4	0.5	0.6	0.7	0.8	0.9	1.0	1.1	1.2	0.2	0.3	0.4	0.5	0.6	0.7	0.8	0.9	1.0	1.1	1.2
0.2	0.2	1.99	1.99	2.00	2.00	2.01	2.02	2.02	2.03	2.04	2.05	2.06	1.96	1.96	1.97	1.97	1.98	1.98	1.99	2.00	2.00	2.01	2.02
	0.4	2.03	2.06	2.09	2.12	2.16	2.19	2.22	2.25	2.29	2.32	2.35	2.00	2.02	2.05	2.08	2.11	2.14	2.17	2.20	2.23	2.26	2.29
	0.6	2.12	2.20	2.28	2.36	2.43	2.50	2.57	2.64	2.71	2.77	2.83	2.07	2.14	2.22	2.29	2.36	2.43	2.50	2.56	2.63	2.69	2.75
	0.8	2.28	2.43	2.57	2.70	2.82	2.94	3.04	3.15	3.25	3.34	3.43	2.20	2.35	2.48	2.61	2.73	2.84	2.94	3.05	3.14	3.24	3.33
	1.0	2.53	2.76	2.96	3.13	3.29	3.44	3.59	3.72	3.85	3.98	4.10	2.41	2.64	2.83	3.01	3.17	3.32	3.46	3.59	3.72	3.85	3.97
	1.2	2.86	3.15	3.39	3.61	3.80	3.99	4.16	4.33	4.49	4.64	4.79	2.70	2.99	3.23	3.45	3.65	3.84	4.01	4.18	4.34	4.49	4.64
0.4	0.2	1.99	1.99	2.00	2.01	2.01	2.02	2.03	2.04	2.04	2.05	2.06	1.96	1.97	1.97	1.98	1.98	1.99	2.00	2.00	2.01	2.02	2.03
	0.4	2.03	2.06	2.09	2.13	2.16	2.19	2.23	2.26	2.29	2.32	2.35	2.00	2.03	2.06	2.09	2.12	2.15	2.18	2.21	2.24	2.27	2.30
	0.6	2.12	2.20	2.28	2.36	2.44	2.51	2.58	2.64	2.71	2.77	2.84	2.08	2.15	2.23	2.30	2.37	2.44	2.51	2.57	2.64	2.70	2.76
	0.8	2.29	2.44	2.58	2.71	2.83	2.94	3.05	3.15	3.25	3.35	3.44	2.21	2.36	2.49	2.62	2.73	2.85	2.95	3.05	3.15	3.24	3.34
	1.0	2.54	2.77	2.96	3.14	3.30	3.45	3.59	3.73	3.85	3.98	4.10	2.43	2.65	2.84	3.02	3.18	3.33	3.47	3.60	3.73	3.85	3.97
	1.2	2.87	3.15	3.40	3.61	3.81	3.99	4.17	4.33	4.49	4.65	4.79	2.71	3.00	3.24	3.46	3.66	3.85	4.02	4.19	4.34	4.49	4.64
0.6	0.2	1.99	1.98	2.00	2.01	2.02	2.03	2.04	2.04	2.05	2.06	2.07	1.97	1.98	1.98	1.99	2.00	2.00	2.01	2.02	2.02	2.03	2.04
	0.4	2.04	2.07	2.10	2.14	2.17	2.20	2.23	2.27	2.30	2.33	2.36	2.01	2.04	2.07	2.10	2.13	2.16	2.19	2.22	2.26	2.29	2.32
	0.6	2.13	2.21	2.29	2.37	2.45	2.52	2.59	2.65	2.72	2.78	2.84	2.09	2.17	2.24	2.32	2.39	2.46	2.52	2.59	2.65	2.71	2.77
	0.8	2.30	2.45	2.59	2.72	2.84	2.95	3.06	3.16	3.26	3.35	3.44	2.23	2.38	2.51	2.64	2.75	2.86	2.97	3.07	3.16	3.26	3.35
	1.0	2.56	2.78	2.97	3.15	3.31	3.46	3.60	3.73	3.86	3.99	4.11	2.45	2.68	2.86	3.03	3.19	3.34	3.48	3.61	3.74	3.86	3.98
	1.2	2.89	3.17	3.41	3.62	3.82	4.00	4.17	4.34	4.50	4.65	4.80	2.74	3.02	3.26	3.48	3.67	3.86	4.03	4.20	4.35	4.50	4.65
0.8	0.2	2.00	2.01	2.02	2.02	2.03	2.04	2.05	2.05	2.06	2.07	2.08	1.99	1.99	2.00	2.01	2.01	2.02	2.03	2.04	2.04	2.05	2.06
	0.4	2.05	2.08	2.12	2.15	2.18	2.21	2.25	2.28	2.31	2.34	2.37	2.03	2.06	2.09	2.12	2.15	2.19	2.22	2.25	2.28	2.31	2.34
	0.6	2.15	2.23	2.31	2.39	2.46	2.53	2.60	2.67	2.73	2.79	2.85	2.12	2.19	2.27	2.34	2.41	2.48	2.55	2.61	2.67	2.73	2.79
	0.8	2.32	2.47	2.61	2.73	2.85	2.96	3.07	3.17	3.27	3.36	3.45	2.27	2.41	2.54	2.66	2.78	2.89	2.99	3.09	3.18	3.28	3.37
	1.0	2.59	2.80	2.99	3.16	3.32	3.47	3.61	3.74	3.87	3.99	4.11	2.49	2.70	2.89	3.06	3.21	3.36	3.50	3.63	3.76	3.88	4.00
	1.2	2.92	3.19	3.42	3.63	3.83	4.01	4.18	4.35	4.51	4.66	4.81	2.78	3.05	3.29	3.50	3.69	3.88	4.05	4.21	4.37	4.52	4.66

续表

简图：

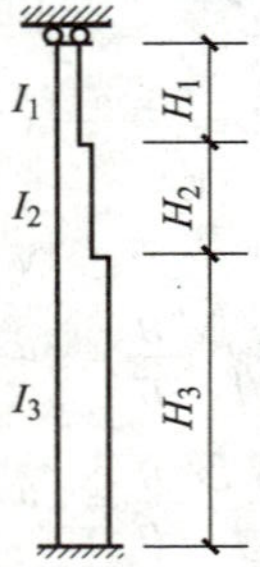

$K_1=\frac{I_1}{I_3}\cdot\frac{H_3}{H_1}$

$K_2=\frac{I_2}{I_3}\cdot\frac{H_3}{H_2}$

$\eta_1=\frac{H_1}{H_3}\sqrt{\frac{N_1}{N_3}\cdot\frac{I_3}{I_1}}$

$\eta_2=\frac{H_2}{H_3}\sqrt{\frac{N_2}{N_3}\cdot\frac{I_3}{I_2}}$

N_1——上段柱轴心力；

N_2——中段柱轴心力；

N_3——下段柱轴心力

η_1	K_1	0.05											0.10										
	η_2 \ K_2	0.2	0.3	0.4	0.5	0.6	0.7	0.8	0.9	1.0	1.1	1.2	0.2	0.3	0.4	0.5	0.6	0.7	0.8	0.9	1.0	1.1	1.2
1.0	0.2	2.02	2.02	2.03	2.04	2.05	2.05	2.06	2.07	2.08	2.09	2.09	2.01	2.02	2.03	2.04	2.04	2.05	2.06	2.07	2.07	2.08	2.09
	0.4	2.07	2.10	2.14	2.17	2.20	2.23	2.26	2.30	2.33	2.36	2.39	2.06	2.10	2.13	2.16	2.19	2.22	2.25	2.28	2.31	2.34	2.37
	0.6	2.17	2.26	2.33	2.41	2.48	2.55	2.62	2.68	2.75	2.81	2.87	2.16	2.24	2.31	2.38	2.45	2.51	2.58	2.64	2.70	2.76	2.82
	0.8	2.36	2.50	2.63	2.76	2.87	2.98	3.08	3.19	3.28	3.38	3.47	2.32	2.46	2.58	2.70	2.81	2.92	3.02	3.12	3.21	3.30	3.39
	1.0	2.62	2.83	3.01	3.18	3.34	3.48	3.62	3.75	3.88	4.01	4.12	2.55	2.75	2.93	3.09	3.25	3.39	3.53	3.66	3.78	3.90	4.02
	1.2	2.95	3.21	3.44	3.65	3.82	4.02	4.20	4.36	4.52	4.67	4.81	2.84	3.10	3.32	3.53	3.72	3.90	4.07	4.23	4.39	4.54	4.68
1.2	0.2	2.04	2.05	2.06	2.06	2.07	2.08	2.09	2.09	2.10	2.11	2.12	2.07	2.08	2.08	2.09	2.09	2.10	2.11	2.11	2.12	2.13	2.13
	0.4	2.10	2.13	2.17	2.20	2.23	2.26	2.29	2.32	2.35	2.38	2.41	2.13	2.16	2.18	2.21	2.24	2.27	2.30	2.33	2.35	2.38	2.41
	0.6	2.22	2.29	2.37	2.44	2.51	2.58	2.64	2.71	2.77	2.83	2.89	2.24	2.30	2.37	2.43	2.50	2.56	2.63	2.68	2.74	2.80	2.86
	0.8	2.41	2.54	2.67	2.78	2.90	3.00	3.11	3.20	3.30	3.39	3.48	2.41	2.53	2.64	2.75	2.86	2.96	3.06	3.15	3.24	3.33	3.42
	1.0	2.68	2.87	3.04	3.21	3.36	3.50	3.64	3.77	3.90	4.02	4.14	2.64	2.82	2.98	3.14	3.29	3.43	3.56	3.69	3.81	3.93	4.04
	1.2	3.00	3.25	3.47	3.67	3.86	4.04	4.21	4.37	4.53	4.68	4.83	2.92	3.16	3.37	3.57	3.76	3.93	4.10	4.26	4.41	4.56	4.70
1.4	0.2	2.10	2.10	2.10	2.11	2.11	2.12	2.13	2.13	2.14	2.15	2.15	2.20	2.18	2.17	2.17	2.17	2.18	2.18	2.19	2.19	2.20	2.20
	0.4	2.17	2.19	2.21	2.24	2.27	2.30	2.33	2.36	2.39	2.41	2.44	2.26	2.26	2.27	2.29	2.32	2.34	2.37	2.39	2.42	2.44	2.47
	0.6	2.29	2.35	2.41	2.48	2.55	2.61	2.67	2.74	2.80	2.86	2.91	2.37	2.41	2.46	2.51	2.57	2.63	2.68	2.74	2.80	2.85	2.91
	0.8	2.48	2.60	2.71	2.82	2.93	3.03	3.13	3.23	3.32	3.41	3.50	2.53	2.62	2.72	2.82	2.92	3.01	3.11	3.20	3.29	3.37	3.46
	1.0	2.74	2.92	3.08	3.24	3.39	3.53	3.66	3.79	3.92	4.04	4.15	2.75	2.90	3.05	3.20	3.34	3.47	3.60	3.72	3.84	3.96	4.07
	1.2	3.06	3.29	3.50	3.70	3.89	4.06	4.23	4.39	4.55	4.70	4.84	3.02	3.23	3.43	3.62	3.80	3.97	4.13	4.29	4.44	4.59	4.73

续表

简图	η_1	K_1 / K_2 / η_2	0.20											0.30										
			0.2	0.3	0.4	0.5	0.6	0.7	0.8	0.9	1.0	1.1	1.2	0.2	0.3	0.4	0.5	0.6	0.7	0.8	0.9	1.0	1.1	1.2
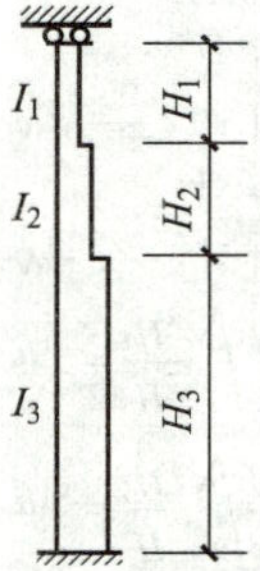 $K_1=\frac{I_1}{I_3}\cdot\frac{H_3}{H_1}$ $K_2=\frac{I_2}{I_3}\cdot\frac{H_3}{H_2}$ $\eta_1=\frac{H_1}{H_3}\sqrt{\frac{N_1}{N_3}\cdot\frac{I_3}{I_1}}$ $\eta_2=\frac{H_2}{H_3}\sqrt{\frac{N_2}{N_3}\cdot\frac{I_3}{I_2}}$ N_1——上段柱轴心力； N_2——中段柱轴心力； N_3——下段柱轴心力	0.2	0.2	1.94	1.93	1.93	1.93	1.93	1.93	1.94	1.94	1.95	1.95	1.69	1.92	1.91	1.90	1.89	1.89	1.89	1.90	1.90	1.90	1.90	1.91
		0.4	1.96	1.98	1.99	2.02	2.04	2.07	2.09	2.12	2.15	2.17	2.20	1.95	1.95	1.96	1.97	1.99	2.01	2.04	2.06	2.08	2.11	2.13
		0.6	2.02	2.07	2.13	2.19	2.26	2.32	2.38	2.44	2.50	2.56	2.62	1.99	2.03	2.08	2.13	2.18	2.24	2.29	2.35	2.41	2.46	2.52
		0.8	2.12	2.23	2.35	2.47	2.58	2.68	2.78	2.88	2.98	3.07	3.15	2.07	2.16	2.27	2.37	2.47	2.57	2.66	2.75	2.84	2.93	3.01
		1.0	2.28	2.47	2.65	2.82	2.97	3.12	3.26	3.39	3.51	3.63	3.75	2.20	2.37	2.53	2.69	2.83	2.97	3.10	3.23	3.35	3.46	3.57
		1.2	2.50	2.77	3.01	3.22	3.42	3.60	3.77	3.93	4.09	4.23	4.38	2.39	2.63	2.85	3.05	3.24	3.42	3.58	3.74	3.89	4.03	4.17
	0.4	0.2	1.93	1.93	1.93	1.93	1.94	1.94	1.95	1.95	1.96	1.96	1.97	1.92	1.91	1.91	1.90	1.90	1.91	1.91	1.91	1.92	1.92	1.92
		0.4	1.97	1.98	2.00	2.03	2.05	2.08	2.11	2.13	2.16	2.19	2.22	1.95	1.96	1.97	1.99	2.01	2.03	2.05	2.08	2.10	2.12	2.15
		0.6	2.03	2.08	2.14	2.21	2.27	2.33	2.40	2.46	2.52	2.58	2.63	2.00	2.04	2.09	2.14	2.20	2.26	2.31	2.37	2.42	2.48	2.53
		0.8	2.13	2.25	2.37	2.48	2.59	2.70	2.80	2.90	2.99	3.08	3.17	2.08	2.18	2.28	2.39	2.49	2.59	2.68	2.77	2.86	2.95	3.03
		1.0	2.29	2.49	2.67	2.83	2.99	3.13	3.27	3.40	3.53	3.64	3.76	2.22	2.39	2.55	2.71	2.85	2.99	3.12	3.24	3.36	3.48	3.59
		1.2	2.52	2.79	3.02	3.23	3.43	3.61	3.78	3.94	4.10	4.24	4.39	2.41	2.65	2.87	3.07	3.26	3.34	3.60	3.75	3.90	4.04	4.18
	0.6	0.2	1.95	1.95	1.95	1.95	1.96	1.96	1.97	1.97	1.98	1.98	1.99	1.93	1.93	1.92	1.92	1.93	1.93	1.93	1.94	1.94	1.95	1.95
		0.4	1.98	2.00	2.02	2.05	2.08	2.10	2.13	2.16	2.19	2.21	2.24	1.96	1.97	1.99	2.01	2.03	2.06	2.08	2.11	2.13	2.16	2.18
		0.6	2.04	2.10	2.17	2.23	2.30	2.36	2.42	2.48	2.54	2.60	2.66	2.02	2.06	2.12	2.17	2.23	2.29	2.35	2.40	2.46	2.51	2.57
		0.8	2.15	2.27	2.39	2.51	2.62	2.72	2.82	2.92	3.01	3.10	3.19	2.11	2.21	2.32	2.42	2.52	2.62	2.71	2.80	2.89	2.98	3.06
		1.0	2.32	2.52	2.70	2.86	3.01	3.16	3.29	3.42	3.55	3.66	3.78	2.25	2.42	2.59	2.74	2.88	3.02	3.15	3.27	3.39	3.50	3.61
		1.2	2.55	2.82	3.05	3.26	3.45	3.63	3.80	3.96	4.11	4.26	4.40	2.44	2.69	2.91	3.11	3.29	3.46	3.62	3.78	3.93	4.07	4.20
	0.8	0.2	1.97	1.97	1.98	1.98	1.99	1.99	2.00	2.01	2.01	2.02	2.03	1.96	1.95	1.96	1.96	1.97	1.97	1.98	1.98	1.99	1.99	2.00
		0.4	2.00	2.03	2.06	2.08	2.11	2.14	2.17	2.20	2.22	2.25	2.28	1.99	2.01	2.03	2.05	2.08	2.10	2.13	2.15	2.18	2.21	2.23
		0.6	2.08	2.14	2.21	2.27	2.34	2.40	2.46	2.52	2.58	2.64	2.69	2.05	2.10	2.16	2.22	2.28	2.34	2.40	2.45	2.51	2.56	2.81
		0.8	2.19	2.32	2.44	2.55	2.66	2.76	2.86	2.96	3.05	3.13	3.22	2.15	2.26	2.37	2.47	2.57	2.67	2.76	2.85	2.94	3.02	3.10
		1.0	2.37	2.57	2.74	2.90	3.05	3.19	3.33	3.45	3.58	3.69	3.81	2.30	2.48	2.64	2.79	2.93	3.07	3.19	3.31	3.43	3.54	3.65
		1.2	2.61	2.87	3.09	3.30	3.49	3.66	3.83	3.99	4.14	4.29	4.42	2.50	2.74	2.96	3.15	3.33	3.50	3.66	3.81	3.96	4.10	4.23

续表

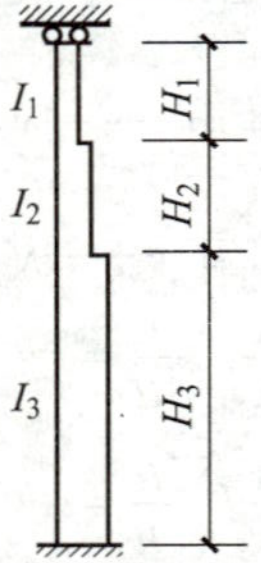

$K_1 = \frac{I_1}{I_3} \cdot \frac{H_3}{H_1}$

$K_2 = \frac{I_2}{I_3} \cdot \frac{H_3}{H_2}$

$\eta_1 = \frac{H_1}{H_3}\sqrt{\frac{N_1}{N_3} \cdot \frac{I_3}{I_1}}$

$\eta_2 = \frac{H_2}{H_3}\sqrt{\frac{N_2}{N_3} \cdot \frac{I_3}{I_2}}$

N_1——上段柱轴心力；

N_2——中段柱轴心力；

N_3——下段柱轴心力

η_1	K_1	0.20											0.30										
	η_2 \ K_2	0.2	0.3	0.4	0.5	0.6	0.7	0.8	0.9	1.0	1.1	1.2	0.2	0.3	0.4	0.5	0.6	0.7	0.8	0.9	1.0	1.1	1.2
1.0	0.2	2.01	2.02	2.03	2.03	2.04	2.05	2.05	2.06	2.07	2.07	2.08	2.01	2.02	2.02	2.03	2.04	2.04	2.05	2.06	2.06	2.07	2.07
	0.4	2.06	2.09	2.11	2.14	2.17	2.20	2.23	2.25	2.28	2.31	2.33	2.05	2.08	2.10	2.13	2.16	2.18	2.21	2.23	2.26	2.28	2.31
	0.6	2.14	2.21	2.27	2.34	2.40	2.46	2.52	2.58	2.63	2.69	2.74	2.13	2.19	2.25	2.30	2.36	2.42	2.47	2.53	2.58	2.63	2.68
	0.8	2.27	2.39	2.51	2.62	2.72	2.82	2.91	3.00	3.09	3.18	3.26	2.24	2.35	2.45	2.55	2.65	2.74	2.83	2.92	3.00	3.08	3.16
	1.0	2.46	2.64	2.81	2.96	3.10	3.24	3.37	3.50	3.61	3.73	3.84	2.40	2.57	2.72	2.86	3.00	3.13	3.25	3.37	3.48	3.59	3.70
	1.2	2.69	2.94	3.15	3.35	3.53	3.71	3.87	4.02	4.17	4.32	4.46	2.60	2.83	3.03	3.22	3.39	3.56	3.71	3.86	4.01	4.14	4.28
1.2	0.2	2.13	2.12	2.12	2.13	2.13	2.14	2.14	2.15	2.15	2.16	2.16	2.17	2.16	2.16	2.16	2.16	2.16	2.17	2.17	2.18	2.18	2.19
	0.4	2.18	2.19	2.21	2.24	2.26	2.29	2.31	2.34	2.36	2.38	2.41	2.22	2.22	2.24	2.26	2.28	2.30	2.32	2.34	2.36	2.39	2.41
	0.6	2.27	2.32	2.37	2.43	2.49	2.54	2.60	2.65	2.70	2.76	2.81	2.29	2.33	2.38	2.43	2.48	2.53	2.58	2.62	2.67	2.72	2.77
	0.8	2.41	2.50	2.60	2.70	2.80	2.89	2.98	3.07	3.15	3.23	3.32	2.41	2.49	2.58	2.67	2.75	2.84	2.92	3.00	3.08	3.16	3.23
	1.0	2.59	2.74	2.89	3.04	3.17	3.30	3.43	3.55	3.66	3.78	3.89	2.56	2.69	2.83	2.96	3.09	3.21	3.33	3.44	3.55	3.66	3.76
	1.2	2.81	3.03	3.23	3.42	3.59	3.76	3.92	4.07	4.22	4.36	4.49	2.74	2.94	3.13	3.30	3.47	3.63	3.78	3.92	4.06	4.20	4.33
1.4	0.2	2.35	2.31	2.29	2.28	2.27	2.27	2.27	2.27	2.27	2.28	2.28	2.45	2.40	2.37	2.35	2.35	2.34	2.34	2.34	2.34	2.34	2.34
	0.4	2.40	2.37	2.37	2.38	2.39	2.41	2.43	2.45	2.47	2.49	2.51	2.48	2.45	2.44	2.44	2.45	2.46	2.48	2.49	2.51	2.53	2.55
	0.6	2.48	2.49	2.52	2.56	2.61	2.65	2.70	2.75	2.80	2.85	2.89	2.55	2.54	2.56	2.60	2.63	2.67	2.71	2.75	2.80	2.84	2.88
	0.8	2.60	2.66	2.73	2.82	2.90	2.98	3.07	3.15	3.23	3.31	3.38	2.64	2.68	2.74	2.81	2.89	2.96	3.04	3.11	3.18	3.25	3.33
	1.0	2.77	2.88	3.01	3.14	3.26	3.38	3.50	3.62	3.73	3.84	3.94	2.77	2.87	2.98	3.09	3.20	3.32	3.43	3.53	3.64	3.74	3.84
	1.2	2.97	3.15	3.33	3.50	3.67	3.83	3.98	4.13	4.27	4.41	4.54	2.94	3.09	3.26	3.41	3.57	3.72	3.86	4.00	4.13	4.26	4.39

注：附表中的计算长度系数 μ_3 值系按下式算得：

$$\frac{\eta_1 K_1}{\eta_2 K_2} \cdot \cot\frac{\pi\eta_1}{\mu_3} \cdot \cot\frac{\pi\eta_2}{\mu_3} + \frac{\eta_1 K_1}{(\eta_2 K_2)^2} \cdot \cot\frac{\pi\eta_1}{\mu_3} \cdot \cot\frac{\pi}{\mu_3} + \frac{1}{\eta_2 K_2} \cdot \cot\frac{\pi\eta_2}{\mu_3} \cdot \cot\frac{\pi}{\mu_3} - 1 = 0$$

附录 7　疲劳计算的构件和连接分类

附表 7.1　非焊接的构件和连接分类

项次	构造细节	说明	类别
1	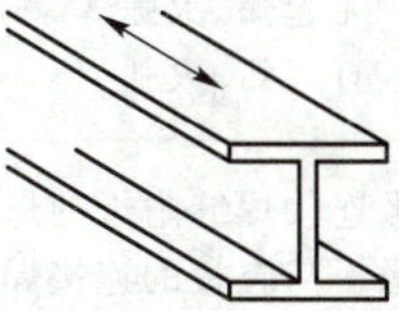	无连接处的母材 轧制型钢	Z1
2	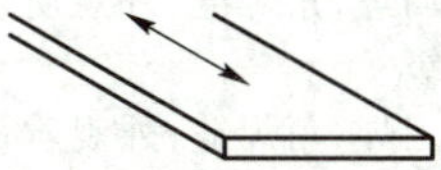	无连接处的母材 钢板 （1）两边为轧制边或刨边 （2）两侧为自动、半自动切割边（切割质量标准应符合现行国家标准《钢结构工程施工质量验收规范》GB 50205）	 Z1 Z2
3	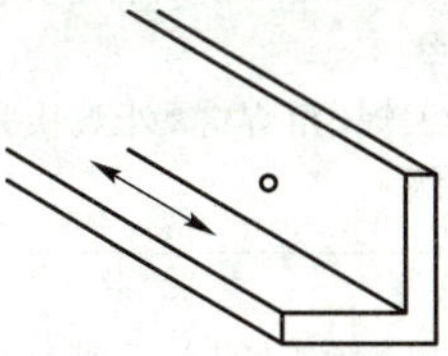	连系螺栓和虚孔处的母材 应力以净截面面积计算	Z4
4	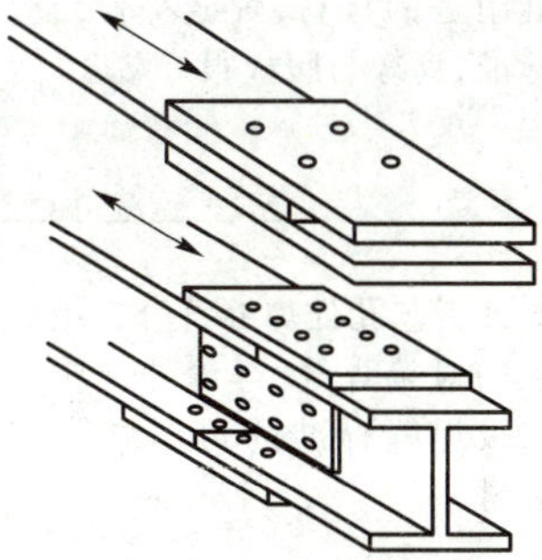	1. 螺栓连接处的母材 高强度螺栓摩擦型连接应力以毛截面面积计算；其他螺栓连接应力以净截面面积计算 2. 铆钉连接处的母材 连接应力以净截面面积计算	Z2 Z4
5	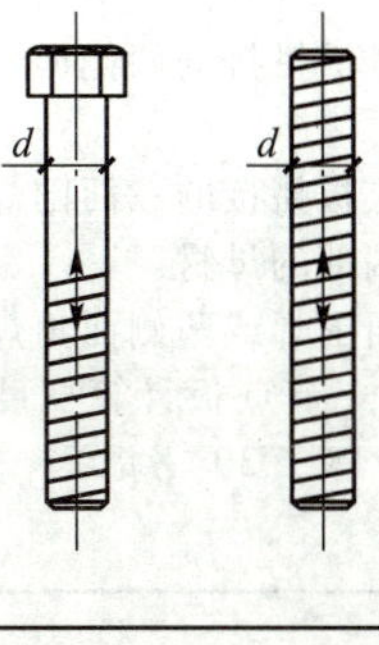	受拉螺栓的螺纹处母材 连接板件应有足够的刚度，保证不产生撬力，否则受拉正应力应考虑撬力及其他因素产生的全部附加应力 对于直径大于 30 mm 螺栓，需要考虑尺寸效应对容许应力幅进行修正，修正系数 γ_t：$\gamma_t=\left(\frac{30}{d}\right)^{0.25}$ 式中，d 为螺栓直径，单位为 mm	Z11

注：箭头表示计算应力幅的位置和方向。

附表 7.2　纵向传力焊缝的构件和连接分类

项次	构造细节	说明	类别
6	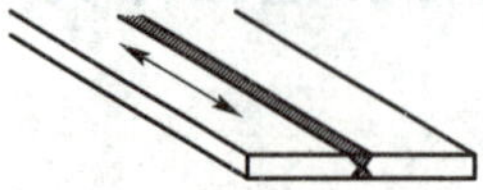	无垫板的纵向对接焊缝附近的母材 焊缝符合二级焊缝标准	Z2
7	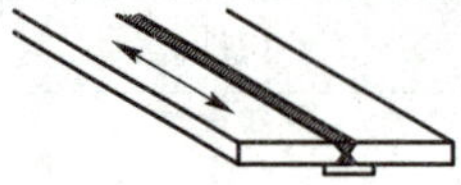	有连续垫板的纵向自动对接焊缝附近的母材 (1) 无起弧、灭弧 (2) 有起弧、灭弧	 Z4 Z5
8	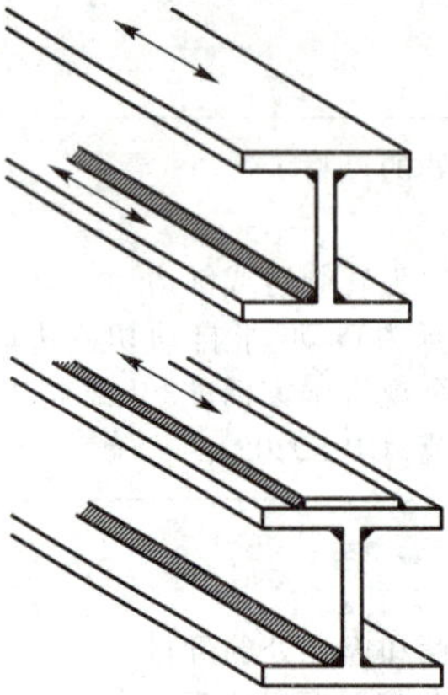	翼缘连接焊缝附近的母材 翼缘板与腹板的连接焊缝 自动焊，二级 T 形对接与角接组合焊缝 自动焊，角焊缝，外观质量标准符合二级 手工焊，角焊缝，外观质量标准符合二级 双层翼缘板之间的连接焊缝 自动焊，角焊缝，外观质量标准符合二级 手工焊，角焊缝，外观质量标准符合二级	 Z2 Z4 Z5 Z4 Z5
9	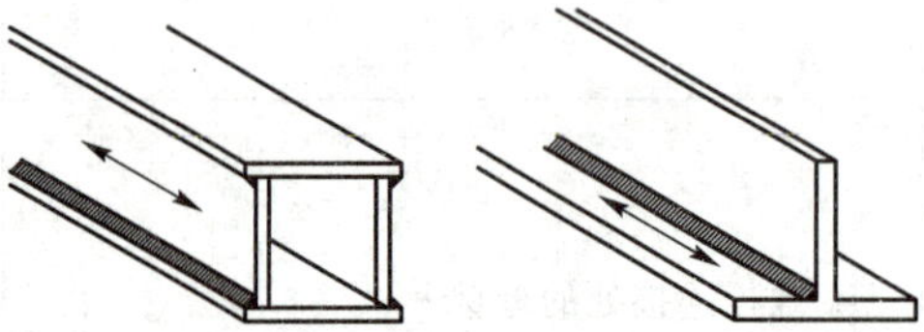	仅单侧施焊的手工或自动对接焊缝附近的母材，焊缝符合二级焊缝标准，翼缘与腹板很好贴合	Z5
10	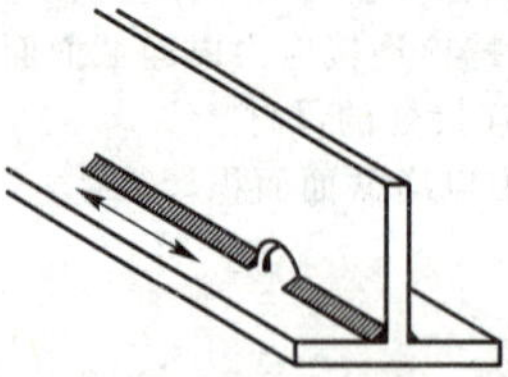	开工艺孔处焊缝符合二级焊缝标准的对接焊缝、焊缝外观质量符合二级焊缝标准的角焊缝等附近的母材	Z8
11	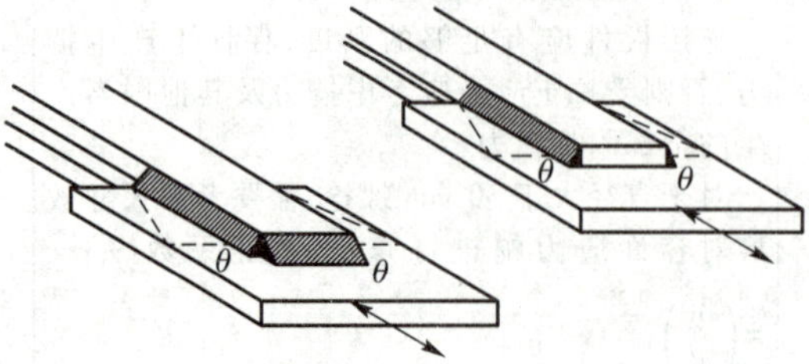	节点板搭接的两侧面角焊缝端部的母材 节点板搭接的三面围焊时两侧角焊缝端部的母材 三面围焊或两侧面角焊缝的节点板母材（节点板计算宽度按应力扩散角 θ 等于 30°考虑）	Z10 Z8 Z8

注：箭头表示计算应力幅的位置和方向。

附表 7.3　横向传力焊缝的构件和连接分类

项次	构造细节	说明	类别
12	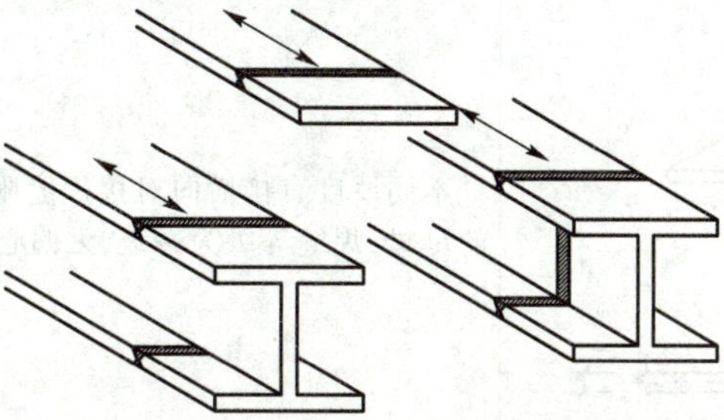	横向对接焊缝附近的母材，轧制梁对接焊缝附近的母材 符合现行国家标准《钢结构工程施工质量验收规范》GB 50205 的一级焊缝，且经加工、磨平 符合现行国家标准《钢结构工程施工质量验收规范》GB 50205 的一级焊缝	 Z2 Z4
13	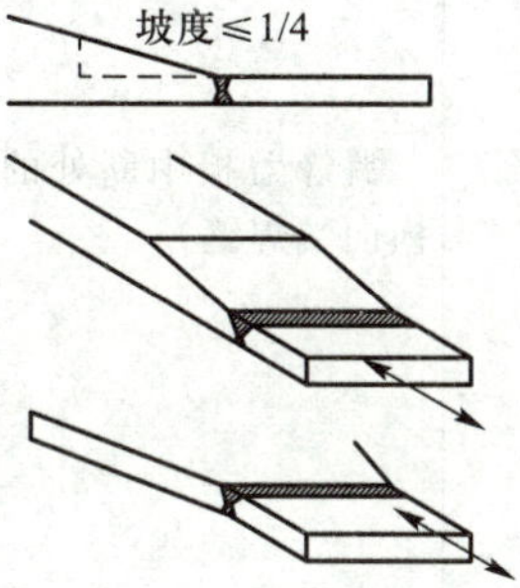	不同厚度（或宽度）横向对接焊缝附近的母材 符合现行国家标准《钢结构工程施工质量验收规范》GB 50205 的一级焊缝，且经加工、磨平 符合现行国家标准《钢结构工程施工质量验收规范》GB 50205 的一级焊缝	 Z2 Z4
14	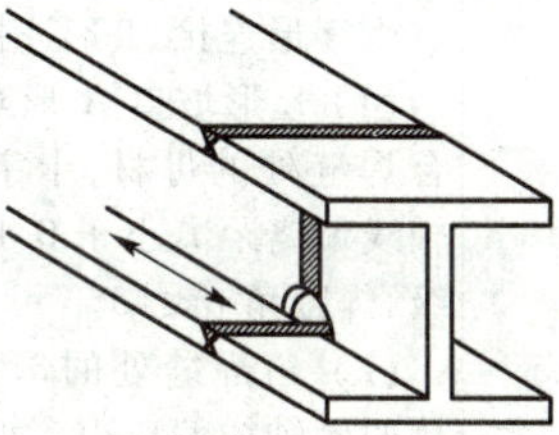	有工艺孔的轧制梁对接焊缝附近的母材，焊缝加工成平滑过渡并符合一级焊缝标准	Z6
15	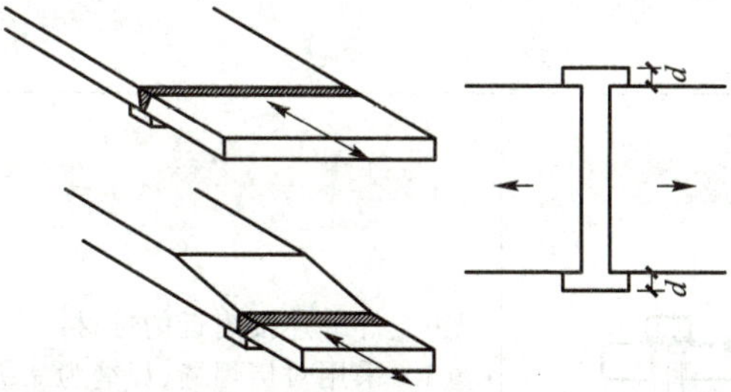	带垫板的横向对接焊缝附近的母材 垫板端部超出母板距离 d $d \geqslant 10$ mm $d < 10$ mm	 Z8 Z11
16	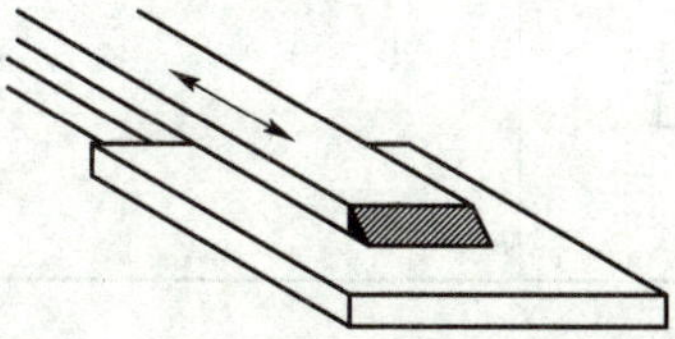	节点板搭接的端面角焊缝的母材	Z7

续表

项次	构造细节	说明	类别
17	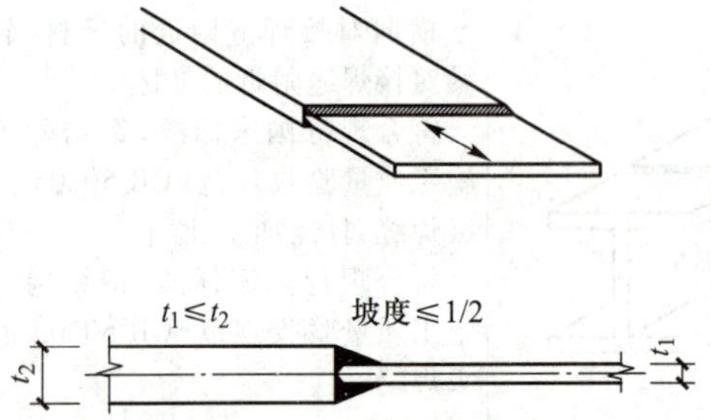	不同厚度直接横向对接焊缝附近的母材，焊缝等级为一级，无偏心	Z8
18	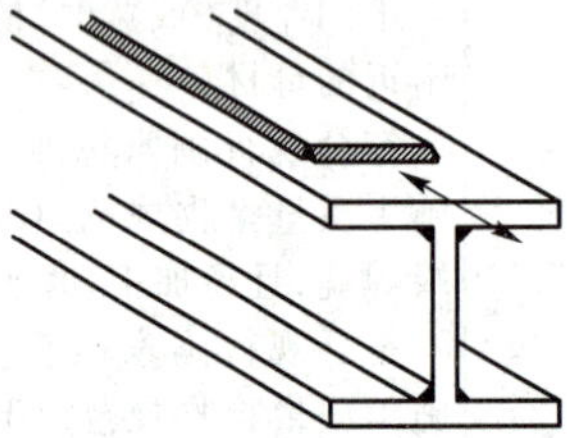	翼缘盖板中断处的母材（板端有横向端焊缝）	Z8
19	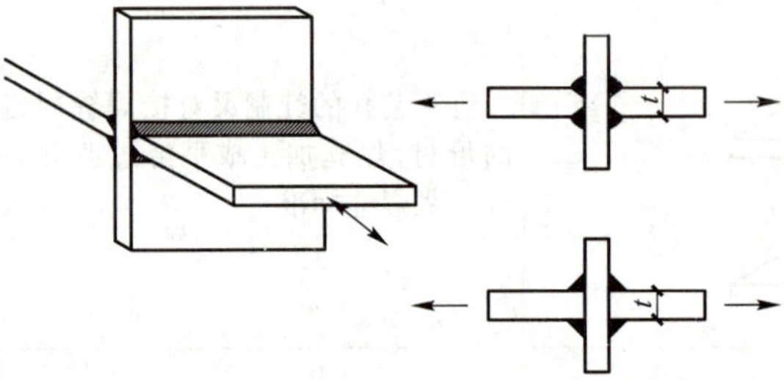	十字形连接、T形连接 （1）K形坡口、T形对接与角接组合焊缝处的母材，十字型连接两侧轴线偏离距离小于0.15t，焊缝为二级，焊趾角 $\alpha \leqslant 45°$ （2）角焊缝处的母材，十字型连接两侧轴线偏离距离小于0.15t	Z6 Z8
20	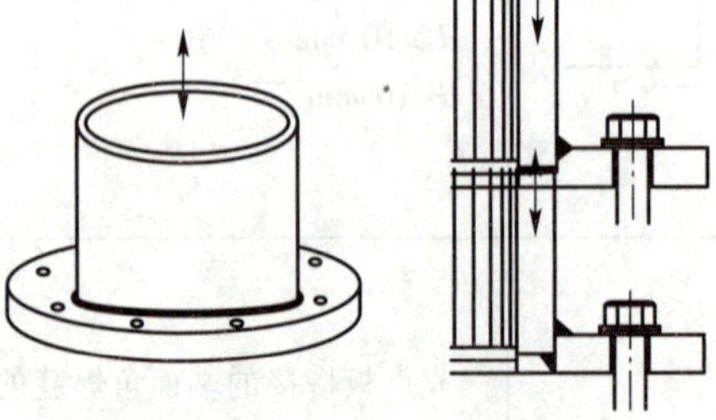	法兰焊缝连接附近的母材 （1）采用对接焊缝，焊缝为一级 （2）采用角焊缝	Z8 Z13

注：箭头表示计算应力幅的位置和方向。

附表 7.4　非传力焊缝的构件和连接分类

项次	构造细节	说明	类别
21	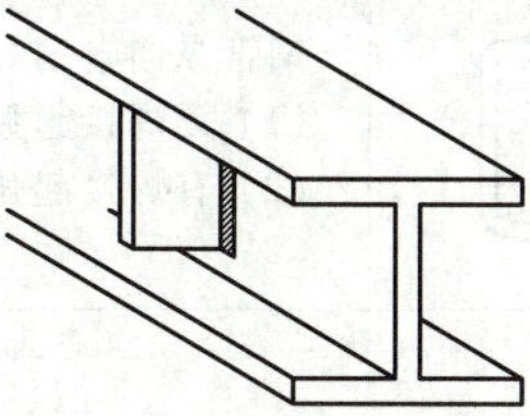	横向加劲肋端部附近的母材 肋端焊缝不断弧(采用回焊) 肋端焊缝断弧	 Z5 Z6
22	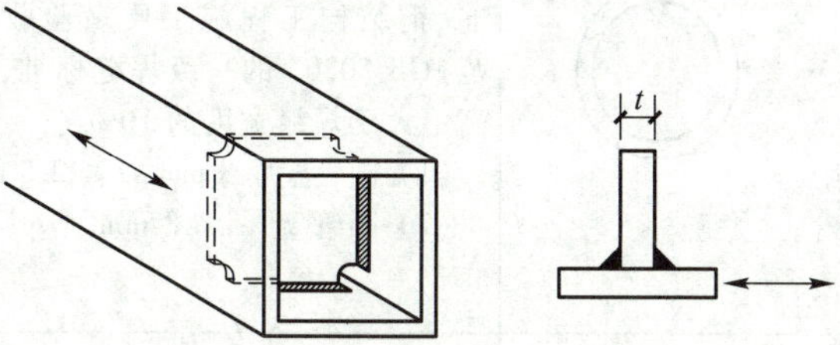	横向焊接附件附近的母材 (1) $t\leqslant 50$ mm (2) 50 mm$<t\leqslant$80 mm t 为焊接附件的板厚	 Z7 Z8
23	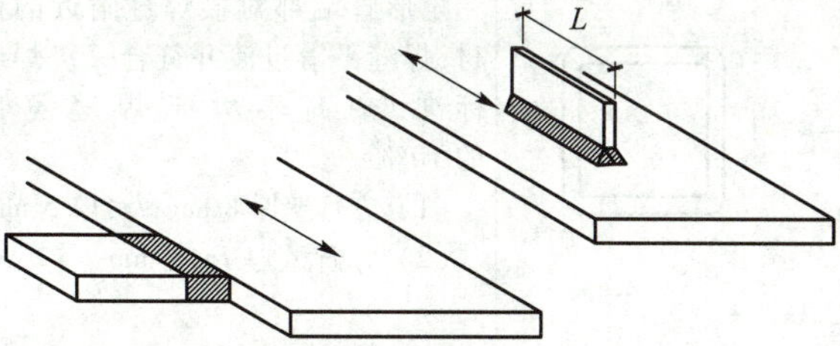	矩形节点板焊接于构件翼缘或腹板处的母材 (节点板焊缝方向的长度 $L>$ 150 mm)	Z8
24	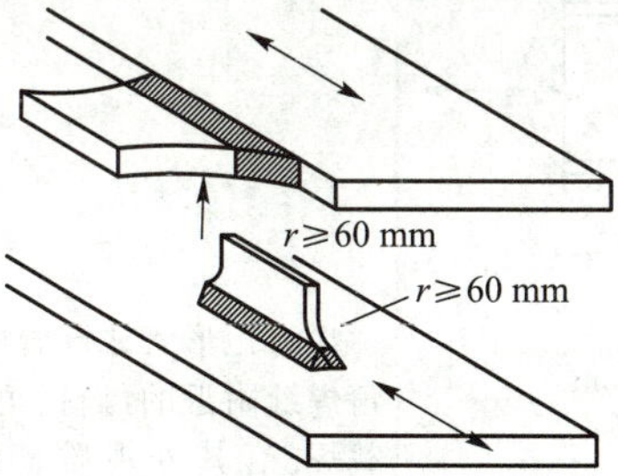	带圆弧的梯形节点板用对接焊缝焊于梁翼缘、腹板以及桁架构件处的母材,圆弧过渡处在焊后铲平、磨光、圆滑过渡,不得有焊接起弧、灭弧缺陷	Z6
25	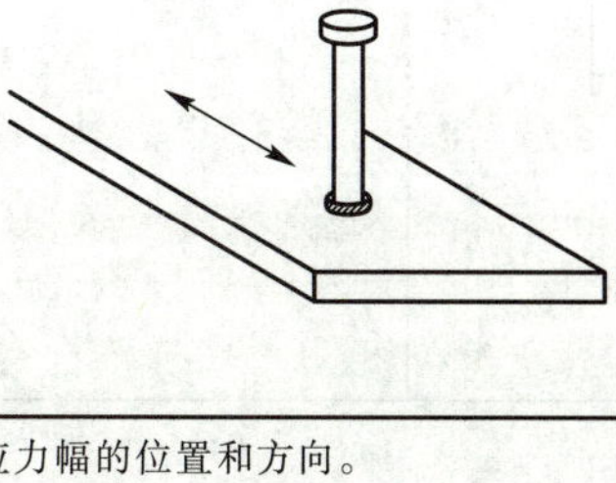	焊接剪力栓钉附近的钢板母材	Z7

注:箭头表示计算应力幅的位置和方向。

附表 7.5　钢管截面的构件和连接分类

项次	构造细节	说明	类别
1	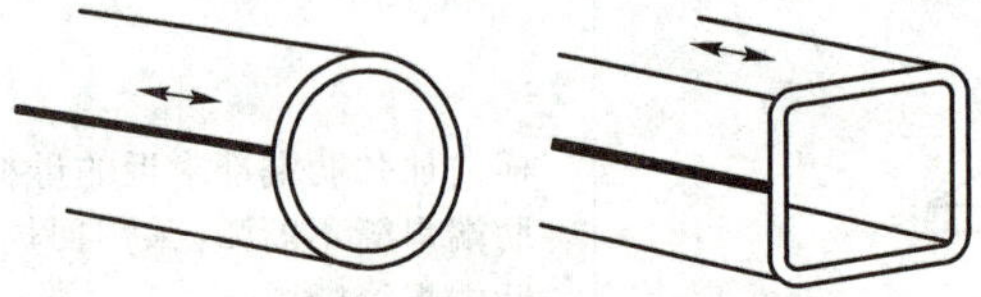	钢管纵向自动焊缝的母材 （1）无焊接起弧、灭弧点 （2）有焊接起弧、灭弧点	 Z3 Z6
2	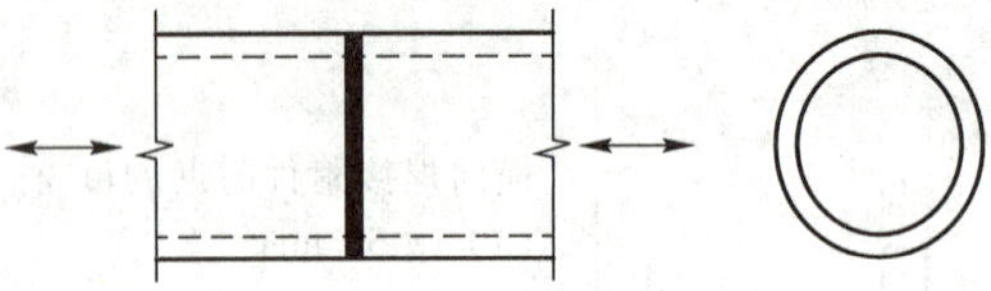	圆管端部对接焊缝附近的母材，焊缝平滑过渡并符合现行国家标准《钢结构工程施工质量验收规范》GB 50205 的一级焊缝标准，余高不大于焊缝宽度的 10% （1）圆管壁厚 8 mm <t≤12.5 mm （2）圆管壁厚 t≤8 mm	 Z6 Z8
3	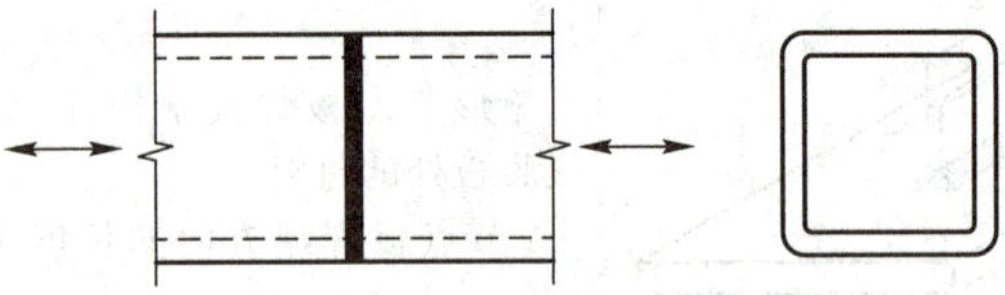	矩形管端部对接焊缝附近的母材，焊缝平滑过渡并符合一级焊缝标准，余高不大于焊缝宽度的 10% （1）方管壁厚 8 mm<t≤12.5 mm （2）方管壁厚 t≤8 mm	 Z8 Z10
4	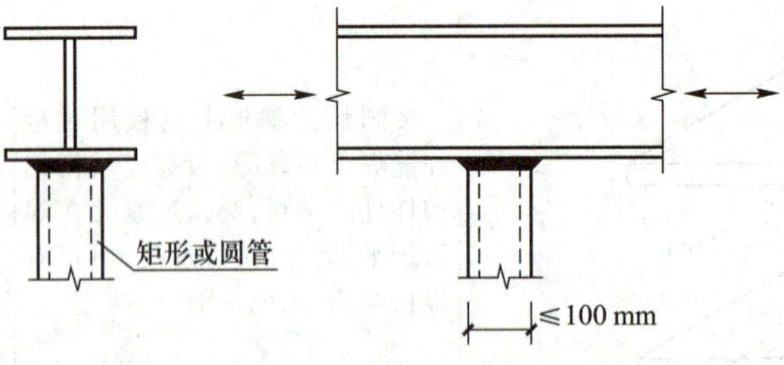 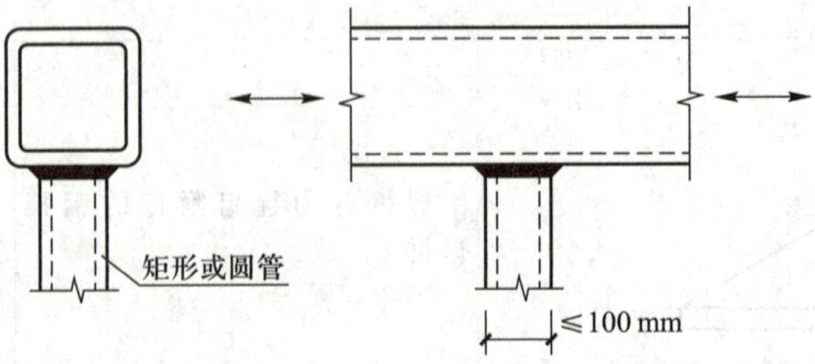	焊有矩形管或圆管的构件，连接角焊缝附近的母材，角焊缝为非承载焊缝，其外观质量标准符合二级，矩形管宽度或圆管直径不大于 100 mm	Z8

续表

项次	构造细节	说明	类别
5	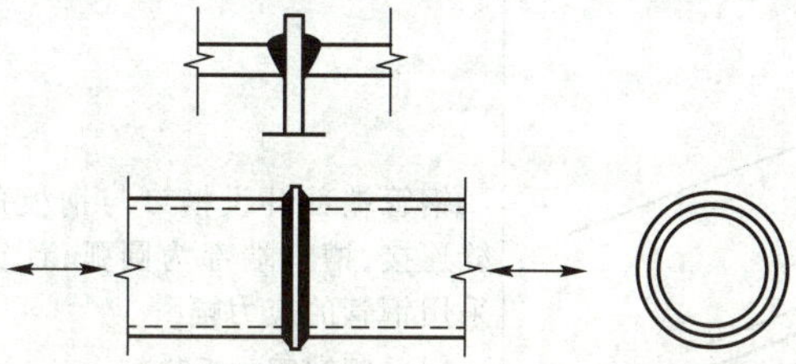	通过端板采用对接焊缝拼接的圆管母材，焊缝符合一级质量标准 （1）圆管壁厚 8 mm<t≤12.5 mm （2）圆管壁厚 t≤8 mm	Z10 Z11
6	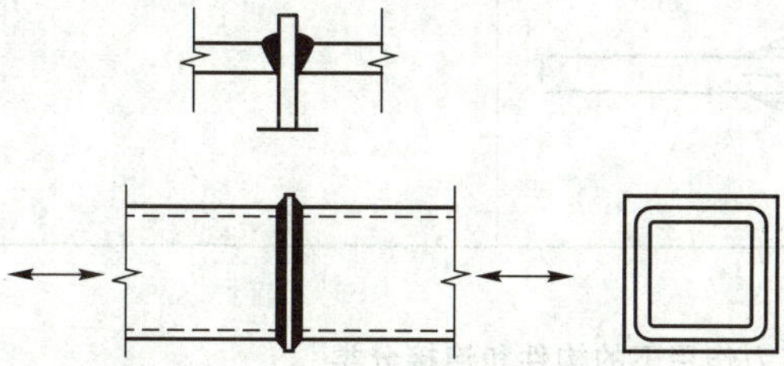	通过端板采用对接焊缝拼接的矩形管母材，焊缝符合一级质量标准. （1）方管壁厚 8 mm<t≤12.5 mm （2）方管壁厚 t≤8 mm	Z11 Z12
7	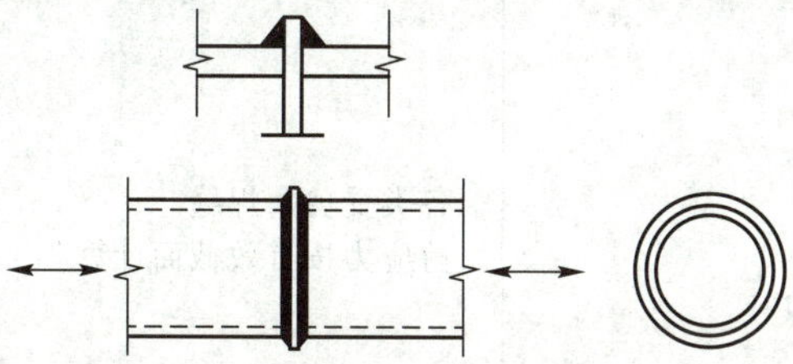	通过端板采用角焊缝拼接的圆管母材，焊缝外观质量标准符合二级，管壁厚度 t≤8 mm	Z13
8	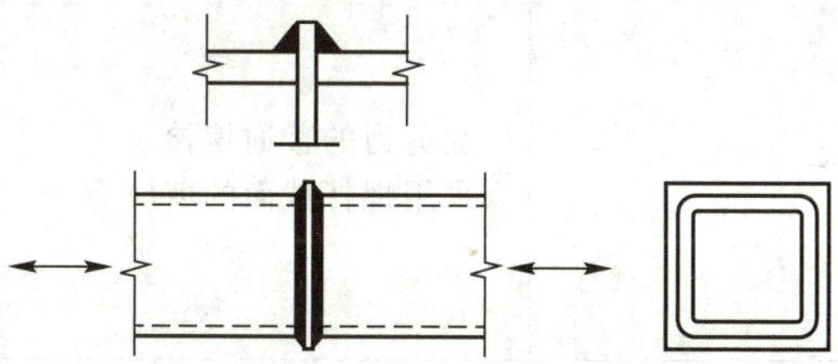	通过端板采用角焊缝拼接的矩形管母材，焊缝外观质量标准符合二级，管壁厚度 t≤8 mm	Z14
9	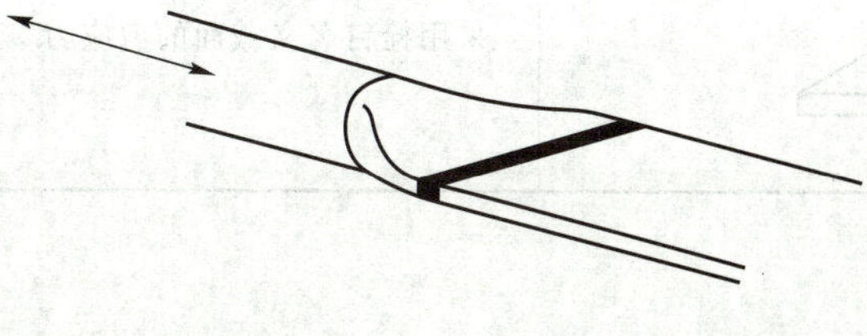	钢管端部压偏与钢板对接焊缝连接（仅适用于直径小于200 mm的钢管），计算时采用钢管的应力幅	Z8

续表

项次	构造细节	说明	类别
10	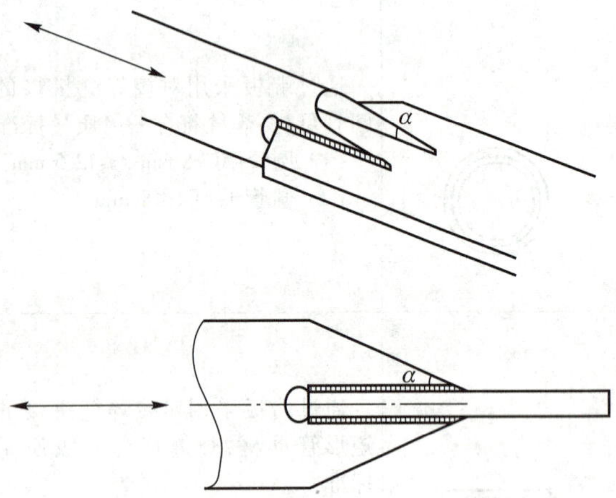	钢管端部开设槽口与钢板角焊缝连接，槽口端部为圆弧，计算时采用钢管的应力幅 （1）倾斜角 $\alpha \leqslant 45°$ （2）倾斜角 $\alpha > 45°$	Z8 Z9

注：箭头表示计算应力幅的位置和方向。

附表 7.6　剪应力作用下的构件和连接分类

项次	构造细节	说明	类别
1	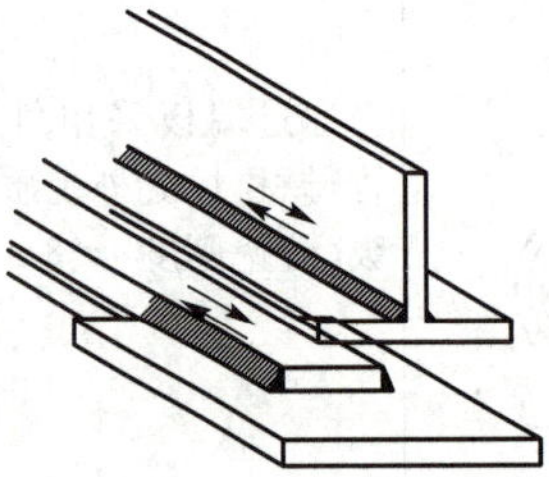	各类受剪角焊缝 剪应力按有效截面计算	J1
2	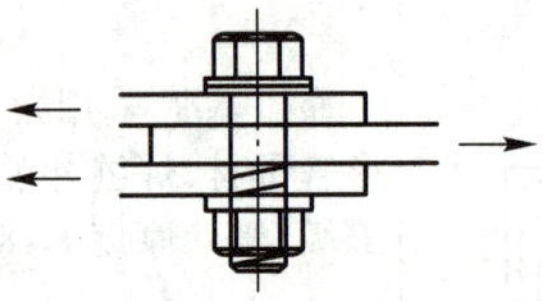	受剪力的普通螺栓 采用螺杆截面的剪应力	J2
3	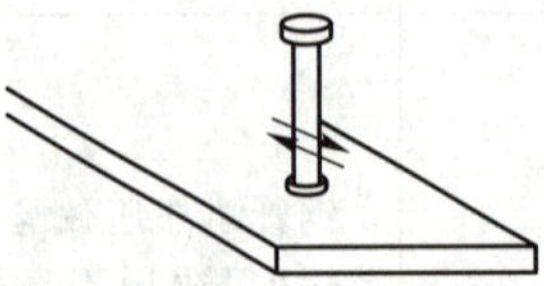	焊接剪力栓钉 采用栓钉名义截面的剪应力	J3

注：箭头表示计算应力幅的位置和方向。

附录 8　常用型钢规格及截面特性

附表 8.1　热轧等边角钢截面特性表（按 GB/T 706—2016《热轧型钢》计算）

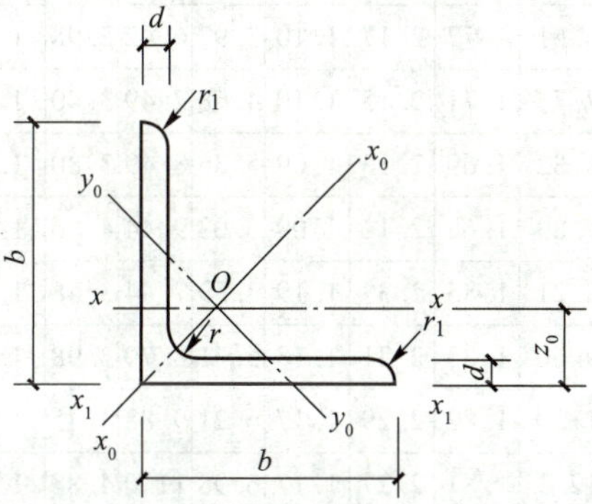

b——边宽度；I——截面惯性矩；z_0——重心距离；

d——边宽度；W——截面抵抗矩；r_1——边端圆弧半径；

r——内圆弧半径；i——回转半径。

型号	截面尺寸/mm			截面面积/cm²	理论重量/(kg/m)	外表面积/(m²/m)	惯性矩/cm⁴				惯性半径/cm			截面模数/cm³			重心距离/cm
	b	d	r				I_x	I_{x1}	I_{x0}	I_{y0}	i_x	i_{x0}	i_{y0}	W_x	W_{x0}	W_{y0}	z_0
2	20	3	3.5	1.132	0.89	0.078	0.40	0.81	0.63	0.17	0.59	0.75	0.39	0.29	0.45	0.20	0.60
		4		1.459	1.15	0.077	0.50	1.09	0.78	0.22	0.58	0.73	0.38	0.36	0.55	0.24	0.64
2.5	25	3		1.432	1.12	0.098	0.82	1.57	1.29	0.34	0.76	0.95	0.49	0.46	0.73	0.33	0.73
		4		1.859	1.46	0.097	1.03	2.11	1.62	0.43	0.74	0.93	0.48	0.59	0.92	0.40	0.76
3.0	30	3	4.5	1.749	1.37	0.117	1.46	2.71	2.31	0.61	0.91	1.15	0.59	0.68	1.09	0.51	0.85
		4		2.276	1.79	0.117	1.84	3.63	2.92	0.77	0.90	1.13	0.58	0.87	1.37	0.62	0.89
3.6	36	3		2.109	1.66	0.141	2.58	4.68	4.09	1.07	1.11	1.39	0.71	0.99	1.61	0.76	1.00
		4		2.756	2.16	0.141	3.29	6.25	5.22	1.37	1.09	1.38	0.70	1.28	2.05	0.93	1.04
		5		3.382	2.65	0.141	3.95	7.84	6.24	1.65	1.08	1.36	0.7	1.56	2.45	1.00	1.07
4	40	3	5	2.359	1.85	0.157	3.59	6.41	5.69	1.49	1.23	1.55	0.79	1.23	2.01	0.96	1.09
		4		3.086	2.42	0.157	4.60	8.56	7.29	1.91	1.22	1.54	0.79	1.60	2.58	1.19	1.13
		5		3.792	2.98	0.156	5.53	10.7	8.76	2.30	1.21	1.52	0.78	1.96	3.10	1.39	1.17
4.5	45	3		2.659	2.09	0.177	5.17	9.12	8.20	2.14	1.40	1.76	0.89	1.58	2.58	1.24	1.22
		4		3.486	2.74	0.177	6.65	12.2	10.6	2.75	1.38	1.74	0.89	2.05	3.32	1.54	1.26
		5		4.292	3.37	0.176	8.04	15.2	12.7	3.33	1.37	1.72	0.88	2.51	4.00	1.81	1.30
		6		5.077	3.99	0.176	9.33	18.4	14.8	3.89	1.36	1.70	0.80	2.95	4.64	2.06	1.33
5	50	3	5.5	2.971	2.33	0.197	7.18	12.5	11.4	2.98	1.55	1.96	1.00	1.96	3.22	1.57	1.34
		4		3.897	3.06	0.197	9.26	16.7	14.7	3.82	1.54	1.94	0.99	2.56	4.16	1.96	1.38
		5		4.803	3.77	0.196	11.2	20.9	17.8	4.64	1.53	1.92	0.98	3.13	5.03	2.31	1.42
		6		5.688	4.46	0.196	13.1	25.1	20.7	5.42	1.52	1.91	0.98	3.68	5.85	2.63	1.46

续表

型号	截面尺寸/mm b	d	r	截面面积/cm²	理论重量/(kg/m)	外表面积/(m²/m)	惯性矩/cm⁴ I_x	I_{x1}	I_{x0}	I_{y0}	惯性半径/cm i_x	i_{x0}	i_{y0}	截面模数/cm³ W_x	W_{x0}	W_{y0}	重心距离/cm z_0
5.6	56	3	6	3.343	2.62	0.221	10.2	17.6	16.1	4.24	1.75	2.20	1.13	2.48	4.08	2.02	1.48
		4		4.39	3.45	0.220	13.2	23.4	20.9	5.46	1.73	2.18	1.11	3.24	5.28	2.52	1.53
		5		5.415	4.25	0.220	16.0	29.3	25.4	6.61	1.72	2.17	1.10	3.97	6.42	2.98	1.57
		6		6.42	5.04	0.220	18.7	35.3	29.7	7.73	1.71	2.15	1.10	4.68	7.49	3.40	1.61
		7		7.404	5.81	0.219	21.2	41.2	33.6	8.82	1.69	2.13	1.09	5.36	8.49	3.80	1.64
		8		8.367	6.57	0.219	23.6	47.2	37.4	9.89	1.68	2.11	1.09	6.03	9.44	4.16	1.68
6	60	5	6.5	5.829	4.58	0.236	19.9	36.1	31.6	8.21	1.85	2.33	1.19	4.59	7.44	3.48	1.67
		6		6.914	5.43	0.235	23.4	43.3	36.9	9.60	1.83	2.31	1.18	5.41	8.70	3.98	1.70
		7		7.977	6.26	0.235	26.4	50.7	41.9	11.0	1.82	2.29	1.17	6.21	9.88	4.45	1.74
		8		9.02	7.08	0.235	29.5	58.0	46.7	12.3	1.81	2.27	1.17	6.98	11.0	4.88	1.78
6.3	63	4	7	4.978	3.91	0.248	19.0	33.4	30.2	7.89	1.96	2.46	1.26	4.13	6.78	3.29	1.70
		5		6.143	4.82	0.248	23.2	41.7	36.8	9.57	1.94	2.45	1.25	5.08	8.25	3.90	1.74
		6		7.288	5.72	0.247	27.1	50.1	43.0	11.2	1.93	2.43	1.24	6.00	9.66	4.46	1.78
		7		8.412	6.60	0.247	30.9	58.6	49.0	12.8	1.92	2.41	1.23	6.88	11.0	4.98	1.82
		8		9.515	7.47	0.247	34.5	67.1	54.6	14.3	1.90	2.40	1.23	7.75	12.3	5.47	1.85
		10		11.66	9.15	0.246	41.1	84.3	64.9	17.3	1.88	2.36	1.22	9.39	14.6	6.36	1.93
7	70	4	8	5.570	4.37	0.275	26.4	45.7	41.8	11.0	2.18	2.74	1.40	5.14	8.44	4.17	1.86
		5		6.876	5.40	0.275	32.2	57.2	51.1	13.3	2.16	2.73	1.39	6.32	10.3	4.95	1.91
		6		8.160	6.41	0.275	37.8	68.7	59.9	15.6	2.15	2.71	1.38	7.48	12.1	5.67	1.95
		7		9.424	7.40	0.275	43.1	80.3	68.4	17.8	2.14	2.69	1.38	8.59	13.8	6.34	1.99
		8		10.67	8.37	0.274	48.2	91.9	76.4	20.0	2.12	2.68	1.37	9.68	15.4	6.98	2.03
7.5	75	5	9	7.412	5.82	0.295	40.0	70.6	63.3	16.6	2.33	2.92	1.50	7.32	11.9	5.77	2.04
		6		8.797	6.91	0.294	47.0	84.6	74.4	19.5	2.31	2.90	1.49	8.64	14.0	6.67	2.07
		7		10.16	7.98	0.294	53.6	98.7	85.0	22.2	2.30	2.89	1.48	9.93	16.0	7.44	2.11
		8		11.50	9.03	0.294	60.0	113	95.1	24.9	2.28	2.88	1.47	11.2	17.9	8.19	2.15
		9		12.83	10.1	0.294	66.1	127	105	27.5	2.27	2.86	1.46	12.4	19.8	8.89	2.18
		10		14.13	11.1	0.293	72.0	142	114	30.1	2.26	2.84	1.46	13.6	21.5	9.56	2.22
8	80	5		7.912	6.21	0.315	48.8	85.4	77.3	20.3	2.48	3.13	1.60	8.34	13.7	6.66	2.15
		6		9.397	7.38	0.314	57.4	103	91.0	23.7	2.47	3.11	1.59	9.87	16.1	7.65	2.19
		7		10.86	8.53	0.314	65.6	120	104	27.1	2.46	3.10	1.58	11.4	18.4	8.58	2.23
		8		12.30	9.66	0.314	73.5	137	117	30.4	2.44	3.08	1.57	12.8	20.6	9.46	2.27
		9		13.73	10.8	0.314	81.1	154	129	33.6	2.43	3.06	1.56	14.3	22.7	10.3	2.31
		10		15.13	11.9	0.313	88.4	172	140	36.8	2.42	3.04	1.56	15.6	24.8	11.1	2.35

续表

型号	截面尺寸/mm			截面面积/cm²	理论重量/(kg/m)	外表面积/(m²/m)	惯性矩/cm⁴				惯性半径/cm			截面模数/cm³			重心距离/cm
	b	d	r				I_x	I_{x1}	I_{x0}	I_{y0}	i_x	i_{x0}	i_{y0}	W_x	W_{x0}	W_{y0}	z_0
9	90	6	10	10.64	8.35	0.354	82.8	146	131	34.3	2.79	3.51	1.80	12.6	20.6	9.95	2.44
		7		12.30	9.66	0.354	94.8	170	150	39.2	2.78	3.50	1.78	14.5	23.6	11.2	2.48
		8		13.94	10.9	0.353	106	195	169	44.0	2.76	3.48	1.78	16.4	26.6	12.4	2.52
		9		15.57	12.2	0.353	118	219	187	48.7	2.75	3.46	1.77	18.3	29.4	13.5	2.56
		10		17.17	13.5	0.353	129	244	204	53.3	2.74	3.45	1.76	20.1	32.0	14.5	2.59
		12		20.31	15.9	0.352	149	294	236	62.2	2.71	3.41	1.75	23.6	37.1	16.5	2.67
10	100	6	12	11.93	9.37	0.393	115	200	182	47.9	3.10	3.90	2.00	15.7	25.7	12.7	2.67
		7		13.80	10.8	0.393	132	234	209	54.7	3.09	3.89	1.99	18.1	29.6	14.3	2.71
		8		15.64	12.3	0.393	148	267	235	61.4	3.08	3.88	1.98	20.5	33.2	15.8	2.76
		9		17.46	13.7	0.392	164	300	260	68.0	3.07	3.86	1.97	22.8	36.8	17.2	2.80
		10		19.26	15.1	0.392	180	334	285	74.4	3.05	3.84	1.96	25.1	40.3	18.5	2.84
		12		22.80	17.9	0.391	209	402	331	86.8	3.03	3.81	1.95	29.5	46.8	21.1	2.91
		14		26.26	20.6	0.391	237	471	374	99.0	3.00	3.77	1.94	33.7	52.9	23.4	2.99
		16		29.63	23.3	0.390	263	540	414	111	2.98	3.74	1.94	37.8	58.6	25.6	3.06
11	110	7	12	15.20	11.9	0.433	177	311	281	73.4	3.41	4.30	2.20	22.1	36.1	17.5	2.96
		8		17.24	13.5	0.433	199	355	316	82.4	3.40	4.28	2.19	25.0	40.7	19.4	3.01
		10		21.26	16.7	0.432	242	445	384	100	3.38	4.25	2.17	30.6	49.4	22.9	3.09
		12		25.20	19.8	0.431	283	535	448	117	3.35	4.22	2.15	36.1	57.6	26.2	3.16
		14		29.06	22.8	0.431	321	625	508	133	3.32	4.18	2.14	41.3	65.3	29.1	3.24
12.5	125	8	14	19.75	15.5	0.492	297	521	471	123	3.88	4.88	2.50	32.5	53.3	25.9	3.37
		10		24.37	19.1	0.491	362	652	574	149	3.85	4.85	2.48	40.0	64.9	30.6	3.45
		12		28.91	22.7	0.491	423	783	671	175	3.83	4.82	2.46	41.2	76.0	35.0	3.53
		14		33.37	26.2	0.490	482	916	764	200	3.80	4.78	2.45	54.2	86.4	39.1	3.61
		16		37.74	29.6	0.489	537	1 050	851	224	3.77	4.75	2.43	60.9	96.3	43.0	3.68
14	140	10		27.37	21.5	0.551	515	915	817	212	4.34	5.46	2.78	50.6	82.6	39.2	3.82
		12		32.51	25.5	0.551	604	1 100	959	249	4.31	5.43	2.76	59.8	96.9	45.0	3.90
		14		37.57	29.5	0.550	689	1 280	1 090	284	4.28	5.40	2.75	68.8	110	50.5	3.98
		16		42.54	33.4	0.549	770	1 470	1 220	319	4.26	5.36	2.74	77.5	123	55.6	4.06
15	150	8		23.75	18.6	0.592	521	900	827	215	4.69	5.90	3.01	47.4	78.0	38.1	3.99
		10		29.37	23.1	0.591	638	1 130	1 010	262	4.66	5.87	2.99	58.4	95.5	45.5	4.08
		12		34.91	27.4	0.591	749	1 350	1 190	308	4.63	5.84	2.97	69.0	112	52.4	4.15
		14		40.37	31.7	0.590	856	1 580	1 360	352	4.60	5.80	2.95	79.5	128	58.8	4.23
		15		43.06	33.8	0.590	907	1 690	1 440	374	4.59	5.78	2.95	84.6	136	61.9	4.27
		16		45.74	35.9	0.589	958	1 810	1 520	395	4.58	5.77	2.94	89.6	143	64.9	4.31

续表

型号	截面尺寸/mm			截面面积/cm²	理论重量/(kg/m)	外表面积/(m²/m)	惯性矩/cm⁴				惯性半径/cm			截面模数/cm³			重心距离/cm
	b	d	r				I_x	I_{x1}	I_{x0}	I_{y0}	i_x	i_{x0}	i_{y0}	W_x	W_{x0}	W_{y0}	z_0
16	160	10	16	31.50	24.7	0.630	780	1 370	1 240	322	4.98	6.27	3.20	66.7	109	52.8	4.31
		12		37.44	29.4	0.630	917	1 640	1 460	377	4.95	6.24	3.18	79.0	129	60.7	4.39
		14		43.30	34.0	0.629	1 050	1 910	1 670	432	4.92	6.20	3.16	91.0	147	68.2	4.47
		16		49.07	38.5	0.629	1 180	2 190	1 870	485	4.89	6.17	3.14	103	165	75.3	4.55
18	180	12		42.24	33.2	0.710	1 320	2 330	2 100	543	5.59	7.05	3.58	101	165	78.4	4.89
		14		48.90	38.4	0.709	1 510	2 720	2 410	622	5.56	7.02	3.56	116	189	88.4	4.97
		16		55.47	43.5	0.709	1 700	3 120	2 700	699	5.54	6.98	3.55	131	212	97.8	5.05
		18		61.96	48.6	0.708	1 880	3 500	2 990	762	5.50	6.94	3.51	146	235	105	5.13
20	200	14	18	54.64	42.9	0.788	2 100	3 730	3 340	864	6.20	7.82	3.98	145	236	112	5.46
		16		62.01	48.7	0.788	2 370	4 270	3 760	971	6.18	7.79	3.96	164	266	124	5.54
		18		69.30	54.4	0.787	2 620	4 810	4 160	1 080	6.15	7.75	3.94	182	294	136	5.62
		20		76.51	60.1	0.787	2 870	5 350	4 530	1 180	6.12	7.72	3.93	200	322	147	5.69
		24		90.66	71.2	0.785	3 340	6 460	5 290	1 380	6.07	7.64	3.90	236	374	167	5.87
22	220	16	21	68.67	53.9	0.866	3 190	5 680	5 060	1 310	6.81	8.59	4.37	200	326	154	6.03
		18		76.75	60.3	0.866	3 549	6 400	5 620	1 450	6.79	8.55	4.35	223	361	168	6.11
		20		84.76	66.5	0.865	3 870	7 110	6 150	1 590	6.76	8.52	4.34	245	395	182	6.18
		22		92.68	72.8	0.865	4 200	7 830	6 670	1 730	6.73	8.48	4.32	267	429	195	6.26
		24		100.5	78.9	0.864	4 520	8 550	7 170	1 870	6.71	8.45	4.31	289	461	208	6.33
		26		108.3	85.0	0.864	4 830	9 280	7 690	2 000	6.68	8.41	4.30	310	492	221	6.41
25	250	18	24	87.84	69.0	0.985	5 270	9 380	8 370	2 170	7.75	9.76	4.97	290	473	224	6.84
		20		97.05	76.2	0.984	5 780	10 400	9 180	2 380	7.72	9.73	4.95	320	519	243	6.92
		22		106.2	83.3	0.983	6 280	11 500	9 970	2 580	7.69	9.69	4.93	349	564	261	7.00
		24		115.2	90.4	0.983	6 770	12 500	10 700	2 790	7.67	9.66	4.92	378	608	278	7.07
		26		124.2	97.5	0.982	7 240	13 600	11 500	2 980	7.64	9.62	4.90	406	650	295	7.15
		28		133.0	104	0.982	7 700	14 600	12 200	3 180	7.61	9.58	4.89	433	691	311	7.22
		30		141.8	111	0.981	8 160	15 700	12 900	3 380	7.58	9.55	4.88	461	731	327	7.30
		32		150.5	118	0.981	8 600	16 800	13 600	3 570	7.56	9.51	4.87	488	770	342	7.37
		35		163.4	128	0.980	9 240	18 400	14 600	3 850	7.52	9.46	4.86	527	827	364	7.48

注：截面图中的 $r_1=1/3d$ 及表中 r 的数据用于孔型设计，不做交货条件。

附表 8.2　热轧不等边角钢截面特性表（按 GB/T 706—2016《热轧型钢》计算）

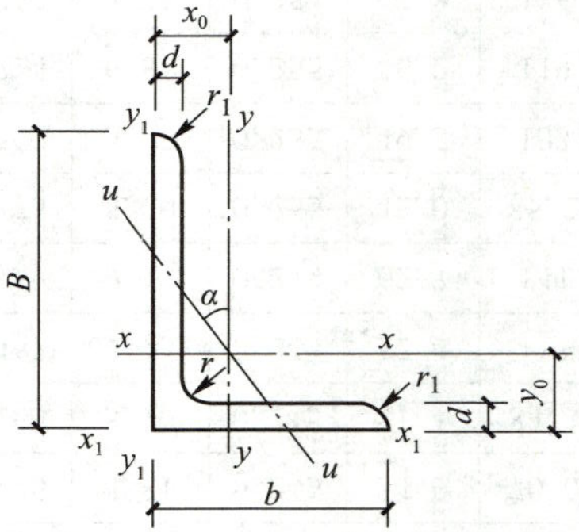

B——长边宽度；I——截面惯性矩；x_0、y_0——重心距离；
b——短边宽度；W——截面抵抗矩；r——内圆弧半径；
d——边厚度；i——回转半径；r_1——边端圆弧半径。

型号	截面尺寸/mm				截面面积/cm²	理论重量/(kg/m)	外表面积/(m²/m)	惯性矩/cm⁴					惯性半径/cm			截面模数/cm³			tanα	重心距离/cm	
	B	b	d	r				I_x	I_{x1}	I_y	I_{y1}	I_0	i_x	i_y	i_0	W_x	W_y	W_0		x_0	y_0
2.5/1.6	25	16	3	3.5	1.162	0.91	0.080	0.70	1.56	0.22	0.43	0.14	0.78	0.44	0.34	0.43	0.19	0.16	0.392	0.42	0.86
			4		1.499	1.18	0.079	0.88	2.09	0.27	0.59	0.17	0.77	0.43	0.34	0.55	0.24	0.20	0.381	0.46	0.90
3.2/2	32	20	3		1.492	1.17	0.102	1.53	3.27	0.46	0.82	0.28	1.01	0.55	0.43	0.72	0.30	0.25	0.382	0.49	1.08
			4		1.939	1.52	0.101	1.93	4.37	0.57	1.12	0.35	1.00	0.54	0.42	0.93	0.39	0.32	0.374	0.53	1.12
4/2.5	40	25	3	4	1.890	1.48	0.127	3.08	5.39	0.93	1.59	0.56	1.28	0.70	0.54	1.15	0.49	0.40	0.385	0.59	1.32
			4		2.467	1.94	0.127	3.93	8.53	1.18	2.14	0.71	1.36	0.69	0.54	1.49	0.63	0.52	0.381	0.63	1.37
4.5/2.8	45	28	3	5	2.149	1.69	0.143	4.45	9.10	1.34	2.23	0.80	1.44	0.79	0.61	1.47	0.62	0.51	0.383	0.64	1.47
			4		2.806	2.20	0.143	5.69	12.1	1.70	3.00	1.02	1.42	0.78	0.60	1.91	0.80	0.66	0.380	0.68	1.51
5/3.2	50	32	3	5.5	2.431	1.91	0.161	6.24	12.5	2.02	3.31	1.20	1.60	0.91	0.70	1.84	0.82	0.68	0.404	0.73	1.60
			4		3.177	2.49	0.160	8.02	16.7	2.58	4.45	1.53	1.59	0.90	0.69	2.39	1.06	0.87	0.402	0.77	1.65

续表

型号	截面尺寸/mm				截面面积/cm^2	理论重量/(kg/m)	外表面积/(m^2/m)	惯性矩/cm^4					惯性半径/cm			截面模数/cm^3			tanα	重心距离/cm	
	B	b	d	r				I_x	I_{x1}	I_y	I_{y1}	I_0	i_x	i_y	i_0	W_x	W_y	W_0		x_0	y_0
5.6/3.6	56	36	3	6	2.743	2.15	0.181	8.88	17.5	2.92	4.7	1.73	1.80	1.03	0.79	2.32	1.05	0.87	0.408	0.80	1.78
			4		3.590	2.82	0.180	11.5	23.4	3.76	6.33	2.23	1.79	1.02	0.79	3.03	1.37	1.13	0.408	0.85	1.82
			5		4.415	3.47	0.180	13.9	29.3	4.49	7.94	2.67	1.77	1.01	0.78	3.71	1.65	1.36	0.404	0.88	1.87
6.3/4	63	40	4	7	4.058	3.19	0.202	16.5	33.3	5.23	8.63	3.12	2.02	1.14	0.88	3.87	1.70	1.40	0.398	0.92	2.04
			5		4.993	3.92	0.202	20.0	41.6	6.31	10.9	3.76	2.00	1.12	0.87	4.74	2.07	1.71	0.396	0.95	2.08
			6		5.908	4.64	0.201	23.4	50.0	7.29	13.1	4.34	1.96	1.11	0.86	5.59	2.43	1.99	0.393	0.99	2.12
			7		6.802	5.34	0.201	26.5	58.1	8.24	15.5	4.97	1.98	1.10	0.86	6.40	2.78	2.29	0.389	1.03	2.15
7/4.5	70	45	4	7.5	4.553	3.57	0.226	23.2	45.9	7.55	12.3	4.40	2.26	1.29	0.98	4.86	2.17	1.77	0.410	1.02	2.24
			5		5.609	4.40	0.225	28.0	57.1	9.13	15.4	5.40	2.23	1.28	0.98	5.92	2.65	2.19	0.407	1.06	2.28
			6		6.644	5.22	0.225	32.5	68.4	10.6	18.6	6.35	2.21	1.26	0.98	6.95	3.12	2.59	0.404	1.09	2.32
			7		7.658	6.01	0.225	37.2	80.0	12.0	21.8	7.16	2.20	1.25	0.97	8.03	3.57	2.94	0.402	1.13	2.36
7.5/5	75	50	5	8	6.126	4.81	0.245	34.9	70.0	12.6	21.0	7.41	2.39	1.44	1.10	6.83	3.3	2.74	0.435	1.17	2.40
			6		7.260	5.70	0.245	41.1	84.3	14.7	25.4	8.54	2.38	1.42	1.08	8.12	3.88	3.19	0.435	1.21	2.44
			8		9.467	7.43	0.244	52.4	113	18.5	34.2	10.9	2.35	1.40	1.07	10.5	4.99	4.10	0.429	1.29	2.52
			10		11.59	9.10	0.244	62.7	141	22.0	43.4	13.1	2.33	1.38	1.06	12.8	6.04	4.99	0.423	1.36	2.60
8/5	80	50	5		6.376	5.00	0.255	42.0	85.2	12.8	21.1	7.66	2.56	1.42	1.10	7.78	3.32	2.74	0.388	1.14	2.60
			6		7.560	5.93	0.255	49.5	103	15.0	25.4	8.85	2.56	1.41	1.08	9.25	3.91	3.20	0.387	1.18	2.65
			7		8.724	6.85	0.255	56.2	119	17.0	29.8	10.2	2.54	1.39	1.08	10.6	4.48	3.70	0.384	1.21	2.69
			8		9.867	7.75	0.254	62.8	136	18.9	34.3	11.4	2.52	1.38	1.07	11.9	5.03	4.16	0.381	1.25	2.73

续表

型号	截面尺寸/mm				截面面积/cm²	理论重量/(kg/m)	外表面积/(m²/m)	惯性矩/cm⁴					惯性半径/cm			截面模数/cm³			tanα	重心距离/cm	
	B	b	d	r				I_x	I_{x1}	I_y	I_{y1}	I_0	i_x	i_y	i_0	W_x	W_y	W_0		x_0	y_0
9/5.6	90	56	5	9	7.212	5.66	0.287	60.5	121	18.3	29.5	11.0	2.90	1.59	1.23	9.92	4.21	3.49	0.385	1.25	2.91
			6		8.557	6.72	0.286	71.0	146	21.4	35.6	12.9	2.88	1.58	1.23	11.7	4.96	4.13	0.384	1.29	2.95
			7		9.881	7.76	0.286	81.0	170	24.4	41.7	14.7	2.86	1.57	1.22	13.5	5.70	4.72	0.382	1.33	3.00
			8		11.18	8.78	0.288	91.0	194	27.2	47.9	16.3	2.85	1.56	1.21	15.3	6.41	5.29	0.380	1.36	3.04
10/6.3	100	63	6	10	9.618	7.55	0.320	99.1	200	30.9	50.5	18.4	3.21	1.79	1.38	14.6	6.35	5.25	0.394	1.43	3.24
			7		11.11	8.72	0.320	113	233	35.3	59.1	21.0	3.20	1.78	1.38	16.9	7.29	6.02	0.394	1.47	3.28
			8		12.58	9.88	0.319	127	266	39.4	67.9	23.5	3.18	1.77	1.37	19.1	8.21	6.78	0.391	1.50	3.32
			10		15.47	12.1	0.319	154	333	47.1	85.7	28.3	3.15	1.74	1.35	23.3	9.98	8.24	0.387	1.58	3.40
10/8	100	80	6	10	10.64	8.35	0.354	107	200	61.2	103	31.7	3.17	2.40	1.72	15.2	10.2	8.37	0.627	1.97	2.95
			7		12.30	9.66	0.354	123	233	70.1	120	36.2	3.16	2.39	1.72	17.5	11.7	9.60	0.626	2.01	3.00
			8		13.94	10.9	0.353	138	267	78.6	137	40.6	3.14	2.37	1.71	19.8	13.2	10.8	0.625	2.05	3.04
			10		17.17	13.5	0.353	167	334	94.7	172	49.1	3.12	2.35	1.69	24.2	16.1	13.1	0.622	2.13	3.12
11/7	110	70	6	10	10.64	8.35	0.354	133	266	42.9	69.1	25.4	3.54	2.01	1.54	17.9	7.90	6.53	0.403	1.57	3.53
			7		12.30	9.66	0.354	153	310	49.0	80.8	29.0	3.53	2.00	1.53	20.6	9.09	7.50	0.402	1.61	3.57
			8		13.94	10.9	0.353	172	354	54.9	92.7	32.5	3.51	1.98	1.53	23.3	10.3	8.45	0.401	1.65	3.62
			10		17.17	13.5	0.353	208	443	65.9	117	39.2	3.48	1.96	1.51	28.5	12.5	10.3	0.397	1.72	3.70
12.5/8	125	80	7	11	14.10	11.1	0.403	228	455	74.4	120	43.8	4.02	2.30	1.76	26.9	12.0	9.92	0.408	1.80	4.01
			8		15.99	12.6	0.403	257	520	83.5	138	49.2	4.01	2.28	1.75	30.4	13.6	11.2	0.407	1.84	4.06
			10		19.71	15.5	0.402	312	650	101	173	59.5	3.98	2.26	1.74	37.3	16.6	13.6	0.404	1.92	4.14
			12		23.35	18.3	0.402	364	780	117	210	69.4	3.95	2.24	1.72	44.0	19.4	16.0	0.400	2.00	4.22

续表

型号	截面尺寸/mm				截面面积/	理论重量/	外表面积/	惯性矩/cm^4					惯性半径/cm			截面模数/cm^3			tanα	重心距离/cm	
	B	b	d	r	cm^2	(kg/m)	(m^2/m)	I_x	I_{x1}	I_y	I_{y1}	I_0	i_x	i_y	i_0	W_x	W_y	W_0		x_0	y_0
14/9	140	90	8	12	18.04	14.2	0.453	366	731	121	196	70.8	4.50	2.59	1.98	38.5	17.3	14.3	0.411	2.04	4.50
			10		22.26	17.5	0.452	446	913	140	246	85.8	4.47	2.56	1.96	47.3	21.2	17.5	0.409	2.12	4.58
			12		26.40	20.7	0.451	522	1 100	170	297	100	4.44	2.54	1.95	55.9	25.0	20.5	0.406	2.19	4.66
			14		30.46	23.9	0.451	594	1 280	192	349	114	4.42	2.51	1.94	64.2	28.5	23.5	0.403	2.27	4.74
15/9	150	90	8		18.84	14.8	0.473	442	898	123	196	74.1	4.84	2.55	1.98	43.9	17.5	14.5	0.364	1.97	4.92
			10		23.26	18.3	0.472	539	1 120	149	246	89.9	4.81	2.53	1.97	54.0	21.4	17.7	0.362	2.05	5.01
			12		27.60	21.7	0.471	632	1 350	173	297	105	4.79	2.50	1.95	63.8	25.1	20.8	0.359	2.12	5.09
			14		31.86	25.0	0.471	721	1 570	196	350	120	4.76	2.48	1.94	73.3	28.8	23.8	0.356	2.20	5.17
			15		33.95	26.7	0.471	764	1 680	207	376	127	4.74	2.47	1.93	78.0	30.5	25.3	0.354	2.24	5.21
			16		36.03	28.3	0.470	806	1 800	217	403	134	4.73	2.45	1.93	82.6	32.3	26.8	0.352	2.27	5.25
16/10	160	100	10	13	25.32	19.9	0.512	669	1 360	205	337	122	5.14	2.85	2.19	62.1	26.6	21.9	0.390	2.28	5.24
			12		30.05	23.6	0.511	785	1 640	239	406	142	5.11	2.82	2.17	73.5	31.3	25.8	0.388	2.36	5.32
			14		34.71	27.2	0.510	896	1 910	271	476	162	5.08	2.80	2.16	84.6	35.8	29.6	0.385	2.43	5.40
			16		39.28	30.8	0.510	1 000	2 180	302	548	183	5.05	2.77	2.16	95.3	40.2	33.4	0.382	2.51	5.48
18/11	180	110	10	14	28.37	22.3	0.571	956	1 940	278	447	167	5.80	3.13	2.42	79.0	32.5	26.9	0.376	2.44	5.89
			12		33.71	26.5	0.571	1 120	2 330	325	539	195	5.78	3.10	2.40	93.5	38.3	31.7	0.374	2.52	5.98
			14		38.97	30.6	0.570	1 290	2 720	370	632	222	5.75	3.08	2.39	108	44.0	36.3	0.372	2.59	6.06
			16		44.14	34.6	0.569	1 440	3 110	412	726	249	5.72	3.06	2.38	122	49.4	40.9	0.369	2.67	6.14

续表

型号	截面尺寸/mm				截面面积/cm^2	理论重量/(kg/m)	外表面积/(m^2/m)	惯性矩/cm^4					惯性半径/cm			截面模数/cm^3			tanα	重心距离/cm	
	B	b	d	r				I_x	I_{x1}	I_y	I_{y1}	I_0	i_x	i_y	i_0	W_x	W_y	W_0		x_0	y_0
20/12.5	200	125	12	14	37.91	29.8	0.641	1 570	3 190	483	788	286	6.44	3.57	2.74	117	50.0	41.2	0.392	2.83	6.54
			14		43.87	34.4	0.640	1 800	3 730	551	922	327	6.41	3.54	2.73	135	57.4	47.3	0.390	2.91	6.62
			16		49.74	39.0	0.639	2 020	4 260	615	1 060	366	6.38	3.52	2.71	152	64.9	53.3	0.388	2.99	6.70
			18		55.53	43.6	0.639	2 240	4 790	677	1 200	405	6.35	3.49	2.70	169	71.7	59.2	0.385	3.06	6.78

注：截面图中的 $r_1=1/3d$ 及表中 r 的数据用于孔型设计，不做交货条件。

附表 8.3　热轧等边角钢组合截面特性表(按《热轧型钢》计算)

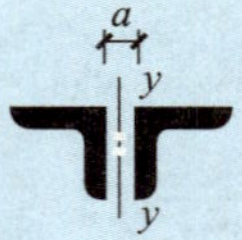

角钢型号	两个角钢的截面面积 /cm²	两个角钢的理论重量 /(kg·m⁻¹)	y-y 轴截面特性 a 为角钢肢背之间的距离(mm)															
			a=0 mm		a=4 mm		a=6 mm		a=8 mm		a=10 mm		a=12 mm		a=14 mm		a=16 mm	
			W_y /cm³	i_y /cm	W_y /cm³	i_y /cm	W_y /cm³	i_y /cm	W_y /cm³	i_y /cm	W_y /cm³	i_y /cm	W_y /cm³	i_y /cm	W_y /cm³	i_y /cm	W_y /cm³	i_y /cm
2∟20×3	2.26	1.78	0.81	0.85	1.03	1.00	1.15	1.08	1.28	1.17	1.42	1.25	1.57	1.34	1.72	1.43	1.88	1.52
4	2.92	2.29	1.09	0.87	1.38	1.02	1.55	1.11	1.73	1.19	1.91	1.28	2.10	1.37	2.30	1.46	2.51	1.55
2∟25×3	2.86	2.25	1.26	1.05	1.52	1.20	1.66	1.27	1.82	1.36	1.98	1.44	2.15	1.53	2.33	1.61	2.52	1.70
4	3.72	2.92	1.69	1.07	2.04	1.22	2.21	1.30	2.44	1.38	2.66	1.47	2.89	1.55	3.13	1.64	3.38	1.73
2∟30×3	3.50	2.75	1.81	1.25	2.11	1.39	2.28	1.47	2.46	1.55	2.65	1.63	2.84	1.71	3.05	1.80	3.26	1.88
4	4.55	3.57	2.42	1.26	2.83	1.41	3.06	1.49	3.30	1.57	3.55	1.65	3.82	1.74	4.09	1.82	4.38	1.91
2∟36×3	4.22	3.31	2.60	1.49	2.95	1.63	3.14	1.70	3.35	1.78	3.56	1.86	3.79	1.94	4.02	2.03	4.27	2.11
4	5.51	4.33	3.47	1.51	3.95	1.65	4.21	1.73	4.49	1.80	4.78	1.89	5.08	1.97	5.39	2.05	5.72	2.14
5	6.76	5.31	4.36	1.52	4.96	1.67	5.30	1.75	5.64	1.83	6.01	1.91	6.39	1.99	6.78	2.08	7.19	2.16
2∟40×3	4.72	3.70	3.20	1.65	3.59	1.79	3.80	1.86	4.02	1.94	4.26	2.01	4.50	2.09	4.76	2.18	5.02	2.26
4	6.17	4.85	4.28	1.67	4.80	1.81	5.09	1.88	5.39	1.96	5.70	2.04	6.03	2.12	6.37	2.20	6.72	2.29
5	7.58	5.95	5.37	1.68	6.03	1.83	6.39	1.90	6.77	1.98	7.17	2.06	7.58	2.14	8.01	2.23	8.45	2.31
2∟45×3	5.32	4.18	4.05	1.85	4.48	1.99	4.71	2.06	4.95	2.14	5.21	2.21	5.47	2.29	5.75	2.37	6.04	2.45
4	6.97	5.47	5.41	1.87	5.99	2.01	6.30	2.08	6.63	2.16	6.97	2.24	7.33	2.32	7.70	2.40	8.09	2.48
5	8.58	6.74	6.78	1.89	7.51	2.03	7.91	2.10	8.32	2.18	8.76	2.26	9.21	2.34	9.67	2.42	10.15	2.50
6	10.15	7.97	8.16	1.90	9.05	2.05	9.53	2.12	10.04	2.20	10.56	2.28	11.10	2.36	11.66	2.44	12.24	2.53

续表

角钢型号	两个角钢的截面面积 /cm²	两个角钢的理论重量 /(kg·m⁻¹)	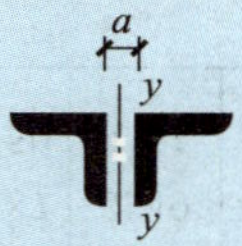 y–y 轴截面特性 a 为角钢肢背之间的距离(mm)															
			$a=0$ mm		$a=4$ mm		$a=6$ mm		$a=8$ mm		$a=10$ mm		$a=12$ mm		$a=14$ mm		$a=16$ mm	
			W_y /cm³	i_y /cm	W_y /cm³	i_y /cm	W_y /cm³	i_y /cm	W_y /cm³	i_y /cm	W_y /cm³	i_y /cm	W_y /cm³	i_y /cm	W_y /cm³	i_y /cm	W_y /cm³	i_y /cm
2∟50×3	5.94	4.66	5.00	2.05	5.47	2.19	5.72	2.26	5.98	2.33	6.26	2.41	6.55	2.48	6.85	2.56	7.16	2.64
4	7.79	6.12	6.68	2.07	7.31	2.21	7.65	2.28	8.01	2.36	8.38	2.43	8.77	2.51	9.17	2.59	9.58	2.67
5	9.61	7.54	8.36	2.09	9.16	2.23	9.59	2.30	10.05	2.38	10.52	2.45	11.00	2.53	11.51	2.61	12.03	2.70
6	11.38	8.93	10.06	2.10	11.03	2.25	11.56	2.32	12.10	2.40	12.67	2.48	13.26	2.56	13.87	2.64	14.50	2.72
2∟56×3	6.69	5.25	6.27	2.29	6.79	2.43	7.06	2.50	7.35	2.57	7.66	2.64	7.97	2.72	8.30	2.80	8.64	2.88
4	7.78	6.89	8.37	2.31	9.07	2.45	9.44	2.52	9.83	2.59	10.24	2.67	10.66	2.74	11.10	2.82	11.55	2.90
5	10.83	8.50	10.47	2.33	11.36	2.47	11.83	2.54	12.33	2.61	12.84	2.69	13.38	2.77	13.93	2.85	14.49	2.93
6	12.84	10.08	12.62	2.35	13.70	2.49	14.27	2.56	14.88	2.64	15.50	2.71	16.14	2.79	16.81	2.87	17.49	2.95
7	14.81	11.62	14.69	2.36	15.96	2.50	16.64	2.58	17.35	2.65	18.08	2.73	18.83	2.81	19.61	2.89	20.41	2.97
8	16.73	13.14	16.87	2.38	18.34	2.52	19.13	2.60	19.94	2.67	20.78	2.75	21.65	2.83	22.55	2.91	23.46	3.00
2∟60×5	11.66	9.15	12.05	2.49	12.99	2.63	13.50	2.70	14.02	2.77	14.57	2.85	15.13	2.93	15.71	3.00	16.31	3.08
6	13.83	10.85	14.41	2.50	15.55	2.64	16.16	2.71	16.79	2.79	17.45	2.86	18.13	2.94	18.83	3.02	19.55	3.10
7	15.95	12.52	16.86	2.52	18.21	2.66	18.93	2.73	19.68	2.81	20.45	2.89	21.25	2.96	22.07	3.04	22.91	3.13
8	18.04	14.16	19.35	2.54	20.91	2.68	21.74	2.76	22.61	2.83	23.50	2.91	24.41	2.99	25.36	3.07	26.33	3.15
2∟63×4	9.96	7.81	10.59	2.59	11.36	2.72	11.78	2.79	12.21	2.87	12.66	2.94	13.12	3.02	13.60	3.09	14.10	3.17
5	12.29	9.64	13.25	2.61	14.23	2.74	14.75	2.82	15.30	2.89	15.86	2.96	16.45	3.04	17.05	3.12	17.67	3.20
6	14.58	11.44	15.92	2.62	17.11	2.76	17.75	2.83	18.41	2.91	19.09	2.98	19.80	3.06	20.53	3.14	21.28	3.22
7	16.82	13.21	18.65	2.64	20.06	2.78	20.81	2.86	21.59	2.93	22.40	3.01	23.23	3.09	24.08	3.17	24.96	3.25
8	19.03	14.94	21.31	2.66	22.94	2.80	23.80	2.87	24.70	2.95	25.62	3.03	26.58	3.10	27.56	3.18	28.57	3.26
10	23.31	18.30	26.77	2.69	28.85	2.84	29.95	2.91	31.09	2.99	32.26	3.07	33.46	3.15	34.70	3.23	35.97	3.31

续表

角钢型号	两个角钢的截面面积 /cm^2	两个角钢的理论重量 /($kg \cdot m^{-1}$)	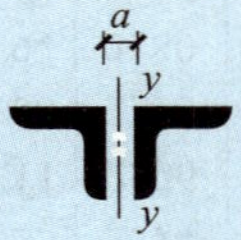 y-y 轴截面特性 a 为角钢肢背之间的距离(mm)															
			a=0 mm		a=4 mm		a=6 mm		a=8 mm		a=10 mm		a=12 mm		a=14 mm		a=16 mm	
			W_y /cm^3	i_y /cm	W_y /cm^3	i_y /cm	W_y /cm^3	i_y /cm	W_y /cm^3	i_y /cm	W_y /cm^3	i_y /cm	W_y /cm^3	i_y /cm	W_y /cm^3	i_y /cm	W_y /cm^3	i_y /cm
2 ∟ 70×4	11. 14	8. 74	13. 07	2. 87	13. 92	3. 00	14. 37	3. 07	14. 85	3. 14	15. 34	3. 21	15. 84	3. 29	16. 36	3. 36	16. 90	3. 44
5	13. 75	10. 79	16. 35	2. 88	17. 43	3. 02	18. 00	3. 09	18. 60	3. 16	19. 21	3. 24	19. 85	3. 31	20. 50	3. 39	21. 18	3. 47
6	16. 32	12. 81	19. 64	2. 90	20. 95	3. 04	21. 64	3. 11	22. 36	3. 18	23. 11	3. 26	23. 88	3. 33	24. 67	3. 41	25. 48	3. 49
7	18. 85	14. 80	22. 94	2. 92	24. 49	3. 06	25. 31	3. 13	26. 16	3. 20	27. 03	3. 28	27. 94	3. 36	28. 86	3. 43	29. 82	3. 51
8	21. 33	16. 75	26. 26	2. 94	28. 05	3. 08	29. 00	3. 15	29. 97	3. 22	30. 98	3. 30	32. 02	3. 38	33. 09	3. 46	34. 18	3. 54
2 ∟ 75×5	14. 82	11. 64	18. 88	3. 09	20. 04	3. 23	20. 66	3. 30	21. 29	3. 37	21. 95	3. 44	22. 62	3. 52	23. 32	3. 59	24. 04	3. 67
6	17. 59	13. 81	22. 57	3. 10	23. 97	3. 24	24. 71	3. 31	25. 47	3. 38	26. 26	3. 46	27. 08	3. 53	27. 91	3. 61	28. 77	3. 68
7	20. 32	15. 95	26. 32	3. 12	27. 97	3. 26	28. 84	3. 33	29. 74	3. 40	30. 67	3. 47	31. 62	3. 55	32. 60	3. 63	33. 61	3. 71
8	23. 01	18. 06	30. 13	3. 13	32. 03	3. 27	33. 03	3. 35	34. 07	3. 42	35. 13	3. 50	36. 23	3. 57	37. 36	3. 65	38. 52	3. 73
9	25. 65	20. 14	33. 88	3. 15	36. 04	3. 29	37. 17	3. 36	38. 35	3. 44	39. 55	3. 51	40. 79	3. 59	42. 07	3. 67	43. 37	3. 75
10	28. 25	22. 18	37. 79	3. 17	40. 22	3. 31	41. 49	3. 38	42. 81	3. 46	44. 16	3. 54	45. 55	3. 61	46. 97	3. 69	48. 43	3. 77
2 ∟ 80×5	15. 82	12. 42	21. 34	3. 28	22. 56	3. 42	23. 20	3. 49	23. 86	3. 56	24. 55	3. 63	25. 26	3. 71	25. 99	3. 78	26. 74	3. 86
6	18. 79	14. 75	25. 63	3. 30	27. 10	3. 44	27. 88	3. 51	28. 69	3. 58	29. 52	3. 65	30. 37	3. 73	31. 25	3. 80	32. 15	3. 88
7	21. 72	17. 05	29. 93	3. 32	31. 67	3. 46	32. 59	3. 53	33. 53	3. 60	34. 51	3. 67	35. 51	3. 75	36. 54	3. 83	37. 60	3. 90
8	24. 61	19. 32	34. 24	3. 34	36. 25	3. 48	37. 31	3. 55	38. 40	3. 62	39. 53	3. 70	40. 68	3. 77	41. 87	3. 85	43. 08	3. 93
9	27. 45	21. 55	38. 59	3. 35	40. 87	3. 49	42. 07	3. 57	43. 31	3. 64	44. 58	3. 72	45. 89	3. 79	47. 23	3. 87	48. 60	3. 95
10	30. 25	23. 75	42. 93	3. 37	45. 50	3. 51	46. 84	3. 58	48. 23	3. 66	49. 65	3. 74	51. 11	3. 81	52. 61	3. 89	54. 14	3. 97

续表

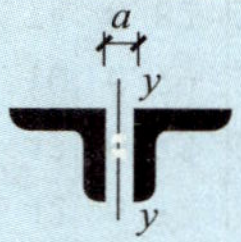

角钢型号	两个角钢的截面面积 /cm²	两个角钢的理论重量 /(kg·m⁻¹)	y-y 轴截面特性 a 为角钢肢背之间的距离(mm)															
			$a=0$ mm		$a=4$ mm		$a=6$ mm		$a=8$ mm		$a=10$ mm		$a=12$ mm		$a=14$ mm		$a=16$ mm	
			W_y /cm³	i_y /cm	W_y /cm³	i_y /cm	W_y /cm³	i_y /cm	W_y /cm³	i_y /cm	W_y /cm³	i_y /cm	W_y /cm³	i_y /cm	W_y /cm³	i_y /cm	W_y /cm³	i_y /cm
2∟90×6	21.27	16.70	32.41	3.70	34.06	3.84	34.92	3.91	35.81	3.98	36.72	4.05	37.66	4.12	38.63	4.20	39.62	4.27
7	24.60	19.31	37.84	3.72	39.78	3.86	40.79	3.93	41.84	4.00	42.91	4.07	44.02	4.14	45.15	4.22	46.31	4.30
8	27.89	21.89	43.29	3.74	45.52	3.88	46.69	3.95	47.90	4.02	49.13	4.09	50.40	4.17	51.71	4.24	53.04	4.32
9	31.13	24.44	48.83	3.76	51.37	3.90	52.70	3.97	54.06	4.04	55.47	4.11	56.91	4.19	58.38	4.27	59.89	4.34
10	34.33	26.95	54.24	3.77	57.08	3.91	58.57	3.98	60.09	4.06	61.66	4.13	63.27	4.21	64.91	4.28	66.59	4.36
12	40.61	31.88	65.28	3.80	68.75	3.95	70.56	4.02	72.42	4.09	74.32	4.17	76.27	4.25	78.26	4.32	80.30	4.40
2∟100×6	23.86	18.73	40.01	4.09	41.82	4.23	42.77	4.30	43.75	4.37	44.75	4.44	45.78	4.51	46.83	4.58	47.91	4.66
7	27.59	21.66	46.71	4.11	48.84	4.25	49.95	4.32	51.10	4.39	52.27	4.46	53.48	4.53	54.72	4.61	55.98	4.68
8	31.28	24.55	53.42	4.13	55.87	4.27	57.16	4.34	58.48	4.41	59.83	4.48	61.22	4.55	62.64	4.63	64.09	4.70
9	34.92	27.42	60.20	4.15	63.00	4.29	64.45	4.36	65.95	4.43	67.48	4.50	69.05	4.58	70.66	4.65	72.30	4.73
10	38.52	30.24	66.90	4.17	70.02	4.31	71.65	4.38	73.32	4.45	75.03	4.52	76.79	4.60	78.58	4.67	80.41	4.75
12	45.60	35.80	80.47	4.20	84.28	4.34	86.26	4.41	88.29	4.49	90.37	4.56	92.50	4.64	94.67	4.71	96.89	4.79
14	52.51	41.22	94.15	4.23	98.66	4.38	101.00	4.45	103.40	4.53	105.85	4.60	108.36	4.68	110.92	4.75	113.52	4.83
16	59.25	46.51	107.96	4.27	113.16	4.41	115.89	4.49	118.66	4.56	121.49	4.64	124.38	4.72	127.33	4.80	130.33	4.87
2∟110×7	30.39	23.86	56.48	4.52	58.80	4.65	60.01	4.72	61.25	4.79	62.52	4.86	63.82	4.94	65.15	5.01	66.51	5.08
8	34.48	27.07	64.66	4.54	67.34	4.68	68.73	4.75	70.16	4.82	71.62	4.89	73.12	4.96	74.65	5.03	76.22	5.11
10	42.52	33.38	80.84	4.57	84.24	4.71	86.00	4.78	87.81	4.85	89.66	4.92	91.56	5.00	93.49	5.07	95.46	5.15
12	50.40	39.56	97.20	4.61	101.34	4.75	103.48	4.82	105.68	4.89	107.93	4.96	110.22	5.04	112.57	5.11	114.96	5.19
14	58.11	45.62	113.67	4.64	118.56	4.78	121.10	4.85	123.69	4.93	126.34	5.00	129.05	5.08	131.81	5.15	134.62	5.23

续表

角钢型号	两个角钢的截面面积 /cm²	两个角钢的理论重量 /(kg·m⁻¹)	 y-y 轴截面特性 a 为角钢肢背之间的距离(mm)															
			$a=0$ mm		$a=4$ mm		$a=6$ mm		$a=8$ mm		$a=10$ mm		$a=12$ mm		$a=14$ mm		$a=16$ mm	
			W_y /cm³	i_y /cm	W_y /cm³	i_y /cm	W_y /cm³	i_y /cm	W_y /cm³	i_y /cm	W_y /cm³	i_y /cm	W_y /cm³	i_y /cm	W_y /cm³	i_y /cm	W_y /cm³	i_y /cm
2 ∟ 125×8	39.50	31.01	83.36	5.14	86.36	5.27	87.92	5.34	89.52	5.41	91.15	5.48	92.81	5.55	94.52	5.62	96.25	5.69
10	48.75	38.27	104.31	5.17	108.12	5.31	110.09	5.38	112.11	5.45	114.17	5.52	116.28	5.59	118.43	5.66	120.62	5.74
12	57.82	45.39	125.35	5.21	129.98	5.34	132.38	5.41	134.84	5.48	137.34	5.56	139.89	5.63	143.49	5.70	145.15	5.78
14	66.73	52.39	146.50	5.24	151.98	5.38	154.82	5.45	157.71	5.52	160.66	5.59	163.67	5.67	166.73	5.74	169.85	5.82
16	75.48	59.25	167.74	5.27	174.09	5.41	177.36	5.48	180.70	5.56	184.11	5.63	187.58	5.71	191.11	5.78	194.70	5.86
2 ∟ 140×10	54.75	42.98	130.73	5.78	134.94	5.92	137.12	5.98	139.34	6.05	141.61	6.12	143.92	6.20	146.27	6.27	148.67	6.34
12	65.02	51.04	157.04	5.81	162.16	5.95	164.81	6.02	167.50	6.09	170.25	6.16	173.06	6.23	175.91	6.31	178.81	6.38
14	75.13	58.98	183.46	5.85	189.51	5.98	192.63	6.06	195.82	6.13	199.06	6.20	202.36	6.27	205.72	6.34	209.13	6.42
16	85.08	66.79	210.01	5.88	217.01	6.02	220.62	6.09	224.29	6.16	228.03	6.23	231.84	6.31	235.71	6.38	239.64	6.46
2 ∟ 150×8	47.50	37.29	119.93	6.15	123.46	6.29	125.29	6.35	127.15	6.42	129.05	6.49	130.99	6.56	132.97	6.63	134.97	6.70
10	58.75	46.12	150.19	6.19	154.68	6.33	156.99	6.39	159.35	6.46	161.76	6.53	164.21	6.60	166.70	6.67	169.24	6.75
12	69.82	54.81	180.02	6.22	185.46	6.35	188.26	6.42	191.12	6.49	194.03	6.56	196.99	6.63	200.01	6.71	203.07	6.78
14	80.73	63.38	210.39	6.25	216.82	6.39	220.13	6.46	223.50	6.53	226.94	6.60	230.43	6.67	233.98	6.75	237.59	6.82
15	86.13	67.61	225.67	6.27	232.61	6.41	236.18	6.48	239.81	6.55	243.51	6.62	247.27	6.69	251.09	6.77	254.98	6.84
16	91.48	71.81	241.03	6.29	248.48	6.43	252.30	6.50	256.20	6.57	260.17	6.64	264.20	6.71	268.30	6.79	272.46	6.86
2 ∟ 160×10	63.00	49.46	170.67	6.58	175.42	6.72	177.87	6.78	180.37	6.85	182.91	6.92	185.50	6.99	188.14	7.06	190.81	7.13
12	74.88	58.78	204.95	6.62	210.43	6.75	213.70	6.82	216.73	6.89	219.81	6.96	222.95	7.03	226.14	7.10	229.38	7.17
14	86.59	67.97	239.33	6.65	246.10	6.79	249.67	6.86	253.24	6.93	256.87	7.00	260.56	7.07	264.32	7.14	268.13	7.21
16	98.13	77.04	273.85	6.68	281.74	6.82	285.79	6.89	289.91	6.96	294.10	7.03	298.36	7.10	302.68	7.18	307.07	7.25

续表

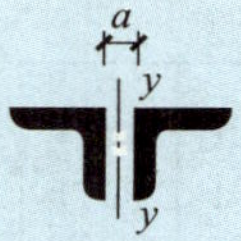

角钢型号	两个角钢的截面面积 /cm²	两个角钢的理论重量 /(kg·m⁻¹)	y-y 轴截面特性 a 为角钢肢背之间的距离(mm)															
			a=0 mm		a=4 mm		a=6 mm		a=8 mm		a=10 mm		a=12 mm		a=14 mm		a=16 mm	
			W_y /cm³	i_y /cm	W_y /cm³	i_y /cm	W_y /cm³	i_y /cm	W_y /cm³	i_y /cm	W_y /cm³	i_y /cm	W_y /cm³	i_y /cm	W_y /cm³	i_y /cm	W_y /cm³	i_y /cm
2∟180×12	84.48	66.32	259.20	7.43	265.62	7.56	268.92	7.63	272.27	7.70	275.68	7.77	279.14	7.84	282.66	7.91	286.23	7.98
14	97.79	76.77	302.61	7.46	310.19	7.60	314.07	7.67	318.02	7.74	322.04	7.81	326.11	7.88	330.25	7.95	334.45	8.02
16	110.93	87.08	346.14	7.49	354.90	7.63	359.38	7.70	363.94	7.77	368.57	7.84	373.27	7.91	378.03	7.98	382.86	8.06
18	123.91	97.27	389.82	7.53	399.77	7.66	404.86	7.73	410.04	7.80	415.29	7.87	420.62	7.95	426.02	8.02	431.50	8.09
2∟200×14	109.28	85.79	373.41	8.27	381.75	8.40	386.02	8.47	390.36	8.54	394.76	8.61	399.22	8.67	403.75	8.75	408.33	8.82
16	124.03	97.36	427.04	8.30	436.67	8.43	441.59	8.50	446.59	8.57	451.66	8.64	456.80	8.71	462.02	8.78	467.30	8.85
18	138.60	108.80	480.81	8.33	491.75	8.47	497.34	8.53	503.01	8.60	508.76	8.67	514.59	8.75	520.50	8.82	526.48	8.89
20	153.01	120.11	534.75	8.36	547.01	8.50	553.28	8.57	559.63	8.64	566.07	8.71	572.60	8.78	579.21	8.85	585.91	8.92
24	181.32	142.34	643.20	8.42	658.16	8.56	665.80	8.63	673.55	8.71	681.39	8.78	689.34	8.85	697.38	8.92	705.52	9.00
2∟220×16	137.33	107.80	516.73	9.10	527.24	9.23	532.61	9.30	538.06	9.37	543.58	9.44	549.17	9.51	554.83	9.58	560.57	9.65
18	153.50	120.50	581.78	9.13	593.72	9.27	599.81	9.33	605.99	9.40	612.24	9.47	618.58	9.54	625.00	9.61	631.50	9.68
20	169.51	133.07	646.23	9.16	659.59	9.29	666.41	9.36	673.31	9.43	680.31	9.50	687.40	9.57	694.57	9.64	701.83	9.72
22	185.35	145.50	711.91	9.19	726.73	9.33	734.30	9.40	741.96	9.47	749.72	9.54	757.57	9.61	765.52	9.68	773.56	9.75
24	201.02	157.80	776.84	9.22	793.13	9.36	801.44	9.43	809.85	9.50	818.36	9.57	826.98	9.64	835.70	9.71	844.52	9.79
26	216.53	169.97	843.27	9.26	861.07	9.40	870.14	9.47	879.33	9.54	888.62	9.61	898.03	9.68	907.54	9.75	917.16	9.83
2∟250×18	175.68	137.91	750.24	10.33	763.64	10.47	770.46	10.53	777.38	10.60	784.37	10.67	791.45	10.74	798.61	10.81	805.85	10.88
20	194.09	152.36	834.12	10.37	849.13	10.50	856.77	10.57	864.51	10.64	872.34	10.71	880.26	10.78	888.26	10.85	896.36	10.92
24	230.40	180.87	1001.78	10.43	1020.05	10.56	1029.35	10.63	1038.76	10.70	1048.28	10.77	1057.90	10.84	1067.62	10.91	1077.45	10.98
26	248.31	194.92	1086.81	10.46	1106.76	10.60	1116.91	10.67	1127.18	10.74	1137.56	10.81	1148.05	10.88	1158.66	10.95	1169.37	11.02
28	266.04	208.84	1170.79	10.49	1192.41	10.63	1203.40	10.70	1214.52	10.77	1225.76	10.84	1237.13	10.91	1248.61	10.98	1260.20	11.05
30	283.61	222.64	1256.70	10.52	1280.04	10.66	1291.90	10.74	1303.90	10.81	1316.03	10.88	1328.28	10.95	1340.66	11.02	1353.16	11.09
32	301.02	236.30	1341.37	10.55	1366.42	10.70	1379.15	10.77	1392.02	10.84	1405.02	10.91	1418.16	10.98	1431.43	11.05	1444.83	11.13
35	326.80	256.54	1469.99	10.60	1497.64	10.75	1511.69	10.82	1525.89	10.89	1540.23	10.96	1554.72	11.04	1569.34	11.11	1584.11	11.18

附表 8.4　热轧不等边角钢组合截面特性表（按《热轧型钢》计算）

角钢型号	两角钢的截面面积 /cm^2	两角钢的理论重量/（kg·m^{-1}）	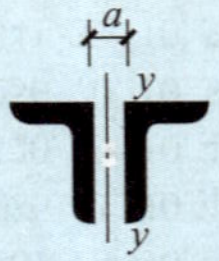 长肢相连时绕 y-y 轴回转半径 i_y(cm)								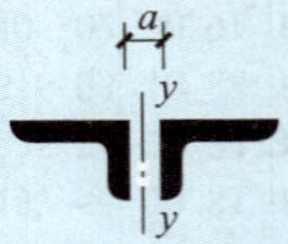 短肢相连时绕 y-y 轴回转半径 i_y(cm)							
			a= 0 mm	a= 4 mm	a= 6 mm	a= 8 mm	a= 10 mm	a= 12 mm	a= 14 mm	a= 16 mm	a= 0 mm	a= 4 mm	a= 6 mm	a= 8 mm	a= 10 mm	a= 12 mm	a= 14 mm	a= 16 mm
2∟25×16×3	2.32	1.82	0.61	0.76	0.84	0.93	1.02	1.11	1.20	1.30	1.16	1.32	1.40	1.48	1.57	1.66	1.74	1.83
4	3.00	2.35	0.63	0.78	0.87	0.96	1.05	1.14	1.23	1.33	1.18	1.34	1.42	1.51	1.60	1.68	1.77	1.86
2∟32×20×3	2.98	2.24	0.74	0.89	0.97	1.05	1.14	1.23	1.32	1.41	1.48	1.63	1.71	1.79	1.88	1.96	2.05	2.14
4	3.88	3.04	0.76	0.91	0.99	1.08	1.16	1.25	1.34	1.44	1.50	1.66	1.74	1.82	1.90	1.99	2.08	2.17
2∟40×25×3	3.78	2.97	0.92	1.06	1.13	1.21	1.30	1.38	1.47	1.56	1.84	1.99	2.07	2.14	2.23	2.31	2.39	2.48
4	4.93	3.87	0.93	1.08	1.16	1.24	1.32	1.41	1.50	1.58	1.86	2.01	2.09	2.17	2.25	2.34	2.42	2.51
2∟45×28×3	4.30	3.37	1.02	1.15	1.23	1.31	1.39	1.47	1.56	1.64	2.06	2.21	2.28	2.36	2.44	2.52	2.60	2.69
4	5.61	4.41	1.03	1.18	1.25	1.33	1.41	1.50	1.59	1.67	2.08	2.23	2.31	2.39	2.47	2.55	2.63	2.72
2∟50×32×3	4.86	3.82	1.17	1.30	1.37	1.45	1.53	1.61	1.69	1.78	2.27	2.41	2.49	2.56	2.64	2.72	2.81	2.89
4	6.35	4.99	1.18	1.32	1.40	1.47	1.55	1.64	1.72	1.81	2.29	2.44	2.51	2.59	2.67	2.75	2.84	2.92
2∟56×36×3	5.49	4.31	1.31	1.44	1.51	1.59	1.66	1.74	1.83	1.91	2.53	2.67	2.75	2.82	2.90	2.98	3.06	3.14
4	7.18	5.64	1.33	1.46	1.53	1.61	1.69	1.77	1.85	1.94	2.55	2.70	2.77	2.85	2.93	3.01	3.09	3.17
5	8.83	6.93	1.34	1.48	1.56	1.63	1.71	1.79	1.88	1.96	2.57	2.72	2.80	2.88	2.96	3.04	3.12	3.20
2∟63×40×4	8.12	6.37	1.46	1.59	1.66	1.74	1.81	1.89	1.97	2.06	2.86	3.01	3.09	3.16	3.24	3.32	3.40	3.48
5	9.99	7.84	1.47	1.61	1.68	1.76	1.84	1.92	2.00	2.08	2.89	3.03	3.11	3.19	3.27	3.35	3.43	3.51
6	11.82	9.28	1.49	1.63	1.71	1.78	1.86	1.94	2.03	2.11	2.91	3.06	3.13	3.21	3.29	3.37	3.45	3.53
7	13.60	10.68	1.51	1.65	1.73	1.81	1.89	1.97	2.05	2.14	2.93	3.08	3.16	3.24	3.32	3.40	3.48	3.56

续表

角钢型号	两角钢的截面面积/cm^2	两角钢的理论重量/($kg \cdot m^{-1}$)	长肢相连时绕 $y-y$ 轴回转半径 i_y(cm)								短肢相连时绕 $y-y$ 轴回转半径 i_y(cm)							
			$a=$ 0 mm	$a=$ 4 mm	$a=$ 6 mm	$a=$ 8 mm	$a=$ 10 mm	$a=$ 12 mm	$a=$ 14 mm	$a=$ 16 mm	$a=$ 0 mm	$a=$ 4 mm	$a=$ 6 mm	$a=$ 8 mm	$a=$ 10 mm	$a=$ 12 mm	$a=$ 14 mm	$a=$ 16 mm
2∟70×45×4	9.09	7.14	1.64	1.77	1.84	1.91	1.99	2.07	2.15	2.23	3.17	3.31	3.39	3.46	3.54	3.62	3.69	3.77
5	11.22	8.81	1.66	1.79	1.86	1.94	2.01	2.09	2.17	2.25	3.19	3.34	3.41	3.49	3.57	3.64	3.72	3.80
6	13.29	10.43	1.67	1.81	1.88	1.96	2.04	2.11	2.20	2.28	3.21	3.36	3.44	3.51	3.59	3.67	3.75	3.83
7	15.31	12.02	1.69	1.83	1.90	1.98	2.06	2.14	2.22	2.30	3.23	3.38	3.46	3.54	3.61	3.69	3.77	3.86
2∟75×50×5	12.25	9.62	1.85	1.99	2.06	2.13	2.20	2.28	2.36	2.44	3.39	3.53	3.60	3.68	3.76	3.83	3.91	3.99
6	14.52	11.40	1.87	2.00	2.08	2.15	2.23	2.30	2.38	2.46	3.41	3.55	3.63	3.70	3.78	3.86	3.94	4.02
8	18.93	14.86	1.90	2.04	2.12	2.19	2.27	2.35	2.43	2.51	3.45	3.60	3.67	3.75	3.83	3.91	3.99	4.07
10	23.18	18.20	1.94	2.08	2.16	2.24	2.31	2.40	2.48	2.56	3.49	3.64	3.71	3.79	3.87	3.95	4.03	4.12
2∟80×50×5	12.75	10.01	1.82	1.95	2.02	2.09	2.17	2.24	2.32	2.40	3.66	3.80	3.88	3.95	4.03	4.10	4.18	4.26
6	15.12	11.87	1.83	1.97	2.04	2.11	2.19	2.27	2.34	2.43	3.68	3.82	3.90	3.98	4.05	4.13	4.21	4.29
7	17.45	13.70	1.85	1.99	2.06	2.13	2.21	2.29	2.37	2.45	3.70	3.85	3.92	4.00	4.08	4.16	4.23	4.32
8	19.73	15.49	1.86	2.00	2.08	2.15	2.23	2.31	2.39	2.47	3.72	3.87	3.94	4.02	4.10	4.18	4.26	4.34
2∟90×56×5	14.42	11.32	2.02	2.15	2.22	2.29	2.36	2.44	2.52	2.59	4.10	4.25	4.32	4.39	4.47	4.55	4.62	4.70
6	17.11	13.43	2.04	2.17	2.24	2.31	2.39	2.46	2.54	2.62	4.12	4.27	4.34	4.42	4.50	4.57	4.65	4.73
7	19.76	15.51	2.05	2.19	2.26	2.33	2.41	2.48	2.56	2.64	4.15	4.29	4.37	4.44	4.52	4.60	4.68	4.76
8	22.37	17.56	2.07	2.21	2.28	2.35	2.43	2.51	2.59	2.67	4.17	4.31	4.39	4.47	4.54	4.62	4.70	4.78
2∟100×63×6	19.23	15.10	2.29	2.42	2.49	2.56	2.63	2.71	2.78	2.86	4.56	4.70	4.77	4.85	4.92	5.00	5.08	5.16
7	22.22	17.44	2.31	2.44	2.51	2.58	2.65	2.73	2.80	2.88	4.58	4.72	4.80	4.87	4.95	5.03	5.10	5.18
8	25.07	19.76	2.32	2.46	2.53	2.60	2.67	2.75	2.83	2.91	4.60	4.75	4.82	4.90	4.97	5.05	5.13	5.21
10	30.93	24.28	2.35	2.49	2.57	2.64	2.72	2.79	2.87	2.95	4.64	4.79	4.86	4.94	5.02	5.10	5.18	5.26

续表

角钢型号	两角钢的截面面积/cm^2	两角钢的理论重量/($kg \cdot m^{-1}$)	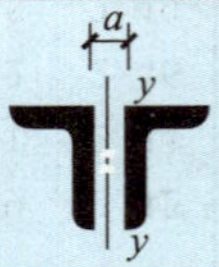 长肢相连时绕 $y-y$ 轴回转半径 i_y(cm)								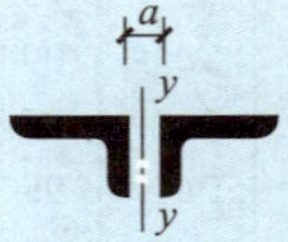 短肢相连时绕 $y-y$ 轴回转半径 i_y(cm)							
			$a=$ 0 mm	$a=$ 4 mm	$a=$ 6 mm	$a=$ 8 mm	$a=$ 10 mm	$a=$ 12 mm	$a=$ 14 mm	$a=$ 16 mm	$a=$ 0 mm	$a=$ 4 mm	$a=$ 6 mm	$a=$ 8 mm	$a=$ 10 mm	$a=$ 12 mm	$a=$ 14 mm	$a=$ 16 mm
2 ∟ 100×80×6	21.27	16.70	3.11	3.24	3.31	3.38	3.45	3.52	3.59	3.67	4.33	4.47	4.54	4.62	4.69	4.76	4.84	4.91
7	24.60	19.31	3.12	3.26	3.32	3.39	3.47	3.54	3.61	3.69	4.35	4.49	4.57	4.64	4.71	4.79	4.86	4.94
8	27.89	21.89	3.14	3.27	3.34	3.41	3.49	3.56	3.64	3.71	4.37	4.51	4.59	4.66	4.73	4.81	4.88	4.96
10	34.33	26.95	3.17	3.31	3.38	3.45	3.53	3.60	3.68	3.75	4.41	4.55	4.63	4.70	4.78	4.85	4.93	5.01
2 ∟ 110×70×6	21.27	16.70	2.55	2.68	2.74	2.81	2.88	2.96	3.03	3.11	5.00	5.14	5.21	5.29	5.36	5.44	5.51	5.59
7	24.60	19.31	2.56	2.69	2.76	2.83	2.90	2.98	3.05	3.13	5.02	5.16	5.24	5.31	5.39	5.46	5.53	5.62
8	27.89	21.89	2.58	2.71	2.78	2.85	2.92	3.00	3.07	3.15	5.04	5.19	5.26	5.34	5.41	5.49	5.56	5.64
10	34.33	26.95	2.61	2.74	2.82	2.89	2.96	3.04	3.12	3.19	5.08	5.23	5.30	5.38	5.46	5.53	5.61	5.69
2 ∟ 125×80×7	28.19	22.13	2.92	3.05	3.13	3.18	3.25	3.33	3.40	3.47	5.68	5.82	5.90	5.97	6.04	6.12	6.20	6.27
8	31.98	25.10	2.94	3.07	3.15	3.20	3.27	3.35	3.42	3.49	5.70	5.85	5.92	5.99	6.07	6.14	6.22	6.30
10	39.42	30.95	2.97	3.10	3.17	3.24	3.31	3.39	3.46	3.54	5.74	5.89	5.96	6.04	6.11	6.19	6.27	6.34
12	46.70	36.66	3.00	3.13	3.20	3.28	3.35	3.43	3.50	3.58	5.78	5.93	6.00	6.08	6.16	6.23	6.31	6.39
2 ∟ 140×90×8	36.08	28.32	3.29	3.42	3.49	3.56	3.63	3.70	3.77	3.84	6.36	6.51	6.58	6.65	6.73	6.80	6.88	6.95
10	44.52	34.95	3.32	3.45	3.52	3.59	3.66	3.73	3.81	3.88	6.40	6.55	6.62	6.70	6.77	6.85	6.92	7.00
12	52.80	41.45	3.35	3.49	3.56	3.63	3.70	3.77	3.85	3.92	6.44	6.59	6.66	6.74	6.81	6.89	6.97	7.04
14	60.91	47.82	3.38	3.52	3.59	3.66	3.74	3.81	3.89	3.97	6.48	6.63	6.70	6.78	6.86	6.93	7.01	7.09
2 ∟ 150×90×8	37.68	29.58	3.22	3.35	3.42	3.48	3.55	3.62	3.69	3.77	6.90	7.05	7.12	7.19	7.27	7.34	7.42	7.50
10	46.52	36.52	3.25	3.38	3.45	3.52	3.59	3.66	3.74	3.81	6.95	7.09	7.17	7.24	7.32	7.39	7.47	7.55
12	55.20	43.33	3.28	3.41	3.48	3.55	3.62	3.70	3.77	3.85	6.99	7.13	7.21	7.28	7.36	7.43	7.51	7.59
14	63.71	50.01	3.31	3.45	3.52	3.59	3.66	3.74	3.81	3.89	7.03	7.17	7.25	7.32	7.40	7.48	7.56	7.63
15	67.90	53.30	3.33	3.47	3.54	3.61	3.69	3.76	3.84	3.91	7.05	7.19	7.27	7.35	7.42	7.50	7.58	7.66
16	72.05	56.56	3.34	3.48	3.55	3.63	3.70	3.78	3.85	3.93	7.07	7.22	7.29	7.37	7.44	7.52	7.60	7.68

续表

角钢型号	两角钢的截面面积/cm^2	两角钢的理论重量/($kg \cdot m^{-1}$)	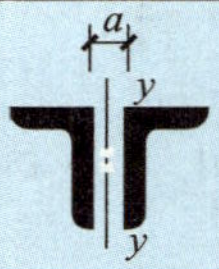 长肢相连时绕 $y-y$ 轴回转半径 i_y(cm)								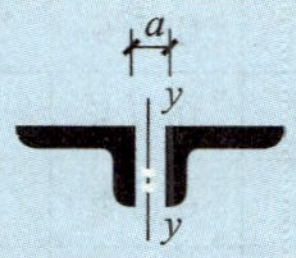 短肢相连时绕 $y-y$ 轴回转半径 i_y(cm)							
			$a=$ 0 mm	$a=$ 4 mm	$a=$ 6 mm	$a=$ 8 mm	$a=$ 10 mm	$a=$ 12 mm	$a=$ 14 mm	$a=$ 16 mm	$a=$ 0 mm	$a=$ 4 mm	$a=$ 6 mm	$a=$ 8 mm	$a=$ 10 mm	$a=$ 12 mm	$a=$ 14 mm	$a=$ 16 mm
2∟160×100×10	50.63	39.74	3.65	3.77	3.84	3.91	3.98	4.05	4.12	4.19	7.34	7.48	7.55	7.63	7.70	7.78	7.85	7.93
12	60.11	47.18	3.68	3.81	3.87	3.94	4.01	4.09	4.16	4.23	7.38	7.52	7.60	7.67	7.75	7.82	7.90	7.97
14	69.42	54.49	3.70	3.84	3.91	3.98	4.05	4.12	4.20	4.27	7.42	7.56	7.64	7.71	7.79	7.86	7.94	8.02
16	78.56	61.67	3.74	3.87	3.94	4.02	4.09	4.16	4.24	4.31	7.45	7.60	7.68	7.75	7.83	7.90	7.98	8.06
2∟180×110×10	56.75	44.55	3.97	4.10	4.16	4.23	4.30	4.36	4.44	4.51	8.27	8.41	8.49	8.56	8.63	8.71	8.78	8.86
12	67.42	52.93	4.00	4.13	4.19	4.26	4.33	4.40	4.47	4.54	8.31	8.46	8.53	8.60	8.68	8.75	8.83	8.90
14	77.93	61.18	4.03	4.16	4.23	4.30	4.37	4.44	4.51	4.58	8.35	8.50	8.57	8.64	8.72	8.79	8.87	8.95
16	88.28	69.30	4.06	4.19	4.26	4.33	4.40	4.47	4.55	4.62	8.39	8.53	8.61	8.68	8.76	8.84	8.91	8.99
2∟200×125×12	75.82	59.52	4.56	4.69	4.75	4.82	4.88	4.95	5.02	5.09	9.18	9.32	9.39	9.47	9.54	9.62	9.69	9.76
14	87.37	68.87	4.59	4.72	4.78	4.85	4.92	4.99	5.06	5.13	9.22	9.36	9.43	9.51	9.58	9.66	9.73	9.81
16	99.48	78.09	4.61	4.75	4.81	4.88	4.95	5.02	5.09	5.17	9.25	9.40	9.47	9.55	9.62	9.70	9.77	9.85
18	111.05	87.18	4.64	4.78	4.85	4.92	4.99	5.06	5.13	5.21	9.29	9.44	9.51	9.59	9.66	9.74	9.81	9.89

附表 8.5　热轧普通工字钢规格及截面特性（按《热轧型钢》计算）

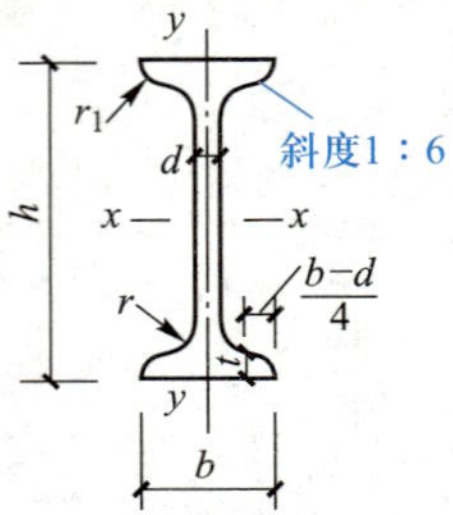

说明：
h——高度；
b——腿宽度；
t_w——腰厚度；
t——腿中间厚度；
r——内圆弧半径；
r_1——腿端圆弧半径。

型号	截面尺寸/mm						截面面积/cm^2	理论重量/(kg/m)	外表面积/(m^2/m)	惯性矩/cm^4		惯性半径/cm		截面模数/cm^3	
	h	b	t_w	t	r	r_1				I_x	I_y	i_x	i_y	W_x	W_y
10	100	68	4.5	7.6	6.5	3.3	14.33	11.3	0.432	245	33.0	4.14	1.52	49.0	9.72
12	120	74	5.0	8.4	7.0	3.5	17.80	14.0	0.493	436	46.9	4.95	1.62	72.7	12.7
12.6	126	74	5.0	8.4	7.0	3.5	18.10	14.2	0.505	488	46.9	5.20	1.61	77.5	12.7
14	140	80	5.5	9.1	7.5	3.8	21.50	16.9	0.553	712	64.4	5.76	1.73	102	16.1
16	160	88	6.0	9.9	8.0	4.0	26.11	20.5	0.621	1 130	93.1	6.58	1.89	141	21.2
18	180	94	6.5	10.7	8.5	4.3	30.74	24.1	0.681	1 660	122	7.36	2.00	185	26.0
20a	200	100	7.0	11.4	9.0	4.5	35.55	27.9	0.742	2 370	158	8.15	2.12	237	31.5
20b		102	9.0				39.55	31.1	0.746	2 500	169	7.96	2.06	250	33.1
22a	220	110	7.5	12.3	9.5	4.8	42.10	33.1	0.817	3 400	225	8.99	2.31	309	40.9
22b		112	9.5				46.50	36.5	0.821	3 570	239	8.78	2.27	325	42.7
24a	240	116	8.0	13.0	10.0	5.0	47.71	37.5	0.878	4 570	280	9.77	2.42	381	48.4
24b		118	10.0				52.51	41.2	0.882	4 800	297	9.57	2.38	400	50.4
25a	250	116	8.0				48.51	38.1	0.898	5 020	280	10.2	2.40	402	48.3
25b		118	10.0				53.51	42.0	0.902	5 280	309	9.94	2.40	423	52.4

续表

型号	截面尺寸/mm						截面面积/cm²	理论重量/(kg/m)	外表面积/(m²/m)	惯性矩/cm⁴		惯性半径/cm		截面模数/cm³	
	h	b	t_w	t	r	r_1				I_x	I_y	i_x	i_y	W_x	W_y
27a	270	122	8.5	13.7	10.5	5.3	54.52	42.8	0.958	6 550	345	10.9	2.51	485	56.6
27b		124	10.5				59.92	47.0	0.962	6 870	366	10.7	2.47	509	58.9
28a	280	122	8.5				55.37	43.5	0.978	7 110	345	11.3	2.50	508	56.6
28b		124	10.5				60.97	47.9	0.982	7 480	379	11.1	2.49	534	61.2
30a	300	126	9.0	14.4	11.0	5.5	61.22	48.1	1.031	8 950	400	12.1	2.55	597	63.5
30b		128	11.0				67.22	52.8	1.035	9 400	422	11.8	2.50	627	65.9
30c		130	13.0				73.22	57.5	1.039	9 850	445	11.6	2.46	657	68.5
32a	320	130	9.5	15.0	11.5	5.8	67.12	52.7	1.084	11 100	460	12.8	2.62	692	70.8
32b		132	11.5				73.52	57.7	1.088	11 600	502	12.6	2.61	726	76.0
32c		134	13.5				79.92	62.7	1.092	12 200	544	12.3	2.61	760	81.2
36a	360	136	10.0	15.8	12.0	6.0	76.44	60.0	1.185	15 800	552	14.4	2.69	875	81.2
36b		138	12.0				83.64	65.7	1.189	16 500	582	14.1	2.64	919	84.3
36c		140	14.0				90.84	71.3	1.193	17 300	612	13.8	2.60	962	87.4
40a	400	142	10.5	16.5	12.5	6.3	86.07	67.6	1.285	21 700	660	15.9	2.77	1 090	93.2
40b		144	12.5				94.07	73.8	1.289	22 800	692	15.6	2.71	1 140	96.2
40c		146	14.5				102.1	80.1	1.293	23 900	727	15.2	2.65	1 190	99.6
45a	450	150	11.5	18.0	13.5	6.8	102.4	80.4	1.411	32 200	855	17.7	2.89	1 430	114
45b		152	13.5				111.4	87.4	1.415	33 800	894	17.4	2.84	1 500	118
45c		154	15.5				120.4	94.5	1.419	35 300	938	17.1	2.79	1 570	122

续表

型号	截面尺寸/mm						截面面积/cm^2	理论重量/(kg/m)	外表面积/(m^2/m)	惯性矩/cm^4		惯性半径/cm		截面模数/cm^3	
	h	b	t_w	t	r	r_1				I_x	I_y	i_x	i_y	W_x	W_y
50a		158	12.0				119.2	93.6	1.539	46 500	1 120	19.7	3.07	1 860	142
50b	500	160	14.0	20.0	14.0	7.0	129.2	101	1.543	48 600	1 170	19.4	3.01	1 940	146
50c		162	16.0				139.2	109	1.547	50 600	1 220	19.0	2.96	2 080	151
55a		166	12.5				134.1	105	1.667	62 900	1 370	21.6	3.19	2 290	164
55b	550	168	14.5				145.1	114	1.671	65 600	1 420	21.2	3.14	2 390	170
55c		170	16.5	21.0	14.5	7.3	156.1	123	1.675	68 400	1 480	20.9	3.08	2 490	175
56a		166	12.5				135.4	106	1.687	65 600	1 370	22.0	3.18	2 340	165
56b	560	168	14.5				146.6	115	1.691	68 500	1 490	21.6	3.16	2 450	174
56c		170	16.5				157.8	124	1.695	71 400	1 560	21.3	3.16	2 550	183
63a		176	13.0				154.6	121	1.862	93 900	1 700	24.5	3.31	2 980	193
63b	630	178	15.0	22.0	15.0	7.5	167.2	131	1.866	98 100	1 810	24.2	3.29	3 160	204
63c		180	17.0				179.8	141	1.870	102 000	1 920	23.8	3.27	3 300	214

注：表中 r、r_1 的数据用于孔型设计，不做交货条件。

附表 8.6　热轧轻型工字钢规格及截面特性(按 YB 163—1963《热轧轻型工字钢品种》①计算)

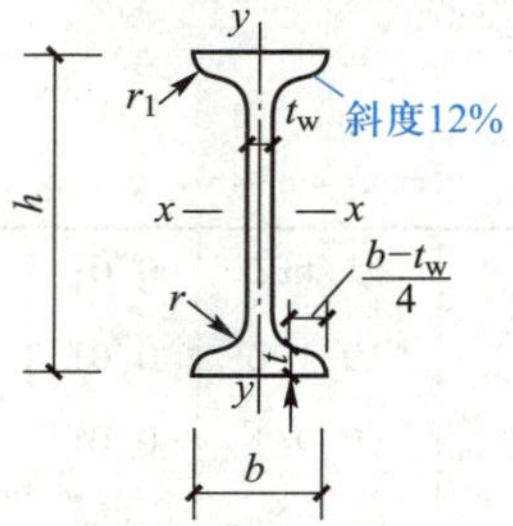

I——截面惯性矩；
W——截面抵抗矩；
S——半截面面积矩；
i——截面回转半径。

型号	尺寸/mm						截面面积	每米重量	截面特性						
									x–x 轴				y–y 轴		
	h	b	t_w	t	r	r_1	A/cm^2	/(kg·m^{-1})	I_x (cm^4)	W_x (cm^3)	S_x (cm^3)	i_x (cm)	I_y (cm^4)	W_y (cm^3)	i_y (cm)
I 10	100	55	4.5	7.2	7.0	2.5	12.05	9.46	198	39.7	23.0	4.06	17.9	6.5	1.22
I 12	120	64	4.8	7.3	7.5	3.0	14.71	11.55	351	58.4	33.7	4.88	27.9	8.7	1.38
I 14	140	73	4.9	7.5	8.0	3.0	17.43	13.68	572	81.7	46.8	5.73	41.9	11.5	1.55
I 16	160	81	5.0	7.8	8.5	3.5	20.24	15.89	873	109.2	62.3	6.57	58.6	14.5	1.70
I 18	180	90	5.1	8.1	9.0	3.5	23.38	18.35	1 288	143.1	81.4	7.42	82.6	18.4	1.88
I 18a	180	100	5.1	8.3	9.0	3.5	25.38	19.92	1 431	159.0	89.8	7.51	114.2	22.8	2.12
I 20	200	100	5.2	8.4	9.5	4.0	26.81	21.04	1 840	184.0	104.2	8.28	115.4	23.1	2.08
I 20a	200	110	5.2	8.6	9.5	4.0	28.91	22.69	2 027	202.7	114.1	8.37	154.9	28.2	2.32
I 22	220	110	5.4	8.7	10.0	4.0	30.62	24.04	2 554	232.1	131.2	9.13	157.4	28.6	2.27
I 22a	220	120	5.4	8.9	10.0	4.0	32.82	25.76	2 792	253.8	142.7	9.22	205.9	34.3	2.50

① 本标准仅供已采用该种规格钢材的已建结构复核验算用。

续表

型号	尺寸/mm						截面面积 A/cm^2	每米重量 $/(kg \cdot m^{-1})$	截面特性						
									x-x 轴				y-y 轴		
	h	b	t_w	t	r	r_1			I_x (cm^4)	W_x (cm^3)	S_x (cm^3)	i_x (cm)	I_y (cm^4)	W_y (cm^3)	i_y (cm)
工 24	240	115	5.6	9.5	10.5	4.0	34.83	27.35	3 465	288.7	163.1	9.97	198.5	34.5	2.39
工 24a	240	125	5.6	9.8	10.5	4.0	37.45	29.40	3 801	316.7	177.9	10.07	260.0	41.6	2.63
工 27	270	125	6.0	9.8	11.0	4.5	40.17	31.54	5 011	371.2	210.0	11.17	259.6	41.5	2.54
工 27a	270	135	6.0	10.2	11.0	4.5	43.17	33.89	5 500	407.4	229.1	11.29	337.5	50.0	2.80
工 30	300	135	6.5	10.2	12.0	5.0	46.48	36.49	7 084	472.3	267.8	12.35	337.0	49.9	2.69
工 30a	300	145	6.5	10.7	12.0	5.0	49.91	39.18	7 776	518.4	292.1	12.48	435.8	60.1	2.95
工 33	330	140	7.0	11.2	13.0	5.0	53.82	42.25	9 845	596.6	339.2	13.52	419.4	59.9	2.79
工 36	360	145	7.5	12.3	14.0	6.0	61.86	48.56	13 377	743.2	423.3	14.71	515.8	71.2	2.89
工 40	400	155	8.0	13.0	15.0	6.0	71.44	56.08	18 932	946.6	540.1	16.28	666.3	86.0	3.05
工 45	450	160	8.6	14.2	16.0	7.0	83.03	65.18	27 446	1 219.8	699.0	18.18	806.9	100.9	3.12
工 50	500	170	9.5	15.2	17.0	7.0	97.84	76.81	39 295	1 571.8	905.0	20.04	1 041.8	122.6	3.26
工 55	550	180	10.3	16.5	18.0	7.0	114.43	89.83	55 155	2 005.6	1 157.7	21.95	1 353.0	150.3	3.44
工 60	600	190	11.1	17.8	20.0	8.0	132.46	103.98	75 456	2 515.2	1 455.0	23.07	1 720.1	181.1	3.60
工 65	650	200	12.0	19.2	22.0	9.0	152.80	119.94	101 412	3 120.4	1 809.4	25.76	2 170.1	217.0	3.77
工 70	700	210	13.0	20.8	24.0	10.0	176.03	138.18	134 609	3 846.0	2 235.1	27.65	2 733.3	260.3	3.94
工 70a	700	210	15.0	24.0	24.0	10.0	201.67	158.31	152 706	4 363.0	2 547.5	27.52	3 243.5	308.9	4.01
工 70b	700	210	17.5	28.2	24.0	10.0	234.14	183.80	175 374	5 010.7	2 941.6	27.37	3 914.7	372.8	4.09

注：轻型工字钢的通常长度：工 10 ~ 工 18，为 5 ~ 19 m；工 20 ~ 工 70，为 6 ~ 19 m。

附表 8.7　热轧普通槽钢的规格及截面特性（按《热轧型钢》计算）

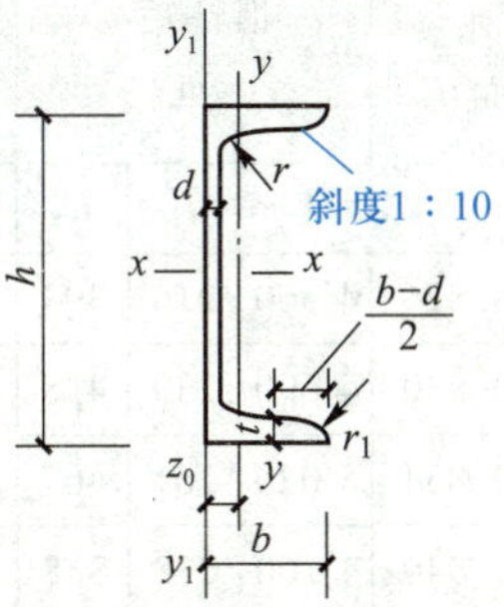

h——高度；
b——腿宽度；
d——腰厚度；
t——腿中间厚度；
r——内圆弧半径；
r_1——腿端圆弧半径；
z_0——重心距离。

型号	截面尺寸/mm						截面面积/cm^2	理论重量/(kg/m)	外表面积/(m^2/m)	惯性矩/cm^4			惯性半径/cm		截面模数/cm^3		重心距离/cm
	h	b	d	t	r	r_1				I_x	I_y	I_{y1}	i_x	i_y	W_x	W_{ymin}	z_0
5	50	37	4.5	7.0	7.0	3.5	6.925	5.44	0.226	26.0	8.30	20.9	1.94	1.10	10.4	3.55	1.35
6.3	63	40	4.8	7.5	7.5	3.8	8.446	6.63	0.262	50.8	11.9	28.4	2.45	1.19	16.1	4.50	1.36
6.5	65	40	4.3	7.5	7.5	3.8	8.292	6.51	0.267	55.2	12.0	28.3	2.54	1.19	17.0	4.59	1.38
8	80	43	5.0	8.0	8.0	4.0	10.24	8.04	0.307	101	16.6	37.4	3.15	1.27	25.3	5.79	1.43
10	100	48	5.3	8.5	8.5	4.2	12.74	10.0	0.365	198	25.6	54.9	3.95	1.41	39.7	7.80	1.52
12	120	53	5.5	9.0	9.0	4.5	15.36	12.1	0.423	346	37.4	77.7	4.75	1.56	57.7	10.2	1.62
12.6	126	53	5.5	9.0	9.0	4.5	15.69	12.3	0.435	391	38.0	77.1	4.95	1.57	62.1	10.2	1.59
14a	140	58	6.0	9.5	9.5	4.8	18.51	14.5	0.480	564	53.2	107	5.52	1.70	80.5	13.0	1.71
14b		60	8.0				21.31	16.7	0.484	609	61.1	121	5.35	1.69	87.1	14.1	1.67
16a	160	63	6.5	10.0	10.0	5.0	21.95	17.2	0.538	866	73.3	144	6.28	1.83	108	16.3	1.80
16b		65	8.5				25.15	19.8	0.542	935	83.4	161	6.10	1.82	117	17.6	1.75
18a	180	68	7.0	10.5	10.5	5.2	25.69	20.2	0.596	1 270	98.6	190	7.04	1.96	141	20.0	1.88
18b		70	9.0				29.29	23.0	0.600	1 370	111	210	6.84	1.95	152	21.5	1.84
20a	200	73	7.0	11.0	11.0	5.5	28.83	22.6	0.654	1 780	128	244	7.86	2.11	178	24.2	2.01
20b		75	9.0				32.83	25.8	0.658	1 910	144	268	7.64	2.09	191	25.9	1.95
22a	220	77	7.0	11.5	11.5	5.8	31.83	25.0	0.709	2 390	158	298	8.67	2.23	218	28.2	2.10
22b		79	9.0				36.23	28.5	0.713	2 570	176	326	8.42	2.21	234	30.1	2.03
24a	240	78	7.0	12.0	12.0	6.0	34.21	26.9	0.752	3 050	174	325	9.45	2.25	254	30.5	2.10
24b		80	9.0				39.01	30.6	0.756	3 280	194	355	9.17	2.23	274	32.5	2.03
24c		82	11.0				43.81	34.4	0.760	3 510	213	388	8.96	2.21	293	34.4	2.00
25a	250	78	7.0				34.91	27.1	0.722	3 370	176	322	9.82	2.24	270	30.6	2.07
25b		80	9.0				39.91	31.3	0.776	3 530	196	353	9.41	2.22	282	32.7	1.98
25c		82	11.0				44.91	35.3	0.780	3 690	218	384	9.07	2.21	295	35.9	1.92

续表

型号	截面尺寸/mm						截面面积/cm^2	理论重量/(kg/m)	外表面积/(m^2/m)	惯性矩/cm^4			惯性半径/cm		截面模数/cm^3		重心距离/cm
	h	b	d	t	r	r_1				I_x	I_y	I_{y1}	i_x	i_y	W_x	W_{ymin}	z_0
27a	270	82	7.5	12.5	12.5	6.2	39.27	30.8	0.826	4 360	216	393	10.5	2.34	323	35.5	2.13
27b		84	9.5				44.67	35.1	0.830	4 690	239	428	10.3	2.31	347	37.7	2.06
27c		86	11.5				50.07	39.3	0.834	5 020	261	467	10.1	2.28	372	39.8	2.03
28a	280	82	7.5				40.02	31.4	0.846	4 760	218	388	10.9	2.33	340	35.7	2.10
28b		84	9.5				45.62	35.8	0.850	5 130	242	428	10.6	2.30	366	37.9	2.02
28c		86	11.5				51.22	40.2	0.854	5 500	268	463	10.4	2.29	393	40.3	1.95
30a	300	85	7.5	13.5	13.5	6.8	43.89	34.5	0.897	6 050	260	467	11.7	2.43	403	41.1	2.17
30b		87	9.5				49.89	39.2	0.901	6 500	289	515	11.4	2.41	433	44.0	2.13
30c		89	11.5				55.89	43.9	0.905	6 950	316	560	11.2	2.38	463	46.4	2.09
32a	320	88	8.0	14.0	14.0	7.0	48.50	38.1	0.947	7 600	305	552	12.5	2.50	475	46.5	2.24
32b		90	10.0				54.90	43.1	0.951	8 140	336	593	12.2	2.47	509	49.2	2.16
32c		92	12.0				61.30	48.1	0.955	8 690	374	643	11.9	2.47	543	52.6	2.09
36a	360	96	9.0	16.0	16.0	8.0	60.89	47.8	1.053	11 900	455	818	14.0	2.73	660	63.5	2.44
36b		98	11.0				68.09	53.5	1.057	12 700	497	880	13.6	2.70	703	66.9	2.37
36c		100	13.0				75.29	59.1	1.061	13 400	536	948	13.4	2.67	746	70.0	2.34
40a	400	100	10.5	18.0	18.0	9.0	75.04	58.9	1.144	17 600	592	1 070	15.3	2.81	879	78.8	2.49
40b		102	12.5				83.04	65.2	1.148	18 600	640	1 140	15.0	2.78	932	82.5	2.44
40c		104	14.5				91.04	71.5	1.152	19 700	688	1 220	14.7	2.75	986	86.2	2.42

注：表中 r、r_1 的数据用于孔型设计，不做交货条件。

附表 8.8　热轧轻型槽钢的规格及截面特性(按 YB 164—1963《热轧轻型槽钢品种》①计算)

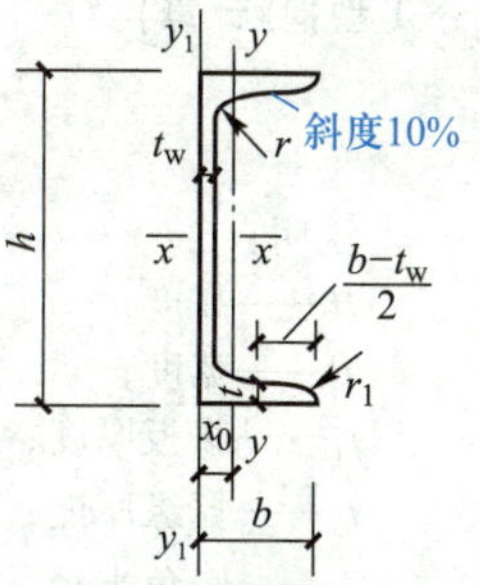

I——截面惯性矩；
W——截面抵抗矩；
S——半截面面积矩；
i——截面回转半径。

型号	尺寸/mm h	尺寸/mm b	尺寸/mm t_w	尺寸/mm t	尺寸/mm r	尺寸/mm r_1	截面面积 A /cm^2	每米重量 /(kg·m^{-1})	截面特性 x_0 /cm	x-x 轴 I_x /cm^4	x-x 轴 W_x /cm^3	x-x 轴 S_x /cm^3	x-x 轴 i_x /cm	y-y 轴 I_y /cm^4	y-y 轴 W_{ymax} /cm^3	y-y 轴 W_{ymin} /cm^3	y-y 轴 i_y /cm	y_1-y_1 轴 I_{y1} /cm^4
[5	50	32	4.4	7.0	6.0	2.5	6.16	4.84	1.16	22.8	9.1	5.6	1.92	5.6	4.8	2.8	0.95	13.9
[6.5	65	36	4.4	7.2	6.0	2.5	7.51	5.70	1.24	48.6	15.0	9.0	2.54	8.7	7.0	3.7	1.08	20.2
[8	80	40	4.5	7.4	6.5	2.5	8.98	7.05	1.31	89.4	22.4	13.3	3.16	12.8	9.8	4.8	1.19	28.2
[10	100	46	4.5	7.6	7.0	3.0	10.94	8.59	1.44	173.9	34.8	20.4	3.99	20.4	14.2	6.5	1.37	43.0
[12	120	52	4.8	7.8	7.5	3.0	13.28	10.43	1.54	303.9	50.6	29.6	4.78	31.2	20.2	8.5	1.53	62.8
[14	140	58	4.9	8.1	8.0	3.0	15.65	12.28	1.67	491.1	70.2	40.8	5.60	45.4	27.1	11.0	1.70	89.2
[14a	140	62	4.9	8.7	8.0	3.0	16.98	13.33	1.87	544.8	77.8	45.1	5.66	57.5	30.7	13.3	1.84	116.9
[16	160	64	5.0	8.4	8.5	3.5	18.12	14.22	1.80	747.0	93.4	54.1	6.42	63.3	35.1	13.8	1.87	122.2
[16a	160	68	5.0	9.0	8.5	3.5	19.54	15.34	2.00	823.3	102.9	59.4	6.49	78.8	39.4	16.4	2.01	157.1
[18	180	70	5.1	8.7	9.0	3.5	20.71	16.25	1.94	1 086.3	120.7	69.8	7.24	86.0	44.4	17.0	2.04	163.6
[18a	180	74	5.1	9.3	9.0	3.5	22.23	17.45	2.14	1 190.7	132.3	76.1	7.32	105.4	49.4	20.0	2.18	206.7
[20	200	76	5.2	9.0	9.5	4.0	23.40	18.37	2.07	1 522.0	152.2	87.8	8.07	113.4	54.9	20.5	2.20	213.3
[20a	200	80	5.2	9.7	9.5	4.0	25.16	19.75	2.28	1 672.4	167.2	95.9	8.15	138.6	60.8	24.2	2.35	269.3
[22	220	82	5.4	9.5	10.0	4.0	26.72	20.97	2.21	2 109.5	191.8	110.4	8.89	150.6	68.0	25.1	2.37	281.4
[22a	220	87	5.4	10.2	10.0	4.0	28.81	22.62	2.46	2 327.3	211.6	121.1	8.99	187.1	76.1	30.0	2.55	361.3
[24	240	90	5.6	10.0	10.5	4.0	30.64	24.05	2.42	2 901.1	241.8	138.8	9.73	207.6	85.7	31.6	2.60	387.4
[24a	240	95	5.6	10.7	10.5	4.0	32.89	25.82	2.67	3 181.2	265.1	151.3	9.83	253.6	95.0	37.2	2.78	488.5
[27	270	95	6.0	10.5	11.0	4.5	35.23	27.66	2.47	4 163.3	308.4	177.6	10.87	261.8	105.8	37.3	2.73	477.5
[30	300	100	6.5	11.0	12.0	5.0	40.47	31.77	2.52	5 808.3	387.2	224.0	11.98	326.6	129.8	43.6	2.84	582.9
[33	330	105	7.0	11.7	13.0	5.0	46.52	36.52	2.59	7 984.1	483.9	280.9	13.10	410.1	158.3	51.8	2.97	722.2
[36	360	110	7.5	12.6	14.0	6.0	53.37	41.90	2.68	10 815.5	600.9	349.6	14.24	513.5	191.3	61.8	3.10	898.2
[40	400	115	8.0	13.5	15.0	6.0	61.53	48.30	2.75	15 219.6	761.0	444.3	15.73	642.3	233.1	73.4	3.23	1 109.2

注：轻型槽钢的通常长度：[5 ~ [8，为 5 ~ 12 m；[10 ~ [18，为 5 ~ 19 m；[20 ~ [40，为 6 ~ 19 m。

① 本标准仅供已采用该种规格钢材的已建结构复核验算用。

附表 8.9　宽、中、窄翼缘 H 型钢的规格及截面特性(按 GB/T 11263—2017《热轧 H 型钢和剖分 T 型钢》计算)

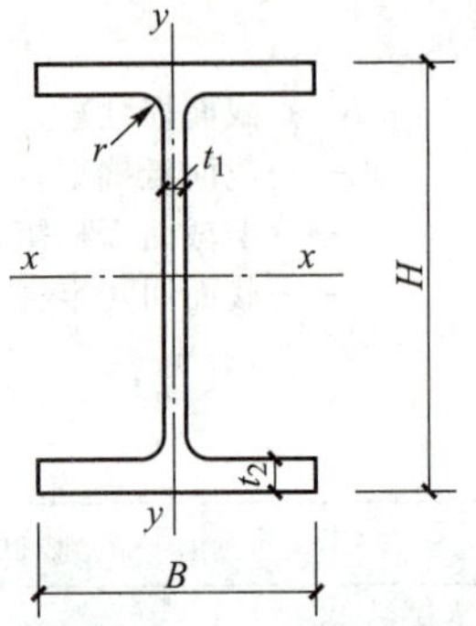

说明：
H——高度；
B——宽度；
t_1——腹板厚度；
t_2——翼缘厚度；
r——圆角半径。

类别	型号(高度×宽度)/mm×mm	截面尺寸/mm					截面面积/cm^2	理论重量/(kg·m^{-1})	表面积/(m^2/m)	惯性矩/cm^4		惯性半径/cm		截面模数/cm^3	
		H	B	t_1	t_2	r				I_x	I_y	i_x	i_y	W_x	W_y
HW	100×100	100	100	6	8	8	21.58	16.9	0.574	378	134	4.18	2.48	75.6	26.7
	125×125	125	125	6.5	9	8	30.00	23.6	0.723	839	293	5.28	3.12	134	46.9
	150×150	150	150	7	10	8	39.64	31.1	0.872	1 620	563	6.39	3.76	216	75.1
	175×175	175	175	7.5	11	13	51.42	40.4	1.01	2 900	984	7.50	4.37	331	112
	200×200	200	200	8	12	13	63.53	49.9	1.16	4 720	1 600	8.61	5.02	472	160
		*200	204	12	12	13	71.53	56.2	1.17	4 980	1 700	8.34	4.87	498	167
	250×250	*244	252	11	11	13	81.31	63.8	1.45	8 700	2 940	10.3	6.01	713	233
		250	250	9	14	13	91.43	71.8	1.46	10 700	3 650	10.8	6.31	860	292
		*250	255	14	14	13	103.9	81.6	1.47	11 400	3 880	10.5	6.10	912	304
	300×300	*294	302	12	12	13	106.3	83.5	1.75	16 600	5 510	12.5	7.20	1 130	365
		300	300	10	15	13	118.5	93.0	1.76	20 200	6 750	13.1	7.55	1 350	450
		*300	305	15	15	13	133.5	105	1.77	21 300	7 100	12.6	7.29	1 420	466
	350×350	*338	351	13	13	13	133.3	105	2.03	27 700	9 380	14.4	8.38	1 640	534
		*344	348	10	16	13	144.0	113	2.04	32 800	11 200	15.1	8.83	1 910	646
		*344	354	16	16	13	164.7	129	2.05	34 900	11 800	14.6	8.48	2 030	669
		350	350	12	19	13	171.9	135	2.05	39 800	13 600	15.2	8.88	2 280	776
		*350	357	19	19	13	196.4	154	2.07	42 300	14 400	14.7	8.57	2 420	808
	400×400	*388	402	15	15	22	178.5	140	2.32	49 000	16 300	16.6	9.54	2 520	809
		*394	398	11	18	22	186.8	147	2.32	56 100	18 900	17.3	10.1	2 850	951
		*394	405	18	18	22	214.4	168	2.33	59 700	20 000	16.7	9.64	3 030	985
		400	400	13	21	22	218.7	172	2.34	66 600	22 400	17.5	10.1	3 330	1 120
		*400	408	21	21	22	250.7	197	2.35	70 900	23 800	16.8	9.74	3 540	1 170
		*414	405	18	28	22	295.4	232	2.37	92 800	31 000	17.7	10.2	4 480	1 530

续表

类别	型号（高度×宽度）/mm×mm	截面尺寸/mm					截面面积/cm^2	理论重量/(kg·m^{-1})	表面积/(m^2/m)	惯性矩/cm^4		惯性半径/cm		截面模数/cm^3	
		H	B	t_1	t_2	r				I_x	I_y	i_x	i_y	W_x	W_y
HW	400×400	*428	407	20	35	22	360.7	283	2.41	119 000	39 400	18.2	10.4	5 570	1 930
		*458	417	30	50	22	528.6	415	2.49	187 000	60 500	18.8	10.7	8 170	2 900
		*498	432	45	70	22	770.1	604	2.60	298 000	94 400	19.7	11.1	12 000	4 370
	500×500	*492	465	15	20	22	258.0	202	2.78	117 000	33 500	21.3	11.4	4 770	1 440
		*502	465	15	25	22	304.5	239	2.80	146 000	41 900	21.9	11.7	5 810	1 800
		*502	470	20	25	22	329.6	259	2.81	151 000	43 300	21.4	11.5	6 020	1 840
HM	150×100	148	100	6	9	8	26.34	20.7	0.670	1 000	150	6.16	2.38	135	30.1
	200×150	194	150	6	9	8	38.10	29.9	0.962	2 630	507	8.30	3.64	271	67.6
	250×175	244	175	7	11	13	55.49	43.6	1.15	6 040	984	10.4	4.21	495	112
	300×200	294	200	8	12	13	71.05	55.8	1.35	11 100	1 600	12.5	4.74	756	160
		*298	201	9	14	13	82.03	64.4	1.36	13 100	1 900	12.6	4.80	878	189
	350×250	340	250	9	14	13	99.53	78.1	1.64	21 200	3 650	14.6	6.05	1 250	292
	400×300	390	300	10	16	13	133.3	105	1.94	37 900	7 200	16.9	7.35	1 940	480
	450×300	440	300	11	18	13	153.9	121	2.04	54 700	8 110	18.9	7.25	2 490	540
	500×300	*482	300	11	15	13	141.2	111	2.12	58 300	6 760	20.3	6.91	2 420	450
		488	300	11	18	13	159.2	125	2.13	68 900	8 110	20.8	7.13	2 820	540
	550×300	*544	300	11	15	13	148.0	116	2.24	76 400	6 760	22.7	6.75	2 810	450
		*550	300	11	18	13	166.0	130	2.26	89 800	8 110	23.3	6.98	3 270	540
	600×300	*582	300	12	17	13	169.2	133	2.32	98 900	7 660	24.2	6.72	3 400	511
		588	300	12	20	13	187.2	147	2.33	114 000	9 010	24.7	6.93	3 890	601
		*594	302	14	23	13	217.1	170	2.35	134 000	10 600	24.8	6.97	4 500	700
HN	*100×50	100	50	5	7	8	11.84	9.30	0.376	187	14.8	3.97	1.11	37.5	5.91
	*125×60	125	60	6	8	8	16.68	13.1	0.464	409	29.1	4.95	1.32	65.4	9.71
	150×75	150	75	5	7	8	17.84	14.0	0.576	666	49.5	6.10	1.66	88.8	13.2
	175×90	175	90	5	8	8	22.89	18.0	0.686	1 210	97.5	7.25	2.06	138	21.7
	200×100	*198	99	4.5	7	8	22.68	17.8	0.769	1 540	113	8.24	2.23	156	22.9
		200	100	5.5	8	8	26.66	20.9	0.775	1 810	134	8.22	2.23	181	26.7
	250×125	*248	124	5	8	8	31.98	25.1	0.968	3 450	255	10.4	2.82	278	41.1
		250	125	6	9	8	36.96	29.0	0.974	3 960	294	10.4	2.81	317	47.0
	300×150	*298	149	5.5	8	13	40.80	32.0	1.16	6 320	442	12.4	3.29	424	59.3
		300	150	6.5	9	13	46.78	36.7	1.16	7 210	508	12.4	3.29	481	67.7

续表

类别	型号（高度×宽度）/mm×mm	截面尺寸/mm					截面面积/cm^2	理论重量/($kg\cdot m^{-1}$)	表面积/(m^2/m)	惯性矩/cm^4		惯性半径/cm		截面模数/cm^3	
		H	B	t_1	t_2	r				I_x	I_y	i_x	i_y	W_x	W_y
HN	350×175	* 346	174	6	9	13	52.45	41.2	1.35	11 000	791	14.5	3.88	638	91.0
		350	175	7	11	13	62.91	49.4	1.36	13 500	984	14.6	3.95	771	112
	400×150	400	150	8	13	13	70.37	55.2	1.36	18 600	734	16.3	3.22	929	97.8
	400×200	* 396	199	7	11	13	71.41	56.1	1.55	19 800	1 450	16.6	4.50	999	145
		400	200	8	13	13	83.37	65.4	1.56	23 500	1 740	16.8	4.56	1 170	174
	450×150	* 446	150	7	12	13	66.99	52.6	1.46	22 000	677	18.1	3.17	985	90.3
		450	151	8	14	13	77.49	60.8	1.47	25 700	806	18.2	3.22	1 140	107
	450×200	* 446	199	8	12	13	82.97	65.1	1.65	28 100	1 580	18.4	4.36	1 260	159
		450	200	9	14	13	95.43	74.9	1.66	32 900	1 870	18.6	4.42	1 460	187
	475×150	* 470	150	7	13	13	71.53	56.2	1.50	26 200	733	19.1	3.20	1 110	97.8
		* 475	151.5	8.5	15.5	13	86.15	67.6	1.52	31 700	901	19.2	3.23	1 330	119
		482	153.5	10.5	19	13	106.4	83.5	1.53	39 600	1 150	19.3	3.28	1 640	150
	500×150	* 492	150	7	12	13	70.21	55.1	1.55	27 500	677	19.8	3.10	1 120	90.3
		* 500	152	9	16	13	92.21	72.4	1.57	37 000	940	20.0	3.19	1 480	124
		504	153	10	18	13	103.3	81.1	1.58	41 900	1 080	20.1	3.23	1 660	141
	500×200	* 496	199	9	14	13	99.29	77.9	1.75	40 800	1 840	20.3	4.30	1 650	185
		500	200	10	16	13	112.3	88.1	1.76	46 800	2 140	20.4	4.36	1 870	214
		* 506	201	11	19	13	129.3	102	1.77	55 500	2 580	20.7	4.46	2 190	257
	550×200	* 546	199	9	14	13	103.8	81.5	1.85	50 800	1 840	22.1	4.21	1 860	185
		550	200	10	16	13	117.3	92.0	1.86	58 200	2 140	22.3	4.27	2 120	214
	600×200	* 596	199	10	15	13	117.8	92.4	1.95	66 600	1 980	23.8	4.09	2 240	199
		600	200	11	17	13	131.7	103	1.96	75 600	2 270	24.0	4.15	2 520	227
		* 606	201	12	20	13	149.8	118	1.97	88 300	2 720	24.3	4.25	2 910	270
	625×200	* 625	198.5	13.5	17.5	13	150.6	118	1.99	88 500	2 300	24.2	3.90	2 830	231
		630	200	15	20	13	170.0	133	2.01	101 000	2 690	24.4	3.97	3 220	268
		* 638	202	17	24	13	198.7	156	2.03	122 000	3 320	24.8	4.09	3 820	329
	650×300	* 646	299	12	18	13	183.6	144	2.43	131 000	8 030	26.7	6.61	4 080	537
		* 650	300	13	20	18	202.1	159	2.44	146 000	9 010	26.9	6.67	4 500	601
		* 654	301	14	22	18	220.6	173	2.45	161 000	10 000	27.4	6.81	4 930	666
	700×300	* 692	300	13	20	18	207.5	163	2.53	168 000	9 020	28.5	6.59	4 870	601
		700	300	13	24	18	231.5	182	2.54	197 000	10 800	29.2	6.83	5 640	721

续表

类别	型号（高度×宽度）/mm×mm	截面尺寸/mm					截面面积/cm^2	理论重量/($kg\cdot m^{-1}$)	表面积/(m^2/m)	惯性矩/cm^4		惯性半径/cm		截面模数/cm^3	
		H	B	t_1	t_2	r				I_x	I_y	i_x	i_y	W_x	W_y
HN	750×300	*734	299	12	16	18	182.7	143	2.61	161 000	7 140	29.7	6.25	4 390	478
		*742	300	13	20	18	214.0	168	2.63	197 000	9 020	30.4	6.49	5 320	601
		*750	300	13	24	18	238.0	187	2.64	231 000	10 800	31.1	6.74	6 150	721
		*758	303	16	28	18	284.8	224	2.67	276 000	13 000	31.1	6.75	7 270	859
	800×300	*792	300	14	22	18	239.5	188	2.73	248 000	9 920	32.2	6.43	6 270	661
		800	300	14	26	18	263.5	207	2.74	286 000	11 700	33.0	6.66	7 160	781
	850×300	*834	298	14	19	18	227.5	179	2.80	251 000	8 400	33.2	6.07	6 020	564
		*842	299	15	23	18	259.7	204	2.82	298 000	10 300	33.9	6.28	7 080	687
		*850	300	16	27	18	292.1	229	2.84	346 000	12 200	34.4	6.45	8 140	812
		*858	301	17	31	18	324.7	255	2.86	395 000	14 100	34.9	6.59	9 210	939
	900×300	*890	299	15	23	18	266.9	210	2.92	339 000	10 300	35.6	6.20	7 610	687
		900	300	16	28	18	305.8	240	2.94	404 000	12 600	36.4	6.42	8 990	842
		*912	302	18	34	18	360.1	283	2.97	491 000	15 700	36.9	6.59	10 800	1 040
	1 000×300	*970	297	16	21	18	276.0	217	3.07	393 000	9 210	37.8	5.77	8 110	620
		*980	298	17	26	18	315.5	248	3.09	472 000	11 500	38.7	6.04	9 630	772
		*990	298	17	31	18	345.3	271	3.11	544 000	13 700	39.7	6.30	11 000	921
		*1 000	300	19	36	18	395.1	310	3.13	634 000	16 300	40.1	6.41	12 700	1 080
		*1 008	302	21	40	18	439.3	345	3.15	712 000	18 400	40.3	6.47	14 100	1 220
HT	100×50	95	48	3.2	4.5	8	7.620	5.98	0.362	115	8.39	3.88	1.04	24.2	3.49
		97	49	4	5.5	8	9.370	7.36	0.368	143	10.9	3.91	1.07	29.6	4.45
	100×100	96	99	4.5	6	8	16.20	12.7	0.565	272	97.2	4.09	2.44	56.7	19.6
	125×60	118	58	3.2	4.5	8	9.250	7.26	0.448	218	14.7	4.85	1.26	37.0	5.08
		120	59	4	5.5	8	11.39	8.94	0.454	271	19.0	4.87	1.29	45.2	6.43
	125×125	119	123	4.5	6	8	20.12	15.8	0.707	532	186	5.14	3.04	89.5	30.3
	150×75	145	73	3.2	4.5	8	11.47	9.00	0.562	416	29.3	6.01	1.59	57.3	8.02
		147	74	4	5.5	8	14.12	11.1	0.568	516	37.3	6.04	1.62	70.2	10.1
	150×100	139	97	3.2	4.5	8	13.43	10.6	0.646	476	68.6	5.94	2.25	68.4	14.1
		142	99	4.5	6	8	18.27	14.3	0.657	654	97.2	5.98	2.30	92.1	19.6
	150×150	144	148	5	7	8	27.76	21.8	0.856	1 090	378	6.25	3.69	151	51.1
		147	149	6	8.5	8	33.67	26.4	0.864	1 350	469	6.32	3.73	183	63.0
	175×90	168	88	3.2	4.5	8	13.55	10.6	0.668	670	51.2	7.02	1.94	79.7	11.6
		171	89	4	6	8	17.58	13.8	0.676	894	70.7	7.13	2.00	105	15.9

续表

类别	型号（高度×宽度）/mm×mm	截面尺寸/mm					截面面积/cm^2	理论重量/(kg·m^{-1})	表面积/(m^2/m)	惯性矩/cm^4		惯性半径/cm		截面模数/cm^3	
		H	B	t_1	t_2	r				I_x	I_y	i_x	i_y	W_x	W_y
HT	175×175	167	173	5	7	13	33. 32	26. 2	0. 994	1 780	605	7. 30	4. 26	213	69. 9
		172	175	6. 5	9. 5	13	44. 64	35. 0	1. 01	2 470	850	7. 43	4. 36	287	97. 1
	200×100	193	98	3. 2	4. 5	8	15. 25	12. 0	0. 758	994	70. 7	8. 07	2. 15	103	14. 4
		196	99	4	6	8	19. 78	15. 5	0. 766	1 320	97. 2	8. 18	2. 21	135	19. 6
	200×150	188	149	4. 5	6	8	26. 34	20. 7	0. 949	1 730	331	8. 09	3. 54	184	44. 4
	200×200	192	198	6	8	13	43. 69	34. 3	1. 14	3 060	1 040	8. 37	4. 86	319	105
	250×125	244	124	4. 5	6	8	25. 86	20. 3	0. 961	2 650	191	10. 1	2. 71	217	30. 8
	250×175	238	173	4. 5	8	13	39. 12	30. 7	1. 14	4 240	691	10. 4	4. 20	356	79. 9
	300×150	294	148	4. 5	6	13	31. 90	25. 0	1. 15	4 800	325	12. 3	3. 19	327	43. 9
	300×200	286	198	6	8	13	49. 33	38. 7	1. 33	7 360	1 040	12. 2	4. 58	515	105
	350×175	340	173	4. 5	6	13	36. 97	29. 0	1. 34	7 490	518	14. 2	3. 74	441	59. 9
	400×150	390	148	6	8	13	47. 57	37. 3	1. 34	11 700	434	15. 7	3. 01	602	58. 6
	400×200	390	198	6	8	13	55. 57	43. 6	1. 54	14 700	1 040	16. 2	4. 31	752	105

注：1. 表中同一型号的产品，其内侧尺寸高度一致。

2. 表中截面面积计算公式为 $t_1(H-2t_2)+2Bt_2+0.858r^2$。

3. 表中“*”表示的规格为市场非常用规格。

附表 8.10　宽、中、窄翼缘剖分 T 型钢的规格及截面特性（按《热轧 H 型钢和剖分 T 型钢》计算）

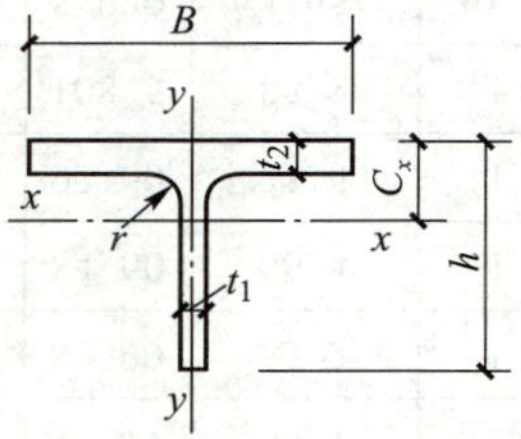

说明：
h——高度；
B——宽度；
t_1——腹板厚度；
t_2——翼缘厚度；
r——圆角半径；
C_x——重心。

类别	型号（高度×宽度）/mm×mm	截面尺寸 /mm					截面面积 /cm²	理论重量/（kg · m⁻¹）	表面积 /（m²/m）	惯性矩 /cm⁴		惯性半径 /cm		截面模数 /cm³		重心 C_x /cm	对应 H 型钢系列型号 /mm×mm
		h	B	t_1	t_2	r				I_x	I_y	i_x	i_y	W_x	W_y		
TW	50×100	50	100	6	8	8	10.79	8.47	0.293	16.1	66.8	1.22	2.48	4.02	13.4	1.00	100×100
	62.5×125	62.5	125	6.5	9	8	15.00	11.8	0.368	35.0	147	1.52	3.12	6.91	23.5	1.19	125×125
	75×150	75	150	7	10	8	19.82	15.6	0.443	66.4	282	1.82	3.76	10.8	37.5	1.37	150×150
	87.5×175	87.5	175	7.5	11	13	25.71	20.2	0.514	115	492	2.11	4.37	15.9	56.2	1.55	175×175
	100×200	100	200	8	12	13	31.76	24.9	0.589	184	801	2.40	5.02	22.3	80.1	1.73	200×200
		100	204	12	12	13	35.76	28.1	0.597	256	851	2.67	4.87	32.4	83.4	2.09	
	125×250	125	250	9	14	13	45.71	35.9	0.739	412	1 820	3.00	6.31	39.5	146	2.08	250×250
		125	255	14	14	13	51.96	40.8	0.749	589	1 940	3.36	6.10	59.4	152	2.58	
	150×300	147	302	12	12	13	53.16	41.7	0.887	857	2 760	4.01	7.20	72.3	183	2.85	300×300
		150	300	10	15	13	59.22	46.5	0.889	798	3 380	3.67	7.55	63.7	225	2.47	
		150	305	15	15	13	66.72	52.4	0.899	1 110	3 550	4.07	7.29	92.5	233	3.04	
	175×350	172	348	10	16	13	72.00	56.5	1.03	1 230	5 620	4.13	8.83	84.7	323	2.67	350×350
		175	350	12	19	13	85.94	67.5	1.04	1 520	6 790	4.20	8.88	104	388	2.87	
	200×400	194	402	15	15	22	89.22	70.0	1.17	2 480	8 130	5.27	9.54	158	404	3.70	400×400
		197	398	11	18	22	93.40	73.3	1.17	2 050	9 460	4.67	10.1	123	475	3.01	

续表

类别	型号（高度×宽度）/mm×mm	截面尺寸/mm					截面面积/cm²	理论重量/(kg·m⁻¹)	表面积/(m²/m)	惯性矩/cm⁴		惯性半径/cm		截面模数/cm³		重心 C_x/cm	对应H型钢系列型号/mm×mm
		h	B	t_1	t_2	r				I_x	I_y	i_x	i_y	W_x	W_y		
TW	200×400	200	400	13	21	22	109.3	85.8	1.18	2 480	11 200	4.75	10.1	147	560	3.21	400×400
		200	408	21	21	22	125.3	98.4	1.2	3 650	11 900	5.39	9.74	229	584	4.07	
		207	405	18	28	22	147.7	116	1.21	3 620	15 500	4.95	10.2	213	766	3.68	
		214	407	20	35	22	180.3	142	1.22	4 380	19 700	4.92	10.4	250	967	3.90	
TM	75×100	74	100	6	9	8	13.17	10.3	0.341	51.7	75.2	1.98	2.38	8.84	15.0	1.56	150×100
	100×150	97	150	6	9	8	19.05	15.0	0.487	124	253	2.55	3.64	15.8	33.8	1.80	200×150
	125×175	122	175	7	11	13	27.74	21.8	0.583	288	492	3.22	4.21	29.1	56.2	2.28	250×175
	150×200	147	200	8	12	13	35.52	27.9	0.683	571	801	4.00	4.74	48.2	80.1	2.85	300×200
		149	201	9	14	13	41.01	32.2	0.689	661	949	4.01	4.80	55.2	94.4	2.92	
	175×250	170	250	9	14	13	49.76	39.1	0.829	1 020	1 820	4.51	6.05	73.2	146	3.11	350×250
	200×300	195	300	10	16	13	66.62	52.3	0.979	1 730	3 600	5.09	7.35	108	240	3.43	400×300
	225×300	220	300	11	18	13	76.94	60.4	1.03	2 680	4 050	5.89	7.25	150	270	4.09	450×300
	250×300	241	300	11	15	13	70.58	55.4	1.07	3 400	3 380	6.93	6.91	178	225	5.00	500×300
		244	300	11	18	13	79.58	62.5	1.08	3 610	4 050	6.73	7.13	184	270	4.72	
	275×300	272	300	11	15	13	73.99	58.1	1.13	4 790	3 380	8.04	6.75	225	225	5.96	550×300
		275	300	11	18	13	82.99	65.2	1.14	5 090	4 050	7.82	6.98	232	270	5.59	
	300×300	291	300	12	17	13	84.60	66.4	1.17	6 320	3 830	8.64	6.72	280	255	6.51	600×300
		294	300	12	20	13	93.60	73.5	1.18	6 680	4 500	8.44	6.93	288	300	6.17	
		297	302	14	23	13	108.5	85.2	1.19	7 890	5 290	8.52	6.97	339	350	6.41	
TN	50×50	50	50	5	7	8	5.920	4.65	0.193	11.8	7.39	1.41	1.11	3.18	2.950	1.28	100×50

续表

类别	型号（高度×宽度）/mm×mm	截面尺寸/mm					截面面积/cm²	理论重量/(kg·m⁻¹)	表面积/(m²/m)	惯性矩/cm⁴		惯性半径/cm		截面模数/cm³		重心 C_x/cm	对应 H 型钢系列型号/mm×mm
		h	B	t_1	t_2	r				I_x	I_y	i_x	i_y	W_x	W_y		
TN	62. 5×60	62. 5	60	6	8	8	8. 340	6. 55	0. 238	27. 5	14. 6	1. 81	1. 32	5. 96	4. 85	1. 64	125×60
	75×75	75	75	5	7	8	8. 920	7. 00	0. 293	42. 6	24. 7	2. 18	1. 66	7. 46	6. 59	1. 79	150×75
	87. 5×90	85. 5	89	4	6	8	8. 790	6. 90	0. 342	53. 7	35. 3	2. 47	2. 00	8. 02	7. 94	1. 86	175×90
		87. 5	90	5	8	8	11. 44	8. 98	0. 348	70. 6	48. 7	2. 48	2. 06	10. 4	10. 8	1. 93	
	100×100	99	99	4. 5	7	8	11. 34	8. 90	0. 389	93. 5	56. 7	2. 87	2. 23	12. 1	11. 5	2. 17	200×100
		100	100	5. 5	8	8	13. 33	10. 5	0. 393	114	66. 9	2. 92	2. 23	14. 8	13. 4	2. 31	
	125×125	124	124	5	8	8	15. 99	12. 6	0. 489	207	127	3. 59	2. 82	21. 3	20. 5	2. 66	250×125
		125	125	6	9	8	18. 48	14. 5	0. 493	248	147	3. 66	2. 81	25. 6	23. 5	2. 81	
	150×150	149	149	5. 5	8	13	20. 40	16. 0	0. 585	393	221	4. 39	3. 29	33. 8	29. 7	3. 26	300×150
		150	150	6. 5	9	13	23. 39	18. 4	0. 589	464	254	4. 45	3. 29	40. 0	33. 8	3. 41	
	175×175	173	174	6	9	13	26. 22	20. 6	0. 683	679	396	5. 08	3. 88	50. 0	45. 5	37. 2	350×175
		175	175	7	11	13	31. 45	24. 7	0. 689	814	492	5. 08	3. 95	59. 3	56. 2	3. 76	
	200×200	198	199	7	11	13	35. 70	28. 0	0. 783	1 190	723	5. 77	4. 50	76. 4	72. 7	4. 20	400×200
		200	200	8	13	13	41. 68	32. 7	0. 789	1 390	868	5. 78	4. 56	88. 6	86. 8	4. 26	
	225×150	223	150	7	12	13	33. 49	26. 3	0. 735	1 570	338	6. 84	3. 17	93. 7	45. 1	5. 54	450×150
		225	151	8	14	13	38. 74	30. 4	0. 741	1 830	403	6. 87	3. 22	108	53. 4	5. 62	
	225×200	223	199	8	12	13	41. 48	32. 6	0. 833	1 870	789	6. 71	4. 36	109	79. 3	5. 15	450×200
		225	200	9	14	13	47. 71	37. 5	0. 839	2 150	935	6. 71	4. 42	124	93. 5	5. 19	
	237. 5×150	235	150	7	13	13	35. 76	28. 1	0. 759	1 850	367	7. 18	3. 20	104	48. 9	7. 50	475×150
		237. 5	151. 5	8. 5	15. 5	13	43. 07	33. 8	0. 767	2 270	451	7. 25	3. 23	128	59. 5	7. 57	

续表

类别	型号（高度×宽度）/mm×mm	截面尺寸/mm					截面面积/cm^2	理论重量/（$kg \cdot m^{-1}$）	表面积/（m^2/m）	惯性矩/cm^4		惯性半径/cm		截面模数/cm^3		重心 C_x/cm	对应H型钢系列型号/mm×mm
		h	B	t_1	t_2	r				I_x	I_y	i_x	i_y	W_x	W_y		
TN	237.5×150	241	153.5	10.5	19	13	53.20	41.8	0.778	2 860	575	7.33	3.28	160	75.0	7.67	475×150
	250×150	246	150	7	12	13	35.10	27.6	0.781	2 060	339	7.66	3.10	113	45.1	6.36	500×150
		250	152	9	16	13	46.10	36.2	0.793	2 750	470	7.71	3.19	149	61.9	6.53	
		252	153	10	18	13	51.66	40.6	0.799	3 100	540	7.74	3.23	167	70.5	6.62	
	250×200	248	199	9	14	13	49.64	39.0	0.883	2 820	921	7.54	4.30	150	92.6	5.97	500×200
		250	200	10	16	13	56.12	44.1	0.889	3 200	1 070	7.54	4.36	169	107	6.03	
		253	201	11	19	13	64.65	50.8	0.897	3 660	1 290	7.52	4.46	189	128	6.00	
	275×200	273	199	9	14	13	51.89	40.7	0.933	3 690	921	8.43	4.21	180	92.6	6.85	550×200
		275	200	10	16	13	58.62	46.0	0.939	4 180	1 070	8.44	4.27	203	107	6.89	
	300×200	298	199	10	15	13	58.87	46.2	0.983	5 150	988	9.35	4.09	235	99.3	7.92	600×200
		300	200	11	17	13	65.85	51.7	0.989	5 770	1 140	9.35	4.15	262	114	7.95	
		303	201	12	20	13	74.88	58.8	0.997	6 530	1 360	9.33	4.25	291	135	7.88	
	312.5×200	312.5	198.5	13.5	17.5	13	75.28	59.1	1.01	7 460	1 150	9.95	3.90	338	116	9.15	625×200
		315	200	15	20	13	84.97	66.7	1.02	8 470	1 340	9.98	3.97	380	134	9.21	
		319	202	17	24	13	99.35	78.0	1.03	9 960	1 160	10.0	4.08	440	165	9.26	
	325×300	323	299	12	18	18	91.81	72.1	1.23	8 570	4 020	9.66	6.61	344	269	7.36	650×300
		325	300	13	20	18	101.0	79.3	1.23	9 430	4 510	9.66	6.67	376	300	7.40	
		327	301	14	22	18	110.3	86.59	1.24	10 300	5 010	9.66	6.73	408	333	7.45	
	350×300	346	300	13	20	18	103.8	81.5	1.28	11 300	4 510	10.4	6.59	424	301	8.09	700×300
		350	300	13	24	18	115.8	90.9	1.28	12 000	5 410	10.2	6.83	438	361	7.63	

续表

类别	型号（高度×宽度）/mm×mm	截面尺寸/mm					截面面积/cm²	理论重量/(kg·m⁻¹)	表面积/(m²/m)	惯性矩/cm⁴		惯性半径/cm		截面模数/cm³		重心 C_x/cm	对应 H 型钢系列型号/mm×mm
		h	B	t_1	t_2	r				I_x	I_y	i_x	i_y	W_x	W_y		
TN	400×300	396	300	14	22	18	119.8	94.0	1.38	17 600	4 960	12.1	6.43	592	331	9.78	800×300
		400	300	14	26	18	131.8	103	1.38	18 700	5 860	11.9	6.66	610	391	9.27	
	450×300	445	299	15	23	18	133.5	105	1.47	25 900	5 140	13.9	6.20	789	344	11.7	900×300
		450	300	16	28	18	152.9	120	1.48	29 100	6 320	13.8	6.42	865	421	11.4	
		456	302	18	34	18	180.0	141	1.50	34 100	7 830	13.8	6.59	997	518	11.3	

附表 8.11 常用的热轧无缝钢管的规格及截面特性(按 GB/T 17395—2008《无缝钢管尺寸、外形、重量及允许偏差》计算)

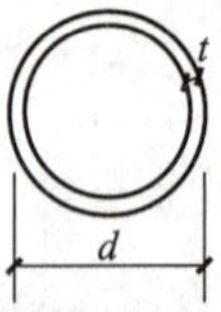

I——截面惯性矩;
W——截面抵抗矩;
i——截面回转半径。

尺寸/mm		截面面积 *A* /cm²	每米重量 /(kg·m⁻¹)	截面特性		
d	*t*			*I*/cm⁴	*W*/cm³	*i*/cm
32	2.5	2.32	1.82	2.54	1.59	1.05
	3.0	2.73	2.15	2.90	1.82	1.03
	3.5	3.13	2.46	3.23	2.02	1.02
	4.0	3.52	2.76	3.52	2.20	1.00
38	2.5	2.79	2.19	4.41	2.32	1.26
	3.0	3.30	2.59	5.09	2.68	1.24
	3.5	3.79	2.98	5.70	3.00	1.23
	4.0	4.27	3.35	6.26	3.29	1.21
42	2.5	3.10	2.44	6.07	2.89	1.40
	3.0	3.68	2.89	7.03	3.35	1.38
	3.5	4.23	3.32	7.91	3.77	1.37
	4.0	4.78	3.75	8.71	4.15	1.35
45	2.5	3.34	2.62	7.56	3.36	1.51
	3.0	3.96	3.11	8.77	3.90	1.49
	3.5	4.56	3.58	9.89	4.40	1.47
	4.0	5.15	4.04	10.93	4.86	1.46
50	2.5	3.73	2.93	10.55	4.22	1.68
	3.0	4.43	3.48	12.28	4.91	1.67
	3.5	5.11	4.01	13.90	5.56	1.65
	4.0	5.78	4.54	15.41	6.16	1.63
	4.5	6.43	5.05	16.81	6.72	1.62
	5.0	7.07	5.55	18.11	7.25	1.60
54	3.0	4.81	3.77	15.68	5.81	1.81
	3.5	5.55	4.36	17.79	6.59	1.79
	4.0	6.28	4.93	19.76	7.32	1.77
	4.5	7.00	5.49	21.61	8.00	1.76
	5.0	7.70	6.04	23.34	8.64	1.74
	5.5	8.38	6.58	24.96	9.24	1.73
	6.0	9.05	7.10	26.46	9.80	1.71

尺寸/mm		截面面积 *A* /cm²	每米重量 /(kg·m⁻¹)	截面特性		
d	*t*			*I*/cm⁴	*W*/cm³	*i*/cm
57	3.0	5.09	4.00	18.61	6.53	1.91
	3.5	5.88	4.62	21.14	7.42	1.90
	4.0	6.66	5.23	23.52	8.25	1.88
	4.5	7.42	5.83	25.76	9.04	1.86
	5.0	8.17	6.41	27.86	9.78	1.85
	5.5	8.90	6.99	29.84	10.47	1.83
	6.0	9.61	7.55	31.69	11.12	1.82
60	3.0	5.37	4.22	21.88	7.29	2.02
	3.5	6.21	4.88	24.88	8.29	2.00
	4.0	7.04	5.52	27.73	9.24	1.98
	4.5	7.85	6.16	30.41	10.14	1.97
	5.0	8.64	6.78	32.94	10.98	1.95
	5.5	9.42	7.39	35.32	11.77	1.94
	6.0	10.18	7.99	37.56	12.52	1.92
63.5	3.0	5.70	4.48	26.15	8.24	2.14
	3.5	6.60	5.18	29.79	9.38	2.12
	4.0	7.48	5.87	33.24	10.47	2.11
	4.5	8.34	6.55	36.50	11.50	2.09
	5.0	9.19	7.21	39.60	12.47	2.08
	5.5	10.02	7.87	42.52	13.39	2.06
	6.0	10.84	8.51	45.28	14.26	2.04
68	3.0	6.13	4.81	32.42	9.54	2.30
	3.5	7.09	5.57	36.99	10.88	2.28
	4.0	8.04	6.31	41.34	12.16	2.27
	4.5	8.98	7.05	45.47	13.37	2.25
	5.0	9.90	7.77	49.41	14.53	2.23
	5.5	10.80	8.48	53.14	15.63	2.22
	6.0	11.69	9.17	56.68	16.67	2.20

续表

尺寸/mm		截面面积 A /cm²	每米重量 /(kg·m⁻¹)	截面特性		
d	t			I/cm⁴	W/cm³	i/cm
70	3.0	6.31	4.96	35.50	10.14	2.37
	3.5	7.31	5.74	40.53	11.58	2.35
	4.0	8.29	6.51	45.33	12.95	2.34
	4.5	9.26	7.27	49.89	14.26	2.32
	5.0	10.21	8.01	54.24	15.50	2.30
	5.5	11.14	8.75	58.38	16.68	2.29
	6.0	12.06	9.47	62.31	17.80	2.27
73	3.0	6.60	5.18	40.48	11.09	2.48
	3.5	7.64	6.00	46.26	12.67	2.46
	4.0	8.67	6.81	51.78	14.19	2.44
	4.5	9.68	7.60	57.04	15.63	2.43
	5.0	10.68	8.38	62.07	17.01	2.41
	5.5	11.66	9.16	66.87	18.32	2.39
	6.0	12.63	9.91	71.43	19.57	2.38
76	3.0	6.88	5.40	45.91	12.08	2.58
	3.5	7.97	6.26	52.50	13.82	2.57
	4.0	9.05	7.10	58.81	15.48	2.55
	4.5	10.11	7.93	64.85	17.07	2.53
	5.0	11.15	8.75	70.62	18.59	2.52
	5.5	12.18	9.56	76.14	20.04	2.50
	6.0	13.19	10.36	81.41	21.42	2.48
83	3.5	8.74	6.86	69.19	16.67	2.81
	4.0	9.93	7.79	77.64	18.71	2.80
	4.5	11.10	8.71	85.76	20.67	2.78
	5.0	12.25	9.62	93.56	22.54	2.76
	5.5	13.39	10.51	101.04	24.35	2.75
	6.0	14.51	11.39	108.22	26.08	2.73
	6.5	15.62	12.26	115.10	27.74	2.71
	7.0	16.71	13.12	121.69	29.32	2.70
89	3.5	9.40	7.38	86.05	19.34	3.03
	4.0	10.68	8.38	96.68	21.73	3.01
	4.5	11.95	9.38	106.92	24.03	2.99
	5.0	13.19	10.36	116.79	26.24	2.98
	5.5	14.43	11.33	126.29	28.38	2.96
	6.0	15.65	12.28	135.43	30.43	2.94
	6.5	16.85	13.22	144.22	32.41	2.93
	7.0	18.03	14.16	152.67	34.31	2.91
95	3.5	10.06	7.90	105.45	22.20	3.24
	4.0	11.44	8.98	118.60	24.97	3.22
	4.5	12.79	10.04	131.31	27.64	3.20
	5.0	14.14	11.10	143.58	30.23	3.19
	5.5	15.46	12.14	155.43	32.72	3.17
	6.0	16.78	13.17	166.86	35.13	3.15
	6.5	18.07	14.19	177.89	37.45	3.14
	7.0	19.35	15.19	188.51	39.69	3.12
102	3.5	10.83	8.50	131.52	25.79	3.48
	4.0	12.32	9.67	148.09	29.04	3.47
	4.5	13.78	10.82	164.14	32.18	3.45
	5.0	15.24	11.96	179.68	35.23	3.43
	5.5	16.67	13.09	194.72	38.18	3.42
	6.0	18.10	14.21	209.28	41.03	3.40
	6.5	19.50	15.31	223.35	43.79	3.38
	7.0	20.89	16.40	236.96	46.46	3.37
114	4.0	13.82	10.85	209.35	36.73	3.89
	4.5	15.48	12.15	232.41	40.77	3.87
	5.0	17.12	13.44	254.81	44.70	3.86
	5.5	18.75	14.72	276.58	48.52	3.84
	6.0	20.36	15.98	297.73	52.23	3.82
	6.5	21.95	17.23	318.26	55.84	3.81
	7.0	23.53	18.47	338.19	59.33	3.79
	7.5	25.09	19.70	357.58	62.73	3.77
	8.0	26.64	20.91	376.30	66.02	3.76
121	4.0	14.70	11.54	251.87	41.63	4.14
	4.5	16.47	12.93	279.83	46.25	4.12
	5.0	18.22	14.30	307.05	50.75	4.11
	5.5	19.96	15.67	333.54	55.13	4.09
	6.0	21.68	17.02	359.32	59.39	4.07
	6.5	23.38	18.35	384.40	63.54	4.05
	7.0	25.07	19.68	408.80	67.57	4.04
	7.5	26.74	20.99	432.51	71.49	4.02
	8.0	28.40	22.29	455.57	75.30	4.01

续表

尺寸/mm		截面面积A/cm²	每米重量/(kg·m⁻¹)	截面特性		
d	t			I/cm⁴	W/cm³	i/cm
127	4.0	15.46	12.13	292.61	46.08	4.35
	4.5	17.32	13.59	325.29	51.23	4.33
	5.0	19.16	15.04	357.14	56.24	4.32
	5.5	20.99	16.48	388.19	61.13	4.30
	6.0	22.81	17.90	418.44	65.90	4.28
	6.5	24.61	19.32	447.92	70.54	4.27
	7.0	26.39	20.72	476.63	75.06	4.25
	7.5	28.16	22.10	504.58	79.46	4.23
	8.0	29.91	23.48	531.80	83.75	4.22
133	4.0	16.21	12.73	337.53	50.76	4.56
	4.5	18.17	14.26	375.42	56.45	4.55
	5.0	20.11	15.78	412.40	62.02	4.53
	5.5	22.03	17.29	448.50	67.44	4.51
	6.0	23.94	18.79	483.72	72.74	4.50
	6.5	25.83	20.28	518.07	77.91	4.48
	7.0	27.71	21.75	551.58	82.94	4.46
	7.5	29.57	23.21	584.25	87.86	4.45
	8.0	31.42	24.66	616.11	92.65	4.43
140	4.5	19.16	15.04	440.12	62.87	4.79
	5.0	21.21	16.65	483.76	69.11	4.78
	5.5	23.24	18.24	526.40	75.20	4.76
	6.0	25.26	19.83	568.06	81.15	4.74
	6.5	27.26	21.40	608.76	86.97	4.73
	7.0	29.25	22.96	648.51	92.64	4.71
	7.5	31.22	24.51	687.32	98.19	4.69
	8.0	33.18	26.04	725.21	103.60	4.68
	9.0	37.04	29.08	798.29	114.04	4.64
	10	40.84	32.06	867.86	123.98	4.61
146	4.5	20.00	15.70	501.16	68.65	5.01
	5.0	22.15	17.39	551.10	75.49	4.99
	5.5	24.28	19.06	599.95	82.19	4.97
	6.0	26.39	20.72	647.73	88.73	4.95
	6.5	28.49	22.36	694.44	95.13	4.94
	7.0	30.57	24.00	740.12	101.39	4.92
	7.5	32.63	25.62	784.77	107.50	4.90
	8.0	34.68	27.23	828.41	113.48	4.89
	9.0	38.74	30.41	912.71	125.03	4.85
	10	42.73	33.54	993.16	136.05	4.82
152	4.5	20.85	16.37	567.61	74.69	5.22
	5.0	23.09	18.13	624.43	82.16	5.20
	5.5	25.31	19.87	680.06	89.48	5.18
	6.0	27.52	21.60	734.52	96.65	5.17
	6.5	29.71	23.32	787.82	103.66	5.15
	7.0	31.89	25.03	839.99	110.52	5.13
	7.5	34.05	26.73	891.03	117.24	5.12
	8.0	36.19	28.41	940.97	123.81	5.10
	9.0	40.43	31.74	1 037.59	136.53	5.07
	10	44.61	35.02	1 129.99	148.68	5.03
159	4.5	21.84	17.15	652.27	82.05	5.46
	5.0	24.19	18.99	717.88	90.30	5.45
	5.5	26.52	20.82	782.18	98.39	5.43
	6.0	28.84	22.64	845.19	106.31	5.41
	6.5	31.14	24.45	906.92	114.08	5.40
	7.0	33.43	26.24	967.41	121.69	5.38
	7.5	35.70	28.02	1 026.65	129.14	5.36
	8.0	37.95	29.79	1 084.67	136.44	5.35
	9.0	42.41	33.29	1 197.12	150.58	5.31
	10	46.81	36.75	1 304.88	164.14	5.28
168	4.5	23.11	18.14	772.96	92.02	5.78
	5.0	25.60	20.10	851.14	101.33	5.77
	5.5	28.08	22.04	927.85	110.46	5.75
	6.0	30.54	23.97	1 003.12	119.42	5.73
	6.5	32.98	25.89	1 076.95	128.21	5.71
	7.0	35.41	27.79	1 149.36	136.83	5.70
	7.5	37.82	29.69	1 220.38	145.28	5.68
	8.0	40.21	31.57	1 290.01	153.57	5.66
	9.0	44.96	35.29	1 425.22	169.67	5.63
	10	49.64	38.97	1 555.13	185.13	5.60
180	5.0	27.49	21.58	1 053.17	117.02	6.19
	5.5	30.15	23.67	1 148.79	127.64	6.17
	6.0	32.80	25.75	1 242.72	138.08	6.16
	6.5	35.43	27.81	1 335.00	148.33	6.14
	7.0	38.04	29.87	1 425.63	158.40	6.12
	7.5	40.64	31.91	1 514.64	168.29	6.10
	8.0	43.23	33.93	1 602.04	178.00	6.09
	9.0	48.35	37.95	1 772.12	196.90	6.05
	10	53.41	41.92	1 936.01	215.11	6.02
	12	63.33	49.72	2 245.84	249.54	5.95

续表

尺寸/mm		截面面积 A /cm²	每米重量 /(kg·m⁻¹)	截面特性		
d	t			I/cm⁴	W/cm³	i/cm
194	5.0	29.69	23.31	1 326.54	136.76	6.68
	5.5	32.57	25.57	1 447.86	149.26	6.67
	6.0	35.44	27.82	1 567.21	161.57	6.65
	6.5	38.29	30.06	1 684.61	173.67	6.63
	7.0	41.12	32.28	1 800.08	185.57	6.62
	7.5	43.94	34.50	1 913.64	197.28	6.60
	8.0	46.75	36.70	2 025.31	208.79	6.58
	9.0	52.31	41.06	2 243.08	231.25	6.55
	10	57.81	45.38	2 453.55	252.94	6.51
	12	68.61	53.86	2 853.25	294.15	6.45
203	6.0	37.13	29.15	1 803.07	177.64	6.97
	6.5	40.13	31.50	1 938.81	191.02	6.95
	7.0	43.10	33.84	2 072.43	204.18	6.93
	7.5	46.06	36.16	2 203.94	217.14	6.92
	8.0	49.01	38.47	2 333.37	229.89	6.90
	9.0	54.85	43.06	2 586.08	254.79	6.87
	10	60.63	47.60	2 830.72	278.89	6.83
	12	72.01	56.52	3 296.49	324.78	6.77
	14	83.13	65.25	3 732.07	367.69	6.70
	16	94.00	73.79	4 138.78	407.76	6.64
219	6.0	40.15	31.52	2 278.74	208.10	7.53
	6.5	43.39	34.06	2 451.64	223.89	7.52
	7.0	46.62	36.60	2 622.04	239.46	7.50
	7.5	49.83	39.12	2 789.96	254.79	7.48
	8.0	53.03	41.63	2 955.43	269.90	7.47
	9.0	59.38	46.61	3 279.12	299.46	7.43
	10	65.66	51.54	3 593.29	328.15	7.40
	12	78.04	61.26	4 193.81	383.00	7.33
	14	90.16	70.78	4 758.50	434.57	7.26
	16	102.04	80.10	5 288.81	483.00	7.20
245	6.5	48.70	38.23	3 465.46	282.89	8.44
	7.0	52.34	41.08	3 709.06	302.78	8.42
	7.5	55.96	43.93	3 949.52	322.41	8.40
	8.0	59.56	46.76	4 186.87	341.79	8.38
245	9.0	66.73	52.38	4 652.32	379.78	8.35
	10	73.83	57.95	5 105.63	416.79	8.32
	12	87.84	68.95	5 976.67	487.89	8.25
	14	101.60	79.76	6 801.68	555.24	8.18
	16	115.11	90.36	7 582.30	618.96	8.12
273	6.5	54.42	42.72	4 834.18	354.15	9.42
	7.0	58.50	45.92	5 177.30	379.29	9.41
	7.5	62.56	49.11	5 516.47	404.14	9.39
	8.0	66.60	52.28	5 851.71	428.70	9.37
	9.0	74.64	58.60	6 510.56	476.96	9.34
	10	82.62	64.86	7 154.09	524.11	9.31
	12	98.39	77.24	8 396.14	615.10	9.24
	14	113.91	89.42	9 579.75	701.81	9.17
	16	129.18	101.41	10 706.79	784.38	9.10
299	7.5	68.68	53.92	7 300.02	488.30	10.31
	8.0	73.14	57.41	7 747.42	518.22	10.29
	9.0	82.00	64.37	8 628.09	577.13	10.26
	10	90.79	71.27	9 490.15	634.79	10.22
	12	108.20	84.93	11 159.52	746.46	10.16
	14	125.35	98.40	12 757.61	853.35	10.09
	16	142.25	111.67	14 286.48	955.62	10.02
325	7.5	74.81	58.73	9 431.80	580.42	11.23
	8.0	79.67	62.54	10 013.92	616.24	11.21
	9.0	89.35	70.14	11 161.33	686.85	11.18
	10	98.96	77.68	12 286.52	756.09	11.14
	12	118.00	92.63	14 471.45	890.55	11.07
	14	136.78	107.38	16 570.98	1 019.75	11.01
	16	155.32	121.93	18 587.38	1 143.84	10.94
351	8.0	86.21	67.67	12 684.36	722.76	12.13
	9.0	96.70	75.91	14 147.55	806.13	12.10
	10	107.13	84.10	15 584.62	888.01	12.06
	12	127.80	100.32	18 381.63	1 047.39	11.99
	14	148.22	116.35	21 077.86	1 201.02	11.93
	16	168.39	132.19	23 675.75	1 349.05	11.86

注：热轧无缝钢管的通常长度为 3～12 m。

附表 8.12　常用的电焊钢管的规格及截面特性（按 GB/T 21835—2008《焊接钢管尺寸及单位长度重量》计算）

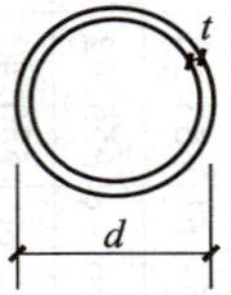

I——截面惯性矩；
W——截面抵抗矩；
i——截面回转半径。

尺寸/mm		截面面积 A /cm^2	每米重量 /($kg\cdot m^{-1}$)	截面特性			尺寸/mm		截面面积 A /cm^2	每米重量 /($kg\cdot m^{-1}$)	截面特性		
d	t			I/cm^4	W/cm^3	i/cm	d	t			I/cm^4	W/cm^3	i/cm
33.7	2.0	1.992	1.564	2.512	1.491	1.123	60.3	2.0	3.663	2.876	15.581	5.168	2.062
	2.3	2.269	1.781	2.811	1.668	1.113		2.3	4.191	3.290	17.650	5.854	2.052
	2.6	2.540	1.994	3.093	1.835	1.103		2.6	4.713	3.700	19.654	6.519	2.042
	2.9	2.806	2.203	3.357	1.992	1.094		2.9	5.229	4.105	21.592	7.162	2.032
42.4	2.0	2.538	1.993	5.192	2.449	1.430		3.2	5.740	4.506	23.468	7.784	2.022
	2.3	2.897	2.275	5.843	2.756	1.420		3.6	6.413	5.034	25.874	8.582	2.009
	2.6	3.251	2.552	6.464	3.049	1.410		4.0	7.075	5.554	28.173	9.344	1.996
	2.9	3.599	2.825	7.056	3.328	1.400		4.5	7.889	6.193	30.902	10.249	1.979
	3.2	3.941	3.094	7.620	3.594	1.391	76.1	2.0	4.656	3.655	31.979	8.404	2.621
	3.6	4.388	3.445	8.329	3.929	1.378		2.3	5.333	4.186	36.339	9.550	2.610
48.3	2.0	2.909	2.284	7.810	3.234	1.638		2.6	6.004	4.713	40.592	10.668	2.600
	2.3	3.324	2.609	8.813	3.649	1.628		2.9	6.669	5.235	44.738	11.758	2.590
	2.6	3.733	2.930	9.777	4.048	1.618		3.2	7.329	5.753	48.778	12.820	2.580
	2.9	4.136	3.247	10.700	4.431	1.608		3.6	8.200	6.437	54.006	14.194	2.566
	3.2	4.534	3.559	11.586	4.797	1.599		4.0	9.060	7.112	59.055	15.520	2.553
	3.6	5.055	3.969	12.708	5.262	1.586		4.5	10.122	7.946	65.121	17.115	2.536
								5.0	11.168	8.767	70.922	18.639	2.520

续表

尺寸/mm		截面面积 A /cm²	每米重量 /(kg·m⁻¹)	截面特性			尺寸/mm		截面面积 A /cm²	每米重量 /(kg·m⁻¹)	截面特性		
d	t			I/cm⁴	W/cm³	i/cm	d	t			I/cm⁴	W/cm³	i/cm
88.9	2.0	5.460	4.286	51.568	11.601	3.073	139.7	2.9	12.463	9.784	291.683	41.758	4.838
	2.3	6.257	4.912	58.701	13.206	3.063		3.2	13.722	10.772	319.776	45.780	4.827
	2.6	7.049	5.534	65.684	14.777	3.053		3.6	15.393	12.083	356.648	51.059	4.814
	2.9	7.835	6.151	72.518	16.315	3.042		4.0	17.053	13.386	392.859	56.243	4.800
	3.2	8.615	6.763	79.206	17.819	3.032		4.5	19.113	15.004	437.203	62.592	4.783
	3.6	9.647	7.573	87.899	19.775	3.018		5.0	21.159	16.610	480.541	68.796	4.766
	4.0	10.669	8.375	96.340	21.674	3.005		5.4	22.783	17.885	514.497	73.657	4.752
	4.5	11.932	9.366	106.545	23.970	2.988		5.6	23.592	18.520	531.240	76.054	4.745
	5.0	13.179	10.345	116.374	26.181	2.972		6.3	26.403	20.726	588.620	84.269	4.722
114.3	2.0	7.056	5.539	111.267	19.469	3.971	168.3	2.0	10.449	8.202	361.268	42.931	5.880
	2.3	8.093	6.353	126.948	22.213	3.961		2.3	11.995	9.416	413.233	49.107	5.870
	2.6	9.124	7.162	142.373	24.912	3.950		2.6	13.535	10.625	464.630	55.215	5.859
	2.9	10.149	7.967	157.546	27.567	3.940		2.9	15.069	11.829	515.463	61.255	5.849
	3.2	11.169	8.768	172.469	30.178	3.930		3.2	16.598	13.029	565.736	67.229	5.838
	3.6	12.520	9.828	191.984	33.593	3.916		3.6	18.627	14.622	631.903	75.092	5.824
	4.0	13.861	10.881	211.065	36.932	3.902		4.0	20.647	16.208	697.091	82.839	5.811
	4.5	15.523	12.185	234.319	41.001	3.885		4.5	23.157	18.178	777.215	92.361	5.793
	5.0	17.169	13.478	256.920	44.955	3.868		5.0	25.651	20.136	855.845	101.705	5.776
139.7	2.0	8.652	6.792	205.108	29.364	4.869		5.4	27.635	21.694	917.685	109.053	5.763
	2.3	9.928	7.794	234.352	33.551	4.859		5.6	28.624	22.470	948.253	112.686	5.756
	2.6	11.199	8.791	263.209	37.682	4.848		6.3	32.063	25.170	1 053.420	125.184	5.732

续表

尺寸/mm		截面面积 A /cm²	每米重量 /(kg·m⁻¹)	截面特性		
d	t			I/cm⁴	W/cm³	i/cm
219.1	2.0	13.641	10.708	803.722	73.366	7.676
	2.3	15.665	12.297	920.479	84.024	7.665
	2.6	17.684	13.882	1 036.261	94.593	7.655
	2.9	19.697	15.462	1 151.073	105.073	7.645
	3.2	21.705	17.038	1 264.919	115.465	7.634
	3.6	24.372	19.132	1 415.223	129.185	7.620
	4.0	27.030	21.219	1 563.835	142.751	7.606
	4.5	30.338	23.816	1 747.238	159.492	7.589
	5.0	33.631	26.400	1 928.041	175.996	7.572
	5.4	36.253	28.459	2 070.828	189.030	7.558
	5.6	37.561	29.485	2 141.607	195.491	7.551
	6.3	42.117	33.062	2 386.137	217.813	7.527
273.1	2.9	24.617	19.324	2 246.796	164.540	9.554
	3.2	27.133	21.300	2 471.037	180.962	9.543
	3.6	30.480	23.927	2 767.680	202.686	9.529
	4.0	33.816	26.546	3 061.657	224.215	9.515
	4.5	37.972	29.808	3 425.405	250.854	9.498
	5.0	42.113	33.059	3 785.045	277.191	9.480
	5.4	45.414	35.650	4 069.819	298.046	9.467
	5.6	47.061	36.943	4 211.232	308.402	9.460
	6.3	52.805	41.452	4 701.102	344.277	9.435
	7.1	59.332	46.576	5 251.363	384.574	9.408
	8.0	66.627	52.302	5 858.332	429.025	9.377
323.9	3.2	32.240	25.309	4 145.239	255.958	11.339
	3.6	36.225	28.437	4 646.091	286.884	11.325
	4.0	40.200	31.557	5 143.161	317.577	11.311
	4.5	45.154	35.446	5 759.211	355.617	11.294
	5.0	50.093	39.323	6 369.419	393.295	11.276
	5.4	54.032	42.415	6 853.405	423.180	11.262
	5.6	55.998	43.959	7 094.011	438.037	11.255
	6.3	62.859	49.345	7 928.890	489.589	11.231
	7.1	70.663	55.471	8 869.343	547.659	11.203
	8.0	79.394	62.325	9 910.072	611.922	11.172
	8.8	87.113	68.383	10 819.969	668.105	11.145
	10	98.615	77.412	12 158.332	750.746	11.104
355.6	3.6	39.810	31.251	6 166.453	346.820	12.446
	4.0	44.183	34.684	6 828.453	384.052	12.432
	4.5	49.636	38.964	7 649.549	430.233	12.414
	5.0	55.072	43.232	8 463.570	476.016	12.397
	5.4	59.410	46.637	9 109.718	512.358	12.383
	5.6	61.575	48.337	9 431.111	530.434	12.376
	6.3	69.134	54.270	10 547.197	593.206	12.352
	7.1	77.734	61.021	11 806.099	664.010	12.324
	8.0	87.361	68.579	13 201.363	742.484	12.293
	8.8	95.876	75.263	14 423.113	811.199	12.265

续表

尺寸/mm		截面面积 A /cm^2	每米重量 /($kg\cdot m^{-1}$)	截面特性			尺寸/mm		截面面积 A /cm^2	每米重量 /($kg\cdot m^{-1}$)	截面特性		
d	t			I/cm^4	W/cm^3	i/cm	d	t			I/cm^4	W/cm^3	i/cm
355.6	10	108.573	85.230	16 223.486	912.457	12.224	457	7.1	100.351	78.776	25 396.507	1 111.445	15.908
	11	119.085	93.482	17 694.583	995.196	12.190		8.0	112.846	88.584	28 446.339	1 244.916	15.877
	12.5	134.735	105.767	19 852.159	1 116.544	12.138		8.8	123.909	97.269	31 126.131	1 362.194	15.849
406.4	4.0	50.567	39.695	10 236.143	503.747	14.228		10	140.429	110.237	35 091.294	1 535.724	15.808
	4.5	56.817	44.602	11 473.092	564.621	14.210		11	154.126	120.989	38 346.072	1 678.165	15.773
	5.0	63.052	49.496	12 700.739	625.036	14.193		12.5	174.555	137.025	43 144.768	1 888.174	15.722
	5.4	68.028	53.402	13 676.191	673.041	14.179		14.2	197.536	155.066	48 463.759	2 120.952	15.663
	5.6	70.512	55.352	14 161.702	696.934	14.172		16	221.671	174.012	53 959.332	2 361.459	15.602
	6.3	79.188	62.163	15 849.420	779.991	14.147	508	5.0	79.011	62.024	24 990.583	983.881	17.785
	7.1	89.065	69.916	17 756.325	873.835	14.120		5.4	85.264	66.932	26 925.939	1 060.076	17.771
	8.0	100.129	78.601	19 873.876	978.045	14.088		5.6	88.387	69.384	27 890.121	1 098.036	17.764
	8.8	109.920	86.288	21 731.715	1 069.474	14.061		6.3	99.297	77.948	31 246.462	1 230.176	17.739
	10	124.533	97.758	24 475.792	1 204.517	14.019		7.1	111.727	87.706	35 047.594	1 379.827	17.711
	11	136.640	107.263	26 723.799	1 315.148	13.985		8.0	125.664	98.646	39 279.928	1 546.454	17.680
	12.5	154.684	121.427	30 030.641	1 477.886	13.933		8.8	138.009	108.337	43 003.208	1 693.040	17.652
	14.2	174.963	137.346	33 685.234	1 657.738	13.875		10	156.451	122.814	48 520.205	1 910.244	17.611
457	4.5	63.971	50.217	16 374.601	716.613	15.999		11	171.751	134.824	53 055.946	2 088.817	17.576
	5.0	71.000	55.735	18 134.182	793.618	15.982		12.5	194.582	152.747	59 755.352	2 352.573	17.524
	5.4	76.612	60.141	19 533.370	854.852	15.968		14.2	220.287	172.925	67 198.582	2 645.613	17.466
	5.6	79.414	62.340	20 230.147	885.346	15.961		16	247.306	194.135	74 908.977	2 949.172	17.404
	6.3	89.203	70.024	22 654.141	991.428	15.936		17.5	269.666	211.688	81 202.064	3 196.932	17.353
								20	306.619	240.696	91 427.708	3 599.516	17.268

续表

尺寸/mm		截面面积 A /cm²	每米重量 /(kg·m⁻¹)	截面特性			尺寸/mm		截面面积 A /cm²	每米重量 /(kg·m⁻¹)	截面特性		
d	t			I/cm⁴	W/cm³	i/cm	d	t			I/cm⁴	W/cm³	i/cm
610	5.6	106.332	83.470	48 557.710	1 592.056	21.370	610	12.5	234.638	184.191	104 754.647	3 434.579	21.129
	6.3	119.484	93.795	54 439.094	1 784.888	21.345		14.2	265.790	208.645	118 003.798	3 868.977	21.071
	7.1	134.479	105.566	61 110.234	2 003.614	21.317		16	298.577	234.383	131 781.311	4 320.699	21.009
	8.0	151.299	118.770	68 551.296	2 247.583	21.286		17.5	325.744	255.709	143 067.613	4 690.741	20.957
	8.8	166.208	130.473	75 109.029	2 462.591	21.258		20	370.708	291.006	161 489.507	5 294.738	20.872
	10	188.495	147.969	84 846.492	2 781.852	21.216		22.2	409.951	321.812	177 304.714	5 813.269	20.797
	11	206.999	162.495	92 870.783	3 044.944	21.181		25	459.458	360.674	196 906.271	6 455.943	20.702

附表 8.13　冷弯薄壁焊接圆钢管的规格及截面特性(按 GB 50018—2002《冷弯薄壁型钢技术规范》计算)

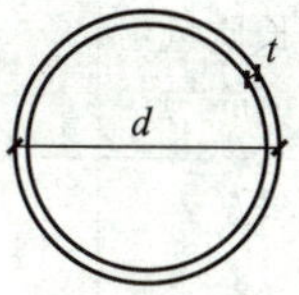

尺寸/mm		截面面积 /cm^2	每米长质量 /(kg·m^{-1})	I/cm^4	i/cm	W/cm^3
d	*t*					
25	1.5	1.11	0.87	0.77	0.83	0.61
30	1.5	1.34	1.05	1.37	1.01	0.91
30	2.0	1.76	1.38	1.73	0.99	1.16
40	1.5	1.81	1.42	3.37	1.36	1.68
40	2.0	2.39	1.88	4.32	1.35	2.16
51	2.0	3.08	2.42	9.26	1.73	3.63
57	2.0	3.46	2.71	13.08	1.95	4.59
60	2.0	3.64	2.86	15.34	2.05	5.10
70	2.0	4.27	3.35	24.72	2.41	7.06
76	2.0	4.65	3.65	31.85	2.62	8.38
83	2.0	5.09	4.00	41.76	2.87	10.06
83	2.5	6.32	4.96	51.26	2.85	12.35
89	2.0	5.47	4.29	51.74	3.08	11.63
89	2.5	6.79	5.33	63.59	3.06	14.29
95	2.0	5.84	4.59	63.20	3.29	13.31
95	2.5	7.26	5.70	77.76	3.27	16.37
102	2.0	6.28	4.93	78.55	3.54	15.40
102	2.5	7.81	6.14	96.76	3.52	18.97
102	3.0	9.33	7.33	114.40	3.50	22.43
108	2.0	6.66	5.23	93.6	3.75	17.33
108	2.5	8.29	6.51	115.4	3.73	21.37
108	3.0	9.90	7.77	136.5	3.72	25.28
114	2.0	7.04	5.52	110.4	3.96	19.37
114	2.5	8.76	6.87	136.2	3.94	23.89
114	3.0	10.46	8.21	161.3	3.93	28.30
121	2.0	7.48	5.87	132.4	4.21	21.88
121	2.5	9.31	7.31	163.5	4.19	27.02
121	3.0	11.12	8.73	193.7	4.17	32.02

续表

尺寸/mm		截面面积/cm^2	每米长质量/($kg \cdot m^{-1}$)	I/cm^4	i/cm	W/cm^3
d	t					
127	2.0	7.85	6.17	153.4	4.42	24.16
127	2.5	9.78	7.68	189.5	4.40	29.84
127	3.0	11.69	9.18	224.7	4.39	35.39
133	2.5	10.25	8.05	218.2	4.62	32.81
133	3.0	12.25	9.62	259.0	4.60	38.95
133	3.5	14.24	11.18	298.7	4.58	44.92
140	2.5	10.80	8.48	255.3	4.86	36.47
140	3.0	12.91	10.13	303.1	4.85	43.29
140	3.5	15.01	11.78	349.8	4.83	49.97
152	3.0	14.04	11.02	389.9	5.27	51.30
152	3.5	16.33	12.82	450.3	5.25	59.25
152	4.0	18.60	14.60	509.6	5.24	67.05
159	3.0	14.70	11.54	447.4	5.52	56.27
159	3.5	17.10	13.42	517.0	5.50	65.02
159	4.0	19.48	15.29	585.3	5.48	73.62
168	3.0	15.55	12.21	529.4	5.84	63.02
168	3.5	18.09	14.20	612.1	5.82	72.87
168	4.0	20.61	16.18	693.3	5.80	82.53
180	3.0	16.68	13.09	653.5	6.26	72.61
180	3.5	19.41	15.24	756.0	6.24	84.00
180	4.0	22.12	17.36	856.8	6.22	95.20
194	3.0	18.00	14.13	821.1	6.75	84.64
194	3.5	20.95	16.45	950.5	6.74	97.99
194	4.0	23.88	18.75	1 078	6.72	111.1
203	3.0	18.85	15.00	943	7.07	92.87
203	3.5	21.94	17.22	1 092	7.06	107.55
203	4.0	25.01	19.63	1 238	7.04	122.01
219	3.0	20.36	15.98	1 187	7.64	108.44
219	3.5	23.70	18.61	1 376	7.62	125.65
219	4.0	27.02	21.81	1 562	7.60	142.62
245	3.0	22.81	17.91	1 670	8.56	136.3
245	3.5	26.55	20.84	1 936	8.54	158.1
245	4.0	30.28	23.77	2 199	8.52	179.5

附表 8.14　冷弯薄壁方钢管的规格及截面特性(按《冷弯薄壁型钢技术规范》计算)

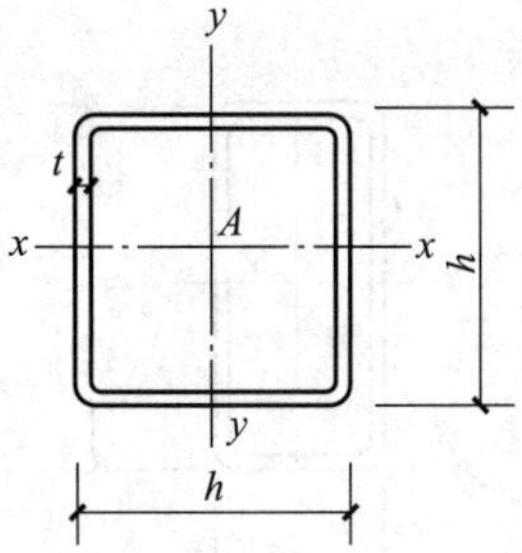

尺寸/mm		截面面积 /cm^2	每米长质量 /($kg\cdot m^{-1}$)	I_x/cm^4	i_x/cm	W_x/cm^3
h	t					
25	1.5	1.31	1.03	1.16	0.94	0.92
30	1.5	1.61	1.27	2.11	1.14	1.40
40	1.5	2.21	1.74	5.33	1.55	2.67
40	2.0	2.87	2.25	6.66	1.52	3.33
50	1.5	2.81	2.21	10.82	1.96	4.33
50	2.0	3.67	2.88	13.71	1.93	5.48
60	2.0	4.47	3.51	24.51	2.34	8.17
60	2.5	5.48	4.30	29.36	2.31	9.79
80	2.0	6.07	4.76	60.58	3.16	15.15
80	2.5	7.48	5.87	73.40	3.13	18.35
100	2.5	9.48	7.44	147.91	3.05	29.58
100	3.0	11.25	8.83	173.12	3.92	34.62
120	2.5	11.48	9.01	260.88	4.77	43.48
120	3.0	13.65	10.72	306.71	4.74	51.12
140	3.0	16.05	12.60	495.68	5.56	70.81
140	3.5	18.58	14.59	568.22	5.53	81.17
140	4.0	21.07	16.44	637.97	5.50	91.14
160	3.0	18.45	14.49	749.64	6.37	93.71
160	3.5	21.38	16.77	861.34	6.35	107.67
160	4.0	24.27	19.05	969.35	6.32	121.17
160	4.5	27.12	21.05	1 073.66	6.29	134.21
160	5.0	29.93	23.35	1 174.44	6.26	146.81

附表 8.15　冷弯薄壁矩形钢管的规格及截面特性

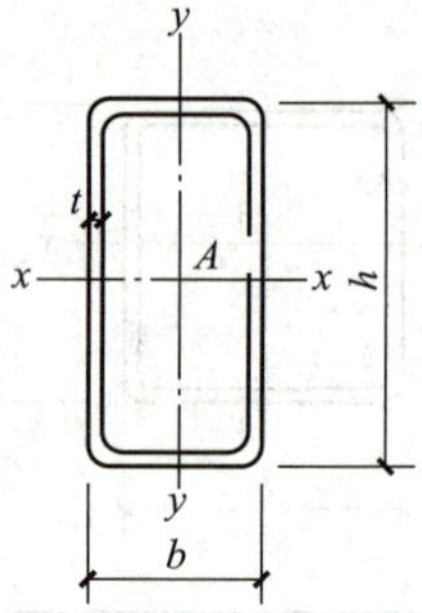

尺寸/mm			截面面积/cm^2	每米长质量/$(kg\cdot m^{-1})$	x-x			y-y		
h	b	t			I_x/cm^4	i_x/cm	W_x/cm^3	I_y/cm^4	i_y/cm	W_y/cm^3
30	15	1.5	1.20	0.95	1.28	1.02	0.85	0.42	0.59	0.57
40	20	1.6	1.75	1.37	3.43	1.40	1.72	1.15	0.81	1.15
40	20	2.0	2.14	1.68	4.05	1.38	2.02	1.34	0.79	1.34
50	30	1.6	2.39	1.88	7.96	1.82	3.18	3.60	1.23	2.40
50	30	2.0	2.94	2.31	9.54	1.80	3.81	4.29	1.21	2.86
60	30	2.5	4.09	3.21	17.93	2.09	5.80	6.00	1.21	4.00
60	30	3.0	4.81	3.77	20.50	2.06	6.83	6.79	1.19	4.53
60	40	2.0	3.74	2.94	18.41	2.22	6.14	9.83	1.62	4.92
60	40	3.0	5.41	4.25	25.37	2.17	8.46	13.44	1.58	6.72
70	50	2.5	5.59	4.20	38.01	2.61	10.86	22.59	2.01	9.04
70	50	3.0	6.61	5.19	44.05	2.58	12.58	26.10	1.99	10.44
80	40	2.0	4.54	3.56	37.36	2.87	9.34	12.72	1.67	6.36
80	40	3.0	6.61	5.19	52.25	2.81	13.06	17.55	1.63	8.78
90	40	2.5	6.09	4.79	60.69	3.16	13.49	17.02	1.67	8.51
90	50	2.0	5.34	4.19	57.88	3.29	12.86	23.37	2.09	9.35
90	50	3.0	7.81	6.13	81.85	2.24	18.19	32.74	2.05	13.09
100	50	3.0	8.41	6.60	106.45	3.56	21.29	36.05	2.07	14.42
100	60	2.6	7.88	6.19	106.66	3.68	21.33	48.47	2.48	16.16
120	60	2.0	6.94	5.45	131.92	4.36	21.99	45.33	2.56	15.11
120	60	3.2	10.85	8.52	199.88	4.29	33.31	67.94	2.50	22.65
120	60	4.0	13.35	10.48	240.72	4.25	40.12	81.24	2.47	27.08
120	80	3.2	12.13	9.53	243.54	4.48	40.59	130.48	3.28	32.62
120	80	4.0	14.96	11.73	294.57	4.44	49.09	157.28	3.24	39.32
120	80	5.0	18.36	14.41	353.11	4.39	58.85	187.75	3.20	46.94
120	80	6.0	21.63	16.98	406.00	4.33	67.67	214.98	3.15	53.74
140	90	3.2	14.05	11.04	384.01	5.23	54.86	194.80	3.72	43.29
140	90	4.0	17.35	13.63	466.59	5.19	66.66	235.92	3.69	52.43
140	90	5.0	21.36	16.78	562.61	5.13	80.37	283.32	3.64	62.96
150	100	3.2	15.33	12.04	488.18	5.64	65.09	262.26	4.14	52.45

附表 8.16　冷弯薄壁等边角钢的规格及截面特性(按《冷弯薄壁型钢结构技术规范》计算)

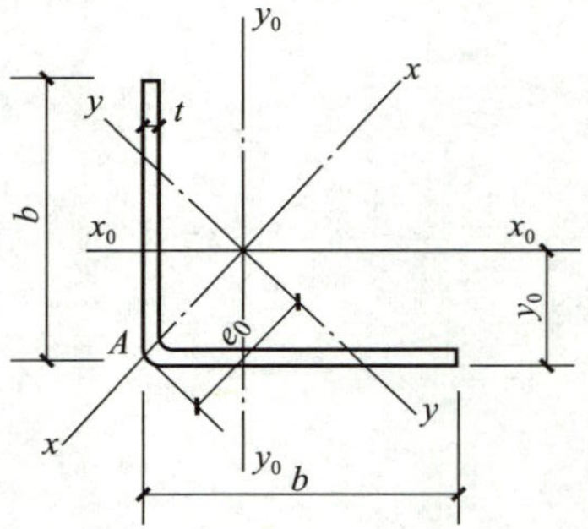

尺寸/mm		截面面积/cm^2	每米长质量/($kg \cdot m^{-1}$)	y_0/cm	x_0-x_0				$x-x$		$y-y$		x_1-x_1	e_0/cm	I_t/cm^4	U_y/cm^5
b	t				I_{x0}/cm^4	i_{x0}/cm	W_{x0max}/cm^3	W_{x0min}/cm^3	I_x/cm^4	i_x/cm	I_y/cm^4	i_y/cm	I_{x1}/cm^4			
30	1.5	0.85	0.67	0.828	0.77	0.95	0.93	0.35	1.25	1.21	0.29	0.58	1.35	1.07	0.006 4	0.613
30	2.0	1.12	0.88	0.855	0.99	0.94	1.16	0.46	1.63	1.21	0.36	0.57	1.81	1.07	0.014 9	0.775
40	2.0	1.52	1.19	1.105	2.43	1.27	2.20	0.84	3.95	1.61	0.90	0.77	4.28	1.42	0.020 8	2.585
40	2.5	1.87	1.47	1.132	2.96	1.26	2.62	1.03	4.85	1.61	1.07	0.76	5.36	1.42	0.039 0	3.104
50	2.5	2.37	1.86	1.381	5.93	1.58	4.29	1.64	9.65	2.02	2.20	0.96	10.44	1.78	0.049 4	7.890
50	3.0	2.81	2.21	1.408	6.97	1.57	4.95	1.94	11.40	2.01	2.54	0.95	12.55	1.78	0.084 3	9.169
60	2.5	2.87	2.25	1.630	10.41	1.90	6.38	2.38	16.90	2.43	3.91	1.17	18.03	2.13	0.059 8	16.80
60	3.0	3.41	2.68	1.657	12.29	1.90	7.42	2.83	20.02	2.42	4.56	1.16	21.66	2.13	0.102 3	19.63
75	2.5	3.62	2.84	2.005	20.65	2.39	10.30	3.76	33.43	3.04	7.87	1.48	35.20	2.66	0.075 5	42.09
75	3.0	4.31	3.39	2.031	24.47	2.38	12.05	4.47	39.70	3.03	9.23	1.46	42.26	2.66	0.120 3	49.47

附表 8.17　冷弯薄壁卷边等边角钢的规格及截面特性（按《冷弯薄壁型钢结构技术规范》计算）

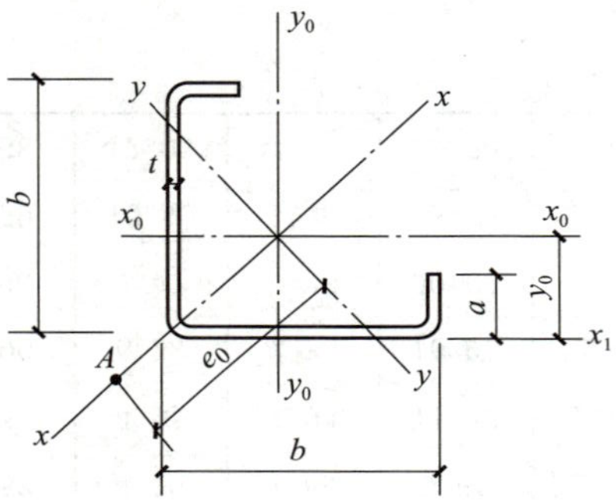

尺寸/mm			截面面积/cm^2	每米长质量/($kg\cdot m^{-1}$)	y_0/cm	x_0-x_0				$x-x$		$y-y$		x_1-x_1	e_0/cm	I_t/cm^4	I_ω/cm^6	U_y/cm^5
b	a	t				I_{x0}/cm^4	i_{x0}/cm	W_{x0max}/cm^3	W_{x0min}/cm^3	I_x/cm^4	i_x/cm	I_y/cm^4	i_y/cm	I_{x1}/cm^4				
40	15	2.0	1.95	1.53	1.404	3.93	1.42	2.80	1.51	5.74	1.72	2.12	1.01	7.78	2.37	0.026 0	3.88	3.747
60	20	2.0	2.95	2.32	2.026	13.83	2.17	6.83	3.48	20.56	2.64	7.11	1.55	25.94	3.38	0.039 4	22.64	21.01
75	20	2.0	3.55	2.79	2.396	25.60	2.69	10.68	5.02	39.01	3.31	12.19	1.85	45.99	3.82	0.047 3	36.55	51.84
75	20	2.5	4.36	3.42	2.401	30.76	2.66	12.81	6.03	46.91	3.28	14.60	1.83	55.90	3.80	0.090 9	43.33	61.93

附表 8.18　冷弯薄壁槽钢的规格及截面特性

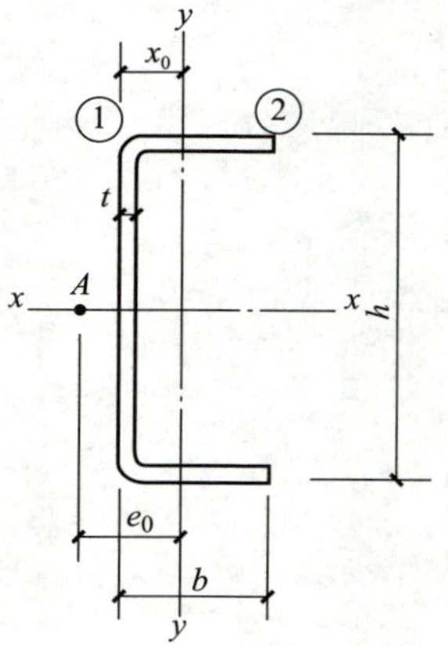

尺寸/mm			截面面积/cm^2	每米长质量/($kg\cdot m^{-1}$)	x_0/cm	x−x			y−y				y_1-y_1	e_0/cm	I_t/cm^4	I_ω/cm^6	k/cm^{-1}	$W_{\omega1}/cm^4$	$W_{\omega2}/cm^4$	U_y/cm^5
h	b	t				I_x/cm^4	i_x/cm	W_x/cm^3	I_y/cm^4	i_y/cm	W_{ymax}/cm^3	W_{ymin}/cm^3	I_{y1}/cm^4							
40	20	2.5	1.763	1.384	0.629	3.914	1.489	1.957	0.651	0.607	1.034	0.475	1.350	1.255	0.036 7	1.332	0.102 95	1.360	0.671	1.440
50	30	2.5	2.513	1.972	0.951	9.574	1.951	3.829	2.245	0.945	2.359	1.096	4.521	2.013	0.052 3	7.945	0.050 34	3.550	2.045	5.259
60	30	2.5	2.74	2.15	0.883	14.38	2.31	4.89	2.40	0.94	2.71	1.13	4.53	1.88	0.057 1	12.21	0.042 5	4.72	2.51	7.942
70	40	2.5	3.496	2.74	1.202	26.703	2.763	7.629	5.639	1.269	4.688	2.015	10.697	2.653	0.072 8	41.05	0.026 04	9.499	5.439	19.429
80	40	2.5	3.74	2.94	1.132	36.70	3.13	9.18	5.92	1.26	2.23	2.06	10.71	2.51	0.077 9	57.36	0.022 9	11.61	6.37	26.089
80	40	3.0	4.43	3.48	1.159	42.66	3.10	10.67	6.93	1.25	5.98	2.44	12.87	2.51	0.132 8	64.58	0.028 2	13.64	7.34	30.575
100	40	2.5	4.24	3.33	1.013	62.07	3.83	12.41	6.37	1.23	6.29	2.13	10.72	2.30	0.088 4	99.70	0.018 5	17.07	8.44	42.672
100	40	3.0	5.03	3.95	1.039	72.44	3.80	14.49	7.47	1.22	7.19	2.52	12.89	2.30	0.150 8	113.23	0.022 7	20.20	9.79	50.247
120	40	2.5	4.74	3.72	0.919	95.92	4.50	15.99	6.72	1.19	7.32	2.18	10.73	2.13	0.098 8	156.19	0.015 6	23.62	10.59	63.644
120	40	3.0	5.63	4.42	0.944	112.28	4.47	18.71	7.90	1.19	8.37	2.58	12.91	2.12	0.168 8	178.49	0.019 1	28.13	12.33	75.140

续表

尺寸/mm			截面面积/cm²	每米长质量/(kg·m⁻¹)	x_0/cm	x−x			y−y				y_1-y_1	e_0/cm	I_t/cm^4	I_ω/cm⁶	k/cm^{-1}	$W_{\omega1}$/cm⁴	$W_{\omega2}$/cm⁴	U_y/cm⁵
h	b	t				I_x/cm^4	i_x/cm	W_x/cm³	I_y/cm^4	i_y/cm	W_{ymax}/cm³	W_{ymin}/cm³	I_{y1}/cm^4							
140	50	3.0	6.83	5.36	1.187	191.53	5.30	27.36	15.52	1.51	13.08	4.07	25.13	2.75	0.204 8	487.60	0.012 8	48.99	22.93	160.572
140	50	3.5	7.89	6.20	1.211	218.88	5.27	31.27	17.79	1.50	14.69	4.70	29.37	2.74	0.322 3	546.44	0.015 1	56.72	26.09	184.730
160	60	3.0	8.03	6.30	1.432	300.87	6.12	37.61	26.90	1.83	18.79	5.89	43.35	3.37	0.240 8	1 119.78	0.009 1	78.25	38.21	303.617
160	60	3.5	9.29	7.29	1.456	344.94	6.09	43.12	30.92	1.82	21.23	6.81	50.63	3.37	0.379 4	1 264.16	0.010 8	90.71	43.68	349.963
180	60	4.0	11.350	8.910	1.390	510.374	6.705	56.708	35.956	1.779	25.856	7.800	57.908	3.217	0.605 3	1 872.165	0.011 15	135.194	57.111	511.702
180	60	5.0	13.985	10.978	1.440	616.044	6.636	68.449	43.601	1.765	30.274	9.562	72.611	3.217	1.165 4	2 190.181	0.014 30	170.048	68.632	625.549
200	60	4.0	12.150	9.538	1.312	658.605	7.362	65.860	37.016	1.745	28.208	7.896	57.940	3.062	0.648 0	2 424.951	0.010 13	165.206	65.012	644.574
200	60	5.0	14.985	11.763	1.360	796.658	7.291	79.665	44.923	1.731	33.012	9.683	72.674	3.062	1.248 8	2 849.111	0.012 98	209.464	78.322	789.191

附表 8.19　冷弯薄壁卷边槽钢的规格及截面特性（按《冷弯薄壁型钢结构技术规范》计算）

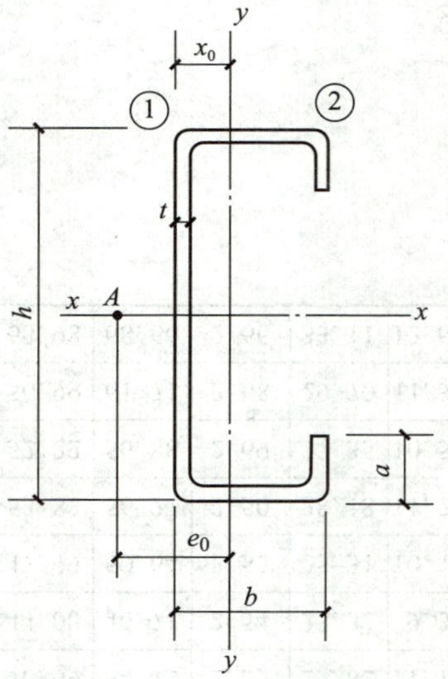

尺寸/mm				截面面积/cm^2	每米长质量/($kg \cdot m^{-1}$)	x_0/cm	x–x			y–y				y_1–y_1	e_0/cm	I_1/cm^4	I_ω/cm^6	k/cm^{-1}	$W_{\omega 1}$/cm^4	$W_{\omega 2}$/cm^4
h	b	a	t				I_x/cm^4	i_x/cm	W_x/cm^3	I_y/cm^4	i_y/cm	W_{ymax}/cm^3	W_{ymin}/cm^3	I_{y1}/cm^4						
80	40	15	2.0	3.47	2.72	1.452	34.16	3.14	8.54	7.79	1.50	5.36	3.06	15.10	3.36	0.046 2	112.9	0.012 6	16.03	15.74
100	50	15	2.5	5.23	4.11	1.706	81.34	3.94	16.27	17.19	1.81	10.08	5.22	32.41	3.94	0.109 0	352.8	0.010 9	34.47	29.41
120	50	20	2.5	5.98	4.70	1.706	129.40	4.65	21.57	20.96	1.87	12.28	6.36	38.36	4.03	0.124 6	660.9	0.008 5	51.04	48.36
120	60	20	3.0	7.65	6.01	2.106	170.68	4.72	28.45	37.36	2.21	17.74	9.59	71.31	4.87	0.229 6	1 153.2	0.008 7	75.68	68.84
140	50	20	2.0	5.27	4.14	1.590	154.03	5.41	22.00	18.56	1.88	11.68	5.44	31.86	3.87	0.070 3	794.79	0.005 8	51.44	52.22
140	50	20	2.2	5.76	4.52	1.590	167.40	5.39	23.91	20.03	1.87	12.62	5.87	34.53	3.84	0.092 9	852.46	0.006 5	55.98	56.84
140	50	20	2.5	6.48	5.09	1.580	186.78	5.39	26.68	22.11	1.85	13.96	6.47	38.38	3.80	0.135 1	931.89	0.007 5	62.56	63.56

续表

尺寸/mm				截面面积/cm^2	每米长质量/$(kg\cdot m^{-1})$	x_0/cm	x-x			y-y				y_1-y_1	e_0/cm	I_1/cm^4	I_ω/cm^6	k/cm^{-1}	$W_{\omega1}/cm^4$	$W_{\omega2}/cm^4$
h	b	a	t				I_x/cm^4	i_x/cm	W_x/cm^3	I_y/cm^4	i_y/cm	W_{ymax}/cm^3	W_{ymin}/cm^3	I_{y1}/cm^4						
140	60	20	3.0	8.25	6.48	1.964	245.42	5.45	35.06	39.49	2.19	20.11	9.79	71.33	4.61	0.247 6	1 589.8	0.007 8	92.69	79.00
160	60	20	2.0	6.07	4.76	1.850	236.59	6.24	29.57	29.99	2.22	16.19	7.23	50.83	4.52	0.080 9	1 596.28	0.004 4	76.92	71.30
160	60	20	2.2	6.64	5.21	1.850	257.57	6.23	32.20	32.45	2.21	17.53	7.82	55.19	4.50	0.107 1	1 717.82	0.004 9	83.82	77.55
160	60	20	2.5	7.48	5.87	1.850	288.13	6.21	36.02	35.96	2.19	19.47	8.66	61.49	4.45	0.155 9	1 887.71	0.005 6	93.87	86.63
160	70	20	3.0	9.45	7.42	2.224	373.64	6.29	46.71	60.42	2.53	27.17	12.65	107.20	5.25	0.283 6	3 070.5	0.006 0	135.49	109.92
180	70	20	2.0	6.87	5.39	2.110	343.93	7.08	38.21	45.18	2.57	21.37	9.25	75.87	5.17	0.091 6	2 934.34	0.003 5	109.50	95.22
180	70	20	2.2	7.52	5.90	2.110	374.90	7.06	41.66	48.97	2.55	23.19	10.02	82.49	5.14	0.121 3	3 165.62	0.003 8	119.44	103.58
180	70	20	2.5	8.48	6.66	2.110	420.20	7.04	46.69	54.42	2.53	25.82	11.12	92.08	5.10	0.176 7	3 492.15	0.004 4	133.99	115.73
200	70	20	2.0	7.27	5.71	2.000	440.04	7.78	44.00	46.71	2.54	23.32	9.35	75.88	4.96	0.096 9	3 672.33	0.003 2	126.74	106.15
200	70	20	2.2	7.96	6.25	2.000	479.87	7.77	47.99	50.64	2.52	25.31	10.13	82.49	4.93	0.128 4	3 963.82	0.003 5	138.26	115.74
200	70	20	2.5	8.98	7.05	2.000	538.21	7.74	53.82	56.27	2.50	28.18	11.25	92.09	4.89	0.187 1	4 376.18	0.004 1	155.14	129.75
220	75	20	2.0	7.87	6.18	2.080	574.45	8.54	52.22	56.88	2.69	27.35	10.50	90.93	5.18	0.104 9	5 313.52	0.002 8	158.43	127.32
220	75	20	2.2	8.62	6.77	2.080	626.85	8.53	56.99	61.71	2.68	29.70	11.38	98.91	5.15	0.139 1	5 742.07	0.003 1	172.92	138.93
220	75	20	2.5	9.73	7.64	2.070	703.76	8.50	63.98	68.66	2.66	33.11	12.65	110.51	5.11	0.202 8	6 351.05	0.003 5	194.18	155.94

附表 8.20　冷弯薄壁卷边 Z 形钢的规格及截面特性(按《冷弯薄壁型钢结构技术规范》计算)

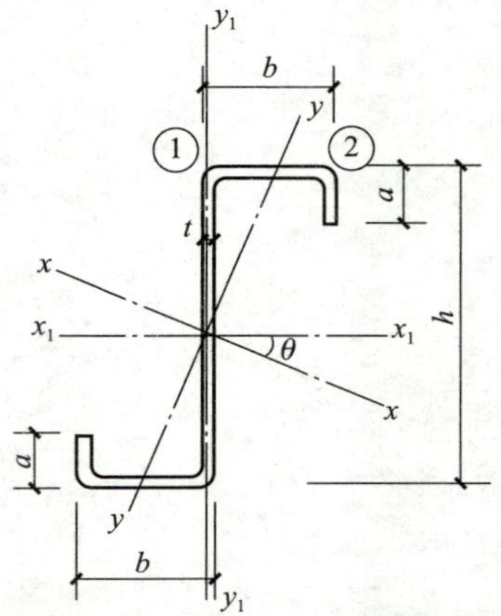

尺寸/mm				截面面积/cm^2	每米长质量/(kg·m^{-1})	θ	x_1-x_1			y_1-y_1			$x-x$				$y-y$				I_{x1y1}/cm^4	I_t/cm^4	I_ω/cm^6	k/cm^{-1}	$W_{\omega1}$/cm^4	$W_{\omega2}$/cm^4
h	b	a	t				I_{x1}/cm^4	i_{x1}/cm	W_{x1}/cm^3	I_{y1}/cm^4	i_{y1}/cm	W_{y1}/cm^3	I_x/cm^4	i_x/cm	W_{x1}/cm^3	W_{x2}/cm^3	I_y/cm^4	i_y/cm	W_{y1}/cm^3	W_{y2}/cm^3						
100	40	20	2.0	4.07	3.19	24°1′	60.04	8.84	12.01	17.02	2.05	4.36	70.70	4.17	15.93	11.94	6.36	1.25	3.36	4.42	23.93	0.054 2	325.0	0.008 1	49.97	29.16
100	40	20	2.5	4.98	3.91	23°46′	72.10	3.80	14.42	20.02	2.00	5.17	84.63	4.12	19.18	14.47	7.49	1.23	4.07	5.28	28.45	0.103 8	381.9	0.010 2	62.25	35.03
120	50	20	2.0	4.87	3.82	24°3′	106.97	4.69	17.83	30.23	2.49	6.17	126.06	5.09	23.55	17.40	11.14	1.51	4.83	5.74	42.77	0.064 9	785.2	0.005 7	84.05	43.96
120	50	20	2.5	5.98	4.70	23°50′	129.39	4.65	21.57	35.91	2.45	7.37	152.05	5.04	28.55	21.21	13.25	1.49	5.89	6.89	51.30	0.124 6	930.9	0.007 2	104.68	52.94
120	50	20	3.0	7.05	5.54	23°36′	150.14	4.61	25.02	40.88	2.41	8.43	175.92	4.99	33.18	24.80	15.11	1.46	6.89	7.92	58.99	0.211 6	1 058.9	0.008 7	125.37	61.22
140	50	20	2.5	6.48	5.09	19°25′	186.77	5.37	26.68	35.91	2.35	7.37	209.19	5.67	32.55	26.34	14.48	1.49	6.69	6.78	60.75	0.135 0	1 289.0	0.006 4	137.04	60.03
140	50	20	3.0	7.65	6.01	19°12′	217.26	5.33	31.04	40.83	2.31	8.43	241.62	5.62	37.76	30.70	16.52	1.47	7.84	7.81	69.93	0.229 6	1 468.2	0.007 7	164.94	69.51
160	60	20	2.5	7.48	5.87	19°59′	288.12	6.21	36.01	58.15	2.79	9.90	323.13	6.57	44.00	34.95	23.14	1.76	9.00	8.71	96.32	0.155 9	2 634.3	0.004 8	205.98	86.28

续表

尺寸/mm				截面面积/cm²	每米长质量/(kg·m⁻¹)	θ	x_1-x_1			y_1-y_1			$x-x$				$y-y$				I_{x1y1}/cm⁴	I_t/cm⁴	I_ω/cm⁶	k/cm⁻¹	$W_{\omega1}$/cm⁴	$W_{\omega2}$/cm⁴
h	b	a	t				I_{x1}/cm⁴	i_{x1}/cm	W_{x1}/cm³	I_{y1}/cm⁴	i_{y1}/cm	W_{y1}/cm³	I_x/cm⁴	i_x/cm	W_{x1}/cm³	W_{x2}/cm³	I_y/cm⁴	i_y/cm	W_{y1}/cm³	W_{y2}/cm³						
160	60	20	3.0	8.85	6.95	19°47′	336.66	6.17	42.08	66.66	2.74	11.39	376.76	6.52	51.48	41.08	26.56	1.73	10.58	10.07	111.51	0.265 6	3 019.4	0.005 8	247.41	100.15
160	70	20	2.5	7.98	6.27	23°46′	319.13	6.32	39.89	87.74	3.32	12.76	374.76	6.85	52.35	38.23	32.11	2.01	10.53	10.86	126.37	0.166 3	3 793.3	0.004 1	238.87	106.91
160	70	20	3.0	9.45	7.42	23°34′	373.64	6.29	46.71	101.10	3.27	14.76	437.72	6.80	61.33	45.01	37.03	1.98	12.39	12.58	146.86	0.283 6	4 365.0	0.005 0	285.78	124.26
180	70	20	2.5	8.48	6.66	20°22′	420.18	7.04	46.69	187.74	3.22	12.76	473.34	7.47	57.27	44.88	34.58	2.02	11.66	10.86	143.18	0.176 7	4 907.9	0.003 7	294.53	119.41
180	70	20	3.0	10.05	7.89	20°11′	492.61	7.00	54.73	101.11	3.17	14.76	553.83	7.42	67.22	52.89	39.89	1.99	13.72	12.59	166.47	0.301 6	5 652.2	0.004 5	353.32	138.92

附表 8.21　冷弯薄壁斜卷边 Z 形钢的规格及截面特性（按《冷弯薄壁型钢结构技术规范》计算）

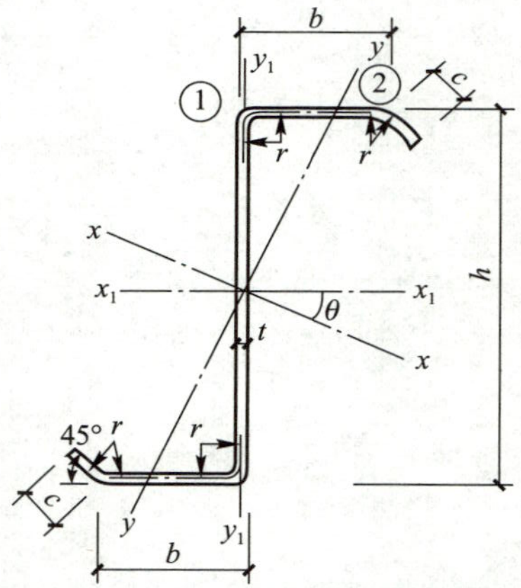

尺寸/mm				截面面积 /cm²	每米长质量 /(kg·m⁻¹)	θ/°	x_1-x_1			y_1-y_1			$x-x$				$y-y$				I_{x1y1} /cm⁴	I_t /cm⁴	I_ω /cm⁶	k /cm⁻¹	$W_{\omega1}$ /cm⁴	$W_{\omega2}$ /cm⁴
h	b	a	t				I_{x1} /cm⁴	i_{x1} /cm	W_{x1} /cm³	I_{y1} /cm⁴	i_{y1} /cm	W_{y1} /cm³	I_x /cm⁴	i_x /cm	W_{x1} /cm³	W_{x2} /cm³	I_y /cm⁴	i_y /cm	W_{y1} /cm³	W_{y2} /cm³						
140	50	20	2.0	5.392	4.233	21.986	162.065	5.482	23.152	39.363	2.702	6.234	185.962	5.872	30.377	22.470	15.466	1.694	6.107	8.067	59.189	0.071 9	1 298.621	0.004 6	118.281	59.185
140	50	20	2.2	5.909	4.638	21.998	176.813	5.470	25.259	42.928	2.695	6.809	202.926	5.860	33.352	24.544	16.814	1.687	6.659	8.823	64.638	0.095 3	1 407.575	0.005 1	130.014	64.382
140	50	20	2.5	6.676	5.240	22.018	198.446	5.452	28.349	48.154	2.686	7.657	227.828	5.842	37.792	27.598	18.771	1.667	7.468	9.941	72.659	0.139 1	1 563.520	0.005 8	147.558	71.926
160	60	20	2.0	6.192	4.861	22.104	246.830	6.313	30.854	60.271	3.120	8.240	283.680	6.768	40.271	29.603	23.422	1.945	8.018	9.554	90.733	0.082 6	2 559.036	0.003 5	175.940	82.223
160	60	20	2.2	6.789	5.329	22.113	269.592	6.302	33.699	65.802	3.113	9.009	309.891	6.756	44.225	32.367	25.503	1.938	8.753	10.450	99.179	0.109 5	2 779.796	0.003 9	193.430	89.569
160	60	20	2.5	7.676	6.025	22.128	303.090	6.284	37.886	73.935	3.104	10.143	348.487	6.738	50.132	36.445	28.537	1.928	9.834	11.775	111.642	0.159 9	3 098.400	0.004 4	219.605	100.26
180	70	20	2.0	6.992	5.489	22.185	356.620	7.141	39.624	87.417	3.536	10.514	410.315	7.660	51.502	37.679	33.722	2.196	10.191	11.289	131.674	0.093 2	4 643.994	0.002 8	249.609	111.10
180	70	20	2.2	7.669	6.020	22.193	389.835	7.130	43.315	95.518	3.529	11.502	448.592	7.648	56.570	41.226	36.761	2.189	11.136	12.351	144.034	0.123 7	5 052.769	0.003 1	274.455	121.13
180	70	20	2.5	8.676	6.810	22.205	438.835	7.112	48.759	107.460	3.519	12.964	505.087	7.630	61.143	46.471	41.208	2.179	12.528	13.923	162.307	0.180 7	5 654.157	0.003 5	311.661	135.81
200	70	20	2.0	7.392	5.803	19.305	455.430	7.849	45.543	87.418	3.439	10.514	506.903	8.281	56.094	43.435	35.944	2.205	11.109	11.339	146.944	0.098 6	5 882.294	0.002 5	302.430	123.44

续表

尺寸/mm				截面面积/cm²	每米长质量/(kg·m⁻¹)	θ/°	x_1-x_1			y_1-y_1			$x-x$				$y-y$				I_{x1y1}/cm⁴	I_t/cm⁴	I_ω/cm⁶	k/cm⁻¹	$W_{\omega1}$/cm⁴	$W_{\omega2}$/cm⁴
h	b	a	t				I_{x1}/cm⁴	i_{x1}/cm	W_{x1}/cm³	I_{y1}/cm⁴	i_{y1}/cm	W_{y1}/cm³	I_x/cm⁴	i_x/cm	W_{x1}/cm³	W_{x2}/cm³	I_y/cm⁴	i_y/cm	W_{y1}/cm³	W_{y2}/cm³						
200	70	20	2. 2	8. 109	6. 365	19. 309	498. 023	7. 837	49. 802	95. 520	3. 432	11. 503	554. 346	8. 268	61. 618	47. 533	39. 197	2. 200	12. 138	12. 419	160. 756	0. 130 8	6 403. 010	0. 002 8	332. 826	134. 66
200	70	20	2. 5	9. 176	7. 203	19. 314	560. 921	7. 819	56. 092	107. 462	3. 422	12. 964	624. 421	8. 249	69. 876	53. 596	43. 962	2. 189	13. 654	14. 021	181. 182	0. 191 2	7 160. 113	0. 003 2	378. 452	151. 08
220	75	20	2. 0	7. 992	6. 274	18. 300	592. 787	8. 612	53. 890	103. 580	3. 600	11. 751	652. 866	9. 038	65. 085	51. 328	43. 500	2. 333	12. 829	12. 343	181. 661	0. 106 6	8 483. 845	0. 002 2	383. 110	148. 38
220	75	20	2. 2	8. 769	6. 884	18. 302	648. 520	8. 600	58. 956	113. 220	3. 593	12. 860	714. 276	9. 025	71. 501	56. 190	47. 465	2. 327	14. 023	13. 524	198. 803	0. 141 5	9 242. 136	0. 002 4	421. 750	161. 95
220	75	20	2. 5	9. 926	7. 792	18. 305	730. 926	8. 581	66. 448	127. 443	3. 583	14. 500	805. 086	9. 006	81. 096	63. 392	53. 283	2. 317	15. 783	15. 278	224. 175	0. 206 8	10 347. 65	0. 002 8	479. 804	181. 87
250	75	20	2. 0	8. 592	6. 745	15. 389	799. 640	9. 647	63. 791	103. 580	3. 472	11. 752	856. 690	9. 985	71. 976	61. 841	46. 532	2. 327	14. 553	12. 090	207. 280	0. 114 6	11 298. 92	0. 002 0	485. 919	169. 98
250	75	20	2. 2	9. 429	7. 402	15. 387	875. 145	9. 634	70. 012	113. 223	3. 465	12. 860	937. 579	9. 972	78. 870	67. 773	50. 789	2. 321	15. 946	14. 211	226. 864	0. 152 1	12 314. 34	0. 002 2	535. 491	184. 53
250	75	20	2. 5	10. 676	8. 380	15. 385	986. 898	9. 615	78. 952	127. 447	3. 455	14. 500	1 057. 30	9. 952	89. 108	76. 584	57. 044	2. 312	18. 014	16. 169	255. 870	0. 222 4	13 797. 02	0. 002 5	610. 188	207. 38

附录 9　锚栓和螺栓规格

附表 9.1　Q235 钢（Q345 钢）锚栓规格

锚栓直径 d/mm	锚栓截面有效面积 A_e/cm²	连接尺寸				锚固长度及细部尺寸								每个锚栓的受拉承载力设计值 N_t^a/kN
		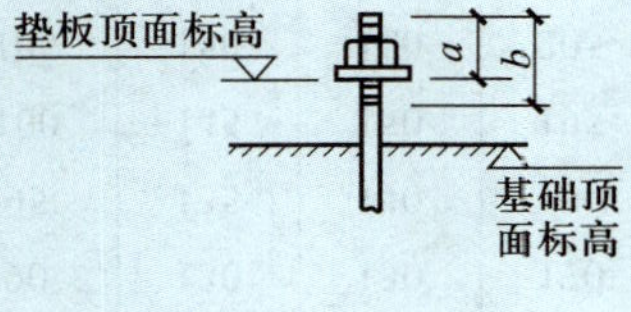				Ⅰ型 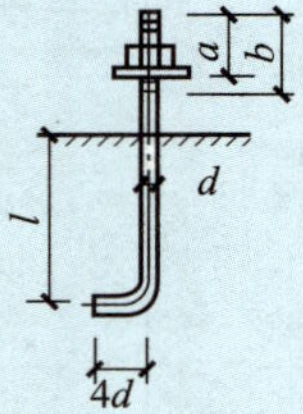		Ⅱ型 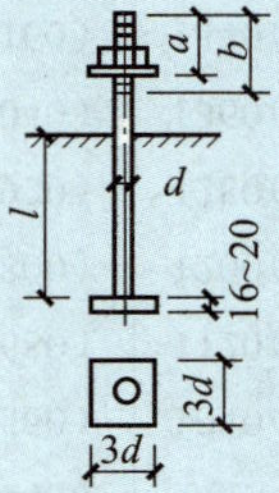		Ⅲ型 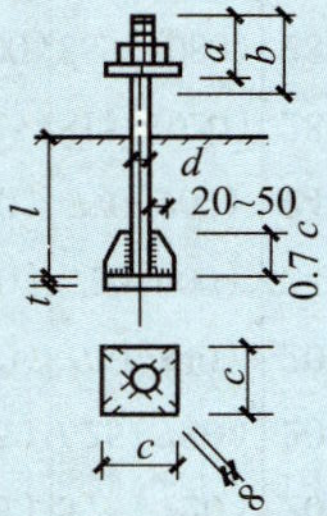				
		单螺母		双螺母		锚固长度 l/mm						锚板尺寸		
						基础混凝土的强度等级								
		a/mm	b/mm	a/mm	b/mm	C15	C20	C15	C20	C15	C20	c/mm	t/mm	
20	2.448	45	75	60	90	500（600）	400（500）							34.3（44.1）
22	3.034	45	75	65	95	550（660）	440（550）							42.5（54.6）
24	3.525	50	80	70	100	600（720）	480（600）							49.4（63.5）
27	4.594	50	80	75	105	675（810）	540（675）							64.3（82.7）
30	5.606	55	85	80	110	750（900）	600（750）							78.5（100.9）
33	6.936	55	90	85	120	825（990）	660（625）							97.1（124.8）
36	8.167	60	95	90	125	900（1080）	720（900）							114.3（147.0）
39	9.758	65	100	95	130	1000（1170）	780（1000）							136.6（175.6）
42	11.21	70	105	100	135			1050（1260）	840（1050）	630（755）	505（630）	140	20	156.9（201.8）
45	13.06	75	110	105	140			1125（1350）	900（1125）	675（810）	540（675）	140	20	182.8（235.1）

续表

锚栓直径 d/mm	锚栓截面有效面积 A_e/cm^2	连接尺寸				锚固长度及细部尺寸								每个锚栓的受拉承载力设计值 N_t^a/kN
		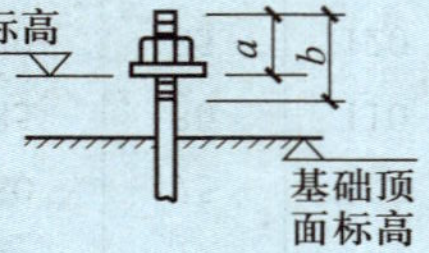 垫板顶面标高 基础顶面标高				Ⅰ型 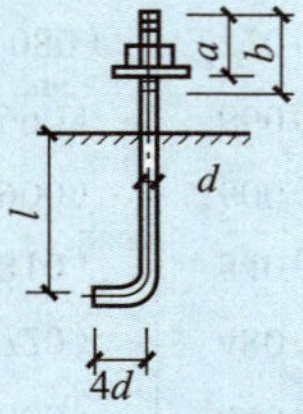		Ⅱ型 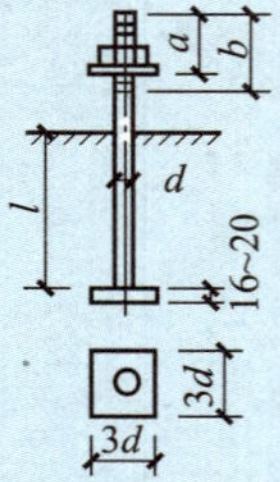		Ⅲ型 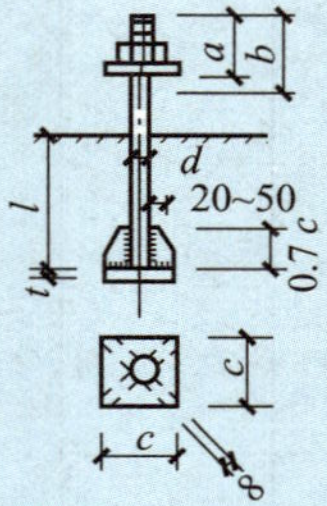				
		单螺母		双螺母		锚固长度 l/mm						锚板尺寸		
						基础混凝土的强度等级								
		a/mm	b/mm	a/mm	b/mm	C15	C20	C15	C20	C15	C20	c/mm	t/mm	
48	14.73	80	120	110	150			1200(1440)	960(1200)	720(865)	575(720)	200	20	206.2(265.1)
52	17.58	85	125	120	160			1300(1560)	1040(1300)	780(935)	625(780)	200	20	246.1(316.4)
56	20.30	90	130	130	170			1400(1680)	1120(1400)	840(1010)	670(840)	200	20	284.2(365.4)
60	23.62	95	135	140	180			1500(1800)	1200(1500)	900(1080)	720(900)	240	25	330.7(425.2)
64	26.76	100	145	150	195			1600(1920)	1280(1600)	960(1150)	770(960)	240	25	374.6(481.7)
68	30.55	105	150	160	205			1700(2040)	1360(1700)	1020(1225)	815(1020)	280	30	427.7(549.9)
72	34.60	110	155	170	215			1800(2160)	1440(1800)	1080(1300)	865(1080)	280	30	484.4(622.8)
76	38.89	115	160	180	225			1900(2280)	1520(1900)	1140(1370)	910(1140)	320	30	544.5(700.0)
80	43.44	120	165	190	235			2000(2400)	1600(2000)	1200(1440)	960(1200)	350	40	608.2(781.9)
85	49.48	130	180	200	250			2125(2550)	1700(2125)	1275(1530)	1020(1275)	350	40	692.7(890.6)
90	55.91	140	190	210	260			2250(2700)	1800(2250)	1350(1620)	1080(1350)	400	40	782.7(1006)
95	62.73	150	200	220	270			2375(2850)	1900(2375)	1425(1710)	1140(1425)	450	45	878.2(1129)
100	69.95	160	210	230	280			2500(3000)	2000(2500)	1500(1800)	1200(1500)	500	45	979.3(1259)

注：Q345 钢锚栓规格按括号内的数值选取。

附表 9.2　普通螺栓规格

公称直径 d/mm	12	14	16	18	20	22	24	27	30
螺距 t/mm	1.75	2.0	2.0	2.5	2.5	2.5	3.0	3.0	3.5
中径 d_2/mm	10.863	12.701	14.701	16.376	18.376	20.376	22.052	25.052	27.727
内径 d_1/mm	10.106	11.835	13.835	15.294	17.294	19.294	20.752	23.752	26.211
计算净截面积 A_n/cm^2	0.84	1.15	1.57	1.92	2.45	3.03	3.53	4.59	5.61

注：净截面积按下式算得：$A_n=\frac{\pi}{4}\left(\frac{d_2+d_3}{2}\right)^2$，式中 $d_3=d_1-0.1444\ t$。

附录 10　型钢螺栓线距表

附表 10.1　热轧角钢的规线距离

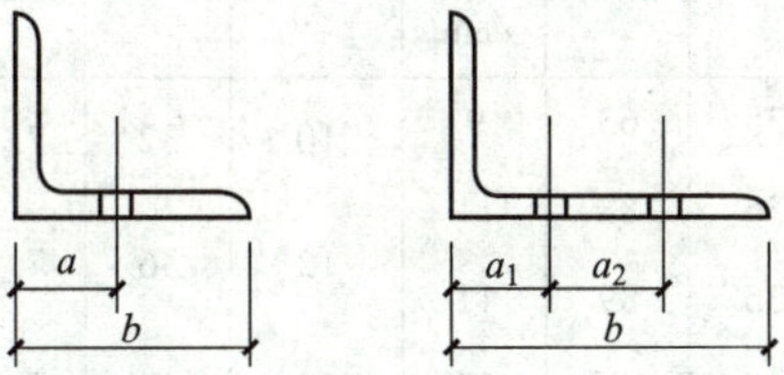

边宽 b/mm	单行排列		交错排列			双行排列		
	a/mm	孔的最大直径/mm	a_1/mm	a_2/mm	孔的最大直径/mm	a_1/mm	a_2/mm	孔的最大直径/mm
45	25	11	—	—	—	—	—	—
50	30	13	—	—	—	—	—	—
56	30	15	—	—	—	—	—	—
63	35	17	—	—	—	—	—	—
70	40	19	—	—	—	—	—	—
75	45	21.5	—	—	—	—	—	—
80	45	21.5	—	—	—	—	—	—
90	50	23.5	—	—	—	—	—	—
100	55	23.5	—	—	—	—	—	—
110	60	25.5	—	—	—	—	—	—
125	70	25.5	55	35	23.5	—	—	—
140	—	—	60	45	23.5	55	60	19
150	—	—	60	65	25.5	60	65	21.5
160	—	—	60	65	25.5	60	70	23.5
180	—	—	—	—	—	65	80	25.5
200	—	—	—	—	—	80	80	25.5

附表 10.2 热轧工字钢的规线距离

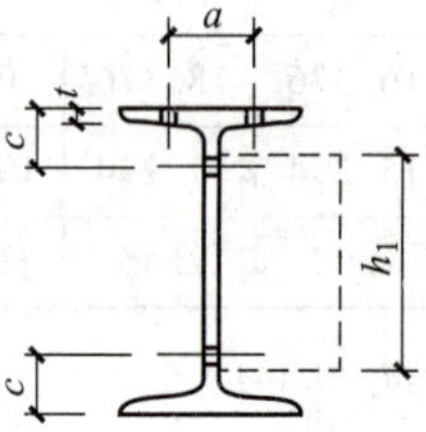

t——翼缘在规线处的厚度；
h_1——连接件的最大高度。

普通工字钢

型号	翼缘 a/mm	翼缘 t/mm	翼缘 最大孔径/mm	腹板 c/mm	腹板 h_1/mm	腹板 最大孔径/mm
10	36	7.6	11	35	63	9
12	42	8.2	11	35	88	11
12.6	42	8.2	11	35	89	11
14	44	9.2	13	40	103	13
16	44	10.2	15	45	119	15
18	50	10.7	17	50	137	17
20a 20b	54	11.5	17	50	155	17
22a 22b	54	12.8	19	50	171	19
24a 24b	64	13.0	21.5	60	187	21.5
25a 25b	64	13.0	21.5	60	197	21.5
27a 27b	64	13.9	21.5	60	216	21.5
28a 28b	64	13.9	21.5	60	226	21.5
30a 30b 30c	68	14.6	21.5	65	243	21.5
32a 32b 32c	70	15.3	21.5	65	260	21.5

轻型工字钢

型号	翼缘 a/mm	翼缘 t/mm	翼缘 最大孔径/mm	腹板 c/mm	腹板 h_1/mm	腹板 最大孔径/mm
10	32	7.1	9	35	70	9
12	36	7.2	11	35	88	11
14	40	7.4	13	40	107	13
16	46	7.7	13	40	125	15
18	50	8.0	15	45	143	15
18a	54	8.2	17	45	142	15
20	54	8.3	17	50	161	17
20a	60	8.5	19	50	160	17
22	60	8.6	19	55	178	21.5
22a	64	8.8	21.5	55	178	21.5
24	60	9.5	19	55	196	21.5
24a	70	9.5	21.5	55	195	21.5
27	70	9.5	21.5	60	224	21.5
27a	70	9.9	23.5	60	222	23.5
30	70	9.9	23.5	65	251	23.5

续表

普通工字钢						
型号	翼缘			腹板		
	a/mm	t/mm	最大孔径/mm	c/mm	h_1/mm	最大孔径/mm
36a 36b 36c	74	16.1	23.5	65	298	23.5
40a 40b 40c	80	16.5	23.5	70	336	23.5
45a 45b 45c	84	18.1	25.5	75	380	25.5
50a 50b 50c	94	19.6	25.5	75	424	25.5
55a 55b 55c	104	20.1	25.5	80	470	25.5
56a 56b 56c	104	20.1	25.5	80	480	25.5
63a 63b 63c	110	21.0	25.5	80	546	25.5

轻型工字钢						
型号	翼缘			腹板		
	a/mm	t/mm	最大孔径/mm	c/mm	h_1/mm	最大孔径/mm
30a	80	10.4	23.5	65	248	23.5
33	80	10.8	23.5	65	277	23.5
36	80	12.1	23.5	65	302	23.5
40	80	12.8	23.5	70	339	25.5
45	90	13.9	23.5	70	384	25.5
50	100	14.9	25.5	75	430	25.5
55	100	16.2	28.5	80	475	28.5
60	110	17.2	28.5	80	518	28.5
65	110	19.0	28.5	85	561	28.5
70	120	20.2	28.5	90	604	28.5
70a	120	23.5	28.5	100	598	28.5
70b	120	27.8	28.5	100	591	28.5

附表 10.3 热轧槽钢的规线距离

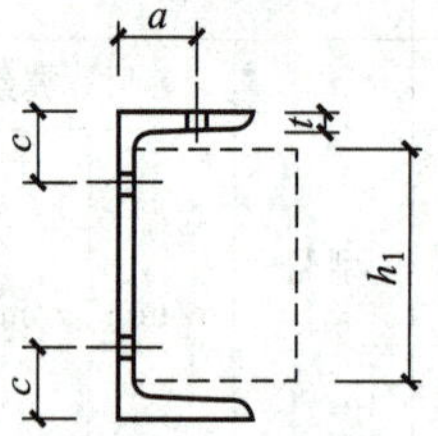

t——翼缘在规线处的厚度；
h_1——连接件的最大高度。

普通槽钢

型号	翼缘 a/mm	翼缘 t/mm	翼缘 最大孔径/mm	腹板 c/mm	腹板 h_1/mm	腹板 最大孔径/mm
5	20	7.1	11	—	26	—
6.3	22	7.5	11	—	32	—
6.5	22	7.5	11	—	34	—
8	25	7.9	13	—	47	—
10	28	8.4	13	35	63	11
12	30	8.9	17	45	79	13
12.6	30	8.9	17	45	85	13
14a 14b	35	9.4	17	45	99	17
16a 16b	35	10.1	21.5	50	117	21.5
18a 18b	40	10.5	21.5	55	135	21.5
20a 20b	45	10.7	21.5	55	153	21.5
22a 22b	45	11.4	21.5	60	171	21.5
24a 24b 24c	50	11.7	21.5	60	187	21.5
25a 25b 25c	50	11.7	21.5	60	197	21.5
27a 27b 27c	50	12.4	25.5	65	215	25.5

轻型槽钢

型号	翼缘 a/mm	翼缘 t/mm	翼缘 最大孔径/mm	腹板 c/mm	腹板 h_1/mm	腹板 最大孔径/mm
5	20	6.8	9	—	22	—
6.5	20	7.2	11	—	37	—
8	25	7.1	11	—	50	—
10	30	7.1	13	30	68	9
12	30	7.6	17	40	86	13
14	35	7.7	17	45	104	15
14a	35	8.5	17	45	102	15
16	40	7.8	19	45	122	17
16a	40	8.6	19	45	120	17
18	40	8.0	21.5	50	140	19
18a	45	8.8	23.5	50	138	19
20	45	8.6	23.5	55	158	21.5
20a	50	9.0	23.5	5	156	21.5
22	50	8.9	25.5	60	175	23.5

续表

普通槽钢						
型号	翼缘			腹板		
	a/mm	t/mm	最大孔径/mm	c/mm	h_1/mm	最大孔径/mm
28a 28b 28c	50	12.4	25.5	65	225	25.5
30a 30b 30c	50	13.4	25.5	70	242	25.5
32a 32b 32c	50	14.2	25.5	70	260	25.5
36a 36b 36c	60	15.7	25.5	75	291	25.5
40a 40b 40c	60	17.9	25.5	75	323	25.5

轻型槽钢						
型号	翼缘			腹板		
	a/mm	t/mm	最大孔径/mm	c/mm	h_1/mm	最大孔径/mm
22a	50	9.8	25.5	60	173	23.5
24	50	9.8	25.5	65	192	25.5
24a	60	9.7	25.5	65	190	25.5
27	60	9.6	25.5	65	220	25.5
30	60	10.3	25.5	65	247	25.5
33	60	11.3	25.5	70	273	25.5
36	70	11.5	25.5	70	300	25.5
40	70	12.7	25.5	75	335	25.5

参考文献

[1] 钟善桐．钢结构[M]．北京:中国建筑工业出版社,1988.

[2] 王国周．钢结构原理与设计[M]．北京:清华大学出版社,1993.

[3] 夏志斌,姚谏．钢结构[M]．杭州:浙江大学出版社,1998.

[4] 沈祖炎．钢结构基本原理[M]．北京:中国建筑工业出版社,2000.

[5] 魏明钟．钢结构[M]．武汉:武汉理工大学出版社,2002.

[6] 陈绍蕃,顾强．钢结构:上册 钢结构基础[M]．北京:中国建筑工业出版社,2003.

[7] 陈绍蕃．钢结构设计原理[M].4 版．北京:科学出版社,2016.

[8] 沈世钊．悬索结构设计[M].2 版．北京:中国建筑工业出版社,2006.

[9] 若林實．铁骨構造学詳論[M]．東京:丸善株式會社,1985.

[10] 陈骥．钢结构稳定理论与设计[M]．北京:科学出版社,2001.

[11] Theodore V. Galambos, GUIDE to STABILITY DESIGN CRITERIA for METAL STRUCTURES 5th Ed. [M]. New York:John Wiley & Sons,Inc. 1998.

[12] B. B. Бцрюлева. Проектироъание Металлических Конструкций [M]. Ленинград Стройиэдат,1990.

[13] 田锡唐．焊接结构[M]．北京:机械工业出版社,1982.

[14] 日本钢结构协会．钢结构技术总览(建筑篇)[S]．陈以一,傅功义,译．北京:中国建筑工业出版社,2003.

[15] 史美堂．金属材料及热处理[M]．上海:上海科学技术出版社,1980.

[16] 王光煜．钢结构缺陷及其处理[M]．上海:同济大学出版社,1988.

[17] 中华人民共和国国家质量监督检验检疫局．碳素结构钢:GB/T 700—2006[S]．北京:中国标准出版社,2006.

[18] 中华人民共和国国家质量监督检验检疫局．低合金高强度结构钢:GB/T 1591—2018[S]．北京:中国标准出版社,2008.

[19] 中华人民共和国建设部．建筑结构可靠性设计统一标准:GB 50068—2018[S]．北京:中国建筑工业出版社,2018.

[20] 冶金工业部建筑研究总院．钢结构工程施工质量验收规范:GB 50205—2001[S]．北京:中国计划出版社,2001.

[21] 中华人民共和国住房和城乡建设部,钢结构设计标准:GB 50017—2017[S]．北京:中国建筑工业出版社,2017.

[22] 中华人民共和国住房和城乡建设部．钢结构设计标准条文说明:GB 50017—2017[S]．北京:中国建筑工业出版社,2017.

[23] 湖北省发展计划委员会．冷弯薄壁型钢结构技术规范:GB 50018—2002[S]．北

京:中国计划出版社,2003.

[24] 中国建筑科学研究院．建筑抗震设计规范:GB 50011—2010[S]. 北京:中国建筑工业出版社,2010.

[25] 中国建筑标准设计研究院有限公司．高层民用建筑钢结构技术规程:JGJ 99—2015[S]. 北京:中国建筑工业出版社,2015.

[26] 中国建筑标准设计研究院有限公司．门式刚架轻型房屋钢结构技术规范:GB 51022—2015[S]. 北京:中国建筑工业出版社,2016.

[27] AS 4100-1998. Steel Structures[S]. Standard Australian,1998.

[28] European Committee for Standardization, Design of Steel Structures-Part-1: General Rules and Rules for Buildings:EN 1993-1-1:2005 Eurocode 3[S]. 2005.

[29] European Committee for Standardization, Design of Steel Structures-Part-10: Material Toughness and Through-thickness Properties:EN 1993-1-10:2005 Eurocode 3[S]. 2005.

[30] ANSI/AISC 360-16 Specification for Structural Steel Buildings[S]. American Institute of Steel Construction,2016.

[31] Code of Practice for Structural Use of Steel[S]. The Government of the Hong Kong Special Administrative Region,2005.

[32] 刘永华,张耀春．空间钢框架精细塑性铰法高等分析[J]. 工程力学．2006,23(1):108-116.

[33] 周绪红,万红霞,莫涛．轴心压杆截面设计时选定长细比 λ 的简便方法[J]. 钢结构,1996(4):37-40.

[34] 武振宇,直接焊接钢管节点静力工作性能研究[D]. 哈尔滨建筑工程学院,1997.

[35] 李星荣,魏才昂．钢结构连接节点手册[M]. 北京:中国建筑工业出版社,2005.

[36] 重庆钢铁设计研究院．工业厂房钢结构设计手册[M]. 北京:中国建筑工业出版社,1983.

[37] A. H. 什基涅夫．建筑工程事故及其发生原因与预防方法[M]. 田宜耕,译．北京:中国建筑工业出版社,1983.

[38] 张文元．高层建筑钢结构[M]. 哈尔滨:哈尔滨工业大学出版社,2017.

[39] 雷宏刚．钢结构事故分析与处理[M]. 北京:中国建材工业出版社,2003.

[40] Jeng-Fuh Ger, et. al, Collapse Behavior of Pino Suarez Building During 1985 Mexico City Earthquake, Journal of Structure Engineering, Vol. 119, No. 3, February, 1993:852-870.

[41] E. N. 别列尼亚．金属结构[M]. 颜景田,译．哈尔滨:哈尔滨工业大学出版社,1988.

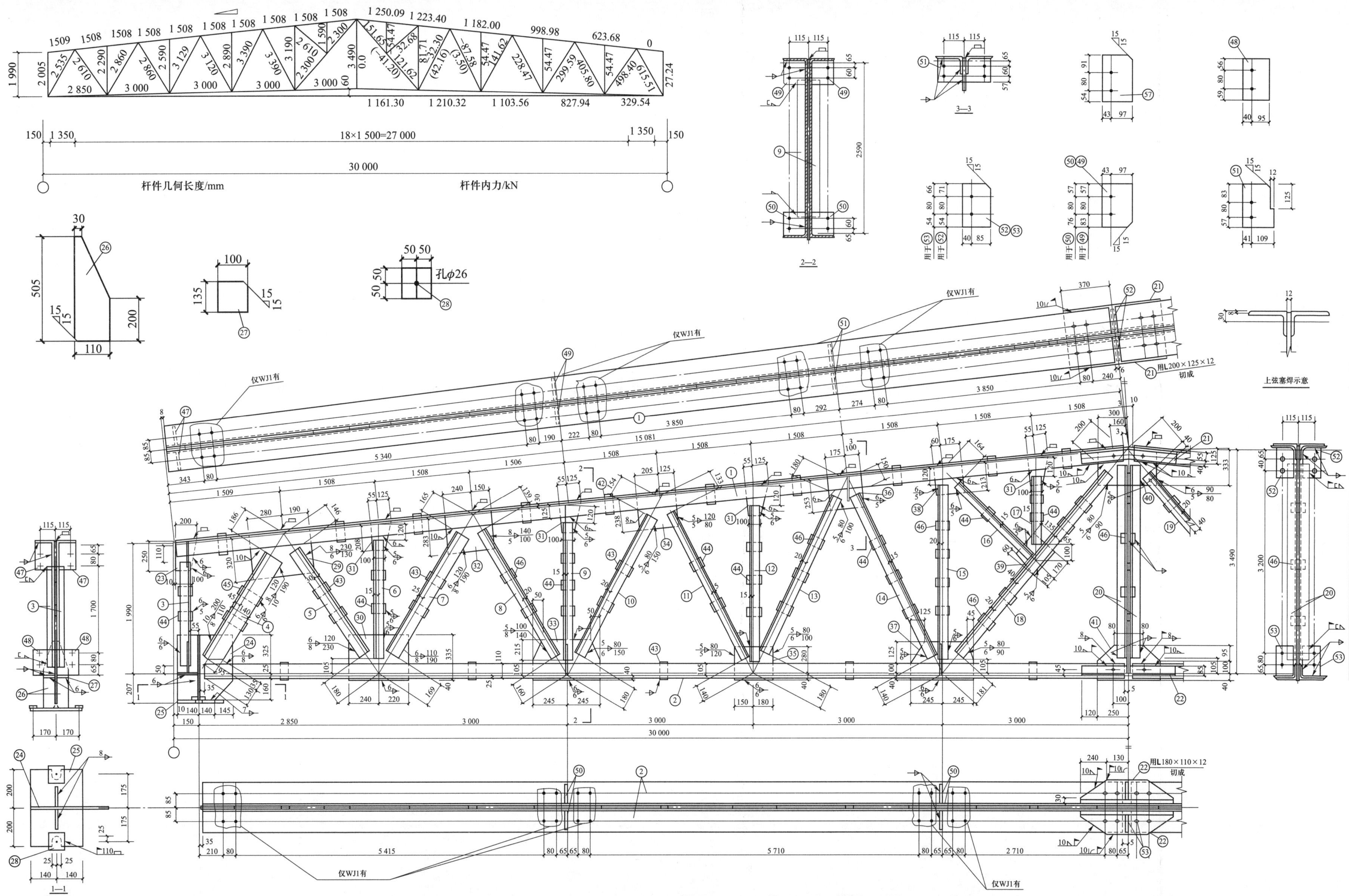

材料表								
构件编号	零件号	截面	长度	数量		质量/kg		
				正	反	每个	共计	合计
	1	L200×125×12	15 070	2	2	448.5	1 794	
	2	L180×110×12	14 810	2	2	391.9	1 568	
	3	L63×5	1 830	4		8.8	35	
	4	L140×90×10	2 220	2	2	38.8	155	
	5	L100×7	2 280	4		24.7	99	
	6	L50×5	2 065	4		7.8	31	
	7	L100×7	2 535	4		27.5	110	
	8	L80×5	2 560	4		15.9	64	
	9	L63×5	2 365	4		11.4	46	
	10	L90×5	2 795	4		23.3	93	
	11	L50×5	2 845	4		10.7	43	
	12	L63×5	2 665	4		12.8	51	
	13	L80×5	3 025	4		18.8	75	
	14	L63×5	3 095	4		14.9	80	
	15	L63×5	2 965	4		14.3	57	
	16	L50×5	2 965	4		7.1	28	
	17	L50×5	1 875	2		5.2	21	
	18	L70×5	4 230	2		22.8	46	
	19	L70×5	4 230	1	1	22.8	46	
	20	L63×5	3 260	2		15.7	31	
	21	L200×125×12	740	2		22.0	44	
	22	L180×110×12	740	2		19.6	39	
	23	−200×12	250	2		4.7	9	
	24	−425×14	505	2		23.6	47.2	
	25	−300×22	400	2		20.6	41.2	5 061
	26	−110×12	505	4		5.2	20.8	
	27	−100×12	135	4		1.3	5.1	
	28	−100×20	100	4		1.6	6	
	29	−365×12	505	2		17.4	35	
	30	−390×12	460	2		16.9	33.8	
	31	−180×12	230	8		3.9	31	
	32	−305×12	390	2		11.2	22	
	33	−360×12	490	2		16.6	33	
	34	−260×12	330	2		8.1	16.2	
	35	−320×12	330	2		9.9	20	
	36	−270×12	270	2		1.9	17	
	37	−265×12	490	2		12.2	24	
	38	−235×12	235	2		5.2	10	
	39	−200×12	275	2		5.2	10	
	40	−355×12	600	1		20.1	20	
	41	−235×12	500	1		11.1	11	
	42	−60×12	145	20		0.8	18	
	43	−60×12	130	22		0.7	15	
	44	−60×12	85	44		0.6	22	
	45	−60×12	180	4		0.9	4	
	46	−60×12	100	23		0.6	14	
	47	−140×8	225	4		2.0	8	
	48	−135×8	195	4		1.7	7	
	49	−140×8	220	4		1.9	8	
	50	−140×8	215	8		1.9	15	
	51	−140×8	220	4		2.1	8	
	52	−125×8	205	2		1.6	3	
	53	−125×8	200	2		1.6	3	

说明：1. 未注明的角焊缝焊脚尺寸h_f为6 mm。但在仅一侧注有焊脚尺寸h_f的双面角焊缝符号中，另一侧未注明的焊脚尺寸则与h_f相同。
2. 未注明长度的焊缝一律满焊。
3. 未注明的螺栓为M20，孔为ϕ21.5。
4. 钢材采用Q235−B级。
5. 焊条采用E43型

图 9.7.22　屋架施工图　例题 9.3 图

宁夏印象

刘泉龙作品集

刘泉龙 著

黄河出版传媒集团
阳光出版社

图书在版编目(CIP)数据

宁夏印象:刘泉龙作品集 / 刘泉龙著 . -- 银川 : 阳光出版社, 2023.12

ISBN 978-7-5525-7200-1

Ⅰ. ①宁… Ⅱ. ①刘… Ⅲ. ①新闻 - 作品集 - 中国 - 当代 Ⅳ. ① I253

中国国家版本馆 CIP 数据核字(2024)第 012190 号

宁夏印象：刘泉龙作品集

NINGXIA YINXIANG：LIU QUANLONG ZUOPINJI

刘泉龙 著

责任编辑 李媛媛 丁丽萍

封面设计 清 泉

责任印制 岳建宁

黄河出版传媒集团 阳光出版社 出版发行

出 版 人 薛文斌

地 址 宁夏银川市北京东路 139 号出版大厦(750001)

网 址 http://www.ygchbs.com

网上书店 http://www.shop129132959.taobao.com

电子信箱 yangguangchubanshe@163.com

邮购电话 0951-5047283

经 销 全国新华书店

印刷装订 宁夏凤鸣彩印广告有限公司

印刷委托书号 (宁)0028372

开 本 787 mm × 1092 mm 1/16

印 张 18.75

字 数 250 千字

版 次 2023 年 12 月第 1 版

印 次 2023 年 12 月第 1 次印刷

书 号 ISBN 978-7-5525-7200-1

定 价 198.00 元

序

我在海南岛休养期间，接到泉龙同志的电话，请求为他即将付梓的《宁夏印象：刘泉龙作品集》写个序。在南国温暖的阳光里，我翻看着厚厚的样书，感慨良多，但似用两句话表述较为准确：记者身处蛋丸之地，画面镜头常新！

记得在 1995 年春天，时任新华社社长郭超人同志在宁夏考察后，叮嘱我率队到西海固地区就基层党组织建设作专题调研。我“领命”前往时，仅带了正在宁夏分社实习的武警宁夏总队新闻干部刘泉龙同志（想法是考察选用他担任新华社宁夏分社摄影记者）。进入西海固地区时，当地正遭受着 60 年不遇的大旱，所到之处满目焦黄，风沙扑面。我们一边做基层党组织建设调查，一边深入了解灾情，历时 20 多天、行程 2000 多公里，采访了这一地区的 16 个乡镇、30 多个自然村，踏进 60 多户农家，用第一手资料写出了一组三篇深度内部调研稿——《西海固灾情报告》，党中央高度重视，中央领导作出批示，国务院专门派出工作组赴宁夏指导抗旱救灾工作，反响强烈，稿件当年获评新华社社级好稿。泉龙同志尚未正式跨入新华社大门，就有了这样的宝贵经历，应该说为他今后的新闻生涯涂上了厚重的从业底色。在朝夕相处的 20 多天里，印象中的泉龙同志忠厚朴实、勤奋好学，是一块当记者的料子。现在看来，他交出的答卷是合格的。

画面如其人。泉龙同志为人低调，不事张扬，比如样书中展现六盘山春天的一幅照片，镜头下少有山花烂漫，更多显现的是层层递进的厚重之绿。后来他将照片放大送我时，我欣然题字：春染六盘。再看看样书里，无论是偏远山村的炊烟、辽阔草原的骏马，还是催人泪下的人物故事……无不饱含着一名大山之子的拳拳情怀。当然，遴选的图片，只是泉龙同志众多作品中的一部分，照片里的每一个村庄、每一个群体、每一户人家，讲述的也都是最普通的人和事。这些实实在在的影像故事，不见得多么绚烂，有的甚至还带着些许苦涩，但如同时间长河里跳跃的点滴水珠，折射出了火热时代的历史瞬间……

泉龙同志无论是当摄影记者，还是后来到办公室从事行政工作，都衷情相机，热爱摄影。在这本书中，可以清晰地看到他建立的影像信息数据，这为我们提供了既有空间跨度，又有时间厚度的珍贵影像文献资料。

写了几句话，是为序！

張錦

2024 年 1 月 26 日

目录

脱贫攻坚

盐池县
生态移民新村
搬迁入住车队
培育文明新风 建设和谐新村

宽带网接入大山里的中学
——新华社传真照片，隆德，2001 年 11 月 24 日

2001 年 11 月 24 日，由中国网通捐资 50 万元兴建的国内第一座 DVB 卫星接入宽带网络电子教室在宁夏西吉县王民乡王民中学正式接通，使连通因特网、局域网教学在干旱贫瘠的西海固腹地大山深处得以实现。电子教室配备的 200 余套软件保证了全部课程及百科知识查询的电子化。

这一天，孩子们像过节一样快乐，卫星接收器吸引了他们好奇的目光。

亘古荒原崛起百万移民区

——新华社传真照片，银川，2002 年 8 月 25 日

现在，红寺堡六乡一镇 48 个行政村已建起中、小学 60 多所，1 万多名移民子女走进了课堂。从同心县新庄集乡搬迁到红寺堡移民区的马文潭（中）就读于民族希望小学，他过去上学要走六七里山路，现在，学校的专车每天义务接送他和同学们上下学。

西海固“苦读娃”艰难求学路

——新华社照片，银川，2003 年 12 月 11 日

宁夏固原市原州区官厅乡高庄村小学三年级语文老师海恒贵在给教室里的炉子生火（摄于 2003 年 12 月 3 日）。

在西海固山区学校，由于缺钱拉煤，老师们常常拣一些树枝给孩子们生火取暖。经历了多年教育扶贫和社会各界的强力支持，宁夏西海固 8 县全部实现了普及初等义务教育，但因穷根太深，这里“苦读娃”的求学路依旧艰难。西海固地区十年九旱，山大沟深，村民生活贫困，居住分散，大多数孩子上学都要走很远的路，且学习条件差，生活负担沉重，“苦读娃”求学仍十分艰辛。

宁夏固原市原州区官厅乡高庄村小学二年级学生海金川（右）在教室里的火炉上烤馍馍（摄于2003年12月3日）。

国家将向西海固地区投入 5 亿多元“普九”
——新华社照片，固原，2004 年 11 月 6 日

宁夏西吉县王民中学的学生利用午休时间到烧水房排队打开水（摄于 2004 年 11 月 4 日）。据介绍，国家将向西海固地区投入 5 亿多元，用于整个西海固地区在 2007 年全面实现普及九年义务教育。目前，西海固地区“普九”步伐正在加快。宁夏南部山区西海固是全国最贫困的地区之一。在长期扶贫实践中，西海固地区不仅基本解决了温饱，教育还被作为“先导工程”优先发展。

一名代课教师和他的学生们
——新华社照片，固原，2006 年 5 月 30 日

代课教师金学明在自家院子里指导学生们上体育课（摄于 2006 年 5 月 29 日）。宁夏同心县丁塘镇金家井村地处宁夏中部干旱山区。从村里到金家井中心小学往返要走近 10 里山路，年龄小的孩子上学非常困难。为此，在当地教育部门及村民委员会的支持下，2000 年 8 月，高中文化程度的金学明主动挪出他家一间房子当教室，办起了金家井村教学点。6 年来，在月收入仅 300 元的情况下，他一个人克服种种困难，承担起教授教学点一、二、三年级和学前班所有课程的工作，使村里适龄儿童能就近入学接受义务教育，已先后有 10 多名教学点的孩子升到了村中心小学就读。目前，他的教学点学生达到 20 名。

女博士情系西海固山里娃

——新华社照片，银川，2004 年 11 月 20 日

林燕平博士在宁夏固原市原州区张易镇驼巷村向一名残疾儿童介绍她带来的书籍（摄于 2004 年 11 月 4 日）。支援西部“博士服务团”成员、中国社会科学院数量经济技术研究所林燕平博士在宁夏挂职工作期间，了解到原州区张易镇有 20 多名孩子因家庭贫困上学困难的情况后，通过各种渠道筹集捐款近万元，资助贫困家庭的孩子上学。

宁夏投入 17 亿元改善贫困地区办学条件
——新华社照片，银川，2008 年 9 月 20 日

宁夏百所标准化学校之一的海原县第三小学学生在语音教室上英语课（摄于 2008 年 9 月 5 日）。为改善南部山区各中小学的办学条件，宁夏回族自治区先后投入 17 亿元实施“国家贫困地区义务教育工程”“中小学危房改造工程”“农村寄宿制学校建设工程”等教育重点工程，翻建、改建、新建校舍面积 242 万平方米，使农村中小学校舍砖瓦率达 95%以上。同时，为贫困地区学校配置大量图书、教学设备等。

宁夏固原市原州区张易乡红庄村小学 12 岁的张甲元（前）在帮家人干活（摄于 2003 年 12 月 4 日）。在西海固地区的农村，上学的孩子回家后都要帮家人干一些力所能及的农活。

最后的教学点

——新华社照片，银川，2003 年 12 月 16 日

宁夏固原市原州区官厅乡后川村教学点的教师海炳林与全体学生合影（摄于 2003 年 12 月 3 日）。这个教学点有 1 男 1 女两名教师，总共教着 17 名孩子。由于后川村地处偏僻深山，小孩子上学很不方便，村民们就将孩子托付给了教学点。近几年，随着教育资源整合步伐的加快，宁夏西海固山区教学点迅速减少。据固原市教育局统计，仅 2003 年 1 年就撤销了 100 个教学点。

大山里的女童
——新华社照片，宁夏，2009 年 11 月 7 日

海琴帮妈妈拉架子车（摄于 2009 年 10 月 22 日）。

山路上，12 岁的海琴拉着架子车帮助妈妈干着繁重的体力活。家里种着 10 多亩山坡地，还养着两头耕牛和 7 只羊，爸爸在县城的建筑工地上打工，海琴的大多数课外时间都围着这些农活转，但海琴的神情里却透着自信与乐观，学习成绩也在全班名列前茅。

在宁夏南部山区的固原市原州区开城镇青石小学，有许多像海琴这样生活在大山里的孩子。在这个十年九旱、水贵如油的偏远地区，一般家庭中的男人都在外地打工，女人在家里种田。青石小学校长马志鹏说，在艰苦环境中长大的山里娃从小就尝到了人世间的酸甜苦辣，他们特别能体贴父母亲的难处。

“我有一个姐姐在县城上高中，我和一个妹妹在村里小学读书。我爱上学，读书是幸福的事，只有好好学习才能走出大山。”海琴在她的日记里写道。

这里的孩子们放学回到家第一件事就是帮着干家务活，之后才挤出时间复习功课。他们懂得生活的艰辛，对于他们中的很多人来说，读书是改变人生命运的唯一出路。

8 年前，一位香港商人捐资 25 万港币，当地政府投资 80 万元人民币扩建了校园。去年，政府补助资金让村民们盖起了新房。国家实行的免教科书费、免杂费、补助寄宿学生的生活费“两免一补”政策，保障了海琴这样女童接受义务教育。

更让海琴惊喜的是，一条高速公路从家门前穿过，给长期封闭在山区的孩子打开了一扇窗，使他们对未来的生活更加充满了憧憬。

海琴说：“我没觉得这有多苦。我最喜欢的人是妈妈，长大后就想当一名制造航天飞机的科学家。”

海琴给牛喂草（摄于 2009 年 10 月 23 日）。

大山里的女童

——新华社照片，宁夏，2009 年 11 月 7 日

海琴在课堂上认真听讲（摄于 2009 年 10 月 23 日）。

山里女童喜做“读书郎”
——新华社传真照片，西海固，2000 年 1 月 13 日

宁夏回族自治区大力改善贫困山区西海固八县 20 万女童入学条件，不断优化女童教育环境，共投入专向资金 300 多万元用于增设女童班、设立女童助学金、修建新校舍等，目前该地区女童入学率达 90%。

图为宁夏西吉县什字乡小学民族女童班的学生走进崭新的教室准备上课。

西海固乡村医生条件亟待改善
——新华社照片，银川，2003 年 12 月 10 日

宁夏固原市原州区张易乡毛庄村 61 岁的乡村医生王文平背着药箱出诊（摄于 2003 年 12 月 2 日）。宁夏西海固贫困山区固原市的 1240 多个行政村中，有 28%的行政村没有卫生室。但西海固 1640 多名乡村医生怀着对农村医疗事业的热爱，每月只有二三十元的工资，走村串巷，肩负繁重的农村防疫、防保及医疗重任，维系着乡村医疗卫生工作的运转。

宁夏西海固迎来丰收年
——新华社传真照片，银川，1996 年 9 月 9 日

宁夏西海固地区 8 个县战胜持续数年的旱灾，夺取夏粮丰收，总产量可达 3.5 亿多公斤，比上年增长 88%。这是隆德县胜利乡胜利村一队农民正在打碾小麦。

西海固农民种桑养蚕脱贫致富

——新华社传真照片，银川，1997 年 7 月 29 日

宁夏西海固地区泾源县农民伍清浚在当地科技人员的指导下，种桑养蚕，走上了脱贫致富之路。从 1989 年起，宁夏回族自治区将蚕丝业列为扶贫项目之一，目前，全自治区桑园总面积达 2 万多亩，走上了桑茧丝一体化和种养加工一条龙的发展之路。

持续干旱造成宁夏干旱带 16 万多人饮水困难
——新华社照片，银川，2009 年 4 月 24 日

宁夏西吉县田坪乡一位农民牵着毛驴往家里驮水（摄于 2004 年 4 月 6 日）。

记者在宁夏回族自治区中部干旱带了解到，近期随着旱情持续蔓延，当地饮水困难人口数量已经超过 16 万人。他们大多数靠远距离拉水、高价买水度日，有的家庭无奈饮用近处的苦咸水。

位于大山深处的宁夏西吉县田坪乡干旱的土地（摄于 2004 年 4 月 6 日）。

宁夏西吉县田坪乡一位农民眼望干渴的土地，期盼着下一场雨（摄于 2004 年 4 月 6 日）。

"送水神兵"
——新华社照片，银川，1997 年 11 月 21 日

宁夏军区给水团官兵从 1996 年 3 月开始，在西海固干旱山区打井找水。截至目前，他们已打井 130 多眼，日总出水量达 11.4 万吨，初步解决了 20 万人和 200 万头牲畜饮水问题，增加农田灌溉面积 3 万亩，被当地群众誉为"送水神兵"。

7 月，给水团官兵在固原县头营乡二营村打出了一口日出水量达 500 多吨的甜水井，结束了该村农民吃水难的历史，乐坏了众乡亲。

西海固农民打井抗旱保春苗
——新华社传真照片，银川，1997年4月25日

处西海固干旱地区的宁夏回族自治区隆德县联财乡农民黄学习近日打出一口可灌溉300亩农田的土圆井。入春以来，该地区农民掀起了打井抗旱保春苗的热潮。截至目前，已打井1.2万余眼，可灌溉农田20多万亩。

塞上江南放异彩——宁夏回族自治区成立40周年画刊
——新华社照片，银川，1998年10月20日

春秋40载，塞上越千年。宁夏回族自治区成立40年来，在国家的大力扶持和回汉各族人民的团结奋斗下，经济、社会发生了根本性的变化。目前，宁夏经济发展已进入历史上最快的时期，到处是欣欣向荣的景象。530万回汉人民正以崭新的姿态迎接21世纪新的跨越。

国家“九五”重点建设工程——宁夏扶贫扬黄灌溉工程正在加紧建设，前期工程已取得重大进展。建成后的扬黄灌溉工程，将利用黄河水资源开发黄河两岸200多万亩荒地，安置山区移民，从根本上解决宁夏南部山区100万人口致富问题。

西海固黄土旱塬引来黄河水
——新华社照片，银川，2003 年 10 月 26 日

2003 年 10 月 26 日，宁夏西海固地区的固原市原州区黑城镇小河村一位老人在水渠旁高兴地看着黄河水流进干涸村庄。当日，宁夏扶贫扬黄固海扩灌工程全线通水，滚滚黄河水经过 12 级扬水泵站被引上“十年九旱”的西海固黄土旱塬。固海扩灌区是宁夏扶贫扬黄灌溉工程一期开发建设的两片灌区之一，可灌溉土地 55 万亩，可使当地饱尝干旱之苦的 27 万多贫困农民受益。

宁夏西海固推广农业实用技术抗旱魔
——新华社传真照片，北京，1999 年 8 月 13 日

被称为“全国贫困之冠”的宁夏西海固地区，十年九旱。长期的干旱少雨严重制约当地的农业生产。目前，当地政府大力推广旱作农业实用技术，迄今已引进、开发地膜覆盖栽培、立体复合种植、节水微灌、高效节能日光温室等 20 多项农业实用技术。全地区已建立县、乡两级科技示范点 86 个，示范农作物面积达 40 万亩，粮食平均单产由 20 世纪 80 年代的 56 公斤提高到 82 公斤。

科技示范户、海原县高崖乡农民曹永胜，已能熟练运用地膜栽培新技术种植蔬菜，产量翻了一番。

宁夏扶贫扬黄灌溉工程进展顺利

——新华社照片，银川，1997 年 11 月 3 日

被宁夏西海固地区群众称为“温饱工程”的宁夏扶贫扬黄灌溉工程自 1995 年底开工以来，施工进展顺利。宁夏扶贫扬黄灌溉工程总投资 32.89 亿元，建成后可使百万农民受益。

为了让西海固山区群众早日摆脱贫困，工程施工人员加紧浇注水泥管道，争取早日完成工程。

宁夏兑现春耕挂钩肥
——新华社传真照片，银川，1996 年 2 月 28 日

春节刚过，宁夏贺兰县习岗乡农民张占义顺利地买回了挂钩肥（平价肥）。宁夏农行年初贷款 2.3 亿元，与农资部门通力合作，及时备足春耕化肥，并将粮肥挂钩票发到农民手中，解决农民种粮的后顾之忧。

宁夏西海固地区村村通广播电视
——新华社传真照片，银川，2001 年 9 月 21 日

经过宁夏回族自治区广播电视工作者的艰辛努力，到 2000 年底，西海固贫困地区全面实现了行政村村村通广播电视的目标。目前，西海固地区广播、电视人口覆盖率已分别达到 80%和 60%。图为六盘山电视转播站一角。

闽宁扶贫协作向深层次发展——宁夏回族自治区成立 40 周年系列报道
——新华社照片，银川，1998 年 9 月 28 日

福建、宁夏两省区对口扶贫协作已向深层次发展。1996 年 11 月，福建的石狮、莆田等 8 个县市与宁夏西海固地区的 8 个贫困县结成帮扶对子。两年来，本着互惠互利的原则，福建省已拿出资金 1500 万元，无偿支援宁夏的“井窑工程”、“坡改梯工程”、“移民开发工程”和兴建希望小学。宁夏也在劳务输出、商品贸易等方面给福建以支援，收到显著效果。

两年来，福建和宁夏两省区对口扶贫协作，已由开始时的政府行为发展到企业、社团和民间组织的共同协作阶段。范围包括扶贫济困、资助办学、劳务输出、干部培训、技术交流等。这是福建农业大学苗种研究所农艺师王新华（左二）等在宁夏西吉县闽宁村为当地农民传授蘑菇栽培技术。

闽宁扶贫协作向深层次发展
——新华社照片，银川，1998 年 9 月 28 日

在福建莆田县经卫高有限公司打工的宁夏西吉县的姑娘们高高兴兴去上班。目前，宁夏有近 3000 人在福建各地从事各种劳务活动。

六盘山下“婆娘街”
——新华社照片，银川，1996 年 12 月 30 日

地处六盘山下的宁夏西吉县兴隆镇，有条年成交额过千万元的“婆娘街”。这个以回族聚居的山区小镇上的农家女们，打破“青丝不见外男子”的旧观念，冲出家门，在这条云集 3 万多人的市场上大显身手。令“须眉”刮目相看。

靠加工牛百叶走上了富裕路的马雪玲（左一），如今家里盖起了砖瓦房，添置了彩电和音响，还装上了电话。这是她和子女打电话向外地做生意的丈夫问好。

几年前穷得叮当响，家里买不起一张炕席的苏香云（左），如今成了“婆娘街”上的收售粮食的女老板，年盈利数万元。这是她在收购粮食。

西海固人用窖水种庄稼抗旱效果好
——新华社照片，银川，1996 年 9 月 11 日

“全国贫困之冠”的宁夏西海固地区，年降雨量不足 200 毫米，当地群众在长期与旱魔抗争中，找到了一条窖水节灌庄稼的新路子，目前，自治区已投资 3300 多万元推广这项新技术。

海原县兴隆乡冯川村农民经 6 年探索完成了 5 种窖型、4 种灌溉方法和果树、瓜菜、地膜玉米等农作物的窖灌栽培技术，试验户人均增收 300 元。这是当地农民田振海用窖水喷灌方法种植蔬菜。

固原县七营镇倪壕村共打节灌窖 128 眼，种植地膜玉米 157 亩，地膜西瓜 120 亩，人均纯收入将超过 500 元。这是镇党委书记李玉成（右）在指导农民用窖水浇灌庄稼。

宁夏扶贫扬黄灌溉工程固海扩灌区全线贯通
——新华社照片，银川，2003 年 7 月 31 日

2001 年开工建设的宁夏扶贫扬黄灌溉工程固海扩灌区是国家重点工程建设项目，总投资 14 亿元，可灌溉土地 55 万亩。目前，这项工程的水利骨干工程全线贯通。

2003 年 7 月 31 日，宁夏固原市原州区七营镇八营村的孩子们观看新建成的宁夏扶贫扬黄灌溉工程固海扩灌区的一处引水工程。

2003 年 7 月 31 日，地处宁夏南部山区固原市的宁夏扶贫扬黄灌溉工程固海扩灌区印子沟渡槽竣工。

1995 年，西海固地区开始推广地膜玉米技术。这种被称为“一杯水就能种活一棵苗”的节水耕作技术，使玉米平均亩产达 400 公斤以上，比露地玉米产量高一倍。发展节水灌溉和旱作农业，是中国北部、西部干旱地区发展粮食生产的重要措施。

中国最穷地区脱贫有希望
——新华社照片，银川，1998年1月24日

位于中国西部的西海固地区下辖8县，面积3万多平方公里，人口近230万，年降雨量为200~600毫米，蒸发量是降雨量的10倍，自然条件极为恶劣。从1983年开始，中国政府每年拨出专款对这一地区进行扶持。在跑土、跑水的荒山坡上修建保水、保土的梯田，使当地农民有了“吃饭田”。在西海固地区的田间地头，随处可见用来浇灌农田的蓄水窖。当地农民把秋冬季雨蓄入窖里，到春夏旱旱季到来时运用微灌技术浇灌粮田菜园。目前，西海固地区已打窖8万多眼，可浇灌农田16万亩。

海原县罗山乡罗山村农民罗廷泰（右）种田致富后盖起了新居。

铁道部全路职工捐赠的御寒冬衣在运往固原市隆德县途中。

铁道部职工给西海固贫困学生捐赠冬衣 57 万件
——新华社照片，固原，2005 年 1 月 19 日

2005 年 1 月 19 日，宁夏隆德县杨河中学的老师在给学生们分发衣服。

宁夏西海固山区天气寒冷，上学的孩子们大都衣着单薄。定点扶贫的铁道部于 2004 年 12 月向全路职工发出给西海固贫困学生"送温暖、献爱心"的捐赠倡议后，铁道部全路干部职工紧急捐赠衣服 57 万多件，于近日运抵固原火车站。目前，银川铁路分局组织志愿者将衣服全部发到了西海固地区 5 个县（区）300 多所中小学的 10 万多名学生手中。

奔赴西海固

——新华社传真照片，银川，2001 年 10 月 22 日

2001 年 10 月 22 日，宁夏回族自治区从区直党政机关和部分企事业单位抽调的 120 名干部，开始分赴西海固 40 个试点村，实施“千村扶贫开发工程”。从今年开始，宁夏将对 1026 个重点贫困村实行定点帮扶。这是第一批赴西海固定点扶贫的干部从银川市南门广场出发。

西海固大兴种草养畜
——新华社传真照片，宁夏海原，2001 年 11 月 25 日

宁夏回族自治区西海固地区海原县西安乡范台村农民冯兴国（左二）正在给家里圈养的小尾寒羊制作自己种植的紫花苜蓿饲料。他家靠养畜种草盖起了新房，走上了脱贫致富之路。近年来，海原县围绕退耕还林（草）和产业结构调整，因地制宜引导农民养畜种草，截至目前，全县紫花苜蓿留床面积达 30 余万亩，牛、羊饲养量 54 万余头（只），许多农民因此实现了脱贫。海原县是国家级贫困县，养畜种草为广大农民抗旱增收发挥了显著效益，被自治区列为优质牧草生产基地。

西海固农民买农机备春耕
——新华社传真照片，银川，1997 年 2 月 17 日

春节刚过，宁夏西海固地区大批脱贫的农民纷纷购买农机备春耕。目前，该地区农机总动力已超过 50 万千瓦，平均每 10 户农民拥有一台农机。这是彭阳县城阳乡农民杨玉仁乐哈哈地擦拭新买来的拖拉机。

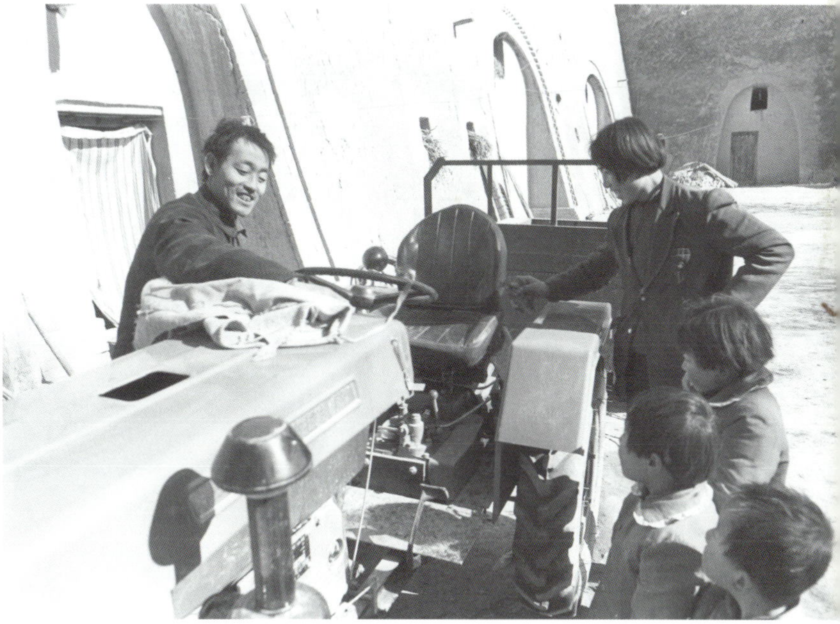

社会发展

"中国滩羊之乡"举行优质滩羊比赛
——新华社照片，吴忠，2010 年 7 月 27 日

7 月 27 日，宁夏盐池县参赛代表队农民牵着自己养殖的滩羊参加比赛。当日，有"中国滩羊之乡"美誉的宁夏盐池县举行了一场别开生面的优质滩羊评比大赛，来自全县 14 个代表队的 56 只优质滩羊参加比赛。"盐池滩羊"于 2010 年被认定为中国驰名商标。据估计，截至年底，盐池县滩羊饲养量将达到 210 万只，滩羊年产值将超过 3.3 亿元。

黄河宁夏段标准化堤防竣工暨黄河金岸滨河大道全线通车
——新华社照片，银川，2010 年 7 月 6 日

7 月 6 日，出租车行驶在黄河金岸滨河大道上。

当日，402 公里标准化堤防工程和 508 公里滨河大道全线贯通。这一工程将沿黄 10 个城市连为一体，成为宁夏新一轮西部大开发的重要引擎。据了解，黄河堤防和滨河大道既是保护母亲河的命脉工程，又是打造“黄河金岸”的主轴工程。为此，宁夏将构筑“黄河金岸”生命保障线、抢险交通线、经济命脉线、特色城市线、生态景观线、黄河文化展示线。

宁夏西海固：精准脱贫稳步推进
——2018 年 4 月 15 日发表于《瞭望》新媒体

地处宁夏西海固地区的固原市围绕 56 个贫困村销号，4 万人脱贫，隆德、泾源、彭阳 3 个县摘帽的目标，全面落实宁夏回族自治区脱贫富民措施，整合各类资金 40.6 亿元，实施整村推进扶贫开发，精确聚焦贫困对象。

2018 年 4 月 13 日，宁夏固原市泾源县六盘山镇马西坡村农民石昌志在自家院内牛棚前准备给牛喂水。

2018 年 4 月 13 日，一场春雪过后，宁夏固原市泾源县六盘山镇大庄村农民的砖瓦房错落有致，显得格外美丽。

2018 年 4 月 13 日，宁夏固原市隆德县联财镇联财村药材电商销售员唐婷（右）与同事一起给客户准备发送加工后的中药材。

2018 年 4 月 13 日，宁夏固原市原州区黑城镇务工农民王瑞军（前排右一）与务工人员一起，在原州区彭堡镇姚磨村现代农业园区日光温棚内培育菜苗。

宁夏灵武：低收入家庭住上廉租房
——新华社照片，银川，2011 年 5 月 12 日

5 月 12 日，宁夏灵武市的低收入者拿到了廉租住房“钥匙”。

当日，宁夏灵武市举行 2011 年廉租住房入住仪式，第一批 131 户低收入家庭正式入住。目前，宁夏灵武市投资 1.4 亿元建设廉租住房 1956 套，户均面积 50 平方米。

台湾果桑落户宁夏

——新华社照片，银川，2009 年 3 月 23 日

3 月 23 日，宁夏永宁县现代农业发展中心一家果业公司学员田丽萍正在采摘果桑。

宁夏永宁县现代农业发展中心一家果业公司自 2008 年 5 月从台湾引进果桑品种后，通过日光温室进行栽培获得成功。目前，果桑开始采摘上市，每公斤市场价格可达 60 元。

“塞上江南”百万亩水稻丰收在望

——新华社照片，银川，2010 年 9 月 11 日

这是 9 月 10 日航拍的宁夏平原稻田一角。素有“天下黄河富宁夏”之美誉的宁夏平原，大力发展节水灌溉农业，灌区干支渠达 3000 多条，有排水沟 40 条，形成了比较完善的灌排系统。这里每年种植水稻面积 100 万亩，年产量 60 万吨以上。目前，水稻长势喜人，丰收在望。

“塞上江南”节水种植水稻

——新华社照片，银川，2007 年 5 月 16 日

5 月 16 日，宁夏永宁县望洪镇的农民在田间插秧。随着黄河用水量的减少，宁夏银川有关部门在引黄灌区压缩水稻种植面积的同时，大力推广水稻控灌技术，使水稻每亩用水量由前几年的 1200 多立方米，减少到现在的 700 立方米左右。

黄河宁夏灌区百万亩水稻开始育秧
——新华社照片，银川，2010 年 4 月 10 日

4 月 9 日，宁夏吴忠市利通区古城乡农民在田间育秧。

黄河宁夏灌区百万亩水稻目前开始育秧。素有“塞上江南”美誉的黄河宁夏灌区是我国优质水稻主产区之一，这里每年播种水稻 100 万亩，年产量 60 万吨以上。

“塞上江南”大力推广机械插秧
——新华社照片，银川，2014 年 5 月 29 日

5 月 29 日，宁夏青铜峡市塞外香水稻种植基地的农户运用机械插秧。

被誉为“塞上江南”的宁夏银川平原黄河自流灌溉，阡陌纵横。近年来，当地政府大力推广工厂化育秧和机械化插秧，既省钱又省工，深受农民欢迎。预计今年宁夏水稻机械插秧面积 50 万亩左右。

宁夏冬小麦喜获丰收
——新华社照片，银川，2012 年 7 月 5 日

收割机在宁夏农垦连湖农场收割冬小麦（摄于 2012 年 7 月 4 日）。

截至目前，宁夏农垦夏收已完成近三分之一，1.28 万亩冬小麦收割已接近尾声。冬小麦平均亩产可达 650 公斤左右，夏粮丰收在望。

宁夏中宁枸杞走向国际市场

——新华社照片，银川，2014 年 8 月 13 日

8 月 13 日，宁夏中宁县鸣沙镇小盐池滩原生态枸杞种植基地员工在采摘枸杞。

宁夏中宁县引进、扶持多家大型深加工企业在中宁建立枸杞生产基地，变一家一户种植为规模化、工厂化经营，凸显原产地品牌优势，并建立健全标准化生产、质量控制和市场监管三大体系，推进枸杞产品走向国际市场。

宁夏中卫市大力推广硒砂瓜种植
——新华社照片，银川，2008 年 7 月 24 日

7 月 23 日，宁夏中卫市沙坡头区兴仁镇两名小朋友抱起一个硒砂瓜。

宁夏中卫市群众因地制宜发明的在荒滩戈壁铺上砂石种植出产的硒砂瓜，因个大、瓤红、汁多、甘甜而被誉为“山珍西瓜”。宁夏中卫市 3 年间在旱塬上建成了 100 万亩硒砂瓜基地，昔日一望无际、寸草难生的荒坡变成了生机盎然的瓜田，种植区域涉及全市中部干旱带上的 18 个乡镇、65 个行政村，直接从事压砂种瓜的农户达到 1.46 万户。

“塞上农民新居”展风姿

——新华社照片，银川，2009 年 5 月 15 日

这是宁夏贺兰县习岗镇经济桥村农民新居一角（摄于 2009 年 5 月 14 日）。

从 2005 年起，宁夏实施了以解决农村住房困难为核心的“塞上农民新居”工程和危房危窑改造工程。截至目前，为 3 万多农户新建住房，为 4 万多农户改造危房，受益群众超过 40 多万人。

宁夏：生态移民迁新居

——新华社照片，银川，2011 年 12 月 6 日

12 月 6 日，宁夏盐池县花马池镇郭记沟村的农民王云往新家里搬东西。

当日，宁夏盐池县举行 2011 年生态移民搬迁入住仪式。来自麻黄山乡、青山乡、花马池镇北部沙区的 854 户 2625 人迁入花马池镇北塘、十六堡生态移民新村。

今年，盐池县累计投入 1.7 亿元建成了北塘、十六堡 2 个生态移民新村，户均一座养殖暖棚、一个太阳能热水器、一个太阳能灶、一个节能灶、一个卫星电视接收器、一间卫生厕所。据了解，“十二五”期间，宁夏将把生活在中南部地区的 35 万人移出不适宜居住、不适宜发展的山区。

山城夏夜

——新华社传真照片，银川，1996 年 7 月 10 日

夏夜，地处六盘山下的宁夏固原县城的数十家卡拉 OK 个体户在街头摆起机器，为纳凉消闲的人们提供服务。

宁夏九成行政村开通电话
——新华社传真照片，银川，2000 年 5 月 14 日

昔日“三摇两摇不见人，骑着马儿跑信息”的宁夏，如今已有 91%的行政村通上了程控电话。近年来，自治区先后投入 30 多亿元进行邮电通信的基础设施建设，并利用外资 8000 万美元，引进国外先进综合通信设备。去年，自治区新增电话用户 10 多万户。目前，宁夏每百人拥有电话超过 8 部，普及率超过全国平均水平。这是银川市电信局线路维护中心测量员李霞（右）与同事一起检修线路。

国有“乌金”被侵吞以“小”欺“大”法难容
——新华社照片，银川，1995 年 11 月 28 日

被称为“太西乌金”主产地的宁夏石炭井矿务局所属煤矿，目前正遭到几十家小煤窑的掠夺性开采，给国家造成了重大损失和资源破坏。原本能开采 40 多年的“太西煤”，如今用不了多长时间将糟蹋殆尽。有关部门到了该管一管的时候了。

小煤窑层层转包，管理混乱，被雇佣的挖煤工缺乏安全生产常识，造成工地上雷管、火药随处堆放，有的窑工还在井下抽烟，一旦发生事故，后果不堪设想。这是一家小煤窑井口的混乱场面。

宁夏石炭井矿务局白芨沟矿北三采区内一家小煤窑的挖煤工，用原始采掘方式将“太西煤”背到井外，该矿采区内的小煤窑年开采量达 160 万吨，与国家统配煤矿开采量相等。

宁夏石炭井矿务局大峰露天矿红梁采区目前还没有进入开采阶段，但已有 9 家小煤窑同时进行开采，使主采区面目全非。这是排成长龙来小煤窑拉煤的车辆。

宁夏：全球首个百万千瓦超超临界空冷燃煤机组加紧建设
——新华社照片，银川，2010 年 11 月 24 日

11 月 24 日，宁夏电建公司工人在工程现场进行汽轮机安装。

近日，华电宁夏灵武发电有限公司二期工程两台 100 万千瓦超超临界空冷发电机组工程建设进入冲刺阶段。该项目作为具有我国独立知识产权的首台百万千瓦空冷机组，设计发电煤耗为每千瓦 282 克，年可节约标准煤 40 余万吨。与湿冷机组相比，节水率可达 70%，年节水量达 2400 万吨，对于建设宁夏“西电东送”火电基地，确保我国富煤、贫水地区电力工业的可持续发展具有重要意义。

民族之花绽放　共谱和谐新篇

——新华社照片，北京，2011 年 2 月 25 日

神华宁煤集团能源工程公司员工在宁东能源化工基地施工（摄于 2010 年 10 月 18 日）。宁夏回族自治区依托宁东整装煤田集中等优势，着力打造煤炭、电力、煤化工、新材料四大产业集群，以促进宁夏资源优势向经济优势转化。

“十一五”期间，我国民族地区经济快速发展、社会不断进步、文化日益繁荣、民族关系和谐融洽，呈现出一派生机勃勃的喜人景象。

2006—2010 五年来，民族地区的国内生产总值、财政收入每年均以两位数的速度增长，高于全国平均增速，综合经济实力大幅提升；民族地区“两基”人口覆盖率达到 98.5%，高等院校发展到 160 多所；中央支持民族地区全面建立了农村最低保障制度，5 个自治区享受低保的群众达 330 万人，八省区的农村绝对贫困人口已从 2001 年的 3070 多万人下降到 2009 年的 1450 万人；党和国家进一步加大保护、继承和发展民族文化的力度，加大资金投入，民族文化得到尊重、保护、传承、创新和发展。

宁夏公安禁毒部门焚烧毒品 70 公斤

——新华社照片，吴忠，2010 年 6 月 26 日

6 月 26 日，武警宁夏总队吴忠市支队一名战士在焚烧毒品现场执行警戒任务。

当日，宁夏公安禁毒部门在吴忠市举行焚烧毒品现场大会，当众焚烧毒品 70 公斤。据了解，今年 1—5 月份，宁夏全区共破获各类毒品刑事案件 123 起，抓获涉毒犯罪嫌疑人 225 人，破获毒品治安案件 1447 起，有效打击了贩毒分子的嚣张气焰。

璀璨烟花迎国庆

——新华社照片，银川，2008 年 9 月 30 日

9 月 30 日，银川市阅海湖上空烟花绽放。当晚，银川举行音乐焰火晚会，庆祝中华人民共和国成立 59 周年及宁夏回族自治区成立 50 周年。

种粮状元受表彰
——新华社照片，银川，2009年1月13日

1月13日，宁夏贺兰县种粮状元领取获奖证书。

当日，宁夏贺兰县对种粮状元及科技示范户等进行表彰奖励。该县通过大力发展良种繁育基地，提高粮食产量，增加了农民收入。2008年，良种繁育基地农户每亩增收262元。

宁夏农村电网改造工程见成效
——新华社传真照片，银川，2000 年 4 月 3 日

宁夏抓住国家实施农村电网改造工程的机遇，着力解决农村电网布局不合理、技术装备落后等问题。目前已累计完成投资 2.6 亿元，大大提高了农村供电能力。图为固原县供电局职工在开城乡对农村电网进行改造。

全国劳模刘尚元和他的塞上渔业村
——新华社照片，银川，1998 年 6 月 5 日

党的十五大代表、全国劳模——宁夏回族自治区中卫县西园乡夹道村党支部书记刘尚元，自 1993 年以来，带领村民治沙改碱，发展渔业，在沙尘滚滚、盐碱斑斑的不毛之地上开发出 1500 亩高标准鱼塘。去年，该村养鱼收入 90 多万元，人均纯收入达 2200 元，人均占有水产品 260 公斤，被自治区命名为“塞上渔业第一村”。

图为刘尚元和村民在一起拉网捕鱼。

该村的鲜鱼装上带有氧气瓶的汽车后，运往甘肃的河西走廊、西藏拉萨等地定点销售。

宁夏推广地膜覆盖种植面积超过百万亩
——新华社照片，银川，2010 年 4 月 8 日

4 月 7 日，宁夏灵武市梧桐树乡史豪村农民在种植地膜西瓜。

近年来，三面环沙的宁夏回族自治区大力推广保墒节水的农田地膜覆盖种植技术。目前，全区地膜覆盖种植面积已超过 100 万亩。

香瓜产销合作社促农增收

——新华社照片，银川，2009 年 5 月 15 日

5 月 14 日，宁夏贺兰县习岗镇香瓜产销合作社社长张江龙（右）与村民一起查看香瓜生长情况。

2008 年 8 月，宁夏贺兰县习岗镇在当地政府的支持下成立了香瓜产销合作社，大力推广运用日光温室吊蔓栽培立体技术，使香瓜亩产量突破 7000 公斤，实现产量和产值翻番。产品销往青海、甘肃、内蒙古、陕西等地。

宁夏西海固地膜玉米丰收

——新华社照片，固原，2004 年 11 月 10 日

宁夏西海固地区西吉县兴隆镇农民在晾晒玉米（摄于 2004 年 11 月 6 日）。宁夏西海固地区山大沟深，十年九旱，当地政府大力推广耐寒、保墒、高产的地膜玉米种植技术。2004 年，该地区共种植地膜玉米 40 多万亩，总产量可达 1 亿多公斤。

宁夏：科技服务春耕

——新华社照片，银川，2013 年 2 月 22 日

2 月 22 日，宁夏农垦暖泉农场员工把导航设备应用到备耕环节，让施肥面积和施肥量控制得更加精确。春节刚过，气温回升，宁夏各地正抓紧时间施肥备春耕。

西海固依托支柱产业脱贫——宁夏回族自治区成立 40 周年系列报道
——新华社照片，银川，1998 年 9 月 22 日

过去居全国“贫困之冠”的宁夏西海固地区，长期处于自给自足的自然经济状态。“高打墙，住深院，太阳出来晒暖暖”的陈旧观念长期束缚着西海固经济发展的脚步。改革开放以来，西海固在市场经济的冲击下开发区域性支柱产业，实现经济商品化，农民的生活发生了根本性变化。目前，西海固地区已形成了甘草、林果、淀粉等 10 大区域性支柱性产业，逐步走向以市场为导向，以企业为龙头带动农民脱贫的路子。

全国劳动模范、宁夏隆德县联财镇赵楼村党支部书记赵效杰，是当地闻名的“药材大王”。近年来，他带领乡亲们依托当地资源优势发展特色经济，种植黄芪等中草药材，使全村的农民脱贫致富。去年，赵楼村药材收入 60 多万元，人均增收 800 元。

宁夏别具特色的“迎奥运农民运动会”
——新华社照片，吴忠，2007 年 5 月 16 日

2007 年 5 月 16 日，宁夏吴忠市马莲渠乡农村妇女参加草编比赛。当日，马莲渠乡举行“迎奥运农民运动会”，来自全乡 8 个行政村的 700 多名农民参加了拔河、搓草绳等比赛。

宁夏农村文化过年好热闹
——新华社传真照片，银川，1997 年 2 月 17 日

春节期间，宁夏农村以社火、社戏表演为主的牛年文化迎春活动丰富多彩，从大年初一开始，各地乡村社火队纷纷走上街头表演节目，并送戏进城，活跃了节日气氛。图为固原县什字路镇社火队在集市上表演秦腔折子戏。

宁夏公路交通投资达 181 亿多元

——新华社照片，银川，2004 年 12 月 17 日

宁夏古（窑子）王（圈梁）高速公路（资料照片）。宁夏紧紧抓住国家实施西部大开发的战略机遇，6 年来公路交通总投资达 181 亿多元。目前，宁夏公路通车里程已达 1 万多公里，一个以银川为中心，横贯东西、纵连南北的“三纵六横”公路网络已初步形成。

地震灾区学生到银川读书
——新华社照片，银川，2008 年 6 月 12 日

2008 年 6 月 12 日，地震灾区四川青川县青川中学高一年级 130 名学生到达银川，他们被安排到银川市的宁夏六盘山高级中学读书，并免除全部学费和住宿费。学生们到达银川火车站时受到热烈欢迎。

农民刘亦兵自制飞机试飞成功
——新华社照片，银川，1996 年 12 月 29 日

1996 年 12 月 29 日，宁夏银川市郊区红花乡北塔村农民刘亦兵驾驶着自己手工制作的牵引式超轻型飞机，成功地飞上了蓝天。这架翼长 9.5 米、翼宽 1.5 米的飞机，在 50 米高空飞行时间长达 5 分多钟。这架飞机除一台 30 马力的发动机是从江苏无锡购进外，其他部件全是用普通钢筋、尼龙绸和铝材在家中自制的。1996 年，24 岁的刘亦兵只有初中文化程度。1990 年冬天，他一边务农，一边开始制作飞机。6 年来，他先后制作了 6 架飞机。图为飞行前，刘亦兵仔细检查飞机发动机状况。

1996 年 12 月 29 日，宁夏银川市郊区红花乡北塔村农民刘亦兵驾驶着自己手工制作的牵引式超轻型飞机，成功地飞上了蓝天。

架高炮　驱冰雹

——新华社传真照片，银川，1996 年 7 月 8 日发

连续 5 年遭受旱灾的宁夏西海固地区今年粮食丰收在望。为了预防突如其来的冰雹灾害，该地区设置了 60 余个炮点，和气象部门密切配合，严密监视天气变化。这是固原县中河乡炮点的炮手正严阵以待。

黄河宁夏段流凌长度增加
——新华社照片，银川，2010年1月5日

1月5日，流凌流经宁夏银川黄河大桥。受近期强冷空气影响，黄河宁夏段流凌长度和密度进一步增加。据有关部门监测，目前黄河宁夏段流凌长度已超过230公里，宁夏各相关方面正严密防范。

宁夏首例睾丸穿刺试管婴儿诞生
——新华社照片，银川，2010 年 2 月 24 日

2 月 24 日，医务人员给试管婴儿测体重。

当日，宁夏首例睾丸穿刺试管婴儿在银川市妇幼保健院诞生。这名男婴体重 3340 克，身长 50 厘米。据了解，睾丸穿刺试管婴儿诞生需经过超促排卵、取精、卵子和精子孵育、体外胚胎培养等八大环节。

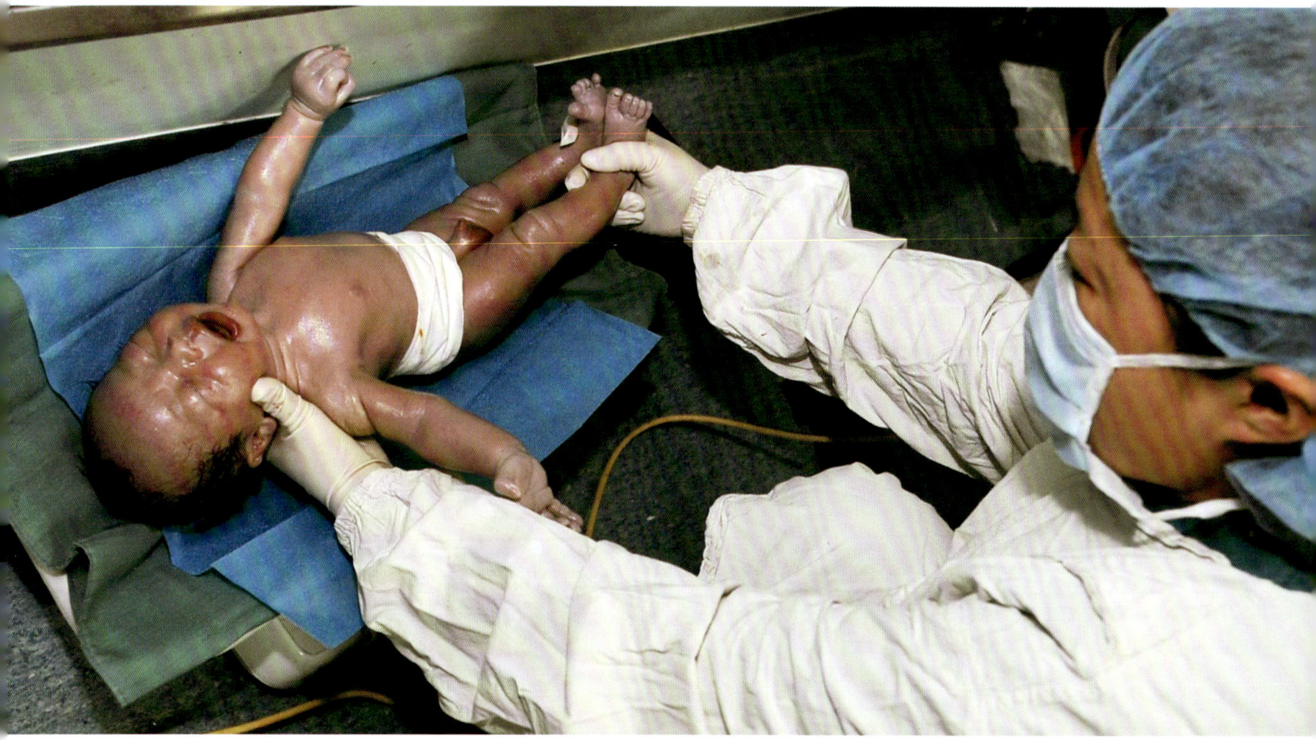

娃娃戏水
——新华社照片，银川，2009 年 4 月 15 日

4 月 15 日，一位护士将一名婴儿放入游泳池。为了让新生宝宝健康成长，银川市妇幼保健院从 2004 年开始进行新生儿、婴幼儿游泳练习、按摩保健等活动项目，每年婴幼儿至少有 3000 人次参加该活动。

一些农民为供养大学生四处借债
——新华社照片，银川，2004 年 12 月 23 日

宁夏固原市泾源县六盘山镇农民柳国仓（右）与他老伴一起整理废品准备出售（摄于 2004 年 11 月 8 日）。

宁夏南部山区农家子女考上大学后，一家人便为交纳学费而四处借债，生活困难。包括西海固贫困地区的宁夏农村，以及城市低收入家庭，供养大学生比较艰难。据宁夏大学学生处介绍，贫困生群体在西部少数民族地区的大中专院校中所占比例较高。如宁夏大学现有 17000 多名学生，贫困生有 4700 多人，占学生总数的 28%，其中特困生占 10%。目前，全校贫困生累计欠款达 700 多万元。

宁夏海原县兴仁镇王团村46岁的牛兴霞8年间靠补鞋供养孩子上学。她说：“娃娃上大学年年要花钱，我四处贷款，一分钱都贷不上。”（摄于2004年11月5日）。

2004 年 11 月 17 日，补号村农民姚文东查看仍留在地里的白菜。

500 万公斤洋葱发芽 100 多亩白菜烂地令人痛心
——新华社照片，银川，2004 年 11 月 19 日

宁夏青铜峡市小坝镇补号村大面积种植洋葱远近闻名。村民主要靠种菜增收，产品曾远销广州、深圳、香港等地。2004 年，由于外运难，该村种植的 2000 多亩，500 万公斤洋葱至今仍然没有卖出，有的已经长了绿芽。同时，这个村有 100 多亩白菜烂在地里。前来收购洋葱的一位菜商说："南方洋葱价格每斤在 5 角钱以上。有市场，运不出去，我们有钱也不能收购。"

2004 年 11 月 17 日，补号村农民赵金贵在展示堆放在家中的洋葱。

民工拿“白条”难以返乡
——新华社传真照片，银川，2003 年 1 月 17 日

2003 年 1 月 13 日，在华建欧式建筑材料构件厂打工的甘肃宁县石鼓乡民工姚新学（右一）与同伴，拿着包工头在 2003 年 1 月 9 日打的“白条”，到银川市劳动监察部门投诉。

从 2002 年 10 月份以来，银川市劳动监察部门已接待上访民工 5000 多人次。银川市按照自治区部署，正在对建筑等行业拖欠民工工资进行专项检查。

探险队员登上巴丹吉林沙漠 700 米沙峰
——新华社传真照片，巴丹吉林沙漠，2002 年 10 月 27 日

2002 年 10 月 27 日，宁夏 23 名巴丹吉林沙漠探险队队员经过 5 个小时的艰难攀登，有 16 名队员登上巴丹吉林沙漠腹地的必鲁图沙峰。这为今后组织较大规模的巴丹吉林沙漠探险、旅游活动积累了资料和经验。

宁夏人才招聘会吸引上万求职者
——新华社照片，银川，2009 年 2 月 14 日

2 月 14 日，求职者在人才招聘会上观看招聘信息。

当日，宁夏 2009 年春季大型人才招聘会在银川市举行。参加招聘会的 343 家企事业单位共提供涉及服务、营销、管理等行业的岗位 9078 个，吸引上万名求职者前来应聘。

李生兄弟双双入兵营

——新华社传真照片，银川，1994 年 12 月 11 日

1994 年 12 月 11 日，宁夏回族自治区贺兰县政府为双双参军的孪生兄弟李波、李涛举行欢送仪式。这对孪生兄弟的父亲李吉平是养鱼专业户，他致富不忘报国，积极支持两个儿子参军。

新华社体育专线　为生命奔跑引来国际友人
——新华社体育专线，银川，2000 年 10 月 14 日

2000 年 10 月 13 日，宁夏在银川市光明广场隆重举行“全民健身——为生命奔跑”活动。自治区残疾人代表以及聋哑人学校学生等千余人参加了这一活动。该活动由自治区体育局、残联，以及挪威阿什莱斯俱乐部联合主办。这是在挪威学习、专程回国参加这一活动的宁夏残疾青年王嘉鹏（右）与挪威莫斯扬斯洛普俱乐部主席特伊尔·米特洛先生一起参加奔跑活动。

世界名模聚银川

——新华社照片，银川，2006 年 11 月 29 日

2006 年 11 月 29 日，来自斯洛伐克的名模莫尼卡（右）和马丁娜行走在宁夏银川市街头。当日，来自法国、英国、荷兰、斯洛伐克等国家的名模在宁夏银川市街头游玩。这些名模是接受特邀前来银川参加中国职业时装模特选拔赛表演的，并将于 11 月 30 日在宁夏银川体育馆一展风采。

香车美女亮相银川房·车文化节
——新华社照片，银川，2010 年 5 月 28 日

5 月 28 日，一位模特在轿车上摆出造型。

当日，第 2 届中国西部（银川）房·车生活文化节在银川国际会展中心开幕，国内外 60 多家汽车厂商及宁夏 48 家房地产企业参展。

银川鲜花进军春节市场

——新华社照片，吴忠，2007 年 1 月 29 日

1 月 29 日，宁夏银川市一家花卉公司的员工在日光温棚内整理鲜花。

目前，银川市花卉生产企业利用日光温棚培育出的 10 多种花卉已销往北京、西安、兰州等地，开始进入春节市场。

银川：热吻过“七夕”
——新华社照片，银川，2011 年 8 月 6 日

8 月 6 日，情侣们在热吻比赛中。

当日，由银川市旅游局等单位主办的“七夕”热吻比赛在宁夏黄沙古渡旅游景区举行。40 余对情侣参与其中，共度“七夕”。

银川：百对青年举行集体婚礼迎国庆
——新华社照片，银川，2011 年 9 月 24 日

9 月 24 日，参加集体婚礼的新人走向典礼现场。

当日，神华宁煤集团百对青年在宁夏银川举行集体婚礼，喜迎国庆节到来。

46 名大学生和一位残疾女青年
——新华社照片，银川，1997 年 5 月 19 日

银川市开租书店的残疾女青年钱芳，自 1995 年 2 月与宁夏大学数学系 1994 级 3 班的同学相识后，一直得到该班同学的细心照料。两年多来，46 名大学生在帮助钱芳的过程中体会到生活的价值。他们的事迹在塞上古城广为传颂。

钱芳每周去宁夏大学旁听两次课。这是同学们将她抱出租书店准备用车推她去上课。

巡回法庭　上门服务

——新华社照片，银川，2011 年 11 月 24 日

11 月 23 日，宁夏盐池县惠农堡人民法庭到冯记沟移民新村巡回开庭，调解邻里纠纷案件。

地处毛乌素沙地边缘的宁夏盐池县人民法院，针对当地农牧民居住分散、交通不便的实际，坚持到矛盾纠纷发生地巡回开庭，就地调解，就地执行，方便了当事人，深受群众欢迎。今年全县通过巡回开庭的形式调解农牧民邻里纠纷案件 267 件，调解率达 98% 以上。

反恐演练出精英

——新华社照片，银川，2009 年 4 月 16 日

4 月 16 日，战士们在高层建筑进行攀登演练。

当日，武警宁夏总队某部组织官兵采取实战化模拟方式进行反恐演练，提高部队在复杂条件下的快速应变能力，为反恐打下坚实基础。

英姿飒爽女特警
——新华社照片，银川，2009 年 3 月 6 日

3 月 6 日，武警宁夏总队直属支队女子特警队队员在进行头开酒瓶训练。

武警宁夏总队直属支队女子特警队成立于 2007 年。在特警队里，年轻的女兵们通过超强度的摔擒、格斗、摩托车等课目训练，一个个磨练成意志坚强、身怀绝技的“霸王花”。

银川举办声讨“法轮功”图片展

——新华社传真照片，银川，2001 年 2 月 2 日

2001 年 2 月 2 日，宁夏科技馆在银川市举办愤怒声讨“法轮功”图片展览，运用大量翔实的照片资料，向广大市民揭示了“法轮功”的罪行。

宁夏一工地破坏古长城伪造新“长城”

——新华社照片，银川，2006 年 9 月 18 日

长城专家、宁夏博物馆原馆长周兴华拔出伪造在被毁古长城上的柴草（摄于 2006 年 9 月 16 日）。

中铁某局集团有限公司一施工单位在宁夏中卫市施工时，将一段始筑于秦代的古长城挖开一个跑车豁口，毁坏古长城原貌近 100 米。此事被当地群众举报后，这家施工单位又紧急将挖开的豁口补上新土，并把古长城毁坏现场伪装一番。这一人为破坏古长城事件引起了人们的高度关注。

银川铁路客运段积极开展岗位学雷锋活动
——新华社照片，银川，1995 年 2 月 16 日

银川铁路客运段在客运高峰时，面对社会客流集中、中转乘客增多的情况，积极开展岗位学雷锋活动，为乘客送温暖，提高了服务质量。这是 78 次列车第一包乘组列车长张申芳（左三）在银川车站扶助老人上车。

银川铁路客运迎来农民工返乡客流
——新华社照片，银川，2009 年 1 月 5 日

2009 年 1 月 5 日，旅客在银川火车站候车厅候车。
近日，随着春节临近，银川铁路客运迎来农民工返乡客流。

银川市依法整治乱占耕地现象
——新华社传真照片，银川，1995 年 8 月 23 日

银川市政府通过采取划定农田保护区等措施，严格清理整治乱占耕地的非法行为。他们共拆除乱占耕地违章建筑 4 万平方米，查处非农业建设闲置耕地 56 公顷。这是银川市郊区红花乡高台寺村一农民乱占耕地建筑的房基地被依法拆除。

种树时节岂能毁林
——新华社传真照片，银川，2002 年 3 月 26 日

眼下，正值种树造林时节，而宁夏银川市郊区镇北堡镇却发生了毁林事件。一些村民乘当地政府加宽林带、更换虫害树种之机，滥砍生长 10 多年的刺槐等抗“天牛”树种 600 多株。

在距银川市 40 多公里处的贺兰山下 201 省道一侧，被毁的防护林带长达千米，有的树被拦腰砍断。当年的种树人胡桂菊抱着一棵生长了近 20 年的槐树桩气愤地说：“刺槐是抗虫害的树，咋能就这样随便砍呢！”

宁夏镇北堡林草试验场场长李学明介绍说，这条林带是这个试验场职工在 20 世纪 80 年代栽种的。此后，场里与职工签订了《防护林带承包管护合同》，经职工们长期浇水培育长成林带。2002 年 3 月 21 日，村民们砍树时，林场职工得知消息后进行阻拦。但当天夜里，一些村民再次砍树，天亮后，部分大树也被砍掉了。目前，当地公安部门正在对此事进行调查处理。

这是当年种树人、宁夏镇北堡林草试验场职工王霞指着被毁掉的林带说：“我们种活一棵树多不容易，就让他们给毁了！”

生态文明

草原治沙刻不容缓

——新华社传真照片，银川，2002 年 5 月 12 日

在地处毛乌素沙漠边缘的宁夏盐池县中部，缺少生机的昏黄色布满这片广袤的土地。实在难以想象这里曾是肥美的草原。拥有 680 万亩天然草场的盐池县因超载放牧使多年治沙努力功亏一篑，草原沙化日益严重，当地农民生活也日益贫困。

高沙窝乡李家海子自然村村民自发种树 3 万亩，却因干旱而“全军覆没”。

这是马儿庄乡汪水塘村的部分沙化土地。按照盐池县草场状况，养羊不应超过 30 万只。但该县实际养羊远远高于 85 万只。

大水坑镇柳条井自然村村民张连去年耕种土地 30 亩，都只收了 500 多公斤粮食。

宁夏盐池县：沙化草原变花园
——新华社照片，银川，2002 年 4 月 13 日

近 10 来，地处毛乌素沙地边缘的宁夏盐池县通过禁牧封育、实施三北防护林建设、湿地保护恢复等工程，使昔日的沙化草原重现生机。尤其自 2006 年，哈巴湖国家级自然保护区成立后，营造防护林 87 万多亩、治理沙漠化土地 25.5 万亩，使 11.25 万亩流动、半流动沙丘变为绿洲；450 万亩草原、24 万亩农田和 200 多公里公路不再受风沙侵害。

2002 年 4 月，沙丘阻断了宁夏盐池县尖儿庄乡境内的一段公路，养路工正在清理公路上的沙丘。

2002 年 4 月 13 日，宁夏盐池县马儿庄乡黎明村土地沙化一角。

宁夏盐池县哈巴湖国家级自然保护区核心区通过治理初期的扎草方格治沙方法，已将沙丘固定（摄于 2015 年 9 月 20 日）。

沙尘暴袭击甘肃河西走廊

——新华社照片，酒泉（甘肃），2004 年 7 月 12 日

2004 年 7 月 12 日 19 时 20 分左右，一场罕见的沙尘暴从甘肃省嘉峪关市上空刮过。据甘肃酒泉市气象局专家介绍，当日 17 时左右，这场沙尘暴在内蒙古形成后，在 4 个多小时内席卷了包括甘肃酒泉市和嘉峪关市的 16 万平方公里的区域。沙尘暴经过之处最小能见度只有 200 米，因平均风力在 6 级左右，最高风力 8 级，对当地农作物等损害不大。

宁夏出现沙尘暴天气
——新华社传真照片，银川，1998年4月15日

1998年4月15日17时 至19时，宁夏海原县以北大部分地区出现沙尘暴天气，这是今年2月以来的第二次。据了解，此次沙尘暴对宁夏粮食作物危害不大。这是银川市交警在沙尘中指挥交通。由于能见度低，车辆只好在大白天打开车灯。

宁夏靠沙闯市场
——新华社传真照片，北京，1999年10月11日

被腾格里沙漠、毛乌素沙漠、乌兰布和沙漠环绕的宁夏回族自治区积极开发沙产业。当地农民承包沙地种果树、药材，利用沙漠养鱼养蜂，不仅治了沙，还靠沙摆脱了贫困。同时，宁夏还出现了一批沙产业公司，对沙生植物进行深加工，形成产供销一体化发展格局。

目前，宁夏全区沙漠化土地面积已由20世纪70年代的1.65万平方公里降至1.26万平方公里，减少了23.6%，从而成为我国第一个实现沙漠化土地面积减少的省区。来自欧洲和非洲的联合国粮食安全组织的专家在盐池县的沙漠考察飞播种植的甘草、枸杞、苦豆子等药材植物。他们对中国有效利用沙资源连声赞叹“OK！”

一批农民乘农用车赶往红寺堡草原挖甘草。

这片昔日植被茂盛的草原被挖得千疮百孔。

这片天然草原正面临新一轮破坏。

滥挖甘草毁了草原
——新华社传真照片，银川，2001 年 11 月 5 日

由于近年来遭受掠夺性的滥挖乱采，被称为“黄宝”的宁夏甘草面积大幅减少，由此带来的土地沙化现象日益严重，其中受害最大的盐池、中宁两县 50 多万亩草原被挖掘破坏。据有关部门介绍，滥挖甘草造成的草原沙化 10 年内都难以自然恢复，即使人工种植恢复，最快也需要 3 年才能见效。

沙尘暴下的宁夏盐池
——新华社传真照片，银川，2001 年 5 月 23 日

去冬今春以来，由于天气持续干旱，地处西北地区毛乌素沙漠边缘的宁夏盐池县冯记沟乡、大水坑镇一带，屡遭沙尘暴狂袭，强劲的大风卷起沙尘铺天盖地，使大片土地沙化。

图为冯记沟乡强记滩村农民强忠国去年种植的 10 多亩地膜玉米，几乎全部被沙子埋住了。

盐池县一带的沙尘暴风速一般在每小时 72 公里至 180 公里。吃尽了沙尘暴苦头的大水坑镇向阳村农民顶着风沙植树。

这是 5 月 20 日又一次沙尘暴乍起之时，大风裹卷着沙子越过盐池县大水坑镇一条公路的情景。

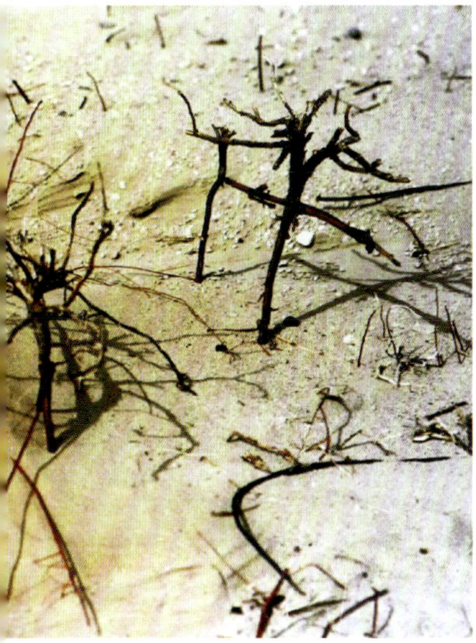

沙尘暴过后，草根都已露出地面，难以继续生存。

在今春多次沙尘暴的狂袭下，宁夏盐池县冯记沟乡的又一个村庄被黄沙包围了。

2003 年 5 月 5 日，宁夏盐池县高沙窝乡大疙瘩村农民高占宝在修整自家的羊圈。

禁牧见闻

——新华社照片，银川，2003 年 6 月 23 日

2001 年，大疙瘩村在全区率先禁牧，堪称宁夏禁牧第一村。禁牧后，村民种草养羊，2002 年农民人均纯收入 1600 元，比 1998 年增加了 3 倍。

我国十大牧区之一的宁夏回族自治区，经过不到一年的努力，在广大农牧区进行了一场深刻的“草原革命”，于 2003 年五一前实现全区禁牧。目前，全区 300 多万只羊告别天然草场，住进“冬暖夏凉”的“安乐窝”。广袤的草原开始休养生息，牧区的生态和植被正在恢复。

2003 年 5 月 5 日，宁夏盐池县高沙窝乡惠安堡镇养羊大户韩世界舍养的羊只在圈内活动。

宁夏种草种树恢复生态植被
——新华社传真照片，银川，2002 年 3 月 24 日

近年来，宁夏大力实施退耕还林还草、天然林保护、三北防护林等八大林业工程，初步构筑起宁夏林业生态体系框架，减少沙尘暴天气的侵袭。自治区前两年已在彭阳、西吉、海原、同心等 8 个试点县完成退耕还林还草 40 多万亩，荒山造林种草近 60 万亩，今年准备再完成退耕还林还草 80 万亩，荒山造林 100 万亩。

这是彭阳县孟塬乡政府组织当地群众在荒山上集体统一整地准备种树。目前这个县治理水土流失面积 146.7 平方公里，使昔日 70 多万亩荒沟秃岭披上了绿装。

宁夏盐池：沙漠边缘筑造绿色屏障
——新华社照片，吴忠（宁夏），2010 年 3 月 31 日

3 月 30 日，宁夏盐池县高沙窝镇农民在沙漠上扎草方格。

地处毛乌素沙漠边缘的宁夏盐池县为实现人进沙退的生态治理目标，全县依托退耕还林、封山禁牧等生态建设工程，采取乔、灌、草相结合的人工治理措施，使三条明显沙带得到有效治理。目前，全县林木保存面积超过 300 万亩，有 200 多万亩沙化土地得到治理，昔日的 120 万亩退化草原恢复了植被。

宁夏：沙尘源筑起“草长城”
——新华社照片，银川，2009 年 6 月 10 日

6 月 9 日，一辆汽车行驶在宁夏白芨滩防沙林场运用草方格治理后的沙漠便道上。

被腾格里沙漠、乌兰布和沙漠以及毛乌素沙漠包围的宁夏回族自治区常年干旱少雨，是我国沙漠化较严重的地区之一。当地干部群众在与风沙较量中创造出了扎草方格治沙的成功经验。近年来，自治区大力推广这一治沙经验，不断加大治沙力度，在沙漠边缘大面积扎草方格固沙植树，在沙尘源筑起一道道“草长城”。

禁牧封育夺回沙化草原

——新华社照片，银川，2004 年 12 月 27 日

宁夏盐池县冯记沟乡昔日赤地千里的黄沙地上又长出了茂密的植被（摄于 2004 年 12 月 24 日）。

宁夏回族自治区于 2003 年 5 月 1 日前成功实现全区禁牧后，地处毛乌素沙漠边缘的盐池县畜牧业走出了“信天游”式的放牧方式，从而有效遏制了因草原超载放牧造成的土地沙化问题。目前，这个县的 700 多万亩沙化草原植被得到恢复。

盐池人沙漠面前不低头

——新华社照片，银川，1996 年 4 月 11 日

地处毛乌素沙漠边缘的宁夏盐池县沙化土地面积达 530 多万亩，占总土地面积的一半。面对沙进人退的现状，自治区政府投资 960 多万元帮助沙区群众开发经果林 2.1 万亩，人工造林 60 多万亩，使 100 多万亩沙化土地得到了治理，生态环境得到改善。

沙边子治沙研究所所长龙治普（右一）常年与沙漠打交道，总结出了一套治沙的科学方法。这是他在指导当地农民给沙柳平茬。

西北风沙区探索造林新路径
——新华社照片，银川，2005 年 7 月 26 日

陕西榆林市境内一条公路旁，当地百姓发明的“套笼”技术，可以防止兔子啃食固沙植物（2005 年 4 月 10 日摄）。在我国生态环境十分脆弱的西北风沙区，如何解放林业生产力，集聚更多的力量投身林业建设，显得尤为迫切。经过多年的实践，西北地区正逐步探索出造林新路。

宁夏：昔日沙化草原　今日野花飘香

——新华社照片，银川，2010 年 5 月 27 日

5 月 27 日，两位摄影者在宁夏盐池县高沙窝镇的草原上拍摄。

近年来，地处毛乌素沙漠边缘的宁夏盐池县实施全县禁牧，大面积种植柠条等耐旱植物，使昔日 700 多万亩沙化草原恢复了较好的生态植被。

黄河宁夏段污染严重令人担忧

——新华社传真照片，银川，2001 年 11 月 5 日

黄河宁夏段 397 公里长的黄河水污染状况令人担忧。宁夏回族自治区环保局最近一份材料显示，由于长期接纳工业废水、生活污水和农田退水，全自治区地面水环境已受到不同程度的污染。去年，黄河宁夏段内的各监测断面均为Ⅴ类、超Ⅴ类水体，其入境断面有 6 项污染物超标，到出境断面就有 12 项污染物超标。全区工业废水排放总量为 10942 万吨，达标率仅为 35%。据了解，宁夏区域内 95%以上的工业废水和生活污水经城市排水管网或农田排灌沟渠进入黄河。其中，日排放量 100 吨以上的重点污染企业 94 家，主要集中在造纸、化工、制药、酿造、淀粉等行业。

宁夏一家化工企业院内排放带有强酸度和强碱度工业废水的水渠。这家建在黄河边上的重污染化工厂，以每小时数十吨的排水量把废水直接排入黄河。

这是宁夏一家造纸企业的员工在把未经处理的生产废水排入农田排水沟前过滤废渣。

宁夏一家造纸企业未经处理的造纸废水流经黄河河滩后，这里寸草不生。

黄河支流清水河遭严重污染
——新华社照片，固原，2004 年 11 月 9 日

清水河水面上漂浮着一层白色泡沫（摄于 2004 年 11 月 8 日）。被两岸人民誉为“生命河”的宁夏固原市原州区城郊的黄河支流清水河，如今“清水”已变成污水，散发出令人难以忍受的恶臭。据悉，清水河污染源于两岸近 500 座不同规模的土豆淀粉厂以及原州区部分机关、居民未经处理的污水直排。清水河发源于固原市原州区开城镇黑刺沟，流经海原、同心两县，由中宁县入黄河，全长 150 多公里，是黄河上游一级支流。

宁夏累计投入 85 亿元治理污水
——新华社照片，银川，2010 年 4 月 13 日

4 月 13 日，宁夏永宁县一名工人在污水处理池旁检测水质。为解决黄河水质问题，宁夏在国家相关部门大力支持下，在全区每个县（市、区）建设污水处理厂，累计投入 85 亿多元，同时，依法责令关停或整改污染企业 100 多家。

红井子乡二道沟村一土法炼油炉正在炼油。

宁夏土炼油死灰复燃

——新华社传真照片，银川，2001 年 5 月 8 日

被明令禁止、多次取缔的土法炼油，自今年 3 月起再度在陕、甘、宁交界的宁夏红井子乡一带死灰复燃。这种污染环境、浪费石油资源的劣质土法炼油目前在当地已经形成产、供、销一体化，有的地方还出现公开交易原油的现象。

图为红井子乡一油品经销点公开经销原油。

宁夏小炼油厂顶风生产污染严重
——新华社传真照片，北京，2000 年 9 月 11 日

被国家明令关闭的宁夏 6 家小炼油厂，利用今年油品价格上调之机顶风生产，油厂周围环境遭到严重污染。宁夏盐池县一家小炼油厂设备简陋，生产工艺落后。企业在加工装卸油品过程中跑油严重，厂区内污油随处可见。

如此“生财之道”后果堪忧
——新华社照片，银川，1997 年 7 月 11 日

近年来，在宁夏回族自治区盐池县大水坑镇土法炼油屡禁不止。据了解，该镇有 19 个自然村的农民在炼油，土炼油炉达 800 多座。这些工艺简单、收率极低的土炼油炉在这里形成了低规模的产、供、销一体化。既污染了环境，又浪费了国家珍贵的石油资源。

农民私建土炼油炉，破坏了植被，加剧了土地沙化。

大水坑镇宋记堡子村共有 60 多户农民，土炼油炉竟达 70 多座，形成了一道独特的“景观”。

宁夏：粉煤灰污染良田

——新华社照片，银川，2007 年 6 月 6 日

6 月 5 日，宁夏石嘴山市金能农场农民李成宝扬起农田里的粉煤灰。宁夏石嘴山市河滨工业区内热电厂排出的粉煤灰被大风刮起散落后，不仅对宁夏石嘴山市金能农场 4000 多亩农田造成严重危害，还对当地空气造成污染，当地居民深受其害。

宁夏 5400 吨炸药爆破采煤　1400 万吨“煤中之王”将重见天日
——新华社照片，银川，2007 年 12 月 20 日

2007 年 12 月 20 日 11 时 30 分，随着一声沉闷的巨响，神华宁煤集团大峰煤矿羊齿采区的一座相对高度 230 米的山峰下沉约 40 米，近 15 年来我国最大的一次硐室爆破成功实施。实施此次爆破主要是为了能对羊齿采区的“太西煤”进行露天复采。改用露天复采后，矿井服务年限将延长 15 年，1400 万吨“太西煤”将重见天日。“太西煤”在国际上被誉为“煤中之王”，是世界著名的优质无烟煤。

“塞上江南”美如画
——新华社照片，银川，2010 年 6 月 14 日

这是 6 月 14 日航拍的宁夏平原一角。

素有“塞上江南”之美誉的宁夏平原大力发展节水灌溉农业，目前，灌区干支渠达 3000 多条，有排水沟 40 条，形成了比较完善的灌排系统，灌溉面积增加至 600 多万亩。

宁夏隆德县梯田美景如画（摄于 2009 年 7 月 11 日）。

黄土高原上的隆德梯田美如画
——新华社照片，固原，2009 年 7 月 12 日

7 月 11 日，宁夏隆德县奠安乡一位农民开着收割机在梯田里收割小麦。2005 年被水利部授予“全国梯田建设模范县”称号的宁夏隆德县，针对黄土高原沟壑区水土流失严重的问题，45 年来坚持修梯田不间断。目前，全县梯田面积达 47 万多亩，人均 2.5 亩，梯田占全县耕地面积的 86%，梯田亩均粮食产量比坡耕地增加 50~100 公斤，每年为黄河拦截泥沙 113 万吨，水土流失得到有效控制。

鸟巢里的一对小雏鸟
——新华社照片，银川，2013 年 5 月 4 日

沙湖湿地小雏鸟“萌”态万千。宁夏沙湖湿地茂密的芦苇丛成为鸟类良好的天然栖息和繁衍地，每年都吸引数以百万计的中华秋沙鸭、苍鹭等鸟类在此栖息繁殖。目前，宁夏沙湖湿地水域面积 45.5 平方公里，栖息鸟类多达 17 目 44 科 178 种。

沙湖日出

——新华社照片，石嘴山，2010 年 5 月 20 日

日出时分，飞鸟迎着朝霞在宁夏沙湖风景区上空飞翔。由于近年来生态环境得到改善，宁夏沙湖鸟岛每年都吸引数以百万计的中华秋沙鸭、黑鹳、苍鹭、白鹤、天鹅、鸳鸯等鸟类来此栖息繁殖，水、鸟与芦苇构成一幅美不胜收的生态美景。

宁夏彭阳县“粉红花海”醉游人
——新华社照片，银川，2009 年 4 月 19 日

4 月的六盘山春意盎然，四月的彭阳，杨柳吐绿，杏花烂漫……

在这充满希望的春天里，由宁夏回族自治区旅游局、固原市政府主办，宁夏六盘山旅游管委会、彭阳县政府和固原市旅游局承办的第十一届宁夏六盘山山花旅游节暨宁夏彭阳第四届“粉红花海　魅力彭阳”杏花旅游文化节，4 月 2 日在彭阳县开幕。当天有 2 万多名游客沿着赏花路线或赏或拍、或绘或吟，流连忘返，全都醉在了山花烂漫的海洋里。

此次活动以“粉红花海　魅力彭阳”为主题，将开展为期 15 天的粉红之恋“游花海”、摄影大赛“摄花海”、丹青妙手“绘花海”、诗歌散文“赞花海”、秦风汉雅“唱花海”等系列活动。

春色 4 月，宁夏六盘山地区漫山遍野竞相开放的杏花，不仅愉悦心情，还能感悟到长城脚下生态明珠之美，体验灿烂的中华文明，此次山花节，还可以走丝路古道、觅皇甫故里、寻远古文明、访长征圣山、赏丹霞奇观、品民俗风情。

宁夏：彭阳“生态杏”喜获丰收
——新华社照片，银川，2009 年 7 月 12 日

7 月 11 日，“全国劳动模范”、宁夏彭阳县城阳乡陈沟村农民杨万珍（左）正在采摘杏子。

今年，他家的杏子产量达 5000 多公斤。被评为“全国生态建设先进县”的宁夏彭阳县，通过小流域综合治理发展山杏种植。目前，全县累计治理小流域 92 条，治理水土流失面积 1712 平方公里，占全县总面积的 73%，栽种山杏 120 万亩。

俯瞰腾格里沙漠湿地：通湖草原

——新华社照片，银川，2013 年 7 月 4 日

这是位于宁夏与内蒙古交界处的腾格里沙漠湿地——通湖草原（摄于 2013 年 7 月 3 日）。被称为“生命禁区”的腾格里沙漠，从南至北黄沙腾跃，一望无际。通湖草原如同一块碧绿的翡翠镶嵌在浩瀚大漠之中，纤纤细草奇迹般抵挡了四面逼来的漫漫黄沙，给人以生气、灵气和神奇之感。

宁夏黄河古村梨花飘香
——新华社照片，银川，2008 年 4 月 14 日

2008 年 4 月 14 日，两位表演者在黄河梨花节上演奏民乐。当日，沙坡头黄河梨花节在宁夏中卫香山乡南长滩村举办，以欣赏百年梨树，观万千花簇，探访古老山村人家为主题的黄河梨花节吸引众多游客前来参加。

六盘山上花艳艳
——新华社照片，银川，2010 年 6 月 20 日

六盘山国家级自然保护区是我国西北地区重要水源涵养林基地，被誉为黄土高原上的“绿岛”和“水塔”，总面积 6.78 万公顷。保护区内有高等植物 788 种，其中经济价值较高的植物 150 种。近年来，当地政府通过植树造林，实施六盘山水源涵养林建设工程，使保护区森林覆盖率由过去的 28% 增长到现在的 70% 以上。

沙漠中崛起的林场
——新华社照片，银川，2007 年 9 月 14 日

宁夏灵武市白芨滩国家级自然保护区管理局党委书记、局长兼白芨滩防风固沙林场场长王有德（左三）与职工一起在毛乌素沙漠边缘的沙丘上扎草方格（摄于 2007 年 9 月 3 日）。被国家授予“治沙英雄”称号的王有德，20 多年来，带领白芨滩防风固沙林场干部职工完成治沙造林 32 万亩，控制流沙面积 36 万亩，经营管理面积由 2000 年以前的 25.9 万亩扩大到现在的 147 万亩，固定资产由 1985 年以前的不足 40 万元增加到现在的 4020 万元，林木资产达 6380 多万元。

沙漠中崛起的林场

——新华社照片，银川，2000 年 6 月 9 日

王有德和他的宁夏灵武市白芨滩林场在毛乌素沙漠西南部已顽强地生存了 40 多年。献了青春献子孙，三代林场职工在飞扬跋扈的黄沙和浩瀚无垠的沙漠中播种绿色，终于筑起一道长 42 公里，宽 10 公里的绿色屏障。控制流沙面积 8000 公顷，建立沙漠果园 200 多公顷，有效地遏制了沙漠对银川平原的侵袭。昔日的沙漠如今瓜果飘香，长期生活在沙海中的林业工人住进了市区现代化住宅，职工人均收入由原来的 700 元增加到现在的 5680 元。

宁夏农民积极退耕还林

——新华社传真照片，银川，2000 年 4 月 2 日

祖祖辈辈靠种庄稼生活的宁夏西海固贫困山区农民，积极落实国家在西部地区实施退耕还林（草）试点示范工作。目前，西吉、固原等 5 个退耕还林试点县农民已退耕 20 万亩。这是西吉县白城乡白城村干部杨忠仁（左一）组织村民丈量退耕面积。这个县认真落实退耕还林（草）中的个体承包政策，坚持谁造林、谁受益原则，充分调动了农民积极性。

这是彭阳县城阳乡育苗大户张显（右）把挖出的树苗准备出售。今年，她家的树苗已成为抢手货。

黄土旱塬上的“生态村”
——新华社照片，银川，2000 年 12 月 1 日

宁夏南部贫困山区——固原县河川乡上黄村是个干旱少雨、水土流失极为严重的地方。这里年降雨量 200~300 毫米，而蒸发量却高达 2500 毫米。针对这一状况，上黄科研试验示范区的专家和技术人员进行长期定位测验研究，他们把降水的高效利用和优化农业结构、改善生态环境定为主攻方向，取得各项科技成果 36 项，终于摸索出以水、电、田、林、路为主的小流域综合治理模式，找到了生态效益与经济效益的最佳结合。如今的上黄村，山坡上长着大片柠条，山沟里树木吐绿，半山腰层层梯田缠绕。全村林草覆盖率由过去的 2%增长到 51%。

图为上黄村一角。

虽然，上黄科研试验示范区技术人员生活在艰苦环境中，但他们取得了丰硕的科技成果。

1999 年 9 月初，82 岁的中科院资深院士、地质学第四纪研究的权威人士刘东生等专家到上黄村考察时，称赞上黄村小流域综合治理，实现“土不下山，水不出沟”生态治理目标具有世界意义。

村民黄玉军（左一）在家门口打了一眼蓄水 60 立方米的水泥窖，运用节灌技术种蔬菜，年收入 1000 多元，解决了全家人的花钱问题。

生态环境改善后，村民们科学种田的积极性更高了。图为粮食丰收后，村民黄玉园喜上眉梢。

毛乌素沙漠边缘：地下水位下降　地表植被枯萎
——新华社照片，银川，2005 年 6 月 4 日

陕西榆林市榆阳区芹河乡前湾滩村村民从 70 多米深的水井里抽水浇地（摄于 2005 年 4 月 5 日）。在毛乌素沙地边缘的陕西榆林市、内蒙古鄂托克前旗等地，由于部分地区地下水位迅速下降导致生态恶化。毛乌素沙漠毗邻陕、甘、宁和内蒙古四省区，东起陕西神木县，西至宁夏盐池县，北至内蒙古鄂尔多斯中部，面积达 4．2 万多平方公里，其北部多为固定和半固定沙丘。过去由于植被被破坏，形成流沙向东南移动。自“三北”防护林、退耕还林等工程实施以来，当地干部群众固沙造林、发展灌溉、改良土壤，治理沙化成效显著。但近年来，由于降雨量减少，加之当地群众在农业生产中大量抽取地下水浇灌农田，造成地下水位逐年下降，地表植被大量枯萎。

宁夏完成 430 万亩造林任务

——新华社照片，银川，2005 年 1 月 24 日

2004 年，宁夏克服干旱及霜冻等自然灾害，广泛发动群众，精心组织实施八大林业工程，全年共造林 430 多万亩。

2005 年 1 月 18 日，宁夏固原市原州区河川乡明川村农民马金明（右）在果园整理树枝。

文化发展

大漠体育魅力无限

——新华社照片，中卫，2007 年 9 月 10 日

2007 年 9 月 10 日，福建代表队选手在沙漠排球比赛中。当日，全国首届大漠健身运动会沙漠排球比赛在宁夏中卫市沙坡头举行。

奥运圣火在中卫传递

——新华社照片，中卫，2008 年 6 月 29 日

2008 年 6 月 29 日，北京奥组委火炬接力中心特聘专家、圣火使者、世界冠军叶乔波（左）与宁夏回族自治区党委书记陈建国共同举起火炬。当日，北京奥运圣火在宁夏中卫传递。

2010 中国国标舞赛开幕
——新华社照片，银川，2010 年 7 月 27 日

7 月 27 日，少儿组选手在银川市体育馆参赛。当日，为期两天的 2010 年中国国际标准舞职业和业余积分赛在银川拉开帷幕，比赛分成人组、少儿组、职业组、业余组，来自全国各地的 48 支代表队参赛。

宁夏97万中小学生享受免费义务教育
——新华社照片，吴忠，2006年10月12日

这是在宁夏中宁县第一小学上学的孩子（摄于2006年10月12日）。自2006年初以来，中央、宁夏回族自治区及市县筹措1.17亿元补助资金，使宁夏97万多名中小学生享受免费教育，其中53.7万名贫困家庭学生享受免费教科书，近7万名贫困家庭寄宿生享受到生活补助。

15 年如一日为乡亲们送电影的李淑珍

——新华社传真照片，银川，1995 年 12 月 12 日

宁夏贺兰县常信乡农民李淑珍、杨金海夫妇自筹资金购买电影放映机，走村串户为乡亲们放电影。15 年来，共放映电影 3800 多场，丰富了乡村文化生活。这是常信乡常信村的孩子们喜气洋洋地迎来放电影的李淑珍。

宁夏西吉古币多，争相献给博物馆

——新华社照片，银川，2000 年 2 月 29 日

西吉县地处西北黄土高原的宁夏南部山区，总面积 3140 多平方公里。这里虽然山大沟深，交通不便，但历史悠久，文化灿烂。早在五六千年的新石器时期，这里就有人类繁衍生息。域内至今留有新石器时期的三滴水遗址、战国秦长城、杨河汉代古墓群、南北朝时期的扫竹岭石窟等 30 多处文化遗址。

这几年，西吉县的一些乡镇都有窑藏货币出土。一般都是当地农民在黄土地上耕耘或修路时发现的。之后，朴实的山区农民就将古币交到博物馆。

据李怀仁介绍，像单森林这样给博物馆交古钱币的农民在这个小县里最少有二三百人。西吉县钱币博物馆所有的 3000 余种、数十万枚货币，几乎全部是从当地农民手里收集起来的。目前，这个博物馆从 3000 多年前的商周流通的贝币到中华民国的纸币都有收藏。馆内工作人员把收藏的历代货币经过科学选检，分门别类整理，计有珍品、特造、标记、御书、对钱、花钱、银质、铜质、铁质、镍质、纸币，以及外国铸造钱等十多大类。

有关专家参观了该县收藏的货币后，曾给予高度评价，认为西吉县收藏的货币不论数量还是质量在全国文物机构中堪称第一。

图为西吉县钱币博物馆工作人员整理古钱币。

由于山区交通不便，文工团经常组织小分队，带着简单的道具走村串户为山区的农民演出。

宁夏的“乌兰牧骑”
——新华社照片，银川，1998 年 6 月 9 日

一座座那个山哟，
一道道湾，
走头头的那骡子哟三盏盏的灯，
戴上那铜铃子哟哇哇的声……

苍凉委婉的花儿剧曲调又在山沟沟里的火石寨乡小川村响起来，宁夏回族自治区西吉县文工团的演员们正在村里的打麦场上演出。前来看“戏”的人们在黄土坡前围了起来，眼望着这些漂亮的“戏娃娃”，庄稼人脸上绽开笑容。

西吉县文工团是一个被文化部评为“全国乌兰牧骑先进团（队）”的文工团，24 年来他们跑遍了全县的山山水水，送戏下乡演出 4000 多场次，偏僻的山乡到处都留下了他们艰辛的足迹。由于山区交通不便，演员们经常要担着道具、背着行装，走乡串户为山区的农民演出，群众亲切地称他们为回族之乡的“乌兰牧骑”。

近年来，西吉县文工团创作的歌舞、戏曲、花儿剧等达 170 多个。他们把群众喜欢的花儿唱遍了西吉县的沟沟岔岔，还唱到了首都北京。他们创作的花儿歌舞剧《曼花尔》、花儿联唱《春色洒满河山》等 6 个剧目曾在全国文艺汇演中获奖；六盘山民间歌舞《花儿四季》还应文化部的邀请进京演出，受到各界人士的赞誉。

演员们在山村的打麦场上跳起了《口弦舞》。

皮影艺人张进绪后继有人
——新华社照片，银川，2010 年 2 月 24 日

宁夏银川市贺兰县金贵镇雄英村 68 岁的张进绪（左）向儿子传授皮影演技。

皮影老艺人张进绪从小跟随爷爷和父亲学习祖传皮影戏，掌握了 10 多本皮影戏的表演及唱腔。张进绪表演用的 200 多件皮影道具都是爷爷和父亲用牛皮雕刻制作的。有一段时间，随着农村电影、电视的普及，张进绪老人表演皮影戏的次数不断减少。而随着皮影戏被列为国家首批非物质文化遗产，加上人们对古老民间艺术有了新的认识，目前，张进绪的皮影戏班子已发展到 13 人。据张进绪老人介绍，皮影人物的制作过程颇为繁琐。在皮上雕刻的手法与剪纸相同，线线相连且不能中断，学起来十分困难。而表演人员不仅需要操作娴熟，还要能说会唱，有时一本戏唱下来需要三四个小时。皮影戏是中国民间广为流传的道具戏之一，通过灯光把雕刻精巧的皮影映照在屏幕上，由艺人在幕后控制影人，并伴以音乐和歌唱。在电视电影出现之前，观看皮影戏曾是中国民间重要的娱乐方式。

宁夏银川市贺兰县金贵镇雄英村的张进绪在家中的窗户玻璃上练习皮影。

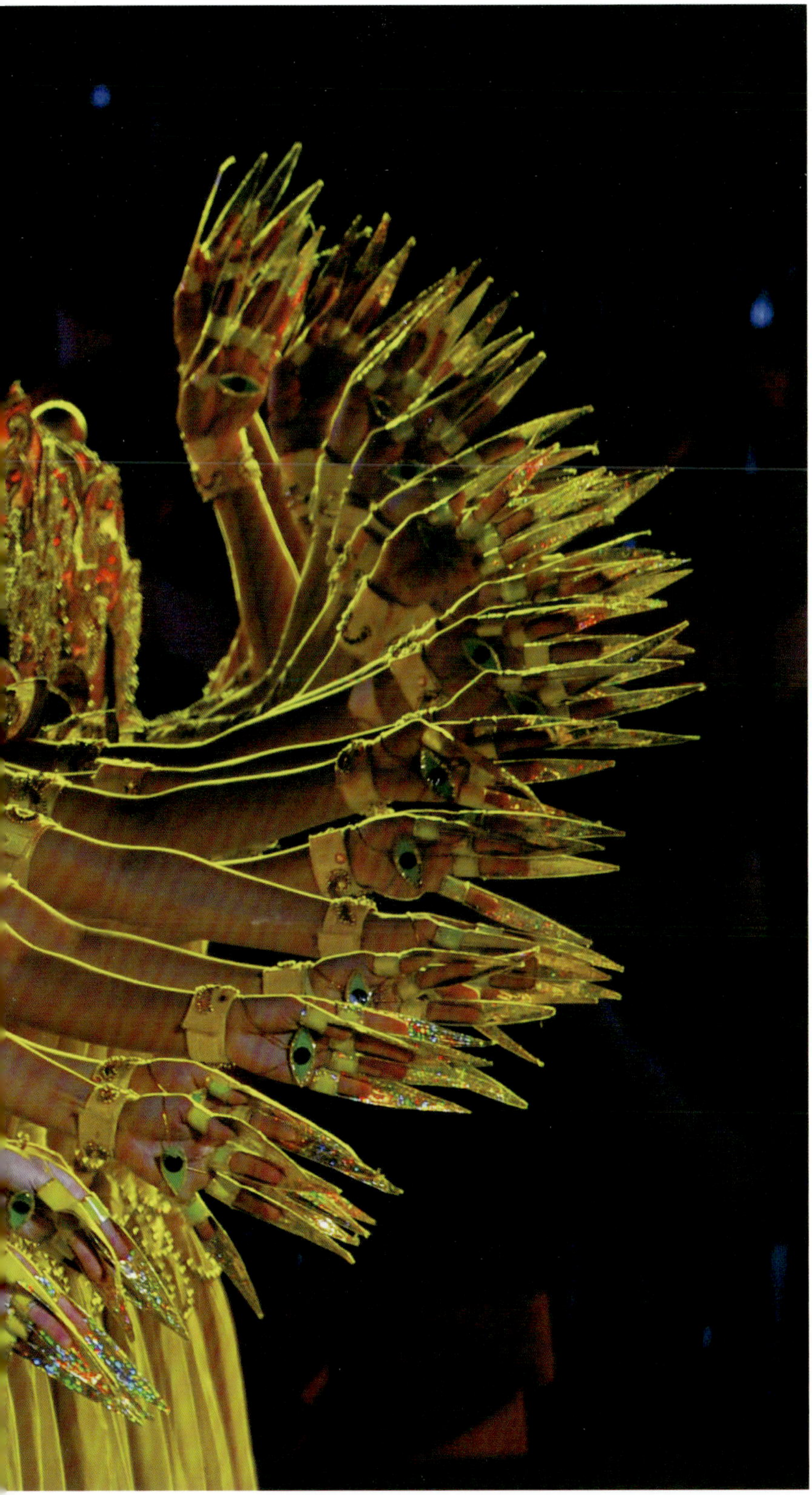

"长河大爱"晚会

——新华社照片，吴忠，2011年9月18日

9月18日，演员在晚会上表演舞蹈《千手观音》。

当晚，"长河大爱"主题晚会在宁夏回族自治区吴忠市举行。晚会由中国东方演艺集团主办、中国歌舞团主创。

银川国际汽车摩托车旅游节环贺兰山机车拉力赛开赛
——新华社照片，银川，2006 年 9 月 17 日

2006 年 9 月 17 日，摩托车手们在宁夏贺兰山比赛。

当日，中国银川国际汽车摩托车旅游节环贺兰山机车拉力赛开赛，近百名车手将环贺兰山进行 180 公里长的赛程。

全国大漠健身运动会精彩纷呈

——新华社照片，中卫，2007 年 9 月 9 日

2007 年 9 月 9 日，国家体育总局参赛选手王杰（下）在沙丘速降比赛中。

当日，在宁夏中卫市沙坡头举行的全国大漠健身运动会中，来自全国 34 个代表团的 559 名选手参加了沙丘速降、卡丁车、沙漠穿越、沙漠足球、沙漠软式排球、拉沙舟、铁人三项和沙漠高尔夫球 8 个项目的角逐。

中国摩托车手首次集体成功穿越腾格里沙漠
——新华社传真照片，腾格里沙漠（宁夏），2000 年 6 月 21 日

2000 年 6 月 19 日 18 时 50 分，24 名中国摩托车手历经 36 小时，集体成功穿越腾格里沙漠，这是人类首次驾驶摩托车集体穿越腾格里沙漠。这次穿越活动从内蒙古阿拉善左旗广场出发，至宁夏中卫县结束，行程 400 公里，其中从通古淖尔苏木至水梢子一段共 220 公里，全是沙海，没有任何路径，这一段穿越行动将被载入吉尼斯世界纪录。

这是车手驾车在浩瀚沙海中行进。

这是车队中途迷路后，指挥者手拿卫星定位仪与司机一起测定方向。

这是车手成功穿越腾格里沙漠后在通往宁夏中卫县的一条便道上行进。

宁夏打造青铜峡黄河大峡谷旅游区
——新华社照片，银川，2010 年 6 月 6 日

6 月 5 日，游客乘船在宁夏青铜峡黄河大峡谷破浪前行。宁夏青铜峡黄河大峡谷长 10 余公里，宽 50 至 100 米，两侧崖壁高 30 米以上，被誉为“黄河中上游第一峡谷”。目前，青铜峡黄河大峡谷旅游区已经被列入宁夏沿黄城市带发展格局，将用 3 到 5 年的时间打造成宁夏王牌景点，让融汇古朴自然之美的黄河大峡谷绽放异彩。

宁夏人造沙漠滑雪场建成
——新华社照片，银川，2004 年 1 月 16 日

2004 年 1 月 16 日，游客们乘坐滑雪摩托车在宁夏人造沙漠滑雪场游玩。当日，中国第一个人造沙漠滑雪场——沙湖大漠滑雪场对游人开放。

中国“长城博物馆”“断身缩水”
——新华社照片，银川，2004 年 5 月 13 日

从战国、秦、汉到隋、明，历代都曾在宁夏修筑长城，总长度达 1500 多公里，宁夏因此有中国“长城博物馆”之称。然而，由于自然风化和近年人为破坏加剧，这些古长城正面临“断身缩水”的危险，亟待保护。

宁夏盐池县花马池镇境内的古长城正被“蚕食”。

地处腾格里沙漠边缘的宁夏中卫市境内的古长城已被严重风蚀（摄于 2004 年 4 月 22 日）。

位于贺兰山北端宁夏石嘴山市保存较好的一段明代古长城正在遭受人为与自然的毁坏。

宁夏首次发现岩画版史前“维纳斯”
——新华社照片，银川，2004 年 10 月 17 日

宁夏博物馆原馆长、副研究员周兴华在宁夏中卫北山大麦地岩画分布区与岩画版史前“维纳斯”留影的资料照片（摄于 2003 年 10 月）。他介绍说，这一形象是典型的旧石器时代晚期石雕女性裸像的翻版。在古罗马神话中，“维纳斯”是爱和美的女神，也称为生育女神。考古学家、艺术史家把史前石雕女性裸像称之为“维纳斯”。它是探讨原始社会发展进程，研究造型艺术及意识形态的珍贵资料，历来受到学术界的普遍重视。石雕女性裸像最早发现于欧洲，属旧石器时代晚期，奥地利维伦多府曾有过实物出土。

水洞沟发现 6 个以上文化层
——新华社照片，银川，2004 年 12 月 5 日

中国科学院古脊椎动物与古人类研究所考古工作者在水洞沟遗址发掘现场清理石制品文物（摄于 2004 年 9 月的资料照片）。在水洞沟第五次考古发掘中，考古工作者在地质剖面上已发现了 6 个以上人类活动遗留下来的文化层，每个文化层中都包含有非常丰富的石制品，这表明更新世晚期若干个时段都有人类在这里活动。

宁夏发现保存完整的古生物化石群
——新华社照片，银川，2005 年 4 月 26 日

2005 年 4 月 25 日，宁夏灵武市文物管理所的工作人员在进行考古发掘。

近日，在宁夏灵武市磁窑堡镇南磁湾，发现了一处面积较大、分布集中、保存完整、周边环境未遭破坏的古生物化石群。据参与发掘的考古人员介绍，发现的这处古生物化石群中，至少含有距今大约一亿四千万年的蜥脚类和鸟脚类两种恐龙化石。由于化石距地面较浅，初步判定为白垩纪早期恐龙化石。

西夏陵夯土墙体亟待保护
——新华社传真照片，银川，2001 年 4 月 11 日

因风化、雨淋、日晒和人为破坏，国家重点文物保护单位西夏陵仅存的三座帝陵城夯土墙体倒塌严重。文物专家呼吁有关部门尽快采取应急措施，防止墙体继续倒塌。

由于长期管理不善，陵城部分墙体遭到人为破坏。这是墙体上被挖开的大洞。

这是 3 号陵城墙体倒塌的现场。

仅存的陵城夯土墙体底部大都被风蚀成“悬墙”，随时都有倒塌的危险。

西夏陵考古发掘出土一批珍贵文物。

这是月城墙体遗址中出土的饰以兽面的瓦当、滴水。

这是陵城出土的“妙音鸟”
——新华社传真照片，北京，2000 年 11 月 28 日

日前，倍受海内外关注的西夏陵考古发掘工作取得重大进展，出土了一批珍贵文物。这次考古是由国家文物局组织的，其发掘范围是西夏陵 3 号陵地面建筑遗址，包括月城和陵城。目前，只对月城东墙、陵城东门和东南角阙进行了清理发掘。

由于保护措施不力，佛像风化已十分严重。

石窟中有的佛像被烟熏得变了颜色。

须弥山石窟保护开发力度亟待加强
——新华社传真照片，北京，2000 年 1 月 9 日

须弥山距宁夏固原县城西北约 50 公里。从南北朝开始，历经隋、唐，陆续在这里开凿石窟。当时有 132 个洞窟，有大小石雕佛像 531 尊，现保存着造像 350 余尊，题记 33 则，壁画 7 处，明代石碑 3 块，是中国古代佛教艺术史上的一笔重要遗产，也是我国十大石窟之一，对于石窟艺术和宗教文化的研究是不可多得的珍贵实物资料。然而，作为全国重点文物保护单位，须弥山石窟多年来却屡遭自然和人为的破坏。尽管从 1984 年开始至今，国家共投入资金 500 多万元对其进行抢救性维修，但对于一项长期的文物保护工程来说显然是捉襟见肘。尤其是近年来投入资金不足，科学保护、加强管理力度不够，至今仍存在诸如窟区裸露、佛像风化加剧、防盗保护手段落后等问题，不仅珍贵文物面临继续遭受破坏的厄运，且该处丰富的旅游资源未能发挥其应有的效应。

这是石窟最大的一尊佛像，虽然当地文物部门在佛像顶部加以覆盖采取保护措施，但仍面临继续风化的危害。

风沙蚕食黑城遗址
——新华社照片，银川，2004 年 6 月 10 日

黑城遗址西南角夯土板筑的城墙被风沙蚕食出现大面积坍塌，唯有城墙角一座用土坯建成的圆顶建筑物尚未被风沙掩埋（摄于 2004 年 5 月 28 日）。黑城遗址位于内蒙古额济纳旗达来呼布镇东南 25 公里处，是古丝绸之路上现存最完整、规模最宏大的一座古城遗址。该城建于公元 9 世纪的西夏政权时期。公元 1372 年明朝大将冯胜攻破黑城后遭废弃。至今城内还埋藏着丰富的西夏和元代等朝代的珍贵文书。近年来，由于周边地区沙化严重，流沙从东、西、北三面侵蚀黑城，许多遗址已埋于沙下。文物保护工作者呼吁有关部门尽快行动起来，抢救性保护黑城遗址。

西夏时期瓷窑遗址惨遭毁坏
——新华社照片，银川，2007 年 6 月 18 日

这是西夏瓷窑遗址挖出的瓷器残件（摄于 2007 年 5 月 30 日）。

记者近日在宁夏回族自治区灵武市宁东镇采访西夏瓷窑遗址时，发现这一全国重点文物保护单位由于盗宝者长期乱采滥挖，瓷窑遗址被毁得千疮百孔，已给我国西夏瓷器考古研究造成了不可弥补的损失。

宁夏民间艺人樊庆云篆刻毛泽东诗词
——新华社照片，银川，2011 年 4 月 17 日

4 月 16 日，樊庆云在篆刻毛泽东诗词。

宁夏银川市民间艺人樊庆云从小热爱贺兰石雕刻艺术。他几十年如一日研习石雕技术，作品先后在全国石雕艺术大赛、北京国际博览会上获奖。1997 年以来，他开始专心篆刻毛泽东诗词。目前，他已篆刻完成毛泽东公开发表的诗词 36 首，其中最小的篆刻石材长度仅 3 厘米。他计划在自己有生之年篆刻完成毛泽东公开发表的全部诗词。

宁夏中宁石空大佛寺佛像腹内惊现多种文字经卷
——新华社照片，银川，2003 年 12 月 21 日

2003 年 12 月 19 日，负责清理修复文物的宁夏隆德县民间艺人杨栖鹤（左一）等在修复石空大佛寺内的彩塑佛像。宁夏中宁县文管所最近组织专家对石空大佛寺石窟内 75 尊佛像清理修复时，在其中 4 尊佛像腹内发现了内容和质地都不相同的经卷。经卷有汉文的，也有少数民族文字的，有的还与泥塑内的木制支架捆绑在一起。石空大佛寺位于宁夏中宁县石空镇的一处山崖旁。据考证，这里的石窟开凿于唐代以前，后代曾进行过多次维修。

自行车书货郎

——新华社传真照片，银川，1997 年 1 月 31 日

春节来临之际，宁夏彭阳县新华书店职工杨扈姓（左一）骑着自行车将年画送到了白阳镇姚河村农民王继朝家中。6 年来，彭阳县新华书店的 10 名职工骑车行程 7.2 万公里，走村串户，将近百万册图书和年画送到农民手中，被群众誉为“自行车书货郎”。

为农民起舞

——新华社传真照片，银川，2001年12月16日

每当“锵锵”的锣鼓声响起，宁夏回族自治区西吉县大山深处的乡亲们便知道文工团又送戏下乡了。一个农家的场院或一处山村坡地就是舞台，一些放下手中活计赶来的村民便是观众，演员们表演的极具地方特色的秦腔、歌舞、花儿，让村民们绽开了笑脸。

西吉县地处干涸的西海固腹地，山大沟深、条件恶劣。对世代居住在大山里的乡亲们而言，演员们的每次到来都是过节一样快乐的日子。

西吉县文工团自组建以来，便把文艺舞台由剧院延伸到了农家田头，其中80%的场次是在偏僻的山村演出，每年在县内下乡演出150余场，被当地群众誉为六盘山下一束永开不败的山丹花。多年来，文工团创作演出了具有浓郁地方特点和民族特色的歌舞、戏曲、花儿等剧目230多个，每年有10多个新剧面世，被文化部评为“全国乌兰牧骑先进团（队）”。

这是文工团深受喜爱的保留剧目《送媳妇回娘家》。

俯瞰宁夏沙坡头黄河大拐弯
——新华社照片，银川，2013 年 7 月 3 日

黄河初入宁夏途经中卫市沙坡头形成 180 度大拐弯，向北汹涌而去，气势磅礴，景色壮美。2013 年以来，宁夏中卫市将腾格里沙漠、沙坡头、通湖草原、黄河峡谷等景观融为一体，打造综合旅游线路，让游客感受百里不同景的自然风光。

"状元"在这里起步
——新华社照片，银川，1998 年 1 月 26 日

甘肃省会宁县虽以"苦瘠甲天下"而出名，但这里更以西北黄土高原"状元县"而名声大振。从 1977 年到 1996 年，有 14154 人从这里考入全国各大专院校，在这个数字背后有着说不尽的老师苦教、学生苦读、家长苦供的动人故事。

没钱买纸笔，黄土地便成了孩子的练习本。

村里的木匠上门为学校修理破桌椅，引得孩子们来看稀奇。

阳凹沟小学唯一的教师牛应宗年复一年地护送着他的学生娃，与他们在艰难的求学之路上共跋涉。

“状元”在这里起步
——新华社照片，银川，1998 年 1 月 26 日

教室里的桌椅残缺不全，部分学生只能站着听课，但他们的神情依然那样的专注。

由于教室狭窄，孩子们只能轮流进教室上课。等待着二年级的同学下课后才能进教室听课的学前班儿童，正坐在墙根下朗读课文。

由村民们集资修建的塬边乡阳凹沟小学，寄托了山里人对孩子们的希望。

“漠北江南”——巴丹吉林沙漠
——新华社传真照片，巴丹吉林沙漠（内蒙古），2002年11月4日

巴丹吉林沙漠地处内蒙古自治区阿拉善盟，总面积4.7万平方公里，为我国第三、世界第四大沙漠。这里有世界最大的鸣沙区和相对高度在200米到500米的连绵沙山，还分布着100多个湖泊，其中常年有水的湖泊达70多个，一个湖泊就是一个生物圈。巴丹吉林沙漠的任何变化都会直接影响我国西北、华北等地区的气候和生态环境，因此，保护好巴丹吉林沙漠的生态系统意义十分重大。

两头骆驼在巴丹吉林沙漠深处的扎来图海子（湖泊）旁吃草。

内蒙古自治区阿拉善盟右旗雅镇巴丹吉林村牧民在必鲁图海子里的一眼“神泉”上喝泉水。据说，巴丹吉林沙漠中含有特殊矿物质的“神泉”对肠胃病等疾病有疗效。

巴丹吉林沙漠深处一座座沙峰此起彼伏。

巴丹吉林沙漠深处的内蒙古自治区阿拉善盟右旗额镇牧民在湖里打捞卤虫蛋，用来加工饲料。卤虫是水鸟的食物，牧民过度打捞会对生态造成一定影响。

沙尘源头阿拉善夏日鲜见绿色
——新华社照片，阿拉善盟（内蒙古），2004 年 6 月 13 日

夏日，我国北方绿色泛野。然而，沙尘源头——内蒙古西部阿拉善地区却鲜见绿色。

总面积 27 万平方公里的阿拉善地区有 80%的土地沙漠化，20 世纪 90 年代以来，这里沙尘暴频繁，成为我国主要的沙尘发源地。巴丹吉林沙漠、腾格里沙漠、乌兰布和沙漠已有握手连片之势，许多地方已失去了人畜生存条件，部分牧民生产生活困难。

阿拉善生态有三大天然屏障：贺兰山原始森林、古弱水（黑河）河畔的胡杨林、荒漠草原上的梭梭林，但经过多年不计后果的开发，原来的绿色屏障已残缺褪色。

由于生态恶化，连年大旱，阿拉善地区近年来年均降水量不足 10 毫米，而蒸发量却高达 3000 多毫米。

内蒙古阿拉善盟阿拉善左旗，一位牧民在干旱的土地上牧羊（摄于 2004 年 5 月 19 日）。

在内蒙古阿拉善左旗的一条公路上，一辆拖拉机迎着风沙前行（摄于 2004 年 5 月 19 日）。阿拉善地区 8 级以上大风很常见。

2004 年 5 月 25 日，记者在内蒙古额济纳旗境内拍摄的枯梭梭。由于气候干旱，阿拉善地区梭梭林由原来的 1700 多万亩减少到 300 多万亩。

西北两大沙漠“握手”了

——新华社照片，阿拉善盟（内蒙古），2004 年 7 月 12 日

中国林业部门通过卫星监测结合地面调查发现，位于中国西部的巴丹吉林沙漠和腾格里沙漠之间出现了三条新的黄沙带，将这两大沙漠连了起来。生态专家惊呼，两大沙漠“握手”了。总面积分别为 5 万、3 万平方公里的巴丹吉林沙漠和腾格里沙漠，一北一南相邻分布在内蒙古阿拉善盟。沙尘源头的阿拉善地区总面积 27 万平方公里，而荒漠化面积占总面积的 80%，沙漠每年以 20 米的速度向东南推移，并以近 1000 平方公里的面积扩展。每年有近 1 亿立方米的流沙倾入黄河。两大沙漠“握手”的主要原因是，在强北风的作用下，巴丹吉林沙漠的流动沙丘南侵。国家有关部门正协同地方政府着手制定阿拉善生态治理的总体规划。

国家林业局“三北”防护林建设局宣传处处长褚卫东在巴丹吉林沙漠边缘的内蒙古阿拉善右旗的沙漠中调查了解沙生灌木的生长情况（摄于 2004 年 7 月 8 日）。

一位行人在一条穿越巴丹吉林沙漠边缘的内蒙古自治区阿拉善右旗雅布赖镇的公路上行走（摄于2004年7月8日）。

甘肃民勤县中渠乡农民唐希珍骑着毛驴将羊群赶到内蒙古阿拉善右旗的荒漠化草场上放牧（摄于2004年7月9日）。

西北“水荒”敲响生态警钟
——新华社照片，北京，2004 年 7 月 10 日

今年降雨稀少，石羊河下游水枯，“沙漠明珠”甘肃民勤县红崖水库干涸见底。

新疆轮台县的塔里木河上游河床出现大面积裸露（摄于 2004 年 7 月 19 日）。长期以来，塔里木河由于源流汇入干流水量明显减少，干流不合理开发，上、中游用水量急剧增加，加之气候变化，导致塔里木河生态调节功能明显减弱。

民勤，会不会变成第二个罗布泊?
——新华社照片，北京，2003 年 8 月 15 日

甘肃民勤县中渠乡煌辉村 4 社农民盛汤国正搬运水桶拉水（摄于 2004 年 7 月 10 日）。这个自然村已有 22 户人家由于缺水被迫搬迁，如今只剩 2 户人家。民勤县，位于河西走廊东北部、石羊河流域最下游，隶属甘肃省武威市，其东、西、北三面连接腾格里沙漠和巴丹吉林沙漠。近 20 年间，由于石羊河上游的垦区拦蓄引水，气候趋于干旱，绿洲已由过去的阻沙天堑变为沙源，水干风起，沙逼人退。时至今日，这里已成为全国最干旱、荒漠化最严重的地区之一，也是我国北方地区的沙尘暴四大发源地之一。甘肃全省上下也在为保护这片沙漠绿洲殚精竭虑，然而事实却不容乐观：大面积的挖井取水导致地下水位每年仍以 0.5 米至 1 米的速度下降；在一年 139 天的风沙天气中，腾格里沙漠和巴丹吉林沙漠的流沙以平均每年近 10 米的速度向民勤逼近。

民勤县中渠乡外西村农民林兴家牵着驴车走在昔日的水渠里（摄于 2004 年 7 月 10 日）。这条水渠是石羊河下游民勤县灌区的主渠道，现因石羊河来水锐减，使水渠被废弃，变成土路便道。

"生命禁区"的绿色通道
——新华社照片，库尔勒（新疆），2004 年 7 月 20 日

人造绿色林带守护着横穿"生命禁区"——塔克拉玛干沙漠的塔里木沙漠公路（摄于 2004 年 7 月 20 日）。这条沙漠公路是为开采塔克拉玛干沙漠腹地的石油而修建的。为确保它畅通无阻，2003 年 6 月，国家投资在北起沙漠公路肖塘道班、南至 315 国道的 436 公里地带兴建公路防护林，林带总面积达 3128 公顷。工程计划于 2005 年全部建成。

西北风沙区土地严重沙化

——新华社照片，北京，2004 年 10 月 21 日

新疆和田市罕曼热合乡推湾行政村罕艾热克自然村受到流沙侵害。这是村里的孩子在沙丘上玩耍（摄于 2004 年 7 月 22 日）。位于塔克拉玛干沙漠边缘的这个村庄距离和田市区不到 20 公里。流沙每年以 5 米的速度侵蚀农田，向市区逼近。长期以来，人为滥牧、滥采、滥伐使沙漠边缘脆弱植被遭到破坏。在甘肃、内蒙古、新疆、宁夏等省（区）的腾格里、巴丹吉林、塔克拉玛干沙漠以及毛乌素沙地边缘风沙区，生态治理速度赶不上沙化速度，导致土地沙化严重。据国家林业局公布的最新数据，包括西北风沙区的全国沙化土地达 174.3 万平方公里，并以年均 3436 平方公里的速度扩展。

流动的脚步　永远的八廓街

——新华社照片，拉萨，2005 年 8 月 14 日

2005 年 8 月 11 日，一名外国女游客（左）在西藏拉萨市八廓街上给转经的藏族妇女展示她拍摄的录像。

八廓街位于拉萨城市的中心，是围绕拉萨大昭寺的一条街道，距今有 1000 多年的历史，最初是藏传佛教信徒围着大昭寺转经的一条转经道，有两公里长，藏语称八廓。后来八廓街逐渐变成拉萨最早、最繁华的商业街，销售当地和来自印度、尼泊尔具有浓郁民族特色的手工艺品和生活用品，成为中外游客拉萨之旅的必经之地。在八廓街环形集市里，每天都是人潮涌动……历经时光梳洗却辉煌如新的八廓街集民族、宗教、文化、历史和商业气息于一体，在流动的脚步中焕发着崭新的生机与活力。

2005 年 8 月 11 日，两位藏族儿童在拉萨大昭寺前的八廓街上好奇地观看摄影师的照相机。

美丽的可可西里

——新华社照片，拉萨，2005 年 6 月 24 日

国家一级保护动物——藏野驴在可可西里草原上吃草（摄于 2005 年 6 月 15 日）。可可西里国家级自然保护区位于青海省玉树藏族自治州西北部，面积 4.5 万平方公里，平均海拔 4500 米，是目前世界上原始生态环境保存最完美的地区之一。这里生活着藏羚羊、野牦牛、野驴等 230 多种野生动物。

可可西里草原上盛开的花朵。

秘境香格里拉

——新华社照片，迪庆（云南），2006 年 11 月 8 日

黑颈鹤在云南省迪庆藏族自治州香格里拉县的纳帕海自然保护区觅食（摄于 2006 年 11 月 6 日）。地处青藏高原东南边缘的香格里拉属滇川藏三省区交界处，这里雪峰耸立，湖泊清幽，草甸如毯。

盛开在青藏高原的“雪莲花”

——新华社照片，拉萨，2005 年 6 月 22 日

这是中铁十一局青藏铁路铺架项目部轨排队女工班职工在轨排生产现场紧张地为轨排拧螺丝（摄于 2005 年 6 月 16 日）。位于西藏那曲地区安多县北部的青藏铁路安多铺架基地，海拔 4704 米，是目前世界上海拔最高的铁路铺架基地。2004 年 3 月，女工班的职工从全国各地来到安多铺架基地，经过 1 年多时间的艰苦奋战，成绩突出，她们被中华全国总工会先后授予“全国五一巾帼奖”和“全国五一劳动奖状”等荣誉称号。

西藏民间传统工艺异彩纷呈

——新华社照片，拉萨，2005 年 7 月 30 日

西藏尼木县吞巴乡吞巴村制作藏香的农民在晾晒藏香（摄于 2005 年 7 月 4 日）。西藏民间传统工艺技术和制品历史悠久，工艺独特，充满了浓郁的民族风格和地方特色，尼木县的木雕、拉萨市的藏纸工艺品等产品，深受国内外旅游者的青睐。随着改革开放的深入，西藏的大门已经向全世界敞开，辉煌灿烂、异彩纷呈的西藏民间传统工艺文化正被世人所了解。

西藏农民喜过“望果节”
——新华社照片，拉萨，2005 年 6 月 29 日

2005 年 6 月 25 日，西藏林周县边角林乡一位老人在田边跳起欢快的舞蹈，喜迎“望果节”。“望果节”广泛流行于西藏农区。每年在庄稼黄熟、准备开镰之前，西藏农民身着节日服装，手捧预示五谷丰登的“切玛”（五谷斗）和青稞酒，来到农田载歌载舞，欢庆一年一度预祝丰收的“望果节”。

如今的“望果节”已从单纯的祈祷节日，演变为以赛马、射箭、歌舞、藏戏、物资交流为内容，文艺、体育、商贸集于一体的节日，极大地丰富了当地藏族农牧民群众的物质和文化生活。

纳西古乐老艺人

——新华社照片，丽江（云南），2006 年 11 月 11 日

88 岁的老艺人和文源在云南丽江古城演奏纳西古乐。

有中华古乐“活化石”之称的纳西古乐至今仍流传在云南丽江古城，并深受海内外游客喜爱。丽江古城的纳西古乐队集古老乐曲、古老乐器和高寿艺人为一体，被誉为“稀世三宝”。乐队演奏的乐曲最早可追溯至唐代；乐队所用的乐器有琵琶、竹笛、中胡、三弦、五音云锣、木鱼等 10 多种；乐队的 35 名成员中有年逾花甲的老艺人 11 名，其中年龄最大的 88 岁。这支古乐队曾应邀到英国、挪威等 14 个国家访问演出并获得成功。

云南奇景：“榕树王”
——新华社照片，德宏（云南），2006 年 10 月 23 日

10 月 22 日，游客在观看云南省盈江县的“榕树王”。位于云南省盈江县铜壁关自然保护区内的这株古榕树树龄已达千年以上，树冠覆盖面积达 9.2 亩，有 300 多支气根，已入土长成新树干的就有 168 根，由此被人们称为“榕树王”。

张家界民族风情游引来八方客

——新华社照片，张家界（湖南），2003 年 9 月 28 日

湖南省张家界市武陵源风景区具有民族风情的舞蹈表演吸引游客观看。地处全国著名风景区的张家界市把发展旅游业作为主导产业来抓，去年接待中外游客达 1680 万人次。张家界市地处武陵山脉腹地，这里自然景观奇特秀丽，当地政府在发展旅游业中注重突出民族风情特色，使游客在领略自然风光的同时，感受了当地少数民族风情。

湖泊鸟岛——塔克拉玛干沙漠边缘的自然奇观
——新华社照片，库尔勒（新疆），2004 年 7 月 17 日

塔克拉玛干沙漠边缘的博斯腾湖鸟岛上群鸟飞翔（摄于 7 月 16 日）。

世界第二大沙漠——塔克拉玛干沙漠边缘的博斯腾湖位于新疆巴音郭楞蒙古自治州境内，是我国最大的内陆淡水湖，水域面积 1400 平方公里，容积 75 亿多立方米，其中在 350 平方公里的芦苇区是鸟类的乐园。在这个鸟岛上生活着黑鹳、白鹤等 40 多种鸟类数百万只。

祁连山雪线上升
——2004 年 9 月 1 日摄于甘肃省河西走廊

山林里的水田
——2023 年 5 月 29 日摄于江西

美丽天池

——2004 年 8 月 6 日摄于新疆维吾尔自治区天池景区

新疆天山牧场

——2004 年 8 月 10 日摄于新疆维吾尔自治区天山牧场

纳木措湖

——2005 年 6 月 17 日摄于西藏自治区纳木措湖景区

长白山天池
——2006 年 8 月 24 日摄于吉林省长白山天池景区

胡杨林
——2005 年 10 月 3 日摄于内蒙古自治区额济纳旗胡杨林景区

春染六盘
戊戌之春 劉泉龍攝影 張錦書

新闻报道

“和尚”山头林果香

新华社银川1996年12月23日电

新华社记者　张　锦　刘泉龙

说西海固境内有“千山万壑”并非一句形容词，而这一地区近年来硬是把脱贫致富的希望寄托在做“大山”文章、发“林果”之财上，圆了一个难圆的梦。据有关部门统计，这个地区有林累计面积已达350多万亩，其中造经济林20多万亩，水果林面积累计已达到18万亩，年产量2万多吨，有近五分之一的农户靠发展经果林走上了致富路。

西海固地区在大山上做“林果”文章，首推位于六盘山东麓的彭阳县。金秋收获时节，县委书记柳富带记者爬上一座山梁，迎着飒飒金风道出了满目新绿的秘诀：“山顶沙棘、柠条戴帽，山坡地埂杏树、山桃缠腰；刺槐、椿树种遍沟岔、河道，庄前院后广种苹果、梨桃……”据统计，彭阳县10余年造林保存面积达到62万多亩，森林覆盖率由3%提高到11.86%。去年各类果品产量达1000万公斤，林业产值累计达到1.05亿元，农民人均纯收入657元，比10年前增长了6.3倍。

彭阳1983年建县，属“苦瘠甲天下”之地。恶劣的自然环境使这个县的当家人寝食难安，苦苦寻找出路。人们还清楚地记得第一任老书记贾世昌带领县乡两级干部在红河川算过的两笔账：两道坡地一面种粮食，一面栽杏树，结果小麦没收回种子，山杏却有近千元的收入。从此，这个县把大力植树造林作为脱贫的重要措施来抓，县上领导换了三茬，但“以林兴县”的思路没有变。近年来，仅县直机关干部职工带头义务植树60多万株。

在茹河流域，当地政府把适宜干旱山区生长的山杏、仁用杏，作为改变生态环境，增加农民收入的扶贫开发工程常抓不懈，建设了“两杏”基地 9.16 万亩，在红河、茹河流域建设了苹果、梨桃等基地 5.19 万亩，还绿化治理了每个面积约 9 平方公里的小流域 6 处，基本形成了布局区域化、生产基地化、开发系列化，经过深加工的果产品远销海内外。

粮价下跌以后

——宁夏农民种粮增产不增收的调查

新华社银川 1997 年 4 月 10 日电

连日来，宁夏山川到处呈现一派春耕、备耕的农忙景象。从六盘山下到黄河两岸，各地农民正忙着播撒粮食种子。令人欣喜的是，面对去年的丰收年景，自治区各级政府认真落实党在农村的各项政策，提高粮食收购价格，稳定化肥等农用生产资料的价格，继续加大对农业的投入力度，春耕前，为防止“谷贱伤农”，自治区政府在合同定购之外拿出 1400 万元，以每公斤 1 元的保护价收购玉米 1 亿公斤，以保证农民有更多的资金投入备耕。1 月初又将 4 万多标吨粮肥挂钩尿素指标分配到各县市，以鼓励农民种粮积极性。但令人忧虑的是——

农民在粮食流通中吃了亏

去年，宁夏粮食全面丰收，总产达 25 亿多公斤，比上年增长 26.9%，创历史最高水平。这无疑给市场发育程度不高、农产品大流通格局没有形成的粮食购销工作出了一道难题。尤其是玉米销售渠道不畅，市场价格大幅度下跌，使全区出现了农民增产不增收的新问题。

2月19日，记者在宁夏产粮大县青铜峡市采访时看到，各乡镇供销社院内冷冷清清，买化肥的农民寥寥无几，而粮库里急着卖粮的农民挤满了院子。当我们在大坝乡粮库里向卖粮的农民了解情况时，该乡蒋南村4队农民范永平叹了一口气说："咱手里的粮食到现在还卖不掉，去年的庄稼种砸了。"他掐着指头给记者算了一笔细账：去年他家种小麦套种玉米4亩，每亩投入化肥、农药、水电费、农机费等总计484元；小麦套种玉米亩产小麦350公斤，市场价每公斤1.6元，玉米亩产500公斤，市场价每公斤0.76元，每亩种粮的总收入是940元。这样算下来，当地农民每亩地才收入400元左右，还不算投入的劳动力。在场的农民情绪激动地说："粮价下跌，种粮确实不划算。"

青铜峡市主管农业的副市长卢雪莹告诉记者，该市1996年粮食大丰收，接着就出现了卖难问题，目前全市农民手中还有余粮1.5亿公斤。由于粮食流通渠道不畅，价格一跌再跌。今年大米每公斤价格比1995年下降了13.3%，玉米下降了近50%，挫伤了农民的种粮积极性。对此，市政府的压力很大。

2月28日，记者来到了宁夏又一产粮大县——平罗县。在该县种粮大户、头闸镇裕民村王玉虎家，这位老农搓着一双粗大的手说："唉，去年的玉米种赔了。"老王去年种田200亩，产玉米4万公斤，除按每公斤1元的保护价出售920公斤外，其余全部按每公斤0.7元的市场价出售了。今年他计划种地100亩，另外100亩地已承包给别人。同时，他已减少了粮食种植面积，增加了经济作物种植面积。今年投入的化肥要比去年少一些。该镇副镇长刘国平告诉记者，全镇50亩以上的种粮大户有10多户，粮价下跌后，首先吃亏的就是种粮大户。

农民今年种粮的投入减少

记者了解到，春播以来，宁夏各级政府都对今年的农业生产相当重视，但农民对农业的投入却相对减少。我们在青铜峡市大坝乡供销社采访时，前来买化肥的农民范信福坦然地说："我今年在地里少施些肥，并不是咱农民不愿意多投入、多产粮食。而是粮食卖不出去，缺钱买化肥。"该乡供销社副主任张建国指着院子里堆放的化肥说："去年这个时候买化肥的农民排队等着开票哩，今年是开票员等买肥的农民呢。"据了解，该供销社化肥销售量比去年同期下降了64%。

记者在吴忠市接连跑了三个乡镇，东塔乡供销社院内没有看到一个卖化肥的；马家湖乡供销社大门紧闭；当我们走进板桥乡供销社后，看大门的老汉马志强说："这几天买化肥的人少得很。"春播已经开始，但农民着急的是卖粮而不是买化肥。吴忠市主管农业的副市长马世武着急地告诉记者，前几天几个乡镇的干部来找他，几乎是哀求着要求解决农民卖粮问题。

贺兰县习岗乡农民王富贵去年春播时买了13袋化肥，今年才买了8袋化肥。他说："务庄稼成本高着哩！你给地里投入多了，假如秋上粮价上不去，又不是把农民放展了吗？"该县农业局副局长王学文介绍说，目前全县的化肥、种子销量下降。今年农民种粮的投入肯定要减少。

自治区生资公司办公室主任张海珠反映，今年春耕生产化肥销售迟缓，各县生资公司大量积压，占用资金已达1.7亿元。自治区农业厅农业处处长罗学仁认为，当前全区春耕生产的形势不容乐观，主要是由于粮食大丰收之后流通渠道不畅，粮价下跌，影响了农民对农业的投入。尽管去年全区农民人均收入达1415元，但这种收入主要表现为实物形态，而以货币形态存在的增收并不多。

粮食购销话长短

市场有粮无价，农民心急如焚。为此，自治区政府采取了一系列保护农民种粮积极性的紧急措施：一是增加了中央和地方的专储粮食；二是按保护价收购玉米1亿公斤。但由于种种原因，各地粮食部门收购进度异常迟缓，要求今年2月底前完成的1亿公斤玉米保护价收购任务到目前仍没着落，政府不得已又将截止日期推迟到了3月底。农民对此反应强烈，说粮食部门不能急农民所急。记者在青铜峡市大坝乡粮库采访时看到，农民卖粮的大小车辆挤满了院子。该乡陈俊村40多岁的农民赵广前指着刚拉来的一拖拉机粮食对我们说：“为卖这一车玉米，我往粮库跑了两三趟，收粮的人嫌玉米湿，我就在家里晒了两次，到现在还没卖出去一袋子！春播开始了，咱庄户人的粮食卖不掉，哪有钱买肥往地里下种子？”

但据记者调查，粮食部门也有一本难念的经——售粮难、储存更难。据自治区粮食局局长李世亮介绍，由于运力非常紧张，全区粮食部门积压3亿公斤玉米无法外运，以致仓容爆满，以后将有2.5亿公斤只能在露天堆放，需投入管理费200多万元，粮食部门有苦难言。李世亮认为，至于收购迟缓的原因，一是政府出台保护价收购政策的时间较晚；二是农民的玉米水分较高。针对这种情况，有些县政府采取了一些深受农民欢迎的措施，例如平罗县供销社、种子公司以粮食换化肥和种子，并赊销地膜，既缓解了农民卖粮难的问题，又使全县春播工作得以顺利进行。

有关人士认为，农产品一丰收就出现卖难问题，其实反映出粮食流通体制还不适应农业发展的变化，如果这个问题得不到解决，就会挫伤农民种粮的积极性，必然导致粮食生产滑坡。从宁夏农业生产的情况来看，目前仍以自食和初级原料供应为主，农产品深加工少，产业链条短，增值低，市场发育程度不高，往往造成一时一地的相对过剩或短缺。因此，粮食供求要想走出“多了卖难，少了大战”的怪圈，一要抓住当前农产品供应比较充裕、价格比较平稳的有利时机，下决心改革农产品流通体制；二要调整种植结构；三要加快农业产业化进程。

咬住增加农民收入核心不放松

——来自宁夏西海固跨世纪扶贫报告

新华社银川 1999 年 6 月 10 日电

向旱魔宣战！向贫困宣战！

16 年扶贫，16 年开发，西海固不辜负党中央的期望，130 多万贫困人口现已减少到 27.9 万人。

基本解决温饱之后，如何巩固提高扶贫成果，进而奔向富裕生活?

近日，记者带着这个跨世纪的课题走进西海固，历时 22 天。留下一个深刻印象：西海固人已经开辟出一条以市场为导向，以增加农民收入为核心的脱贫致富之路。

营造“绿色银行”

“干旱山区沟连沟，出门就下沟；黄土山像个和尚头，雨水哗哗顺沟流；种地要到山上头，下籽三升打一斗。”一首民谣道出了西海固土地瘠薄，十年九旱，生态环境恶劣的情景。

西海固牵动着党中央，牵动着全国人民。多年来，特别是 1983 年“三西”扶贫开发建设以来，国家投巨资治理这里的生态，但“年年种树不见树，年年造林不见林”。原因何在? 政府要恢复植被的长远利益与贫困农民吃饭穿衣的眼前利益的矛盾没有得到很好解决，致使生态建设陷入了“种了毁，毁了种”的怪圈。

然而，今天当记者踏上这块贫瘠的黄土地时，这里正在发生着前所未有的变化。“不管是造林，还是种草都能赚钱，都能致富！”西海固人把种草种树当做一项巩固温饱成果和致富的产业来抓，既恢复了植被，又增加了收入，从而找到了生态效益与经济效益的最佳结合点。

在旱塬上的海原县贾塘乡王塘村，种草养畜大户摆文贵的老伴儿田淑秀掐着手指头向记者说："种草也能致富！"我家种着20多亩苜蓿，一亩产草5000多公斤，去年育肥出栏肉牛64头，纯收入1.2万元，吃饭花钱都不愁了。"在摆文贵家的带动下，这个村有300多户农民种草养畜，种草面积达1830亩，去年种草养畜总收入达30万元。村民们日子富裕了，上山开荒的镢头也放下了。像摆文贵和王塘村这样靠种草养畜富起来的农民和专业村，在海原县已不属个别。据县委书记王洪界介绍，农民在实践中体会到种草比种粮更合算，今年全县紫花苜蓿种植面积已由去年的2.46万亩扩大到10万亩。

恢复植被，改善生态，采取有利于增加农民收入的生物措施和政策，激发了农民的积极性。在政府退耕还林的倡导下，六盘山下的泾源县涌现出个体造林大户120多户，造林面积达1.5万亩。如今，他们承包的荒山上林木参天，有的农户种植的松树、白杨已有碗口粗；彭阳县农民在干旱山区，种植适宜生长的山杏、仁用杏等经济林，使昔日70多万亩荒沟秃岭披上绿装。来到古城乡农民马成录治理的荒沟里，只见长达3公里的沟壑两旁树木葱绿，山泉流淌。同行的县委副书记王宏祺介绍说，去年，全县人均纯收入1045元，其中林果业收入占170元。

来到毛乌素沙漠边缘的盐池县，看到沙漠中的柳杨堡、高沙窝等乡村的农民在自发联户承包治理的100多万亩沙地上，崛起一个个"两枣一杏"基地和药材基地，不但锁住了一条条流沙带，还增加了收入。

跃上科技脱困的"跳板"

从山城固原出发，翻过云雾缭绕的黄峁山，记者驱车穿越彭阳、泾源、隆德、西吉、海原、同心和盐池等县，只见一座座温棚内喷绿吐翠，一片片塑料地膜银光闪闪……处处展现着科学种田的生动画卷。

农业科技的推广，撬开了黄土地的致富之门。在通往固原县北部 10 个乡镇公路沿线的川道里，农民盖在田头的看瓜棚一个挨着一个。三营镇孙家河村农民一边铺地膜，一边用水壶浇水点种地膜蔬菜。镇上的干部岳国荣对记者说："这个村农民家家种蔬菜，地膜覆盖、高效立体种植蔬菜已形成规模，亩产达 1000 多斤。辣椒、西红柿等蔬菜销往陕西、湖北等省区。种蔬菜比粮食的亩收入高出近两倍呢！"与固原县山川相连的海原县高崖乡，历来就有种甜瓜的传统，但在过去，粗放种植产量低、规模小，县上经过推广地膜弓棚种植技术，这里形成规模经营的区域优势，每亩产值由原来的 1000 元提高到 6000 元。

如今，科学种田已成为西海固农民的一种自觉行动，他们向科技要效益，要收入，积极性空前高涨。目前，这个地区推广应用旱作农业栽培、地膜覆盖栽培、立体复合种植、节水灌溉、高效节能日光温棚等农业实用技术 20 多项，其中优良作物新品种及畜禽良种辐射到千家万户，仅脱毒薯种薯推广种植面积达 14 万亩，亩均增产提高 50%。全地区科技对农业的贡献率由 20 世纪 80 年代初的不足 10%提高到了 35%。

不论是种药材、葵花、西瓜、蔬菜，还是种桑养蚕，最讲实惠的农民在探索中发现，依靠科技调整结构，收入翻番。西海固地区过去以粮食作物种植为主的农业生产结构，开始向农林牧全面发展的方向转变。

涌动产业化的浪潮

商品经济的春风，终于吹开了西海固紧闭的山门。依托当地资源优势形成的农副产品、畜产品、林果药材等产业群和"龙头企业"，已对促进当地商品生产发展，带动千家万户农民奔市场，提高农民收入，产生了强劲的拉力。

令人惊喜的是，一批批面朝黄土背朝天的贫困农民依托当地优势，发展各具特色的种植业、养殖业、加工业等，形成了"一村一品"的生产格局，同心县绒毛、盐池县养羊、隆德县养猪和药材种植已具产业化雏形。当记者来到隆德县联财镇赵楼村时，远远看到药材种植大户、村党支部书记赵效杰的两层小楼矗立在荒山坡下，格外引人注目。

在他家宽敞的客厅里，赵效杰开门见山地说："全村 160 户农民，靠种药材脱了贫。去年全村种植药材 400 多亩，销售收入 60 万元，人均增收 800 元。"县委书记黄占华说，全县药材种植面积已突破 5000 亩，成为西海固地区最大的药材基地。现在，西海固地区从事多种经营者已达 4.5 万户，从业人员 10 万多人。

龙头企业的崛起，加速了当地产业化进程，使生产链条不断延长，有力推动了资源优势向经济优势的转变。过去，西海固农民种土豆是为解决温饱。今天，在东西部合作中，福建莆田县与西吉县联合投资兴建的 4 座淀粉厂，通过系列开发和深加工，大力提高土豆附加值，使西吉县土豆种植面积由过去的不足 10 万亩扩大到现在的近 50 万亩，农民每年仅出售土豆一项人均增加收入 300 元。泾源县当地大部分农民一直过着"养牛为耕田"的生活。1991 年，这个县兴建了一座拥有世界先进设备、年加工能力为 1800 万吨的肉联厂。政府采取"公司 + 农户"的方式，一边扶持企业开发深加工产品，一边加快肉牛基地建设，带动了养牛业的迅速发展。与泾源相连的隆德、固原三县，年肉牛存栏达 30 多万头，年出栏 5 万多头。

目前，西海固地区依托当地资源优势已发展起牛肉、淀粉、果品、药材、建材、亚麻 6 大支柱产业，形成了一批产业群，总产值超过 10 亿元。

架起商品经济的"金桥"

昔日古丝绸之路上崛起的小城镇像一串串商海明珠，为今日西海固农民架起了进入商品经济领域的"金桥"，使这里的"山货"进入了国内乃至国际大市场。有"十里经济长廊"之称的西吉县城，当地农民借助便利的交通、通信等条件，把土豆贩到广东、海南等 9 个省区，并吸引来韩国等国客商前来洽谈土豆经销生意；有古丝绸之路重镇之称的固原县城，成为辐射3省区的商品流通集散地。目前，西海固地区有集贸、消费品等专业批发市场200多个，年成交额达6.5亿元。

千家万户农民依托小城镇奔市场，激活了山区农村经济。当年红军长征经过的西吉县兴隆镇单家集，山谷中的牛羊交易市场异常火爆，农民牵着黄牛讨价还价，叫卖声响成一片。这个市场带动当地农民发展宰牛业，形成贩运、屠宰、加工、销售“一条龙”，全村150户农民各搞一行，家家户户发“牛”财。每年宰牛2万头，宰羊3万多只，将牛羊肉销往西北5省区。

大山里的一座座小城镇崛起，使更多的农民冲破了传统观念的束缚，就连过去“大门不出，二门不迈”的妇女，也纷纷冲出家门，成了经商致富的“娘子军”。如今，全地区10万名妇女搏击商海；昔日“故土难离”的西海固人，今天走出大山，上新疆，下广州，靠劳务输出挣票子，开眼界，一个个过上了好日子。

西海固，在世纪之交的历史时刻，一条通向繁荣富裕之路在不断延伸。

银川市郊区依托首府求发展调查报告

新华社银川2000年11月10日电

编者按：中央实施西部大开发战略后，银川市如何抓住这个历史机遇，发挥陕、甘、宁、内蒙古地区的区域性中心城市应有的作用，真正构筑首府大流通、大商贸格局，并对周边地区形成市场拉动和辐射？日前，记者带着这些问题先期赴银川市郊区进行深入调研，采写了一组鲜活的报道。这组稿件以实事求是的态度，从“菜篮子”形成产业化，加快基础设施建设拓展城市空间，教育改革走在先等三个方面，反映了银川市郊区依托首府求发展的进程。从稿件中，我们可以看到：1997 年率先在全自治区实现小康，1998 年国内生产总值超过 8 亿元、农民人均收入达 3107 元的银川市郊区，其经济建设和社会各项事业进入大发展时期。一个正在实现城市化的郊区新农村以其蓬勃生机展现在人们面前。

“菜篮子”形成产业化

——银川市郊区依托首府求发展调查报告

日前，记者到银川市郊区下田间、进温棚、走市场采访时，耳闻目睹了“菜篮子”建设发生的可喜变化，不论是农民自发成立的种植、养殖合作社的兴起，还是“菜篮子”投资新机制的形成和“龙头”企业的崛起……无不表明，首府郊区的“菜篮子”工程在市场拉动与辐射过程中，已经跃上产业化经营的新天地。事关老百姓生计的“菜篮子”正在由过去的政府行为和计划生产，向市场经济条件下的产业化生产经营方式转变。

合作社引着农民闯市场

当记者来到灵汉渔业联合社，老板朱汉成领着我们直奔他的水产养殖公司，站在鱼塘旁，年轻的朱老板兴奋地说：“联合社于 1999 年 2 月在郊区挂牌成立，我的‘龙头’企业下有养殖、饲料、技术服务等 4 个子公司，固定资产 3000 多万元，我现已联合养鱼户 113 户，年产鱼 4000 吨，拥有经营资产近亿元。”

这家是自治区规模最大、由农民自发组织的水产养殖联合体，通过实行统一供应苗种、购配饲料、提供技术服务，把渔业养殖户联合起来，实行分散养殖，利益分享，风险共担，股份制管理，统一营销，从而降低了成本，提高了养殖户的技术含量和抗风险能力，解决了小生产与大市场的矛盾。

为调整产品结构，联合社还适时引进名、特、优新鱼种进行培育，低价售给养殖户，形成规模养殖，从而打开了市场销路，现在联合社的鱼已销往西宁、拉萨、北京等地，目前养殖户家家盈利。

产业化办公室主任邱中义告诉记者，在激烈的市场竞争中，“菜篮子”由一家一户的分散生产方式转变为规模经营，形成了合力，使郊区的“菜篮子”建设告别了小农经济生产方式，增强了竞争能力，从而闯开了全国大市场。

据了解，从 1998 年 8 月开始，大新乡杨家寨村农民率先组建庆丰养猪、燕丰养禽两个股份合作社后，郊区政府十分重视，迅速帮助农民完善组织机构，起草章程，建立制度，并从政策、资金等方面予以扶持。使燕丰养禽合作社快速发展，鸡鸭饲养量达 6 万多只，并与银川市 8 家饭店签订了包销合同；庆丰养猪合作社的 12 户农民，扩大养殖规模后，在银川市建立两个销售点，年出栏 1.5 万头，效益大增。

郊区农民在实践中体会到规模经营不吃亏，各级政府因势利导，在总结这两个合作社经验的基础上，按照平等、自愿、互利的原则，先后扶持农户自愿组建各类专业合作社。截至目前，当地农民自发兴办养猪、养禽、养羊、渔业、种植、林果等专业合作社 15 个，入社农户达到 569 户，总资本金达 3000 多万元。他们大力拓展区内外市场，闯出了增收新天地。

“龙头”企业显身手

记者在大新乡茂盛村看到，个体经营大户潘金林投资 50 多万元兴建的高标准塑料大棚蔬菜种植示范区已初具规模。老潘高兴地说：“我从山东寿光取经回来后，在郊区政府的支持下，引进以色列滴灌设备，聘请专家指导，进行集约化生产蔬菜，计划3年收回投资。”

思路一变天地宽。“菜篮子”建设由过去靠财政投资为主转变为多元化投资后，还吸引澳大利亚商人前来郊区投资兴办加工企业。记者在宁夏荣京大惠有限公司采访时看到，一座加工辣椒的生产企业已投产，辣椒粉等产品销往韩国、澳大利亚等国家。公司负责人介绍说，去年，这个乡从宁夏农学院聘请专家，引种韩国“大命”辣椒品种获得成功，平均亩产达2000公斤，公司与农民签订收购合同进行加工，提高了附加值，每亩可收入2500元。

据了解，从种植、养殖到加工，郊区正在形成一批菜篮子“龙头”企业。郊区供销社投资1600万元建起的全封闭式现代化万头猪场，运用先进生产工艺，科学化的饲养管理，工厂化的流水作业，进行自繁、自育、均衡产出，可达到年存栏1万头、出栏2万头的生产规模，目前已累计出栏肥猪、种猪2.2万多头。同时，还投资750万元兴建一个常年存栏4万只，出栏20万只的育肥羊场，将形成集种植、养殖为一体，肉食品加工、销售一体化的工厂化育肥羊基地。记者在采访中了解到，这个羊场在一期工程完工后的一年多时间里，已打开了北京等地的销售市场，贺兰山牌牛羊肉深受首都市民的好评。

销售进入大循环

记者来到占地面积3.5万多平方米的北环蔬菜批发市场，只见偌大的市场各种新鲜蔬菜品种繁多，既有本地产的，也有海南等地产的。工商所指导员刘宝山介绍说，这个市场已成为一家年成交额1.5亿元的大型蔬菜专业批发市场，每天上市的蔬菜品种有60多个，日均成交额30万公斤，有的蔬菜还远销到内蒙古、甘肃等省区，逐步形成了辐射西北地区的重要蔬菜交易场所。

穿行在市场上喧闹的人群中，随同记者采访的郊区蔬菜局长王永山指着天南海北的各色蔬菜说，自治区首府的“菜篮子”已进入了全国流通的大市场，郊区农民生产的蔬菜、鱼、羊等农副产品，不仅进入周边省区，还打入了北京、拉萨等市场。同时，海南、山东等地的蔬菜也冲进了银川市。

为此，郊区政府采取措施，以适应市场经济发展需要，加强农副产品流通，先后投资 6700 万元，建成了银川农副产品批发市场、同心路市场，并加大东环、北环等 6 个农副产品交易市场的改造和管理力度，现已初步形成了以农副产品批发为龙头，以交易和零售市场为主体的经销网络。农副产品远销北京、天津、拉萨、兰州等大中城市。“菜篮子”市场交易活跃。北环蔬菜批发市场、民乐农副产品市场等十大综合批发市场，已辐射到内蒙古、陕西、甘肃等周边省区。

在市场需求拉动下，郊区农民围绕“菜篮子”赚了钱，生产积极性空前高涨，目前，银川市郊区的 9 个乡（镇）中有 7 个以生产蔬菜为主，仅从事蔬菜产业的有 4.3 万人，蔬菜收入占郊区农民收入的 1/3。到 1998 年，郊区蔬菜总产 19 万吨，肉蛋奶总产 3.1 万吨，水产品总产 5500 吨。

西海固农民告别种粮

新华社银川 2002 年 4 月 6 日电

“干旱山区沟连沟，黄土山像个和尚头。种地要到山上头，下籽三升打一斗。”在宁夏西海固地区流传的这句顺口溜，形象地道出了当地农民为解决温饱而付出的沉痛生态代价。

然而，近日我们走进大山里的西海固退耕还林试点乡村采访时，却看到了另一番景象。昔日垦荒种粮的贫困农民放下锄头，上山造林，他们吃着国家的供应粮，种着自家的树，心里憧憬着未来的美好生活。

山道弯弯，雾气蒙蒙。六盘山下的固原县红庄乡马场村弥漫着少见的晨雾。我们迎着山雾走进路边的张军家，掀开厨房门帘，一家人正围坐在炕上准备吃饭。女主人揭开锅盖，热腾腾的大米饭散开了香气。张军一边端菜一边说："退耕还林，国家放粮，咱山里人吃大米饭不稀罕了。"

张军是从 2000 年开始退耕还林的，他家的 10 亩承包地全部退耕种树。他对记者说，像马场村这样的干旱地方种粮食，有时候连种子也收不回来，农民早就觉得种粮没指望了。现在有国家的好政策，退一亩地给 200 斤粮食、20 元补助，种好的林子还归自个儿，就是种了草，也能喂牛养羊，收入比种粮好得多！如今，大伙退耕种树的积极性很高，去年全村 379 户共退了 4799 亩耕地。

当我们来到固原县甘城乡甘城村时，天色已渐渐黑了下来，我们在乡干部的带领下，来到村党支部书记何有玉家住宿。

我们坐在热乎乎的炕头上，与他聊起了种树的话题。

他说，退耕还林的好政策，给咱农民开辟了一条活路。退耕农民关键要经过种草种树得到收益，不能走毁林种粮的老路。说到他家的种树效益，他给我们算了一笔账：他有 10 亩田种了杏树，3 年以后就可以卖杏仁赚钱，一棵树所产杏仁在正常情况下可以卖 8 元，一亩地有 33 棵树，一年就可以赚 260 元，10 亩就是 2600 元。

在过去的两年里，西海固地区共完成退耕还林任务 104 万亩。今年，国家下达给宁夏的退耕还林还草任务是 180 万亩。目前，国家以粮食换生态的政策，已经给当地部分农民带来了观念上的冲击。一些善于经营土地的农民，运用市场机制，开始告别向贫瘠土地要粮食，通过种草养畜，营造绿色银行，向土地要"钱袋子"。在旱塬上的海原县贾塘乡王塘村，种草养畜大户摆文贵的妻子说，"种草也能致富，我家种着近 20 亩苜蓿，一亩产草 1 万多斤，去年育肥出栏肉牛 30 多头，纯收入近万元，吃饭花钱都不愁了。"在她家的带动下，这个村有

300 多户农民种草养畜，过上了富裕日子。

当地农民的种草实践表明，种紫花苜蓿，既能显著增强水源涵养能力，提高土壤肥力，又能加工饲料。海原县县长马存玉给记者算了一笔账：紫花苜蓿耐旱、耐寒，适合当地土壤生长，且高产量、高蛋白，无论是粗加工，还是深加工，都是国际、国内市场上的抢手货。种一亩苜蓿，可养三只羊，可收入600 元以上；一亩苜蓿可产青干草 40 千克以上，收入近 300 元。县上以每千克 0.6 元的价格从农民手中收购青干草，销往外地，使农民真切体会到种草比种粮和经济作物更合算。目前，全县农民已种植紫花苜蓿 30 多万亩。

据了解，当地干部群众在退耕还林中顺应自然条件，不断寻找生态与经济效益的结合点。有的地方探索出林草、林药间作退耕模式；有的地方实行乔灌草合理配置，不但具有恢复植被的生态效益，而且具有经济效益，深受退耕农户欢迎。

“治沙，别捡了芝麻丢西瓜！”

——毛乌素沙漠见闻

新华社银川 2002 年 5 月 12 日电

迎着漫天的沙尘暴，我们来到占地面积 1000 多亩，灌木树种达 167 个的宁夏盐池县沙生旱地灌木园，四周狂风呼啸，园内无沙无尘，散发着林草的香气。我们忘记了外面还有一个沙漠。

“在毛乌素边缘这片沙地上建立起这座充满绿色生机的灌木园，表明毛乌素沙漠是完全可以被阻挡的！但目前在治沙造林方面存在着不容忽视的问题，必须引起政府及有关部门的重视。”灌木园的创始人、宁夏农林科学院原研究员王北直言不讳。

“首先在毛乌素沙漠边缘，政府投入大量人力物力治沙，并在局部实现了人进沙退，可是远离毛乌素沙漠的中部草原如今却沙化严重，有的草原村庄竟出现了被沙丘吞噬的惨剧。治沙，可别捡了芝麻丢西瓜啊。”

“提起防沙，人们首先想到的就是植树造林。其实树挡不住沙，即使在沙地里种下了也根本无法成林，这是自然界的铁律。一棵阔叶树犹如一个小型抽水机，相当于 30 平方米草地的耗水量，如果在干旱地区不合理植树尤其是高密度植树，反而会使土壤日益缺水，久而久之沙化严重，原来的树也会死掉。一些地方植树造林未能很好考虑水分承载力，不但成本高，成活率低，而且连过去已有的林子也会死掉，主要原因是那里的天然水分条件不足以养树育林。现在，我们应该总结、吸取过去的经验教训，以指导实际工作。在西北地区植被恢复上实行以草为主的战略，采取草、灌、林的先后次序，可能更科学，更有效益。

“就是在治理较好的地方，也存在许多亟待引起重视的问题。”这位治沙专家与我们一同乘车前往盐池县城西部查看治沙情况，风沙中汽车急速行进，林间的沙子在地表流动蔓延。有着 30 年治沙经验的王北说：“单一的乔木林带虽然具有很强的防风能力，但是固沙的效果很小。治理沙漠就要高起点，实行乔、灌、草混交。”

在大片大片的柠条林边，也是单一品种，我们停下车走进柠条林间，本来可以长得很高大的柠条却很矮小，根本无法抵御风沙。王北指着不到一米高的柠条说：“柠条如果及时复壮更新，一株可以长成七八株，每株都可以长到两米多高。可是由于管护不力，这片柠条长得稀落、矮小，大大降低了防风固沙的作用。”

王北认为，在沙化草原实行围栏封育，划区轮牧的做法，本身没有把区域内的人畜压力释放出去。围起来的地方，沙漠化有所逆转；没围起来的地方植被破坏更加严重，势必造成沙漠化的继续加剧。他说，当前沙漠化的治理措施，主要侧重于恢复植被、控制土壤风蚀，而没有直接从消除造成沙漠化的人口压力入手，这是沙漠化治理成效不够显著的主要症结所在。

沙化草原呼唤禁牧

——毛乌素沙漠见闻

新华社银川 2002 年 5 月 12 日电

羊群在浮沙四起的草原上快速移动，荒原实在没有什么值得它们驻足留恋的东西。在这没有绿色的春天里，羊群四处可见，羊嘴紧贴着地面，哪怕是不足 1 厘米长的草叶，它们也不放过。

在地处毛乌素沙漠边缘的宁夏盐池县中部草原，记者看到缺少生机的昏黄色布满这片广袤的大草原。实在难以想象这里曾是史书记载的肥美草原。盐池县有 680 万亩的天然草场，超载放牧使这里的草原沙化日益严重。

我们从盐兴公路来到大水坑镇柳条井自然村张连家中，这位老农谈起沙害，黝黑的脸庞上露出无奈的表情，去年他家 30 亩地收了 500 多公斤粮食。他说：“草原沙化没草了，我家 40 只羊只好买草喂养。一斤草 2 毛钱，养羊不划算了。”老汉回忆说，十几年前，我们这里春天种麦子收成可好呢，而现在春天已种不成粮食了，只能在秋天种几亩秋杂粮，一亩地也只能收上个三四十斤。

在盐池县，像张连这样的家庭在农牧民中占大多数。

这个县共养羊 85 万只，实际养羊远远高于此数。只有少数是圈养的。而按照盐池县草场的状况，养羊最多不应超过 30 万只。多年来，盐池县为治沙采取了围栏草场、以草定畜、划区轮牧等措施，但治沙的速度远远赶不上沙化的速度，现在看来，要解决放牧与破坏草原植被这样一矛盾，最根本的措施是禁牧。

盐池县副县长齐光泽介绍说，全县农村人口 12.4 万人，有 1069 万亩土地面积，人口与土地承载力的矛盾不是很突出，以牺牲草原植被实现农民增收的途径要改变。必须使盐池县走上种草养畜舍饲育肥，生态治县的良性循环。目前，我们在 3 个乡实施禁牧试点，我们禁牧存在羊只品种不适合圈养、禁牧农户暖棚养羊舍饲资金投入缺乏等问题。

然而，当我们告别盐池县，一路驱车驶向毛乌素沙漠腹地的另一座城市——内蒙古额托克前旗的时候，四望车外茫茫草原上覆盖着浓密的植被。前旗副书记千·敖云达来说："我们草原植被好，主要是实施了禁牧措施。为了让农牧民在禁牧后收入不下降，旗政府加大资金扶持，引导农牧民发展模式化养殖，走出了一条既保护草原植被，又发展生产的路子。"

我们走访了一户通过种草养畜实施模式化养殖的示范户张有平。坐落在沙漠中的饲养场白色温棚干净整洁，数百只白绒山羊吃着饲料，周围种植着绿色植被。张有平说："禁牧后，我利用小范围的人工高效土地种植紫花苜蓿，为大批牲畜提供饲料，从而使大面积的天然草地得以修复。"

目前，前旗已全部实行禁牧，封闭禁牧两年以上的沙化草场，植被覆盖率由不足 10%提高到 50%以上。实施模式化养殖户与一般农牧户按可比口径计算，人均纯收入增加了 500 元。

沙化草原呼唤禁牧，禁牧成功之日，就是草原重现生机之时！

与风沙相伴的童年

新华社银川 2002 年 5 月 22 日电

在沙区采访中，记者总能碰这样一群孩子。他们从沙丘深处走来，三个一群两个一伙，沿着公路步行去村里的小学上学。那鲜艳厚实的围巾、那被风沙吹得泛红起皱的小脸，和他们缩着脖子疾步快走的姿势都告诉我们，这是一群与风沙为伴的孩子。

一个沙尘天，记者驱车前往沙化最严重的盐池县马儿庄乡采访，正赶上一群孩子冒着风沙上学。记者拉住一个小女孩询问，她告诉我们，她和姐姐每天步行半个小时走出位于沙漠深处的家，再步行一个小时走到同样位于沙漠边缘的小学校。

跟随这个名叫李小沙的 7 岁小女孩，记者与她一同前往沙漠中的学校——宁夏盐池县马儿庄乡汪水塘村小学。

马儿庄是盐池县沙化最严重的区域之一，过度超载放牧使这里的村庄几乎被沙漠包围。

汽车在高高低低的沙丘间艰难前行约一个小时后，在一座院落前停下。这是一座与沙漠为邻的学校。红砖垒砌的围墙将沙漠阻挡在三四米之外，四排整齐砖房分别是教室、办公室和学生宿舍，院子里还有两座小花坛种着些叫不上名字的绿色植物，虽然没有花，但沙区难得一见的绿色让人眼前一亮。孩子们此起彼伏的读书声更增添了这里的生机。

如果不是狂风时不时带来一阵沙子，如果不是空空的旗杆告诉我们近来风沙大学校很少升旗，如果不是院子里停着两辆运沙土的手推车。看上去，这所乡村小学与别的学校没什么不同。

“遇到大风天气，院子里就会落上厚厚一层沙子，不及时清理，根本无法进行室外活动”，已经在这所学校工作了七年的陈海滨校长指了指那两辆手推车对我们说：“所以，大风一过，学校从老师到学生人人都得铲沙子、运沙子。”

“喝水了！”老师的招呼声让孩子们像一群快乐的小鸟从教室“飞”了出来，欢呼着跑回宿舍取来碗盆，一双双渴望的眼睛寻找着老师手中的铁壶。他们知道，这里盛着他们最需要的东西——清水。

女老师平静地说：“大家排好队，都有的喝。”于是，孩子们又都听话地排好队，一个个有秩序地从老师那里接到水，然后小心翼翼地端着水回到各自的宿舍。

确保每个孩子都领了水，王自华老师才松了一口气，对记者说：“这些沙区长大的孩子啊，每天都要赶十几里路来上学，到学校时已经疲惫不堪了，中午又不能回家吃饭。所以学校每天中午就给孩子们烧一锅开水，让他们就着开水吃点干馍馍，下午上课才有体力。”

陈校长接着王老师的话说：“这里的孩子离家特别远的就寄宿，每天就吃两顿饭，粮食都是孩子们从自家带，学校负责给做。家庭困难的就只能带些土豆，好一点的就带些馍馍和大米。”

来到孩子们的宿舍，记者看到，在一间由教室改造的屋子内，七八张简易的课桌搭成了大通铺，一摞摞被褥整齐地摆放着，墙的另一边堆放着几个麻袋，是孩子们从自家带来的土豆。当记者问及这么小的孩子住校如何自理时，老师们打开了话匣子，“孩子小，我们既当老师又得当爹妈。沙区天气异常，遇到刮大风我们还要负责把每个孩子安全送回家。”

陈校长介绍说，学校共有 70 名学生，其中 6 至 7 岁的学前班学生 12 名，住校生 30 名，有 5 位教师。而在马儿庄这样的沙区小学还有 7 所，在整个盐池县，有 500 多所沙漠中的小学。

离开学校时，一个 13 岁名叫任梅菊的小女孩给记者画了一幅画。这个扎着两个小辫子的女孩歪着脑袋想了一会儿，拿起彩色蜡笔画上了蓝天白云，又画上了一座漂亮的小房子，最后在房子旁画上了几棵枝繁叶茂的绿树，这应该是沙区孩子心中的理想家园。

走进神奇的巴丹吉林沙漠

新华社银川 2002 年 11 月 22 日电

金字塔形的高大沙山，碧波荡漾的沙漠湖泊，随风摇曳的芦苇，潺潺流淌的神泉，悠闲嬉戏的水鸟，汽车般轰响的鸣沙，无不让人们感受到它的神奇。

9 月 29 日，记者进入巴丹吉林沙漠腹地采访。不论是乘坐当地牧民驾驶的吉普车穿越高大连绵的沙山，还是在牧民家中吃饭，记者在与巴丹吉林的“零距离”相处中，耳闻目睹了这片神奇沙漠的奇景，以及牧民人家独特的生活方式。

巴丹吉林沙漠地跨甘肃、宁夏、内蒙古三省区，面积 4.7 万平方公里，是我国第三、世界第四大沙漠，一般海拔高度 1200~1500 米，沙山相对高度 200~500 米，是中国乃至世界最高沙丘所在地，也是世界唯一高大沙山群分布密集的沙漠，其西北部还有 1 万多平方公里的地域至今尚无人类的足迹。

奇峰、鸣沙、湖泊、神泉、寺庙堪称巴丹吉林“五绝”。受风力作用，沙丘呈现沧海巨浪、巍巍古塔的奇观。巴丹吉林沙漠占阿拉善右旗总面积的 39%，宝日陶勒盖的鸣沙山，高达 200 多米，峰峦陡峭，沙脊如刃，高低错落，沙子下滑的轰鸣声响彻数公里，有“世界鸣沙王国”的美称。沙漠东部和西南边沿，茫茫戈壁一望无际，形状怪异的风化石林、风蚀蘑菇石、蜂窝石、风蚀石柱、大峡谷等地貌令人叹为观止。沙漠边沿的岩石山上生动记录狩猎和畜牧生活的曼德拉山岩画，被称为“美术世界的活化石”。

尤其是在阿拉善右旗的 2.8 万多平方公里的巴丹吉林沙漠中，生活着 24 户 100 多个牧民，他们世世代代善待沙漠，沙漠也给他们提供了理想的生存环境，人与自然相安如初。

大漠深处有人家

记者向大漠深处行进中，一路翻越高达 200~500 米的连绵沙山，经过 6 个多小时的艰难行进，终于来到内蒙古自治区阿拉善右旗雅布赖镇巴丹吉林嘎查(村)。

位于沙漠深处的这个村庄，根本没有进村的路，沙山陡峭，汽车无法直接进入。我们只好迈着沉重的步伐，徒步爬上一座沙峰。经过奋力的攀爬，终于登上了峰顶。阳光下，一座座金色的沙山中间，环抱着一个湛蓝湛蓝的湖泊，远远望去，湖泊旁，只有一户人家，白色的土坯墙的庄院，在黄色的大漠间像是一片雪花飘落在湖边。

记者踏着陡峭的沙坡向这户人家直奔而去，脚下细软的沙子随着脚步的行进在流动着，一路奔到敖其尔家的庄院前。看着这大漠深处孤零零的村庄，以及这村庄里孤零零的一户人家，记者脑海中涌出的第一问题便是，大漠深处的牧民是如何生存的？到湖边有几只羊在吃草，记者便径直来到湖边。沿湖边长着一圈短草，因已到深秋季节，草已发黄，使人觉得这里生长的草更为珍贵。敖其尔家的旁边有一个用羊粪堆砌而成的羊圈，羊圈里有几十只山羊。

之后，记者坐车转过一座沙山来到另一户牧民安福久家，他的家人带着记者来到院内的一眼压水井旁，说这里的水很甜，很好吃。记者看到水井不深，看来这里的地下水位很浅。安福久家院落的东南角的一个像锅一样的电视卫星接收器，以及太阳能光伏电源引起记者的格外注意。我吃惊地问，你们能看到电视？他们憨憨地笑着说："能！"

在沙漠腹地，牧民人家都分散的住在沙漠湖泊旁，他们住的房子是用湖边的淤泥打成的土坯砌成的。安福久说，一般一个湖边就有一两户人家，一个湖泊和一个湖泊之间的距离 10 至 14 公里，凡有牧民居住的湖泊，都会有甘甜的地下水。安福久告诉记者，他家养了 80 多只山羊，过去吃粮食都是用骆驼从外面驮进来，现在大多数人家用汽车运粮食和蔬菜以及日常生活用品。老人叹息着说，现在女孩子都不愿嫁给沙漠人家，大多数嫁到外面去了，沙漠外面的生活更好。

据巴丹吉林村村长敖其尔介绍，这个村共有 103 口人，分布在 3800 平方公里的沙漠深处，70% 是蒙古族，人均有 20~30 只羊，敖其尔家已有五代人在沙漠里生活。过去沙漠里的海子周围水草丰茂，现在草少多了。如今村里有骆驼 500 多峰，逐年减少。敖其尔目前正在筹备一个沙漠探险旅游服务队，准备送接待游客。现在来沙漠深处的，主要是一些国内外的探险旅游者，此次宁夏探险队是他们接待人数最多的一次。敖其尔说，他们即将要告别牧民生活了。

感受大漠

沙漠中的太阳好像落得特别快，斜阳已不像中午照在沙丘上那么刺眼，连绵的沙峰染上了金黄色的夕阳，愈加壮美，我想把这美丽的图景拍摄下来，就拖着像灌了铅似的双腿，硬是凭着意志和耐力向一座沙山上爬。

越往上爬，夕阳下的沙峰愈加壮美，向远处望去，夕阳映衬下的沙峰座座相连，有的像马群奔腾，有的沙峰蜿蜒聚合在一起，像在演奏大型交响乐。奏弦乐的沙峰，线条舒缓，奏管乐的沙峰，线条起伏急促。还有一些沙山就像少女的皮肤一样细腻而光滑。

我被大自然如此奇丽的景象所震撼，不停地按动快门，咔嚓声不绝于耳。当我突然间停止拍照，周围是那样的安静，万籁无声，我坐在沙梁上，感受着大漠旷野里死亡般的寂静，脑子一片空白，没有了任何杂念。

呆坐一会儿，太阳已经落下去了。向着太阳落山的方向望去，一座座的沙峰像刀刃般耸立，阴森恐怖感猛然袭上心头，丝丝凉风携带着沙粒打在脸上是那样的强劲有力，细风卷起的层层沙纹像大海中的波浪般在脚下涌动着。

在一座沙丘上，我脚往上一踩，脚下立刻发出了“轰隆隆……”如汽车发动的轰鸣声，我吃了一惊便忽然反应了过来，这就是鸣沙的声音！我便坐下来往下滑，身子滑一下，就像是踩了一下汽车油门，轰隆隆的声音向远处传过去。沙山发出的声音就像是重锤敲击着大钟，震动着全身，甚至我脸上的肌肉都在抖动。越到山下，声音越小，发出的声音像是在敲鼓帮，声音传不远了，回声小了许多。

寺庙，牧人的精神家园

当我们爬上沙峰，两个相连的湖泊呈现在眼前，其中一个远远望去像一个侧卧的少女，头部、胸部、臀部线条是那样的优美，舒展。

湖泊越来越近的呈现在我们眼前，蔚蓝色的湖面上一群群水鸟在嬉戏，水鸟起飞时在水面上划出优美的白色线条。白色的鸟群一会儿盘旋飞起，一会儿落在湖面上。群鸟忽起忽落，展现在我们眼前的是：金色的沙山，蔚蓝的湖水，枯黄的芦苇，白色的鸟群，那么和谐而优美，就像一幅还没有晾干的宁静和谐的油画，色彩是那样的鲜艳而浓烈，给人一种强烈的和谐美和宁静美。

我们继续沿着湖边向着寺庙走去，沙山下，湖泊间的巴丹吉林庙，孤零零地坐落在沙漠湖泊边，庙前湖泊旁的草地上长着一片一米多高的芨芨草，在风中摇摆着，环顾四周，寺庙的正前方有一户人家，两侧有两户人家。在这空旷、遥远的大漠长天之间矗立的这座古老寺庙，显示着深厚的文化底蕴。

走进寺庙，只有一个院落，一栋房子，院子中有一条碎砖铺成的小径，面阔三间的庙堂中间有粗大的顶梁木柱，殿堂内是金身的佛像，转经筒，并供奉着 10 世班禅的照片，庙里的主持已 70 多岁了，一手敲着眼前的一面鼓，一手翻着经台上的经文，并不停地诵读着佛经。他的儿子站立一旁，当我询问起有关情况时，这位 20 岁左右的小伙子带着我看了我国有关部门发放的寺庙管理证件。寺庙名称，巴丹吉林庙；地点，阿右旗莎日台苏木巴丹吉林嘎查；发证时间，1997 年 10 月 17 日。

作为寺庙的主持，他在这个特殊的环境里已修行 60 多年，令探险队员们震惊不已，仔细端详他，只见他古铜色的面孔，棱角分明，眼神明亮清澈，面容透着宁静和肃穆的气息，对于一个 70 多岁的老人来说，他的反应是很快的。当我再次问他，你在这座庙里修行 60 多年？他的回答显得轻松平和，且不经意。由于语言不太通，我无法深入采访他。他的儿子也无法详述这位沧桑老人的经历，我看着小伙子稚嫩淳朴的面庞只好作罢，便带着许多不解之谜离开了这座寺庙。

一个湖泊就是一个生物圈

水是生命之源，当你在没有生命的死亡之海一般的沙漠中见到湖泊的时候，无异于见到一片生命的大海，就好像久渴的人看到甘露，那种对生命的渴望以及由此带给人的生命的震颤都是平日里无法想象的。

在巴丹吉林沙漠中，100 多个湖泊星罗棋布。据了解，常年有水的湖泊达 70 多个，淡水湖 12 个，总水面 4.9 万亩，湖泊芦苇丛生，水鸟嬉戏，鱼翔浅底。

一个湖泊、一个沙窝就是一个生物圈，就是一个创造生命奇迹的故事。据了解，自 1984 年以来，先后有法、日、美、奥地利、新加坡等国家及国内的许多专家学者前来考察。1993 年，中德联合考察队对巴丹吉林沙漠进行了综合考察，获得了大量有价值的资料，发现了鸵鸟蛋和恐龙化石，在沙漠腹地的湖泊周围还发现了大量的新石器和旧石器，经考古分析，这里在 3000~5000 年前就有人类活动的遗迹。

记者见到的最为神奇的湖泊是音德日图湖（神泉），湖中有 108 个泉眼。据当地牧民讲，这口泉眼的水喝了能够治胃病，过去阿拉善王爷曾用驼队运送饮用水，记者好奇地穿着当地牧民的皮裤，手拿矿泉水瓶到泉眼旁，品尝了甘甜可口的泉水。神泉高出湖面一米多，就像一个蘑菇立在湖面上，岩石周围有好几个泉眼，细细的泉水流入咸水湖中。

记者在往返沙漠途中共看到 10 个湖泊，湖泊都处于高大的沙山环抱之中，湖泊周围的沙山基本是固定的。据资料介绍，湖边的沙山大多是石山，上面覆盖着厚厚的砂层，由于形成一个盆地，风从湖面盘旋着向上吹，沙子就吹不到湖中，形成了独特的沙漠之湖。

记者看到湖边的植被非常独特，离水面最近的是盐碱和淤泥，然后是时疏时密的浅草，像毛毡一样紧紧贴着地面，踩上去非常柔软。离湖稍远的地方长着茂密的芨芨草，有的接近两米高，再向外是带刺的，枝干像手指粗细，叶子很小，高约 20 厘米，很稀疏的分布在与高大的沙山相连的小沙丘上，当地牧民的骆驼和山羊就啃食着这些粗粝的植物。

陡峭的沙山坡上看不到绿色，只有走到近前，才能偶尔发现细长柔韧的小草在风中摇摆，在沙地上画着圈。据当地上年纪的牧民讲，20 多年前，在这些沙山上都长着植被，由于当地牧民烧柴，那些带根的植被大都在冬天被采集烧火做饭了，加之放牧以及风沙的掩埋，湖泊周围的植被正在退化，且难以恢复。

沙漠湖泊中大多数都生长着芦苇丛，像是一口锅底，面积大多 30~50 亩，栖息着水鸟、天鹅。众多湖泊各具特色，湖光沙色，令人陶醉。有的海子里泉眼众多，湖水经年不涸，沙漠牧民，世代居住在世外桃源一般的湖泊边，一个湖泊边住着一户或三户人家。

然而记者也看到两个湖泊已干涸，白色的盐碱附在干涸的湖床上，没有植被，湖死了，生命也随之消失了。

为沙漠留下生命源泉

在巴丹吉林沙漠瀚海之中，星罗棋布的沙漠湖泊无疑是大漠中的生命源泉，湖泊中有珍贵的动植物资源，湖区不仅是野生动物的天堂，也是不可多得的绿色生命带。

由于近年来巴丹吉林沙漠内开发资源、探险、科研、旅游等活动增多，该沙漠内的湖泊生态已遭到不同程度的破坏。

尤其是在金钱的诱惑下，有的沙漠湖泊中的卤虫已被捞尽。据了解，卤虫（也称盐水虫），中国民间也把它称作盐虫子、丰年虾，分类上属于节肢动物门，是一种重要的饲料生物和良好的实验动物材料。目前，由于湖中卤虫被大量捕捞，数以百计的水禽因丧失食物来源而被迫迁徙，捞虫者的生活垃圾也随处可见。

记者在沙漠腹地的一个湖泊旁看到，有人正在捞卤虫蛋。记者上前了解到，这个湖泊包给了个体工商户，一年上缴 20 万元，于是他们就大肆的捕捞卤虫蛋，以赚取丰厚的利润。据捞卤虫蛋的人介绍，现在卤虫已越来越少，来这里干活的人是轮换的，一般 20 天轮换一次，然后就回到旗上的家中生活。

采访中，记者几乎在每一个湖泊都能看到羊群和骆驼，面对如此珍贵的植被，采取如此粗放式的放牧，任其啃食，使难以恢复的沙漠植被破坏。如果对沙漠中的植被、鸟类加以强有力的保护，不仅能够保护生态，而且有利于开发旅游业。

但由于管理机构、科技支持、资金投入、制度法规等跟不上保护形势的需要，沙漠瀚海中湖泊的生态安全已开始遭到严重破坏，局部地区湖泊资源枯竭，污染事件已经发生。

专家呼吁，为保护好巴丹吉林沙漠的湖泊资源，应尽快建立自治区级巴丹吉林湖泊自然保护区，加强巴丹吉林湖泊自然保护区的机构、法规、科研等方面的建设，加大对该自然保护区的资金投入。尽快出台《巴丹吉林湖泊自然保护区管理条例》，对到沙漠、湖泊开发动植物等资源和探险、科研、考察、旅游的行为，依法规范。加强对巴丹吉林湖泊自然保护区生态价值、生态功能的宣传，使公众树立起善待沙漠就是善待自己的绿色理念。

“中国长城博物馆”断身缩水

新华社银川 2004 年 5 月 13 日专电

在被誉为“中国长城博物馆”的宁夏，自然与人为的破坏正在蚕食着“东方巨龙”的身躯。

据长期研究长城并出版过两本专著的宁夏回族自治区文物局副局长许成介绍，位于中国大西北的宁夏之所以被誉为“中国长城博物馆”，是因为这里自古就是农耕与游牧文化交会地带，素有“关中屏障，河陇咽喉”之称，历史上很多朝代都曾在这里规模不等地修筑过长城，有黄土夯筑、沙石构筑、石块垒砌等多种建筑形式。“如果将各朝代在宁夏修筑的长城相加，其长度可绵延 1500 多公里。”

然而，与气势磅礴、游人如织的八达岭、山海关、嘉峪关比起来，宁夏的长城保护实在令人担忧。宁夏中卫市沙坡头黄河南岸一带的秦始皇长城已经有两千余年的历史，其间经受了无数狂风暴雨的冲刷，频繁的烽烟战火洗礼，加之风沙侵袭，长城墙体损毁严重；在宁夏北部贺兰山一带石嘴山市的明代长城，部分墙基被风沙蚕食形成悬墙，出现大面积坍塌；过去，居住在长城两侧的农民缺乏保护意识，在生产生活中对长城造成了相当程度的破坏。

到目前，类似的人为破坏古长城活动仍在一些地方存在：有的农民以长城为后墙建猪圈，在长城墙上随意取土，甚至在长城上挖开了大门洞。

许成介绍，由于宁夏的长城分布在5.18万平方公里的土地上，且大都处在地广人稀的戈壁荒漠、高山峡谷，点多、线长、面广，文物管理人员很难到达现场，加大了保护难度。同时，长城穿越的西部地区经济贫困，地方政府财政紧张，难以拿出大量专项资金用于长城的保护，加之缺乏保护长城墙体的科学技术，使“东方巨龙”的保护陷入困境。

举世闻名的万里长城越高山，过草原，穿大漠，跨河谷，入大海，绵亘万里，上下两千年，已被列为世界文化遗产。许成说：“长城是中国的，更是世界的。我们应该积极行动起来，共同保护我们大家的财富。”

“受伤”的钱币瑰宝如何“治疗”

——“华夏古币收藏第一县”西吉钱币博物馆观感

新华社银川2005年6月1日电

在素有“中国贫困之冠”的宁夏西海固地区，人们也许并不知道，这里还有一个“华夏钱币第一县”——西吉县。

记者采访了解到，西吉钱币博物馆近年来由于缺乏资金，发展之路举步维艰。民间钱币“收藏热”和黑市钱币“炒高价”几乎切断了钱币馆的收藏来源；陈旧落后的储放设施使大量珍藏古钱币受潮、氧化。

“华夏古币收藏第一县”

当地百姓可能不知道县政府在哪里，但是只要一提西吉钱币博物馆，他们便会如数家珍向外地游客热心介绍。

说到西吉钱币博物馆，必须提到的一个人就是钱币馆创始人、原馆长李怀仁。记者来到西吉钱币博物馆采访当天，恰逢李怀仁正在馆内指导职工填写文物登记表。虽然已经退休多年，但李怀仁经常会跑到博物馆里看一看馆内的文物收藏工作，给博物馆职工传授一些文物收藏和文物保护方面的知识。

李怀仁跟记者说：“20 世纪 80 年代，我经常和现博物馆的职工安秀梅骑着自行车下乡‘寻宝’。一天，在白崖乡的一个老乡家里，看见他打喂羊的油渣料面垫的东西很奇怪，走上前去才发现，那可是一件中空的玉琮呀!

后经专家鉴定，这是一件新石器时期的玉琮，上面的凤凰图案是中国凤凰文化的源流，这在中国是首次发现的。当时，老乡说给一袋化肥钱就行了，于是，我们就用 16 元把这件国宝买回来了。随后不久，我又花 5 分钱买到了国内唯一的‘乾隆母钱’。就这样，越来越多的古钱币聚集起来。”

博物馆馆长张明告诉记者，目前馆内共收藏古钱币 30000 余种、20 余万枚，其中 5 件属国家一级文物。记者在钱币馆展室内看到，这里的钱币最早的是三千多年前夏商周时期的主要流通货币“海贝”币，从春秋战国时的燕国刀币、楚国蚁鼻钱、魏国“共”字环钱，到秦、汉、三国、南北朝、隋朝，以及唐、宋、辽、金、西夏、元、明、清、民国和新中国成立后各个时期的币种，还有中华民国时期的开国纪念币系列，新中国成立初期的纸币系列等，也有如日本宽永通宝、文久通宝，越南的先中通宝、景兴通宝，沙特麦加的银币等外国钱币。还有一些较为特殊的钱币，如对钱，压胜钱，也有瑞金苏维埃共和国银行发行的革命钱币和解放区发行的“长城银行”货币。这些不同时期的钱币让记者深深领略到了古钱币的丰富内涵、工艺技术和书法艺术水平。

西吉钱币博物馆之所以能有如此丰富的珍藏，得益于西吉县悠久的历史文化以及自古以来重要的地理位置。张明介绍，先秦时期，西吉县属秦地，秦惠文王最早铸行的货币“半两”等，在当地就有发现，这是西海固土地上迄今发现较早的金属货币之一。秦始皇统一中国以后，西海固的南部尽纳秦国版图，秦长城的修筑，更使这里成为“拒胡”的边陲重地。当地将台乡就是秦朝时中原和匈奴的分界线，理由是这里的一些村出土的是秦币，另外的村出土的则是匈奴币。西汉早期铸行的“半两”及汉武帝之后开始改铸的，以后竟延续了700多年的“五铢”钱，至今随处可见。由于丝绸之路的开通，这里成为其东段北道必经之地，交通的便利，也带来了经济的繁荣。古丝绸之路上东西方频繁的经济贸易往来和文化交流活动，使这里拥有了大批外来钱币。

民间收藏、黑市交易截断钱币收藏来源

然而，正当记者对博物馆内所藏钱币珍宝惊叹不已时，张明却向记者倒出了一肚子苦水：由于近年来民间兴起钱币“收藏热”、古钱币地下交易活跃以及博物馆资金缺乏等原因，钱币馆近两三年内没有再收藏过任何有价值的钱币，目前馆藏钱币的收藏来源近乎枯竭。

近十年来，随着人民生活水平以及文物鉴赏水平的逐渐提高，有越来越多的当地群众加入到古钱币收藏的队伍中。很多当地百姓在获得珍贵古钱币时已经不再像过去一样交给博物馆，而是转为私人收藏或者买卖。民间古钱币“收藏热”造成了民间收藏与博物馆馆藏争夺钱币资源的局面。而博物馆的征集资金往往捉襟见肘，在竞争中一次一次地失去获得珍贵古钱币的机会。张明告诉记者，在过去，百姓若是从哪儿挖出了钱币，都会主动送给博物馆鉴定和收藏，博物馆付给他们来往的路费。在博物馆现已收藏的珍贵钱币中，大多是20世纪80年代从民间收集来的。而现在，老百姓要么自己收藏，要么向博物馆要高价。

另外，近年来地下文物交易十分活跃。文物贩子“炒高价”也是造成古钱币市场价日趋增高的重要原因。就一枚普通古钱币而言，20 世纪 80 年代博物馆只需花两三元就可购入，而现在起码要花上几十元，略微稀有和珍贵一些的钱币都得成百上千元。其结果是“文物贩子们“热炒”钱币，钱币“黑市价”升高。

张明说，钱币馆面临的形势不容乐观，一方面没有新收藏，不能进行新研究；另一方面，缺乏新鲜元素的钱币馆难以吸引更多的游客前来参观，使本就不多的门票收入正在逐年递减。由此，钱币收藏陷入了一个难以避免的恶性循环。

部分钱币氧化严重馆内珍藏亟待保护

记者在采访中发现，西吉钱币博物馆珍藏古钱币正遭受一大“硬伤”。博物馆内珍藏的近万枚铁质和铜质的钱币因与空气接触，有不同程度的氧化。其中，近千枚的铁币风化、氧化现象十分严重。尤其是经历了北宋与西夏好水川战役，记载着北宋衰败历史的 300 枚钱币，几乎全部风化。这些储藏在玻璃匣中的钱币已经粉碎，似乎轻轻一震便会化成铁粉，情形堪忧。

在展室内，记者看到这些稀世文物的存放条件十分简陋。大部分钱币只是简单地用玻璃匣装放，部分几乎全部裸露在空气里，没有任何防潮、防氧化措施。

张明无奈地告诉记者，现在博物馆内的管理人员眼睁睁地看着许多稀世珍宝正在逐渐化为灰烬，心中十分焦虑。

西吉钱币博物馆虽说是财政拨款单位，但并没有设置钱币存放和保护资金，拨款只负责发放职工工资。博物馆想送员工去外地接受文物保护知识的学习培训，没有资金；想请中国一流的古币专家来指导，经费同样是一个缺口；要花大量资金去购买好的防潮设备和储藏柜更是不可能。据张明介绍，钱币博物馆每年的门票收入十分有限。由于各种原因，偌大的一个博物馆，每年的门票收入仅有一千元左右，因此指望靠门票收入保护和修复钱币，只能是空想。

大量珍贵钱币的腐蚀和损坏不仅是博物馆的灾难，同时也给国家的钱币收藏与钱币文化研究造成损失。

目前，西吉钱币博物馆正在与有关方面联系，希望能够“借助他力”，尽快让这些“受伤”已久的钱币瑰宝得到有效“治疗”。

西北风沙区难“挤”生态水

新华社银川 2004 年 9 月 8 日电

在我国西北地区生态最脆弱的地方，水是最稀缺的资源。记者调查发现，由于近几年可利用水资源总量锐减，导致风沙区群众生产生活用水与生态用水之间的矛盾已经变得突出。

记者在新疆和田地区了解到，随着塔克拉玛干沙漠逐年前移，确保绿洲安全已迫在眉睫。对于和田地区 174 万人来说，加大生态建设是生存的唯一出路，但是水从何而来？和田地区水利局农牧水保科科长买买提明·阿里木介绍说，到 2010 年，和田地区在现有 220 万亩人工林地的基础上，还将新增 67 万亩人工林。如果按照一亩地约 600 立方米用水量计算，一年至少需要 40 亿立方米的水。根据水利部门的测算，在目前水资源紧缺的状况下，至少需要投入近 9 亿元资金进行节水改造，才能“挤”出这部分生态用水。地处昆仑山与塔克拉玛干沙漠中间狭长地带的和田绿洲，有大小不等的 203 块绿洲，仅占土地总面积的 3.96%。由于近年河水流量减少，和田地区的一些县大量开采地下水用于生产生活，不仅导致水电费猛增，而且地下水加速减少，形成恶性循环。

阿克苏地区水利局局长李学军介绍说，阿克苏地处塔里木河上游，然而按照国家对塔河用水实施统筹规划，阿克苏地区在用水上已经出现了短缺。过去阿克苏在荒漠林和人工林的灌溉上是没有控制的。现在在调度水资源时，对新栽的树只能保证春季两次灌水，对多年老树只在夏天灌溉一次，对于荒漠林只在汛期利用人工渠系引洪灌溉，大面积荒漠天然林的灌溉用水已难以稳定保障。为确保农业灌溉用水，现在不得不牺牲部分防护林中老龄树木的灌水。

在生态脆弱区，一方面是岌岌可危的生态需要大量的水来恢复，而另一方面有限的水却没有被节约下来，反而被盲目开荒和过度浪费。抢救民勤绿洲水是关键。今年由于降雨稀少石羊河下游水枯，“沙漠明珠”民勤红崖水库干涸见底，但令人无法理解的是，宝贵水资源仍然得不到灌区农民的善待和珍惜。记者从北向南一路经过西渠、西沙梁和泉山等四五个乡镇，道路两旁一眼眼的机井正肆意抽取 80~300 米的深层地下水，漫灌着农田里的玉米和棉花等高耗水的农作物。

走进可可西里

新华社银川 2005 年 8 月 6 日电

可可西里是目前国内最大的无人区之一，是一片洁净的土地，宛如一位无邪的美丽少女坐落在青藏高原上。然而，可可西里的净土还能维持多久？纯真的 " 少女 " 会否容颜不再？

初识可可西里守护者

最早对可可西里的了解源于一部电视专题片，图像反映了藏羚羊守护者与武装盗猎分子进行斗争的壮烈场面。那时，我对盗猎分子充满憎恨的同时，对可可西里无人区升起了好奇之心。今年6月中旬，我有幸获得一次青藏铁路采访报道机会，终于亲身感受了可可西里，并探得它神秘的美丽面容。

在青海省格尔木市出发的前一天，我见到了青海省可可西里国家级自然保护区管理局局长才嘎，初次见面，你会不自觉地想起雪域高原上的野牦牛。结实的身体，铁塔似的立在你面前。乌黑的卷发下，宽阔的脸庞被高原的阳光镀成紫铜色。一对铜铃似的大眼、高高的鼻梁、厚实的嘴唇，讲起话来嗡嗡之声似从肺腑而出。这个粗壮的藏族汉子，在保护藏羚羊的反盗猎行动中，他整肃管区切断盗猎者的财路，盗猎者屡次刀枪相向却屡次被他制服。

生态植被得到保护，盗猎者被严厉打击，是近年来藏羚羊种群恢复的根本原因。才嘎说，保护区共设有不冻泉、五道梁、沱沱河、桌玛尔河等6个保护站。在8年的工作中，经常开展保护藏羚羊等野生动物的宣传，严格对保护区进行封闭式保护，清理偷采砂金人员7200多人，阻止和驱逐偷捞卤虫人员上万人，杜绝了乱采滥挖现象，使可可西里的生态得到休养生息。我们还采取沿公路线检查和经常性进山巡查、平时保护和重点保护相结合的办法，严厉打击盗猎活动。共破获各类盗猎案件107起，缴获各种枪支23支，子弹3万多发，藏羚羊皮3909张。同时，我们斩断了青藏公路偷猎者的运输线，还与公安部门配合，集中打击了保护区周边和格尔木等地十分嚣张的藏羚皮非法收购和贩卖活动。

目前，除藏羚羊数量明显增加外，国家一级保护动物藏野驴，二级保护动物岩羊、藏原羚等也开始在保护区成群出现。才嘎说，保护中的可可西里拥有的野生动物已多达230多种，有望成为青藏高原上“野生动物的乐园”。才嘎还告诉我们，眼下正值藏羚羊迁徙的季节，我们将有机会看到大量藏羚羊迁徙的场面。

才嘎说：“现在藏羚羊的处境好多了，由于严厉打击了盗猎者，经 2004 年和 2005 年初的两次调查统计，世界濒危动物、国家一级保护动物藏羚羊的数量已上升到 5 万多只。”

藏羚羊的“守护神”

作为一名摄影人，我为有机会拍摄到藏羚羊迁徙的场面激动不已，且跃跃欲试。次日清晨，我起身离床直奔窗户，伸手拉开了窗帘一看，嗨，阳光灿烂！我的心情如窗外的阳光一般明朗愉快起来。心说，今天是个好天气，这是成就我拍好照片的一天。

出发前，才嘎局长说，可可西里有个五道梁保护站，你们应该好好感受一下。民间有句话：“过了五道梁，哭爹又喊娘。”这句玩笑话，更加速了我们因窥探可可西里而澎湃的心跳。

车子出了格尔木市，沿着河谷边的青藏公路艰难向上爬行。约四个小时之后，眼前出现了覆盖着白雪的山峦，一阵阵冷风吹来，寒气刺骨，而人的呼吸也随之困难起来。再向前行进，豁然开朗，一片辽阔无垠的金黄色草原映入眼帘，强烈的正午阳光铺盖下来，透过稀薄的空气，刺得人难以睁开眼睛。天际间朵朵白云从草原上升起，在我的头顶上滚滚而过。一阵阵冷风吹来像鞭子一般打在脸上，我突然回过神来，心想，可可西里的这个“美女”不同寻常。

从格尔木爬上可可西里高原遇见的第一个保护站是不冻泉保护站，三间平房坐落在茫茫草原边上的一个缓坡处。我们走进没有围墙的保护站说明来意之后，身材魁梧肌肤黝黑的守护员耿嘎便开着吉普车，带我们向索南达杰保护站进发。

不到一个小时，我们便到达目的地。索南达杰保护站是以一位在反盗猎行动中牺牲的、可可西里守护英雄的名字命名的，这里也是藏羚羊迁徙的一个通道。保护站由木板简易搭建而成，共有五六间房，其中还有一间展览室，展示的多是藏羚羊通过青藏公路、路边车辆停下让路的照片。现在保护站有两名守护员，他们的日常装备就是厚厚的一身棉衣、随身携带的对讲机、一部吉普车及枪支，桌子上的一台收录机成为他们仅有的娱乐。食物从山下运送上来，一星期一次。眼下正是藏羚羊的迁徙季节，每天都有一个守护员要出车巡查，而另一个则留守保护站。每个月，保护站的人员便和山下轮换一次。守护员说："在这里太寂寞了，总是一个人，平时就是听听广播，听听磁带。"

在这个保护站里，还建有一个专门的藏羚羊救护中心，对藏羚羊进行及时的救助。耿嘎说，海拔 4700 米的可可西里藏羚羊救护中心告知人们，这里的守护者对生命的珍爱，以及保护野生动物的坚强决心。我们将努力把可可西里建设成为一个没有枪声、没有杀戮、没有破坏的美丽宁静的野生动物乐园。

耿嘎还给我们一行人讲述了发生在这里的一个故事，一次可可西里的守护者在反盗猎行动中从枪口下救出一只小藏羚羊，便给它起了个名字叫"爱羚"，那时它刚刚出生四五个小时。守护员将它送到了这个新建的藏羚羊救护中心喂养，开始时给它喂羊奶它不喜欢吃，就从牧民家里买牛奶熬好，里面放上葡萄糖、酵母片，还放一些消炎药。在守护员们的悉心照料下，小"爱羚"顽强地活了下来，它也成为守护员成功救活的第一只小藏羚羊。现在，"爱羚"长大了，出落得很标致。守护员们又张罗着想把"爱羚"嫁出去。它该结婚生子了。可是守护员几次放它走，它都跑回来了。它有感情啊，知道这里是它的家，不愿走啊。但女儿长大了总是要嫁人的。他们还是要想办法让爱羚回到了大自然中去。

耿嘎指着眼前的一片围着围栏的广阔草地说，这里就是放养藏羚羊的救护中心。当我试图进入这里拍摄藏羚羊的时候，保护站的工作人员说，这片围栏草地太大，寻找藏羚羊也不太容易。加之，我高原缺氧反应越来越明显，双脚乏力，面对沉重的摄影器材，我便遗憾地放弃了在这里第一次拍摄藏羚羊的想法。

耿嘎鼓励我说，没关系，你今天可能会碰见藏羚羊大量迁徙的场面。

拍摄藏羚羊的惊喜

在这名工作人员的带领下，我们信心十足地沿青藏公路前行，准备拍摄藏羚羊。车子在路上行驶，而我的目光始终停留在窗外的草原上。当我的视线里出现一只藏羚羊的时候，我立即大喊了一声："停车！"还不等车停稳，我抽出400mm的长焦镜头，拿出独脚架，急速下车，在匆忙之中，焦点对准了三四百米远处悠然吃草的藏羚羊。在相机镜头里，藏羚羊逐渐清晰，雪山、草地、藏羚羊，浑然天成的画面一幅幅地进入我的相机。我如获至宝般频频按动快门，内心的激动不能自已。

车子继续前行，在五道梁保护站驶进一个便道后停了下来，耿嘎说，这里昨天有藏羚羊在这里经过。我向前望去，便道前方仅200米处是青藏铁路，其间有一条长两三百米、高三四米的通道便是青藏铁路为藏羚羊迁徙而建设的特别通道。

我肩背大包，手里端着安装着长焦距镜头的相机，一时间忘记了高原反应，迈开大步向前行走，然而，我的脚步感到沉重起来。就在这时，我抬头看见土黄色的羊群像一片晚霞般的彩云出现在我的眼前。嗬，藏羚羊，不下两百只。我激动的心都快要跳出来了。靠近，再靠近，便是我此刻唯一想做的事情。于是，我扛起相机，背着摄影包，举起大步向着藏羚羊走去。藏羚羊群仿佛对于我的靠近毫无知觉，又好像并不戒备，我选好角度支起相机，快门的咔嚓声再次响起来，一如我内心的欢快恣意飞扬。

同行的四五人，均摆好相机，不放过这一个难得的场景。人群的活动似乎在这时才搅扰了藏羚羊的清静，它们开始向相反方向移动，吃着草，迈动着步子，一走一停渐行渐远，慢慢地离开了我们的视线。

定期迁徙是藏羚羊的重要习性。每年6月至8月，可可西里的藏羚羊都会结集成群，长途跋涉前往水草丰美的可可西里腹地产仔，去完成一年一度的延续种群的使命。小藏羚羊满月后，再由母羊呵护返回原栖息地。

这是我平生第一次见到如此壮观的野生动物群落，虽然眼见藏羚羊如云翳一般向远方飘去，一种难忘的快乐仍然深深地存留心底。沉浸在这种愉悦之中，上车的步伐也变得轻缓，就在汽车即将上公路的时候，一群藏野驴又从窗外跳入了我的视野。匆忙下车后，我疾步向前，重燃的兴奋之情全然忘却了身处海拔4700米以上空气稀薄的地带，大步流星般走出50多米后，我的脚步越来越重，气喘吁吁，不得不停住大口深呼吸。但是，胸腔内只有出气的感觉，却感觉不到吸入的气息，双腿像注了满满的铅一样难以迈动。

这时我才想起了初上高原“小步慢行”的常识，于是我原地坐下，在草原上放松已经发软的双腿。我低头一看，眼前蔓延的一片小白花让我惊叹不已，禁不住伸手触摸花瓣，却突然有碰到硬壳的触觉。这些野草在草原上顽强地生活，遵循着自然界坚强的生存法则。野草的精神感召促使我再次起身，拿起相机靠近藏野驴群。20多头藏野驴在不远处的缓坡上吃草，刀锋般的雪山在阳光下闪亮，一种耀眼的光线远远地向人的眼睛刺来，这一派高寒地带的草原风光有一种惊心动魄的壮美。我来不及欣赏这大自然的神奇造化，只是把目光集中在相机的取景框里。

拍摄的时候，我轮番使用各种镜头，可是高原反应的强烈，使人变得迟钝，我有一次松手把镜头“装”在了沙地上，半晌才反映过来，心说，好么，竟然把镜头“装”在地上了。

夜宿可可西里

夕阳中的可可西里，有着金黄连绵的草原，可是有时也会有乌云盖过天际，瓢泼大雨会不期而至，雨滴犹如大片大片飘落的树叶盖住了车窗，同时发出猛烈敲击的声音。

夜宿可可西里的那晚，成为了我刻骨铭心的一个夜晚。劳顿一天的疲惫，背负大小包裹摄影器材的艰苦，使我进入房间的时候立即瘫倒在床上，黑紫的嘴唇乏力地张着，像一个吐着气的烟囱，后脑勺一阵阵闷疼，脑子晕眩就像喝醉了酒，变得麻木且迟钝。招待所的一位服务员走进房间，指着立在床头的两个接近两米高的大氧气瓶说："要是难受，就呼吸一下瓶里的氧气。"这时我才仔细地打量了一下身处的这个房间：地下放了一组电暖气，散发着热气；床上铺着电热毯，摸上去热乎乎的。躺在床上吸着氧气，一种重回人间的温暖感觉顿时涌上心头。大约过了十分钟，疲惫慢慢消散，望着氧气瓶就感觉自己像是在医院的病床上刚刚复苏一样。我深深理解了在青藏高原采访与工作的艰辛与不易。

人患重重　雪域净土遭到破坏

可可西里保护区有着丰富的自然资源，但同时其高原生态环境也十分脆弱，一旦破坏便很难恢复。在 2000 年可可西里保护区管理体制未理顺之前，每年都有数万名民工进入保护区从事淘金、捕捞卤虫等活动，给可可西里的原始生态环境带来无法弥补的损失。采金者在保护区腹地乱采滥挖，好多地表植被惨遭破坏，经过水蚀风吹，成为连片的沙堆、沙坑。捕捞卤虫的民工在湖区捕捞作业后留下了大量的塑料、污油、污水等大量生产、生活垃圾。

可可西里管理局局长才嘎介绍说，可可西里之所以成为藏羚羊等多种珍稀野生动物栖息的场所，正是由于她保持了原始的生态环境，如果这片净土遭到大面积破坏，藏羚羊就失去了赖以生存的条件，保护藏羚羊就成了一句空话。所以，近年来我们把保护藏羚羊的生存环境放在与保护藏羚羊一样重要的位置。自 1998 年成立以来，可可西里管理局没有在保护区开设过一个资源开发项目，而是忠实地守卫这片净土。

无人区：家畜与野生动物争食草原

满山遍野的家畜：羊群和牦牛啃食草原上稀疏的植被，越来越多的牧民进入保护区核心地带放牧；大大小小的老鼠洞随处可见。阵阵寒风刮起沙尘，稀疏的枯草无力地晃动，被誉为“野生动物乐园”的可可西里草场出现沙化。

在穿越可可西里无人区时，我们时常看到，藏羚羊和牧民的羊群，以及家养牦牛错落在草地上悠然地吃草。而在保护区海拔 4800 米的风火山口高寒草甸区，成千上万只羊、牦牛随意啃吃草原上的小草。根据保护区管理局的调查统计，目前，已有来自西藏和青海唐古拉乡的 50 多户牧民进入核心地区，共 390 多人，37000 多只羊及 7200 多头牦牛，可可西里“无人区”一些地方已名不符实。越来越多的牧民正在逐渐由保护区缓冲区迁入核心区。

在可可西里的唐古拉乡——青藏公路旁不到十户人家的牧民村庄边，我下车拍了照片后，在这里凝视良久，心想，许多年之后，可可西里还会是藏羚羊、野牦牛的乐园吗?

出发前，在格尔木市采访才嘎局长时，他介绍说，近几年来，随着保护区放牧区域不断扩大，藏羚羊等野生动物的活动范围及生存空间日益缩小，保护区已不是真正的“无人区”。可可西里保护区周边地区的 70 户 400 多名牧民陆续进入保护区腹地放牧，多达 3 万头（只）的家养牛、羊占据了藏羚羊的一些栖息场所和重要的水源涵养区，这对保护区藏羚羊等野生动物赖以生存的原始生态环境造成不利影响。同时，家养的牛、羊在保护区与野牦牛、藏羚羊可能会产生交配行为，这在某种程度上将会造成高原野生动物物种发生变化。

根据《青海省人民政府关于加强可可西里国家级自然保护区自然资源和环境管理的通告》的有关规定，可可西里保护区自 2000 年 10 月 1 日起实行禁采封育，保护区内严禁放牧、狩猎、采药、开矿、采金等活动。然而，对于清理保护区放牧的数十户牧民而言，这些规定在实际执行过程中难度很大，可可西里管理局经过多次协调至今没有结果。

同时，老鼠数量的急剧增长，成灾的老鼠抢吃藏羚羊的“口粮”，“高原动物天堂”面临生态危机，致使可可西里生态环境日益恶化，严重威胁着藏羚羊等野生动物的生存。在海拔 4600 米的可可西里保护区五道梁附近，我看到约 1 平方米的草地上就有十几个老鼠洞，维系着保护区脆弱原始生态的草皮遭到高原田鼠和鼠兔咬啮、吞食，现已发生大面积枯死，导致草场出现沙化。

由于老鼠的繁殖能力极强，数量呈现急剧增长状态，可可西里管理局曾试图用招鹰灭鼠等生物措施治理鼠害，然而收效甚微。如果采用毒药灭鼠的办法，又担心这样会同时给藏羚羊等野生动物带来伤害，所以目前管理局对于保护区的鼠害仍是一筹莫展。

青藏铁路穿越无人区的壮美

在可可西里，沿着青藏公路行驶，青藏铁路会不时地出现在视线内，它像一条巨龙般匍匐在可可西里的茫茫草原上。可以想象，青藏铁路的建设者在这里付出了多大的代价，他们不分昼夜的劳动，为了保护当地的原生态，铁路工人修建了大量以桥代路的铁路。

而青藏铁路建设者专门为野生动物设立的迁徙通道更是一个创举。自 6 月以来，大批藏羚羊陆续通过青藏铁路野生动物通道，自由迁徙。这表明藏羚羊已基本适应了青藏铁路建设中专门为野生动物设立的迁徙通道。

青藏铁路是西部大开发的标志性工程。在格尔木市的青藏铁路建设总指挥部采访时，青藏铁路公司党委副书记才凡说，为了不影响野生动物的正常生活、迁徙和繁衍，在青藏铁路设计时，对于穿越可可西里、羌塘等自然保护区的铁路线，尽可能采取了“绕避”的方案。同时，在相应的地段首次设置了野生动物通道，以保障野生动物的正常生活、迁徙和繁衍。2004 年 6 月，青藏铁路全线共建成 25 处野生动物通道，通道形式有桥梁下方、隧道上方及缓坡平交等 3 种形式。

正在建设的青藏铁路格尔木至拉萨段全长 1142 公里，穿越素有“世界屋脊”之称的青藏高原，是全球唯一一条穿越高原、高寒、缺氧及连续性永久冻土地区的铁路，横跨举世闻名的可可西里和唐古拉无人区，是世界上海拔最高、线路最长的高原铁路。

但青藏铁路所经过的雪域高原是中国和东南亚地区“江河源”、“生态源”，是中国乃至东半球气候的“启动器”和“调节区”，也是世界山地生物物种一个重要的起源和分化中心。其自然生态环境既独特原始又脆弱敏感，被世界自然基金会列为“全球生物多样性保护”最优先地区。因此，在青藏高原修建铁路，不仅工程艰巨、技术难度大，而且生态环境的保护与恢复也面临着前所未有的艰难。然而，青藏铁路建设者在生态脆弱的雪域高原却创造了保护原生态的一个又一个奇迹。

大麦地岩画面临保护难

新华社银川 2007 年 5 月 24 日电

北方民族大学岩画与西夏文献中心岩画专家经过数年考证近日宣布，宁夏大麦地岩画中的图画文字达 2000 多个。

专家学者认为，宁夏大麦地岩画中的图画文字，可能是比甲骨文更原始的文字。然而，大麦地岩画保护状况堪忧。

保护好岩画

遗留在崇山峻岭间的岩石或崖壁上的岩画，是原始人类凿刻或描绘在岩石上的史书，是研究史前人类经济与社会状态、艺术与民俗风情等方面的百科全书，每一幅珍贵岩画都有待后人研究和发现，毁坏岩画的行为是不能容忍的。

“大麦地岩画，作为我国图画文字研究的一个发源地，我们有责任保护好这里的每一幅岩画。”北方民族大学岩画研究员李祥石说。

大麦地岩画从形式到内容，既有用图画和符号一同表达意思的，也有用图画抽象成为符号的，还有用几个符号组合起来共同表达意思的。这些符号具有汉语中的象形、会意等特点，专家学者推测，这可能是比甲骨文更早的图画文字。

多年来，专家学者全力寻找甲骨文之前的文字源头，过去更多的是，在出土的陶器上寻找到各种刻画符号，但此类情况比较零散。其他载体经过漫长历史演变大多难以保存至今，石头上的岩画保存了下来。

李祥石说：“但这些岩画图画文字有可能被毁坏。”

一些岩画风化并脱落

大麦地岩画位于宁夏回族自治区中卫市，岩画带面积约 450 平方公里，遗存有史前岩画 1 万幅以上。根据国际上通用的丽石黄衣测年，岩画专家测得大麦地岩画早期距今 8000 年至 7000 年，中晚期距今 4000 年至 1000 年，最早的岩画在旧石器时代至新石器时代之间。

记者采访发现，由于缺乏有效保护措施，大麦地一些岩画开始风化并脱落，个别岩画还被人为剥落，附近农牧民常在刻有岩画的岩石上休息。

岩画专家、宁夏博物馆原馆长周兴华说：“眼下，大麦地岩画的保存状况令人忧虑。”

在寻觅岩画过程中，周兴华常发现，那些熟悉的画面被风化脱落成碎块，原本完整的岩画变得残破不全。

切实保护岩画

李祥石说，令人忧心的是人为破坏，其中包括修路、采石的开发性破坏，更有在缺少管理的情况下，任意拓片以及私自收藏、剥离。

岩画保护是一个世界性难题。岩画专家认为，由于“岩画遗留”的特殊性，目前对大麦地岩画的保护，应当采取切实可行的措施。

其一，在岩画分布相对集中的区域，建立岩画保护区，由专人保护；其二，对散布易搬动的小块岩画，登记建档采取易地保护办法；其三，对于自然破坏严重且研究价值大的岩画，采取物理、化学或生物工程的方法加固与保护。

苦

1993 年 2 月 2 日发表于《宁夏日报》

每个人都想舒舒服服地活着，谁也不愿意受苦，但人生中忘不了的往往是那段最苦的日子，赋予你生命里最宝贵的也往往是那段最苦的生活。

也许是我生长在黄土地上的缘故，对生活中的苦有着不同的理解。当我这个大山的儿子跨进高等学府的殿堂时，同学们投来了各种各样的目光，我看得出人家分明说我是“土包子”。但我却觉得很自豪。

记得 8 岁那年，我用鸡蛋在大队的供销社换来了白纸和铅笔，就兴冲冲地爬上了一盘盘的山路，走进了学堂。说是学校，其实就两个窑洞，桌子是村里的人用草泥堆起的土墩子。为了节省铅笔，我常常用手指头在黄土上一遍遍地画着“中国共产党万岁”，右手的指头磨得红亮亮的，当识得几个字时，心里却高兴得不得了。有一次，老师发现我的手指头快出血了，就要我买一个写字本，妈妈给我两个鸡蛋去换本子，不料，当我爬上绿茵茵的山坡时，不小心绊倒了，眼睁睁地看着鸡蛋滚下山坡，我伤心地哭了一场。

上中学时，我每天往返要走 30 多里山路，翻过一道道山梁，快到冬天时，早晨那漫山遍野的白霜闪着银花，着实好看极了，而我的脚上却裂开了红红的口子。17 岁那年，我不得不离开了学校，在家里，我帮母亲砍柴、磨面、放羊。一天，我赶着羊去山梁上放牧，我躺在开满了黄花的草地上，看着天上的一朵朵云彩，就像马儿一样地从这个山头跑到那个山头上，觉得心里好孤独。也许是青春的骚动吧。我苦闷地向黄土地发出了怒吼，但答应我的是山谷旷远的回声。我耐不住了，便跑到山城里去打工，那包工头的心也太黑了，让我成天与石头打交道，把一块块龇牙咧嘴的石头从河底里背到半山腰上建房子，我的肩膀磨破了，脊背结成了血痂，但身子却一天天硬实了。记得当兵来到部队时，

甘肃省会宁县头寨镇坪岔村阳山沟自然村的村庄一角（摄于 2000 年 9 月）。

第一顿午饭，我吃了 7 个馒头，惊得小个子的班长目瞪口呆。新兵训练的确很辛苦，摔打上一天，那些城里来的白嫩嫩的兵娃子，晚上一躺倒就睡着了，我却觉得还不过瘾似的，心里想，这比起背石头算个屁。我就打着手电在被窝里偷着看书。下到连队后，我当了文书，每当想起我用鸡蛋换本子的情景时，我就发奋读书，还参加了《解放军报》举办的新闻函授学习。有时，我不分白天黑夜地干工作，训练归来，在炎炎的烈日下办黑板报，我觉得是一种享受。后来，我到武警北京指挥学校学习新闻报道，这时，我的命运已发生了转折，我觉得应该换一种活法，该享乐的就享乐，但当我想起过去的生活时，我就又咬紧了牙："只要我活着，我就要奋斗到底。"

去年，我准备参加成人高考，一大堆复习资料摆在面前，有些书压根儿没有学过。但一想起过去上学的情景，我不知从哪里冒出了那么大的劲头，恨不得把书都吞进肚里。于是，每当我在生活中遇到一些困难时，很自然地想起过去那段苦日子，现在的困难，算不了什么，过去那段艰苦的生活成了我一笔用不完的财富。有一天，我与一个要好的南方同学去沙漠里游玩，碰见了一株生长在大漠深处的"仙人掌"，那位同学敬佩地说：这草的生命力挺强哩。我高兴地笑了。

后 记

时光匆匆如流水，转瞬人已过中年。

我遴选自己从事新闻工作期间采访拍摄并发表的部分新闻照片及文字报道编辑成《宁夏印象：刘泉龙作品集》一书，回顾过往那段火热的过往岁月。

我为什么要出这部集子呢？

一是感恩各级党组织的悉心教育和培养，以及新华社摄影部编辑老师的精心指导、新华社宁夏分社前辈与同仁的倾心支持与帮助，饮水思源，自当心怀感恩。

二是留存史料。回首记者生涯，我立足宁夏，忠实记录中国大地发生的翻天覆地的变化，以及人民群众生活日新月异的变迁。结集成册，大家共享，也不失为一桩美事。

在这里，我要特别感谢曾任新华社党组成员、秘书长的张锦，老领导既是把我带进中国最高新闻殿堂——新华社的领路人，更是手把手教我采写新闻的启蒙老师。那是在 1995 年春天，我正在分社实习，时任新华社宁夏分社副社长的张锦带着我前往西海固贫困山乡调研。一路上，老领导对我耳提面命，全方位地“扫盲”，用最深刻、最直观、最真实的故事和图景，给我进行了一次彻底的职业洗礼，受益终身。在拙作出版之际，我诚邀作序，老领导欣然应允，在此深表感谢。

我还要感谢米寿世、温柄光、陈思禹、吴国清等老师及诸多前辈和同仁，在我踏上职业新闻生涯过程中，他们无不给予我无私的帮助，指导我在业务上不断进步，在人生之路上稳步向前，他们都是我最敬爱的人。

书中有几篇文字作品是与姜雪城、黄会清、肖敏、李云路共同采写的。同时，感谢在书稿编纂过程中给予帮助的所有人。

百密难免一疏，拙作多有粗糙之处，敬请业界人士多指导批评，提出宝贵意见。

2020 年 7 月 31 日，张锦（左一）深入西海固农家调研采访

2002 年与家人留影

儿子儿媳留影

质检
02